推薦文

「Android 開發技術每隔幾年就徹底改變一次，這種書很難寫，Griffiths 幾乎完全改寫了這本經典的第三版，用很厲害的方法來展示現代的 Android app 究竟是怎麼開發的。總之，他們再次寫出這個領域最棒的書籍。如果你想要用正確的方式來建構 Android app，買這本書就對了！」

— Ken Kousen，Kousen IT 公司總裁

「寫一本準確易懂的書很難，但 Griffiths 伉儷做到了，他們用清楚、準確的方式講解複雜的 Android，即使是新手也能理解，給我留下非常深刻的印象。」

— G. Blake Meike，Android 開發者
暨《Programming Android 第二版》的共同作者

「Dawn 與 David 很用心地將 Java 範例修改成 Kotlin，把第三版變成優秀的現代 Android 開發學習資源。」

— Duncan McGregor 與 Nat Pryce，
《Java to Kotlin: A Refactoring Guidebook》的作者

「很感謝你們出版這本書，我是 Android 開發的新手，這本書很清楚地解釋了每一件事情。」

— Ambreen Khan，Android developer

「Android 開發已經不一樣了，而且差異很大，讓這本書成為你的好友，準確且熟練地引導你在正確的場合以正確的方式安心地學會游泳，在你享受許多樂趣的同時，避開電力食人魚、非同步毒蛇，以及性能水蛭出沒的水域。」

— Ingo Krotzky，Android 學員

在全新的開始

機器散發魅力

心中諸多疑問

本書一一指明

— Susan B. Brenner，機器詩人

《深入淺出 Kotlin》推薦文

「本書清楚、直覺、易懂，如果你是 Kotlin 新手，這是很棒的入門書籍。」

— Ken Kousen，Kotlin 官方訓練師，JetBrains 認證

「深入淺出 Kotlin 絕對可以幫助你快速掌握這個語言，為你打下深厚的基礎，並幫你找到寫程式的樂趣。」

— Ingo Krotzky，Kotlin 學員

「終於不需要為了學 Kotlin 而學 Java 了，我一直在等待這本簡明、有趣的書籍。」

— Matt Wenham 博士，資料科學家與 Python 程式設計師

「Kotlin 是炙手可熱的新興語言，在科技產業中，它的人氣還在不斷上昇。《深入淺出 Kotlin》用有趣、平易近人的方式，從頭開始教你如何撰寫 Kotlin。本書使用 IntelliJ IDEA 的截圖、在程式碼周圍加上注釋，以及各種視覺效果，貼心地幫助想學程式的讀者。

— Amanda Hinchman-Dominguez，Android 工程師，
Google Groupon 與 Kotlin GDE

深入淺出 Android 開發

第三版

要是介紹如何設計 Android app 的書比太空梭飛行手冊更容易理解，不知道有多好！這應該只是天方夜譚吧…

Dawn Griffiths
David Griffiths

賴屹民　編譯

獻給在過去兩年中，讓我們和我們所愛的人安全生活的所有工作者。不勝感激！

深入淺出 Android 開發的作者

Dawn Griffiths 最初是英國頂尖大學的數學家，曾經獲得數學領域一級榮譽學位。但隨後她轉而投入軟體開發領域，到目前為止，她在 IT 產業擔任資深軟體開發者的年資已超過 20 年了。

在休閒時，Dawn 喜歡練太極、閱讀、跑步，編織線軸雷絲（bobbin lace），以及烹調美食。另外，Dawn 特別喜歡與親愛的老公（右邊的 David）共享美好的時光。

David Griffiths 在 12 歲時，因為看了一部關於 Seymour Papert 的記錄片而開始寫程式，在 15 歲時，他就寫出 Papert 的電腦語言 LOGO 的實作版本了。從那以後，他一直擔任敏捷教練、軟體開發者，以及車庫管理員（但不是按照這個順序啦！）。

在休閒時，David 會花很多時間和親愛的太太 Dawn 一起旅遊。

Dawn 與 David 一起著作了大量的書籍，包括《*Head First Android Development*》、《*Head First Kotlin*》、《*Head First C*》、《*Head First Rails*》、《*Head First Statistics*》，以及《*React Cookbook*》。他們也為《*97 Things Every Java Programmer Should Know*》作出貢獻，並開創了影片課程 *The Agile Sketchpad*，透過一種讓大腦保持活躍且投入的方式來教導重要的概念與技術。他們也透過 O'Reilly 學習平台 *https://www.oreilly.com/live-events* 提供即時且線上的訓練課程。

你可以在 Twitter 追隨 Dawn 與 David：*https://twitter.com/HeadFirstDroid*。

目錄（精簡版）

目錄（詳實版）

序

全心投入 Android。你想要學一些東西，但你的大腦卻幫倒忙，確保你無法專心地持續學習。你的大腦認為：「最好保留一些空間給更重要的事情，像是兇猛的野生動物，還有思考「裸體滑雪」是不是很糟糕的想法。」那麼，該如何欺騙大腦，讓它認為學習開發 Android app 是人生大事？

千里之行，始於足下

1 一頭栽進 Android 世界

Android 是世上最受歡迎的行動作業系統。全球有數十億 Android 用戶等著下載你的下一個好點子。在這一章，你將藉著**建構基本的 Android app** 並修改它，來了解如何將腦海中的想法化為現實。你將知道如何讓它在實體與虛擬設備上運行。在過程中，你將認識所有 Android app 的兩項核心組件：**activity** 與 **layout**。

<Layout>

</Layout>

MainActivity

activity_main.xml

用 activity 來定義 app **做**哪些事情。

用 layout 來告訴 Android 你的 app **長怎樣**。

建立會互動的 app

2 會做事的 app

大多數的 app 都必須以某種方式回應用戶。在這一章，你將了解如何讓 app **更具互動性**，學會如何在 activity 中加入 ***OnClickListener***，讓 app 可以**監聽用戶在做什麼**，並做出適當的回應。你將了解更多**設計 layout 的方法**，並知道你在 layout 中加入的每一個 UI 組件都是從**同一個 View 祖先**衍生出來的。在過程中，你將體會 **String 資源**對靈活的、精心設計的 app 而言**為何如此重要**。

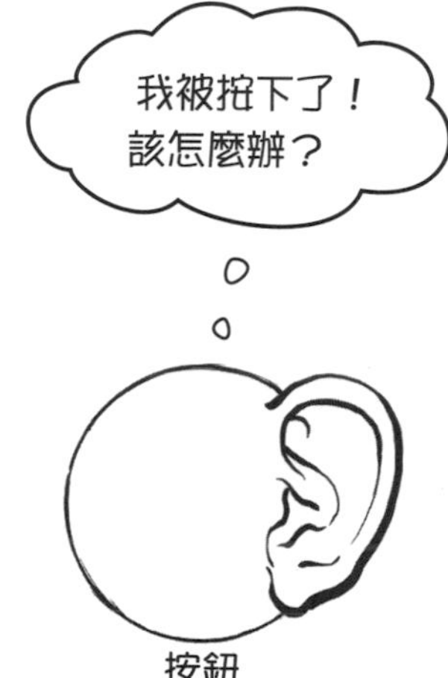

<Layout>
</Layout>
activity_main.xml

<resources>
</resources>
strings.xml

layout 的文字…
…是從 String 資源檔取得的。

layouts

3 我是 layout

我們只談到 layout 的皮毛而已。到目前為止，你已經知道如何使用簡單的 linear layout 來排列 view 了，但 layout 還可以做非常多的事情。本章會介紹**比較深**的事情，並告訴你 layout 實際上是如何工作的。你將學會**如何微調你的 linear layout**，並了解如何使用 **frame layout** 與 **scroll view**。在看完本章時，你將了解，雖然所有的 layout 和你加入的 view 看起來不太一樣，但**它們彼此的共同點可能超出你的想像**。

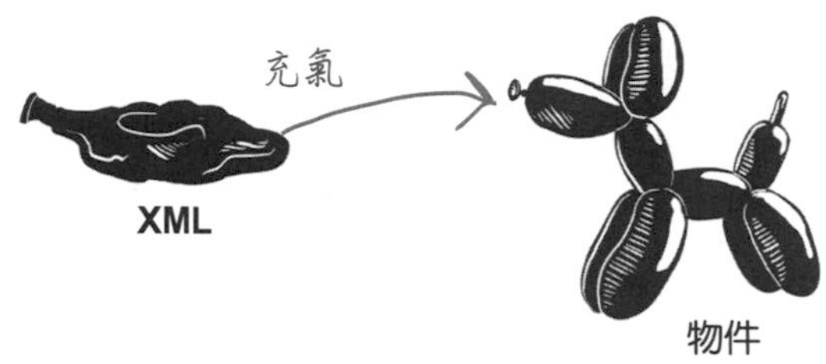

我們將使用 frame layout 在鴨子圖像上面疊加一個 text view。

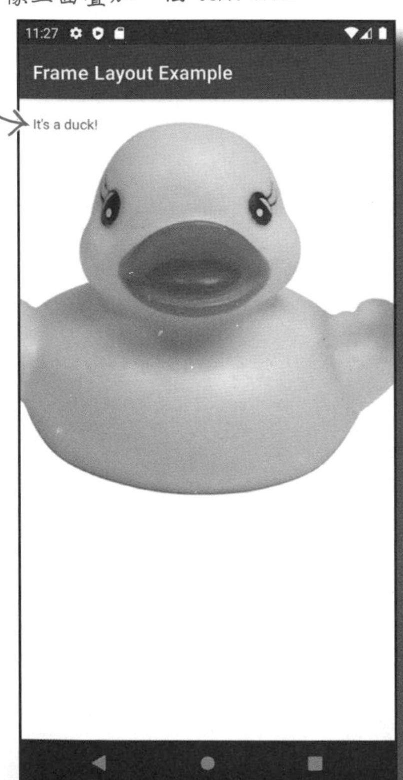

constraint layouts

4 繪製藍圖

沒有藍圖就沒辦法蓋房子。有一些 layout 使用**藍圖**來確保它們的**外觀與你的想法完全一致**。在這一章，我們將介紹 Android 的 **constraint layout，這種靈活的工具可讓你設計更複雜的 UI**。你將了解如何使用 **constraint** 與 **bias** 來設定 view 的位置與大小，**不需要考慮螢幕的尺寸與方向**。你將學會如何使用 **guideline** 與 **barrier** 來讓 view 停留在它們的位置上。最後，你將知道如何使用 **chain** 與 **flow** 來包裝或展開 view。

這是 constraint layout 的藍圖。它裡面有 constraint layout 在螢幕上排列 view 所需的所有資訊。

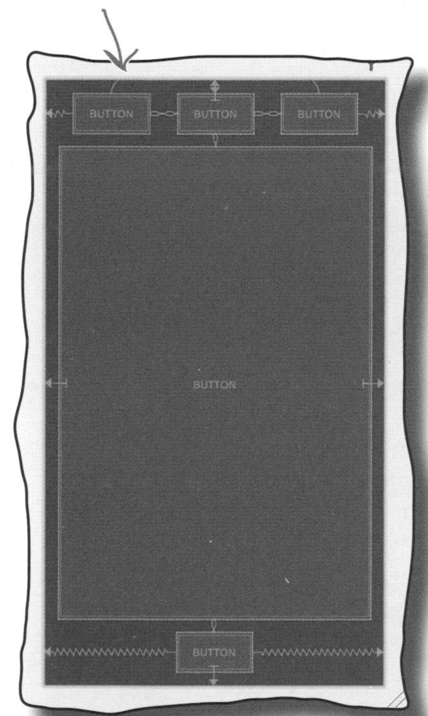

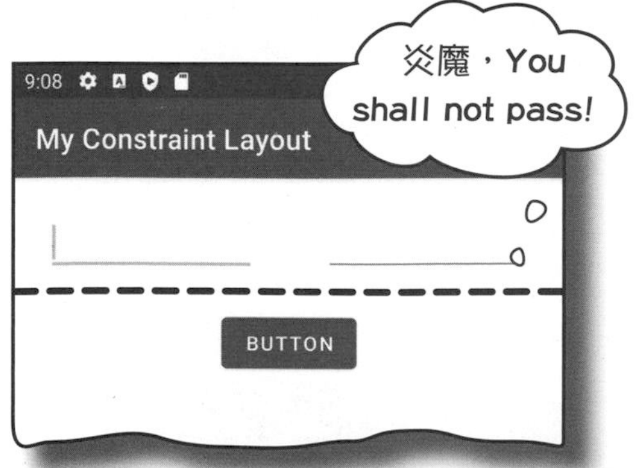

activity 的生命週期

我是 activity

activity 是每一個 Android app 的基礎。你已經知道如何建立 activity，以及如何使用它來與用戶互動了。但如果你不知道 **activity 的生命週期**，它的一些行為**可能會讓你大吃一驚**。本章將介紹當你**建立**與**銷毀** activity 時會發生什麼事，以及它如何導致**意外的後果**。你將了解如何在它被**顯示**出來或被**隱藏**起來時控制它的行為。你將知道**儲存與恢復 activity 的狀態**的方法，如果你需要這麼做的話。

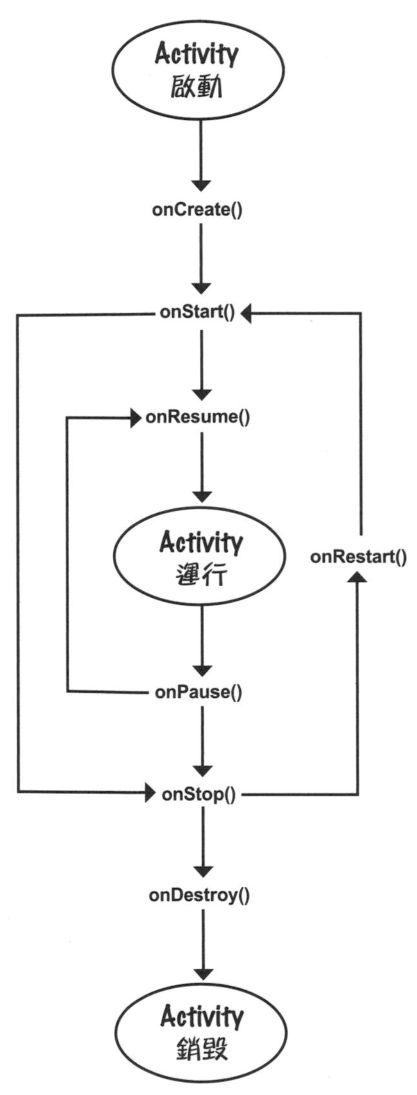

fragments 與 navigation

6 自尋出路

大多數的 app 都需要多個畫面。到目前為止，我們只介紹如何建立單畫面的 app，簡單的 app 可以這樣做。但是如果你有**更複雜的需求呢**？本章將教你如何使用 **fragment** 與 **Navigation 組件**來**建構多畫面的 app**。你將發現 **fragment 就像**擁有自己的方法的**次級 activity**。你將了解如何**設計高效的導覽圖（navigation graph）**。最後，你將認識 **navigation host** 與 **navigation controller**，並了解如何用它們來從一個地方前往另一個地方。

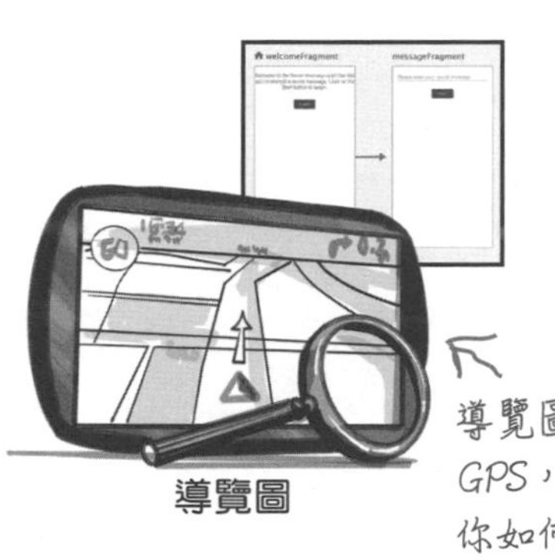

導覽圖很像 GPS，可告訴你如何前往不同的目的地（destination）。

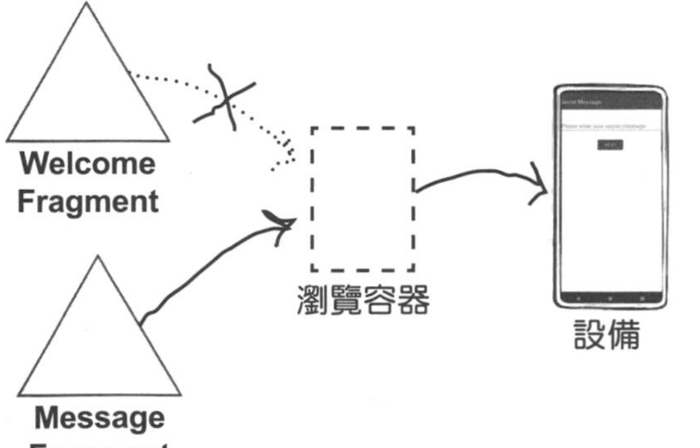

safe args

7 傳遞資訊

有時 fragment 需要額外的資訊才能正確運作。例如，顯示聯絡人細節的 fragment 需要知道它該顯示哪個連絡人。但是，如果這項資訊**來自其他的 fragment** 呢？在這一章，你將學習**如何在 fragment 之間傳遞資料**，來**建立你的導覽方式**。你將了解**如何將引數加入巡覽 destination**，讓它們可以接收它們需要的資訊。你將認識 **Safe Args 外掛程式**，以及了解如何使用它來**撰寫型態安全的程式**。最後，你將探索**如何操作返回堆疊**，以及控制「返回」按鈕的行為。

EncryptFragment

WelcomeFragment

將 MessageFragment 從返回堆疊移除意味著，當你在 EncryptFragment 按下返回按鈕時，app 會顯示 WelcomeFragment，而不是 MessageFragment。

導覽 UI

8 遨遊四方

大多數的 app 都必須讓用戶在不同的畫面之間巡覽。 Android 的 Navigation 組件可以讓你輕鬆地建構這種 UI。在這一章，你將學會如何使用 Android 的巡覽 UI 組件來**讓用戶更輕鬆地巡覽你的 app**。你將了解如何使用**佈景主題**，以及如何將 app 的預設 app bar 換成**工具列**。你將學會如何加入**可導覽的選單項目**。你將探索如何實作**底部導覽列**。最後，你將建立一個**導覽抽屜**：一種可以從 activity 的一側滑出來的窗格。

只要 ID 相符，我就可以帶你去想去的任何地方。
Navigation Controller

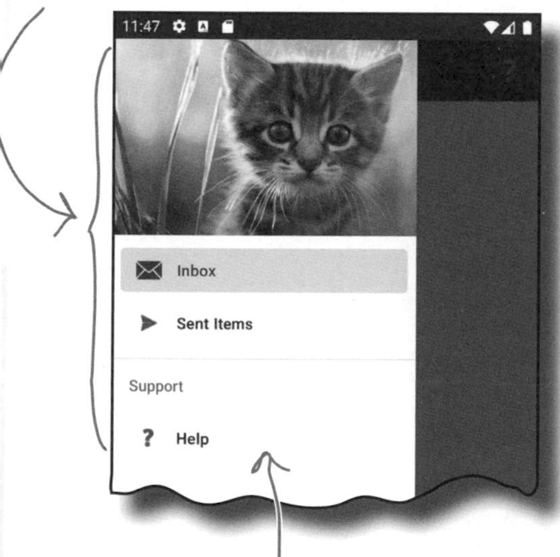
navi-gation view 定義了抽屜的內容。
11:47
Inbox
Sent Items
Support
Help
當抽屜打開時，它會滑到主內容上面。

material views

9 物質（Material）世界

大多數的 app 都需要靈活的 UI 來回應用戶。你已經學會如何使用 **text view**、**按鈕**與 **spinner** 等 view，以及套用 **Material 佈景主題**來徹底改變 app 的外觀與感覺了。但你還可以做很多事情。本章將介紹如何使用 **coordinator layout** 來讓 UI 的反應更靈敏。你將建立可以隨意**摺疊或捲動**的**工具列**，認識一些**令人興奮的新 view**，例如**核取方塊**、**選項按鈕**、**chip** 與**浮動按鈕**。最後，你將學會如何使用 **toast** 與 **snackbar** 來顯示方便的快顯訊息。

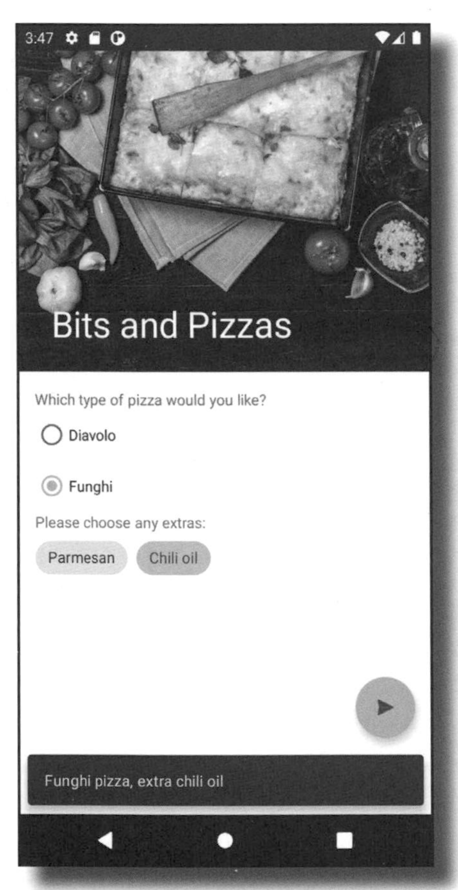

view binding

10 形影不離

是時候跟 findViewById() 揮手告別了。你應該已經發現，你使用的 view 越多、app 的互動越多，**你就越常呼叫 *findViewById()***。如果你懶得在每次使用 view 時輸入這段程式了，你並不孤單。本章將告訴你如何藉著實作 **view binding** 來**讓 *findViewById()* 成為過往雲煙**。你將知道如何將這項技術用在 **activity 與 fragment 程式**上，以及為何這種方法讓你在操作 layout 的 view 時**更安全、更有效率**。

那不是 ChipGroup！
我投降！

RadioGroup

Fragment 啟動

onCreateView()

Fragment 運行

onDestroyView()

Fragment 銷毀

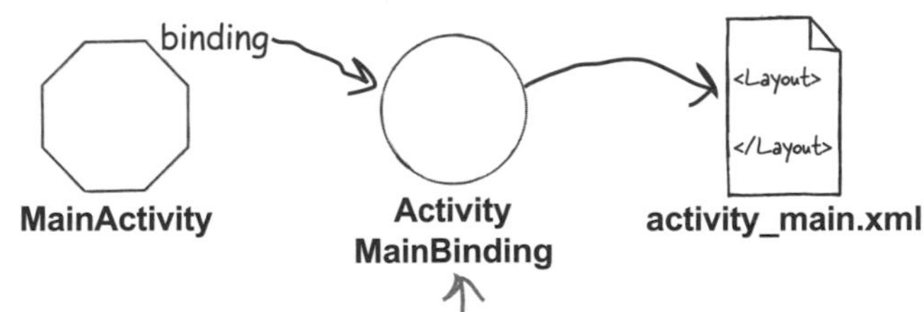

MainActivity 的 binding 屬性被設為 ActivityMainBinding 物件。activity 的 view 被接到這個物件。

view models

11 建立行為模型

app 越複雜，fragment 需要應付的事情就越多。如果你不夠細心，你可能會寫出企圖包山包海的**臃腫程式**。你可能會把商業邏輯、導覽功能、UI 控制、處理組態改變的程式…等你想得到的東西都放在裡面。在本章，你將學會如何使用 **view model** 來處理這種情況。你將了解它們**如何簡化 activity 與 fragment 程式**。你將明白它們**如何在組態變化時存活下來**，讓 app 的狀態安全無恙。最後，我們將告訴你如何建立 **view model factory**。

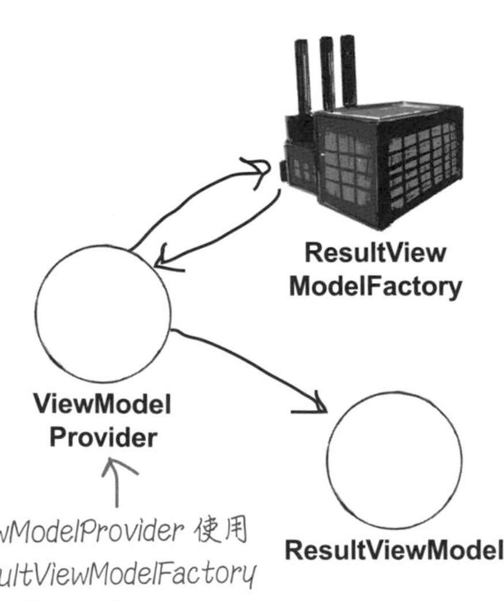
ResultView
ModelFactory
ViewModel
Provider
ResultViewModel
ViewModelProvider 使用
ResultViewModelFactory
來取得 ResultViewModel。

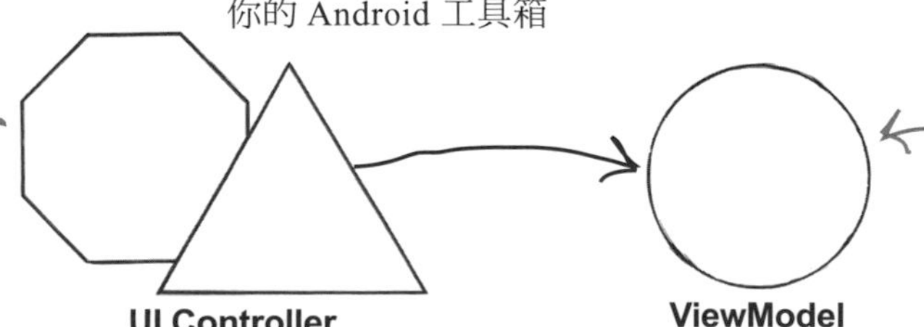
UI 控制程式是 fragment 或 activity。它裡面有控制 UI 的程式，例如巡覽機制。
UI Controller
ViewModel
view model 物件接到 UI 控制程式。它保存資料與商業邏輯。

live data

12 投入 Action 的懷抱

你的程式通常需要在屬性值改變時做出反應。例如，當 view model 屬性的值改變時，**fragment 可能要**藉著更新它的 view 或前往其他地方來**做出回應**。但是 **fragment 如何知道屬性的值何時改變了？**在這一章，我們將介紹 **live data**，這是**在事情發生變化時通知有關各方**的手段。你將認識 ***MutableLiveData***，以及知道如何**讓 fragment 觀察這種型態的屬性**。你將了解 ***LiveData* 型態如何協助維護 app 的一致性**。

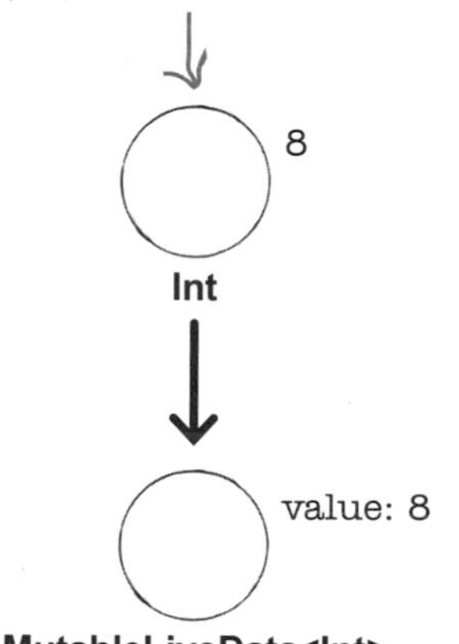

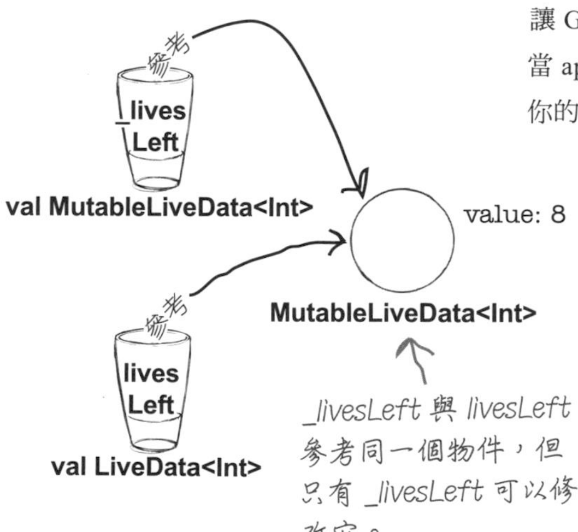

13 data binding

建立聰明的 layout

layout 不只能控制 app 的外觀。你寫過的所有 layout 都是用 activity 或 fragment 程式來指示它們該如何表現的。但是想像一下，如果 **layout 可以自己思考**，並且**自己做出決定**呢？本章將介紹 **data binding**，它是一種**提升 layout 智商**的手段。你將了解**如何讓 view** 直接從 view model **取得值**。你將使用 **listener binding** 來讓按鈕呼叫它們的方法。你甚至會學到如何用**一行簡單的程式來讓 view 對 live data 的改變做出回應。**

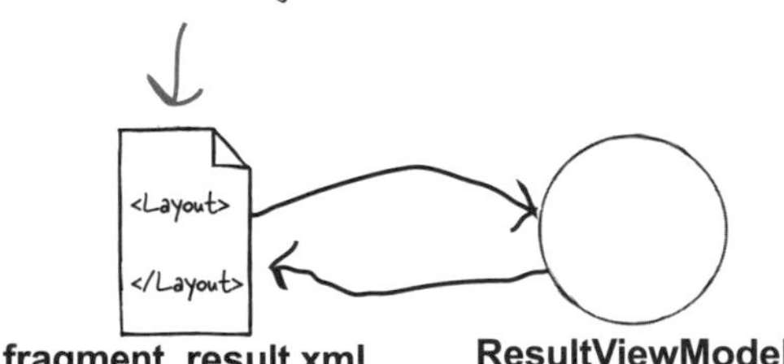

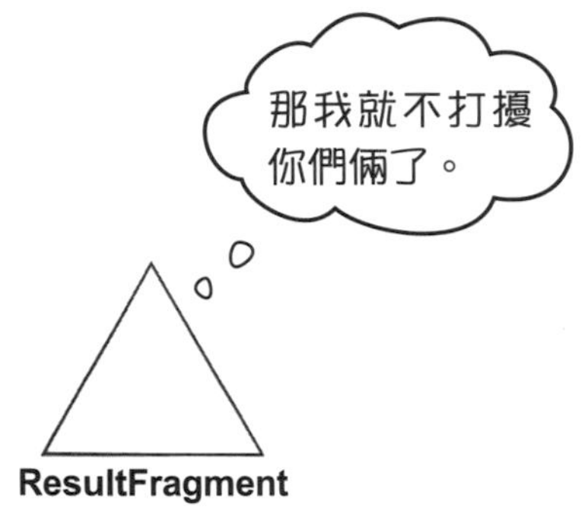

Room 資料庫

14 有景觀（View）的房間（Room）

大部分的 app 都需要保存的資料。但如果你沒有採取行動來將資料存在別處，它就會在 app 關閉時**永遠遺失**。在 Android 小鎮裡面，你通常會將資料**存放在資料庫裡面**，來保護它的安全，所以在這一章，我們將介紹 **Room 持久保存程式庫**。你將學會如何藉著注解類別與介面，來**建構資料庫**、**建立資料表**，以及**定義資料存取方法**。你將了解如何**使用協同程序**（**coroutine**）在背景執行資料庫程式。在過程中，你也會知道如何藉由 *Transformations.map()*，**在 live data 改變時立刻轉換**它。

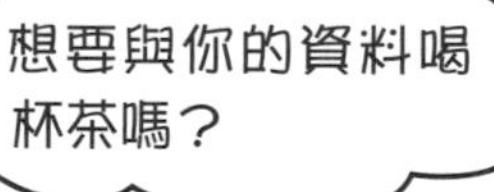

想要與你的資料喝杯茶嗎？

DAO 介面負責所有的資料存取需求。你只要說你想要什麼，DAO 就會幫你處理它。
TaskDao

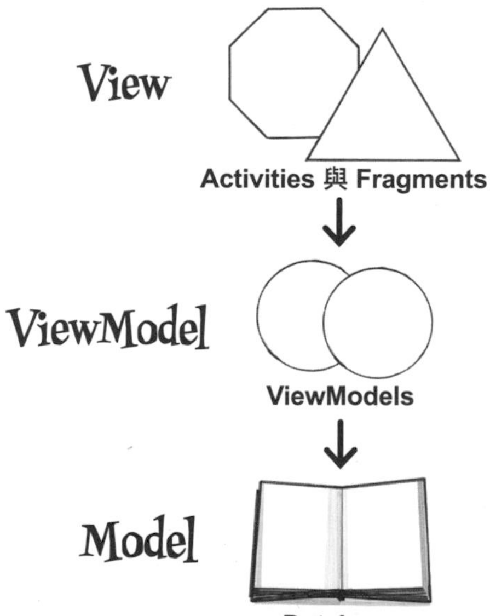

View
Activities 與 Fragments
ViewModel
ViewModels
Model
Database

recycler views

15 Reduce、Reuse、Recycle

資料清單是多數 app 的關鍵元素。本章將告訴你如何使用 **recycler view** 來建立它。recycler view 可以讓你用**超級靈活**的方式來建立**可捲動的清單**。你將了解如何為你的清單建立**靈活的 layout**，在裡面加入 text view、核取方塊…等。你將知道**如何建立 adapter**，以任何方式**將資料擠入** recycler view。你將探索如何使用 **card view** 來以 **3D 材質**顯示資料。最後，我們將告訴你 **layout manager** 如何**只靠一兩行程式**就可以將你的清單徹底改頭換面。

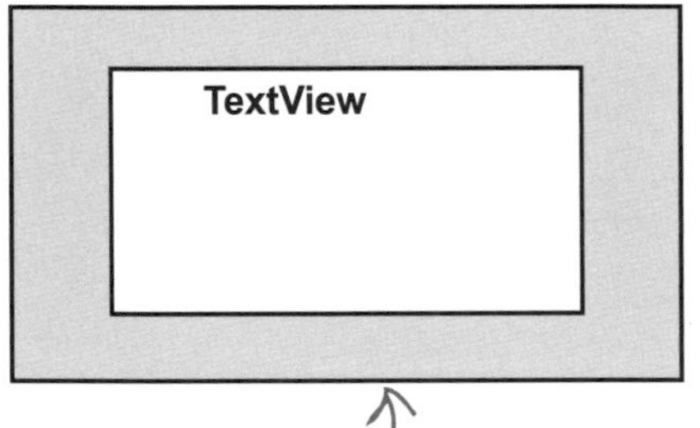

每一個 view holder 都保存每一個項目的 layout 的根 view。這裡的根 view 是個 text view。

16 DiffUtil 與 Data Binding

快意人生

你的 app 必須盡量跑得流暢且有效率。但如果你不夠謹慎，大型或複雜的資料組可能會讓 recycler view 出問題。本章將介紹 ***DiffUtil***，它是**讓你的 recycler view 更聰明**的工具類別。你將了解如何使用它來**有效率地更新** recycler view。你將明白 ***ListAdapters* 如何讓你輕鬆地使用 *DiffUtil***。在過程中，你將學會**如何在 recycler view 程式中實作 data binding 來永遠擺脫 *findViewById()***。

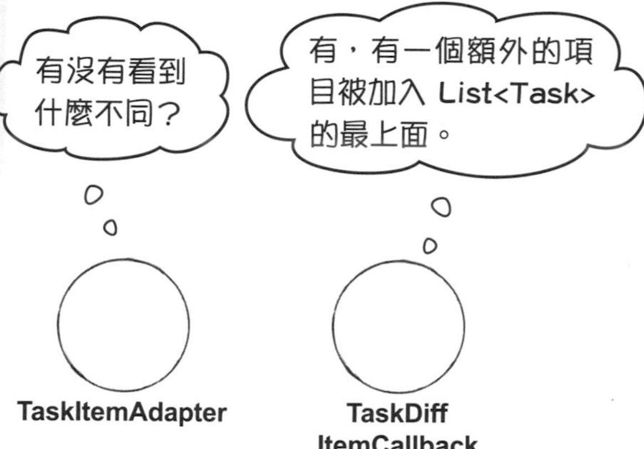
有沒有看到什麼不同？
有，有一個額外的項目被加入 List<Task> 的最上面。
TaskItemAdapter
TaskDiff ItemCallback

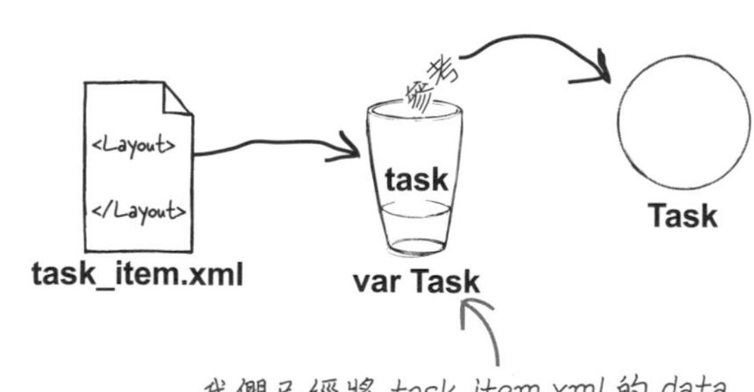
<Layout>
</Layout>
task_item.xml
參考
task
var Task
Task
我們已經將 task_item.xml 的 data binding 變數設成 Task 物件了。

recycler view 導覽

17 抽一張卡

有一些 app 需要讓用戶從清單中選擇一個項目。在這一章，你將了解**如何讓 recycler view 的項目可以被按下，讓它成為 app 設計的核心。**你將探索如何**實作 recycler view 導覽**，讓 app 在用戶按下一筆紀錄時帶他前往新畫面。你將知道如何**展示**用戶所選擇的紀錄的**額外資訊**，以及如何在資料庫裡面更新它。

我被按下了！是時候執行那個lambda了…
{ … }
CardView

當用戶按下工作時，呼叫 TaskViewModel 的 onTaskClicked() 方法。
TasksFragment

好的。
TaskItemAdapter

Jetpack Compose

18 發揮創意

到目前為止，你建立的 UI 都使用 view 與 layout 檔案。但是 **Jetpack Compose 提供更多選擇**。在這一章，我們要來**一趟 Compose 小鎮之旅**，學習如何使用名為 **composable** 的 Compose 組件來建構 UI，而不是使用 view。你將學會如何使用內建的 composable，包括 **Text**、**Image**、**TextField** 與 **Button**。你將了解如何將它們排成 **Row**（**橫列**）與 **Column**（**直行**），並使用 **theme**（**佈景主題**）來設定它們的樣式。你將編寫與預覽你的 **composable 函式**。你甚至將使用 ***MutableState*** 物件來**管理 composable 的狀態**。

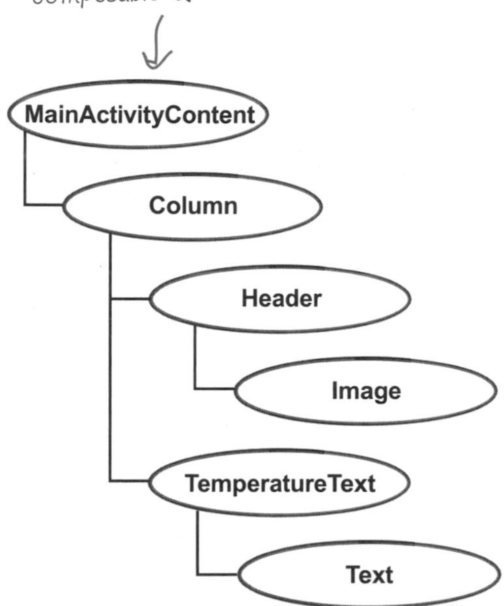

將 Compose 與 view 整合起來

19 琴瑟合鳴

讓不一樣的東西互相合作可以獲得最好的結果。到目前為止，你已經知道如何使用 view 或 composable 來建構 UI 了。但是如果你想要同時使用**兩者**呢？在這一章，你會學到如何**將 composable 加入以 View 做成的 UI**，同時獲得**兩者的好處**。你將探索讓 **composable 與 view model 互相合作**的技術。你甚至會知道如何讓它們**回應 *LiveData* 的更新**。在本章結束時，你將充分了解如何**同時使用 composable 與 view**，甚至**遷移至純 Compose UI**。

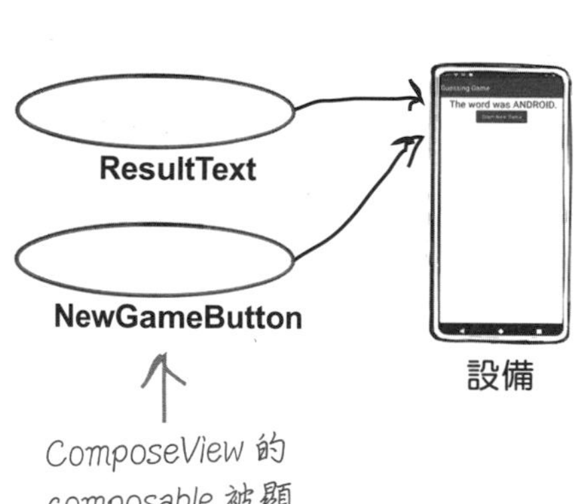

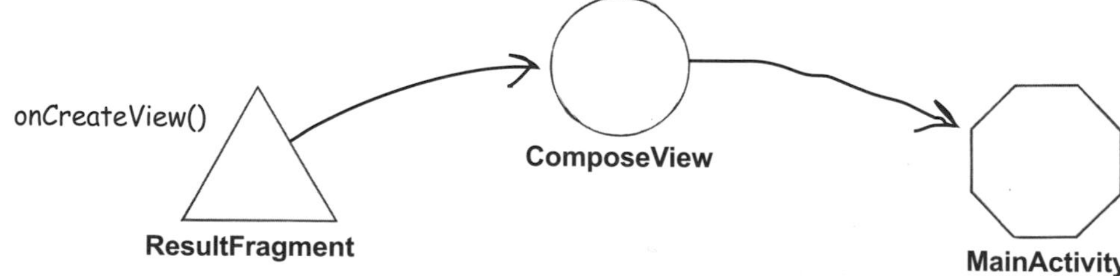

遺珠

十大要事（我們沒有談到的）

雖然我們已經介紹豐富的內容了，但還有一些想說的。我們認為你還需要知道一些事情，我們不想要省略它們，但也不想讓這本書只有大力士才拿得起來，在你闔上這本書之前，請先**把接下來的花絮看一遍**。

有 WiFi 了，而且電池是滿的，我要去下載你要的杯子蛋糕食譜了。

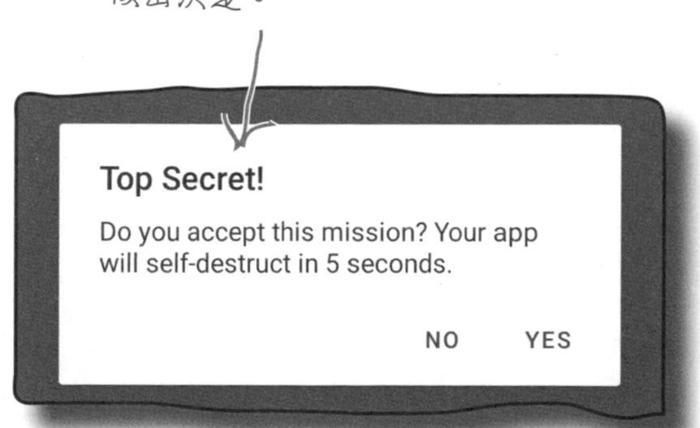
dialog 的用途是提示用戶做出決定。
Top Secret!
Do you accept this mission? Your app will self-destruct in 5 seconds.
NO
YES

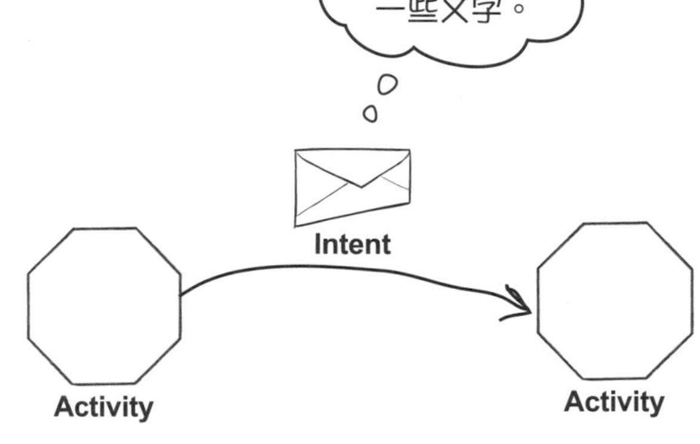
我想要給你一些文字。
Intent
Activity
Activity

如何使用本書

序

他們竟然在書裡放
這些東西？真扯！

本節將回答這個辛辣的問題：「他們到底為什麼要在這本 Android 書裡放入那些東西？」

誰適合這本書？

如果對於這些問題，你的答案都是「肯定」的：

1. **你已經知道怎麼用 Kotlin、Java 或其他物件導向語言來寫程式了嗎？**

2. **你想要精通 Android app 開發，製作風靡全球的軟體，賺個盆滿缽滿，然後在你的私人小島過著悠閒的退休生活嗎？**

也許這扯太遠了，但，千里之行始於足下，不是嗎？

3. **你喜歡學以致用，而不是在講座裡聽著別人滔滔不絕地演講好幾個小時？**

那麼這本書就很適合你。

誰可能要對這本書退避三舍？

如果對於以下的任何問題，你的答案是「肯定」的：

1. **你想找關於 Android app 開發的粗淺概論或參考書？**

2. **你寧願被 15 隻吱吱叫的猴子拔掉腳趾甲，也不想學新東西？你認為 Android 書應該包山包海，必須包含你根本用不到的深奧細節？即使在閱讀過程中讓你呵欠連連也無妨？**

那這本書就**不**適合你。

［行銷部門加註：只要有信用卡或現金，任何人都適合看這本書…用 PayPal 付錢也行！］

我們知道你在想什麼

「這怎麼會是正經的 Android app 開發書？」

「這堆圖片在搞什麼東西？」

「這樣真的可以讓我學會嗎？」

也知道你的大腦在想什麼

大腦渴望新鮮的事物，它一直在搜尋、掃描、等待不尋常的事情。這是大腦的天性，也正是因為如此，你才可以平安度日、繼續生存。

那麼，對於那些你每天面對、一成不變、平淡無奇的事物，你的大腦又作何反應？它會盡量阻止那些事情干擾真正的工作，也就是記住真的要緊的事，它不會浪費心力儲存那些無聊事，那些事情絕對沒辦法通過「這顯然不重要」的過濾機制。

你的大腦又怎麼知道什麼才是重要的？假設你去爬山，突然有一隻老虎跳到你面前，你的大腦和身體會有什麼反應？

神經元被觸發、情緒高漲、腎上腺素激增。

這就是大腦「知道」的方式⋯

這絕對很重要，不要忘記喔！

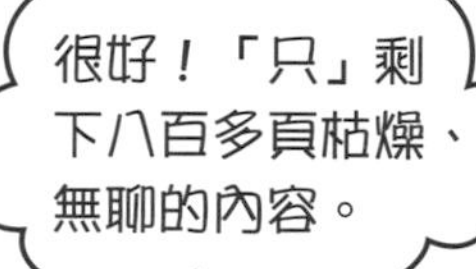

很好！「只」剩
下八百多頁枯燥、
無聊的內容。

然而，想像你在家裡或圖書館，燈光好、氣氛佳，而且沒有老虎出沒。你正在用功、準備考試，或研究一個技術難題，你的老闆認為，你只要一週，頂多十天就能搞定它。

問題是，你的大腦想要幫你對付其他的大事情，試圖確保眼前這件顯然不重要的事情不會消耗有限的資源。畢竟，資源最好用來應對真正的大事，像猛虎、風災水患，或是不應該 PO 到 Instagram 的派對照片。而且，你也沒辦法輕鬆地告訴大腦說：「大腦呀！求求你了⋯不管這本書有多枯燥，多讓我想睡，還是要拜託你把內容全部記下來。」

我們認為「深入淺出」系列的讀者是想學習的人

那該如何學習？首先，你必須了解它的意思，然後確保不會忘記它。我們摒棄填鴨式教學。認知科學、神經生物學、教育心理學的最新研究顯示，學習不能只靠書中的文字，我們知道如何將大腦「開機」。

Head First 學習守則：

視覺化。圖像比文字好記多了，它可以讓學習更有效率（可將記憶力和知識轉換能力提升 89% 之多）。圖像也可以讓事情更容易理解，**將文字放在**與它有關的**圖片裡面或旁邊**，而不是將文字放在頁腳或下一頁，可讓學習者解決相關問題的可能性提高一倍。

使用對話與擬人風格。最新的研究發現，相較於一般正經八百的敘述方式，以第一人稱角度、談話風格，直接與讀者對話，可將學員的課後測驗成績提升 **40%**。以故事代替論述；以輕鬆的口語取代正式的演說。別那麼保守，試想，在晚宴上的聊天比較能夠吸引注意力，還是課堂上的演說？

讓學員更深入地思考。換句話說，除非主動刺激神經，否則大腦不會有所作為。你必須刺激讀者、讓他們參與、引發他們的好奇心、啟發他們解決問題、做出結論，並且領悟新知。為此，你要接受挑戰、練習、以及參與刺激思考的問題與活動，同時運用左右腦，充分利用多重感知。

引起讀者的注意力並持續維持。我們都有這個經驗：「我真的很想學會這些內容，但是連第一頁都還沒看完就已經快睡著了」。大腦只會注意特殊、有趣、怪異、引人注目，以及超乎預期的東西。你不一定要用枯燥乏味的方式來學習新穎、困難、技術性的主題，採取另一種做法可大幅提昇大腦的學習效率。

引發情緒。能否記住一件事與那件事給你帶來的情緒有很大的關係。你會記得你在乎的事，一旦它引起你的感受，你就能夠記住它。我說的不是靈犬萊西與小主人之間心有靈犀的故事，而是當你解開謎題、學會別人覺得困難的東西，或者發現自己比工程部的紅人小明懂更多時，所引發的驚訝、好奇、有趣、「哇靠…」，以及「我好棒！」之類的情緒與感覺。

超認知：「想想」如何思考

如果你真的想要學習，想要學得更快、更深入，那麼，請注意你是如何「注意」的，「想想」如何思考，「學學」如何學習。

大多數人在成長過程中，都沒有修過超認知（metacognition）或者學習理論課程，雖然師長期望我們學習，卻從未教我們如何學習。

既然你已經拿到這本書了，我們假設你想要學好 Android app 開發，而且你應該不想花太多時間。如果你想要充分利用本書教導的東西，你就必須牢牢記住你所學過的東西，為此，你必須充分理解它。若要從本書（或者任何書籍與學習經驗）得到最多利益，你就必須讓大腦負起責任，讓它好好注意這些內容。

祕訣在於：讓大腦認為你所學習的新知識的確很重要，攸關生死存亡，和噬人的老虎一樣。否則，你會不斷陷入苦戰，想要記住那些知識，卻老是記不住。

那麼，要如何讓大腦將 Android 程式設計當成一隻飢餓的大老虎？

有慢又繁瑣的方法，也有快又有效的方式。慢的是多讀幾次，你知道的，勤能補拙，只要重複夠多次，再乏味的知識也可以學會並記住，你的大腦會說：「雖然這些東西感覺起來不太重要，但他卻一而再，再而三地苦讀這個部分，代表這是很重要的東西吧！」

較快的方法則是做**促進大腦活動**的任何事情，尤其是不同類型的大腦活動。上一頁提到的事情是解決辦法的一大部分，已經證實可促進大腦運作。比方說，根據研究，將文字放在圖片裡面（而不是放在其他地方，例如圖像標題或內文），可以幫助大腦將兩者結合起來，進而觸發更多神經元，更多神經元被觸發，等於讓大腦更有機會將這些內容視為值得關注的資訊，並且盡可能將它記下來。

對話風格也很有幫助，因為當人們認為自己處於對話情境時，他的注意力會更集中，因為他們必須豎起耳朵，注意整個對話的進行，跟上雙方的節奏與內容。神奇的是，你的大腦根本不在乎那場對話是你和書本之間的「對話」！反過來說，如果寫作風格既正經又枯燥，大腦會以為你正在聽一場演講，你只是被動的聽眾，根本不需要保持清醒。

然而，圖片與對話風格只是開胃菜…

我們的做法

我們使用**圖像**，因為大腦喜歡視覺效果而不是文字。對大腦來說，一圖值「千」字。如果我們要同時展示文字和圖片，我們會將文字嵌入圖片內，因為將文字放在它想說明的圖片裡（而不是在圖片標題或者埋在正文某處）可提升大腦的效率。

我們會以不同的呈現方式、不同的媒介、多重的感知，**反覆**敘述相同的事物，這是為了提升機會，將內容烙印在大腦的不同區域。

我們以**出人意料**的方式，使用概念和圖像來讓大腦覺得新鮮有趣。我們使用多少具有**情緒性**的圖像與想法，讓大腦身歷其境。有感覺的事情比較容易被記住，那些感覺不外乎**好笑**、**驚訝**、**有趣**…等。

我們使用擬人化的**對話風格**，因為當大腦相信你正在對談，而不是被動地聆聽演說時，它會提升注意力，即使你交談的對象是一本書，也就是說，即使你其實正在閱讀，大腦也會如此。

我們加入大量的**活動**，因為比起閱讀，當你**做**事情時，大腦學得更多，記住更多。我們讓習題與活動稍具有挑戰性，但不至於太困難，因為多數人都喜歡如此。

我們採取**多重學習風格**，因為你應該比較喜歡一步一腳印的程序，有些人喜歡先掌握大局，有些人喜歡直接看範例，無論你是哪種人，本書以各種方式呈現相同內容的手法都可以讓你受益。

本書的設計同時考慮**左右腦**，因為讓越多腦細胞參與，學會並記住內容的可能性就越高，你保持專注的時間也更長。因為使用一半大腦，往往意味著另一半大腦有休息的機會，讓你可以學習得更久、更有效率。

我們也運用**故事**和練習，呈現**多重觀點**，因為，強迫大腦進行評價與判斷會讓你學得更深入。

本書也有很多**挑戰**和習題，透過問**問題**的方式進行，答案不一定很直接，因為當大腦被迫努力工作時，它將學得更多、記得更牢。試想，你不可能光看別人在健身房運動，就可以練好自己的身材。但是，我們盡力確保你的努力都用在正確的事情上，**不會讓你花費額外的腦力**去處理很難以理解的範例，或是難以剖析、充斥術語，或過於簡單的內容。

我們使用**人物圖片**，在故事、圖像與範例中，到處都有人物，因為你也是人！你的大腦對人比較有興趣，而不是事情。

讓大腦順從你的方法

我們已經做了該做的事情了，接下來就靠你了。以下介紹一些技巧，但它們只是開端，你要聆聽大腦的聲音，看看哪些對你的大腦有效，哪些無效。請試試！

沿虛線剪下，用磁貼貼在你的冰箱上。

---

1 慢慢來，你理解得越多，需要死背的越少。

不要光是讀，別忘了停下腳步，好好思考。當本書問你問題時，不要不加思考就看答案。想像有人在你面前問你這個問題，強迫大腦想得越深，你就越有機會學習並且記住更多知識。

2 勤做習題，寫下心得。

雖然我們安排了習題，但如果那些習題是我們為你完成的，那就好像讓別人幫你健身一樣，不會有任何效果。你要**用鉛筆**來作答，大量證據顯示，在學習過程中的實體活動可增加學習的效果。

3 認真閱讀「沒有蠢問題」的單元。

仔細閱讀所有的「沒有蠢問題」，它們不是可有可無的專欄，而是**核心內容的一部分**！絕對不要跳過它們。

4 把閱讀此書當成睡前的最後一件事，至少當作睡前的最後一件有挑戰性的事。

部分的學習是在放下書本之後發生的，將知識轉化成長期記憶的過程更是如此。你的大腦需要時間進行更多處理，如果你在這段期間胡亂塞進新知識，你會忘記一些剛學過的東西。

5 讀出來，大聲唸出來。

說話會驅動不同的大腦部位，如果你要理解某件事情，或提升記憶力，那就大聲說出來。大聲解釋給別人聽可以讓你學得更快，甚至觸發許多新想法，這是光憑閱讀做不到的。

6 喝水，多喝水。

大腦需要豐沛液體的滋潤才能良好運作，脫水（往往在你覺得口渴之前發生）會降低認知功能。

7 聆聽大腦的聲音。

注意大腦是不是筋疲力竭了，如果你發現自己開始漫不經心，或者過目即忘，那就該休息了。當你開始錯過一些重點時，放慢腳步，否則你將失去更多。

8 用心感受！

讓大腦知道這本書的內容都很重要，你可以融入故事，在圖片旁邊寫上說明，看到冷笑話時，就算是皮笑肉不笑也比毫無感覺來得好。

9 寫大量的程式！

學好 Android app 開發的唯一途徑是**撰寫大量程式碼**，這正是閱讀這本書時必須做的事情。寫程式是一種技術，精通之道唯有反覆練習，所謂熟能生巧。我們將提供許多實作的機會：每一章都有一些習題，丟出問題讓你解決，切勿跳過，因為解決問題將讓你學會很多事情。每一則習題都有解答，如果你真的「卡」住了，**偷瞄一下**也無妨（小挫折是難免的！）無論如何，盡量先回答習題再看答案，在進入下一個單元之前，務必讓程式可以運行。

讀我

這是一場學習體驗，不是一本參考書，本書已經特意排除可能妨礙學習的所有因素了。當你第一次閱讀時，務必從頭看起，因為本書對讀者的知識背景做了一些假設。

我們假設你是 Android 菜鳥，但不是 Kotlin 新手。

我們將使用 Kotlin 與 XML 來建構 Android app，我們假設你熟悉 Kotlin 語言，或其他物件導向語言，例如 Java。如果你還沒有寫過任何 Kotlin 程式，也許你可以先看完《*Head First Kotlin*》（深入淺出 *Kotlin* 程式設計）再來看這本書。

我們會從第 1 章就開始撰寫 app。

信不信由你，就算你從未開發 Android 程式，你也可以立刻開始建構 app。在過程中，你將學會 Android Studio，這是一種開發 Android app 的官方 IDE。

本書的範例是為了學習而設計的。

在閱讀本書的過程中，你將製作許多 app，其中有些是非常小型的 app，那是為了讓你把注意力放在 Android 的特定部分，其他 app 比較大型，讓你可以從中看到如何將不同元件組織在一起。我們不會完成每一個 app 的每一個部分，但你大可自行實驗並且完成它們，這才是最完整的學習體驗，

我們會展示背景程式碼。

我們知道讀者很不喜歡一種程式碼：它們沒有背景、不解釋如何運作，也不說明如何在你自己的專案中使用。本書將展示一小段程式，並解釋撰寫每一段的目的，以及原因，然後告訴你那段程式在完整的專案中如何運作。你甚至可以在這裡下載本書的所有原始碼，並好好研究它們：*https://tinyurl.com/hfad3*。

不要跳過任何活動。

習題和活動不是選搭的裝飾品，而是本書核心的一部分，它們有些可以幫助記憶，有些可以幫助理解，還有一些可以幫助應用所學。所以，**請勿跳過這些練習**。

重複的內容是刻意安排且必要的。

我們希望 Head First 系列能夠讓你真正學到東西，希望你讀完本書之後，能夠記得讀過的內容，而大部分參考用書並非以此為目標。本書把重點放在學*習*，所以重要的內容會以不同的方式一再出現，以加深你的印象。

「動動腦」習題沒有答案。

有些「動動腦」習題沒有一定的答案，有些則讓你自行判斷答案是否正確，以及何時正確。在某一些「動動腦」習題中，我們會給你提示，指引你正確的方向。

真的很了不起的技術審閱小組

Jacqui Cope

Ken Kousen

Ingo Krotzky

Ash Tappin

技術審閱者：

Jacqui Cope 是為了逃避學校的網球訓練而開始寫程式的。從那時起，她在各種金融與教育系統累積了非常多的工作經驗，從 COBOL 到測試管理。此後，她獲得計算機安全碩士學位，並進入高等教育機構從事品保工作。有空的時候，Jacqui 喜歡烹飪、在鄉間漫步，以及在沙發上看《超時空奇俠》（*Doctor Who*）。

Ingo Krotzky 一直在醫療保健產業擔任各種職務，主要是為受託研究機構進行臨床試驗，他是系統架構師、DBA 與資料庫設計師、軟體開發者與資料工程師。在休閒期間，他喜歡住在到處都有野生（沒那麼野生啦）動物的鄉村中，與松鼠、松鴉、雀鳥進行配對編程，以及探索最熱門的行動框架。

Ken Kousen 是 Java Champion、Oracle Groundbreaker Ambassador 與 Grails Rock Star。他的著作有：Pragmatic Library 的《*Help Your Boss Help You*》、O'Reilly 的《*Kotlin Cookbook*》、《*Modern Java Recipes*》、《*Gradle Recipes for Android*》，以及 Manning 的《*Java Groovy*》。他為 O'Reilly Learning Platform 錄製了數十部影片課程，內容涉及 Android、Spring、Java、Groovy、Grails 與 Gradle。他也曾經多次獲得 JavaOne Rockstar 獎。他的學術背景包括麻省理工學院的機械工程和數學學士學位、普林斯頓大學的航空工程碩士和博士學位，以及 RPI 的計算機科學碩士學位。他現在是 Kousen IT 公司的總裁，該公司位於康乃狄格州。

Ash Tappin 是多語言軟體開發者，主要製作 web 應用程式。他很喜歡打造可讓大家過得更輕鬆的新產品。不寫程式的時候，他喜歡練吉他、聽音樂、跑步、騎單車、戶外探險，以及園藝。

致謝

給我們的編輯：

我們非常感謝出色的編輯 **Virginia Wilson** 為本書的第三版挑起重擔。與她合作非常愉快，她給了我們寶貴的回饋和見解。她用驚人的組織能力和放鬆技巧讓這本書走上正軌，並努力地確保我們在需要的時候，就可以得到我們需要的一切。我們很感謝她的辛勞和支持。

Virginia Wilson

Zan McQuade

給 *O'Reilly* 團隊：

非常感謝 **Zan McQuade** 讓我們撰寫本書的第三版，感謝她的所有支援。感謝 **Shira Evans** 與 **Nicole Taché** 提供了額外的編輯回饋。感謝**設計團隊**提供了不起的新圖片，以及協助我們更換舊元素。感謝 **Katie Tozer** 與 **Kristen Brown** 提供本書的早期版本。最後，感謝製作團隊專業地指導本書的製作過程，以及他們在幕後辛勤地工作。

給家人、朋友與同事：

撰寫「深入淺出」系列一直以來都很像坐雲霄飛車，第三版也不例外。我們一直很重視家人和朋友的關心和支持。特別感謝 **媽**、**爸**、**Rob**、**Lorraine**、**Mark**、**Laura**、**Andy**、**Aisha**、**Andy**、**Matti**、**Ian**、**Vanessa**、**Dawn**、**William** 與 **Simon**。

給其他人：

了不起的技術審閱小組努力地提供他們對本書的想法，讓我們保持清晰的思路，並確保內容是準確的。我們也感謝在每一個早期版本和前兩個版本提供回饋的所有人。我們認為本書因此而變得更好。

最後，感謝 **Kathy Sierra** 與 **Bert Bates** 開創了這套非同尋常的書籍，教我們扔掉老舊的規則書，並讓我們了解他們的想法。

1 千里之行，始於足下

一頭栽進 Android 世界

Android 是世上最受歡迎的行動作業系統。全球有數十億 Android 用戶等著下載你的下一個好點子。在這一章，你將藉著**建構基本的 Android app** 並修改它，來了解如何將腦海中的想法化為現實。你將知道如何讓它在實體與虛擬設備上運行。在過程中，你將認識所有 Android app 的兩項核心組件：**activity** 與 **layout**。讓我們開始潛水吧！

歡迎光臨 Android 小鎮

Android 是世上最受歡迎的行動作業系統。根據最新的統計，全球有超過 *30* 億台活躍的 Android 設備，這個數量仍在成長。

Android 是以 Linux 為基礎且開放原始碼的綜合平台，由 Google 支援。它是一個強大的開發框架，涵蓋讓你建立偉大 app 的所有事物。此外，它可讓你將這些 app 部署到各種設備上，包括手機、平板…等。

那麼，Android app 的主要元素有哪些？

我們將使用 Kotlin 與 XML 來建構 Android app。我們會在過程中解釋所有事情，但你也要稍微了解 Kotlin，才能充分理解這本書。

Activity 負責定義 app 可做什麼事

每一個 Android app 都有一或多個 **activity**。activity 是一種特殊的類別，通常是用 Kotlin 寫成的，它負責控制 app 的行為，以及決定如何回應用戶。例如，如果 app 有按鈕，你要在 activity 裡面用程式來說明當按鈕被用戶按下時該如何動作。

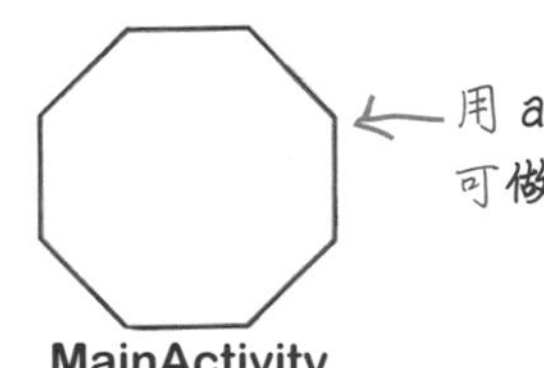

用 activity 來定義 app 可做哪些事情。

layout 負責定義每個畫面的外觀

典型的 Android app 有一或多個畫面。你要用 **layout** 檔案或其他的 activity 程式來定義每一個畫面的外觀。layout 通常是用 XML 來定義的，每一個畫面都可以放入按鈕、文字、圖像…等組件。

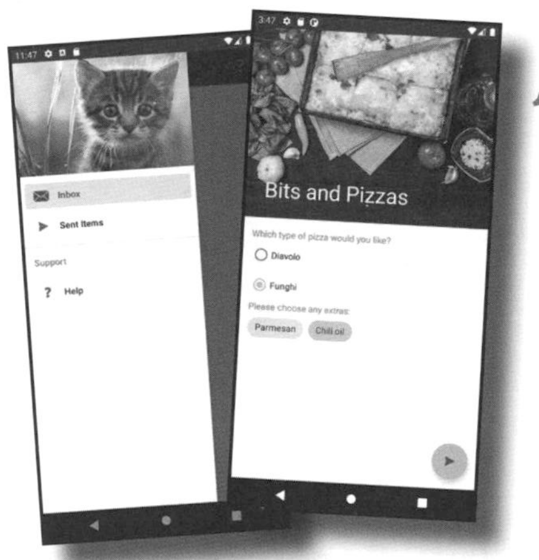

用 layout 告訴 Android 你的 app 的畫面長怎樣。

還有其他檔案

除了 activity 與 layout 之外，Android app 通常還需要一些額外的資源，例如圖像檔與應用程式資料。你可以將額外的檔案加入 app。

app 可能有其他的檔案，例如圖像檔。

Android app 其實只是被放在特定目錄裡面的一群檔案。當你建構 app 時，這些檔案會被包在一起，產生一個可在設備上運行的 app。

activity 與 layout 是 app 的骨幹

典型的 app 一起使用 activity 與 layout 來定義 app 的用戶介面。layout 可讓 Android 知道如何排列各個螢幕元素，activity 可控制 app 的行為。例如，如果 app 有按鈕，你要用 layout 來指定它的位置，用 activity 來控制當它被用戶按下時會怎樣。

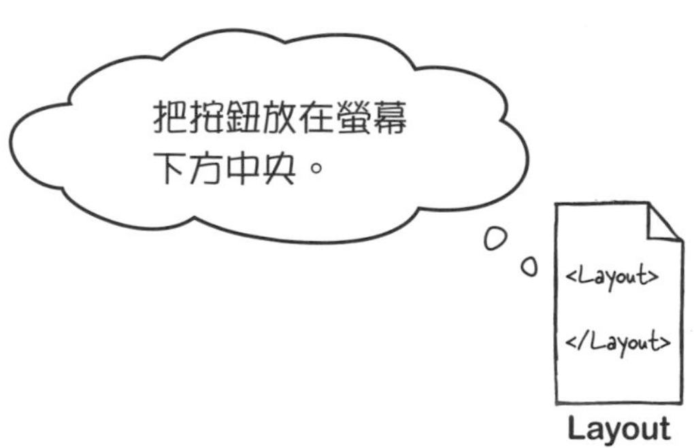

這就是當你在設備執行 app 時，activity 與 layout 的合作情況：

1. Android 啟動 app 的主 activity。
2. activity 叫 Android 使用特定的 layout。
3. layout 在設備上顯示出來。
4. 用戶與 layout 互動。
5. activity 回應這些互動，並更新畫面…
6. …用戶在設備上看到那些畫面。

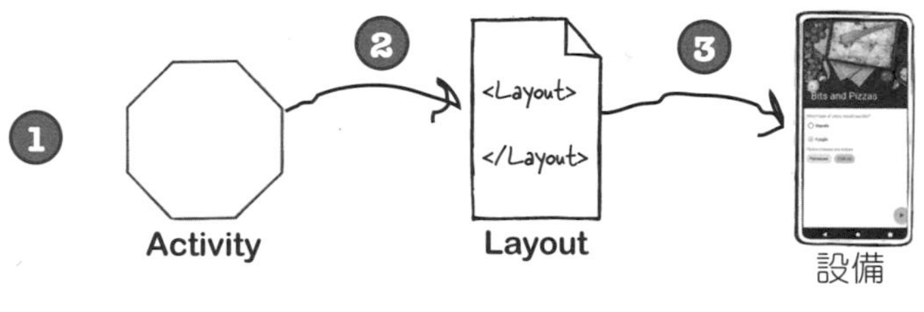

知道 Android app 如何組裝之後，我們來製作一個基本的 Android app 吧！

我們接下來要做這些事情

讓我們來建立一個 Android app，我們只要做幾件事：

1. **設定開發環境。**
   我們要安裝 Android Studio，它有用來開發 Android app 的所有工具。

2. **製作基本的 app。**
   用 Android Studio 來製作一個簡單的 app，讓它在螢幕上顯示一些文字。

3. **執行 app。**
   我們會在實體設備與虛擬設備上執行 app，來觀察它啟動與運行的情況。

4. **修改 app。**
   最後，我們會稍微修改 app，並再次執行它。

沒有蠢問題

問：Android app 都是用 Kotlin 來開發的嗎？

答：你也可以用其他語言來開發 Android app，例如 Java，但目前使用 Kotlin 是最好的做法，因為有些功能只有 Kotlin 提供。

問：我該怎麼學習 Kotlin？

答：雖然這有點偏心，但我們認為學 Kotlin 最好的途徑是買一本我們的《深入淺出 *Kotlin*》。它會教你需要知道的所有事情，讓你可以從這本書學到最多知識。

問：你剛才說，我們可以用 activity 程式取代 layout 檔案，來定義 app 的外觀，是嗎？

答：沒錯，你要使用一種稱為 Jetpack Compose 的工具組。

本書會教你如何使用它。現在我們先專心用 layout 檔來定義 app UI。

你在這裡

設定環境
建構 app
執行 app
修改 app

Android Studio：你的開發環境

開發 Android app 的最佳手段是使用 **Android Studio**，它是官方的 Android app 開發 IDE。

Android Studio 是建立在 IntelliJ IDEA 的基礎之上的，你可能已經熟悉 IntelliJ IDEA 了。Android Studio 有一組程式編輯器、UI 工具與模板，它們都是為了讓你在 Android 小鎮裡面過得更愜意而設計的。

它也有 **Android SDK**（Android Software Development Kit），所有的 Android app 開發工作都需要使用它。Android SDK 包括 Android 原始檔，以及一個編譯器，用來將你的程式編譯成 Android 格式。

Android SDK 的主要組件包括：

SDK 工具
包括用來開發與偵錯 Android app 的完整工具組。

SDK 組建工具
包括建構 Android app 所需的工具。

SDK Platform
每一個 Android 版本都有它自己的 SDK Platform 程式包（package）。它可讓你為該版本的 Android 編譯 app，它裡面也有該版本的原始檔。

SDK Platform 工具
包括與 Android 平台對接的工具，這些工具是回溯相容的，但新功能可能只能在新版的 Android 使用。

你要安裝 Android Studio

Android Studio 包含 Android app 的所有開發工具與功能，我們將使用它來建構本書的所有 app。

在我們進一步討論之前，**你要先在電腦上安裝 Android Studio**。下一頁會詳細告訴你該怎麼做。

安裝 Android Studio

設定環境
建構 app
執行 app
修改 app

為了從這本書學到最多東西，你必須安裝 Android Studio，在此不說明完整的安裝流程，因為這些流程很快就會過時，但你可以按照網路上的說明順利地完成安裝。

首先，到這裡確認 Android Studio 需求：

https://developer.android.com/studio#Requirements

在這裡下載 Android Studio：

https://developer.android.com/studio

這些 URL 可能會變，如果它們失效了，搜尋 Android Studio 可以找到正確的網頁。

然後按照安裝說明來進行安裝。

安裝好 Android Studio 之後，打開它，並按照說明加入最新的 SDK 工具與 Support Libraries。

如果你曾經安裝較舊的 Android Studio 版本，建議你恢復 IDE 的預設設定，做法是前往 File 選單，選擇 Manage IDE Settings，然後選擇 Restore Default Settings 選項。

這會重設 Android Studio 保存的所有舊設定，那些設定可能讓你的程式無法運行。

在這本書裡，我們使用 Android Studio 2020.3.1（別名 Arctic Fox）。務必安裝它以上的版本。

完成之後，你應該可以看到 Android Studio 歡迎畫面：

這是 Android Studio 的歡迎畫面，裡面有一組選項可讓你選擇。

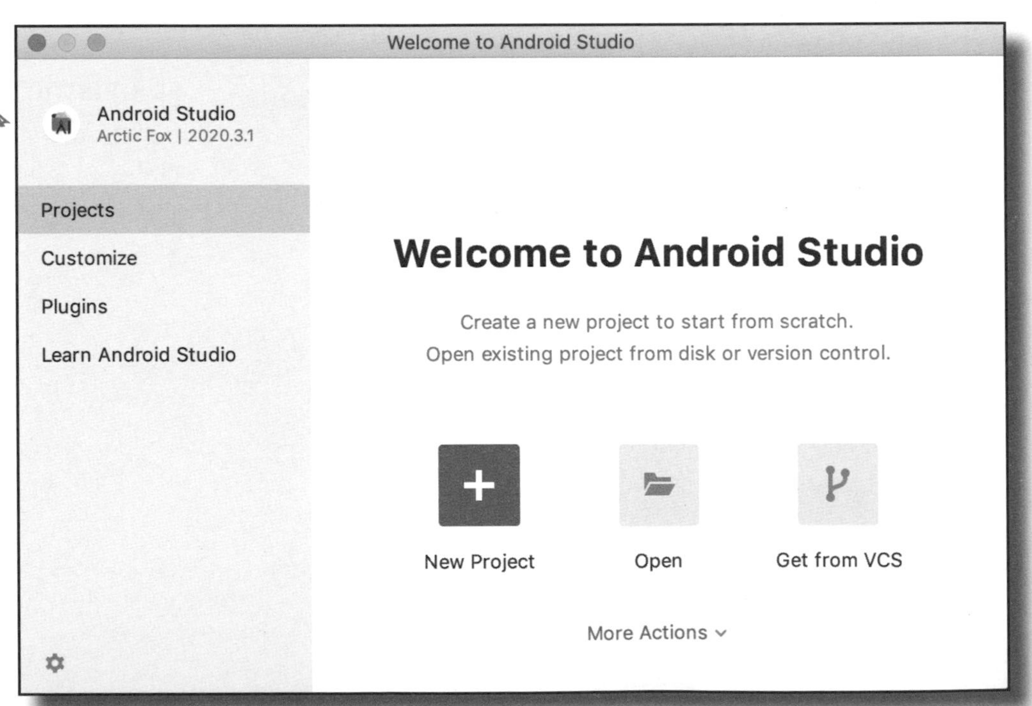

製作基本的 app

這一步完成了，所以將它打勾。

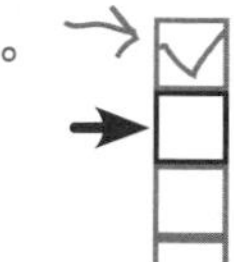

設定環境
建構 app
執行 app
修改 app

設好開發環境之後，你可以開始製作第一個 Android app 了。它的外觀將是：

這是你將製作的 app，它非常簡單，你的第一個 Android app 只需要做到這樣。

名稱會被顯示在畫面最上面的橫條裡面。

Android Studio 會在裡面為我們加上一小段示範文字。

讓我們開始製作 app 吧！

問：我非得使用 Android Studio 來建構 Android app 不可嗎？能不能使用其他的 IDE？

答：嚴格來説，你只需要編寫與編譯 Kotlin 程式的工具，以及轉換編譯好的程式，讓程式在 Android 設備上運行的工具。話雖如此，Android Studio 是 Android 官方 IDE，而且 Android 團隊推薦使用它。我們認為它非常適合用來開發 Android app，這就是我們決定使用它的原因。

問：不使用 IDE 可以寫出 Android app 嗎？

答：可以，但你會辛苦很多。

使用 IDE 更快速且更方便，所以我們建議你使用 Android Studio。

如何製作 app

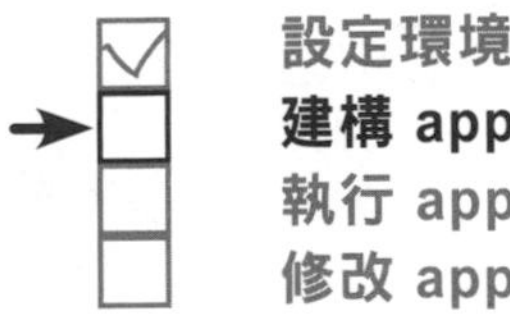

當你製作新 app 時，你必須為它建立新專案。打開 Android Studio，然後跟我們一起做。

- [x] 設定環境
- [ ] **建構 app**
- [ ] 執行 app
- [ ] 修改 app

1. 建立新專案

Android Studio 歡迎畫面提供一些選項，你要建立新專案，所以選擇 Projects 選項，然後按下「New Project」。

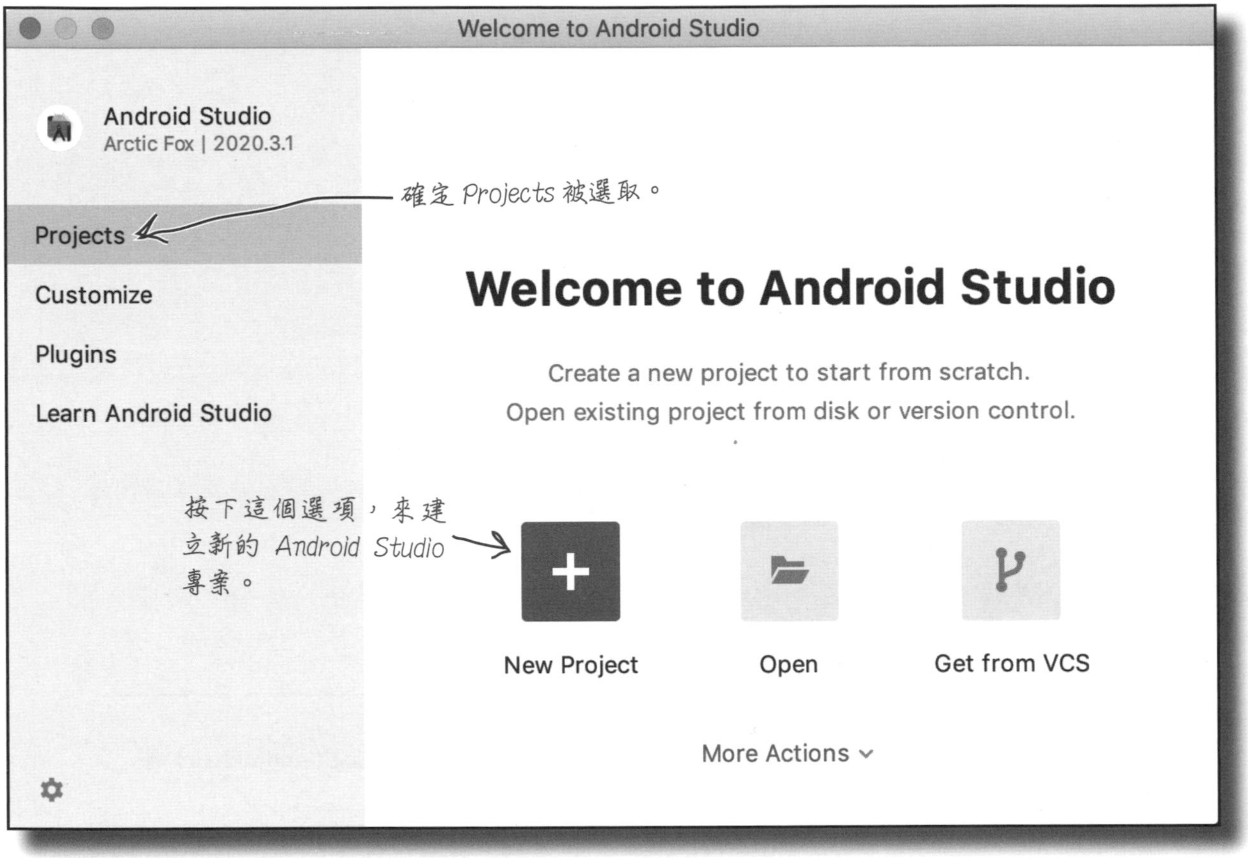

Welcome to Android Studio
Android Studio
Arctic Fox | 2020.3.1
Projects
Customize
Plugins
Learn Android Studio
確定 Projects 被選取。
Welcome to Android Studio
Create a new project to start from scratch.
Open existing project from disk or version control.
按下這個選項，來建立新的 Android Studio 專案。
New Project
Open
Get from VCS
More Actions

2. 選擇專案模板

接下來，你要指定你想製作哪一種 Android Studio 專案。我們要製作一個在手機或平板上運行的 app，它有一個空 activity，所以你要選取 Phone and Tablet，並選擇 Empty Activity 選項。除了 Empty Activity 選項之外還有其他選項，現在只要按下 Next 按鈕進入下一步即可。

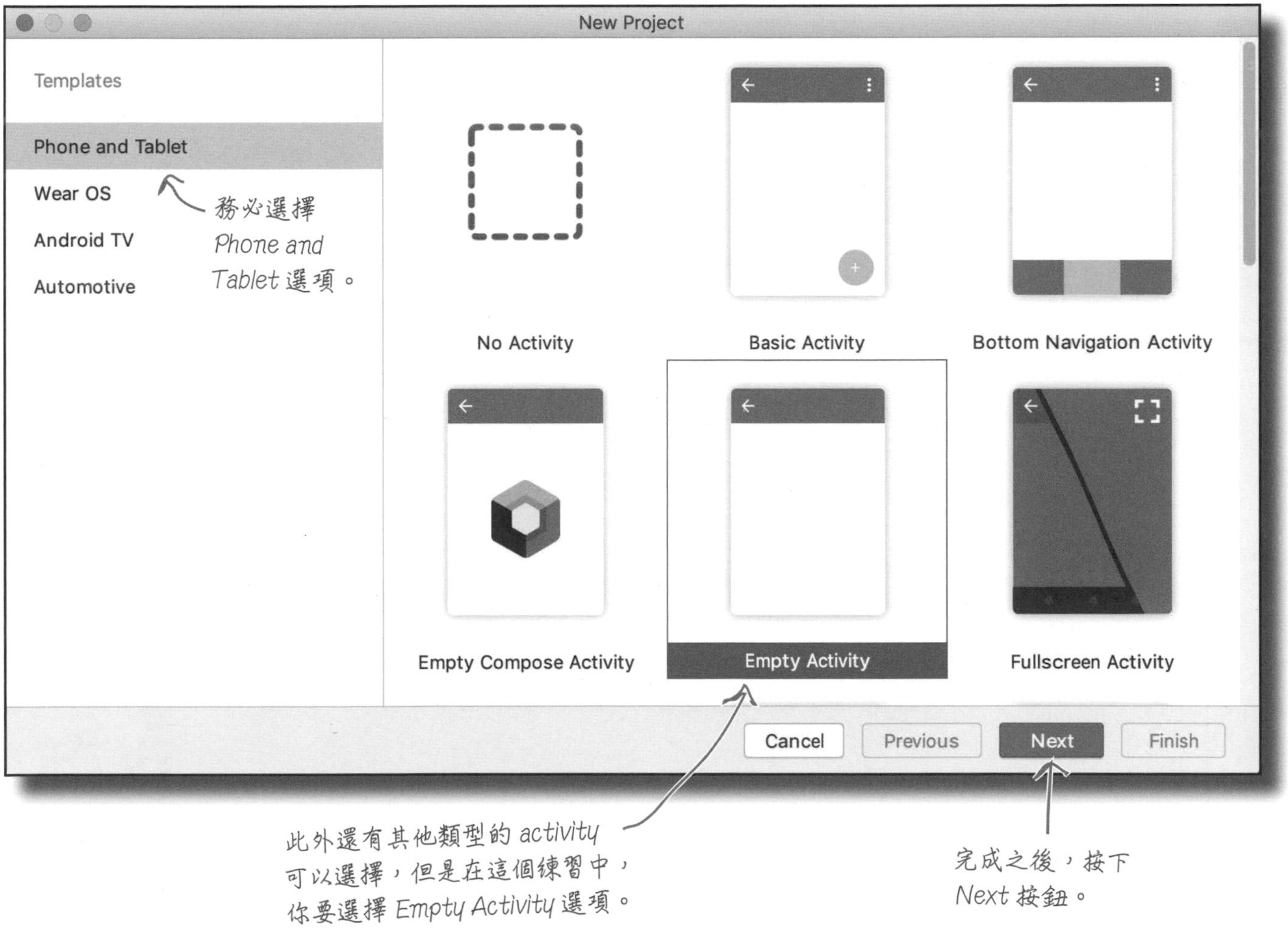

務必選擇 Phone and Tablet 選項。

此外還有其他類型的 activity 可以選擇，但是在這個練習中，你要選擇 Empty Activity 選項。

完成之後，按下 Next 按鈕。

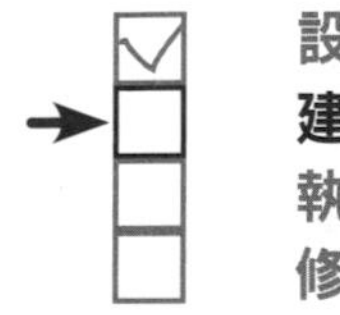

3. 設定專案

現在你要設定專案，指定 app 名稱、程式包名稱，以及儲存位置。在 Name 輸入「My First App」，在 Package name 輸入「com.hfad.myfirstapp」，並接受預設的儲存位置。

你也要讓 Android Studio 知道你想使用哪一種程式語言，並指定 SDK 的最低版本，它就是 app 將支援的最低版本 Android，下一頁會說明 SDK 等級。

在 Language 選擇 Kotlin，在 Mininum SDK 選擇 API 21，讓 app 可在大多數的設備上運行。按下 Finish 按鈕之後，Android Studio 就會建立專案了。接下來幾頁會介紹它們是什麼意思。

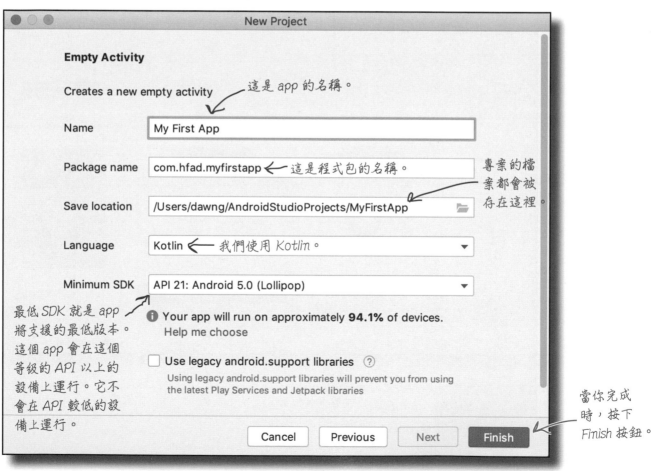

New Project

Empty Activity

Creates a new empty activity

這是 app 的名稱。

Name: My First App

Package name: com.hfad.myfirstapp ← 這是程式包的名稱。

專案的檔案都會被存在這裡。

Save location: /Users/dawng/AndroidStudioProjects/MyFirstApp

Language: Kotlin ← 我們使用 Kotlin。

Minimum SDK: API 21: Android 5.0 (Lollipop)

最低 SDK 就是 app 將支援的最低版本。這個 app 會在這個等級的 API 以上的設備上運行。它不會在 API 較低的設備上運行。

Your app will run on approximately **94.1%** of devices.
Help me choose

Use legacy android.support libraries

Using legacy android.support libraries will prevent you from using the latest Play Services and Jetpack libraries

Cancel | Previous | Next | Finish

當你完成時，按下 Finish 按鈕。

Android 版本探究

你應該聽過有人用可口的零食來稱呼 Android 版本吧？例如 Nougat、Oreo 與 Pie。這些食物代表什麼？

Android 版本有版本號碼與代號，版本號碼就是 Android 的準確版本（例如 9.0），而代號是比較通俗的名稱，可能涵蓋幾個 Android 版本（例如 Pie）。API 等級就是 app 使用的 API 的版本。例如，Android 9.0 對應的 API 等級是 28。

在 Pie 之後，Android 的代號就不使用可口的食物了，例如，Android 10.0 直接稱為 Android 10。

版本	代號	API 等級
1.0		1
1.1	Petit Four	2
1.5	Cupcake	3
1.6	Donut	4
2.0–2.1	Eclair	5–7
2.2–2.2.3	Froyo	8
2.3–2.3.7	Gingerbread	9–10
3.0–3.2.6	Honeycomb	11–13
4.0–4.0.4	Ice Cream Sandwich	14–15
4.1–4.3.1	Jelly Bean	16–18
4.4–4.4.4	KitKat	19–20
5.0–5.1.1	Lollipop	21–22
6.0–6.0.1	Marshmallow	23
7.0–7.1.2	Nougat	24–25
8.0–8.1	Oreo	26–27
9.0	Pie	28
10.0	10	29
11.0	11	30
12.0	12	31

這些版本幾乎沒有人使用了。

大部分的設備都使用這些 API 之一。

當你開發 Android app 時，你必須考慮 app 將要與哪些 Android 版本相容。如果你指定 app 只與最新版的 SDK 相容，你應該會發現它無法在許多設備上運行。當你建立新專案時，你可以按下「Help me choose」選項，來了解使用特定版本的設備的百分比。

你已經建立第一個 Android 專案了

設定環境
建構 app
執行 app
修改 app

完成 New Project wizard 引導的步驟之後，Android Studio 會用一分鐘左右的時間建立專案。在這段時間，它做了這些事情：

- **根據你的規格來設定專案。**
  Android Studio 會檢查你希望 app 支援的最低 SDK，並將基本且有效的 app 需要的所有檔案與資料夾加進來。它也會設定程式包結構，以及 app 的名稱。

- **加入一些模板程式。**
  模板程式是由一個以 XML 寫成的 layout 與一個以 Kotlin 寫成的 activity 組成的。本章稍後會詳細介紹它們。

Android Studio 將專案建立完成之後會自動打開它。

這是我們的專案的樣子（看起來有點複雜，但別怕，接下來幾頁會好好講解它）：

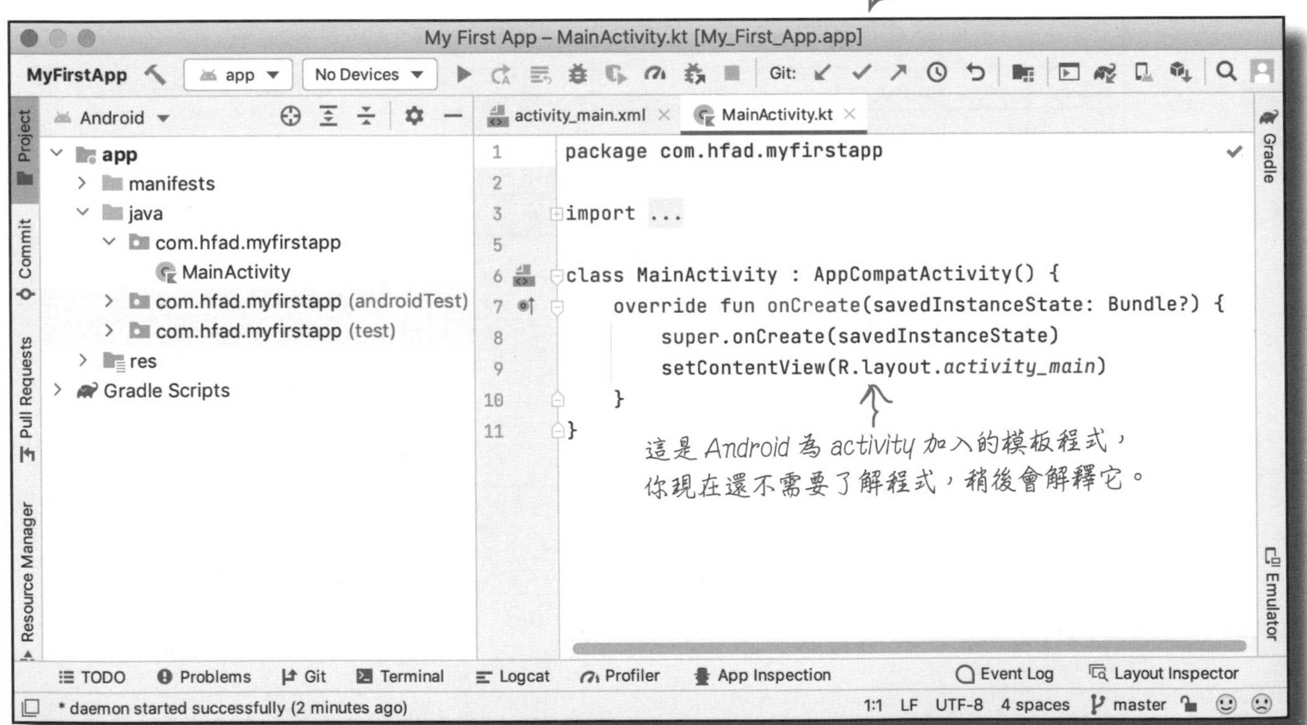

設定環境
建構 app
執行 app
修改 app

剖析你的新專案

Android app 其實是被放在特定的資料夾結構裡面的一堆檔案，Android Studio 會在你建立新 app 時為你安排好一切。若要查看這個資料夾結構，最簡單的方法是使用 Android Studio 最左邊的 explorer。

資料夾結構包含不同類型的檔案

explorer 裡面有你目前打開的所有專案。在這裡有一個名為 MyFirstApp 的專案，它就是我們剛才建立的那一個。

當你在 explorer 裡面瀏覽各個資料夾時，你將發現 wizard 已經為你建立了各種類型的檔案與資料夾，例如：

- **Kotlin 與 XML 原始檔**
  Android Studio 自動建立一個名為 *MainActivity.kt* 的 action 檔，以及一個名為 *activity_main.xml* 的 layout。

- **資源檔**
  包括圖像檔、app 使用的主題，以及 app 使用的任何常見的 `String`（字串）值。

- **Android 程式庫**
  你曾經在 wizard 裡面指定 app 可支援的最低 SDK。Android Studio 會確保 app 加入與該版本有關的 Android 程式庫。

- **設定檔**
  設定檔可讓 Android 知道有哪些東西被加入 app，以及 app 應該如何運行。

這是專案的名稱。

MyFirstApp 〉 app 〉 src 〉 main 〉 java 〉 com 〉

Android ▾

- app
  - manifests
  - java
    - com.hfad.myfirstapp
      - MainActivity
    - com.hfad.myfirstapp (androidTest)
    - com.hfad.myfirstapp (test)
  - res
    - drawable
    - layout
      - activity_main.xml
    - mipmap
    - values
      - colors.xml
      - strings.xml
      - themes (2)
- Gradle Scripts

Project　Commit　Pull Requests　Resource Manager　ructure

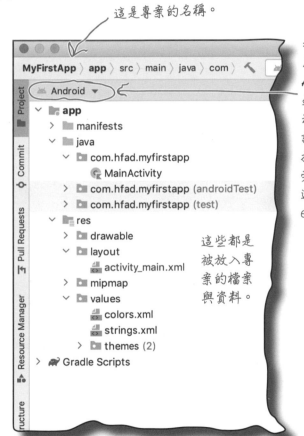

我們目前使用 explorer 的 *Android* 畫面來顯示檔案與資料夾，它是預設的。你可以按下「*Android*」旁邊的箭頭來選擇不同的 *explorer* 畫面。

這些都是被放入專案的檔案與資料。

我們來仔細研究專案中的一些重要檔案與資料夾。

在專案中加入關鍵檔案

設定環境
建構 app
執行 app
修改 app

Android Studio 專案使用 Gradle 組建系統來編譯和部署 app，而 Gradle 專案有一種標準結構，下面是在那個結構中，你將使用的一些關鍵檔案與資料。

你可以在 Android Studio 裡面將 explorer 畫面從 Android 改成 Project 來查看資料夾結構，做法是按下 explorer 窗格頂部的箭頭，然後選擇 Project 選項。

使用這個箭頭來改變 explorer 畫面。我們通常使用 Project 畫面，因為它反映底層的檔案結構。

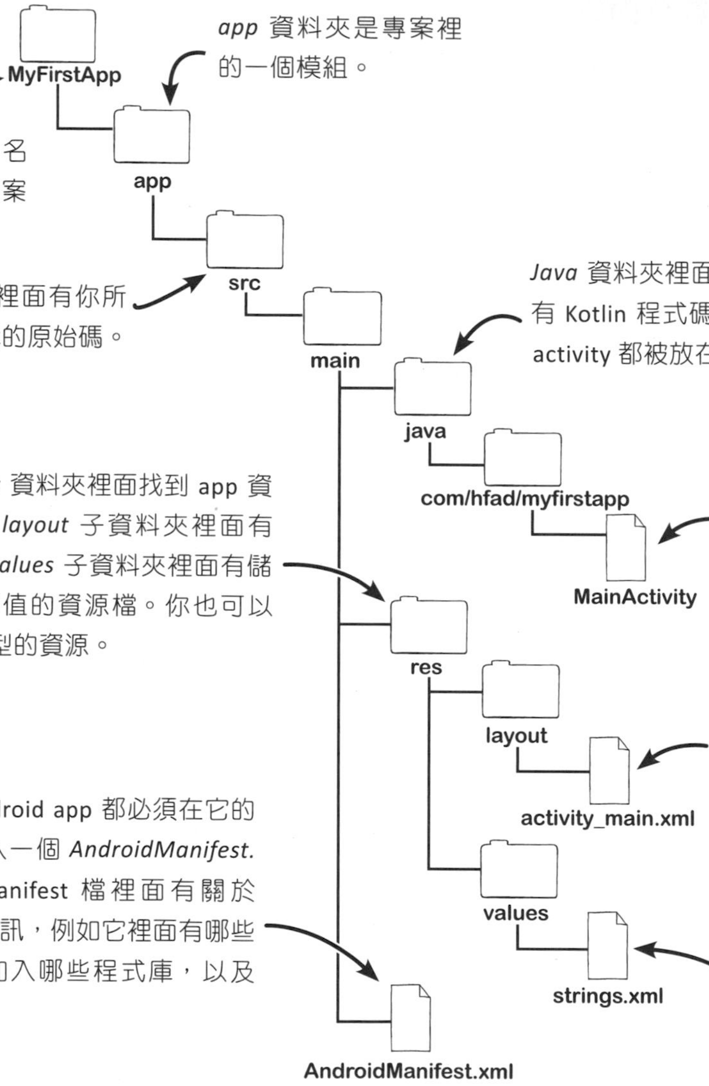

MyFirstApp

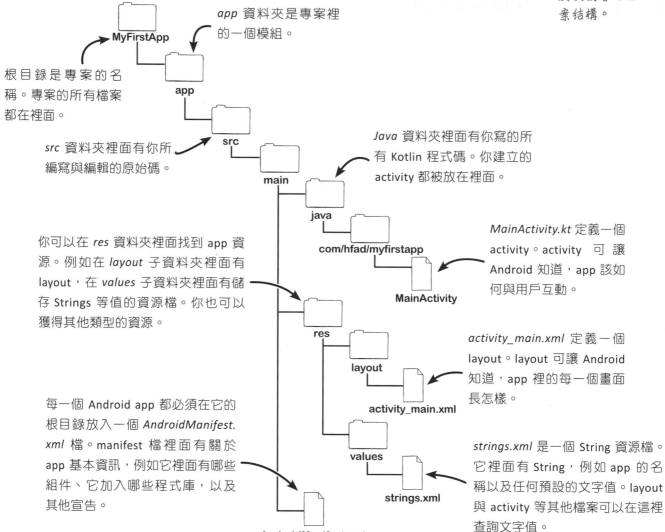

app 資料夾是專案裡的一個模組。

根目錄是專案的名稱。專案的所有檔案都在裡面。

app

src 資料夾裡面有你所編寫與編輯的原始碼。

src

main

Java 資料夾裡面有你寫的所有 Kotlin 程式碼。你建立的 activity 都被放在裡面。

java

com/hfad/myfirstapp

MainActivity.kt 定義一個 activity。activity 可讓 Android 知道，app 該如何與用戶互動。

MainActivity

你可以在 *res* 資料夾裡面找到 app 資源。例如在 *layout* 子資料夾裡面有 layout，在 *values* 子資料夾裡面有儲存 Strings 等值的資源檔。你也可以獲得其他類型的資源。

res

layout

activity_main.xml 定義一個 layout。layout 可讓 Android 知道，app 裡的每一個畫面長怎樣。

activity_main.xml

每一個 Android app 都必須在它的根目錄放入一個 *AndroidManifest.xml* 檔。manifest 檔裡面有關於 app 基本資訊，例如它裡面有哪些組件、它加入哪些程式庫，以及其他宣告。

values

strings.xml 是一個 String 資源檔。它裡面有 String，例如 app 的名稱以及任何預設的文字值。layout 與 activity 等其他檔案可以在這裡查詢文字值。

strings.xml

AndroidManifest.xml

用 Android Studio 編輯器來編輯程式

設定環境
建構 app
執行 app
修改 app

你要使用 Android Studio 編輯器來觀看與編輯檔案。在想要處理的檔案上面按兩下之後，檔案的內容會出現在 Android Studio 視窗的中間。

用這些按鈕來選擇編輯器。

程式（code）編輯器

大部分的檔案都可以在程式編輯器裡面顯示，它很像文字編輯器，但是它有額外的功能，例如語法突顯，以及程式碼檢查。

在 explorer 裡面的檔案上面按兩下之後，檔案內容就會顯示在編輯器窗格裡面。

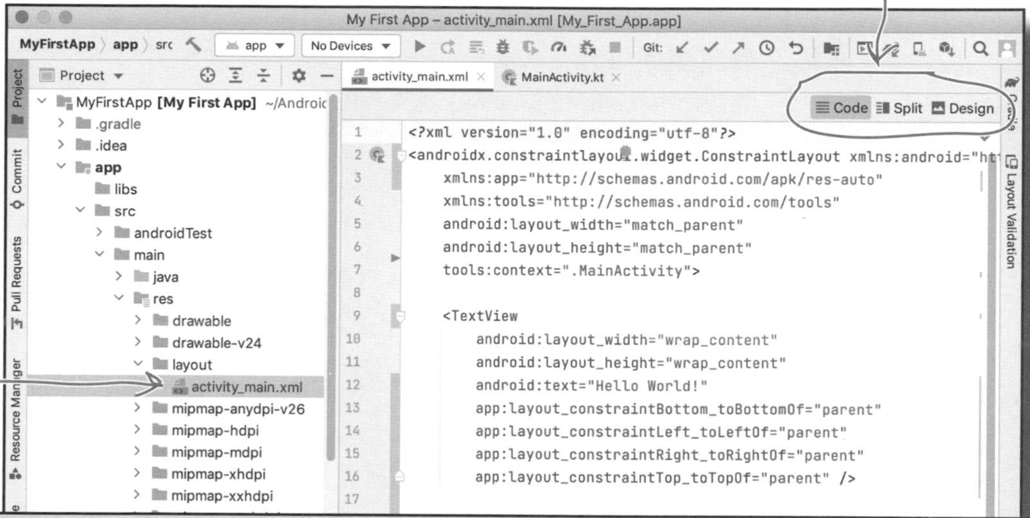

設計（design）編輯器

如果你要編輯 layout（例如 *activity_main.xml*），你有另一種辦法，你可以使用設計編輯器，它可以讓你將 GUI 組件拉入 layout，並且按照你的意思排列它們，而不需要編輯程式碼。同一個檔案在程式編輯器與設計編輯器裡面有不同的畫面，你可以在兩者之間來回切換。

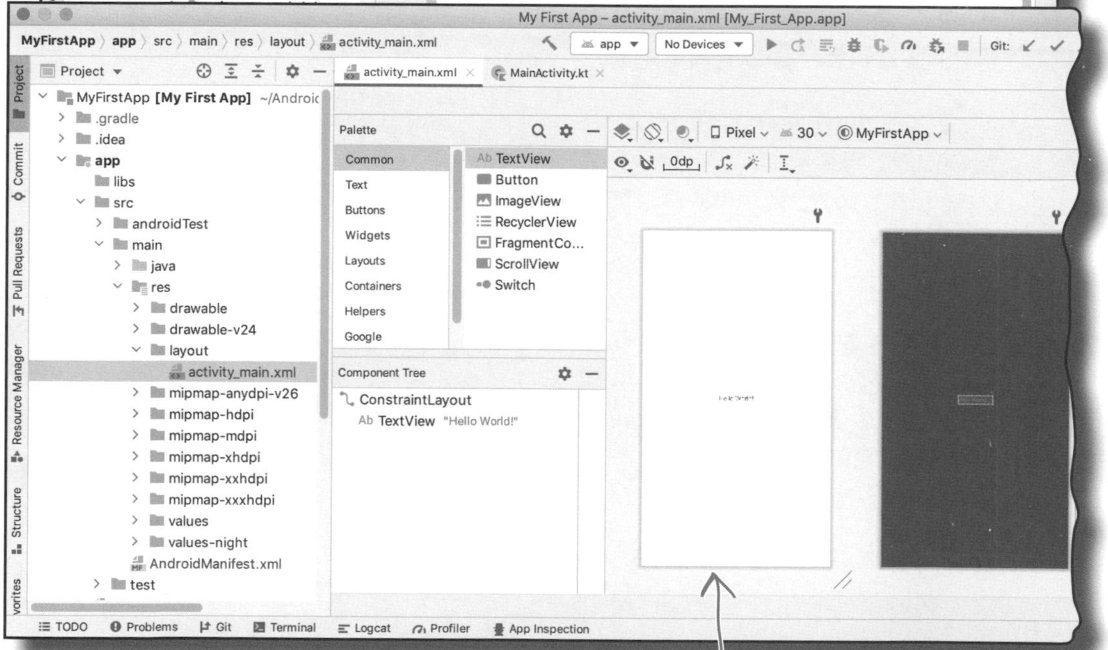

你可以使用視覺化的編輯器，藉著拖曳與放下組件來編輯 layout。

前情提要

設定環境
建構 app
執行 app
修改 app

到目前為止，我們做了兩件事：

1. **設定開發環境。**
   我們要使用 Android Studio 來開發 Android app，所以你必須在電腦上安裝它。

2. **建立基本 app。**
   我們使用 Android Studio 來建立新的 Android 專案。

你已經看到 app 在 Android Studio 裡面的樣貌，以及它們如何組在一起了。但是你想要看它跑起來的樣子，對不對？

Android Studio 可讓你用兩種方式來執行 app：在實體 Android 設備上，以及在虛擬設備上。我們將在幾頁之後介紹這兩種方法。

問：為什麼 Android Studio 將 Kotlin 程式放在 *java* 資料夾裡面？

答：在 Android 團隊將 Kotlin 視為他們的首選語言之前，大多數的 Android app 都是用 Java 來開發的。*java* 資料夾是舊時代的遺產，但是它以後可能會改變。

問：你說專案有一個名為 *MainActivity.kt* 的 activity，以及一個名為 *activity_main.xml* 的 layout。它們來自何方？

答：我們在建立專案時，選擇 Empty Activity。Android Studio 自動將那個 activity 檔命名為 *MainActivity.kt*，並加入對映的 layout 檔，名為 *activity_main.xml*。本章稍後會進一步討論這些檔案。

問：你說 Android Studio 專案使用 Gradle，能不能再說一次那是什麼？

答：Gradle 是可讓你編譯、組建與交付程式碼的工具。大多數的 IDE 都使用 Gradle，它不是只能用來開發 Android app。

所有的 Gradle 專案都有一個標準的資料夾結構，而 Android Studio 讓它的所有專案使用這個資料夾結構。

問：為什麼 Android 使用 Gradle？

答：在開發 Android app 時，你通常需要加入 Android SDK 沒有的其他程式庫，Gradle 可以幫你下載這些程式庫，讓你的程式設計生活更輕鬆。

Gradle 也將 Groovy 與 Kotlin 當成腳本語言來使用，也就是說，你可以用 Gradle 來輕鬆地建立相當複雜的版本（build）。

問：我需要了解多少 Gradle？

答：你不需要有任何 Gradle 經驗就可以學會本書大多數的內容，我們會在需要的時候，解釋你需要知道的每一件事情。

連連看？

這是來自 *MainActivity.kt* 這個 activity 檔的程式碼。我們知道你還沒有看過 activity 的程式，但請你試試看，能不能將下方的敘述連到正確的程式碼。為了幫你開始，我們已經完成一題了。

MainActivity.kt

```
package com.hfad.myfirstapp

import androidx.appcompat.app.AppCompatActivity
import android.os.Bundle

class MainActivity : AppCompatActivity() {

    override fun onCreate(savedInstanceState: Bundle?) {
        super.onCreate(savedInstanceState)
        setContentView(R.layout.activity_main)
    }

}
```

這是程式包的名稱。

實作 AppCompatActivity 類別的 onCreate() 方法。當 Android 初次建立 activity 時，它會呼叫這個方法。

這些是在 MainActivity 裡面使用的 Android 類別。

MainActivity 繼承類別 AppCompatActivity。

指定想使用的 layout。

這是來自 *MainActivity.kt* 這個 activity 檔的程式碼。我們知道你還沒有看過 activity 的程式，但請你試試看，能不能將下方的敘述連到正確的程式碼。為了幫你開始，我們已經完成一題了。

MainActivity.kt

```
package com.hfad.myfirstapp

import androidx.appcompat.app.AppCompatActivity
import android.os.Bundle

class MainActivity : AppCompatActivity() {

    override fun onCreate(savedInstanceState: Bundle?) {
        super.onCreate(savedInstanceState)
        setContentView(R.layout.activity_main)
    }

}
```

這是程式包的名稱。

這些是在 MainActivity 裡面使用的 Android 類別。

指定想使用的 layout。

實作 AppCompatActivity 類別的 onCreate() 方法。當 Android 初次建立 activity 時，它會呼叫這個方法。

MainActivity 繼承類別 AppCompatActivity。

如何在實體設備上執行 app

如果你有一台安裝了 Lollipop 以上版本的 Android 設備，你就可以在它上面執行我們剛才建立的 app。

你可以在設備設定裡面查看 Android 版本來確認這件事，Lollipop 是 5.0 版，所以它必須是 5.0 以上。

這是在實體設備上執行 app 的步驟：

1. 在你的設備上開啟 USB debugging

為了讓 Android Studio 在你的設備上執行 app，你必須啟用 USB debugging。這個功能可以在「Developer options」設定中找到，它在預設情況下是停用的。

別懷疑，真的這樣。

在你的設備上前往 Settings → About Phone，按七次版本號碼（build number）即可啟用開發者選項。然後前往 Settings → System → Advanced → Developer options，打開 USB debugging。

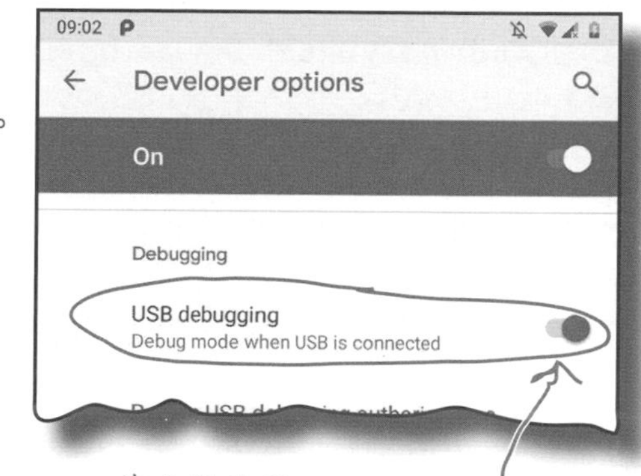

你必須啟用 USB debugging。

2. 設定電腦，讓它可以偵測到設備

如果你使用 Mac，你可以跳過這一步。

如果你使用 Windows，你必須先安裝 USB 驅動程式，如果你尚未安裝的話。最新的說明在這裡：

https://developer.android.com/studio/run/oem-usb

如果你使用 Ubuntu Linux，你必須建立一個 udev 規則檔案。做法的最新說明在這裡：

https://developer.android.com/studio/run/device#setting-up

當我們建立 app 時，曾經指定最低的 API 等級是 21（Lollipop）。你的設備必須使用這個 Android 版本以上才可以執行 app。

3. 用 USB 傳輸線來將設備接到電腦

你應該會看到「你是否允許 USB 偵錯」，若有，按下「Always allow from this computer」選項，並選擇 OK。

4. 執行 app

最後，在 Android Studio 最上面的工具列裡面的設備清單中選擇設備（如果它不在那裡，在你的設備裡，前往 Settings → Connected devices，選擇 USB，然後選擇「File transfer」選項）。然後在 Run 選單選擇「Run 'app'」來執行 app。Android Studio 會組建專案，在你的設備上安裝 app，並啟動它。

在執行 app 之前，務必選擇你的設備，在此，我們使用 Pixel 3a XL。

我們將在幾頁之後看看這個 app，在那之前，讓我們先看看如何在虛擬設備上執行它。

如何在虛擬設備上執行 app

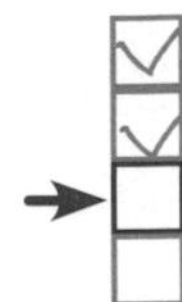

如果你沒有 Android 設備，或它的 Android 版本不符，你可以在虛擬設備上執行 app。當你想要確認 app 在你身邊沒有的設備種類上的外觀時，或檢測它在不同版本的 Android 上的行為時，你可以在虛擬設備上執行 app。

Android SDK 有內建的模擬器，你可以用它來設定一或多台 **Android Virtual Device**（AVD，Android 虛擬設備）。設定 AVD 之後，你就可以在它上面執行 app 了，彷彿在實體設備上執行一般。

你可以在這裡找到使用模擬器的系統需求：
https://developer.android.com/studio/run/emulator#requirements

模擬器重現了 Android 設備的硬體環境，包括它的 CPU、記憶體、聲音晶片，以及螢幕。模擬器是建立在既有的 QEMU（讀成「queue em you」）模擬器之上的，它類似你用過的其他虛擬機器應用程式，例如 VirtualBox 或 VMWare。

AVD 外觀與行為取決於你如何設定它。例如，如果你用 Pixel 3 與 Android 11 來建立 AVD，它的外觀與行為就彷彿在電腦上有一台運行這個 Android 版本的 Pixel 3。

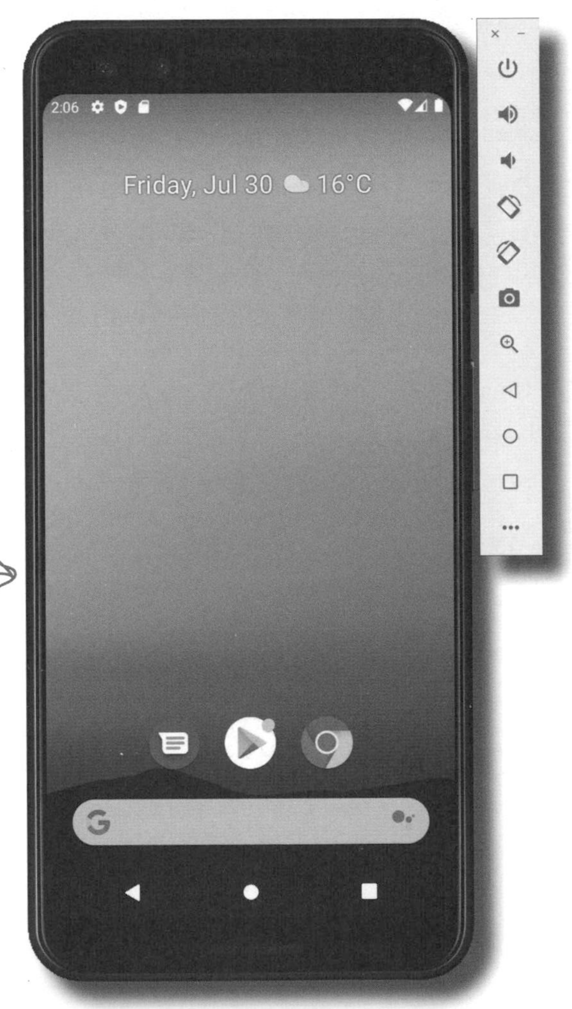

這是在 Android 模擬器裡面運行的 AVD。它是用 Pixel 3 設備與 Android 11 來建立的。它有同樣的設備規格，而且跑起來就像實體設備。

我們來設定 AVD，以便觀察 app 在模擬器上執行的樣子。

建立 Android Virtual Device（AVD）

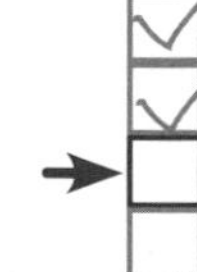

在 Android Studio 裡面設定 AVD 需要好幾個步驟。我們將設定一台 Pixel 3 AVD，使用 API 等級 30（Android 11），讓你看一下 app 在這種設備上執行時的外觀與行為。無論你想設定哪一種虛擬設備，以下的步驟幾乎都是完全相同的。

打開 Android Virtual Device Manager

AVD Manager 可讓你設定新 AVD，並觀察和編輯你已經建立的 AVD。在 Tools 選單選擇 AVD Manager 來打開它。

如果你還沒有設定任何 AVD，你會看到一個畫面提示你建立一個，按下 Create Virtual Device 按鈕。

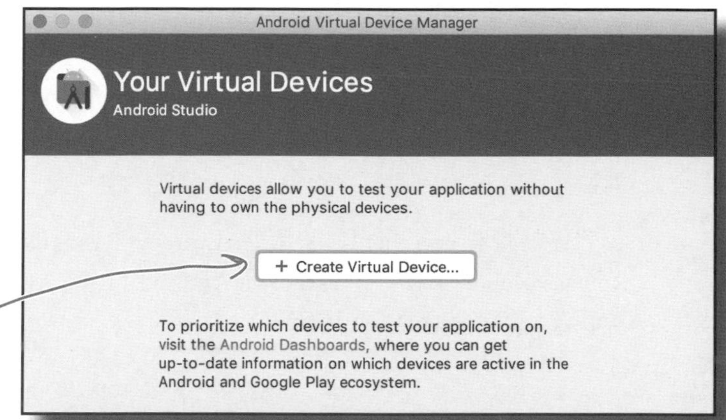

按下這個按鈕來建立 AVD。

選擇硬體

在下一個畫面，你要選擇設備定義，它就是你的 AVD 將模擬的設備類型，你可以選擇各種手機、平板、穿戴式設備或 TV 設備。

我們接下來要看看 app 在 Pixel 3 手機上執行的樣子，在 Category 選單選擇 Phone，並在清單中選擇 Pixel 3。然後按下 Next 按鈕。

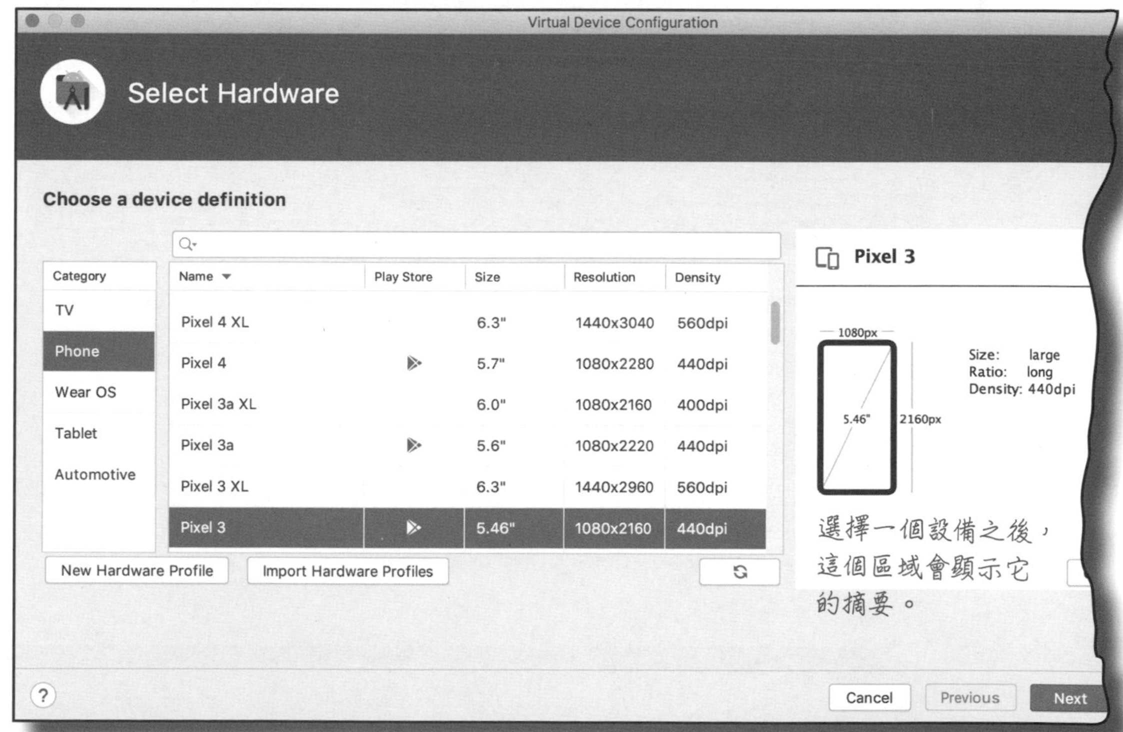

選擇一個設備之後，這個區域會顯示它的摘要。

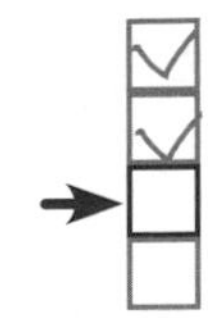

設定環境
建構 app
執行 app
修改 app

選擇一個系統映像

接下來要選擇一個系統映像，它指定了你想要在 AVD 上使用的 Android 版本。

你必須選擇與你的 app 相容的 Android 版本，它必須是 app 支援的最低 SDK 以上。

我們曾經在建立 Android 專案時，將最低 SDK 設為 API 等級 21。這代表你必須選擇 API 等級 21（Lollipop）以上的系統映像。如果你選擇比它舊的 Android 版本，app 將無法在設備上運行。

我們想要看看 app 在相對新版的 Android 上運行的樣子，所以選擇 Release Name 為 R，且 Target 為 Android 11.0（API level 30）的系統映像，然後按下 Next 按鈕。

Virtual Device Configuration

System Image

Select a system image

Recommended | x86 Images | Other Images

Release Name	API Level	ABI	Target
R Download	30	x86	Android 11.0 (Google Play)
Q	29	x86	Android 10.0 (Google Play)
Pie Download	28	x86	Android 9.0 (Google Play)
Oreo Download	27	x86	Android 8.1 (Google Play)
Oreo Download	26	x86	Android 8.0 (Google Play)
Nougat Download	25	x86	Android 7.1.1 (Google Play)
Nougat Download	24	x86	Android 7.0 (Google Play)

R

API Level
30
Android
11.0
Google Inc.
System Image
x86

We recommend these Google Play images because this device is compatible with Google Play.

A system image must be selected to continue.

? | Cancel | Previous | Next | Finish

如果這個系統映像尚未安裝，你會看到一個 Download 連結，按下它來下載與安裝這個系統映像。

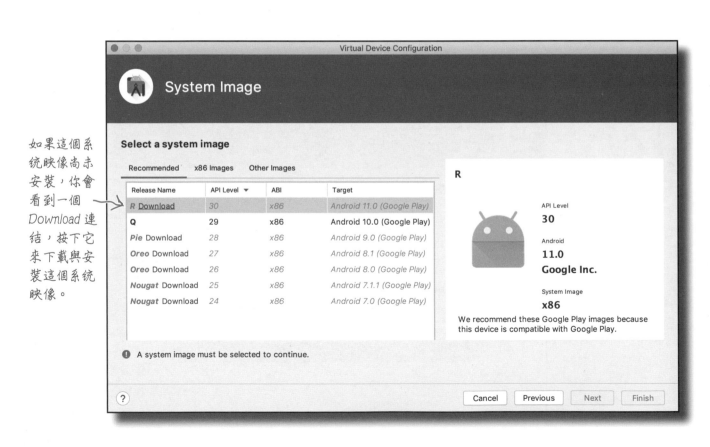

設定環境
建構 app
執行 app
修改 app

確認 AVD 設定

接下來是確認設定的畫面。這個畫面整理了你在前幾個畫面中選擇的選項，你可以在這裡修改它們。

接受這些選項，按下 Finish 按鈕。

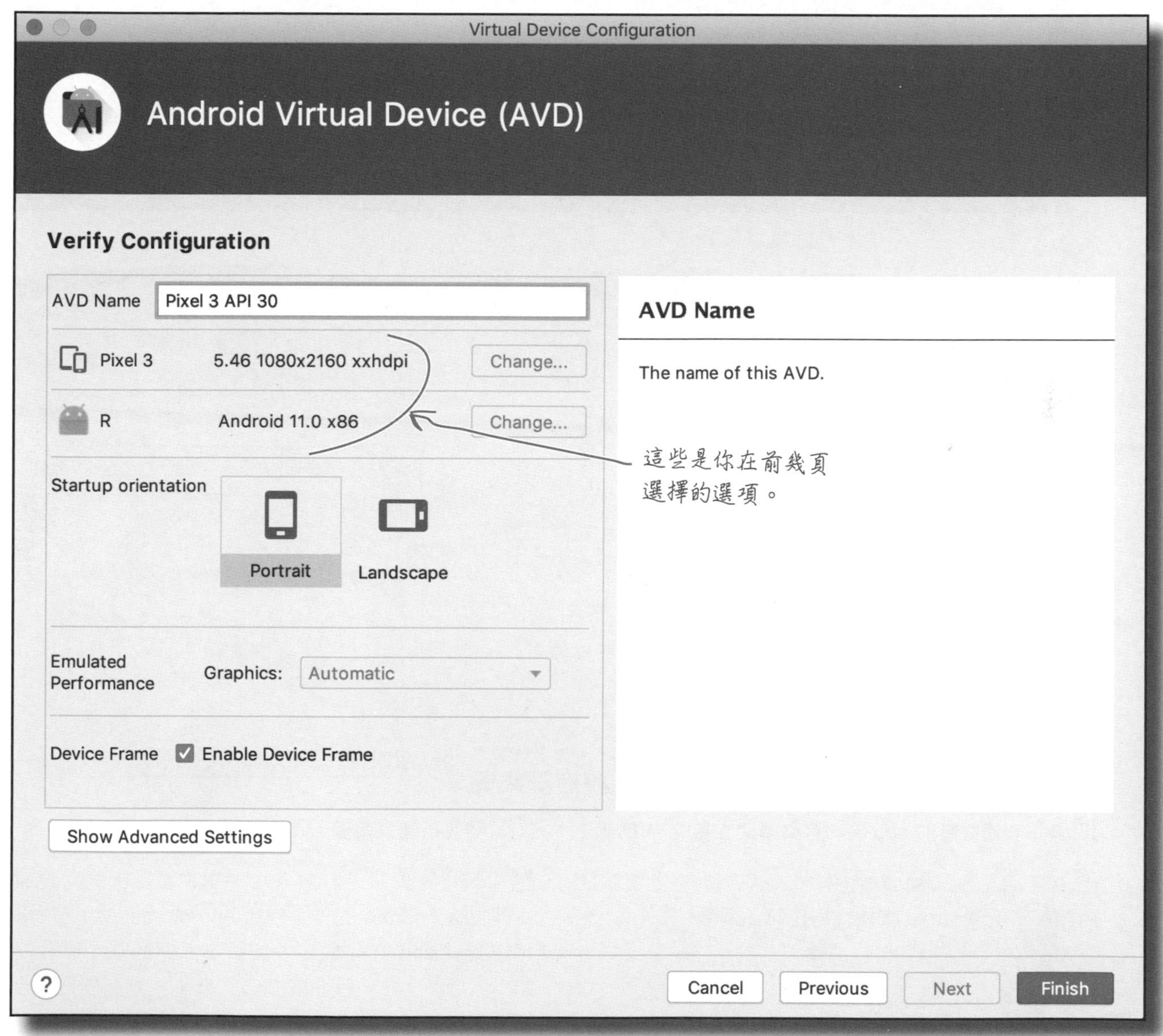

設定環境
建構 app
執行 app
修改 app

建立虛擬設備

按下 Finish 按鈕之後，Device Manager 就會幫你建立虛擬設備，並且在 AVD Manager 的虛擬設備清單裡面顯示它：

確認新 AVD 有在清單裡面，然後關閉 AVD Manager。

在 AVD 裡面執行 app

建立 AVD 之後，你就可以在它裡面執行 app 了。

在 Android Studio 頂部的工具列裡面的設備清單中選擇虛擬設備，然後在 Run 選單裡面選擇「Run 'app'」命令來執行 app。

AVD 會花一些時間進行載入，在等待的時候，讓我們看一下，在執行 Run 命令時，幕後發生了什麼事。

你也可以按下這個按鈕來執行 app。

My First App – activity_main.xml [My_First_
app
Pixel 3 API 30
MainActivity.kt

在執行 app 之前一定要選擇 AVD，我們選擇了 Pixel 3。

問：每次建立新的 app 時，都必須建立新的 AVD 嗎？

答：不用，建立 AVD 之後，你就可以在它上面執行可用該版本的 Android 來執行的任何 app 了。

問：我可以建立多個 AVD 嗎？

答：可以！你可以設定 AVD，讓它模擬不同的設備，或不同的 Android 版本，包括 Android beta 版。所以你可以測試 app 在各種設備與版本上面的運作情況。例如，你可以建立一個平板 AVD，來了解 app 在更大的設備上的外觀與行為。

編譯、包裝、部署、執行

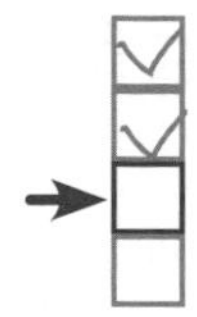

Run 命令除了你的 app 之外，也會處理執行 app 的所有準備工作。

以下是這些工作的概要：

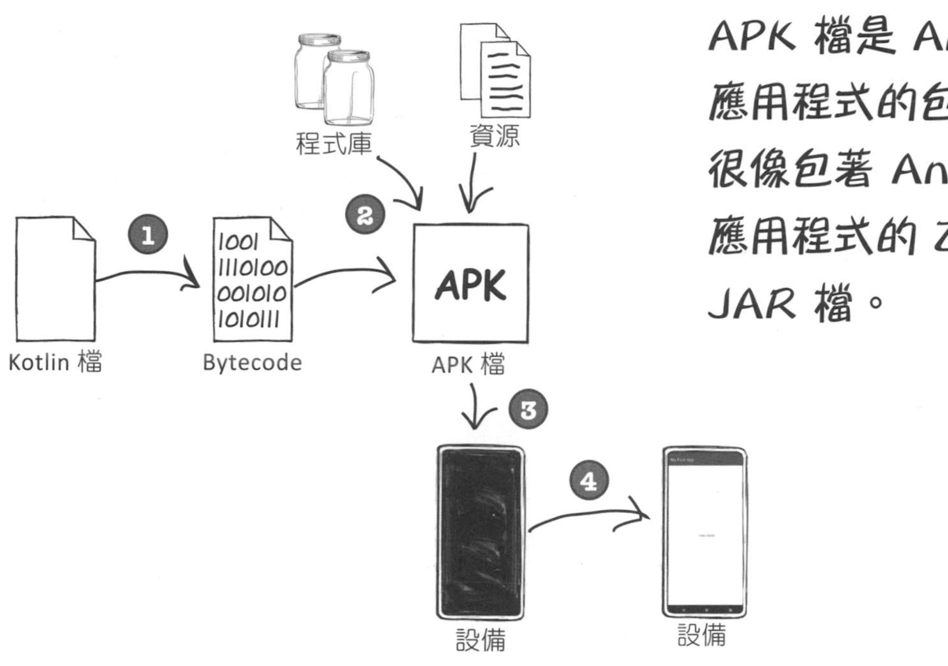

APK 檔是 Android 應用程式的包裝，它很像包著 Android 應用程式的 ZIP 或 JAR 檔。

1. **將 Kotlin 原始檔編譯成 bytecode。**

2. **建立 Android 應用程式包，即 APK 檔案。**
   APK 檔案裡面有編譯過的 Kotlin 檔案，以及 app 需要的所有程式庫與資源。

3. **在設備安裝 APK。**
   如果設備是虛擬的，Android Studio 會啟動模擬器，並等待 AVD 啟動，再安裝 APK。

   如果設備是實體的，它會直接安裝 APK。

4. **設備啟動 app 的主 activity。**
   在設備的螢幕上顯示 app，讓你可以開始操作它。

現在你已經知道使用 Run 命令之後會發生什麼事了，我們來看一下剛才建立的 app 長怎樣。

新車試駕

設定環境
建構 app
執行 app
修改 app

在 Run 選單選擇「Run 'app'」，在實體或虛擬設備上執行 app。

Android Studio 會將 app 載入設備並啟動它。在螢幕的最上面會顯示 app 的名稱「My First App」，在中央會顯示文字「Hello World!」。

11:04
My First App
這是 app 的名稱。
載入 app 需要一段時間，建議你在等待期間找一些事情來做，例如刺刺繡、做做小點心之類的。
Hello World!
Hello World!
Android 建立文字「Hello World!」，儘管我們沒有提出這個要求。

讓我們看看剛才發生了什麼事。

剛才發生了什麼事？

我們來分析一下執行 app 時發生了什麼事：

1. **Android Studio 在設備上安裝 app。**
如果設備是虛擬的，它會先等待模擬器啟動，再安裝 app。

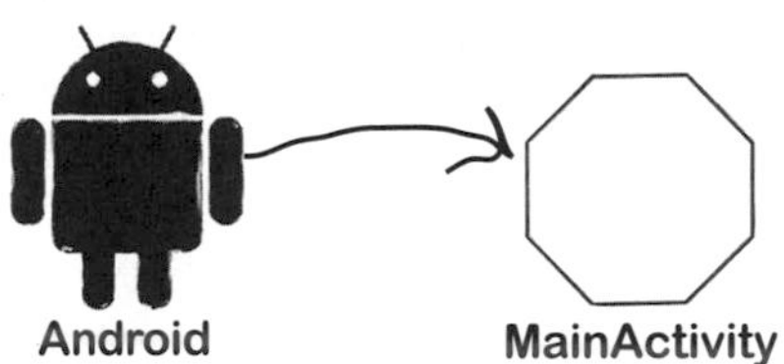

2. **Android 啟動 app 的主 activity。**
它使用 *MainActivity.kt* 裡面的程式來建立一個 `MainActivity` 物件。*MainActivity.kt* 是 Android Studio 自動加入專案的檔案。

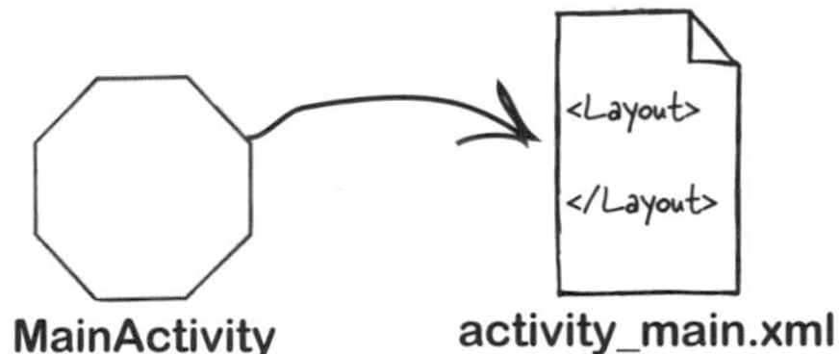

3. **MainActivity 指定使用 layout activity_main.xml。**

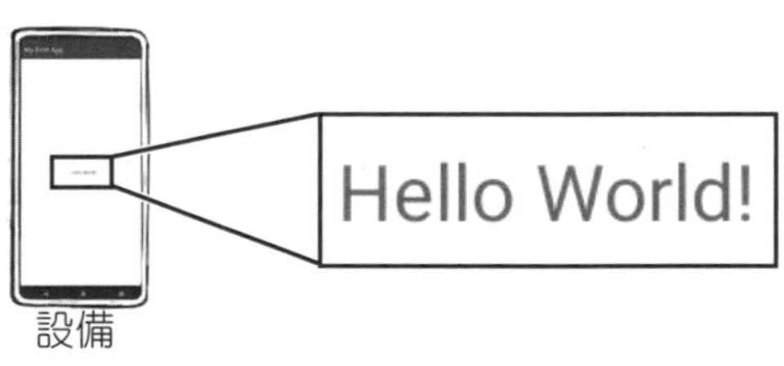

4. **在螢幕上顯示 layout。**
「Hello World!」出現在螢幕中央。

問：**Kotlin 與 Java 都是 Java VM 語言，這代表 Android app 是在 JVM 裡面運行的嗎？**

答：不是，每一個 app 都是使用 Android runtime（ART），在它自己的程序裡面執行的，這意味著，app 可以跑得更快、更有效率。

設定環境
建構 app
執行 app
修改 app

我們來改良 app

到目前為止，你已經建立一個基本的 Android app，並看到它在實體或虛擬設備上執行的樣子了。接下來，我們來改良這個 app。

目前，app 顯示「Hello World!」示範文字，它是 wizard 放入的占位文字。我們要修改這段文字，讓它顯示別的東西，該怎麼做？

為了回答這個問題，讓我們後退一步，看看 app 目前的構造。

11:18
My First App
app 目前顯示「Hello World!」，但我們想要將它改成這樣。
Pow!

這個 app 有一個 activity 與一個 layout

當我們建立 app 時，我們告訴 Android Studio 如何設定它，讓 wizard 完成其餘的事情。wizard 為我們建立一個 activity，以及一個預設的 layout。

activity 控制 app 的動作

Android Studio 為我們建立一個名為 *MainActivity.kt* 的 activity。這個 activity 指定了 app 該**做**什麼，以及如何回應用戶。

layout 控制 app 的外觀

MainActivity.kt 使用 Android Studio 為我們建立的 layout，*activity_main.xml*。這個 layout 指定 app 的**外觀**。

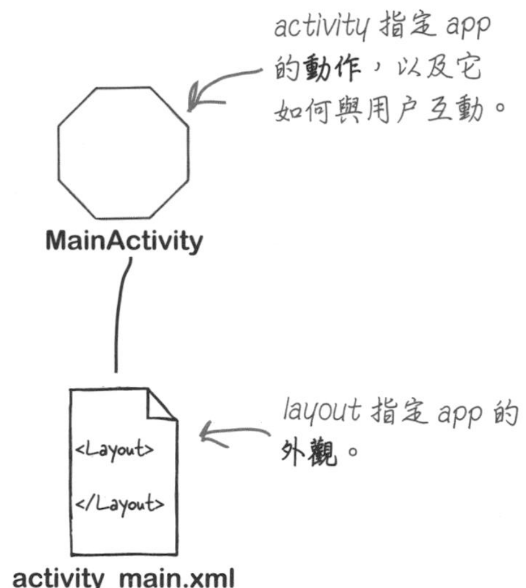
activity 指定 app 的動作，以及它如何與用户互動。
MainActivity
<Layout>
</Layout>
layout 指定 app 的外觀。
activity_main.xml

我們想要修改 app 的外觀，更改它顯示的文字。這意味著我們要修改控制 app 外觀的檔案，所以我們要更仔細地研究 *layout*。

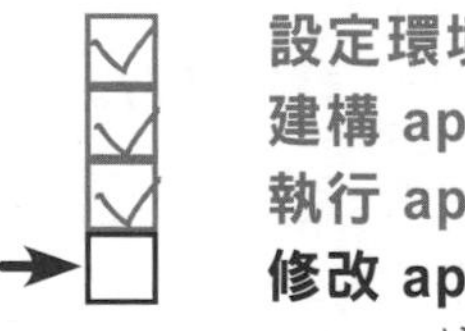

在 layout 裡面有什麼？

- ☑ 設定環境
- ☑ 建構 app
- ☑ 執行 app
- → ☐ **修改 app**

我們想要更改 Android Studio 為我們建立的示範文字「Hello World!」，所以從 layout 檔 *activity_main.xml* 開始看起。在 explorer 裡面的 *app/src/main/res/layout* 資料夾內找到這個檔案，並對它按兩下來打開它（如果它還沒有被打開）。

如果你無法在 explorer 裡面看到這個資料夾結構，試著切換成 Project 畫面。

Project
MyFirstApp

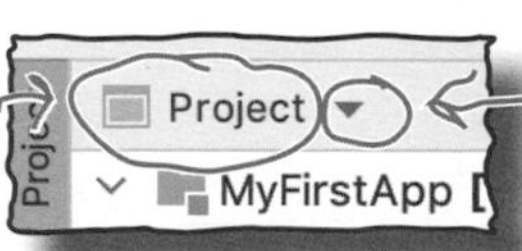

按下這個箭頭來改變檔案與資料夾的顯示方式。

設計編輯器

前面說過，在 Android Studio 裡，你可以用兩種方式來觀看與編輯 layout 檔：透過**設計編輯器（design editor）**與**程式編輯器（code editor）**。

當你選擇設計編輯器時，你可以在 layout 中看到示範文字「Hello World!」，但底層的 XML 長怎樣呢？

我們切換成程式編輯器，來一探究竟。

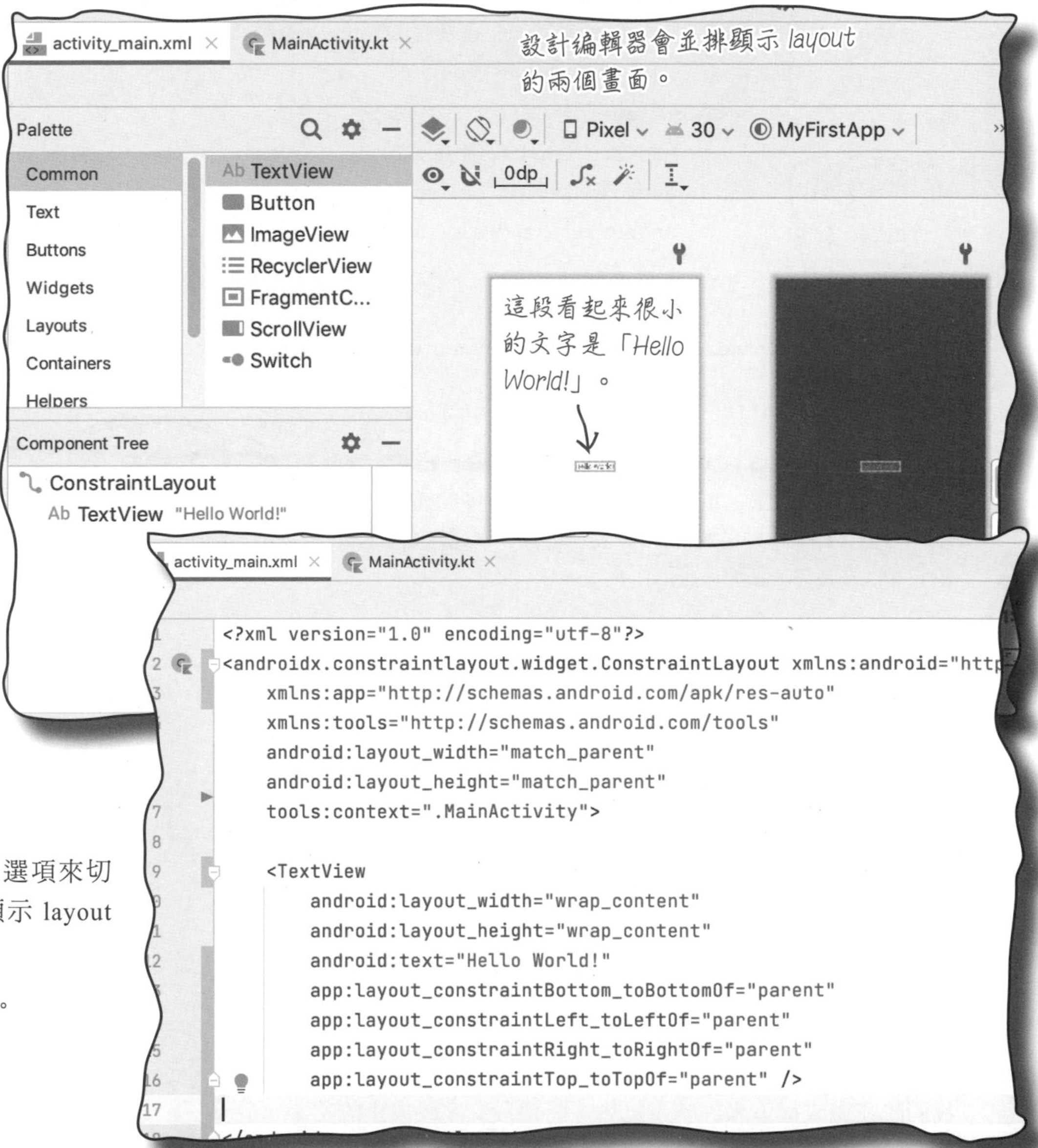

activity_main.xml
MainActivity.kt
設計編輯器會並排顯示 layout 的兩個畫面。
Palette
Common
Text
Buttons
Widgets
Layouts
Containers
Helpers
TextView
Button
ImageView
RecyclerView
FragmentC...
ScrollView
Switch
Pixel
30
MyFirstApp
0dp
Component Tree
ConstraintLayout
TextView "Hello World!"
這段看起來很小的文字是「Hello World!」。
<?xml version="1.0" encoding="utf-8"?>
<androidx.constraintlayout.widget.ConstraintLayout xmlns:android="http
xmlns:app="http://schemas.android.com/apk/res-auto"
xmlns:tools="http://schemas.android.com/tools"
android:layout_width="match_parent"
android:layout_height="match_parent"
tools:context=".MainActivity">
<TextView
android:layout_width="wrap_content"
android:layout_height="wrap_content"
android:text="Hello World!"
app:layout_constraintBottom_toBottomOf="parent"
app:layout_constraintLeft_toLeftOf="parent"
app:layout_constraintRight_toRightOf="parent"
app:layout_constraintTop_toTopOf="parent" />

程式編輯器

按下編輯器上方的 Code 選項來切換成程式編輯器，它會顯示 layout 底下的 XML。

我們來仔細看看這段程式。

activity_main.xml 有兩個元素

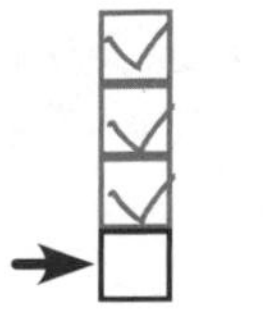

設定環境
建構 app
執行 app
修改 app

下面是 Android Studio 為我們產生的 *activity_main.xml* 裡面的程式碼。我們省略了一些目前還不需要說明的細節，以後會詳細討論它們。

程式如下：

```
<?xml version="1.0" encoding="utf-8"?>
<androidx.constraintlayout.widget.ConstraintLayout
    ... >
    <TextView
        android:layout_width="wrap_content"
        android:layout_height="wrap_content"
        android:text="Hello World!"
        ... />

</androidx.constraintlayout.widget.ConstraintLayout>
```

這個元素定義了組件如何顯示，在這個例子中，它是「Hello World!」文字。

Android Studio 在這裡提供了其他的 XML，現在你還不需要了解它們。

這是 <TextView> 元素。

我們也省略了一些 <TextView> XML。

這是 activity_main.xml 的完整路徑。

MyFirstApp
app/src/main
res
layout
activity_main.xml

你可以看到，這段程式有兩個元素。

第一個是 `<…ConstraintLayout>` 元素，它是一種 layout 元素，可讓 Android 知道如何在設備的螢幕上顯示組件。你有各式各樣的 layout 可用，本書會慢慢介紹它們。

現在最重要的元素是第二個元素，`<TextView>`。這個元素的用途是顯示文字給用戶看，在此是「Hello World!」。

在 `<TextView>` 元素裡面最重要的部分是 `android:text` 開頭的那一行，它是 `text` 屬性，用來描敘應顯示的文字：

放輕鬆

如果你的 layout 程式與我們的不一樣，別擔心。

取決於你所使用的版本，Android Studio 可能給你稍微不同的 XML，若是如此，別擔心，因為從下一章開始，你將知道如何編寫自己的 layout 程式，將 Android Studio 提供的許多程式碼換掉。

```
<TextView
    android:layout_width="wrap_content"
    android:layout_height="wrap_content"
    android:text="Hello World!"
    ... />
```

<TextView> 元素負責描述 layout 裡面的文字。

這就是被顯示出來的文字。

我們將在完成接下來的練習之後，將這段文字改成別的文字。

削尖你的鉛筆

雖然我們還沒有展示太多 Android 程式碼，但請你試著猜一下 layout XML 裡面的每一行在做什麼。為了幫你起步，我們完成了前幾行。

```
<?xml version="1.0" encoding="utf-8"?> 在檔案最上面的 XML 宣告。
<LinearLayout 以線性的方式排列組件，讓它們一個接著一個。
    xmlns:android="http://schemas.android.com/apk/res/android" 定義名稱空間。
    xmlns:tools="http://schemas.android.com/tools" ..........
    android:layout_width="match_parent" ..........
    android:layout_height="match_parent" ..........
    android:orientation="vertical" ..........
    tools:context=".MainActivity"> ..........

    <EditText ..........
        android:id="@+id/message" ..........
        android:layout_width="match_parent" ..........
        android:layout_height="wrap_content" ..........
        android:layout_margin="16dp" ..........
        android:hint="Enter your message here" ..........
        android:inputType="text" /> ..........

    <Button ..........
        android:id="@+id/send" ..........
        android:layout_width="wrap_content" ..........
        android:layout_height="wrap_content" ..........
        android:layout_gravity="center_horizontal" ..........
        android:text="SEND" /> ..........
</LinearLayout> ..........
```

這就是 app 採用上述的 layout，在螢幕顯示出來的畫面。

11:23

My First App

Enter your message here

SEND

雖然我們還沒有展示太多 Android 程式碼，但請你試著猜一下 layout XML 裡面的每一行在做什麼。為了幫你起步，我們完成了前幾行。

```
<?xml version="1.0" encoding="utf-8"?>  在檔案最上面的 XML 宣告。
<LinearLayout  以線性的方式排列組件，讓它們一個接著一個。
    xmlns:android="http://schemas.android.com/apk/res/android"  定義名稱空間。
    xmlns:tools="http://schemas.android.com/tools"  定義第二個名稱空間。
    android:layout_width="match_parent"  讓寬度符合設備的螢幕尺寸。
    android:layout_height="match_parent"  讓高度符合設備的螢幕尺寸。
    android:orientation="vertical"  直向排列組件。
    tools:context=".MainActivity">  讓 tools 知道這個 layout 是讓 MainActivity 使用的。

    <EditText  定義 EditText 組件（可編輯的文字畫面）。
        android:id="@+id/message"  指定一個名為「message」的 id。
        android:layout_width="match_parent"  讓它與 layout 一樣寬。
        android:layout_height="wrap_content"  讓它的高度足以容納內容。
        android:layout_margin="16dp"  將組件的邊界設為 16dp。
        android:hint="Enter your message here"  加入一些提示文字。
        android:inputType="text" />  使用文字鍵盤輸入類型。

    <Button  定義 Button 組件。
        android:id="@+id/send"  指定一個名為「send」的 id。
        android:layout_width="wrap_content"  讓它的寬度足以容納內容。
        android:layout_height="wrap_content"  讓它的高度足以容納內容。
        android:layout_gravity="center_horizontal"  將按鈕橫向置中。
        android:text="SEND" />  幫按鈕加上「SEND」文字。
</LinearLayout>  關閉 LinearLayout 元素。
```

11:23

My First App

這是 EditText 組件。

Enter your message here

SEND

這是 Button 組件。

在 layout 裡面修改顯示的文字

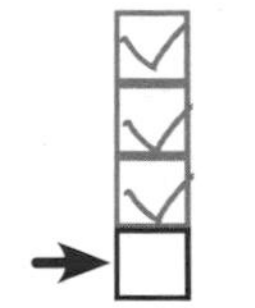

我們想要修改 *activity_main.xml* 裡面的文字，希望在執行 app 時，顯示「Hello World!」之外的東西。 為此，我們可以修改 layout 的 `<TextView>` 元素內的 `text` 屬性：

```
<TextView
    android:layout_width="wrap_content"
    android:layout_height="wrap_content"
    android:text="Hello World!"
    ... />
```

我們可以藉著修改這個屬性來改變文字。

`text` 屬性是在 `<TextView>` 元素裡面使用 `android:text` 來定義的。它指定了你要顯示的文字，在此是「Hello World!」。

```
android:text="Hello World!" />
```

顯示文字… …「Hello World!」

你只要將 `text` 屬性的值 `"Hello World!"` 改成其他文字即可修改 layout 顯示的文字，例如改成 `"Pow!"`。這是 `<TextView>` 元素的新程式：

因為我們目前只修改文字，所以省略一些程式碼。

```
<?xml version="1.0" encoding="utf-8"?>
<androidx.constraintlayout.widget.ConstraintLayout
    ... >

    <TextView
        android:layout_width="wrap_content"
        android:layout_height="wrap_content"
        android:text="Hello World!Pow!"
        ... />

</androidx.constraintlayout.widget.ConstraintLayout>
```

在此將 "Hello World!" 改為 "Pow!"。

MyFirstApp
app/src/main
res
layout
activity_main.xml

你只要修改一個地方，就可以改變文字了。我們來看一下程式執行時會發生什麼事。

程式做了什麼

在執行 app 之前，讓我們先來了解一下這段程式做了什麼。

1. **Android 使用 MainActivity.kt 來建立 activity 物件 MainActivity。**

MainActivity

2. **MainActivity 指定使用 layout activity_main.xml。**

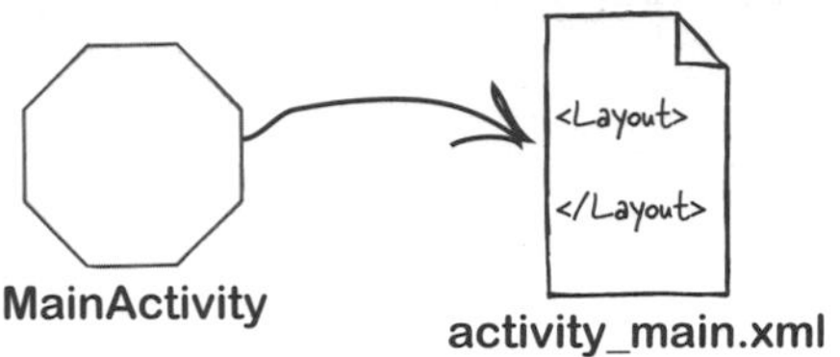

3. **layout 在設備上的 app 的中央顯示文字「Pow!」。**

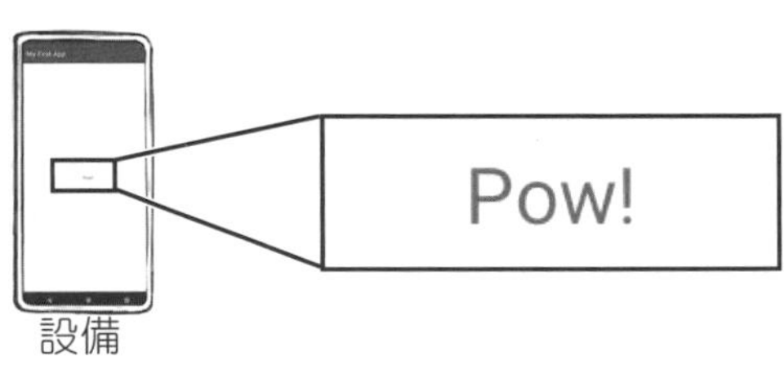

問：我的 layout 程式與你的不一樣，這 OK 嗎？

答：OK，沒問題。如果你使用的 Android Studio 版本與我們的不同，它可能產生稍微不同的程式碼，但是這無關緊要。從現在開始，你將學習如何編寫自己的 layout 程式，並將 Android Studio 提供的許多程式改掉。

問：我認為我們將顯示出來的文字寫死了，對嗎？

答：沒錯，這純粹是為了讓你知道如何修改 layout 內的文字。比起將文字寫死在 layout 內，我們有更好的文字顯示手段，下一章會教你怎麼做。

問：我的 explorer 窗格裡面的資料夾與你的不一樣，為什麼？

答：你可以在 Android Studio 裡面選擇其他的目錄結構顯示方式，它預設是 Android 畫面，我們比較喜歡 Project 畫面，因為它反映了底層的資料夾結構。你可以按下 explorer 窗格上方的箭頭，然後選擇 Project，來將畫面改為 Project。

使用這個箭頭來改變 explorer 畫面。我們通常使用 Project 畫面。

新車試駕

設定環境
建構 app
執行 app
修改 app

編輯檔案之後，選擇 Run 選單的「Run 'app'」命令，或按下 Run 按鈕，再次用模擬器來執行 app。你可以看到，現在 app 顯示「Pow!」，而不是「Hello World!」。

11:18
My First App
這是新版的 app。
現在示範文字顯示「Pow!」，而不是「Hello World!」。
Pow!
Pow!

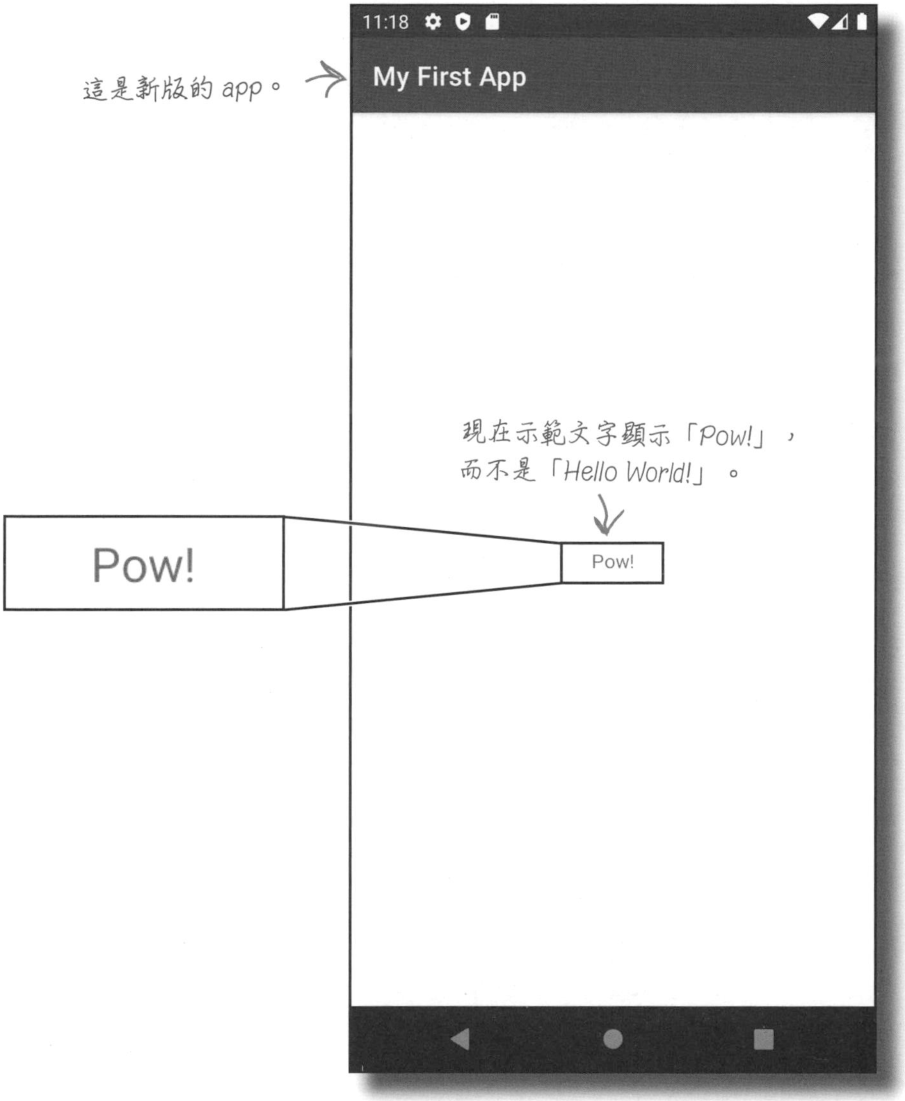

恭喜你！你已經建立並修改你的第一個 app，並在過程中，了解 Android app 是如何構成的。下一章將在這個基礎之上，建立一個可以互動的 app。

你的 Android 工具箱

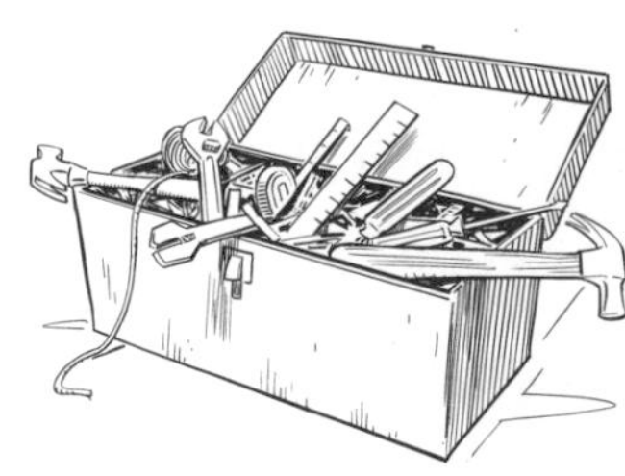

你已經掌握第 1 章，將一些 Android 基本概念加入你的工具箱了。

你可以在 tinyurl.com/hfad3 下載本章的完整程式碼。

本章重點

- Android 的版本有版本號碼、API 等級與代號。
- Android Studio 是用 IntelliJ IDEA 來建構的。它可以和 Android Software Development Kit（SDK）以及 Gradle 組建系統互動。
- 典型的 Android 是用 activity、layout 與資源檔構成的。
- layout 描述 app 的外觀。它們在 *app/src/main/res/layout* 資料夾裡面。
- activity 描述 app 的功能，以及它如何與用戶互動。你編寫的 activity 在 *app/src/main/java* 資料夾裡面。
- *AndroidManifest.xml* 存有關於 app 本身的資訊，它在 *app/src/main* 資料夾裡面。
- AVD 就是 Android Virtual Device，它在 Android 模擬器上面運行，模仿實體的 Android 設備。
- APK 檔是 Android 應用程式包，它裡面有 app 的 bytecode、程式庫與資源。當你在設備安裝 app 時，你要安裝 APK。
- Android app 在 Android runtime（ART）的獨立程序內運行。
- `<TextView>` 元素的用途是顯示文字。
- `<TextView>` 元素的 `text` 屬性指定了它應該顯示的文字。

會做事的 app

我跟他說，「按下這個
寫著「彈射座椅」的按
鈕不知道會怎樣？」

大多數的 app 都必須以某種方式回應用戶。 在這一章，你將了解如何讓 app **更具互動性**，學會如何在 activity 中加入 ***OnClickListener***，讓 app 可以**監聽用戶在做什麼**，並做出適當的回應。你將了解更多**設計 layout 的方法**，並知道你在 layout 中加入的每一個 UI 組件都是從**同一個 View 祖先**衍生出來的。在過程中，你將體會 **String 資源**對靈活的、精心設計的 app 而言**為何如此重要**。

我們來建立 Beer Adviser app 吧！

當你建立 Android app 時，你通常想讓它做某些事情。

本章將告訴你如何建立一個可以和用戶互動的 app。我們將製作一個 Beer Adviser app，讓用戶可以選擇他們最喜歡的啤酒顏色，按下一個按鈕，並獲得一系列可嘗試的美味啤酒。

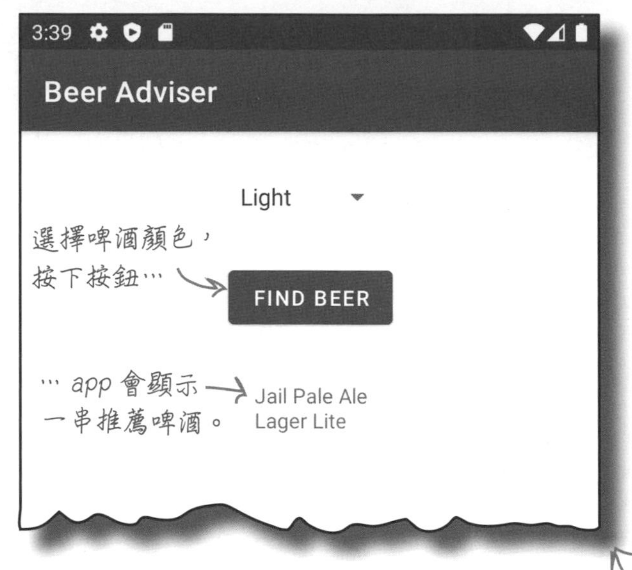

這是 app 的結構：

1. **layout activity_main.xml 定義 app 的外觀。**
   它有三種 UI 組件：
   - 一個名為 spinner 的下拉式選單，可讓用戶選擇喜歡的啤酒顏色。
   - 一個按鈕，當它被按下時，app 會回傳啤酒選單。
   - 一個顯示啤酒的文字畫面。

2. **strings.xml 裡面有 layout 需要的所有 String 資源。**
   例如按鈕的標籤與啤酒的顏色。

3. **activity MainActivity 定義 app 應該如何與用戶互動。**
   它接收用戶選擇的啤酒顏色，並用它來顯示用戶可能有興趣的啤酒清單。

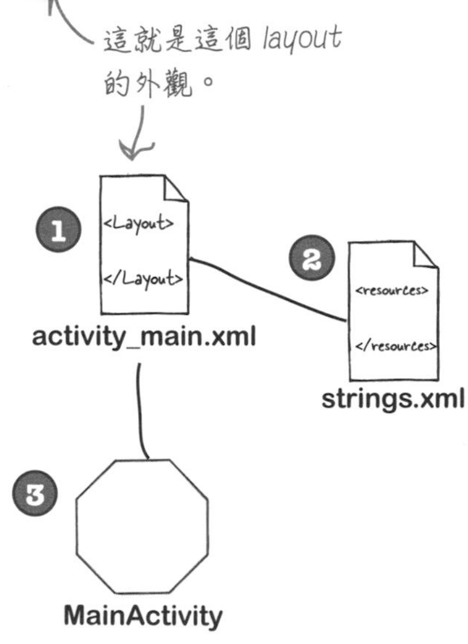

我們接下來要做這些事情

我們要開工了！建構 Beer Adviser app 需要幾個步驟（本章接下來的內容將完成這些步驟）：

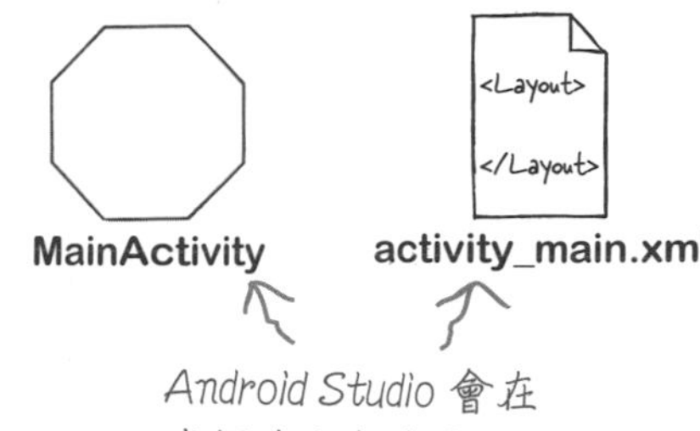

1. **建立專案。**
   你將建立一個全新的 app，所以必須建立一個新專案，裡面有一個空的 activity 與一個 layout。

2. **修改 layout。**
   設定專案後，你要修改 layout，加入 app 需要的所有 UI 組件。

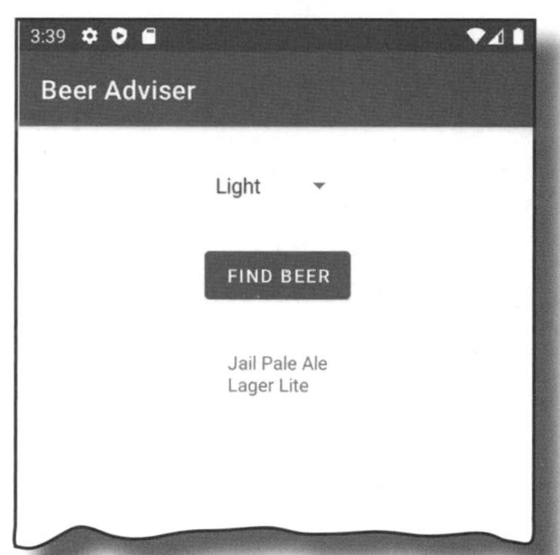

strings.xml

3. **加入 String 資源。**
   我們會將所有寫死的文字都換成 `String` 資源，將 app 使用的所有文字都放在同一個檔案裡面。

4. **讓按鈕回應按下的動作。**
   layout 只指定外觀，你要寫一些 activity 程式才能讓按鈕在被按下時做某些事。

MainActivity
你會在第 4 步與第 5 步修改 MainActivity。

5. **撰寫應用邏輯。**
   在 activity 裡面加入一個新方法，並用它來根據用戶的選擇回傳正確的啤酒。

我們從建立專案開始做起。

建立專案

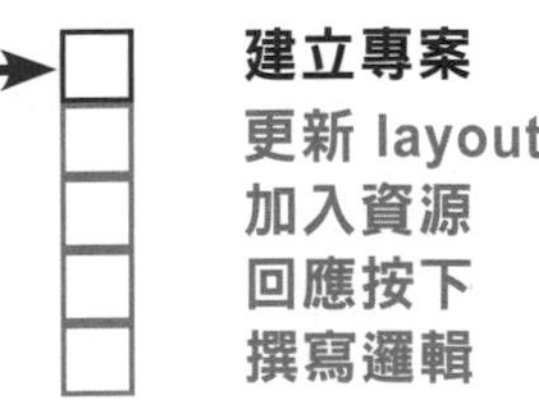

建立新專案的步驟幾乎與上一章一模一樣：

1. 打開 Android Studio，關閉已開啟的所有專案，在歡迎畫面中選擇「New Project」，這會啟動你在第 1 章看過的 wizard。

2. 選取 Phone 與 Tablet 選項，並選擇 Empty Activity 選項。

3. 在 Name 輸入「Beer Adviser」，在 Package name 輸入「com.hfad.beeradviser」，並接受預設的儲存位置。將 Language 設為 Kotlin，將 Minimum SDK 設為 API 21，讓它可在大多數的 Android 設備上執行。然後按下 Finish 按鈕。

New Project

Empty Activity

Creates a new empty activity

輸入 Beer Adviser 名稱。

Name: Beer Adviser

程式包名稱是 com.hfad.beeradviser。

Package name: com.hfad.beeradviser

接受預設的儲存位置。

Save location: /Users/dawng/AndroidStudioProjects/BeerAdviser

Language: Kotlin

將語言設為 Kotlin。

Minimum SDK: API 21: Android 5.0 (Lollipop)

將最低 SDK 設為 API 21，讓 app 可在大多數設備上運行。

Your app will run on approximately **94.1%** of devices.
Help me choose

☐ Use legacy android.support libraries

Using legacy android.support libraries will prevent you from using the latest Play Services and Jetpack libraries

Cancel | Previous | Next | Finish

我們已經建立預設的 activity 與 layout 了

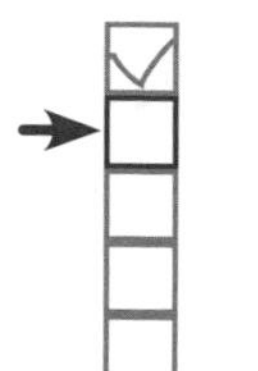

建立專案
更新 layout
加入資源
回應按下
撰寫邏輯

當你按下 Finish 按鈕時，Android Studio 會建立一個新專案，裡面有名為 *MainActivity.kt* 的 activity，以及名為 *activity_main.xml* 的 layout，與我們在第 1 章建立專案時一樣。我們要修改這些檔案，來讓 app 的外觀與行為符合我們的想法。

我們會先修改 layout 檔 *activity_main.xml* 來更改 app 的外觀。我們會在接下來幾頁建立 layout，但現在先將 Android Studio 的 explorer 切換成 Project 畫面，前往 *app/src/main/res/layout* 資料夾，並打開 *activity_main.xml* 檔。然後**切換成程式編輯器**，將 *activity_main.xml* 裡面的所有程式換成：

按下 Code 選項來打開程式編輯器。

Code　Split　Design

將 Android Studio 產生的程式換掉。

```
<?xml version="1.0" encoding="utf-8"?>
<LinearLayout
    xmlns:android="http://schemas.android.com/apk/res/android"
    xmlns:tools="http://schemas.android.com/tools"
    android:layout_width="match_parent"
    android:layout_height="match_parent"
    android:padding="16dp"
    android:orientation="vertical"
    tools:context=".MainActivity">

    <TextView
        android:id="@+id/brands"
        android:layout_width="wrap_content"
        android:layout_height="wrap_content"
        android:text="Beer types" />
</LinearLayout>
```

這些元素與整個 layout 有關。它們決定了 layout 的寬度與長度、layout 的邊距，以及元件究竟要擺成直向或橫向。

這用來顯示文字。

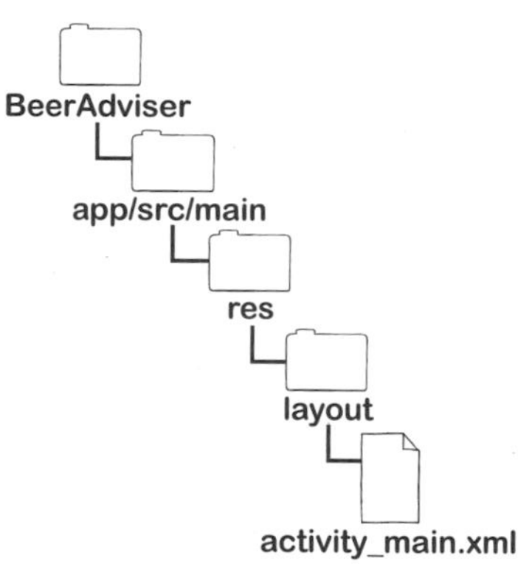

上面的程式有一個 linear layout（用 `<LinearLayout>` 元素來指定），以及一個 text view（用 `<TextView>` 元素來指定）。稍後會進一步介紹這些元素，目前你只要知道，linear layout 是用來將 UI 組件排成直行，而 text view 會顯示文字「Beer types」即可。

你在 layout 的 XML 裡面做的任何改變都會反映在設計編輯器裡面。按下編輯器窗格最上面的 Design 選項來切換成設計編輯器。

按下 Design 標籤來打開設計編輯器。

仔細研究設計編輯器

第 1 章說過，設計編輯器可讓你編輯 layout 程式碼，比編輯 XML 更視覺化。它有兩個不同的 layout 設計畫面，一個顯示 layout 在實際的設備上長怎樣，另一個顯示它的結構藍圖：

如果 *Android Studio* 沒有顯示這兩個 *layout* 畫面，在設計編輯器的工具列按下這個按鈕，並選擇「*Design and Blueprint*」。

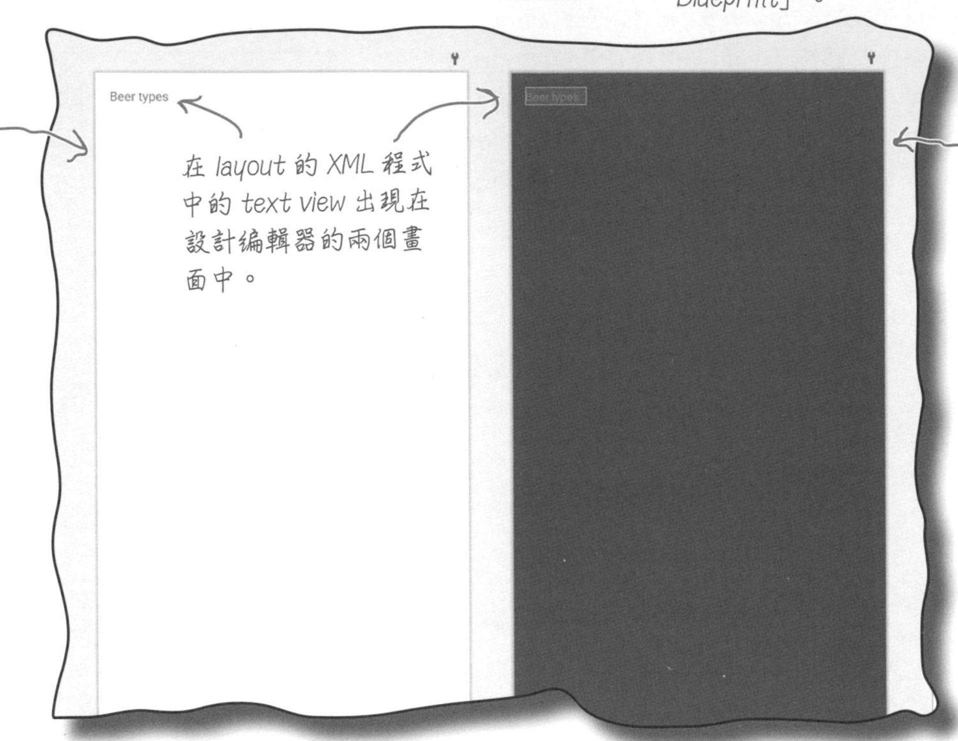

這個 *layout* 畫面可讓你知道它在實際的設備上長怎樣。

在 *layout* 的 *XML* 程式中的 *text view* 出現在設計編輯器的兩個畫面中。

這是 *Blueprint*（藍圖）畫面，它比較強調 *layout* 的結構。

在設計編輯器最左邊有 Palette，裡面有可以拉入 layout 的組件。下一頁會用它來將按鈕加入 layout，本章稍後會用它來更改在 app 裡面顯示的文字。

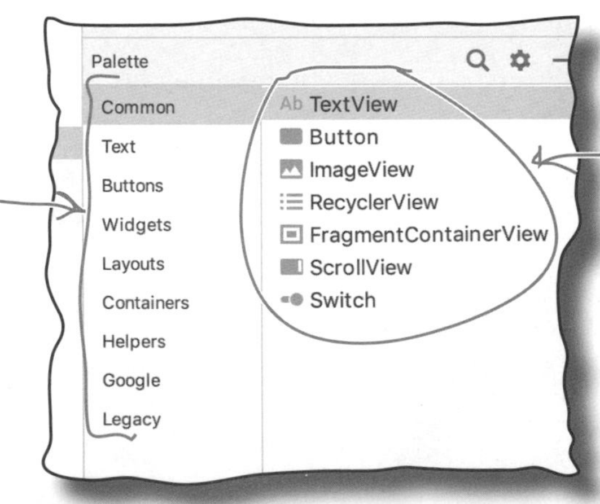

這個清單是可加入 *layout* 的各個組件種類。

它們是被選取的種類裡面的組件。稍後會詳細介紹它們。

使用設計編輯器來加入按鈕

為了將按鈕加入 layout，請在 Palette 中找到 Button 組件，按下它，然後將它拉入設計編輯器，把它放在 text view 上面。現在按鈕出現在 layout 的設計裡面了：

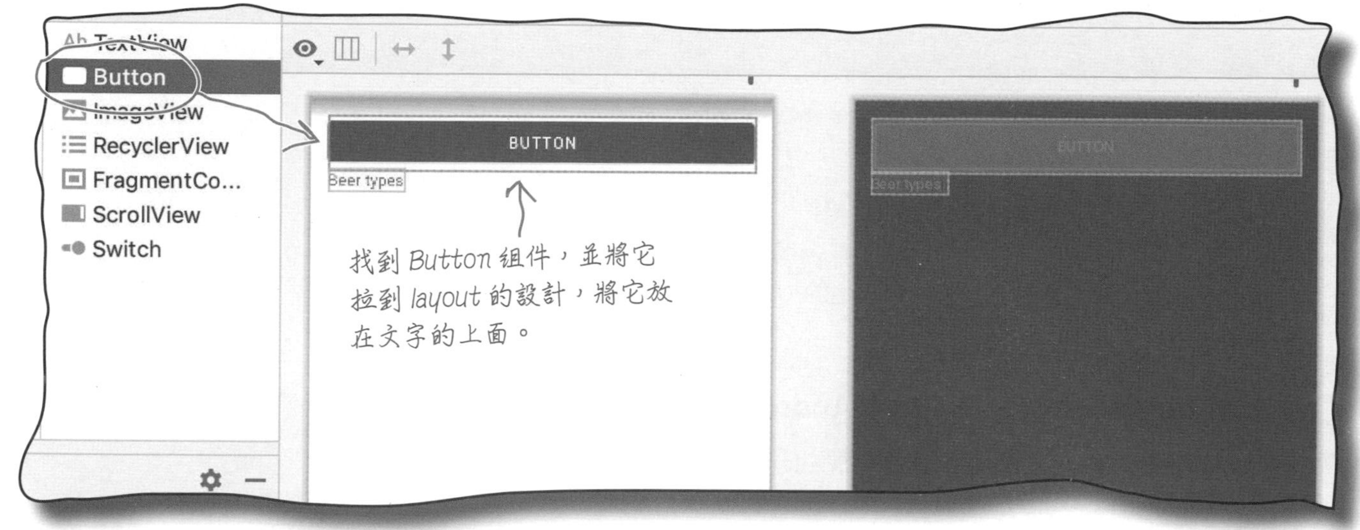

在設計編輯器內的變動會反映在 XML 裡面

像這樣將 UI 組件拉入 layout 可以輕鬆地修改 layout，當你切換到程式編輯器時，你會看到，用設計編輯器來加入按鈕也會將額外的程式加入底層的 XML：

```
...
<Button
    android:id="@+id/button"
    android:layout_width="match_parent"
    android:layout_height="wrap_content"
    android:text="Button" />

<TextView
    android:id="@+id/brands"
    android:layout_width="wrap_content"
    android:layout_height="wrap_content"
    android:text="Beer types" />
...
```

XML 有一個新的 <Button> 元素敘述剛才被拉入 layout 的新按鈕，接下來幾頁會詳細說明這個部分。

設計編輯器加入的程式因按鈕的位置而異，如果你的程式與我們的稍微不同，不用緊張。

BeerAdviser
app/src/main
res
layout
activity_main.xml

activity_main.xml 有一個新按鈕

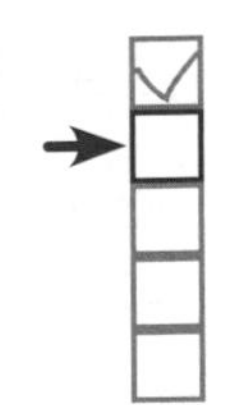

如你所見，設計編輯器在 *activity_main.xml* 裡面加入一個新的 `<Button>` 元素，它的程式長這樣：

```
<Button
    android:id="@+id/button"
    android:layout_width="match_parent"
    android:layout_height="wrap_content"
    android:text="Button" />
```

在 Android 小鎮裡面的按鈕是一個 UI 組件，用戶可以按下它來觸發一個動作。`<Button>` 元素有一些控制它的尺寸與外觀的屬性。這些屬性不是按鈕獨有的，其他的 UI 組件也有它們，例如 text view。

按鈕與 text view 都是同一個 Android View 類別的子類別

按鈕與 text view 有相同的屬性是有原因的：它們都繼承同一個 Android `View` 類別。你會在閱讀本書的過程中了解這件事，現在只要先知道這些最常見的屬性即可：

android:id

它提供一個可識別的名稱給組件，讓 activity 程式可以接觸它並控制它的行為：

```
android:id="@+id/button"
```

android:layout_width、android:layout_height

這些屬性指定組件的寬度與高度。`"wrap_content"` 會讓組件的尺寸剛好足以容納內容，`"match_parent"` 會讓組件的寬度與容納它的 layout 一樣寬：

```
android:layout_width="match_parent"
android:layout_height="wrap_content"
```

android:text

讓 Android 知道組件應顯示什麼文字，例如在按鈕上面的文字：

```
android:text="Button"
```

View 類別有許多不同的方法。稍後會介紹其中的一些。

android.view.View
...

TextView 是一種 View…

android.widget.TextView
...

android.widget.Button
...

… Button 是一種 TextView，也就是說，它也是一種 View。

仔細研究 layout 程式

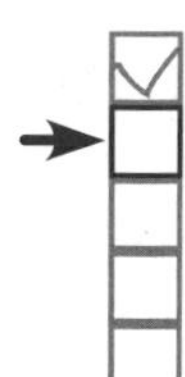

建立專案
更新 layout
加入資源
回應按下
撰寫邏輯

讓我們來仔細研究 layout 程式碼，並解析它，了解它的實際作用（如果你的程式不太一樣，別擔心，先繼續看下去！）：

```
<LinearLayout
    xmlns:android="http://schemas.android.com/apk/res/android"
    xmlns:tools="http://schemas.android.com/tools"
    android:layout_width="match_parent"
    android:layout_height="match_parent"
    android:padding="16dp"
    android:orientation="vertical"
    tools:context=".MainActivity">
```

這是按鈕。

```
    <Button
        android:id="@+id/button"
        android:layout_width="match_parent"
        android:layout_height="wrap_content"
        android:text="Button" />
```

這是 text view。

```
    <TextView
        android:id="@+id/brands"
        android:layout_width="wrap_content"
        android:layout_height="wrap_content"
        android:text="Beer types" />
```

```
</LinearLayout>
```

它將 <LinearLayout> 元素封閉。

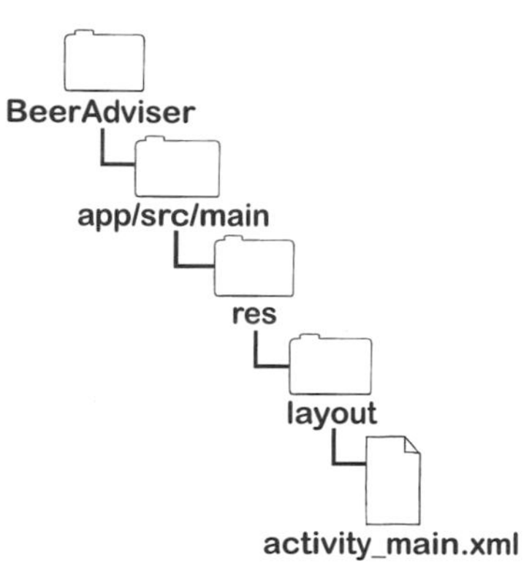

<LinearLayout> 元素

在 layout 程式裡面的第一個元素是 `<LinearLayout>`。這個元素要求 Android 將 layout 裡面的 UI 組件依序排列成一個直行或橫列。

你可以用 `android:orientation` 屬性來指定排列方向。 在這個例子中，我們使用：

```
android:orientation="vertical"
```

所以 UI 組件被排成直的一行。

仔細研究 layout 程式（續）

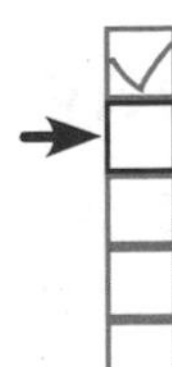

建立專案
更新 layout
加入資源
回應按下
撰寫邏輯

<LinearLayout> 元素（上一頁）裡面有兩個元素：<Button> 與 <TextView>。

<Button> 元素

第一個元素是 <Button>：

```
...
<Button
    android:id="@+id/button"
    android:layout_width="match_parent"
    android:layout_height="wrap_content"
    android:text="Button" />
...
```

使用 linear layout 就是將 UI 組件顯示成一個直行或一個橫列。

因為它是 <LinearLayout> 裡面的第一個元素，所以它在 layout 裡面最先出現（在螢幕最上面）。它的 `layout_width` 是 `"match_parent"`，也就是說，它與它的父元素 <LinearLayout> 一樣寬。它的 `layout_height` 是 `"wrap_content"`，也就是說，它的高度剛好足以顯示它的文字。

<TextView> 元素

在 <LinearLayout> 裡面的最後一個元素是 <TextView>：

```
...
<TextView
    android:id="@+id/brands"
    android:layout_width="wrap_content"
    android:layout_height="wrap_content"
    android:text="Beer types" />
...
```

按鈕被顯示在最上面，因為它是 XML 的第一個元素。

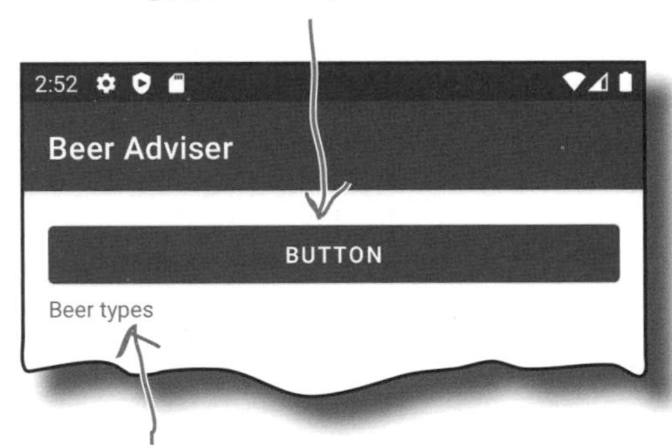

text view 被顯示在按鈕下面，因為在 <LinearLayout> 裡面，它在按鈕後面。

因為它是第二個元素，而且我們將 <LinearLayout> 元素的方向設為 `"vertical"`，所以它被顯示在按鈕（第一個元素）下面。它的 `layout_width` 與 `layout_height` 屬性都被設為 `"wrap_content"`，所以它的空間剛好足以容納它的文字。

你已經知道將組件加入設計編輯器會將它們加入 layout XML 了，反過來也是如此，你對 layout XML 所做的任何修改，也會反應在設計上。我們來看一下實際的情況。

讓我們來修改 layout XML

建立專案
更新 layout
加入資源
回應按下
撰寫邏輯

我們來修改 layout，加入新的 **spinner** 組件，並調整既有的按鈕與 text view 組件。spinner 是一個下拉式清單，裡面有多個值。當你按下它時，它會展開並顯示清單，讓你可以選擇一個值。

按照下面的變動（以粗體表示）來修改你的 *activity_main.xml* 程式碼：

```
<?xml version="1.0" encoding="utf-8"?>
<LinearLayout
    xmlns:android="http://schemas.android.com/apk/res/android"
    xmlns:tools="http://schemas.android.com/tools"
    android:layout_width="match_parent"
    android:layout_height="match_parent"
    android:padding="16dp"
    android:orientation="vertical"
    tools:context=".MainActivity">

    <Spinner
        android:id="@+id/beer_color"
        android:layout_width="wrap_content"
        android:layout_height="wrap_content"
        android:layout_gravity="center"
        android:layout_margin="16dp" />

    <Button
        android:id="@+id/button find_beer"
        android:layout_width="match_parent wrap_content"
        android:layout_height="wrap_content"
        android:layout_gravity="center"
        android:layout_margin="16dp"
        android:text="Button Find Beer" />

    <TextView
        android:id="@+id/brands"
        android:layout_width="wrap_content"
        android:layout_height="wrap_content"
        android:layout_gravity="center"
        android:layout_margin="16dp"
        android:text="Beer types" />
</LinearLayout>
```

BeerAdviser
app/src/main
res
layout
activity_main.xml

這是新的 spinner 組件，它可讓你從清單中選出一個值。

將按鈕的 ID 改成 "find_beer"。本章稍後會使用它。

改變按鈕的寬，讓它與它的內容一樣寬。

將按鈕橫向置中，並設定它的邊距。

修改按鈕的文字。

將 text view 置中，並設定邊距。

別忘了！

務必按照本頁的指示來修改 activity_main.xml 的內容。

在 XML 裡面進行修改會反映在設計編輯器裡

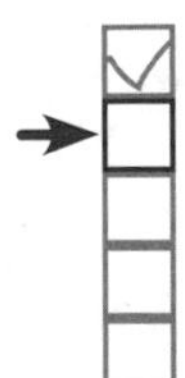

修改 layout **XML** 之後，當你切換到設計編輯器時，它裡面已經不是一個按鈕與下面的 text view 了，而是在中間排成直排的 spinner、按鈕與 text view：

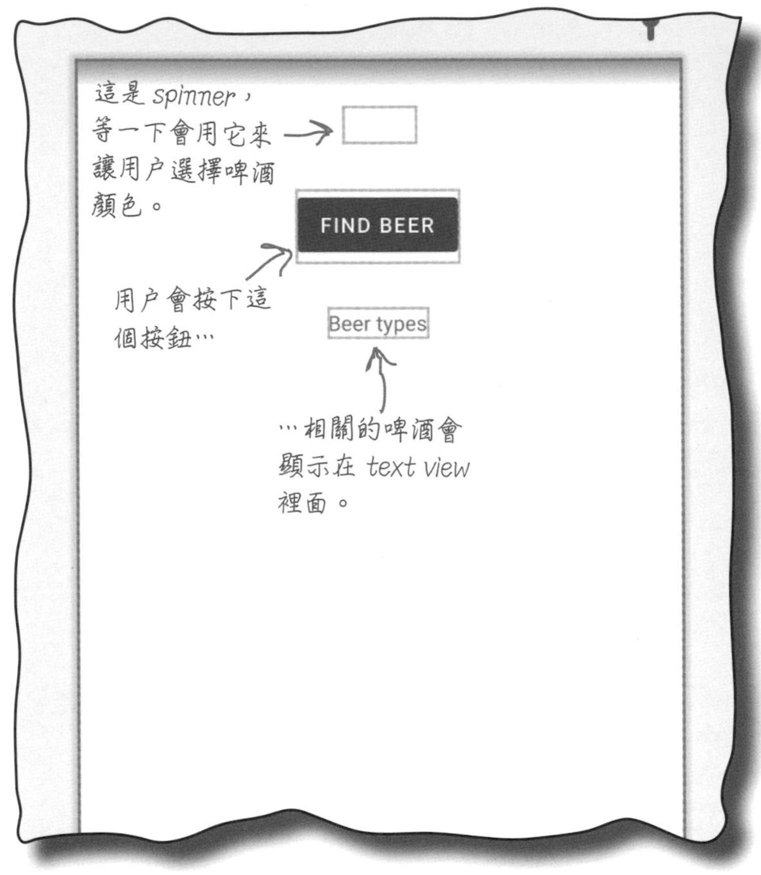

這是 spinner，等一下會用它來讓用戶選擇啤酒顏色。
FIND BEER
用戶會按下這個按鈕…
Beer types
…相關的啤酒會顯示在 text view 裡面。

spinner 提供一個下拉清單，可讓你從一組值裡面選出一個值。

你加入 layout 檔的所有 UI 組件（例如按鈕、spinner 與 text view）都使用相同或相似的屬性，因為它們都是 View 的一種。在幕後，它們都繼承同一個 Android View 類別。

這些 UI 組件通常稱為 view，因為它們都繼承同一個 View 類別。

我們已經將 Beer Adviser app 的 layout 需要的組件都加入 *activity_main.xml* 裡面了，等一下還要做一些事情，現在先來執行一下 app，看看它在設備上的樣子。

新車試駕

建立專案
更新 layout
加入資源
回應按下
撰寫邏輯

在 Run 選單選擇「Run 'app'」命令或按下 Run 按鈕來執行 app，並耐心等待 app 載入。

當 app 出現在你的設備上時，注意它將空的 spinner、按鈕與 text view 顯示成一行。

1:37
Beer Adviser
這是 spinner，但是它裡面還沒有值。稍後會加入值。
FIND BEER
Beer types
按鈕與文字欄位都被放在 spinner 下面，並橫向置中。

沒有蠢問題

問：**我們可以透過設計編輯器或編輯 XML 來加入 view，哪種方法比較好？**

答：這在很大程度上依個人喜好而定。對簡單的 layout 而言，我們比較喜歡修改底層的 XML，但你將在第 4 章發現，有一些 layout 種類使用設計編輯器來修改比較簡單。

在多數情況下，我們會請你修改底層的 XML，因為這樣比較容易讓你的程式碼與我們的一致。

問：**剛才為什麼要把 Android Studio 提供的預設 layout 程式改掉？**

答：這有幾個原因。

首先，當你想要將組件排成一列或一行時，linear layout 是最適合的一種 layout。所以它很適合本章製作的 app。

第二個原因是，linear layout 是最容易學習使用的一種 layout。本書還會介紹進階的 layout，但我們現在先把注意力放在基本的 layout 上。

問：**為什麼按鈕顯示大寫的文字？**

答：因為 app 的預設主題在預設情況下會將按鈕文字改成大寫。我們會在第 8 章詳細介紹主題，以及如何改寫它們的行為。

現在你可以在 layout 裡面的每一個 `<Button>` 元素加入下面的程式，來阻止文字被顯示成大寫：

```
android:textAllCaps="false"
```

在 layout 裡有一些警告訊息…

當你在 Android Studio 裡面開發 layout 時，IDE 會自動檢查程式的錯誤，並提醒你也許可以如何改善。若要查看警告訊息或建議，有一種簡單的方法是切換到 layout 的編輯器畫面，並檢查 Component Tree 窗格。這個窗格通常位於 Palette 下面，它會顯示 layout 內的組件的樹狀階層結構。

Component Tree 位於 layout 設計編輯器的 Palette 下面。

如果 Android Studio 有任何改善程式的建議，你會在相關組件的右邊看到一個圖示。例如，我們的 `find_beer` 與 `brands` 組件旁邊有警告圖示。當你將滑鼠游標移到各個組件上面時，你可以看到一條關於文字被寫死的警告訊息：

這裡也有一個關於 spinner 的警告，等一下會處理它。

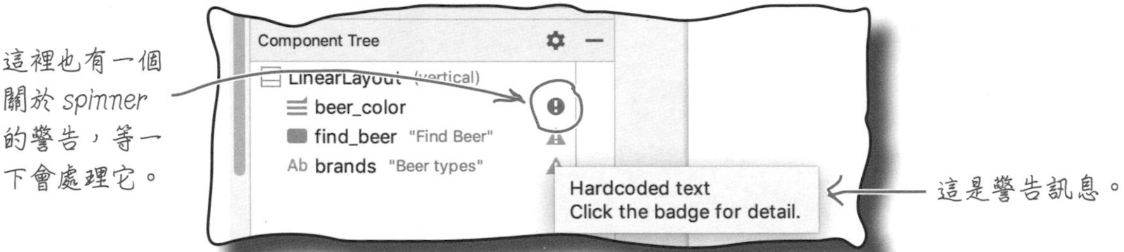

這是警告訊息。

…因為有寫死的文字

我們在定義 layout 時，將顯示在 text view 與按鈕組件裡面的文字寫死了，像這樣：

```
android:text="Find Beer"

android:text="Beer types"
```

在 layout 裡將文字值寫死的兩個組件。

雖然在學習時，將 layout 裡面的文字寫死沒有大礙，但它不是最好的做法。

假如你正在開發一個大作，準備在你當地的 Google Play Store 上市。你不想把自己綁死在一個國家或一個語言內，而是想讓全球都可以使用它，而且可以顯示不同的語言。但如果你在 layout 檔案裡將所有的文字寫死，那麼你將很難將 app 推廣到全球。

這種做法也讓你更難對文字進行 app 範圍的修改。假如你的公司改名了，老闆要求你改變 app 裡面的文字，如果你把所有的文字都寫死，你就要編輯大量的檔案，才能將文字改好。

有什麼其他的辦法？

將文字放入 String 資源檔

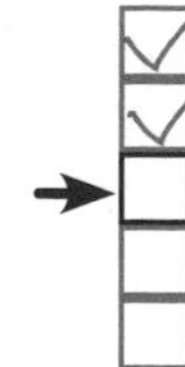

建立專案
更新 layout
加入資源
回應按下
撰寫邏輯

比較好的做法是將文字值放入 **String 資源檔**，如此一來，對 app 的文字進行 app 範圍的修改將更容易，你只要修改資源檔裡面的文字就可以了，不需要修改各個 activity 與 layout 檔裡面寫死的文字值。

這種方法也讓你更容易將 app 在地化。你可以為你想支援的各個語言提供不同的 String 資源檔，而不是將某種語言的文字寫死。這種做法可讓 app 根據設備的地區來切換語言。

Android Studio 可協助你提取 String 資源

如果你的 layout 裡面有寫死的文字，Android Studio 有一種方便的方法可以幫你提取文字，並將它加入 String 資源檔。你只要按下（或按兩次）警告寫死文字的圖示，然後按下 Fix 按鈕來修正該問題即可。

你可能要往下捲動才能看到這個按鈕。

我們用 layout 的一個組件來試試。切換到 *activity_main.xml* 的設計畫面，並按下 `find_beer` 組件旁邊的警告圖示。

你會看到一個訊息，解釋為何寫死的文字是有問題的。將解釋訊息捲到最後面，然後按下 Fix 按鈕：

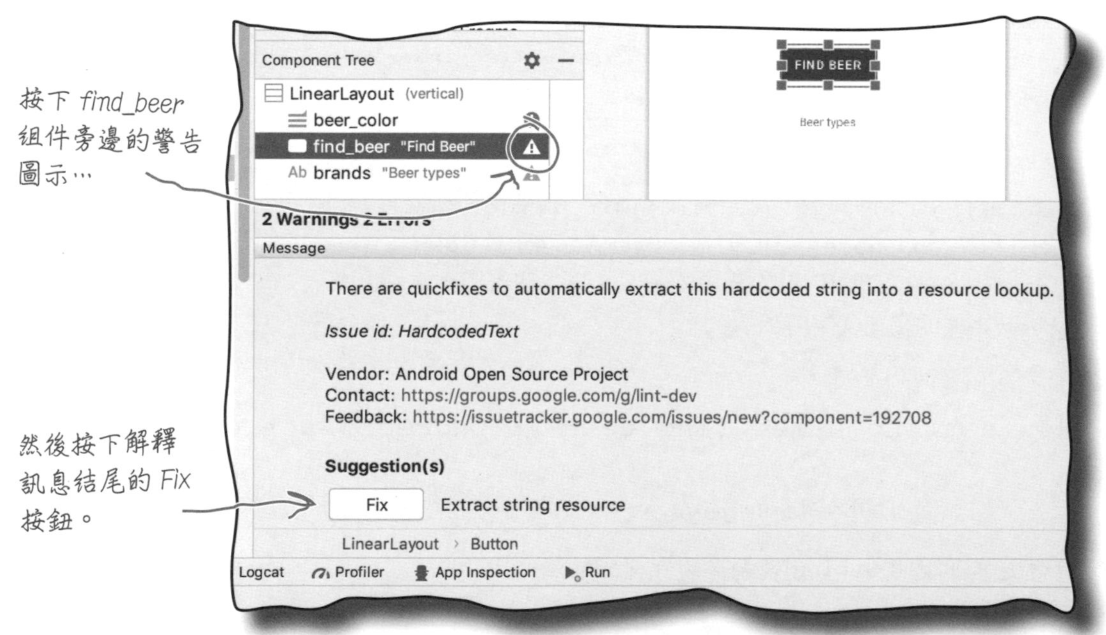

提取 String 資源

按下 Fix 按鈕之後，你會看到 Extract Resource 視窗。你可以在裡面設定 String 資源的名稱、它的值，以及 String 資源檔的名稱。將 Resource name 設為「find_beer」，將 File name 設為「strings.xml」，將 Source set 設為「main」，並勾選 values 目錄。然後按下 OK 按鈕。

按下 OK 按鈕之後，Android Studio 會將 find_beer 組件的寫死文字加入名為 *strings.xml* 的 String 資源檔，並修改 layout 的 XML，讓它使用 String 資源。我們來看看這兩個改變，先看 String 資源檔。

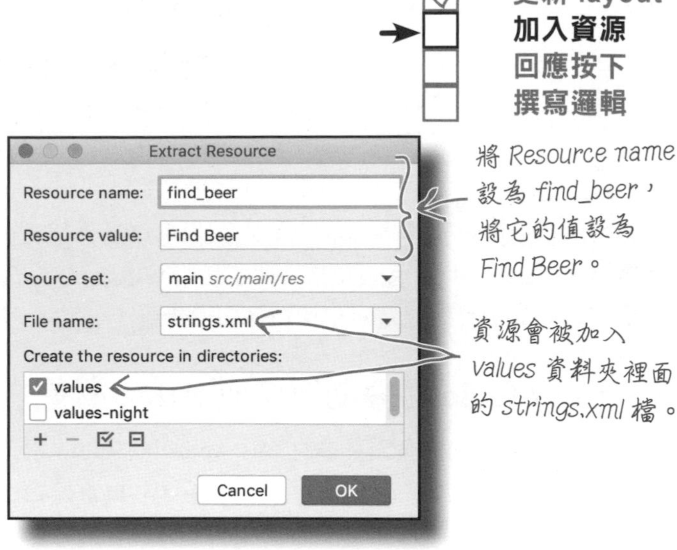

String 資源已經被加入 strings.xml 了

strings.xml 是 app 的預設 String 資源檔，Android Studio 會在你建立新專案時，自動建立這個檔案。在 Android Studio 的 explorer 裡面打開 *strings.xml*，你可以在 *app/src/main/res/values* 資料夾裡面找到 *strings.xml*。

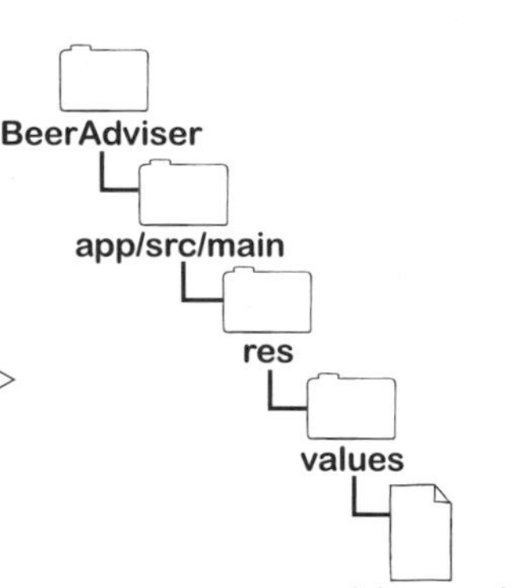

這個檔案有類似這樣的內容：

```
<resources>
    <string name="app_name">Beer Adviser</string>
    <string name="find_beer">Find Beer</string>
</resources>
```

上面的程式設定兩個 String 資源，每一個資源都有一對名稱 / 值。第一個資源的名稱是 app_name，它的值是「Beer Adviser」，第二個的名稱是 find_beer，它的值是「Find Beer」。第二個資源是在提取 find_beer 組件的寫死文字時加入的：

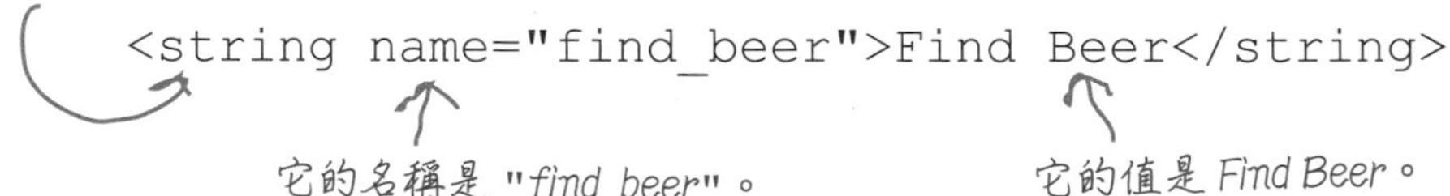

接下來幾頁會更詳細說明 String 資源，現在先來看看 *activity_main.xml* 有哪些改變。

activity_main.xml 使用 String 資源

☑ 建立專案
☑ 更新 layout
➜ ☐ 加入資源
☐ 回應按下
☐ 撰寫邏輯

當我們要求 Android Studio 提取寫死的文字時，Android Studio 會自動修改 *activity_main.xml* 裡面的 `find_beer` 按鈕，讓它使用提取出來的 `String` 資源。

這是改好的按鈕程式：

```
<Button
    android:id="@+id/find_beer"
    android:layout_width="wrap_content"
    android:layout_height="wrap_content"
    android:layout_gravity="center"
    android:layout_margin="16dp"
    android:text="@string/find_beer" />
```

text 屬性的值本來是「Find Beer」，它已經被改成使用 String 資源了。

BeerAdviser
app/src/main
res
layout
activity_main.xml

你可以看到，`find_beer` 按鈕的 `text` 屬性已經被改成 `"@string/find_beer"` 了，它是什麼意思？

我們從第一部分看起，`@string`。它請 Android 在一個 `String` 資源檔裡面查詢文字值，那個資源檔是你看過的 *strings.xml* 檔案。

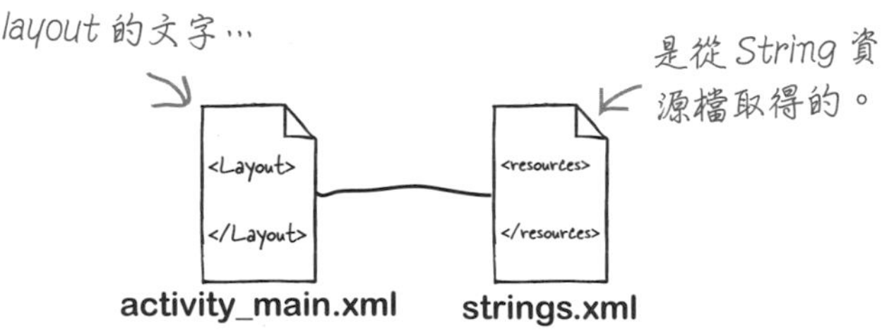

第二個部分 `find_beer` 請 Android **查詢名為 `find_beer` 的資源的值**。所以 `"@string/find_beer"` 相當於「查詢名為 `find_beer` 的 `String` 資源，並使用它的文字值。」

顯示文字… …它來自 String 資源 find_beer。

```
android:text="@string/find_beer" />
```

你也可以手動提取 String 資源

你已經知道，當你要求 Android Studio 提取寫死的文字，並將它放入 `String` 資源時，Android Studio 會對程式碼做什麼修改了。你也可以直接修改 *strings.xml* 與 *activity_main.xml* 裡面的程式來自己進行這些變更。

讓我們來看看如何修改 `brands` 組件的 `text` 屬性所使用的寫死的「Beer types」，讓它使用 `String` 資源。

在你自己的專案裡，這就像你直接使用 wizard。之所以告訴你如何手動編輯 XML，是為了確保你寫出來的程式與我們的一致，而修改 XML 是最好的辦法。

加入並使用新的 String 資源

- [x] 建立專案
- [x] 更新 layout
- [ ] **加入資源** ←
- [ ] 回應按下
- [ ] 撰寫邏輯

我們先建立一個新的 String 資源，名為 brands。打開 *strings.xml*（位於 *app/src/main/res/values* 資料夾），在 String 資源中加入一行新程式，與下面的程式一樣（粗體為修改處）：

```
<resources>
    <string name="app_name">Beer Adviser</string>
    <string name="find_beer">Find Beer</string>
    <string name="brands">No beer selected</string>
</resources>
```

加入 brands String 資源。我們換一個值，以便在執行 app 時看到不同。

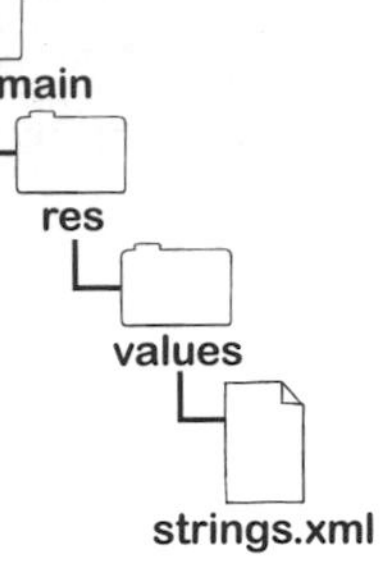

加入 String 資源之後，打開 *activity_main.xml* 並修改 brands text view 程式，讓它使用新資源。按照下面的方式來修改你的程式（粗體為修改處）：

```
...
<Spinner
    android:id="@+id/beer_color"
    android:layout_width="wrap_content"
    android:layout_height="wrap_content"
    android:layout_gravity="center"
    android:layout_margin="16dp" />

<Button
    android:id="@+id/find_beer"
    android:layout_width="wrap_content"
    android:layout_height="wrap_content"
    android:layout_gravity="center"
    android:layout_margin="16dp"
    android:text="@string/find_beer" />

<TextView
    android:id="@+id/brands"
    android:layout_width="wrap_content"
    android:layout_height="wrap_content"
    android:layout_gravity="center"
    android:layout_margin="16dp"
    android:text="~~Beer types~~@string/brands" />
...
```

不改變 spinner 與 button 程式。

BeerAdviser
app/src/main
res
layout
activity_main.xml

修改 text view 的 text 屬性，讓它使用 brands String 資源，而不是寫死的文字。這會在 text view 裡面顯示資源的值。

下一頁將總結如何使用 String 資源，接下來，我們將執行 app。

字串資源檔探究

strings.xml 是儲存 String 的名稱 / 值的預設資源檔，讓你可以在整個 app 中參考它們。它的格式如下：

<resources> 元素指出檔案的內容是資源。

<string> 元素指出名稱與值是 String。

```
<resources>
    <string name="app_name">Beer Adviser</string>
    <string name="find_beer">Find Beer!</string>
    <string name="brands">No beer selected</string>
</resources>
```

Android 透過兩件事來確認 *strings.xml* 是 String 資源檔：

- **檔案位於 *app/src/main/res/values* 資料夾內。**
  整個 app 都可以使用這個資料夾裡面的 XML 檔，例如 String 與顏色。

- **檔案有 <resources> 元素，而且它裡面有一個以上的 <string> 元素。**
  檔案的格式指出它自己是一個存有 String 的資源檔。<resources> 元素讓 Android 知道這個檔案裡面有資源，而 <string> 元素代表各個 String 資源。

這意味著，你不一定要將 String 資源檔稱為 *strings.xml*，喜歡的話，你也可以使用別的名稱，或將 String 拆成多個檔案。

每一對名稱與值都是以這種形式編寫的：

```
<string name="string_name">string_value</string>
```

其中的 string_name 是 String 的名稱，string_value 是 String 值本身。

layout 可以用這種程式來取出 String 的值：

```
"@string/string_name"
```

我們想要取得這個名字的 String 的值。

「@string」請 Android 尋找這個名稱的 String 資源。

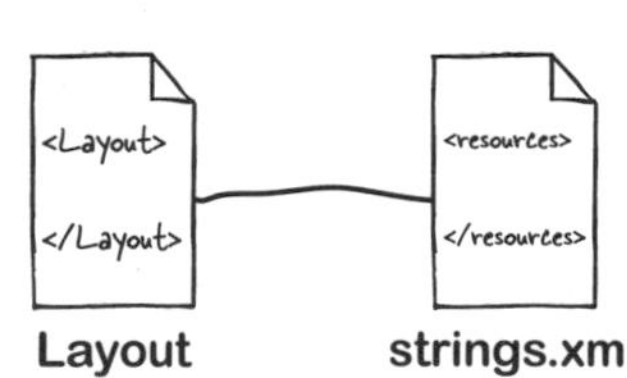

新車試駕

修改 layout 來使用 String 資源而不是寫死的文字值之後，我們來執行 app，看看它長怎樣。與之前一樣，在 Run 選單選擇「Run 'app'」命令來執行 app。

當 app 執行時，按鈕上面以及 text view 裡面的文字不一樣了，變成我們在 *strings.xml* 裡面加入的 String 值：

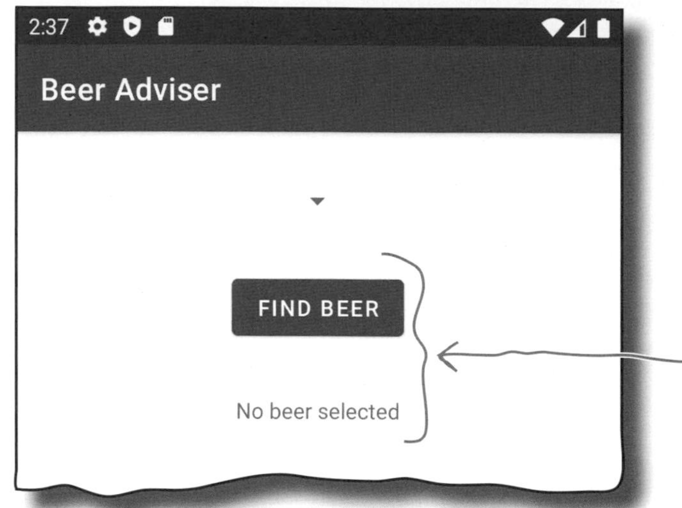

按鈕與 text view 的 text 屬性都使用 String 資源，而不是寫死的文字了。

放輕鬆

當你重新執行 app 時，如果 Android Studio 詢問你要不要終止「app」程序，不要慌。

它只是想知道它能不能退出正在運行的舊版 app，以便執行新的 app。你只要按下 Terminate 選項，並等待 app 載入即可。

問：**我非得將 text 值放入 String 資源檔不可嗎？**

答：這不是強制性的，但如果你將文字值寫死，Android 會顯示警告訊息。雖然使用 String 資源檔起初看起來很費工，但它可以讓你的在地化等工作輕鬆非常多。從一開始就使用 String 資源也比事後再放入它們更容易。

問：**分離出 String 值對於在地化有什麼幫助？**

答：假如你想讓 app 的預設語言是英文，而且在設備的語言被設為法文的情況下，讓它使用法文，你可以使用一個英文 String 資源檔與一個法文 String 資源檔，不需要將這兩種語言都寫死在 app 裡面。

問：**app 怎麼知道該使用哪個 String 資源檔？**

答：將預設的英文 String 資源檔放入一般的 *app/src/main/res/values* 資料夾，將法文的檔案放入新資料夾 *app/src/main/res/values-fr*。如果設備被設為法文，它將使用 *app/src/main/res/values-fr* 資料夾裡面的 String 資源。如果設備被設為任何其他語言，它將使用 *app/src/main/res/values* 裡面的 String 資源。

下面的程式來自一個產生隨機數字的 app（有一個 layout 檔與 String 資源檔）。完成程式，讓它可以產生下面的輸出。

activity_main.xml

```
<LinearLayout
    xmlns:android="http://schemas.android.com/apk/res/android"
    xmlns:tools="http://schemas.android.com/tools"
    android:layout_width="match_parent"
    android:layout_height="match_parent"
    android:padding="16dp"
    android:orientation="vertical"
    tools:context=".MainActivity">

    <.....................................
        android:id="@+id/generate_number"
        android:layout_width="wrap_content"
        android:layout_height="wrap_content"
        android:layout_gravity="center"
        android:layout_margin="16dp"
        android:..........="@string/button_text" />

    <.....................................
        android:id="@+id/random_number"
        android:layout_width="wrap_content"
        android:layout_height="wrap_content"
        android:layout_gravity="center"
        android:layout_margin="16dp"
        android:text="..........................." />
</LinearLayout>
```

strings.xml

```
<resources>
    <string name="app_name">Random Number Generator</string>
    <string name="..........................">Generate random number</string>
    <string name="no_number">Random number not yet generated</string>
</resources>
```

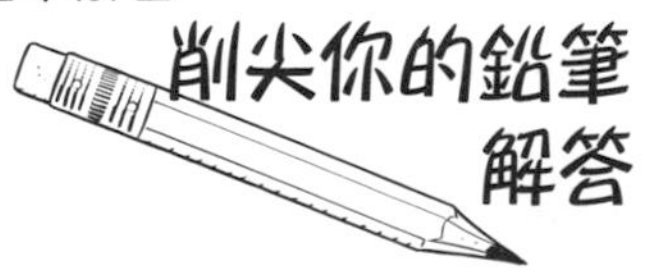

下面的程式來自一個產生隨機數字的 app（有一個 layout 檔與 String 資源檔）。完成程式，讓它可以產生下面的輸出。

activity_main.xml

```
<LinearLayout
    xmlns:android="http://schemas.android.com/apk/res/android"
    xmlns:tools="http://schemas.android.com/tools"
    android:layout_width="match_parent"
    android:layout_height="match_parent"
    android:padding="16dp"
    android:orientation="vertical"
    tools:context=".MainActivity">

    <Button
        android:id="@+id/generate_number"
        android:layout_width="wrap_content"
        android:layout_height="wrap_content"
        android:layout_gravity="center"
        android:layout_margin="16dp"
        android:text="@string/button_text" />

    <TextView
        android:id="@+id/random_number"
        android:layout_width="wrap_content"
        android:layout_height="wrap_content"
        android:layout_gravity="center"
        android:layout_margin="16dp"
        android:text="@string/no_number" />
</LinearLayout>
```

顯示 Button。

修改 text 屬性。

顯示 TextView。

使用 no_number String 資源。

2:42

Random Number Generator

GENERATE RANDOM NUMBER

Random number not yet generated

strings.xml

```
<resources>
    <string name="app_name">Random Number Generator</string>
    <string name="button_text">Generate random number</string>
    <string name="no_number">Random number not yet generated</string>
</resources>
```

讓按鈕使用名為 button_text 的 String 資源。

將值加入 spinner

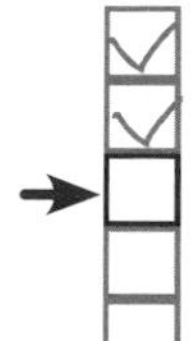

app 目前的 layout 有一個 spinner，但是按下它時，它是空的，因為我們還沒有跟 spinner 說它要顯示哪些值。每次你在 layout 程式中使用 spinner 時，你都要指定一系列的值，否則它就沒有任何值，而且 Android Studio 可能顯示警告訊息。

指定 spinner 值的做法與指定按鈕或 text view 文字一樣，也就是將資源加入 *strings.xml*，然後在 layout 中引用資源。但是，這次不是在 `String` 資源裡面指定一個值，而是將多個 `String` 加入一個 *array*（陣列）資源，並用該 array 來顯示 spinner 的值。

資源是讓 app 使用的非程式資產，例如圖像或 String。

加入 array 資源很像加入 String

之前說過，你可以在 *strings.xml* 裡面加入一個 `String` 資源如下：

```
<string name="string_name">string_value</string>
```

其中的 `string_name` 是 `String` 的名稱，`string_value` 是顯示在 app 裡面的值。

你可以使用這個語法來將 `String` array 加入 `String` 資源檔：

```
<string-array name="string_array_name">
    <item>string_value1</item>
    <item>string_value2</item>
    <item>string_value3</item>
    ...
</string-array>
```

這是 array 的名稱。

這些是 array 裡面的值，你可以加入任何數量。

其中的 `string_array_name` 是 array 的名稱，`string_value1`、`string_value2`、`string_value3` 是 arrary 裡面的 `String` 值。

在這個 app 裡，我們要加入一個 `String` array 資源，裡面的每一個項目都是一個啤酒顏色，然後將這個陣列連接至 spinner，如此一來，當用戶按下 spinner 時，app 就會顯示啤酒顏色。

我們來加入新的 `String` array。

將 string-array 加入 strings.xml

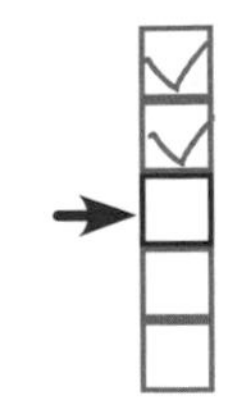

建立專案
更新 layout
加入資源
回應按下
撰寫邏輯

為了加入 String array，請打開 *strings.xml*，並加入下面的程式（粗體為修改處）。這會加入一個名為 beer_colors 的 string-array 資源，等一下會將它接到 spinner：

```
<resources>
    <string name="app_name">Beer Adviser</string>
    <string name="find_beer">Find Beer</string>
    <string name="brands">No beer selected</string>
    <string-array name="beer_colors">
        <item>Light</item>
        <item>Amber</item>
        <item>Brown</item>
        <item>Dark</item>
    </string-array>
</resources>
```

在 strings.xml 裡面加入這個 string-array，它定義一個名為 beer_colors 的 String array，裡面的項目有 Light、Amber、Brown 與 Dark。

BeerAdviser
app/src/main
res
values
strings.xml

讓 spinner 顯示 array 的值

讓 layout 使用 String array 資源的語法類似讓它取得 String 資源值的語法，原本是這樣取得 String 值：

```
"@string/string_name"
```

現在是使用這個語法：

```
"@array/array_name"
```

使用 @string 來引用 String，使用 @array 來引用 array。

其中的 array_name 是陣列的名稱。

讓我們在 layout 中使用它。前往 layout 檔 *activity_main.xml*，在 spinner 裡面加入一個 entries 屬性（粗體為修改處）：

```
...
<Spinner
    android:id="@+id/color"
    android:layout_width="wrap_content"
    android:layout_height="wrap_content"
    android:layout_gravity="center"
    android:layout_margin="16dp"
    android:entries="@array/beer_colors" />
...
```

這一行的意思是「spinner 的項目來自 array beer_colors」。

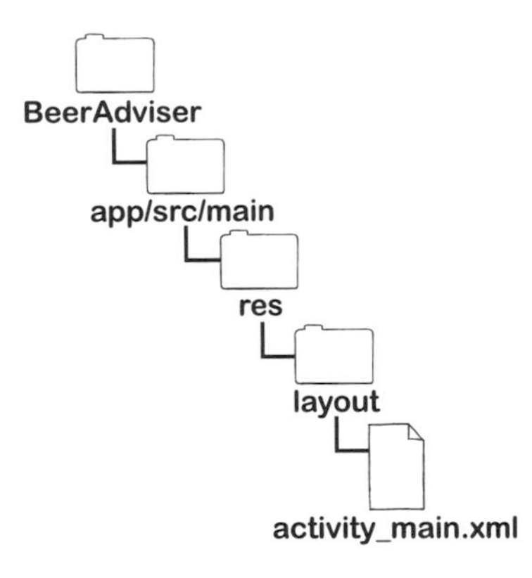

下一頁會展示 *activity_main.xml* 的完整程式。

activity_main.xml 的完整程式

下面是 *activity_main.xml* 的完整程式，務必讓這個檔案裡面有以下的所有程式。

```
<?xml version="1.0" encoding="utf-8"?>
<LinearLayout
    xmlns:android="http://schemas.android.com/apk/res/android"
    xmlns:tools="http://schemas.android.com/tools"
    android:layout_width="match_parent"
    android:layout_height="match_parent"
    android:padding="16dp"
    android:orientation="vertical"
    tools:context=".MainActivity">

    <Spinner
        android:id="@+id/beer_color"
        android:layout_width="wrap_content"
        android:layout_height="wrap_content"
        android:layout_gravity="center"
        android:layout_margin="16dp"
        android:entries="@array/beer_colors" />

    <Button
        android:id="@+id/find_beer"
        android:layout_width="wrap_content"
        android:layout_height="wrap_content"
        android:layout_gravity="center"
        android:layout_margin="16dp"
        android:text="@string/find_beer" />

    <TextView
        android:id="@+id/brands"
        android:layout_width="wrap_content"
        android:layout_height="wrap_content"
        android:layout_gravity="center"
        android:layout_margin="16dp"
        android:text="@string/brands" />
</LinearLayout>
```

BeerAdviser
app/src/main
res
layout
activity_main.xml

beer_color spinner 從 beer_colors String array 取得它的項目。

find_beer 按鈕從 find_beer String 資源取得它的文字。

brands text view 從 brands String 資源取得它的文字。

我們來執行一下 app。

新車試駕

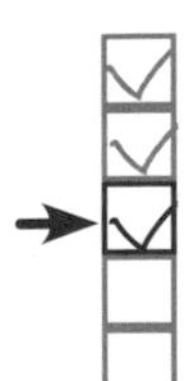

建立專案
更新 layout
加入資源
回應按下
撰寫邏輯

我們來看看這些修改對 app 造成什麼影響。執行 app 可以看到：

在預設情況下，spinner 會選擇第一個項目。

按下 spinner 可以看到它的項目。

按下一個值就會選取它。

到目前為止，我們已經製作了一個包含一個 spinner、一個按鈕與一個 text view 的 layout（*activity_main.xml*）了。這些 view 使用一個 `String` 資源檔（*strings.xml*）來顯示它們的 `String` 與 array 值。

我們接下來要讓 app 在每次用戶按下按鈕時，修改 `brands` text view。

我們要讓 app 有互動性

建立專案
更新 layout
加入資源
回應按下
撰寫邏輯

Beer Adviser app 已經有正確的外觀，也有我們需要的所有 view 了，但是它還不會推薦任何啤酒。為了讓 app 具互動性，我們必須讓 app 在用戶按下 `find_beer` 按鈕時做一些事情。我們想要讓 app 有這些行為：

1. 用戶從 **spinner** 選擇一種啤酒顏色並按下按鈕。

2. 在 **MainActivity** 裡面的程式對按鈕的按下做出回應。

3. **MainActivity** 將用戶選擇的啤酒顏色傳給 **getBeers** 方法，我們等一下會製作這個方法。
   `getBeers()` 方法找出符合啤酒顏色的品牌。

4. **MainActivity** 修改 **brands text view**，讓它在設備上顯示推薦的啤酒清單。

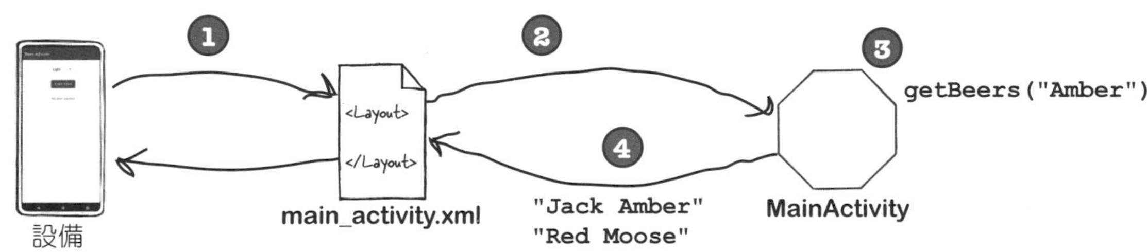

為了讓 app 以這種方式回應用戶，我們要修改 *MainActivity.kt* 裡面的程式，因為它是負責 app 的行為的程式。當我們建立專案時，Android Studio 為我們建立這個檔案。我們來看看裡面的程式碼。

MainActivity 程式長怎樣

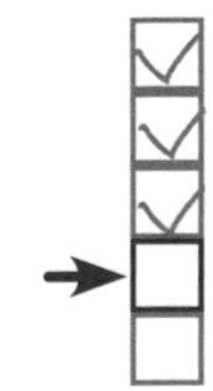

當我們建立專案時，Android Studio 為我們建立了 *MainActivity.kt*。現在就前往 *app/src/main/java* 資料夾，並在這個檔案按兩下來打開它（如果你還沒有打開它的話）。

這是 Android Studio 為我們建立的 *MainActivity.kt* 裡面的程式碼：

```
package com.hfad.beeradviser

import androidx.appcompat.app.AppCompatActivity
import android.os.Bundle

class MainActivity : AppCompatActivity() {

    override fun onCreate(savedInstanceState: Bundle?) {
        super.onCreate(savedInstanceState)
        setContentView(R.layout.activity_main)
    }
}
```

這是我們在建立專案時指定的程式包名稱。

這個類別繼承 AppCompatActivity。

這是 onCreate() 方法。程式初次建立 activity 時會呼叫它。

setContentView() 可讓 Android 知道 activity 應使用哪個 layout。在這個例子裡，它是 activity_main.xml。

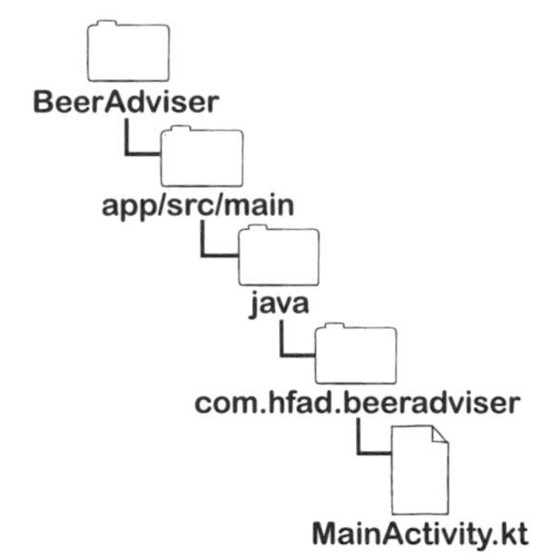

我們只要使用上面的程式就可以建立基本的 activity 了。如你所見，它是一個繼承 `AppCompatActivity` 的類別，而且它覆寫了 `onCreate()` 方法。

所有的 activity（而不是只有這一個）都必須繼承 `AppCompatActivity` 之類的 activity 類別。第 5 章會進一步討論這個部分，現在你只要知道，當類別繼承 `AppCompatActivity` 時，它就會將普通的 Kotlin 類別轉換為正規的 Android activity。

所有的 activity 也必須實作 `onCreate()` 方法。當程式建立 activity 物件時會呼叫這個方法，並用它來執行基本的設定，例如與 activity 有關的 layout，這個工作是藉著呼叫 `setContentView()` 方法來完成的。在上面的範例中，這段程式：

```
setContentView(R.layout.activity_main)
```

告訴 Android：這個 activity 使用 *activity_main.xml* 作為它的 layout。

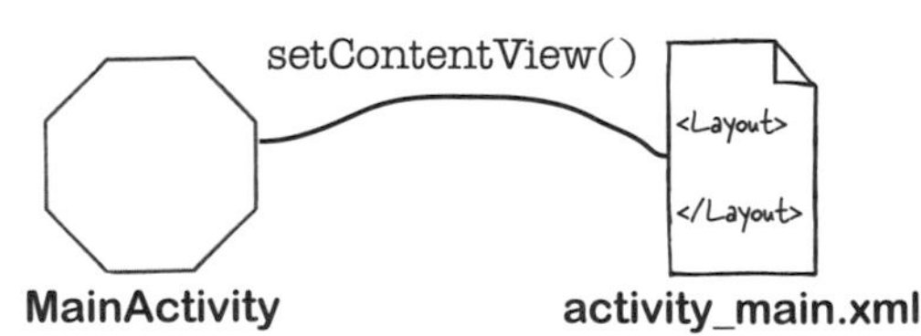

setContentView() 方法是將 activity 與 layout 接在一起的膠水。

現在你已經知道目前的 `MainActivity` 程式碼的作用了。該如何讓它在用戶按下 `find_beer` 按鈕時做出回應呢？

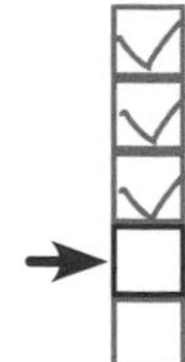

建立專案
更新 layout
加入資源
回應按下
撰寫邏輯

按鈕可以監聽 on-click 事件…

只要用戶在你的 app 裡面做了某件事，它就稱為一次**事件**（**event**）。Android 小鎮有很多類型的事件，例如按下按鈕、滑動畫面，或按下設備上的硬體按鈕。

在這個 app 裡，我們想要知道用戶何時按下 `find_beer` 按鈕，以便讓 app 做些事情來回應他。我們可以讓 app 監聽按鈕的 **`on-click`** 事件，如此一來，只要按鈕被按下，我們就可以改變在 `brands` text view 裡面的文字。

你可以幫按鈕加上 OnClickListener 來讓它回應 on-click 事件。

…藉著使用 OnClickListener

你可以幫按鈕加上 `OnClickListener` 來讓 app 監聽按鈕的 on-click 事件。如此一來，每次按鈕被按下時，`OnClickListener` 即可「監聽」按下的動作，並做出回應。

我被按下了！我要
立刻做一些事。
幫按鈕加上 OnClickListener，
可讓它在被按下時做出回應。
按鈕

你可以將一段程式（稱為 lambda）傳給 `OnClickListener`，來指定當按鈕被按下時應該做什麼事情。

如果你覺得 Kotlin 有點生疏，建議你閱讀《深入淺出 Kotlin》。

我們希望每次 `find_beer` 按鈕被按下時更改 `brands` text view。這意味著，我們要幫 `find_beer` 按鈕加上一個 `OnClickListener`，並將 lambda 傳給它，以告訴它如何更新 text view。

讓我們來看看該怎麼做。

取得按鈕的參考…

在 activity 程式碼裡面，你必須先取得按鈕的參考，才能將 `OnClickListener` 加到 `find_beer` 按鈕。你可以用 **`findViewById`** 方法來取得它的參考。

你可以用 `findViewById` 來取得在 layout 內任何一個有 ID 的 view 的參考，你只要指定 view 的類型與 ID，這個方法就會回傳它的參考。

在這個 app 裡，我們想要取得 ID 為「find_beer」的按鈕的參考，所以我們這樣寫：

```
val findBeer = findViewById<Button>(R.id.find_beer)
```

在這裡指定類型，這個例子是 Button。

我們想要取得 ID 為 find_beer 的按鈕。

…並呼叫它的 setOnClickListener 方法

取得按鈕的參考之後，你可以這樣子呼叫它的 `setOnClickListener()` 方法，來對它加入 `OnClickListener`：

BeerAdviser
app/src/main
java
com.hfad.beeradviser
MainActivity.kt

```
...
class MainActivity : AppCompatActivity() {

    override fun onCreate(savedInstanceState: Bundle?) {
        super.onCreate(savedInstanceState)
        setContentView(R.layout.activity_main)
        val findBeer = findViewById<Button>(R.id.find_beer)
        findBeer.setOnClickListener {
            //按鈕被按下時執行的程式
        }
    }
}
```

在這裡幫 find_beer 按鈕加上 OnClickListener，讓它可以回應 on-click 事件。

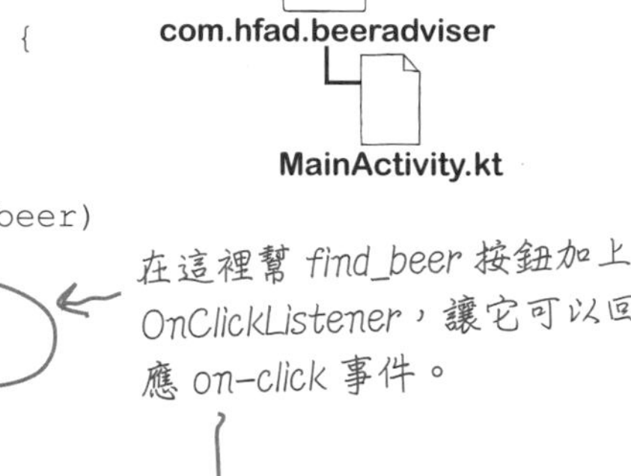

請注意，我們將 `OnClickListener` 程式加入 `MainActivity` 的 `onCreate()` 方法。`onCreate()` 會在程式建立 activity 時執行，所以在這裡呼叫 `setOnClickListener()` 代表 `find_beer` 按鈕會開始盡快回應按下的動作。

幫按鈕加上 `OnClickListener` 之後，接下來要讓按鈕在它被按下時做一些事情。

將 lambda 傳給 setOnClickListener 方法

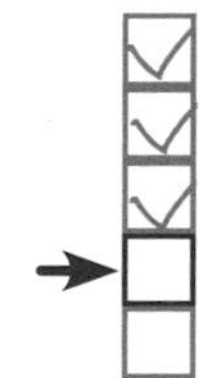

為了讓按鈕在它被按下時做事，你要將 lambda 傳給按鈕的 `setOnClickListener()` 方法。我們用 lambda 來指定當按鈕被按下時應該做什麼事情。

```
findBeer.setOnClickListener {
    //你的 lambda 程式
}
```

在 lambda 裡的程式可讓按鈕的 OnClickListener 知道，當它監聽到按下的動作時，該做什麼事。

所以如果你想要讓按鈕更改某段文字，或執行其他的動作，你可以在 lambda 裡面加入做那件事的程式碼：

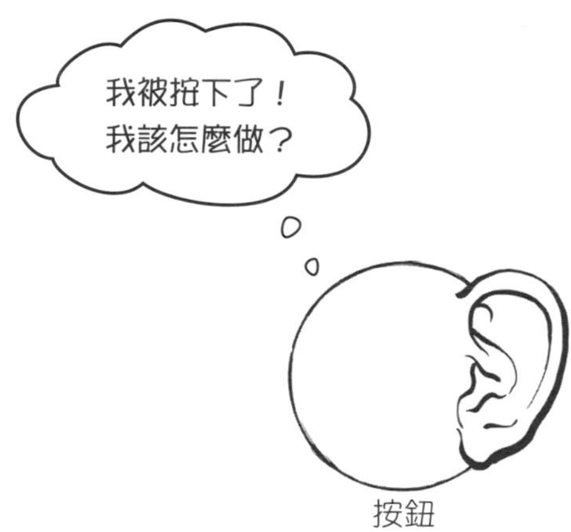

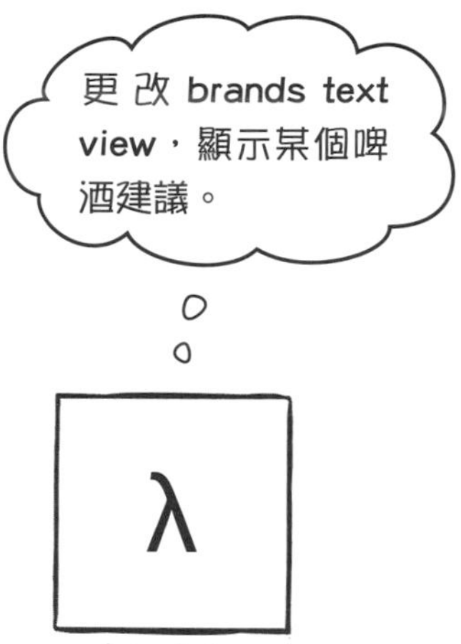

雖然我們最終想讓 activity 顯示一個推薦啤酒清單，但我們要先讓按鈕將 `brands` text view 改成用戶在 `beer_color` spinner 裡面選擇的值。這可讓我們先測試按鈕的 `OnClickListener` 的確是有效的，再把重點放在取得真正的啤酒建議上。

為此，我們還要知道兩件事：如何編輯 text view 裡面的文字，以及如何取得用戶在 spinner 裡面選擇的值。

如何編輯 text view 的文字

建立專案
更新 layout
加入資源
回應按下
撰寫邏輯

如你所學，你可以在 layout XML 裡面更改 text view 的 `text` 屬性，來改變 text view 顯示的文字。因此，若要使用 activity 程式來修改文字，你可以取得 text view 的參考，並修改它的 `text` 屬性。

例如，你可以用下面的程式來編輯 `brands` text view 裡面的文字，讓它顯示「Gottle of geer」：

```
val brands = findViewById<TextView>(R.id.brands)
brands.text = "Gottle of geer"
```

找到 ID 為 brands 的 TextView。

將 text 設為 "Gottle of geer"。

在 Beer Adviser app 裡面，我們想要將 text view 的 `text` 屬性改成用戶在 `beer_color` spinner 裡面選擇的值，我們必須知道如何取得那個值。

如何取得 spinner 的值

你可以用 spinner 的 `selectedItem` 屬性來取得它當前的值。例如，你可以這樣取得 `beer_color` spinner 當前的值：

```
val beerColor = findViewById<Spinner>(R.id.beer_color)
```

找到 ID 為 beer_color 的 Spinner。

`selectedItem` 屬性可以保存任何型態的值，而不是只有 `String`，所以你必須轉換它的值才能使用它。

例如，在 Beer Adviser app 裡面，我們知道 `beer_color` spinner 保存一個 `String` 陣列，所以被用戶選到的項目一定是個 `String`。因此，我們必須這樣子將那個值轉換成一個 `String` 才能使用它：

```
val color = beerColor.selectedItem.toString()
```

selectedItem 屬性可以保存任何型態的值，所以你必須先將它轉換成正確的型態之後才能使用它。在這裡，它保存一個 String 值，所以我們將它轉換成 String。

你也可以這樣子在 `String` 模板裡面使用它：

```
val color = "${beerColor.selectedItem}"
```

現在你已經知道如何讓 `find_beer` 按鈕取得 `beer_color` spinner 的值，以及如何在 `brands` text view 裡面顯示它了。在展示完整的程式碼之前，看看你能不能透過接下來的習題，自行將它拼湊出來。

池畔風光

你的**任務**是將池子裡的程式片段放入 MainActivity 的 onCreate() 方法裡面的空格中。一個程式片段**只能**使用一次，你不需要使用所有的程式片段。你的**目標**是讓 find_beer 按鈕回應按下的動作，將 brands text view 顯示出來的值，改成用戶在 beer_color spinner 裡面選擇的值。

```
override fun onCreate(savedInstanceState: Bundle?) {
    super.onCreate(savedInstanceState)
    setContentView(R.layout.activity_main)
    val findBeer = findViewById<Button>(R.id.find_beer)
    findBeer.......................... {
        val beerColor = findViewById<Spinner>(....................)
        val color = beerColor.....................
        val brands = findViewById<..........>(R.id.brands)
        brands....... = "Beer color is ......................"
    }
}
```

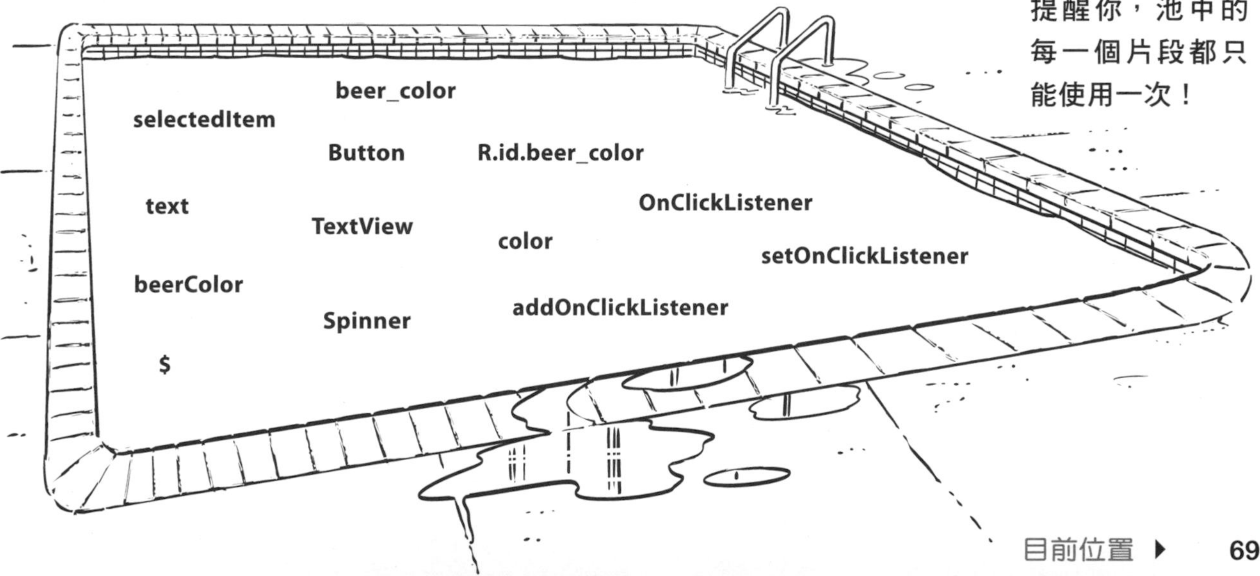

提醒你，池中的每一個片段都只能使用一次！

池畔風光解答

你的**任務**是將池子裡的程式片段放入 MainActivity 的 onCreate() 方法裡面的空格中。一個程式片段**只能**使用一次，你不需要使用所有的程式片段。你的**目標**是讓 find_beer 按鈕回應按下的動作，將 brands text view 顯示出來的值，改成用戶在 beer_color spinner 裡面選擇的值。

```
override fun onCreate(savedInstanceState: Bundle?) {
    super.onCreate(savedInstanceState)
    setContentView(R.layout.activity_main)
    val findBeer = findViewById<Button>(R.id.find_beer)
    findBeer.setOnClickListener {
        val beerColor = findViewById<Spinner>(R.id.beer_color)
        val color = beerColor.selectedItem
        val brands = findViewById<TextView>(R.id.brands)
        brands.text = "Beer color is $color"
    }
}
```

加入 OnClickListener。

取得 ID 為 beer_color 的 spinner 的參考。

brands 是 TextView。

更改 brands text 屬性。

在 String 模板內使用 color。

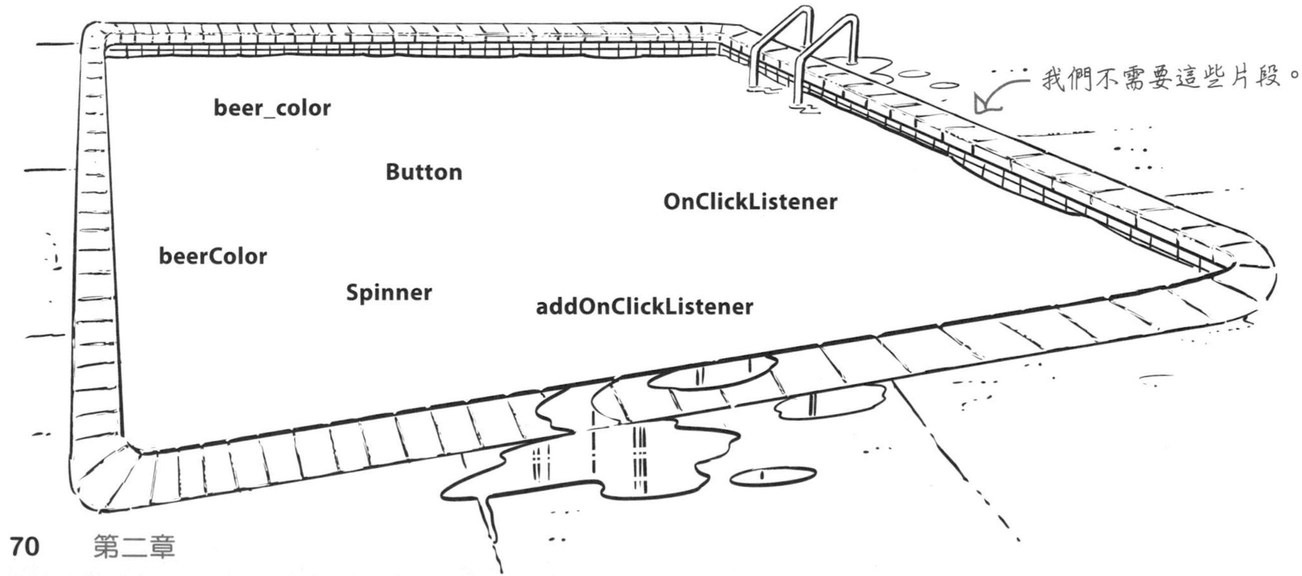

改好的 MainActivity.kt

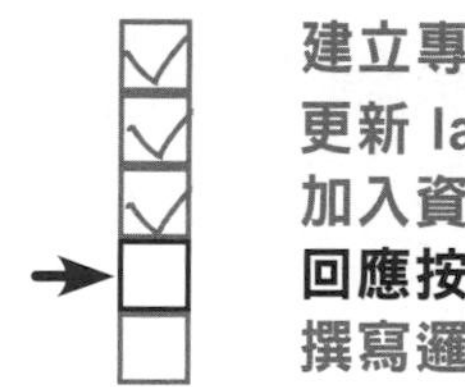

我們想要修改 MainActivity，來讓 find_beer 按鈕可回應按下的動作。我們想要在按鈕被按下時，修改 brands text view 顯示的文字，在裡面加入用戶在 spinner 裡面選擇的啤酒顏色。

下面是 *MainActivity.kt* 程式，包含你在上一個習題裡面拼湊起來的程式碼。請在你的 *MainActivity.kt* 裡面加入這些修改的程式（粗體為修改處）：

```
package com.hfad.beeradviser

import androidx.appcompat.app.AppCompatActivity
import android.os.Bundle
import android.widget.Button
import android.widget.Spinner
import android.widget.TextView

class MainActivity : AppCompatActivity() {

    override fun onCreate(savedInstanceState: Bundle?) {
        super.onCreate(savedInstanceState)
        setContentView(R.layout.activity_main)
        val findBeer = findViewById<Button>(R.id.find_beer)
        findBeer.setOnClickListener {
            val beerColor = findViewById<Spinner>(R.id.beer_color)
            val color = beerColor.selectedItem
            val brands = findViewById<TextView>(R.id.brands)
            brands.text = "Beer color is $color"
        }
    }
}
```

匯入 Button、Spinner 與 TextView 類別。

為按鈕加入 OnClickListener。

從 spinner 取得用戶選取的項目。

修改 text view 的 text 屬性，在裡面加入 spinner 的值。

BeerAdviser
app/src/main
java
com.hfad.beeradviser
MainActivity.kt

在執行程式之前，我們先來看一下當它執行時會做什麼事情。

當你執行程式時會發生什麼事情

當你執行 app、選擇啤酒顏色，然後按下 Find Beer 按鈕時，接下來的事情就會發生：

1. 用戶從 spinner 選擇一種啤酒顏色，並按下 Find Beer 按鈕。

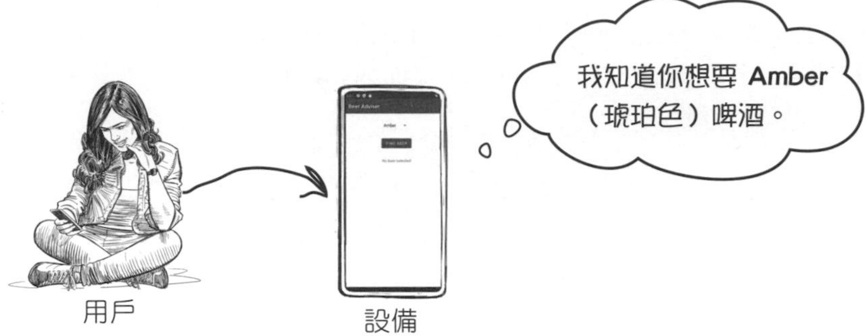

2. 按鈕的 OnClickListener 監聽到它已經被按下了。

3. 在 MainActivity 裡面的 OnClickListener 程式，取得用戶在 spinner 選擇的值（在此是 Amber）。

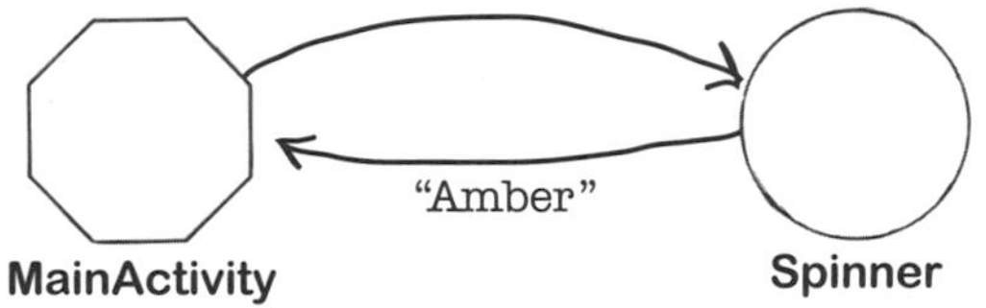

4. 接下來，它更改 text view 的 text 屬性，以反映用戶在 spinner 裡面選擇了 Amber。

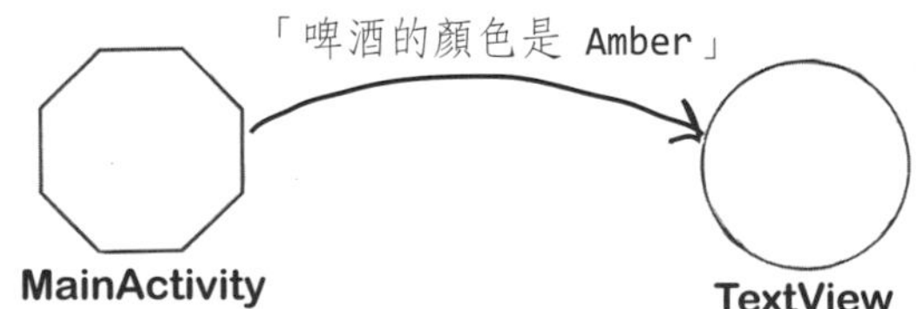

新車試駕

建立專案
更新 layout
加入資源
回應按下
撰寫邏輯

請修改 *MainActivity.kt* 再執行 app。

當你從 spinner 選擇一種啤酒顏色，並按下 Find Beer 按鈕時，你選擇的值會被顯示在 text view 裡面。

3:27
Beer Adviser
Amber
FIND BEER
No beer selected

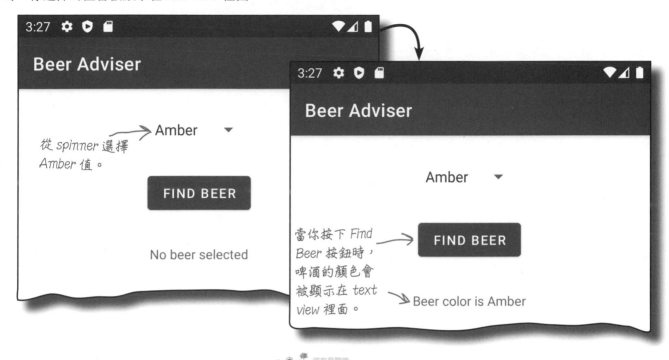

從 spinner 選擇 Amber 值。

3:27
Beer Adviser
Amber
FIND BEER
Beer color is Amber

當你按下 Find Beer 按鈕時，啤酒的顏色會被顯示在 text view 裡面。

沒有蠢問題

問：**為了取得 `brands` text view 的參考，我們將 `R.id.brands` 傳給 `findViewById` 方法，為了叫 `MainActivity` 使用 *activity_main.xml* 作為它的 layout，我們也將 `R.layout.activity_main` 傳給 `setContentView` 方法。**

在 `R.id.brands` 與 `R.layout.activity_main` 裡面都有 R 這個字，到底 R 是什麼？

答：R 是指 *R.java*。它是在組建 app 時自動產生的特殊檔案。Android 使用 *R.java* 來記錄在 app 內部使用的任何資源，例如 layout、`String` 資源，以及 view。

當你將 `R.id.brands` 傳給 `findViewById` 方法時，Android 會在 R 裡面尋找 brands ID，並用它來回傳 brands view 的參考。同樣地，當你將 `R.layout.activity_main` 傳給 `setContentView` 方法時，Android 會在 R 裡尋找正確的 layout，並將它指派給 activity。

你不能自行修改 *R.java* 裡面的任何程式：Android Studio 會自動幫你產生它。

加入 getBeers() 方法

確定 `find_beer` 按鈕可以回應按下的動作之後，我們要修改它的行為，讓它在用戶按下按鈕時，根據他在 spinner 裡面選擇的值來提供真正的啤酒建議。為此，我們將在 *MainActivity.kt* 裡面加入一個新方法 `getBeers()`，然後在按鈕的 `OnClickListener` 程式中呼叫它。

`getBeers()` 方法是純 Kotlin 程式。它有一個代表啤酒顏色的 `String` 參數，而且會回傳一個啤酒建議 `List<String>`。在 *MainActivity.kt* 裡面加入 `getBeers()` 方法（粗體的部分）：

```
...
class MainActivity : AppCompatActivity() {

    override fun onCreate(savedInstanceState: Bundle?) {
        super.onCreate(savedInstanceState)
        setContentView(R.layout.activity_main)
        val findBeer = findViewById<Button>(R.id.find_beer)
        findBeer.setOnClickListener {
            ...
        }
    }

    fun getBeers(color: String): List<String> {
        return when (color) {
            "Light" -> listOf("Jail Pale Ale", "Lager Lite")
            "Amber" -> listOf("Jack Amber", "Red Moose")
            "Brown" -> listOf("Brown Bear Beer", "Bock Brownie")
            else -> listOf("Gout Stout", "Dark Daniel")
        }
    }
}
```

在 MainActivity.kt 裡面加入 getBeers() 方法。這個方法是純 Kotlin 程式，沒有任何 Android 成分。

BeerAdviser
app/src/main
java
com.hfad.beeradviser
MainActivity.kt

接下來要修改我們傳給 `find_beer` 按鈕的 `setOnClickListener()` 方法的 lambda。我們要讓它將用戶用 spinner 選擇的啤酒顏色傳給 `getBeers()` 方法，然後用它的回傳值來更改 `brands` text view。

做一下接下來的習題，看看你能不能拼湊出做這件事的程式碼。

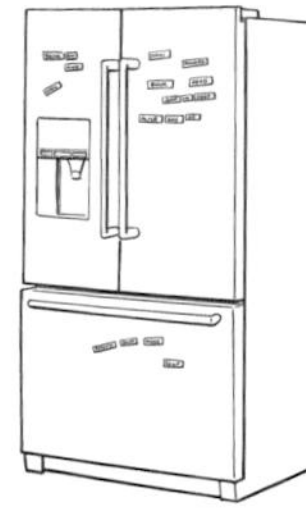

activity 磁貼

有人已經使用冰箱磁貼來完成 **MainActivity** 程式了，但突如其來的一陣怪風將部分的磁貼吹到地上，你能不能將程式拼回去？

這段程式必須呼叫 **getBeers()** 方法，並且在 **brands** text view 裡面顯示它回傳的每一個項目。你必須將每個項目顯示在新的一行。

```
class MainActivity : AppCompatActivity() {

    override fun onCreate(savedInstanceState: Bundle?) {
        super.onCreate(savedInstanceState)
        setContentView(R.layout.activity_main)
        val findBeer = findViewById<Button>(R.id.find_beer)
        findBeer.setOnClickListener {
            val beerColor = findViewById<Spinner>(R.id.beer_color)
            val color = beerColor.selectedItem

            val .................. = getBeers( .............................. )

            val beers = beerList.reduce { str, item -> str + '\n' + item}
            val brands = findViewById<TextView>(R.id.brands)

            brands.text = ..................
        }
    }

    fun getBeers(color: String): List<String> {
        return when (color) {
            "Light" -> listOf("Jail Pale Ale", "Lager Lite")
            "Amber" -> listOf("Jack Amber", "Red Moose")
            "Brown" -> listOf("Brown Bear Beer", "Bock Brownie")
            else -> listOf("Gout Stout", "Dark Daniel")
        }
    }
}
```

Kotlin 的 reduce 函式可以將 String(str) 的初始值設成 beerList 的第一個項目。然後它會遍歷 beerList 的其餘項目，將每一個項目加入 str，並在項目之間插入一組換行符號。

beers **color**

.toString() **beerList**

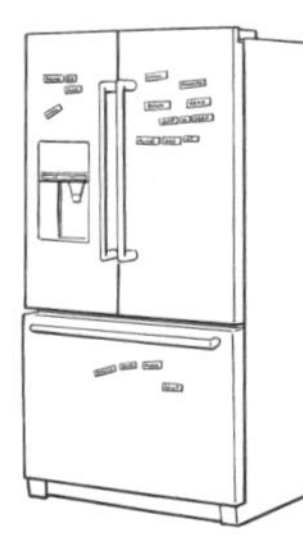

activity 磁貼解答

有人已經使用冰箱磁貼來完成 **MainActivity** 程式了，但突如其來的一陣怪風將部分的磁貼吹到地上，你能不能將程式拼回去？

這段程式必須呼叫 **getBeers()** 方法，並且在 **brands text view** 裡面顯示它回傳的每一個項目。你必須將每個項目顯示在新的一行。

```
class MainActivity : AppCompatActivity() {

    override fun onCreate(savedInstanceState: Bundle?) {
        super.onCreate(savedInstanceState)
        setContentView(R.layout.activity_main)
        val findBeer = findViewById<Button>(R.id.find_beer)
        findBeer.setOnClickListener {
            val beerColor = findViewById<Spinner>(R.id.beer_color)
            val color = beerColor.selectedItem

            val beerList = getBeers(color.toString())

            val beers = beerList.reduce { str, item -> str + '\n' + item}
            val brands = findViewById<TextView>(R.id.brands)

            brands.text = beers
        }
    }

    fun getBeers(color: String): List<String> {
        return when (color) {
            "Light" -> listOf("Jail Pale Ale", "Lager Lite")
            "Amber" -> listOf("Jack Amber", "Red Moose")
            "Brown" -> listOf("Brown Bear Beer", "Bock Brownie")
            else -> listOf("Gout Stout", "Dark Daniel")
        }
    }
}
```

將被選取的項目轉換成 String，然後將它傳給 getBeers 方法。

在 brands text view 裡面顯示 beers String。

完整的 MainActivity.kt 程式

建立專案
更新 layout
加入資源
回應按下
➔ 撰寫邏輯

下面是完整的 `MainActivity` 程式。請按照下面的粗體部分修改 *MainActivity.kt*。

BeerAdviser
app/src/main
java
com.hfad.beeradviser
MainActivity.kt

```
package com.hfad.beeradviser

import androidx.appcompat.app.AppCompatActivity
import android.os.Bundle
import android.widget.Button
import android.widget.Spinner
import android.widget.TextView

class MainActivity : AppCompatActivity() {

    override fun onCreate(savedInstanceState: Bundle?) {
        super.onCreate(savedInstanceState)
        setContentView(R.layout.activity_main)
        val findBeer = findViewById<Button>(R.id.find_beer)
        findBeer.setOnClickListener {
            val beerColor = findViewById<Spinner>(R.id.beer_color)
            val color = beerColor.selectedItem
            val beerList = getBeers(color.toString())
            val beers = beerList.reduce { str, item -> str + '\n' + item }
            val brands = findViewById<TextView>(R.id.brands)
            brands.text = ~~"Beer color is $color"~~ beers
        }
    }

    fun getBeers(color: String): List<String> {
        return when (color) {
            "Light" -> listOf("Jail Pale Ale", "Lager Lite")
            "Amber" -> listOf("Jack Amber", "Red Moose")
            "Brown" -> listOf("Brown Bear Beer", "Bock Brownie")
            else -> listOf("Gout Stout", "Dark Daniel")
        }
    }
}
```

使用 getBeers 方法來取得啤酒清單。

建構 String，在新的一行顯示每一種啤酒。

在 Brands text view 顯示啤酒。

我們先來看一下當程式執行時會做什麼事情，再來進行最後一次新車試駕。

當你執行程式時會發生什麼事情

當 app 執行時，會發生這些事情：

1. **當用戶按下 Find Beer 按鈕時，按鈕的 OnClickListener 會監聽到按下的動作。**

2. **在 MainActivity 裡面的 OnClickListener 程式呼叫 getBeers() 方法，並傳入用戶在 spinner 裡面選擇的啤酒顏色。**

   getBeers() 方法回傳啤酒清單，MainActivity 將它存入一個變數。

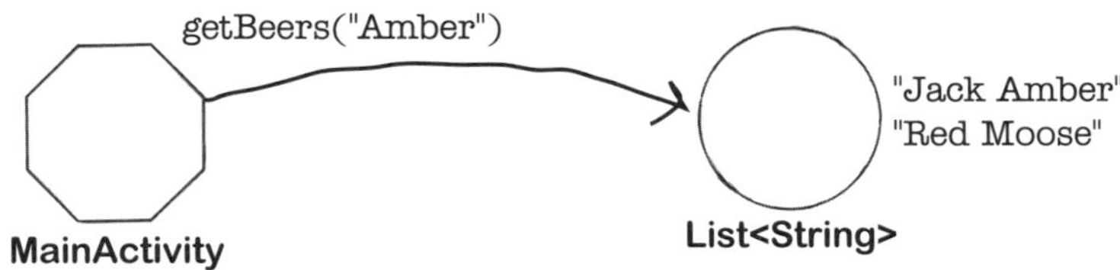

3. **MainActivity 將啤酒清單格式化，並用它來設定 text view 的 text 屬性。**

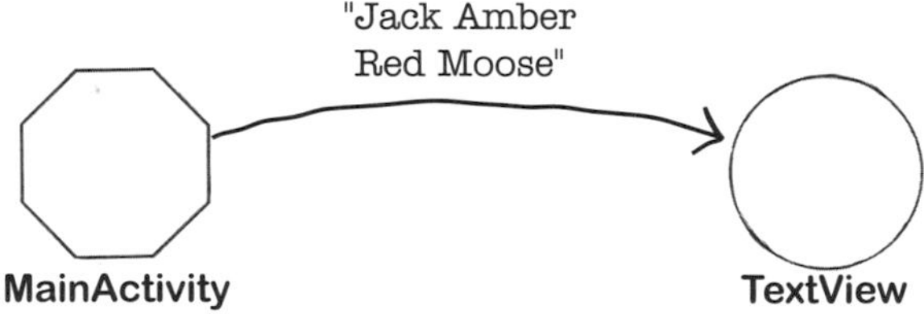

我們來執行一下 app。

新車試駕

建立專案
更新 layout
加入資源
回應按下
撰寫邏輯

修改 app 之後，立刻執行它。

當你選擇不同的啤酒類型，並按下 Find Beer 按鈕時，app 會顯示合適的啤酒選項，選擇 Light 之後會得到一組啤酒，選擇 Amber 之後會得到另一組啤酒。

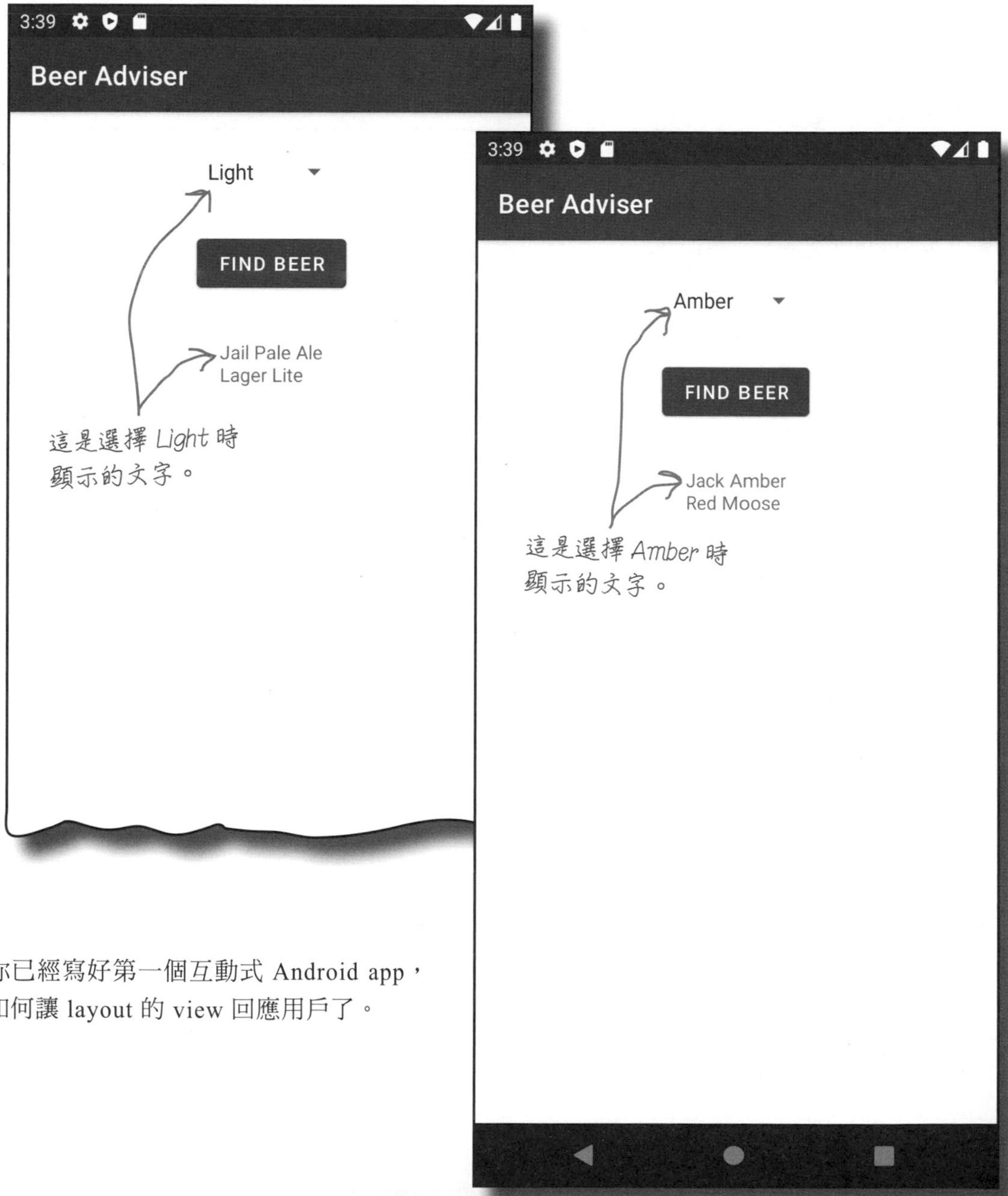

3:39
Beer Adviser
Light
FIND BEER
Jail Pale Ale
Lager Lite

這是選擇 *Light* 時顯示的文字。

3:39
Beer Adviser
Amber
FIND BEER
Jack Amber
Red Moose

這是選擇 *Amber* 時顯示的文字。

恭喜你！你已經寫好第一個互動式 Android app，並且知道如何讓 layout 的 view 回應用戶了。

第二章

你的 Android 工具箱

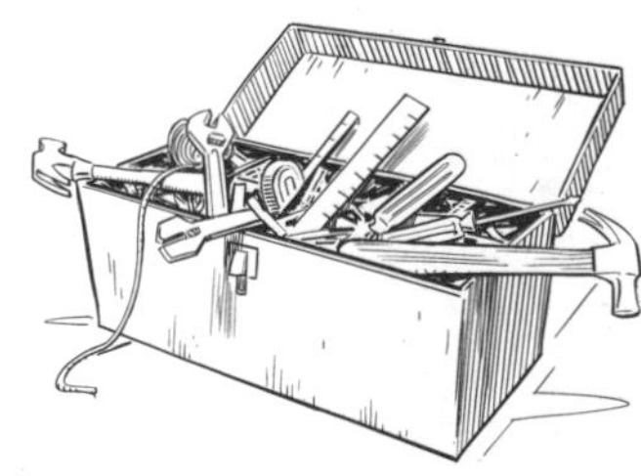

你已經掌握第 2 章，將建構互動式 Android app 的知識加入你的工具箱了。

你可以在 tinyurl.com/hfad3 下載本章的完整程式碼。

本章重點

- <Button> 元素的用途是加入按鈕。
- <Spinner> 元素的用途是加入下拉式選單（spinner），在選單裡面有一系列的值。
- 你在 layout 中加入的 UI 組件都是 view 的一種。它們都繼承 Android 的 View 類別。
- *strings.xml* 是 String 資源檔。它的用途是將文字值與 layout 及 activity 分開，以及支援當地語系化。
- 將一個 String 加入 *strings.xml* 的寫法是：

```
<string name="name">
  string
</string>
```

- 在 layout 中參考 String 的寫法是：

```
"@string/name"
```

- 將 String 陣列加入 *strings.xml* 的寫法是：

```
<string-array name="array_name">
    <item>string1</item>
    ...
</string-array>
```

- 在 layout 中參考 string-array 的寫法是：

```
"@array/array_name"
```

- 你可以使用 findViewById 方法與 view 的 ID 來取得 view 的參考。
- 你可以呼叫按鈕的 setOnClickListener 方法來讓它回應按下的動作。
- setOnClickListener 方法接收一個 lambda 參數，該參數描述當按鈕被按下時要做什麼事情。
- 你可以修改 view 的 text 屬性來改變它顯示的文字。
- 你可以使用 spinner 的 selectedItem 屬性來取得被選取的項目。
- selectedItem 屬性可保存任何型態的值，所以你必須先轉換它的值再使用它。

3 layouts

我是 layout

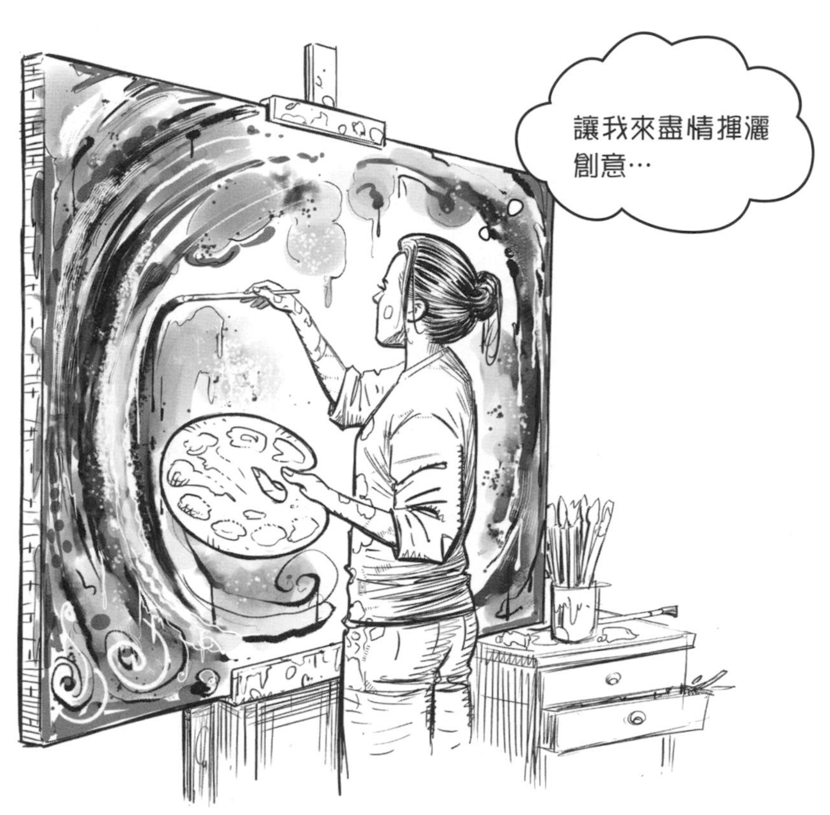

我們只談到 layout 的皮毛而已。

到目前為止，你已經知道如何使用簡單的 linear layout 來排列 view 了，但 layout 還可以做非常多的事情。本章會介紹**比較深**的事情，並告訴你 layout 實際上是如何工作的。你將學會**如何微調你的 linear layout**，並了解如何使用 **frame layout** 與 **scroll view**。在看完本章時，你將了解，雖然所有的 layout 和你加入的 view 看起來不太一樣，但**它們彼此的共同點可能超出你的想像**。

一切始於 layout

如你所知，layout 檔是用 XML 來編寫的，你可以用它們來定義 app 的外觀。

你每次撰寫 layout 時，都要做三件事：

1. **指定 layout 的類型。**

   你要指定一個 layout 類型，來告訴 Android 如何安排任何 view（例如按鈕與 text view）。例如，linear layout 會將 view 逐一排成線性的橫列或直行。

```
<LinearLayout ...>

</LinearLayout>
```

2. **指定 view。**

   每一個 layout 都有一個或多個 view，你的 app 會使用它來顯示資訊，或是與用戶互動。

```
<Button
    android:layout_width="wrap_content"
    android:layout_height="wrap_content"
    android:text="Click me" />
```

3. **讓一個 activity 使用 layout。**

   你要在 activity 裡面加入類似下面的 Kotlin 程式碼，來告訴 Android，你想讓哪個 activity 使用你定義的 layout。

```
setContentView(R.layout.activity_main)
```

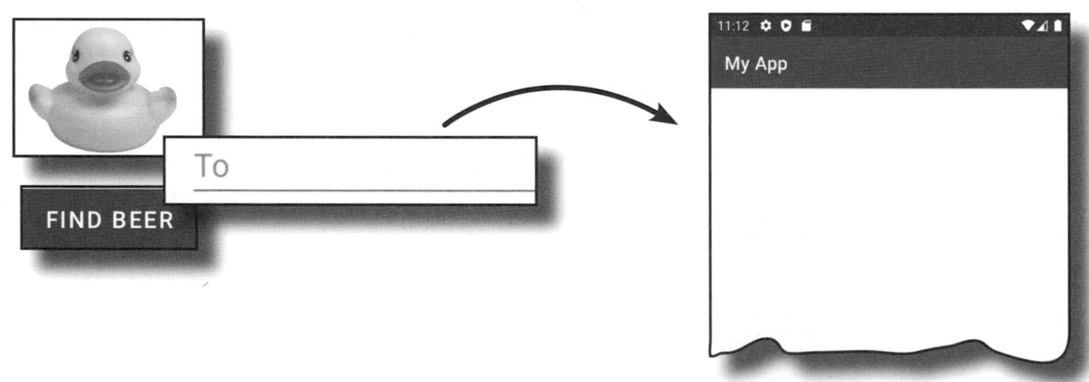

Android 有不同類型的 layout

Android 有不同類型的 layout，每一種 layout 都有它將如何排列 view 的方針。例如，linear layout 一定會將 view 排成線性的橫列或直行，frame layout 會將它的 view 互相疊起來。layout 的選擇取決於你想要怎麼在設備的螢幕上排列 view。

linear layout 會將它的 view 排成一列或一行。

frame layout 會將它的 view 疊起來，把一個 view 放在另一個 view 上面。

根據你的畫面設計，使用最好的 layout

你在本書中看過的所有 app 都使用 linear layout 來將 view 排成一列。在本章中，我們將更深入地研究 linear layout，並認識兩種其他的類型：frame layout 與 scroll view。

我們從 linear layout 開始看起。

我們來建構一個 linear layout

我們將使用 linear layout 來建構下面的 layout。對它而言，linear layout 是很好的選項，因為它將 view 排成一行。如你所知，linear layout 會將 view 依序排成一個直行或橫列。

這個 layout 是由兩個可編輯的 text view（可讓你輸入文字的 text view）與一顆按鈕組成的。我們想要做出這樣子的 layout：

11:07
Linear Layout Example
To
Message
SEND
它有兩個可編輯的 text view。
這個可編輯的 Message text view 很大，讓用戶可以在裡面輸入許多文字。
在下方的角落處有一顆 Send 按鈕。

建立新專案

我們將使用一個新的 Android Studio 專案來製作 linear layout app。

用你在之前的章節中執行過的步驟來建立一個新專案，選擇 Empty Activity，在 Name 中輸入「Linear Layout Example」，在 Package name 中輸入「com.hfad.linearlayoutexample」，並接受預設的儲存位置。將 Language 設為 Kotlin，將 Minimum SDK 設為 API 21，讓它可在大多數的 Android 設備上執行。

如何定義 linear layout

如你所知，linear layout 是用 `<LinearLayout>` 元素來定義的，定義它的程式長這樣：

```
<?xml version="1.0" encoding="utf-8"?>
<LinearLayout xmlns:android="http://schemas.android.com/apk/res/android"
    android:layout_width="match_parent"
    android:layout_height="match_parent"
    android:orientation="vertical"
    ...>

</LinearLayout>
```

這一行指定 XML 格式。

使用 <LinearLayout> 來定義 linear layout。

用 layout_width 與 layout_height 來指定 layout 的尺寸。

用 orientation 來指定直向顯示 view 或橫向顯示 view。

可能還會使用其他的屬性。

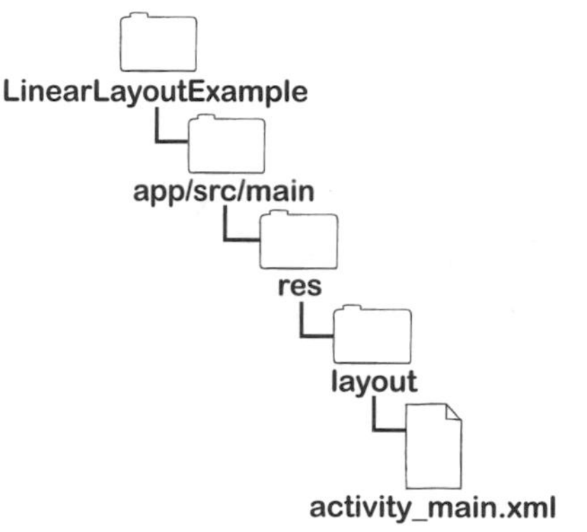

`<LinearLayout>` 元素裡面有各種不同的屬性，用來指定 layout 的外觀與行為。

第一個屬性是 **`xmlns:android`**。它定義一個名為 `android` 的名稱空間，而且如上所示，它必須設為 `"http://schemas.android.com/apk/res/android"`。定義這個名稱空間可讓你的 layout 讀取它需要的元素與屬性，你必須在你所建立的每一個 layout 檔案裡面定義它。

接下來的兩個屬性是 **`android:layout_width`** 與 **`android:layout_height`**，用來指定 layout 的寬度與高度。所有類型的 layout 與 view 都必須使用這些屬性。

你可以將 `android:layout_width` 與 `android:layout_height` 設為 `"wrap_content"`、`"match_parent"` 或具體的尺寸，例如 8dp（代表 8 個與密度無關的像素）。`"wrap_content"` 代表 layout 的尺寸足以容納它裡面的所有 view，`"match_parent"` 代表 layout 的尺寸與它的父 layout 一樣大，在這個例子裡，就是與設備螢幕扣掉邊距的尺寸一樣（幾頁之後會進一步討論邊距）。我們通常會將 layout 的寬度與高度設為 `"match_parent"`。

下一個屬性設定 linear layout 的方向。下一頁會介紹這個屬性的選項。

認真寫程式

有些設備使用非常微小的像素來繪製非常清晰的圖像，有些設備的製作成本較低，因為它們使用較少、較大顆的像素。

你可以使用**與密度無關的像素**（**density-independent pixel**，**dp**）來避免做出在某些設備上面太小，在某些設備上面卻太大的介面。dp 在所有設備上的測量尺寸大致相同。

你可以將文字大小設為**可擴展像素**（**scalable pixel**，**sp**）。sp 很像 dp，只是 sp 用於字體。

方向可設為 vertical（直向）或 horizontal（橫向）

Linear layout
Frame layout
Scroll view

你可以使用 **android:orientation** 屬性來指定 view 的排列方向。

這段程式可以將 view 直向排列：

```
android:orientation="vertical"
```

這段程式可以將 view 橫向排列：

```
android:orientation="horizontal"
```

如果 orientation 被設為 horizontal，view 的排列順序將依設備的語言設定而定。

如果設備被設為由左往右閱讀的語言，例如英文，那麼 Android 會由左往右將 view 橫向排成一列：

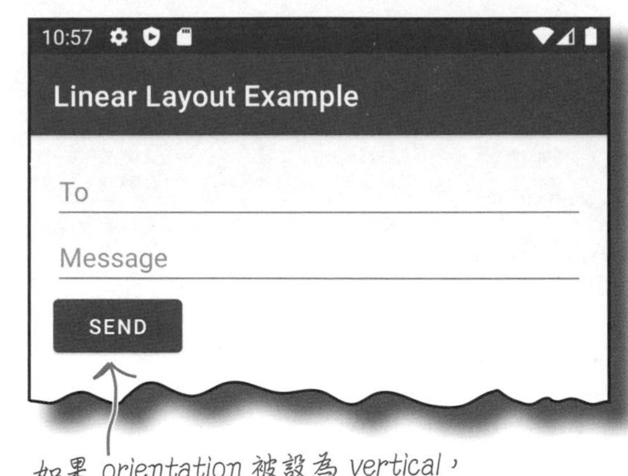

如果 orientation 被設為 vertical，view 會被排成直行。

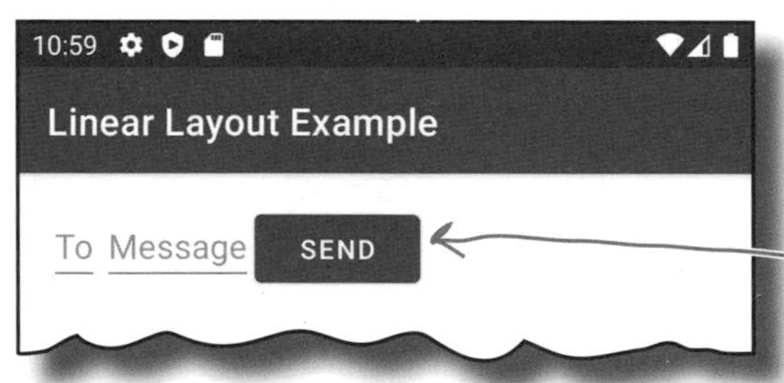

如果 orientation 被設為 horizontal，view 會被排成橫列。這個設備的語言被設成英文，所以它將 view 由左往右排列。

如果設備的語言被設為由右往左閱讀的語言，例如阿拉伯文，你可以選擇由右往左顯示 view，將第一個 view 顯示在 layout 的最右邊。你可以在 *AndroidManifest.xml* 檔案裡面加入一個名為 **supportsRtl** 的屬性，並將它設為 "true" 來啟用這個功能：

supportsRtl 的意思是「supports right to left」。

```
<manifest ...>
    <application
        ...
        android:supportsRtl="true">
        ...
    </application>
</manifest>
```

這可以讓你的 app 支援由右至左閱讀的語言。Android Studio 通常會幫你加入這一行。

AndroidManifest.xml 在這個資料夾裡面。

在介紹 linear layout 可以使用的其他屬性之前，我們先稍微岔開話題，進一步了解 *AndroidManifest.xml*。

剖析 AndroidManifest.xml

每一個 Android app 一定有一個稱為 *AndroidManifest.xml* 的檔案，它位於你的專案的 *app/src/main* 資料夾內。在 *AndroidManifest.xml* 檔案裡面有關於你的 app 的重要資訊，它們是 Android 作業系統、Android 組建工具、Google Play Store 必須知道的資訊。這些資訊包括 app 的程式包名稱、所有 activity 的詳細資訊，以及 app 需要的任何權限。Android Studio 會在你建立專案時為你建立 *AndroidManifest.xml* 檔案。

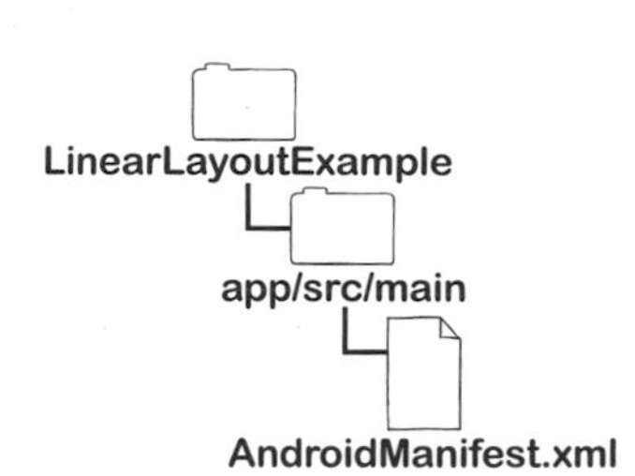

典型的 *AndroidManifest.xml* 檔案長這樣：

```
<?xml version="1.0" encoding="utf-8"?>
<manifest xmlns:android="http://schemas.android.com/apk/res/android"
    package="com.hfad.linearlayoutexample">

    <application
        android:allowBackup="true"
        android:icon="@mipmap/ic_launcher"
        android:label="@string/app_name"
        android:roundIcon="@mipmap/ic_launcher_round"
        android:supportsRtl="true"
        android:theme="@style/Theme.LinearLayoutExample">
        <activity
            android:name=".MainActivity"
            android:exported="true">
            <intent-filter>
                <action android:name="android.intent.action.MAIN" />

                <category android:name="android.intent.category.LAUNCHER" />
            </intent-filter>
        </activity>
    </application>

</manifest>
```

這是 app 使用的程式包名稱。

Android Studio 提供預設的圖示（icon）讓你的 app 使用。

app 支援由右至左閱讀的語言。

theme 將影響你的 app 的外觀。第 8 章將更詳細介紹它。

這個 app 有一個稱為 MainActivity 的 activity。

MainActivity 是 app 的主 activity。

Android Studio 通常會在 *AndroidManifest.xml* 裡面自動加入 `supportsRtl` 屬性，所以在預設情況下，你的 app 支援由右至左閱讀的語言。

使用 padding 幫 layout 加上邊框間距

當你指定 layout 類型時，你可以使用一或多個 **padding** 屬性，在每一個 layout 的邊與內容之間加上額外的間距。例如，下面的程式使用 `android:padding` 屬性在每一個邊加上 16dp：

```
<LinearLayout ...
    android:padding="16dp" >

</LinearLayout>
```

← 這會在 layout 的每一邊加入同樣的邊距。

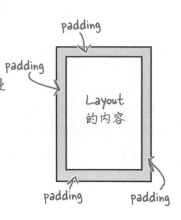

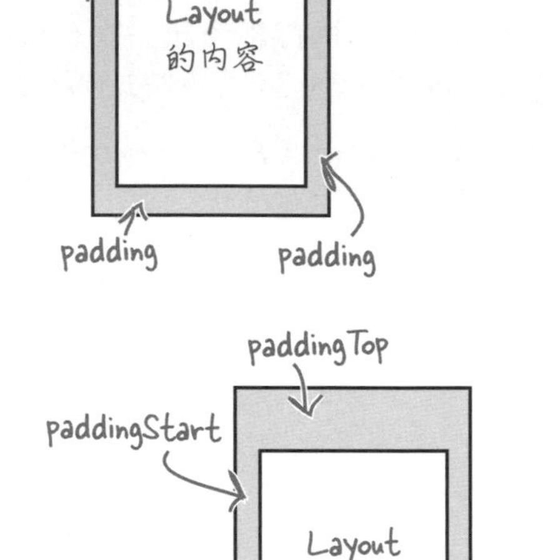

如果你想要幫不同的邊加上不同的間距，你可以分別設定每一邊。例如，下面的程式會幫 layout 的上邊加上 32dp 的邊距，幫其他邊加上 16dp 的邊距：

```
<LinearLayout ...
    android:paddingBottom="16dp"
    android:paddingStart="16dp"
    android:paddingEnd="16dp"
    android:paddingTop="32dp" >

</LinearLayout>
```

為各邊加上邊距

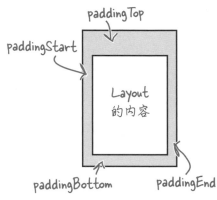

`android:paddingStart` 屬性可幫 layout 的開始邊加上邊距。對由左至右閱讀的語言而言（例如英文），開始邊是左邊，如果設備的語言被設為由右至左閱讀（而且 app 支援由右至左閱讀的語言），開始邊是右邊。

`android:paddingEnd` 屬性可幫 layout 的結束邊加上邊距。對由左至右的語言而言，結束邊是右邊，對由右至左的語言而言（且 app 支援這個功能），結束邊是左邊。

如果你想要為直向或橫向的邊加上相同的邊距，你也可以使用 `android:paddingHorizontal` 與 `android:paddingVertical`，這兩個屬性分別可幫 layout 的橫向邊與直向邊加上邊距。

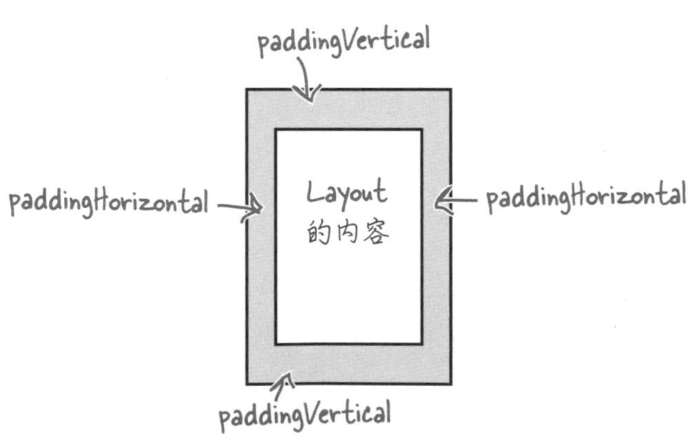

知道如何幫 linear layout 加上邊距之後，接下來我們要幫我們的 layout 加上邊距。

目前的 layout 程式碼

Linear layout
Frame layout
Scroll view

在 app 中，我們將使用直向的 linear layout，並且幫每一邊加上 16dp 的邊距，在 layout 的邊與內容之間加上一些間距。

打開 *activity_main.xml* 並按照下面的程式來修改你的程式：

修改目前的 layout 程式，讓它使用 linear layout。

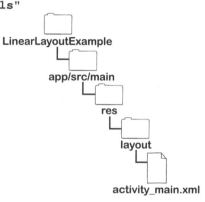

```
<?xml version="1.0" encoding="utf-8"?>
<LinearLayout
    xmlns:android="http://schemas.android.com/apk/res/android"
    xmlns:tools="http://schemas.android.com/tools"
    android:layout_width="match_parent"
    android:layout_height="match_parent"
    android:orientation="vertical"
    android:padding="16dp"
    tools:context=".MainActivity" >

</LinearLayout>
```

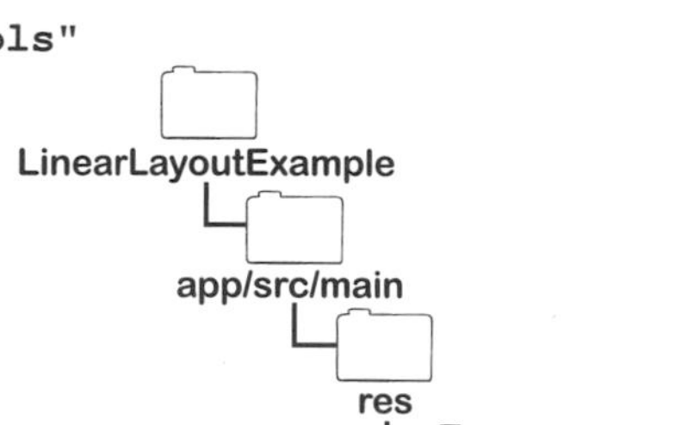

我們現在定義了一個空的 linear layout，接下來要在裡面加入一些 view。

問：我看到上面的 layout 程式裡面有額外的 **tools** 名稱空間，它有什麼功能？

答：tools 名稱空間有一組屬性可讓 Android Studio 裡面的工具使用。它不會改變你的 app 在設備螢幕上的外觀，加入它只是為了方便你寫程式。

padding 可在 layout 的邊與內容之間加入額外的間距。

你也可以幫 view 加上 padding，這會在 view 的邊與內容之間加上額外的間距。

edit text 可讓你輸入文字

linear layout 需要顯示一顆按鈕與兩個可編輯的 text view（用來輸入文字）。你已經知道如何使用按鈕了，所以在修改 layout 之前，我們先來了解如何加入可編輯的 text view。

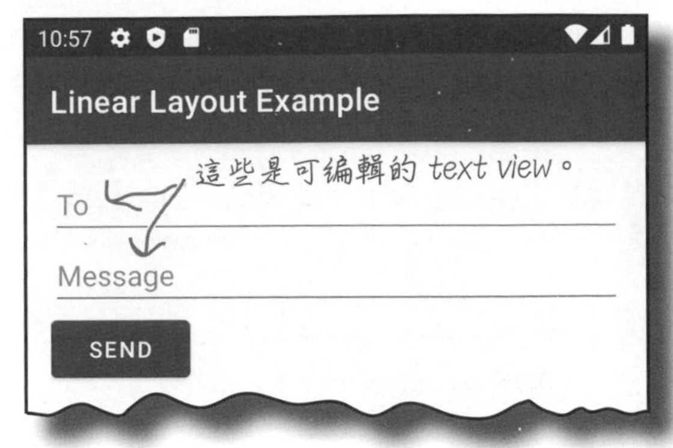

可編輯的 text view 是一種可讓你輸入文字的 text view。你可以使用 **<EditText>** 元素來將它加入 layout，程式如下：

```
<EditText
    android:layout_width="match_parent"
    android:layout_height="wrap_content"
    android:hint="To"
    android:inputType="text" />
```

上面的程式建立一個可編輯的 text view，並且讓它的寬度與父元素一樣，高度剛好足以容納其內容。

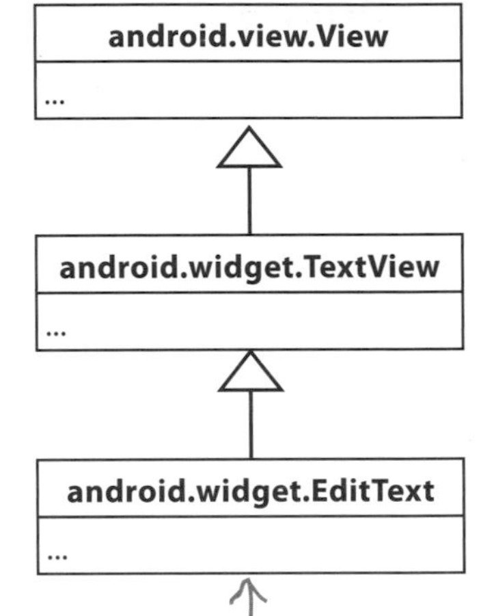

EditText 類別是 TextView 的子類別。它繼承 TextView 的功能，來允許輸入資料。

android:hint 屬性的用途是定義提示文字。提示文字會在可編輯的 text view 是空的時顯示出來，以提示用戶該輸入哪一種文字。上面的例子將提示文字寫死，但是在實際情況下，你要改用 String 資源。

android:inputType 屬性指定你希望用戶輸入哪一種資料，以便讓 Android 提供正確的鍵盤種類。上面的例子使用：

```
android:inputType="text"
```

它可讓用戶輸入一行文字。你還可以使用這些實用的輸入類型：

值	作用
text	讓用戶輸入一行文字。
textMultiLine	讓用戶輸入多行文字。
phone	提供電話號碼鍵盤。
textPassword	顯示文字輸入鍵盤，並將輸入遮起來。
textCapSentences	讓句子的第一個單字以大寫開頭。

你可以在 Android 開發者文件了解更多資訊，它位於 https://developer.android.com/training/keyboard-input/style。

了解如何使用可編輯的 text view 之後，我們要在 app 的 layout 程式裡面加入 view。

在 layout XML 裡面加入 view

定義 linear layout 之後，你要在 layout 裡面按照 view 的顯示順序來列出它們。

在我們的 app 中，我們想要顯示兩個可編輯的 text view，並且在它們的下面顯示一顆按鈕。layout 程式如下所示，請按照它來修改 *activity_main.xml* 程式（粗體為修改處）：

```
<?xml version="1.0" encoding="utf-8"?>
<LinearLayout xmlns:android="http://schemas.android.com/apk/res/android"
    xmlns:tools="http://schemas.android.com/tools"
    android:layout_width="match_parent"
    android:layout_height="match_parent"
    android:orientation="vertical"
    android:padding="16dp"
    tools:context=".MainActivity" >

    <EditText
        android:layout_width="match_parent"
        android:layout_height="wrap_content"
        android:hint="To"
        android:inputType="text" />

    <EditText
        android:layout_width="match_parent"
        android:layout_height="wrap_content"
        android:hint="Message"
        android:inputType="textMultiLine" />

    <Button
        android:layout_width="wrap_content"
        android:layout_height="wrap_content"
        android:text="Send" />
</LinearLayout>
```


layout 需要的 view 都寫好了，接下來要做什麼？

加入 weight 來將 view 拉…長

在目前的 layout 裡面，所有 view 的直向空間都剛好足以容納它們的內容。但是我們其實想要將 Message edit text 拉長，讓它占用未被其他的 view 使用的所有直向空間，就像這樣：

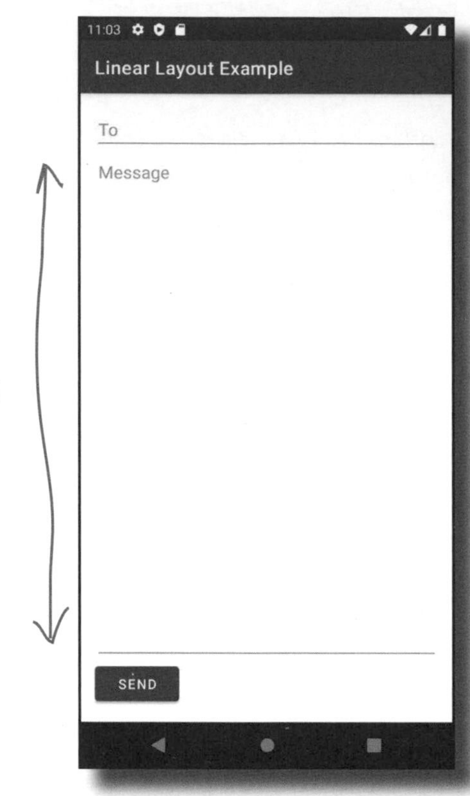

我們想要將 Message edit text 直向拉長，讓它占有 layout 的所有剩餘空間。

為此，我們要為 Message 區域指定一些 **weight（權重）**。為 view 指定 weight 可將它拉長，以占用 layout 的額外空間。

我們用這段程式來指定 weight：

```
android:layout_weight="number"
```

其中的 `number` 是大於 0 的數字。

當你幫 view 指定 weight 時，layout 會先確定每一個 view 都有足夠的空間可容納它的內容，也就是讓每一個按鈕都有空間可容納它的文字，讓每一個 edit text 都有空間可容納它的提示…等。確定這件事之後，layout 會將額外的空間按比率分配給 weight 為 1 以上的所有 view。

我們來看一下如何在我們的 layout 裡面做這件事。

如何幫一個 view 加上 weight

Linear layout
Frame layout
Scroll view

我們想讓 Message edit text 占用 layout 的其他兩個 view 未用到的所有額外空間。為此，我們將它的 `android:layout_weight` 屬性設為 `1`。因為在 layout 裡面，只有這個 view 有 weight 值，所以這個設定會將文字欄位直向拉長，占用其餘的畫面。

請按照下面的程式來修改 *activity_main.xml*（粗體為修改處）：

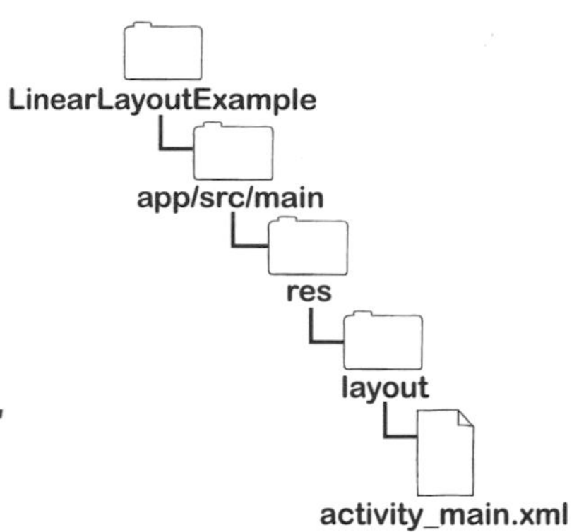
LinearLayoutExample
app/src/main
res
layout
activity_main.xml

```
<LinearLayout ... >
    <EditText
        android:layout_width="match_parent"
        android:layout_height="wrap_content"
        android:hint="To"
        android:inputType="text" />

    <EditText
        android:layout_width="match_parent"
        android:layout_height="~~wrap_content~~0dp"
        android:layout_weight="1"
        android:hint="Message"
        android:inputType="textMultiLine" />

    <Button
        android:layout_width="wrap_content"
        android:layout_height="wrap_content"
        android:text="Send" />
</LinearLayout>
```

這個 edit text 與 button 都沒有設定 weight。它們只會占用剛好足以容納其內容的空間。

Message edit text 是唯一設定 weight 的 view。它會延伸並占用其他的 view 未使用的空間。

view 的高將由 linear layout 根據 layout_weight 來決定。將 layout_height 改成 "0dp" 比將它設成 "wrap_content" 更有效率，因為如此一來，Android 就不需要計算 "wrap_content" 的值了。

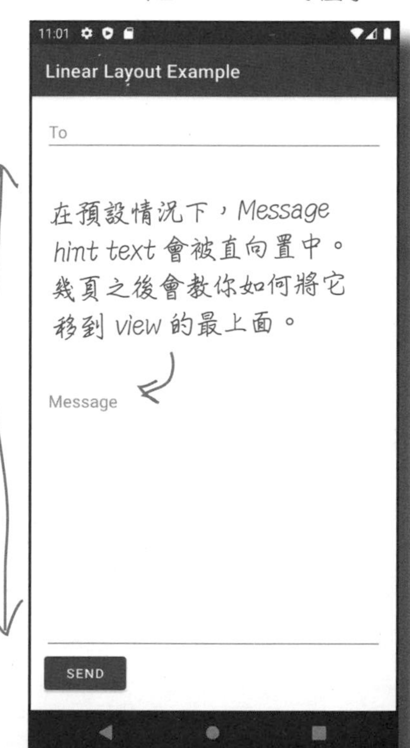
11:01
Linear Layout Example
To
在預設情況下，Message hint text 會被直向置中。幾頁之後會教你如何將它移到 view 的最上面。
Message
SEND

將 Message edit text 的 weight 設成 `1` 代表它將占用 layout 的其他 view 未使用的所有額外空間，因為在 layout XML 裡面，其他的兩個 view 都沒有被設定任何 weight。

Message 的 weight 是 1。因為它是唯一設定 weight 屬性的 view，所以它會延伸並占用 layout 的所有額外的直向空間。

在這個例子裡，我們只需要為一個 view 設定 weight。在進一步修改 layout 之前，我們來看看幫多個 view 設定 weight 會怎樣。

如何幫多個 view 加上 weight

Linear layout
Frame layout
Scroll view

當你幫多個 view 設定 weight 時，linear layout 會使用你幫每一個 view 指定的 weight，來計算每一個 view 可分到剩餘空間的多少比例。

例如，假如我們將 edit text 的 weight 設為 1，將 Message edit text 的 weight 設為 2，像這樣：

```
<LinearLayout ... >
    <EditText
        android:layout_width="match_parent"
        android:layout_height="0dp"
        android:layout_weight="1"
        android:hint="To"
        android:inputType="text" />

    <EditText
        android:layout_width="match_parent"
        android:layout_height="0dp"
        android:layout_weight="2"
        android:hint="Message"
        android:inputType="textMultiLine" />

       <Button
        android:layout_width="wrap_content"
        android:layout_height="wrap_content"
        android:text="Send" />
</LinearLayout>
```

這只是舉例說明，我們不會真的把 layout 改成這個樣子。

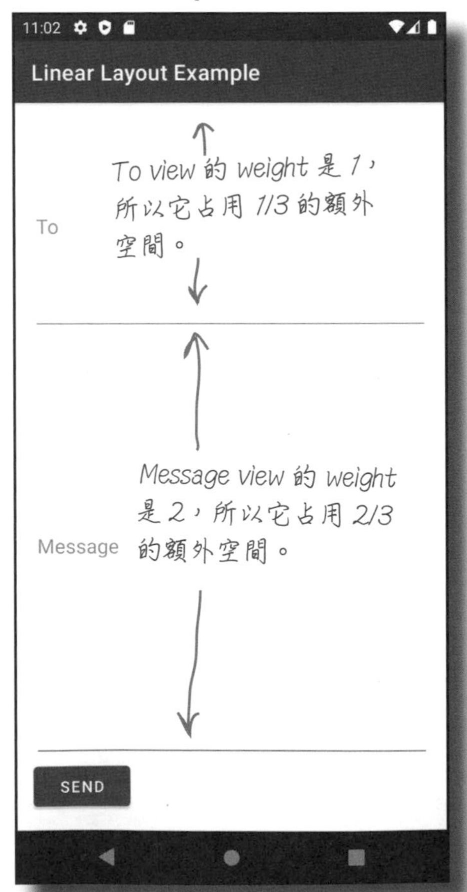
11:02
Linear Layout Example
To
To view 的 weight 是 1，所以它占用 1/3 的額外空間。
Message
Message view 的 weight 是 2，所以它占用 2/3 的額外空間。
SEND

linear layout 發現 To 與 Message 可編輯 text view 都有 weight，所以用它們來計算每一個 view 應占用多少空間。

它先將每一個 view 的 `android:layout_weight` 屬性相加，在這個例子裡，To 與 Message view 的 weight 分別是 1 與 2，總共是 3。

每一個 view 占用的額外空間比例是該 view 的 weight 除以總 weight。To view 的 weight 是 1，所以它將占用 layout 其餘空間的 1/3。Message view 的 weight 是 2，所以它將占用 layout 其餘空間的 2/3。

知道如何使用 view 之後，我們要繼續修改 layout 了。

gravity 屬性可控制 view 的內容的位置

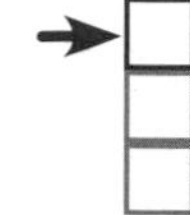

我們的下一個工作是移動 Message edit text 裡面的提示文字。此時，它位於 view 的直向中央處。我們想要修改它，將文字顯示在 edit text 欄位的最上面，為此，我們可以使用 **android:gravity** 屬性。

你可以用 android:gravity 屬性來指定 view 的內容在 view 裡面的位置，例如文字在 text view 裡面的位置。如果你想要讓 view 的內容顯示在它的最上面，就像我們的做法，你可以將它的 android:gravity 屬性設為 "top"：

```
android:gravity="top"
```

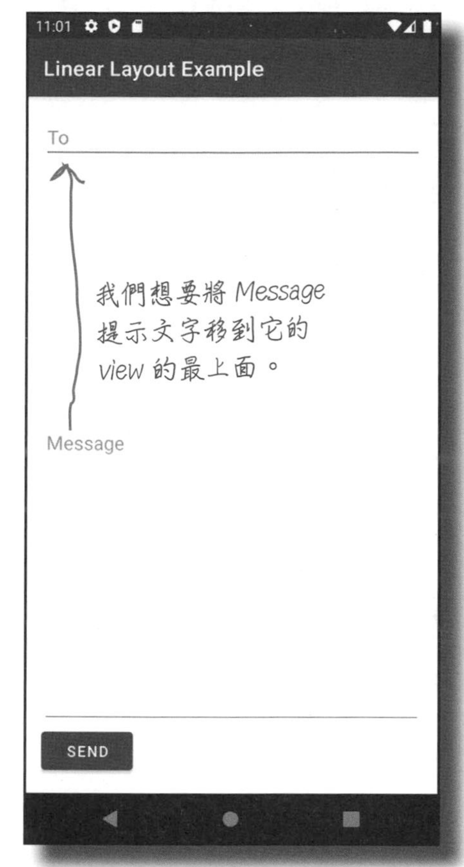

我們為 Message edit text 加入 android:gravity 屬性，將提示文字移到 view 的最上面。程式如下，請按照這段程式來修改你的 *activity_main.xml*（粗體為修改處）：

```
<LinearLayout ... >
    <EditText
        android:layout_width="match_parent"
        android:layout_height="wrap_content"
        android:hint="To"
        android:inputType="text" />

    <EditText
        android:layout_width="match_parent"
        android:layout_height="0dp"
        android:layout_weight="1"
        android:gravity="top"
        android:hint="Message"
        android:inputType="textMultiLine" />

    <Button
        android:layout_width="wrap_content"
        android:layout_height="wrap_content"
        android:text="Send" />
</LinearLayout>
```

將提示文字移到 edit text 的最上面。

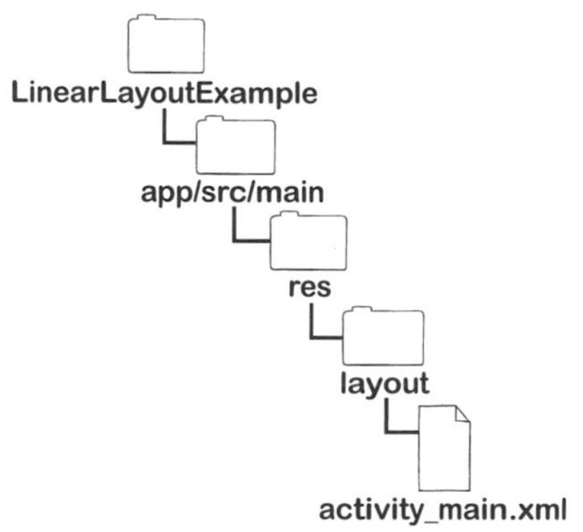

下一頁將介紹 android:gravity 屬性的其他值。

android:gravity 屬性可用的值

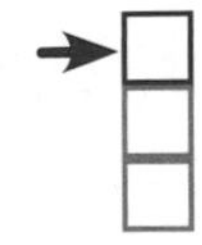

Linear layout
Frame layout
Scroll view

以下是 android:gravity 屬性可用的值。在你的 view 裡面加入這個屬性，並將它設為下列值之一：

```
android:gravity="value"
```

top	將 view 的內容放在 view 的最上面。
bottom	將 view 的內容放在 view 的最下面。
start	將 view 的內容放在 view 開始處。
end	將 view 的內容放在 view 的結束處。
center_vertical	將 view 的內容直向置中。
center_horizontal	將 view 的內容橫向置中。
center	將 view 的內容橫向且直向置中。
fill_vertical	讓 view 的內容直向占滿 view。
fill_horizontal	讓 view 的內容橫向占滿 view。
fill	讓 view 的內容橫向與直向占滿 view。

你也可以將一個 view 設成多個 gravity，做法是在每一個值之間加上一個「|」。例如，如果你要將 view 的內容放在底部結束角落，你可以：

```
android:gravity="bottom|end"
```

知道如何使用 gravity 來設定 view 的內容的位置之後，請做做接下來的習題。

android:gravity 可讓你指定 view 的內容在 view 裡面的位置。

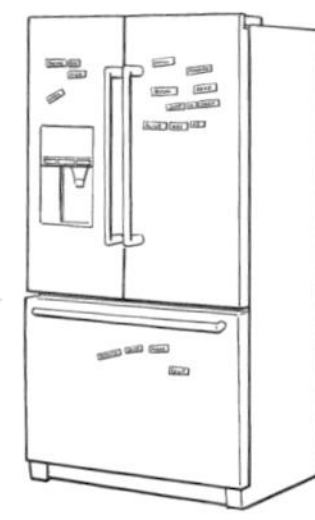

layout 磁貼

有人使用冰箱磁貼製作一個 linear layout，當它執行時，可產生下面的輸出。不幸的是，一場突如其來的風飛鯊把一些磁貼吹亂了。你能不能將程式拼回去？

提示：你不需要用到所有的磁貼。

```
<?xml version="1.0" encoding="utf-8"?>
<LinearLayout xmlns:android="http://schemas.android.com/apk/res/android"
    xmlns:tools="http://schemas.android.com/tools"

    android:layout_width= ..............................

    android:layout_height= ..............................

    ..............................
    android:padding="16dp"
    tools:context=".MainActivity">

    <EditText
        android:layout_width= ..............................

        android:layout_height= ..............................

        ..............................

        ..............................

        android:hint="Enter your message"
        android:inputType="textMultiLine" />

    <Button
        android:layout_width= ..............................

        android:layout_height= ..............................

        android:text="Send" />
</LinearLayout>
```

11:18

Layout Example

Enter your message

SEND

這是 linear layout 的樣子。

android:weight

=

=

"match_parent"

"1"

"wrap_content"

=

"match_parent"

"vertical"

"horizontal"

"0dp"

"top|start"

"wrap_content"

"match_parent"

android:orientation

android:gravity

android:layout_weight

"top|center_horizontal"

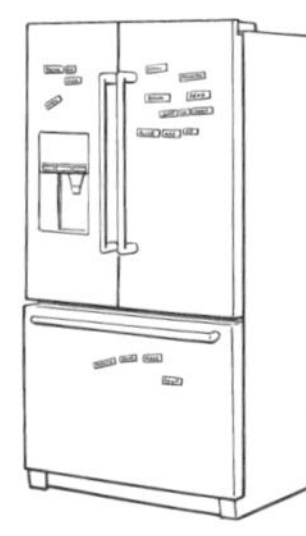

layout 磁貼解答

有人使用冰箱磁貼製作一個 linear layout，當它執行時，可產生下面的輸出。不幸的是，一場突如其來的風飛鯊把一些磁貼吹亂了。你能不能將程式拼回去？

```
<?xml version="1.0" encoding="utf-8"?>
<LinearLayout xmlns:android="http://schemas.android.com/apk/res/android"
    xmlns:tools="http://schemas.android.com/tools"

    android:layout_width="match_parent"

    android:layout_height="match_parent"
    android:orientation="horizontal"
    android:padding="16dp"
    tools:context=".MainActivity">

    <EditText
        android:layout_width="0dp"

        android:layout_height="match_parent"
        android:layout_weight="1"
        android:gravity="top|center_horizontal"

        android:hint="Enter your message"
        android:inputType="textMultiLine" />

    <Button
        android:layout_width="wrap_content"

        android:layout_height="wrap_content"

        android:text="Send" />
</LinearLayout>
```

這些 view 被顯示成橫列。

EditText 與父 layout 一樣高。

使用 Button 用不到的所有橫向空間。

將 EditText 的內容放在 view 的最上面並橫向置中。

讓 Send 按鈕的尺寸剛好足以容納它的內容。

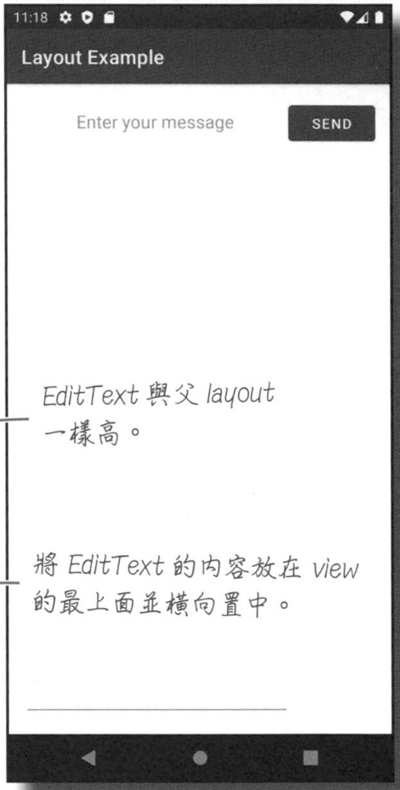

11:18

Layout Example

Enter your message

SEND

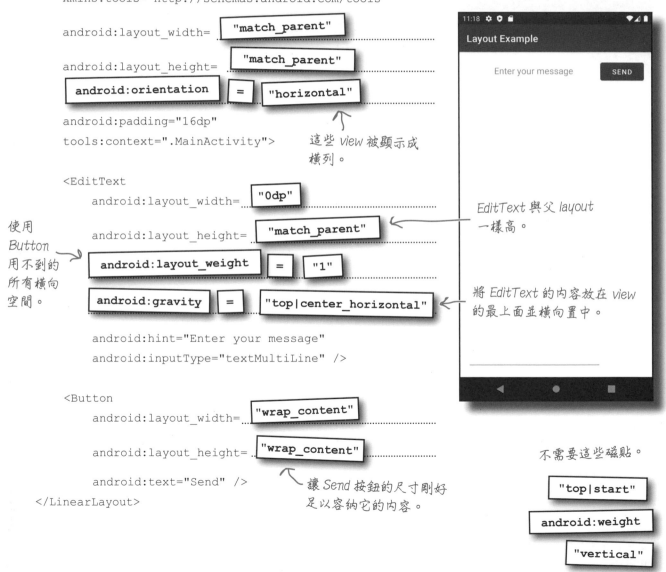

不需要這些磁貼。

"top|start"

android:weight

"vertical"

Linear layout
Frame layout
Scroll view

前情提要

到目前為止，我們已經在 linear layout 裡面加入三個 view，並且在 Message edit text 裡面加入 `layout_weight` 與 `gravity` 屬性來調整它們的位置了。這些屬性意味著 edit text 會占用其他 view 未使用的所有額外空間，而且它的提示文字將被顯示在 view 的最上面：

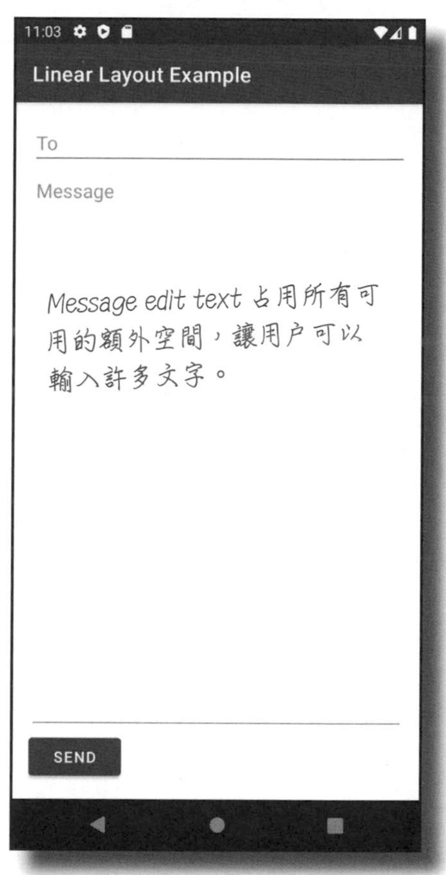
11:03
Linear Layout Example
To
Message
Message edit text 占用所有可用的額外空間，讓用户可以輸入許多文字。
SEND

我們的 linear layout 快完成了，但我們還要改兩個地方。

1. **將 Send 按鈕移到結束邊。**
   對由左至右閱讀的語言而言，這會將按鈕移到右邊。

2. **在 Message edit text 與按鈕頂部之間加入更多間隔。**

我們來看看該怎麼做，首先，我們要將按鈕移到結束邊。

用 layout_gravity 來控制 view 在 layout 裡面的位置

為了將按鈕移到 layout 的結束邊，我們將為按鈕加入 **android:layout_gravity** 屬性。

android:layout_gravity 屬性可讓你設定 view 在 linear layout 的封閉空間裡面的位置。例如，你可以用它來將 view 移到右邊，或將 view 橫向置中。

為了將 Send 按鈕移到 layout 的結束邊，我們用這段程式來將 android:layout_gravity 屬性設為 "end"：

```
<Button
    android:layout_width="wrap_content"
    android:layout_height="wrap_content"
    android:layout_gravity="end"
    android:text="Send" />
```

我們要將按鈕移到結束邊，如此一來，對由左往右的語言而言，它會出現在右邊，對由右往左的語言而言，它會出現在左邊。

等一下，你不是說過，gravity 是用來設定 view 內容的位置，而不是 view 本身？

linear layout 有兩個長得很像的屬性：gravity 與 layout_gravity。

我們曾經使用 android:gravity 屬性來設定 Message 提示文字在 edit text 裡面的位置，因為 android:gravity 屬性可讓你指定 view 的**內容**的顯示位置。

android:layout_gravity 處理的是 **view 本身的位置**，你可以用它來控制 view 在可用空間裡面的位置。在上面的例子中，我們想要將 view 移到它的空間的結束端，所以使用：

```
android:layout_gravity="end"
```

在下一頁，你會看到 android:layout_gravity 屬性也可以設成哪些值。

android:layout_gravity 屬性可以使用的其他值

Linear layout
Frame layout
Scroll view

以下是 android:layout_gravity 屬性可以使用的值。在你的 view 裡面加入這個屬性，並將它設為下列值之一：

```
android:layout_gravity="value"
```

值	作用
top, bottom, start, end	將 view 放在可用空間的最上面、最下面、開始邊、結束邊。
center_vertical, center_horizontal	在 view 的可用空間內，將它直向置中或橫向置中。
center	在 view 的可用空間內，將它直向置中與橫向置中。
fill_vertical, fill_horizontal	擴大 view，讓它直向或橫向填滿它的可用空間。
fill	擴大 view，讓它直向且橫向填滿它的可用空間。

你可以將 view 的 android:layout_gravity 屬性設成多個值，使用「|」來分隔每一個值，例如使用這段程式來將 view 移到它的可用空間的底部結束角落：

```
android:layout_gravity="bottom|end"
```

現在你知道怎麼使用 android:layout_gravity 屬性來改變 view 的位置了，接下來我們來看看如何在 view 之間加入更多間隔。

android:layout_gravity 可讓你指定 view 在可用空間中的位置。

android:layout_gravity 處理的是 view 本身的放置，而 android:gravity 控制 view 的內容。

Linear layout
Frame layout
Scroll view

使用 margin 來增加 view 之間的間隔

當你使用 linear layout 來安排 view 的位置時，layout 並未在它們之間安排太多空間。你可以幫 view 加入一個或多個 **magin（邊界）**來增加 view 周圍的空間。

假如你的 linear layout 裡面有兩個 view：一個 edit text，下面有一顆按鈕。如果你想要增加兩個 view 的間隔，你可以這樣使用 `android:layout_marginTop` 屬性，在按鈕的上面加入 40dp 的 margin：

```
<LinearLayout...>
    <EditText
        android:layout_width="match_parent"
        android:layout_height="wrap_content"
        android:hint="Message"
        android:inputType="textMultiLine" />

    <Button
        android:layout_width="wrap_content"
        android:layout_height="wrap_content"
        android:layout_marginTop="40dp"
        android:text="Send" />
</LinearLayout>
```

在按鈕的上面加上 margin，可在兩個 view 之間加入額外的間隔。

Message
40dp
SEND

以下是可為 view 增加額外間隔的 margin 類型。你可以將這些屬性加入 view，並將它的值設為你想要的 margin 大小：

```
android:attribute="8dp"
```

屬性	作用
layout_marginTop	在 view 的上面加上額外的間隔。
layout_marginBottom	在 view 的下面加上額外的間隔。
layout_marginStart	在 view 的開始邊加上額外的間隔。
layout_marginEnd	在 view 的結束邊加上額外的間隔。
layout_margin	在 view 的每一邊加上相同的間隔。
layout_marginVertical, layout_marginHorizontal	在 view 的直向邊（上方與下方）或橫向邊（開始邊與結束邊）加上相同的間隔。

完整的 linear layout 程式碼

→ **Linear layout**
Frame layout
Scroll view

認識 view 的 `layout_gravity` 與 `margin` 屬性之後，接下來要在 linear layout 程式中使用它們來重新安排按鈕的位置，並在它的上方加入額外的間隔。這是 *activity_main.xml* 的完整程式，請按照更改的地方來修改你的程式（粗體為修改處）：

```
<?xml version="1.0" encoding="utf-8"?>
<LinearLayout xmlns:android="http://schemas.android.com/apk/res/android"
    xmlns:tools="http://schemas.android.com/tools"
    android:layout_width="match_parent"
    android:layout_height="match_parent"
    android:orientation="vertical"
    android:padding="16dp"
    tools:context=".MainActivity" >

    <EditText
        android:layout_width="match_parent"
        android:layout_height="wrap_content"
        android:hint="To"
        android:inputType="text" />

    <EditText
        android:layout_width="match_parent"
        android:layout_height="0dp"
        android:layout_weight="1"
        android:gravity="top"
        android:hint="Message"
        android:inputType="textMultiLine" />

    <Button
        android:layout_width="wrap_content"
        android:layout_height="wrap_content"
        android:layout_gravity="end"
        android:layout_marginTop="40dp"
        android:text="Send" />
</LinearLayout>
```

LinearLayoutExample
app/src/main
res
layout
activity_main.xml

SEND

將按鈕移到它的可用空間的結束邊，並在它上面加上 40dp 的邊界。

我們已經完成 linear layout 程式了，接下來要試著執行它。

新車試駕

改好 app 之後，立刻執行它。

這個 app 會顯示一個 linear layout，裡面有三個 view，包括兩個可編輯的 text view，與一顆按鈕。view 被顯示成垂直的一行，To view 在最上面，Send 按鈕在最下面的結束角落，Message view 占有所有額外的空間，按鈕的上面有 40dp 的邊界。

現在你已經知道如何建立 linear layout，以及如何控制它的 view 的顯示方式了，接下來，做做下一頁的習題。

問：**我可以讓按鈕使用 `paddingTop` 屬性，而不是使用 `layout_marginTop` 嗎？它們的效果一樣嗎？**

答：你可以讓 view 使用 `paddingTop` 之類的 padding 屬性，但是它有不一樣的效果。如你所見，`layout_marginTop` 會增加 view 上面的間隔，但是 `paddingTop` 會在 view 裡面加入額外的空間來增加它的高度。

padding 會像這樣在 view 裡面加入額外的空間。

11:07
Linear Layout Example
To
Message
Message view 的提示文字被顯示在 view 的最上面。在 view 裡面有許多空間可供輸入文字。
Send 按鈕顯示在最下面的結束角落。位於按鈕上面的 margin 在按鈕與 Message view 之間加入 40dp 的間隔。
SEND

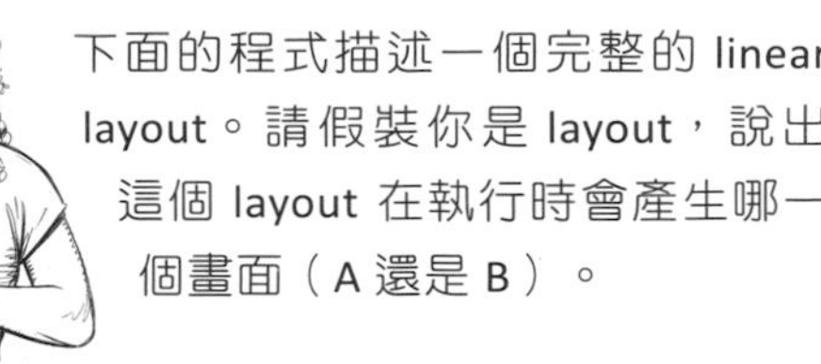

我是 layout

下面的程式描述一個完整的 linear layout。請假裝你是 layout，說出這個 layout 在執行時會產生哪一個畫面（A 還是 B）。

```
<?xml version="1.0" encoding="utf-8"?>
<LinearLayout
    xmlns:android="http://schemas.android.com/apk/res/android"
    xmlns:tools="http://schemas.android.com/tools"
    android:layout_width="match_parent"
    android:layout_height="match_parent"
    android:orientation="vertical"
    android:padding="16dp"
    tools:context=".MainActivity">

    <Button
        android:layout_width="wrap_content"
        android:layout_height="0dp"
        android:layout_weight="1"
        android:layout_gravity="center_horizontal"
        android:text="Hello!" />
    <Button
        android:layout_width="wrap_content"
        android:layout_height="0dp"
        android:layout_weight="1"
        android:gravity="center_horizontal"
        android:text="Goodbye!" />

</LinearLayout>
```

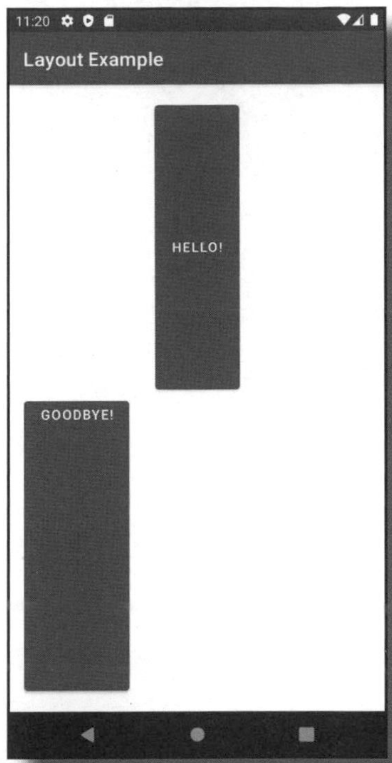

我是 layout 解答

下面的程式描述一個完整的 linear layout。請假裝你是 layout，說出這個 layout 在執行時會產生哪一個畫面（A 還是 B）。

這段 layout 程式會產生 A 畫面。它會將「Hello!」按鈕橫向置中，讓「Goodbye!」按鈕的文字在 view 裡面橫向置中。

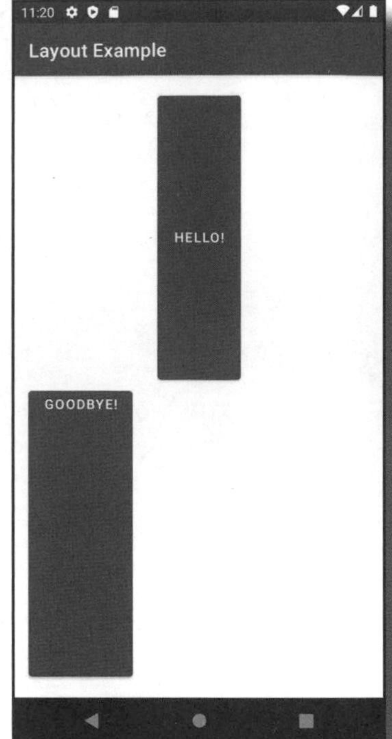


```
<?xml version="1.0" encoding="utf-8"?>
<LinearLayout
    xmlns:android="http://schemas.android.com/apk/res/android"
    xmlns:tools="http://schemas.android.com/tools"
    android:layout_width="match_parent"
    android:layout_height="match_parent"
    android:orientation="vertical"
    android:padding="16dp"
    tools:context=".MainActivity">

    <Button
        android:layout_width="wrap_content"
        android:layout_height="0dp"
        android:layout_weight="1"
        android:layout_gravity="center_horizontal"
        android:text="Hello!" />
    <Button
        android:layout_width="wrap_content"
        android:layout_height="0dp"
        android:layout_weight="1"
        android:gravity="center_horizontal"
        android:text="Goodbye!" />

</LinearLayout>
```

將 gravity 與 layout_gravity 屬性對調會顯示 B 畫面。

你的 activity 程式會告訴 Android 該使用哪個 layout

到目前為止，你已經在本章學會如何使用 linear layout，以及微調它的 view 的顯示方式了。在介紹另一種 layout 之前，讓我們先移到幕後，看看當 app 執行時，layout 會發生什麼事。

如你所知，當 Android 執行 app 時，它會啟動 app 的主 activity。在目前的 app 裡，該 activity 稱為 `MainActivity`。

當 activity 啟動時，它的 `onCreate()` 方法會執行。這個方法裡面有下面這段程式，指定 activity 應使用哪一個 layout：

```
override fun onCreate(savedInstanceState: Bundle?) {
    super.onCreate(savedInstanceState)
    setContentView(R.layout.activity_main)
}
```

它要求 activity 使用 layout 檔 activity_main.xml。

如你所見，上面的程式將 layout 的名稱傳給 `setContentView()` 方法，來告訴 Android 該使用哪個 layout。然後這個方法會在螢幕上顯示 layout。

layout 的 view 會被充氣成物件

`setContentView()` 不但會在設備的螢幕上顯示 layout，也會將 layout 的 XML 裡面的 view 轉換成物件。這個程序稱為 **layout 充氣（inflation）**，因為它會將每一個 view 充氣成物件。

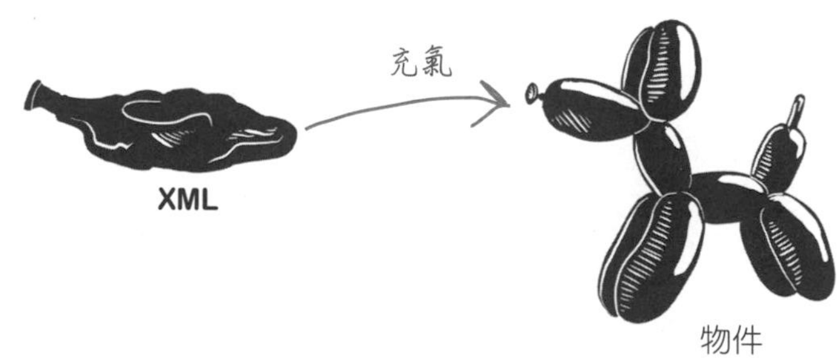

當你執行 app 時，Android 會將 layout 的每一個項目都轉換成一個物件，來將 layout XML 實例化。這個程序稱為 layout inflation。

layout 充氣很重要，因為它可讓你的 activity 程式操作 layout 裡面的 view。在幕後，每一個 view 都會被算繪成一個物件，讓你可以用 activity 程式來與它們互動。

我們來看看在我們寫好的 linear layout 裡面，layout 充氣是怎麼進行的。

layout 充氣範例

如你所知，上述的 linear layout 程式碼在一個 linear layout 裡面顯示兩個可編輯的 text view 與一個按鈕：

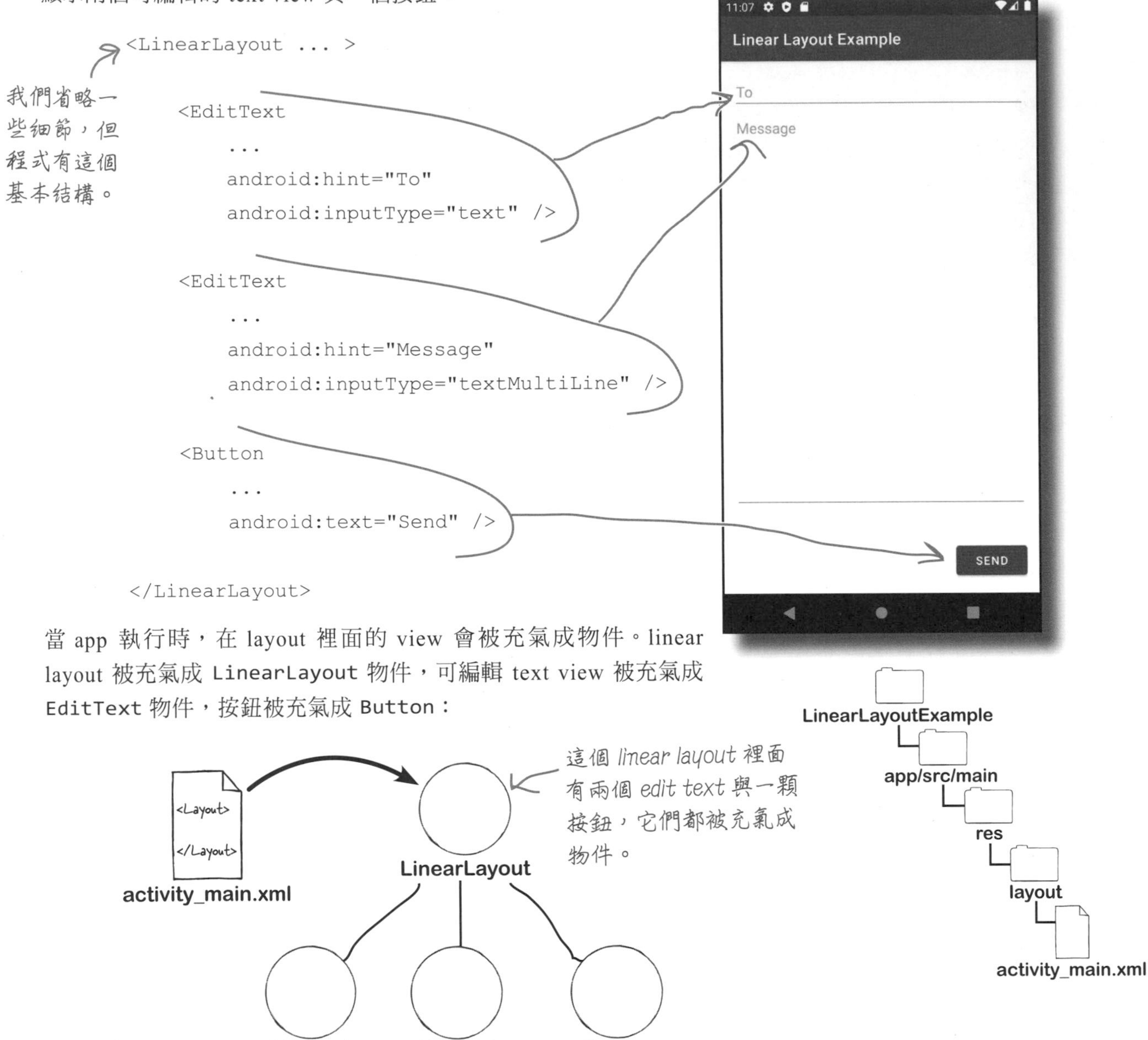


```
<LinearLayout ... >

    <EditText
        ...
        android:hint="To"
        android:inputType="text" />

    <EditText
        ...
        android:hint="Message"
        android:inputType="textMultiLine" />

    <Button
        ...
        android:text="Send" />

</LinearLayout>
```

當 app 執行時，在 layout 裡面的 view 會被充氣成物件。linear layout 被充氣成 `LinearLayout` 物件，可編輯 text view 被充氣成 `EditText` 物件，按鈕被充氣成 `Button`：

知道 layout 充氣如何運作之後，我們來看看如何使用一種新 layout：**frame layout**。

frame layout 會將它的 view 疊起來

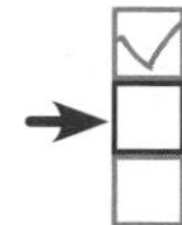

如你所知，linear layout 會將它的 view 排成一列或一行，在畫面上將每一個 view 放在它自己的空間上，而且它們不會互相重疊。

但是，有時你想要將 view 疊起來。例如，如果你想要顯示一張圖像，並在它的上面疊加一些文字，使用 linear layout 沒辦法做這件事。

如果你想要使用能夠重疊 view 的 layout，frame layout 是一種簡單的選項。它會將 view 互相疊起來，而不是將它們顯示成一列或一行。它通常只會被放入一個 view。

為了研究 frame layout 如何運作，我們將建立一個實用的 app，在鴨子圖像上面顯示一些文字。我們先來建立一個新專案。

我們將使用 frame layout 在鴨子圖像上面疊加一個 text view。

建立新專案

按照你執行過的步驟來建立一個新的 Android Studio 專案，選擇 Empty Activity，在 Name 中輸入「Frame Layout Example」，在 Package name 中輸入「com.hfad.framelayoutexample」，並接受預設的儲存位置。將 Language 設為 Kotlin，將 Minimum SDK 設為 API 21，讓它可在大多數的 Android 設備上執行。

建立專案後，我們來定義一個 frame layout。

如何定義 frame layout

你可以用 `<FrameLayout>` 元素來定義 frame layout 如下：

使用 <FrameLayout> 來定義 frame layout。

```
<FrameLayout xmlns:android="http://schemas.android.com/apk/res/android"
    android:layout_width="match_parent"
    android:layout_height="match_parent">

</FrameLayout>
```

這些屬性與我們在 linear layout 中使用的一樣，所有的 layout 與 view 都需要使用它們。

如同 linear layout 與任何其他類型的 view 或 view 群組，`android:layout_width` 與 `android:layout_height` 屬性是必要的，用來指定 layout 的寬與高。你也可以加入 `padding` 屬性，但我們在此不這麼做。

上面的程式會建立一個空的 frame layout，我們接下來要在裡面加入一張鴨子圖像。

將圖像加入專案

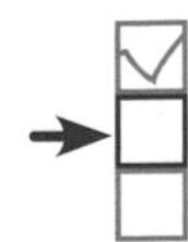

我們將在 frame layout 裡顯示一張名為 *duck.webp* 的圖像，但我們要先將那個檔案加入專案。

為此，你要建立一個 *drawable* 資源資料夾（如果 Android Studio 還沒有幫你建立的話）。它是儲存 app 的圖像資源的預設資料夾。在 Android Studio 的 explorer 切換至 Project 畫面，選擇 *app/src/main/res* 資料夾，打開 File 選單，選擇 New... 選項，然後選擇建立新的 Android 資源目錄。看到提示視窗時，在 Resource type 選擇「drawable」，將資料夾命名為「drawable」，然後按下 OK 按鈕。

接下來，從 *tinyurl.com/hfad3* 下載 *duck.webp* 檔案，然後將它加入 *app/src/main/res/drawable* 資料夾。

我們將在 frame layout 裡面加入一個 image view（顯示圖像的 view），並在 image view 裡面顯示 *duck.webp*。image view 是用 `<ImageView>` 元素來定義的，例如：

```
<?xml version="1.0" encoding="utf-8"?>
<FrameLayout ...>
    <ImageView
        android:layout_width="match_parent"
        android:layout_height="wrap_content"
        android:scaleType="centerCrop"
        android:src="@drawable/duck"
        android:contentDescription="Duck image" />
</FrameLayout>
```

加入一個容納圖像的 view。

使用 drawable 資料夾內，名為「duck」的圖像。

裁剪圖像的邊，以將它放入可用的空間內。

加入讓協助工具（accessibility）顯示的文字敘述。在實際的 duck app 裡，你要用 String 資源來加入這段文字。

認真寫程式

Android 的首選圖像格式是 **WebP**，它的檔案比較小，同時損失最少的品質。

你可以在 Android Studio 裡面對著圖像按下右鍵，然後選擇「Convert to WebP」，來將圖像轉換成 WebP。

`<ImageView>` 元素有你熟悉的 `android:layout_width` 與 `android:layout_height` 屬性，以及三個新屬性。

`android:src` 屬性指定將在 image view 裡面顯示的圖像。我們將它設成 `"@drawable/duck"`，讓它使用 *drawable* 資料夾裡面的 *duck.webp*。

`android:contentDescription` 屬性提供圖像的文字敘述供協助工具使用。

最後，`android:scaleType` 屬性描述你想要如何調整圖像尺寸。我們使用 `"centerCrop"`，它會裁剪圖像的邊。

知道以上的事情之後，你就可以在 frame layout 裡面顯示鴨子圖像了。在介紹如何在圖像上顯示文字之前，我們先來仔細地了解如何使用圖像資源（即 *drawable* 資源）。

drawable 資源探究

如你所知，你可以藉著將圖像放入 app 的 *app/src/main/res/drawable* 資料夾，來將它加入專案。這個動作會將圖像當成 drawable 資源放入你的專案，你可以用這種程式在 layout 中顯示它：

```
<ImageView
    android:id="@+id/image"
    android:layout_width="200dp"
    android:layout_height="100dp"
    android:src="@drawable/duck"
    android:contentDescription="Duck image" />
```

將 duck.webp 放入 drawable 可讓它成為 drawable 資源，並加入你的專案。

如果你想要，你可以根據設備的螢幕密度來使用不同版本的圖像。這可讓你在較高密度的螢幕上顯示較高解析度的圖像，在較低密度的螢幕上顯示較低解析度的圖像。

為此，你要先在 *app/src/main/res* 裡面，為不同螢幕密度建立不同的 *drawable* 資料夾，並且為每一個資料夾加上特定螢幕密度的前綴詞：

drawable-ldpi	低密度螢幕，大約 120 dpi。
drawable-mdpi	中密度螢幕，大約 160 dpi。
drawable-hdpi	高密度螢幕，大約 240 dpi。
drawable-xhdpi	超高密度螢幕，大約 320 dpi。
drawable-xxhdpi	超超高密度螢幕，大約 480 dpi。
drawable-xxxhdpi	超超超高密度螢幕，大約 640 dpi。
drawable-nodpi	在這個資料夾裡面的圖像可讓所有密度的螢幕使用，但圖像不會被縮放。

IDE 可能為你自動建立其中的一些資料夾，取決於你使用的 Android Studio 版本。

然後在各個 *drawable* 資料夾裡面加入不同解析度的圖像，務必讓每一個圖像檔都使用相同的名稱。Android 會在執行期根據設備的螢幕密度決定圖像版本。例如，如果設備配備超高密度螢幕，它將使用 *drawable-xhdpi* 資料夾裡面的圖像。

如果你只將圖像放入其中一個資料夾，Android 會讓所有設備都使用同一張圖像。如果你想要讓 app 使用相同的圖像，無論螢幕的密度為何，通常你要將它放在 *drawable* 資料夾。

frame layout 會按照 view 在 layout XML 裡面的順序來堆疊它們

當你定義 frame layout 時，你要按照它們的堆疊順序來編寫 view。Android 會先顯示第一個 view，然後在它上面疊上第二個，以此類推。

我們將在 image view 上面顯示一個 text view，所以在 XML 裡，我們將 text view 寫在 image view 下面。按照下面的程式來修改你的 *activity_main.xml*：

```
<?xml version="1.0" encoding="utf-8"?>
<FrameLayout xmlns:android="http://schemas.android.com/apk/res/android"
    xmlns:tools="http://schemas.android.com/tools"
    android:layout_width="match_parent"
    android:layout_height="match_parent"
    tools:context=".MainActivity">

    <ImageView
        android:layout_width="match_parent"
        android:layout_height="wrap_content"
        android:scaleType="centerCrop"
        android:src="@drawable/duck"
        android:contentDescription="Duck image" />

    <TextView
        android:layout_width="wrap_content"
        android:layout_height="wrap_content"
        android:layout_margin="16dp"
        android:text="It's a duck!" />
</FrameLayout>
```

加入這個 text view

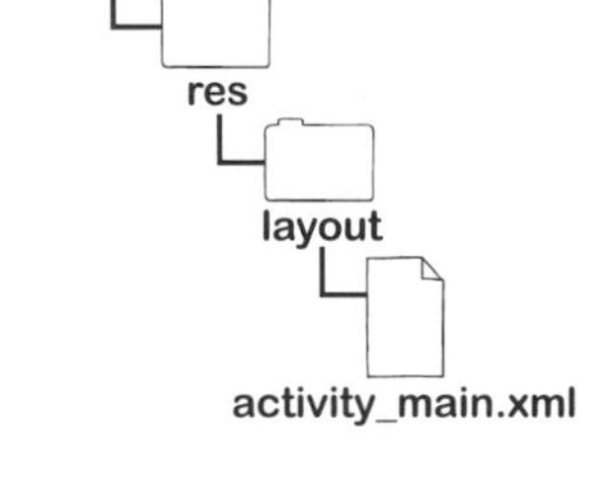

新車試駕

當我們執行 app 時，設備會顯示鴨子圖像，並在頂部角落顯示文字「It's a duck!」。

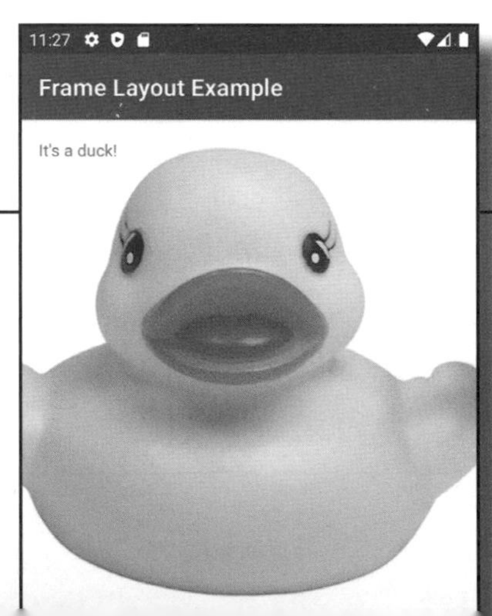

注意「It's a duck!」是怎麼疊在圖像上面的。

所有的 layout 都是一種 ViewGroup…

雖然 linear layout 與 frame layout 以不同的方式顯示它們的 view，但你應該已經發現它們彼此之間有很多共同點。例如，它們都可以容納 view，而且它們都有決定如何顯示 view 的方針。

它們有共同點是有原因的。在幕後，所有的 layout（包括 linear layout 與 frame layout）都是 `android.view.ViewGroup` 超類別的子類別：

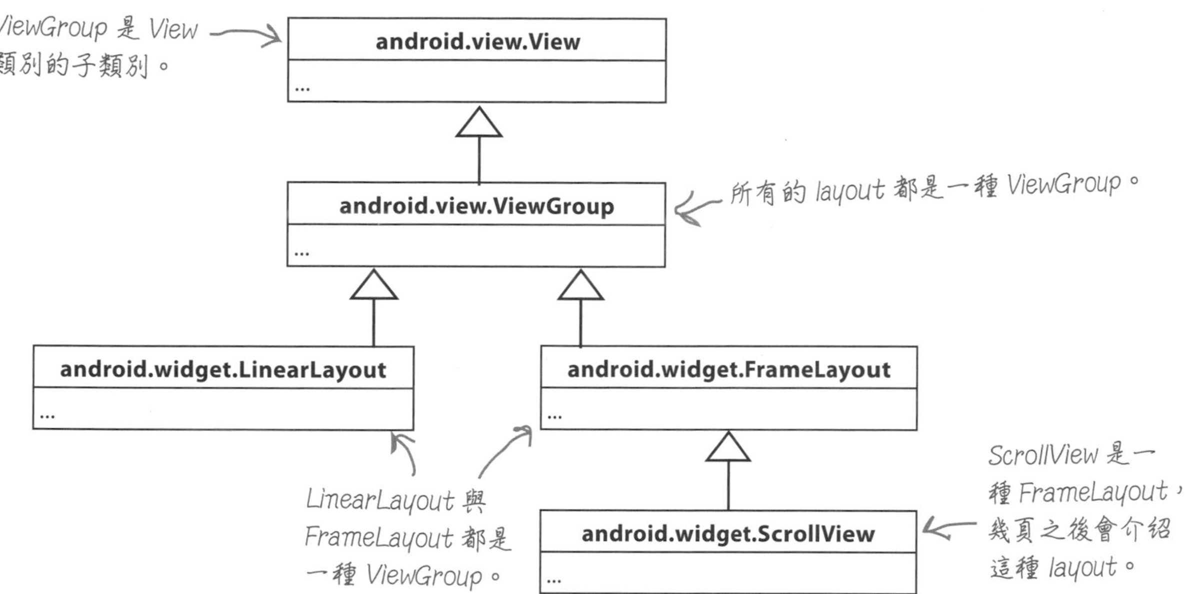
ViewGroup 是 View 類別的子類別。
android.view.View
...
android.view.ViewGroup
...
所有的 layout 都是一種 ViewGroup。
android.widget.LinearLayout
...
android.widget.FrameLayout
...
LinearLayout 與 FrameLayout 都是一種 ViewGroup。
android.widget.ScrollView
...
ScrollView 是一種 FrameLayout，幾頁之後會介紹這種 layout。

…而且 ViewGroup 是一種 View

`ViewGroup` 是 `View` 的子類別，它可以容納其他的 view。在幕後，每一個 layout 都是 `ViewGroup` 的子類別，這意味著，**所有 layout 也都是一種 `View`**。

這種類別階層意味著所有的 view 與 layout 都有相同的屬性與行為。例如，它們都可以顯示在螢幕上，而且你必須指出它們的高度或寬度是多少。這就是為什麼你必須指定每一個 view 與 layout 的 `android:layout_height` 與 `android:layout_width` 屬性的值。這些屬性是所有 view 都必須指定的，而且因為 layout 是一種 view，這些屬性也是所有 layout 都必須指定的。

你加入 layout 的每一個 UI 組件都是一種 View，它是在螢幕上占用一塊空間的物件。

每一個 layout 都是一種 ViewGroup，它是可容納其他 View 的一種 View。

Linear layout
Frame layout
Scroll view

這讓我想到…既然所有 layout 都繼承 View 類別，而且 layout 是可以容納其他 View 的一種 View，那麼 layout 是不是也可以容納其他的 layout？

她說對了。

如你所知，layout 是一種可容納其他 view 的 view。因為每一個 layout 也都是一種 view，所以 **layout 也可以容納其他的 layout。**

可在 layout 裡面放入其他 layout 是很方便的機制，因為如此一來，你就可以設計較複雜的用戶介面。例如，為了在直向的 linear layout 裡加入橫列，你可以藉著將橫向的 linear layout 放在根 linear layout 裡面。如果你想要在圖像的上面直向排列文字，你也可以在 frame layout 裡面加入直向 linear layout。

為了仔細研究這個機制如何運作，我們來使用一種新 layout：scroll view。

沒有蠢問題

問：你說過，我可以使用 image view 在 layout 裡面顯示圖像。如果我想要將圖像放在按鈕裡面呢？做得到嗎？

答：可以。按鈕可以使用 `android:drawableStart` 與 `android:drawableEnd` 屬性來將圖像放在按鈕的開始側或結束側。例如，下面的程式會在按鈕的開始側加入一張鴨子圖像：

```
android:drawableStart="@drawable/duck"
```

Android 也有一種圖像按鈕 view，也就是顯示圖像而不是文字的按鈕。本書不介紹圖像按鈕，如果你想要使用它，你可以參考這個網址：

https://developer.android.com/guide/topics/ui/controls/button

scroll view 可插入一個垂直捲軸

Linear layout
Frame layout
Scroll view

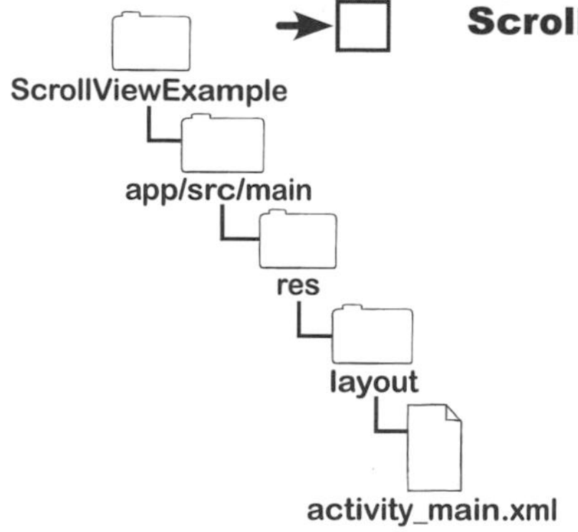

scroll view 是具有一條垂直捲軸的 frame layout。如果 layout 對設備而言太大了，你可以使用 scroll view，因為你可以用它來捲動到無法顯示在螢幕上的任何 view。

我們將建立一個使用 scroll view 的 app。請建立一個名為「Scroll View Example」的專案，選擇 Empty Activity 選項。將 Language 設為 Kotlin，將 Minimum SDK 設為 API 21，讓它可在大多數的 Android 設備上執行。將 *activity_main.xml* 裡面的程式換成下面的程式：

ScrollViewExample
app/src/main
res
layout
activity_main.xml

```
<?xml version="1.0" encoding="utf-8"?>
<LinearLayout xmlns:android="http://schemas.android.com/apk/res/android"
    xmlns:tools="http://schemas.android.com/tools"
    android:layout_width="match_parent"
    android:layout_height="match_parent"
    android:orientation="vertical"
    android:padding="16dp"
    tools:context=".MainActivity" >

    <EditText
        android:layout_width="match_parent"
        android:layout_height="wrap_content"
        android:hint="Message"
        android:inputType="textMultiLine" />

    <Button
        android:layout_width="wrap_content"
        android:layout_height="wrap_content"
        android:text="Send" />
</LinearLayout>
```

務必讓 activity_main.xml 程式與這裡的程式一致。

將它設為 "textMultiLine"，否則你可能無法在 app 中輸入多行文字。

如你所見，上面的 layout 包含一個簡單的 linear layout，linear layout 裡面有一個 Message edit text 與一顆 Send 按鈕。

試著執行 app，並且在 edit text 裡面輸入許多文字。為了容納內容，view 會延伸出去，最後它會將 Send 按鈕推到螢幕邊緣之外。因為沒有捲軸，所以你無法按下按鈕。

為了修正這個問題，我們將在 layout 中加入一個 scroll view。它提供一個捲軸，讓你在 Send 按鈕跑到螢幕外面時，仍然可以接觸它。

11:54
Scroll View Example
These aren't the droids you're looking for.
These aren't the droids you're looking for.
These aren't the droids you're looking for.
These aren't the droids you're looking for.
These aren't the droids you're looking for.
These aren't the droids you're looking for.
These aren't the droids you're looking for.
These aren't the droids you're looking for.
These aren't the droids you're looking for.
These aren't the droids you're looking for.
These aren't the droids you're looking for.
These aren't the droids you're looking for.
These aren't the droids you're looking for.
These aren't the droids you're looking for.
These aren't the droids you're looking for.
These aren't the droids you're looking for.
These aren't the droids you're looking for.
These aren't the droids you're looking for.
These aren't the droids you're looking for.
These aren't the droids you're looking for.
These aren't the droids you're looking for.
These aren't the droids you're looking for.
These aren't the droids you're looking for.
These aren't the droids you're looking for.
These aren't the droids you're looking for.
These aren't the droids you're looking for.
These aren't the droids you're looking for.
These aren't the droids you're looking for.
These aren't the droids you're looking for.
These aren't the droids you're looking for.

edit text 的文字太多了，以致於按鈕被推到螢幕外面。

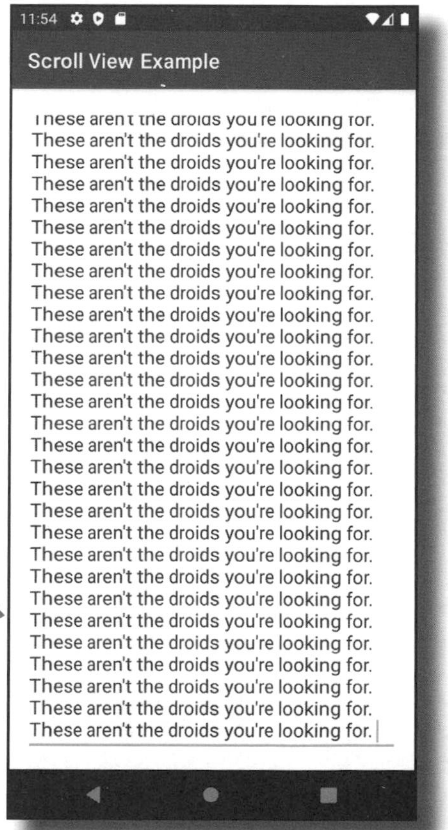

如何加入 scroll view

你可以使用 **<ScrollView>** 元素來將 scroll view 加入 layout。<ScrollView> 元素的用法與 <FrameLayout> 一樣，只是它多了一個屬性，**fillViewport**，用來設定要不要讓 scroll view 撐滿設備螢幕。

ScrollView 是 FrameLayout 的子類別，也就是說，它能夠做 FrameLayout 能做的所有事情，而且不只如此。

在下面的程式中，我們將 scroll view 加入 layout 程式，讓它撐滿原始的 linear layout。按照下面的程式來修改你的 *activity_main.xml*（粗體為修改處）：

```
<?xml version="1.0" encoding="utf-8"?>
<LinearLayout ScrollView xmlns:android="http://schemas.android.com/apk/res/android"
    xmlns:tools="http://schemas.android.com/tools"
    android:layout_width="match_parent"
    android:layout_height="match_parent"
    android:orientation="vertical"
    android:padding="16dp"
    android:fillViewport="true"
    tools:context=".MainActivity" >

    <LinearLayout
        android:layout_width="match_parent"
        android:layout_height="match_parent"
        android:orientation="vertical"
        android:padding="16dp" >

        <EditText
            android:layout_width="match_parent"
            android:layout_height="wrap_content"
            android:hint="Message"
            android:inputType="textMultiLine" />

        <Button
            android:layout_width="wrap_content"
            android:layout_height="wrap_content"
            android:text="Send" />
    </LinearLayout>
</ScrollView>
```

將 layout 的根 LinearLayout 換成 ScrollView。（程式中 LinearLayout 已被劃掉）

刪除這幾行。orientation 屬性不適用於 scroll view，而且我們不想要幫 scroll view 加入邊距，因為這會將垂直捲軸縮排。（android:orientation="vertical" 與 android:padding="16dp" 兩行已被劃掉）

將 fillViewport 屬性設為 "true"，讓它撐滿設備螢幕。

將原始的 linear layout 移入 scroll view。

確保你的程式仍然有這一行。

幫 <ScrollView> 元素加上封閉標籤。

ScrollViewExample
app/src/main
res
layout
activity_main.xml

完成接下來的習題之後，我們將執行這段程式。

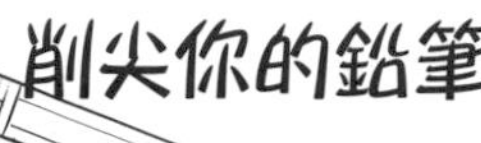

削尖你的鉛筆

你已經知道，你可以在 layout 裡面放入另一個 layout，來製作較複雜的 layout。根據這個知識，說明或寫下你該如何做出下面的 layout。

你不需要寫出所有的 layout 程式，只要說明如何建構它即可。

這個 layout 有一個 text view，下面有兩顆按鈕。

你已經知道，你可以在 layout 裡面放入另一個 layout，來製作較複雜的 layout。根據這個知識，說明或寫下你該如何做出下面的 layout。

你不需要寫出所有的 layout 程式，只要說明如何建構它即可。

```
<LinearLayout xmlns:android="http://schemas.android.com/apk/res/android"
    xmlns:tools="http://schemas.android.com/tools"
    android:layout_width="match_parent"
    android:layout_height="match_parent"
    android:orientation="vertical"
    android:padding="16dp"
    tools:context=".MainActivity">

    <TextView
        android:layout_width="wrap_content"
        android:layout_height="wrap_content"
        android:layout_gravity="center"
        android:textSize="80sp"
        android:text="00:00" />

    <LinearLayout
        android:layout_width="wrap_content"
        android:layout_height="wrap_content"
        android:orientation="horizontal"
        android:layout_marginTop="20dp"
        android:layout_gravity="center">

        <Button
            android:layout_width="wrap_content"
            android:layout_height="wrap_content"
            android:layout_marginHorizontal="4dp"
            android:text="Start" />

        <Button
            android:layout_width="wrap_content"
            android:layout_height="wrap_content"
            android:layout_marginHorizontal="4dp"
            android:text="Stop" />
    </LinearLayout>
</LinearLayout>
```

我們使用 textSize 屬性來增加文字的大小。

這個畫面是藉著在一個直向 linear layout 裡面放入一個橫向 linear layout 做出來的。

直向 linear layout 裡面有一個 text view 與一個橫向 linear layout。

橫向 linear layout 裡面有兩顆按鈕。

新車試駕

在 layout 程式中加入 scroll view 之後，試著執行 app。

之前當你在 Message edit text 裡面輸入許多文字時，Send 按鈕會被推到螢幕外面。但是這一次你可以捲動設備畫面來顯示按鈕。

恭喜你！你已經知道如何使用各種不同的 layout 來控制 app UI 的外觀了。下一章將繼續運用這些知識。

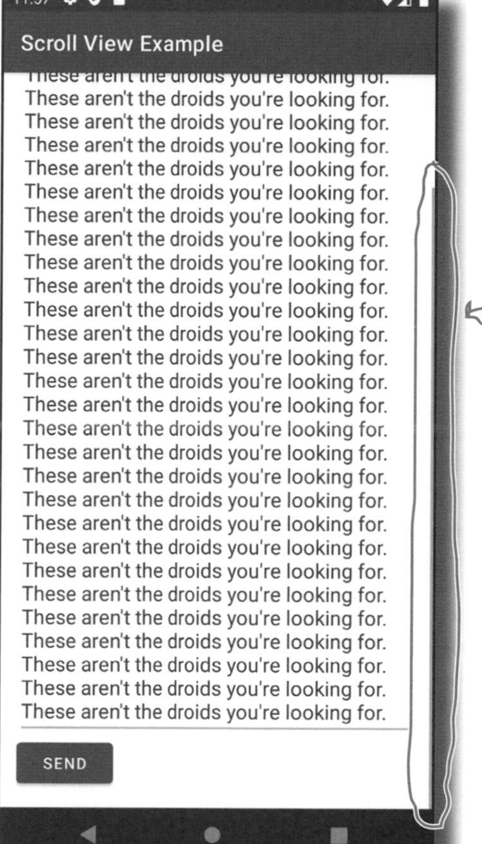

所有的 layout（包括 linear layout、frame layout 與 scroll view）都可以容納其他的 layout。

你可以將一種 layout 放在另一個裡面，來建構複雜的 layout。

問：**scroll view 只能加入垂直捲軸嗎？如果我想要加入水平捲軸呢？**

答：`<ScrollView>` 只能加入垂直捲軸，不能加入水平的。如果你想要在 layout 中加入水平捲軸，你可以改用 `<HorizontalScrollView>` 元素。horizontal scroll view 的工作方式與 scroll view 一樣，但它會加入水平捲軸，而不是垂直捲軸。

你的 Android 工具箱

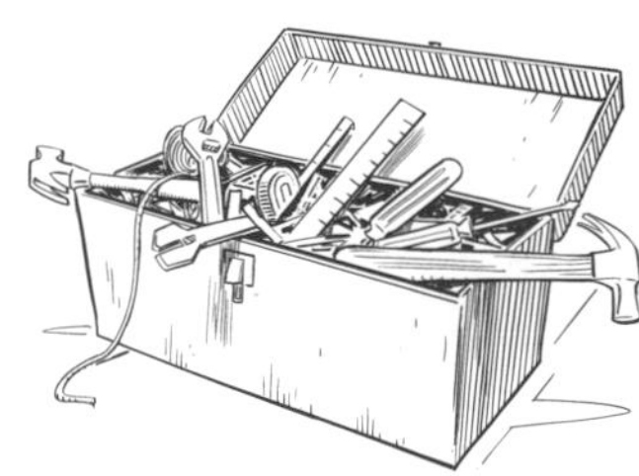

你已經掌握第 3 章，將 layout 的建構法加入你的工具箱了。

你可以在 tinyurl.com/hfad3 下載本章的完整程式碼。

本章重點

- `<EditText>` 可定義可編輯的 text view。
- 使用 `<ImageView>` 來顯示圖像。
- linear layout 會將 view 橫向或直向排列。你要使用 `android:orientation` 屬性來設定方向。
- 在 linear layout 裡面，你可以使用 `android:layout_weight` 來讓一個 view 使用 layout 的所有額外空間。
- 你可以使用 `android:padding` 屬性來指定 view 的邊與內容之間的邊距。
- `android:layout_gravity` 可設定 view 在它的可用空間的位置。
- `android:gravity` 可設定 view 的內容在 view 裡面的位置。
- `android:layout_margin` 可在 view 周圍加上額外的空間。
- frame layout 會將 view 互相疊起來。
- 你可以使用 scroll view 或 horizontal scroll view 來加入捲軸。它們都是一種 frame layout。
- 所有的 layout 都是 `android.view.ViewGroup` 類別的子類別。view group 是可容納多個 view 的一種 view。
- layout 可以容納其他的 layout。

4 constraint layouts

繪製藍圖

我要把車庫設計在角落，
並且加上一道牆壁…

沒有藍圖就沒辦法蓋房子。

有一些 layout 使用**藍圖**來確保它們的**外觀與你的想法完全一致**。在這一章，我們將介紹 Android 的 **constraint layout，這種靈活的工具可讓你設計更複雜的 UI**。你將了解如何使用 **constraint** 與 **bias** 來設定 view 的位置與大小，**不需要考慮螢幕的尺寸與方向**。你將學會如何使用 **guideline** 與 **barrier** 來讓 view 停留在它們的位置上。最後，你將知道如何使用 **chain** 與 **flow** 來包裝或展開 view。讓我們開始設計吧…

回顧嵌套的 layout

在上一章，你已經知道，你可以嵌套 layout 來建構較複雜的畫面。例如，下面的程式使用嵌套的 linear layout 來將一個 text view 與一個 edit text 顯示成橫列，並在它們下面加入一個 edit text：

```
<?xml version="1.0" encoding="utf-8"?>
<LinearLayout xmlns:android="http://schemas.android.com/apk/res/android"
    xmlns:tools="http://schemas.android.com/tools"
    android:layout_width="match_parent"
    android:layout_height="match_parent"
    android:orientation="vertical"
    android:padding="16dp"
    tools:context=".MainActivity">

    <LinearLayout
        android:layout_width="match_parent"
        android:layout_height="wrap_content"
        android:orientation="horizontal" >

        <TextView
            android:layout_width="wrap_content"
            android:layout_height="wrap_content"
            android:text="To:" />

        <EditText
            android:layout_width="0dp"
            android:layout_height="wrap_content"
            android:layout_weight="1"
            android:hint="Enter email address"
            android:inputType="text" />
    </LinearLayout>

    <EditText
        android:layout_width="match_parent"
        android:layout_height="wrap_content"
        android:hint="Subject"
        android:inputType="text" />
</LinearLayout>
```

我們使用垂直方向的 linear layout。

這個嵌套的 layout 將 text view 與 edit text 排成水平的一列。

2:06
My App
To: Enter email address
Subject

text view 的寬度剛好足以容納它的內容。edit text 使用 layout weight 來占用其餘的所有橫向空間。

在嵌套的 linear layout 下面顯示 Subject edit text。

嵌套 layout 是有代價的

嵌套 layout 的缺點是用它來建構複雜的 layout 可能很低效，會讓你的程式難以理解與維護，而且可能降低 app 的速度。

當 Android 在設備螢幕上顯示 layout 時，它會先檢查 layout 檔的結構，並使用它來建構 view 階層。以上一頁的嵌套 layout 為例，它會建構一個 view 階層，裡面有兩個 linear layout、兩個 edit text，與一個 text view：

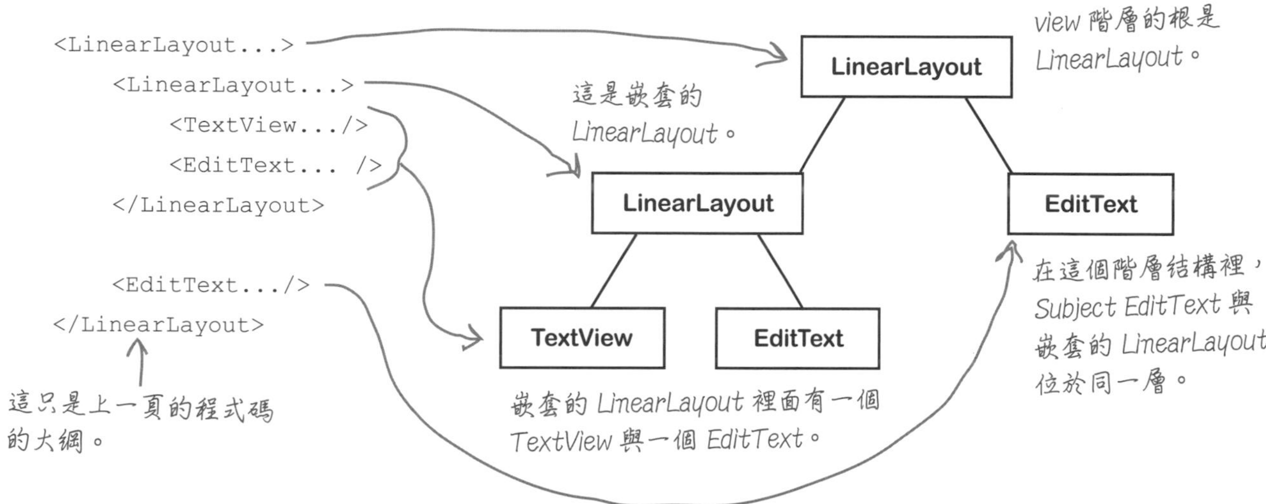
<LinearLayout...>
<LinearLayout...>
<TextView.../>
<EditText... />
</LinearLayout>
<EditText.../>
</LinearLayout>
這只是上一頁的程式碼的大綱。
view 階層的根是 LinearLayout。
LinearLayout
這是嵌套的 LinearLayout。
LinearLayout
EditText
TextView
EditText
在這個階層結構裡，Subject EditText 與嵌套的 LinearLayout 位於同一層。
嵌套的 LinearLayout 裡面有一個 TextView 與一個 EditText。

Android 使用 view 階層來釐清每一個 view 應該擺在設備螢幕的哪裡。Android 必須測量、布局每一個 view，並將它們畫在螢幕上，Android 也必須確保每一個 view 有足夠的空間可容納它的內容，同時考慮所有 weight。

如果 layout 裡面有其他的 layout，這種 view 階層更是複雜，Android 可能要反覆處理好幾次，來釐清 view 該如何排列。如果 layout 嵌套得很深，這個程序可能會成為程式的瓶頸，也可能會導致難以理解和維護的大量程式碼。

如果你的 UI 比這個更複雜，取代嵌套 layout 的另一種做法是使用 **constraint layout**。

Android 必須初始化 layout 裡面的每一個 view，並測量、布局和繪製它們。如果 layout 嵌套得很深，這個流程可能會降低 app 的速度。

constraint layout 簡介

constraint layout 比 linear 或 frame layout 還要複雜，但它比較靈活。用它來製作複雜的 UI 更有效率許多，因為它提供比較扁平的 view 階層，這意味著，Android 在執行期需要處理的事比較少。

你可以使用 constraint layout 來建構沒有嵌套的 layout 而且靈活的 UI。

以視覺化的方式來設計 constraint layout

使用 context layout 的另一個好處是，它們是特別為了 Android Studio 的設計編輯器而設計的。你可以用視覺化的方式來建構 constraint layout，不用像在建構 linear 與 frame layout 時那樣，直接修改 XML。你可以將 view 拉到設計編輯器的藍圖裡面，並告訴它如何顯示每一個 view：

這是 constraint layout 的藍圖。它裡面有 constraint layout 在螢幕上排列 view 所需的所有資訊。

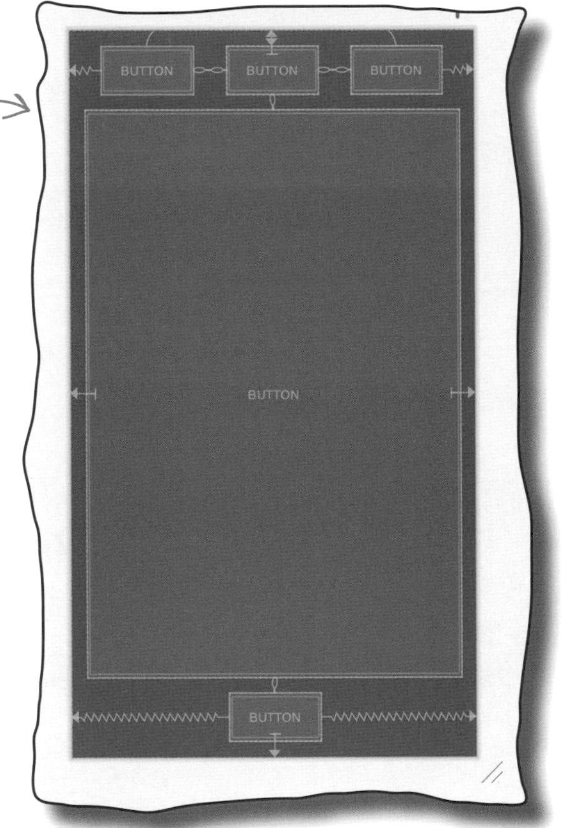

與 linear 和 frame layout 不同的是，constraint layout 是 **Android Jetpack** 這套程式庫的一部分。也許你聽過 Jetpack，但它到底是什麼？

constraint layout 是 Android Jetpack 的一部分

Android Jetpack 是一系列的程式庫，可以協助你遵守最佳做法、減少樣板程式碼（boilerplate code），讓你更輕鬆地編寫程式。它包括 constraint layout、navigation、Room 持久保存程式庫（協助你建構資料庫）…等。

以下是我們最喜歡的 Jetpack 組件，接下來的章節將介紹如何使用它們：

Fragment
fragment 很像一種次級的 activity，其用途是控制部分的螢幕。

View Model
可讓你將畫面的商業邏輯移到單獨的類別裡面。

Constraint layout
你可以用它來建構複雜、靈活的 layout，且沒有嵌套帶來的額外負擔。

Navigation
提供一些工具來讓你從一個畫面巡覽至另一個畫面，以及在它們之間安全地傳遞引數。

Recycler view
這個高效的清單可讓你用來顯示資料，以及在畫面之間巡覽。

LiveData
讓你的 app 在資料改變時快速做出回應。

Room
這個持久保存程式庫可讓你建立資料庫並與之互動。

Data binding
用來建構可操作 Kotlin 方法與屬性的回應式 layout。

Compose
這個工具組讓你不必使用 layout 檔即可建立原生的 Android app。

Jetpack 還有其他很棒的功能，例如，它可以讓你寫出在新舊版的 Android 系統中以一致的方式運行的程式。這對你的用戶來說是個好消息，因為它意味著你可以加入令人期待的 Android 新功能，並且讓它在較舊的設備上運行。

例如，之前沒有提到的是，我們曾經用來編寫 activity 程式的 `AppCompatActivity` 其實是 Android Jetpack 的一部分。它可以在新版與舊版的 Android 的 activity 加入新功能，讓你不需要擔心回溯相容問題。

沒錯！你已經在不知情的情況下使用部分的 Android Jetpack 了。本書其餘的部分會介紹更多 Jetpack 的用法。

本章將介紹如何使用 constraint layout，讓我們先看看接下來要做些什麼。

我們接下來要做這些事情

constraint layout 的教學分成兩大部分：

1. **如何定位一個 view 與調整 view 的大小。**

   你將學會如何使用 constraint 與 bias 來控制一個 view 在它的 layout 裡面如何顯示，以及在哪裡顯示。

它們是 constraint，你將在第一步學會如何使用它們。

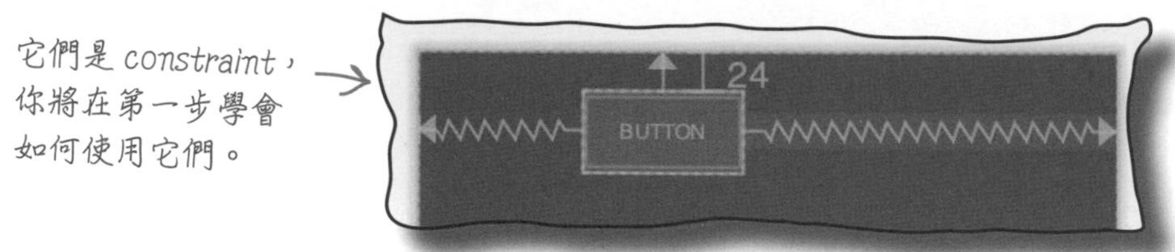

2. **如何定位多個 view 與調整多個 view 的大小。**

   接下來你將運用你的知識來處理多個 view，並學習如何使用 guideline、barrier、chain 與 flow 的進階技術。

你將在第 2 步學習如何建構這種比較複雜的 constraint layout。

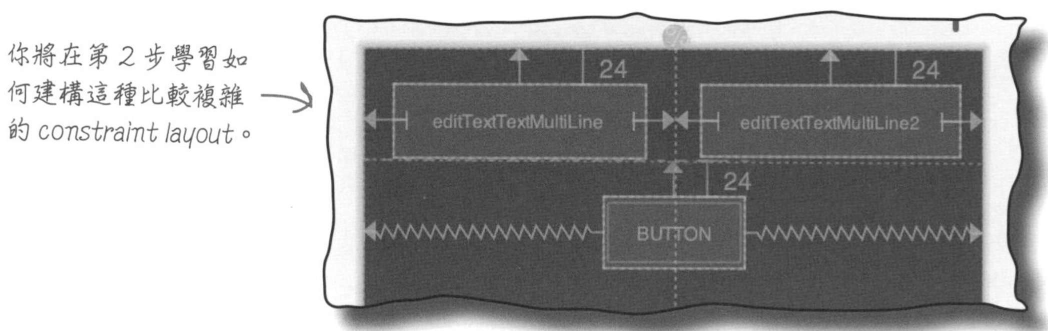

建立新專案

我們將使用新專案來建構 app，請按照章節的步驟來建立一個專案。選擇 Empty Activity，在 Name 中輸入「My Constraint Layout」，在 Package name 中輸入「com.hfad.myconstraintlayout」，並接受預設的儲存位置。將 Language 設為 Kotlin，將 Minimum SDK 設為 API 21，讓它可在大多數的 Android 設備上執行。

建立專案之後，我們要設定它，來使用 constraint layout。

使用 Gradle 來加入 Jetpack 程式庫

為了確保所有的 Jetpack 程式庫（包括 constraint layout）在所有 Android 版本都可以運作，它們並未被納入主 Android SDK。你必須使用 **Gradle** 來加入你需要的任何程式庫。**Gradle** 是一種組建工具，可用來編譯程式碼、設定 app，以及抓取你的專案需要的額外程式庫。

每次你建立新專案時，Android Studio 都會建立兩個名為 ***build.gradle*** 的 Gradle 檔案。

第一個 *build.gradle* 位於 *project* 資料夾，負責指定 app 的基本設定，例如該使用哪一個 Gradle 外掛版本。

第二個 *build.gradle* 位於專案的 *app* 資料夾，app 的大多數屬性都在這個檔案裡面設定，例如 API 等級。

在幕後，每一個 Android Studio 專案都使用 Gradle 作為組建工具。

這個專案的 build.gradle 需要加入 Google 版本庫

每一個專案都必須知道該去哪裡尋找它需要的額外 Jetpack 程式庫，做法是在**專案**的 *build.gradle* 檔案裡面加入 Google 版本庫的參考。Android Studio 通常會幫你做這件事，但你可以打開 *MyConstraintLayout/build.gradle* 檔案，在 `allprojects` 下面的 `repositories` 區域中尋找下面列出的粗體程式碼：

```
allprojects {
    repositories {
        google()
        ...
    }
}
```

所有的 Jetpack 程式庫都來自這一個版本庫。Android Studio 應該會幫你加入這一行。

MyConstraintLayout
build.gradle

在 app 的 build.gradle 加入 constraint layout 的程式庫

為了使用 constraint layout，你必須在 **app** 的 *build.gradle* 檔裡面引用它的程式庫。Android Studio 應該已經為你加入它了，你可以確認這件事，打開 *MyConstraintLayout/app/build.gradle* 檔案，並在 `dependencies` 區域中尋找下面這行程式（粗體為修改處）：

```
dependencies {
    implementation 'androidx.constraintlayout:constraintlayout:2.0.4'
    ...
}
```

我們使用這一版的 constraint layout 程式庫。

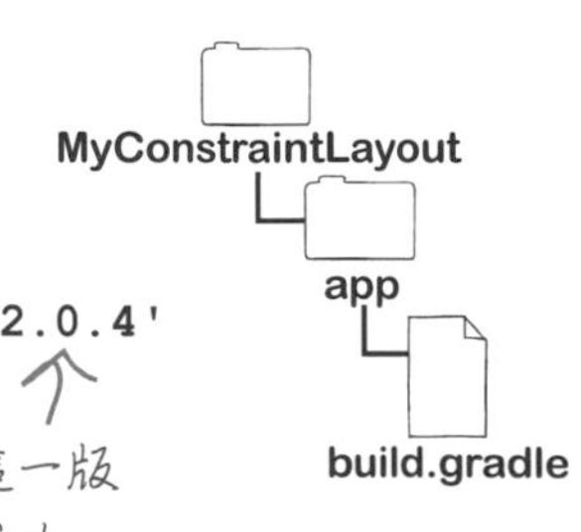

如果你的檔案裡面沒有這一行，請加入它，並按下程式碼編輯器的 Sync Now 選項，這會同步你在專案的其他地方所做的任何修改，並加入程式庫。

將 constraint layout 加入 activity_main.xml

設定你的專案來讓它可以使用 constraint layout 之後，我們要開始使用它了。

你可以使用 **<androidx.constraintlayout.widget.ConstraintLayout>** 元素將 constraint layout 加入 layout 檔。我們將在 layout 檔 *activity_main.xml* 裡面使用 constraint，所以打開 *app/src/main/res/layout* 資料夾，並確保它的程式與下面的一樣：

MyConstraintLayout
app/src/main
res
layout
activity_main.xml

```
<?xml version="1.0" encoding="utf-8"?>
<androidx.constraintlayout.widget.ConstraintLayout
    xmlns:android="http://schemas.android.com/apk/res/android"
    xmlns:app="http://schemas.android.com/apk/res-auto"
    xmlns:tools="http://schemas.android.com/tools"
    android:layout_width="match_parent"
    android:layout_height="match_parent"
    tools:context=".MainActivity">

</androidx.constraintlayout.widget.ConstraintLayout>
```

這就是定義 constraint layout 的做法。

如果 Android Studio 將任何額外的 view 加入 layout，請刪除它們。

在藍圖中顯示 layout

我們將要使用設計編輯器的藍圖（blueprint）來將 view 加入 layout。按下 Design 選項來切換至設計編輯器，在編輯器的工具列按下 Select Design Surface 按鈕，並選擇 Blueprint 選項。你會看到下面的 layout 藍圖：

這是 Select Design Surface 按鈕。你可以用它來顯示 layout 的藍圖畫面、設計畫面，或兩者。

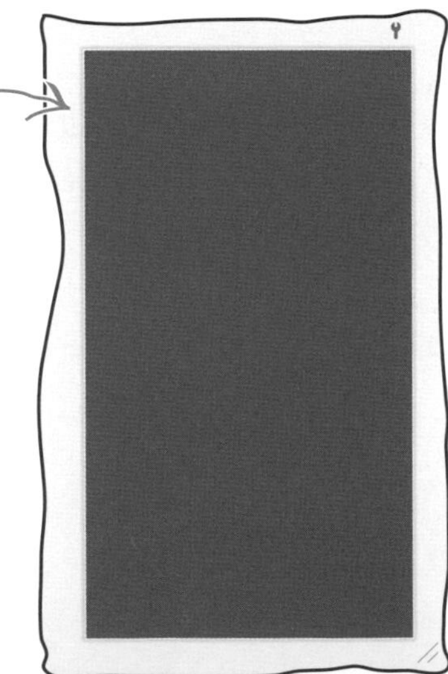

這是 layout 的藍圖。因為我們還沒有在 constraint layout 裡面加入任何 view，所以它是空的。

將按鈕加入藍圖

→ 一個 view
多個 view

我們打算將一顆按鈕加入 layout。為此，在設計編輯器的 Palette 找到 Button 組件（通常在 Common 區域），並將它拉到藍圖上。你可以將按鈕放在藍圖的任何地方，只要讓它像這樣位於主要區域即可：

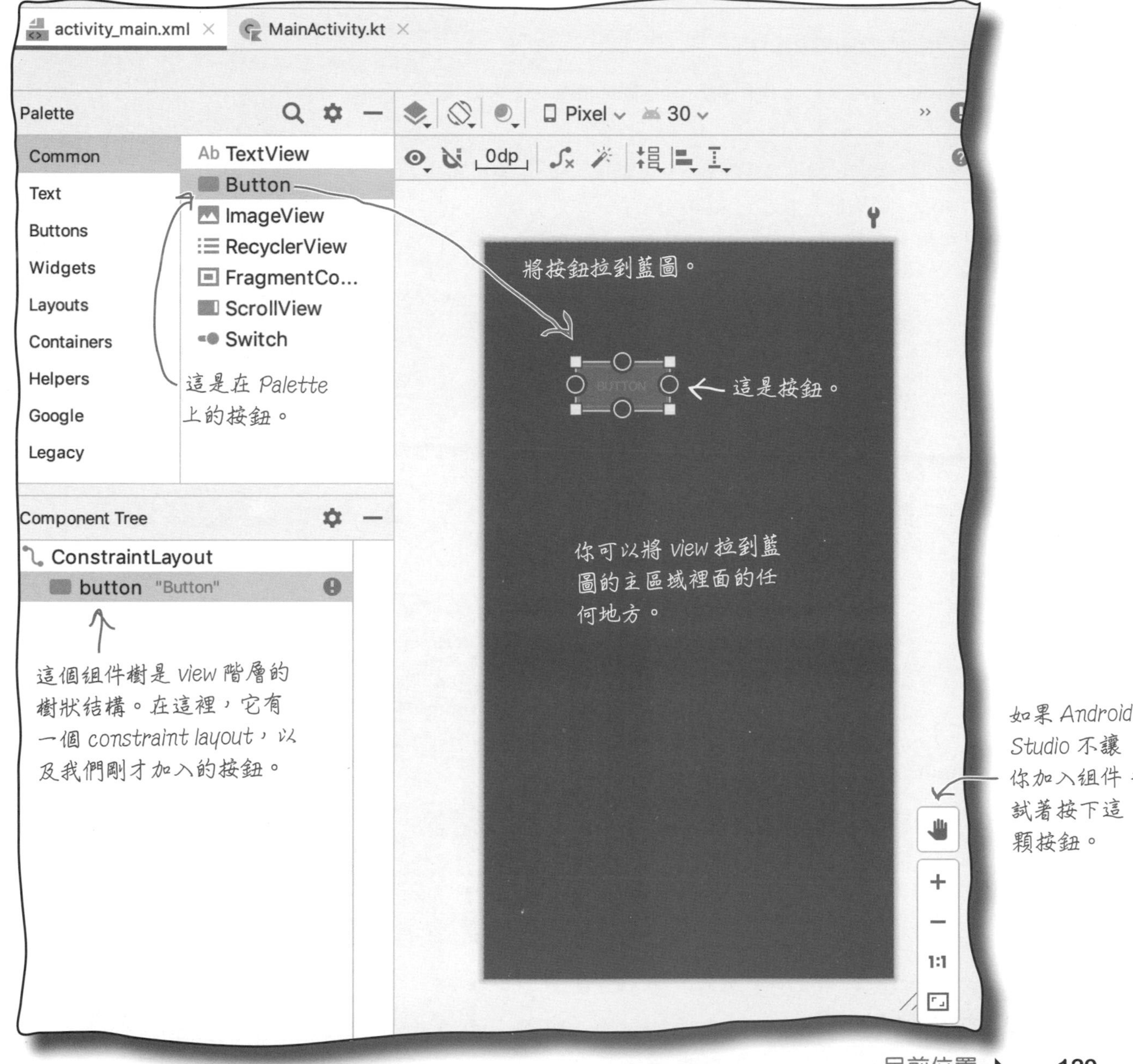
activity_main.xml
MainActivity.kt
Palette
Pixel
30
Common
Text
Buttons
Widgets
Layouts
Containers
Helpers
Google
Legacy
Ab TextView
Button
ImageView
RecyclerView
FragmentCo...
ScrollView
Switch
0dp
將按鈕拉到藍圖。
這是按鈕。
這是在 Palette 上的按鈕。
Component Tree
ConstraintLayout
button "Button"
你可以將 view 拉到藍圖的主區域裡面的任何地方。
這個組件樹是 view 階層的樹狀結構。在這裡，它有一個 constraint layout，以及我們剛才加入的按鈕。
如果 Android Studio 不讓你加入組件，試著按下這顆按鈕。
1:1

使用 constraint 來設定 view 的位置

在使用 constraint layout 時，view 的位置並不是藉著將它拉到藍圖的特定位置來設定，而是藉著定義 **constraint** 來設定。**constraint** 是一種連結或附加物，可告訴 layout：view 應該放在哪裡。例如，你可以使用 constraint 來將 view 附加到 layout 的開始邊，或另一個 view 的下面。

幫按鈕加上水平 constraint

為了說明 constraint 如何運作，我們要加入一個 constraint 來將按鈕接到 layout 的左側。

首先，按下按鈕來選擇它。當你選擇一個 view 時，Android Studio 會在它的周圍顯示一個周框，並在它的角落與每一邊加入控點。位於角落的控點可用來調整 view 的大小，位於各邊的控點可用來加入 constraint：

當你選擇 view 時，它的周圍會出現周框。

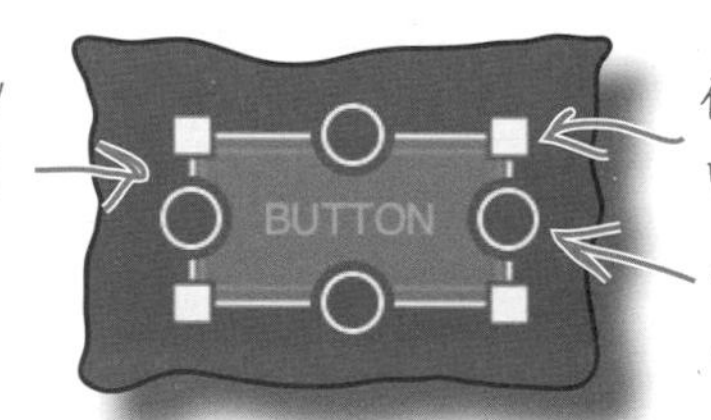

使用角落的控點來調整 view 的大小。

使用各邊的控制來加入 constraint。

你可以按下 view 的 constraint 控點，並將它拉到你想要連接的地方來加入一個 constraint。在這個例子裡，我們要將按鈕的左側接到 layout 的左側，所以按下左側的 constraint 控點，並將它拉到藍圖的左側：

按下按鈕左側的控點，將它拉到藍圖的左側。

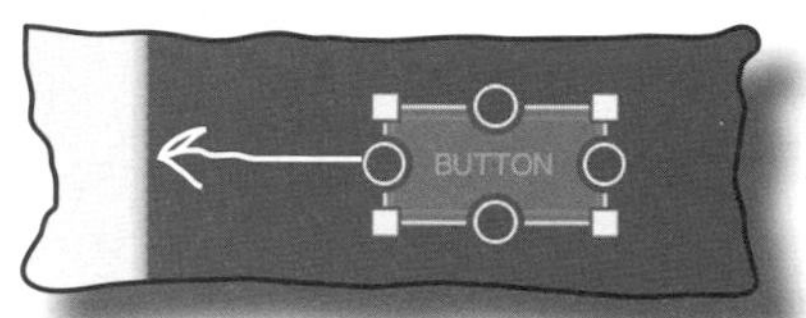

這會加入 constraint，並將按鈕拉到左側：

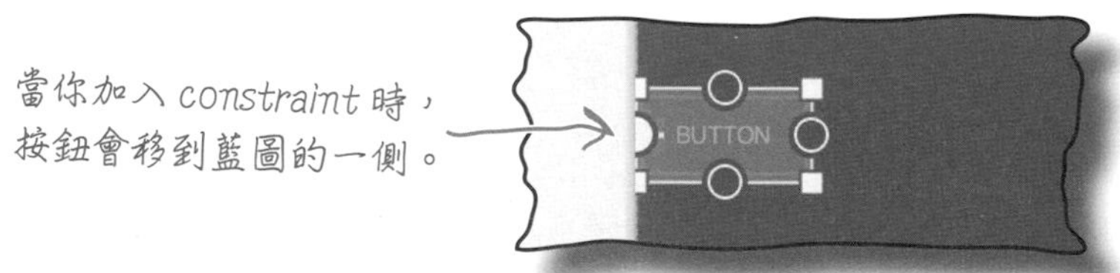

當你加入 constraint 時，按鈕會移到藍圖的一側。
BUTTON

這就是加入水平 constraint 的方法。我們來看看加入垂直 constraint 時會怎樣。

並且加入垂直 constraint

→ 一個 view
多個 view

我們要使用垂直 constraint 來將按鈕接到 layout 的頂部。為此，按下按鈕的上側 constraint 控點，並將它拉到藍圖的上側。這會加入垂直 constraint，並將按鈕往上拉。

按下按鈕上側的控點，並將它拉到藍圖的上側。按鈕會移到藍圖的上側。

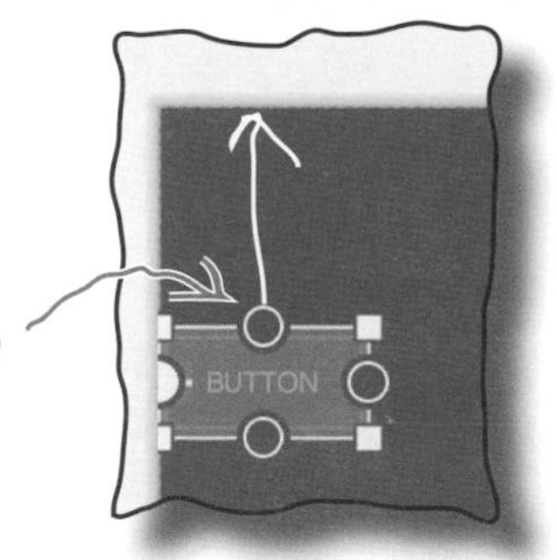

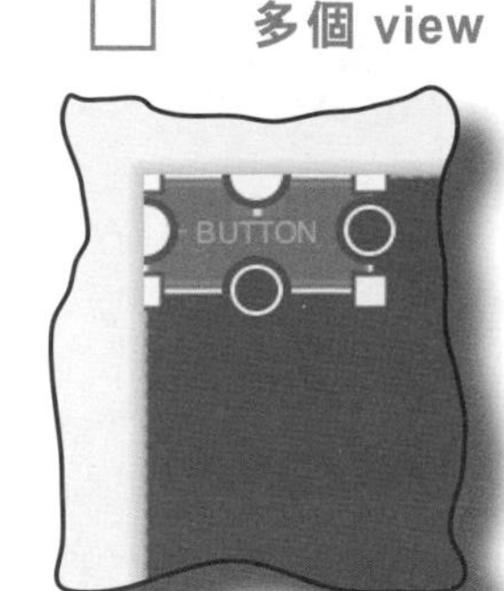

習題

你已經知道在按鈕的左側與上側加入 constraint 會發生什麼事情了。你認為在按鈕的右側與下側加入相對的 constraint 時，會發生什麼事情？試著自己做做看，並在下面畫出你的答案。

習題解答

你已經知道在按鈕的左側與上側加入 constraint 會發生什麼事情了。你認為在按鈕的右側與下側加入相對的 constraint 時，會發生什麼事情？試著自己做做看，並在下面畫出你的答案。

當你加入一個連接按鈕與藍圖右側的 constraint 時，左側與右側的 constraint 會將按鈕往相反的方向拉。按鈕會被水平置中。

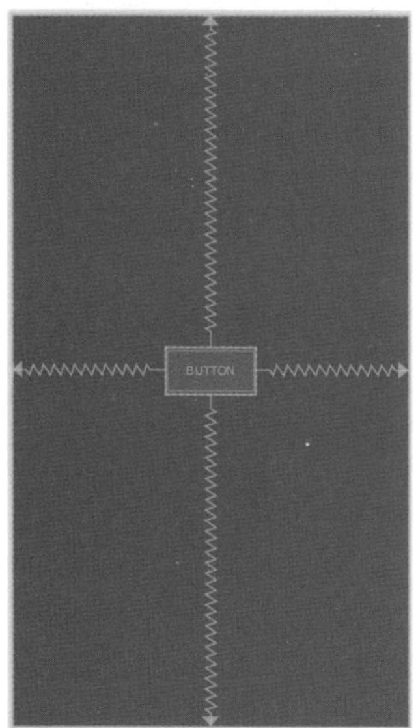

當你加入一個連接按鈕與藍圖下側的 constraint 時，上面與下面的 constraint 會拉住按鈕，讓它跑到 layout 的中央。

使用對向的 constraint 來將 view 置中

一個 view
多個 view

如你所知，你可以使用 constraint 來將 view 接到藍圖的一側。每一個 constraint 都像一個彈簧，會將 view 拉往藍圖的一側。

如果你想要將 view 放在藍圖的中央，你可以在 view 的對側加入 constraint 來做到這件事。例如，若要將按鈕水平置中，你可以加入一個 constraint 來將 view 往左拉，再加入另一個 constraint 來將它往右拉，就像這樣：

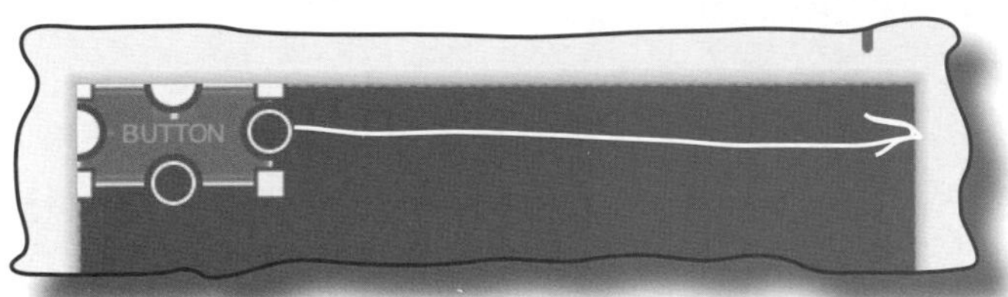

按下按鈕右側的 constraint 控點，將它拉到藍圖的右側，即可加入一個 constraint 來將按鈕拉到右側。

這兩個 constraint 將按鈕往相反的方向拉，因而將它水平置中：

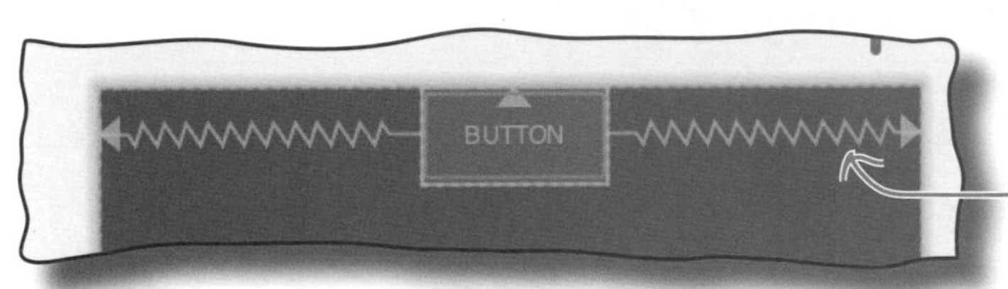

加入對側的 constraint 會將按鈕拉到中間。

你也可以在 view 的上側與下側加入 constraint 來將它垂直置中。如果你想要將它水平置中且垂直置中，你可以在四側加上 constraint：

這些 constraint 會將按鈕拉到藍圖的上側與左側。

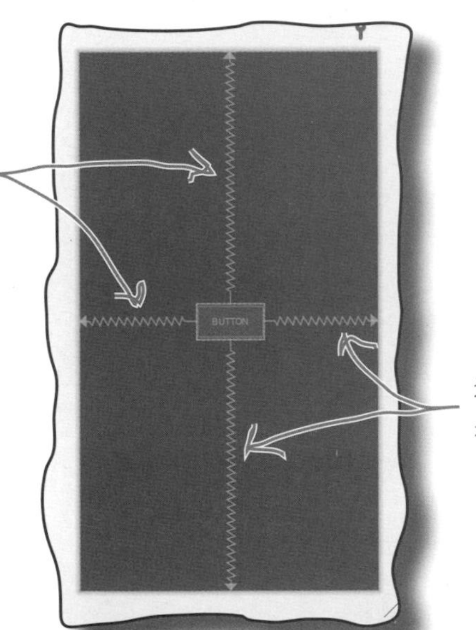

如果你無法看見所有的 constraint，請按下 View Options 按鈕，並選擇 Select All Constraints。

這些 constraint 會將按鈕拉到藍圖的下側與右側。

你可以刪除不需要的 constraint

→ 一個 view
多個 view

如果你不需要任何 constraint 了，你可以在藍圖中選擇它，並刪除它，來將它移除。例如，如果你有一顆擺在藍圖中央的按鈕，你可以刪除接到它的下側的 constraint：

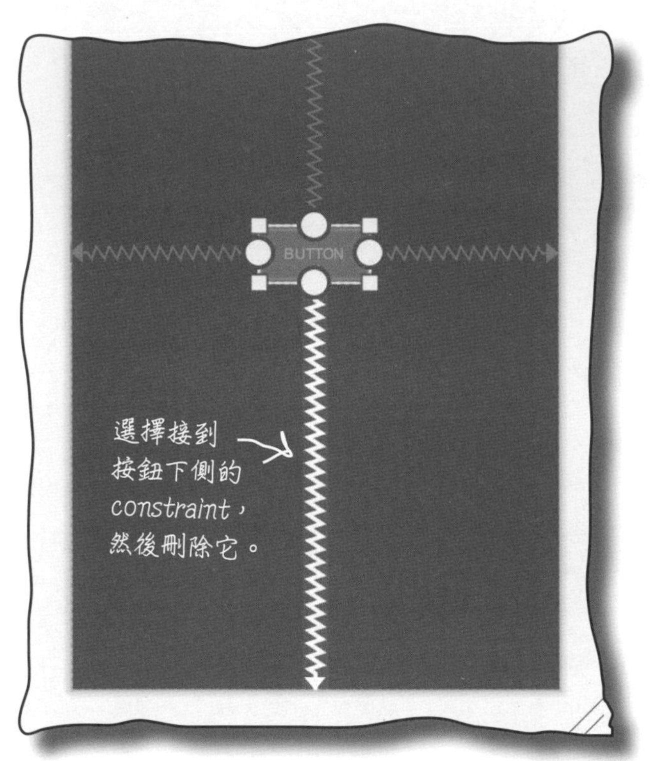

BUTTON
選擇接到按鈕下側的 constraint，然後刪除它。

照過來！ **務必讓每一個 view 至少有一個垂直與水平 constraint。**

如果 view 沒有垂直 constraint，當你執行 app 時，它會被顯示在 layout 的頂部。如果 view 沒有水平 constraint，它會被顯示在它的開始邊的旁邊。

刪除這個 constraint 意味著這顆按鈕不會被拉往藍圖的下側了。上側的 constraint 會將按鈕拉往上側，所以它只會水平置中，不會垂直置中：

當你刪除下側的 constraint 時，剩餘的上側 constraint 會將按鈕拉到藍圖的上側。

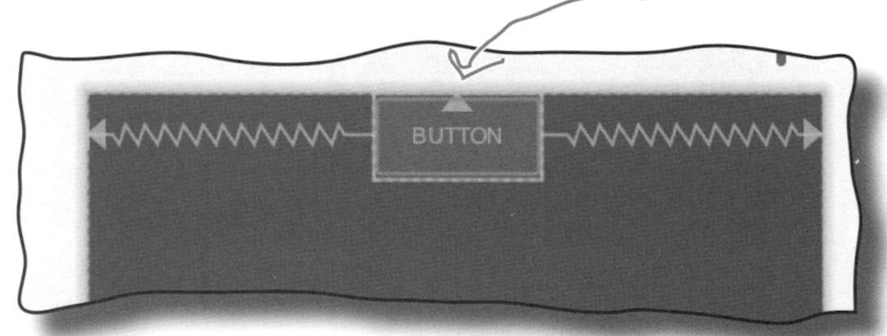

另一個移除 constraint 的方法是使用 constraint widget 工具，我們來看看它的用法。

使用 constraint widget 來移除 constraint

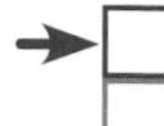

constraint widget 在設計編輯器旁邊的 Attributes 窗格裡面。它會在你選擇一個 view 時出現，並顯示一張圖，展示 view 的 constraint，以及任何邊界的大小。

幾頁之後會更詳細介紹 Attributes 窗格。

若要在 constraint widget 裡面刪除一個 constraint，你可以在藍圖中選擇你想要移除 constraint 的 view，然後在 constraint widget 裡面按下 constraint 的控點，即可將 constraint 移除，在藍圖裡面的 view 會跑到新的位置。

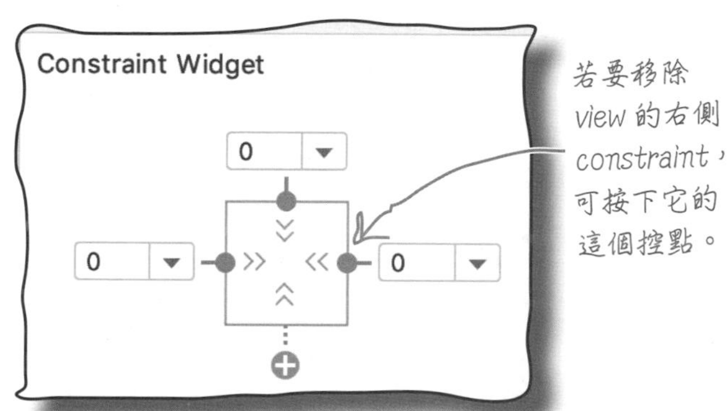

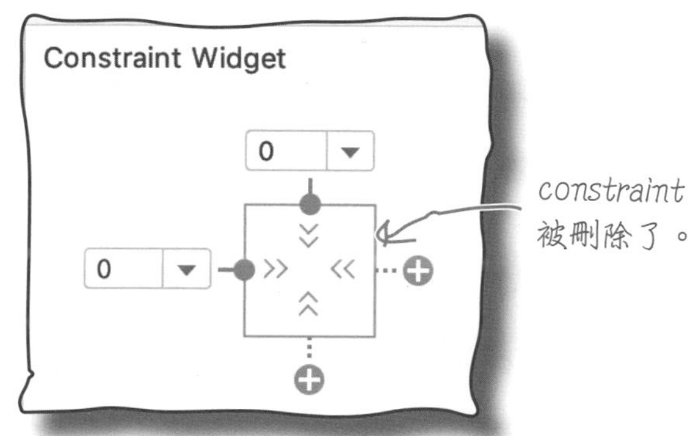

你也可以用它來加入邊界

你應該已經發現，在 constraint widget 裡面的每一個 constraint 的旁邊都有一個數字，它可用來設定 view 的那一側的邊界大小，讓 view 與 layout 的邊之間有間隔。例如，若要將 view 的左邊界與上邊界改成 24dp，你可以將它們的值改成 24：

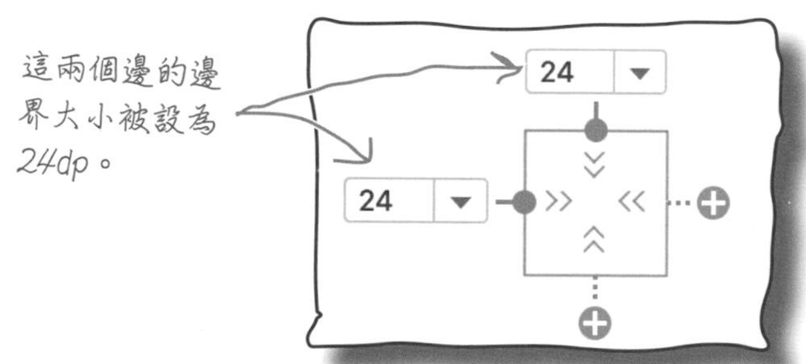

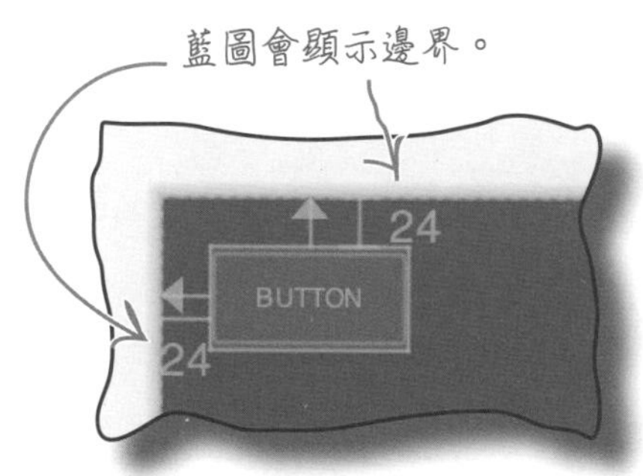

你可以使用設計編輯器的工具列上面的 Default Margins 按鈕來設定任何新邊界的預設大小。例如，將它設為 24dp 代表任何新加入的 constraint，都會自動加入 24dp 的邊界。

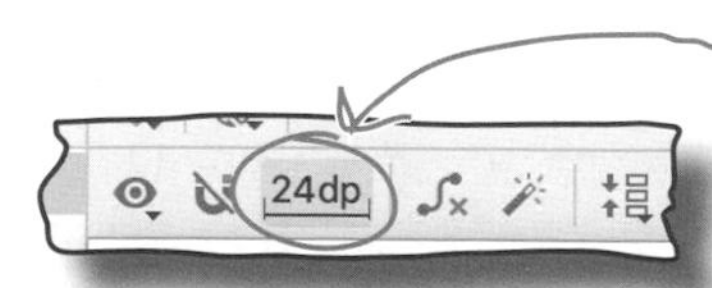

24dp
這是 Default Margins 選項，在此，我們設為預設的 24dp 邊界。

在藍圖中進行修改會反映在 XML 裡面

一個 view
多個 view

當你將 view 加入藍圖，並指定 constraint 與邊界時，它們會被加入 layout 底下的 XML。請切換到 layout 的 Code 畫面來看一下這些變動。你的程式應該會長這樣（如果稍微不同，不用擔心）：

```
<?xml version="1.0" encoding="utf-8"?>
<androidx.constraintlayout.widget.ConstraintLayout
```

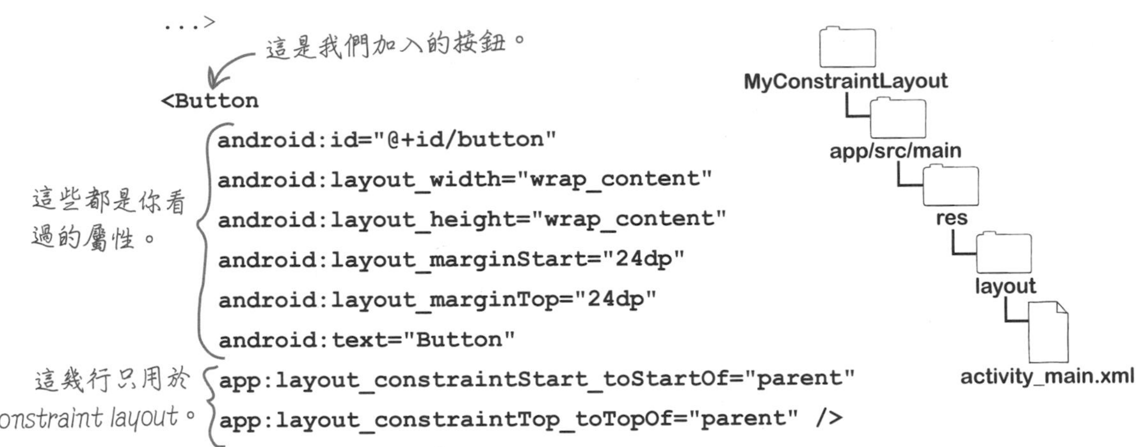

...>
這是我們加入的按鈕。
<Button
android:id="@+id/button"
android:layout_width="wrap_content"
android:layout_height="wrap_content"
android:layout_marginStart="24dp"
android:layout_marginTop="24dp"
android:text="Button"
app:layout_constraintStart_toStartOf="parent"
app:layout_constraintTop_toTopOf="parent" />
這些都是你看過的屬性。
這幾行只用於 constraint layout。
MyConstraintLayout
app/src/main
res
layout
activity_main.xml


```
</androidx.constraintlayout.widget.ConstraintLayout>
```

如你所見，現在 XML 裡面有一顆按鈕。有沒有覺得它的程式很眼熟？如果有，好記性，它加入了你在第 3 章學過的屬性。

按鈕的寬、高與邊界都是用以前的方法來指定的，想要的話，你也可以在 XML 裡面修改它們的值，而不是使用設計編輯器。

你沒看過的程式只有指定 view 的開始側與上側的 constraint 的兩行：

```
app:layout_constraintStart_toStartOf="parent"
app:layout_constraintTop_toTopOf="parent" />
```

這兩行描述按鈕的左側（或開始側）與上側的 constraint。

當你在按鈕的其他兩側加上 constraint 也會產生類似的程式。

看了 constraint layout XML 的樣子之後，切回去設計編輯器，我們將介紹一些其他可用來設定 view 位置的技術。

view 可使用位移值

→ 一個 view
多個 view

如你所知，你可以在 view 的相對側加上 constraint，在預設情況下，這會將 view 置中，但你也可以藉著改變 view 的**位移值**（**bias**）來控制它相對於各側的位置。這會告訴 Android：view 兩側的 constraint 的長度占多少比例。

為了觀察它的動作，我們來改變按鈕的水平位移值，讓它不在中間。首先，確保按鈕的左側與右側都有 constraint：

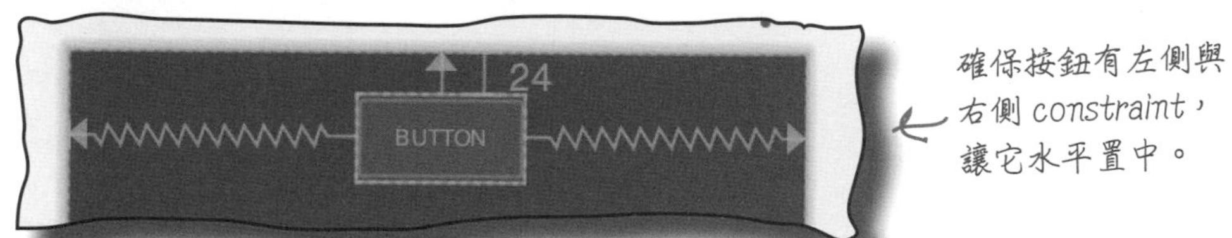

確保按鈕有左側與右側 constraint，讓它水平置中。

然後選擇按鈕，以顯示 constraint widget。

在 widget 的 view 圖下面，你應該可以看到一個滑桿，裡面有一個數字。那個數字是 view 的水平位移值的百分比。

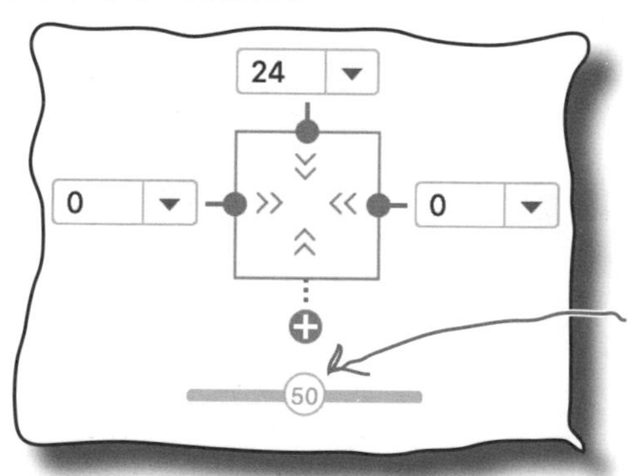

這是 view 的水平位移值滑桿。它現在顯示 50，因為 view 在它的兩個水平 constraint 之間的中間位置。

你只要移動滑桿就可以改變位移值。例如，當你將滑桿往左移動，讓數字變成 30 時，它也會將藍圖裡面的按鈕移往左邊：

移動滑桿…

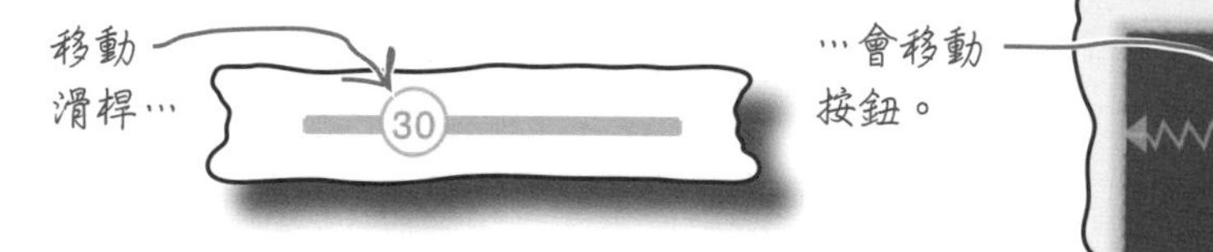

…會移動按鈕。

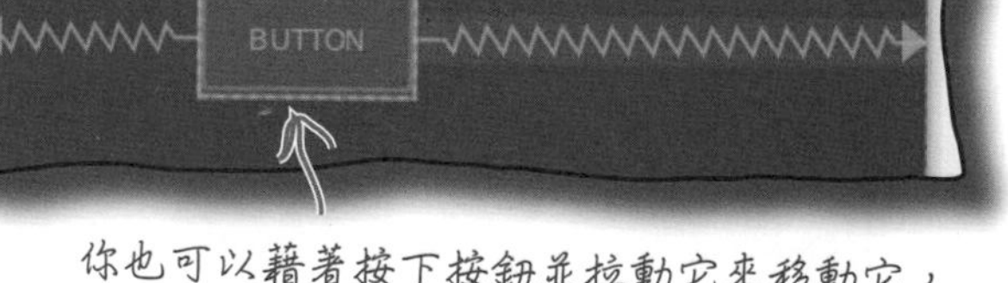

你也可以藉著按下按鈕並拉動它來移動它，但這種做法比較不準確。

無論螢幕的尺寸和方向是什麼，view 都會維持這個相對位置。我們來試著執行 app，看看實際的情況。

新車試駕

一個 view
多個 view

當我們執行 app 時，按鈕會出現在畫面上方偏離中間的地方。當我們轉動設備時，它會保持在同一個相對位置。

如果你的畫面在設備旋轉時沒有跟著旋轉，請確定你有打開自動旋轉設定。你可以在 Settings → Display 下面找到它。

2:51
My Constraint Layout
BUTTON

無論螢幕的方向是什麼，按鈕都會保持在同一個相對位置。

2:50
My Constraint Layout
BUTTON

你已經知道控制 view 在螢幕上的位置的各種技術了。接下來，我們將介紹如何改變它的大小。

沒有蠢問題

問：你說，所有的 Jetpack 組件（包括 constraint layout）都有獨立的程式庫，它們不屬於主 Android 版本的一部分，為何如此？

答：為了讓你可以在舊版的 Android 上面使用這些組件的新版本與新功能。

問：當你將 constraint layout 程式庫加入 app 的 *build.gradle* 檔時，你使用一個特定的版本，我可以使用不同的版本嗎？

答：本章使用的所有功能與程式都可以用那一版的 constraint layout 程式庫來運作。程式庫經常更新，切記，使用不同的版本可能會破壞一些程式碼。

問：我怎麼知道有沒有新版本？

答：*build.gradle* 檔案通常會發現有新版本可用，並通知你。

問：能不能讓設計編輯器自動幫我加入 constraint？

答：在設計編輯器的工具列裡面有一顆「Enable Autoconnection to Parent」按鈕，你可以用它在每一個新 view 與藍圖的每一側之間自動加上 constraint。

那裡也有一顆「Infer Constraints」按鈕，它會根據 view 在 layout 裡面的位置，猜測需要使用哪些 constraint。

筆者在使用這些選項時，得到各種不同的結果，你可以自行嘗試它們。

你可以改變 view 的大小

→ 一個 view
多個 view

你應該可以猜到，你可以在 constraint layout 裡面修改 view 的 layout_width 與 layout_height 屬性，來改變它的大小。你可以在 layout 的 XML 裡面做這件事，也可以在設計編輯器的 Attributes 窗格裡面做。

Attributes 窗格在藍圖的旁邊。當你選擇一個 view 時，它會顯示已經宣告的所有屬性（例如 layout_width 與 layout_height），它也可以讓你設定尚未宣告的屬性。

讓 view 剛好夠大

如同 linear layout 與 frame layout，你可以將 view 的 layout_width 與 layout_height 屬性設為 wrap_content，來讓它的大小剛好足以顯示其內容。例如，如果 view 是一顆按鈕，它會讓按鈕的大小剛好可以顯示它的文字：

這是 Attributes 窗格。
Attributes
button
Button
id
button
Declared Attributes
layout_width
wrap_content
layout_height
wrap_content
如同別的 layout，將按鈕的寬度與高度設為 "wrap_content"，可讓它的大小剛好足以容納其內容。
24
BUTTON

讓 view 符合它的 constraint

如果你在 view 的相對兩側加入 constraint，你可以讓 view 的大小與它的 constraint 一樣。你可以將它的 layout_width 與（或）layout_height 設為 0dp：將 layout_width 設為 0dp 會讓 view 的寬與它的水平 constraint 一樣，將 layout_height 設為 0dp 會讓 view 的長與它的垂直 constraint 一樣。

在下面的例子裡，我們將按鈕的 layout_width 設為 0dp，所以按鈕的寬會與它的水平 constraint 一樣：

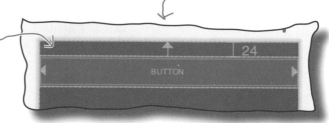

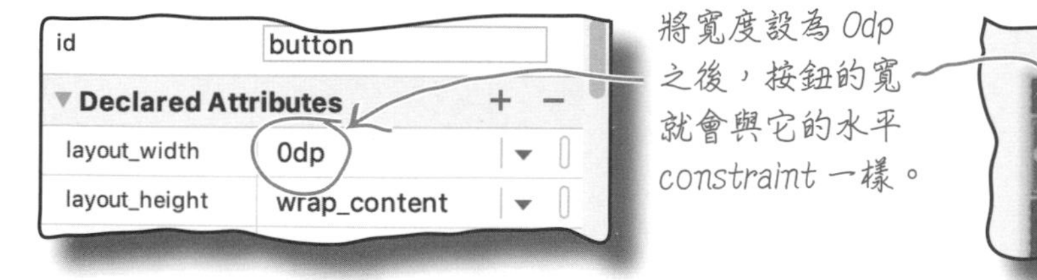
id
button
Declared Attributes
layout_width
0dp
layout_height
wrap_content
將寬度設為 0dp 之後，按鈕的寬就會與它的水平 constraint 一樣。
在預設情況下，讓 view 與 constraint 一樣會將 view 盡量拉長。你也可以在這個網址找到其他選項：https://developer.android.com/training/constraint-layout。
24
BUTTON

知道如何改變 view 的大小之後，試著操作各種不同的技術，然後做一下接下來的習題。

我是 constraint

請假裝你是 constraint layout，並畫出產生各個 layout 所需的 constraint。你也要幫每一個 view 指定 layout_width、layout_height 與位移值（在需要時）。我們已經幫你完成第一題了。

你要在每一張藍圖裡加入 view 與 constraint。

A

這是我們想要顯示的畫面。

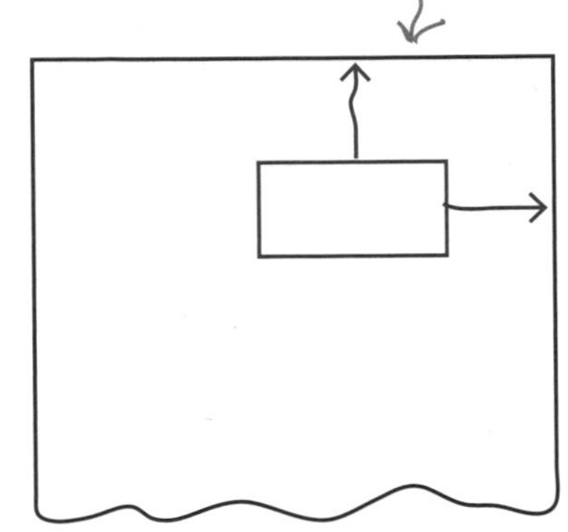

layout_width: wrap_content
layout_height: wrap_content

B

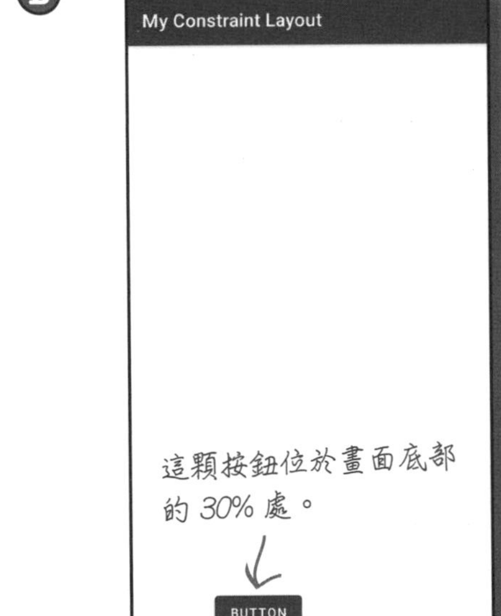

這顆按鈕占滿可用的空間。

C

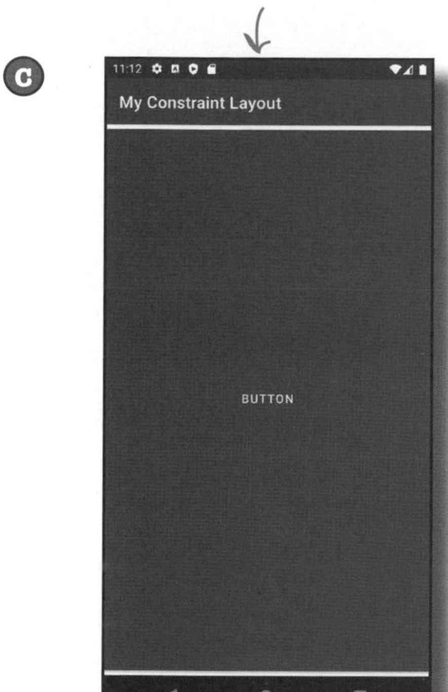

D

我是 constraint 解答

請假裝你是 constraint layout，並畫出產生各個 layout 所需的 constraint。你也要幫每一個 view 指定 layout_width、layout_height 與位移值（在需要時）。我們已經幫你完成第一題了。

11:26
My Constraint Layout
BUTTON
有一顆按鈕在
右上角。

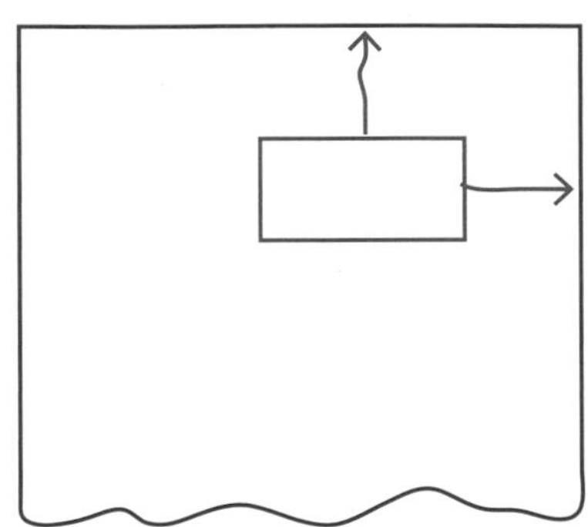

layout_width: wrap_content
layout_height: wrap_content

B

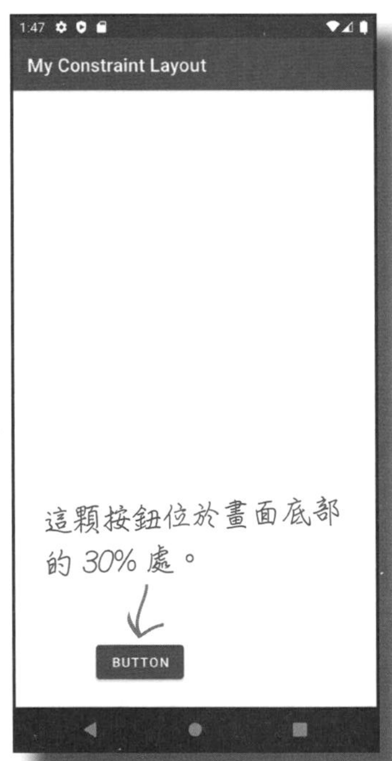
1:47
My Constraint Layout
這顆按鈕位於畫面底部
的 30% 處。
BUTTON

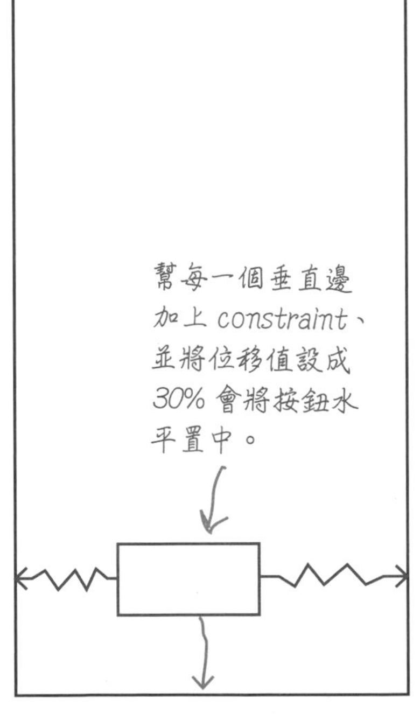
幫每一個垂直邊
加上 constraint、
並將位移值設成
30% 會將按鈕水
平置中。

layout_width: wrap_content
layout_height: wrap_content
bias: 30%

這顆按鈕占滿可用的空間。

C

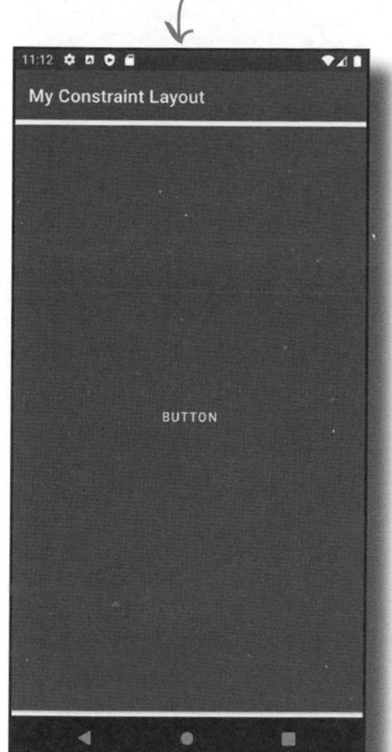

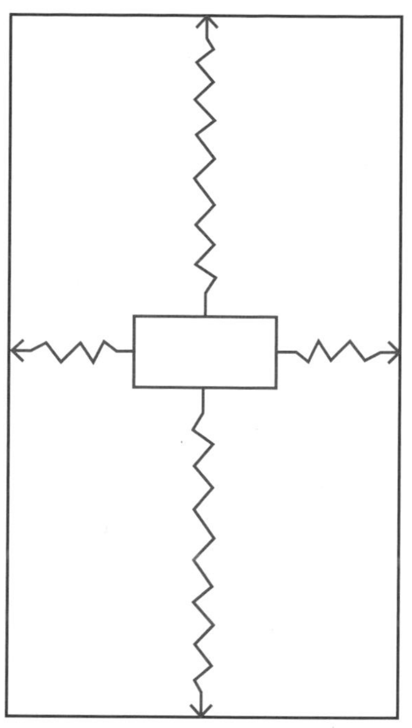

這顆按鈕要往四個方向拉長，所以你要幫每一側加上 constraint，並將寬與高設為 0dp。

layout_width: 0dp
layout_height: 0dp

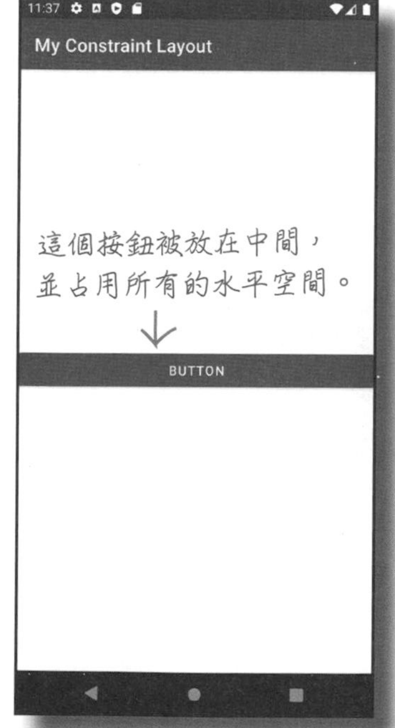

這個按鈕被放在中間，並占用所有的水平空間。

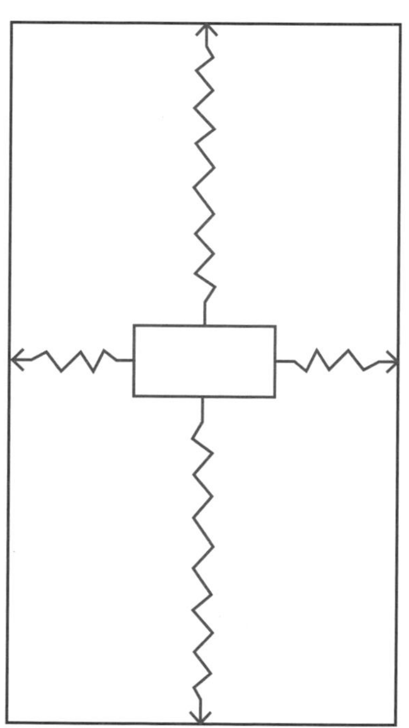

layout_width: 0dp
layout_height: wrap_content

這顆按鈕要水平拉長，並且垂直置中。因此它要和 C 一樣，在四側加上 constraint，但它的寬要設為 0dp，高要設為 wrap_content。

大多數的 layout 都需要多個 view

你已經知道如何在 constraint layout 裡設定一個 view 的位置與大小了。但是，在多數情況下，你的 layout 需要容納以相對位置排列的多個 view。

為了說明，首先，確保你的 constraint layout 有一顆按鈕，而且它有兩個 constraint：一個 constraint 將按鈕的上側接到藍圖的上側，另一個將按鈕的左側接到藍圖的左側。按鈕的 `layout_width` 與 `layout_height` 屬性設為 `wrap_content`，且這些邊的邊界設為 24dp。

進行這些修改之後，按鈕的位置應該在藍圖的左上角，就像這樣：

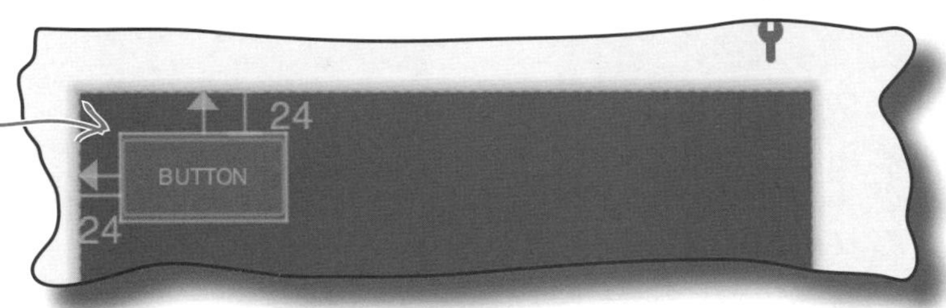

按鈕被放在這裡，是因為它有一個水平 constraint 與一個垂直 constraint，而且它的邊界被設為 24dp。
24
BUTTON
24

在藍圖中加入第二顆按鈕

接下來，從 Palette 拉出一顆按鈕來加入第二顆按鈕，將它放在第一顆按鈕下面，像這樣：

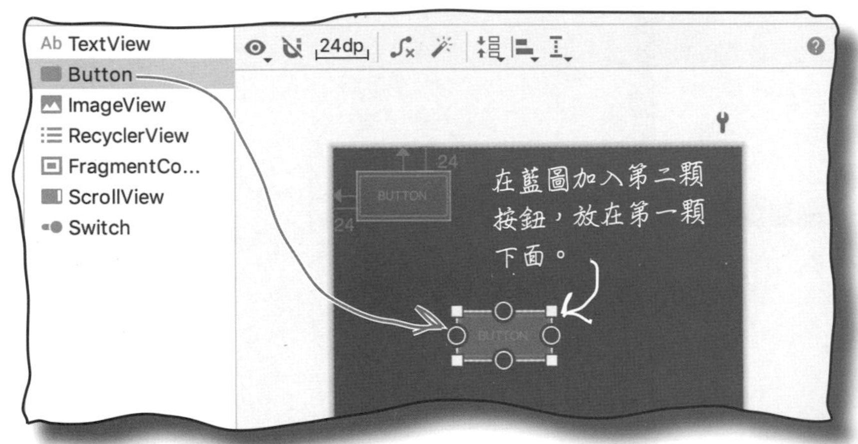

現在藍圖有兩顆按鈕，我們來看看如何依照它們的相對位置來定位。

你可以將 view 接到其他 view

一個 view
多個 view

如你所知，constraint 可讓你將一個 view 接到藍圖的邊。你也可以用 constraint 來將兩個 view 接起來，藉以指定它們如何根據彼此的相對位置來顯示。

在藍圖中選擇第二顆按鈕，然後從第二顆按鈕的上側拉一條 constraint 到第一顆按鈕的下側：

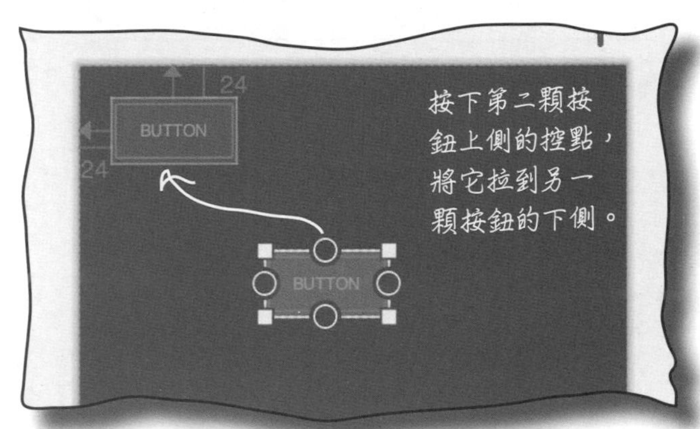

24
BUTTON
24
按下第二顆按鈕上側的控點，將它拉到另一顆按鈕的下側。
BUTTON

加入 constraint 之後，它會將按鈕往上拉，讓它與第一顆按鈕相連，並顯示在它下面：

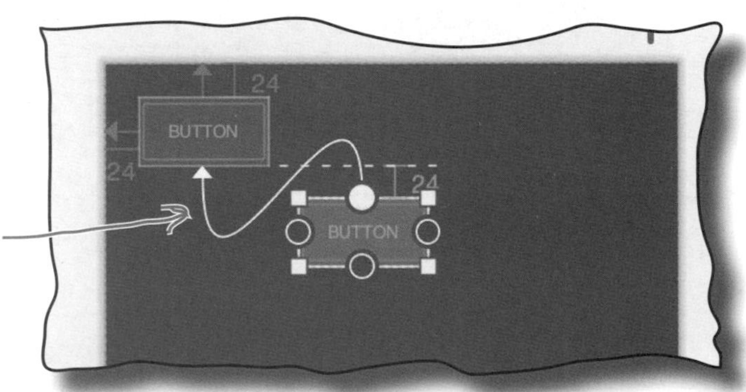

這一條 constraint 代表第二顆按鈕會一直位於第一顆下面，無論第一顆按鈕的位置在設備螢幕的哪裡。

當你用這種方式來擺放兩個 view 時，接下來你應該想要確保它們是對齊的。讓我們來看看該怎麼做。

你也可以對齊 view

一個 view
→ 多個 view

若要對齊兩個 view，最簡單的方法是使用設計編輯器的工具列裡面的 Align 按鈕。

我們要將藍圖中的兩顆按鈕的左側對齊。首先，按住 Shift 鍵並點選兩顆按鈕來選擇它們。然後按下 Align 按鈕來打開一組對齊選項，如下所示：

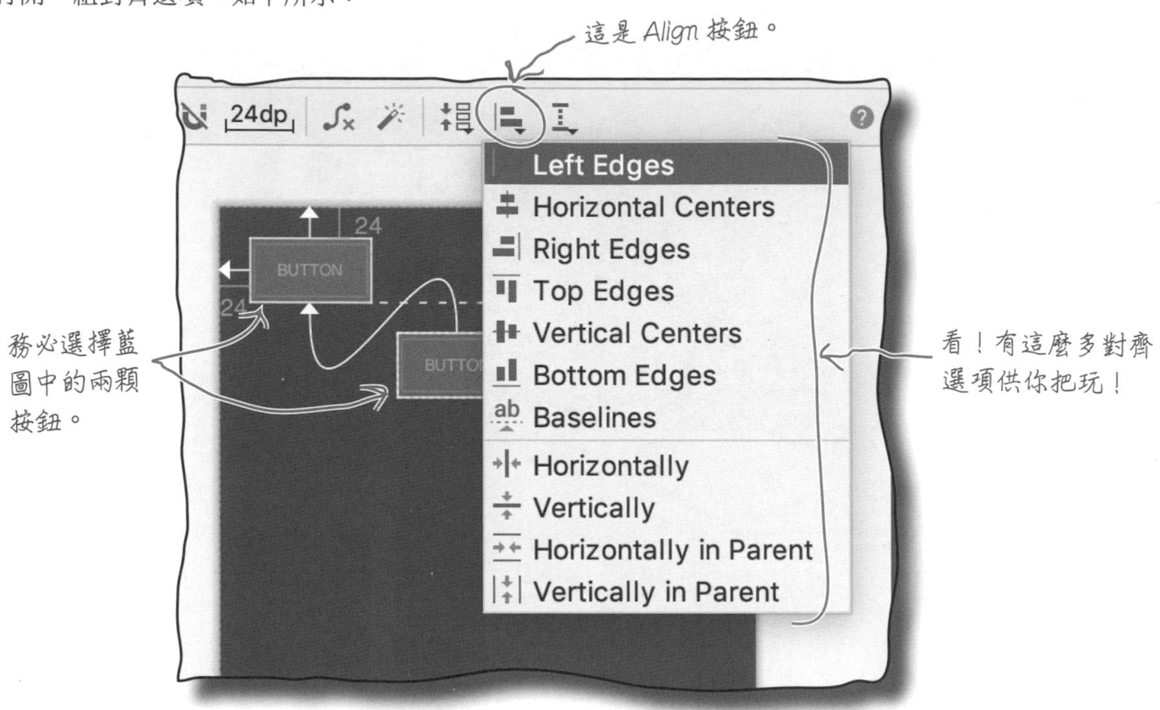

按下 Left Edges 選項來將兩顆按鈕的左側對齊。這會在藍圖中加入一個 constraint，將它們的左側接起來：

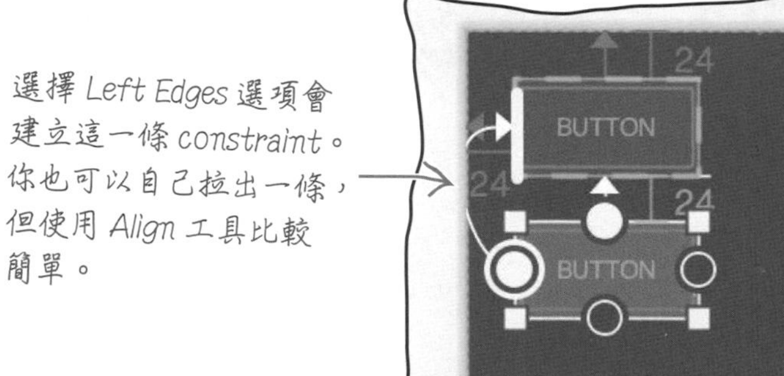

選擇 Left Edges 選項會建立這一條 constraint。你也可以自己拉出一條，但使用 Align 工具比較簡單。
BUTTON
BUTTON

使用 guideline 來對齊 view

一個 view
多個 view

對齊 view 的另一種技術是 **guideline**。它是一種固定的線條，你可以在藍圖中加入它們來控制 view。它只會出現在設計編輯器中，所以用戶在執行 app 時無法看到它。

為了研究 guideline 如何運作，讓我們在藍圖中加入一條。按下設計編輯器的工具列裡面的 Guidelines 按鈕，然後選擇 Vertical Guideline 來加入垂直 guideline，這會在藍圖中放入一條垂直的 guideline：

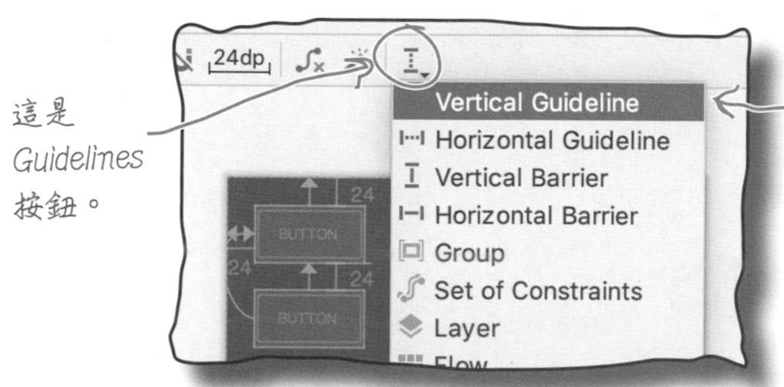

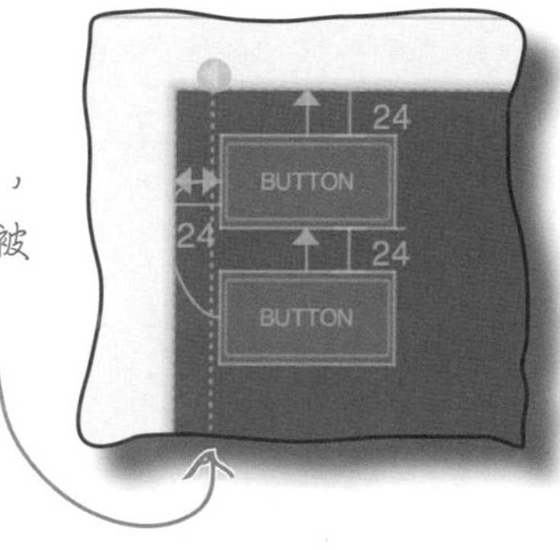

加入 guideline 之後，你可以將它拉到其他地方。你可以將它設定成相對於藍圖一側的固定距離，或是固定的百分比：

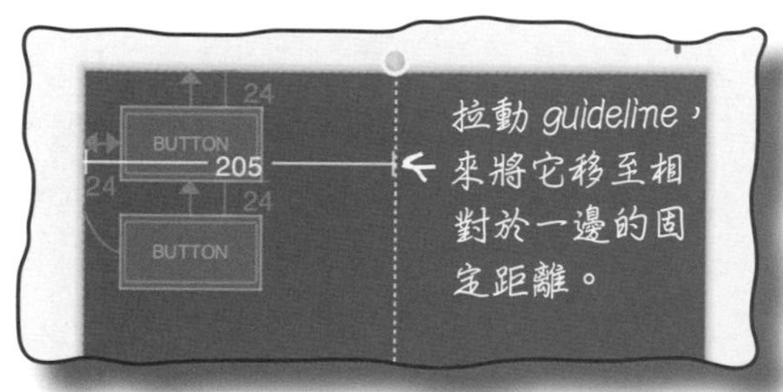

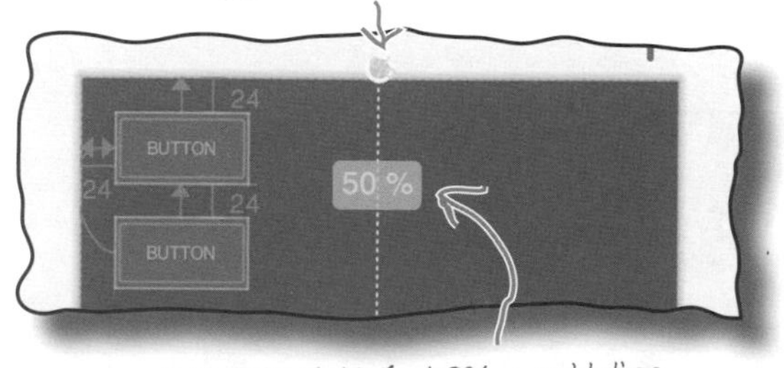

按下這個控點的底部可切換 guideline 的測量類型。
BUTTON
50 %
BUTTON
這個距離被設為 50%。guideline 被水平置中，無論螢幕的大小或方向如何。

然後，你可以使用 constraint 來將 view 接到 guideline 如下：

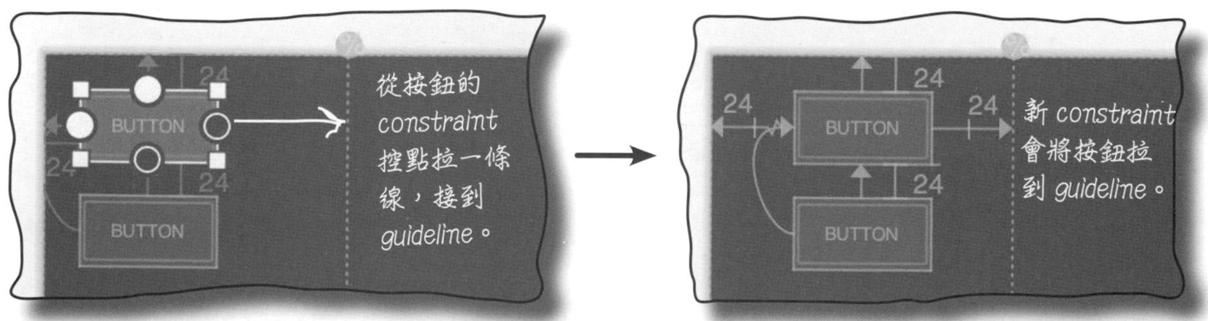

guideline 有固定位置

☑ 一個 view
➔ ☐ 多個 view

guideline 不是被放在相對於藍圖一邊的固定距離，就是被放在兩側之間的固定百分比位置。它們會在 app 執行時維持在那個位置，所以它們很適合用來對齊 view。

有時你需要比較靈活的東西。例如，假設你的 layout 有兩個並排的多行 edit text，在它們下面有一顆按鈕：

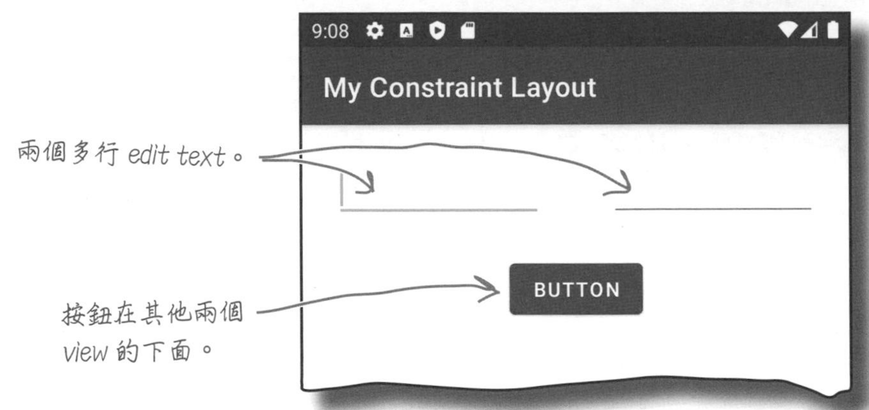

當用戶輸入文字時，edit text 會垂直延伸。你想要讓按鈕隨著 view 的伸縮而移動，讓它永遠都在它們下面，像這樣：

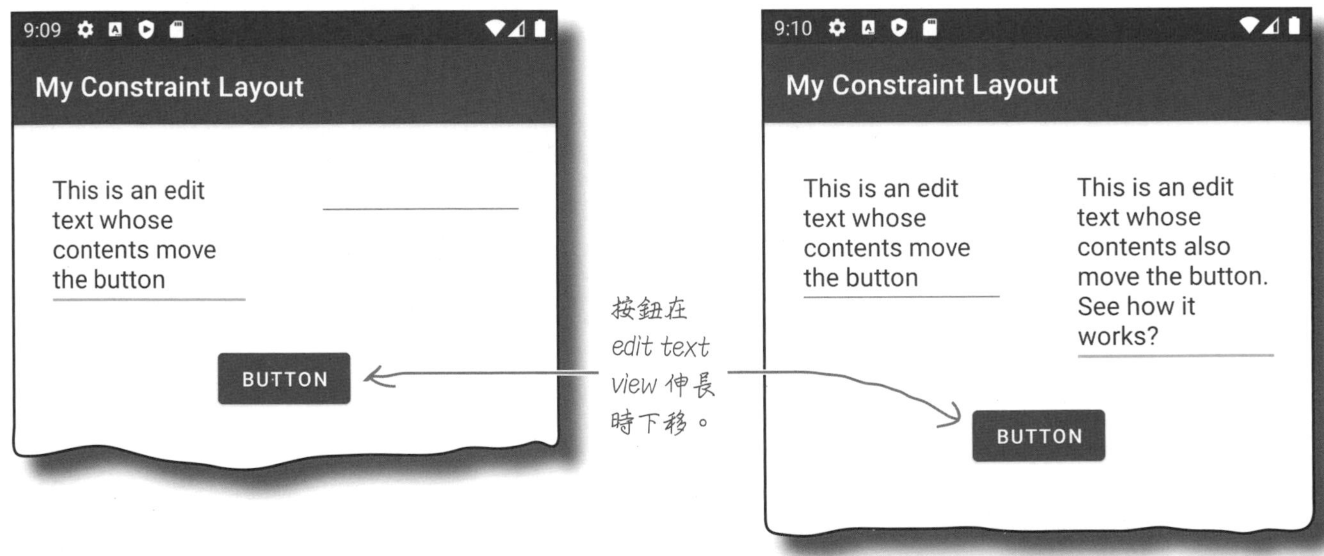

如何製作這種 layout？

建立可移動的 barrier

一個 view
多個 view

你可以用 **barrier** 來做出這種 layout。barrier 很像 guideline，但它的位置不固定。它會產生一個相對於 view 的屏障，並且在 view 改變大小時移動，進而改變以 constraint 連到 barrier 的任何 view 的位置。

上一頁的例子將兩個 edit text 放在一條水平 barrier 上面，用 constraint 將按鈕放在它下面。當 edit text 延伸時，barrier 會往下移，並改變按鈕的位置：

在 layout 裡面有一條隱形的 barrier，它會在 edit text 延伸時，將按鈕往下移動。

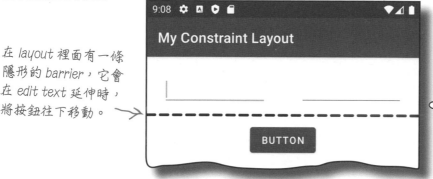

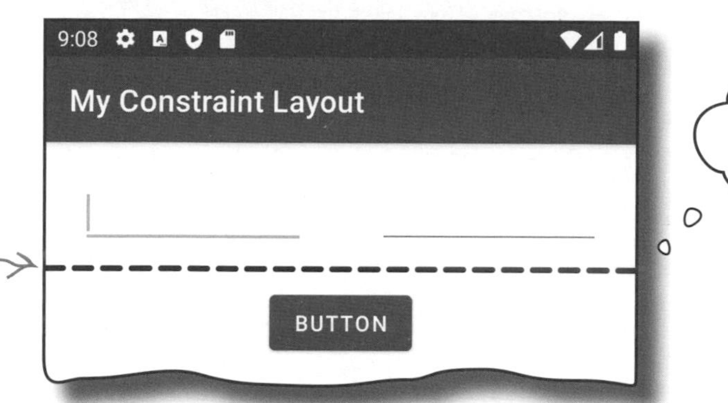

炎魔，You shall not pass!

我們來使用 barrier 建立一個 layout

我們用一個範例來了解 barrier 如何運作。

首先，刪除所有 view，並在藍圖的 50% 位置加入一條垂直 guideline。然後從 Palette 拉兩個多行的 edit text 至 guideline 的兩側。

你可以在 Palette 的「Text」部分找到它們，其名稱為 Multiline Text。

接下來，用垂直 constraint 來將它們分別拉到藍圖的上側，用水平 constraint 來將它們分別控制在藍圖的邊與 guideline 之間。

最後，將各個 edit text 的 `layout_width` 改成 0dp，讓它們與水平 constraint 相符，並將它們的 `layout_height` 設為「wrap_content」，讓 view 可以延伸。

完成之後，藍圖長這樣：

使用固定位於 50% 的垂直 guideline 來定位兩個 view。

將每一個 edit text 放在藍圖的邊與 guideline 之間。

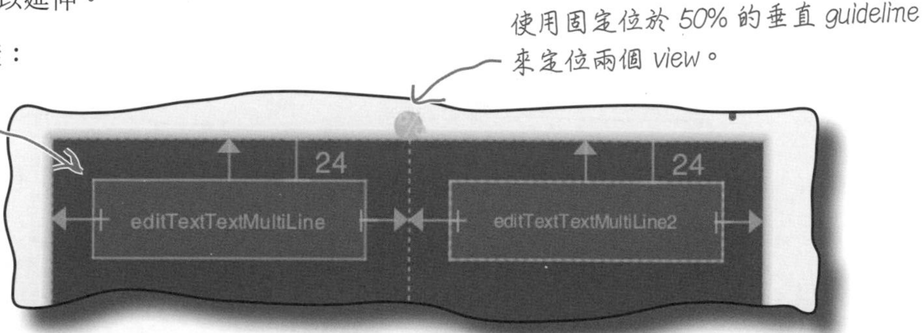

加入水平 barrier

一個 view
多個 view

我們要在藍圖中加入一個水平 barrier。在設計編輯器工具列中按下 Guidelines 按鈕，然後選擇加入水平 barrier 的選項：

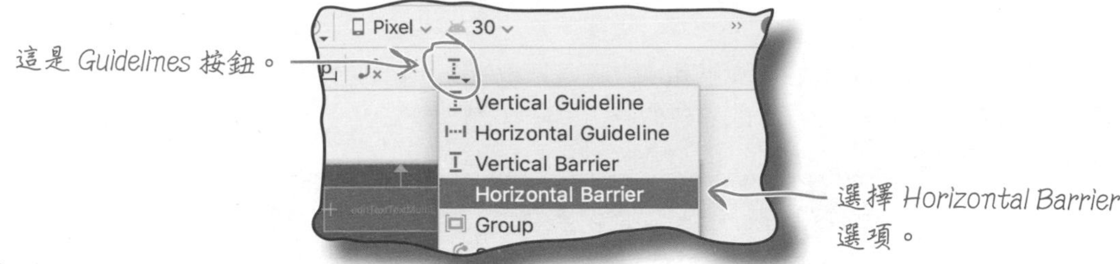

這會建立水平 barrier。

將 barrier 放在 view 下面

我們想要讓 barrier 隨著兩個 edit text view 的延伸而下移。前往 layout 的 Component Tree 窗格，將兩個 edit text 組件拉到 barrier 上面：

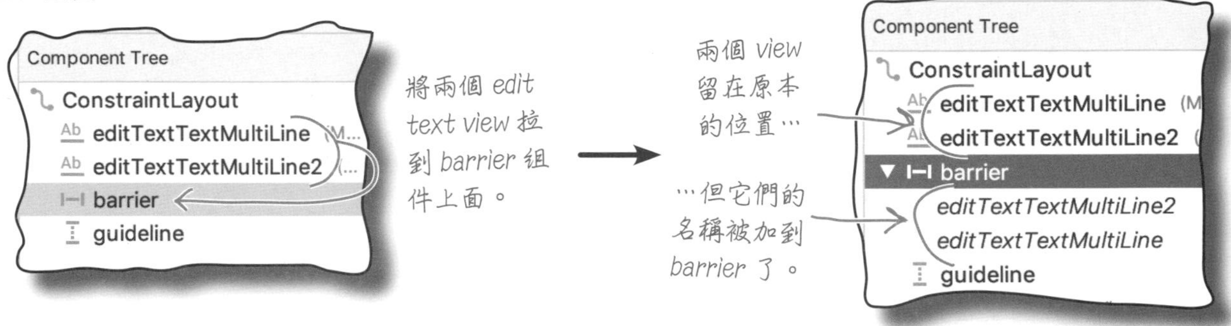

這個動作不會改變 edit text view 在藍圖中的位置，而是告訴 barrier：它必須隨著這些 view 而移動。

接下來，我們要設定 barrier 的位置，將它放在兩個 view 的下面。在 Component Tree 裡面選擇 barrier，然後使用 Attributes 窗格來將它的 `barrierDirection` 屬性改成「bottom」。這會將 barrier 移到兩個 edit text 下面，於是藍圖變成這樣：

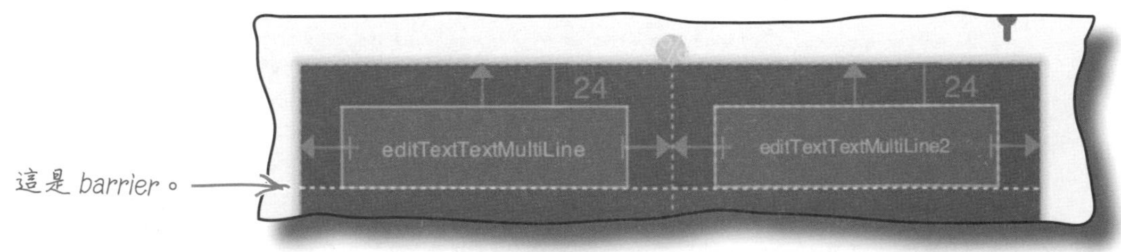

將按鈕限制在 barrier 之下

放好 layout 的 barrier 之後，我們要加入按鈕，並將它限制到（即，用 constraint 接到）barrier，讓它隨著 edit text view 的延伸而下移。

先從 Palette 拉一顆按鈕到藍圖上，將它放在 barrier 下面。然後加入兩條水平 constraint，將按鈕的一側連接到藍圖的一側：

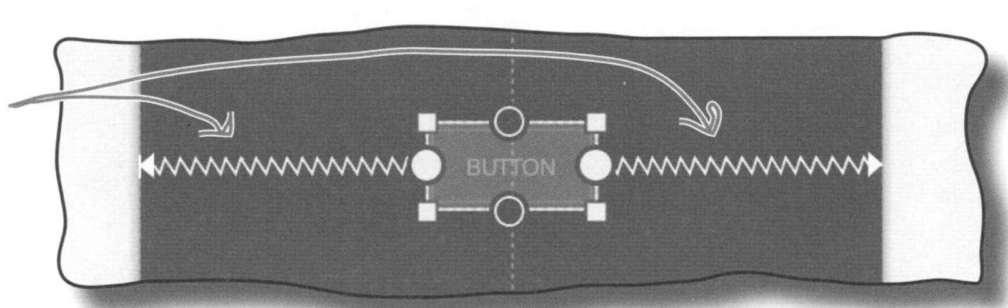

水平 constraint 會將按鈕移到藍圖的中央。
BUTTON

接下來將按鈕的上側接到 barrier。你可以在藍圖中直接拉一條 constraint 來做這件事。如果你跟我們一樣，覺得這樣做有點麻煩，你可以選擇按鈕，在 Attributes 窗格中找到它的 `layout_constraintTop_toBottomOf` 屬性，並將它的值改成 barrier 的 ID（我們的 ID 是 `@id/barrier`）。

你可以使用 Attributes 窗格上面的搜尋工具來尋找屬性。

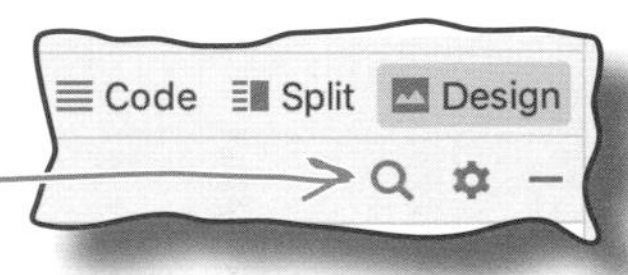

改好之後，藍圖會變成這樣：

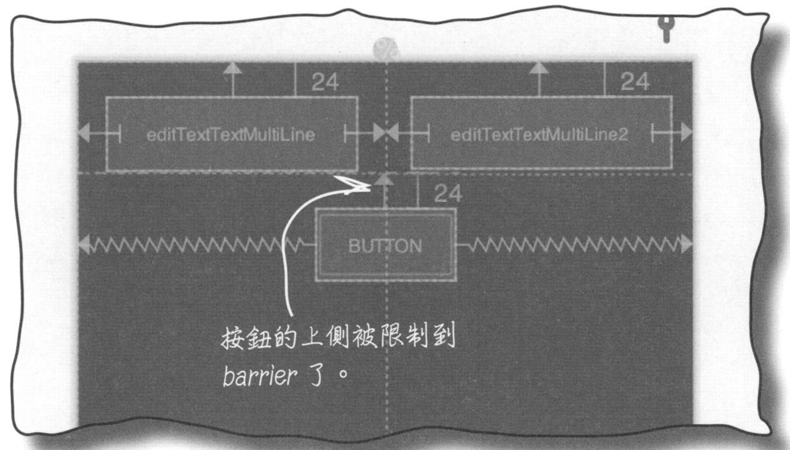

因為 barrier 不容易上手，我們將在接下來幾頁展示完整的 XML，然後試著執行 app。

activity_main.xml 的完整程式

以下是完整的 *activity_main.xml* 程式，如果你想要讓你的藍圖長得跟我們的一樣，請將這個檔案的內容換成以下的程式：

```
<?xml version="1.0" encoding="utf-8"?>
<androidx.constraintlayout.widget.ConstraintLayout
    xmlns:android="http://schemas.android.com/apk/res/android"
    xmlns:app="http://schemas.android.com/apk/res-auto"
    xmlns:tools="http://schemas.android.com/tools"
    android:layout_width="match_parent"
    android:layout_height="match_parent"
    tools:context=".MainActivity">

    <EditText
        android:id="@+id/editTextTextMultiLine"
        android:layout_width="0dp"
        android:layout_height="wrap_content"
        android:layout_marginStart="24dp"
        android:layout_marginTop="24dp"
        android:layout_marginEnd="24dp"
        android:ems="10"
        android:gravity="start|top"
        android:inputType="textMultiLine"
        app:layout_constraintEnd_toStartOf="@+id/guideline"
        app:layout_constraintStart_toStartOf="parent"
        app:layout_constraintTop_toTopOf="parent" />

    <EditText
        android:id="@+id/editTextTextMultiLine2"
        android:layout_width="0dp"
        android:layout_height="wrap_content"
        android:layout_marginStart="24dp"
        android:layout_marginTop="24dp"
        android:layout_marginEnd="24dp"
        android:ems="10"
        android:gravity="start|top"
        android:inputType="textMultiLine"
        app:layout_constraintEnd_toEndOf="parent"
        app:layout_constraintStart_toStartOf="@+id/guideline"
        app:layout_constraintTop_toTopOf="parent" />
```

MyConstraintLayout
app/src/main
res
layout
activity_main.xml

這是兩個多行的 edit text view。它們被限制到 layout 的頂部、側邊，以及 guideline。

程式還沒結束，見下一頁。

activity_main.xml（續）

```
    <androidx.constraintlayout.widget.Barrier
        android:id="@+id/barrier"
        android:layout_width="wrap_content"
        android:layout_height="wrap_content"
        app:barrierDirection="bottom"
        app:constraint_referenced_ids="editTextTextMultiLine2,editTextTextMultiLine"
        tools:layout_editor_absoluteY="731dp" />

    <androidx.constraintlayout.widget.Guideline
        android:id="@+id/guideline"
        android:layout_width="wrap_content"
        android:layout_height="wrap_content"
        android:orientation="vertical"
        app:layout_constraintGuide_percent="0.5" />

    <Button
        android:id="@+id/button3"
        android:layout_width="wrap_content"
        android:layout_height="wrap_content"
        android:layout_marginTop="24dp"
        android:text="Button"
        app:layout_constraintEnd_toEndOf="parent"
        app:layout_constraintStart_toStartOf="parent"
        app:layout_constraintTop_toBottomOf="@id/barrier" />
</androidx.constraintlayout.widget.ConstraintLayout>
```

barrier 被附加到兩個 edit text 的下側，可隨著它們而移動。

這是 guideline。它位於 50% 位置。

按鈕被限制到 layout 的兩側，以及 barrier。

MyConstraintLayout
app/src/main
res
layout
activity_main.xml

新車試駕

當我們執行 app 時，按鈕被顯示在兩個 edit text view 下面。按鈕會隨著我們在 edit text 中輸入文字而下移，且 view 會延伸。

如你所見，加入 barrier 比拉 constraint 和對齊 view 還要複雜一些，但我們認為額外的工作是值得的。

接下來要做什麼？

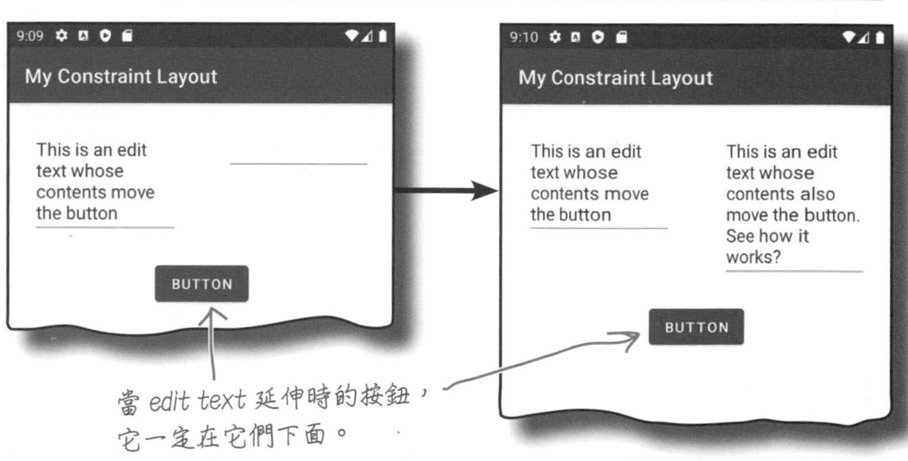

使用 chain 來控制 view 線性群組

你已經知道如何連接與對齊 view，以及如何使用 guideline 與 constraint 了。但如果你想要建立一列或一行 view，並將它們均勻排列呢？

遇到這種情況時，你可以使用 **chain（鎖鏈）**。chain 是 view 的線性群組，它們使用雙向的 constraint 來互相連接。chain 控制各個 view 的位置，所以你可以用它來均勻地排列 view，或將它們堆在藍圖的中央。

我們將建立一個水平的 chain

為了說明它如何運作，我們將建立一個 chain 來控制三個按鈕的位置。我們打算將按鈕排成水平的一列，並在藍圖的兩側之間均勻地隔開它們，就像這樣：

這是包含三顆按鈕的水平 chain。它們的上緣互相對齊，而且它們在藍圖的兩側之間均勻地隔開。

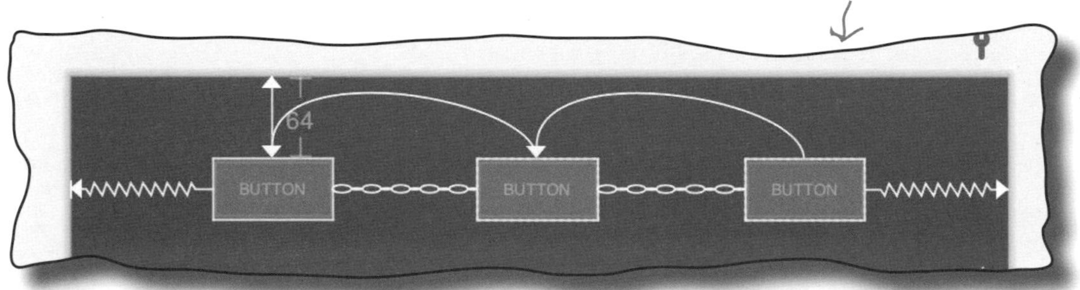

當 app 執行時，按鈕會維持它們之間的相對位置，無論螢幕尺寸或方向如何。

我們來看看如何建立 chain。

chain 將使用三顆按鈕

在建立 chain 之前，先將藍圖的所有 constraint 移除。最快的方法是按下設計編輯器的工具列上面的 Clear All Constraints 按鈕，所以現在就按下它。

使用這顆按鈕來清除 layout 的所有 constraint，從新開始。

你也要移除所有的 guideline、barrier 與 edit text view，請分別選擇並刪除它們。

接著在藍圖中增加兩顆按鈕，總共有三顆，並使用設計編輯器的工具列的「Orientation for Preview」按鈕來將藍圖的方向改為橫向。這可讓 chain 更明顯。

使用這顆按鈕來改變藍圖的方向。

加入按鈕之後的藍圖應該是這樣：

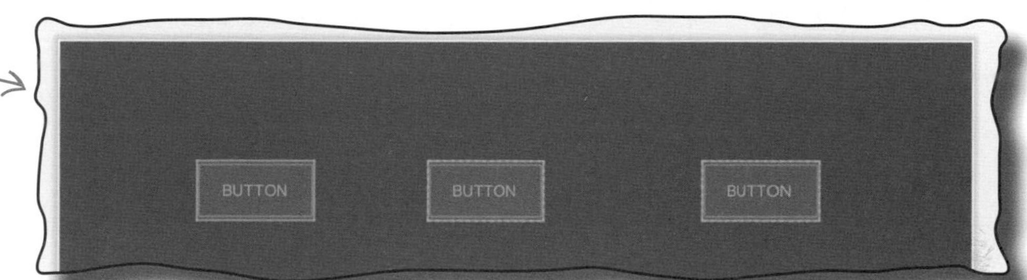

讓你的藍圖有三顆按鈕，沒有任何 constraint 與 guideline。
BUTTON
BUTTON
BUTTON

對齊即將加入 chain 的 view

chain 在 view 對齊時的效果最好。首先，加入一個 constraint 來將第一顆按鈕接到藍圖的上側，並將它的邊界設為 64。然後選擇全部的三顆按鈕，並使用設計編輯器的工具列裡面的 Align 按鈕來將它們的上側對齊。你的藍圖將是這樣。

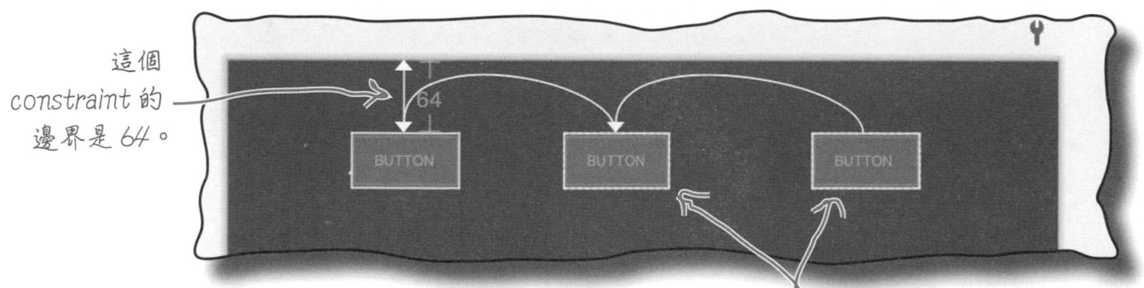

這個 constraint 的邊界是 64。
64
BUTTON
BUTTON
BUTTON
將兩顆按鈕對齊第一顆。

將按鈕對齊後，我們要來建立 chain 了。

建立水平的 chain

一個 view
多個 view

為了建立 chain，選擇全部的三顆按鈕，然後對著它們按下右鍵，在叫出來的選單中選擇 Chains，然後選擇 Create Horizontal Chain。

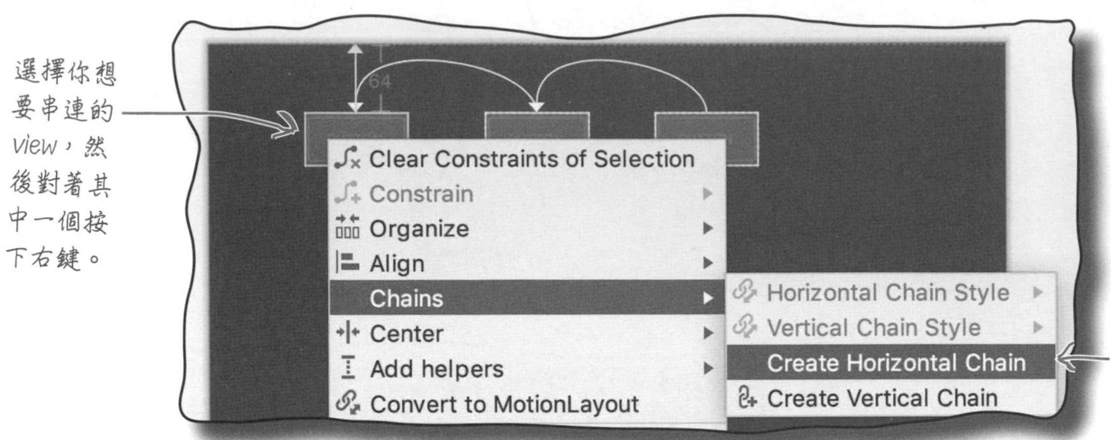
選擇你想要串連的 view，然後對著其中一個按下右鍵。
64
Clear Constraints of Selection
Constrain
Organize
Align
Chains
Center
Add helpers
Convert to MotionLayout
Horizontal Chain Style
Vertical Chain Style
Create Horizontal Chain
Create Vertical Chain
選擇這個選項來建立水平的 chain。

當你建立水平的 chain 時，它會將三顆按鈕接在一起，並將第一個與最後一個 view 接到藍圖的垂直邊。你的 chain 應該長這樣：

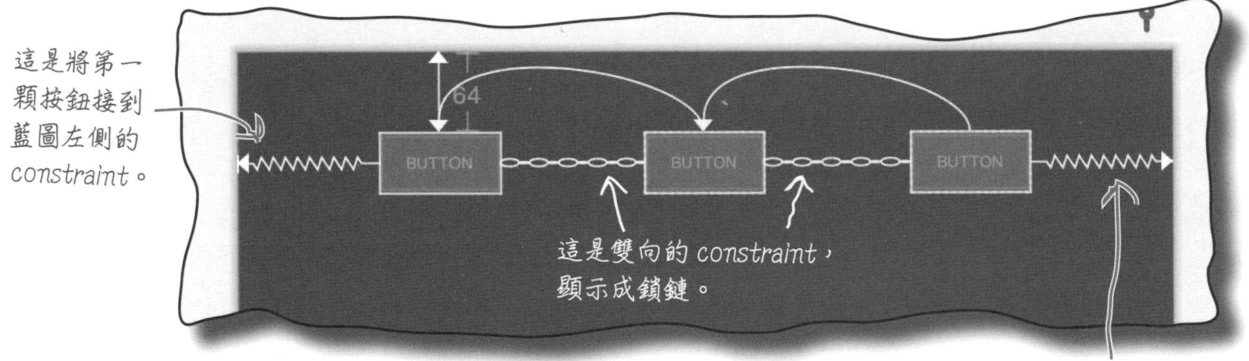
這是將第一顆按鈕接到藍圖左側的 constraint。
64
BUTTON
BUTTON
BUTTON
這是雙向的 constraint，顯示成鎖鏈。
這個 constraint 將最後一個按鈕接到藍圖的右側。

在預設情況下，在 chain 裡面的 view 會在藍圖的兩側之間均勻排列。你可以在 chain 的其中一個 view 按下右鍵，在選單中選擇 Chains，然後選擇 Horizontal Chain Style 來改變這個行為。

可選擇的 chain 樣式有 spread、spread inside 與 packed。做一下接下來的習題，看看你能不能猜到這些選項的作用。

習題

在水平 chain 的一顆按鈕上面按下右鍵，在選單中選擇 Chains，然後選擇 Horizontal Chain Style。當你選擇各個選項時，會發生什麼事情？

在下面畫出各個選項的藍圖，並說明它如何排列 view。

Spread:

Spread inside:

Packed:

習題解答

在水平 chain 的一顆按鈕上面按下右鍵，在選單中選擇 Chains，然後選擇 Horizontal Chain Style。當你選擇各個選項時，會發生什麼事情？

在下面畫出各個選項的藍圖，並説明它如何排列 view。

Spread:

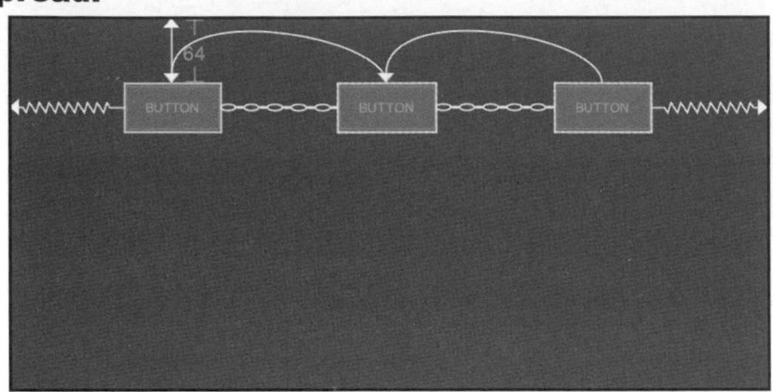

spread 選項會在藍圖的兩側之間均勻地排列 view。

Spread inside:

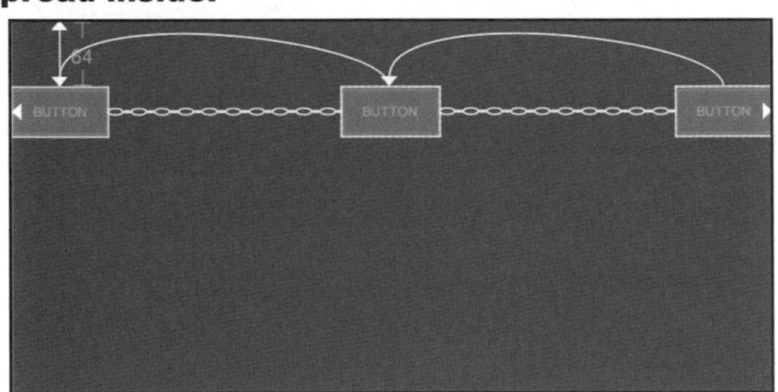

spread inside 選項會將最左邊與最右邊的 view 移到藍圖的兩側，然後均勻地排列其餘的 view。

Packed:

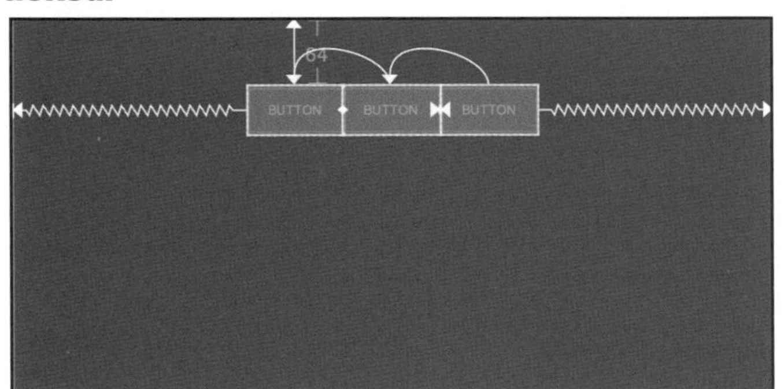

packed 選項會將 view 接在一起，並將整個群組置中。

chain 有不同的類型

一個 view
多個 view

你可以選擇不同的 chain 樣式來改變 chain 排列 view 的方式。

在藍圖的兩側之間散開 view

spread 是預設的樣式。它的用途是在藍圖的兩側之間均勻地散開 view，就像這樣：

spread 會將 view 均勻地散開。

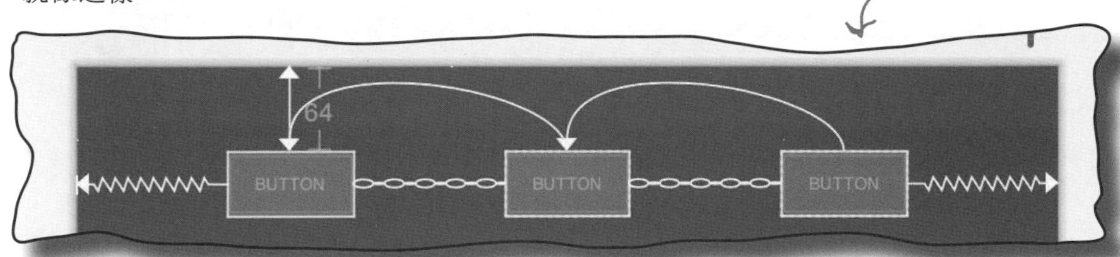

spread inside 會將第一個與最後一個 view 移到兩側

spread inside 類似 spread，但是它會將第一個與最後一個 view 移到藍圖的兩側，然後均勻地排列其餘的 view，就像這樣：

spread inside 會將最外面的 view 移到藍圖的兩側。

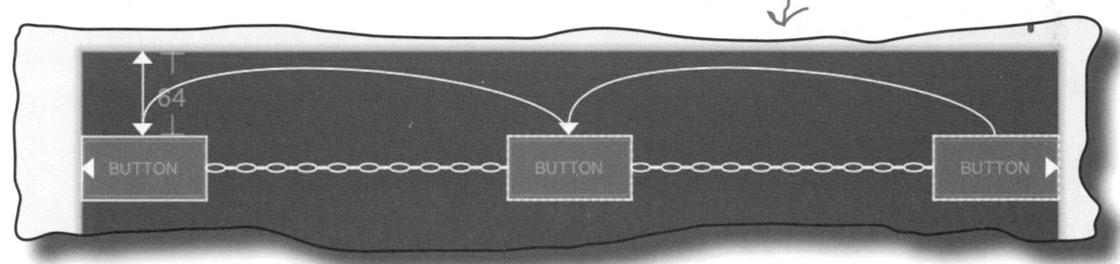

packed 會將 view 接在一起

packed 樣式的用途是將 view 接在一起，然後將整個群組置中，就像這樣：

使用 packed 來將 view 接在一起並放在中間。

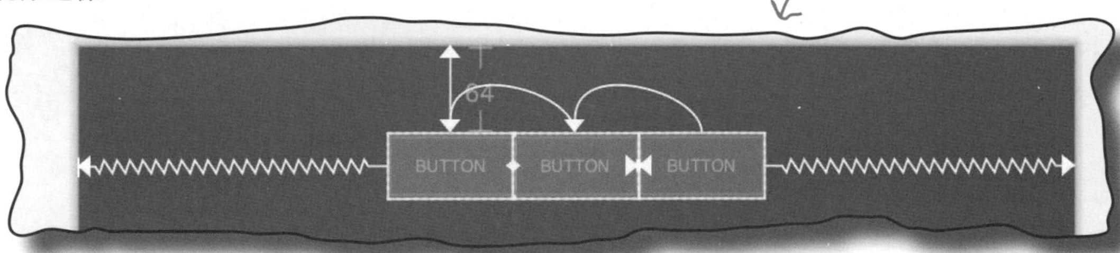

知道這些選項的作用之後，我們來試著執行一下 app。

新車試駕

當我們使用 spread 樣式的 chain 並執行 app 時，Android 會在設備的螢幕上均勻地排列按鈕，與螢幕的方向無關。

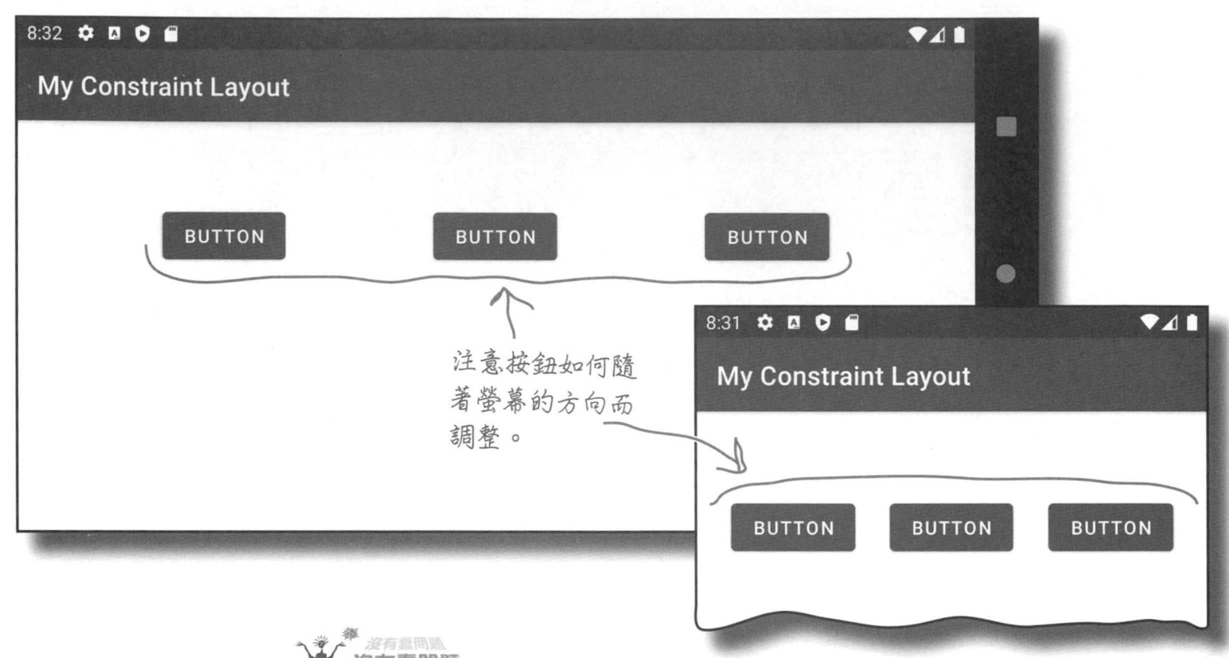

沒有蠢問題

問：我可以讓 view 有固定的大小嗎？

答：可以。但一般不建議這樣做，因為這意味著它們將無法隨著內容或螢幕的尺寸而伸縮。

如果你非得將 view 設成固定大小不可，你可以修改它的屬性，或在藍圖中使用它的角落控點來調整它的大小。

問：我可以將 chain 接到 guideline 嗎？

答：可以。

問：將 view 設成隱形（invisible）會怎樣？

答：取決於你怎麼做。

如果你將 view 的 `visibility` 屬性設成 `invisible`，view 不會出現在螢幕上，而且在它的位置會留下一個空的空間。

如果你將它設成 `gone`，view 不會占用螢幕上的空間，而且 chain 之類的元素將表現得彷彿它不在那裡一般。

務必在各種不同的設備尺寸與方向上測試 layout，以確保它們的外觀與行為符合你的想法。

一個 view
多個 view

我們建立了一個水平 chain，此外還有建立垂直 chain 的選項，我在想…view 是不是可以既屬於一個水平 chain，**也**屬於一個垂直 chain？如果可以，我們可以用它來建立 view 網格嗎？

她猜對了。

constraint layout 可以同時包含水平與垂直 chain，而且一個 view 可以同時屬於兩種 chain。你可以用它來將 view 排成網格。

例如，下面的藍圖將六顆按鈕排成網路。每一個橫列都是一個水平 chain，而且最左邊的按鈕形成一個垂直 chain：

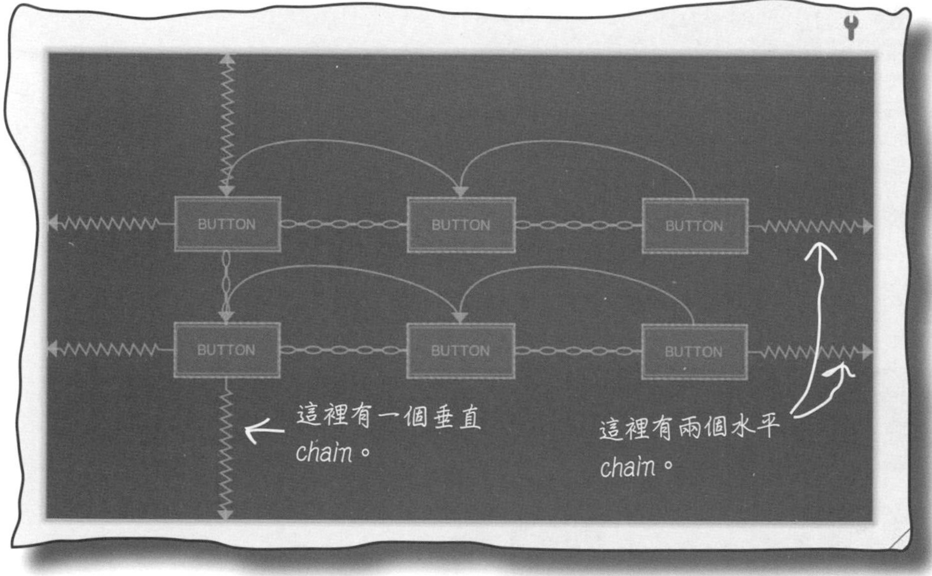
BUTTON
BUTTON
BUTTON
BUTTON
BUTTON
BUTTON
這裡有一個垂直 chain。
這裡有兩個水平 chain。

建立網格的另一種方法是使用 **flow**。我們來看看它是什麼，以及如何使用它。

flow 就像一個多行的 chain

一個 view
多個 view

flow 就像可以跨越多列的 chain。當你想要連續顯示大量的 view，但是它們可能無法在某些尺寸或方向的螢幕上顯示出來時，很適合使用 flow。

例如，假如你有一個 chain，它會在一個橫列上顯示六顆按鈕，當螢幕方向是橫向時，它們被顯示成這樣：

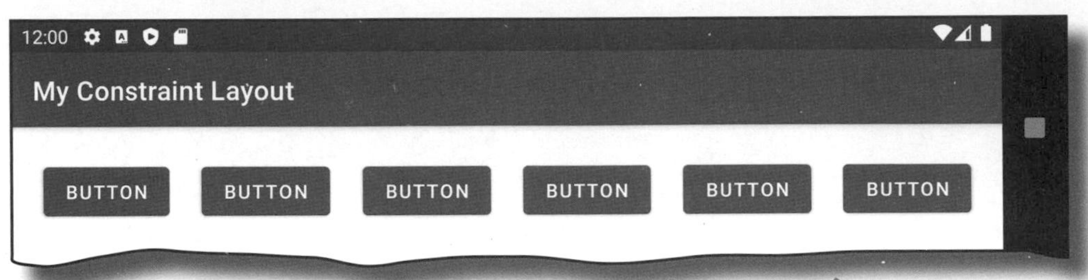

當方向是橫向時，按鈕可在螢幕上顯示出來。

但是當方向變成直向時，螢幕沒有足夠的空間可顯示所有的 view：

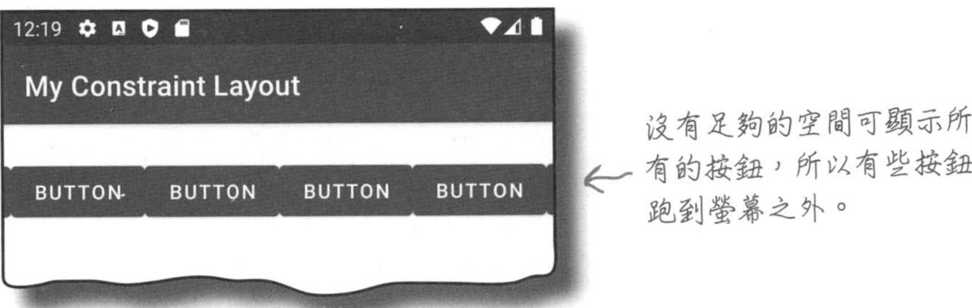

沒有足夠的空間可顯示所有的按鈕，所以有些按鈕跑到螢幕之外。

如果你將 chain 換成 flow，無法在第一列顯示的 view 都會跑到第二列，像這樣：

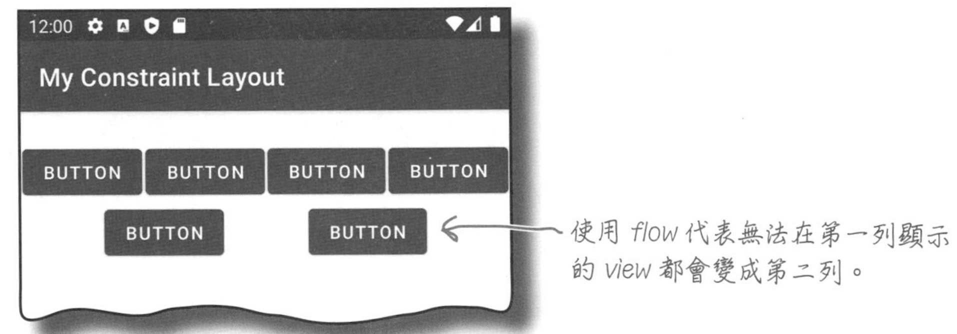

使用 flow 代表無法在第一列顯示的 view 都會變成第二列。

我們來建立上面的 layout，以便觀察 flow 如何運作。

如何加入 flow

首先，在設計編輯器的工具列按下 Clear All Constraints 按鈕來移除所有 constraint。然後在藍圖加入其他按鈕，讓藍圖有六顆按鈕，像這樣：

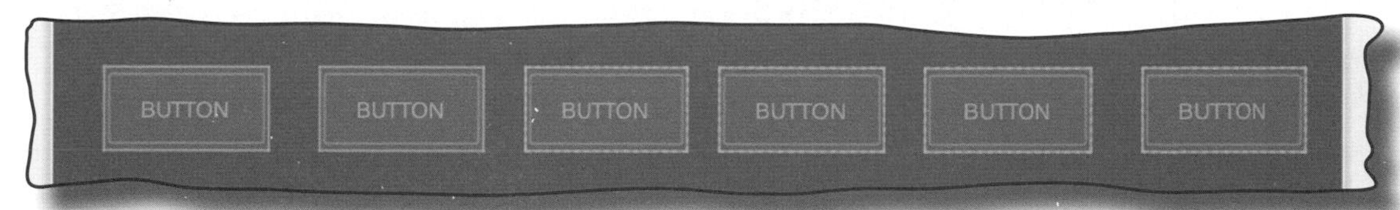

接下來，選擇所有按鈕，在設計編輯器的工具列按下 Guidelines 按鈕，並選擇 Flow 選項，以加入 flow 組件。

現在我們要調整 flow 組件的設定，來讓它的行為符合我們的想法。在 Component Tree 裡面選擇 flow，然後使用藍圖或 constraint widget 來加入 constraint，將它的兩側與上側接到藍圖的邊。將它的 `layout_width` 屬性改成「0dp」，讓它符合它的 constraint。最後，在 Attributes 窗格搜尋 `flow_wrapMode`，並將它設成 chain。

完成所有修改後，當方向是橫向時，你的藍圖應該會是這樣：

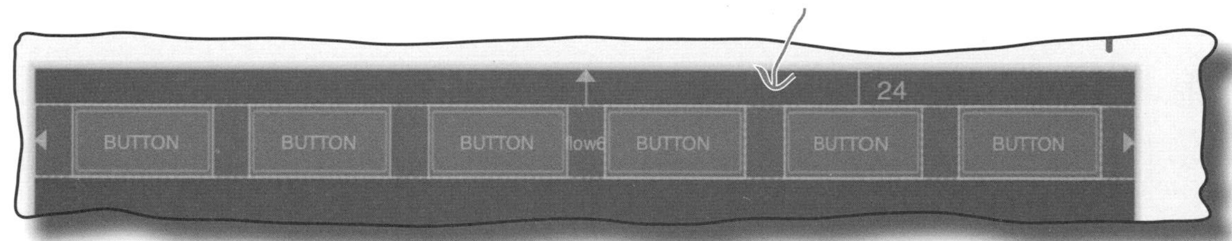

當你將方向改成直向時，藍圖應該會長這樣：

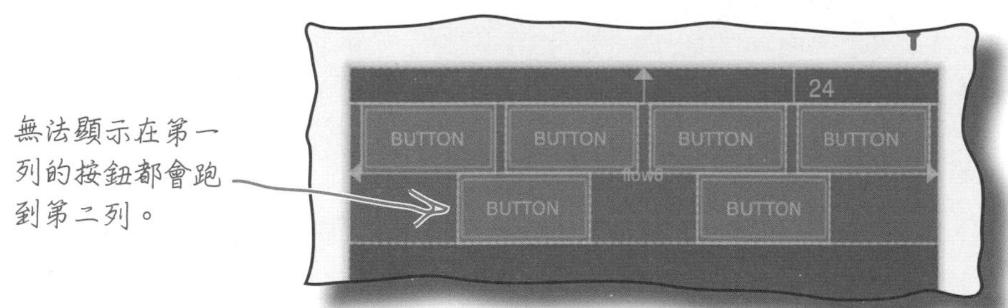

建立 flow 之後，你可以調整它顯示 view 的方式。我們來看一下怎麼做。

你可以控制 flow 的外觀

☑ 一個 view
➔☐ 多個 view

改變 flow 外觀的主要手段是使用它的 `flow_wrapMode` 屬性。

使用「chain」來建立多行的 chain

如果你將 `flow_wrapMode` 屬性設為 `chain`，flow 的行為就像一條靈活的 chain，它的 view 將流到其他的橫列。

使用這個選項時，你可以改變它的 `flow_horizontalStyle` 屬性的值，來進一步改變 flow 的外觀。這個屬性可用的選項有 spread、spread inside 與 packed。它們的效果與將 chain 設成它們時一樣。例如，packed 選項會將 view 接在一起，就像這樣：

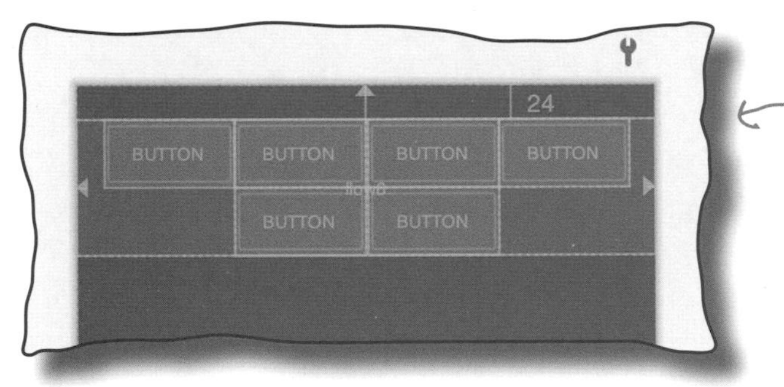

這是將 flow_wrapMode 設為 chain，並使用 packed horizontal style 時的樣子。

使用「aligned」來對齊 view

如果你將 `flow_wrapMode` 屬性設為 `aligned`，view 會流到其他橫列，並且這樣子對齊：

注意 view 是怎麼對齊的。你可以用這個選項來將 view 排成網格。

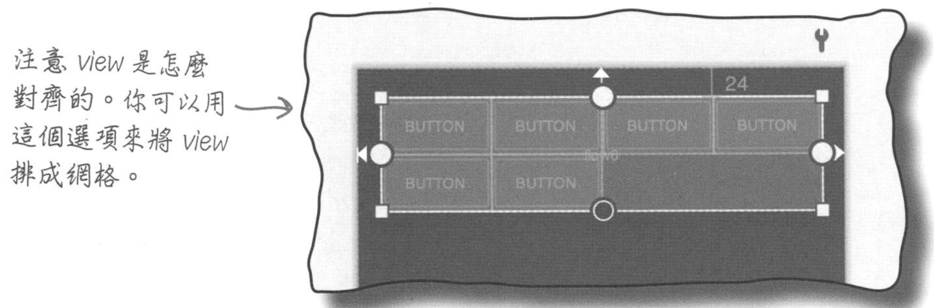

你也可以將 `flow_wrapMode` 設為 `none` 或不設定它。這會讓 flow 的行為類似一般的 chain，因此，它的 view 不會流到第二列。

activity_main.xml 的完整程式

flow 有時很難理解，所以我們列出完整的 *activity_main.xml* 程式，你可以將這個檔案裡面的程式改成以下的程式：

```
<?xml version="1.0" encoding="utf-8"?>
<androidx.constraintlayout.widget.ConstraintLayout
    xmlns:android="http://schemas.android.com/apk/res/android"
    xmlns:app="http://schemas.android.com/apk/res-auto"
    xmlns:tools="http://schemas.android.com/tools"
    android:layout_width="match_parent"
    android:layout_height="match_parent"
    tools:context=".MainActivity">

   <Button
        android:id="@+id/button3"
        android:layout_width="wrap_content"
        android:layout_height="wrap_content"
        android:text="Button" />

    <Button
        android:id="@+id/button4"
        android:layout_width="wrap_content"
        android:layout_height="wrap_content"
        android:text="Button" />

    <Button
        android:id="@+id/button5"
        android:layout_width="wrap_content"
        android:layout_height="wrap_content"
        android:text="Button" />

    <Button
        android:id="@+id/button6"
        android:layout_width="wrap_content"
        android:layout_height="wrap_content"
        android:text="Button" />
```

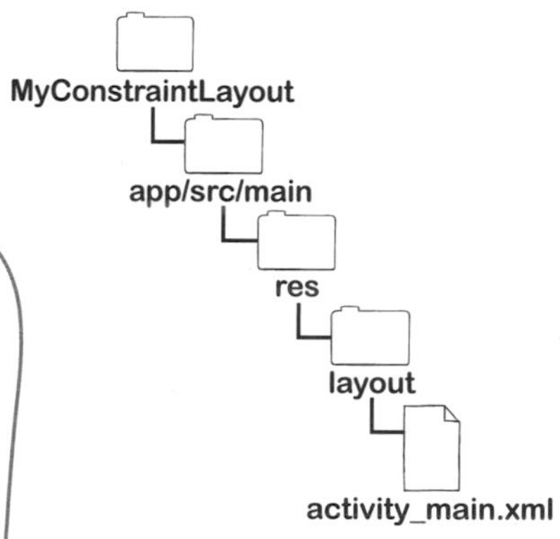

這是我們加入的四顆按鈕。

程式還沒結束，見下一頁。

activity_main.xml（續）

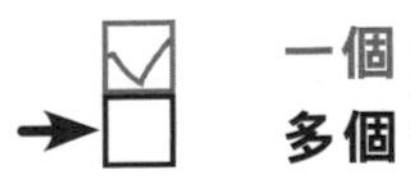


```
    <Button
        android:id="@+id/button7"
        android:layout_width="wrap_content"
        android:layout_height="wrap_content"
        android:text="Button" />

    <Button
        android:id="@+id/button8"
        android:layout_width="wrap_content"
        android:layout_height="wrap_content"
        android:text="Button" />

    <androidx.constraintlayout.helper.widget.Flow
        android:id="@+id/flow"
        android:layout_width="0dp"
        android:layout_height="wrap_content"
        android:layout_marginTop="24dp"
        app:constraint_referenced_ids=
            "button3,button4,button5,button6,button7,button8"
        app:flow_horizontalStyle="spread"
        app:flow_wrapMode="chain"
        app:layout_constraintEnd_toEndOf="parent"
        app:layout_constraintStart_toStartOf="parent"
        app:layout_constraintTop_toTopOf="parent" />
</androidx.constraintlayout.widget.ConstraintLayout>
```

更多按鈕。

這是 flow。

flow 有這些 view。

這些選項決定了 view 的排列方式。

MyConstraintLayout
app/src/main
res
layout
activity_main.xml

我們來執行一下 app。

新車試駕

當我們使用 chain 樣式的 flow，執行 app 並將方向設為橫向時，按鈕會均勻地排列在設備螢幕上。

當我們將方向改成直向時，無法放入第一列的按鈕都會流到第二列。

恭喜你！你已經知道如何使用 constraint layout 來設計超級靈活的畫面了。它們不但可以讓外觀與行為符合你的想法，而且不會用到嵌套的 layout，所以它們非常有效率。

在繼續閱讀下一章之前，何不實際運用你的技能，試試你學過的技術？

你的 Android 工具箱

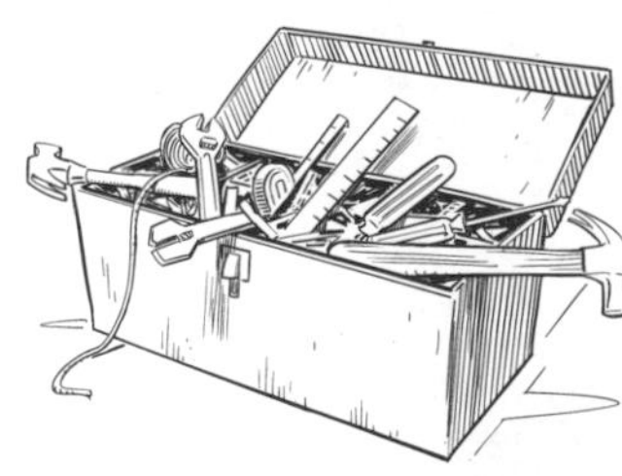

你已經掌握第 4 章，將 constraint layout 加入你的工具箱了。

你可以在 tinyurl.com/hfad3 下載本章的完整程式碼。

本章重點

- constraint layout 是為了在 Android Studio 的設計編輯器裡使用而設計的。
- 你可以藉著加入 constraint 來設定 view 的位置。每一個 view 都至少需要一個水平與一個垂直 constraint。
- 在 view 相對的兩側加入 constraint 可將它置中。改變 view 的位移值會改變它在 constraint 之間的位置。
- 如果 view 的相對兩側都有 constraint，你可以改變 view 的大小，讓它符合它的 constraint。
- 你可以將 view 對齊，或使用 guideline 或 barrier。
- guideline 可放在距離藍圖一邊的固定距離或固定百分比。
- barrier 會隨著它的 view 改變大小而移動。
- chain 可用來控制 view 線性群組。chain 可設為水平或垂直。
- 你可以同時使用水平的 chain 與垂直的 chain 來將 view 排成網格。
- spread chain 樣式會均勻地排列它的 view。
- spread inside chain 樣式會將最外面的 view 移到兩邊，並均勻地排列裡面的 view。
- packed chain 樣式會將 view 接在一起，並放在中央。
- flow 很像多行的 chain。

5 activity 的生命週期

我是 activity

轉這麼多次…
希望她記得實作
onSaveInstanceState()。

activity 是每一個 Android app 的基礎。

你已經知道如何建立 activity，以及如何使用它來與用戶互動了。但如果你不知道 **activity 的生命週期**，它的一些行為**可能會讓你大吃一驚**。本章將介紹當你**建立**與**銷毀** activity 時會發生什麼事，以及它如何導致**意外的後果**。你將了解如何在它被**顯示**出來或被**隱藏**起來時控制它的行為。你將知道**儲存與恢復 activity 的狀態**的方法，如果你需要這麼做的話。繼續看下去，你將學到更多…

activity 到底是怎麼運作的？

你已經知道如何在 app 的 activity 程式中指定它的行為，藉以建立可互動的 app 了。但是關於 activity 的功能，還有很多你不知道的事情。

activity 的壽命多長？當你的 activity 從螢幕上消失時，會發生什麼事情？它還在運行嗎？它還在記憶體裡面嗎？當 app 被電話中斷時會怎樣？

我們必須在各種不同的情況下控制 activity 的行為，所以接下來要仔細研究 activity 的底層是怎麼運作的。我們將了解 app 故障的常見原因，以及如何使用 **activity 生命週期方法**來修復 bug。我們將用一個馬表 app 來研究這些功能。

Stopwatch app 簡介

Stopwatch app 有四個 view：顯示已經跑了多少時間的 view、啟動馬表的 Start 按鈕、暫停馬表的 Pause 按鈕，以及將計時器值設回 0 的 Reset 按鈕。這是 app 的外觀：

1:23
Stopwatch
00:19
START
PAUSE
RESET
這是經過的秒數。
按下 Start 按鈕時，秒數會開始遞增。
按下 Pause 按鈕時，秒數會停止遞增。
按下 Reset 按鈕時，累計秒數會歸零。

我們將在接下來幾頁建立這個 app，首先，我們要建立一個新專案。

建立新專案

按照之前的章節執行過的步驟來建立一個新的 Android Studio 專案，選擇 Empty Activity，在 Name 中輸入「Stopwatch」，在 Package name 中輸入「com.hfad.stopwatch」，並接受預設的儲存位置。將 Language 設為 Kotlin，將 Minimum SDK 設為 API 21，讓它可在大多數的 Android 設備上執行。

加入 String 資源供文字標籤使用

Stopwatch layout 有三顆按鈕，它們上面的文字是 Start、Pause 與 Reset。我們將使用 `String` 資源來將這些標籤加入 *strings.xml*，讓 app 可以在執行期查詢它們的值。

為了加入 `String` 資源，打開 *app/src/main/res/values* 裡面的 *strings.xml* 檔案，並按照下面的程式來修改它：

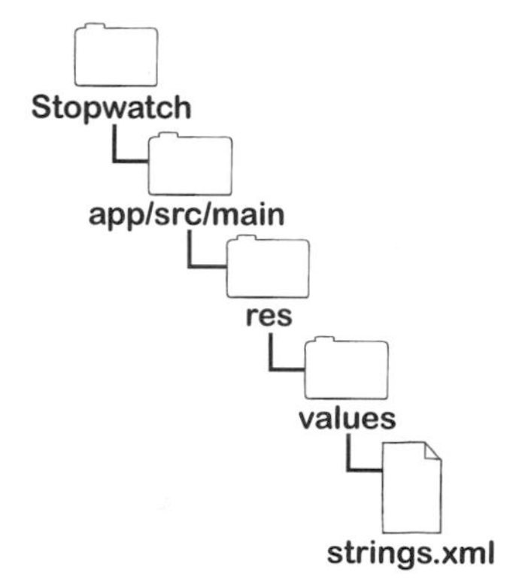


```
<resources>
    <string name="app_name">Stopwatch</string>
    <string name="start">Start</string>
    <string name="pause">Pause</string>
    <string name="reset">Reset</string>
</resources>
```

我們將在 layout 中使用這些 String 資源。

加入 `String` 資源之後，我們要來建構 layout。

在 layout 裡面有 Chronometer view

我們的 layout 有三顆按鈕與一個顯示馬表秒數的 view。我們將使用 **chronometer** 來顯示秒數。

chronometer 是一種簡單的計時器 text view。它有內建的方法可以啟動與停止自己，它也會顯示經過的時間。

你要用 `<Chronometer>` 元素來將 chronometer 加入 layout。例如，下面的程式加入一個 ID 為「stopwatch」的 `Chronometer` view，並讓它的大小剛好足以容納其內容：

```
<Chronometer
    android:id="@+id/stopwatch"
    android:layout_width="wrap_content"
    android:layout_height="wrap_content" />
```

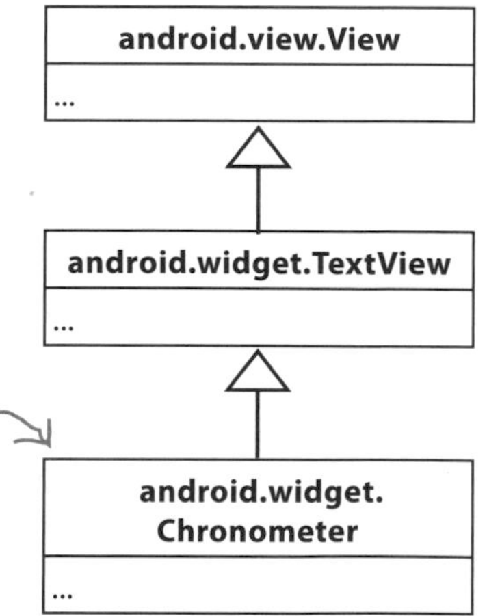

Chronometer 是一種特殊的 TextView，它實作一個計時器。

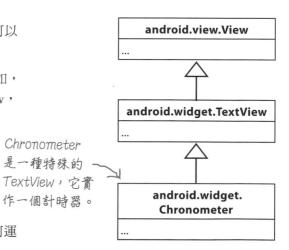

你將在我們編寫 activity 程式時，更詳細了解 chronometer 如何運作。首先，我們來看一下完整的 layout 程式。

activity_main.xml 的完整程式

activity_main.xml 的完整程式有一個 Chronometer view 與三顆按鈕。請將你的 *activity_main.xml* 的內容完全改成下面的程式：

```
<?xml version="1.0" encoding="utf-8"?>
<LinearLayout
    xmlns:android="http://schemas.android.com/apk/res/android"
    xmlns:tools="http://schemas.android.com/tools"
    android:layout_width="match_parent"
    android:layout_height="match_parent"
    android:orientation="vertical"
    android:gravity="center_horizontal"
    tools:context=".MainActivity">

    <Chronometer
        android:id="@+id/stopwatch"
        android:layout_width="wrap_content"
        android:layout_height="wrap_content"
        android:textSize="56sp" />

    <Button
        android:id="@+id/start_button"
        android:layout_width="wrap_content"
        android:layout_height="wrap_content"
        android:text="@string/start" />

    <Button
        android:id="@+id/pause_button"
        android:layout_width="wrap_content"
        android:layout_height="wrap_content"
        android:text="@string/pause" />

    <Button
        android:id="@+id/reset_button"
        android:layout_width="wrap_content"
        android:layout_height="wrap_content"
        android:text="@string/reset" />
</LinearLayout>
```

將 layout 的內容水平置中。

使用 textSize 屬性來讓 chronometer 文字夠大。

這段程式加入 Start、Pause 與 Reset 按鈕。

Stopwatch
app/src/main
res
layout
activity_main.xml

別忘了！

在繼續閱讀之前，務必修改 layout 與 strings.xml 的程式（在上一頁）。

我們完成 layout 了，接下來，我們要來編寫 activity。

用 activity 程式來控制馬表

我們必須用 activity 程式來指定 Start、Pause 與 Reset 按鈕如何控制馬表。Start 按鈕必須讓它開始執行（如果它還沒有執行），Pause 按鈕必須暫停它，Reset 按鈕必須將它設回 0。

這些按鈕將藉著操作 `Chronometer` view 的內建屬性與方法來控制馬表。我們來認識這些屬性與方法。

1:23
Stopwatch
00:19
activity 程式必須控制這三顆按鈕的行為。
START
PAUSE
RESET

Chronometer 的重要屬性與方法

如前所述，`Chronometer` view 是一種 `TextView`。它繼承了 `TextView` 的所有屬性與方法，並且定義了一些新的屬性與方法。

以下是我們將在 `MainActivity` 程式中使用的所有 `Chronometer` 屬性與方法：

base 屬性

`Chronometer` `base` 屬性的用途是設定開始時間：chronometer 將從哪個時間開始計時。

你可以用這段程式來將 `base` 屬性設成 `SystemClock.elapsedRealtime()`，將開始時間設為目前的時間：

```
stopwatch.base = SystemClock.elapsedRealtime()
```

← 這會將顯示的時間設為 0。

`SystemClock.elapsedRealtime()` 會回傳設備啟動後經過的毫秒數。將 `base` 屬性設成這個值代表被顯示出來的時間會被設為 0。

start() 方法

`start()` 方法會讓 chronometer 從 base 時間開始計時：

```
stopwatch.start()
```

← 這會啟動 chronometer。

stop() 方法

這會暫停 chronometer，讓它停止計時：

```
stopwatch.stop()
```

← 這會暫停 chronometer。

知道 `Chronometer` view 的屬性與方法之後，我們來看看 activity 程式。

認真寫程式

你可以在網路文件進一步了解如何使用 Chronometer view：

https://developer.android.com/reference/android/widget/Chronometer

完整的 MainActivity.kt 程式

MainActivity 程式必須為每一顆按鈕編寫一個 OnClickListener。Start 按鈕的 OnClickListener 必須在馬表還沒開始運行時啟動它，Pause 按鈕的 OnClickListener 必須暫停它，Reset 按鈕的 OnClickListener 必須將畫面設回 0。

我們將使用三個屬性來處理這些事情：stopwatch、running 與 offset。

我們用 stopwatch 屬性來保存 Chronometer view 的參考。

我們用 running 屬性來記錄馬表是否正在運行。當 Start 按鈕被按下時，我們會將它設為 true，當用戶按下 Pause 按鈕時，將它設為 false。

offset 屬性的用途是在馬表被暫停或重新啟動時，在馬表上顯示正確的時間。如果沒有它，馬表將顯示錯誤的時間。

我們也加入兩個方法（setBaseTime 與 saveOffset）來讓程式更容易閱讀。

以下是 *MainActivity.kt* 的完整程式，請將你的程式改成與它一致：

```
package com.hfad.stopwatch

import androidx.appcompat.app.AppCompatActivity
import android.os.Bundle
import android.os.SystemClock
import android.widget.Button
import android.widget.Chronometer

class MainActivity : AppCompatActivity() {

    lateinit var stopwatch: Chronometer  //馬表
    var running = false  //馬表是否正在執行？
    var offset: Long = 0  //馬表的基準 offset

    override fun onCreate(savedInstanceState: Bundle?) {
        super.onCreate(savedInstanceState)
        setContentView(R.layout.activity_main)

        //取得馬表的參考
        stopwatch = findViewById<Chronometer>(R.id.stopwatch)
```

我們將在程式中使用這些程式庫，所以你必須匯入它們。

我們使用這三個屬性值來控制馬表。

先呼叫 setContentView 之後，才能將 stopwatch 屬性實例化。在此之前，Chronometer view 不存在。

Stopwatch
app/src/main
java
com.hfad.stopwatch
MainActivity.kt

程式還沒結束，見下一頁。

MainActivity.kt（續）

```
        // 用 start 按鈕啟動馬表，如果它還沒有開始執行的話
        val startButton = findViewById<Button>(R.id.start_button)
        startButton.setOnClickListener {
            if (!running) {
                setBaseTime()
                stopwatch.start()
                running = true
            }
        }

        // pause 按鈕會在馬表正在執行時暫停它
        val pauseButton = findViewById<Button>(R.id.pause_button)
        pauseButton.setOnClickListener {
            if (running) {
                saveOffset()
                stopwatch.stop()
                running = false
            }
        }

        // 用 reset 按鈕來將 offset 與馬表設為 0
        val resetButton = findViewById<Button>(R.id.reset_button)
        resetButton.setOnClickListener {
            offset = 0
            setBaseTime()
        }
    }

    // 更改 stopwatch.base 時間，允許任何 offset
    fun setBaseTime() {
        stopwatch.base = SystemClock.elapsedRealtime() - offset
    }

    // 記錄 offset
    fun saveOffset() {
        offset = SystemClock.elapsedRealtime() - stopwatch.base
    }
}
```

確保馬表從正確的時間開始執行，然後啟動它

將時間儲存在 stopwatch，然後讓它停止執行。

將馬表時間設回 0。

setBaseTime() 與 saveOffset() 都是讓程式更容易理解的方便方法。

Stopwatch
app/src/main
java
com.hfad.stopwatch
MainActivity.kt

我們來看看我們希望程式如何運作。

當你執行 app 時會發生什麼事

1 **用戶執行 app，MainActivity 開始執行。**

`running` 與 `offset` 屬性被初始化，`running` 被設為 `false`，`offset` 被設為 0。

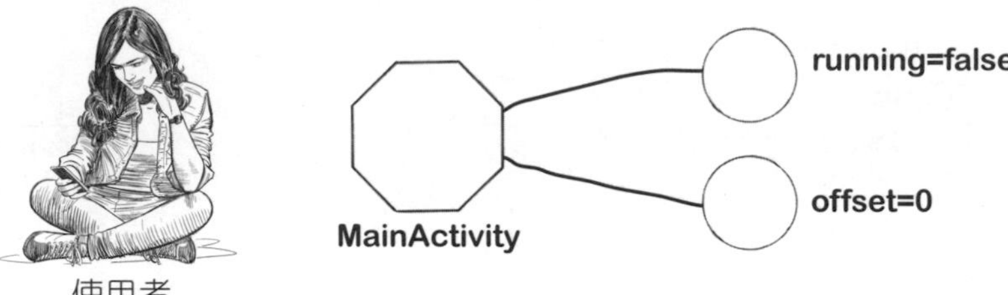

2 **MainActivity 的 onCreate 方法被呼叫。**

activity_main.xml layout 被接到 activity，`stopwatch` 屬性被設為 `Chronometer` view 的參考。

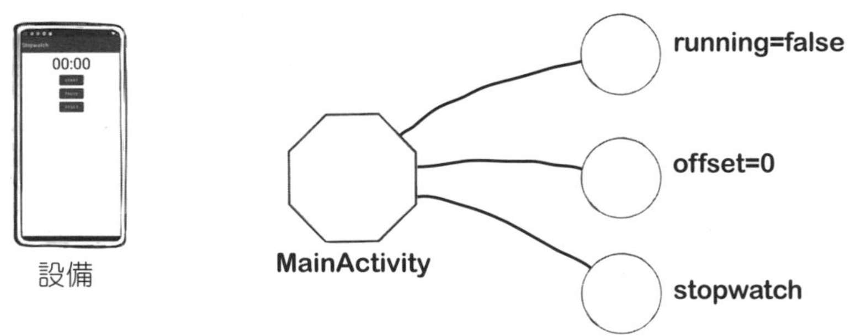

3 **用戶按下 Start 按鈕。**

`stopwatch.base` 屬性被設為 `SystemClock.elapsedRealtime()`，它的 `start()` 方法被呼叫，`running` 被設為 `true`。馬表開始執行。

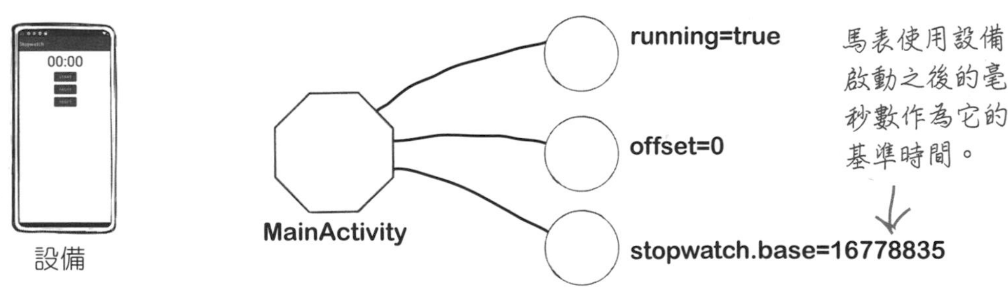

故事還沒結束

4 用戶按下 **Pause** 按鈕。

MainActivity 更新 offset 屬性，並呼叫馬表的 stop() 方法，將 running 設為 false。馬表暫停。

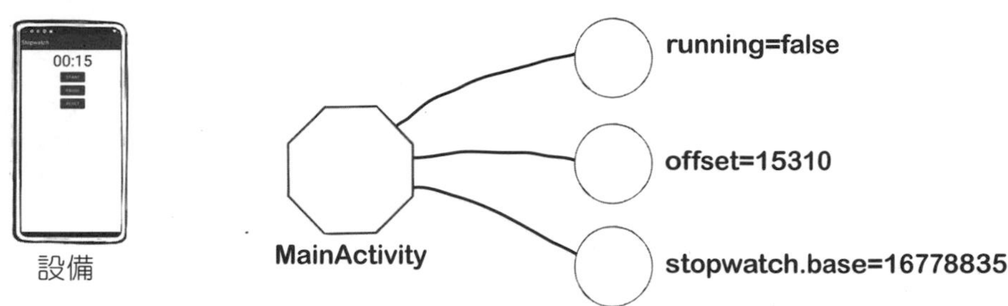

5 用戶再次按下 **Start** 按鈕。

MainActivity 使用 offset 值來調整 stopwatch.base 屬性，呼叫它的 start() 方法，並將 running 設為 true。馬表再次開始執行。

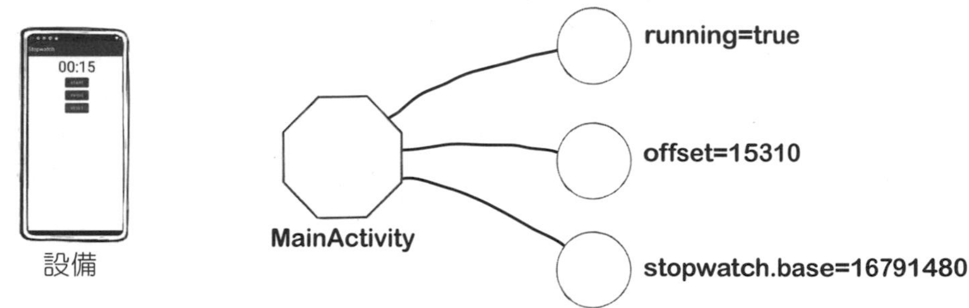

6 用戶按下 **Reset** 按鈕。

offset 屬性被設為 0，stopwatch.base 屬性被重設為 SystemClock.elapsedRealtime()。

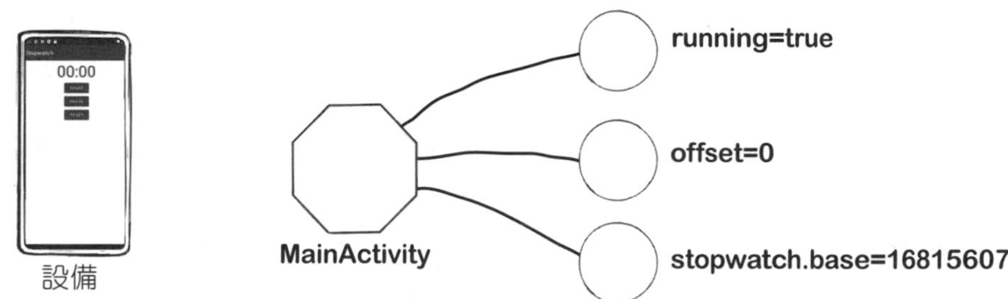

我們來執行一下 app。

新車試駕

當我們執行 app 時，它的運作方式看起來與預期的一樣。我們可以啟動、暫停與重設馬表，沒有任何問題。

這些按鈕可以如你預期地運作。Start 按鈕可啟動馬表，Stop 按鈕可將它停止，Reset 按鈕可將馬表歸零。

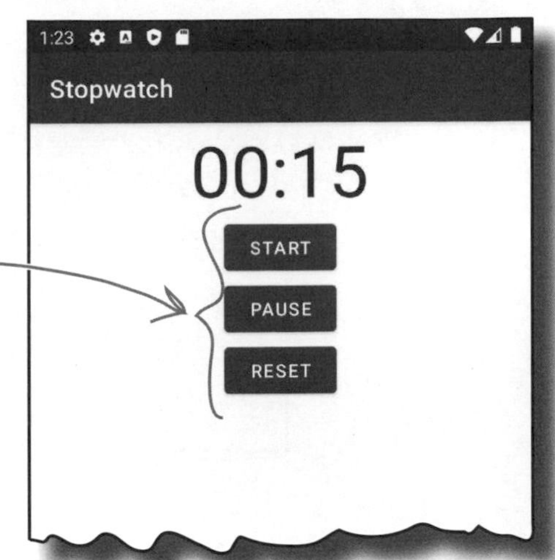

但是我們有一個問題…

當我們旋轉設備來旋轉螢幕時，app 出錯了。馬表將它設回 0，並停止執行。

如果我們旋轉設備（將自動旋轉打開），馬表會將它自己設成 0 並停止執行。

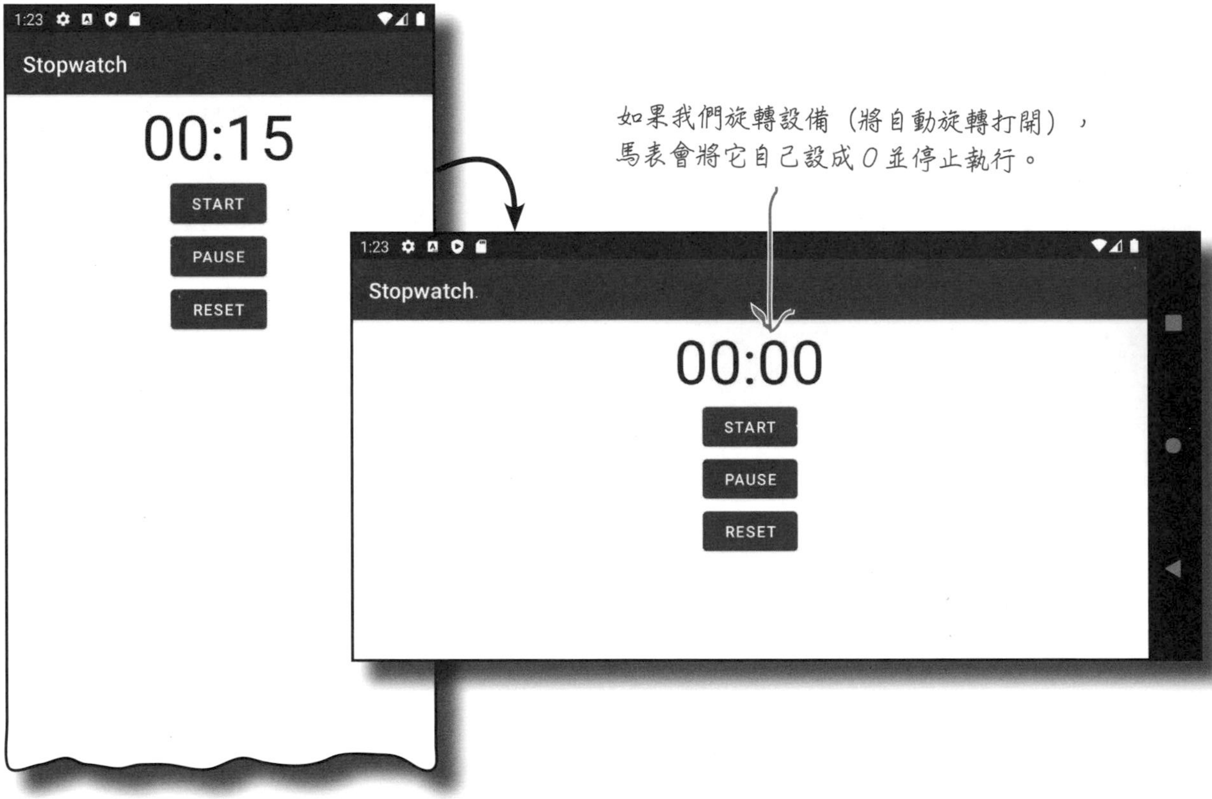

為什麼 app 在我們旋轉螢幕時壞掉了？我們來查明幕後的真相。

當 app 執行時會發生什麼事

當程式執行時，會發生下面的事情：

1. **按下 Start 按鈕來啟動馬表。**

   馬表啟動，`running` 屬性被設為 `true`。

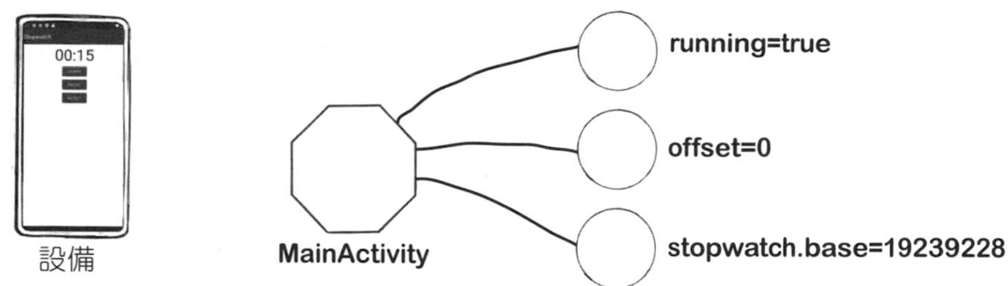

2. **旋轉設備螢幕。**

   Android 發現螢幕方向改變了，於是**銷毀 `MainActivity`**。它的屬性值不見了。

3. **MainActivity 重新啟動。**

   Android 重新建立 activity，將它的所有屬性重新初始化，再次執行 `onCreate()`。馬表沒有重新啟動，因為 `onCreate()` 沒有要求它這麼做。

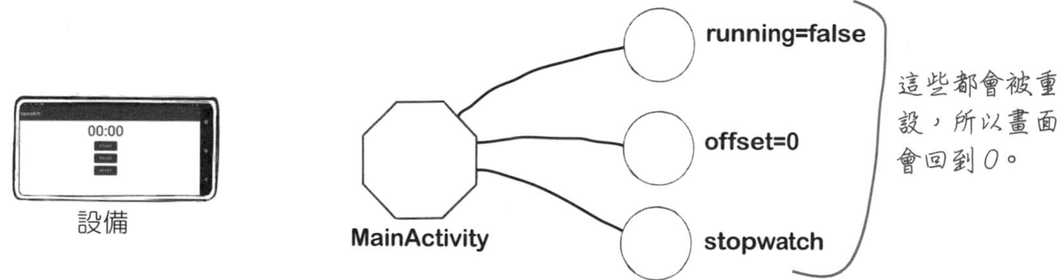

旋轉螢幕會改變設備的組態

當 Android 執行你的 app 並啟動 activity 時，它會考慮**設備組態（device configuration）**。也就是實體設備的組態（例如螢幕尺寸、螢幕方向、是否連接鍵盤等），以及用戶設定的組態選項（例如地區設定）。

當 Android 啟動 activity 時，它必須知道設備的組態，因為組態可能影響應用程式需要使用哪些資源。例如，當設備的螢幕方向是橫向的，而不是直向的，你可能要使用不同的 layout，此外，如果地區被設為 France，你可能要使用不同的 String 值。

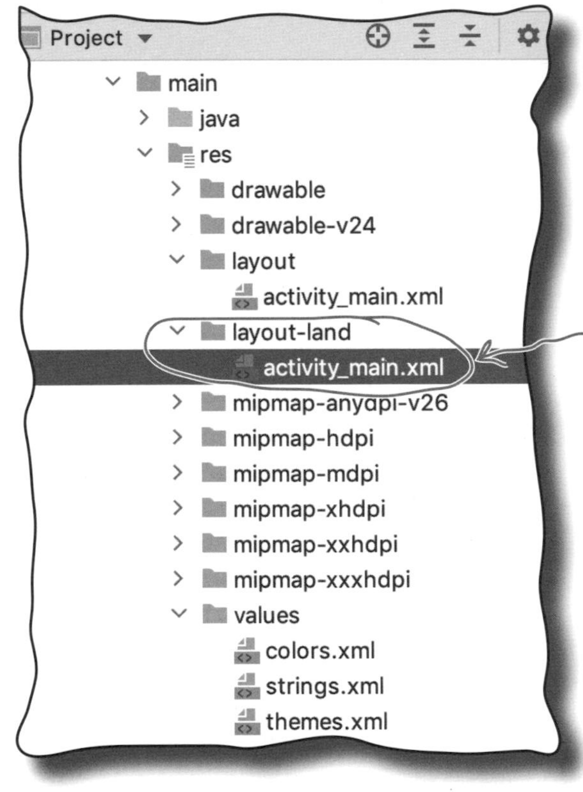

Android app 的同一個資源檔可能有多個版本。例如，如果你想要在設備處於橫向模式時使用不同版本的 activity_main.xml，你要將相關檔案放在 layout-land 資源資料夾裡面。

設備組態包括用戶設定的選項（例如地區），以及與實體設備有關的選項（例如方向與螢幕尺寸），這些選項的任何改變都會導致 activity 被銷毀與重建。

當設備的組態改變時，顯示用戶介面的所有東西都必須更新，以符合新的組態。例如，當你旋轉螢幕時，Android 會發現方向改變了，並將這個改變視為設備組態的改變。它會銷毀當前的 activity 再重新建立它，以便取得並使用適合新組態的資源。

activity 的狀態

當 Android 建立和銷毀 activity 時，activity 會經歷啟動、執行與銷毀的過程。

activity 的主要狀態是**運行中**（***running***）或**活動**（***active***）。當 activity 位於螢幕的前景、當它被聚焦，以及當用戶可以和它互動時，它就處於運行的狀態。activity 的大半人生都處於這個狀態。activity 在啟動後，就會開始運行，當 activity 的人生結束時，它會**被銷毀**。

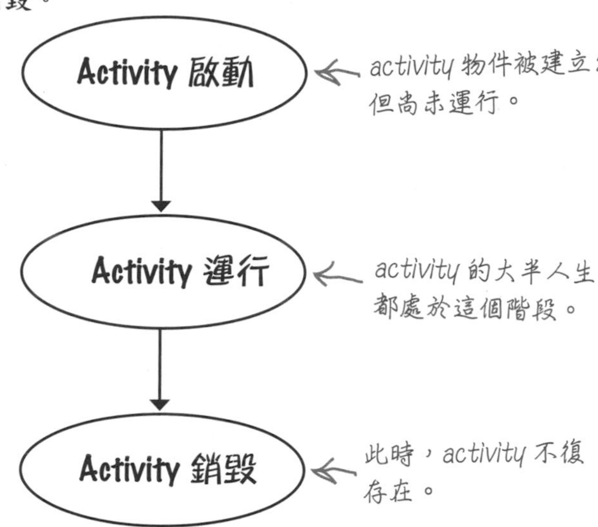
Activity 啟動
activity 物件被建立出來，
但尚未運行。
Activity 運行
activity 的大半人生
都處於這個階段。
Activity 銷毀
此時，activity 不復
存在。

當 activity 在畫面的前景時，它就是處於運行狀態。

activity 從啟動到銷毀的過程中會觸發重要的 activity 生命週期方法，即 `onCreate()` 和 `onDestroy()` 方法，它們是 activity 繼承來的生命週期方法，你可以覆寫它們。

Android 會在建立 activity 時呼叫 onCreate()，這裡是你進行一般的 activity 設定的地方。

`onCreate()` 方法會在 activity 啟動時立刻執行。你可以在這個方法中做所有的 activity 設定，例如呼叫 `setContentView()`。你應該會覆寫這個方法，因為如果你沒有覆寫它，你就無法讓 Android 知道你的 activity 使用什麼 layout。

Android 會在銷毀 activity 之前呼叫 onDestroy()。

`onDestroy()` 方法是 Android 銷毀 activity 之前呼叫的最後一個方法。activity 在很多情況下會被銷毀，例如，activity 被要求結束、activity 因為設備組態的改變而需要重建，或 Android 為了節省空間而決定銷毀 activity。

下一頁將仔細說明這些方法在 activity 的各個狀態中發揮的作用。

activity 的生命週期：從建立到銷毀

下面是 activity 從誕生到死亡的生命週期概要。我們先省略其中的一些細節，因為現在要將注意力放在 `onCreate()` 和 `onDestroy()` 方法上。

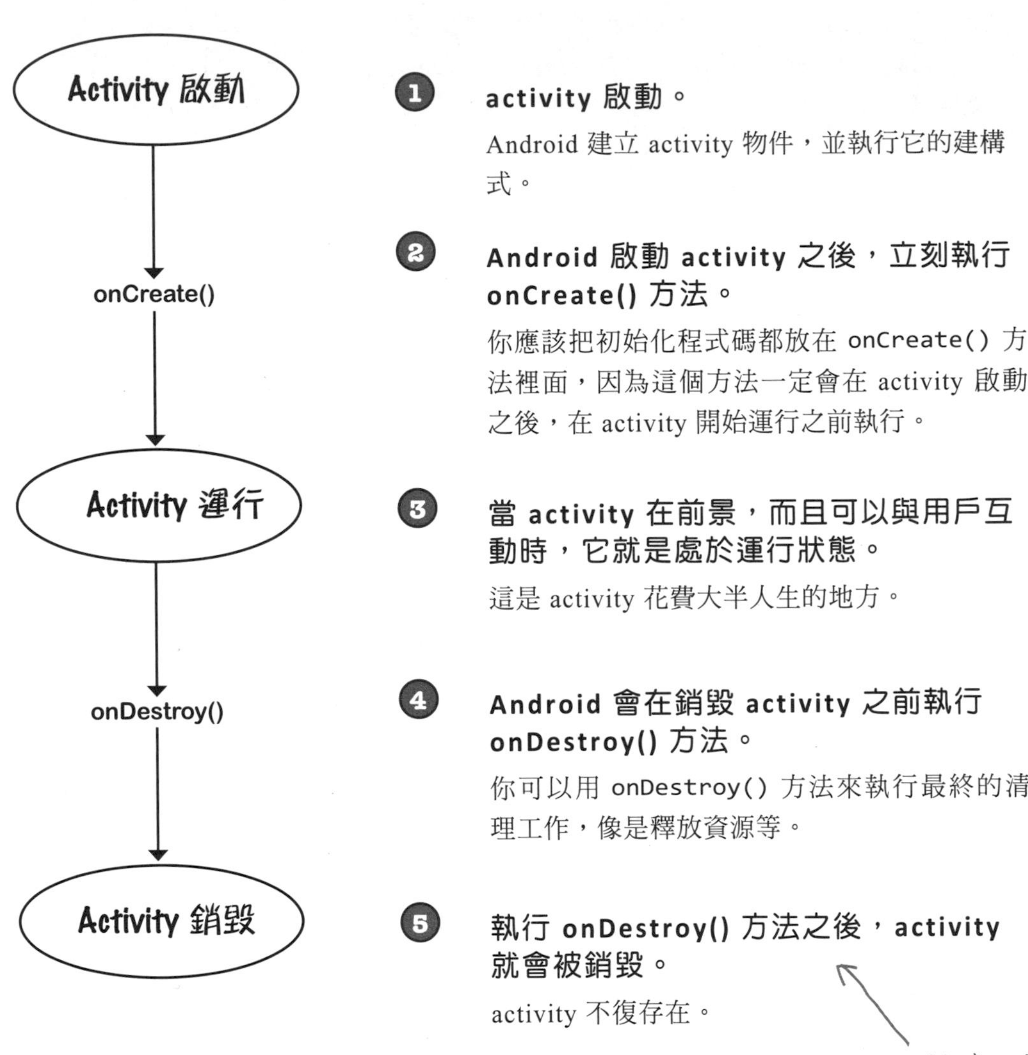

1. **activity 啟動。**

   Android 建立 activity 物件，並執行它的建構式。

2. **Android 啟動 activity 之後，立刻執行 onCreate() 方法。**

   你應該把初始化程式碼都放在 `onCreate()` 方法裡面，因為這個方法一定會在 activity 啟動之後，在 activity 開始運行之前執行。

3. **當 activity 在前景，而且可以與用戶互動時，它就是處於運行狀態。**

   這是 activity 花費大半人生的地方。

4. **Android 會在銷毀 activity 之前執行 onDestroy() 方法。**

   你可以用 `onDestroy()` 方法來執行最終的清理工作，像是釋放資源等。

5. **執行 onDestroy() 方法之後，activity 就會被銷毀。**

   activity 不復存在。

如果設備的記憶體所剩無幾，Android 在銷毀 activity 之前，可能不會呼叫 onDestroy()。

`onCreate()` 與 `onDestroy()` 是 activity 的兩個生命週期方法。這些方法來自何方？

activity 繼承了生命週期方法

activity 生命週期方法是在 `android.app.Activity` 類別裡面定義的。你所建立的每一個 activity 都是這個類別的子類別，所以它會繼承這些方法。

這張圖是 activity 類別階層裡面的主要類別：

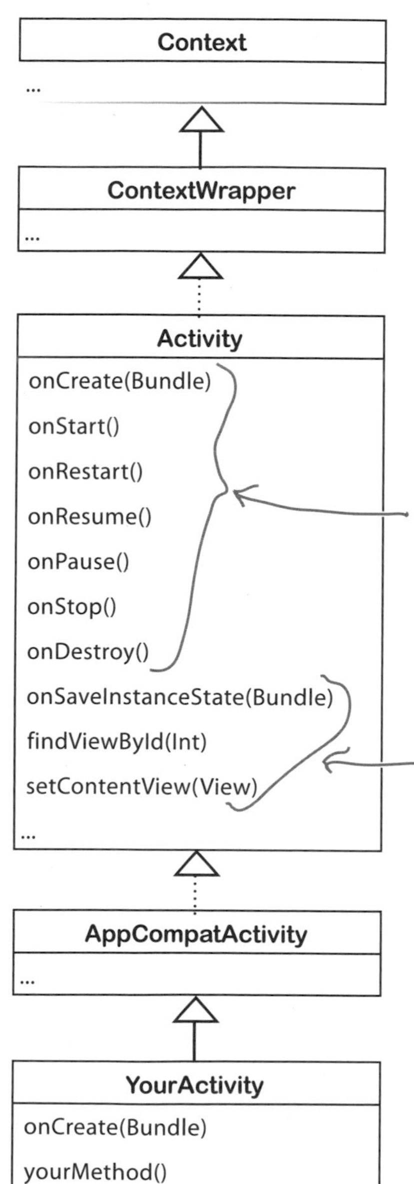

Context 抽象類別（`android.content.Context`）

它可以讓你取得關於應用程式環境的全域資訊，例如應用程式資源與操作。

ContextWrapper 類別（`android.content.ContextWrapper`）

這是 `Context` 的代理實作。

Activity 類別（`android.app.Activity`）

`Activity` 類別實作了生命週期方法的預設版本。它也定義了 `findViewById()` 與 `setContentView()` 等方法。

AppCompatActivity 類別

（`androidx.appcompat.app.AppCompatActivity`）

這個 activity 是 Android Jetpack 的一部分。它可讓你在舊版的 Android 中使用新功能。

YourActivity 類別（`com.hfad.foo`）

你的 activity 的多數行為，都是由它繼承來的超類別方法負責處理的。你只要視需要覆寫方法即可。

知道你的 activity 如何取得它的生命週期方法之後，我們來看看如何處理設備組態的改變。

將當前的狀態存入 Bundle

之前，Stopwatch 在我們旋轉設備時出錯了。因為 Android 將 MainActivity 銷毀再重建，所以屬性值都不見了，而且 Chronometer 畫面被重設。

為了修正這個 bug，我們必須在 activity 被銷毀之前儲存 Chronometer 的狀態與屬性值，並在 activity 被重建時恢復它們。我們要將這些值存入一種稱為 **Bundle** 的物件裡。

Bundle 是用來保存索引鍵 / 值的物件。在 activity 被銷毀前，Android 可讓你將索引鍵 / 值放入 Bundle。接下來，當 activity 被重建時，它的新實例會取得這個 Bundle。因此，你可以在設備螢幕被旋轉時，使用 Bundle 來恢復 activity 的狀態。

在說明如何在 activity 實例之間傳遞 Bundle 之前，我們先來看看如何加入與取回值。

Bundle

Bundle 是用來儲存索引鍵與值的。Bundle 適合在 activity 被銷毀與重建時，用來恢復任何屬性值。

使用 put 方法來加入值

你可以使用 put 方法來將索引鍵 / 值加入 Bundle，使用 putLong 方法來將 Long 值放入 Bundle，使用 putBoolean() 來放入 Boolean…等。例如，下面的程式將索引鍵「answer」與 Int 值 42 放入一個名為 bundle 的 Bundle：

```
bundle.putInt("answer", 42)
```

你可以將多對索引鍵 / 值存入 Bundle。每一個索引鍵的型態都必須是 String?，而且值必須與方法相符。例如，你不能使用 putString() 方法來將一個 Int 值放入 Bundle，否則編譯器會顯示錯誤訊息。

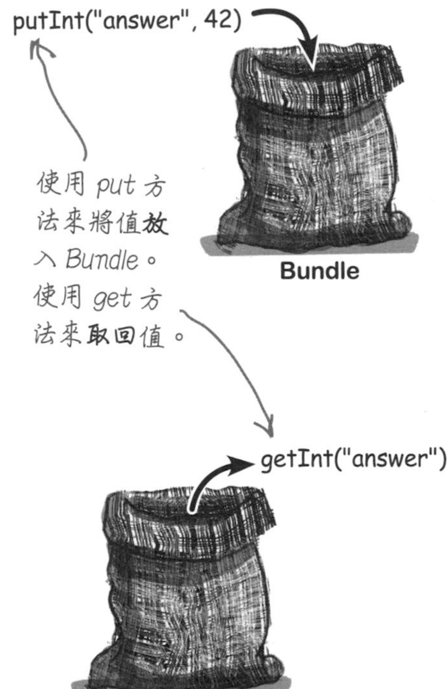
putInt("answer", 42)
使用 put 方法來將值放入 Bundle。
使用 get 方法來取回值。
Bundle
getInt("answer")
Bundle

使用 get 方法來取回值

當你將一對索引鍵 / 值放入 Bundle 之後，你可以使用 Bundle 的 get 方法來取回值。例如，getLong() 方法可讓你取得 Long 值，另外，你可以使用 getBoolean() 方法來取回 Boolean。

每一個方法都接收一個參數：用來取得值的索引鍵名稱。例如，下面的程式可從名為 bundle 的 Bundle 裡面取得索引鍵「answer」的值。

```
val answerOfLife = bundle.getInt("answer")
```

知道如何使用 Bundle 來加入與取回值之後，我們來看看如何使用它來儲存與恢復 activity 的狀態。

使用 onSaveInstanceState() 來儲存狀態

將 Bundle 從一個 activity 實例傳到另一個需要使用兩個方法：**onSaveInstanceState()** 與 **onCreate()**。onSaveInstanceState() 可讓你在 activity 被銷毀前，將值放入 Bundle，onCreate() 可在 activity 被重建時取回 Bundle。

所有 activity 都從它的 Activity 超類別繼承 onSaveInstanceState() 方法。Android 會在銷毀 activity 之前呼叫它，它接收一個參數：一個 Bundle。

你可以在 activity 裡面使用這段程式來覆寫 onSaveInstanceState() 方法，例如：

```
override fun onSaveInstanceState(savedInstanceState: Bundle) {
    savedInstanceState.putInt("answer", 42)
    super.onSaveInstanceState(savedInstanceState)
}
```

Activity 啟動

onCreate()

Activity 運行

onSaveInstanceState()

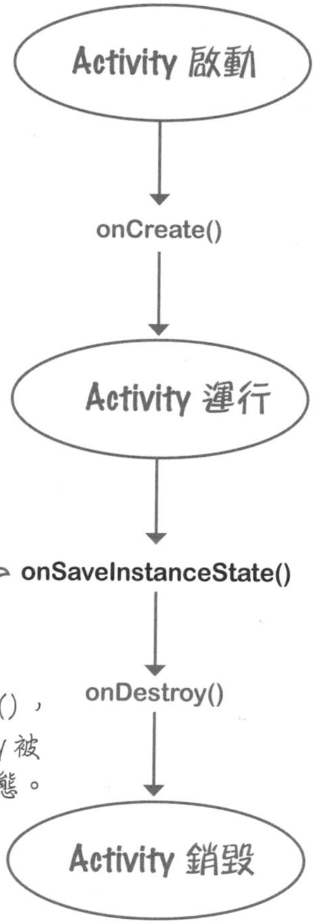

Android 會在呼叫 onDestroy()之前呼叫 onSaveInstanceState()，讓你有機會在 activity 被銷毀之前儲存它的狀態。

onDestroy()

Activity 銷毀

上面的範例將一個索引鍵「answer」與一個 Int 值 42 放入 onSaveInstanceState() 方法的 Bundle（名為 savedInstanceState），然後呼叫超類別版本的 onSaveInstanceState()，它會儲存 view 階層的狀態。

使用 onCreate() 來恢復狀態

如你所知，Android 會在重建 activity 時呼叫 onCreate() 方法，該方法有一個參數，Bundle?。如果 activity 是從頭開始建立的，Bundle? 是 null，但如果 activity 是重建的，Bundle? 就是 onSaveInstanceState() 使用的同一個 Bundle 物件。

你可以使用 onCreate() 方法從 Bundle 取得值。

```
override fun onCreate(savedInstanceState: Bundle?) {
    super.onCreate(savedInstanceState)
    setContentView(R.layout.activity_main)
    if (savedInstanceState != null) {
        var answer = savedInstanceState.getInt("answer")
    }
    ...
}
```

我們只想要在 activity 被銷毀與重建時恢復 answer 的值，所以傳給 onCreate() 的 Bundle 不是 null。

那麼，我們該修改 Stopwatch app 的哪些程式？

改好的 MainActivity.kt 程式

我們修改了 MainActivity 程式，現在當用戶旋轉設備時，我們會用 onSaveInstanceState() 方法來將它的狀態存入 Bundle，並用 onCreate() 來恢復。請按照下面的程式來修改你的 *MainActivity.kt*（粗體為修改處）：

```
package com.hfad.stopwatch

import androidx.appcompat.app.AppCompatActivity
import android.os.Bundle
import android.os.SystemClock
import android.widget.Button
import android.widget.Chronometer

class MainActivity : AppCompatActivity() {

    lateinit var stopwatch: Chronometer  //chronometer
    var running = false  //chronometer 是否正在運行？
    var offset: Long = 0  //chronometer 的基準 offset

    //加入 Bundle 的索引鍵 String
    val OFFSET_KEY = "offset"
    val RUNNING_KEY = "running"
    val BASE_KEY = "base"

    override fun onCreate(savedInstanceState: Bundle?) {
        super.onCreate(savedInstanceState)
        setContentView(R.layout.activity_main)

        //取得馬表的參考
        stopwatch = findViewById<Chronometer>(R.id.stopwatch)

        //恢復之前的狀態
        if (savedInstanceState != null) {
            offset = savedInstanceState.getLong(OFFSET_KEY)
            running = savedInstanceState.getBoolean(RUNNING_KEY)
            if (running) {
                stopwatch.base = savedInstanceState.getLong(BASE_KEY)
                stopwatch.start()
            } else setBaseTime()
        }
```

這三個常數是我們加入 Bundle 的值的名稱。

恢復 offset 與 running 的狀態。

設定馬表的時間，如果它正在運行，啟動它。

Stopwatch
app/src/main
java
com.hfad.stopwatch
MainActivity.kt

程式還沒結束，見下一頁。

MainActivity.kt（續）

```
        //用 start 按鈕啟動馬表，如果它還沒有開始執行的話
        val startButton = findViewById<Button>(R.id.start_button)
        startButton.setOnClickListener {
            if (!running) {
                setBaseTime()
                stopwatch.start()
                running = true
            }
        }

        //用 pause 按鈕來暫停馬表
        val pauseButton = findViewById<Button>(R.id.pause_button)
        pauseButton.setOnClickListener {
            if (running) {
                saveOffset()
                stopwatch.stop()
                running = false
            }
        }

        //用 reset 按鈕來將 offset 與馬表設為 0
        val resetButton = findViewById<Button>(R.id.reset_button)
        resetButton.setOnClickListener {
            offset = 0
            setBaseTime()
        }
    }

    override fun onSaveInstanceState(savedInstanceState: Bundle) {
        savedInstanceState.putLong(OFFSET_KEY, offset)
        savedInstanceState.putBoolean(RUNNING_KEY, running)
        savedInstanceState.putLong(BASE_KEY, stopwatch.base)
        super.onSaveInstanceState(savedInstanceState)
    }
    ...
}
```

Stopwatch
app/src/main
java
com.hfad.stopwatch
MainActivity.kt

用 onSaveInstanceState 方法來儲存 offset、running 與 stopwatch.base 屬性。

省略 saveOffset() 與 setBaseTime() 方法的程式，因為你不需要更新它們。

我們先來看一下這段程式在做什麼，再來執行 app。

當你執行 app 時會發生什麼事

1. **用戶啟動 app，按下 Start 按鈕。**

   馬表啟動，running 屬性被設為 true。

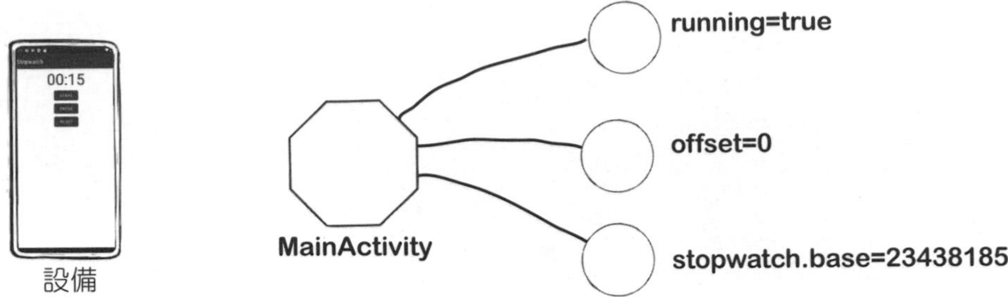

2. **用戶旋轉設備。**

   Android 將這個行為視為組態改變，所以準備銷毀 activity。Android 在銷毀 activity 之前先呼叫 `onSaveInstanceState()`。`onSaveInstanceState()` 方法將 `offset`、`running` 與 `stopwatch.base` 的值存入 `Bundle`。

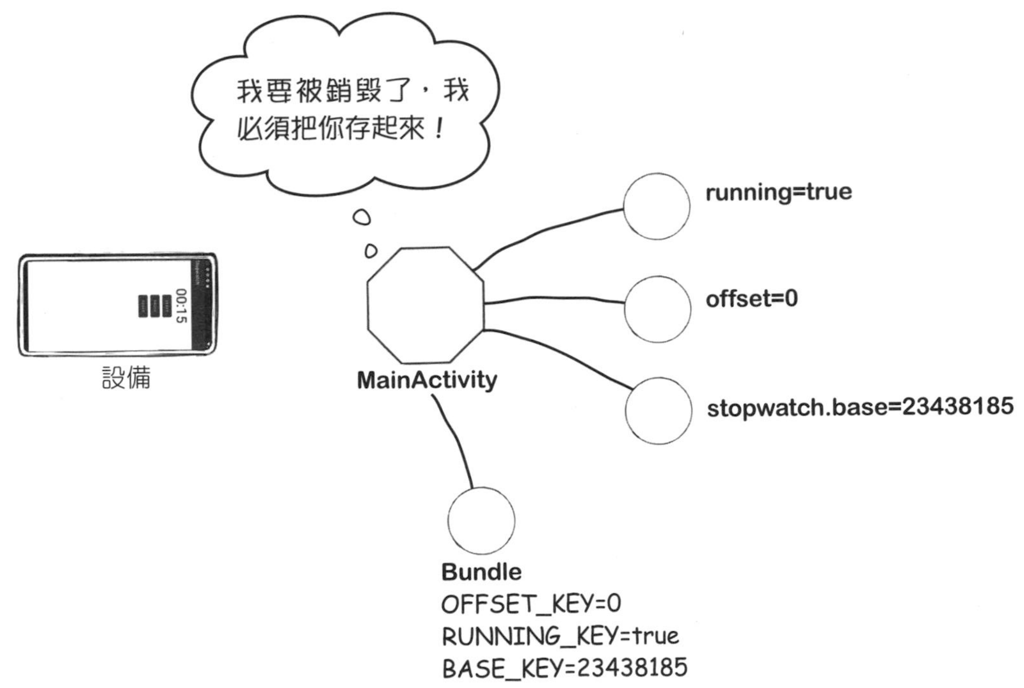

故事還沒結束

3 **Android 銷毀 activity，然後重建它。**

activity 的屬性值被重設。

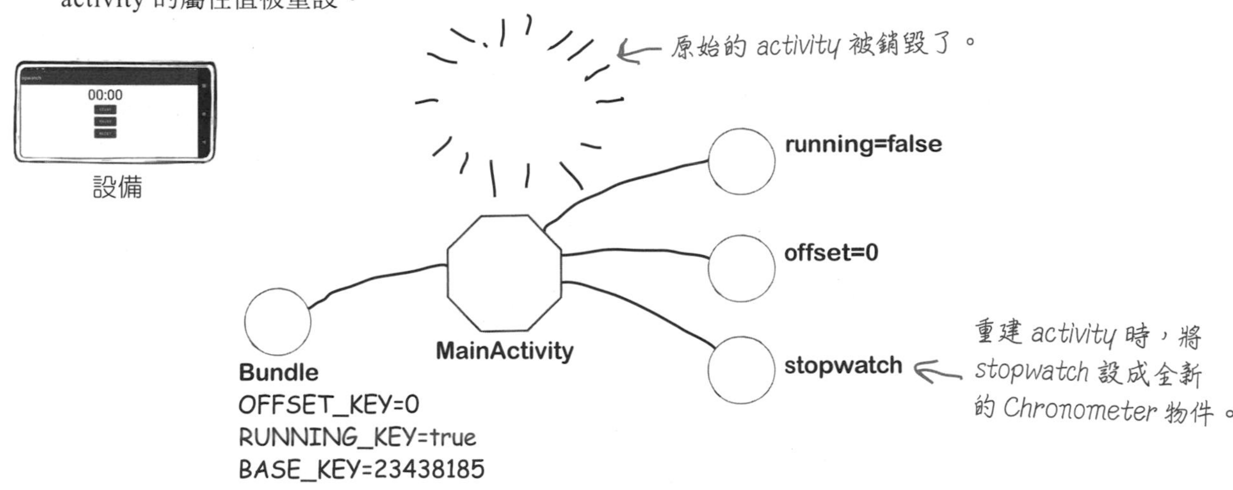

4 **呼叫 onCreate() 方法。**

它使用 `Bundle` 裡面的值來設定屬性值。

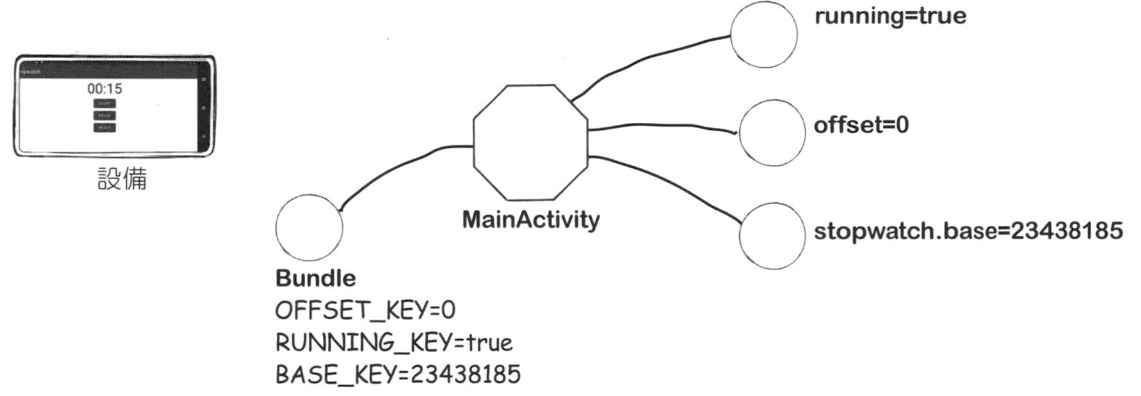

5 **馬表再次開始運行，並顯示正確的時間。**

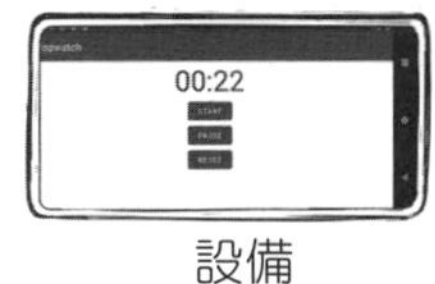

我們來執行一下 app。

新車試駕

修改你的 activity 程式，然後執行 app。

當你按下 Start 按鈕時，計時器開始運行，它會在你旋轉設備螢幕時繼續運行。

當你旋轉設備時，馬表會繼續運行。

沒有蠢問題

問：幫我複習一下，Android 為什麼需要為了旋轉螢幕這種小事情，而重建 activity？

答：`onCreate()` 方法通常是用來設定螢幕的。如果你的 `onCreate()` 裡面的程式需要依賴螢幕組態（例如，讓直向與橫向螢幕使用不同的 layout），你就希望在每次組態改變時呼叫 `onCreate()`。此外，當用戶改變他們的地區時，你可能要使用當地語言來重建 UI。

問：為什麼 Android 不自動儲存每一個實例變數？為什麼我必須親自撰寫所有的程式？

答：因為你可能不想要儲存所有的實例變數。例如，你可能有一個儲存目前的螢幕寬度的變數，而且你想要在下次呼叫 `onCreate()` 時，重新計算那個變數。

問：你說過，`AppCompatActivity` 是 Android Jetpack 的一部分。它在不同的程式庫裡面嗎？我需要更新 *build.gradle* 檔嗎？

答：`AppCompatActivity` 是 `AppCompat` 程式庫的一部分。我們沒有叫你更新 *build.gradle* 檔是因為 Android Studio 應該已經幫你加入這個程式庫了。如果你想要確認這件事，可在 *build.gradle* 檔裡面尋找 `AppCompat` 依賴項目。

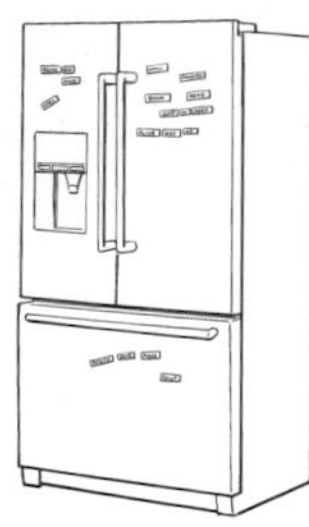

activity 磁貼

下面是新的 Greetings app 的 activity。當你在 edit text（ID 為 name）中輸入你的名字，並按下按鈕（ID 為 button）時，text view（ID 為 hello）裡面的文字會更新並加入你的名字。

當你執行 app 並旋轉螢幕時，在 hello text view 裡面的文字會不見。使用下面的磁貼來確保文字可以在這種情況下恢復。

Greetings

Please enter your name

UPDATE GREETING

Hello

這是 activity 的 layout。在預設情況下，text view 會顯示「Hello」。

```
...
class MainActivity : AppCompatActivity() {

    lateinit var hello: TextView

    override fun onCreate(savedInstanceState: Bundle?) {
        super.onCreate(savedInstanceState)
        setContentView(R.layout.activity_main)

        hello = findViewById<TextView>(R.id.hello)
```

你必須在這裡加入程式。

```
        findViewById<Button>(R.id.button).setOnClickListener {
            val name = findViewById<EditText>(R.id.name)
            hello.text = "Hello ${name.text}"
        }
    }
```

並且在這裡加入其他程式。

```
}
```

磁貼：

`{` `)` `)` `)` `}` `?:` `=` `fun` `override` `,` `onSaveInstanceState` `hello.text` `.onSaveInstanceState(` `hello.text` `savedInstanceState?` `super` `.putCharSequence(` `savedInstanceState` `"hello"` `.getCharSequence(` `savedInstanceState` `"hello"` `"Hello"` `(savedInstanceState: Bundle)`

activity 磁貼解答

下面是新的 Greetings app 的 activity。當你在 edit text（ID 為 name）中輸入你的名字，並按下按鈕（ID 為 button）時，text view（ID 為 hello）裡面的文字會更新並加入你的名字。

當你執行 app 並旋轉螢幕時，在 hello text view 裡面的文字會不見。使用下面的磁貼來確保文字可以在這種情況下恢復。

2:03
Greetings
Please enter your name
UPDATE GREETING
Hello

```
...
class MainActivity : AppCompatActivity() {

    lateinit var hello: TextView

    override fun onCreate(savedInstanceState: Bundle?) {
        super.onCreate(savedInstanceState)
        setContentView(R.layout.activity_main)

        hello = findViewById<TextView>(R.id.hello)
        hello.text =
            savedInstanceState?.getCharSequence("hello") ?: "Hello"

        findViewById<Button>(R.id.button).setOnClickListener {
            val name = findViewById<EditText>(R.id.name)
            hello.text = "Hello ${name.text}"
        }
    }

    override fun onSaveInstanceState(savedInstanceState: Bundle) {
        savedInstanceState.putCharSequence("hello", hello.text)
        super.onSaveInstanceState(savedInstanceState)
    }
}
```

當 savedInstanceState 不是 null 時復原 hello text。

覆寫 onSaveInstanceState 方法。

呼叫超類別的方法。

將 hello.text 的值放入 savedInstanceState Bundle。

activity 的生命週期不是只有建立與銷毀而已

到目前為止，我們已經看了 activity 生命週期的建立及銷毀階段（也稍微瞭解這兩個階段之間的情況），你也知道如何處理螢幕方向改變等組態變動了。但是，你可能還要處理 activity 的生命中的其他事件，才能讓 app 如你所願地運作。

例如，假如有一通電話在馬表正在計時時打來，雖然馬表被遮起來了，但它會繼續計時。但是，如果你希望馬表在它被遮起來時暫停，在出現時繼續計時呢？

這應該不是你想看到的行為，姑且跟著我們一起操作吧！因為它是討論其他生命週期方法的好藉口！

開始、停止，與重新開始

幸好你可以使用適當的生命週期方法來輕鬆地處理與「activity 是否看得見」有關的活動。除了用來處理 activity 整體生命週期的 `onCreate()` 與 `onDestroy()` 方法之外，我們也可以用其他的生命週期方法來處理 activity 的可見性。

具體來說，當 activity 被顯示出來或隱藏起來時，app 可能執行三個重要的生命週期方法：`onStart()`、`onStop()`，和 `onRestart()`。你的 activity 從 Android `Activity` 類別繼承這些方法，與 `onCreate()` 和 `onDestroy()` 一樣。

如果 activity 被其他的 activity 完全遮住，無法被用戶看到，它就處於 stopped（停止）狀態。這個 activity 仍然待在背景，且保有所有狀態資訊。

以下是這些方法的概要：

方法	何時被呼叫
onStart()	當你的 activity 看得見時。
onStop()	當 activity 不再可見時。可能是因為它上面有另一個 activity 遮住它，或是因為它即將被銷毀。
onRestart()	在不可見的 activity 變成可見之前。

下一頁將探討這些方法如何與 `onCreate()` 與 `onDestroy()` 方法搭配。

可見性生命週期

我們在之前的生命週期圖中加入 onStart()、onStop()，和 onRestart() 方法（以粗體表示新的部分）：

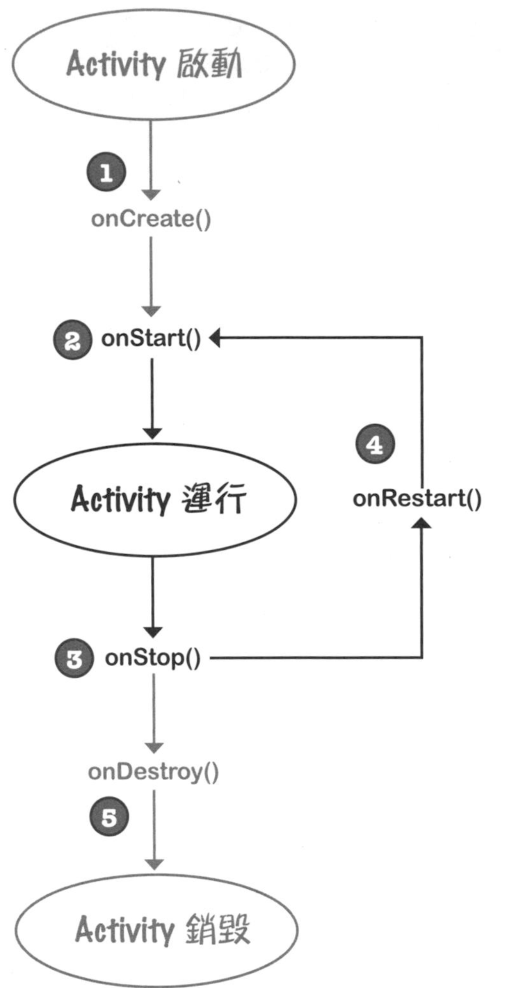

1. **activity 啟動，onCreate() 方法開始執行。**

   在 onCreate() 方法裡面的 activity 初始化程式碼都會開始執行，此時用戶還看不到 activity ，因為 onStart() 還沒有被呼叫。

2. **onStart() 方法開始執行，Android 會在 activity 即將顯示出來時呼叫它。**

   執行 onStart() 方法之後，用戶就可以在螢幕上看見 activity 了。

3. **onStop() 會在 activity 即將隱藏起來時執行。**

   執行 onStop() 方法之後，用戶就無法看見 activity 了。

4. **當 activity 再度顯示出來時，Android 會先呼叫 onRestart()，再呼叫 onStart()。**

   如果 activity 在顯示與隱藏的狀態之間反覆變換，這個循環會執行多次。

5. **最後，activity 被銷毀。**

   Android 會先呼叫 onStop() 再呼叫 onDestroy()。

我們要再實作兩個生命週期方法

為了修改 Stopwatch app，我們要做兩件事情。首先，我們要實作 activity 的 onStop() 方法，讓馬表可以在 app 隱藏時暫停。完成這個工作之後，我們還要實作 onRestart() 方法，讓馬表在 app 顯示時再次開始計時。

我們先來編寫 onStop() 方法。

當你在你的 activity 裡面覆寫任何 activity 生命週期方法時，你必須呼叫 Activity 超類別方法，否則編譯器會發牢騷。

實作 onStop() 來暫停馬表

在你的 activity 裡面加入下面的方法來覆寫 onStop() 方法：

```
override fun onStop() {
    super.onStop()
    // 在 activity 停止時執行的程式
}
```

這一行：

```
super.onStop()
```

會呼叫 Activity 超類別裡面的 onStop()。當你覆寫 onStop() 方法時，你必須加入這一行來確保 activity 執行父類別的 onStop() 方法裡面的任何其他活動。如果你跳過這一步，Android 就會產生例外。所有的生命週期方法都是如此，當你在你的 activity 中覆寫 Activity 生命週期的任何方法時，你就要呼叫父類別方法，否則會讓編譯器不開心。

當 Android 呼叫 onStop() 方法時，如果馬表正在運行，我們必須停止它。為此，我們要呼叫 saveOffset() 方法（為了讓馬表稍後從同一個顯示時間重新啟動），然後停止馬表。程式如下：

```
override fun onStop() {
    super.onStop()
    if (running) {
        saveOffset()
        stopwatch.stop()
    }
}
```

我們會在幾頁之後將這段程式加入 *MainActivity.kt*。

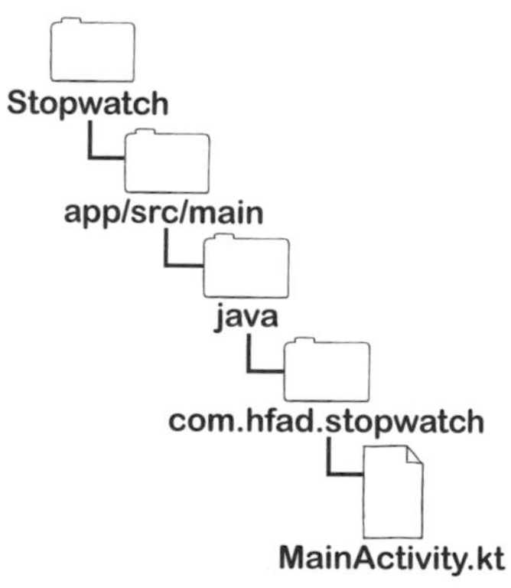

現在馬表會在 activity 隱藏時停止了。我們的下一個工作是讓馬表在 activity 顯示時再次啟動。

在 app 顯示時再次啟動馬表

當 activity 再次顯示時，Android 會呼叫兩個重要的生命週期方法：onStart() 與 onRestart()。

Android 會在 activity 即將顯示時呼叫 onStart() 方法。這可能是在 activity 被初次建立時，或是當它從隱藏再次顯示時。

我們用這段程式來實作 onStart() 方法：

```
override fun onStart() {
    super.onStart()
    // 當 activity 啟動時執行的程式
}
```

與 onStop() 方法一樣，這一行：

```
super.onStart()
```

會呼叫 Activity 超類別裡面的 onStart() 方法。

Android 會在呼叫 onStart() 之前呼叫 onRestart()，但只會在 activity 從顯示變成隱藏再變成顯示時呼叫它，不會在 activity 第一次顯示時呼叫它。

我們用這段程式來實作 onRestart() 方法：

```
override fun onRestart() {
    super.onRestart()
    // 當 activity 再次啟動時執行的程式
}
```

onStart() 會在 activity 即將顯示時執行。

onRestart() 只會在隱藏的 activity 再次顯示時執行。

在 Stopwatch app 裡，我們想要讓馬表在 activity 重新顯示時再次開始運行，所以我們將實作 onRestart() 方法。我們使用這段程式：

```
override fun onRestart() {
    super.onRestart()
    if (running) {
        setBaseTime()
        stopwatch.start()
        offset = 0
    }
}
```

我們會在下一頁將這個方法加入 MainActivity.kt。

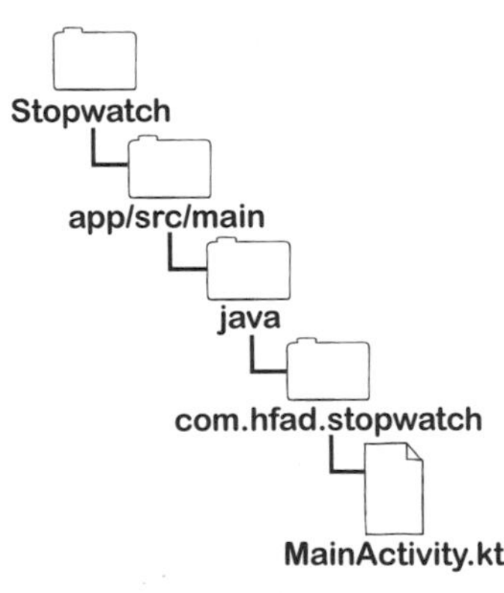

改好的 MainActivity.kt 程式

這是 *MainActivity.kt* 的程式，包含 onStop() 與 onRestart() 方法，請依此修改你的程式（粗體為修改處）：

```
...
class MainActivity : AppCompatActivity() {

    lateinit var stopwatch: Chronometer  //chronometer
    var running = false  //chronometer 正在運行嗎？
    var offset: Long = 0  //chronometer 的基準偏移值 offset

    //加入 Bundle 的索引鍵 Strings
    val OFFSET_KEY = "offset"
    val RUNNING_KEY = "running"
    val BASE_KEY = "base"

    override fun onCreate(savedInstanceState: Bundle?) {
        ...
    }

    override fun onStop() {
        super.onStop()
        if (running) {
            saveOffset()
            stopwatch.stop()
        }
    }

    override fun onRestart() {
        super.onRestart()
        if (running) {
            setBaseTime()
            stopwatch.start()
            offset = 0
        }
    }

    ...
}
```

不需要修改 onCreate() 方法，所以我們省略這些程式。

務必在你的程式中加入 onStop() 與 onRestart() 方法。

我們省略 saveOffset()、setBaseTime() 與 onSaveInstanceState() 方法的程式碼，因為你不需要修改它們。

Stopwatch
app/src/main
java
com.hfad.stopwatch
MainActivity.kt

當你執行 app 時會發生什麼事

1. **用戶啟動 app，按下 Start 按鈕，讓馬表開始計時。**

   馬表啟動，`running` 屬性被設為 `true`。

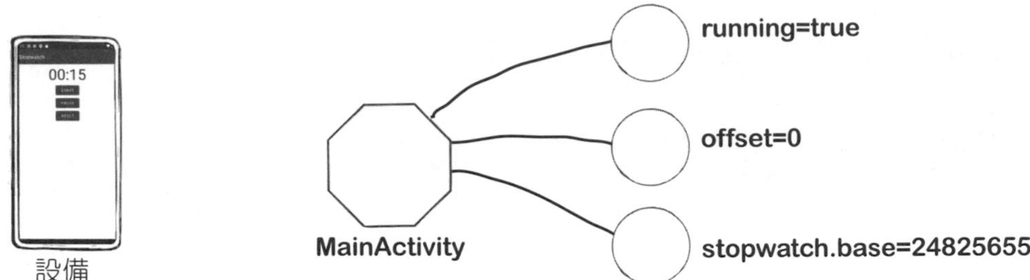

2. **用戶跳到設備的主畫面，所以 Stopwatch app 看不到了。**

   Android 呼叫 `onStop()` 方法，更改 `offset` 屬性，停止馬表。

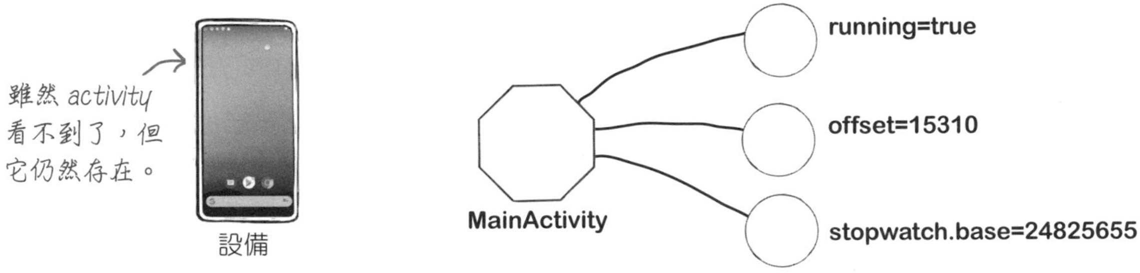

3. **用戶回到 Stopwatch app。**

   Android 呼叫 `onRestart()` 方法，更改 `stopwatch.base` 屬性，將 `offset` 屬性設為 `0`。馬表從正確的時間開始計時。

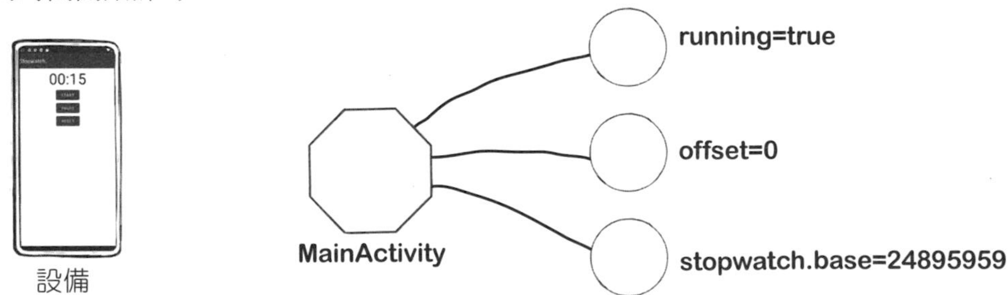

新車試駕

當我們執行 app 並按下 Start 按鈕時，計時器開始計時。它會在 app 隱藏時停止，在 app 再次顯示時再次啟動。

我們啟動馬表，然後切換到設備的主畫面。

馬表在 app 隱藏時暫停。

當我們回到馬表時，它再次開始計時。

沒有蠢問題

問：我們可以用 `onStart()` 方法而不是 `onRestart()` 方法來讓馬表再次執行嗎？

答：可以。當 activity 從隱藏狀態顯示出來時，`onRestart()` 與 `onStart()` 都會被呼叫，所以我們可以使用這兩個方法。

問：那為什麼我們要使用 `onRestart()`，而不是 `onStart()`？

答：`onStart()` 與 `onRestart()` 不一樣的地方在於前者也會在 activity 被建立並且第一次顯示時被呼叫。這意味著使用 `onRestart()` 比使用 `onStart()` 稍微有效率一些。

習題

在右邊的 activity 程式會在 activity 生命週期的不同階段改變 x 屬性的值。能否回答下面的各個動作會呼叫哪些生命週期方法，以及 x 的最終值是什麼？

1. 用戶打開 app，讓它開始運行。

2. 用戶打開 app，讓它開始運行。接著用戶旋轉設備。

3. 用戶打開 app，讓它開始運行。接著用戶跳到 Android 主畫面，然後回到 app。

```
package com.hfad.lifecycleexercise

import androidx.appcompat.app.AppCompatActivity
import android.os.Bundle

class MainActivity : AppCompatActivity() {

    var x = 0

    override fun onCreate(savedInstanceState: Bundle?) {
        super.onCreate(savedInstanceState)
        setContentView(R.layout.activity_main)
        x = savedInstanceState?.getInt("x") ?: 2
    }

    override fun onRestart() {
        super.onRestart()
        x -= 7
    }

    override fun onStart() {
        super.onStart()
        x += 6
    }

    override fun onStop() {
        super.onStop()
        x *= 2
    }

    override fun onSaveInstanceState(savedInstanceState: Bundle) {
        savedInstanceState.putInt("x", x + 1)
        super.onSaveInstanceState(savedInstanceState)
    }
}
```

習題解答

在右邊的 activity 程式會在 activity 生命週期的不同階段改變 x 屬性的值。能否回答下面的各個動作會呼叫哪些生命週期方法，以及 x 的最終值是什麼？

1. 用戶打開 app，讓它開始運行。

   onCreate(): x = 2

   onStart():. x = 8

   x 最後的值是 8。

2. 用戶打開 app，讓它開始運行。接著用戶旋轉設備。

   onCreate(): x = 2

   onStart(): x = 8

   onStop(): x = 16

   onSaveInstanceState(): x = 16

   onCreate(): x = 17

   onStart(): x = 23

   x 最後的值是 23。

   雖然 onSaveInstanceState() 將 17 存入 Bundle，但 x 在 onCreate() 方法執行之前不會被設定。

   此時，onRestart() 不會被呼叫，因為 app 沒有隱藏起來。

3. 用戶打開 app，讓它開始運行。接著用戶跳到 Android 主畫面，然後回到 app。

   onCreate(): x = 2

   onStart(): x = 8

   onStop(): x = 16

   onRestart(): x = 9

   onStart(): x = 15

   x 最後的值是 15。

```
package com.hfad.lifecycleexercise

import androidx.appcompat.app.AppCompatActivity
import android.os.Bundle

class MainActivity : AppCompatActivity() {

    var x = 0

    override fun onCreate(savedInstanceState: Bundle?) {
        super.onCreate(savedInstanceState)
        setContentView(R.layout.activity_main)
        x = savedInstanceState?.getInt("x") ?: 2
    }

    override fun onRestart() {
        super.onRestart()
        x -= 7
    }

    override fun onStart() {
        super.onStart()
        x += 6
    }

    override fun onStop() {
        super.onStop()
        x *= 2
    }

    override fun onSaveInstanceState(savedInstanceState: Bundle) {
        savedInstanceState.putInt("x", x + 1)
        super.onSaveInstanceState(savedInstanceState)
    }
}
```

如果 activity 只有部分顯示會怎樣？

你已經知道當 activity 被建立與銷毀時會發生什麼事情，也知道 activity 在顯示與隱藏時會發生什麼事情了。但是你還要考慮一種情況：**雖然 activity 顯示出來，但沒有被聚焦。**

當 activity 顯示出來但沒有被聚焦時，該 activity 會被**暫停（paused）**。這種情況會在你的 activity 上面有其他的 activity，並且那個 activity 既非全尺寸也非透明時發生。此時，最上面的 activity 會被聚焦，但是它下面的 activity 仍然是可見的，而且會暫停。

1:23
Stopwatch
00:15
START
PAUSE
RESET
Swipe up for tips
To keep going, the Google app needs permission to access some things on your device.
Unlock more Assistant features
GET STARTED
馬表的 activity 仍然可見，但它有一部分被遮住，且沒有被聚焦。在這種情況下，它會暫停。
這是 Google Assistant app 的 activity，它出現在馬表上面。

當 activity 失焦，但仍然可被用戶看到時，它會進入暫停狀態。此時 activity 仍然存在，並保有它的所有狀態資訊。

有兩個方法和 activity 的暫停與再次啟動有關：`onPause()` 和 `onResume()` 方法。當你的 activity 可見，但焦點在其他的 activity 時，Android 會呼叫 `onPause()`。Android 會在 activity 即將開始與用戶互動之前呼叫 `onResume()`。我們來看看這些方法與其他的 activity 生命週期之間的關係。

前景生命週期

我們延續稍早的生命週期圖，加入 onResume() 與 onPause() 方法（以粗體表示新的部分）：

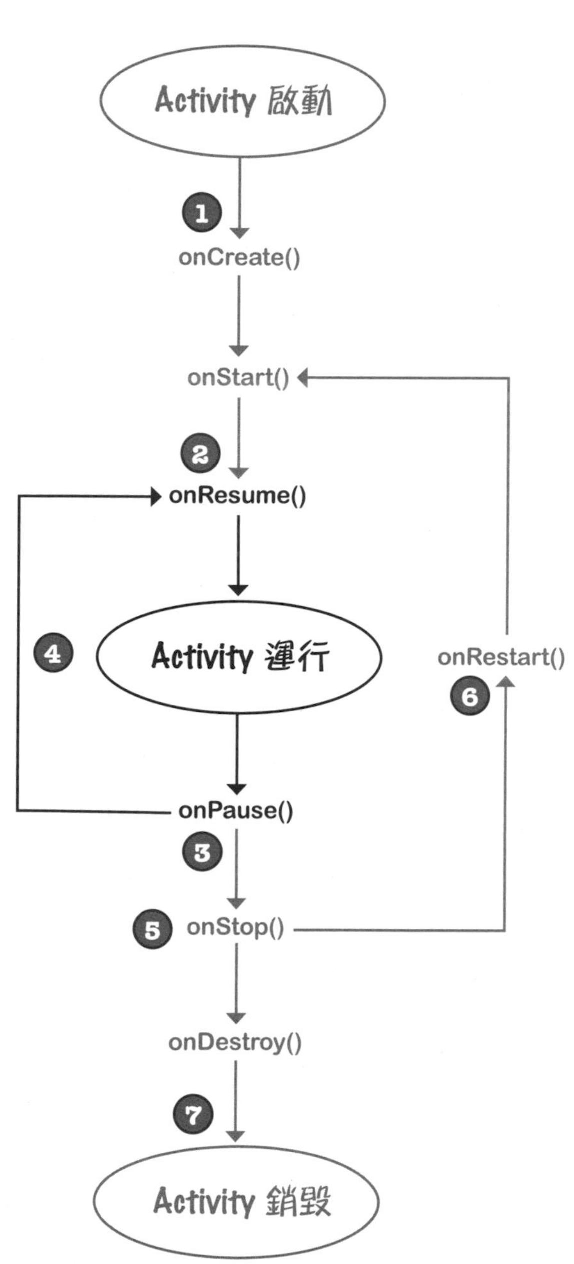

1 **Android 啟動 activity，執行 onCreate() 與 onStart() 方法。**

此時，activity 是可見的，但未被聚焦。

2 **onResume() 方法開始執行。Android 會在 activity 即將進入前景時呼叫它。**

在 onResume() 方法執行之後，activity 被聚焦，用戶可以和它互動。

3 **當 activity 不在前景時，onPause() 方法會開始執行。**

執行 onPause() 方法之後，activity 仍然可見，但未被聚焦。

4 **如果 activity 再次移到前景，onResume() 方法就會執行。**

如果 activity 反覆地失焦與聚焦，它會多次經歷這個循環。

5 **如果 activity 無法被用戶看見，onStop() 方法就會執行。**

執行 onStop() 方法之後，用戶就無法看見 activity 了。

6 **如果 activity 再次顯示，Android 會呼叫 onRestart()，然後呼叫 onStart() 與 onResume()。**

activity 可能會多次經歷這個循環。

7 **最後，activity 被銷毀。**

當 activity 從「運行」變成「銷毀」時，Android 會在銷毀 activity 之前呼叫 onPause() 方法與 onStop() 方法。

在 activity 暫停時暫停馬表

讓我們回到 Stopwatch app。

到目前為止，我們已經讓馬表在 Stopwatch app 隱藏時暫停，並且在 app 再次顯示時再次開始計時，我們的做法是覆寫 onStop() 與 onRestart() 方法。

我們要讓 app 只有部分顯示時具有相同的行為。我們想要在 activity 被暫停時讓馬表暫停，並且在 activity 繼續執行時再次啟動馬表，我們需要實作哪些生命週期方法？

簡單的答案是，我們必須使用 onPause() 與 onResume() 方法，但是我們想要多做一點。我們要用這些方法來取代之前寫好的 onStop() 與 onRestart() 方法呼叫。

從生命週期圖可以看到，當 activity 被停止再重新啟動時，Android 會呼叫（除了 onStop()、onStart() 與 onRestart() 之外）onPause() 與 onResume()。因為我們希望 app 在 activity 暫停時或停止時有相同的行為，我們可以在這兩種情況下使用 onPause() 與 onResume() 方法。

你可以用這種程式來實作 onPause() 與 onResume() 方法：

```
override fun onPause() {
    super.onPause()
    //在 activity 暫停時執行的程式
}

override fun onResume() {
    super.onResume()
    //在 activity 繼續執行時執行的程式
}
```

與之前一樣，呼叫 super.onPause() 與 super.onResume() 是必要的。它們會呼叫 Activity 超類別的 onPause() 與 onResume() 方法，如果不呼叫這些方法，程式將無法編譯。

我們想要將 *MainActivity.kt* 裡面的 onStop() 與 onRestart() 方法換成 onPause() 與 onResume() 的實作。看看你能不能在接下來的習題中，想出如何修改程式。

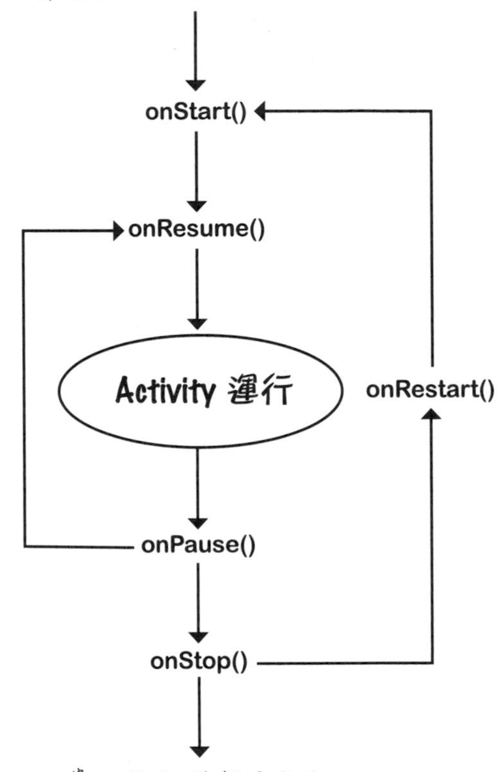
當 activity 再次啟動或繼續執行時，onResume() 方法會被呼叫。因為我們想要讓 app 在啟動與繼續執行時做同一件事，我們可以實作 onResume() 方法，而非 onRestart()。
onStart()
onResume()
Activity 運行
onRestart()
onPause()
onStop()
當 activity 被暫停或停止時，onPause() 方法會被呼叫，這意味著我們可以實作 onPause() 方法，而非 onStop()。

我們想要讓馬表在 **MainActivity** 失焦時暫停，在再次聚焦時啟動。在下面的 *MainActivity.kt* 程式中，進行必要的修改。

我們沒有列出完整的 *MainActivity.kt* 程式碼，只列出你可能需要修改的部分。

```
...
class MainActivity : AppCompatActivity() {

    lateinit var stopwatch: Chronometer  //chronometer
    var running = false  //chronometer 正在運行嗎？
    var offset: Long = 0  //chronometer 的基準偏移值 offset
    ...

    override fun onCreate(savedInstanceState: Bundle?) {
        ...
    }

    override fun onStop() {
        super.onStop()
        if (running) {
            saveOffset()
            stopwatch.stop()
        }
    }

    override fun onRestart() {
        super.onRestart()
        if (running) {
            setBaseTime()
            stopwatch.start()
            offset = 0
        }
    }

    ...
}
```

我們想要讓馬表在 MainActivity 失焦時暫停，在再次聚焦時啟動。在下面的 *MainActivity.kt* 程式中，進行必要的修改。

```
...
class MainActivity : AppCompatActivity() {

    lateinit var stopwatch: Chronometer  //chronometer
    var running = false  //chronometer 正在運行嗎？
    var offset: Long = 0  //chronometer 的基準偏移值 offset
    ...

    override fun onCreate(savedInstanceState: Bundle?) {
        ...
    }

    override fun onStop() onPause() {
        super.onStop()
        super.onPause()
        if (running) {
            saveOffset()
            stopwatch.stop()
        }
    }

    override fun onRestart() onResume() {
        super.onRestart()
        super.onResume()
        if (running) {
            setBaseTime()
            stopwatch.start()
            offset = 0
        }
    }

    ...
}
```

（onStop()、super.onStop()、onRestart()、super.onRestart() 已被劃掉。）

將 onStop() 換成 onPause()，並呼叫超類別版本的 onPause() 方法。

同樣地，將 onRestart() 換成 onResume()。

完整的 MainActivity.kt 程式碼

以下是 app 的完整 *MainActivity.kt* 程式碼，請依此修改你的程式（粗體為修改處）：

```
package com.hfad.stopwatch

import androidx.appcompat.app.AppCompatActivity
import android.os.Bundle
import android.os.SystemClock
import android.widget.Button
import android.widget.Chronometer

class MainActivity : AppCompatActivity() {

    lateinit var stopwatch: Chronometer  //chronometer
    var running = false  //chronometer 正在運行嗎？
    var offset: Long = 0  //chronometer 的基準偏移值 offset

    //加入 Bundle 的索引鍵 Strings
    val OFFSET_KEY = "offset"
    val RUNNING_KEY = "running"
    val BASE_KEY = "base"

    override fun onCreate(savedInstanceState: Bundle?) {
        super.onCreate(savedInstanceState)
        setContentView(R.layout.activity_main)

        //取得馬表的參考
        stopwatch = findViewById<Chronometer>(R.id.stopwatch)

        //恢復之前的狀態
        if (savedInstanceState != null) {
            offset = savedInstanceState.getLong(OFFSET_KEY)
            running = savedInstanceState.getBoolean(RUNNING_KEY)
            if (running) {
                stopwatch.base = savedInstanceState.getLong(BASE_KEY)
                stopwatch.start()
            } else setBaseTime()
        }
```

Stopwatch
app/src/main
java
com.hfad.stopwatch
MainActivity.kt

本頁的程式都不需要修改。

程式還沒結束，見下一頁。

MainActivity.kt（續）

```
        //用 start 按鈕啟動馬表，如果它還沒有開始執行的話
        val startButton = findViewById<Button>(R.id.start_button)
        startButton.setOnClickListener {
            if (!running) {
                setBaseTime()
                stopwatch.start()
                running = true
            }
        }

        //用 pause 按鈕來暫停馬表
        val pauseButton = findViewById<Button>(R.id.pause_button)
        pauseButton.setOnClickListener {
            if (running) {
                saveOffset()
                stopwatch.stop()
                running = false
            }
        }

        //用 reset 按鈕來將 offset 與馬表設為 0
        val resetButton = findViewById<Button>(R.id.reset_button)
        resetButton.setOnClickListener {
            offset = 0
            setBaseTime()
        }
    }

    override fun onStop() onPause() {
        super.onStop()
        super.onPause()
        if (running) {
            saveOffset()
            stopwatch.stop()
        }
    }
```

將 onStop() 換成 onPause()。

Stopwatch
app/src/main
java
com.hfad.stopwatch
MainActivity.kt

程式還沒結束，見下一頁。

MainActivity.kt（續）

```
    override fun onRestart() onResume() {
        super.onRestart()
        super.onResume()
        if (running) {
            setBaseTime()
            stopwatch.start()
            offset = 0
        }
    }

    override fun onSaveInstanceState(savedInstanceState: Bundle) {
        savedInstanceState.putLong(OFFSET_KEY, offset)
        savedInstanceState.putBoolean(RUNNING_KEY, running)
        savedInstanceState.putLong(BASE_KEY, stopwatch.base)
        super.onSaveInstanceState(savedInstanceState)
    }

    //更改 stopwatch.base 時間，允許任何 offset
    fun setBaseTime() {
        stopwatch.base = SystemClock.elapsedRealtime() - offset
    }

    //記錄 offset
    fun saveOffset() {
        offset = SystemClock.elapsedRealtime() - stopwatch.base
    }
}
```

將 onRestart 換成 onResume()。

Stopwatch
app/src/main
java
com.hfad.stopwatch
MainActivity.kt

在試著執行程式之前，我們先來看看當程式執行時會發生什麼事。

當你執行 app 時會發生什麼事

1 **用戶啟動 app，按下 Start 按鈕，讓馬表開始計時。**

馬表開始計時，`running` 屬性被設為 `true`。

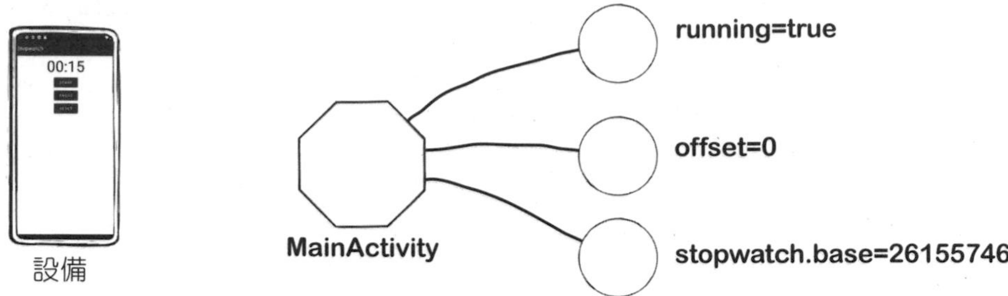

2 **另一個 activity 在前景出現，導致 MainActivity 只有部分顯示。**

Android 呼叫 `onPause()` 方法，更改 `offset` 屬性，停止馬表。

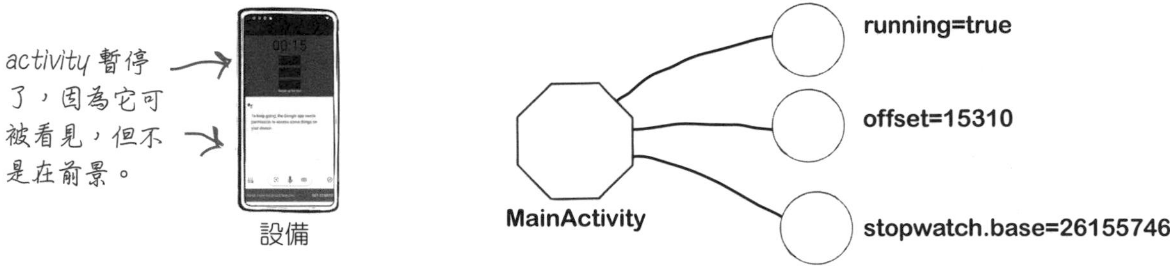

3 **MainActivity 回到前景。**

Android 呼叫 `onResume()` 方法，更改 `stopwatch.base` 屬性，啟動馬表，將 `offset` 屬性設為 `0`。馬表從正確的時間開始計時。

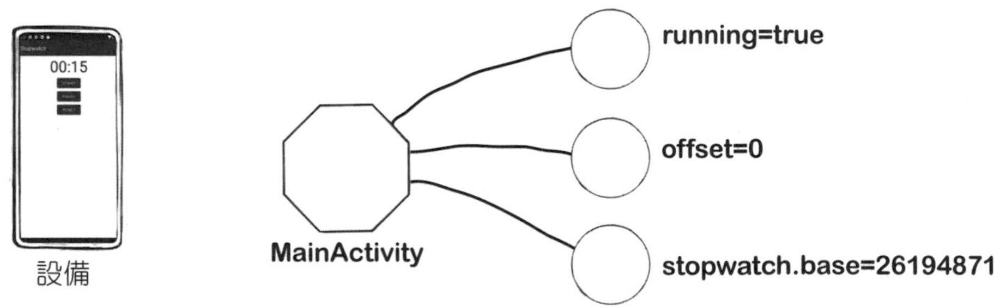

新車試駕

當我們執行 app 按下 Start 按鈕後，計時器會開始計時；當 app 的一部分被其他的 activity 遮住時，計時器暫停計時；當 app 回到前景時，計時器繼續計時。

啟動馬表。

當部分的 activity 被遮住時，馬表暫停。

當 activity 回到前景時，馬表再度開始計時。

恭喜你！你已經完成一個 Stopwatch app，並了解如何使用 Android 的 activity 生命週期方法來控制 app 的行為了。

activity 生命週期方法概要

方法	何時被呼叫	下一個方法
onCreate()	當 activity 初次建立時。你可以用這個方法來做一般的靜態設定，例如建立 view，它也會給你一個 Bundle 物件，裡面有之前保存的 activity 狀態。	`onStart()`
onRestart()	當 activity 已經停止，且即將再次啟動時。	`onStart()`
onStart()	當 activity 即將顯示出來時。如果 activity 進入前景，這個方法結束之後會執行 `onResume()`，或者，如果 activity 變成隱藏，接下來會執行 `onStop()`。	`onResume()` 或 `onStop()`
onResume()	當 activity 在前景時。	`onPause()`
onPause()	當你的 activity 因為其他 activity 恢復執行而不在前景時。下一個 activity 在這個方法完成之後才會恢復執行，所以這個方法裡面的程式必須快速執行完畢。如果 activity 回到前景，這個方法完成之後執行 `onResume()`，或者，如果 activity 被隱藏起來，這個方法完成之後執行 `onStop()`。	`onResume()` 或 `onStop()`
onStop()	當 activity 不復可見時。原因可能是其他的 activity 完全遮住它，或因為這個 activity 被銷毀。如果 activity 再度可見，在這個方法之後會執行 `onRestart()`；如果 activity 被銷毀，在它之後會執行 `onDestroy()`。	`onRestart()` 或 `onDestroy()`
onDestroy()	當你的 activity 即將被銷毀，或 activity 結束時。	無

我是 activity

右邊有一些 activity 程式碼，你的任務是扮演 activity，說明以下的各種情況需要執行哪些程式碼。我們已經標示你需要考慮的程式碼，並且幫你起個頭，為你完成第一道題目了。

用戶啟動 activity，並開始使用它。

程式片段 A、G、D。Android 建立 activity，顯示它，並接受聚焦。

用戶啟動 activity，開始使用它，然後切換到其他 app。

這題比較難。

用戶啟動 activity，開始使用它，接著旋轉設備，再切換到其他 app，然後回到 activity。

```
...
class MainActivity : AppCompatActivity() {

    override fun onCreate(
            savedInstanceState: Bundle?) {
  (A)   //執行程式碼 A
        ...
    }

    override fun onPause() {
  (B)   //執行程式碼 B
        ...
    }

    override fun onRestart() {
  (C)   //執行程式碼 C
        ...
    }

    override fun onResume() {
  (D)   //執行程式碼 D
        ...
    }

    override fun onStop() {
  (E)   //執行程式碼 E
        ...
    }

    fun onRecreate() {
  (F)   //執行程式碼 F
        ...
    }

    override fun onStart() {
  (G)   //執行程式碼 G
        ...
    }

    override fun onDestroy() {
  (H)   //執行程式碼 H
        ...
    }
}
```

我是 activity 解答

右邊有一些 activity 程式碼，你的任務是扮演 activity，說明以下的各種情況需要執行哪些程式碼。我們已經標示你需要考慮的程式碼，並且幫你起個頭，為你完成第一道題目了。

```
...
class MainActivity : AppCompatActivity() {

    override fun onCreate(
            savedInstanceState: Bundle?) {
    A   //執行程式碼 A
        ...
    }

    override fun onPause() {
    B   //執行程式碼 B
        ...
    }

    override fun onRestart() {
    C   //執行程式碼 C
        ...
    }

    override fun onResume() {
    D   //執行程式碼 D
        ...
    }

    override fun onStop() {
    E   //執行程式碼 E
        ...
    }

    fun onRecreate() {
    F   //執行程式碼 F
        ...
    }

    override fun onStart() {
    G   //執行程式碼 G
        ...
    }

    override fun onDestroy() {
    H   //執行程式碼 H
        ...
    }
}
```

沒有叫做 onRecreate() 的生命週期方法。

用戶啟動 activity，並開始使用它。

程式片段 A、G、D。Android 建立 activity，顯示它，並接受聚焦。

用戶啟動 activity，開始使用它，然後切換到其他 app。

程式片段 A、G、D、B、E。Android 建立 activity，顯示它，並接受聚焦。當用户切換到其他 app 時，它會失焦並隱藏起來。

用戶啟動 activity，開始使用它，接著旋轉設備，再切換到其他 app，然後回到 activity。

程式片段 A、G、D、B、E、H、A、G、D、B、E、C、G、D。首先，Android 建立 activity，顯示它，並接受聚焦。當設備被旋轉時，activity 失焦，隱藏起來，並且被銷毀。然後它被建立，可被看見，接受聚焦。當用户切到其他 app 再回來時，activity 會失焦、隱藏起來、再次被看見、再次被聚焦。

你的 Android 工具箱

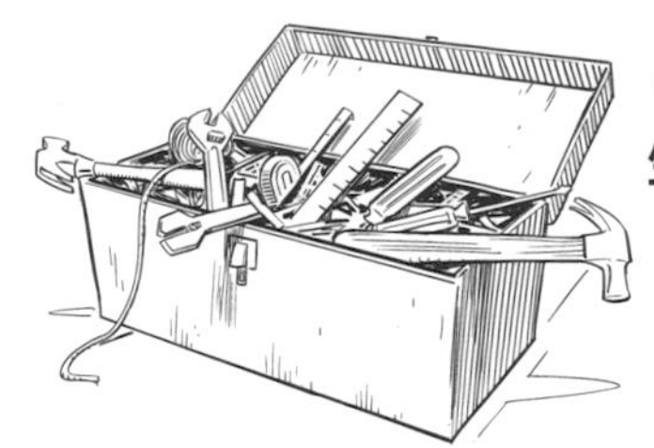

你已經掌握第 5 章，將 activity 生命週期加入你的工具箱了。

你可以在 tinyurl.com/hfad3 下載本章的完整程式碼。

本章重點

- Chronometer view 實作了一個簡單的計時器。Chronometer 是 TextView 的子類別。
- 改變設備的組態會導致 activity 被銷毀及重建。
- activity 從 android.app.Activity 類別繼承生命週期方法。當你覆寫這些方法時，你必須呼叫超類別裡面的方法。
- onSaveInstanceState(Bundle) 可讓你在 activity 被銷毀之前保存它的狀態，你可以在 onCreate() 裡面使用 Bundle 來恢復狀態。
- 你可以在 onSaveInstanceState() 裡面使用 bundle.put...("name", value) 來將值放入 Bundle。
- 你可以在 onCreate() 裡面使用 bundle.get...("name") 來從 bundle 取回值。
- onCreate() 和 onDestroy() 負責處理 activity 的生與死。
- onRestart()、onStart()，和 onStop() 負責處理 activity 的可見性。
- onResume() 與 onPause() 會在 activity 聚焦與失焦時執行。

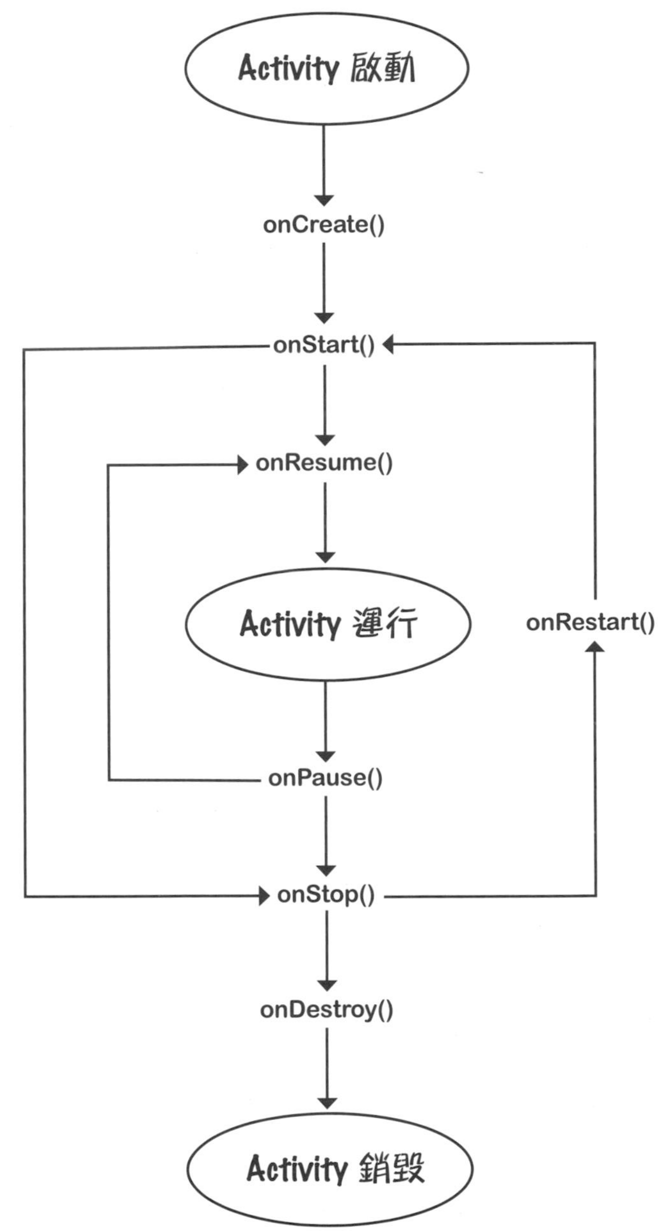

6 fragments 與 navigation

自尋出路

大多數的 app 都需要多個畫面。

到目前為止，我們只介紹如何建立單畫面的 app，簡單的 app 可以這樣做。但是如果你有**更複雜的需求呢**？本章將教你如何使用 **fragment** 與 **Navigation 組件**來**建構多畫面的 app**。你將發現 **fragment 就像**擁有自己的方法的**次級 activity**。你將了解如何**設計高效的導覽圖（navigation graph）**。最後，你將認識 **navigation host** 與 **navigation controller**，並了解如何用它們來從一個地方前往另一個地方。

大多數的 app 都需要多個畫面

截至目前為止，你建立的 app 有一個共同點：它們都只有一個畫面。每一個 app 都只有一個 activity 以及對應的 layout，用它們來定義 app 的外觀，以及用戶如何互動。

但是，大多數的 app 都不只一個畫面。例如，email app 可能有一個讓你撰寫 email 的畫面，以及另一個顯示你收到的 email 清單的畫面。行事曆 app 可能會在一個畫面上顯示一系列的事件，在另一個畫面顯示一個特定事件的細節。

我們要建立一個 Secret Message app 來介紹如何建立多畫面的 app。這個 app 有一個歡迎畫面，用第二個畫面來讓用戶輸入訊息，用第三個畫面來顯示該訊息的加密版本。

我們的 app 長這樣：

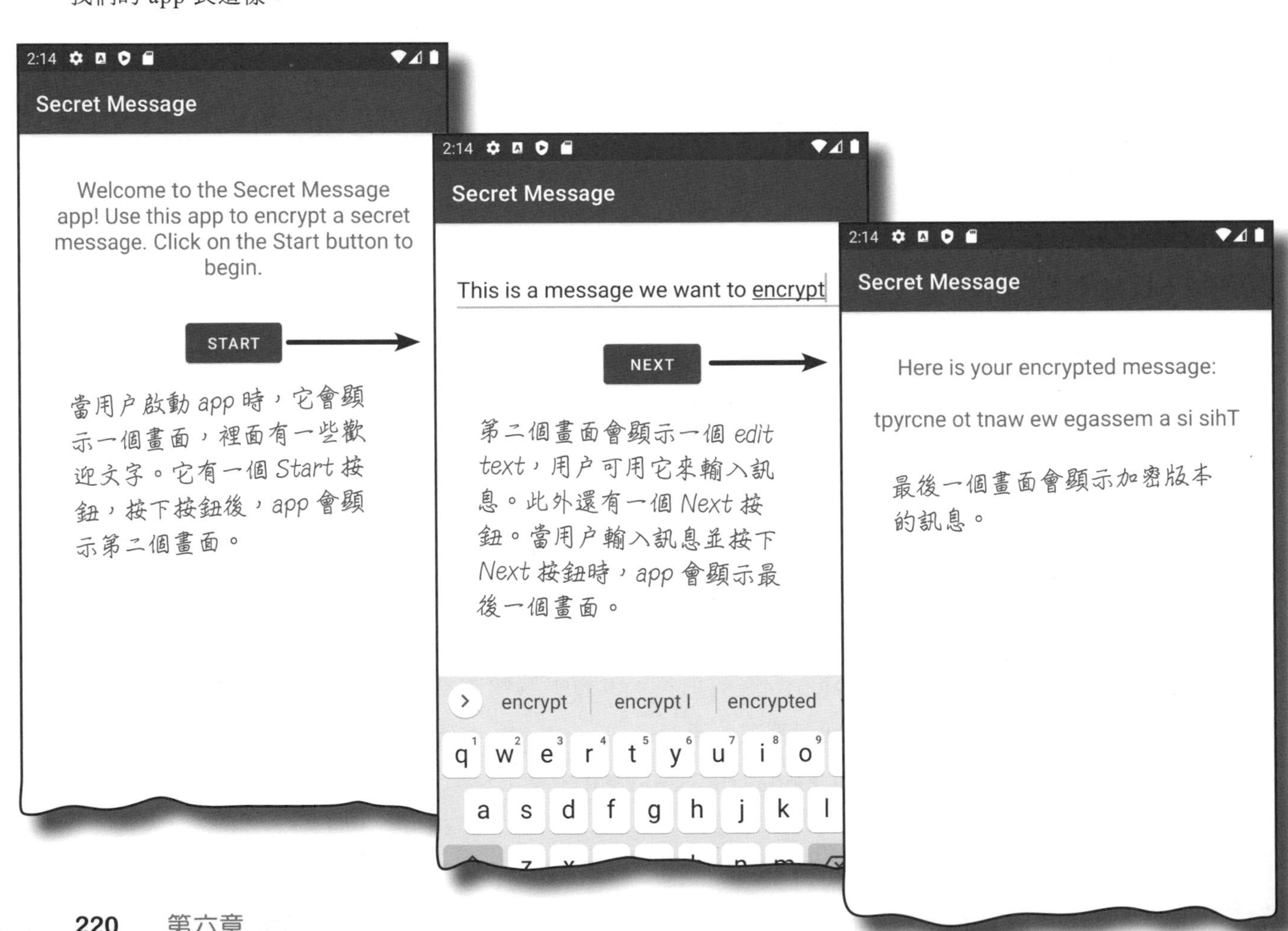

Secret Message
Welcome to the Secret Message app! Use this app to encrypt a secret message. Click on the Start button to begin.
START
當用户啟動 app 時，它會顯示一個畫面，裡面有一些歡迎文字。它有一個 Start 按鈕，按下按鈕後，app 會顯示第二個畫面。
Secret Message
This is a message we want to encrypt
NEXT
第二個畫面會顯示一個 edit text，用户可用它來輸入訊息。此外還有一個 Next 按鈕。當用户輸入訊息並按下 Next 按鈕時，app 會顯示最後一個畫面。
Secret Message
Here is your encrypted message:
tpyrcne ot tnaw ew egassem a si sihT
最後一個畫面會顯示加密版本的訊息。

每一個畫面都是一個 fragment

Secret Message app 有三個不同的畫面，我們要用不同的 **fragment** 來建立每一個畫面。fragment 就像一種次級的 activity，它顯示在一個 activity 的 layout 裡面。它有控制行為的 Kotlin 程式，以及定義外觀的 layout。

以下是 app 將使用的三個 fragment：

fragment 有控制其行為的 Kotlin 程式碼，以及一個指定其外觀的 layout。

WelcomeFragment

這是 app 的主畫面。它必須顯示一些介紹文字，以及一顆按鈕。按下按鈕可前往下一個畫面：`MessageFragment`。

Welcome to the Secret Message app! Use this app to encrypt a secret message. Click on the Start button to begin.

START

MessageFragment

這個畫面可讓用戶在 edit text 裡面輸入一個訊息。當用戶按下它的按鈕時，app 會前往 `EncryptFragment`。

Please enter your secret message

NEXT

EncryptFragment

這是最後一個畫面。它會加密用戶的訊息，並顯示結果。

Here is your encrypted message:

tpyrcne ot tnaw ew egassem a si sihT

它們都是 fragment。每一個 fragment 都定義一個畫面，而且有它自己的 layout 與行為。

我們必須讓用戶可以在全部的三個 fragment 之間巡覽。怎麼做？

使用 Navigation 組件在不同的畫面之間巡覽

Navigation 組件是 Android Jetpack 的一部分。

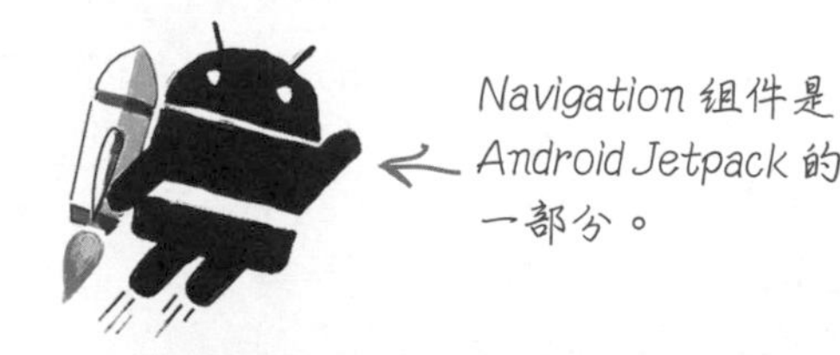

在不同的 fragment 之間巡覽的最佳手段是使用 Android 的 **Navigation 組件**。Navigation 組件是 Android Jetpack 的一部分，它可協助你用標準的方式實作巡覽。

為了在 Secret Message app 裡面使用 Navigation 組件，我們要加入一個名為 `MainActivity` 的 activity。當用戶巡覽 app 時，activity 會依序顯示每一個 fragment：

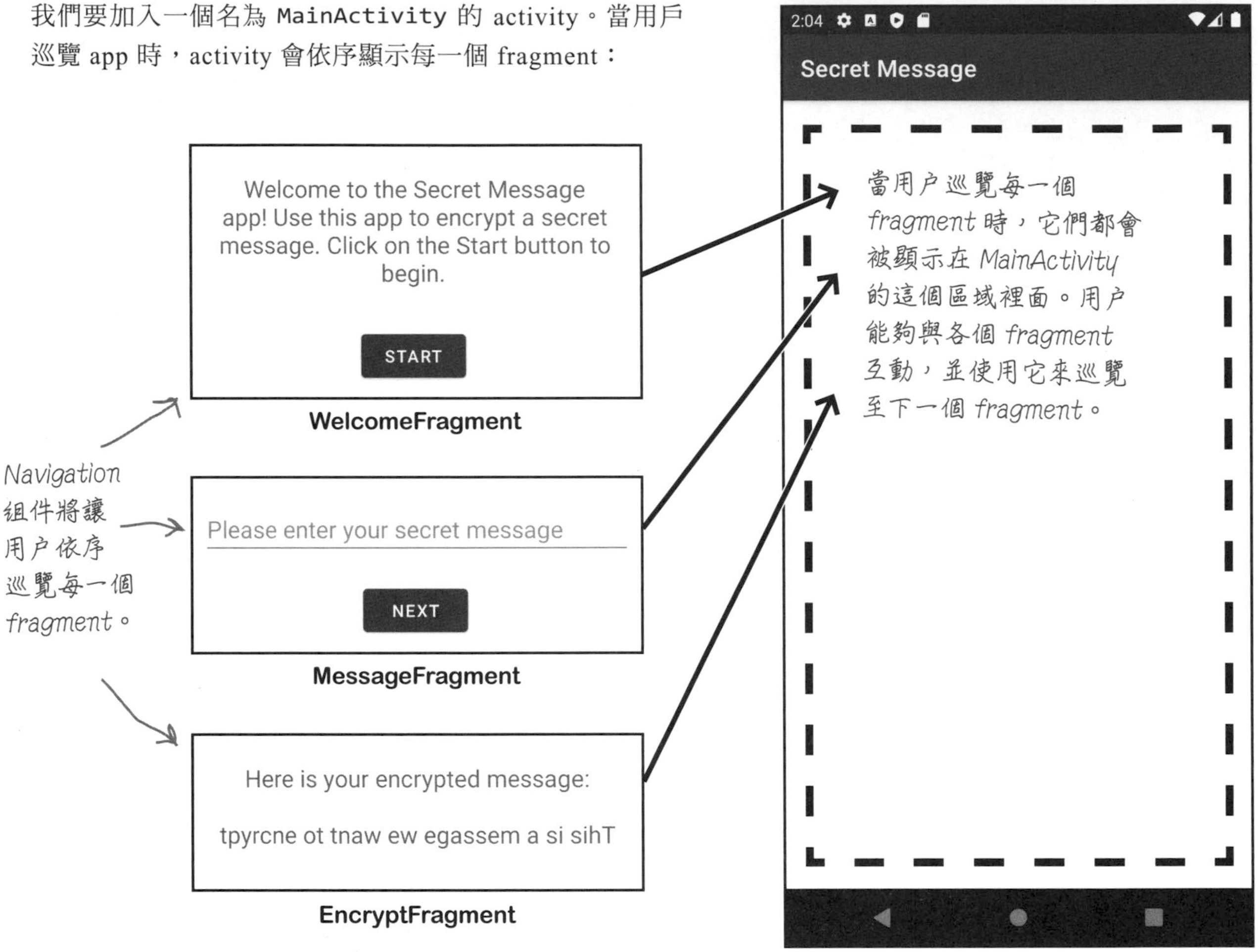

Welcome to the Secret Message app! Use this app to encrypt a secret message. Click on the Start button to begin.
START
WelcomeFragment
Please enter your secret message
NEXT
MessageFragment
Here is your encrypted message:
tpyrcne ot tnaw ew egassem a si sihT
EncryptFragment
Navigation 組件將讓用戶依序巡覽每一個 fragment。
2:04
Secret Message
當用戶巡覽每一個 fragment 時，它們都會被顯示在 MainActivity 的這個區域裡面。用戶能夠與各個 fragment 互動，並使用它來巡覽至下一個 fragment。

在建立 Secret Message app 的過程中，你將進一步了解 fragment 與 Navigation 組件。我們來看看建立的步驟有哪些。

我們接下來要做這些事情

我們將在本章開始建立 Secret Message app，並在下一章完成它。

這是我們要在本章做的事情：

1. **建立並顯示 WelcomeFragment。**

   在這個步驟裡，我們將建立 `WelcomeFragment`，它是 app 的第一個畫面。我們將在 `MainActivity` 的 layout 顯示這個 fragment，讓用戶可以在 app 啟動時看到它。

在這一步，我們將在 MainActivity 的 layout 裡面顯示 WelcomeFragment。

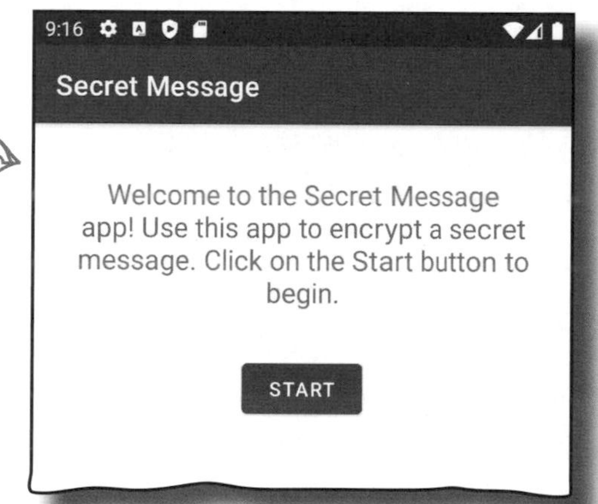

2. **巡覽至 MessageFragment。**

   我們將建立第二個 fragment，稱為 `MessageFragment`，並且在用戶按下 `WelcomeFragment` 的 layout 裡面的按鈕時切換到那裡。我們將使用 Android 的 Navigation 組件來實作巡覽。

當用戶按下 WelcomeFragment 的 Start 按鈕時，MainActivity 會顯示 MessageFragment。

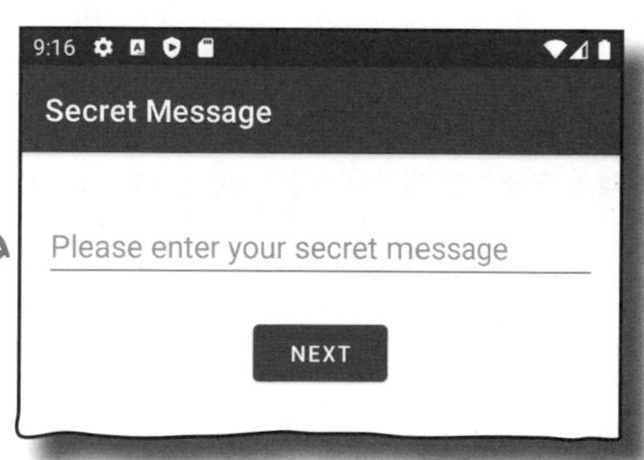

首先，我們要為 app 建立一個新專案。

建立新專案

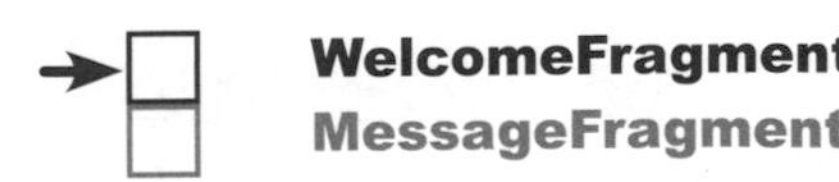

我們將使用新專案來建構 Secret Message app，請按照之前章節的步驟來建立一個專案。選擇 Empty Activity，在 Name 中輸入「Secret Message」，在 Package name 中輸入「com.hfad.secretmessage」，並接受預設的儲存位置。將 Language 設為 Kotlin，將 Minimum SDK 設為 API 21，讓它可在大多數的 Android 設備上執行。

加入 String 資源

在建立 fragment 之前，我們要將一些 `String` 資源加入專案。我們會用它們在 fragment 的 layout 裡面顯示文字，例如按鈕的標籤，以及第一個畫面的歡迎訊息。

為了加入 `String`，打開 *SecretMessage/app/src/main/res/values* 資料夾裡面的 *strings.xml*，然後在檔案中加入下面的資源（粗體為修改處）：

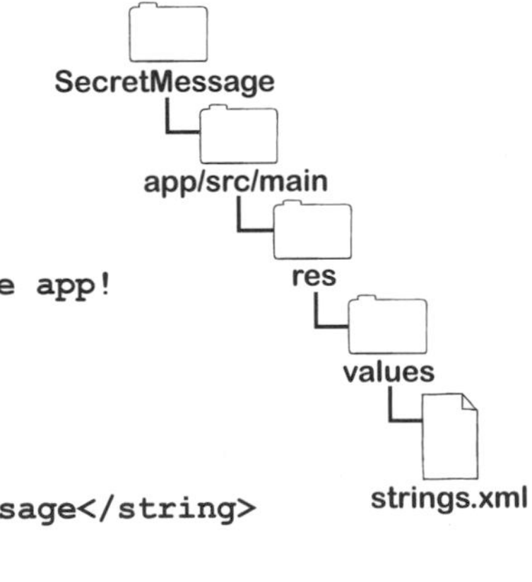


```
<resources>
    <string name="app_name">Secret Message</string>
    <string name="welcome_text">Welcome to the Secret Message app!
        Use this app to encrypt a secret message.
        Click on the Start button to begin.</string>
    <string name="start">Start</string>
    <string name="message_hint">Please enter your secret message</string>
    <string name="next">Next</string>
    <string name="encrypt_text">Here is your encrypted message:</string>
</resources>
```

務必加入這幾行。

問：**為什麼要使用 fragment？難道不能用多個 activity 來建立多畫面的 app 嗎？**

答：你的確可以用多個 activity 來建立多畫面的 app，過去幾年以來，這也是這種 app 的典型開發方法。

但是自從 Android 的 Navigation 組件推出之後，Android 團隊轉而推薦使用 fragment。Navigation 組件主要是為了與 fragment 一起使用而設計的，所以現在它是實作巡覽的標準手段。

在專案中加入 WelcomeFragment

我們要在專案中加入一個名為 `WelcomeFragment` 的 fragment。`WelcomeFragment` 是用戶打開 app 時看到的第一個畫面，我們要使用它來顯示一些關於 app 的介紹文字，以及一顆按鈕。

加入 fragment 的方法是在專案 explorer 裡面，選擇 *app/src/main/java* 資料夾內的 *com.hfad.secretmessage* 程式包，前往 File 選單，選擇 New → Fragment → Fragment (Blank)。

Android Studio 會問你想要怎麼設定新 fragment。將 fragment 命名為「WelcomeFragment」，將它的 layout 命名為「fragment_welcome」。然後將語言設為 Kotlin，並按下 Finish 按鈕。

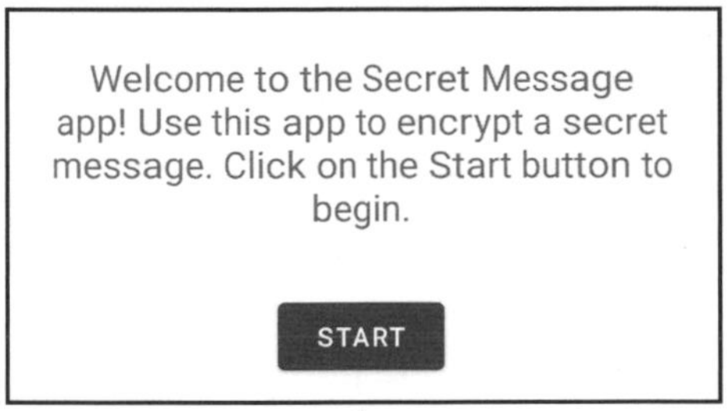

Welcome to the Secret Message app! Use this app to encrypt a secret message. Click on the Start button to begin.

START

這是 WelcomeFragment 的樣子。

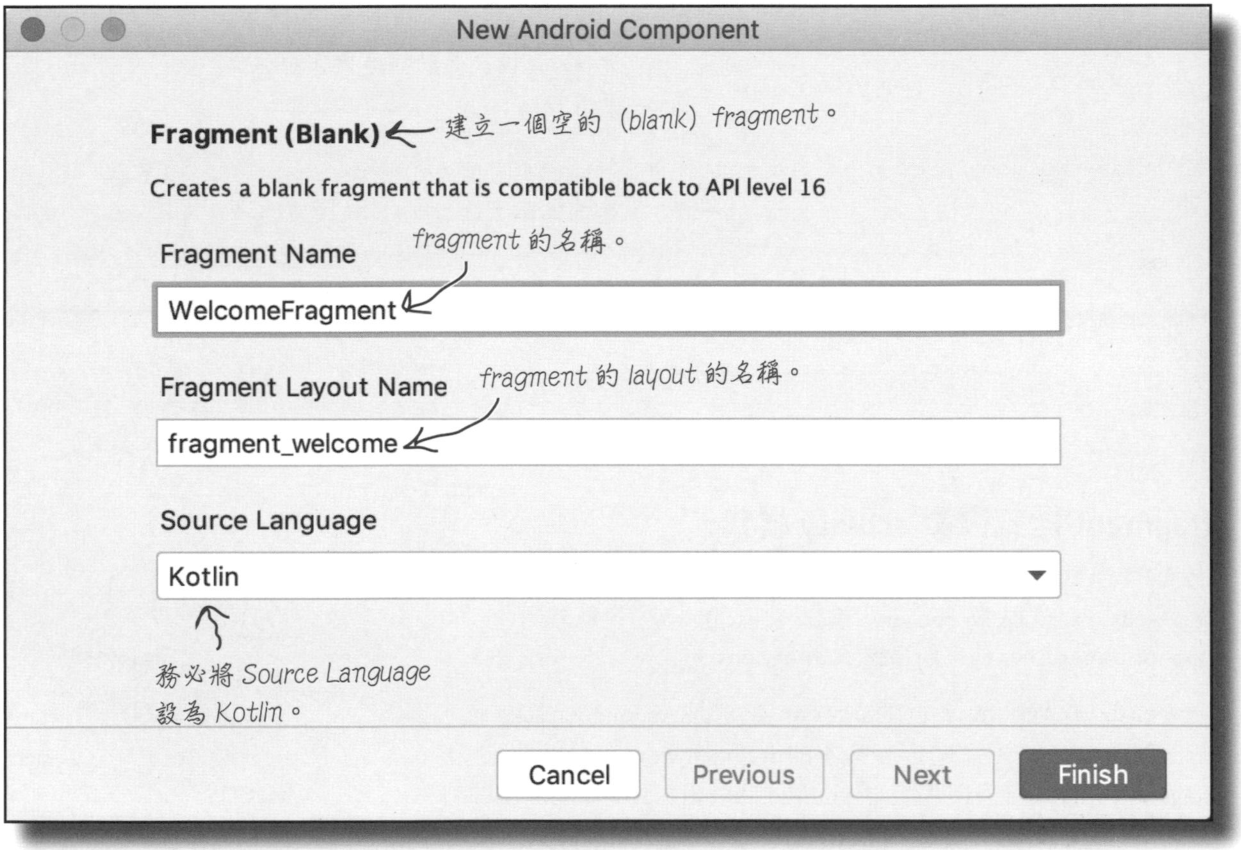

New Android Component

Fragment (Blank) ← 建立一個空的 (blank) fragment。

Creates a blank fragment that is compatible back to API level 16

Fragment Name — fragment 的名稱。

WelcomeFragment

Fragment Layout Name — fragment 的 layout 的名稱。

fragment_welcome

Source Language

Kotlin

務必將 Source Language 設為 Kotlin。

Cancel | Previous | Next | Finish

按下 Finish 按鈕之後，Android Studio 就會建立新的 fragment，並將它加入專案了。

fragment 的程式長怎樣

當你建立新的 fragment 時，Android Studio 會在專案中加入兩個檔案，一個是 Kotlin 檔案，用來控制 fragment 的行為，一個是 layout 檔案，用來描述 fragment 的外觀。

我們先來看 Kotlin 程式。前往 *app/src/main/java* 資料夾裡面的 *com.hfad.secretmessage* 程式包，打開 *WelcomeFragment.kt* 檔。然後將 Android Studio 產生的程式**換成下面的程式**：


```
package com.hfad.secretmessage

import android.os.Bundle
import androidx.fragment.app.Fragment
import android.view.LayoutInflater
import android.view.View
import android.view.ViewGroup

class WelcomeFragment : Fragment() {

    override fun onCreateView(inflater: LayoutInflater, container: ViewGroup?,
                              savedInstanceState: Bundle?): View? {
        // 將這個 fragment 的 layout 充氣
        return inflater.inflate(R.layout.fragment_welcome, container, false)
    }
}
```

WelcomeFragment 繼承 Fragment，將它從普通的舊類別轉換成如假包換的 fragment。

這個類別覆寫 onCreateView()。Android 會在需要顯示這個 fragment 時呼叫這個方法。

這段程式告訴 Android：這個 fragment 使用 fragment_welcome.xml 作為它的 layout。

fragment 程式很像 activity 程式

上面的程式定義了一個基本的 fragment。如你所見，fragment 程式很像 activity 程式。但是，它不是繼承 `AppCompatActivity`，而是繼承 **`Fragment`**。

`androidx.fragment.app.Fragment` 類別是 Android Jetpack 的一部分，它的用途是定義基本的 fragment。它有最新的 fragment 功能，並且與舊版的 Android 回溯相容。

別忘了！
務必將 WelcomeFragment.kt 的內容改成這裡的程式。

這個 fragment 覆寫 `onCreateView()` 方法，當 Android 需要 fragment 的 layout 時，就會呼叫該方法。幾乎每一個 fragment 都會覆寫這個方法，我們來仔細地研究它。

fragment 的 onCreateView() 方法

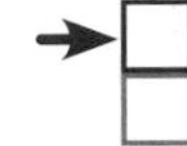

WelcomeFragment
MessageFragment

當 Android 需要使用 fragment 的 layout 時，就會呼叫 `onCreateView()` 方法。你不一定要覆寫這個方法，但每當你定義具備 layout 的 fragment 時就必須實作它，所以當你建立 fragment 時，幾乎都要覆寫它。

這個方法有三個參數：

當 Android 需要 fragment 的 UI 時，就會呼叫 onCreateView() 方法。

```
override fun onCreateView(inflater: LayoutInflater, container: ViewGroup?,
                          savedInstanceState: Bundle?): View? {

}
```

第一個參數是用來將 fragment 的 layout 充氣的 `LayoutInflater`。第 3 章教過，將 layout 充氣就是將它的 XML view 轉換成物件。

第二個參數是 `ViewGroup?`。它是在 activity 的 layout 裡面顯示 fragment 的 `ViewGroup`。

幾頁之後會更詳細介紹它。

最後一個參數是 `Bundle?`，在你曾經儲存 fragment 的狀態，並且想要恢復它時使用。它的作用類似 activity 的 `onCreate()` 方法的 `Bundle?` 參數。

將 fragment 的 layout 充氣，並回傳它

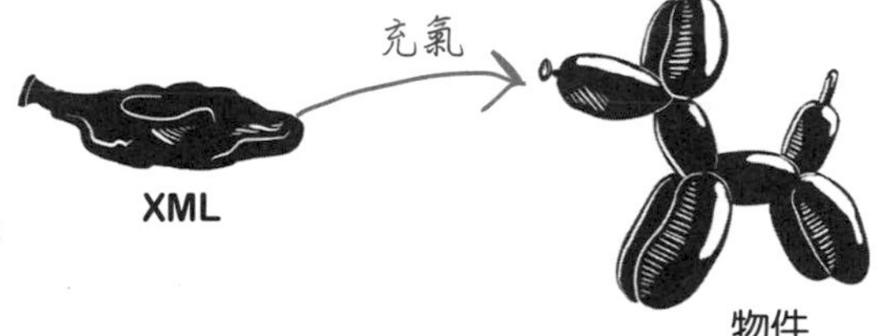

`onCreateView()` 方法會回傳一個 `View?`，它是 fragment 的 layout 的充氣版本。

你可以像這樣使用 `LayoutInflater` 的 `inflate()` 方法來將 layout 充氣：

```
override fun onCreateView(inflater: LayoutInflater, container: ViewGroup?,
                          savedInstanceState: Bundle?): View? {
    return inflater.inflate(R.layout.fragment_welcome, container, false)
}
```

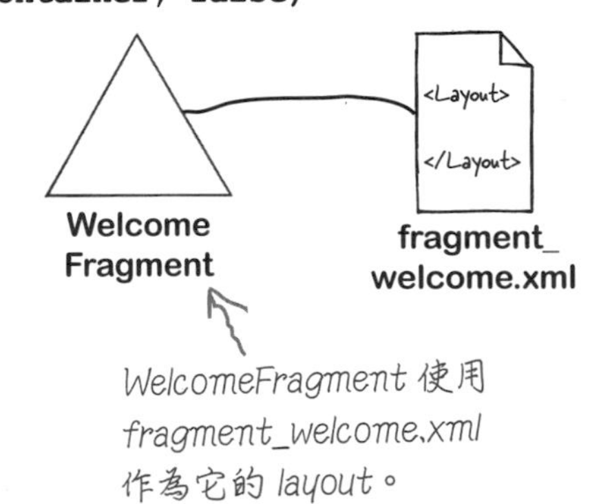

WelcomeFragment 使用 fragment_welcome.xml 作為它的 layout。

上面的程式相當於呼叫 activity 的 `setContentView()` 方法，因為它的用途是將 fragment 的 layout 充氣成一個 `View` 物件階層。例如，上面的程式會將 `WelcomeFragment` 的 layout *fragment_welcome.xml* 充氣。

當你將 fragment 的 layout 充氣之後，`View` 階層會被插入 activity 的 layout，並顯示出來。

看了 `WelcomeFragment` 的 Kotlin 程式之後，我們來看一下它的 layout。

fragment layout 程式很像 activity layout 程式

如前所述，fragment 使用 layout 檔來描述它們的外觀。activity layout 與 fragment layout 的程式沒有不同，所以**你可以在 fragment layout 程式中使用你很熟悉的任何 view 與 view 群組。**

我們要將 Android Studio 產生的預設 layout 換成一個 linear layout，在這個 layout 裡面有一個顯示 app 簡介的 text view，以及一顆在本章稍後用來前往不同的 fragment 的按鈕。

打開 *app/src/main/res/layout* 資料夾裡面的 *fragment_welcome.xml* 檔，將它的內容換成下面的程式：

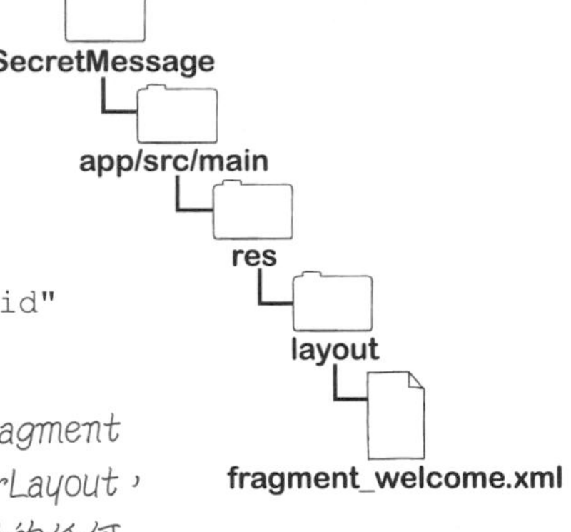


```
<?xml version="1.0" encoding="utf-8"?>
<LinearLayout
    xmlns:android="http://schemas.android.com/apk/res/android"
    xmlns:tools="http://schemas.android.com/tools"
    android:layout_width="match_parent"
    android:layout_height="match_parent"
    android:orientation="vertical"
    android:gravity="center_horizontal"
    tools:context=".WelcomeFragment">

    <TextView
        android:layout_width="match_parent"
        android:layout_height="wrap_content"
        android:gravity="center"
        android:layout_marginTop="20dp"
        android:textSize="20sp"
        android:text="@string/welcome_text" />

    <Button
        android:id="@+id/start"
        android:layout_width="wrap_content"
        android:layout_height="wrap_content"
        android:layout_marginTop="32dp"
        android:text="@string/start" />
</LinearLayout>
```

我們要讓 WelcomeFragment 的 layout 使用 LinearLayout，但你可以使用你學過的任何其他 layout。

這段程式顯示一些介紹文字，它們被放在 welcome_text String 資源裡。

Welcome to the Secret Message app! Use this app to encrypt a secret message. Click on the Start button to begin.

START

這段程式定義了 Start 按鈕。稍後會用它來前往下一個 fragment。

以上就是 `WelcomeFragment`（及其 layout）目前為止需要的所有程式，我們來看看如何在 app 中顯示它。

在 FragmentContainerView 裡面顯示 fragment

你必須將 fragment 加入 activity 的 layout 才能顯示它。例如，在這個 app 裡，我們將 `WelcomeFragment` 加入 `MainActivity` 的 layout 檔 *activity_main.xml* 來顯示它。

我們使用 **`FragmentContainerView`** 來將 fragment 加入 layout。它是一種用來顯示 fragment 的 `FrameLayout`，你可以用這段程式來將它加入 layout 檔：

```
<androidx.fragment.app.FragmentContainerView
    android:id="@+id/fragment_container_view"
    android:layout_width="match_parent"
    android:layout_height="match_parent"
    android:name="com.hfad.secretmessage.WelcomeFragment" />
```

加入 FragmentContainerView。

FragmentContainerView 必須有一個 ID。

這是 fragment 的全名，包含它的程式包。

為了指定想要顯示哪個 fragment，將 `FragmentContainerView` 的 `android:name` 屬性設成那個 fragment 的全名（包含它的程式包）。在 Secret Message app 裡，我們想要顯示 *com.hfad.secretmessage* 程式包裡面，名為 `WelcomeFragment` 的 fragment，所以我們用這段程式來設定 `android:name` 屬性：

```
android:name="com.hfad.secretmessage.WelcomeFragment"
```

android.widget.FrameLayout
...

androidx.fragment.app. FragmentContainerView
...

FragmentContainerView 是用來容納 fragment 的一種 FrameLayout。

當 Android 建立 activity 的 layout 時，它會將 fragment 的 `onCreateView()` 方法回傳的 `View` 物件填入 `FragmentContainerView`。那個 `View` 是 fragment 的用戶介面，所以你可以將 `FragmentContainerView` 視為用來插入 fragment layout 的預留空間：

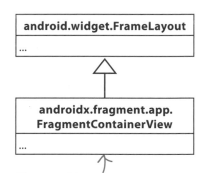

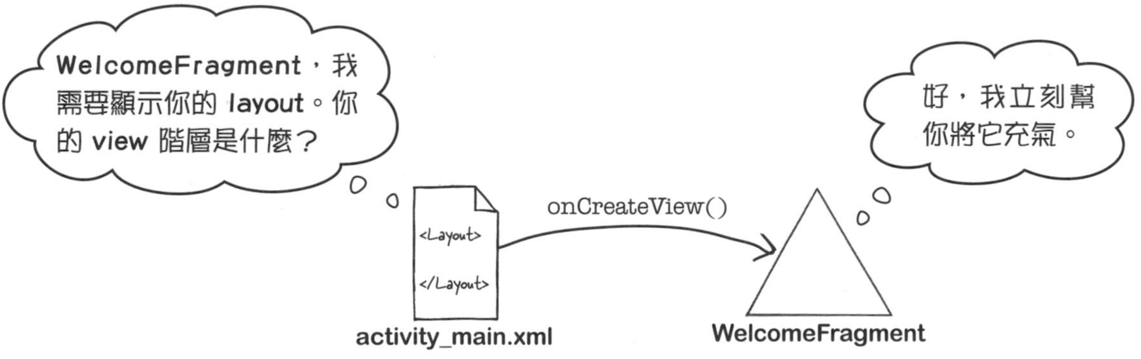
WelcomeFragment，我需要顯示你的 layout。你的 view 階層是什麼？
好，我立刻幫你將它充氣。
<Layout>
</Layout>
onCreateView()
activity_main.xml
WelcomeFragment

知道如何將 fragment 加入 layout 之後，我們來將 `WelcomeFragment` 加入 `MainActivity` 的 layout。

修改 activity_main.xml 程式

→ **WelcomeFragment**
MessageFragment

我們想要讓 MainActivity 顯示 WelcomeFragment，這意味著，我們必須將一個 FragmentContainerView 加入它的 layout。

以下是 *activity_main.xml* 的完整程式，請依此修改你的程式：

```
<?xml version="1.0" encoding="utf-8"?>
<androidx.fragment.app.FragmentContainerView
    xmlns:android="http://schemas.android.com/apk/res/android"
    xmlns:tools="http://schemas.android.com/tools"
    android:id="@+id/fragment_container_view"
    android:layout_width="match_parent"
    android:layout_height="match_parent"
    android:padding="16dp"
    android:name="com.hfad.secretmessage.WelcomeFragment"
    tools:context=".MainActivity" />
```

layout 只需要一個 Fragment Container View，所以我們將它當成 layout 的根元素。

在 MainActivity 的 layout 中顯示 WelcomeFragment。

SecretMessage
app/src/main
res
layout
activity_main.xml

完整的 MainActivity.kt 程式

我們不需要在 MainActivity 裡面加入任何額外的 Kotlin 程式來讓它顯示 fragment，因為 layout 的 FragmentContainerView 可處理所有事情。你只要確保 *MainActivity.kt* 裡面的程式與下面一樣即可：

```
package com.hfad.secretmessage

import androidx.appcompat.app.AppCompatActivity
import android.os.Bundle

class MainActivity : AppCompatActivity() {
    override fun onCreate(savedInstanceState: Bundle?) {
        super.onCreate(savedInstanceState)
        setContentView(R.layout.activity_main)
    }
}
```

SecretMessage
app/src/main
java
com.hfad.secretmessage
MainActivity.kt

我們來看看當 app 執行時會怎樣。

程式做了什麼

→ **WelcomeFragment**
MessageFragment

當 app 執行時，會發生這些事情：

1. **當 app 啟動時，Android 會建立 MainActivity。**

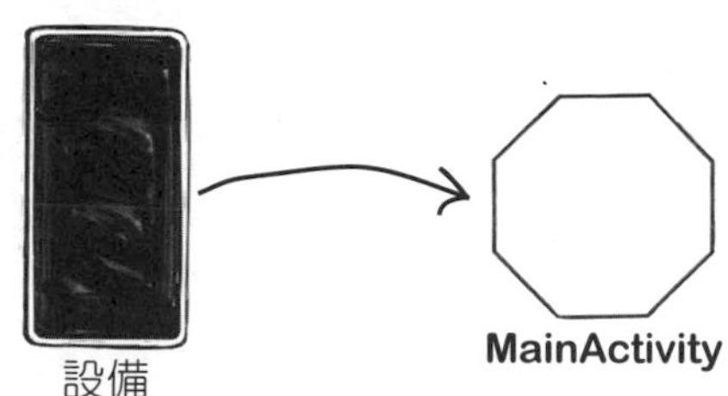

2. **MainActivity 的 onCreate() 方法開始執行。**

`onCreate()` 方法指定 `MainActivity` 的 layout 使用 *activity_main.xml*。

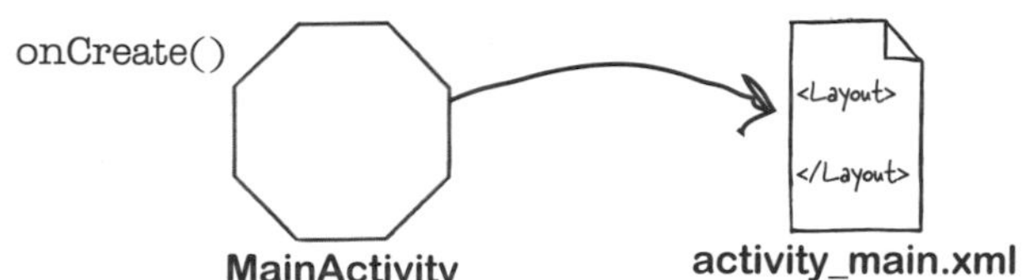

3. **activity_main.xml 加入一個 FragmentContainerView。**

它的 `android:name` 屬性指定它要顯示 `WelcomeFragment`。

4. **呼叫 WelcomeFragment 的 onCreateView() 方法，它會將它的 layout 充氣。**

`WelcomeFragment` 的充好氣的 view 階層被加入 `MainActivity` 的 layout 的 `FragmentContainerView`。

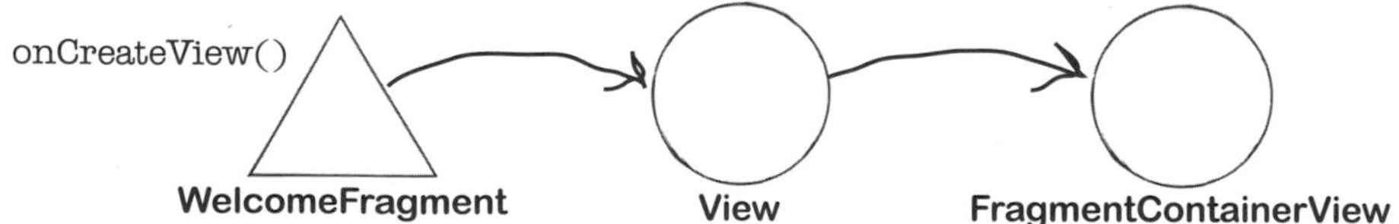

故事還沒結束

5 **最後，MainActivity 被顯示在設備上。**

因為 `FragmentContainerView` 包含 `WelcomeFragment`，所以這個 fragment 被顯示在螢幕上。

WelcomeFragment 被顯示在 MainActivity 裡面。下面的新車試駕會更清楚地展示它。
設備

知道執行程式會發生什麼事之後，我們來試著執行 app。

新車試駕

執行 Secret Message app 時，`MainActivity` 會啟動。在 `MainActivity` 的 layout 裡面的 `FragmentContainerView` 包含 `WelcomeFragment`，所以設備顯示 fragment 的 layout。

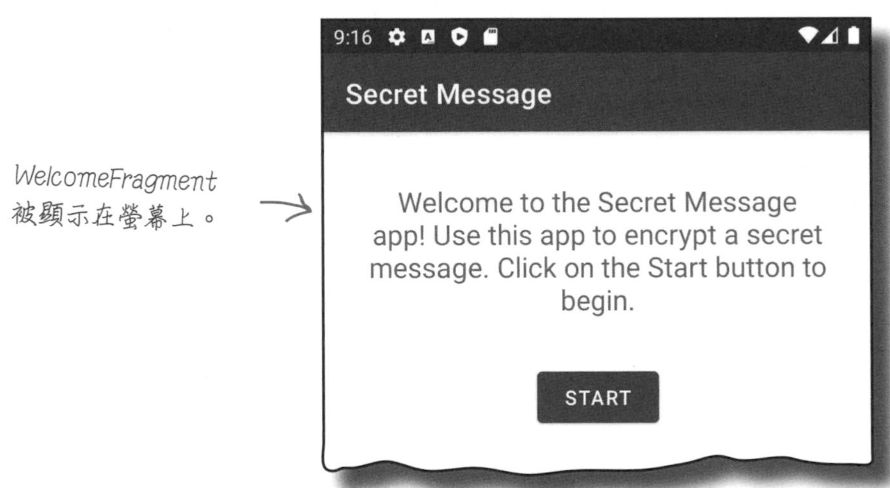

現在你已經知道如何建立與顯示 fragment 了。在我們建立第二個 fragment 並學習如何切換到那裡之前，先做一下接下來的習題吧！

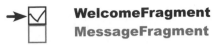

池畔風光

你的**任務**是將池子裡的程式片段放入 linear layout 裡面的空格中。一個程式片段**只能**使用一次，你不需要使用所有的程式片段。你的**目標**是讓 linear layout 顯示兩個 fragment：AFragment 與 BFragment，讓它顯示右邊的畫面。提示：這兩個 fragment 都在名為 *com.hfad.exercise* 的程式包裡面。

AFragment 占用上半部的畫面，BFragment 占用下半部。

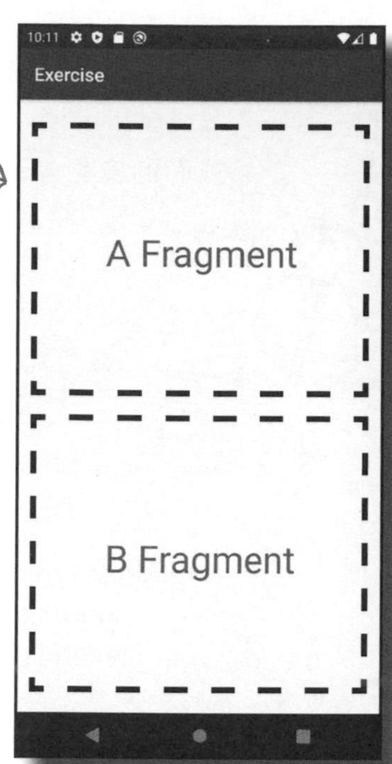


```
<LinearLayout ...
    android:orientation="vertical">

    ......................................
        ..............................
        ........................................
        android:layout_width="match_parent"
        android:layout_height="0dp"
        android:layout_weight="1" />

    ......................................
        ..............................
        ........................................
        android:layout_width="match_parent"
        android:layout_height="0dp"
        android:layout_weight="1" />
</LinearLayout>
```

我們省略了一些 LinearLayout 屬性。

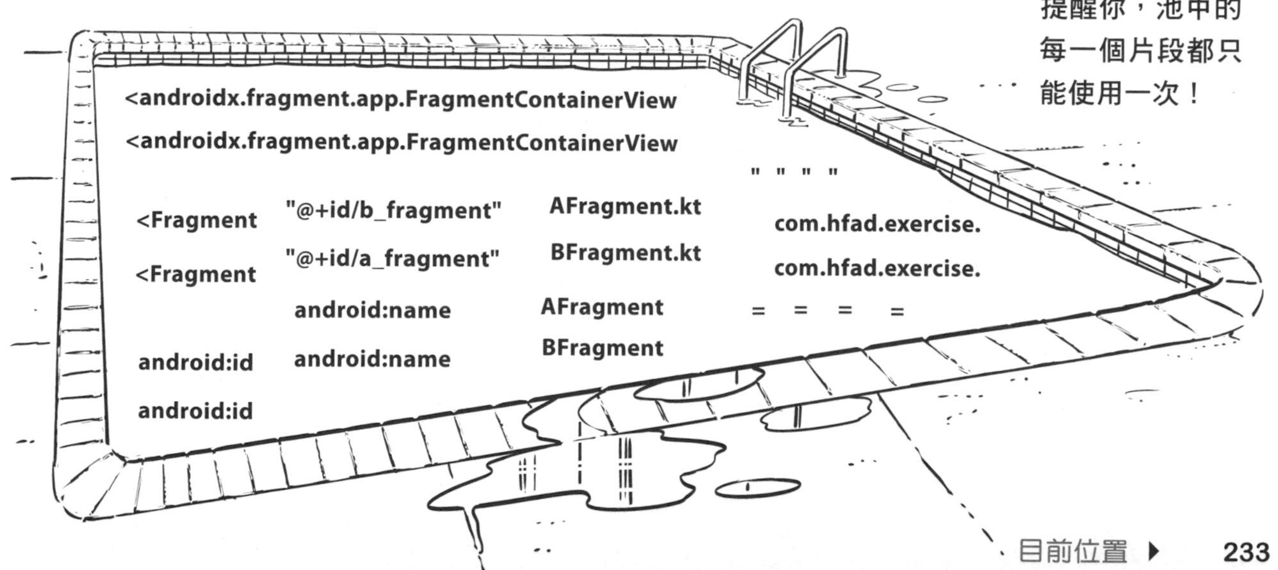

提醒你，池中的每一個片段都只能使用一次！

池畔風光解答

你的**任務**是將池子裡的程式片段放入 linear layout 裡面的空格中。一個程式片段**只能**使用一次，你不需要使用所有的程式片段。你的**目標**是讓 linear layout 顯示兩個 fragment：AFragment 與 BFragment，讓它顯示右邊的畫面。提示：這兩個 fragment 都在名為 *com.hfad.exercise* 的程式包裡面。

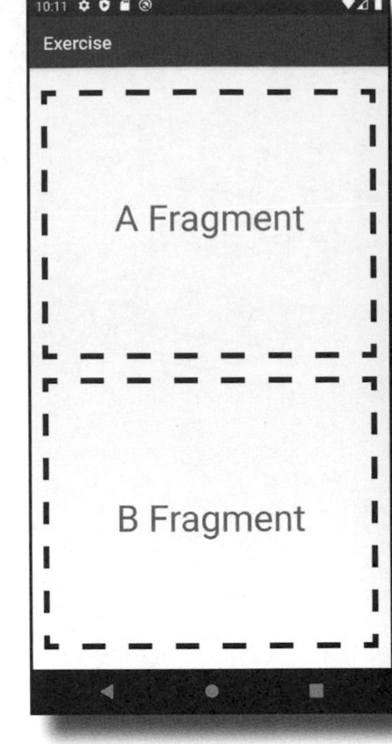


```
<LinearLayout ...
    android:orientation="vertical">

    <androidx.fragment.app.FragmentContainerView
        android:id = "@+id/a_fragment"
        android:name = "com.hfad.exercise.AFragment"
        android:layout_width="match_parent"
        android:layout_height="0dp"
        android:layout_weight="1" />

    <androidx.fragment.app.FragmentContainerView
        android:id = "@+id/b_fragment"
        android:name = "com.hfad.exercise.BFragment"
        android:layout_width="match_parent"
        android:layout_height="0dp"
        android:layout_weight="1" />
</LinearLayout>
```

使用這個元素來將 fragment 加入 layout。

使用 android:name 屬性來指定 fragment 的全名。

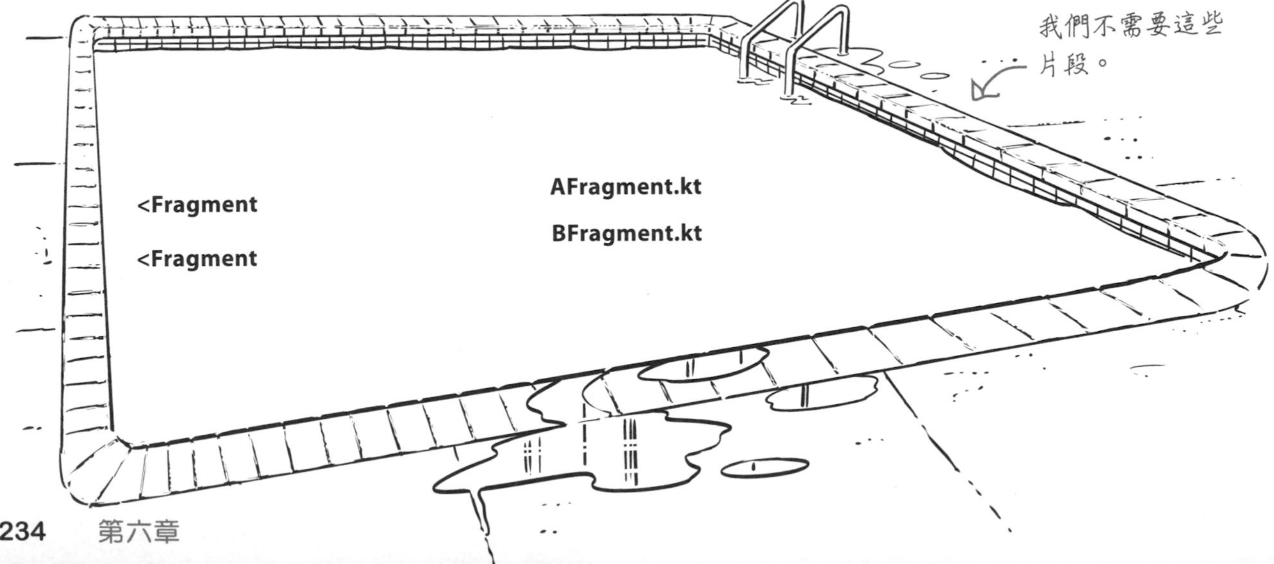

建立 MessageFragment

到目前為止，我們建立了一個名為 `WelcomeFragment` 的 fragment，並且在 `MainActivity` 的 layout 裡面將它顯示出來。接下來，我們要建立一個名為 `MessageFragment` 的新 fragment，當用戶按下 `WelcomeFragment` 的 Start 按鈕時，我們將巡覽到它那裡。

我們將採取加入 `WelcomeFragment` 的同一種做法來加入 `MessageFragment`。在專案 explorer 裡面，選擇 *app/src/main/java* 資料夾內的 *com.hfad.secretmessage* 程式包，前往 File 選單，選擇 New → Fragment → Fragment (Blank)。將 fragment 命名為「MessageFragment」，將它的 layout 命名為「fragment_message」，將語言設為 Kotlin。然後按下 Finish 按鈕來加入 fragment 及其 layout。

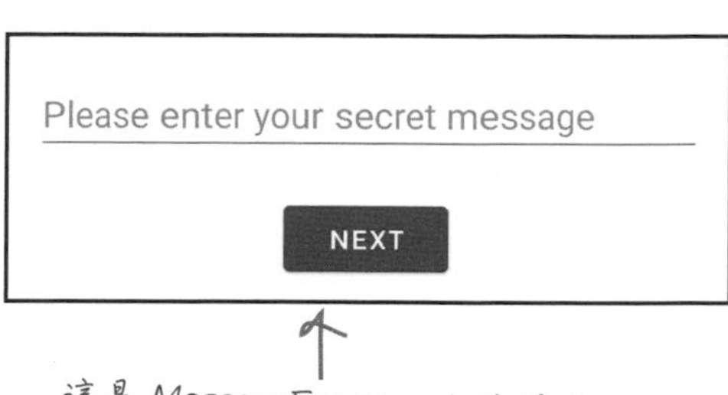

這是 MessageFragment 的樣子。

New Android Component

Fragment (Blank)

Creates a blank fragment that is compatible back to API level 16

Fragment Name — fragment 的名稱。

MessageFragment

Fragment Layout Name — fragment 的 layout 的名稱。

fragment_message

Source Language

Kotlin

務必將 Source Language 設為 Kotlin。

Cancel | Previous | Next | Finish

修改 MessageFragment 的 layout

當你建立 MessageFragment 時，Android Studio 會在專案中加入兩個新檔案：*MessageFragment.kt*（用來指定 fragment 的行為），以及 *fragment_message.xml*（用來定義它的外觀）。我們將修改這兩個檔案，從 layout 開始。

這個 fragment 需要一個 edit text 來讓用戶輸入訊息，以及一顆按鈕，在稍後用來巡覽。你已經知道加入這些 view 的程式了，請按照下面的程式來修改 *fragment_message.xml* 裡面的程式：

```
<?xml version="1.0" encoding="utf-8"?>
<LinearLayout
    xmlns:android="http://schemas.android.com/apk/res/android"
    xmlns:tools="http://schemas.android.com/tools"
    android:layout_width="match_parent"
    android:layout_height="match_parent"
    android:padding="16dp"
    android:orientation="vertical"
    android:gravity="center_horizontal"
    tools:context=".MessageFragment">

    <EditText
        android:id="@+id/message"
        android:layout_width="match_parent"
        android:layout_height="wrap_content"
        android:textSize="20sp"
        android:hint="@string/message_hint"
        android:inputType="textMultiLine" />

    <Button
        android:id="@+id/next"
        android:layout_width="wrap_content"
        android:layout_height="wrap_content"
        android:layout_marginTop="20dp"
        android:text="@string/next" />
</LinearLayout>
```

我們使用 LinearLayout 作為 fragment 的 layout。

SecretMessage
app/src/main
res
layout
fragment_message.xml

用戶將在 edit text 中輸入訊息。

Please enter your secret message
NEXT

在下一章，用戶將使用按鈕來前往另一個 fragment。

這就是 MessageFragment 的 layout 的所有程式，接著我們來修改它的 Kotlin 程式。

修改 MessageFragment.kt

WelcomeFragment
MessageFragment

MessageFragment 的 Kotlin 程式負責定義 fragment 的行為。目前我們只要確保 Android Studio 沒有加入任何沒必要的、可能防礙我們的額外程式即可。

前往 *app/src/main/java* 資料夾裡面的 *com.hfad.secretmessage* 程式包，打開 *MessageFragment.kt* 檔。然後將 Android Studio 產生的程式換成下面的程式：

SecretMessage
app/src/main
java
com.hfad.secretmessage
MessageFragment.kt

```
package com.hfad.secretmessage

import android.os.Bundle
import androidx.fragment.app.Fragment
import android.view.LayoutInflater
import android.view.View
import android.view.ViewGroup

class MessageFragment : Fragment() {

    override fun onCreateView(inflater: LayoutInflater, container: ViewGroup?,
                              savedInstanceState: Bundle?): View? {
        //將這個 fragment 的 layout 充氣
        return inflater.inflate(R.layout.fragment_message, container, false)
    }
}
```

MessageFragment 繼承 Fragment 類別。

這個 fragment 覆寫 onCreateView()。

使用 fragment_message.xml 作為 fragment 的 layout。

以上就是在 *MessageFragment.kt* 定義基本的 fragment 所需的所有程式。如同你在 WelcomeFragment 中看到的程式，它繼承了 Fragment 類別，並覆寫了 onCreateView() 方法。這個方法會將 fragment 的 layout 充氣，並回傳它的根 view。當 app 需要顯示 fragment 時就會呼叫它。

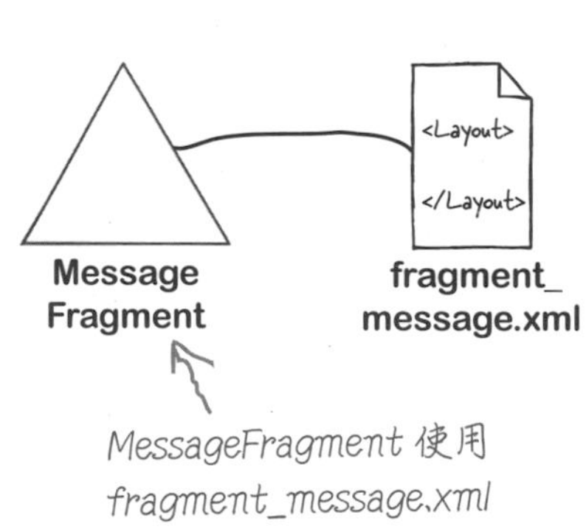

我們已經完成 MessageFragment 的所有 layout 與 Kotlin 程式了，接下來，我們要讓 WelcomeFragment 可以切換到它那裡。該怎麼做？

WelcomeFragment
MessageFragment

使用 Navigation 組件在 fragment 之間巡覽

本章說過，在不同的 fragment 之間巡覽的標準方法是使用 Android 的 Navigation 組件。

Navigation 組件是 Android Jetpack 的一部分，它是你必須加入專案的一套程式庫、外掛程式與工具。它非常靈活，可簡化 fragment 巡覽的複雜性（例如 fragment 變換，以及返回堆疊（back stack）的處理），那些事情以前都很難處理。

在 fragment 之間進行巡覽是由三個主要部分組成的：

navigation graph（導覽圖）

navigation graph 保存了你的 app 需要的所有巡覽資訊，並描繪用戶在巡覽 app 時可使用的路徑。

navigation graph 是一種 XML 資源，但我們通常在視覺化的設計編輯器裡面編輯它。

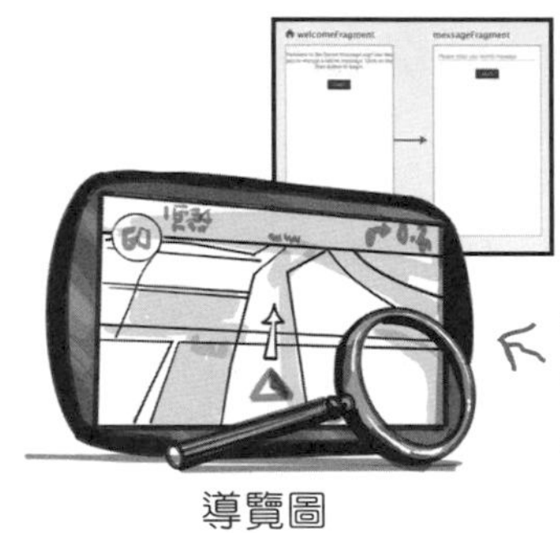

導覽圖很像 GPS，可告訴你如何前往不同的目的地（destination）。

導覽圖

navigation host（瀏覽容器）

navigation host 是個空容器，用來顯示巡覽目標 fragment。

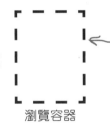

瀏覽容器是即將加入 activity 的 layout 的空容器。

瀏覽容器

navigation controller（導覽控制器）

當用戶在 app 裡面巡覽時，navigation controller 負責控制 navigation host 應顯示哪一個 fragment。你會使用 Kotlin 程式來與 navigation controller 互動。

導覽控制器在你巡覽 app 時負責控制該顯示哪個 fragment。

導覽控制器

我們將使用這三個部分來實作 Secret Message app 的巡覽功能。首先，我們要將 Navigation 組件的程式庫加入專案。

使用 Gradle 來將 Navigation 組件加入專案

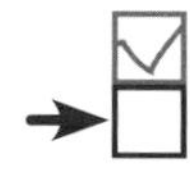

WelcomeFragment
MessageFragment

第 4 章說過，你可以藉著修改 *build.gradle* 檔來加入 app 需要使用的額外程式庫、工具與外掛程式。當你建立新專案時，Android Studio 會自動幫你加入兩個這種檔案，一個供專案使用，一個供 app 使用。

為了加入 Navigation 組件，你必須編輯這兩個 *build.gradle*。我們先來修改專案的版本。

照過來！

在修改 *build.gradle* 檔案之後，務必按下 Sync Now 選項。

你所做的任何修改（例如加入程式庫）在同步之後才會生效。

將版本號碼加入專案的 build.gradle 檔

我們先在專案的 *build.gradle* 檔案中加入一個新變數，來指定我們即將使用的 Navigation 組件版本。用變數來指定版本號碼，意味著我們在加入額外的 Navigation 組件程式庫時（下一章就會這樣做），可以讓各個程式庫的版本號碼保持一致。

為了加入變數，打開 *SecretMessage/build.gradle* 檔，在 `buildscript` 區域中加入下面這一行（粗體為修改處）：

```
buildscript {
    ext.nav_version = "2.3.5"
    ...
}
```

我們使用這一版的 Navigation 組件。

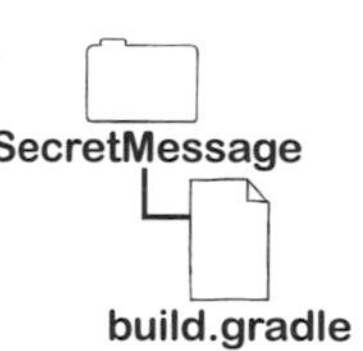

將一個依賴項目加入 app 的 build.gradle 檔

接下來，你要將程式庫依賴關係加入 app 版本的 *build.gradle* 檔。

打開 *SecretMessage/app/build.gradle*，在 `dependencies` 區域加入下面這一行（粗體的部分）：

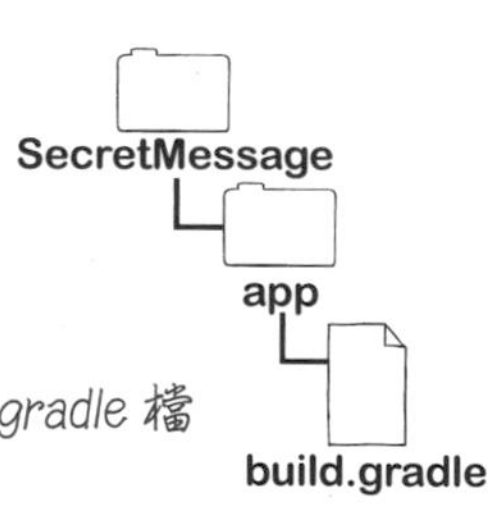


```
dependencies {
    ...
    implementation "androidx.navigation:navigation-fragment-ktx:$nav_version"
    ...
}
```

務必在 app 的 build.gradle 檔裡面加入這一行。

修改這些地方之後，按下程式碼編輯器上面的 Sync Now 選項，即可將你的修改與專案的其他部分進行同步，並加入程式庫。

建立導覽圖

WelcomeFragment
MessageFragment

將 Navigation 組件的主程式庫加入 Secret Message 專案之後，我們可以開始實作巡覽功能了。

我們要先將導覽圖加入專案。在專案 explorer 中選擇 *SecretMessage/app/src/main/res* 資料夾，然後選擇 File → New → Android Resource File。看到提示視窗時，在 File name 輸入「nav_graph」，在 Resource type 選擇「Navigation」，然後按下 OK 按鈕。這會在 *SecretMessage/app/src/main/res/navigation* 資料夾裡面加入一個空的導覽圖檔案，名為 *nav_graph.xml*。

建立新的導覽圖之後，在專案 explorer 裡面對著 *nav_graph.xml* 檔案按兩下來打開它（如果它還沒有被打開）。這個檔案應該會在導覽圖設計編輯器裡面打開，它長這樣：

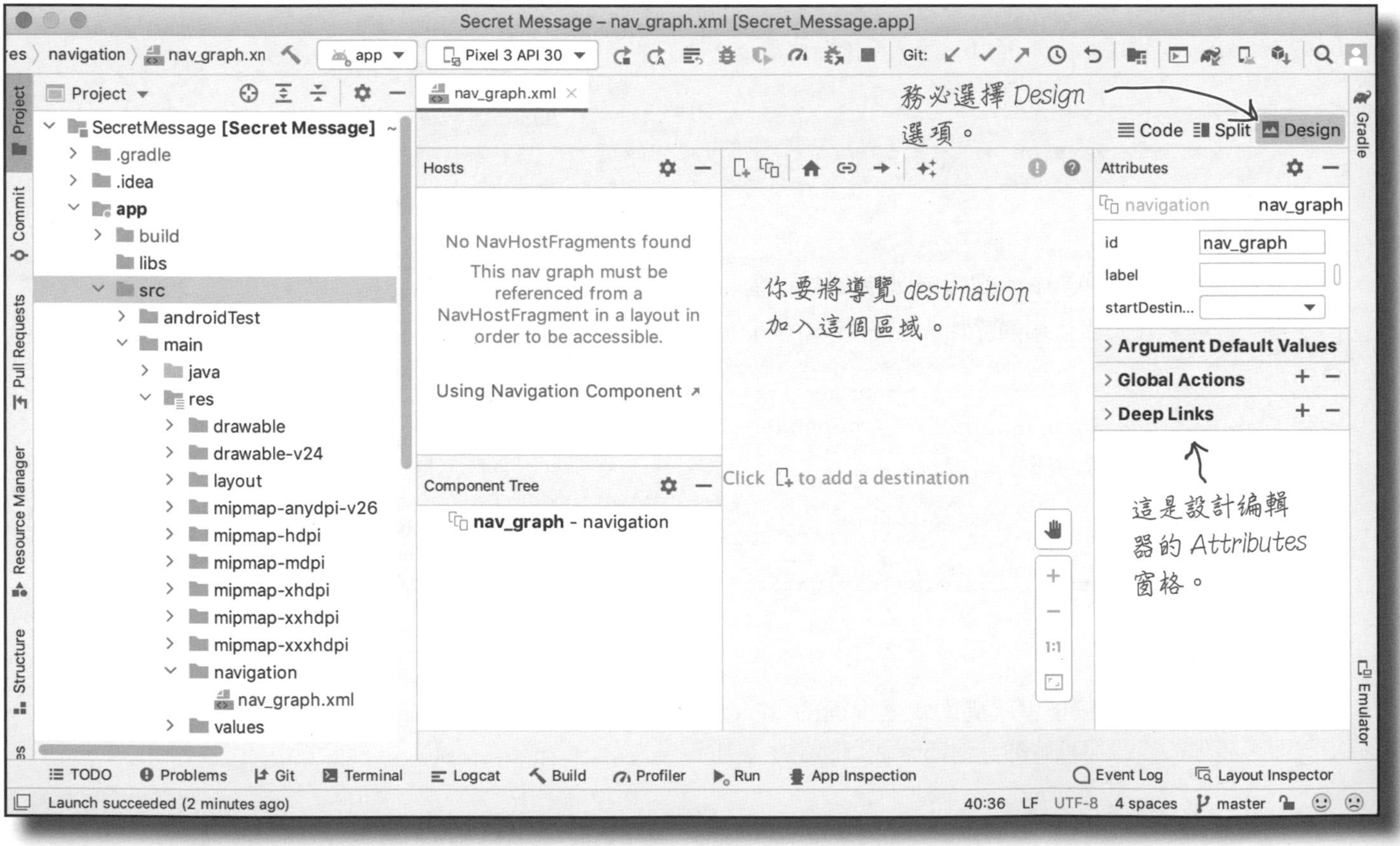

務必選擇 Design 選項。

你要將導覽 destination 加入這個區域。

這是設計編輯器的 Attributes 窗格。

將 fragment 加入導覽圖

WelcomeFragment
MessageFragment

我們想讓用戶可以從 `WelcomeFragment` 巡覽至 `MessageFragment`，所以我們要將這些 fragment 當成 **destination** 加入導覽圖。destination 就是用戶可以在 app 裡面巡覽的畫面，它通常是一個 fragment。

我們先加入 `WelcomeFragment`，因為它是我們希望用戶在 app 啟動時看到的第一個畫面。在設計編輯器的上方按下 New Destination 按鈕，在提示視窗中，選擇「fragment_welcome」選項（`WelcomeFragment` 的 layout）。這會將 `WelcomeFragment` 加入導覽圖，它長這樣：

WelcomeFragment 已經被加入導覽圖，成為一個新的 destination 了。

使用這顆按鈕來加入新的 destination。

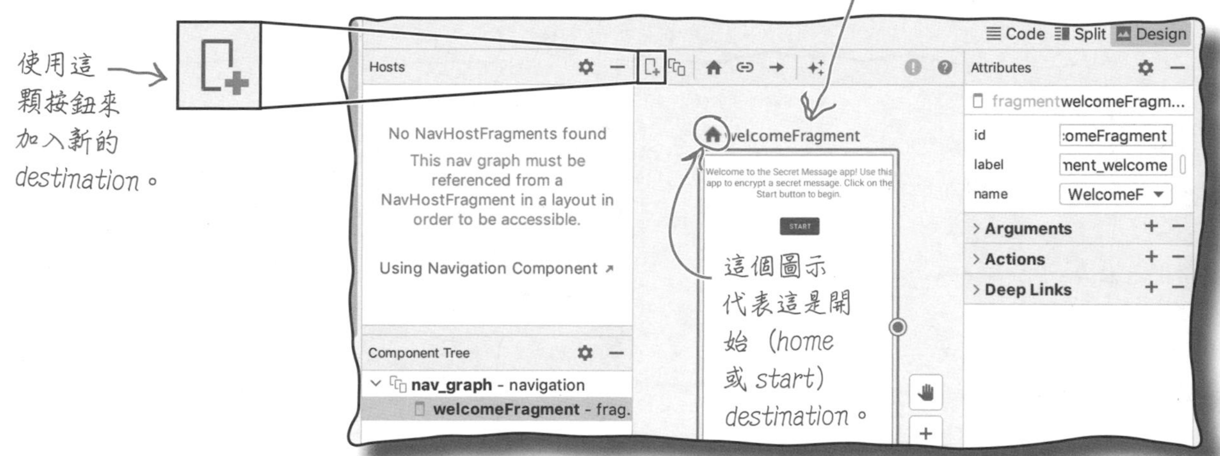

接下來，按下 New Destination 按鈕並選擇「fragment_message」來將 `MessageFragment` 加入導覽圖。這會將第二個 fragment 加入導覽圖，變成這樣：

MessageFragment 已經被加入，成為第二個 destination。

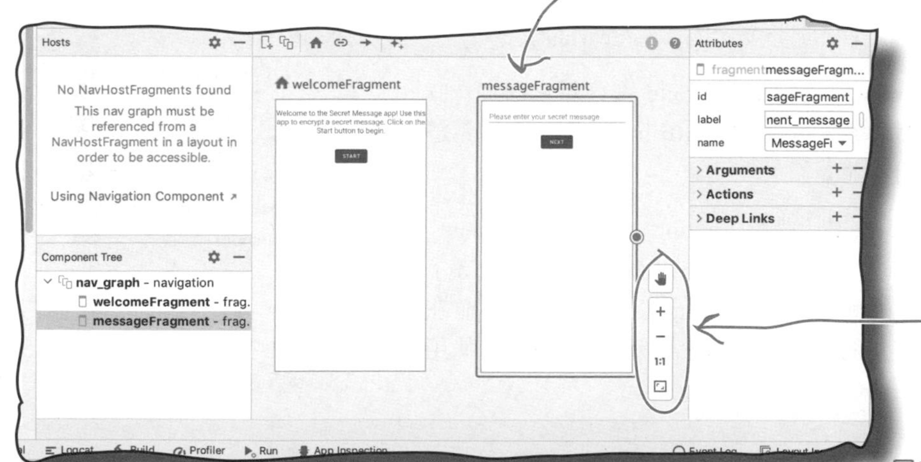

你可以使用這些工具來調整 fragment 的尺寸，或改變它們的位置，以方便觀看。

使用 action 來連接 fragment

WelcomeFragment
MessageFragment

接下來，我們要指出用戶可以從 `WelcomeFragment` 巡覽至 `MessageFragment`，這是用 **action** 來完成的。action 的用途是連接導覽圖裡面的 destination，它們定義了用戶在巡覽 app 時可以使用的路徑。

我們要加入一個從 `WelcomeFragment` 前往 `MessageFragment` 的 action，因為我們希望用戶以這個方向來巡覽 app。將滑鼠游標移到設計編輯器裡面的 `WelcomeFragment` 上面，按下它的右側的圓圈，將它拉到 `MessageFragment`，在兩個 fragment 之間拉出一個箭頭（即 action）：

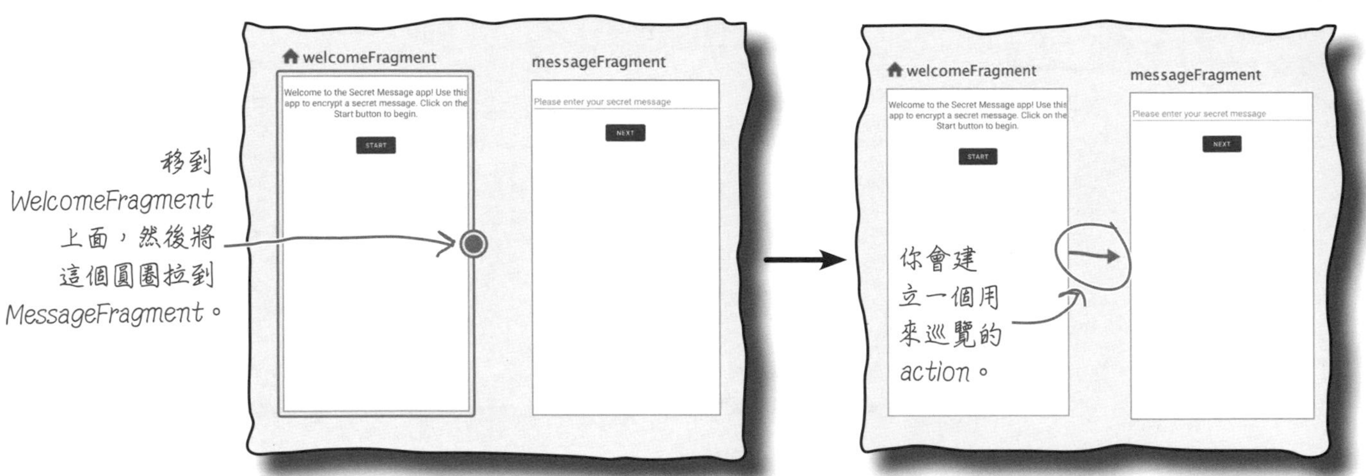

移到 WelcomeFragment 上面，然後將這個圓圈拉到 MessageFragment。
welcomeFragment
messageFragment
Welcome to the Secret Message app! Use this app to encrypt a secret message. Click on the Start button to begin.
START
Please enter your secret message
NEXT
你會建立一個用來巡覽的 action。

每個 action 都需要一個專屬的 ID

每一個 action 都必須有一個專屬的 ID。當用戶巡覽 app 時，Android 會使用這個 ID 來確定該顯示哪一個 destination。

每次你建立一個 action 時，Android Studio 都會幫它指定一個預設的 ID。你可以使用導覽圖右邊的 Attributes 窗格來編輯這個 ID（以及 action 的其他屬性）。

將剛才建立的 action 的 ID 設為「action_welcomeFragment_to_messageFragment」，讓它與本章的程式碼相符。為了確保如此，請在設計編輯器裡面選擇 action（箭頭），並在 Attributes 窗格中檢查它的 `id` 屬性的值。接下來幾頁都會使用這個 ID。

Attributes
actionaction_welcomeFr...
id
action_welcom
destination
messageFı
Animations
Argument Default Values
Pop Behavior
popUpTo
popUpToIn...
Launch Options
你可以在 Attributes 窗格裡面編輯 action 的 ID（務必先選擇 action 箭頭）。

導覽圖是 XML 資源

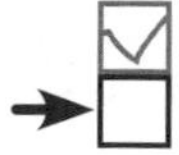

WelcomeFragment
MessageFragment

如同 layout，導覽圖通常只是一堆 XML 程式碼。你可以按下設計編輯器上方的 Code 按鈕來閱讀程式碼。

以下是 Secret Message app 的導覽圖 *nav_graph.xml* 的 XML 程式碼：

```
<?xml version="1.0" encoding="utf-8"?>
<navigation xmlns:android="http://schemas.android.com/apk/res/android"
    xmlns:app="http://schemas.android.com/apk/res-auto"
    xmlns:tools="http://schemas.android.com/tools"
    android:id="@+id/nav_graph"
    app:startDestination="@id/welcomeFragment">

    <fragment
        android:id="@+id/welcomeFragment"
        android:name="com.hfad.secretmessage.WelcomeFragment"
        android:label="fragment_welcome"
        tools:layout="@layout/fragment_welcome" >
        <action
            android:id="@+id/action_welcomeFragment_to_messageFragment"
            app:destination="@id/messageFragment" />
    </fragment>

    <fragment
        android:id="@+id/messageFragment"
        android:name="com.hfad.secretmessage.MessageFragment"
        android:label="fragment_message"
        tools:layout="@layout/fragment_message" />
</navigation>
```

這個導覽圖的根元素是 <navigation>。

巡覽從 WelcomeFragment 開始。

這個段落描述 Welcome Fragment。

WelcomeFragment 有一個前往 MessageFragment 的 action。

這個段落描述 Message Fragment。

SecretMessage
app/src/main
res
navigation
nav_graph.xml

如你所見，*nav_graph.xml* 有一個根元素 `<navigation>`，並且有兩個 `<fragment>` 元素：一個是 `WelcomeFragment` 的，另一個是 `MessageFragment` 的。`WelcomeFragment` 的 `<fragment>` 元素有一個額外的 `<action>` 元素，代表我們剛才加入的 action。

建立導覽圖之後，我們要來討論 Navigation 組件的下一個部分。

導覽圖通常使用設計編輯器來編輯，但查閱 XML 有時也有幫助。

使用 FragmentContainerView 來加入瀏覽容器

WelcomeFragment
MessageFragment

如前所述，Navigation 組件有三大部分：定義巡覽路徑的導覽圖，顯示 destination 的瀏覽容器，以及控制 app 該顯示哪個 destination 的導覽控制器。我們剛才建立了導覽圖，接下來，我們要加入瀏覽容器。

加入瀏覽容器的方法是在 activity 的 layout 中放入它。有一個好消息是，Navigation 組件有一個內建的 layout，稱為 **NavHostFragment**，所以你不需要自己編寫它。它是 Fragment 的子類別，實作了 NavHost 介面。

NavHostFragment 是 Fragment 的子類別。

每一個瀏覽容器都必須實作 NavHost 介面。

Fragment

(Interface) NavHost

NavHostFragment

NavHostFragment 是 Navigation 組件的一部分。

NavHostFragment 是一種 fragment，你可以使用 FragmentContainerView 來將它加入 layout 檔。我們使用這段程式：

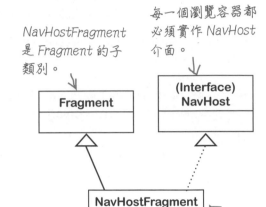

這是 FragmentContainerView。

```
<?xml version="1.0" encoding="utf-8"?>
<androidx.fragment.app.FragmentContainerView
    xmlns:android="http://schemas.android.com/apk/res/android"
    xmlns:app="http://schemas.android.com/apk/res-auto"
    android:id="@+id/nav_host_fragment"
    android:layout_width="match_parent"
    android:layout_height="match_parent"
    android:name="androidx.navigation.fragment.NavHostFragment"
    app:navGraph="@navigation/nav_graph"
    app:defaultNavHost="true" />
```

在 FragmentContainerView 裡面有 NavHostFragment。

兩個額外的屬性。

上面的程式很像之前的 FragmentContainerView 程式，但它有兩個額外的屬性：**app:navGraph** 與 **app:defaultNavHost**。

app:navGraph 屬性的用途是告訴瀏覽容器該使用哪一個導覽圖，在此是 *nav_graph.xml*。導覽圖指定了應該先顯示哪一個 fragment（它的開始 destination），並讓用戶在它的 destination 之間巡覽。

app:defaultNavHost 屬性可讓瀏覽容器與設備的返回（back）按鈕互動，下一章將會介紹這個部分。

NavHostFragment

NavHostFragment 是瀏覽容器。它會顯示用户已經前往的 fragment。它在一開始是導覽圖的開始 destination。

WelcomeFragment
MessageFragment

將 NavHostFragment 加入 activity_main.xml

我們要將一個瀏覽容器加入 `MainActivity` 的 layout，讓它使用我們建立的導覽圖，按照下面的方式來修改 *activity_main.xml* 裡面的程式（粗體為修改處）。

SecretMessage
app/src/main
res
layout
activity_main.xml

```
<?xml version="1.0" encoding="utf-8"?>
<androidx.fragment.app.FragmentContainerView
    xmlns:android="http://schemas.android.com/apk/res/android"
    xmlns:app="http://schemas.android.com/apk/res-auto"
    xmlns:tools="http://schemas.android.com/tools"
    android:id="@+id/fragment_container_view"
    android:id="@+id/nav_host_fragment"
    android:layout_width="match_parent"
    android:layout_height="match_parent"
    android:padding="16dp"
    android:name="com.hfad.secretmessage.WelcomeFragment"
    android:name="androidx.navigation.fragment.NavHostFragment"
    app:navGraph="@navigation/nav_graph"
    app:defaultNavHost="true"
    tools:context=".MainActivity" />
```

我們使用這個名稱空間的額外屬性。（指向 `xmlns:app="http://schemas.android.com/apk/res-auto"`）

修改 id。（刪除 `android:id="@+id/fragment_container_view"`，改為 `android:id="@+id/nav_host_fragment"`）

將名稱改成 NavHostFragment。（刪除 `android:name="com.hfad.secretmessage.WelcomeFragment"`）

指定導覽圖資源檔。（指向 `app:navGraph="@navigation/nav_graph"`）

它可讓瀏覽容器與設備的返回按鈕互動。第 7 章會說明。（指向 `app:defaultNavHost="true"`）

我們需要在 fragment 之間巡覽

我們已經建立了一個導覽圖，並將它連接到一個瀏覽容器，該容器位於 `MainActivity` 的 layout 內的 `FragmentContainerView`。當 app 執行時，`WelcomeFragment`（導覽圖的開始 destination）會被顯示出來。

本章的最後一項工作是在用戶按下 `WelcomeFragment` 的 layout 裡面的 Start 按鈕時，從 `WelcomeFragment` 巡覽至 `MessageFragment`。我們來看看怎麼做。

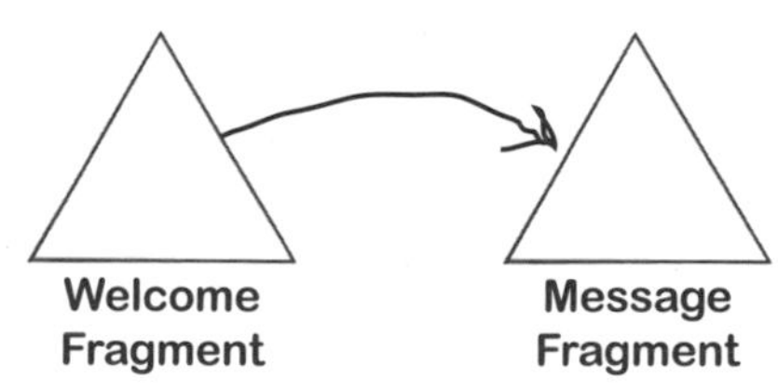

將 OnClickListener 加入按鈕

WelcomeFragment
MessageFragment

為了讓用戶從 `WelcomeFragment` 巡覽至 `MessageFragment`，我們要先讓 `WelcomeFragment` 的 Start 按鈕可以回應按下的動作，做法是為它加入一個 `OnClickListener`。

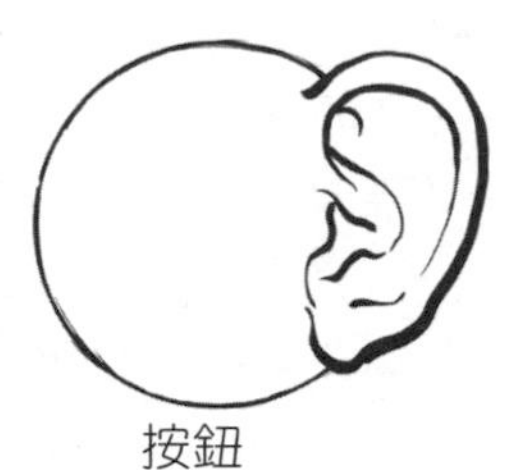
按鈕

我們曾經將 `OnClickListener` 加入一顆 *activity* 的按鈕，當時使用 `findViewById()` 來取得它的參考，然後呼叫它的 `setOnClickListener` 方法。我們將這段程式加入 activity 的 `onCreate()` 方法，因為那裡是它第一次接觸它的 layout 裡面的 view 的地方。

但是將 `OnClickListener` 加入 *fragment* 的按鈕之情況有些不同。

fragment 的 OnClickListener 程式稍微不同

第一個差異是你要在 fragment 的 **`onCreateView()`** 方法裡面，將 `OnClickListener` 加入 *fragment* 的按鈕，不是在 `onCreate()` 方法裡面。因為 fragment 在 `onCreateView()` 第一次接觸它的 view，所以這是設定 `OnClickListener` 的最佳地點。

第二個差異是 **`Fragment` 類別沒有 `findViewById()` 方法**，所以不能直接呼叫它來取得任何 view 的參考。但是，你可以用 fragment 的根 view 來呼叫 `findViewById()`。

下面是將 `OnClickListener` 加入 fragment 程式裡面的 view 的程式，在幾頁之後，我們會將它加入 `WelcomeFragment`：

SecretMessage
app/src/main
java
com.hfad.secretmessage
WelcomeFragment.kt

```
...
class WelcomeFragment : Fragment() {
    override fun onCreateView(inflater: LayoutInflater, container: ViewGroup?,
                              savedInstanceState: Bundle?): View? {
        val view = inflater.inflate(R.layout.fragment_welcome, container, false)
        val startButton = view.findViewById<Button>(R.id.start)

        startButton.setOnClickListener {
            //按鈕被按下時執行的程式
        }
        return view
    }
}
```

取得 fragment 的根 view 的參考。

使用根 view 來取得 fragment 的 Start 按鈕的參考。

回到根 view。

將 `OnClickListener` 加入 fragment 的按鈕之後，我們要讓它被按下時進行巡覽。

WelcomeFragment
MessageFragment

嘿，等一下！在了解巡覽之前，告訴我為什麼 fragment 沒有 findViewById() 方法？它不是繼承 Activity 類別嗎？為什麼會這樣？

Fragment 類別不是 Activity 的子類別。

雖然 fragment 與 activity 有很多共同點，但 `Fragment` 類別並未繼承 `Activity`，所以它並未繼承它的任何方法。

`Fragment` 類別定義了它自己的方法。雖然它的很多方法看起來與 activity 繼承的方法一模一樣，但它沒有 `findViewById()` 等方法。

你將在接下來的內容中，進一步了解 fragment 和它的方法。現在，我們先來看一下，我們需要在 `WelcomeFragment` 裡面加入哪些程式，讓它可以在按鈕被按下時，前往 `MessageFragment`。

取得導覽控制器

每次你想要前往一個新的 fragment 時，你就要先取得導覽控制器的參考，做法是呼叫它的根 `View` 物件的 **`findNavController()`** 方法。例如，下面的程式可以取得名為 `view` 的根 view 物件的導覽控制器的參考：

```
val navController = view.findNavController()
```

用 action 來告訴它該前往哪裡

取得導覽控制器之後，你可以呼叫它的 **`navigate()`** 方法來要求它前往新的 destination。這個方法有一個參數：巡覽 action ID。

你應該還記得，當我們建立導覽圖時，我們加入一個從 `WelcomeFragment` 到 `MessageFragment` 的 action。當時我們將這個 action 的 ID 設為「action_welcomeFragment_to_messageFragment」。

如果我們將這個 ID 傳給導覽控制器的 `navigate()` 方法，控制器會看到這個 action 是從 `WelcomeFragment` 到 `MessageFragment`，並用它來切換到新的 fragment。

程式的寫法是：

```
view.findNavController().navigate(R.id.action_welcomeFragment_to_messageFragment)
```

取得導覽控制器的參考之後，你可以使用 action ID 來要求它進行巡覽。

我們想要在用戶按下 `WelcomeFragment` 的 Start 按鈕時前往 `MessageFragment`，因此將上面的程式加入 Start 按鈕的 `OnClickListener` 如下：

```
val view = inflater.inflate(R.layout.fragment_welcome, container,
false)
val startButton = view.findViewById<Button>(R.id.start)
startButton.setOnClickListener {
    view.findNavController()
        .navigate(R.id.action_welcomeFragment_to_messageFragment)
}
```

取得導覽控制器。

巡覽至 MessageFragment。

下一頁有完整的 `WelcomeFragment` 程式碼。

WelcomeFragment.kt 的完整程式

下面是 WelcomeFragment 的完整程式，請按照它來修改你的 *WelcomeFragment.kt*（粗體為修改處）：

SecretMessage
app/src/main
java
com.hfad.secretmessage
WelcomeFragment.kt

```
package com.hfad.secretmessage

import android.os.Bundle
import androidx.fragment.app.Fragment
import android.view.LayoutInflater
import android.view.View
import android.view.ViewGroup
import android.widget.Button
import androidx.navigation.findNavController

class WelcomeFragment : Fragment() {

    override fun onCreateView(inflater: LayoutInflater, container: ViewGroup?,
                              savedInstanceState: Bundle?): View? {
        return val view = inflater.inflate(R.layout.fragment_welcome, container, false)
        val startButton = view.findViewById<Button>(R.id.start)

        startButton.setOnClickListener {
            view.findNavController()
                .navigate(R.id.action_welcomeFragment_to_messageFragment)
        }
        return view
    }
}
```

我們使用這兩個額外的類別，所以要匯入它們。

取得 fragment 的根 view 的參考，以便呼叫它的 findViewById() 方法。

在用戶按下按鈕時，前往 MessageFragment。

回傳 fragment 的根 view。

以下就是讓 WelcomeFragment 前往 MessageFragment 的所有程式。我們先來看一下當它執行時會做什麼事情，再試著執行 app。

當 app 執行時會發生什麼事

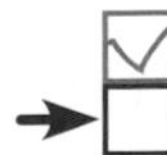

當 app 執行時，會發生這些事情：

1. **Android 啟動 app，並且建立 MainActivity。**

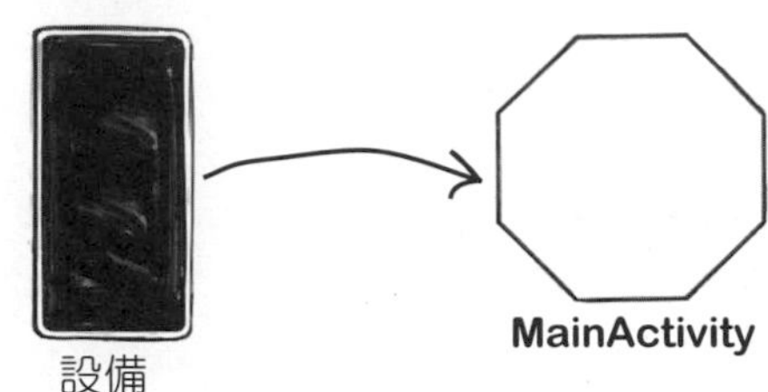

2. **MainActivity 的 layout（activity_main.xml）有一個 FragmentContainerView，它指定了一個瀏覽容器，以及一個導覽圖。**

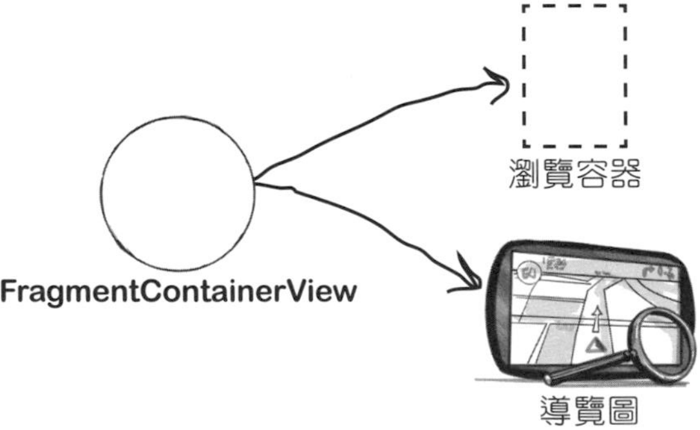

3. **導覽圖的開始 destination 是 WelcomeFragment，所以這個 fragment 被加到瀏覽容器，並顯示在設備螢幕上。**

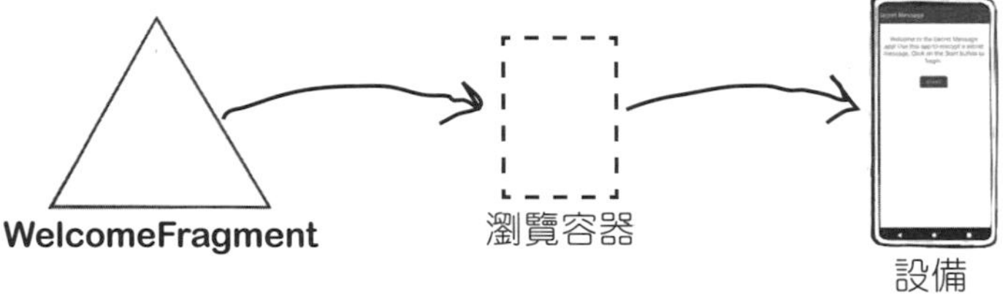

4. **用戶按下 WelcomeFragment 的 layout 裡面的 Start 按鈕。**

故事還沒結束

5 **Start 按鈕的 OnClickListener 的程式找到導覽控制器，並呼叫它的 navigate() 方法。**

它將一個從 `WelcomeFragment` 前往 `MessageFragment` 的 action 傳給它。

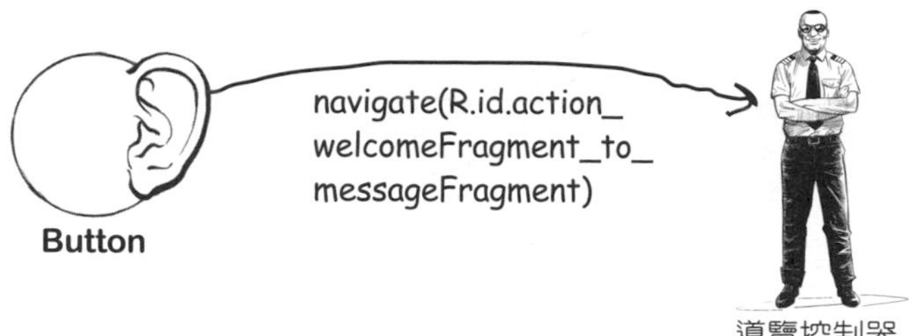

6 **導覽控制器用 ID 在導覽圖裡面尋找 action。**

它看到 action 是從 `WelcomeFragment` 到 `MessageFragment`。

我有一個 action_welcomeFragment_to_messageFragment action。destination 是什麼？
我看看…它是從 WelcomeFragment 到 MessageFragment。
導覽控制器
導覽圖

7 **導覽控制器將瀏覽容器裡面的 WelcomeFragment 換成 MessageFragment，MessageFragment 被顯示在設備的螢幕上。**

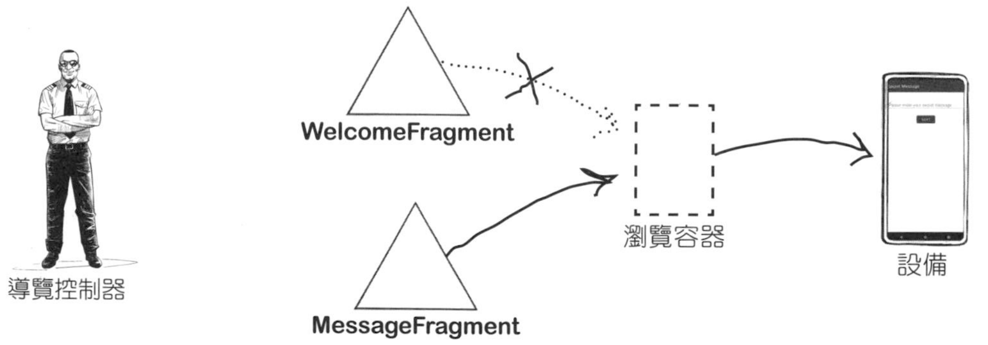

新車試駕

WelcomeFragment
MessageFragment

當我們執行 app 時，它會啟動 `MainActivity` 並顯示 `WelcomeFragment`，與之前一樣。

當我們按下 Start 按鈕時，app 會前往 `MessageFragment`，這個 fragment 會被顯示在設備上。

當我們啟動 app 時，*WelcomeFragment* 會顯示出來。

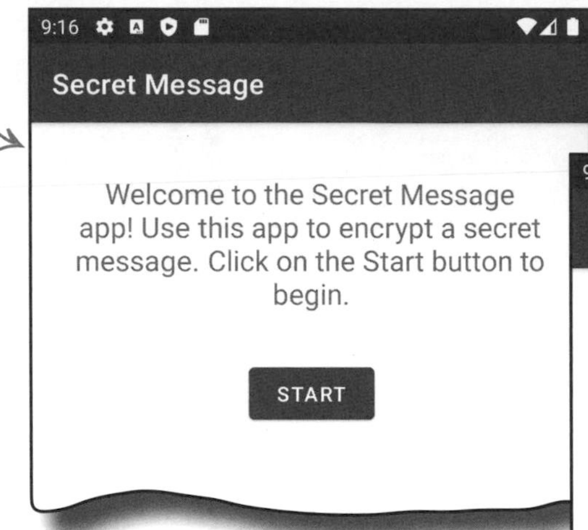

當我們按下 *WelcomeFragment* 的 *Start* 按鈕時，*MessageFragment* 會顯示出來。

9:16

Secret Message

Please enter your secret message

NEXT

目前按下 Next 按鈕還不會有任何動作，在下一章，我們要讓它前往一個新 fragment，在那裡顯示加密版本的用戶訊息。

恭喜你！你已經學會如何建立多畫面 app，可從一個畫面前往另一個畫面了。

在下一章，我們將根據本章的知識來完成 Secret Message app。

問：在編輯 *build.gradle* 檔案之前，我曾經試著建立一個導覽圖，當時 Android Studio 主動提議幫我加入 Navigation 組件程式庫。既然如此，為什麼我們還要手動加入程式庫？

答：為了讓你知道我們需要程式庫，以及如何加入它們，而不需要依賴 Android Studio。

另一個理由是，我們可以確定，本書的程式碼可以用我們在 *build.gradle* 檔案內指定的程式庫版本來運行。Android Studio 可能會加入不一樣的版本，那可能會破壞程式。

問：我一定要用 Navigation 組件來實作巡覽功能嗎？

答：嚴格說來，不，但如果你不使用它，工作將複雜許多。在 Navigation 組件問世之前，於畫面之間切換需要寫多很多的程式碼。

削尖你的鉛筆

下面的圖表是一個音樂 app 的導覽圖的一部分。它描述了兩個巡覽路徑，一個從 ChooseMusicFragment 到 FoundFragment，另一個從 ChooseMusicFragment 到 NotFoundFragment。

完成 ChooseMusicFragment 的 onCreateView() 方法，讓 app 在 musicFound() 方法回傳 *true* 時顯示 FoundFragment，在該方法回傳 *false* 時顯示 NotFoundFragment。

這是 ChooseMusicFragment 的 onCreateView 方法的程式。

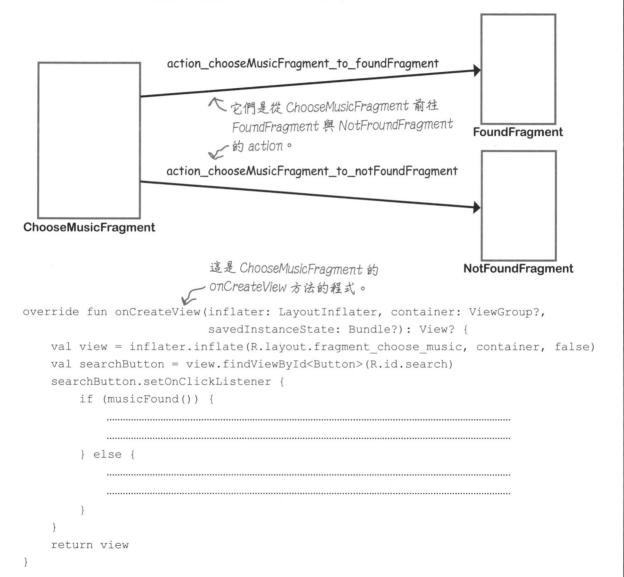

```
override fun onCreateView(inflater: LayoutInflater, container: ViewGroup?,
                          savedInstanceState: Bundle?): View? {
    val view = inflater.inflate(R.layout.fragment_choose_music, container, false)
    val searchButton = view.findViewById<Button>(R.id.search)
    searchButton.setOnClickListener {
        if (musicFound()) {
            ..............................................................
            ..............................................................
        } else {
            ..............................................................
            ..............................................................
        }
    }
    return view
}
```

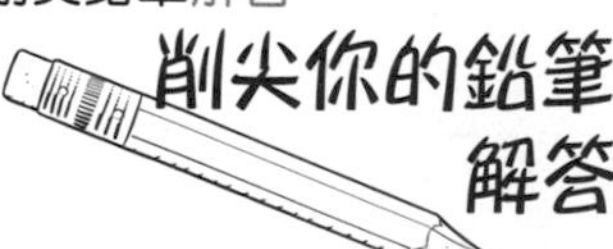

下面的圖表是一個音樂 app 的導覽圖的一部分。它描述了兩個巡覽路徑，一個從 ChooseMusicFragment 到 FoundFragment，另一個從 ChooseMusicFragment 到 NotFoundFragment。

完成 ChooseMusicFragment 的 onCreateView() 方法，讓 app 在 musicFound() 方法回傳 *true* 時顯示 FoundFragment，在該方法回傳 *false* 時顯示 NotFoundFragment。

action_chooseMusicFragment_to_foundFragment

FoundFragment

action_chooseMusicFragment_to_notFoundFragment

ChooseMusicFragment

NotFoundFragment

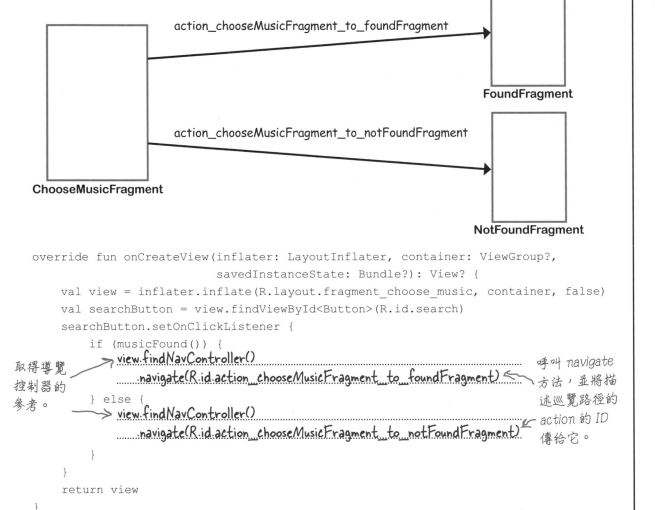

```
override fun onCreateView(inflater: LayoutInflater, container: ViewGroup?,
                          savedInstanceState: Bundle?): View? {
    val view = inflater.inflate(R.layout.fragment_choose_music, container, false)
    val searchButton = view.findViewById<Button>(R.id.search)
    searchButton.setOnClickListener {
        if (musicFound()) {
            view.findNavController()
                .navigate(R.id.action_chooseMusicFragment_to_foundFragment)
        } else {
            view.findNavController()
                .navigate(R.id.action_chooseMusicFragment_to_notFoundFragment)
        }
    }
    return view
}
```

取得導覽控制器的參考。

呼叫 navigate 方法，並將描述巡覽路徑的 action 的 ID 傳給它。

你的 Android 工具箱

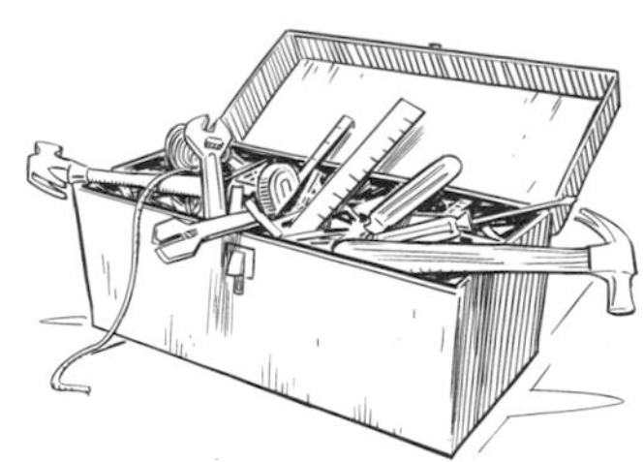

你已經掌握第 6 章，將 fragment 與巡覽功能加入你的工具箱了。

你可以在 tinyurl.com/hfad3 下載本章的完整程式碼。

本章重點

- fragment 有 Kotlin 程式碼與 layout。
- 每一個 fragment 都繼承 `Fragment` 類別或它的子類別。
- 使用 `FragmentContainerView` 來將 fragment 加入 activity 的 layout。
- 每次 Android 需要 fragment 的 layout 時，就會呼叫 `onCreateView()`。
- `Fragment` 並未繼承 `Activity`。
- fragment沒有`findViewById()`方法。
- Navigation 組件是一套程式庫、外掛程式與工具，可以用 Gradle 來加入專案。
- 導覽圖描述可能的 destination 與巡覽路徑。它使用 action 來描述路徑。
- 瀏覽容器是一個空的容器，用來顯示巡覽 destination。Navigation 組件有一個預設的瀏覽容器，稱為 `NavHostFragment`，它繼承 `Fragment` 類別，並實作了 `NavHost` 介面。
- 導覽控制器使用 action 來控制應在瀏覽容器中顯示哪個 fragment。

7 safe args

傳遞資訊

有時 fragment 需要額外的資訊才能正確運作。

例如，顯示聯絡人細節的 fragment 需要知道它該顯示哪個連絡人。但是，如果這項資訊來自其他的 fragment 呢？在這一章，你將學習**如何在 fragment 之間傳遞資料**，來**建立你的導覽方式**。你將了解**如何將引數加入巡覽** destination，讓它們可以接收它們需要的資訊。你將認識 **Safe Args 外掛程式**，以及了解如何使用它來**撰寫型態安全的程式**。最後，你將探索**如何操作返回堆疊**，以及控制「返回」按鈕的行為。繼續讀下去，你沒有回頭路了⋯

Secret Message app 會在 fragment 之間巡覽

我們在上一章學會如何使用 Navigation 組件在兩個 fragment 之間巡覽，並運用這項知識來建立 Secret Message app 的半成品。這個 app 的完成版可接收用戶輸入的訊息，並將它加密。

app 目前的版本使用名為 `WelcomeFragment` 的 fragment 來顯示一些介紹文字。當用戶按下它的 Start 按鈕時，fragment 會前往第二個 fragment，名為 `MessageFragment`。

`MessageFragment` 有一個 edit text 可讓用戶輸入訊息。它也有一個 Next 按鈕，可讓用戶按下，來將訊息加密。

以下是 app 目前的長相：

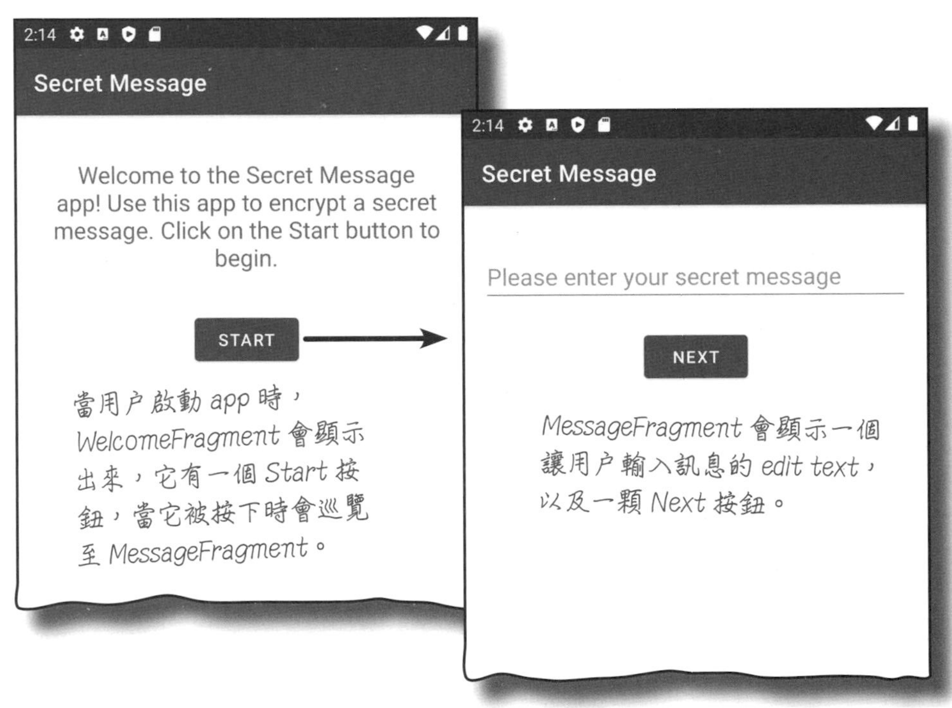

在目前的 app 版本中，當用戶按下 `MessageFragment` 的 Next 按鈕時不會發生任何事情。在本章，我們將完成這個 app，將加密的用戶訊息顯示在新 fragment 上面。

MessageFragment 需要傳送訊息給新 fragment

我們要將一個新的 fragment 加入 app，它的名稱是 EncryptFragment。這個 fragment 會顯示加密的用戶訊息，它長這樣：

這是新的 fragment（我們要建立它），它的名稱是 EncryptFragment。它會顯示加密版本的用戶訊息。

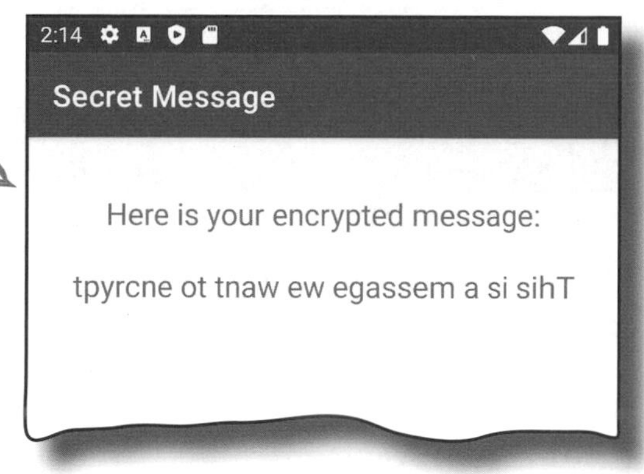

EncryptFragment 會從 MessageFragment 取得用戶的訊息。當用戶按下 MessageFragment 的 Next 按鈕時，app 會前往 EncryptFragment，並將文字傳給它。然後，這個 fragment 會將文字加密，並顯示結果：

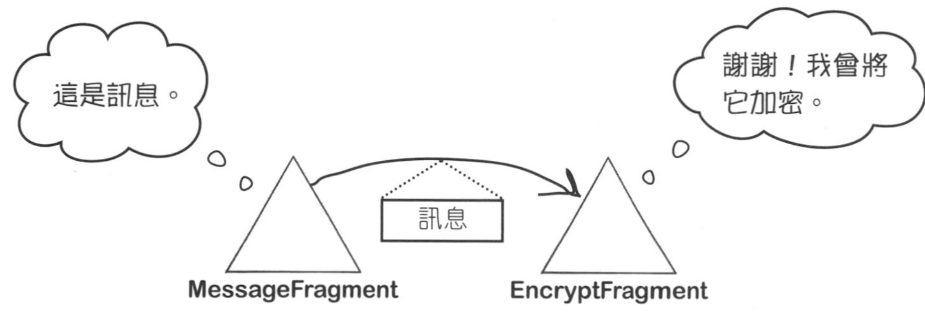

為了讓它運作，我們必須在 fragment 之間傳遞資料，最佳手段是使用名為 **Safe Args** 的 Gradle 外掛程式，它是 Navigation 組件的額外部分，可讓你用型態安全的方式在 fragment 之間傳遞資料。型態安全可以防止你不小心傳遞型態錯誤的資料，進而導致執行期錯誤。

在繼續建立 Secret Message app 的過程中，你將學習如何使用 Safe Args。我們先來看一下接下來要執行的步驟。

我們接下來要做這些事情

我們將採取這些步驟來建構 Secret Message app 的第二部分：

1. **建立並顯示 `EncryptFragment`。**
   我們將建立一個名為 `EncryptFragment` 的新 fragment，並且在用戶按下 `MessageFragment` 的 layout 的 Next 按鈕時切換到那裡。

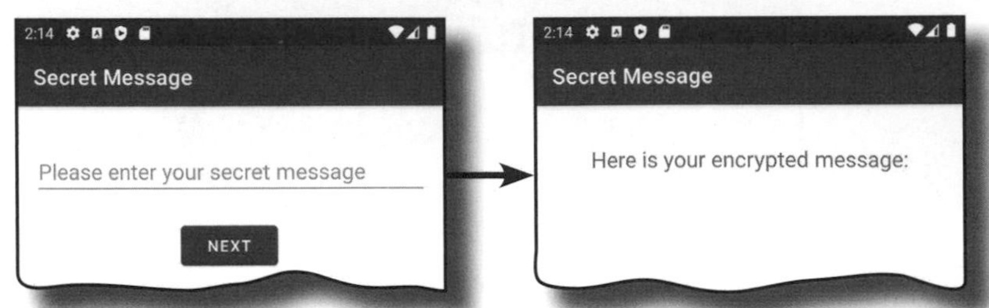

2. **將用戶的訊息傳給 `EncryptFragment`。**
   我們將使用 Safe Args 來將用戶的訊息從 `MessageFragment` 傳給 `EncryptFragment`。接下來，`EncryptFragment` 會顯示加密後的訊息。

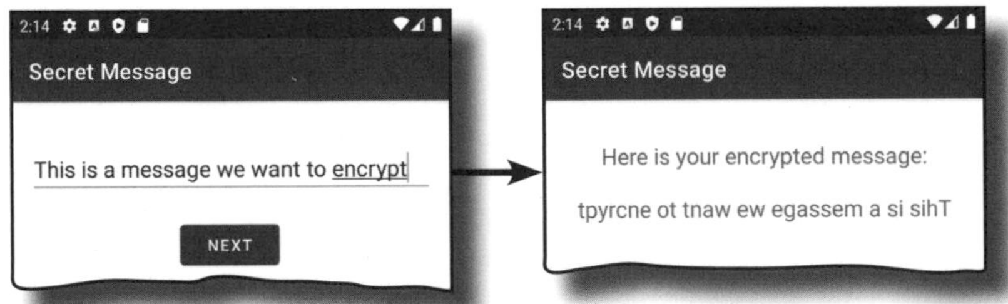

3. **修改 app 的返回按鈕的行為。**
   最後，我們將修改 app，讓用戶可以在 app 顯示 `EncryptFragment` 時，按下設備的返回按鈕，回到 `WelcomeFragment`。

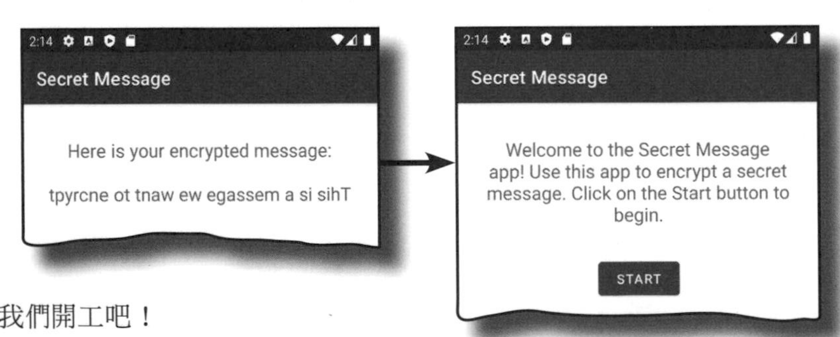

別忘了！

你即將修改你在第 6 章建立的 Secret Message app，所以請打開這個 app 的專案。

我們開工吧！

建立 EncryptFragment…

EncryptFragment
Safe Args
返回按鈕

我們即將使用 `EncryptFragment` 來顯示加密版的用戶訊息。請建立這個 fragment：在 *app/src/main/java* 資料夾裡面選擇 *com.hfad.secretmessage* 程式包，前往 File 選單，選擇 New→Fragment→Fragment (Blank)。將 fragment 命名為「EncryptFragment」，將它的 layout 命名為「fragment_encrypt」。將語言設為 Kotlin，並按下 Finish 按鈕。

…並修改它的 layout

我們要修改 `EncryptFragment` 的 layout，在裡面加入兩個 text view。第一個將顯示一個名為 `encrypt_text` 的 `String` 資源（我們已經在上一章將它加入 *strings.xml* 了），第二個將顯示加密的訊息。

打開 layout 檔 *fragment_encrypt.xml*，並按照下面的程式來修改它：

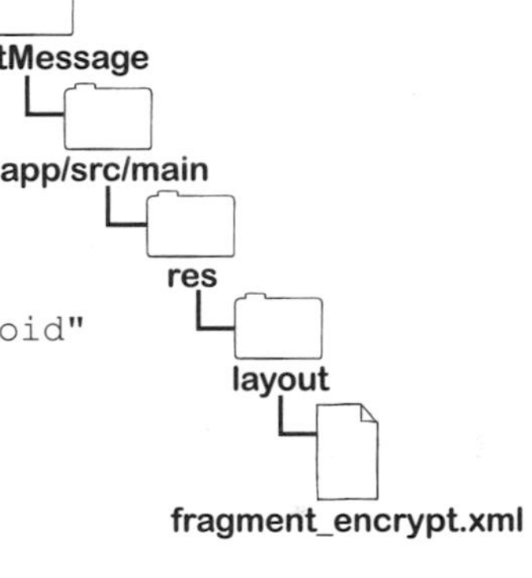


```
<?xml version="1.0" encoding="utf-8"?>
<LinearLayout
    xmlns:android="http://schemas.android.com/apk/res/android"
    xmlns:tools="http://schemas.android.com/tools"
    android:layout_width="match_parent"
    android:layout_height="match_parent"
    android:orientation="vertical"
    android:gravity="center_horizontal"
    tools:context=".EncryptFragment">

    <TextView
        android:layout_width="wrap_content"
        android:layout_height="wrap_content"
        android:layout_marginTop="20dp"
        android:textSize="20sp"
        android:text="@string/encrypt_text" />

    <TextView
        android:id="@+id/encrypted_message"
        android:layout_width="wrap_content"
        android:layout_height="wrap_content"
        android:layout_marginTop="20dp"
        android:textSize="20sp"/>
</LinearLayout>
```

定義垂直 LinearLayout。

顯示一些文字…

Here is your encrypted message:

tpyrcne ot tnaw ew egassem a si sihT

…以及最高機密的加密訊息。

修改 EncryptFragment.kt

我們也要修改 `EncryptFragment` 的 Kotlin 程式，來確保 Android Studio 沒有在裡面加入任何沒必要的、防礙我們的額外程式。

前往 *app/src/main/java* 資料夾裡面的 *com.hfad.secretmessage* 程式包，打開 *EncryptFragment.kt* 檔。然後將 Android Studio 產生的程式換成下面的程式：

SecretMessage
app/src/main
java
com.hfad.secretmessage
EncryptFragment.kt

```
package com.hfad.secretmessage

import android.os.Bundle
import androidx.fragment.app.Fragment
import android.view.LayoutInflater
import android.view.View
import android.view.ViewGroup

class EncryptFragment : Fragment() {

    override fun onCreateView(inflater: LayoutInflater, container: ViewGroup?,
                              savedInstanceState: Bundle?): View? {
        // 將這個 fragment 的 layout 充氣
        return inflater.inflate(R.layout.fragment_encrypt, container, false)
    }
}
```

EncryptFragment 繼承 Fragment 類別。

這個 fragment 覆寫 onCreateView()。

使用 fragment_encrypt.xml 作為 fragment 的 layout。

以上就是在 *EncryptFragment.kt* 定義基本的 fragment 所需的所有程式。如同你看過的其他 fragment 程式，它繼承 `Fragment` 類別，並覆寫它的 `onCreateView()` 方法。這個方法會將 fragment 的 layout 充氣，並回傳它的根 view。

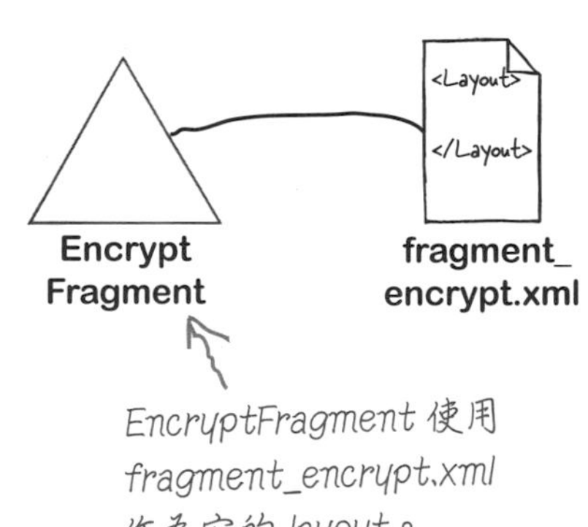

我們已經完成 `EncryptFragment` 的所有 layout 與 Kotlin 程式了，接下來，我們要將它加入導覽圖，以確保 `MessageFragment` 可以前往它那裡。

將 EncryptFragment 加入導覽圖

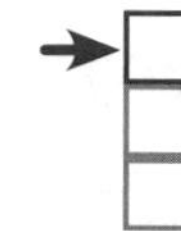

EncryptFragment
Safe Args
返回按鈕

如你所知，導覽圖保存了 app 的 destination 以及前往它們那裡的路徑的細節。

為了將 `EncryptFragment` 加入導覽圖，打開 *nav_graph.xml*，按下設計編輯器裡面的 New Destination 按鈕，在提示視窗中，選擇「fragment_encrypt」選項，以加入 fragment。

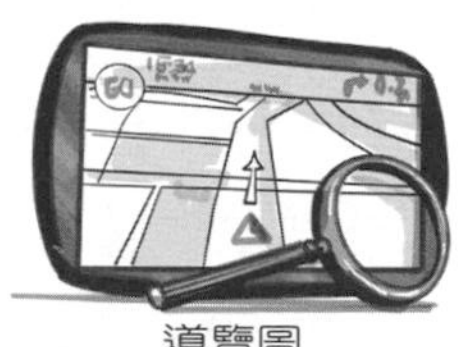

導覽圖

我們也要加入一個新 action，讓 `MessageFragment` 可以前往 `EncryptFragment`。將滑鼠游標移到 `MessageFragment` 上面，從它的右側拉一個 action 箭頭到 `EncryptFragment`。為了與本書的程式相符，請確定你的 action 的 ID 是「action_messageFragment_to_encryptFragment」。

如果你覺得有點麻煩，別擔心。我們會在下一頁展示完整的程式，所以你也可以直接根據它來修改。

進行這些修改之後，導覽圖應該會長這樣：

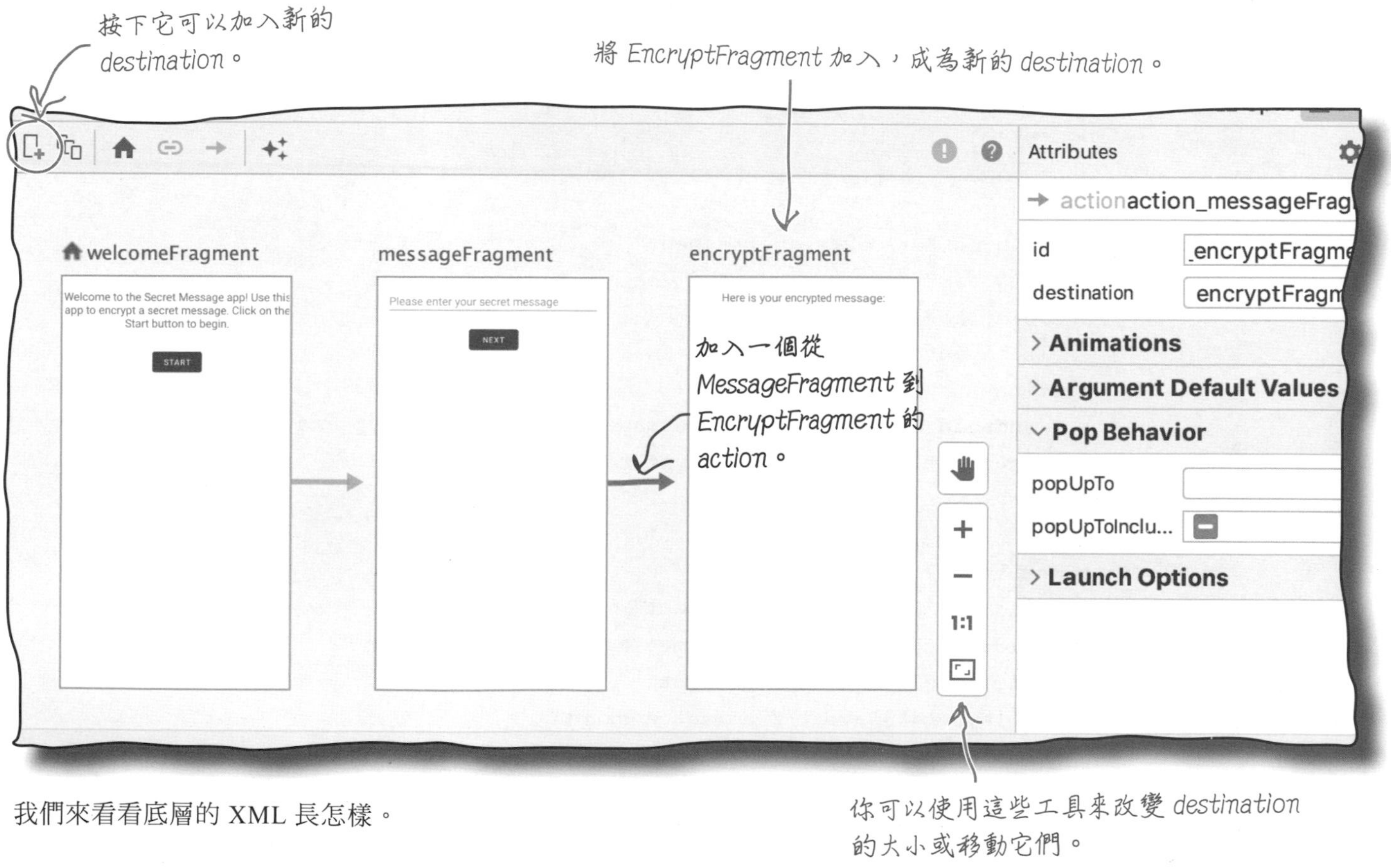

按下它可以加入新的 destination。

將 EncryptFragment 加入，成為新的 destination。

welcomeFragment

Welcome to the Secret Message app! Use this app to encrypt a secret message. Click on the Start button to begin.

START

messageFragment

Please enter your secret message

NEXT

encryptFragment

Here is your encrypted message:

加入一個從 MessageFragment 到 EncryptFragment 的 action。

Attributes

action action_messageFrag

id _encryptFragme

destination encryptFragm

Animations

Argument Default Values

Pop Behavior

popUpTo

popUpToInclu...

Launch Options

1:1

你可以使用這些工具來改變 destination 的大小或移動它們。

我們來看看底層的 XML 長怎樣。

改好的 nav_graph.xml 程式碼

每次你修改導覽圖時，你做的任何更改都會被加入底層的 XML。新程式是（粗體為修改處）：

SecretMessage
app/src/main
res
navigation
nav_graph.xml

```
<?xml version="1.0" encoding="utf-8"?>
<navigation xmlns:android="http://schemas.android.com/apk/res/android"
    xmlns:app="http://schemas.android.com/apk/res-auto"
    xmlns:tools="http://schemas.android.com/tools"
    android:id="@+id/nav_graph"
    app:startDestination="@id/welcomeFragment">

    <fragment
        android:id="@+id/welcomeFragment"
        android:name="com.hfad.secretmessage.WelcomeFragment"
        android:label="fragment_welcome"
        tools:layout="@layout/fragment_welcome" >
        <action
            android:id="@+id/action_welcomeFragment_to_messageFragment"
            app:destination="@id/messageFragment" />
    </fragment>

    <fragment
        android:id="@+id/messageFragment"
        android:name="com.hfad.secretmessage.MessageFragment"
        android:label="fragment_message"
        tools:layout="@layout/fragment_message" >
        <action
            android:id="@+id/action_messageFragment_to_encryptFragment"
            app:destination="@id/encryptFragment" />
    </fragment>

    <fragment
        android:id="@+id/encryptFragment"
        android:name="com.hfad.secretmessage.EncryptFragment"
        android:label="fragment_encrypt"
        tools:layout="@layout/fragment_encrypt" />
</navigation>
```

有一個新的 action，從 MessageFragment 到 EncryptFragment。

EncryptFragment 被加入了。

我們來使用新 action 前往 EncryptFragment。

MessageFragment 需要前往 EncryptFragment

當用戶按下 `MessageFragment` 的 Next 按鈕時，我們要讓它前往 `EncryptFragment`。為此，我們要幫按鈕加入一個 `OnClickListener`，並在裡面編寫巡覽程式。

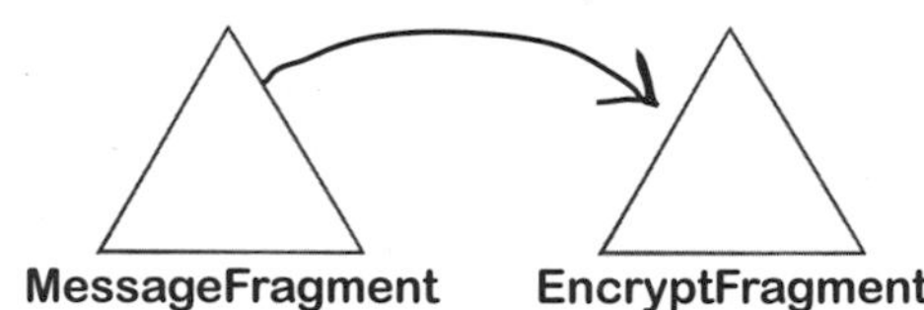

上一章說過，從一個 fragment 前往另一個 fragment 的做法是先取得導覽控制器，再將一個巡覽 action 傳給它。導覽控制器會使用這個 action 來顯示正確的 fragment。

你已經知道如何做這種事情了，在你的 *MessageFragment.kt* 裡面進行下面的修改（粗體為修改處）：

```
package com.hfad.secretmessage

import android.os.Bundle
import androidx.fragment.app.Fragment
import android.view.LayoutInflater
import android.view.View
import android.view.ViewGroup
import android.widget.Button
import androidx.navigation.findNavController

class MessageFragment : Fragment() {
    override fun onCreateView(inflater: LayoutInflater, container: ViewGroup?,
                              savedInstanceState: Bundle?): View? {
        ~~return~~ val view = inflater.inflate(R.layout.fragment_message, container, false)
        val nextButton = view.findViewById<Button>(R.id.next)

        nextButton.setOnClickListener {
            view.findNavController()
                    .navigate(R.id.action_messageFragment_to_encryptFragment)
        }
        return view
    }
}
```

匯入這些類別。

取得根 view 的參考。

讓 Next 按鈕巡覽至 EncryptFragment。

SecretMessage
app/src/main
java
com.hfad.secretmessage
MessageFragment.kt

我們來試著執行 app，以確保它正確運作。

新車試駕

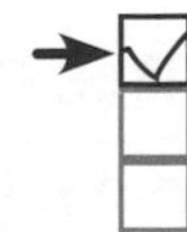

EncryptFragment
Safe Args
返回按鈕

當我們執行 app 時，app 會啟動 `MainActivity` 並顯示 `WelcomeFragment`。當我們按下它的 Start 按鈕時，app 前往 `MessageFragment`，與之前一樣。

當我們在 `MessageFragment` 的 edit text view 輸入訊息並按下它的 Next 按鈕時，app 前往 `EncryptFragment`。它還不會處理我們輸入的訊息。

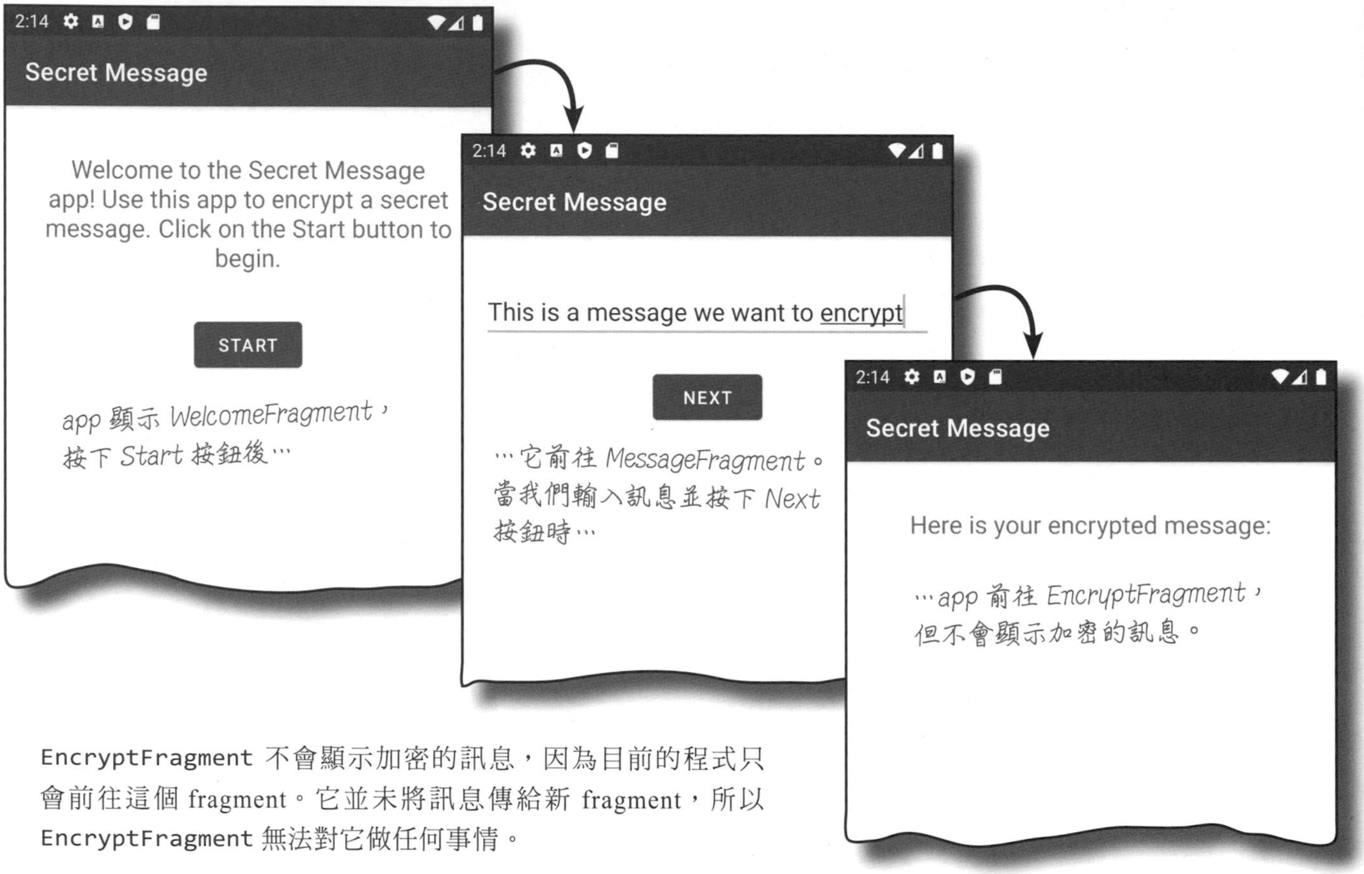

2:14
Secret Message
Welcome to the Secret Message app! Use this app to encrypt a secret message. Click on the Start button to begin.
START

app 顯示 WelcomeFragment，按下 Start 按鈕後…

2:14
Secret Message
This is a message we want to encrypt
NEXT

…它前往 MessageFragment。當我們輸入訊息並按下 Next 按鈕時…

2:14
Secret Message
Here is your encrypted message:

…app 前往 EncryptFragment，但不會顯示加密的訊息。

`EncryptFragment` 不會顯示加密的訊息，因為目前的程式只會前往這個 fragment。它並未將訊息傳給新 fragment，所以 `EncryptFragment` 無法對它做任何事情。

我們將使用 Safe Args 來將訊息從 `MessageFragment` 傳給 `EncryptFragment`。之前說過，Safe Args 是 Navigation 的一個額外的部分，可讓你用型態安全的方式將引數傳給 destination。

我們來看看怎麼做。

將 Safe Args 加入 build.gradle 檔

☑ EncryptFragment
→ ☐ **Safe Args**
☐ 返回按鈕

在使用 Safe Args 之前，我們必須先修改專案與 *build.gradle* 檔。我們來做這件事。

在專案的 build.gradle 檔加入一個 classpath

首先，你要將一個新的 classpath 加入專案的 *build.gradle* 檔，指定你要使用 Safe Args 外掛。classpath 有一個版本號碼，它必須和你的主 Navigation 組件程式庫的版本號碼相符。

在 Secret Message app 裡，我們使用一個名為 `nav_version` 的變數來確保這些版本號碼都是相符的，所以我們將在這個 classpath 裡面引用它。

打開 *SecretMessage/build.gradle*，在 `dependencies` 區域加入 classpath（粗體為修改處）：

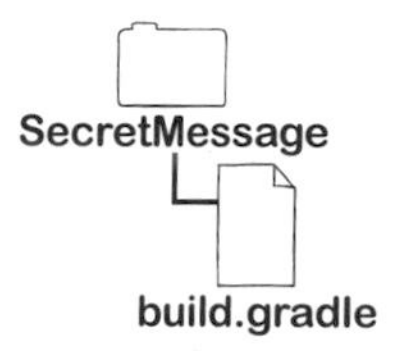


```
dependencies {
    ...
    classpath "androidx.navigation:navigation-safe-args-gradle-plugin:$nav_version"
}
```

我們曾經在上一章加入 nav_version 變數，來確保 Navigation 組件的所有部分都使用相同的版本號碼。

將外掛加入 app 的 build.gradle 檔

接下來，你要在 app *build.gradle* 檔裡面加入一行程式來告訴 Gradle 你要使用 Safe Args 外掛。打開 *SecretMessage/app/build.gradle* 檔，將粗體的那一行加入 `plugins` 區域：

```
plugins {
    ...
    id 'androidx.navigation.safeargs.kotlin'
}
```

加入 Safe Args 外掛。

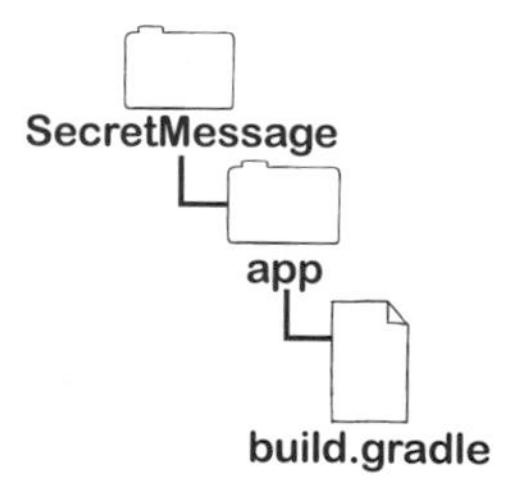

修改這些地方之後，按下程式碼編輯器上面的 Sync Now 選項，將你的修改與專案其餘的地方同步。

每次修改 build.gradle 都必須同步你的修改。

在 app 加入 Safe Args 之後，我們就可以用它來將訊息從 `MessageFragment` 傳給 `EncryptFragment` 了，接下來要做這件事。

EncryptFragment 需要接受 String 引數

首先，我們要指出 EncryptFragment 可以接受用戶的訊息，做法是在導覽圖中，將一個 String 引數加入這個 fragment，接下來，MessageFragment 會使用這個引數來將用戶的訊息（一個 String）傳給 EncryptFragment。

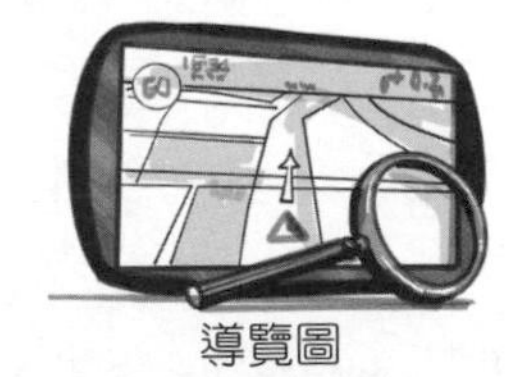

為了加入引數，打開 *app/src/main/res/nav_graph.xml* 的 *nav_graph.xml* 檔。然後在導覽圖設計編輯器裡面選擇 EncryptFragment，前往 Attributes 窗格，按下 Arguments 區域旁邊的「+」按鈕：

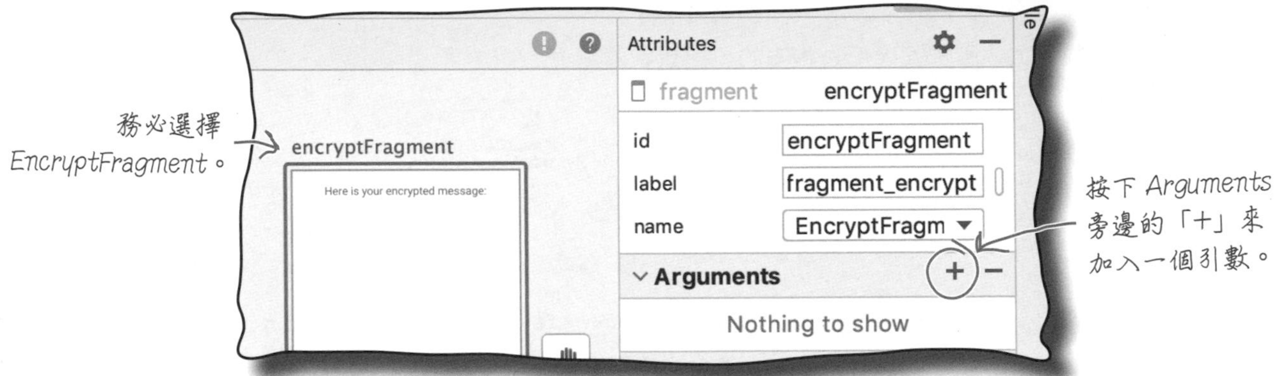

當你按下「+」按鈕時，Add Argument 視窗會出現，你可以用它來加入關於引數的細節。在這裡，我們要讓 EncryptFragment 接受代表用戶訊息的 String 引數，所以將引數命名為「message」，將它的型態設為「String」，然後按下 Add 按鈕。這會建立新的引數，並將它加入 Attributes 窗格的 Arguments 區域：

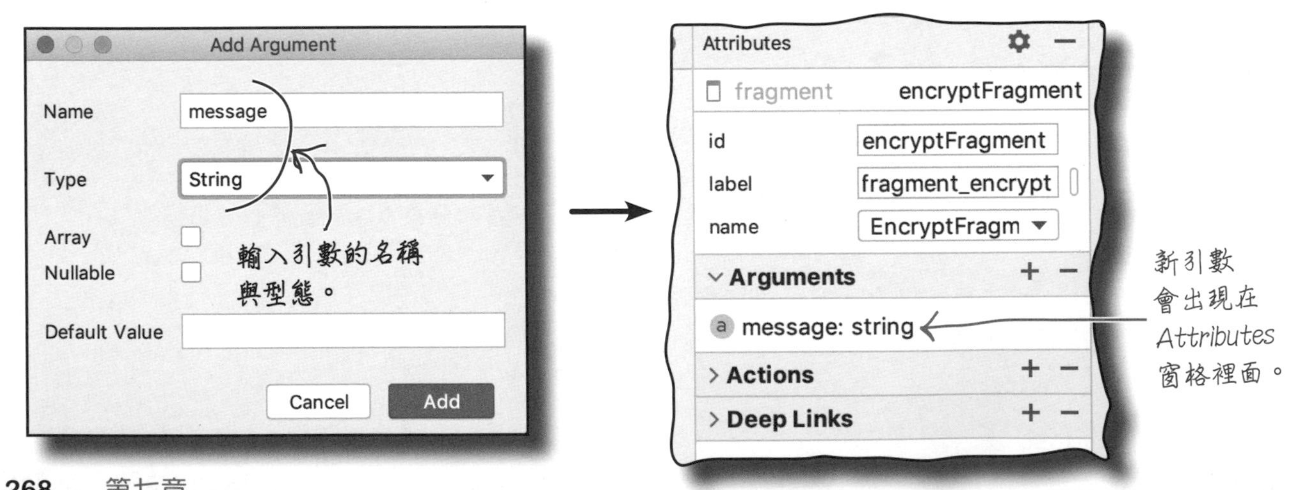

改好的 nav_graph.xml 程式碼

EncryptFragment
Safe Args
返回按鈕

將引數加入導覽圖之後，有一個新的 <argument> 引數會被加入底層的 XML。下面是改好的 *nav_graph.xml* 程式碼（以粗體表示新的部分）：

SecretMessage
app/src/main
res
navigation
nav_graph.xml

```
<?xml version="1.0" encoding="utf-8"?>
<navigation xmlns:android="http://schemas.android.com/apk/res/android"
    xmlns:app="http://schemas.android.com/apk/res-auto"
    xmlns:tools="http://schemas.android.com/tools"
    android:id="@+id/nav_graph"
    app:startDestination="@id/welcomeFragment">

    <fragment
        android:id="@+id/welcomeFragment"
        android:name="com.hfad.secretmessage.WelcomeFragment"
        android:label="fragment_welcome"
        tools:layout="@layout/fragment_welcome" >
        <action
            android:id="@+id/action_welcomeFragment_to_messageFragment"
            app:destination="@id/messageFragment" />
    </fragment>
    <fragment
        android:id="@+id/messageFragment"
        android:name="com.hfad.secretmessage.MessageFragment"
        android:label="fragment_message"
        tools:layout="@layout/fragment_message" >
        <action
            android:id="@+id/action_messageFragment_to_encryptFragment"
            app:destination="@id/encryptFragment" />
    </fragment>
    <fragment
        android:id="@+id/encryptFragment"
        android:name="com.hfad.secretmessage.EncryptFragment"
        android:label="fragment_encrypt"
        tools:layout="@layout/fragment_encrypt" >
        <argument
            android:name="message"
            app:argType="string" />
    </fragment>
</navigation>
```

這是新的引數。它是名為「message」的 String。

MessageFragment 必須傳遞引數給 EncryptFragment

EncryptFragment
Safe Args
返回按鈕

將 `String` 引數加入 `EncryptFragment` 之後，`MessageFragment` 就可以在前往那個 fragment 的同時傳遞用戶的訊息了。

如你所知，為了從一個 destination 前往另一個，你必須將一個巡覽 action 傳給導覽控制器。導覽控制器會使用那個 action 來顯示正確的 fragment。例如，當 `MessageFragment` 的按鈕被按下時，它會使用下面的程式來前往 `EncryptFragment`：

```
nextButton.setOnClickListener {
    view.findNavController()
            .navigate(R.id.action_messageFragment_to_encryptFragment)
}
```

傳一個 action 給導覽控制器，讓它用來顯示正確的 fragment。

你可以傳遞引數給巡覽 action

如果你想要將引數傳給一個 destination，你可以藉著將它的值傳給巡覽 action 來做這件事。

當導覽控制器收到一個包含引數的 action 時，它會前往正確的 fragment，同時傳送引數值。例如，在 Secret Message app 裡面，我們可以將用戶的訊息放入巡覽 action，讓 `MessageFragment` 將用戶的訊息傳給 `EncryptMessage`（透過導覽控制器）。它的工作方式是：

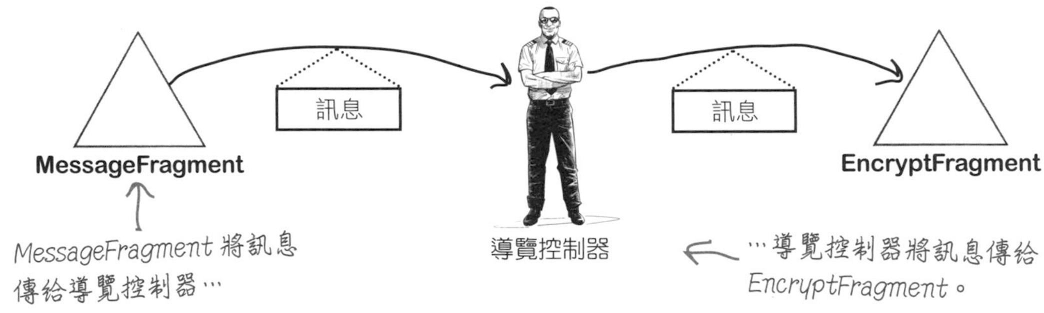
訊息
訊息
MessageFragment
EncryptFragment
導覽控制器
MessageFragment 將訊息傳給導覽控制器…
…導覽控制器將訊息傳給 EncryptFragment。

你可以使用 **`Directions`** 類別來將引數加入巡覽 action。接下來要介紹它是什麼。

Safe Args 會產生 Directions 類別

EncryptFragment
Safe Args
返回按鈕

`Directions` 類別的用途是傳遞引數給 destination。當你啟用 Safe Args 外掛時，Android Studio 會用它來幫可以**前往其他 fragment 的每一個 fragment** 產生一個 `Directions` 類別。例如，在 Secret Message app 裡面，你可以從 `WelcomeFragment` 與 `MessageFragment` 前往其他的 destination，所以 Safe Args 外掛會分別幫這兩個 fragment 產生一個 `Directions`；它會幫 `WelcomeFragment` 產生 `WeclomeFragmentDirections` 類別，幫 `MessageFragment` 產生 `MessageFragmentDirections`：

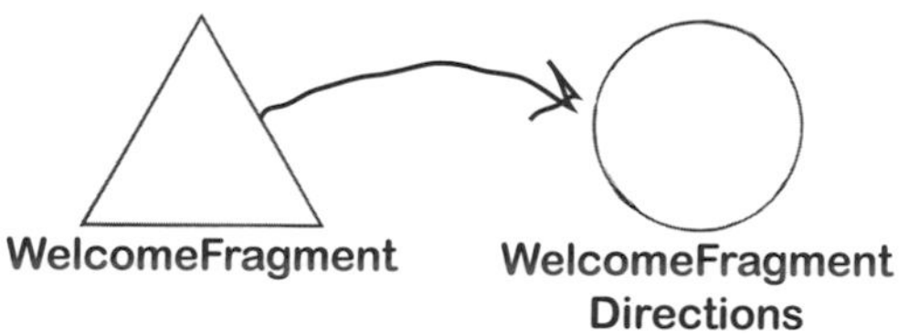

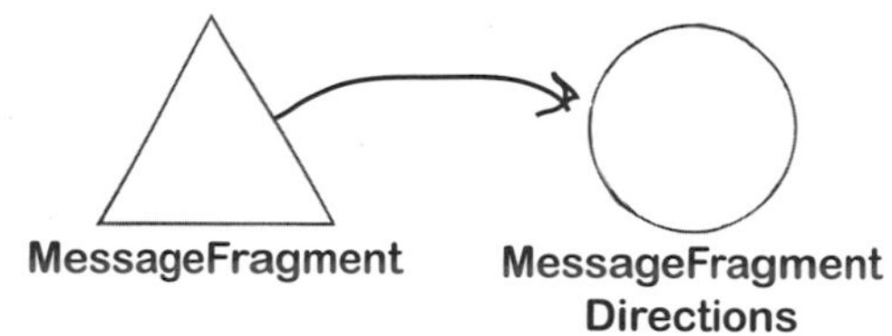

每一個 fragment 都使用它自己的 `Directions` 來巡覽。例如，當 `MessageFragment` 想要前往其他地方時，它必須使用 `MessageFragmentDirections` 類別，並傳遞一個引數。

使用 Directions 類別來將引數加入 action

你想要將 String 傳給 EncryptFragment 嗎？我剛好有你需要的方法…

MessageFragment Directions

在每一個 `Directions` 類別裡面，每個 fragment 的 action 都有一個對映的方法。例如，`MessageFragment` 有一個 ID 為「action_messageFragment_to_encryptFragment」的 action，所以 `MessageFragmentDirections` 類別有一個對映的 `actionMessageFragmentToEncryptFragment()` 方法。 因為 `EncryptFragment` 接受 `String`，所以那個對映的方法有一個 `String` 引數。

你要使用那些方法來前往 destination。例如，為了從 `MessageFragment` 前往 `EncryptFragment`，並傳遞一個 `String` 訊息給它，你要將下面的程式加入 `MessageFragment`：

```
val action = MessageFragmentDirections
                .actionMessageFragmentToEncryptFragment(message)
view.findNavController().navigate(action)
```

使用 MessageFragmentDirections 來建立 action。

將 message String 加入 action。

我們來加入這段程式。

修改 MessageFragment.kt 程式

這是改好的 MessageFragment 程式，請在 *MessageFragment.kt* 裡面進行同樣的修改（粗體為修改處）：

SecretMessage
app/src/main
java
com.hfad.secretmessage
MessageFragment.kt

```
package com.hfad.secretmessage

import android.os.Bundle
import androidx.fragment.app.Fragment
import android.view.LayoutInflater
import android.view.View
import android.view.ViewGroup
import android.widget.Button
import android.widget.EditText        <- 匯入這個類別。
import androidx.navigation.findNavController

class MessageFragment : Fragment() {
    override fun onCreateView(inflater: LayoutInflater, container: ViewGroup?,
                              savedInstanceState: Bundle?): View? {
        val view = inflater.inflate(R.layout.fragment_message, container, false)
        val nextButton = view.findViewById<Button>(R.id.next)
        val messageView = view.findViewById<EditText>(R.id.message)   <- 取得 message edit text 的參考。

        nextButton.setOnClickListener {
            val message = messageView.text.toString()   <- 取得 message String。
            val action = MessageFragmentDirections
                          .actionMessageFragmentToEncryptFragment(message)
            view.findNavController().navigate(action)
                .navigate(R.id.action_messageFragment_to_encryptFragment)   <- 刪除這一行。
        }
        return view
    }
}
```

前往 EncryptMessage，將訊息傳給它。

以上就是讓 MessageFragment 將用戶的訊息傳給 EncryptFragment 的所有程式。接下來，我們要讓 EncryptFragment 接收並使用訊息。

EncryptFragment 要取得引數的值

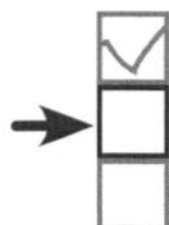

之前說過，MessageFragment 使用 String 引數來將用戶的訊息傳給 EncryptFragment。EncryptFragment 需要接收這個值，來顯示它的加密版本。

fragment 可以使用 **Args** 類別來接收引數。當你啟用 Safe Args 外掛時，Android Studio 會使用它來**為每一個接收引數的 fragment** 產生一個 Args 類別。例如，在 Secret Message app 裡面，EncryptFragment 接收一個 String 引數，所以 Safe Args 外掛會幫它產生一個名為 EncryptFragmentArgs 的 Args 類別：

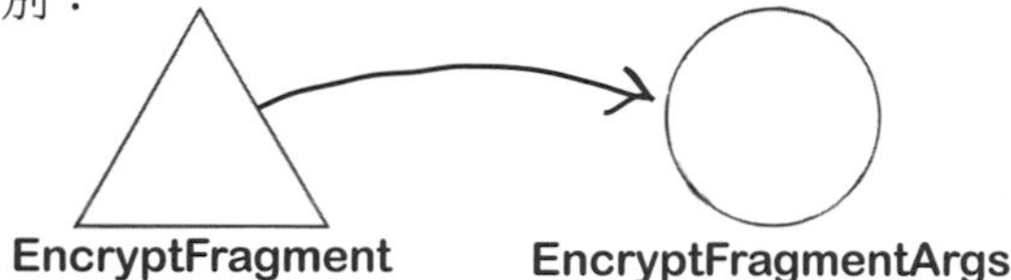

Safe Args 外掛會產生 Directions 與 Args 類別。你可以使用 Directions 類別來將引數傳給 destination，使用 Args 類別來接收它們。

使用 Args 類別來接收引數

每一個 Args 類別都有一個 **fromBundle()** 方法，你可以用它來取得在 fragment 之間傳遞的任何引數。例如，在 Secret Message app 裡面，EncryptFragment 接收一個名為 message 的 String 引數，所以你可以使用這段程式來取得這個引數的值：

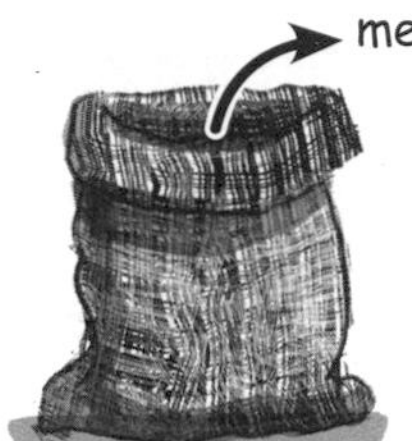

取得 message 引數的值。

```
val message = EncryptFragmentArgs.fromBundle(requireArguments()).message
```

它會將一個 String 物件（引數的值）指派給 message。

我們需要加密訊息

知道如何讓 EncryptFragment 接收用戶的訊息之後，我們可以開始加密它並顯示結果了。

我們使用 Kotlin 的 reversed() 方法來加密訊息，它其實只是將 String 的字母的順序反過來，程式是：

在實際情況下，你要使用更高級的加密技術，這只是一個例子。

```
val encryptedView = view.findViewById<TextView>(R.id.encrypted_message)
encryptedView.text = message.reversed()
```

下一頁將展示完整的 EncryptFragment 程式。

EncryptFragment.kt 的完整程式

- [x] EncryptFragment
- [ ] Safe Args
- [ ] 返回按鈕

這是 *EncryptFragment.kt* 的完整程式，請按照修改的地方修改你的程式：

SecretMessage
app/src/main
java
com.hfad.secretmessage
EncryptFragment.kt

```
package com.hfad.secretmessage

import android.os.Bundle
import androidx.fragment.app.Fragment
import android.view.LayoutInflater
import android.view.View
import android.view.ViewGroup
import android.widget.TextView   ← 匯入這個類別。

class EncryptFragment : Fragment() {
    override fun onCreateView(inflater: LayoutInflater, container: ViewGroup?,
                              savedInstanceState: Bundle?): View? {
取得根 view。 → return val view = inflater.inflate(R.layout.fragment_encrypt, container, false)
        val message = EncryptFragmentArgs.fromBundle(requireArguments()).message
        val encryptedView = view.findViewById<TextView>(R.id.encrypted_message)  ← 取得訊息。
        encryptedView.text = message.reversed()  ← 將字母的順序反過來，並顯示它。
        return view
    }
}
```

（return 已被劃掉）

以上就是顯示加密過的訊息的所有程式。下一頁將說明當 app 執行時發生了什麼事情。

問：我的專案不認識 Directions 與 Args 類別。為什麼？

答：應該是 Safe Args 外掛沒有產生它們。

首先，確定你有在 app 的 *build.gradle* 檔裡面加入 Safe Args 外掛，並同步你的修改。如果沒有，Android Studio 就無法產生 Directions 與 Args 類別。

接下來，確定你有在導覽圖裡面加入 EncryptFragment 的引數。Safe Args 會幫每一個接收引數的 destination 產生一個 Args 類別，所以如果沒有 Safe Args，你就沒有 Args 類別。

如果問題還沒有解決，試著重新組建你的專案：前往 Build 選單，並選擇 Rebuild Project 選項。

問：我們將 Safe Args 當成外掛（plug-in）加入 *build.gradle* 檔，將其餘的 Navigation 組件當成依賴項目（dependency）加入。為何如此？

答：將 Safe Args 當成外掛加入是因為它必須產生 Directions 與 Args 類別。外掛可產生程式碼，但是依賴項目不行。

當 app 執行時會發生什麼事

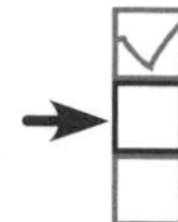

當 app 執行時，會發生這些事情：

1. **Android 啟動 app，並且建立 MainActivity。**

   `WelcomeFragment` 被加入瀏覽容器，並顯示在設備螢幕上。

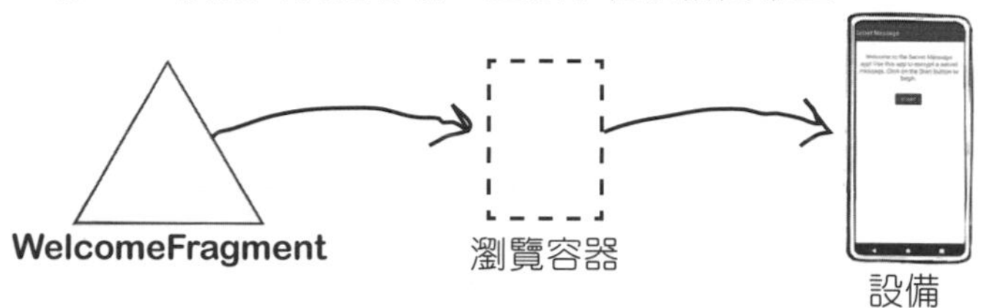

2. **當用戶按下 Start 按鈕時，它的 OnClickListener 程式會傳遞一個 action 給導覽控制器的 navigate() 方法。**

   這個 action 描述了一個從 `WelcomeFragment` 到 `MessageFragment` 的巡覽路徑。

3. **導覽控制器將 MessageFragment 放入瀏覽容器，將它顯示在設備螢幕上。**

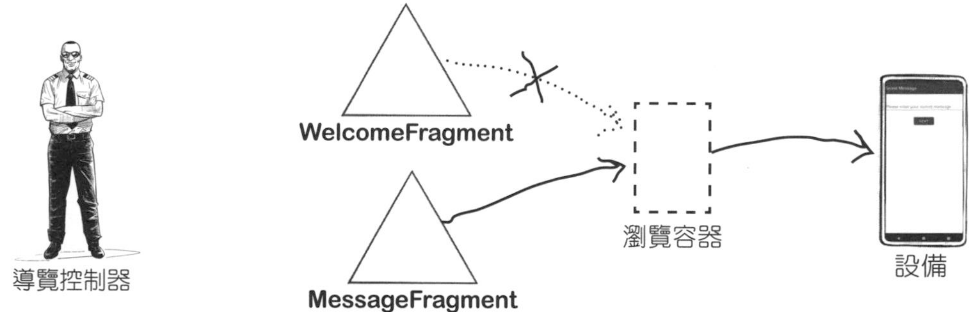

4. **用戶輸入訊息並按下 Next 按鈕。**

故事還沒結束

5 **Next 按鈕的 OnClickListener 使用 MessageFragmentDirections 類別來將訊息附加到 action。**

action（包括訊息）被傳給導覽控制器。

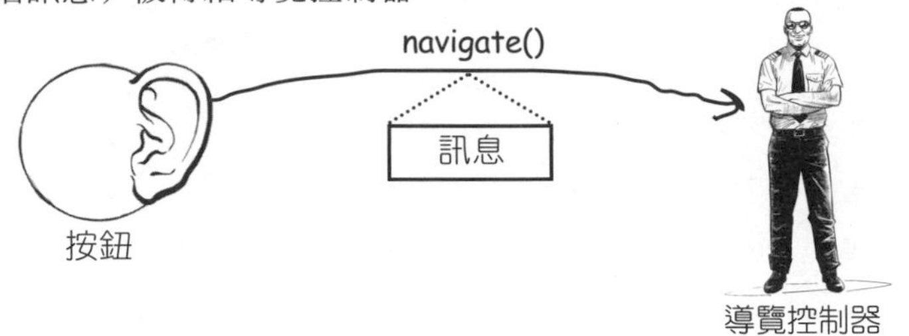

6 **導覽控制器將訊息傳給 EncryptFragment。**

`EncryptFragment` 使用 `EncryptFragmentArgs` 類別來取得它的值。

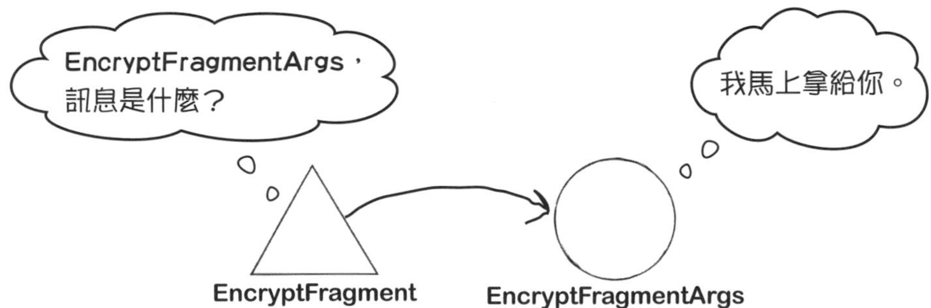

7 **導覽控制器將 MainActivity 的瀏覽容器裡面的 MessageFragment 換成 EncryptFragment。**

`EncryptFragment` 被顯示在設備螢幕上，並顯示加密的訊息。

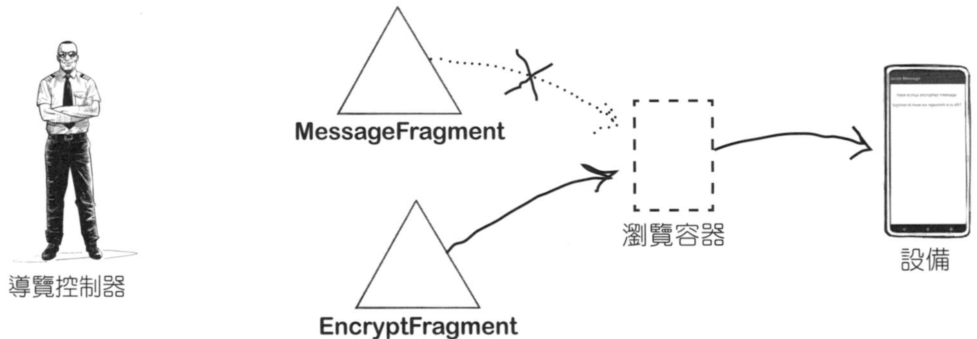

我們來執行一下 app。

新車試駕

- [x] EncryptFragment
- [x] **Safe Args**
- [ ] 返回按鈕

當我們執行 app 時，`WelcomeFragment` 會顯示出來，我們可以像之前一樣按下 Start 按鈕來前往 `MessageFragment`。

當我們輸入訊息並按下 `MessageFragment` 的 Next 按鈕時，`EncryptFragment` 會顯示出來。它會顯示加密的訊息。

2:14
Secret Message
Welcome to the Secret Message app! Use this app to encrypt a secret message. Click on the Start button to begin.
START

app 顯示 WelcomeFragment，當我們按下 Start 按鈕時…

2:14
Secret Message
This is a message we want to encrypt
NEXT
encrypt | encrypt I | enc

…它會前往 MessageFragment。當我們輸入訊息並按下 Next 按鈕時…

2:14
Secret Message
Here is your encrypted message:
tpyrcne ot tnaw ew egassem a si sihT

…它會前往 EncryptFragment，並顯示加密的訊息。

app 按照我們期望的方式運作。

我們只剩下一個需要修改的地方了。在修改之前，先做一下接下來的習題。

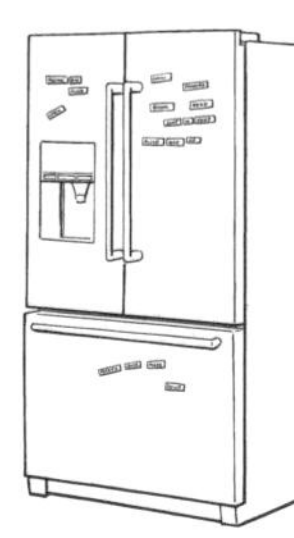

巡覽磁貼

下面的導覽圖程式碼定義了兩個 fragment 之間的巡覽路徑：ChooseTypeFragment 與 DrinksFragment。

ChooseTypeFragment 有一個 spinner，其 ID 為 choose，以及一個按鈕，其 ID 為 next。當用戶按下按鈕時，ChooseTypeFragment 必須前往 DrinksFragment，並將用戶在 spinner 之中選擇的值傳給它。

當 DrinksFragment 顯示時，它必須在 ID 為 choice 的 text view 之中顯示用戶選擇的值。

有人試著使用冰箱磁貼寫出 ChooseTypeFragment 與 DrinksFragment 的程式，但有人關冰箱門時太用力，把一些磁貼震到地上。你能不能將程式拼回去？

導覽圖：

```
<?xml version="1.0" encoding="utf-8"?>
<navigation xmlns:android="http://schemas.android.com/apk/res/android"
    xmlns:app="http://schemas.android.com/apk/res-auto"
    xmlns:tools="http://schemas.android.com/tools"
    android:id="@+id/nav_graph"
    app:startDestination="@id/chooseTypeFragment">

    <fragment
        android:id="@+id/chooseTypeFragment"
        android:name="com.hfad.drinksapp.ChooseTypeFragment"
        android:label="fragment_choose_type"
        tools:layout="@layout/fragment_choose_type" >
        <action
            android:id="@+id/action_chooseTypeFragment_to_drinksFragment"
            app:destination="@id/drinksFragment" />
    </fragment>
    <fragment
        android:id="@+id/drinksFragment"
        android:name="com.hfad.drinksapp.DrinksFragment"
        android:label="fragment_drinks"
        tools:layout="@layout/fragment_drinks" >
        <argument
            android:name="drinkType"
            app:argType="string" />
    </fragment>
</navigation>
```

fragment 程式在下一頁。

ChooseTypeFragment:

```
class ChooseTypeFragment : Fragment() {
    override fun onCreateView(inflater: LayoutInflater, container: ViewGroup?,
                              savedInstanceState: Bundle?): View? {
        val view = inflater.inflate(R.layout.fragment_choose_type, container, false)
        val choice = view.findViewById<Spinner>(R.id.choose).selectedItem.toString()
        val nextButton = view.findViewById<Button>(R.id.next)
        nextButton.setOnClickListener {

            val action = ....................................................

                         .................................................... (choice)
            view.findNavController().navigate(action)
        }
        return view
    }
}
```

DrinksFragment:

```
class DrinksFragment : Fragment() {
    override fun onCreateView(inflater: LayoutInflater, container: ViewGroup?,
                              savedInstanceState: Bundle?): View? {
        val view = inflater.inflate(R.layout.fragment_drinks, container, false)

        val choice = ........................................................
        val choiceView = view.findViewById<TextView>(R.id.choice)
        choiceView.text = choice
        return view
    }
}
```

你不需要使用所有的磁貼。

`.fromBundle(requireArguments())`　`DrinksFragmentArgs`　`ChooseTypeFragmentArgs`

`ChooseTypeFragmentDirections`　`.choice`　`.action_chooseTypeFragment_to_drinksFragment`

`DrinksFragmentDirections`　`.drinkType`　`.actionChooseTypeFragmentToDrinksFragment`

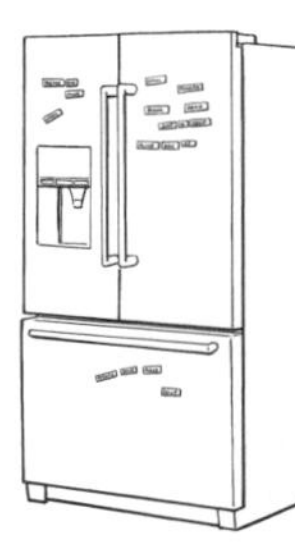

巡覽磁貼解答

下面的導覽圖程式碼定義了兩個 fragment 之間的巡覽路徑：ChooseTypeFragment 與 DrinksFragment。

ChooseTypeFragment 有一個 spinner，其 ID 為 choose，以及一個按鈕，其 ID 為 next。當用戶按下按鈕時，ChooseTypeFragment 必須前往 DrinksFragment，並將用戶在 spinner 之中選擇的值傳給它。

當 DrinksFragment 顯示時，它必須在 ID 為 choice 的 text view 之中顯示用戶選擇的值。

有人試著使用冰箱磁貼寫出 ChooseTypeFragment 與 DrinksFragment 的程式，但有人關冰箱門時太用力，把一些磁貼震到地上。你能不能將程式拼回去？

導覽圖：

```
<?xml version="1.0" encoding="utf-8"?>
<navigation xmlns:android="http://schemas.android.com/apk/res/android"
    xmlns:app="http://schemas.android.com/apk/res-auto"
    xmlns:tools="http://schemas.android.com/tools"
    android:id="@+id/nav_graph"
    app:startDestination="@id/chooseTypeFragment">

    <fragment
        android:id="@+id/chooseTypeFragment"
        android:name="com.hfad.drinksapp.ChooseTypeFragment"
        android:label="fragment_choose_type"
        tools:layout="@layout/fragment_choose_type" >
        <action
            android:id="@+id/action_chooseTypeFragment_to_drinksFragment"
            app:destination="@id/drinksFragment" />
    </fragment>
    <fragment
        android:id="@+id/drinksFragment"
        android:name="com.hfad.drinksapp.DrinksFragment"
        android:label="fragment_drinks"
        tools:layout="@layout/fragment_drinks" >
        <argument
            android:name="drinkType"
            app:argType="string" />
    </fragment>
</navigation>
```

fragment 程式在下一頁。

ChooseTypeFragment:

```
class ChooseTypeFragment : Fragment() {
    override fun onCreateView(inflater: LayoutInflater, container: ViewGroup?,
                              savedInstanceState: Bundle?): View? {
        val view = inflater.inflate(R.layout.fragment_choose_type, container, false)
        val choice = view.findViewById<Spinner>(R.id.choose).selectedItem.toString()
        val nextButton = view.findViewById<Button>(R.id.next)
        nextButton.setOnClickListener {
            val action = ChooseTypeFragmentDirections
                         .actionChooseTypeFragmentToDrinksFragment(choice)
            view.findNavController().navigate(action)
        }
        return view
    }
}
```

使用這個類別從 ChooseTypeFragment 巡覽。

DrinksFragment:

```
class DrinksFragment : Fragment() {
    override fun onCreateView(inflater: LayoutInflater, container: ViewGroup?,
                              savedInstanceState: Bundle?): View? {
        val view = inflater.inflate(R.layout.fragment_drinks, container, false)
        val choice = DrinksFragmentArgs.fromBundle(requireArguments()).drinkType
        val choiceView = view.findViewById<TextView>(R.id.choice)
        choiceView.text = choice
        return view
    }
}
```

這是 DrinksFragment 的引數在導覽圖裡面的名稱。

你不需要使用這些磁貼。

.choice

ChooseTypeFragmentArgs

DrinksFragmentDirections

.action_chooseTypeFragment_to_drinksFragment

如果用戶想要返回呢？

Secret Message app 只剩下一個需要考慮的事情了：當用戶在 app 裡試著返回之前的畫面會怎樣？

你應該知道，在 Android 小鎮裡，你要用設備的返回按鈕或返回手勢來返回上一頁，這可以讓你返回曾經顯示的所有畫面。

例如，假設用戶啟動 Secret Message app，並從 `WelcomeFragment` 前往 `MessageFragment`，然後前往 `EncryptFragment`：

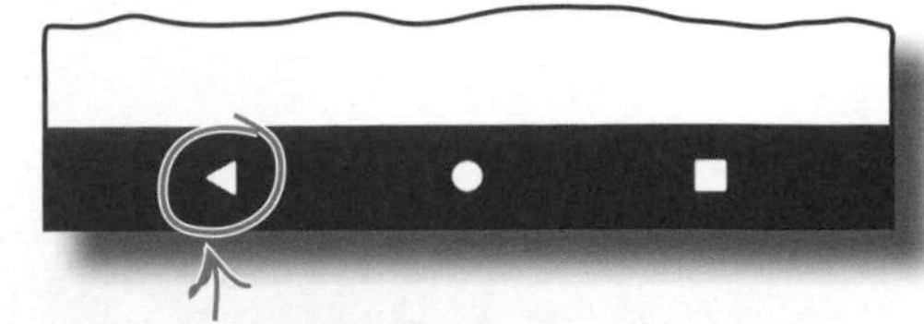

返回按鈕在設備畫面的底部。有些用戶或設備可能使用手勢來取代，它們的功能一樣。

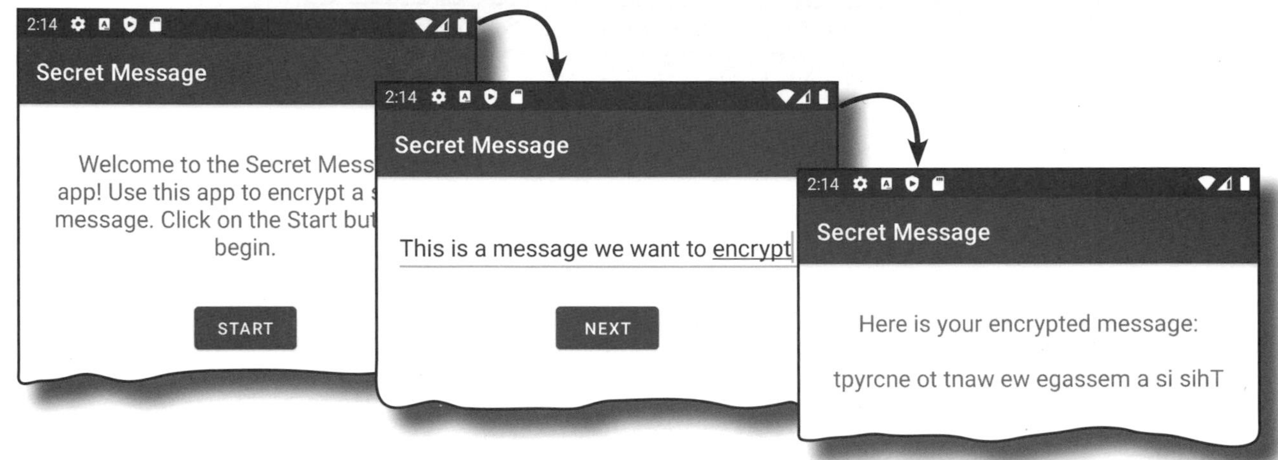

當他在 app 顯示 `EncryptFragment` 時按下返回按鈕時，app 會回到上一個 fragment，也就是 `MessageFragment`：

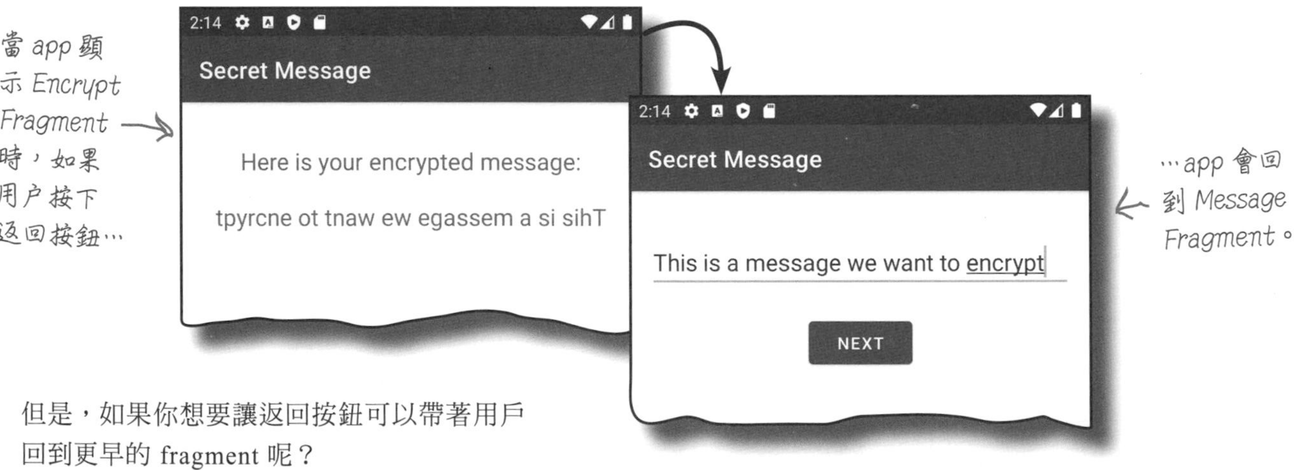

但是，如果你想要讓返回按鈕可以帶著用戶回到更早的 fragment 呢？

我們可以修改返回行為

比起讓用戶在按下返回按鈕時回到 `MessageFragment`，更好的做法也許是直接回到 `WelcomeFragment`。這可讓用戶從 app 的開始處再次開始操作，像這樣：

- [x] EncryptFragment
- [x] Safe Args
- [ ] **返回按鈕**

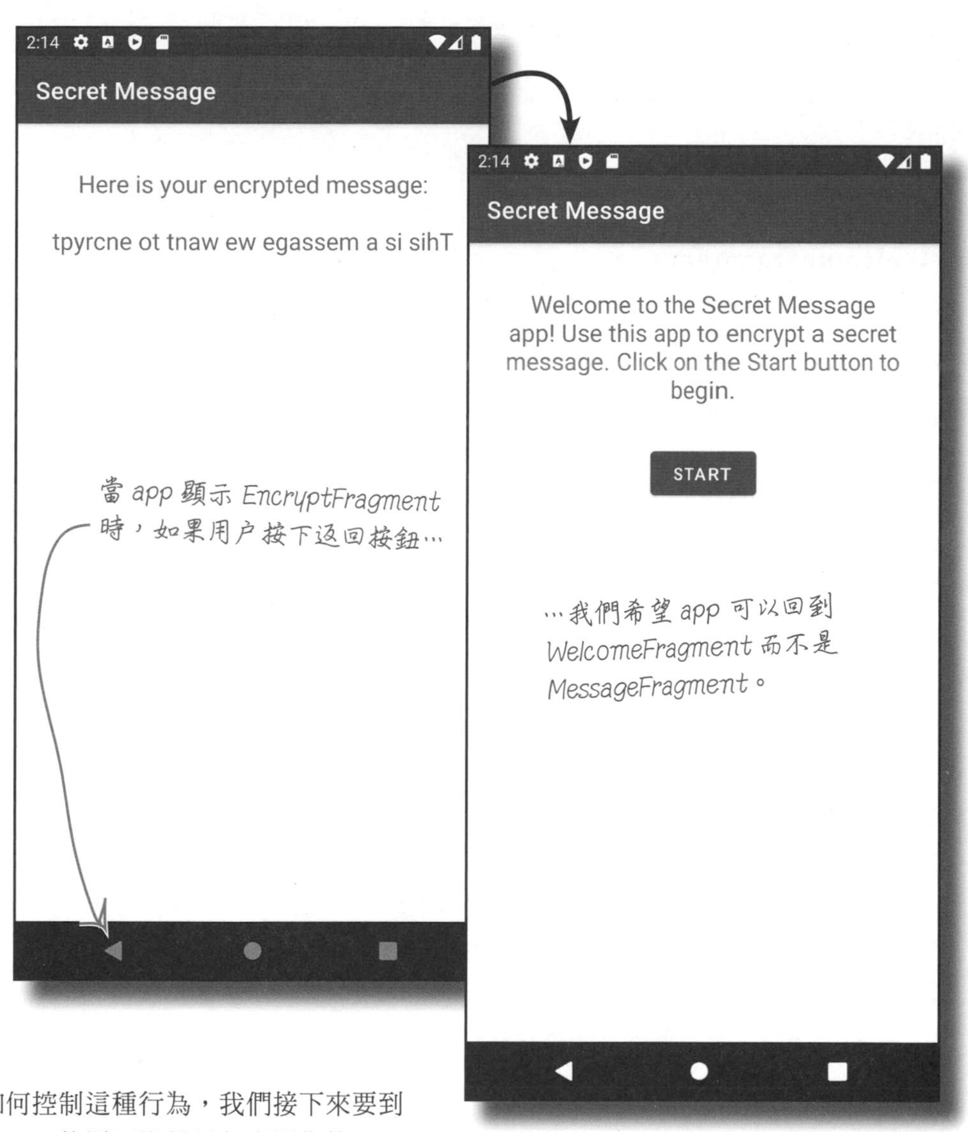

為了讓你了解如何控制這種行為，我們接下來要到幕後，看看 Android 的返回堆疊是怎麼運作的。

歡迎光臨返回堆疊

☑ EncryptFragment
☑ Safe Args
→☐ **返回按鈕**

當你在 app 裡面從一個 destination 到另一個 destination 時，Android 會記錄你造訪過的每一個地方，做法是將它加入**返回堆疊（back stack）**。返回堆疊是你在 app 裡造訪過的所有地方的紀錄。每次你前往一個 destination 時，Android 就會將它加入返回堆疊的最上面，當你按下返回按鈕時，Android 會從堆疊 pop（移走）最新的一個 destination，並顯示它下面的那一個。

返回堆疊劇情

1. **當你啟動 Secret Message app 時，它會顯示 WelcomeFragment。**

   Android 將 `WelcomeFragment` 加入返回堆疊。

   WelcomeFragment

2. **你前往 MessageFragment。**

   這個 destination 被加到堆疊的最上面，在 `WelcomeFragment` 之上。

   MessageFragment
   WelcomeFragment

3. **然後你前往 EncryptFragment。**

   `EncryptFragment` 被加到返回堆疊的最上面。

   EncryptFragment
   MessageFragment
   WelcomeFragment

4. **你按下返回按鈕，EncryptFragment 被移出返回堆疊。**

   app 顯示 `MessageFragment`，因為它在返回堆疊的最上面。

   MessageFragment
   WelcomeFragment

5. **你再次按下返回按鈕。**

   app 將 `MessageFragment` 從返回堆疊的最上面 pop 出去，並顯示 `WelcomeFragment`。

   WelcomeFragment

使用導覽圖來將 fragment 移出返回堆疊

剛才介紹了返回堆疊與返回按鈕的預設動作，但你也可以在用戶巡覽 app 時，將 destination 移出返回堆疊，做法是在導覽圖裡面指定 **pop 行為**。

為了說明這個動作，我們要修改 Secret Message app 裡面的導覽圖，在 app 從 `MessageFragment` 巡覽至 `EncryptFragment` 時，將 `MessageFragment` 移出返回堆疊。這意味著，當用戶在 app 顯示 `EncryptFragment` 時按下返回按鈕，app 會顯示 `WelcomeFragment`，而不是 `MessageFragment`。

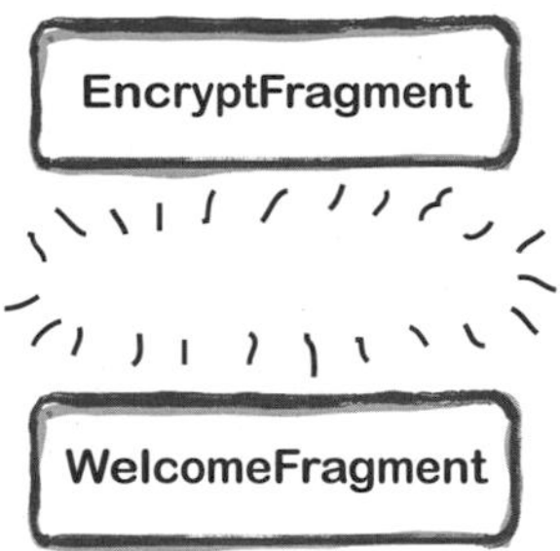

將 MessageFragment 從返回堆疊移除意味著，當你在 EncryptFragment 按下返回按鈕時，app 會顯示 WelcomeFragment，而不是 MessageFragment。

打開導覽圖 *nav_graph.xml*（如果它還沒有被打開），並切換到設計編輯器。選擇將 `MessageFragment` 接到 `EncryptFragment` 的 action。然後，在 Attributes 窗格的 Pop Behavior 區域裡面，將 `popUpTo` 屬性的值改為「welcomeFragment」。這會要求 Android 將 fragment pop 出返回堆疊，直到它到達 `WelcomeFragment` 為止：

修改 pop 行為，讓導覽控制器在使用這個 action 時，將 WelcomeFragment 上面的所有 fragment 移出返回堆疊。如果我們將 popUpInclusive 設為 true，Welcome Fragment 也會被移出。

在試著執行 app 之前，我們先來看一下底下的 XML 長怎樣。

改好的 nav_graph.xml 程式碼

當你將 pop 行為加入 action 時，你會在底下的 XML 加入一個 <popUpTo> 元素。它指定了 Android 應將哪個 fragment 之上的 fragment 都移出返回堆疊。

這是改好的 *nav_graph.xml* 程式：

SecretMessage
app/src/main
res
navigation
nav_graph.xml

```
<?xml version="1.0" encoding="utf-8"?>
<navigation xmlns:android="http://schemas.android.com/apk/res/android"
    xmlns:app="http://schemas.android.com/apk/res-auto"
    xmlns:tools="http://schemas.android.com/tools"
    android:id="@+id/nav_graph"
    app:startDestination="@id/welcomeFragment">

    <fragment
        android:id="@+id/welcomeFragment"
        android:name="com.hfad.secretmessage.WelcomeFragment"
        android:label="fragment_welcome"
        tools:layout="@layout/fragment_welcome" >
        <action
            android:id="@+id/action_welcomeFragment_to_messageFragment"
            app:destination="@id/messageFragment" />
    </fragment>
    <fragment
        android:id="@+id/messageFragment"
        android:name="com.hfad.secretmessage.MessageFragment"
        android:label="fragment_message"
        tools:layout="@layout/fragment_message" >
        <action
            android:id="@+id/action_messageFragment_to_encryptFragment"
            app:destination="@id/encryptFragment"
            app:popUpTo="@id/welcomeFragment" />
    </fragment>
    <fragment
        android:id="@+id/encryptFragment"
        android:name="com.hfad.secretmessage.EncryptFragment"
        android:label="fragment_encrypt"
        tools:layout="@layout/fragment_encrypt" >
        <argument
            android:name="message"
            app:argType="string" />
    </fragment>
</navigation>
```

這個新屬性會將 WelcomeFragment 之上的 fragment 移出返回堆疊。

新車試駕

當我們執行 app 時，它會顯示 `WelcomeFragment`。我們可以像之前一樣前往 `MessageFragment` 與 `EncryptFragment`：

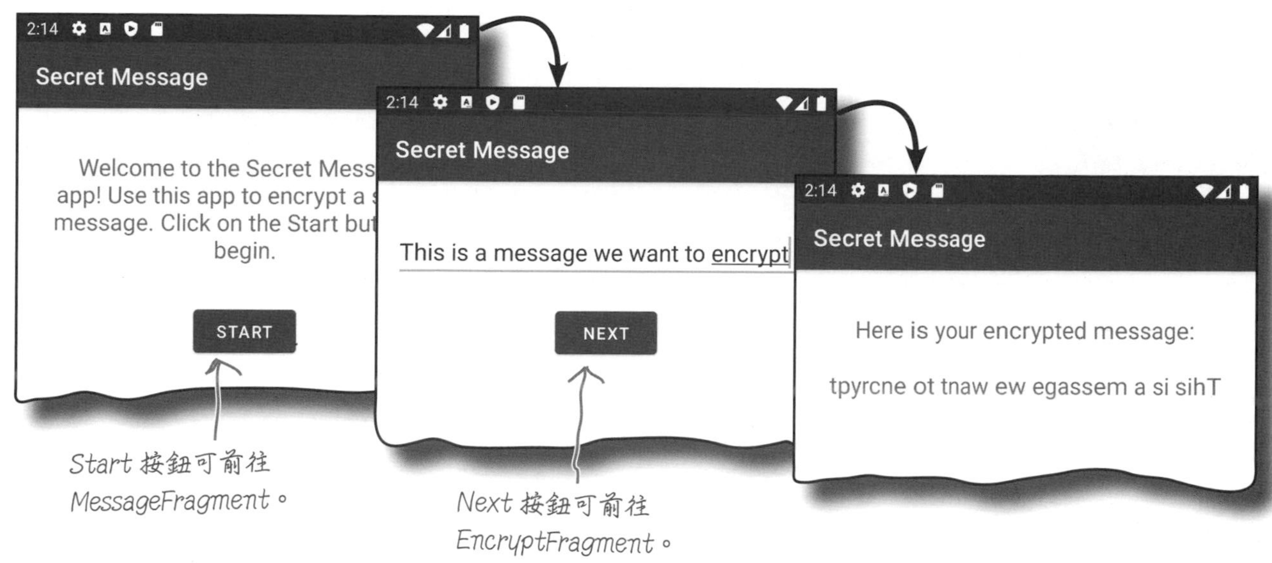

當我們按下返回按鈕時，app 會返回 `WelcomeFragment`，繞過 `MessageFragment`：

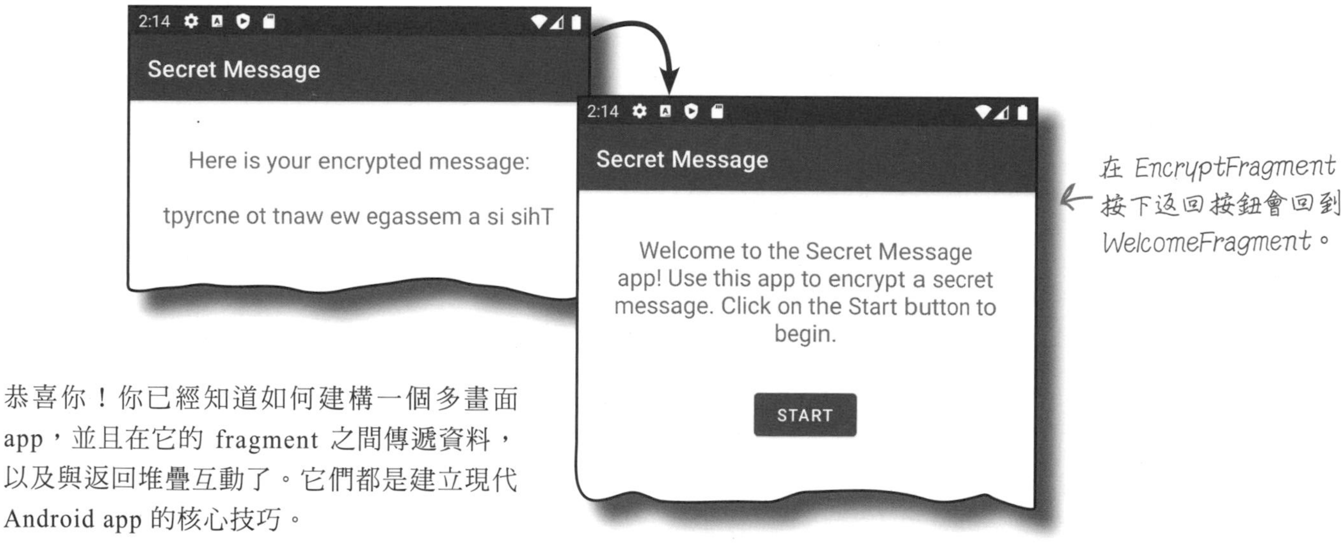

恭喜你！你已經知道如何建構一個多畫面 app，並且在它的 fragment 之間傳遞資料，以及與返回堆疊互動了。它們都是建立現代 Android app 的核心技巧。

下一章會介紹 Navigation 組件的更多用法。

我是 Safe Args 外掛程式

下面的程式是 Starbuzz app 的導覽圖。你的工作是扮演 Safe Args 外掛程式，回答這段程式會產生什麼 Directions 與 Args 類別。

```
<?xml version="1.0" encoding="utf-8"?>
<navigation xmlns:android="http://schemas.android.com/apk/res/android"
    xmlns:app="http://schemas.android.com/apk/res-auto"
    xmlns:tools="http://schemas.android.com/tools"
    android:id="@+id/nav_graph"
    app:startDestination="@id/selectCoffeeFragment">

    <fragment
        android:id="@+id/selectCoffeeFragment"
        android:name="com.hfad.starbuzz.SelectCoffeeFragment"
        android:label="fragment_select_coffee"
        tools:layout="@layout/fragment_select_coffee" >
        <action
            android:id="@+id/action_selectCoffeeFragment_to_coffeeFragment"
            app:destination="@id/coffeeFragment" />
    </fragment>

    <fragment
        android:id="@+id/coffeeFragment"
        android:name="com.hfad.starbuzz.CoffeeFragment"
        android:label="fragment_coffee"
        tools:layout="@layout/fragment_coffee" >
        <argument
            android:name="coffee"
            app:argType="string" />
    </fragment>
</navigation>
```

答案在第 290 頁。

下面的導覽圖可讓用戶從 TitleFragment 前往 ChooseTypeFragment，以及從 ChooseTypeFragment 前往 DrinksFragment。

如何修改程式，讓用戶在 app 顯示 DrinksFragment 時，按下返回按鈕可直接回到 TitleFragment？

```
<?xml version="1.0" encoding="utf-8"?>
<navigation xmlns:android="http://schemas.android.com/apk/res/android"
    xmlns:app="http://schemas.android.com/apk/res-auto"
    xmlns:tools="http://schemas.android.com/tools"
    android:id="@+id/nav_graph"
    app:startDestination="@id/titleFragment">

    <fragment
        android:id="@+id/titleFragment"
        android:name="com.hfad.drinksapp.TitleFragment"
        android:label="fragment_title"
        tools:layout="@layout/fragment_title" >
        <action
            android:id="@+id/action_titleFragment_to_chooseTypeFragment"
            app:destination="@id/chooseTypeFragment" />
    </fragment>

    <fragment
        android:id="@+id/chooseTypeFragment"
        android:name="com.hfad.drinksapp.ChooseTypeFragment"
        android:label="fragment_choose_type"
        tools:layout="@layout/fragment_choose_type" >
        <action
            android:id="@+id/action_chooseTypeFragment_to_drinksFragment"
            app:destination="@id/drinksFragment" />
    </fragment>

    <fragment
        android:id="@+id/drinksFragment"
        android:name="com.hfad.drinksapp.DrinksFragment"
        android:label="fragment_drinks"
        tools:layout="@layout/fragment_drinks" />
</navigation>
```

答案在第 291 頁。

我是 Safe Args 外掛程式解答

下面的程式是 Starbuzz app 的導覽圖。你的工作是扮演 Safe Args 外掛程式，回答這段程式會產生什麼 Directions 與 Args 類別。

```
<?xml version="1.0" encoding="utf-8"?>
<navigation xmlns:android="http://schemas.android.com/apk/res/android"
    xmlns:app="http://schemas.android.com/apk/res-auto"
    xmlns:tools="http://schemas.android.com/tools"
    android:id="@+id/nav_graph"
    app:startDestination="@id/selectCoffeeFragment">

    <fragment
        android:id="@+id/selectCoffeeFragment"
        android:name="com.hfad.starbuzz.SelectCoffeeFragment"
        android:label="fragment_select_coffee"
        tools:layout="@layout/fragment_select_coffee" >
        <action
            android:id="@+id/action_selectCoffeeFragment_to_coffeeFragment"
            app:destination="@id/coffeeFragment" />
    </fragment>

    <fragment
        android:id="@+id/coffeeFragment"
        android:name="com.hfad.starbuzz.CoffeeFragment"
        android:label="fragment_coffee"
        tools:layout="@layout/fragment_coffee" >
        <argument
            android:name="coffee"
            app:argType="string" />
    </fragment>
</navigation>
```

你可以從 SelectCoffeeFragment 開始巡覽，所以 Safe Args 會產生 SelectCoffeeFragmentDirections 類別。

CoffeeFragment 接收一個引數，所以 Safe Args 會產生 CoffeeFragmentArgs 類別。

下面的導覽圖可讓用戶從 `TitleFragment` 前往 `ChooseTypeFragment`，以及從 `ChooseTypeFragment` 前往 `DrinksFragment`。

如何修改程式，讓用戶在 app 顯示 `DrinksFragment` 時，按下返回按鈕可直接回到 `TitleFragment`？

```
<?xml version="1.0" encoding="utf-8"?>
<navigation xmlns:android="http://schemas.android.com/apk/res/android"
    xmlns:app="http://schemas.android.com/apk/res-auto"
    xmlns:tools="http://schemas.android.com/tools"
    android:id="@+id/nav_graph"
    app:startDestination="@id/titleFragment">

    <fragment
        android:id="@+id/titleFragment"
        android:name="com.hfad.drinksapp.TitleFragment"
        android:label="fragment_title"
        tools:layout="@layout/fragment_title" >
        <action
            android:id="@+id/action_titleFragment_to_chooseTypeFragment"
            app:destination="@id/chooseTypeFragment" />
    </fragment>

    <fragment
        android:id="@+id/chooseTypeFragment"
        android:name="com.hfad.drinksapp.ChooseTypeFragment"
        android:label="fragment_choose_type"
        tools:layout="@layout/fragment_choose_type" >
        <action
            android:id="@+id/action_chooseTypeFragment_to_drinksFragment"
            app:destination="@id/drinksFragment"
            app:popUpTo="@id/titleFragment" />
    </fragment>

    <fragment
        android:id="@+id/drinksFragment"
        android:name="com.hfad.drinksapp.DrinksFragment"
        android:label="fragment_drinks"
        tools:layout="@layout/fragment_drinks" />
</navigation>
```

你必須加入這一行，才能在用戶巡覽至 DrinksFragment 時，將 ChooseTypeFragment 從返回堆疊中 pop 出去。

你的 Android 工具箱

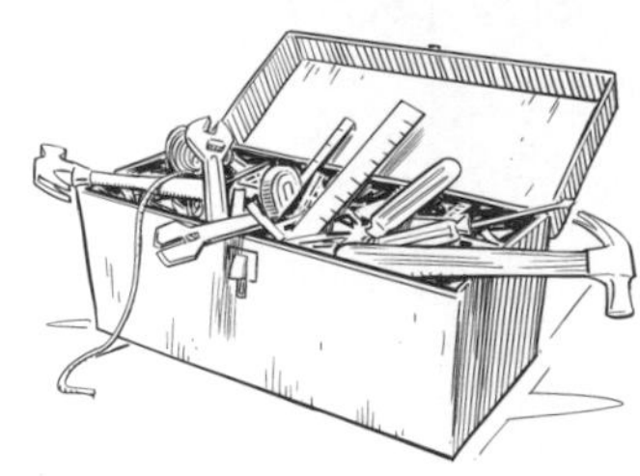

你已經掌握第 7 章，將 Safe Args 外掛程式與返回堆疊操作加入你的工具箱了。

你可以在 tinyurl.com/hfad3 下載本章的完整程式碼。

本章重點

- Safe Args 是 Navigation 組件的額外部分，可讓你用型態安全的方式傳遞引數。它會產生 `Directions` 與 `Args` 類別。
- `Directions` 類別的用途是傳遞引數給 destination。
- Safe Args 會幫可以前往其他 fragment 的每一個 fragment 產生一個 `Directions` 類別。
- `Args` 類別的用途是取得被傳給 destination 的引數。
- Safe Args 會幫每一個接收引數的 destination 產生一個 `Args` 類別。
- 你可以在導覽圖裡面使用 pop 行為，來將 destination 從返回堆疊中 pop 出去。

遨遊四方

大多數的 app 都必須讓用戶在不同的畫面之間巡覽。

Android 的 Navigation 組件可以讓你輕鬆地建構這種 UI。在這一章，你將學會如何使用 Android 的巡覽 UI 組件來**讓用戶更輕鬆地巡覽你的 app**。你將了解如何使用**佈景主題**，以及如何將 app 的預設 app bar 換成**工具列**，你將學會如何加入**可導覽**的**選單項目**。你將探索如何實作**底部導覽列**。最後，你將建立一個**導覽抽屜**：一種可以從 activity 的一側滑出來的窗格。

不同的 app，不同的結構

在前兩張，你已經知道如何使用 Android 的 Navigation 組件，藉著按下按鈕來從一個 fragment 前往另一個 fragment 了。這種做法很適合在 Secret Message app 裡面使用，因為我們想用線性的方式從一個 fragment 前往另一個：

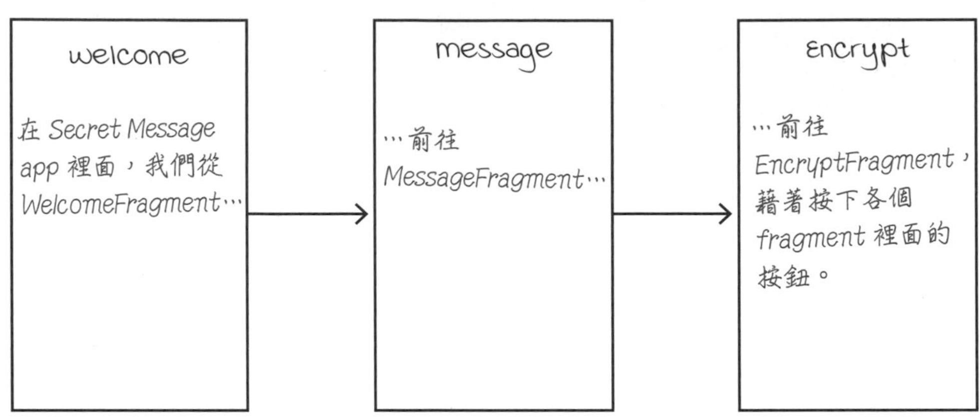
welcome
在 Secret Message app 裡面，我們從 WelcomeFragment…
message
…前往 MessageFragment…
encrypt
…前往 EncryptFragment，藉著按下各個 fragment 裡面的按鈕。

但是並非所有 app 都採取這種結構。許多 app 都有一些畫面必須讓用戶能夠從 app 的任何地方前往那裡。例如，email app 的收件匣、寄件備份、說明畫面可能必須讓用戶可以從 app 的任何地方前往：

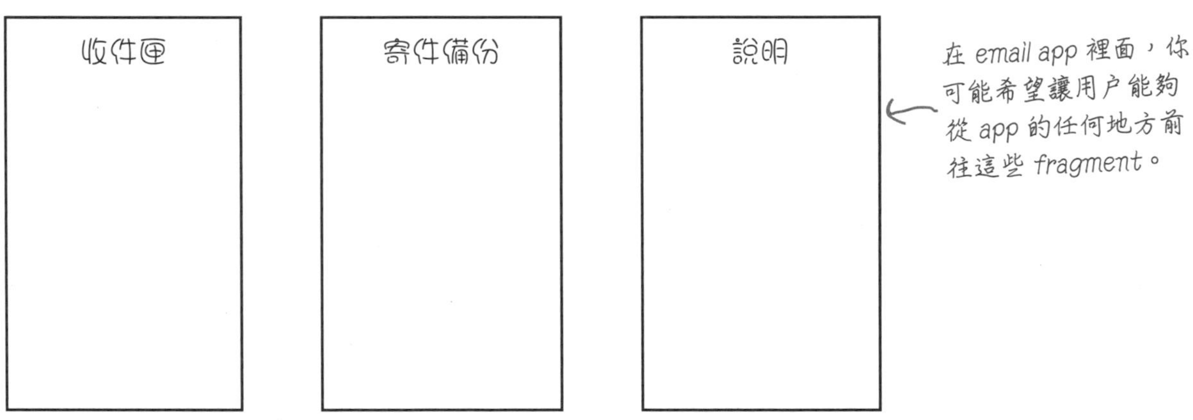
收件匣
寄件備份
說明
在 email app 裡面，你可能希望讓用戶能夠從 app 的任何地方前往這些 fragment。

當你的 app 有這種鬆散的巡覽結構時，該怎麼確保你始終可以前往各個畫面？

Android 有巡覽 UI 組件

如果你有一些畫面想讓用戶能夠從 app 的任何地點前往，你可以使用 Android 的巡覽 UI 組件。它們包括：

應用程式列（app bar）

它是在畫面最上面的一個工具列，Android Studio 通常預設幫你加入一個。你可以在 app bar 加入項目，在它被按下時，前往其他的 destination。

底部導覽列

它在畫面的最下面。它有幾個可以用來巡覽的項目。

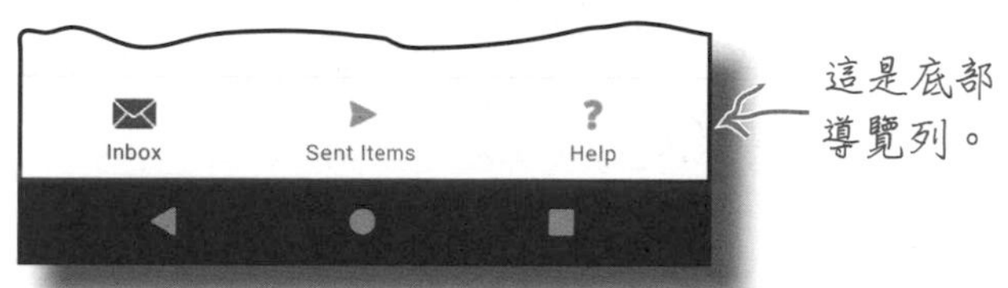

導覽抽屜

這是可從畫面的一側滑出來的抽屜。很多 app 都有這種設計，因為它非常靈活。

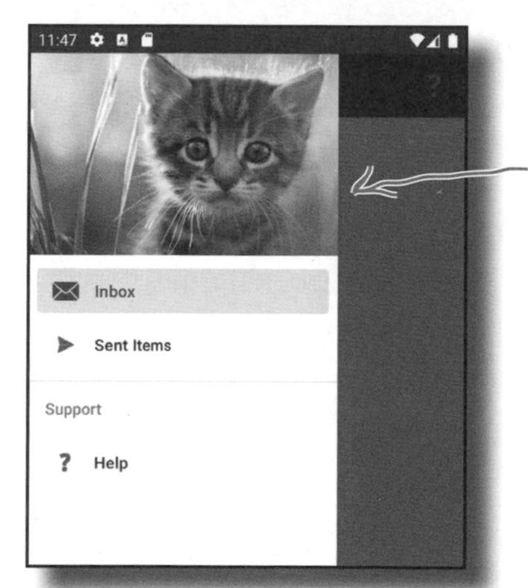

本章將建立一個雛型 email app，稱為 CatChat，來介紹如何實作這三種巡覽 UI。

腦力激盪

想一下你曾經在既有的 Android app 的哪裡看過這些巡覽 UI 組件。你認為它們最適合在哪些情況下使用？為什麼？

CatChat app 如何運作

CatChat app 有一個名為 `MainActivity` 的 activity，以及三個 fragment：`InboxFragment`、`SentItemsFragment` 與 `HelpFragment`。每一個 fragment 都會在用戶巡覽至它們那裡時顯示在 `MainActivity` 裡面。

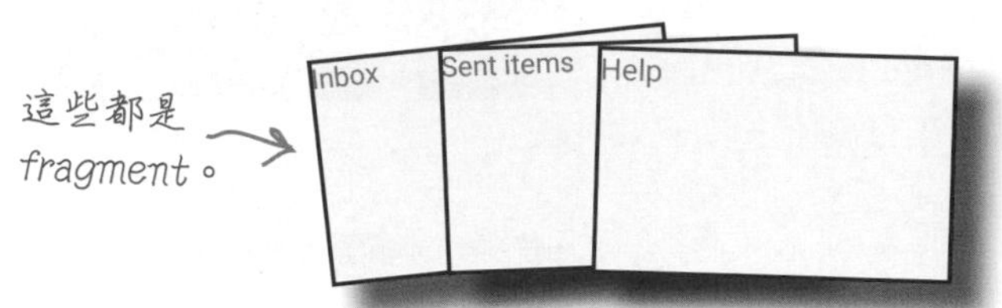

這些都是 fragment。

在真正的 email app 裡，這些 fragment 會顯示用户的收件匣與寄件備份，以及提供說明。因為我們把重點放在巡覽上，所以每一個 fragment 都只會顯示一些文字。

這個 app 有一個 app bar，裡面有一個 Help 選單項目。當用戶按下它時，app 會前往 `HelpFragment`，將它顯示在 `MainActivity` 裡面。

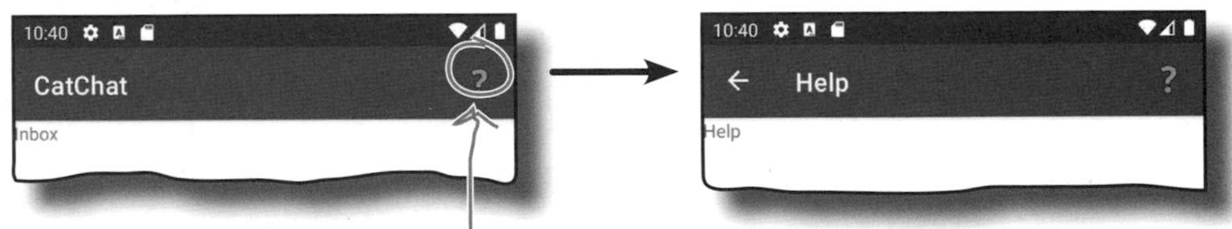

這是 Help 項目，我們將用它來前往 HelpFragment。

app 也有一個導覽抽屜，可在全部的三個 fragment 之間巡覽。在這個抽屜裡面，每個 fragment 都有一個選項，按下每一個選項都會顯示正確的 fragment：

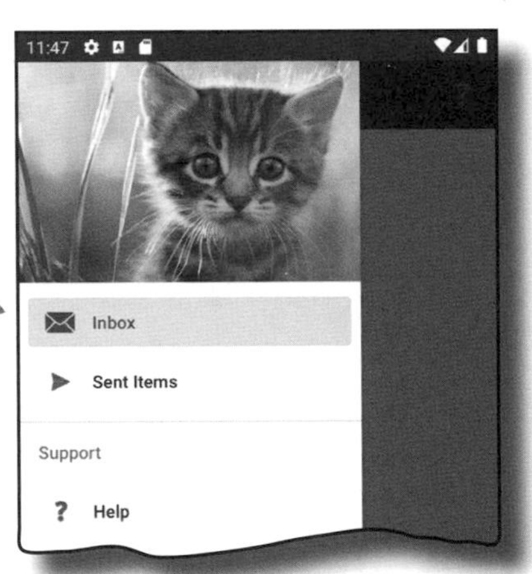

導覽抽屜會顯示一個選單，裡面有三個 fragment 的選項。按下每一個都會顯示相關的 fragment。

我們來看一下建立 CatChat app 的步驟。

我們接下來要做這些事情

我們將採取四大步驟來建立 CatChat app：

1. **將預設的 app bar 換成工具列。**

   工具列看起來很像 app 預設的 app bar，但是它更靈活，並且具備最新的 app bar 功能。在過程中，你將學會如何套用佈景主題與樣式。

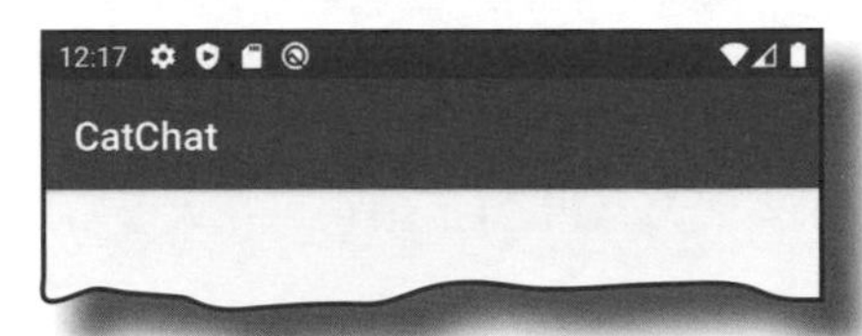

2. **在工具列中加入 Help（說明）選單項目。**

   按下 Help 選單項目會前往 `HelpFragment`。

我們要將這個項目加入工具列。

3. **製作底部導覽列。**

   最後，我們要加入底部列，讓用戶可以在 app 的各個 fragment 之間巡覽。

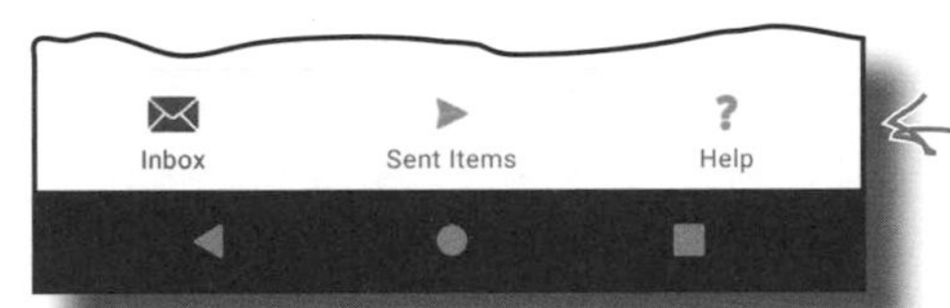

app 的最終版本沒有底部導覽列，但我們想要告訴你如何建立它。

4. **建立導覽抽屜。**

   最後，我們要將底部導覽列換成導覽抽屜。抽屜有一個標題圖像，以及前往 app 的各個 fragment 的選項，這些選項會被組成一個區域。

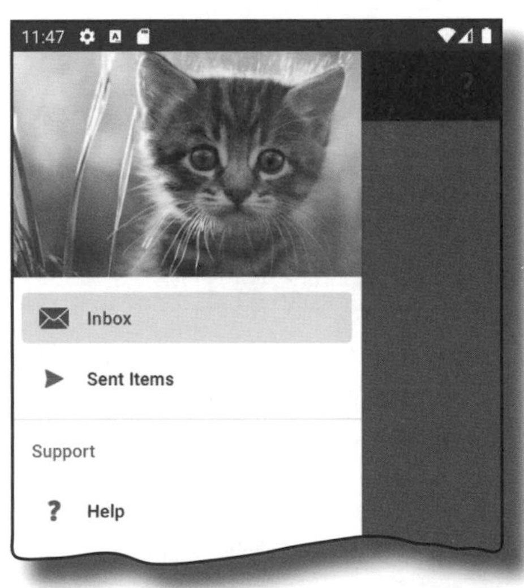

我們先幫 CatChat app 建立一個新專案。

建立新專案

工具列
工具列導覽
底部列
導覽抽屜

我們將使用新專案來建構 CatChat app，請按照之前章節的步驟來建立一個新的 Android Studio 專案。選擇 Empty Activity，在 Name 中輸入「CatChat」，在 Package name 中輸入「com.hfad.catchat」，並接受預設的儲存位置。將 Language 設為 Kotlin，將 Minimum SDK 設為 API 21，讓它可在大多數的 Android 設備上執行。

有一個預設的 app bar 被加入了…

當你用 Empty Activity 來建立新專案時，Android Studio 通常會加入一個顯示 app 名稱的 app bar。當你執行 app 時，你可以在螢幕最上面看到這個 app bar：

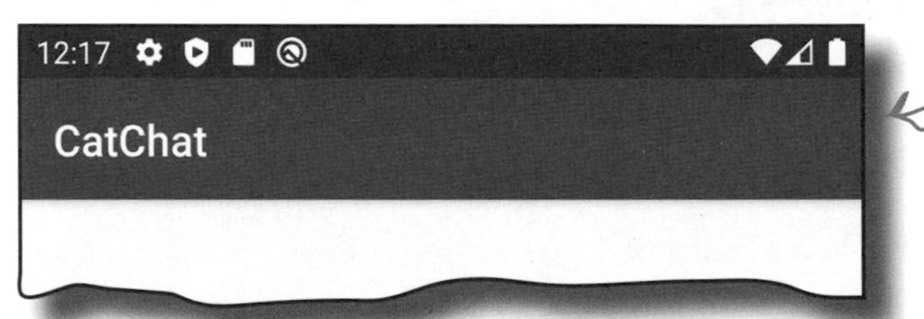

這是 Android Studio 為你加入的預設 app bar。如果你的 Android Studio 版本沒有加入 app bar，別擔心，幾頁之後會告訴你如何加入它。

app bar 很好用，理由包括：

- 它以一種可預測的方式來讓關鍵的動作更顯眼，例如分享內容，或執行搜尋。
- 它可以協助用戶知道他們在哪裡，藉著顯示 app 名稱，或目前畫面的標籤。
- 你可以用它來前往不同的 destination。

但是，這個 app bar 是怎麼加入的？

…藉著套用佈景主題

預設的 app bar 是藉著套用**佈景主題**來加入 app 的。佈景主題可讓 app 的多個畫面之間有一致的外觀與感覺。它控制了 app 的整體外觀，以及 app 有沒有 app bar。

Android 有一些佈景主題可讓你在 app 裡面使用，在預設情況下，Android Studio 會套用具有 app bar 的佈景主題。

CatChat app 將使用 Material 佈景主題

我們要使用 **Material Design** 來幫 CatChat app 設定一個佈景主題。

Material 是 Google 開發的設計系統，可協助你用一致的外觀與感覺來建立高品質的 app 與網站。它背後的概念是避免用戶從 Play Store 之類的 Google app 切換到第三方設計的 app 時覺得很突兀，並且讓他們知道該操作。

Material 的靈感來自印刷業的設計原則與活動，以反映實際的物件（例如索引卡與紙張）的外觀與感覺。它最新的版本稱為 **Material You**，可以透過個人化的調色板來提供更流暢的用戶體驗。

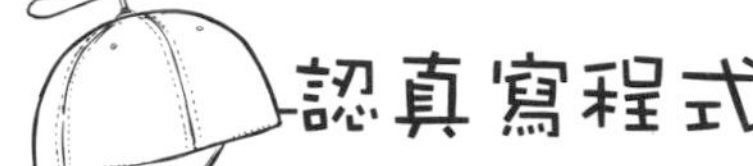

Material Design 有許多組件、佈景主題、工具與準則。接下來幾章都會實際使用它們，你可以到這個網站進一步學習：

https://material.io

app 的 build.gradle 需要 Material 程式庫依賴項目

Material 的佈景主題被放在一個獨立的程式庫裡面，你必須將它加入你的 app。為此，你要在 app 的 *build.gradle* 檔案裡面加入 *com.google.android.material* 程式庫依賴項目。

因為我們想要在 CatChat app 裡面使用 Material 佈景主題，所以我們要確保它有這個程式庫。打開 *CatChat/app/build.gradle* 檔，確定它裡面有這一行（粗體為修改處）：

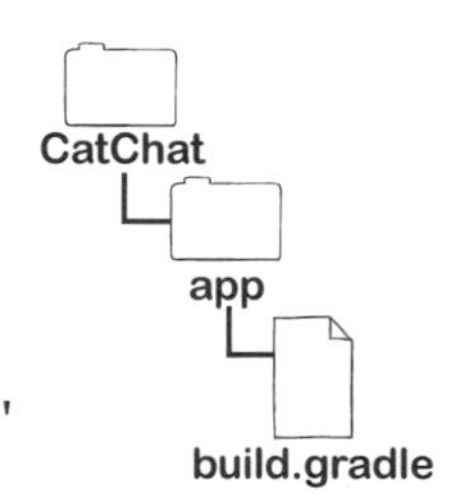

我們將使用這一版的 Material 程式庫。

```
dependencies {
    ...
    implementation 'com.google.android.material:material:1.4.0'
    ...
}
```

Android Studio 可能已經在這個檔案裡面幫你加入這個依賴項目了。如果沒有，你必須自己加入它，並且按下程式碼編輯器上面的 Sync Now 選項，與專案的其他部分同步你的修改。

我們想要讓 CatChat app 使用 Material 佈景主題來控制它的 app bar，我們來看看該怎麼做。

在 AndroidManifest.xml 裡面套用佈景主題

工具列
工具列導覽
底部列
導覽抽屜

你要在 app 的 *AndroidManifest*.xml 檔裡面套用佈景主題。第 3 章說過，這個檔案提供了關於 app 的組態的資訊。它有一些直接影響 app bar 的屬性（包括佈景主題）。

以下是 Android Studio 在 CatChat 專案裡面為我們建立的 *AndroidManifest.xml* 程式碼（粗體是重要的部分）：

```
<?xml version="1.0" encoding="utf-8"?>
<manifest xmlns:android="http://schemas.android.com/apk/res/android"
    package="com.hfad.catchat">
    <application
        android:allowBackup="true"
        android:icon="@mipmap/ic_launcher"
        android:label="@string/app_name"
        android:roundIcon="@mipmap/ic_launcher_round"
        android:supportsRtl="true"
        android:theme="@style/Theme.CatChat">
        <activity
            android:name=".MainActivity"
            android:exported="true">
            <intent-filter>
                <action android:name="android.intent.action.MAIN" />
                <category android:name="android.intent.category.LAUNCHER" />
            </intent-filter>
        </activity>
    </application>
</manifest>
```

這是對用户比較友善的 app 名稱。

這是 app 使用的佈景主題。

CatChat
app/src/main
AndroidManifest.xml

android:label 屬性就是顯示在 app bar 的文字，它是你在建立 app 時指定的名稱。上面的程式使用名為 app_name 的 String 資源，Android Studio 已經將它加入 *strings.xml* 了。

android:theme 屬性是佈景主題。上面的程式用這行來設定它：

```
android:theme="@style/Theme.CatChat">
```

它將佈景主題設成名為 Theme.CatChat 的樣式資源（以 @style 表示）。

在樣式資源檔裡面定義樣式

→ 工具列
工具列導覽
底部列
導覽抽屜

樣式資源是描述 app 需要使用的佈景主題與樣式的資源，它們被放在一個或多個樣式資源檔裡面。

當我們建立 CatChat app 時，Android Studio 為我們建立兩個樣式資源檔。這兩個檔案都叫做 *themes.xml*，位於 *app/src/main/res/values* 與 *app/src/main/res/values-night* 資料夾。在 *values* 資料夾裡面的檔案是 app 的預設樣式資源檔，在 *values-night* 資料夾裡面的檔案是在晚上使用的。

有些 Android Studio 版本將這個檔案稱為 styles.xml。

在 *values* 資料夾裡面的 *themes.xml* 定義了這段樣式程式：

```
<resources xmlns:tools="http://schemas.android.com/tools">
    <!-- Base application theme. -->
    <style name="Theme.CatChat" parent="Theme.MaterialComponents.DayNight.DarkActionBar">
        <!-- Primary brand color. -->
        <item name="colorPrimary">@color/purple_500</item>
        <item name="colorPrimaryVariant">@color/purple_700</item>
        <item name="colorOnPrimary">@color/white</item>
        <!-- Secondary brand color. -->
        <item name="colorSecondary">@color/teal_200</item>
        <item name="colorSecondaryVariant">@color/teal_700</item>
        <item name="colorOnSecondary">@color/black</item>
        ...
    </style>
</resources>
```

此樣式基於這個佈景主題。

定義樣式。

這幾行覆寫父佈景主題的顏色。

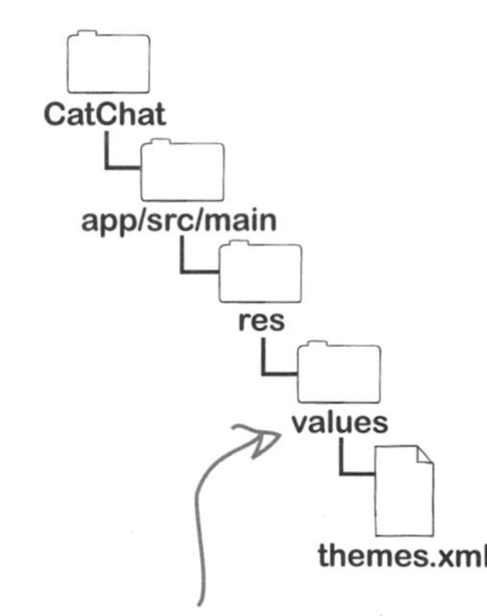

這段程式位於 values 資料夾的 themes.xml 裡面。在 values-night 裡面有另一個版本，它是設備在晚上使用的。

<style> 元素告訴 Android 它是一個樣式資源。

每一個樣式都必須有一個識別名稱，你要用 **name** 屬性來定義它，像這樣：

```
name="Theme.CatChat"
```

將樣式命名為 Theme.CatChat。

AndroidManifest.xml 的 **theme** 屬性使用這個名稱來設定 app 的佈景主題，例如 **"@style/Theme.CatChat"**。

樣式也有一個 **parent** 屬性，它指定樣式以哪一個底層佈景主題為基礎。上面的程式使用：

```
parent="Theme.MaterialComponents.DayNight.DarkActionBar"
```

這個佈景主題會顯示一個 dark action bar，可讓 app 在白天與夜晚樣式之間切換。

這個主題有一個深色的 app bar，可讓 app 在白天與夜晚佈景主題之間切換。app 在白天使用 *values* 資料夾裡面的樣式資源檔所定義的樣式，在晚上會切換到 *values-night* 資料夾裡面的。

上面的樣式也有一些 **<item>** 元素，它們覆寫了佈景主題的一些顏色。我們來仔細研究它。

樣式可以覆寫佈景主題顏色

如果你想要覆寫父佈景主題的任何屬性，例如它的顏色，你可以在樣式中加入 `<item>` 元素來覆寫。例如，CatChat app 有一些項目覆寫了主要與次要品牌顏色。主要顏色是 app 的主色，用於 app bar 之類的東西。次要顏色是對比色，它是給一些 view 使用的。

你可以設計多個樣式資源檔在不同的情況下提供不同的配色。例如，CatChat app 在 *values* 資料夾裡面有一個樣式資源檔，在 *values-night* 裡面有另一個。這種安排（以及作為各個樣式的基礎的 DayNight 佈景主題）可讓你在白天與晚上使用不同的配色。

以下是 CatChat app 在 *values* 資料夾的 *themes.xml* 檔案裡面用來覆寫主色的程式碼：

```
<item name="colorPrimary">@color/purple_500</item>
<item name="colorPrimaryVariant">@color/purple_700</item>
<item name="colorOnPrimary">@color/white</item>
```

如你所見，每一個 item 都有一個 name，並使用 @color 來引用**顏色資源檔**裡面的顏色。

認真寫程式

你可以在這個網站進一步了解如何使用顏色：

https://material.io/develop/android/theming/color

這裡有一個工具可以幫助你選擇 app 的配色：

https://material.io/tools/color

顏色資源檔定義了一組顏色

當你建立新專案時，Android Studio 通常會加入一個預設的顏色資源檔，稱為 *colors.xml*。它位於 *app/src/main/res/values* 資料夾，你的整個 app 都可以使用它的顏色。

典型的顏色資源檔長這樣：

```
<?xml version="1.0" encoding="utf-8"?>
<resources>
    <color name="purple_200">#FFBB86FC</color>
    <color name="purple_500">#FF6200EE</color>
    <color name="purple_700">#FF3700B3</color>
    ...
</resources>
```

每一個顏色都有一個名稱與一個十六進制的顏色值。

我們省略了一些其他的顏色。

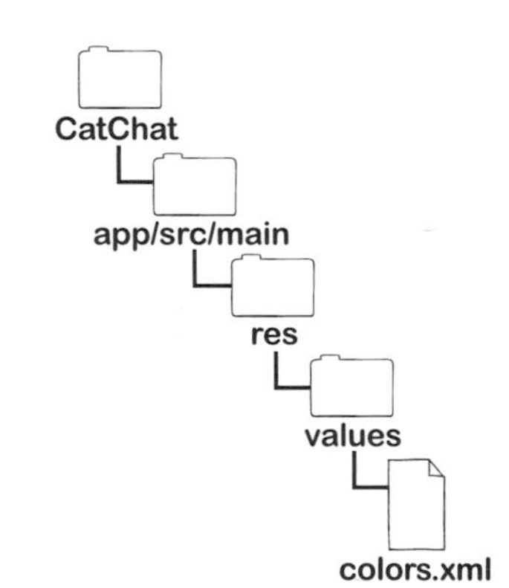

若要改變 app 的配色，你只要將你想要使用的顏色加入顏色資源檔，並且在樣式資源檔裡面引用它們即可。

將預設的 app bar 換成工具列

你已經知道 Android Studio 會藉著套用佈景主題來將一個預設的 app bar 加入你的 app 了。雖然用這種方式來加入 app bar 很簡單，但比較靈活的做法是**將它換成工具列**。

基本的工具列看起來就像你看過的預設 app bar，但它靈活很多。例如，你可以改變它的高，而且在下一章，你將知道如何讓它在用戶捲動設備螢幕時展開或摺疊。它也有所有最新的 app bar 功能，所以使用工具列更容易將最新功能加入 app。

工具列就像之前的 app bar，但是它比較靈活。

為了替換預設的 app bar，你要先移除原始的 app bar，將工具列加入 layout，然後要求 activity 使用工具列作為它的 app bar。我們將在接下來幾頁告訴你怎麼做。

使用佈景主題來移除預設的 app bar

為了移除預設的 app bar，你要讓 app 使用沒有 app bar 的佈景主題。

例如，目前的 CatChat app 使用的佈景主題是 `Theme.MaterialComponents.DayNight.DarkActionBar`。為了移除預設的 app bar，我們要將它換成 `Theme.MaterialComponents.DayNight.NoActionBar`。這兩個佈景主題有相同的整體外觀，但是後者沒有 app bar。

現在按照下面的程式來修改 *values* 與 *values-night* 資料夾裡面的 *themes.xml* 檔的程式（粗體為修改處）：

CatChat
app/src/main
res
values
themes.xml

你也要修改 *values-night* 版本的檔案。

```
<resources>
    <style name="Theme.CatChat"
        parent="Theme.MaterialComponents.DayNight.DarkActionBarNoActionBar">
      ...
    </style>
</resources>
```

改變佈景主題，來移除預設的 app bar。

只要修改這個地方就可以移除預設的 app bar 了。接下來要加入工具列。

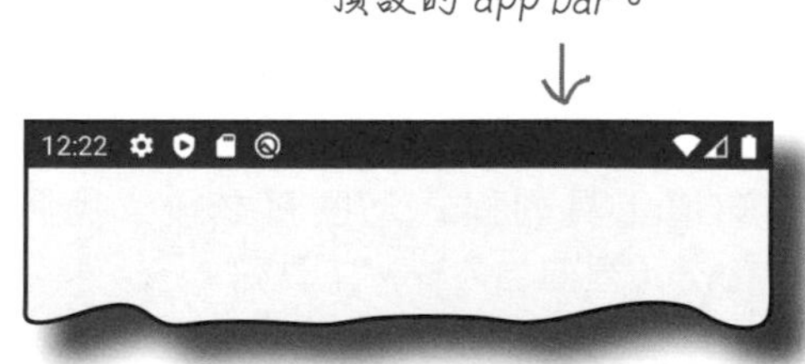

工具列是一種 view

→ 工具列
工具列導覽
底部列
導覽抽屜

與預設的 app bar 不同的是，工具列是一種可以加入 layout 的 view。因為它是 view，所以你可以控制它的大小與位置。

你可以使用各種不同的工具列，在 CatChat 裡面，我們要使用 **Material 工具列**。它是很適合與 Material 佈景主題一起使用的工具列，例如我們在這個 app 裡面使用的這一個佈景主題。

你可以這樣加入 Material 工具列：

```
<com.google.android.material.appbar.MaterialToolbar
    android:id="@+id/toolbar"
    android:layout_width="match_parent"
    android:layout_height="?attr/actionBarSize"
    style="@style/Widget.MaterialComponents.Toolbar.Primary" />
```

定義工具列。

為工具列設定 ID，讓你可以在 activity 程式中引用它。

設定大小。

對它套用樣式。

我們先使用這段程式來定義工具列：

```
<com.google.android.material.appbar.MaterialToolbar
    ... />
```

這是 MaterialToolbar 類別的完整路徑。

其中的 `com.google.android.material.appbar.MaterialToolbar` 是 `MaterialToolbar` 類別的完整路徑。然後使用其他的 view 屬性來設定它的 ID，並指定它的外觀。例如，為了讓工具列與它的父元素一樣寬，並且與底層的佈景主題的預設 app bar 一樣高，你可以這樣寫：

```
android:layout_width="match_parent"
android:layout_height="?attr/actionBarSize"
```

上面程式中的 **`?attr`** 意味著你想要使用當前的佈景主題的屬性。在這個例子裡，我們使用 `?attr/actionBarSize` 來引用佈景主題的預設 app bar 的高。

你也可以修改工具列的樣式，讓它使用 app 的主色，做法是：

```
style="@style/Widget.MaterialComponents.Toolbar.Primary"
```

對工具列套用樣式，讓它的整體外觀與佈景主題的預設 app bar 一樣。

知道工具列程式怎麼寫之後，我們要在 `MainActivity` 的 layout 裡面加入一個工具列。

將工具列加入 activity_main.xml

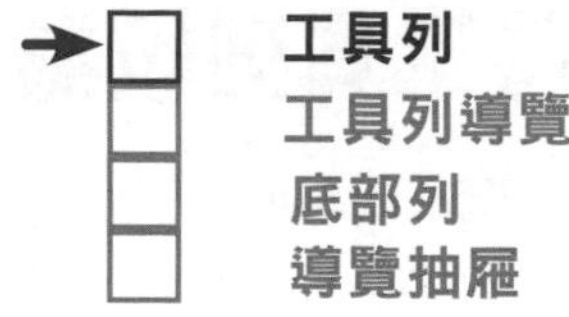

我們要將工具列加入 `MainActivity` 的 layout，讓它出現在螢幕的最上面。按照下面的程式來修改 *activity_main.xml*：

```
<?xml version="1.0" encoding="utf-8"?>
<LinearLayout
    xmlns:android="http://schemas.android.com/apk/res/android"
    xmlns:app="http://schemas.android.com/apk/res-auto"
    xmlns:tools="http://schemas.android.com/tools"
    android:layout_width="match_parent"
    android:layout_height="match_parent"
    android:orientation="vertical"
    tools:context=".MainActivity">

    <com.google.android.material.appbar.MaterialToolbar
        android:id="@+id/toolbar"
        android:layout_width="match_parent"
        android:layout_height="?attr/actionBarSize"
        style="@style/Widget.MaterialComponents.Toolbar.Primary" />
</LinearLayout>
```


app 的名稱在哪裡？

雖然上面的程式將一個工具列加入 `MainActivity` 的 layout，但它沒有加入任何 app bar 的功能。例如，當你執行 app 時，你會發現 app 的名稱沒有像之前的預設 app bar 那樣顯示在工具列上：

如果你只有將工具列加入 layout，沒有修改其他的地方，它看起來就像一條橫跨螢幕的空長條。它沒有 app 名稱或任何其他 app bar 功能。

為了讓工具列的行為類似正常的 app bar，我們要稍微修改 activity 的 Kotlin 程式。

將工具列設為 MainActivity 的 app bar

工具列
工具列導覽
底部列
導覽抽屜

為了讓工具列的行為類似正常的 app bar，你必須要求 `MainActivity` 將它當成 app bar。為此，你可以在 activity 的 Kotlin 程式中呼叫 `setSupportActionBar()` 方法，並將工具列的參考傳給它：

```
val toolbar = findViewById<MaterialToolbar>(R.id.toolbar)
setSupportActionBar(toolbar)
```

讓 Android 將工具列視為預設的 app bar，並顯示 app 的名稱。

我們將這段程式加入 `MainActivity` 的 `onCreate()` 方法，讓它在 activity 被建立出來之後立刻執行。請按照下面的程式來修改 *MainActivity.kt*（粗體為修改處）：

CatChat
app/src/main
java
com.hfad.catchat
MainActivity.kt

```
package com.hfad.catchat

import androidx.appcompat.app.AppCompatActivity
import android.os.Bundle
import com.google.android.material.appbar.MaterialToolbar

class MainActivity : AppCompatActivity() {
    override fun onCreate(savedInstanceState: Bundle?) {
        super.onCreate(savedInstanceState)
        setContentView(R.layout.activity_main)
        val toolbar = findViewById<MaterialToolbar>(R.id.toolbar)
        setSupportActionBar(toolbar)
    }
}
```

這段程式使用 MaterialToolbar 類別。

像使用 app 的預設 app bar 一樣使用工具列。

我們只要做這些修改就可以將 app 的預設 app bar 換成工具列了。我們來執行 app，確保它正確地顯示。

新車試駕

12:29
CatChat
這個工具列看起來與 app 的預設 app bar 一樣。

當我們執行 app 時，`MainActivity` 會在螢幕最上面顯示一個工具列。這個工具列裡面有 app 的名稱。

將預設的 app bar 換成工具列之後，我們要加入一些功能。

使用工具列來巡覽

工具列
工具列導覽
底部列
導覽抽屜

在本章開頭，我們說過，我們想要在 CatChat app 裡使用 Android 的巡覽 UI 組件來前往不同的畫面。我們已經將工具列加入 app 了，接下來要建立一些畫面，並使用工具列在它們之間巡覽。

工具列導覽將如何運作

我們會先建立兩個新 fragment，`InboxFragment` 與 `HelpFragment`，在用戶巡覽到它們那裡時，將它們顯示在 `MainActivity` 裡面。`InboxFragment` 會在 app 啟動時顯示，`HelpFragment` 會在我們前往它那裡時顯示。

我們不會在 InboxFragment 與 HelpFragment 裡面加入任何 email 或說明功能，而是在它們裡面顯示一段文字，以便知道螢幕裡面是哪一個 fragment。

我們要在工具列加入一個 Help 項目，用它前往 `HelpFragment`，就像這樣：

InboxFragment 會在 app 啟動時顯示出來。

這是我們將要加入工具列的 Help 項目。

我們將用選單來加入 Help 項目，幾頁之後會介紹怎麼做。

當我們按下 Help 項目時，app 會前往 `HelpFragment`。我們也會修改工具列的標題，以指示目前的畫面是什麼，並提供 Up 按鈕來方便用戶回到 `InboxFragment`。

我們將修改工具列的文字，來提示現在正在顯示 HelpFragment。

按下這個按鈕（Up 按鈕）可讓我們回到 InboxFragment。

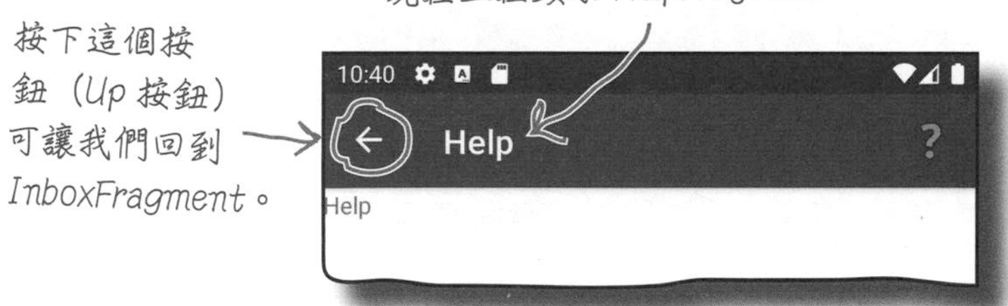

以上就是工具列導覽的運作方式。我們來實作它，先將 `InboxFragment` 與 `HelpFragment` 加入 app。

問：為什麼用來設定 app bar 的方法稱為 `setSupportActionBar()`？叫做 `setSupportAppBar()` 才對吧？

答：在 Android 的早期版本中，app bar 稱為 action bar，在幕後，預設的 app bar 使用名為 `ActionBar` 的類別。這就是為什麼該方法稱為 `setSupportActionBar`。

問：樣式只能用來覆寫預設的顏色嗎？

答：非也，你可以用它們來覆寫佈景主題的任何屬性。例如，若要防止按鈕的文字被顯示成大寫，你可以在加入項目時使用 `"android:textAllCaps"` 並將它的值設為 `false`。

工具列
工具列導覽
底部列
導覽抽屜

建立 InboxFragment

我們想要在 app 啟動時，在 MainActivity 裡面顯示 InboxFragment。在 *app/src/main/java* 資料夾裡面選擇 *com.hfad.catchat* 程式包，然後前往 File → New → Fragment → Fragment (Blank)。將 fragment 命名為「InboxFragment」，將它的 layout 命名為「fragment_inbox」，將語言設為 Kotlin。然後按照下面的程式來修改 *InboxFragment.kt*：

```
package com.hfad.catchat

import android.os.Bundle
import androidx.fragment.app.Fragment
import android.view.LayoutInflater
import android.view.View
import android.view.ViewGroup

class InboxFragment : Fragment() {

    override fun onCreateView(
        inflater: LayoutInflater, container: ViewGroup?, savedInstanceState: Bundle?
    ): View? {
        return inflater.inflate(R.layout.fragment_inbox, container, false)
    }
}
```

CatChat
app/src/main
java
com.hfad.catchat
InboxFragment.kt

Inbox

InboxFragment 長這樣。

這是 *fragment_inbox.xml* 的程式（也修改這個檔案的程式）：

```
<?xml version="1.0" encoding="utf-8"?>
<FrameLayout
    xmlns:android="http://schemas.android.com/apk/res/android"
    xmlns:tools="http://schemas.android.com/tools"
    android:layout_width="match_parent"
    android:layout_height="wrap_content"
    tools:context=".InboxFragment">

    <TextView
        android:layout_width="match_parent"
        android:layout_height="match_parent"
        android:text="Inbox" />
</FrameLayout>
```

InboxFragment 的 layout 裡面只有一個 TextView。我們要加入這段文字來確定它被顯示出來了。

CatChat
app/src/main
res
layout
fragment_inbox.xml

工具列
工具列導覽
底部列
導覽抽屜

建立 HelpFragment

當用戶在工具列按下 Help 項目時，我們要在 `MainActivity` 裡面顯示 `HelpFragment`。在 *app/src/main/java* 資料夾裡面選擇 *com.hfad.catchat* 程式包，然後前往 File → New → Fragment → Fragment (Blank)。將 fragment 命名為「HelpFragment」，將它的 layout 命名為「fragment_help」，將語言設為 Kotlin。將 *HelpFragment.kt* 改成下面的程式：

Help

HelpFragment 長這樣。

```
package com.hfad.catchat

import android.os.Bundle
import androidx.fragment.app.Fragment
import android.view.LayoutInflater
import android.view.View
import android.view.ViewGroup

class HelpFragment : Fragment() {

    override fun onCreateView(
        inflater: LayoutInflater, container: ViewGroup?, savedInstanceState: Bundle?
    ): View? {
        return inflater.inflate(R.layout.fragment_help, container, false)
    }
}
```

CatChat
app/src/main
java
com.hfad.catchat
HelpFragment.kt

然後修改 *fragment_help.xml* 的程式，讓它與下面的 layout 相符：

```
<?xml version="1.0" encoding="utf-8"?>
<FrameLayout
    xmlns:android="http://schemas.android.com/apk/res/android"
    xmlns:tools="http://schemas.android.com/tools"
    android:layout_width="match_parent"
    android:layout_height="match_parent"
    tools:context=".HelpFragment">

    <TextView
        android:layout_width="match_parent"
        android:layout_height="wrap_content"
        android:text="Help" />
</FrameLayout>
```

在實際情況下，你將用 String 資源來儲存這段文字。

CatChat
app/src/main
res
layout
fragment_help.xml

我們將使用 Navigation 組件來巡覽至 HelpFragment

第 6 章曾經介紹如何使用 Android 的 Navigation 組件在 fragment 之間巡覽。雖然我們現在要使用工具列來巡覽至新 destination，但我們仍然可以使用 Navigation 組件來滿足所有巡覽需求。

我們要先使用 Gradle 來將 Navigation 組件加入 CatChat 專案。

將版本號碼加入專案的 build.gradle 檔

與之前一樣，你要在專案的 *build.gradle* 檔裡面加入一個新變數，來指定你想要加入 app 的 Navigation 組件版本。

打開 *CatChat/build.gradle* 檔，在 `buildscript` 區域中加入下面這一行（粗體為修改處）：

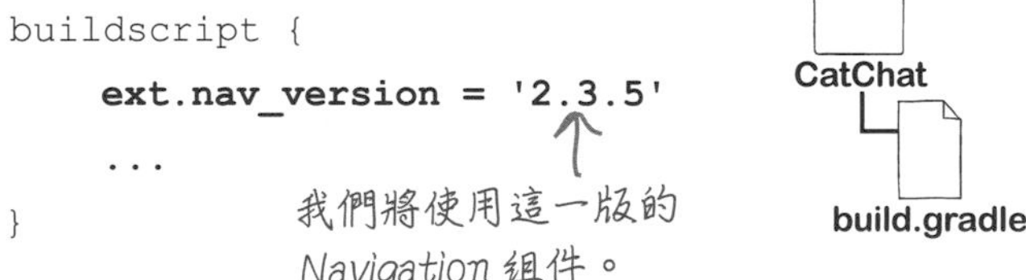

```
buildscript {
    ext.nav_version = '2.3.5'
    ...
}
```


將依賴項目加入 app 的 build.gradle 檔

接下來，你要將兩個 Navigation 組件依賴項目加入 app 版的 *build.gradle* 檔。

打開 *CatChat/app/build.gradle*，在 `dependencies` 區域加入下面這兩行（粗體為修改處）：

```
dependencies {
    implementation "androidx.navigation:navigation-fragment-ktx:$nav_version"
    implementation "androidx.navigation:navigation-ui-ktx:$nav_version"
    ...
}
```

務必在 app 的 build.gradle 檔裡面加入這兩行。

加入額外的 Navigation UI 組件依賴項目。

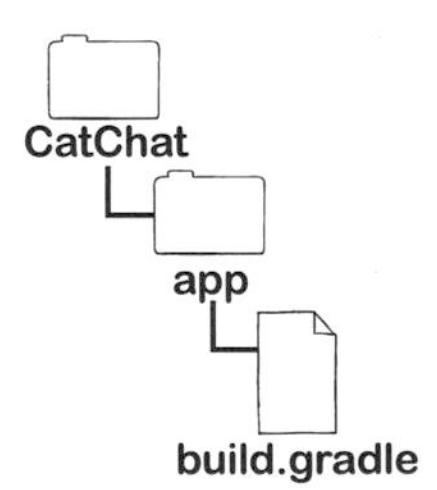

修改之後，按下程式碼編輯器上面的 Sync Now 選項，與專案的其他部分同步你的修改。

將 Navigation 組件加入專案之後，先做一下接下來的習題，然後我們會用它來建立一個導覽圖。

問：我必須在每一個可以巡覽的 app 裡面加入 Navigation 組件嗎？有沒有捷徑？

答：Navigation 組件沒有被放入 Android 的主要程式庫，所以你必須將它加入專案才能使用它。

有些 Android Studio 版本會在你建立導覽圖的時候自動加入 Navigation 組件依賴關係，但是它們可能使用不同的版本。我們讓你手動加入它們是為了讓你知道它的存在，以及它的版本。

我們即將在 CatChat app 裡面使用 Navigation 組件在 fragment 之間巡覽，但你還記得 Navigation 組件的每一個部分的目的嗎？

將每一個部分連到它的目的。提示：有些東西的目的不只一個。

部分的組件	目的
	可前往的地方，通常是個 fragment。
NavHostFragment	
	保存巡覽資訊，例如 destination。
導覽圖	
	用來顯示 destination 的空容器。
Destination	
	描述 app 的巡覽路徑。
瀏覽容器	
	控制該顯示哪個 destination。
導覽控制器	
	瀏覽容器的預設實作。

我們即將在 CatChat app 裡面使用 Navigation 組件在 fragment 之間巡覽，但你還記得 Navigation 組件的每一個部分的目的嗎？

將每一個部分連到它的目的。提示：有些東西的目的不只一個。

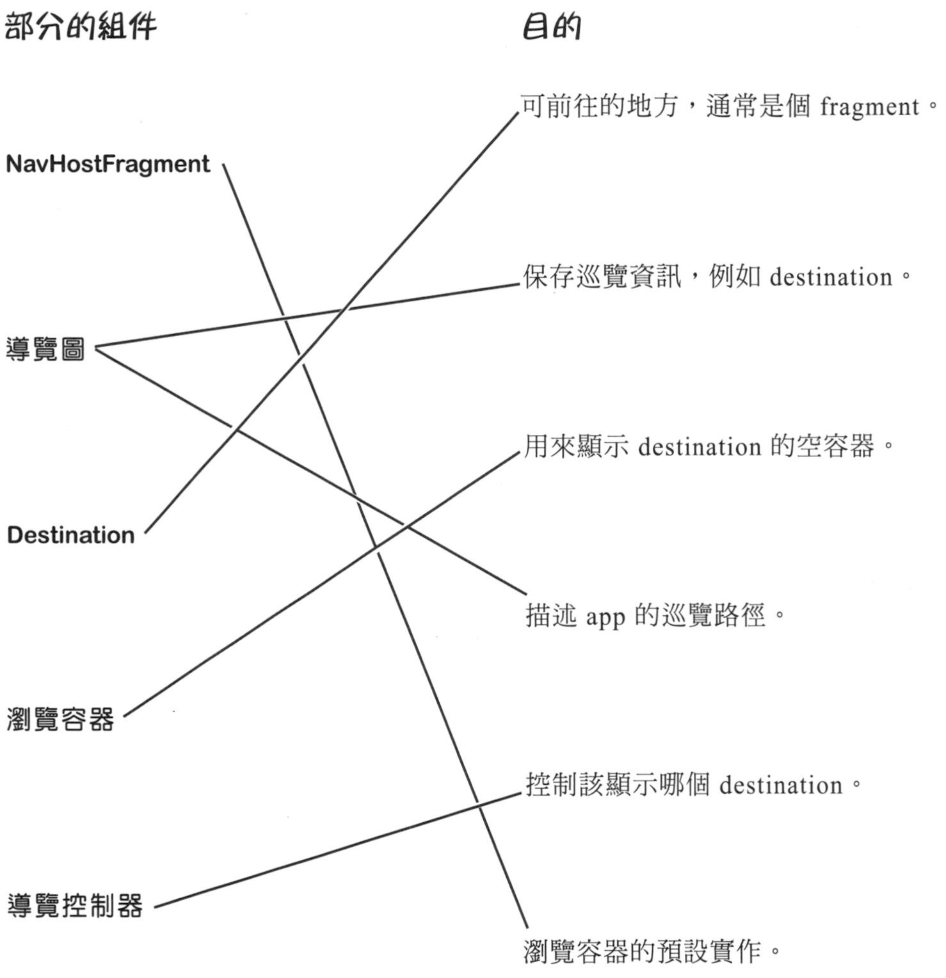

部分的組件

NavHostFragment

導覽圖

Destination

瀏覽容器

導覽控制器

目的

可前往的地方，通常是個 fragment。

保存巡覽資訊，例如 destination。

用來顯示 destination 的空容器。

描述 app 的巡覽路徑。

控制該顯示哪個 destination。

瀏覽容器的預設實作。

將 fragment 加入導覽圖

如你所知，導覽圖保存了 app 的 destination，以及可前往那裡的路徑。`InboxFragment` 與 `HelpFragment` 都是 CatChat app 的 destination，我們將建立一個新的導覽圖，並將這兩個 fragment 加入。

為了建立導覽圖，在專案 explorer 中選擇 *CatChat/app/src/main/res* 資料夾，然後選擇 File → New → Android Resource File。看到提示視窗時，在 File name 輸入「nav_graph」，在 Resource type 選擇「Navigation」，然後按下 OK 按鈕。

接下來，打開導覽圖（*nav_graph.xml*），切換到 Code 畫面，按照下面的程式修改檔案：

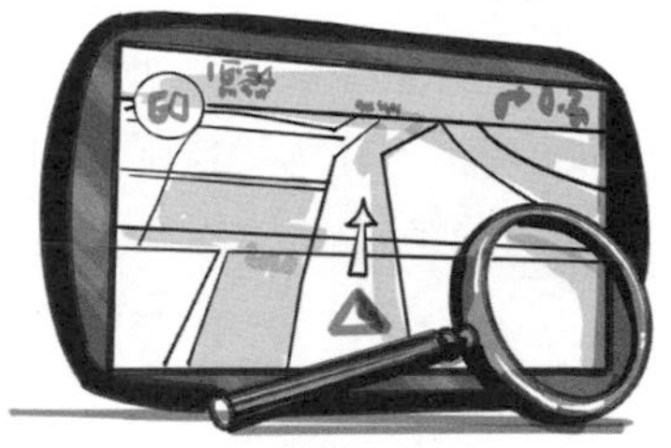
導覽圖

```
<?xml version="1.0" encoding="utf-8"?>
<navigation
    xmlns:android="http://schemas.android.com/apk/res/android"
    xmlns:app="http://schemas.android.com/apk/res-auto"
    xmlns:tools="http://schemas.android.com/tools"
    android:id="@+id/nav_graph"
    app:startDestination="@id/inboxFragment">

    <fragment
        android:id="@+id/inboxFragment"
        android:name="com.hfad.catchat.InboxFragment"
        android:label="Inbox"
        tools:layout="@layout/fragment_inbox" />
    <fragment
        android:id="@+id/helpFragment"
        android:name="com.hfad.catchat.HelpFragment"
        android:label="Help"
        tools:layout="@layout/fragment_help" />
</navigation>
```

這一行代表 InboxFragment 是第一個顯示的 destination。

InboxFragment 的 ID 是 inboxFragment，它的標籤是 Inbox。

HelpFragment 的 ID 是 helpFragment，它的標籤是 Help。

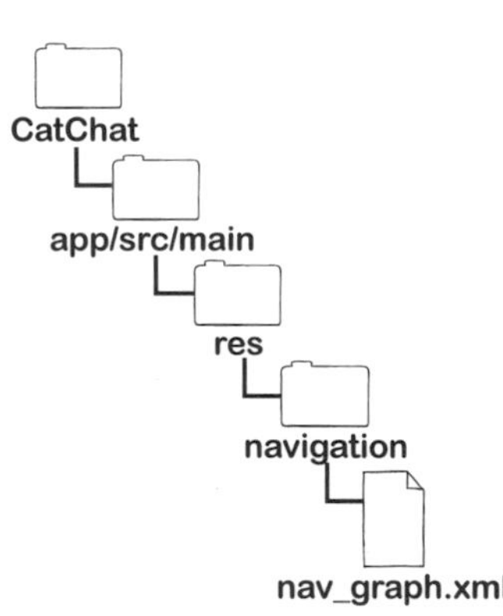

上面的程式將 `InboxFragment` 與 `HelpFragment` 加入導覽圖，並幫它們設定一個方便用戶確認的標籤。

以上就是導覽圖需要修改的地方。接下來，我們要修改 `MainActivity` 的 layout，讓它可以在我們巡覽它的時候顯示每一個 fragment。

將瀏覽容器加入 activity_main.xml

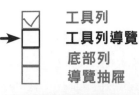

第 6 章說過，你可以在 activity 的 layout 裡面加入一個瀏覽容器來顯示每一個 destination。你要使用 `FragmentContainerView`，並指定你想要使用的瀏覽容器類型，以及導覽圖的名稱。

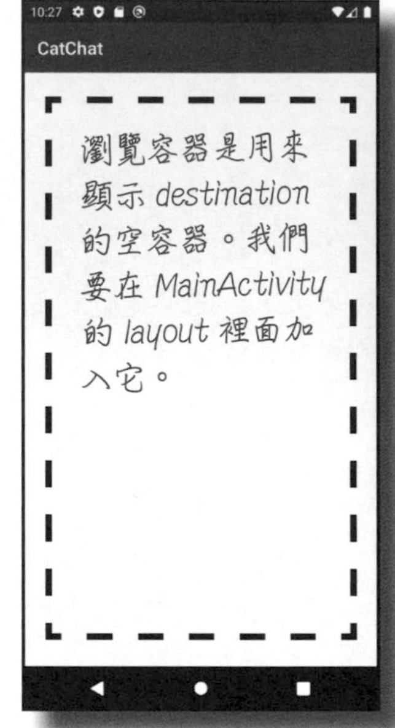

CatChat
瀏覽容器是用來顯示 destination 的空容器。我們要在 MainActivity 的 layout 裡面加入它。

在這個 CatChat app 裡面做這件事的程式幾乎與第 6 章的 Secret Message app 一樣，請按照下面的程式來修改你的 *activity_main.xml*（粗體為修改處）：

```
<?xml version="1.0" encoding="utf-8"?>
<LinearLayout
    xmlns:android="http://schemas.android.com/apk/res/android"
    xmlns:app="http://schemas.android.com/apk/res-auto"
    xmlns:tools="http://schemas.android.com/tools"
    android:layout_width="match_parent"
    android:layout_height="match_parent"
    android:orientation="vertical"
    tools:context=".MainActivity">

    <com.google.android.material.appbar.MaterialToolbar
        android:id="@+id/toolbar"
        android:layout_width="match_parent"
        android:layout_height="?attr/actionBarSize"
        style="@style/Widget.MaterialComponents.Toolbar.Primary" />

    <androidx.fragment.app.FragmentContainerView
        android:id="@+id/nav_host_fragment"
        android:name="androidx.navigation.fragment.NavHostFragment"
        android:layout_width="match_parent"
        android:layout_height="match_parent"
        app:defaultNavHost="true"
        app:navGraph="@navigation/nav_graph" />
</LinearLayout>
```

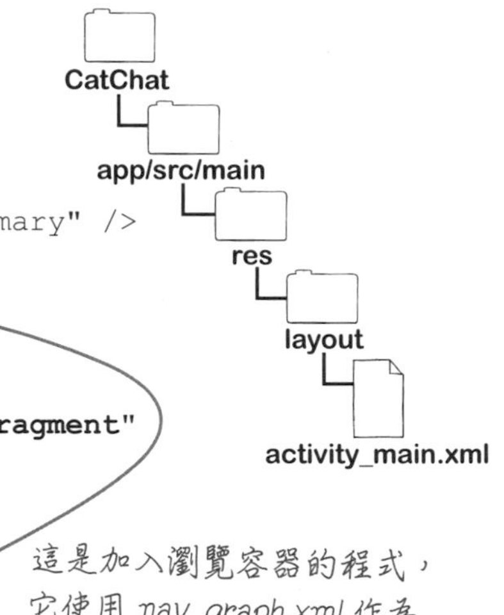

這是加入瀏覽容器的程式，它使用 nav_graph.xml 作為導覽圖。

加入瀏覽容器之後，我們要在工具列裡面加入一個項目，用來前往 `HelpFragment`。

使用選單資源檔來指定工具列裡面的項目

你要藉著定義**選單（menu）**來告訴 Android：哪些項目需要出現在工具列上面。所有選單都是在 XML 選單資源檔裡面定義的，它們指定了你想要顯示的項目。

我們來建立一個新的選單資源檔，稱為 *menu_toolbar.xml*，用它來將 Help 項目加入工具列。選擇 *app/src/main/res* 資料夾，在 File 選單裡面選擇 New，然後選擇建立新 Android 資源檔的選項。看到提示視窗時，將它命名為「menu_toolbar」，將資源類型設為「Menu」，並確保目錄名稱是 *menu*。當你按下 OK 按鈕時，Android Studio 會幫你建立檔案，並將它加入 *app/src/main/res/menu* 資料夾。

如同導覽圖與 layout 檔，你可以藉著修改 XML 程式碼，或藉著使用內建的設計編輯器來編輯選單資源檔。設計編輯器長這樣：

問：只有工具列使用選單資源檔嗎？

答：在本章稍後你會看到，底部導覽列與導覽抽屜也會使用選單資源檔。你也可以用它們來建立快顯（pop-up）與內容功能表（context menu）。這裡有更詳細的資訊：

https://developer.android.com/guide/topics/ui/menus

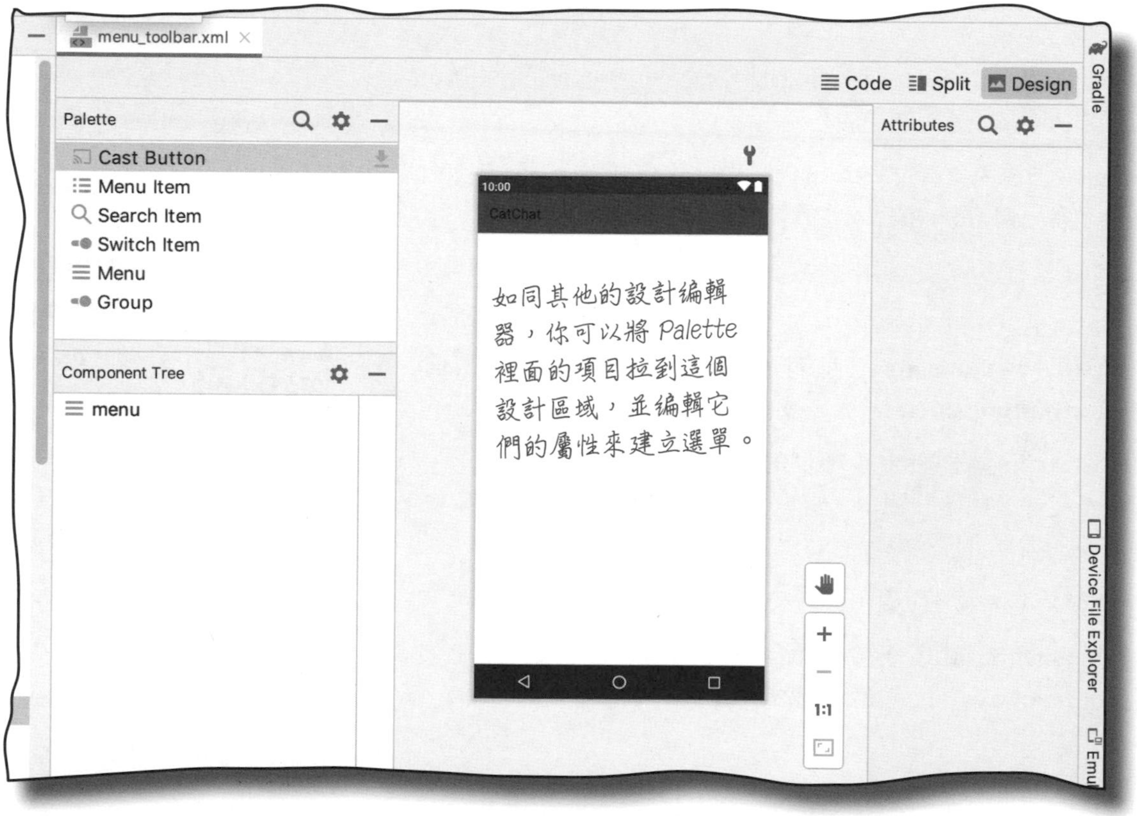

如同其他的設計編輯器，你可以將 Palette 裡面的項目拉到這個設計區域，並編輯它們的屬性來建立選單。

將 Help 項目加入選單

我們想要從工具列前往 HelpFragment，所以要將 Help 項目加入選單資源檔，為此，我們將直接編輯 XML 程式碼。

切換到 *menu_toolbar.xml* 的 Code 畫面，然後按照下面的程式來修改它（粗體是你要加入的程式）：

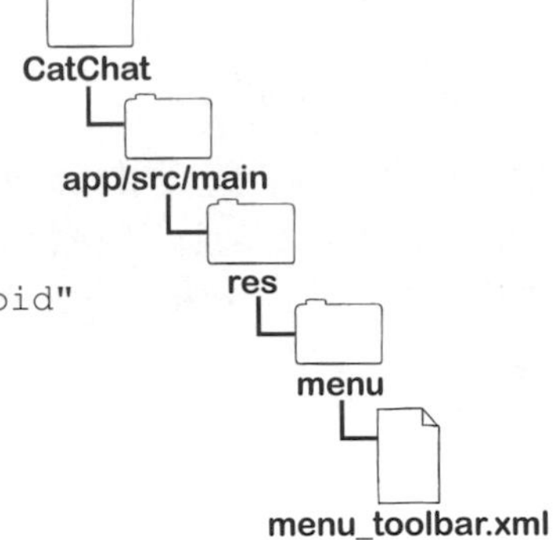


```
<?xml version="1.0" encoding="utf-8"?>
<menu
    xmlns:android="http://schemas.android.com/apk/res/android"
    xmlns:app="http://schemas.android.com/apk/res-auto">

    <item
        android:id="@+id/helpFragment"
        android:icon="@android:drawable/ic_menu_help"
        android:title="Help"
        app:showAsAction="always" />
</menu>
```

用這個元素定義選單。

用這一段來定義 Help 項目，並使用內建的 Android Help 圖示來顯示它。

每一個選單資源檔都有一個 **<menu>** 根元素，包括上面的這一個。它可以讓 Android 知道它定義一個選單。

在 <menu> 元素內通常有一些 <item> 元素，分別描述一個項目。這個例子有一個 Help 項目，它的標題是「Help」。

<item> 元素有一些可以用來控制項目外觀的屬性。

android:id 屬性幫項目指定一個 ID，Navigation 組件使用這個 ID 來前往一個 destination，**這個 ID 必須與導覽圖中你想要前往的 destination 的 ID 一樣**。幾頁之後將說明它的工作方式。

android:icon 屬性設定該項目的顯示圖示（如果有的話）。Android 有許多內建的圖示，當你開始輸入圖示名稱時，IDE 會顯示可用的清單供你選擇。

android:title 屬性定義項目的文字。

app:showAsAction 屬性指定你希望項目如何出現在工具列上。將它設成「always」代表讓它永遠出現在工具列的主區域裡面。

選單項目的 ID 必須與導覽圖裡面的 destination ID 一樣。

當你使用巡覽 UI 組件（例如工具列）時，必須讓這些 ID 相同。如果它們不同，你的工具列導覽將無法正常運作。

- ☑ 工具列
- → ☐ **工具列導覽**
- ☐ 底部列
- ☐ 導覽抽屜

用 onCreateOptionsMenu() 將選單項目加入工具列

定義選單資源檔之後，你要在 activity 程式裡面實作 `onCreateOptionsMenu()` 方法來將它的項目加入工具列。Android 會在 activity 可以將項目加入工具列的時候呼叫這個方法。它會將選單資源檔充氣，並將它定義的每一個項目加入工具列。

在 CatChat app 裡，我們想要將 *menu_toolbar.xml* 定義的項目加入 `MainActivity` 的工具列。下面的粗體部分是加入這個項目的程式（你將在幾頁之後修改你的程式）：

```
package com.hfad.catchat

...
import android.view.Menu

class MainActivity : AppCompatActivity() {
    override fun onCreate(savedInstanceState: Bundle?) {
        ...
    }

    override fun onCreateOptionsMenu(menu: Menu): Boolean {
        menuInflater.inflate(R.menu.menu_toolbar, menu)
        return super.onCreateOptionsMenu(menu)
    }
}
```

onCreateOptionsMenu() 方法使用 Menu 類別。

實作這個方法會將選單資源檔裡面的所有項目加入工具列。

這是選單資源檔的名稱。

CatChat → app/src/main → java → com.hfad.catchat → MainActivity.kt

這一行：

```
menuInflater.inflate(R.menu.menu_toolbar, menu)
```

會將選單資源檔充氣。在幕後，它會建立一個代表選單資源檔的 `Menu` 物件，在選單資源檔裡面的所有項目都會被轉換成 `MenuItem` 物件，然後加入工具列。

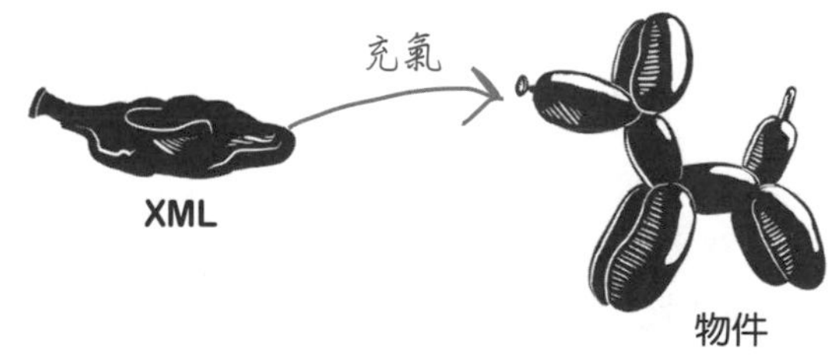

以上就是將選單加入工具列的所有程式。接下來，我們要讓 `MainActivity` 在用戶按下 Help 項目時前往 `HelpFragment`。

用 onOptionsItemSelected() 來回應選單項目被按下

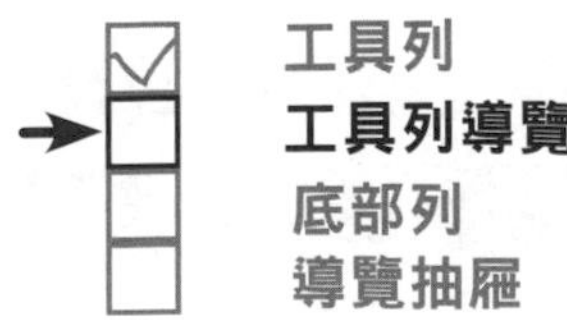

使用 `onCreateOptionsMenu()` 方法來將選單項目加入工具列之後，你可以實作 **`onOptionsItemSelected()`** 來讓它們回應按下的動作。這個方法會在工具列裡面的項目被按下時執行：

```
override fun onOptionsItemSelected(item: MenuItem): Boolean {
    //當項目被按下時執行的程式
}
```

這是指被按下的項目。

在 CatChat app 裡面，我們想要在用戶按下 Help 選單項目時前往 `HelpFragment`，為此，我們可以利用 Navigation 組件。

程式如下所示，幾頁之後，我們會在 *MainActivity.kt* 裡面進行這些修改：


```
package com.hfad.catchat

...
import android.view.MenuItem
import androidx.navigation.findNavController
import androidx.navigation.ui.onNavDestinationSelected

class MainActivity : AppCompatActivity() {
    ...

    override fun onOptionsItemSelected(item: MenuItem): Boolean {
        val navController = findNavController(R.id.nav_host_fragment)
        return item.onNavDestinationSelected(navController)
                || super.onOptionsItemSelected(item)
    }
}
```

程式使用這些額外的類別。

當工具列裡面的項目被按下時，導覽控制器會前往正確的 destination。

大多數的 onOptionsItemSelected 都寫成這樣。

每次 Help 選單項目被按下時，導覽控制器就會取得它的 ID，並在導覽圖裡面找到相符的項目，然後將具有這個 ID 的 destination 傳給瀏覽容器，將它顯示在設備螢幕上。

我們要設置工具列

你已經知道如何將 Help 選單項目加入工具列，以及如何讓它巡覽至 `HelpFragment` 了，但是，在執行 app 之前，我們還要修改一個地方。

我們在定義導覽圖 *nav_graph.xml* 的時候，曾經使用這段程式來加入各個 destination 的標籤：

```
<?xml version="1.0" encoding="utf-8"?>
<navigation ...>
    <fragment
        android:id="@+id/inboxFragment"
        android:name="com.hfad.catchat.InboxFragment"
        android:label="Inbox"
        tools:layout="@layout/fragment_inbox" />
    <fragment
        android:id="@+id/helpFragment"
        android:name="com.hfad.catchat.HelpFragment"
        android:label="Help"
        tools:layout="@layout/fragment_help" />
</navigation>
```


為了確定 app 正在顯示哪個畫面，我們要設置工具列，讓 app 在我們前往新的 destination 時，在工具列顯示它的標籤。我們也要在工具列加入一個 Up 按鈕，讓用戶可以從 `HelpFragment` 輕鬆地回到 `InboxFragment`：

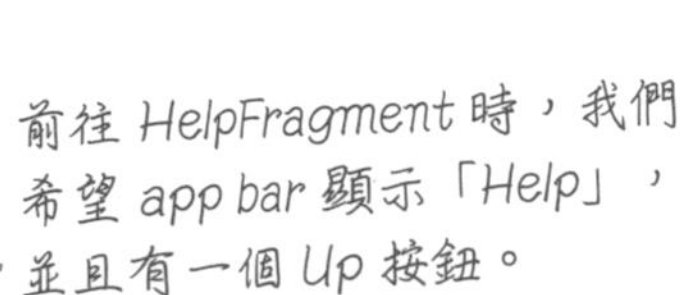

前往 HelpFragment 時，我們希望 app bar 顯示「Help」，並且有一個 Up 按鈕。

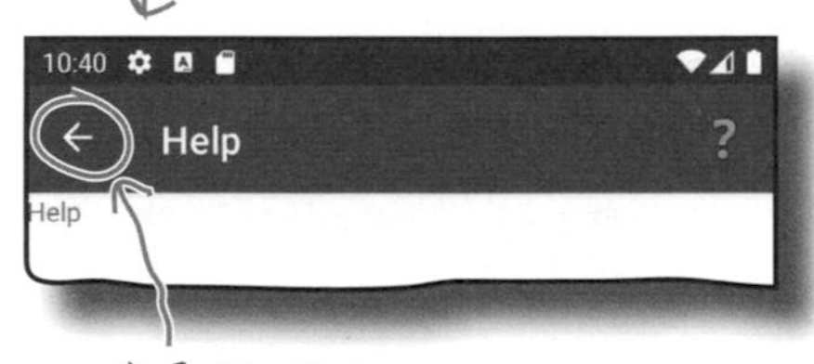

雖然 Up 巡覽聽起來與使用設備的 Back（返回）按鈕一樣，但它略有不同。用戶可以用 Back 按鈕在返回堆疊（他們曾經造訪的畫面紀錄）裡面一路返回，但是 Up 按鈕以導覽圖階層為基礎，可以讓你在這個階層中快速往上移動。

我們可以用 Navigation 組件來設置工具列，以更新文字並加入 Up 按鈕，我們來看看該怎麼做。

使用 AppBarConfiguration 來設置工具列

工具列
工具列導覽
底部列
導覽抽屜

我們想要讓工具列顯示出來的文字，與當前的 destination 在導覽圖裡面的標籤一樣，並讓工具列有個 Up 按鈕。我們可以用導覽圖來建立一個 **AppBarConfiguration** 物件，並將它連接到工具列。AppBarConfiguration 類別是 Navigation 組件的一部分，它的用途是讓 app bar 或工具列與導覽控制器互相配合。

這是建立 AppBarConfiguration 並將它接到工具列的程式（粗體為修改處）：

```
override fun onCreate(savedInstanceState: Bundle?) {
    super.onCreate(savedInstanceState)
    setContentView(R.layout.activity_main)
    val toolbar = findViewById<MaterialToolbar>(R.id.toolbar)
    setSupportActionBar(toolbar)
    val navHostFragment = supportFragmentManager
        .findFragmentById(R.id.nav_host_fragment) as NavHostFragment
    val navController = navHostFragment.navController
    val builder = AppBarConfiguration.Builder(navController.graph)
    val appBarConfiguration = builder.build()
    toolbar.setupWithNavController(navController, appBarConfiguration)
}
```

用這幾行從瀏覽容器取得導覽控制器的參考。

這一行建立一個組態（configuration），將工具列接到導覽圖。

這一行讓工具列使用 configuration。

上面的程式先使用這些程式從瀏覽容器取得導覽控制器的參考：

```
val navHostFragment = supportFragmentManager
    .findFragmentById(R.id.nav_host_fragment) as NavHostFragment
val navController = navHostFragment.navController
```

使用這段程式是因為從 activity 的 onCreate() 方法呼叫 findNavController() 可能會失敗。

當你需要從 activity 的 onCreate() 方法取得導覽控制器的參考時，你就要使用這種程式。

這段程式建立一個將工具列接到導覽圖的 configuration，並讓工具列使用它。

當程式執行時，它會使用導覽圖裡面的資訊來顯示當前的 destination 的標籤。它也會在工具列裡面幫導覽圖的 Start destination 之外的所有 destination 加入一個 Up 按鈕。在這個例子中，Start destination 是 InboxFragment。

以上就是實作工具列導覽需要知道的所有資訊。下一頁將展示完整的 MainActivity 程式。

完整的 MainActivity.kt 程式

以下是 *MainActivity.kt* 的完整程式，請將你的程式改成與它一致（粗體為修改處）：

工具列
工具列導覽
底部列
導覽抽屜

CatChat
app/src/main
java
com.hfad.catchat
MainActivity.kt

```
package com.hfad.catchat

import androidx.appcompat.app.AppCompatActivity
import android.os.Bundle
import android.view.Menu
import android.view.MenuItem
import androidx.navigation.findNavController
import androidx.navigation.fragment.NavHostFragment
import androidx.navigation.ui.AppBarConfiguration
import androidx.navigation.ui.onNavDestinationSelected
import androidx.navigation.ui.setupWithNavController
import com.google.android.material.appbar.MaterialToolbar

class MainActivity : AppCompatActivity() {
    override fun onCreate(savedInstanceState: Bundle?) {
        super.onCreate(savedInstanceState)
        setContentView(R.layout.activity_main)
        val toolbar = findViewById<MaterialToolbar>(R.id.toolbar)
        setSupportActionBar(toolbar)
        val navHostFragment = supportFragmentManager
            .findFragmentById(R.id.nav_host_fragment) as NavHostFragment
        val navController = navHostFragment.navController
        val builder = AppBarConfiguration.Builder(navController.graph)
        val appBarConfiguration = builder.build()
        toolbar.setupWithNavController(navController, appBarConfiguration)
    }

    override fun onCreateOptionsMenu(menu: Menu): Boolean {
        menuInflater.inflate(R.menu.menu_toolbar, menu)
        return super.onCreateOptionsMenu(menu)
    }

    override fun onOptionsItemSelected(item: MenuItem): Boolean {
        val navController = findNavController(R.id.nav_host_fragment)
        return item.onNavDestinationSelected(navController)
                || super.onOptionsItemSelected(item)
    }
}
```

匯入這些額外的類別。

設置工具列來加入 Up 按鈕並顯示你在哪個畫面。

將選單項目加入工具列（在此是 Help 項目）。

當項目被按下時，前往 destination。

當 app 執行時會發生什麼事

當 app 執行時，會發生這些事情：

1. **Android 啟動 app，並且建立 MainActivity。**

   `InboxFragment` 被加入瀏覽容器，並顯示在設備螢幕上。

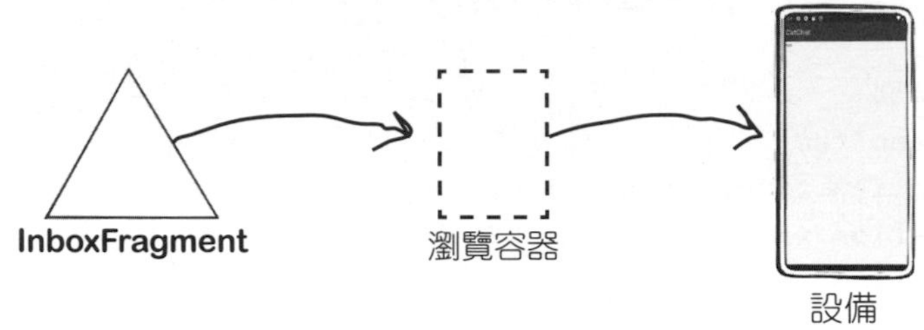

2. **MainActivity 的 onCreateOptionsMenu 方法開始執行。**

   它會將 *menu_toolbar.xml* 定義的 Help 選單項目加入工具列。

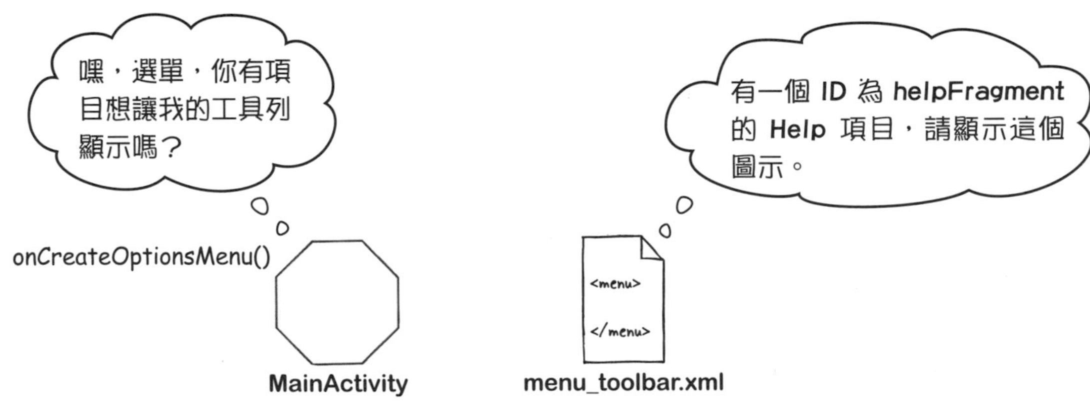

嘿，選單，你有項目想讓我的工具列顯示嗎？
有一個 ID 為 helpFragment 的 Help 項目，請顯示這個圖示。
onCreateOptionsMenu()
<menu>
</menu>
MainActivity
menu_toolbar.xml

3. **用戶按下工具列的 Help 項目。**

工具列
工具列導覽
底部列
導覽抽屜

4 **MainActivity 的 onOptionsItemSelected() 方法開始執行。**

它將前往 Help 項目的巡覽傳給導覽控制器。

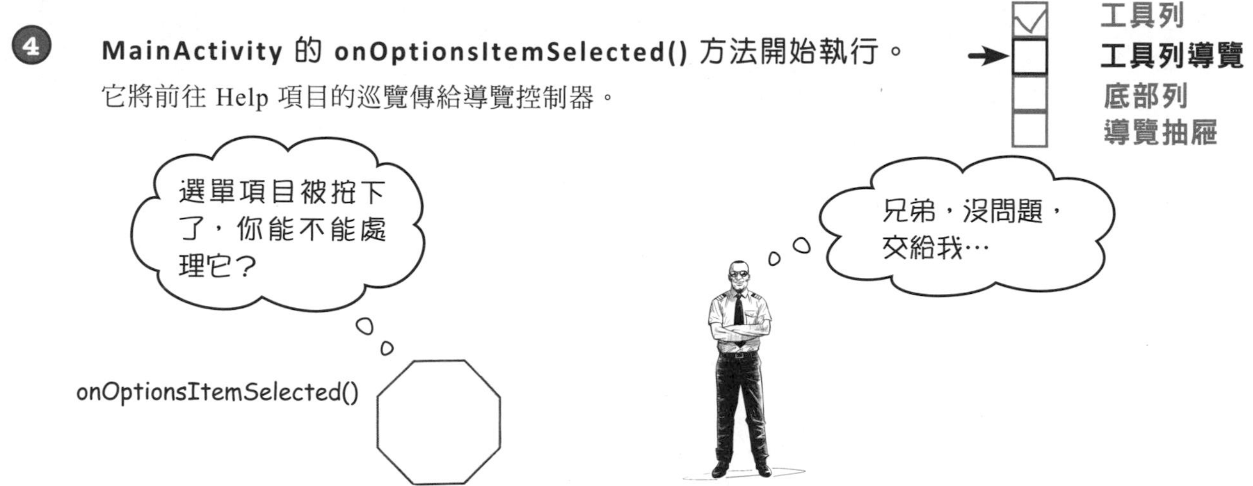

5 **導覽控制器在導覽圖裡面搜尋 Help 項目的 ID。**

嘿，導覽圖，你有沒有與 HelpFragment 的 ID 相符的東西？
有，它連接到 HelpFragment。
選單項目被按下了，你能不能處理它？
兄弟，沒問題，交給我…
導覽控制器
導覽圖

6 **導覽控制器將瀏覽容器裡面的 InboxFragment 換成 HelpFragment。**

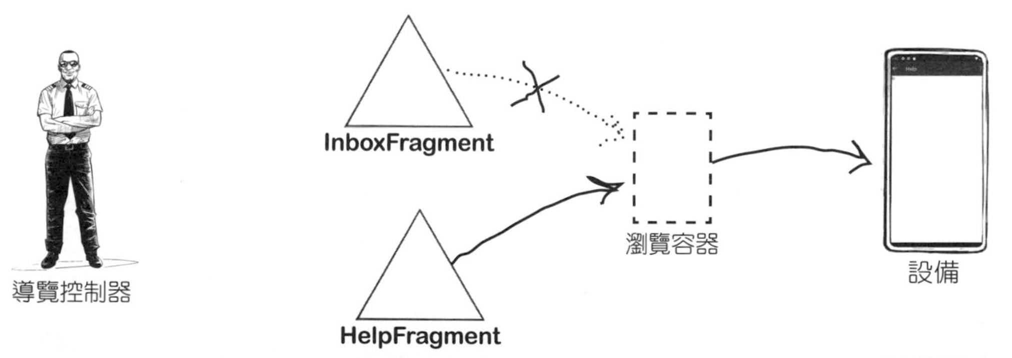

新車試駕

工具列
工具列導覽
底部列
導覽抽屜

當我們執行 CatChat app 時，它會啟動 `MainActivity`，並將 `InboxFragment` 顯示在 `MainActivity` 的 layout 裡面。

在 `MainActivity` 的工具列裡面有一個 Help 項目，當我們按下它時，app 會前往 `HelpFragment`。工具列的文字會變成「Help」，並出現一個 Up 按鈕。

當我們按下 Up 按鈕時，app 會前往 `InboxFragment`。Up 按鈕會消失，且工具列顯示「Inbox」。

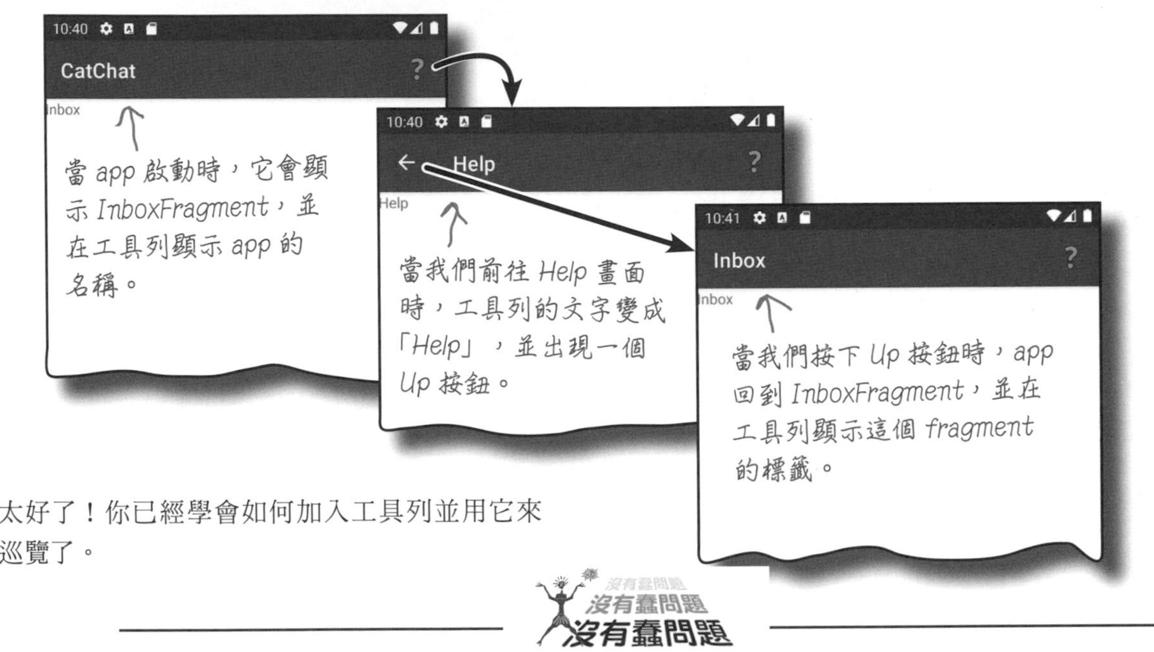

太好了！你已經學會如何加入工具列並用它來巡覽了。

沒有蠢問題

問：我們可以用預設的 app bar 來加入選單項目與 Up 按鈕嗎？

答：可以，但需要寫更多 Kotlin 程式碼。例如，為了實作 Up 按鈕，你必須覆寫一個名為 `onSupportNavigateUp()` 的方法。

問：Up 按鈕會在什麼時候出現？

答：當瀏覽容器顯示導覽圖的開始 destination 之外的任何 destination 時。在這個範例中，它會在 `InboxFragment` 之外的任何 fragment 被顯示出來時出現。

問：可以在 fragment 中加入工具列嗎？

答：可以。工具列是一種 `View`，所以你可以將它加入 activity 或 fragment。

問：我怎麼知道究竟要將它加入 activity 還是 fragment？

答：如果你希望所有 fragment 的工具列的 layout 都一樣，你可以將工具列放入顯示這些 fragment 的 activity。如果你想要讓工具列的 layout 有明顯的差異，你可以考慮將它加入 fragment。

我是選單

下面有一個選單資源檔與一個導覽圖。這個選單被加至一個工具列。你的工作是扮演選單，指出當選單的各個項目被按下時會前往哪一個 fragment。

這是選單資源檔。

當這些項目被按下時，app 會前往哪一個fragment？

```
<menu ...>
A <item
      android:id="@+id/homeFragment"
      android:title="Home" />
B <item
      android:id="@+id/ordersFragment"
      android:title="Orders" />
C <item
      android:id="@+id/accountFragment"
      android:title="Account" />
</menu>
```

這是導覽圖。

```
<navigation ...>
    <fragment
        android:id="@+id/startFragment"
        android:name="com.hfad.store.HomeFragment"
        android:label="Home" />
    <fragment
        android:id="@+id/homeFragment"
        android:name="com.hfad.store.StartFragment"
        android:label="Hello" />
    <fragment
        android:id="@+id/orderFragment"
        android:name="com.hfad.store.OrdersFragment"
        android:label="Orders" />
    <fragment
        android:id="@+id/accountFragment"
        android:name="com.hfad.store.YourAccountFragment"
        android:label="Your Account" />
</navigation>
```

我是選單解答

下面有一個選單資源檔與一個導覽圖。這個選單被加至一個工具列。你的工作是扮演選單，指出當選單的各個項目被按下時會前往哪一個 fragment。

這是選單資源檔。

```
<menu ...>
A  <item
       android:id="@+id/homeFragment"
       android:title="Home" />
B  <item
       android:id="@+id/ordersFragment"
       android:title="Orders" />
C  <item
       android:id="@+id/accountFragment"
       android:title="Account" />
</menu>
```

它會前往 StartFragment，因為這個 destination 的 ID 是 homeFragment。

沒有 destination 的 ID 相符，所以這個項目不會前往任何地方。

它會前往 YourAccountFragment，因為這個 destination 的 ID 是 accountFragment。

這是導覽圖。

```
<navigation ...>
    <fragment
        android:id="@+id/startFragment"
        android:name="com.hfad.store.HomeFragment"
        android:label="Home" />
    <fragment
        android:id="@+id/homeFragment"
        android:name="com.hfad.store.StartFragment"
        android:label="Hello" />
    <fragment
        android:id="@+id/orderFragment"
        android:name="com.hfad.store.OrdersFragment"
        android:label="Orders" />
    <fragment
        android:id="@+id/accountFragment"
        android:name="com.hfad.store.YourAccountFragment"
        android:label="Your Account" />
</navigation>
```

大多數的 UI 巡覽種類都使用 Navigation 組件

工具列
工具列導覽
底部列
導覽抽屜

到目前為止，你已經學會如何定義選單資源檔來啟用工具列導覽、如何使用 Navigation 組件在 fragment 之間巡覽，以及如何設置工具列，讓它在巡覽 app 時改變外觀了。

好消息是其他種類的 UI 巡覽（例如底部導覽列與導覽抽屜）也是用同一種方式來運作的。雖然它們有不一樣的外觀，但你可以將你學過的工具列導覽技術用在其他類型的巡覽上面。

為了讓你了解如何運用，我們要在 CatChat app 的 `MainActivity` 裡面加入一個底部導覽列。

底部導覽列最多可以容納五個項目。它位於畫面的最下方。

底部導覽列如何運作

顧名思義，底部導覽列是位於設備螢幕最下面的一種導覽列。你可以用它來前往最多五個 destination。

CatChat app 的底部導覽列長這樣：

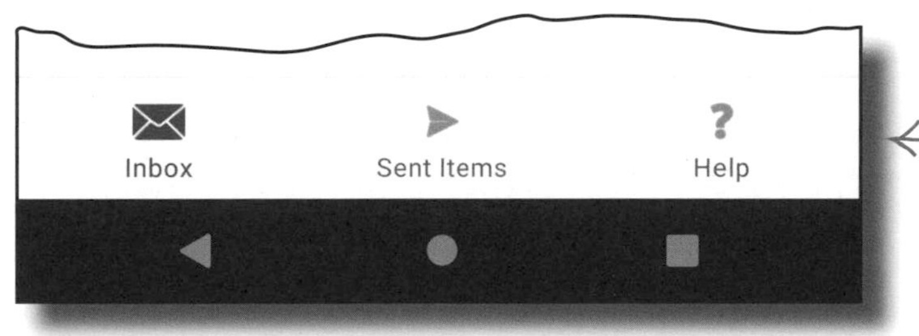

這是即將加入 CatChat app 的底部導覽列。我們將加入三個項目，分別可以前往不同的 destination。

如你所見，這個導覽列有三個項目：Inbox、Sent Items 與 Help。當我們按下各個項目時，app 會前往它的 fragment。例如，當我們按下 Help 項目時，app 會前往 `HelpFragment`，當我們按下 Sent Items 時，它會前往名為 `SentItemsFragment` 的新 fragment（我們將會建立它）。

接下來幾頁將製作底部導覽列，我們先來建立一個 fragment：`SentItemsFragment`。

Create SentItemsFragment

工具列
工具列導覽
底部列
導覽抽屜

Sent items

SentItemsFragment

我們要建立一個名為 `SentItemsFragment` 的新 fragment。

在 *app/src/main/java* 資料夾裡面選擇 *com.hfad.catchat* 程式包，然後前往 File → New → Fragment → Fragment (Blank)。將 fragment 命名為「SentItemsFragment」，將它的 layout 命名為「fragment_sent_items」，將語言設為 Kotlin。然後按照下面的程式來修改 *SentItemsFragment.kt*：

CatChat
app/src/main
java
com.hfad.catchat
SentItemsFragment.kt

```
package com.hfad.catchat

import android.os.Bundle
import androidx.fragment.app.Fragment
import android.view.LayoutInflater
import android.view.View
import android.view.ViewGroup

class SentItemsFragment : Fragment() {

    override fun onCreateView(
        inflater: LayoutInflater, container: ViewGroup?, savedInstanceState: Bundle?
    ): View? {
        return inflater.inflate(R.layout.fragment_sent_items, container, false)
    }
}
```

這是 *fragment_sent_items.xml* 的程式（也按照它來修改你的程式）：

CatChat
app/src/main
res
layout
fragment_sent_items.xml

```
<?xml version="1.0" encoding="utf-8"?>
<FrameLayout
    xmlns:android="http://schemas.android.com/apk/res/android"
    xmlns:tools="http://schemas.android.com/tools"
    android:layout_width="match_parent"
    android:layout_height="match_parent"
    tools:context=".SentItemsFragment">

    <TextView
        android:layout_width="match_parent"
        android:layout_height="wrap_content"
        android:text="Sent Items" />
</FrameLayout>
```

將 SentItemsFragment 加入導覽圖

工具列
工具列導覽
底部列
導覽抽屜

我們想要使用 Navigation 組件，讓用戶可以從底部導覽列前往 `SentItemsFragment`。為此，我們要將這個 fragment 作為新 destination 加入導覽圖。

打開導覽圖檔案 *nav_graph.xml*（如果它還沒有打開），然後按照下面的程式來修改它（粗體為修改處）：

```
<?xml version="1.0" encoding="utf-8"?>
<navigation xmlns:android="http://schemas.android.com/apk/res/android"
    xmlns:app="http://schemas.android.com/apk/res-auto"
    xmlns:tools="http://schemas.android.com/tools"
    android:id="@+id/nav_graph"
    app:startDestination="@id/inboxFragment">

    <fragment
        android:id="@+id/inboxFragment"
        android:name="com.hfad.catchat.InboxFragment"
        android:label="Inbox"
        tools:layout="@layout/fragment_inbox" />
    <fragment
        android:id="@+id/helpFragment"
        android:name="com.hfad.catchat.HelpFragment"
        android:label="Help"
        tools:layout="@layout/fragment_help" />
    <fragment
        android:id="@+id/sentItemsFragment"
        android:name="com.hfad.catchat.SentItemsFragment"
        android:label="Sent Items"
        tools:layout="@layout/fragment_sent_items" />
</navigation>
```

CatChat
app/src/main
res
navigation
nav_graph.xml

我們想要讓用户前往 SentItemsFragment，所以必須將它加入導覽圖。

如你所見，新 destination 的 ID 是 `sentItemsFragment`，它的標籤是「Sent Items」。我們將在底部導覽列的選單資源檔裡面使用這個 ID，接下來要建立這個資源檔。

底部導覽列需要新的選單資源檔

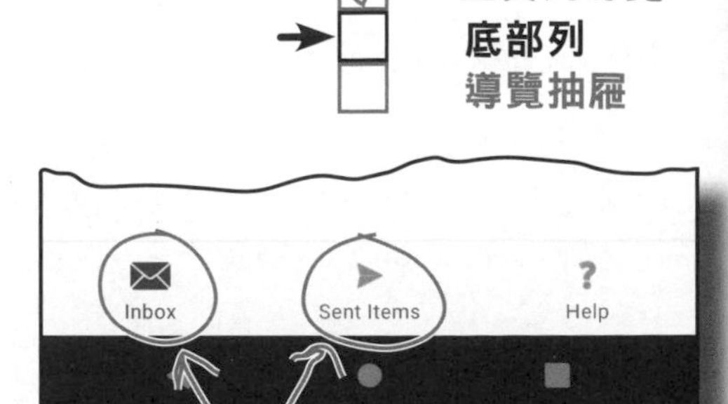

底部導覽列需要加入這些額外的項目，所以我們將為它建立一個新選單檔案。

稍早我們建立了一個名為 *menu_toolbar.xml* 的選單資源檔，來將 Help 項目加入工具列。雖然我們也可以讓不同的巡覽 UI 組件共用同一個選單，但我們將為底部導覽列建立一個新的選單，因為它將顯示兩個額外的項目：Inbox 與 Sent Items。

為了建立新選單資源檔，選擇 *app/src/main/res* 資料夾，在 File 選單裡面選擇 New，然後選擇建立新 Android 資源檔的選項。看到提示視窗時，將它命名為「menu_main」，將資源類型設為「Menu」，並確保目錄名稱是 *menu*。當你按下 OK 按鈕時，Android Studio 會幫你建立檔案，並將它加入 *app/src/main/res/menu* 資料夾。

接下來，打開 *menu_main.xml*（如果它還沒有打開），並修改它的程式，以加入 `InboxFragment`、`SentItemsFragment` 與 `HelpFragment` 的選單項目（粗體為修改處）：

```
<?xml version="1.0" encoding="utf-8"?>
<menu
    xmlns:android="http://schemas.android.com/apk/res/android">

    <item
        android:id="@+id/inboxFragment"
        android:icon="@android:drawable/ic_dialog_email"
        android:title="Inbox" />
    <item
        android:id="@+id/sentItemsFragment"
        android:icon="@android:drawable/ic_menu_send"
        android:title="Sent Items" />
    <item
        android:id="@+id/helpFragment"
        android:icon="@android:drawable/ic_menu_help"
        android:title="Help" />
</menu>
```

這是我們要加入底部導覽列的三個項目。它們的 ID 必須與導覽圖裡面的對應 ID 相符。

CatChat
app/src/main
res
menu
menu_main.xml

建立新的選單資源檔之後，我們要將底部導覽列加入 `MainActivity`。

底部導覽列是一種 View

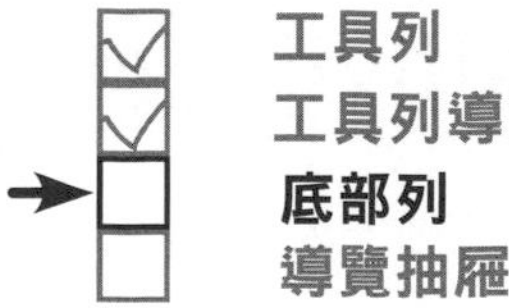

如同工具列，底部導覽列是一種可以加入 layout 的 view。這是加入底部導覽列的程式：

```
<com.google.android.material.bottomnavigation.BottomNavigationView
    android:id="@+id/bottom_nav"
    android:layout_width="match_parent"
    android:layout_height="wrap_content"
    app:menu="@menu/menu_main" />
```

這段程式定義一個底部導覽列，它使用 *menu_main.xml* 作為它的項目。

首先，你要用這段程式來定義底部導覽列：

```
<com.google.android.material.bottomnavigation.BottomNavigationView
    ... />
```

其中的 `com.google.android.material.bottomnavigation.BottomNavigationView` 是 `BottomNavigationView` 類別的完整路徑，它是定義導覽列的類別。然後，你要使用額外的屬性來給它一個 ID，並指定它的外觀。

與工具列不一樣的是，你不需要撰寫 Kotlin 程式即可將選單項目加入底部導覽列。你只要使用 `app:menu` 屬性來指定要將哪個選單資源檔加入導覽列即可，像這樣：

```
app:menu="@menu/menu_main"
```

這段程式將 *menu_main.xml* 選單資源檔附加到底部導覽列，它的項目會在執行期加入導覽列，像這樣：

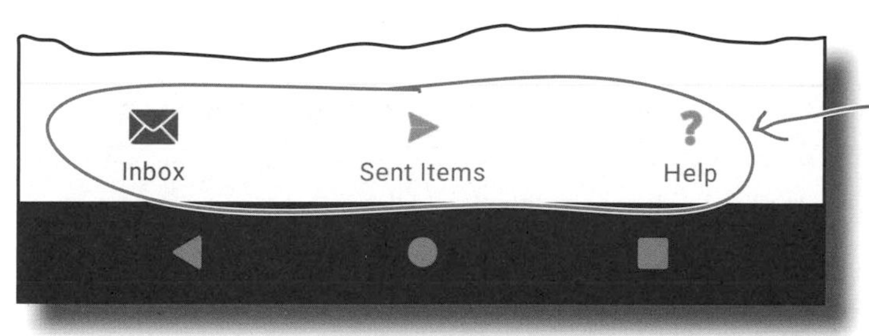

這是我們加入 *menu_main.xml* 的三個項目。因為我們將 app:menu 屬性設為 "@menu/menu_main"，底部導覽列知道從這個選單加入項目。

知道底部導覽列的程式長怎樣之後，我們要將它加入 `MainActivity` 的 layout。

activity_main.xml 的完整程式

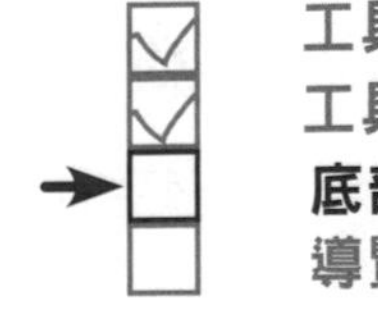

這是 *activity_main.xml* 的完整程式，請按照它來修改你的程式（粗體為修改處）：

```
<?xml version="1.0" encoding="utf-8"?>
<LinearLayout
    xmlns:android="http://schemas.android.com/apk/res/android"
    xmlns:app="http://schemas.android.com/apk/res-auto"
    xmlns:tools="http://schemas.android.com/tools"
    android:layout_width="match_parent"
    android:layout_height="match_parent"
    android:orientation="vertical"
    tools:context=".MainActivity">

    <com.google.android.material.appbar.MaterialToolbar
        android:id="@+id/toolbar"
        android:layout_width="match_parent"
        android:layout_height="?attr/actionBarSize"
        style="@style/Widget.MaterialComponents.Toolbar.Primary" />

    <androidx.fragment.app.FragmentContainerView
        android:id="@+id/nav_host_fragment"
        android:name="androidx.navigation.fragment.NavHostFragment"
        android:layout_width="match_parent"
        android:layout_height="match_parent""0dp"
        android:layout_weight="1"
        app:defaultNavHost="true"
        app:navGraph="@navigation/nav_graph" />

    <com.google.android.material.bottomnavigation.BottomNavigationView
        android:id="@+id/bottom_nav"
        android:layout_width="match_parent"
        android:layout_height="wrap_content"
        app:menu="@menu/menu_main" />
</LinearLayout>
```

CatChat
app/src/main
res
layout
activity_main.xml

為了在螢幕的底部顯示導覽列，我們將一個 layout_weight 屬性加入瀏覽容器。

將底部導覽列加入 layout。

將底部導覽列加入 MainActivity 的 layout 之後，我們要讓它在 destination 之間巡覽。

將底部導覽列接到導覽控制器

☑ 工具列
☑ 工具列導覽
→☐ **底部列**
☐ 導覽抽屜

讓底部導覽列在 destination 之間巡覽的程式比實作工作列巡覽的程式簡單，你只要取得 `BottomNavigationView`（它定義了導覽列）的參考，並呼叫它的 `setupWithNavController()` 方法即可。

程式的寫法是：

```
override fun onCreate(savedInstanceState: Bundle?) {
    super.onCreate(savedInstanceState)
    setContentView(R.layout.activity_main)
    ...
    val navHostFragment = supportFragmentManager
        .findFragmentById(R.id.nav_host_fragment) as NavHostFragment
    val navController = navHostFragment.navController
    val bottomNavView = findViewById<BottomNavigationView>(R.id.bottom_nav)
    bottomNavView.setupWithNavController(navController)
}
```

這是實作底部導覽列所需的所有 activity 程式。它將導覽列接到導覽控制器。

當你按下導覽列的一個項目時，導覽控制器會抓取它的 ID，並在導覽圖裡面尋找 ID 相符的 destination，然後將這個 destination 傳給瀏覽容器，將它顯示在設備螢幕上。

Sent Items 選單項目的 ID 與導覽圖裡面的 SentItems Fragment 一樣。我將前往那個 destination。

當你按下 Sent Items 時，app 會前往 SentItemsFragment。
Inbox
Sent Items
Help

導覽控制器

我們來將底部導覽列程式加入 *MainActivity.kt*，並執行 app。

改好的 MainActivity.kt

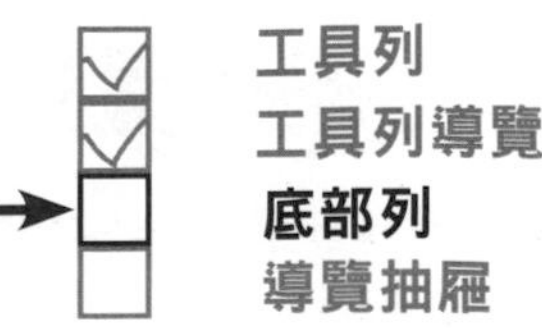

這是改好的 *MainActivity.kt* 程式，按照它來修改你的程式（粗體為修改處）：

```
package com.hfad.catchat

...
import com.google.android.material.bottomnavigation.BottomNavigationView

class MainActivity : AppCompatActivity() {
    override fun onCreate(savedInstanceState: Bundle?) {
        super.onCreate(savedInstanceState)
        setContentView(R.layout.activity_main)
        val toolbar = findViewById<MaterialToolbar>(R.id.toolbar)
        setSupportActionBar(toolbar)
        val navHostFragment = supportFragmentManager
            .findFragmentById(R.id.nav_host_fragment) as NavHostFragment
        val navController = navHostFragment.navController
        val builder = AppBarConfiguration.Builder(navController.graph)
        val appBarConfiguration = builder.build()
        toolbar.setupWithNavController(navController, appBarConfiguration)
        val bottomNavView = findViewById<BottomNavigationView>(R.id.bottom_nav)
        bottomNavView.setupWithNavController(navController)
    }

    override fun onCreateOptionsMenu(menu: Menu): Boolean {
        menuInflater.inflate(R.menu.menu_toolbar, menu)
        return super.onCreateOptionsMenu(menu)
    }

    override fun onOptionsItemSelected(item: MenuItem): Boolean {
        val navController = findNavController(R.id.nav_host_fragment)
        return item.onNavDestinationSelected(navController)
                || super.onOptionsItemSelected(item)
    }
}
```

匯入這個類別。

將底部導覽列接到導覽控制器。

這兩個方法只有工具列選單需要。底部導覽列不需要它們。

CatChat
app/src/main
java
com.hfad.catchat
MainActivity.kt

我們來執行一下 app。

工具列
工具列導覽
底部列
導覽抽屜

新車試駕

當我們執行 CatChat app 時，它會啟動 `MainActivity`，並將 `InboxFragment` 顯示在 `MainActivity` 的 layout 裡面。app 顯示的底部導覽列有三個項目。

當我們按下底部導覽列的每一個項目時，app 會前往適當的畫面。例如，當我們按下 Sent Item 時，`SentItemsFragment` 會被顯示在 `MainActivity` 裡面，當我們按下 Help 時，app 會顯示 `HelpFragment`。

當 app 顯示 InboxFragment 時，Inbox 項目會醒目顯示。

工具列文字與底部列都會指示瀏覽容器目前顯示哪個 destination。在這裡，它們都指出我們已經在 SentItemsFragment。

當我們前往 HelpFragment 時，工具列文字會更新，而且在底部列裡面的 Help 項目會醒目顯示。

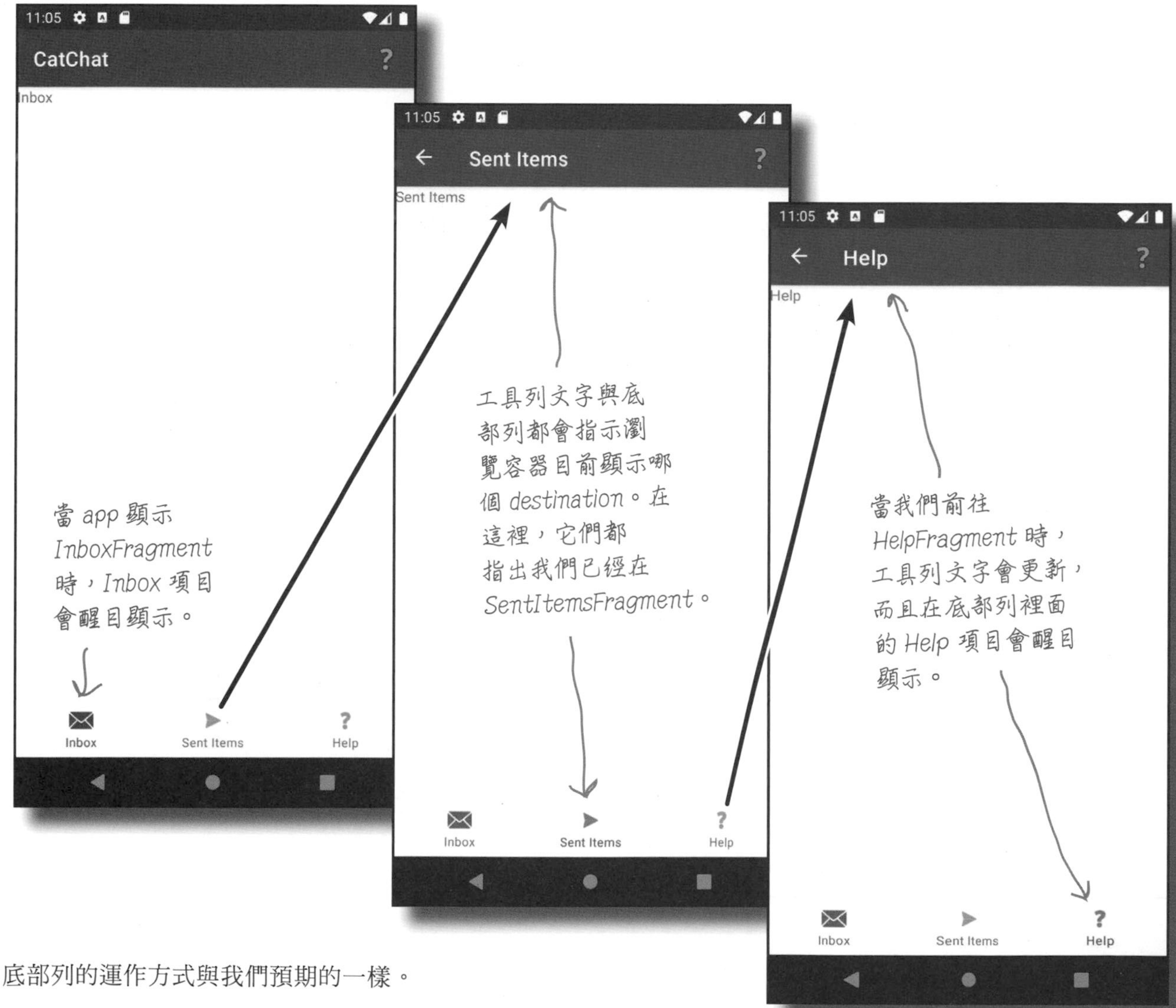

底部列的運作方式與我們預期的一樣。

導覽抽屜可讓你顯示許多巡覽項目

工具列
工具列導覽
底部列
導覽抽屜

如果你的巡覽項目不多，底部導覽列是一個很好的選擇，因為它最多可讓你顯示五個項目。但如果你有大量的選單項目呢？

如果你想要讓用戶巡覽大量的選項，**導覽抽屜**應該是比較好的選擇。它是一種從側邊滑出、可滾動的窗格，裡面有許多前往 app 的其他部分的連結，而且你可以將那些連結分成不同的區域。

許多 Android app 都使用導覽抽屜。例如，Gmail 使用導覽抽屜來讓你前往 app 的不同畫面，而且有 email 類別、「最近的標籤」與「所有標籤」等區域：

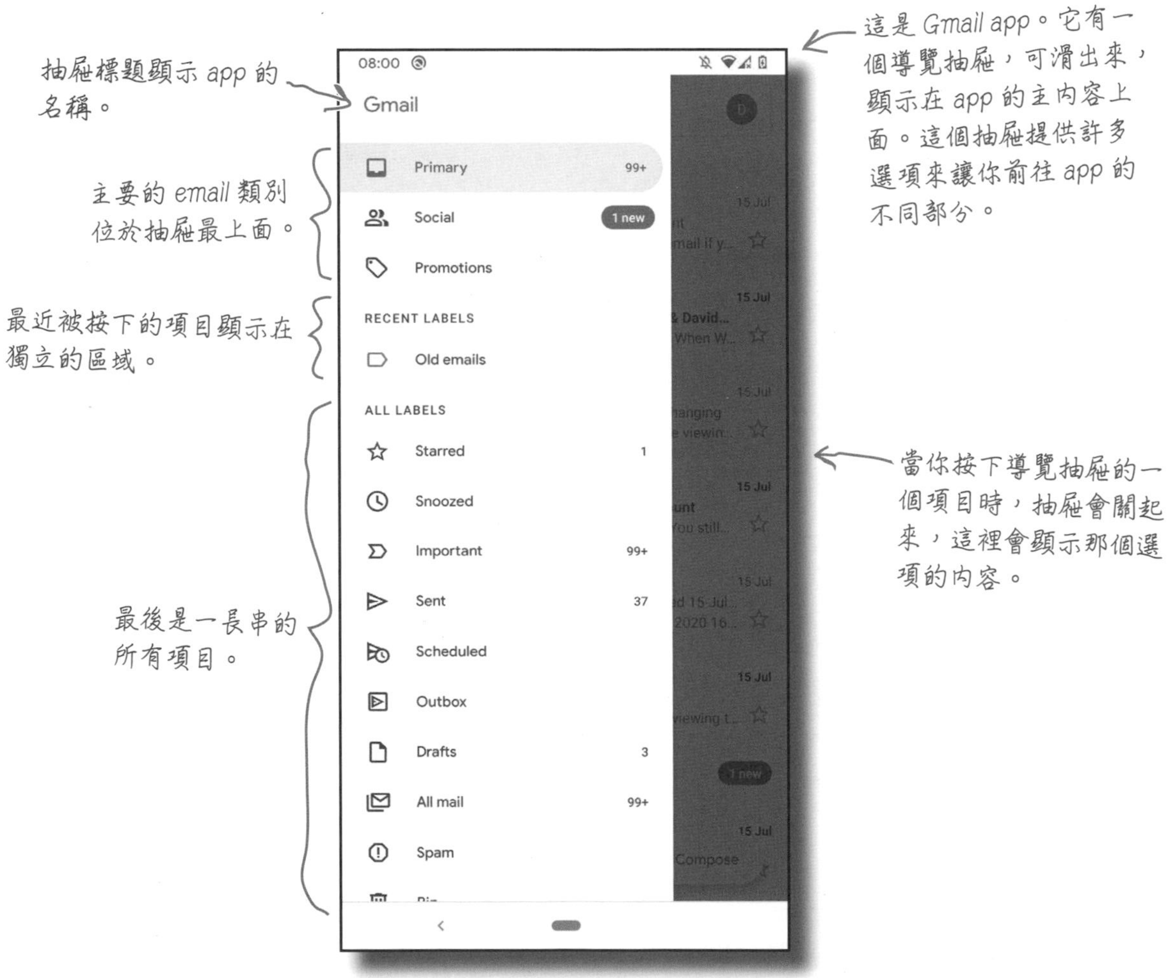

抽屜標題顯示 app 的名稱。

這是 Gmail app。它有一個導覽抽屜，可滑出來，顯示在 app 的主內容上面。這個抽屜提供許多選項來讓你前往 app 的不同部分。

主要的 email 類別位於抽屜最上面。

最近被按下的項目顯示在獨立的區域。

當你按下導覽抽屜的一個項目時，抽屜會關起來，這裡會顯示那個選項的內容。

最後是一長串的所有項目。

將底部導覽列換成導覽抽屜

我們要將之前加入 CatChat app 的底部導覽列換成導覽抽屜。這個導覽抽屜有一個標題圖像與一組選項。主要選項可讓用戶前往 `InboxFragment` 與 `SentItemsFragment`，我們會將 `HelpFragment` 項目放在一個稱為 Support 的獨立區域。這是抽屜的長相：

這是導覽抽屜的標題。

這是導覽抽屜的主選項。

Help 選項被放在獨立的 Support 區域。

抽屜會滑到 app 的主內容上面。

導覽抽屜是以各種不同的部分組成的，下一頁將一一介紹它們。

解析導覽抽屜

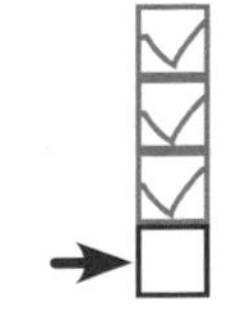
工具列
工具列導覽
底部列
導覽抽屜

為了實作導覽抽屜，你要在 activity 的 layout 的根加入一個**抽屜（drawer）layout**。抽屜 layout 裡面有兩個 view：

1. **顯示主內容的 view。**

   它通常是一個具有工具列與瀏覽容器的 layout，你可以用瀏覽容器來顯示 fragment。

2. **顯示抽屜內容的巡覽 view。**

   巡覽 view 是一種 frame layout，它的用途是顯示導覽選單。在這個 app 裡，它也會顯示抽屜標題。

當抽屜關起來時，抽屜 layout 看起來就像一般的 activity，但是工具列有一個抽屜圖示可用來打開抽屜：

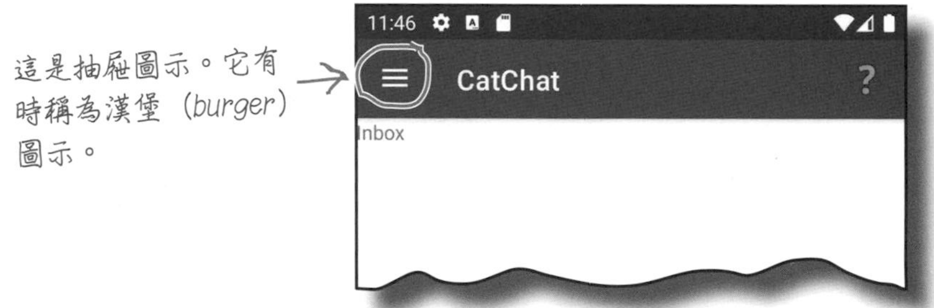
這是抽屜圖示。它有時稱為漢堡（burger）圖示。
11:46
CatChat
Inbox

當你打開抽屜時，巡覽 view 會滑到 activity 的主內容上面，並顯示抽屜的內容。當你按下一個項目時，它會使用 Navigation 組件來顯示相關的 destination，然後抽屜會關起來：

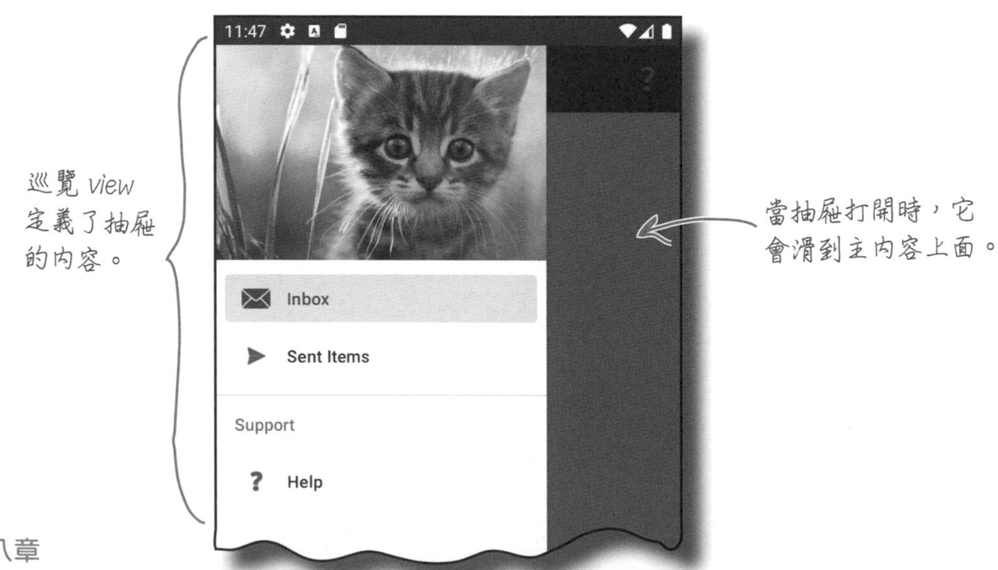
巡覽 view 定義了抽屜的內容。
當抽屜打開時，它會滑到主內容上面。
11:47
Inbox
Sent Items
Support
Help

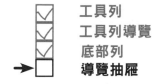

抽屜從 menu 取得它的項目

如同工具列與底部導覽列，導覽抽屜從選單資源檔取得它需要顯示的項目。

我們將讓抽屜重複使用之前讓底部導覽列使用的 *menu_main.xml*，而不是重新建立新的選單資源檔。這是 *menu_main.xml* 目前的程式碼：

```
<?xml version="1.0" encoding="utf-8"?>
<menu
    xmlns:android="http://schemas.android.com/apk/res/android">

    <item
        android:id="@+id/inboxFragment"
        android:icon="@android:drawable/ic_dialog_email"
        android:title="Inbox" />
    <item
        android:id="@+id/sentItemsFragment"
        android:icon="@android:drawable/ic_menu_send"
        android:title="Sent Items" />
    <item
        android:id="@+id/helpFragment"
        android:icon="@android:drawable/ic_menu_help"
        android:title="Help" />
</menu>
```

這就是我們讓底部導覽列使用的選單檔案。

CatChat
app/src/main
res
menu
menu_main.xml

當你將上面的選單資源檔加入導覽抽屜時，它會產生一系列的項目，並且在每一個項目旁邊顯示一個圖示。我們將調整選單，幫用戶選擇的項目加上額外的醒目顯示效果，並將選單分成兩個區域：

上面的程式會產生這個抽屜選單。

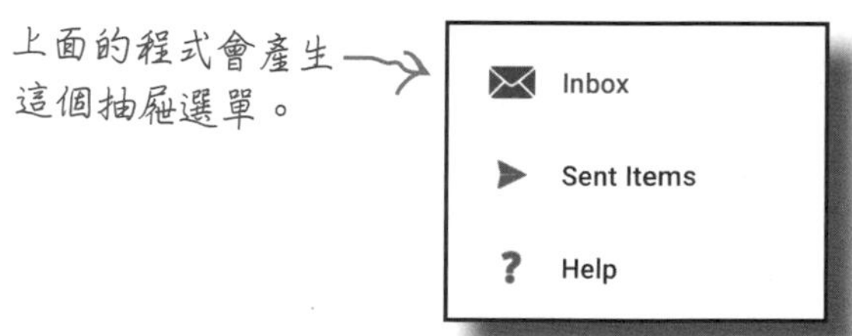

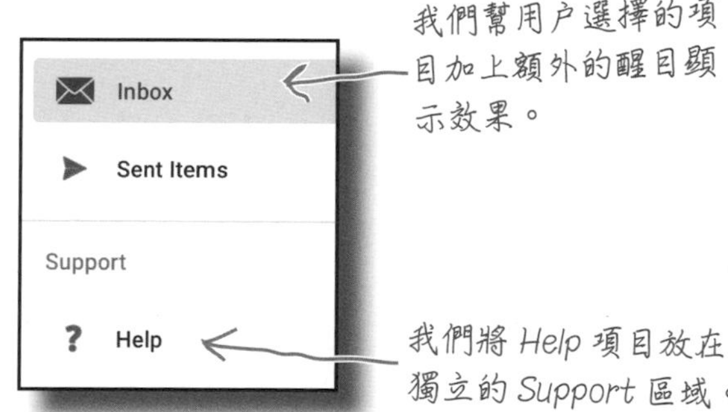

我們幫用戶選擇的項目加上額外的醒目顯示效果。

我們將 Help 項目放在獨立的 Support 區域。

我們來看看該怎麼做。

加入 Support 區域…

我們要先加入 Support 標題，做法是定義一個新項目。因為它只是一個標題，我們只需要給它一個 title：它沒有圖，而且不需要 ID，因為我們不會用它前往任何地方。

這是加入 Support 標題的程式：

```
...
    <item android:title="Support">
    </item>
...
```

這會將 Support 標題加入導覽抽屜。我們會在幾頁之後修改 *menu_main.xml* 程式。

…作為獨立的子選單

我們想讓 Help 項目出現在 Support 標題下面，讓它形成一個獨立的區域。為此，我們將在 Support 項目裡面定義一個子選單，使用 <menu> 元素來指定。我們會將 Help 項目加入這個子選單。

CatChat
app/src/main
res
menu
menu_main.xml

這是加入子選單的程式，它有一個 Help 項目；我們會在幾頁之後修改 *menu_main.xml*，加入這段程式：

```
...
    <item android:title="Support">
        <menu>
            <item
                android:id="@+id/helpFragment"
                android:icon="@android:drawable/ic_menu_help"
                android:title="Help" />
        </menu>
    </item>
...
```

上面的程式會在 Support 區域中顯示 Help 項目。

Support
Help

上面的子選單裡面只有一個項目。如果你想要讓它有多個項目，你只要將各個項目加入子選單即可。

以上就是將 Support 區域加入抽屜的選單的所有程式。接下來，我們來看看如何為用戶選擇的項目加上醒目顯示效果。

用 group 來醒目顯示被選擇的項目

工具列
工具列導覽
底部列
導覽抽屜

目前的選單會產生一個導覽抽屜，它會改變目前被選擇的項目的文字顏色。你可以加入額外的醒目顯示效果來讓用戶清楚地看到被選擇的項目，就像這樣：

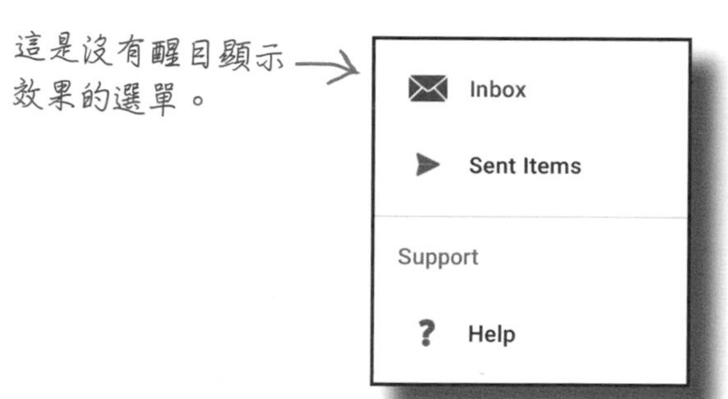
這是沒有醒目顯示效果的選單。
Inbox
Sent Items
Support
Help

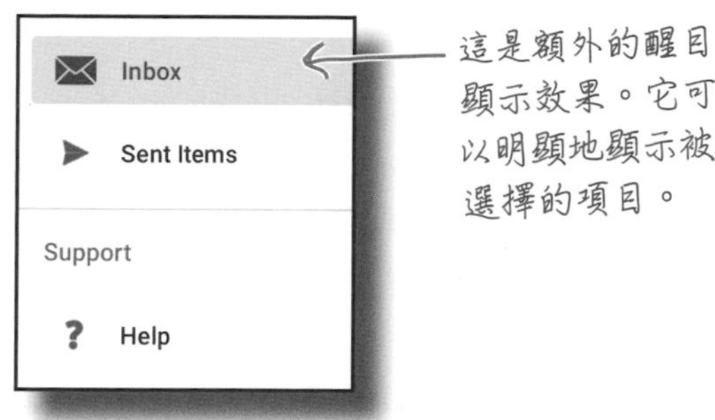
Inbox
Sent Items
Support
Help
這是額外的醒目顯示效果。它可以明顯地顯示被選擇的項目。

你可以使用 **<group>** 元素將項目放入群組（group），來加入這個額外的醒目顯示效果。然後，你可以使用名為 `android:checkableBehavior` 的屬性來指定當項目被選擇時，群組該如何表現。

這是做這件事的程式（下一頁會修改 *menu_main.xml*）：

這個選項代表，當群組裡面的一個項目被用戶按下時，用戶選擇的項目會醒目顯示。

```
    ...
    <group android:checkableBehavior="single">
        <item
            android:id="@+id/inboxFragment"
            android:icon="@android:drawable/ic_dialog_email"
            android:title="Inbox" />
        <item
            android:id="@+id/sentItemsFragment"
            android:icon="@android:drawable/ic_menu_send"
            android:title="Sent Items" />
    </group>
    ...
```

這些項目都被放入群組。當其中一個被選擇時，它在導覽抽屜裡面會醒目顯示。

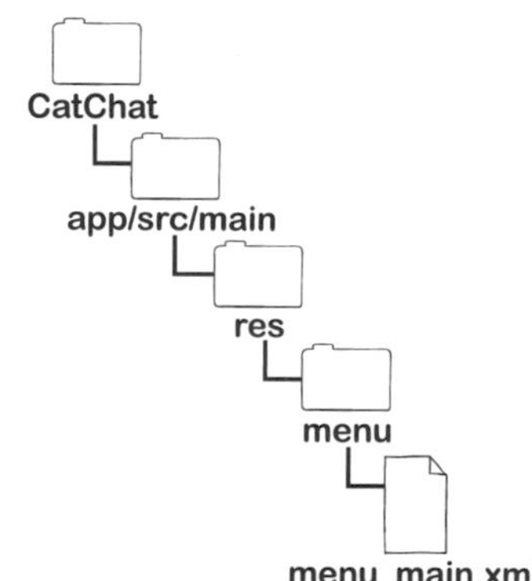
CatChat
app/src/main
res
menu
menu_main.xml

如你所見，上面的程式將 `android:checkableBehavior` 屬性設為 `"single"`。這個選項代表每次只有群組的一個項目會醒目顯示，也就是用戶選擇的選項。

以上就是當導覽抽屜使用選單時，讓選單的外觀與行為符合我們的期望的所有程式。

menu_main.xml 的完整程式

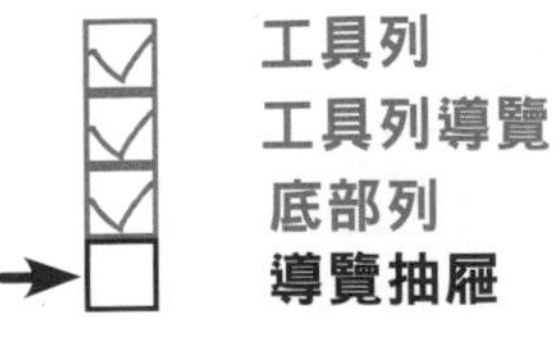

我們將修改導覽抽屜的選單，在 Support 區域顯示 Help 選單。我們也會使用群組來幫用戶選擇的項目加上額外的醒目顯示效果。

以下是 *menu_main.xml* 的完整程式，請依照它來修改你的 *menu_main.xml*（粗體為修改處）：

```
<?xml version="1.0" encoding="utf-8"?>
<menu xmlns:android="http://schemas.android.com/apk/res/android">
    <group android:checkableBehavior="single">
        <item
            android:id="@+id/inboxFragment"
            android:icon="@android:drawable/ic_dialog_email"
            android:title="Inbox" />
        <item
            android:id="@+id/sentItemsFragment"
            android:icon="@android:drawable/ic_menu_send"
            android:title="Sent Items" />
    </group>

    <item android:title="Support">
        <menu>
            <group android:checkableBehavior="single">
                <item
                    android:id="@+id/helpFragment"
                    android:icon="@android:drawable/ic_menu_help"
                    android:title="Help" />
            </group>
        </menu>
    </item>
</menu>
```

將前兩個項目放入群組。

加入 Support 區域。

將 Help 項目放入群組，讓它被選擇時有額外的醒目顯示效果。

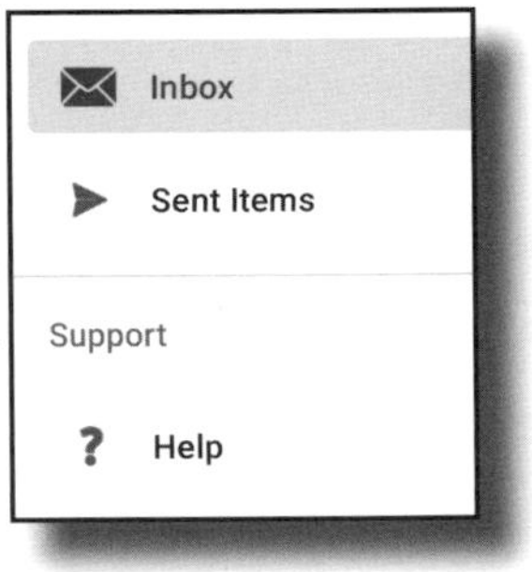

Inbox
Sent Items
Support
Help

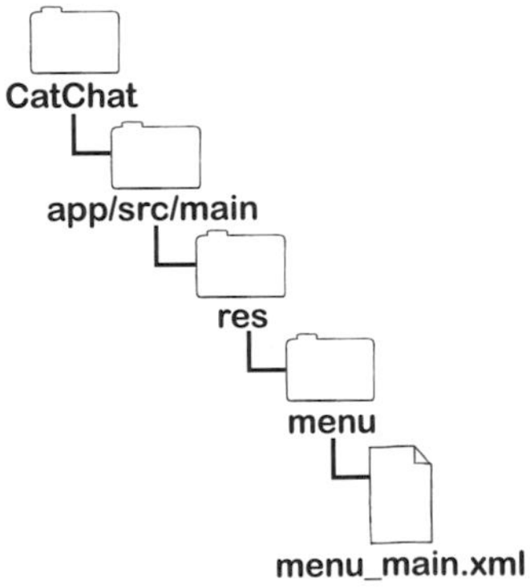

CatChat
app/src/main
res
menu
menu_main.xml

我們完成選單了，接下來要建立導覽抽屜的標題。

建立導覽抽屜的標題

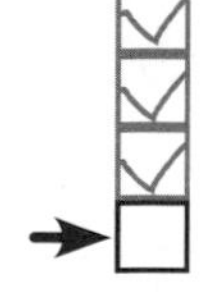

導覽抽屜的標題是一個簡單的 layout，我們要將它加入一個名為 *nav_header.xml* 的新 layout 檔。

在 Android Studio 裡面選擇 *app/src/main/res/layout* 資料夾，並選擇 File → New → Layout Resource File。看到提示視窗時，將 layout 命名為「nav_header」，並且將資源類型設為 Layout，如果你有看到這個選項的話。

標題在 ImageView 裡面顯示這張圖像。

加入圖像檔…

這個 layout 是由一張圖像構成的，你必須將它加入 *app/src/main/res/drawable* 資料夾。Android Studio 會在你建立專案時為你建立這個資料夾。如果沒有，選擇 *app/src/main/res* 資料夾，打開 File 選單，選擇 New... 選項，然後按下選項來建立新的 Android 資源目錄。看到提示視窗時，將 Resource type 設為 Drawable，將它命名為「drawable」，然後按下 OK 按鈕。

建立 *drawable* 資料夾之後，從 *tinyurl.com/hfad3* 下載 *kitten_small.webp* 檔，並將它加入 *drawable* 資料夾。

…並修改 nav_header.xml 程式碼

我們將使用 `<ImageView>` 元素來將圖像加入 *nav_header.xml*。你已經知道如何使用這個元素了，按照下面的程式來修改 *nav_header.xml*：

```
<?xml version="1.0" encoding="utf-8"?>
<FrameLayout xmlns:android="http://schemas.android.com/apk/res/android"
    android:layout_width="match_parent"
    android:layout_height="180dp" >

    <ImageView
        android:layout_width="wrap_content"
        android:layout_height="wrap_content"
        android:scaleType="centerCrop"
        android:src="@drawable/kitten_small" />
</FrameLayout>
```

這個 layout 只需要顯示一張圖像，所以我們在 FrameLayout 裡面使用一個 ImageView。

CatChat
app/src/main
res
layout
nav_header.xml

幫導覽抽屜加入標題之後，我們要加入抽屜本身。

如何建立導覽抽屜

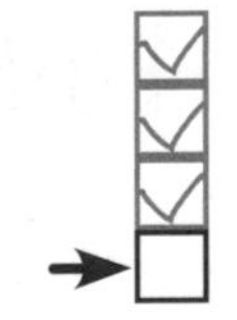

你可以將 **DrawerLayout** 加入 activity 的 layout，作為它的根元素來建立導覽抽屜。DrawerLayout 裡面需要兩個元素，第一個元素是顯示 activity 的內容的 view 或 view 群組，第二個元素是定義抽屜內容的巡覽 view。

典型的 DrawerLayout 程式長這樣：

```
<?xml version="1.0" encoding="utf-8"?>
<androidx.drawerlayout.widget.DrawerLayout
    xmlns:android="http://schemas.android.com/apk/res/android"
    xmlns:app="http://schemas.android.com/apk/res-auto"
    xmlns:tools="http://schemas.android.com/tools"
    android:id="@+id/drawer_layout"
    android:layout_width="match_parent"
    android:layout_height="match_parent"
    tools:context=".MainActivity">

    <LinearLayout
        android:layout_width="match_parent"
        android:layout_height="match_parent"
        android:orientation="vertical">
        ...
    </LinearLayout>

    <com.google.android.material.navigation.NavigationView
        android:id="@+id/nav_view"
        android:layout_width="wrap_content"
        android:layout_height="match_parent"
        android:layout_gravity="start"
        app:headerLayout="@layout/nav_header"
        app:menu="@menu/menu_main"/>
</androidx.drawerlayout.widget.DrawerLayout>
```

DrawerLayout 定義了一個包含抽屜的 layout。

為它指定一個 ID，讓你可以在 activity 程式中引用它。

DrawerLayout 的第一個 view 是顯示 activity 的主內容的 layout。你會在抽屜被關起來時看到它。

NavigationView 是一種 FrameLayout，它提供標準的導覽選單。

這一行將抽屜放到 activity 的開始邊（對由左而右的語言而言是左邊）。

這是抽屜標題的 layout。

這是選單資源檔，裡面有抽屜的項目。

我們用兩個關鍵的 <NavigationView> 屬性來控制抽屜的外觀：**app:headerLayout** 與 **app:menu**。

我們用 app:headerLayout 屬性來指定導覽抽屜的標題使用的 layout（在此是 *nav_header.xml*）。這個屬性是選用的。

我們用 app:menu 屬性來指定哪個選單資源檔裡面有抽屜的選項（在此是 *menu_main.xml*）。如果你沒有加入這個屬性，你的導覽抽屜將沒有任何項目。

activity_main.xml 的完整程式

我們想要將 `MainActivity` 的底部導覽列換成導覽抽屜，下面是做這件事的程式，請依此修改 *activity_main.xml* 檔（粗體為修改處）：

```
<?xml version="1.0" encoding="utf-8"?>
<LinearLayout
<androidx.drawerlayout.widget.DrawerLayout
    xmlns:android="http://schemas.android.com/apk/res/android"
    xmlns:app="http://schemas.android.com/apk/res-auto"
    xmlns:tools="http://schemas.android.com/tools"
    android:id="@+id/drawer_layout"
    android:layout_width="match_parent"
    android:layout_height="match_parent"
    android:orientation="vertical"
    tools:context=".MainActivity">

    <LinearLayout
        android:layout_width="match_parent"
        android:layout_height="match_parent"
        android:orientation="vertical">

        <com.google.android.material.appbar.MaterialToolbar
            android:id="@+id/toolbar"
            android:layout_width="match_parent"
            android:layout_height="?attr/actionBarSize"
            style="@style/Widget.MaterialComponents.Toolbar.Primary" />

        <androidx.fragment.app.FragmentContainerView
            android:id="@+id/nav_host_fragment"
            android:name="androidx.navigation.fragment.NavHostFragment"
            android:layout_width="match_parent"
            android:layout_height="0dp"
            android:layout_weight="1"
            app:defaultNavHost="true"
            app:navGraph="@navigation/nav_graph" />
```

（`<LinearLayout` 與 `android:orientation="vertical"` 兩行被劃掉。）

將 layout 的根元素改成 DrawerLayout。

給抽屜一個 ID，因為我們要讓 activity 程式使用它。

刪除這一行。

activity 的主內容是用 linear layout 來定義的。與之前一樣，它裡面有一個工具列與瀏覽容器。

CatChat
app/src/main
res
layout
activity_main.xml

程式還沒結束，見下一頁。

activity_main.xml（續）

```
<com.google.android.material.bottomnavigation.BottomNavigationView
        android:id="@+id/bottom_nav"
        android:layout_width="match_parent"
        android:layout_height="wrap_content"
        app:menu="@menu/menu_main" />
</LinearLayout>

<com.google.android.material.navigation.NavigationView
    android:id="@+id/nav_view"
    android:layout_width="wrap_content"
    android:layout_height="match_parent"
    android:layout_gravity="start"
    app:headerLayout="@layout/nav_header"
    app:menu="@menu/menu_main"/>
</androidx.drawerlayout.widget.DrawerLayout>
```


我們已經將導覽抽屜加入 layout 了

現在我們已經將 MainActivity 的 layout 裡面的底部導覽列換成導覽抽屜了。它會在標題顯示一張圖像，並加入選單資源檔 *menu_main.xml* 所指定的所有項目。

但是，在執行 app 之前，我們要將導覽抽屜接到導覽控制器，讓用戶在按下一個項目時，可以前往正確的 fragment。

我們也要設置工具列來加入一個抽屜圖示，在它被按下時打開或關閉導覽抽屜：

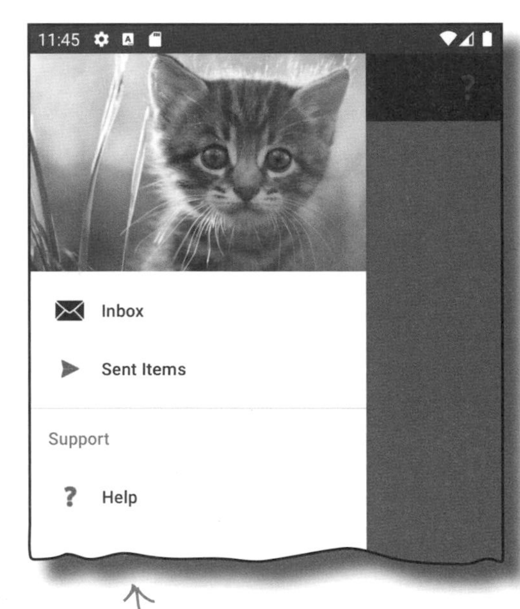

如果沒有將導覽抽屜接到導覽控制器，雖然項目會出現在導覽抽屜裡面，但是按下它們沒有任何效果。

我們要將抽屜圖示加入工具列。

我們必須在 *MainActivity.kt* 裡面進行這兩項修改。我們來看看該怎麼做。

設置工具列的抽屜圖示…

工具列
工具列導覽
底部列
導覽抽屜

我們曾經在本章設置工具列來顯示正確的 destination 標籤，以及加入 Up 按鈕。當時我們建立一個 `AppBarConfiguration` 物件，並將它接到工具列。

現在我們要在工具列加入一個抽屜圖示，我們可以藉著將導覽抽屜加到 `AppBarConfiguration` 來加入它。以下是做這件事的程式：

取得 DrawerLayout 的參考。

這一行代表工具列將會顯示一個可以用來打開抽屜的抽屜圖示。抽屜圖示將顯示在所有畫面上，且沒有 Up 按鈕。

```
val drawer = findViewById<DrawerLayout>(R.id.drawer_layout)
val builder = AppBarConfiguration.Builder(navController.graph)
builder.setOpenableLayout(drawer)
val appBarConfiguration = builder.build()
toolbar.setupWithNavController(navController, appBarConfiguration)
```

上面的程式將抽屜 layout 加入 `AppBarConfiguration` 物件，在每一個沒有 Up 按鈕的畫面加入一個抽屜圖示，來讓工具列可以和抽屜互動。

…並將抽屜接到導覽控制器

最後，我們要讓抽屜在用戶按下它的項目時前往正確的 destination。如同底部導覽列，我們的做法是用導覽控制器來設定導覽抽屜。

以下是做這件事的程式：

```
val navHostFragment = supportFragmentManager
    .findFragmentById(R.id.nav_host_fragment) as NavHostFragment
val navController = navHostFragment.navController
val navView = findViewById<NavigationView>(R.id.nav_view)
NavigationUI.setupWithNavController(navView, navController)
```

只要 ID 相符，我就可以帶你去想去的任何地方。

導覽控制器

每次用戶按下導覽抽屜的一個項目時，導覽控制器就會從選單資源檔取得它的 ID，並且在導覽圖裡面尋找相符的 ID，然後前往該 ID 的 destination。

以上就是控制導覽抽屜的行為的所有程式。我們接下來要將它加入 *MainActivity.kt*，並執行 app。

工具列
工具列導覽
底部列
導覽抽屜

完整的 MainActivity.kt 程式

我們要修改 MainActivity 來將底部導覽程式換成導覽抽屜程式。根據下面的程式來修改 *MainActivity.kt*（粗體為修改處）：

CatChat
app/src/main
java
com.hfad.catchat
MainActivity.kt

```
package com.hfad.catchat

import androidx.appcompat.app.AppCompatActivity
import android.os.Bundle
import android.view.Menu
import android.view.MenuItem
import androidx.navigation.findNavController
import androidx.navigation.fragment.NavHostFragment
import androidx.navigation.ui.AppBarConfiguration
import androidx.navigation.ui.onNavDestinationSelected
import androidx.navigation.ui.setupWithNavController
import com.google.android.material.bottomnavigation.BottomNavigationView
import androidx.drawerlayout.widget.DrawerLayout
import androidx.navigation.ui.NavigationUI
import com.google.android.material.navigation.NavigationView
import com.google.android.material.appbar.MaterialToolbar

class MainActivity : AppCompatActivity() {
    override fun onCreate(savedInstanceState: Bundle?) {
        super.onCreate(savedInstanceState)
        setContentView(R.layout.activity_main)
        val toolbar = findViewById<MaterialToolbar>(R.id.toolbar)
        setSupportActionBar(toolbar)
        val navHostFragment = supportFragmentManager
            .findFragmentById(R.id.nav_host_fragment) as NavHostFragment
        val navController = navHostFragment.navController
        val drawer = findViewById<DrawerLayout>(R.id.drawer_layout)
        val builder = AppBarConfiguration.Builder(navController.graph)
        builder.setOpenableLayout(drawer)
        val appBarConfiguration = builder.build()
        toolbar.setupWithNavController(navController, appBarConfiguration)
        val bottomNavView = findViewById<BottomNavigationView>(R.id.bottom_nav)
        bottomNavView.setupWithNavController(navController)
        val navView = findViewById<NavigationView>(R.id.nav_view)
        NavigationUI.setupWithNavController(navView, navController)
    }
```

我們不使用底部導覽列了，所以刪除這一行。（`import com.google.android.material.bottomnavigation.BottomNavigationView` 已刪除）

你必須匯入這幾個類別，因為導覽抽屜需要使用它們。

取得抽屜的參考。

將抽屜加入 AppBarConfiguration。

刪除這幾行，因為我們不使用底部導覽列了。（`bottomNavView` 兩行已刪除）

將抽屜接到導覽控制器，讓用戶按下項目時前往其他地方。

程式還沒結束，見下一頁。

MainActivity.kt（續）

```
    override fun onCreateOptionsMenu(menu: Menu): Boolean {
        menuInflater.inflate(R.menu.menu_toolbar, menu)
        return super.onCreateOptionsMenu(menu)
    }

    override fun onOptionsItemSelected(item: MenuItem): Boolean {
        val navController = findNavController(R.id.nav_host_fragment)
        return item.onNavDestinationSelected(navController)
                || super.onOptionsItemSelected(item)
    }
}
```

這兩個方法只有工具列需要，導覽抽屜不需要它們。

CatChat
app/src/main
java
com.hfad.catchat
MainActivity.kt

以上就是導覽抽屜的所有程式。我們來執行它。

問：為什麼移除底部導覽列？難道不能在 app 裡面同時顯示底部導覽列與導覽抽屜嗎？

答：app 可以同時使用底部導覽列與導覽抽屜，將底部導覽列換成導覽抽屜是為了讓你知道導覽抽屜只需要使用哪些程式。

問：聽說製作導覽抽屜需要寫很多 activity 程式，我聽錯了嗎？

答：以前將導覽抽屜加入 app 很費工。

拜 Navigation 組件之賜，現在加入導覽抽屜簡單多了。它可以幫你處理大多數的麻煩事，讓你的 activity 程式更簡單。

問：導覽抽屜怎麼知道它要前往哪個 fragment？

答：在 activity 的程式裡面呼叫 `setupWithNavController()` 方法，會將抽屜的巡覽 view 接到導覽控制器。

當抽屜的項目被按下時，這個項目的 ID 會被傳給導覽控制器。導覽控制器會用這個 ID 來查詢導覽圖，並前往 ID 相符的 destination。

問：能不能幫我複習一下巡覽 view 是什麼？

答：它是一種 frame layout，用途是顯示標準的導覽選單。它通常是在導覽抽屜裡面使用的。

問：我按下抽屜的一個項目，抽屜卻沒有帶我到正確的 fragment。為什麼？

答：首先，確定你的 activity 程式有呼叫 `setupWithNavController()` 方法。它會將抽屜接到導覽控制器，所以如果你沒有呼叫這個方法，你的抽屜將無法使用 Navigation 組件。

接下來，確定抽屜的選單資源檔裡面的 ID 與導覽圖裡面的 ID 相符。如果導覽控制器無法找到相符的 ID，它就無法用它來巡覽。

新車試駕

工具列
工具列導覽
底部列
導覽抽屜

當我們執行 app 時，工具列會顯示抽屜圖示，按下它可開啟導覽抽屜。當我們按下抽屜裡面的項目時，該選項的 fragment 會被顯示在 `MainActivity` 裡面，然後抽屜會關起來。

11:46
CatChat
Inbox
這是抽屜圖示。
11:47
Inbox
Sent Items
Support
Help
11:53
Inbox
Sent Items
Support
Help
11:53
Sent Items
Sent Items
當我們按下 Sent Items 時，SentItemsFragment 會被顯示出來，然後抽屜會關起來。下一次打開抽屜時，這個選項會被醒目顯示。
11:53
Help
Help
當我們按下 Help 選項時，app 會顯示 HelpFragment。

恭喜你！你已經知道如何建立功能齊全的導覽抽屜了。

layout 磁貼

有人使用冰箱磁貼寫了一段導覽抽屜 layout 程式，但有一些磁貼在半夜掉下來了。你能不能把那些程式碼貼回去？

這個 activity 的主內容使用 linear layout（我們省略它的大部分程式碼）。這個抽屜必須顯示一個標題，它是在一個名為 *header.xml* 的 layout 檔裡面定義的。它的選單項目是在選單資源檔 *menu_drawer.xml* 裡面指定的。

```
<?xml version="1.0" encoding="utf-8"?>

< ......................................................
    xmlns:android="http://schemas.android.com/apk/res/android"
    xmlns:app="http://schemas.android.com/apk/res-auto"
    xmlns:tools="http://schemas.android.com/tools"
    android:id="@+id/drawer_layout"
    android:layout_width="match_parent"
    android:layout_height="match_parent"
    tools:context=".MainActivity">

    <LinearLayout ...>
        ...
    </LinearLayout>

    <com.google.android.material.navigation.NavigationView
        android:id="@+id/nav_view"
        android:layout_width= ..........................
        android:layout_height="match_parent"
        android:layout_gravity="start"
        ..............................................
        app:menu= ......................../>

</......................................................>
```

我們用空格來代表磁貼掉落的地方，除了 LinearLayout 之外。你必須決定要將磁貼貼到哪裡。

因為冰箱門不夠大，所以我們省略大部分的 LinearLayout 程式。

你不需要使用所有的磁貼。

磁貼：

- `DrawerLayout`
- `DrawerLayout`
- `"match_parent"`
- `app:header=`
- `"header.xml"`
- `app:headerLayout=`
- `"wrap_content"`
- `"@layout/header"`
- `"@menu/menu_drawer"`
- `"menu_drawer.xml"`
- `androidx.drawerlayout.widget.DrawerLayout`
- `androidx.drawerlayout.widget.DrawerLayout`

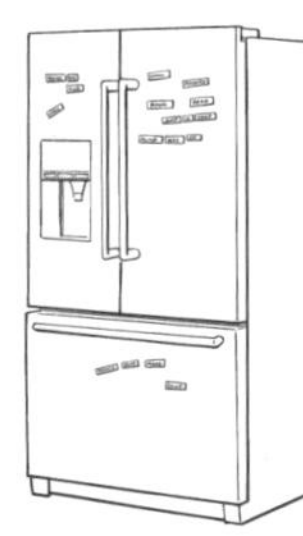

layout 磁貼解答

有人使用冰箱磁貼寫了一段導覽抽屜 layout 程式，但有一些磁貼在半夜掉下來了。你能不能把那些程式碼貼回去？

這個 activity 的主內容使用 linear layout（我們省略它的大部分程式碼）。這個抽屜必須顯示一個標題，它是在一個名為 *header.xml* 的 layout 檔裡面定義的。它的選單項目是在選單資源檔 *menu_drawer.xml* 裡面指定的。

```
<?xml version="1.0" encoding="utf-8"?>

<androidx.drawerlayout.widget.DrawerLayout
    xmlns:android="http://schemas.android.com/apk/res/android"
    xmlns:app="http://schemas.android.com/apk/res-auto"
    xmlns:tools="http://schemas.android.com/tools"
    android:id="@+id/drawer_layout"
    android:layout_width="match_parent"
    android:layout_height="match_parent"
    tools:context=".MainActivity">

    <LinearLayout ...>
        ...
    </LinearLayout>

    <com.google.android.material.navigation.NavigationView
        android:id="@+id/nav_view"
        android:layout_width="wrap_content"
        android:layout_height="match_parent"
        android:layout_gravity="start"
        app:headerLayout="@layout/header"
        app:menu="@menu/menu_drawer" />

</androidx.drawerlayout.widget.DrawerLayout>
```

你必須指定 DrawerLayout 的完整類別名稱。

activity 的主內容必須寫成 DrawerLayout 的第一個元素。

這可讓抽屜的寬度剛好可以容納它的內容。

指定抽屜的標題。

讓抽屜的選單使用 menu_drawer.xml。

DrawerLayout 的结束標籤。

你不需要使用這些磁貼。

DrawerLayout

"match_parent"

"header.xml"

app:header=

DrawerLayout

"menu_drawer.xml"

你的 Android 工具箱

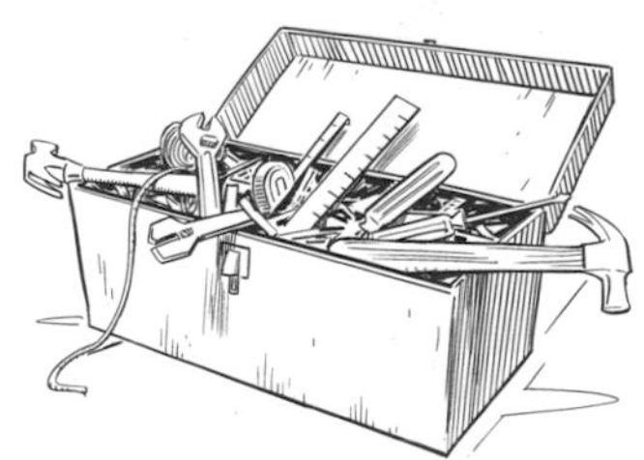

你已經掌握第 8 章，將導覽 UI 加入你的工具箱了。

你可以在 tinyurl.com/hfad3 下載本章的完整程式碼。

本章重點

- 用佈景主題來加入預設的 app bar。
- 在 *AndroidManifest.xml* 裡面使用 `android:theme` 屬性來指定要使用的佈景主題。
- 在一或多個資源檔裡面使用 `<style>` 元素來定義樣式。
- 你可以將預設的 app bar 換成包含 Android 最新功能的工具列。
- Material 工具列是可以和 Material 佈景主題良好配合的工具列。
- 用選單資源檔來將項目加入工具列、底部導覽列，以及導覽抽屜。
- 務必讓選單資源檔裡面的項目與導覽圖裡面的 destination 有相符的 ID。Navigation 組件需要相符的 ID 才能導覽。
- 使用 `onCreateOptionsMenu()` 來將項目加入工具列。
- 使用 `onOptionsItemSelected()` 來實作工具列導覽。
- 使用 `AppBarConfiguration` 物件來設置工具列，讓它與 Navigation 組件合作。
- 底部導覽列最多可以容納五個項目。
- 導覽抽屜可容納許多項目，而且可分成不同的區域。
- 將抽屜 layout 拉到 activity 的 layout 來建立導覽抽屜。抽屜 layout 的第一個元素必須是定義 activity 的主內容的 view。它的第二個元素定義抽屜的內容。

9 material views

物質（Material）世界

我喜歡 chip、toast
與浮動按鈕。
DINER
MENU

大多數的 app 都需要靈活的 UI 來回應用戶。

你已經學會如何使用 **text view**、**按鈕與 spinner** 等 view，以及套用 **Material 佈景主題**來徹底改變 app 的外觀與感覺了。但你還可以做很多事情。本章將介紹如何使用 **coordinator layout** 來讓 UI 的反應更靈敏。你將建立可以隨意**摺疊或捲動**的工具列，認識一些**令人興奮的新 view**，例如**核取方塊**、**選項按鈕**、**chip** 與**浮動按鈕**。最後，你將學會如何使用 **toast** 與 **snackbar** 來顯示方便的快顯訊息。接下來有更多資訊等著你發掘。

整個 Android 小鎮都愛用 Material

你已經在上一章學會如何使用工具列、底部導覽列，以及導覽抽屜來協助用戶巡覽你的 app，並且使用 Material 程式庫的佈景主題來設定它們的樣式了。你應該還記得，Material 是一種設計系統，可協助你的 app 畫面具有一致的外觀與感覺。

Material 不是只能用來建立工具列、導覽抽屜與底部導覽列，它可以改變每一個 view 的樣式，從按鈕到 text view。

以下是使用 Material 的組件與功能的例子：

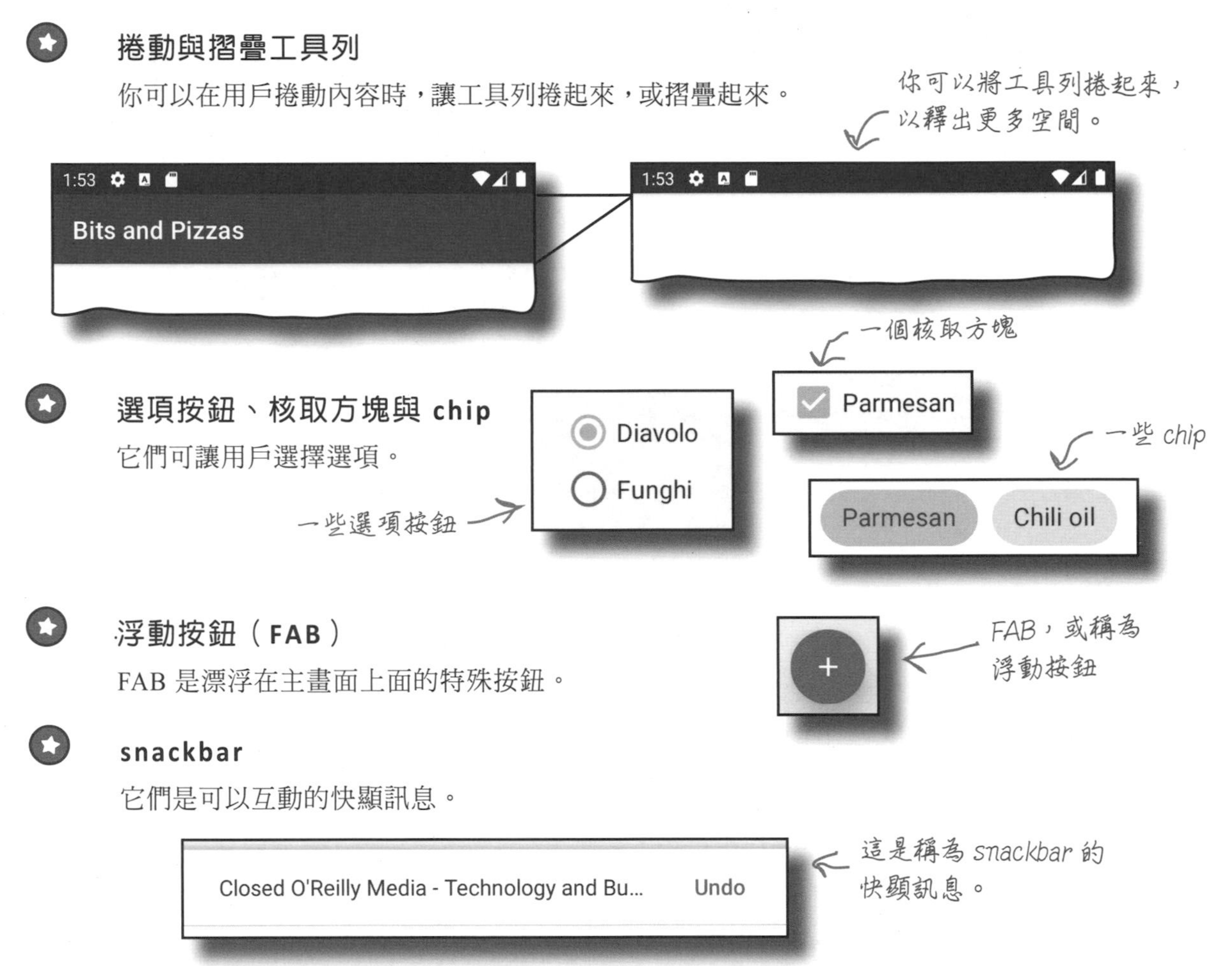

捲動與摺疊工具列
你可以在用戶捲動內容時，讓工具列捲起來，或摺疊起來。
你可以將工具列捲起來，以釋出更多空間。
1:53
Bits and Pizzas
1:53
選項按鈕、核取方塊與 chip
它們可讓用戶選擇選項。
一個核取方塊
Parmesan
Diavolo
Funghi
一些選項按鈕
一些 chip
Parmesan
Chili oil
浮動按鈕（FAB）
FAB 是漂浮在主畫面上面的特殊按鈕。
+
FAB，或稱為浮動按鈕
snackbar
它們是可以互動的快顯訊息。
Closed O'Reilly Media - Technology and Bu...
Undo
這是稱為 snackbar 的快顯訊息。

接下來要藉著建立一個新 app 來教你使用這些 view 與功能。

Bits and Pizzas app

我們將建立一個新 app，稱為 Bits and Pizzas。我們會把重點放在 Create Order 畫面上，它可讓用戶送出披薩訂單。

這個畫面長這樣：

這個 app 有一個 activity，`MainActivity`，它會顯示一個名為 `OrderFragment` 的 fragment。這個 fragment 定義了 Create Order 畫面的外觀與功能。

我們來看一下建構這個 app 的步驟。

這是接下來的工作

我們要按照這些步驟來建構 app：

當用戶捲動畫面時，工具列也會捲動。

12:47

Bits and Pizzas

This is the order fragment

1 **加入一個可以捲動的工具列。**

我們將建立 `OrderFragment`，並且在它的 layout 裡面加入一個工具列，它可以在用戶將畫面往上捲的時候收起來，在他們往下捲的時候再次出現。

2 **製作可折疊的工具列。**

讓工具列可以捲動之後，我們要在裡面加入一張圖像，並且讓它在用戶捲動畫面時摺疊與展開。

這個工具列有一張圖像，當用戶捲動畫面時，我們要將它摺疊起來。

11:50

Bits and Pizzas

This is the order fragment

3 **加入 view。**

用戶必須送出訂單，為此，我們將在 `OrderFragment` 的 layout 裡面加入選項按鈕、chip 與 FAB。

fragment 有這些 view 與一個 FAB。

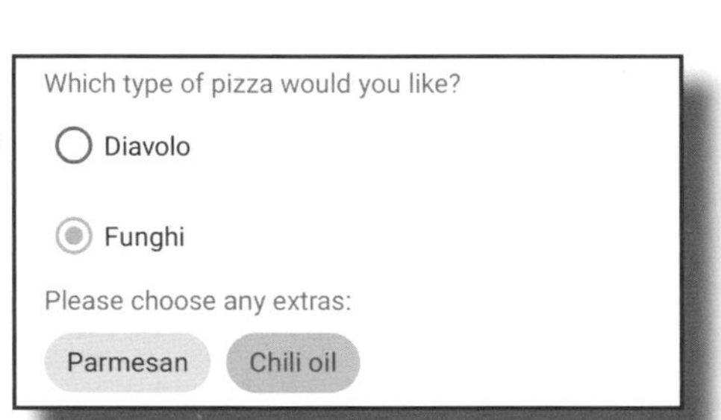

4 **讓 FAB 回應按下的動作。**

當用戶按下 FAB 時，我們會顯示一個快顯訊息來提供訂單的細節。

這是 FAB，我們會在第 3 步加入它。

我們將在用戶按下 FAB 時顯示這個 snackbar。

建立 Bits and Pizzas 專案

我們使用之前的步驟來為 Bits and Pizzas app 建立一個新專案。選擇 Empty Activity，在 Name 中輸入「Bits and Pizzas」，在 Package name 中輸入「com.hfad.bitsandpizzas」，並接受預設的儲存位置。將 Language 設為 Kotlin，將 Minimum SDK 設為 API 21，讓它可在大多數的 Android 設備上執行。

在 app 的 build.gradle 檔裡面加入 Material 程式庫依賴關係

本章將使用 Material 程式庫的佈景主題、view 與功能，所以我們要確保 app 的 *build.gradle* 檔包含它的依賴關係。

打開 *BitsandPizzas/app/build.gradle* 檔，確保它的 `dependencies` 區域有下面這一行（粗體為修改處）：

```
dependencies {
    ...
    implementation 'com.google.android.material:material:1.4.0'
    ...
}
```

我們將使用這一版的 Material 程式庫。

BitsandPizzas
app
build.gradle

Android Studio 可能已經在這個檔案裡面幫你加入這個依賴項目了。如果沒有，你必須自己加入它，並且按下程式碼編輯器上面的 Sync Now 選項，與專案的其他部分同步你的修改。

將 Material 程式庫放入 app 之後，我們來建立 `OrderFragment`。

建立 OrderFragment

捲動工具列
摺疊工具列
Views
回應按下的動作

`OrderFragment` 是 Bits and Pizzas app 的主畫面，也是用戶用來送出披薩訂單的地方。

為了建立這個 fragment，在 *app/src/main/java* 資料夾裡面選擇 *com.hfad.bitsandpizzas* 程式包，然後前往 File → New → Fragment → Fragment (Blank)。將 fragment 命名為「OrderFragment」，將它的 layout 命名為「fragment_order」，將語言設為 Kotlin。然後按照下面的程式來修改 *OrderFragment.kt*：

BitsandPizzas
app/src/main
java
com.hfad.bitsandpizzas
OrderFragment.kt

```
package com.hfad.bitsandpizzas

import android.os.Bundle
import androidx.fragment.app.Fragment
import android.view.LayoutInflater
import android.view.View
import android.view.ViewGroup

class OrderFragment : Fragment() {

    override fun onCreateView(
        inflater: LayoutInflater, container: ViewGroup?, savedInstanceState: Bundle?
    ): View? {
        return inflater.inflate(R.layout.fragment_order, container, false)
    }
}
```

然後修改它的 layout 檔 *fragment_order.xml*，在裡面加入這個 frame layout：

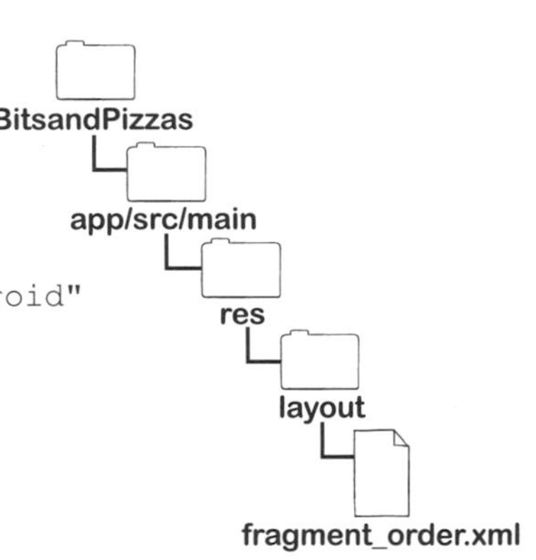


```
<?xml version="1.0" encoding="utf-8"?>
<FrameLayout
    xmlns:android="http://schemas.android.com/apk/res/android"
    xmlns:tools="http://schemas.android.com/tools"
    android:layout_width="match_parent"
    android:layout_height="match_parent"
    tools:context=".OrderFragment">
</FrameLayout>
```

我們等一下會修改 `OrderFragment`。我們先在 `MainActivity` 的 layout 裡面顯示它。

在 MainActivity 的 layout 裡面顯示 OrderFragment

捲動工具列
摺疊工具列
Views
回應按下的動作

我們要使用 `FragmentContainerView` 並指定 fragment 的名稱，來將 `OrderFragment` 加入 `MainActivity` 的 layout。

下面是做這件事的程式，請依此修改你的 *activity_main.xml*：

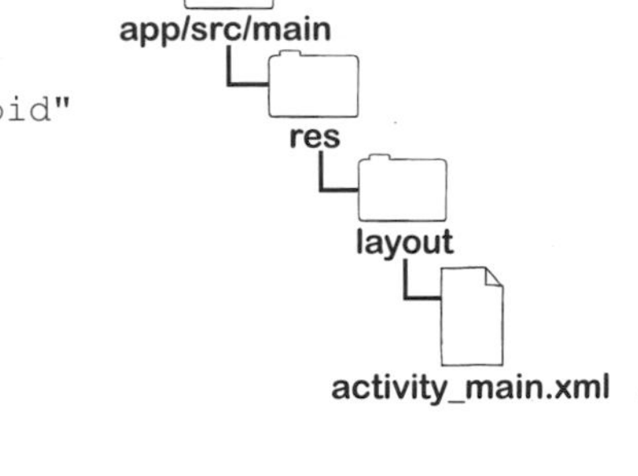


```
<?xml version="1.0" encoding="utf-8"?>
<androidx.fragment.app.FragmentContainerView
    xmlns:android="http://schemas.android.com/apk/res/android"
    xmlns:tools="http://schemas.android.com/tools"
    android:id="@+id/fragment_container_view"
    android:layout_width="match_parent"
    android:layout_height="match_parent"
    android:name="com.hfad.bitsandpizzas.OrderFragment"
    tools:context=".MainActivity" />
```

本章不使用巡覽，所以 MainActivity 的 layout 只需要顯示 OrderFragment。

最後，打開 *MainActivity.kt* 並讓它的程式與下面的程式一致：

```
package com.hfad.bitsandpizzas

import androidx.appcompat.app.AppCompatActivity
import android.os.Bundle

class MainActivity : AppCompatActivity() {

    override fun onCreate(savedInstanceState: Bundle?) {
        super.onCreate(savedInstanceState)
        setContentView(R.layout.activity_main)
    }
}
```

BitsandPizzas
app/src/main
java
com.hfad.bitsandpizzas
MainActivity.kt

我們已經讓 `MainActivity` 顯示 `OrderFragment` 了，接著我們來看看如何讓 app bar 回應捲動的動作。

將預設的 app bar 換成工具列

我們準備讓 Bits and Pizzas app bar 在用戶捲動時做出回應。現在，我們要讓它在用戶往上捲動畫面時收起來，在用戶往下捲動時重新出現。

為此，我們要先將預設的 app bar 換成工具列，因為預設的 app bar 被固定在畫面的最上面，無法捲動。但是，工具列靈活許多。

為此，我們要先將 app 的佈景主題改成沒有 app bar 的。打開 *app/src/main/res/values* 資料夾裡面的 *themes.xml* 檔，在裡面加入下面的粗體的樣式：

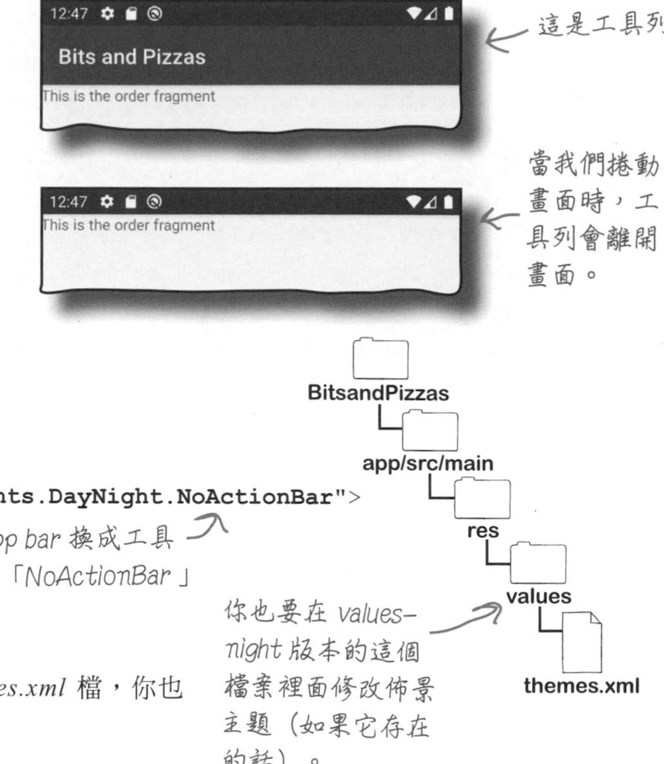


```
<resources>
    <style name="Theme.BitsAndPizzas"
        parent="Theme.MaterialComponents.DayNight.NoActionBar">
        ...
    </style>
</resources>
```

我們要將預設的 app bar 換成工具列，所以必須套用「NoActionBar」樣式。

你也要在 values-night 版本的這個檔案裡面修改佈景主題（如果它存在的話）。

如果你的專案的 *values-night* 資料夾裡面也有 *themes.xml* 檔，你也要修改這個檔案。

完成修改之後，我們要將工具列加入 `FragmentOrder`，請按照下面的程式來修改 *fragment_order.xml*：

```
<?xml version="1.0" encoding="utf-8"?>
<FrameLayout xmlns:android="http://schemas.android.com/apk/res/android"
    xmlns:tools="http://schemas.android.com/tools"
    android:layout_width="match_parent"
    android:layout_height="match_parent"
    tools:context=".OrderFragment">

    <com.google.android.material.appbar.MaterialToolbar
        android:id="@+id/toolbar"
        android:layout_width="match_parent"
        android:layout_height="?attr/actionBarSize"
        style="@style/Widget.MaterialComponents.Toolbar.Primary" />
</FrameLayout>
```

這會將 Material 工具列加入 OrderFragment 的 layout。

BitsandPizzas
app/src/main
res
layout
fragment_order.xml

fragment 沒有 setSupportActionBar() 方法

加入工具列之後，我們要讓它與 app bar 一樣顯示 app 名稱。之前的章節說過，完成這件事的做法是呼叫 activity 的 `setSupportActionBar()` 方法。

我們已經將工具列加入一個 fragment 了，**但 fragment 沒有 `setSupportActionBar()` 方法**。為了處理這種情況，我們要取得顯示 fragment 的 activity 參考（使用 **`activity`**），將它轉換成 `AppCompatActivity` 來反映它的型態，然後呼叫它的 `setSupportActionBar()` 方法。

以下是做這件事的程式：

```
val toolbar = view.findViewById<MaterialToolbar>(R.id.toolbar)
(activity as AppCompatActivity).setSupportActionBar(toolbar)
```

這會將顯示 fragment 的 activity 轉換成 AppCompatActivity，並呼叫它的 setSupportActionBar 方法。

這是 *OrderFragment.kt* 的完整程式，請依此修改你的程式（粗體為修改處）：

BitsandPizzas / app/src/main / java / com.hfad.bitsandpizzas / OrderFragment.kt

```
package com.hfad.bitsandpizzas

import android.os.Bundle
import androidx.fragment.app.Fragment
import android.view.LayoutInflater
import android.view.View
import android.view.ViewGroup
import androidx.appcompat.app.AppCompatActivity
import com.google.android.material.appbar.MaterialToolbar

class OrderFragment : Fragment() {

    override fun onCreateView(
        inflater: LayoutInflater, container: ViewGroup?, savedInstanceState: Bundle?
    ): View? {
        return val view = inflater.inflate(R.layout.fragment_order, container, false)
        val toolbar = view.findViewById<MaterialToolbar>(R.id.toolbar)
        (activity as AppCompatActivity).setSupportActionBar(toolbar)
        return view
    }
}
```

（第一行的 return 已被刪除。）

匯入這些類別。

這會讓 activity 使用工具列作為它的 app bar，讓它顯示 app 的名稱。

我們加入工具列了…接下來呢？

- [x] 捲動工具列
- [ ] 摺疊工具列
- [ ] Views
- [ ] 回應按下的動作

我們已經將工具列加入 `OrderFragment` 的 layout 了，當 app 執行時，工具列會顯示在螢幕的上方：

但是，當我們試著捲動螢幕時，工具列不會移動。為了讓它回應捲動的動作，我們必須再做一些修改。

我們想要讓工具列回應捲動的動作

為了讓工具列移動，我們必須將更多 view 加入 fragment 的 layout。layout 必須依循下面的結構：

```
<androidx.coordinatorlayout.widget.CoordinatorLayout ...>

    <com.google.android.material.appbar.AppBarLayout ...>

        <com.google.android.material.appbar.MaterialToolbar .../>

    </com.google.android.material.appbar.AppBarLayout>

    <androidx.core.widget.NestedScrollView ...>

        ...

    </androidx.core.widget.NestedScrollView>

</androidx.coordinatorlayout.widget.CoordinatorLayout>
```

layout 必須用 coordinator layout 作為它的根。

工具列必須在 app bar layout 裡面。

fragment 的主內容必須放在 nested scroll view 裡面。

layout 必須加入三樣東西：**coordinator layout**、**app bar layout**、**nested scroll view**，這個組合可讓工具列在用戶捲動畫面時做出回應。

我們來看看每一種元素的作用，先從 coordinator layout 看起。

coordinator layout 可協調不同的 view 之間的動態

coordinator layout 就像強化的 frame layout，它的用途是協調不同的 view 之間的動態。例如，它可以協調「用戶捲動 layout 的主內容」以及「工具列離開畫面」。

你可以這樣在 layout 中加入 coordinator layout：

```
<androidx.coordinatorlayout.widget.CoordinatorLayout
    android:layout_width="match_parent"
    android:layout_height="match_parent"
    ...>

    ...

</androidx.coordinatorlayout.widget.CoordinatorLayout>
```

將你想要協調行為的 view 都放在這裡。

你必須將你想要協調動態的所有 view 都放在 coordinator layout 裡面。例如，在 Bits and Pizzas app 裡，我們想要協調兩件事：用戶捲動 layout 的主內容，以及工具列捲離畫面。這意味著工具列與畫面的主內容都必須放在 coordinator layout 裡面：

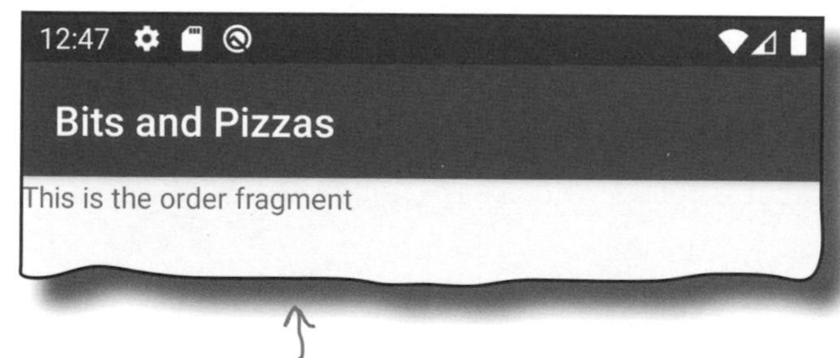

工具列必須在用戶捲動 layout 的主內容時捲離畫面。因為我們必須協調這兩個動態，所以在 layout 裡面顯示的東西都必須放在 coordinator layout 裡面。

CoordinatorLayout 可讓一個 view 的行為影響另一個 view 的行為。

CoordinatorLayout 通常是 layout 的根元素。

知道 coordinator layout 的作用之後，我們來看看 app bar layout。

app bar layout 可產生工具列的動態

app bar layout 是一種垂直的線性 layout，它是為了與 app bar 合作而設計的。它可以和 coordinator layout 合作來產生工具列動態。

你可以這樣將 app bar layout 加入你的程式：

```
<androidx.coordinatorlayout.widget.CoordinatorLayout
    android:layout_width="match_parent"
    android:layout_height="match_parent"
    ...>

    <com.google.android.material.appbar.AppBarLayout
        android:layout_width="match_parent"
        android:layout_height="wrap_content"
        android:theme="@style/ThemeOverlay.MaterialComponents.Dark.ActionBar">

        <com.google.android.material.appbar.MaterialToolbar .../>

    </com.google.android.material.appbar.AppBarLayout>

    ...

</androidx.coordinatorlayout.widget.CoordinatorLayout>
```

將 AppBarLayout 加入 CoordinatorLayout。

工具列在 AppBarLayout 裡面。

這會讓 app bar layout 的所有 view 使用同一個樣式。

如你所見，上面的 app bar layout 程式裡面有一個 `android:theme` 屬性：

```
android:theme="@style/ThemeOverlay.MaterialComponents.Dark.ActionBar"
```

它會將指定的樣式套用到 app bar layout 與它的所有 view。在這個例子裡，它意味著工具列（以及我們加入 app bar layout 的所有其他東西）的樣式將會被設為 Material 佈景主題的 app bar 屬性，包括它的背景與文字顏色。

太棒了！現在你的工具列已經可以動態回應捲動事件了。但是故事還沒結束，你也要指定它的回應方式。我們來看看該怎麼做。

告訴工具列如何回應捲動事件

加入 app bar layout 之後，你要告訴工具列如何回應捲動，做法是在工具列裡面加入一個 **app:layout_scrollFlags** 屬性並設定它的值，用這個值來指定工具列該如何回應捲動事件。

在 Bits and Pizzas app 裡面，我們想讓工具列在用戶往上捲動時，往上捲出螢幕，並且在用戶往下捲動時，快速地回到它原本的位置。為此，我們可以使用這段程式來將工具列的 app:layout_scrollFlags 屬性設成 "scroll|enterAlways"：

你必須將工具列放在 app bar layout 裡面才能讓它捲動。捲動需要 app bar layout 與 coordinator layout 的合作才能實現。

```
<androidx.coordinatorlayout.widget.CoordinatorLayout ...>
    <com.google.android.material.appbar.AppBarLayout...>

        <com.google.android.material.appbar.MaterialToolbar
            android:id="@+id/toolbar"
            android:layout_width="match_parent"
            android:layout_height="?attr/actionBarSize"
            app:layout_scrollFlags="scroll|enterAlways"/>

    </com.google.android.material.appbar.AppBarLayout>
    ...
</androidx.coordinatorlayout.widget.CoordinatorLayout>
```

這一行告訴 CoordinatorLayout（與 AppBarLayout）你想要讓工具列如何回應用戶捲動內容的動作。

這一行：

```
app:layout_scrollFlags="scroll|enterAlways"
```

指定兩個行為：scroll 與 enterAlways。

scroll 值代表當用戶往上捲動時，view 會往上捲出螢幕。如果沒有這個值，工具列會固定在螢幕最上方，而且無法捲動。

enterAlways 值代表工具列會在用戶往下捲動時，快速地往下捲回原始位置。如果沒有這個值，工具列仍然可以往下捲動，但是會慢很多。

我們快完成了！我只剩下最後一個步驟，就可以讓 OrderFragment 捲動了：使用 **nested scroll view**。

nested scroll view 可讓 layout 內容捲動

現在你要加入一個 **nested scroll view**，來讓 layout 的主內容可以捲動。這種 view 的工作方式很像一般的 scroll view，但它可以嵌套捲動，這件事很重要，因為 coordinator layout 只監聽嵌套捲動事件。如果你在 layout 中使用一般的 scroll view，工具列將無法在用戶捲動螢幕時做出回應。

recycler view 是另一種提供嵌套捲動的 view。第 15 章會介紹這種 view。

你像這樣子將 nested scroll view 加入 layout：

```
<?xml version="1.0" encoding="utf-8"?>
<androidx.coordinatorlayout.widget.CoordinatorLayout...>
    <com.google.android.material.appbar.AppBarLayout...>
        ...
    </com.google.android.material.appbar.AppBarLayout>

    <androidx.core.widget.NestedScrollView
        android:layout_width="match_parent"
        android:layout_height="match_parent"
        app:layout_behavior="@string/appbar_scrolling_view_behavior">

        <TextView
            android:layout_width="match_parent"
            android:layout_height="match_parent"
            android:text="This is the order fragment" />

    </androidx.core.widget.NestedScrollView>
</androidx.coordinatorlayout.widget.CoordinatorLayout>
```

定義 NestedScrollView。

這一行確保 NestedScroll view 沒有被 AppBarLayout 藏起來。

你必須將用户可以捲動的 view 都加入 NestedScrollView。

在上面的範例中，nested scroll view 有一個額外的 `app:layout_behavior` 屬性，它被設為內建的 `String` 值 `"@string/appbar_scrolling_view_behavior"`。這可確保 nested scroll view 的內容都被安排在 app bar layout 下面，並且在它捲動時會移動。

注意，**nested scroll view 只能有一個子元素**，在上面的例子中，它是 text view。如果你想要加入超過一個 view 到 nested scroll view 裡面，你必須先將它們加入一個 view 群組（例如一個 linear layout），然後將 view 群組加入 nested scroll view。

本章稍後會舉一個例子。

知道以上的事情之後，我們就可以讓 Bits and Pizzas 工具列捲動了，我們來修改 `OrderFragment` 的 layout。

fragment_order.xml 的完整程式

以下是 *fragment_order.xml* 的完整程式，請依此修改你的程式（粗體為修改處）：

```
<?xml version="1.0" encoding="utf-8"?>
<FrameLayout androidx.coordinatorlayout.widget.CoordinatorLayout
    xmlns:android="http://schemas.android.com/apk/res/android"
    xmlns:app="http://schemas.android.com/apk/res-auto"
    xmlns:tools="http://schemas.android.com/tools"
    android:layout_width="match_parent"
    android:layout_height="match_parent"
    tools:context=".OrderFragment">

    <com.google.android.material.appbar.AppBarLayout
        android:layout_width="match_parent"
        android:layout_height="wrap_content"
        android:theme="@style/ThemeOverlay.MaterialComponents.Dark.ActionBar">

        <com.google.android.material.appbar.MaterialToolbar
            android:id="@+id/toolbar"
            android:layout_width="match_parent"
            android:layout_height="?attr/actionBarSize"
            style="@style/Widget.MaterialComponents.Toolbar.Primary"
            app:layout_scrollFlags="scroll|enterAlways" />
    </com.google.android.material.appbar.AppBarLayout>

    <androidx.core.widget.NestedScrollView
        android:layout_width="match_parent"
        android:layout_height="match_parent"
        app:layout_behavior="@string/appbar_scrolling_view_behavior">

        <TextView
            android:layout_width="match_parent"
            android:layout_height="match_parent"
            android:text="This is the order fragment" />
    </androidx.core.widget.NestedScrollView>
</FrameLayout androidx.coordinatorlayout.widget.CoordinatorLayout>
```

使用 CoordinatorLayout 來取代 FrameLayout。

加入額外的名稱空間。

將工具列放在 AppBarLayout 裡面，讓它可以回應捲動。

移除這一行，因為工具列的樣式會使用 AppBarLayout 的佈景主題。

這一行指定工具列如何回應捲動。

加入 NestedScrollView，以便讓工具列回應內容的捲動。

在此加入 TextView，如此一來，才可以在執行 app 時，有東西可以捲動。

將 FrameLayout 換成 CoordinatorLayout。

BitsandPizzas
app/src/main
res
layout
fragment_order.xml

新車試駕

當我們執行 app 時，`OrderFragment` 會被顯示在 `MainActivity` 的 layout 裡面。在螢幕的最上面有一個工具列。

當我們將畫面往上捲動時，工具列會往上捲出螢幕的最上面。

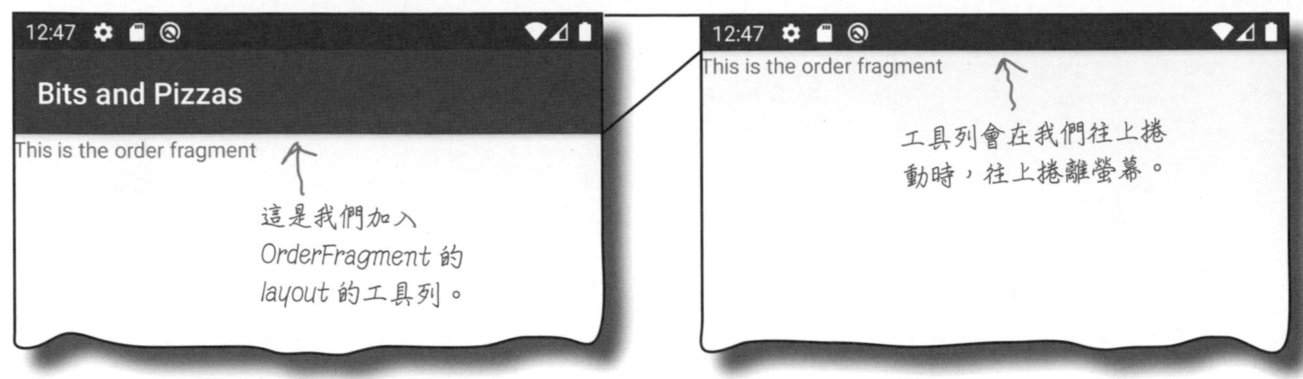

當我們將主內容往下捲時，工具列會再次出現。

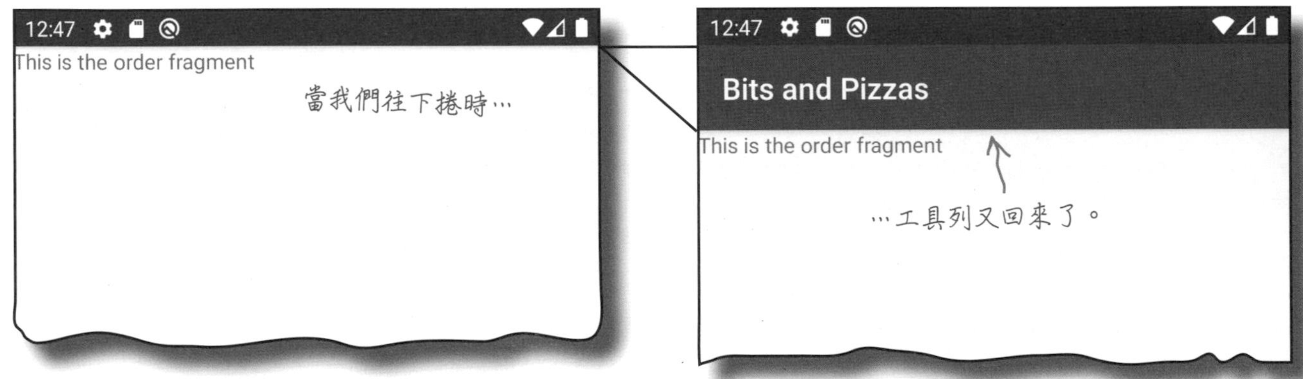

恭喜你！你已經知道如何建立一個可以回應捲動的工具列了。

在完成接下來的習題之後，我們將學習如何將這個會捲動的工具列，改成會在用戶捲動畫面時摺疊與展開的工具列。

我是 layout

下面是一個名為 MyFragment 的 fragment 的 layout 檔。你的工作是假裝你是 layout，並修改程式，讓工具列可以在用戶將畫面往上捲時捲離螢幕，並且在用戶往下捲時快速地重新出現。

```
<?xml version="1.0" encoding="utf-8"?>
<FrameLayout
    xmlns:android="http://schemas.android.com/apk/res/android"
    xmlns:app="http://schemas.android.com/apk/res-auto"
    xmlns:tools="http://schemas.android.com/tools"
    android:layout_width="match_parent"
    android:layout_height="match_parent"
    tools:context=".MyFragment">

    <com.google.android.material.appbar.AppBarLayout
        android:layout_width="match_parent"
        android:layout_height="wrap_content"
        android:theme="@style/ThemeOverlay.MaterialComponents.Dark.ActionBar">

        <com.google.android.material.appbar.MaterialToolbar
            android:id="@+id/toolbar"
            android:layout_width="match_parent"
            android:layout_height="?attr/actionBarSize" />
    </com.google.android.material.appbar.AppBarLayout>

    <ScrollView
        android:layout_width="match_parent"
        android:layout_height="match_parent">

        ...  ← 這裡還有更多 view，在此省略它們。

    </ScrollView>
</FrameLayout>
```

我是 layout 解答

下面是一個名為 MyFragment 的 fragment 的 layout 檔。你的工作是假裝你是 layout，並修改程式，讓工具列可以在用戶將畫面往上捲時捲離螢幕，並且在用戶往下捲時快速地重新出現。

你必須使用 CoordinatorLayout。

```
<?xml version="1.0" encoding="utf-8"?>
<FrameLayout androidx.coordinatorlayout.widget.CoordinatorLayout
    xmlns:android="http://schemas.android.com/apk/res/android"
    xmlns:app="http://schemas.android.com/apk/res-auto"
    xmlns:tools="http://schemas.android.com/tools"
    android:layout_width="match_parent"
    android:layout_height="match_parent"
    tools:context=".MyFragment">

    <com.google.android.material.appbar.AppBarLayout
        android:layout_width="match_parent"
        android:layout_height="wrap_content"
        android:theme="@style/ThemeOverlay.MaterialComponents.Dark.ActionBar">

        <com.google.android.material.appbar.MaterialToolbar
            android:id="@+id/toolbar"
            android:layout_width="match_parent"
            android:layout_height="?attr/actionBarSize"
            app:layout_scrollFlags="scroll|enterAlways" />
    </com.google.android.material.appbar.AppBarLayout>

    <androidx.core.widget.NestedScrollView
        android:layout_width="match_parent"
        android:layout_height="match_parent"
        app:layout_behavior="@string/appbar_scrolling_view_behavior">

        ...

    </androidx.core.widget.NestedScrollView>
</FrameLayout androidx.coordinatorlayout.widget.CoordinatorLayout>
```

（FrameLayout 已被劃掉，改為 androidx.coordinatorlayout.widget.CoordinatorLayout。）

這一行可以讓工具列捲動。

你必須使用 NestedScrollView，而不是 ScrollView。

讓 NestedScrollView 不會被 AppBarLayout 隱藏起來。

我們來建立可摺疊的工具列

捲動工具列
摺疊工具列
Views
回應按下的動作

知道如何讓工具列捲離螢幕之後，我們要將它換成稍微不同的工具列類型：**摺疊工具列**。

摺疊工具列在一開始很大，當用戶將畫面往上捲時，它會縮小，當用戶將畫面往下捲時，它會再次展開。你甚至可以在裡面加入圖像，圖像會在工具列成為它的最低高度時消失，在工具列展開時再次出現：

這兩個都是摺疊工具列，一個是一般的，另一個有一張圖像。

當你往上捲時，摺疊工具列會縮起來。它會在你往下捲時再次展開。

在接下來幾頁，我們要將摺疊工具列加入 `OrderFragment` 的 layout，來學習如何將簡單的工具列轉換成摺疊工具列。我們會先建立一般的摺疊工具列，再建立有一張圖像的摺疊工具列。

我們開工吧！

如何建立一般的摺疊工具列

將會捲動的工具列轉換成摺疊工具列相對簡單。你只要將工具列包在一個**摺疊工具列 layout** 裡面，然後調整工具列屬性就可以了。基本的程式結構長這樣：

```
<?xml version="1.0" encoding="utf-8"?>
<androidx.coordinatorlayout.widget.CoordinatorLayout ...>
    <com.google.android.material.appbar.AppBarLayout ...>

        <com.google.android.material.appbar.CollapsingToolbarLayout
            android:layout_width="match_parent"
            android:layout_height="300dp"
            app:layout_scrollFlags="scroll|exitUntilCollapsed">

            <com.google.android.material.appbar.MaterialToolbar
                android:id="@+id/toolbar"
                android:layout_width="match_parent"
                android:layout_height="?attr/actionBarSize"
                app:layout_collapseMode="pin"/>

        </com.google.android.material.appbar.CollapsingToolbarLayout>
    </com.google.android.material.appbar.AppBarLayout>
    ...
</androidx.coordinatorlayout.widget.CoordinatorLayout>
```

加入摺疊工具列 layout，放在 app bar layout 裡面。

摺疊工具列的最大高度。

工具列在摺疊工具列 layout 裡面。

這一行可防止 Up 按鈕等項目在工具列摺疊時捲出螢幕。

摺疊工具列的结束元素。

如你所見，摺疊工具列 layout 是用 `<...CollapsingToolbarLayout>` 元素來定義的，它是 *com.google.android.material* 程式庫的一部分。你可以用它的 `layout_height` 屬性來指定它的最大高度，並且用這一行：

```
app:layout_scrollFlags="scroll|exitUntilCollapsed"
```

這代表讓工具列摺疊到它完成摺疊為止。

要求它在用戶往上捲動時摺疊，直到沒有可以摺疊的東西為止，以及在用戶往下捲動時展開，直到它到達最大高度為止。

當工具列摺疊時，我們也要確保被顯示在工具列上面的任何東西都維持在螢幕上，例如 Up 按鈕與任何選單項目。做法是為 `Toolbar` 元素加入下面的屬性：

```
app:layout_collapseMode="pin"
```

如果沒有這一行，Up 按鈕與任何選單項目都會被捲出螢幕。

如何將圖像加入摺疊工具列

建立一般的摺疊工具列之後，你可以在裡面加入一張圖像，做法是在摺疊工具列 layout 加入 `<ImageView>`，並指定你想要使用的圖像。程式的結構是這樣：

```
<androidx.coordinatorlayout.widget.CoordinatorLayout ...>
    <com.google.android.material.appbar.AppBarLayout ...>

        <com.google.android.material.appbar.CollapsingToolbarLayout
            android:layout_width="match_parent"
            android:layout_height="300dp"
            app:layout_scrollFlags="scroll|exitUntilCollapsed"
            app:contentScrim="?attr/colorPrimary">

            <ImageView
                android:layout_width="match_parent"
                android:layout_height="match_parent"
                android:scaleType="centerCrop"
                android:src="@drawable/image"
                app:layout_collapseMode="parallax"/>

            < com.google.android.material.appbar.MaterialToolbar .../>

        </com.google.android.material.appbar.CollapsingToolbarLayout>
    </com.google.android.material.appbar.AppBarLayout>
    ...
</androidx.coordinatorlayout.widget.CoordinatorLayout>
```

將一張圖像加入摺疊工具列 layout。

這一行不是必要的。它可讓工具列在摺疊起來的時候，使用一般的背景顏色。

這一行加入一個視差動態，在工具列摺疊時，讓圖像的捲動速度與工具列其餘的部分不同。

將這一行：

```
app:contentScrim="?attr/colorPrimary"
```

加入 `<...CollapsingToolbarLayout>`，可讓工具列摺疊起來時使用一般的背景顏色。我們也使用這一行為圖像加入視差動態：

```
app:layout_collapseMode="parallax"
```

這個屬性是選用的，它會讓圖像的捲動速度與工具列的其他部分不同。

知道如何摺疊工具列之後，我們要在 `OrderFragment` 的 layout 裡面加入一個。

加入餐廳圖像 drawable

我們想在 `OrderFragment` 的摺疊工具列裡面加入一張餐廳圖像，我們先將它加入專案。

確定你的專案有一個名為 *app/src/main/res/drawable* 的資料夾，然後從 *tinyurl.com/hfad3* 下載 *restaurant.webp* 檔案，將它加入 *drawable* 資料夾。如此一來，這張圖像會成為 drawable 資源加入你的專案。

接下來，我們要加入摺疊工具列。

你要將這張圖像加入 drawable 資料夾。

fragment_order.xml 的完整程式

下面是將摺疊工具列加入 `OrderFragment` 的 layout 的程式。請依此修改你的 *fragment_order.xml*（粗體為修改處）：

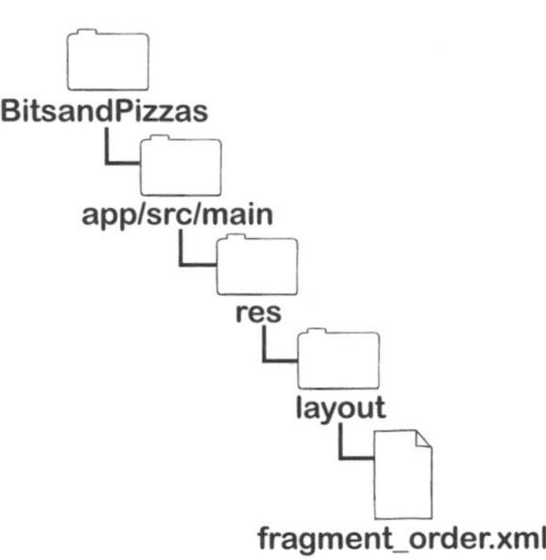


```
<?xml version="1.0" encoding="utf-8"?>
<androidx.coordinatorlayout.widget.CoordinatorLayout
    xmlns:android="http://schemas.android.com/apk/res/android"
    xmlns:app="http://schemas.android.com/apk/res-auto"
    xmlns:tools="http://schemas.android.com/tools"
    android:layout_width="match_parent"
    android:layout_height="match_parent"
    tools:context=".OrderFragment">

    <com.google.android.material.appbar.AppBarLayout
        android:layout_width="match_parent"
        android:layout_height="wrap_content"
        android:theme="@style/ThemeOverlay.MaterialComponents.Dark.ActionBar">

        <com.google.android.material.appbar.CollapsingToolbarLayout
            android:layout_width="match_parent"
            android:layout_height="300dp"
            app:layout_scrollFlags="scroll|exitUntilCollapsed"
            app:contentScrim="?attr/colorPrimary">
```

加入 CollapsingToolbarLayout。

程式還沒結束，見下一頁。

fragment_order.xml（續）

捲動工具列
摺疊工具列
Views
回應按下的動作

BitsandPizzas
app/src/main
res
layout
fragment_order.xml

```
<ImageView
    android:layout_width="match_parent"
    android:layout_height="match_parent"
    android:scaleType="centerCrop"
    android:src="@drawable/restaurant"
    app:layout_collapseMode="parallax"/>

<com.google.android.material.appbar.MaterialToolbar
    android:id="@+id/toolbar"
    android:layout_width="match_parent"
    android:layout_height="?attr/actionBarSize"
    app:layout_scrollFlags="scroll|enterAlways"
    app:layout_collapseMode="pin" />

</com.google.android.material.appbar.CollapsingToolbarLayout>
</com.google.android.material.appbar.AppBarLayout>

<androidx.core.widget.NestedScrollView
    android:layout_width="match_parent"
    android:layout_height="match_parent"
    app:layout_behavior="@string/appbar_scrolling_view_behavior">

    <TextView
        android:layout_width="match_parent"
        android:layout_height="match_parent"
        android:text="This is the order fragment" />
</androidx.core.widget.NestedScrollView>
</androidx.coordinatorlayout.widget.CoordinatorLayout>
```

將圖像加入工具列。

移除這一行，讓基本的工具列不會捲離螢幕。（app:layout_scrollFlags 這一行被劃掉）

如果工具列有 Up 按鈕或選單項目，這一行可以防止它們捲離螢幕。

CollapsingToolbarLayout 的结束元素。

以上就是建立摺疊工具列需要修改的所有地方。
我們來執行一下 app，看看它長怎樣。

新車試駕

- 捲動工具列
- **摺疊工具列**
- Views
- 回應按下的動作

當我們執行 app 時，它會顯示 `OrderFragment`。它有一個包含圖像的摺疊工具列。

當我們往上捲時，工具列會摺疊，圖像會變淡，工具列的背景會變成 app 的主色。當我們往下捲時，工具列會展開，圖像會再次出現。

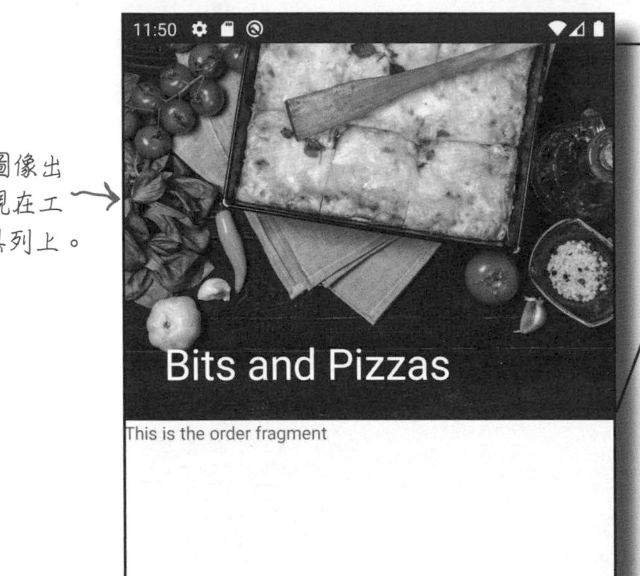

工具列在摺疊起來時改變顏色。

11:50

Bits and Pizzas

This is the order fragment

問：摺疊工具列 layout 是一種 view 群組嗎？

答：是。它其實是 `FrameLayout` 的子類別，所以你可以對它使用 `FrameLayout` 的任何屬性。

問：為了讓工具列摺疊，我需要寫 Kotlin 程式嗎？

答：不需要，它是全部用 layout 程式完成的。

問：你說 coordinator layout 可協調它的 view 之間的動態。有任何替代方案嗎？

答：有，你可以使用一種較新的 layout，稱為 motion layout。這種 layout 是 constraint layout 程式庫的一部分，從第 2.0 版開始支援。

你可以在這個網站進一步了解 motion layout：

https://developer.android.com/training/constraint-layout/motionlayout

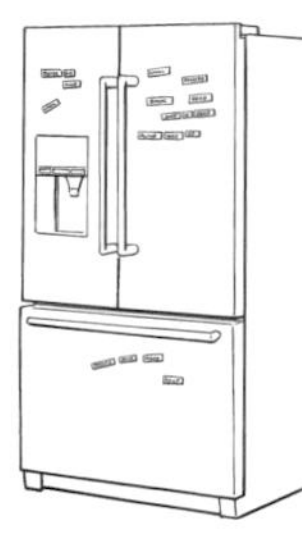

layout 磁貼

有人用磁貼在冰箱門寫一個 layout 檔來製作有圖像的摺疊工具列。不幸的是，天外飛來一隻尋找食物的翼手龍，把磁貼全部撥到地上了。

看看你能不能以正確的順序將磁貼放回去。

```
</com.google.android.material.appbar.MaterialToolbar>
<com.google.android.material.appbar.MaterialToolbar...>
<androidx.coordinatorlayout.widget.CoordinatorLayout...>
</androidx.coordinatorlayout.widget.CoordinatorLayout>
</androidx.core.widget.NestedScrollView>
<androidx.core.widget.NestedScrollView...>
</com.google.android.material.appbar.CollapsingToolbarLayout>
</ImageView>
<com.google.android.material.appbar.CollapsingToolbarLayout...>
<ImageView...>
</com.google.android.material.appbar.AppBarLayout>
<com.google.android.material.appbar.AppBarLayout...>
```

答案在第 401 頁。

我們需要建立 OrderFragment 的主內容

將摺疊工具列加入 `OrderFragment` 的 layout 之後，我們要加入更多 view，讓用戶選擇披薩種類，以及額外的選項，例如帕馬森起司（parmesan）或辣油（chili oil），並在他按下按鈕時顯示一個訊息。app 的畫面必須長這樣：

如你所見，`OrderFragment` 有一些我們還沒學過怎麼使用的 view。在建立 layout 之前，我們先來了解這些 view。

使用選項按鈕來選擇披薩種類

我們的第一個 view 是一組**選項按鈕**，它們可讓用戶選擇喜歡的披薩種類。選項按鈕可以顯示多個選項，並且只允許用戶選擇其中的一個選項，所以它很適合在我們的案例中使用。

你要用兩個元素來將選項按鈕加入 layout：`<RadioButton>` 與 `<RadioGroup>`。你要使用 `<RadioButton>` 元素來定義各個選項按鈕，然後將它們組成一組，做法是將它們放入 `<RadioGroup>` 元素。以這種方式將選項按鈕放入群組意味著每次都只有一個選項按鈕可被選取。

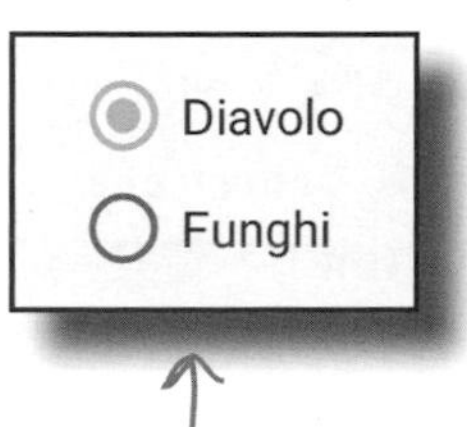

這是包含兩個選項按鈕的群組。一次只能選擇其中的一個選項按鈕。

在 Bits and Pizzas app 裡，我們想要顯示 Diavolo 與 Funghi 選項按鈕。程式是：

```
<RadioGroup
    android:id="@+id/pizza_group"
    android:layout_width="wrap_content"
    android:layout_height="wrap_content">

    <RadioButton android:id="@+id/radio_diavolo"
        android:layout_width="wrap_content"
        android:layout_height="wrap_content"
        android:text="Diavolo" />

    <RadioButton android:id="@+id/radio_funghi"
        android:layout_width="wrap_content"
        android:layout_height="wrap_content"
        android:text="Funghi" />
</RadioGroup>
```

定義選項按鈕群組與選項按鈕之後，你可以在 Kotlin 程式中使用選項按鈕群組的 `checkedRadioButtonId` 屬性來找出哪個按鈕已被選擇。它的值是被選擇的選項按鈕的 ID，如果還沒有按鈕被選擇，則為 -1。

```
val pizzaGroup = view.findViewById<RadioGroup>(R.id.pizza_group)
val pizzaType = pizzaGroup.checkedRadioButtonId
if (pizzaType == -1) {
    //沒有項目被選擇
} else {
    val radio = view.findViewById<RadioButton>(id)
    //使用選項按鈕來做一些事情
}
```

這個屬性可讓你知道哪個選項按鈕已經被選擇（如果有的話）。

RadioGroup 是 LinearLayout 的子類別，所以你可以讓選項按鈕群組使用 linear layout 的屬性。

選項按鈕是一種複合按鈕

在幕後，選項按鈕繼承一個名為 CompoundButton 的類別，後者是 Button 的子類別。複合按鈕（compound button）是具有兩種狀態的按鈕：已核取和未核取，或是開與關。

Android 也有其他類型的複合按鈕（除了選項按鈕之外），例如**核取方塊（checkbox）**、**開關（switch）**與**切換按鈕（toggle button）**。這些 view 很適合用來選擇是 / 否，例如「你需不需要辣油？」或「你想要加一份帕馬森起司嗎？」

android.widget.TextView
...

android.widget.Button
...

android.widget.CompoundButton
...

RadioButton、CheckBox、ToggleButton 與 Switch 都是 CompoundButton 的子類別。它們都繼承 Button 與 TextView 類別。

你可以用這種程式來將核取方塊、開關與切換按鈕加入 layout：

```
<CheckBox
    android:id="@+id/parmesan"
    android:layout_width="wrap_content"
    android:layout_height="wrap_content"
    android:text="Parmesan" />
```

Parmesan

被核取的核取方塊。

```
<Switch
    android:id="@+id/switch_button"
    android:layout_width="wrap_content"
    android:layout_height="wrap_content" />
```

被打開與關閉的開關。

```
<ToggleButton
    android:id="@+id/toggle_button"
    android:layout_width="wrap_content"
    android:layout_height="wrap_content"
    android:textOn="On"
    android:textOff="Off" />
```

ON　OFF

被打開與關閉的切換按鈕。

然後在 Kotlin 程式中使用各個 view 的 isChecked 屬性來確認它有沒有被選取，例如：

```
val parmesan = view.findViewById<CheckBox>(R.id.parmesan)
if (parmesan.isChecked) {
    //做某些事情
} else {
    //做其他事情
}
```

isChecked 可用來確認特定的 CompoundButton 有沒有被核取或打開。

chip 是一種靈活的複合按鈕

到目前為止，你已經知道如何使用各種不同的複合按鈕了，例如選項按鈕、核取方塊與開關。**chip** 是更靈活的複合按鈕。它是一種 Material view，只要你使用 Material 程式庫的佈景主題就可以使用它，例如 `Theme.MaterialComponents.DayNight.NoActionBar`。它與其他類型的複合按鈕一樣，可用來選擇是 / 否，但它也有其他的用途，例如讓用戶輸入資料、篩選資料，以及執行行動。

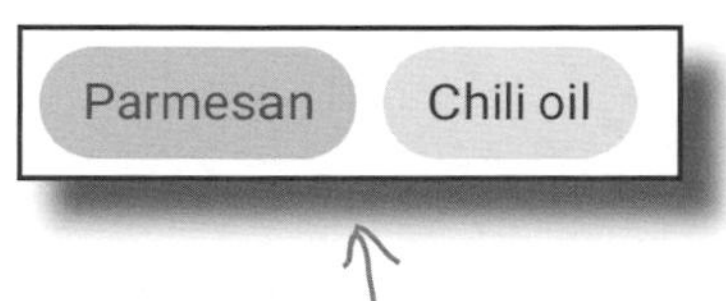

它們是 chip。這裡的 Parmesan chip 是打開的，chili oil chip 是關閉的。

在 Bits and Pizzas app 裡，我們要使用 chip 來讓用戶選擇是否在披薩中增加帕馬森起司或辣油的份量。

請在你的 layout 加入 chip 如下：

```
<com.google.android.material.chip.Chip
    android:id="@+id/parmesan"
    android:layout_width="wrap_content"
    android:layout_height="wrap_content"
    android:text="Parmesan"
    style="@style/Widget.MaterialComponents.Chip.Choice"/>
```

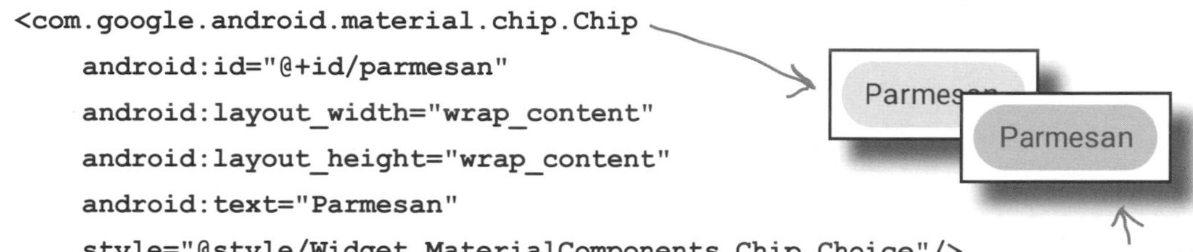

Parmesan chip 的樣式設為 Choice，所以當它被選擇時會改變顏色。

chip 程式的關鍵部分是 `style` 屬性，因為它控制了 chip 的外觀。這段程式：

```
style="@style/Widget.MaterialComponents.Chip.Choice"
```

將 chip 的樣式設為 Choice，所以 chip 的顏色會在它被選取的時候改變。其他的選項有 Entry（可讓你用 chip 來輸入資料）、Filter（讓 chip 可以篩選內容），與 Action（具有按鈕行為）。

以下是 Entry、Filter 與 Action chip 的樣子：

當你按下 Action chip 時，它的外觀不會改變。

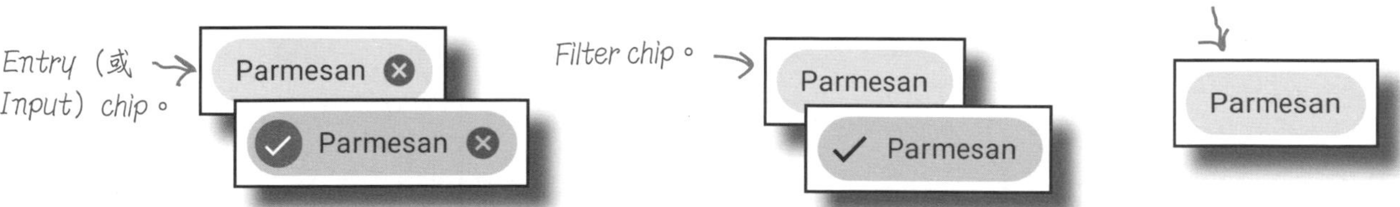

除了將一個 chip 加入 layout 之外，你也可以將多個 chip 組成一組。我們來看看怎麼做。

在一個 chip 群組中加入更多 chip

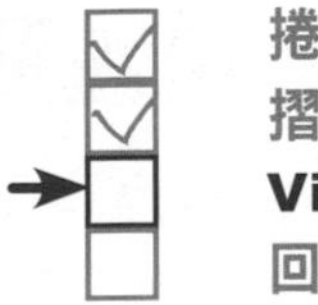

如果你想要在 layout 中加入一組 chip，你可以將它們加入一個 **chip 群組**。chip 群組是一種 view 群組，可以簡潔地安排多個 chip。

在 Bits and Pizzas app 裡，我們想要使用兩個 chip，一個用來選擇 parmesan，另一個用來選擇 chili oil，所以用這段程式來將它們組成一組：

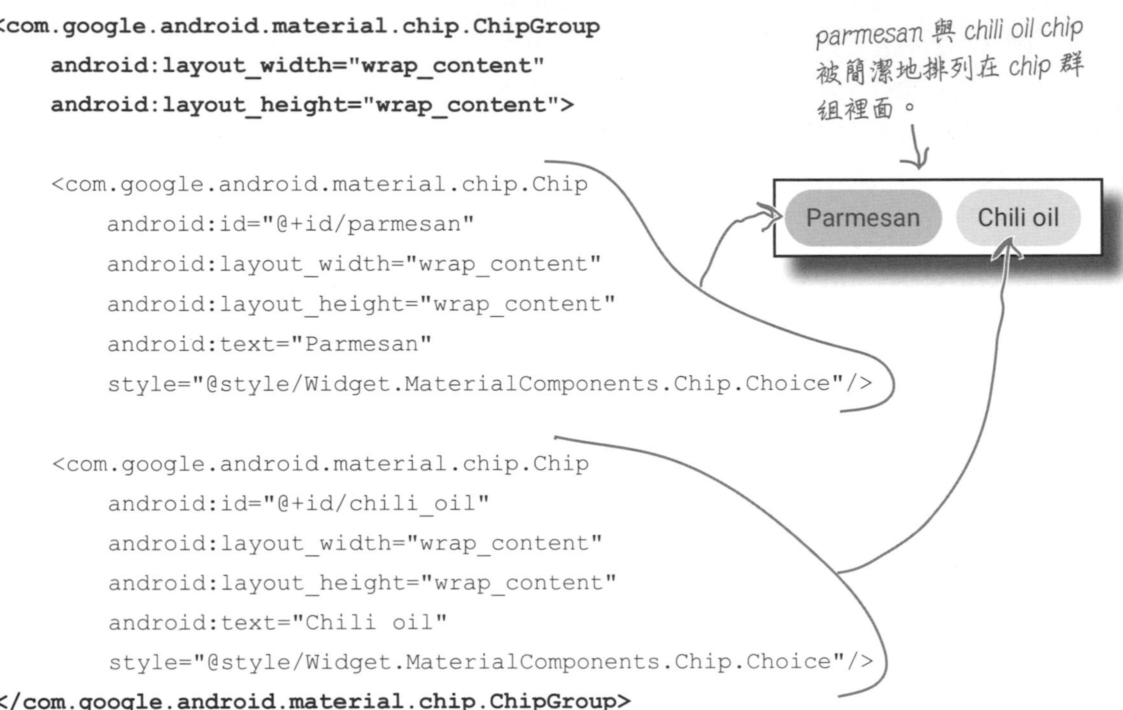


```
<com.google.android.material.chip.ChipGroup
    android:layout_width="wrap_content"
    android:layout_height="wrap_content">

    <com.google.android.material.chip.Chip
        android:id="@+id/parmesan"
        android:layout_width="wrap_content"
        android:layout_height="wrap_content"
        android:text="Parmesan"
        style="@style/Widget.MaterialComponents.Chip.Choice"/>

    <com.google.android.material.chip.Chip
        android:id="@+id/chili_oil"
        android:layout_width="wrap_content"
        android:layout_height="wrap_content"
        android:text="Chili oil"
        style="@style/Widget.MaterialComponents.Chip.Choice"/>
</com.google.android.material.chip.ChipGroup>
```

用 isChecked 來確定 chip 是否被核取

將 chip 加入 layout 之後，你可以使用各個 chip 的 `isChecked` 屬性來檢查 chip 是否被選取，就像處理其他複合按鈕時那樣，例如開關、切換按鈕與核取方塊。這是檢查 *parmesan* chip 有沒有被選取的程式：

```
val parmesan = view.findViewById<Chip>(R.id.parmesan)
if (parmesan.isChecked) {
    //做某些事情
}
```

認真寫程式

chip 非常靈活，它有許多不同的選項，你可以在這個網站了解這些選項的細節：

https://material.io/develop/android/components/chips

FAB 是浮動按鈕

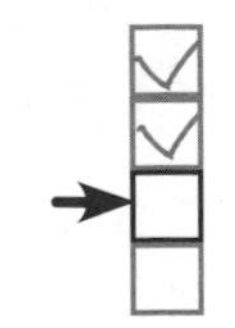

在完成 `OrderFragment` 的 layout 之前，我們還要介紹最後一種 view：**FAB**。

FAB（**floating action button，浮動按鈕**）是一種漂浮在用戶介面上面的圓形按鈕。它的用途是吸引用戶注意一般的或重要的行動，而且與一般的按鈕一樣，你可以使用 Kotlin 來將 `OnClickListener` 指派給 FAB，讓它回應按下的動作。

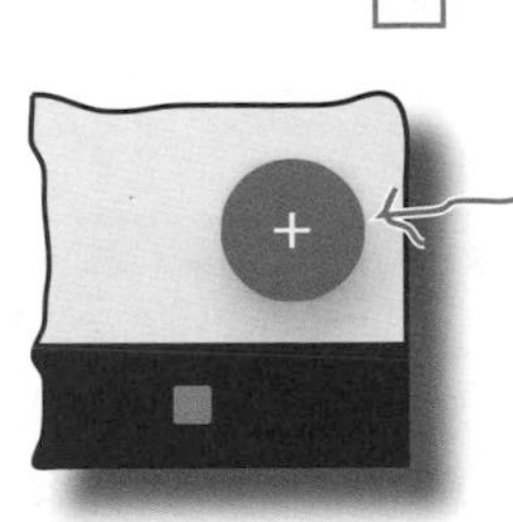

這是在 Google 的
Contacts app 裡
面用來加入聯絡
人的 FAB。

你可以這樣子在 layout 中加入 FAB：

```
<androidx.coordinatorlayout.widget.CoordinatorLayout...>
    ...
    <androidx.core.widget.NestedScrollView...>
        ...
    </androidx.core.widget.NestedScrollView>

    <com.google.android.material.floatingactionbutton.FloatingActionButton
        android:id="@+id/fab"
        android:layout_width="wrap_content"
        android:layout_height="wrap_content"
        android:layout_gravity="bottom|end"
        android:layout_margin="16dp"
        android:src="@android:drawable/ic_menu_send" />

</androidx.coordinatorlayout.widget.CoordinatorLayout>
```

這會加入一個圓形且有圖示的 FAB。此外也有 ExtendedFloatingActionButton 型態可讓你用文字來顯示圖示。

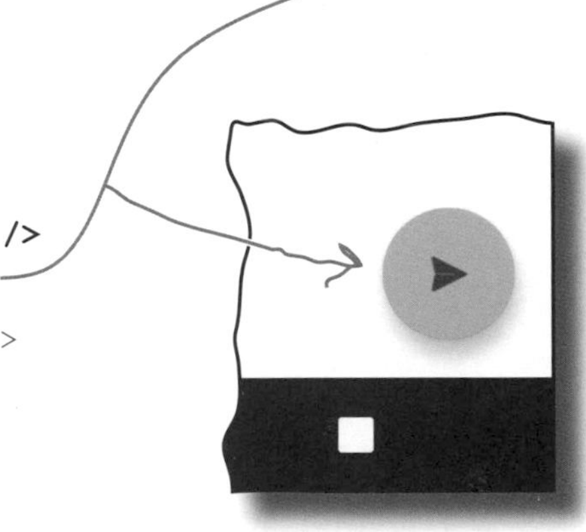

上面的程式使用 `layout_gravity` 屬性來將 FAB 釘在設備螢幕底部的結束角落上，並將邊界設為 16 dp。

這一行：

```
android:src="@android:drawable/ic_menu_send"
```

會將一個圖示加入 FAB。上面的範例顯示 Android 的內建圖示 *ic_menu_send*，但是你可以使用任何一種 drawable，只要它可以放入 FAB 即可。

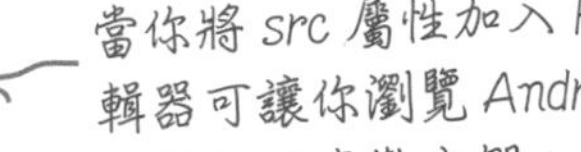

當你將 src 屬性加入 FAB 時，程式碼編輯器可讓你瀏覽 Android 的內建圖示。如果你不喜歡它們，你可以在這個網站找到更多圖示：https://material.io/resources/icons。

我們通常在 coordinator layout 裡面使用 FAB 來協調各個 view 之間的動作。我們來看一個例子。

你可以將 FAB 釘在摺疊工具列上

捲動工具列
摺疊工具列
Views
回應按下的動作

FAB 通常位於畫面的底部結束角落，但你也可以將它釘在另一個 view 上面，例如摺疊工具列。如果你這樣做，FAB 會在摺疊工具列摺疊與展開時隨著它移動：

3:25
Bits and Pizzas
3:25
Bits and Pizzas
這個 FAB 被釘在摺疊工具列底部的結束角落。當摺疊工具列摺疊與展開時，它會保持這個相對位置。

下面是它的 layout 程式。如你所見，它使用 FAB 的 `app:layout_anchor` 與 `app:layout_anchorGravity` 屬性，來將 FAB 釘在摺疊工具列底部的結束角落：

```
<androidx.coordinatorlayout.widget.CoordinatorLayout...>
    ...
    <com.google.android.material.floatingactionbutton.FloatingActionButton
        android:id="@+id/fab"
        android:layout_width="wrap_content"
        android:layout_height="wrap_content"
        app:layout_anchor="@id/collapsing_toolbar"
        app:layout_anchorGravity="bottom|end"
        android:layout_margin="16dp"
        android:src="@android:drawable/ic_menu_send" />
</androidx.coordinatorlayout.widget.CoordinatorLayout>
```

這幾行會將 FAB 釘在 ID 為 collapsing_toolbar 的摺疊工具列底部的結束角落。

認識選項按鈕、chip、FAB 與其他 view 之後，我們來為 `OrderFragment` 的 layout 建立主要內容。

我們要建立 OrderFragment 的 layout

捲動工具列
摺疊工具列
Views
回應按下的動作

我們要將 view 加入 `OrderFragment` 的 layout，讓用戶可以訂購一種披薩，並要求添加配料。這個 layout 長這樣：

我們已經加入摺疊工具列了。

我們必須加入一個包含兩個選項按鈕的選項按鈕群組，讓用戶選擇披薩類型。

這些 chip（在 chip 群組裡）可讓用戶選擇配料。

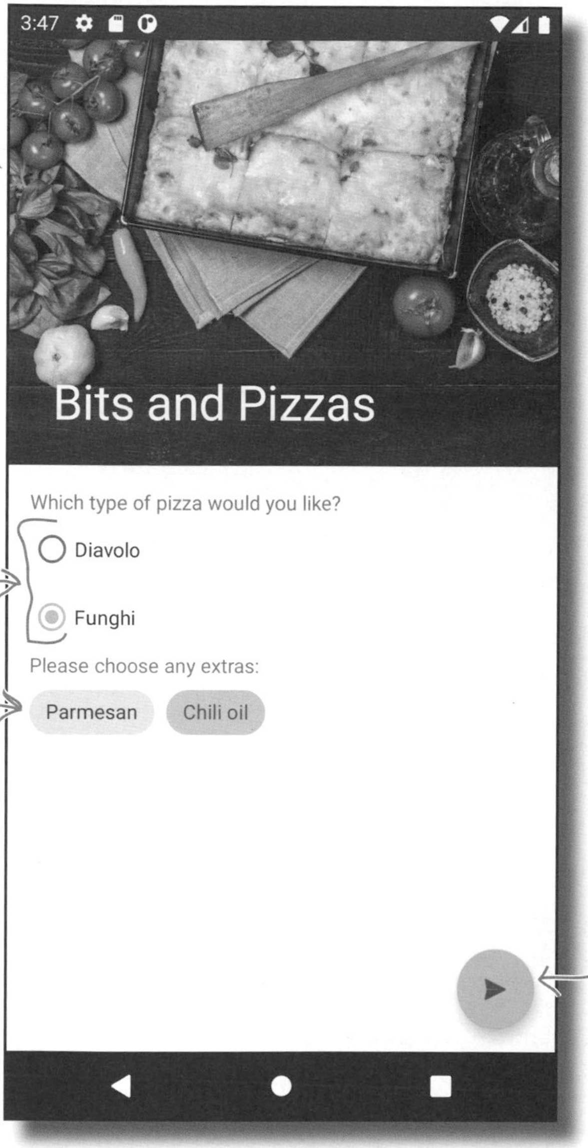

用户選擇所有選項之後要按下這個 FAB。

你已經知道建立這個 layout 所需的所有程式了，所以我們馬上來修改 *fragment_order.xml*。接下來幾頁將展示完整的程式。

fragment_order.xml 的完整程式

這是 OrderFragment 的 layout 的完整程式。請依此修改你的 *fragment_order.xml* 檔（粗體為修改處）：

```
<?xml version="1.0" encoding="utf-8"?>
<androidx.coordinatorlayout.widget.CoordinatorLayout
    xmlns:android="http://schemas.android.com/apk/res/android"
    xmlns:app="http://schemas.android.com/apk/res-auto"
    xmlns:tools="http://schemas.android.com/tools"
    android:layout_width="match_parent"
    android:layout_height="match_parent"
    tools:context=".OrderFragment">

    <com.google.android.material.appbar.AppBarLayout
        android:layout_width="match_parent"
        android:layout_height="wrap_content"
        android:theme="@style/ThemeOverlay.MaterialComponents.Dark.ActionBar">

        <com.google.android.material.appbar.CollapsingToolbarLayout
            android:layout_width="match_parent"
            android:layout_height="300dp"
            app:layout_scrollFlags="scroll|exitUntilCollapsed"
            app:contentScrim="?attr/colorPrimary">

            <ImageView
                android:layout_width="match_parent"
                android:layout_height="match_parent"
                android:scaleType="centerCrop"
                android:src="@drawable/restaurant"
                app:layout_collapseMode="parallax"/>

            <com.google.android.material.appbar.MaterialToolbar
                android:id="@+id/toolbar"
                android:layout_width="match_parent"
                android:layout_height="?attr/actionBarSize"
                app:layout_collapseMode="pin" />
        </com.google.android.material.appbar.CollapsingToolbarLayout>
    </com.google.android.material.appbar.AppBarLayout>
```

你不需要修改這一頁的任何程式。

BitsandPizzas
app/src/main
res
layout
fragment_order.xml

程式還沒結束，見下一頁。

fragment_order.xml（續）

- [x] 捲動工具列
- [x] 摺疊工具列
- [ ] **Views**
- [ ] 回應按下的動作

```
<androidx.core.widget.NestedScrollView
    android:layout_width="match_parent"
    android:layout_height="match_parent"
    app:layout_behavior="@string/appbar_scrolling_view_behavior">

    <LinearLayout
        android:layout_width="wrap_content"
        android:layout_height="wrap_content"
        android:padding="16dp"
        android:orientation="vertical">

        <TextView
            android:layout_width="match_parentwrap_content"
            android:layout_height="match_parentwrap_content"
            android:text="This is the order fragment"
            android:text="Which type of pizza would you like?" />

        <RadioGroup
            android:id="@+id/pizza_group"
            android:layout_width="wrap_content"
            android:layout_height="wrap_content">

            <RadioButton android:id="@+id/radio_diavolo"
                android:layout_width="wrap_content"
                android:layout_height="wrap_content"
                android:text="Diavolo" />

            <RadioButton android:id="@+id/radio_funghi"
                android:layout_width="wrap_content"
                android:layout_height="wrap_content"
                android:text="Funghi" />
        </RadioGroup>

        <TextView
            android:layout_width="wrap_content"
            android:layout_height="wrap_content"
            android:text="Please choose any extras:" />
```

（程式中 "match_parent" 兩處與 android:text="This is the order fragment" 一行被劃掉。）

一個 nested scroll view 只能有一個直接子元素，所以我們將所有的 view 放入一個 linear layout。

改變 text view 的寬與高。

更改顯示文字。在實際情況下，你要將所有 String 都放入 String 資源檔。

將兩個披薩種類的選項按鈕加入群組。

加入第二個 text view 來讓用户選擇配料。

BitsandPizzas
app/src/main
res
layout
fragment_order.xml

程式還沒結束，見下一頁。

fragment_order.xml（續）

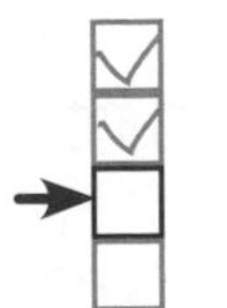

捲動工具列
摺疊工具列
Views
回應按下的動作

```
<com.google.android.material.chip.ChipGroup
    android:layout_width="wrap_content"
    android:layout_height="wrap_content">

    <com.google.android.material.chip.Chip
        android:id="@+id/parmesan"
        android:layout_width="wrap_content"
        android:layout_height="wrap_content"
        android:text="Parmesan"
        style="@style/Widget.MaterialComponents.Chip.Choice"/>

    <com.google.android.material.chip.Chip
        android:id="@+id/chili_oil"
        android:layout_width="wrap_content"
        android:layout_height="wrap_content"
        android:text="Chili oil"
        style="@style/Widget.MaterialComponents.Chip.Choice"/>
</com.google.android.material.chip.ChipGroup>

</LinearLayout>
</androidx.core.widget.NestedScrollView>

<com.google.android.material.floatingactionbutton.FloatingActionButton
    android:id="@+id/fab"
    android:layout_width="wrap_content"
    android:layout_height="wrap_content"
    android:layout_gravity="bottom|end"
    android:layout_margin="16dp"
    android:src="@android:drawable/ic_menu_send" />
</androidx.coordinatorlayout.widget.CoordinatorLayout>
```

在 chip 群組裡面加入兩個 chip。

將 chip 的樣式設為 choice chip，讓它們被選擇時會改變顏色。

linear layout 结束。

在畫面底部的结束角落加入 FAB。

BitsandPizzas
app/src/main
res
layout
fragment_order.xml

以上就是我們需要的所有 layout 程式，接下來，我們來執行 app，看看它長怎樣。

新車試駕

- 捲動工具列
- 摺疊工具列
- **Views**
- 回應按下的動作

當我們執行 app 時，`OrderFragment` 會被顯示在 `MainActivity` 裡面。它與之前一樣有一個摺疊工具列，但是這一次主內容有 text view、選項按鈕、chip 與 FAB。

當我們捲動畫面時，主內容會往上捲動，而且工具列會摺疊起來。FAB 會固定在畫面底部的結束角落。

3:47

Bits and Pizzas

Which type of pizza would you like?

Diavolo

Funghi

Please choose any extras:

Parmesan

Chili oil

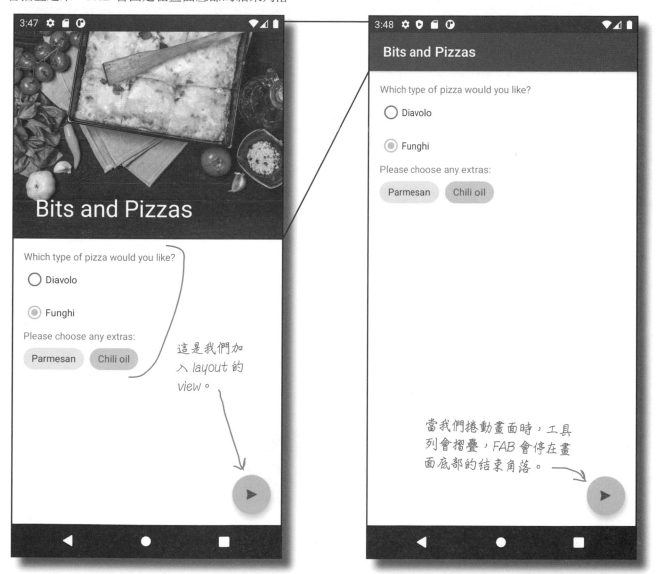

這是我們加入 layout 的 view。

我們來讓 FAB 回應按下的動作

- [x] 捲動工具列
- [x] 摺疊工具列
- [x] Views
- [ ] 回應按下的動作

我們已經完成 OrderFragment 的 layout 了，但是當用戶按下 FAB 時，什麼事都不會發生。我們來修改 fragment 的 Kotlin 程式，讓 FAB 可以回應按下的動作。

我們要讓 FAB 做兩件事：

1. **在用戶沒有選擇披薩時顯示一則訊息。**

   我們要讓用戶選擇他想要的披薩種類。如果他沒有選擇披薩就按下 FAB，我們要顯示一個快顯訊息（稱為 **toast**），要求他選擇一種披薩。

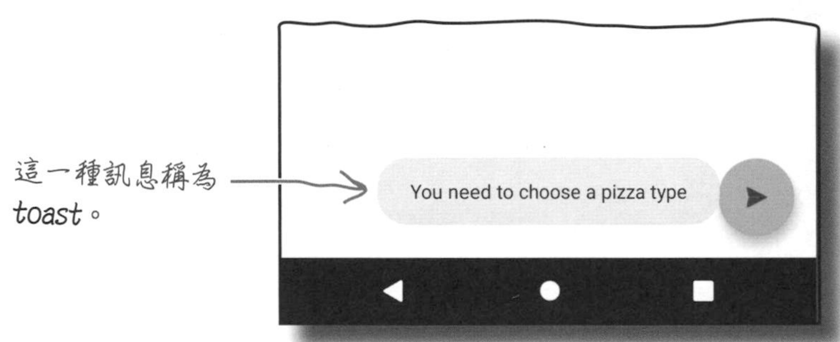

2. **以另一個訊息顯示他們的訂單。**

   當用戶選擇一種披薩時，我們會顯示他訂購了什麼。我們要使用另一種快顯訊息，稱為 **snackbar**。

在實際情況下，你會在用戶按下 FAB 時，讓 app 送出披薩訂單。在此，我們只讓 FAB 做一件事情（而且這是教你快顯訊息的好理由）。

我們先讓 FAB 回應按下的動作。

幫 FAB 加上 OnClickListener

如前所述，讓 FAB 回應按下的方法與讓其他種類的按鈕回應按下一樣，都是幫 FAB 加上 `OnClickListener`。

這是在 `OrderFragment` 裡面將 `OnClickListener` 加入 FAB 的程式，它看起來與一般的按鈕使用的程式一樣：

```
val fab = view.findViewById<FloatingActionButton>(R.id.fab)
fab.setOnClickListener {
    //在 FAB 按下時執行的程式
}
```

取得 FAB 的參考並呼叫它的 setOnClickListener 方法，來讓它回應按下的動作。

接下來，我們要讓 `OnClickListener` 在用戶沒有選擇披薩種類時顯示一則訊息。

確認用戶是否選擇一種披薩

我們可以使用 `pizzas_group` 選項按鈕群組的 `checkedRadioButtonId` 屬性來確認用戶是否選擇一種披薩。如果用戶選了一個選項按鈕，這個屬性的值就是它的 ID，如果用戶沒有選擇任何一個，它的值是 -1。

這是檢查用戶有沒有在未選擇披薩種類的情況下，按下 FAB 的程式：

```
val fab = view.findViewById<FloatingActionButton>(R.id.fab)
fab.setOnClickListener {
    val pizzaGroup = view.findViewById<RadioGroup>(R.id.pizza_group)
    val pizzaType = pizzaGroup.checkedRadioButtonId
    if (pizzaType == -1) {
        //用戶未選擇披薩，所以顯示一則訊息
    } else {
        //在另一個訊息顯示訂單
    }
}
```

如果 pizzaType 是 -1，代表用戶未選擇群組的任何選項按鈕，所以顯示一則訊息。

取得選項按鈕群組的 checkedRadioButtonId 屬性的值。

當用戶選擇其中一個選項按鈕時，顯示不同的訊息。

如果用戶沒有選擇一種披薩，我們要在一種稱為 **toast** 的快顯訊息裡面顯示訊息。讓我們來看看該怎麼做。

toast 是一種簡單的快顯訊息

捲動工具列
摺疊工具列
Views
回應按下的動作

如果用戶沒有先選擇一種披薩就按下 FAB，我們要在設備螢幕上顯示一個 toast。toast 是一種提供資訊的簡單快顯訊息，它會在一段時間之後自動消失：

這是我們建立的 toast。

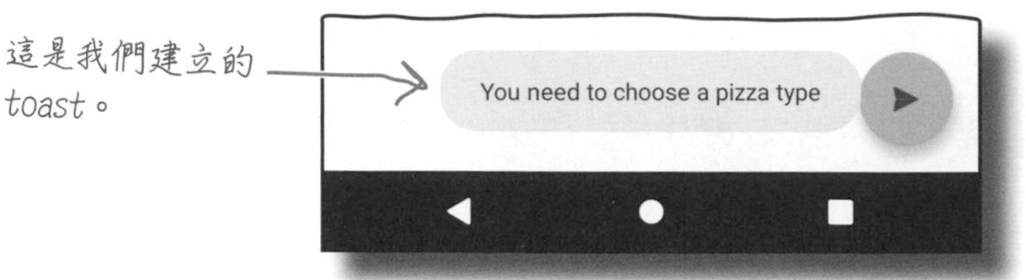

你要先呼叫 `Toast.makeText()` 來建立 toast。`makeText` 有三個參數：`Context`（通常是 `this` 或 `activity`，取決於你是從 activity 或 fragment 呼叫 toast）、`CharSequence!`（你想要顯示的訊息），以及持續時間。然後呼叫 toast 的 `show()` 方法來顯示它。

這是在螢幕上短暫顯示一個 toast，並在裡面顯示一則訊息的範例：

```
val text = "Hello, I'm a toast!"
Toast.makeText(activity, text, Toast.LENGTH_SHORT).show()
```

這段程式會顯示這個 toast。

Hello, I'm a toast!

問：**當我在模擬器裡面執行 app 時，我的 toast 不會消失，為什麼？**

答：首先，確保你有呼叫 toast 的 `show()` 方法，如果沒有，toast 就不會消失。

如果呼叫該方法沒有效，你可能遇到一種已知的模擬器問題，即 toast 不一定能彈出。試著關閉模擬器，然後從 Tools 選單打開 AVD Manager，選擇虛擬設備，並從行動選單中選擇 Wipe Data。

將 toast 加入 FAB OnClickListener

我們想要在用戶沒有選擇披薩種類卻按下 FAB 的情況下顯示 toast，以下是做這件事的程式：

```
val fab = view.findViewById<FloatingActionButton>(R.id.fab)
fab.setOnClickListener {
    val pizzaGroup = view.findViewById<RadioGroup>(R.id.pizza_group)
    val pizzaType = pizzaGroup.checkedRadioButtonId
    if (pizzaType == -1) {
        val text = "You need to choose a pizza type"
        Toast.makeText(activity, text, Toast.LENGTH_LONG).show()
    } else {
        //在另一個訊息顯示訂單
    }
}
```

這個 toast 會在用戶沒有選擇披薩種類時顯示出來。

You need to choose a pizza type

以上就是用戶未選擇披薩種類時需要做的所有事情。接下來，我們要寫一段程式來顯示他的訂單。

在 snackbar 裡面顯示披薩訂單

捲動工具列
摺疊工具列
Views
回應按下的動作

當用戶選擇披薩種類並按下 FAB 時，我們要在一種稱為 **snackbar** 的快顯訊息裡面顯示他的訂單。snackbar 很像 toast，但是它比較有互動性。例如，你可以將 snackbar 撥開，或是在它被按下時做一些事情。

我們要讓 snackbar 顯示用戶選擇的披薩種類和配料。

你可以呼叫 `Snackbar.make()` 來建立 snackbar。`make` 方法有三個參數：觸發 snackbar 的 `View`（在這個例子是 FAB）、`CharSequence!`（你想要顯示的文字），以及持續時間。然後你可以呼叫 snackbar 的 `show()` 方法來顯示它。

這是在螢幕上短暫顯示訊息的 snackbar 範例程式：

```
val text = "Hello, I'm a snackbar!"
Snackbar.make(fab, text, Snackbar.LENGTH_SHORT).show()
```

這段程式會顯示這個 snackbar。

Hello, I'm a snackbar!

在上面的程式中，我們使用 `LENGTH_SHORT` 來顯示 snackbar 一段短暫的時間。其他的選項還有 `LENGTH_LONG`（顯示一段較長的時間）與 `LENGTH_INDEFINITE`（無限期顯示）。

snackbar 可擁有 action

想要的話，你可以將 action 加入 snackbar，（舉例）讓用戶可以取消他執行過的動作。做法是在呼叫 snackbar 的 `show()` 方法之前呼叫 `setAction()` 方法。`setAction` 有兩個參數：action 要顯示的文字，以及當用戶按下 action 時執行的 lambda。

這是包含 action 的 snackbar 範例：

```
Snackbar.make(fab, text, Snackbar.LENGTH_SHORT)
        .setAction("Undo") {
            //當用戶按下 action 時執行的程式
        }
        .show()
```

你必須指定當用戶按下 Undo action 時該做什麼事情。

Hello, I'm a snackbar! UNDO

snackbar 通常被顯示在螢幕的底部，但你可以使用 snackbar 的 `setAnchorView()` 方法來覆寫它。它會將 snackbar 釘在特定的 view，讓 snackbar 出現在它上面。例如，當你想要讓 snackbar 出現在底部導覽列上面時很適合使用它：

```
Snackbar.make(fab, text, Snackbar.LENGTH_SHORT)
    .setAnchorView(bottomNavBar)
    .show()
```

這會將 snackbar 釘在 bottomNavBar view，讓 snackbar 出現在它上面。

披薩訂單的 snackbar 程式

知道如何建立 snackbar 之後，我們要寫一段程式來顯示用戶的披薩訂單。我們要讓 snackbar 顯示用戶選擇的披薩種類，以及任何配料，例如帕馬森起司或辣油。

這是顯示 snackbar 的程式：

```
val fab = view.findViewById<FloatingActionButton>(R.id.fab)
fab.setOnClickListener {
    val pizzaGroup = view.findViewById<RadioGroup>(R.id.pizza_group)
    val pizzaType = pizzaGroup.checkedRadioButtonId
    if (pizzaType == -1) {
        val text = "You need to choose a pizza type"
        Toast.makeText(activity, text, Toast.LENGTH_LONG).show()
    } else {
        var text = (when (pizzaType) {        // 顯示用戶選擇的披薩。
            R.id.radio_diavolo -> "Diavolo pizza"
            else -> "Funghi pizza"
        })
        val parmesan = view.findViewById<Chip>(R.id.parmesan)
        text += if (parmesan.isChecked) ", extra parmesan" else ""
        val chiliOil = view.findViewById<Chip>(R.id.chili_oil)
        text += if (chiliOil.isChecked) ", extra chili oil" else ""
        Snackbar.make(fab, text, Snackbar.LENGTH_LONG).show()
    }
}
```

加入用戶選擇的配料。

在 snackbar 裡面顯示文字。

以下就是 Bits and Pizzas app 的所有 Kotlin 程式。我們來看 *OrderFragment.kt* 的完整程式，並執行 app。

問：toast 與 snackbar 都是一種 view 嗎？我可以將它們放入 layout 嗎？

答：它們不是 view，所以你只能使用 Kotlin 程式來將它們顯示在螢幕上。

問：我可以在一個 layout 裡面使用多個 FAB 嗎？

答：最好不要在一個畫面裡面使用超過一個 FAB。它們用於重要的行動，所以使用太多會讓它們失去影響力。

OrderFragment.kt 的完整程式

這是 *OrderFragment.kt* 的完整程式，請依此修改你的檔案（粗體為修改處）：

- [x] 捲動工具列
- [x] 摺疊工具列
- [x] Views
- [ ] 回應按下的動作

BitsandPizzas / app/src/main / java / com.hfad.bitsandpizzas / OrderFragment.kt

```
package com.hfad.bitsandpizzas

import android.os.Bundle
import androidx.fragment.app.Fragment
import android.view.LayoutInflater
import android.view.View
import android.view.ViewGroup
import androidx.appcompat.app.AppCompatActivity
import com.google.android.material.appbar.MaterialToolbar
import android.widget.RadioGroup
import com.google.android.material.chip.Chip
import com.google.android.material.floatingactionbutton.FloatingActionButton
import android.widget.Toast
import com.google.android.material.snackbar.Snackbar

class OrderFragment : Fragment() {

    override fun onCreateView(
        inflater: LayoutInflater, container: ViewGroup?, savedInstanceState: Bundle?
    ): View? {
        val view = inflater.inflate(R.layout.fragment_order, container, false)
        val toolbar = view.findViewById<MaterialToolbar>(R.id.toolbar)
        (activity as AppCompatActivity).setSupportActionBar(toolbar)

        val fab = view.findViewById<FloatingActionButton>(R.id.fab)
        fab.setOnClickListener {
            val pizzaGroup = view.findViewById<RadioGroup>(R.id.pizza_group)
            val pizzaType = pizzaGroup.checkedRadioButtonId
            if (pizzaType == -1) {
                val text = "You need to choose a pizza type"
                Toast.makeText(activity, text, Toast.LENGTH_LONG).show()
            } else {
                var text = (when (pizzaType) {
                    R.id.radio_diavolo -> "Diavolo pizza"
                    else -> "Funghi pizza"
                })
```

我們要使用這些額外的類別，所以匯入它們。

將 OnClick Listener 加至 FAB。

在用户於沒有選擇披薩種類卻按下 FAB 時顯示 toast。

開始建立披薩訂單文字。

程式還沒結束，見下一頁。

OrderFragment.kt（續）

```
                val parmesan = view.findViewById<Chip>(R.id.parmesan)
                text += if (parmesan.isChecked) ", extra parmesan" else ""
                val chiliOil = view.findViewById<Chip>(R.id.chili_oil)
                text += if (chiliOil.isChecked) ", extra chili oil" else ""
                Snackbar.make(fab, text, Snackbar.LENGTH_LONG).show()
            }
        }
        return view
    }
}
```

將配料加入文字。

製作與顯示 snackbar。

BitsandPizzas
app/src/main
java
com.hfad.bitsandpizzas
OrderFragment.kt

新車試駕

當我們未選擇披薩種類卻按下 FAB 時，app 會顯示一個 toast 來要求我們選擇一種披薩。

當我們選擇一種披薩並按下 FAB 時，螢幕底部會出現一個 snackbar 來顯示訂單的詳情。

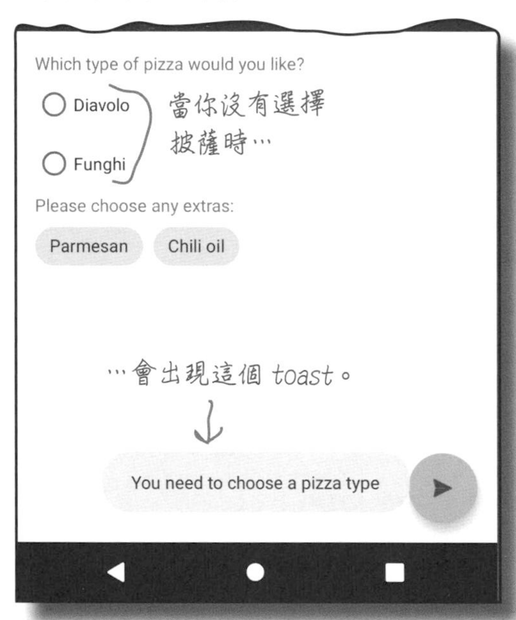

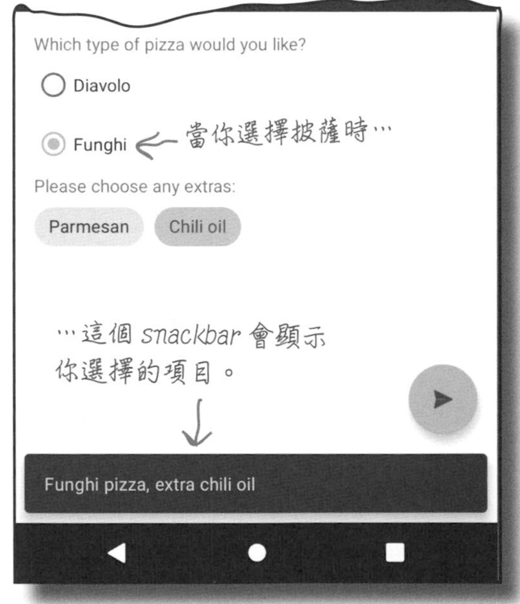

恭喜你！你已經知道如何讓 FAB 透過顯示快顯訊息來回應按下的動作了。

池畔風光

你的**目標**是完成下面的程式，在按下一個 ID 為 fab 的 FAB 時顯示一個 snackbar。這個 snackbar 有個名為「Undo」的 action，當它被按下時會顯示一個 toast。請將池子裡的程式片段放入空格。一個程式片段**只能**使用一次，你不需要使用所有的程式片段。

```
override fun onCreateView(
    inflater: LayoutInflater, container: ViewGroup?, savedInstanceState: Bundle?
): View? {
    val view = inflater.inflate(R.layout.fragment_order, container, false)
    val fab = view.findViewById<FloatingActionButton>(R.id.fab)
    fab.setOnClickListener {
        Snackbar.................(fab, "Your order has been updated",.......................................)
                .setAction("Undo") {
                    Toast.................(..............., "Undone!",.......................................)
                        .................
                }
                .................
    }
    return view
}
```

提醒你，池中的每一個片段都只能使用一次！

LENGTH_SHORT
LENGTH_SHORT
SHORT
SHORT
fab
this
.
.
.
.
makeText
makeText
display()
display()
make
make
show()
show()
activity
snackbar
Toast
toast
Snackbar

池畔風光解答

你的**目標**是完成下面的程式，在按下一個 ID 為 fab 的 FAB 時顯示一個 snackbar。這個 snackbar 有個名為「Undo」的 action，當它被按下時會顯示一個 toast。請將池子裡的程式片段放入空格。一個程式片段**只能**使用一次，你不需要使用所有的程式片段。

```
override fun onCreateView(
    inflater: LayoutInflater, container: ViewGroup?, savedInstanceState: Bundle?
): View? {
    val view = inflater.inflate(R.layout.fragment_order, container, false)
    val fab = view.findViewById<FloatingActionButton>(R.id.fab)
    fab.setOnClickListener {
        Snackbar.make(fab, "Your order has been updated", Snackbar.LENGTH_SHORT)
              .setAction("Undo") {
                  Toast.makeText(activity, "Undone!", Toast.LENGTH_SHORT)
                       .show()
              }
              .show()
    }
    return view
}
```

顯示 snackbar 一段短暫的時間。

使用 make() 方法來建立 snackbar。

使用 makeText 方法來建立 toast。

顯示 toast。

使用 fragment 所在的 activity 來短暫顯示 toast。

顯示 snackbar。

我們不需要這些片段。

make snackbar makeText SHORT display() SHORT toast display() fab this

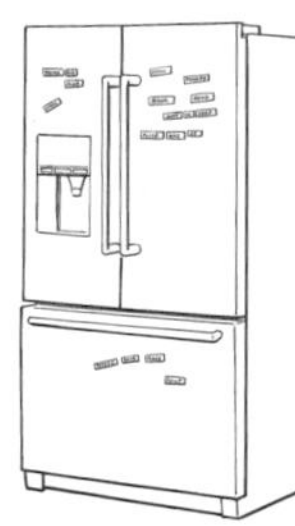

layout 磁貼解答

有人用磁貼在冰箱門寫一個 layout 檔來製作有圖像的摺疊工具列。不幸的是，天外飛來一隻尋找食物的翼手龍，把磁貼全部撥到地上了。

看看你能不能以正確的順序將磁貼放回去。

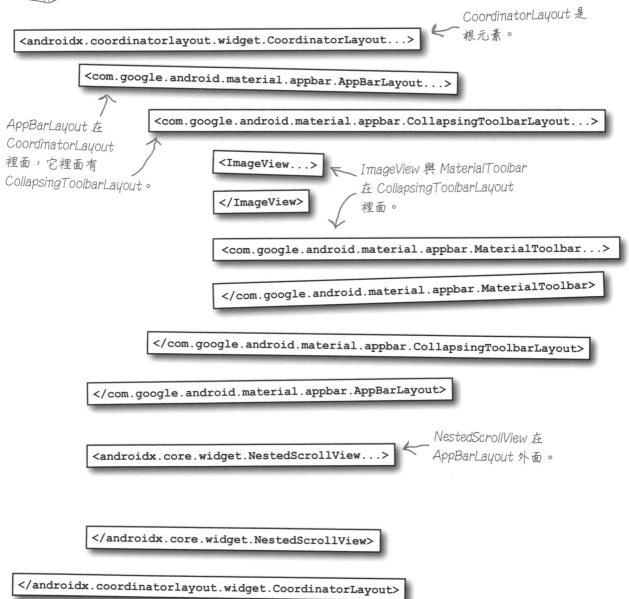

```
<androidx.coordinatorlayout.widget.CoordinatorLayout...>

    <com.google.android.material.appbar.AppBarLayout...>

        <com.google.android.material.appbar.CollapsingToolbarLayout...>

            <ImageView...>

            </ImageView>

            <com.google.android.material.appbar.MaterialToolbar...>

            </com.google.android.material.appbar.MaterialToolbar>

        </com.google.android.material.appbar.CollapsingToolbarLayout>

    </com.google.android.material.appbar.AppBarLayout>

    <androidx.core.widget.NestedScrollView...>

    </androidx.core.widget.NestedScrollView>

</androidx.coordinatorlayout.widget.CoordinatorLayout>
```

CoordinatorLayout 是根元素。

AppBarLayout 在 CoordinatorLayout 裡面，它裡面有 CollapsingToolbarLayout。

ImageView 與 MaterialToolbar 在 CollapsingToolbarLayout 裡面。

NestedScrollView 在 AppBarLayout 外面。

你的 Android 工具箱

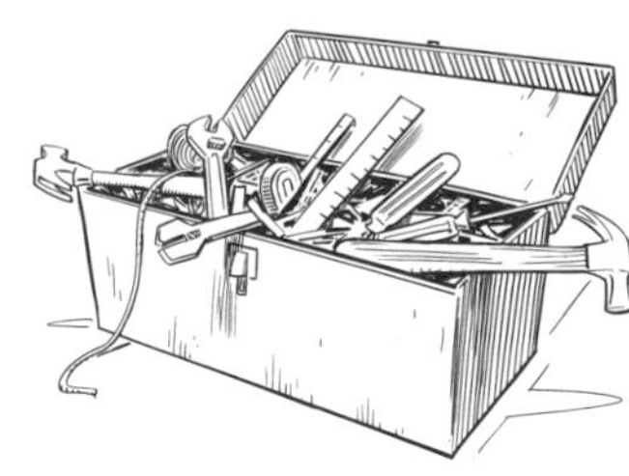

你已經掌握第 9 章，將更多 view 與組件加入你的工具箱了。

你可以在 tinyurl.com/hfad3 下載本章的完整程式碼。

本章重點

- 使用 `CoordinatorLayout` 來協調 view 之間的動態。
- 使用 `AppBarLayout` 來製作工具列動態。
- 當你想讓 view 回應用戶捲動設備螢幕的動作時，使用 `NestedScrollView`。
- 使用 `CollapsingToolbarLayout` 來加入可根據用戶的捲動行為來摺疊與展開的工具列。
- 若要定義一群選項按鈕，你要先使用 `<RadioGroup>` 來定義選項按鈕群組，然後使用 `<RadioButton>` 來將各個選項按鈕放入選項按鈕群組。
- 選項按鈕、切換按鈕、開關與核取方塊都是複合按鈕。複合按鈕就是可以打開或關閉的按鈕。
- chip 是比較靈活的複合按鈕，可以用來做出選擇、進行輸入、篩選資料，以及執行動作。
- 你可以將多個 chip 放入一個 chip 群組裡面。
- 使用 FAB（浮動按鈕）來顯示一般的或重要的用戶行動。
- toast 是一種快顯訊息。
- snackbar 是另一種快顯訊息，它可以和用戶互動。

10 view binding

形影不離

是時候跟 findViewById() 揮手告別了。

你應該已經發現，你使用的 view 越多、app 的互動越多，**你就越常呼叫 *findViewById()***。如果你懶得在每次使用 view 時輸入這段程式了，你並不孤單。本章將告訴你如何藉著實作 **view binding** 來**讓 *findViewById()* 成為過往雲煙**。你將知道如何將這項技術用在 **activity 與 fragment 程式**上，以及為何這種方法讓你在操作 layout 的 view 時**更安全、更有效率**。該上路了…

在 findViewById() 幕後

如你所知，每次你想要在 activity 或 fragment 程式裡面和 view 互動時，你都要先呼叫 `findViewById()` 來取得它的參考。例如，下面的 activity 程式使用 ID `start_button` 來取得一顆 `Button` 的參考，讓它可以回應按下的動作。

```
class MainActivity : AppCompatActivity() {
    override fun onCreate(savedInstanceState: Bundle?) {
        super.onCreate(savedInstanceState)
        setContentView(R.layout.activity_main)

        val startButton = findViewById<Button>(R.id.start_button)
        startButton.setOnClickListener {
            //做某些事情的程式碼
        }
    }
}
```

用 findViewById() 取得按鈕的參考，以便呼叫它的方法。

但是當你呼叫 `findViewById()` 時究竟發生什麼事？

findViewById() 會在 view 階層裡面尋找一個 view

當上面的程式執行時會發生下面的事情：

1. **MainActivity 的 layout 檔（activity_main.xml）被充氣成 View 物件階層。**

   如果這個檔案描述一個 linear layout，裡面有一個 text view 與一顆按鈕，這個 layout 會被充氣成 `LinearLayout`、`TextView` 與 `Button` 物件。`LinearLayout` 是這個階層的根 view。

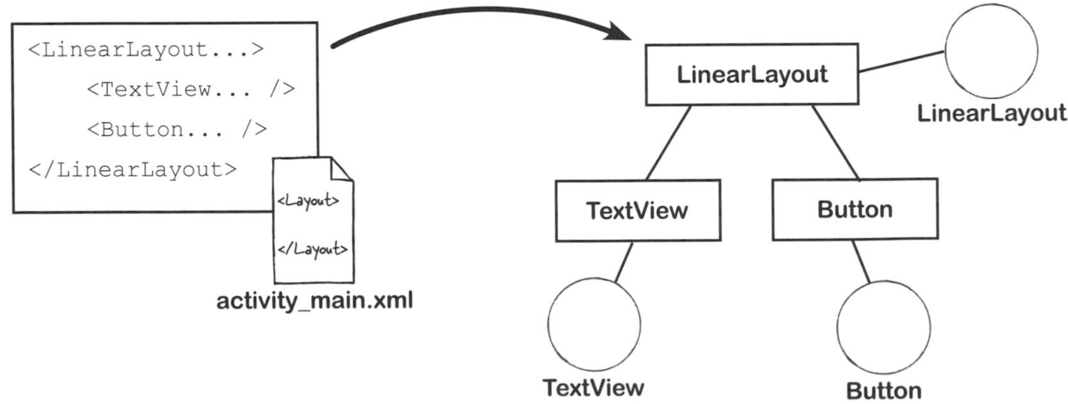

故事還沒結束

2 **Android 在 View 階層裡面尋找 ID 相符的 View。**

我們使用 `findViewById<Button>(R.id.start_button)`，所以 Android 會在 view 階層裡面尋找 ID 為 `start_button` 的 `View`。

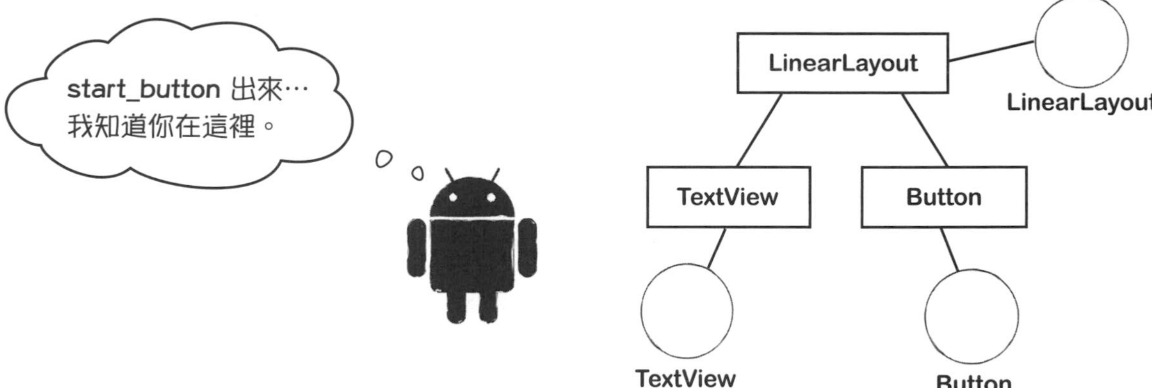

3 **Android 回傳在階層裡面使用這個 ID 而且在最上面的 View，並將它換成你在呼叫 findViewById() 時指定的型態。**

在此，`findViewById<Button>(R.id.start_button)` 會在階層裡面尋找 ID 為 `start_button` 的第一個 `View`，並將它轉換成 `Button`。現在 `MainActivity` 可以與它互動了。

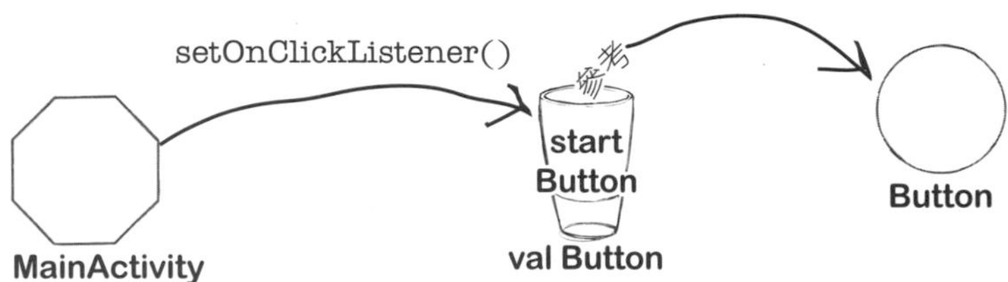

這是 startButton 變數，它保存 findViewById() 回傳的 Button 的參考。

所以每次你使用 `findViewById()` 時，Android 就會在 layout 的階層裡面尋找 ID 相符的 `View`，並將它轉換成指定的型態。

腦力激盪

知道 `findViewById()` 如何運作之後，你有沒有看到這種做法的缺點？你認為還有什麼不同的做法？

findViewById() 有一個缺點

雖然你可以用 `findViewById()` 來取得 view 的參考，但是它有幾個缺點。

- **它會讓程式更長。**

  你需要互動的 view 越多，你需要發出的呼叫就越多，這會導致難以閱讀的冗長程式。

- **它的效率很低。**

  每次你呼叫 `findViewById()` 時，Android 就必須在 layout 的階層裡面尋找 ID 相符的 view。這很沒有效率，尤其是當你的 layout 有很多 view 在一個很深的階層裡面時。

你的意思是我又要
搜尋那個階層了？
哩嘛幫幫忙！

- **它不是 null 安全的（null-safe）。**

  `findViewById()` 的用途是在執行期尋找 view，這意味著編譯器無法檢查常見的錯誤。

  例如，你可能將一個無效的 ID 傳給 `findViewById()`，也就是在 layout 裡面的不存在 ID。如果你試著使用：

  ```
  val message = view.findViewById<EditText>(R.id.message)
  ```

  而且 layout 沒有 ID 為 `message` 的 `View`，Android 就會丟出一個 null 指標例外，導致 app 崩潰。

- **它不是型態安全的。**

  另一個問題是編譯器無法檢查你有沒有正確地指定 `View` 的型態，這可能會造成類別丟出例外。

  假如你有一個選項按鈕群組稱為 `pizza_group`，而且你試著使用這段程式來取得它的參考：

  ```
  val pizzaGroup = view.findViewById<ChipGroup>(R.id.pizza_group)
  ```

  雖然你指定了 `ChipGroup` 型態而不是 `RadioGroup`，但程式仍然可以編譯，編譯器不會在 build 程式時檢查型態是否正確。當 app 執行時，它會丟出一個 class cast 例外，而且 app 會崩潰。

那不是 ChipGroup！
我投降！
RadioGroup

既然 `findViewById()` 有這些缺點，有什麼替代方案？

用 view binding 來拯救你

每當你需要取得 View 的參考時，你可以使用 **view binding** 來取代呼叫 findViewById()。使用 view binding 時，你會設定一個繫結物件（稍後會詳細介紹），並用它來取得各個 view。

view binding 是 Android Jetpack 的一部分。

例如，假設你有一個 layout，裡面有一顆 ID 為 start_button 的按鈕。如果你想要讓它被按下時做某件事情，你可以使用 findViewById() 來取得它的參考：

```
val startButton = findViewById<Button>(R.id.start_button)
startButton.setOnClickListener {
    //做某些事情的程式碼
}
```

這是你到目前為止採取的做法。

但是使用 view binding 時，你不需要呼叫 findViewById() 來取得按鈕的參考，你只要使用這段程式即可：

```
binding.startButton.setOnClickListener {
    //做某些事情的程式碼
}
```

使用 view binding 的話，你可以使用 binding 物件的 startButton 屬性與按鈕互動。這個屬性保存了 ID 為 start_button 的 view 的參考。

這段程式做同一件事，但更容易寫，而且可讓你的程式更簡短且更容易閱讀。

view binding 比 findViewById() 更安全且更高效

當你使用 view binding 時，Android 就不需要在 layout 的 view 階層裡面尋找符合的 View 了，它只要使用 binding 物件來取得它即可。所以使用 view binding 比使用 findViewById() 更有效率。

使用它的另一個優點是**編譯器可以在編譯期防止 null 指標，以及類別轉換例外**。因為你使用 binding 物件來取得 view，所以編譯器知道有哪些 view 可用，以及它們的型態。它不會讓你參考不存在的 view，而且你再也不需要將它轉型成特定的型態，因為編譯器已經知道它是什麼了。因此你的程式安全許多。

view binding 是取代 findViewById() 的做法，它不但型態安全，也更高效。

知道使用 view binding 的好處之後，我們來看看如何使用它。

我們將會這樣使用 view binding

activity 和 fragment 的 view binding 程式稍微不同，所以本章將展示兩者的程式。我們將採取這些步驟：

1. **將 view binding 加入 Stopwatch app 的 activity 程式。**

   我們曾經在第 5 章建立一個 Stopwatch app 來教你 Android 的 activity 生命週期方法。我們將再次使用這個 app，並修改它的 activity 程式，讓它使用 view binding。

   目前的 Stopwatch app 使用一個 activity 而且沒有 fragment。我們將修改 activity 程式，讓它使用 view binding。

2. **將 view binding 加入 Bits and Pizzas app 的 fragment。**

   然後我們會回到上一章的 Bits and Pizzas app，告訴你如何在它的 fragment 程式中實作 view binding。

   Bits and Pizzas app 使用 fragment 程式來與它的 view 互動。我們將修改這段程式，讓它使用 view binding。

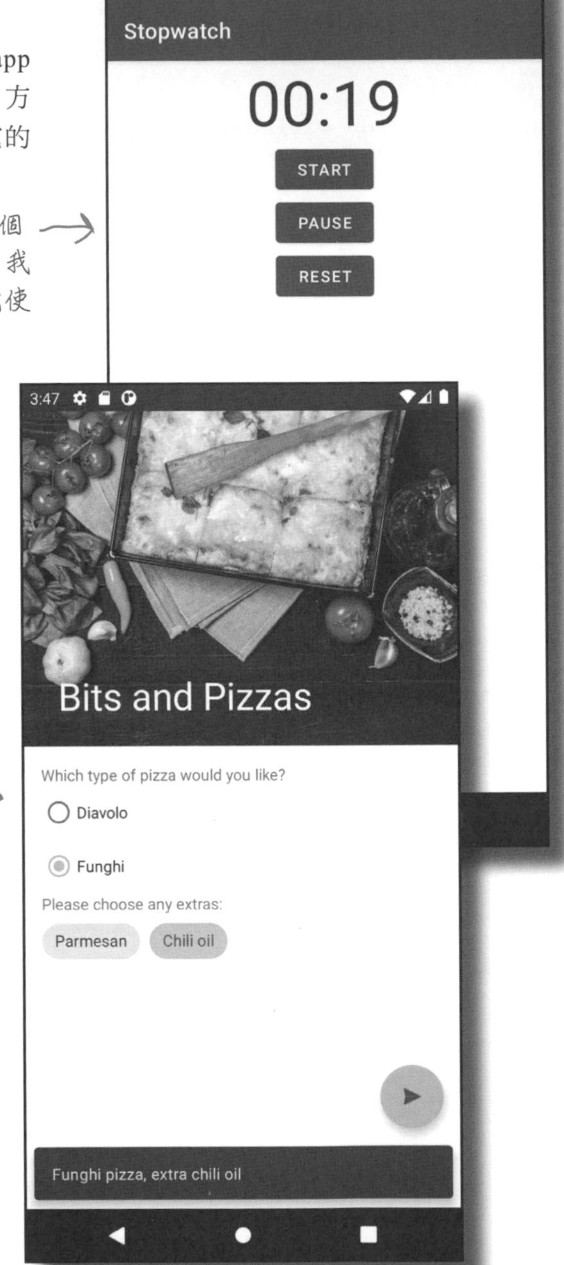

我們開始動手吧！

回顧 Stopwatch app

activity 程式
fragment 程式

我們會先修改你在第 5 章建立的 Stopwatch app，現在打開這個 app 的專案。

你應該還記得 Stopwatch app 會顯示一個簡單的馬表，你可以用三顆按鈕來啟動、暫停與重設它。它長這樣：

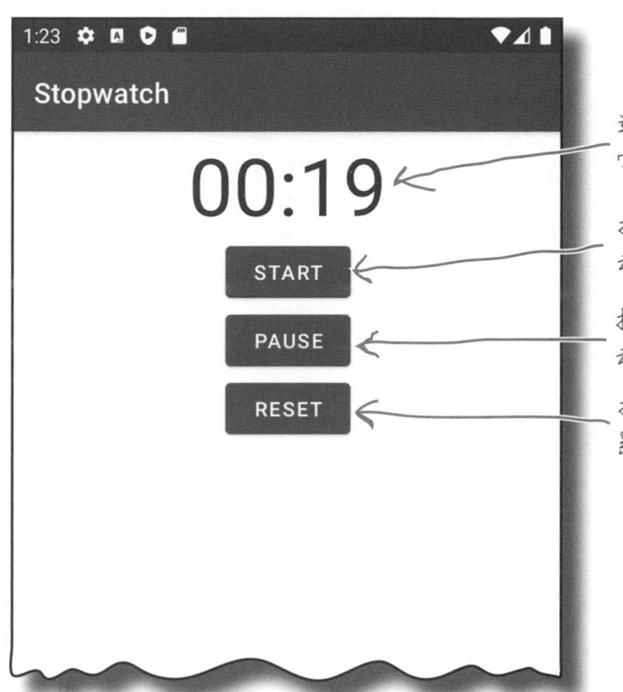

這是 Chronometer view，它顯示經過的秒數。

按下 Start 按鈕時，秒數會開始遞增。

按下 Pause 按鈕時，秒數會停止遞增。

按下 Reset 按鈕時，累計秒數會歸零。

別忘了！

我們將修改你在第 5 章建立的 Stopwatch app，務必打開這個 app 的專案。

這個 app 使用一個 activity（`MainActivity`），它有一個名為 *activity_main.xml* 的 layout 檔。

每次它需要與其中一個 view 互動時，它都會呼叫 `findViewById()` 來取得它的參考。例如，為了讓 Start 按鈕回應按下的動作，它使用這種程式：

```
val startButton = findViewById<Button>(R.id.start_button)
startButton.setOnClickListener {
    //當按鈕被按下時執行的程式
}
```

我們來看看如何修改 app 來讓它改用 view binding。

在 app build.gradle 檔裡面啟用 view binding

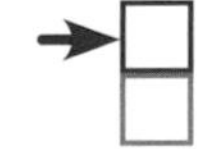

為了使用 view binding，你必須先在 app 的 *build.gradle* 檔的 `android` 區域中啟用它。啟用 view binding 的程式長這樣：

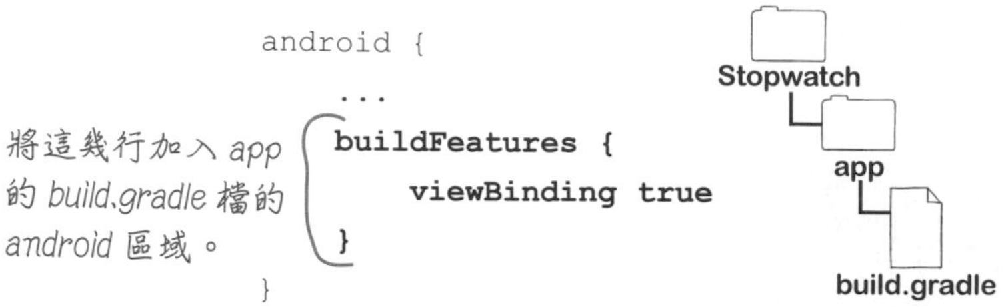

android {
...
buildFeatures {
viewBinding true
}
}
將這幾行加入 app 的 build.gradle 檔的 android 區域。
Stopwatch
app
build.gradle

我們將在 Stopwatch app 裡面使用 view binding，所以務必將上面的修改加入 *Stopwatch/app/build.gradle* 檔。然後選擇 Sync Now 選項來將這個修改與專案其餘的部分同步。

別忘了同步這個修改，否則當你試著修改 activity 程式時，你的程式會產生錯誤。

啟用 view binding 會幫每一個 layout 產生程式碼

當你啟用 view binding 時，它會自動幫 app 的每一個 layout 檔建立一個 binding 類別。例如，Stopwatch app 有一個名為 *activity_main.xml* 的 layout 檔，所以當你啟用 view binding 時，它會自動產生一個名為 `ActivityMainBinding` 的 binding 類別：

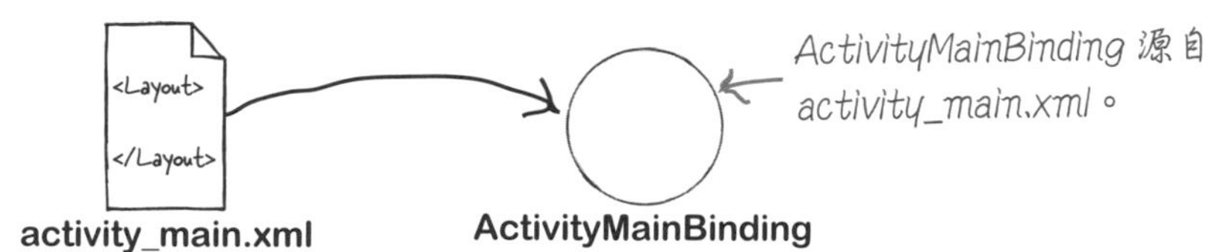

只要在 layout 裡的 view 有 ID ，那個 view 在 binding 類別裡面就有一個屬性。例如，layout *activity_main.xml* 有一個 ID 為 `start_button` 的按鈕，所以 binding 類別 `ActivityMainBinding` 有一個名為 `startButton` 的屬性，它的型態是 `Button`。

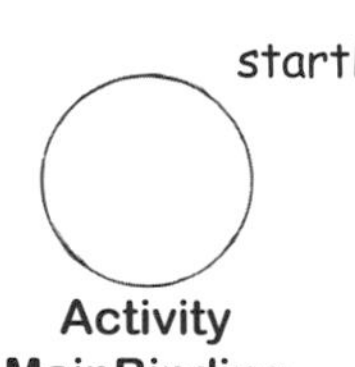

binding 類別很重要，**因為 layout 的 view 被繫結到 binding 類別的屬性**。當你需要一個 view 的參考時，你只要與 binding 類別的 view 的屬性互動即可，不需要呼叫 `findViewById()`。

在 Stopwatch app 裡面啟用 view binding 之後，我們來看看如何在 `MainActivity` 的程式中使用它。

如何將 view binding 加入 activity

→ activity 程式
fragment 程式

在你建立的每一個 activity 裡，讓 activity 使用 view binding 的程式幾乎都一樣。它長這樣：

```
package com.hfad.stopwatch

import androidx.appcompat.app.AppCompatActivity
import android.os.Bundle
import com.hfad.stopwatch.databinding.ActivityMainBinding

class MainActivity : AppCompatActivity() {
    private lateinit var binding: ActivityMainBinding

    override fun onCreate(savedInstanceState: Bundle?) {
        super.onCreate(savedInstanceState)
        setContentView(R.layout.activity_main)
        binding = ActivityMainBinding.inflate(layoutInflater)
        val view = binding.root
        setContentView(view)
    }
}
```

匯入 binding 類別，在這個例子中，它是 ActivityMainBinding。

加入這個 binding 屬性。

將這一行換成下面的程式。

設定屬性。

這會建立一個接到 layout 的 ActivityMainBinding 物件。

將 view 設為根 view。

將根 view 傳給 setContentView()。

Stopwatch
app/src/main
java
com.hfad.stopwatch
MainActivity.kt

上面的程式宣告一個名為 `binding` 的屬性，它的型態是 `ActivityMainBinding`。我們在 activity 的 `onCreate()` 方法裡面設定這個屬性：

```
binding = ActivityMainBinding.inflate(layoutInflater)
```

必須用這一行程式來取得 ActivityMainBinding 物件。

這一行程式呼叫 `ActivityMainBinding` 的 `inflate()` 方法，它會建立一個連接 activity 的 layout 的 `ActivityMainBinding` 物件。

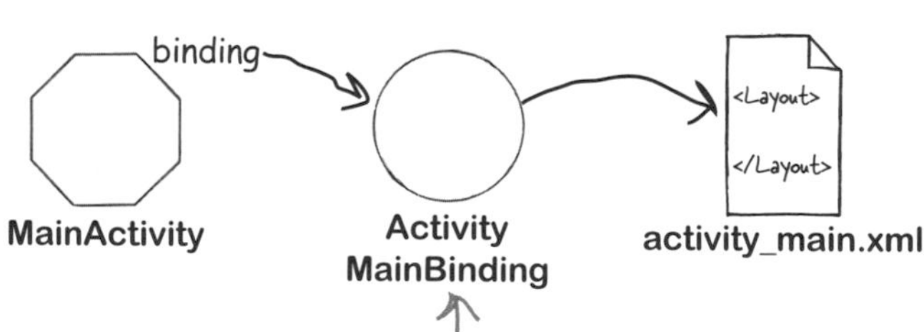

MainActivity 的 binding 屬性被設為 ActivityMainBinding 物件。activity 的 view 被接到這個物件。

這段程式：

```
val view = binding.root
setContentView(view)
```

會取得 `binding` 物件的根 view，並使用 `setContentView()` 方法來顯示它。

當你用這種方式來將 view binding 加入 activity 之後，你就可以使用 `binding` 屬性來與 layout 的 view 互動了。我們來做這件事。

使用 binding 屬性來與 view 互動

→ activity 程式
fragment 程式

目前的 MainActivity 程式會與它的 view 互動來控制馬表，並讓它的按鈕回應按下的動作。我們可以修改這段程式，讓它使用 activity 的 binding 屬性來取得 view，而不是呼叫 findViewById()。

為了讓你了解程式如何運作，我們以 MainActivity 的 Start 按鈕為例。

layout 程式

Start 按鈕是在 *activity_main.xml* 裡面使用這段程式來定義的：

Stopwatch
app/src/main
res
layout
activity_main.xml

```
...
<Button
    android:id="@+id/start_button"
    android:layout_width="wrap_content"
    android:layout_height="wrap_content"
    android:text="@string/start" />
...
```

如你所見，它的 ID 是 start_button。

activity 程式

MainActivity 藉著使用 findViewById() 來讓按鈕回應按下的動作：

```
val startButton = findViewById<Button>(R.id.start_button)
startButton.setOnClickListener {
    //當按鈕被按下時執行的程式
}
```

Stopwatch
app/src/main
java
com.hfad.stopwatch
MainActivity.kt

使用 view binding 的話，我們將程式改成：

我們可以使用 binding 屬性來取得 start_button view。

```
val startButton = findViewById<Button>(R.id.start_button)
binding.startButton.setOnClickListener {
    //當按鈕被按下時執行的程式
}
```

這段程式與原始的程式做同一件事，但它使用 MainActivity 的 binding 屬性來與按鈕互動。

我們來修改 MainActivity 的所有程式，讓它使用 view binding。

完整的 MainActivity.kt 程式

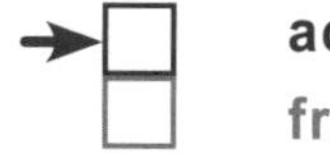

activity 程式
fragment 程式

這是改好的 MainActivity 程式，請按照它來修改你的 *MainActivity.kt*（粗體為修改處）：

```
package com.hfad.stopwatch

import androidx.appcompat.app.AppCompatActivity
import android.os.Bundle
import android.os.SystemClock
import android.widget.Button
import android.widget.Chronometer
import com.hfad.stopwatch.databinding.ActivityMainBinding
```

我們不需要這些 import 了，所以刪除它們。（刪除 import android.widget.Button 與 import android.widget.Chronometer）

匯入 binding 類別。

```
class MainActivity : AppCompatActivity() {
    private lateinit var binding: ActivityMainBinding
    lateinit var stopwatch: Chronometer  //The chronometer
    var running = false //chronometer 正在跑嗎？
    var offset: Long = 0  //chronometer 的基準偏移值

    val OFFSET_KEY = "offset"
    val RUNNING_KEY = "running"
    val BASE_KEY = "base"
```

加入 binding 屬性。

我們原本加入 stopwatch 屬性，但因為有 view binding，所以現在不需要它了。（刪除 lateinit var stopwatch: Chronometer）

Stopwatch
app/src/main
java
com.hfad.stopwatch
MainActivity.kt

```
    override fun onCreate(savedInstanceState: Bundle?) {
        super.onCreate(savedInstanceState)
        setContentView(R.layout.activity_main)
        binding = ActivityMainBinding.inflate(layoutInflater)
        val view = binding.root
        setContentView(view)
        stopwatch = findViewById<Chronometer>(R.id.stopwatch)

        //恢復之前的狀態
        if (savedInstanceState != null) {
            offset = savedInstanceState.getLong(OFFSET_KEY)
            running = savedInstanceState.getBoolean(RUNNING_KEY)
            if (running) {
                binding.stopwatch.base = savedInstanceState.getLong(BASE_KEY)
                binding.stopwatch.start()
            } else setBaseTime()
        }
```

刪除這一行。（setContentView(R.layout.activity_main)）

加入 view binding 程式。

我們移除 stopwatch 屬性了，所以不需要在這裡設定它。（刪除 stopwatch = findViewById<Chronometer>(R.id.stopwatch)）

使用 binding 屬性來取得 stopwatch。

程式還沒結束，見下一頁。

MainActivity.kt（續）

Stopwatch
app/src/main
java
com.hfad.stopwatch
MainActivity.kt

```
        //用 start 按鈕啟動馬表，如果它還沒有開始執行的話
        val startButton = findViewById<Button>(R.id.start_button)
        binding.startButton.setOnClickListener {
            if (!running) {
                setBaseTime()
                binding.stopwatch.start()
                running = true
            }
        }

        //用 pause 按鈕來暫停馬表
        val pauseButton = findViewById<Button>(R.id.pause_button)
        binding.pauseButton.setOnClickListener {
            if (running) {
                saveOffset()
                binding.stopwatch.stop()
                running = false
            }
        }

        //用 reset 按鈕來將 offset 與馬表設為 0
        val resetButton = findViewById<Button>(R.id.reset_button)
        binding.resetButton.setOnClickListener {
            offset = 0
            setBaseTime()
        }
    }

    override fun onPause() {
        super.onPause()
        if (running) {
            saveOffset()
            binding.stopwatch.stop()
        }
    }
```

（刪除線：val startButton = findViewById<Button>(R.id.start_button)）← 移除這一行。

使用 binding 屬性來取得 view。

（刪除線：val pauseButton = findViewById<Button>(R.id.pause_button)）← 移除這一行。

也在這裡使用 binding 屬性。

在這裡使用 view binding 來取代 findViewById()。

也在這裡使用 view binding。

程式還沒結束，見下一頁。

MainActivity.kt（續）

activity 程式
fragment 程式

Stopwatch
app/src/main
java
com.hfad.stopwatch
MainActivity.kt

```
    override fun onResume() {
        super.onResume()
        if (running) {
            setBaseTime()
            binding.stopwatch.start()
            offset = 0
        }
    }

    override fun onSaveInstanceState(savedInstanceState: Bundle) {
        savedInstanceState.putLong(OFFSET_KEY, offset)
        savedInstanceState.putBoolean(RUNNING_KEY, running)
        savedInstanceState.putLong(BASE_KEY, binding.stopwatch.base)
        super.onSaveInstanceState(savedInstanceState)
    }

    //修改馬表基準時間，允許任何偏移值
    fun setBaseTime() {
        binding.stopwatch.base = SystemClock.elapsedRealtime() - offset
    }

    //記錄 offset
    fun saveOffset() {
        offset = SystemClock.elapsedRealtime() - binding.stopwatch.base
    }
}
```

在這裡使用 view binding。

也在這裡使用 view binding。

我們也要在這裡使用 binding 屬性。

以及這裡。

這就是修改 Stopwatch app 來讓它使用 view binding 的所有地方。我們先看看當程式執行時會發生什麼事，再來執行它。

程式做了什麼

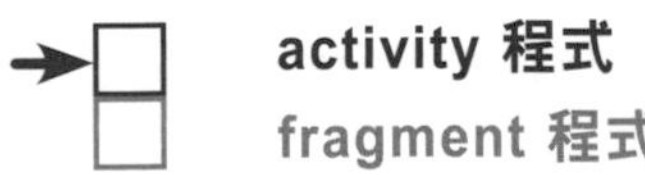

當 app 執行時會發生這些事情：

1. **當 app 啟動時，Android 建立 MainActivity。**

   它有一個名為 `binding` 的 `ActivityMainBinding` 屬性。

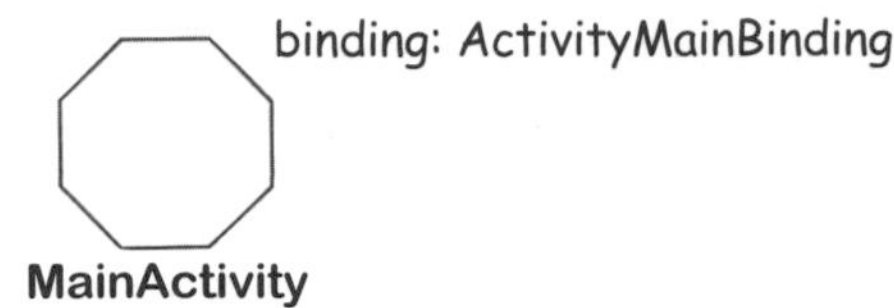

2. **當 MainActivity 的 onCreate() 方法執行時，它會將 ActivityMainBinding 物件指派給 binding 屬性。**

   `binding` 屬性是在 `onCreate()` 裡面設定的，因為此時 `MainActivity` 第一次與 view 互動。

3. **在 layout 中有 ID 的每一個 view 在 ActivityMainBinding 物件裡面都有一個屬性。**

   例如，在 layout 檔 *activity_main.xml* 裡面有一個 ID 為 `start_button` 的按鈕，所以 `ActivityMainBinding` 有一個名為 `startButton` 的 `Button` 屬性，可用來與這個 view 互動。

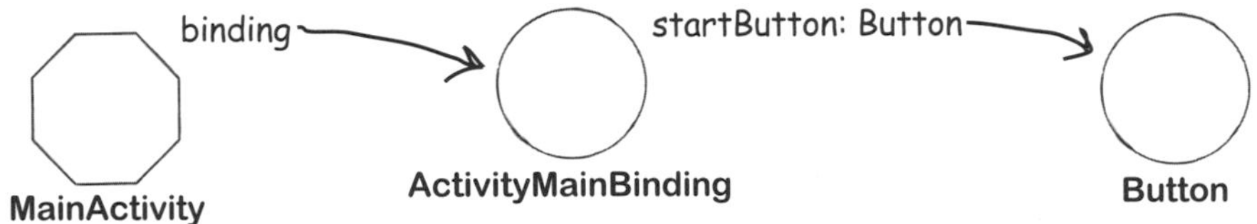

4. **MainActivity 使用 binding 屬性來與它的 view 互動。**

   它指定了 Start 按鈕如何回應按下的動作，例如，藉著呼叫 `startButton` 屬性的 `setOnClickListener()` 來回應。

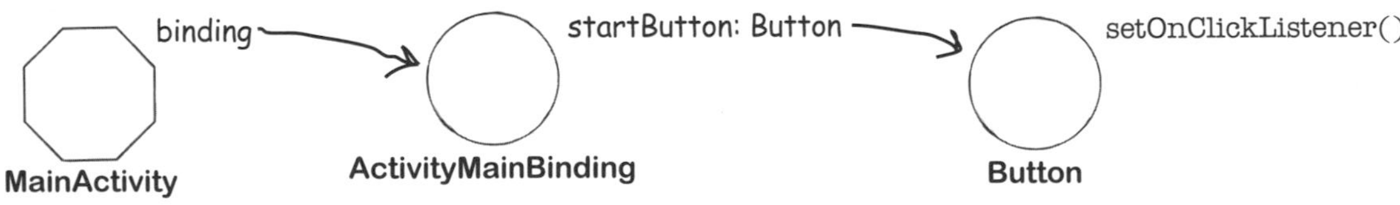

我們來執行一下 app。

新車試駕

activity 程式
fragment 程式

執行 app 時，它的運作方式與之前一樣。當我們按下 Start 按鈕時，馬表會開始計時，當我們按下 Pause 與 Reset 按鈕時，它會暫停與重設。

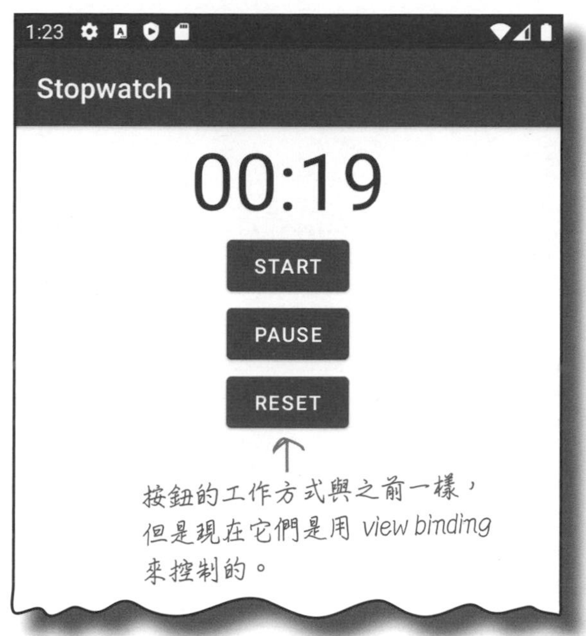
1:23
Stopwatch
00:19
START
PAUSE
RESET
按鈕的工作方式與之前一樣，但是現在它們是用 view binding 來控制的。

但是，不同的地方在於，現在 `MainActivity` 使用 view binding 來與它的 view 互動，而不是呼叫 `findViewById()`。

沒有蠢問題

問：**為什麼你到現在才介紹 view binding？**

答：我們想要在介紹 view binding 之前，讓你獲得更多使用 activity 與 fragment 的經驗。view binding 會讓某些部分的程式比較複雜，我們認為先讓你熟悉基礎知識比較重要。

問：**能不能阻止 Android 為特定的 layout 檔產生 binding 類別？**

答：可以。如果你不會用 view binding 來處理特定的 layout，你可以在它的根 view 加入這一行程式，來阻止 Android 產生它的 binding 類別：

```
tools:viewBindingIgnore="true"
```

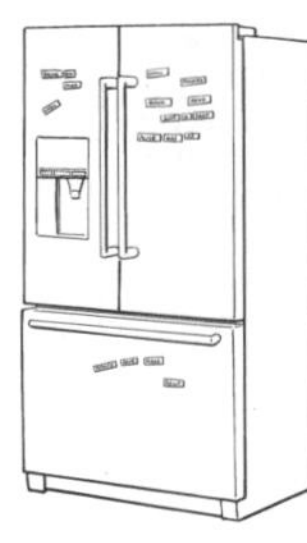

activity 磁貼

有一個名為 MainActivity 的 activity 使用 *activity_main.xml* 作為它的 layout。這個 layout 有一個 Button（它的 ID 是 pow_button）與一個 TextView（它的 ID 是 pow_text）。當 Button 被按下時，它必須讓 TextView 顯示「Pow!」。

有人已經使用冰箱磁貼完成 MainActivity 程式了，但是廚房突然刮起一場沙塵暴，把部分的磁貼吹到地上，你能不能將程式拼回去？

```
package com.hfad.myapp

import androidx.appcompat.app.AppCompatActivity
import android.os.Bundle
import android.os.SystemClock

import com.hfad.myapp.databinding.....................

class MainActivity : AppCompatActivity() {

    private lateinit var binding:.....................

    override fun onCreate(savedInstanceState: Bundle?) {
        super.onCreate(savedInstanceState)

        binding = .....................inflate(layoutInflater)
        val view = binding.root
        setContentView(view)


        ............. . .............setOnClickListener {

            ............. . .............text = "Pow!"
        }
    }
}
```

你不需要使用所有的磁貼。

磁貼：

- MainActivityBinding
- ActivityMainBinding
- MainActivityBinding
- pow_button
- ActivityMainBinding
- view
- powText
- binding
- ActivityMainBinding
- MainActivityBinding
- powButton
- pow_text
- binding
- view

答案在第 431 頁。

fragment 也可以使用 view binding（但是程式稍微不同）

activity 程式
fragment 程式

你已經知道如何在 activity 程式中實作 view binding 了，我們來看看如何在 fragment 裡面使用它。如前所述，它在 fragment 中的寫法與在 activity 中的寫法略有不同。

我們要在 Bits and Pizzas app 裡面實作 view binding

我們將藉著修改第 9 章製作的 Bits and Pizzas app 來了解 fragment 的 view binding 如何運作。打開這個 app 的專案。

你一定還記得，Bits and Pizzas app 用了一些 Material view（例如摺疊工具列與 FAB），來讓披薩 app 的 UI 具有互動性。這個 UI 是由 app 的 fragment 定義的，它的名稱是 `FragmentOrder`。

複習一下，這是 Bits and Pizzas app 的外觀。它會顯示各種不同的 view，這些 view 是用 fragment 來控制的。我們可以藉著實作 view binding，來將呼叫 findViewById() 的地方都換掉。

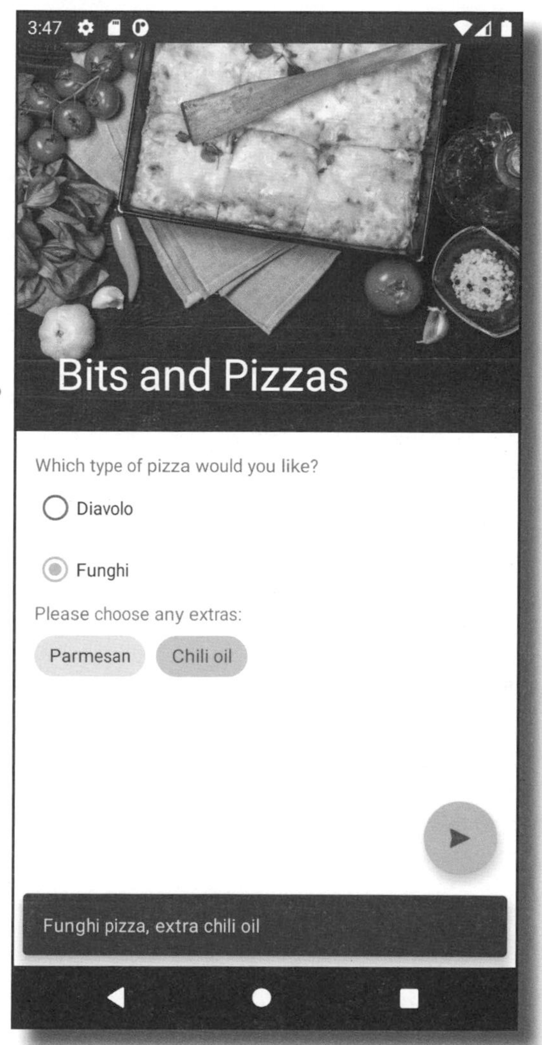

`FragmentOrder` 的程式有許多呼叫 `findViewById()` 的地方。我們來看看如何用 view binding 來取代它們。

別忘了！
務必先關閉 Stopwatch app，並且打開你在第 9 章建立的 Bits and Pizzas app，再繼續閱讀下去。

讓 Bits and Pizzas 使用 view binding

與之前一樣，如果你要在 Bits and Pizzas 專案裡面使用 view binding，首先，你必須在 app 的 *build.gradle* 檔裡面啟用它。

打開 *BitsandPizzas/app/build.gradle*，將下面的程式加入 `android` 區域：

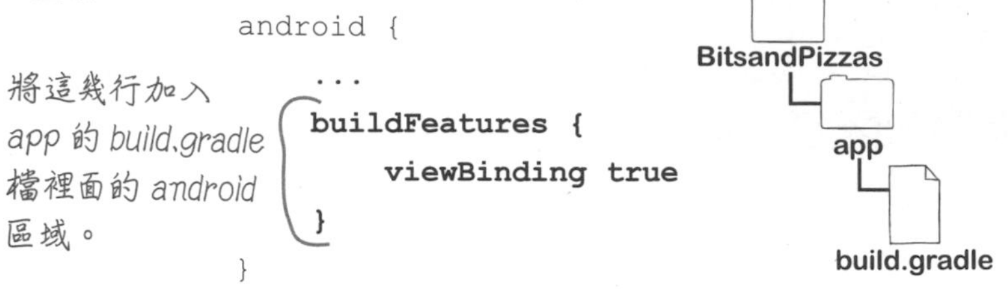


```
android {
    ...
    buildFeatures {
        viewBinding true
    }
}
```

然後選擇 Sync Now 選項，來讓專案的其他部分與你的修改保持同步。

每一個 layout 都會產生 binding 類別

如同 Stopwatch app，在 Bits and Pizzas app 裡面啟用 view binding 會幫 app 的每一個 layout 檔建立一個 binding 類別。這個 app 有兩個 layout 檔，*activity_main.xml* 與 *fragment_order.xml*，所以它會產生兩個 binding 類別：`ActivityMainBinding` 與 `FragmentOrderBinding`。

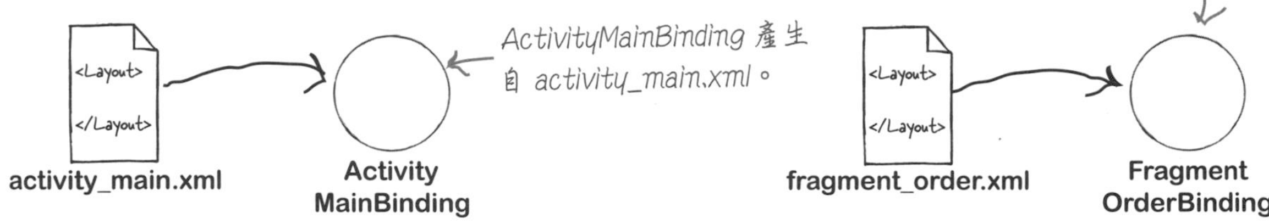

與之前一樣，在 layout 裡面有 ID 的每一個 view 在 binding 類別裡面都有一個屬性。例如，layout *fragment_order.xml* 有一個 ID 為 `pizza_group` 的選項按鈕群組，所以 binding 類別 `FragmentOrderBinding` 有一個名為 `pizzaGroup` 的屬性，它的型態是 `RadioGroup`。

在 Bits and Pizzas app 裡，與 view 互動的程式都在 *OrderFragment.kt* 裡面，所以我們只需要修改這個檔案即可讓 app 使用 view binding。

pizzaGroup: RadioGroup

Fragment OrderBinding

fragment_order.xml 有一個選項按鈕群組，它的 ID 是 pizza_group，所以 FragmentOrderBinding 有一個 RadioGroup 屬性，名為 pizzaGroup。

fragment 的 view binding 程式有些不同

activity 程式
fragment 程式

我們說過，在 fragment 裡面使用 view binding 程式與在 activity 裡面使用的程式稍微不同。在告訴你 fragment view binding 程式長怎樣之前，我們要先介紹一些比較深的東西，讓你知道程式為何不同。

activity 可以在 onCreate() 與 view 互動

你已經知道，activity 在它的 `onCreate()` 方法執行時第一次與它的 layout 互動。`onCreate()` 是 activity 的生命週期的第一個方法，它的用途是將 layout 充氣（或將它與 view binding 繫結起來）並執行初始的設定。例如，如果有按鈕需要回應按下的動作，activity 會在它的 `onCreate()` 方法裡面將 `OnClickListener` 指派給它。

接下來，activity 可以繼續與它的 layout 互動，直到它的 `onDestroy()` 方法執行為止。`onDestroy()` 是 activity 的生命週期的最後一個方法，activity 會在這個方法執行完畢之後銷毀。

因為 activity 從 `onCreate()` 到 `onDestroy()` 都可以和它的 layout 裡面的 view 互動，所以它可以在它的任何方法裡面與它們互動：

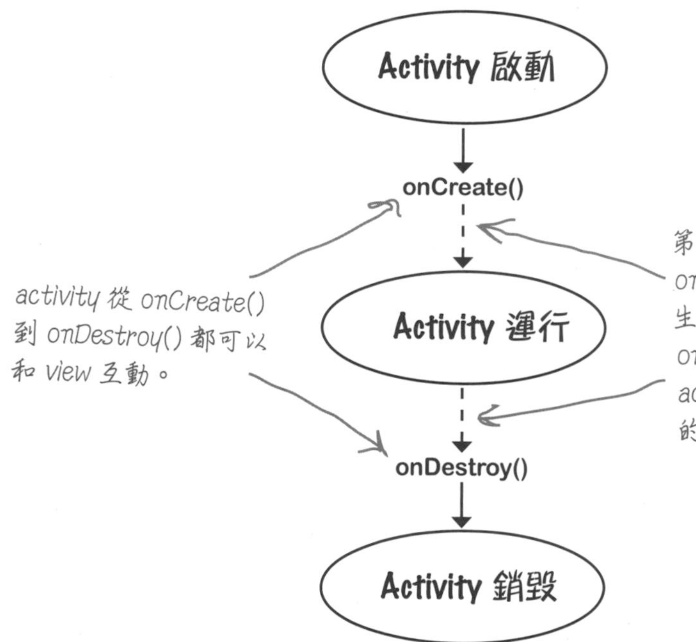
Activity 啟動
onCreate()
Activity 運行
onDestroy()
Activity 銷毀
activity 從 onCreate() 到 onDestroy() 都可以和 view 互動。
第 5 章說過，在 onCreate() 與 onDestroy() 之間會執行其他的生命週期方法，例如 onStart()、onResume()、onPause() 與 onStop()。activity 可以在以上所有方法裡面與它的 view 互動。

這就是 activity 的情況，但是 fragment 的情況有點不同，我們來看看。

activity 程式
fragment 程式

fragment 從 onCreateView() 到 onDestroyView() 可以和 view 互動

如你所知，fragment 在它的 `onCreateView()` 方法執行時，第一次與它的 layout 互動。Android 會在 activity 需要與 fragment 的 layout 互動時呼叫這個方法，用它來將 layout 充氣，並執行初始設定，例如設定 `OnClickListener`。

但是 `onCreateView()` 不是 fragment 的生命週期的第一個方法。Android 會在執行 `onCreateView()` 方法之前執行其他的方法，例如 `onCreate()`，它們無法和 fragment 的 view 互動。

在 fragment 的 `onCreateView()` 方法執行之後，fragment 可以繼續與它的 view 互動，直到它的 `onDestroyView()` 方法完成執行為止。Android 會在 activity 再也不需要 fragment 的 layout 時呼叫 `onDestroyView()`，也許是因為 activity 需要前往不同的 fragment，或是它被銷毀了。

但是，`onDestroyView()` 不是 fragment 的生命週期的最後一個方法。Android 會在 `onDestroyView()` 的後面執行其他的方法，例如 `onDestroy()`，它們也無法與 fragment 的 view 互動：

activity 從 onCreate() 到 onDestroy() 都可以和它的 view 互動。

fragment 只有從 onCreateView() 到 onDestroyView() 可以和它的 view 互動。

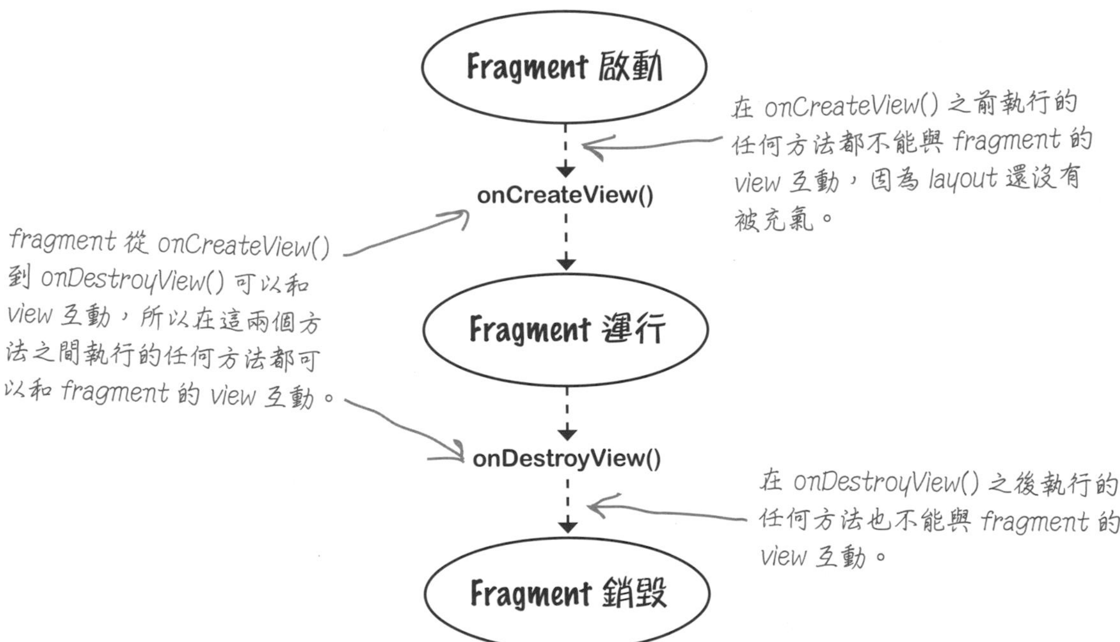
Fragment 啟動
onCreateView()
Fragment 運行
onDestroyView()
Fragment 銷毀
在 onCreateView() 之前執行的任何方法都不能與 fragment 的 view 互動，因為 layout 還沒有被充氣。
fragment 從 onCreateView() 到 onDestroyView() 可以和 view 互動，所以在這兩個方法之間執行的任何方法都可以和 fragment 的 view 互動。
在 onDestroyView() 之後執行的任何方法也不能與 fragment 的 view 互動。

我們將在下一頁介紹 fragment 生命週期的概要，然後展示 fragment view binding 程式長怎樣。

fragment 生命週期方法探究

fragment 的生命週期很像 activity 的生命週期，但它有一些額外的步驟。以下是主要的 fragment 生命週期方法何時被呼叫、它們的用途是什麼，以及它們與顯示 fragment 的 activity 的狀態的關係：

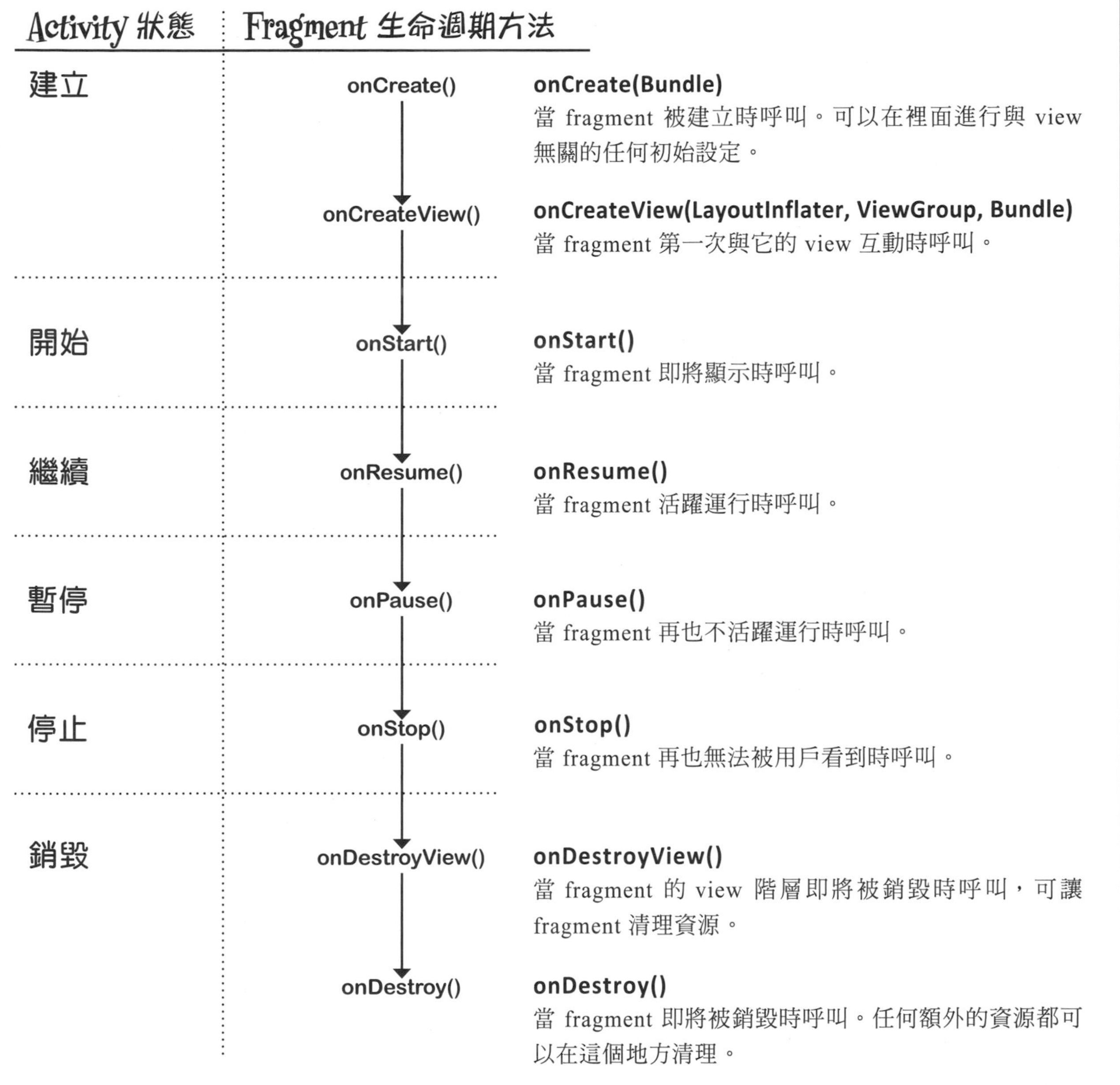

onCreate(Bundle)
當 fragment 被建立時呼叫。可以在裡面進行與 view 無關的任何初始設定。

onCreateView(LayoutInflater, ViewGroup, Bundle)
當 fragment 第一次與它的 view 互動時呼叫。

onStart()
當 fragment 即將顯示時呼叫。

onResume()
當 fragment 活躍運行時呼叫。

onPause()
當 fragment 再也不活躍運行時呼叫。

onStop()
當 fragment 再也無法被用戶看到時呼叫。

onDestroyView()
當 fragment 的 view 階層即將被銷毀時呼叫，可讓 fragment 清理資源。

onDestroy()
當 fragment 即將被銷毀時呼叫。任何額外的資源都可以在這個地方清理。

fragment view binding 程式長怎樣

現在可以讓你知道 fragment view binding 程式長怎樣了。如同 activity，為了在 fragment 裡面啟用 view binding，你要讓 fragment 使用 binding 屬性，但做法有些不同。

程式如下：

BitsandPizzas / app/src/main / java / com.hfad.bitsandpizzas / OrderFragment.kt

```
package com.hfad.bitsandpizzas

import android.os.Bundle
import androidx.fragment.app.Fragment
import android.view.LayoutInflater
import android.view.View
import android.view.ViewGroup
import com.hfad.bitsandpizzas.databinding.FragmentOrderBinding

class OrderFragment : Fragment() {
    private var _binding: FragmentOrderBinding? = null
    private val binding get() = _binding!!

    override fun onCreateView(
        inflater: LayoutInflater, container: ViewGroup?, savedInstanceState: Bundle?
    ): View? {
        val view = inflater.inflate(R.layout.fragment_order, container, false)
        _binding = FragmentOrderBinding.inflate(inflater, container, false)
        val view = binding.root
        return view
    }

    override fun onDestroyView() {
        super.onDestroyView()
        _binding = null
    }
}
```

匯入 binding 類別，在此是 FragmentOrderBinding。

加入一個名為 _binding 的 backing 屬性，將它設為 null。

使用 binding 屬性來存取 _binding。如果 _binding 不是 null，它會回傳 _binding。如果 _binding 是 null，試著使用它會丟出 null 指標例外。

移除這一行。（`val view = inflater.inflate(R.layout.fragment_order, container, false)`）

設定 _binding 屬性。

取得被連到 fragment 的 layout 的 FragmentOrderBinding 物件。

在 onDestroyView() 裡面，將 _binding 設為 null。

如你所見，上面的程式定義了兩個額外的屬性：binding 與 _binding。我們來了解這兩個屬性的作用。

> **放輕鬆**
>
> **每一個 fragment 的 view binding 程式都幾乎一模一樣。**
>
> 進行這些修改之後，你就可以像處理 activity 那樣，換掉所有 findViewById() 方法了。

activity 程式

fragment 程式

_binding 指向 binding 物件…

如你所見，fragment 的 view binding 程式定義了一個 _binding 屬性如下：

```
private var _binding: FragmentOrderBinding? = null
```

我們先將 _binding 屬性設為 null。

參考

null

_binding

var FragmentOrderBinding?

它的型態是 FragmentOrderBinding?，初始值被設為 null。

在 fragment 的 onCreateView() 方法裡面，_binding 被設為 FragmentOrderBinding 的實例：

```
override fun onCreateView(...): View? {
    _binding = FragmentOrderBinding.inflate(inflater, container, false)
    ...
}
```

當 fragment 可以和它的 layout 互動時，_binding 被設為 FragmentOrderBinding 物件。

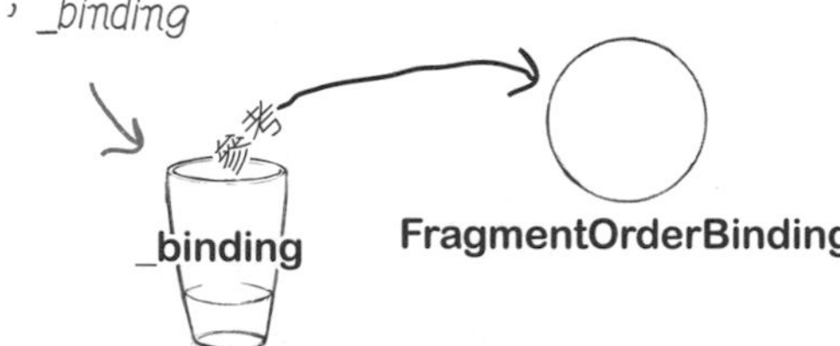

var FragmentOrderBinding?

在這個方法裡面設定它是因為這裡是 fragment 第一次與它的 view 互動的地方。

_binding 在 fragment 的 onDestroyView() 方法裡面被設回 null：

```
override fun onDestroyView() {
    super.onDestroyView()
    _binding = null
}
```

fragment 在 onDestroyView() 方法執行之後不能與它的 layout 互動，所以 _binding 被設回 null。

因為 fragment 在 onDestroyView() 方法執行之後，就不能與它的 view 互動了。

…而且 binding 屬性可讓你在它不是 null 時與它互動

binding 屬性使用 getter 來回傳非 null 版本的 _binding，並且在 _binding 是 null 時丟出 null 指標例外：

```
private val binding get() = _binding!!
```

這意味著，你可以使用 binding 屬性與來 fragment 的 view 互動，而不需要進行大量且雜亂的 null 安全檢查。例如，你只要使用這段程式即可讓 fragment 的 FAB 回應按下的動作：

```
binding.fab.setOnClickListener {
    //做某些事情的程式碼
}
```

注意，_binding 是 nullable，binding 不是。它們指向同一個物件，但使用 binding 屬性不需要做 null 安全檢查。

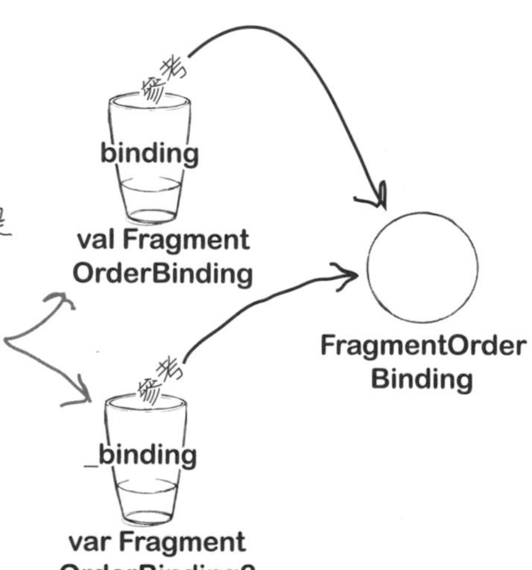

activity 程式
fragment 程式

我應該懂了。fragment 的 view binding 程式與 activity 的 view binding 不一樣的原因是，fragment 在 onCreateView() 方法執行時前不能與它的 view 互動。

activity 與 fragment 可以和它們的 view 互動的生命週期階段不同。

activity 從它被建立，而且它的 `onCreate()` 方法被呼叫之後，就可以和它的 view 互動了。activity 可以持續和這些 view 互動，直到它被銷毀為止，此時也是它的生命週期的結束。

但是，*fragment* 在 `onCreateView()` 方法被呼叫之後，才可能和它的 view 互動。這意味著，你只能在這個方法裡面將 `_binding` 屬性設成 view binding 物件。

fragment 可以持續與它的 view 互動，直到 `onDestroyView()` 方法被呼叫。此時，fragment 的 layout 會被丟棄，所以 `_binding` 必須被設成 null。這可以防止 fragment 在不能和 view 互動時試著使用 view binding 物件。

知道在 fragment 裡面使用 view binding 的所有知識之後，我們來修改 Bits and Pizzas app 的 `OrderFragment` 的程式。

OrderFragment.kt 的完整程式

activity 程式
fragment 程式

這是讓 OrderFragment 使用 view binding 的程式，請依此修改 *OrderFragment.kt*（粗體為修改處）：

BitsandPizzas
app/src/main
java
com.hfad.bitsandpizzas
OrderFragment.kt

```
package com.hfad.bitsandpizzas

import android.os.Bundle
import androidx.fragment.app.Fragment
import android.view.LayoutInflater
import android.view.View
import android.view.ViewGroup
import androidx.appcompat.app.AppCompatActivity
import com.google.android.material.appbar.MaterialToolbar
import android.widget.RadioGroup
import com.google.android.material.chip.Chip
import com.google.android.material.floatingactionbutton.FloatingActionButton
import android.widget.Toast
import com.google.android.material.snackbar.Snackbar
import com.hfad.bitsandpizzas.databinding.FragmentOrderBinding

class OrderFragment : Fragment() {
    private var _binding: FragmentOrderBinding? = null
    private val binding get() = _binding!!

    override fun onCreateView(
        inflater: LayoutInflater, container: ViewGroup?, savedInstanceState: Bundle?
    ): View? {
        val view = inflater.inflate(R.layout.fragment_order, container, false)
        _binding = FragmentOrderBinding.inflate(inflater, container, false)
        val view = binding.root
        val toolbar = view.findViewById<MaterialToolbar>(R.id.toolbar)
        (activity as AppCompatActivity).setSupportActionBar(binding.toolbar)
```

我們不需要這些 import 了，所以刪除它們。

匯入 binding 類別。

宣告 _binding 與 binding 屬性。

刪除這一行。

設定 _binding 屬性。

使用 view binding 來取代 findViewById()。

程式還沒結束，見下一頁。

OrderFragment.kt（續）

```
        val fab = view.findViewById<FloatingActionButton>(R.id.fab)
        binding.fab.setOnClickListener {
            val pizzaGroup = view.findViewById<RadioGroup>(R.id.pizza_group)
            val pizzaType = binding.pizzaGroup.checkedRadioButtonId
            if (pizzaType == -1) {
                val text = "You need to choose a pizza type"
                Toast.makeText(activity, text, Toast.LENGTH_LONG).show()
            } else {
                var text = (when (pizzaType) {
                    R.id.radio_diavolo -> "Diavolo pizza"
                    else -> "Funghi pizza"
                })
                val parmesan = view.findViewById<Chip>(R.id.parmesan)
                text += if (binding.parmesan.isChecked) ", extra parmesan" else ""
                val chiliOil = view.findViewById<Chip>(R.id.chili_oil)
                text += if (binding.chiliOil.isChecked) ", extra chili oil" else ""
                Snackbar.make(binding.fab, text, Snackbar.LENGTH_LONG).show()
            }
        }
        return view
    }

    override fun onDestroyView() {
        super.onDestroyView()
        _binding = null
    }
}
```

將 findViewById() 換成 view binding。（刪除劃線的 val fab 一行）

刪除這一行。（val pizzaGroup）

也在這裡使用 view binding。

將這些呼叫 findViewById() 的地方換成 view binding。（刪除劃線的 val parmesan、val chiliOil 兩行）

使用 binding 來取得 FAB。

覆寫 onDestroyView() 生命週期方法，在 fragment 無法與它的 view 互動時，將 _binding 設為 null。

BitsandPizzas
app/src/main
java
com.hfad.bitsandpizzas
OrderFragment.kt

以上就是讓 OrderFragment 使用 view binding 的所有程式。
我們來執行 app，以確定它仍然可以正常動作。

新車試駕

activity 程式
fragment 程式

執行 app 時，它的運作方式與之前一樣。

當我們未選擇披薩種類卻按下 FAB 時，app 會顯示一個 toast 來要求我們選擇一種披薩。

當我們選擇一種披薩並按下 FAB 時，螢幕底部會出現一個 snackbar 來顯示訂單的詳情。

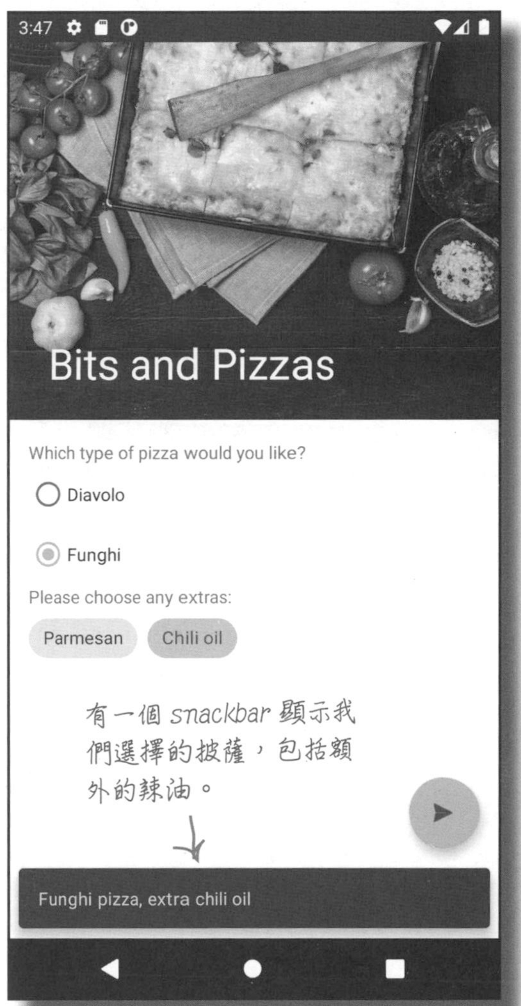

恭喜你！你已經知道如何在 activity 與 fragment 程式中實作 view binding 了。我們將在本書接下來的內容中繼續使用 view binding。

習題

下面的 fragment 可讓一個 FAB（其 ID 為 `fab`）回應按下的動作。當它被按下時，設備螢幕會顯示一個 snackbar。snackbar 有一個顯示 toast 的 action。

你能不能修改 fragment，讓它使用 view binding？

```
... ← 省略程式包宣告和 import 陳述式…
class MyFragment : Fragment() {

    override fun onCreateView(
        inflater: LayoutInflater, container: ViewGroup?, savedInstanceState: Bundle?
    ): View? {
        val view = inflater.inflate(R.layout.fragment_my, container, false)
        val fab = view.findViewById<FloatingActionButton>(R.id.fab)
        fab.setOnClickListener {
            Snackbar.make(fab, "Your order has been updated", Snackbar.LENGTH_SHORT)
                    .setAction("Undo") {
                        Toast.makeText(activity, "Undone!", Toast.LENGTH_SHORT)
                        .show()
                    }
                    .show()
        }
        return view
    }
}
```

答案在第 432 頁。

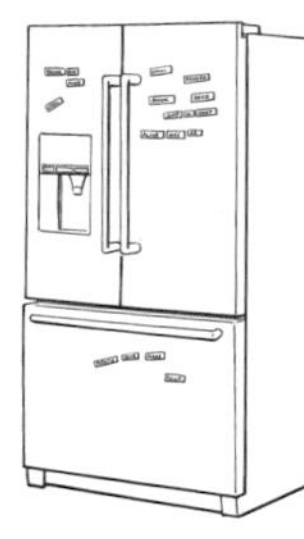

activity 磁貼解答

有一個名為 MainActivity 的 activity 使用 *activity_main.xml* 作為它的 layout。這個 layout 有一個 Button（它的 ID 是 pow_button）與一個 TextView（它的 ID 是 pow_text）。當 Button 被按下時，它必須讓 TextView 顯示「Pow!」。

有人已經使用冰箱磁貼完成 MainActivity 程式了，但是廚房突然刮起一場沙塵暴，把部分的磁貼吹到地上，你能不能將程式拼回去？

```
package com.hfad.myapp

import androidx.appcompat.app.AppCompatActivity
import android.os.Bundle
import android.os.SystemClock

import com.hfad.myapp.databinding.ActivityMainBinding

class MainActivity : AppCompatActivity() {

    private lateinit var binding: ActivityMainBinding

    override fun onCreate(savedInstanceState: Bundle?) {
        super.onCreate(savedInstanceState)

        binding = ActivityMainBinding.inflate(layoutInflater)
        val view = binding.root
        setContentView(view)

        binding.powButton.setOnClickListener {
            binding.powText.text = "Pow!"
        }
    }
}
```

匯入 ActivityMainBinding 類別。

binding 屬性的型態必須是 ActivityMainBinding。

設定 binding 屬性。

使用 view binding 來設定按鈕的 OnClickListener。

使用 view binding 來設定 text view 的文字。

你不需要使用這些磁貼。

MainActivityBinding

view

MainActivityBinding

pow_text

view

pow_button

MainActivityBinding

習題解答

下面的 fragment 可讓一個 FAB（其 ID 為 fab）回應按下的動作。當它被按下時，設備螢幕會顯示一個 snackbar。snackbar 有一個顯示 toast 的 action。

你能不能修改 fragment，讓它使用 view binding？

```
...
class MyFragment : Fragment() {
    private var _binding: FragmentMyBinding? = null
    private val binding get() = _binding!!

    override fun onCreateView(
        inflater: LayoutInflater, container: ViewGroup?, savedInstanceState: Bundle?
    ): View? {
        val view = inflater.inflate(R.layout.fragment_my, container, false)
        _binding = FragmentMyBinding.inflate(inflater, container, false)
        val view = binding.root
        val fab = view.findViewById<FloatingActionButton>(R.id.fab)
        binding.fab.setOnClickListener {
            Snackbar.make(binding.fab, "Your order has been updated",
                                Snackbar.LENGTH_SHORT)
                .setAction("Undo") {
                    Toast.makeText(activity, "Undone!", Toast.LENGTH_SHORT)
                    .show()
                }
                .show()
        }
        return view
    }

    override fun onDestroyView() {
        super.onDestroyView()
        _binding = null
    }
}
```

（`val view = inflater.inflate(R.layout.fragment_my, container, false)` 與 `val fab = view.findViewById<FloatingActionButton>(R.id.fab)` 兩行已被劃掉。）

宣告 _binding，將它設為 null，並加入 binding getter。

移除這一行，因為我們想要使用 view binding。

設定 _binding。

使用 view binding 來取得 FAB，而不是使用 findViewById()。

覆寫 onDestroyView()。

你的 Android 工具箱

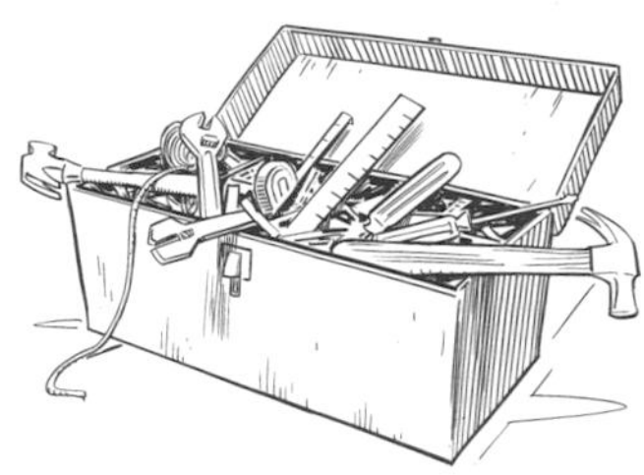

你已經掌握第 10 章，將 view binding 加入你的工具箱了。

你可以在 tinyurl.com/hfad3 下載本章的完整程式碼。

本章重點

- view binding 是與 view 互動的型態安全手段。它比使用 `findViewById()` 更高效，而且比較不會在執行期產生錯誤。
- view binding 可以在 activity 和 fragment 程式中使用。
- 你要在 app 的 *build.gradle* 檔裡面啟用 view binding。
- view binding 會幫 app 的每一個 layout 檔產生一個 binding 類別。
- 在 layout 裡面有 ID 的每一個 view 在 binding 類別裡面都有一個屬性。
- 當你在 activity 裡面使用 view binding 時，你要在 activity 的 `onCreate()` 方法裡面設定它的 binding 屬性。
- 當你在 fragment 裡面使用 view binding 時，你要在 fragment 的 `onCreateView()` 方法裡面設定它的 binding 屬性，並且在 `onDestroyView()` 裡面將它設為 null。
- fragment 有一些生命週期方法與 activity 的狀態有關。

11 view models

建立行為模型

app 越複雜，fragment 需要應付的事情就越多。

如果你不夠細心，你可能會寫出企圖包山包海的**臃腫程式**。你可能會把商業邏輯、導覽功能、UI 控制、處理組態改變的程式…等你想得到的東西都放在裡面。在本章，你將學會如何使用 **view model** 來處理這種情況。你將了解它們**如何簡化 activity 與 fragment 程式**。你將明白它們**如何在組態變化時存活下來**，讓 app 的狀態安全無恙。最後，我們將告訴你如何建立 **view model factory**。

回顧「組態的改變」

我們在第 5 章知道，在執行 app 時旋轉螢幕可能會發生不好的事情。改變螢幕方向是一種組態的改變，它會讓 Android 銷毀並重建當前的 activity。因此，view 與屬性可能會遺失它們的狀態，並且被重設：

你在第 5 章學過如何使用 activity 的 `onSaveInstanceState` 方法來處理這種情況。這個方法會在 activity 被銷毀之前觸發，我們用它來將可能遺失的值都存入 `Bundle`。當 activity 被重建時，你可以用這些被存起來的值來恢復 activity 的 view 與屬性的狀態。

fragment 也有 onSaveInstanceState 方法。雖然我們只教你在 activity 裡面採取這種做法，但它也適用於 fragment。

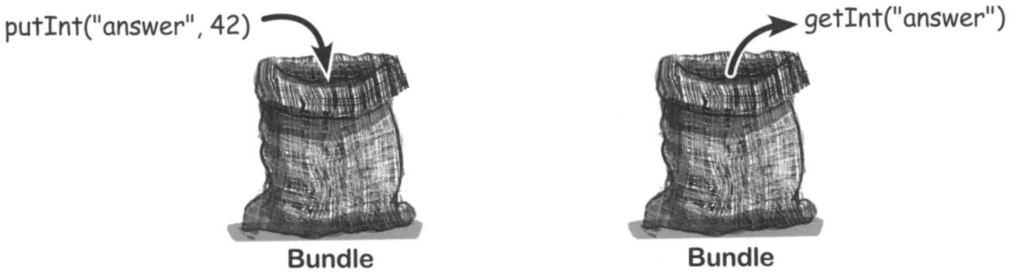

使用 `Bundle` 來儲存狀態比較適合相對簡單的 app，但它對比較複雜的 app 而言不是理想的手段。因為 `Bundle` 的目的只是為了保存少量的資料，而且只能儲存少量的型態。

問題不止如此

app 可能出現另一個問題是 activity 與 fragment 程式可能很快臃腫起來。你可能要用程式來控制巡覽、更新 UI、儲存狀態，以及加入更多商業邏輯來控制 app 的行為。把這些程式都放在同一個地方會讓程式變長，導致它難以閱讀和維護。

本章將介紹如何使用 **view model** 來解決以上所有問題。

view model 簡介

view model 是一種獨立的、與 activity 或 fragment 程式平起平坐的類別。它負責螢幕上的所有資料，以及任何商業邏輯。當 fragment 需要更新 layout 時，它會向 view model 索取最新的顯示值，而且當它需要取得商業邏輯時，它會呼叫 view model 裡面的方法。

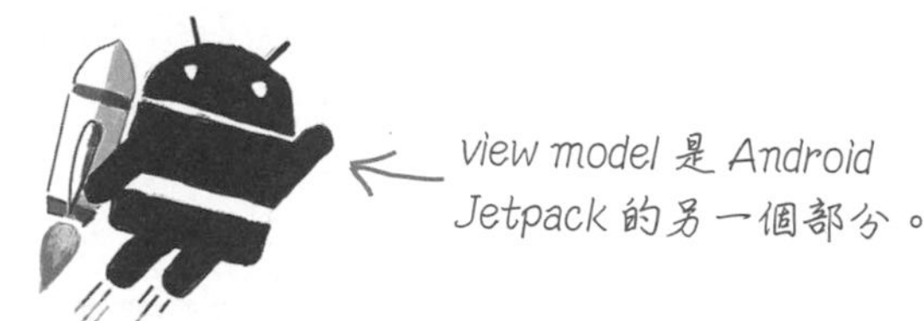

view model 是 Android Jetpack 的另一個部分。

為什麼要使用 view model？

你有很多使用 view model 的理由。

使用 view model 可以簡化你的 activity 或 fragment 程式。它可以讓你的 fragment 再也不需要加入與 app 的商業邏輯有關的程式，因為它們都被放在一個獨立的類別裡面。fragment 可以把重點放在更新螢幕或巡覽等事情上。

另一個理由是 **view model 可以在組態改變時存活下來**。它不會在用戶旋轉設備螢幕時被銷毀，所以任何變數的狀態都不會遺失。它可以讓你不需要將值存入 `Bundle` 即可恢復 app 的狀態。

問：你說 `Bundle` 的目的，只是為了保存有限數量的資料型態，這句話是不是代表我無法加入額外的型態？

答：在技術上，你可以使用一種稱為 `Parcelable` 的介面，來將額外的型態加入 `Bundle`。我們不教這種做法，因為我們認為使用 view model 比較好。

但是如果你好奇，你可以在 Android 文件裡面找到 `Parcelable` 的用法。

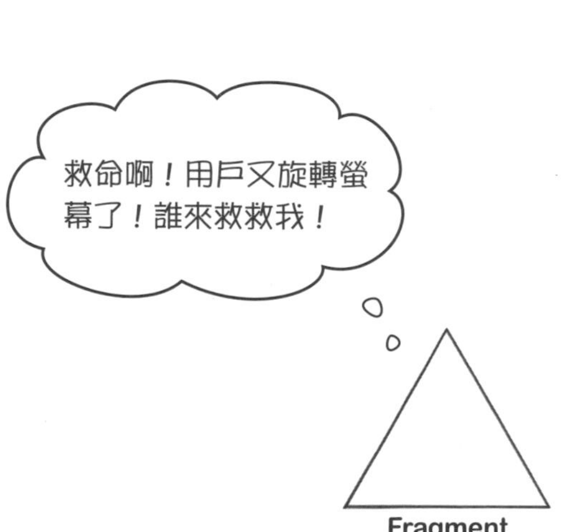

救命啊！用戶又旋轉螢幕了！誰來救救我！
Fragment

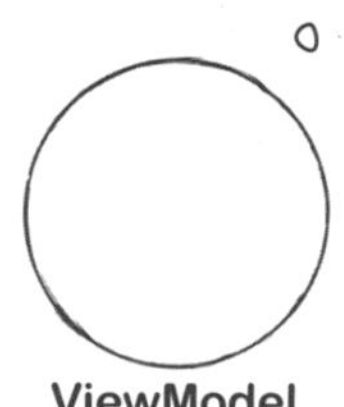

別擔心，兄弟，有我在。我會好好保護你的狀態。
ViewModel

我們將藉著製作一個猜字遊戲來了解如何使用 view model。在開始寫程式之前，我們先來看看遊戲將如何運作。

猜字遊戲怎麼進行

Guessing Game app 的目的是讓用戶猜出一個秘密單字。

當遊戲開始時，它會從一個陣列中隨機選出一個單字，並且為單字的每一個字母顯示一個空格：

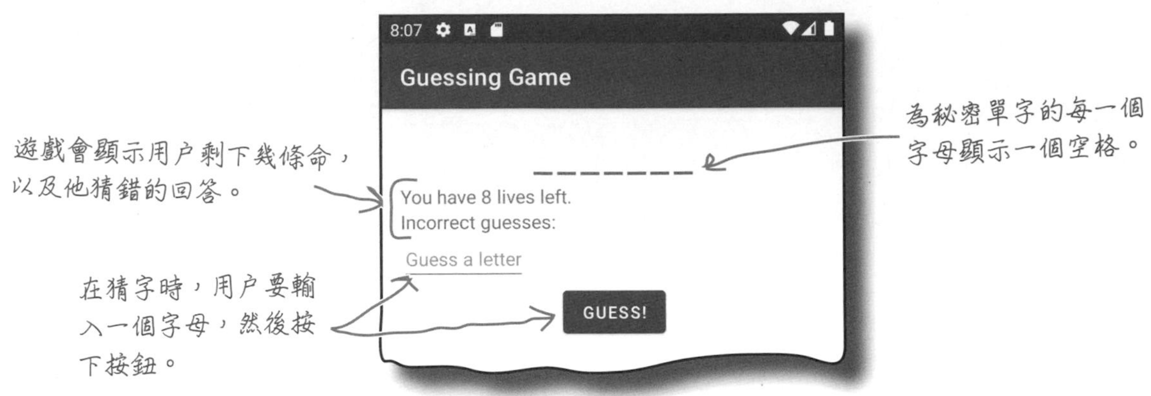

用戶要猜出秘密單字裡的一個字母。如果他猜對，遊戲會在單字的正確位置顯示那個字母。如果他猜錯，遊戲會顯示猜錯的回答，而且他會少一條命。

用戶繼續猜測，直到他找到所有字母為止，或是沒有命為止。發生這種情況時，遊戲會顯示一個新畫面，告訴他秘密單字是什麼，以及他贏了還是輸了。遊戲會提供一個選項來開始另一場遊戲。

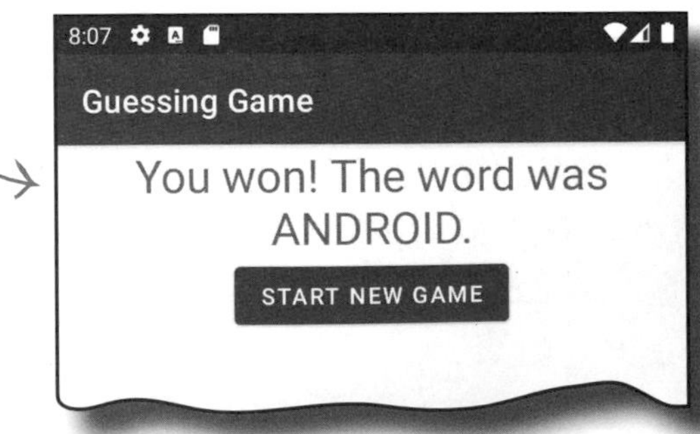

app 的結構

這個 app 有一個 activity（稱為 `MainActivity`），它將用來顯示遊戲的 fragment：`GameFragment` 與 `ResultFragment`。

`GameFragment` 是遊戲的主畫面。它會顯示秘密單字字母的空格，讓用戶猜字，並展示錯誤的回答，以及還剩多少條命。

當遊戲結束時，`GameFragment` 會使用 Navigation 組件來前往 `ResultFragment`，將一個結果 `String` 傳給它。`ResultFragment` 會顯示那個 `String` 與一顆按鈕來讓用戶開始新遊戲。

GameFragment 是讓用戶用來玩遊戲的。它是遊戲的主畫面。

_ _ _ _ _ _ _
You have 8 lives left.
Incorrect guesses:
Guess a letter
GUESS!

ResultFragment 可告訴用戶他贏了還是輸了，以及秘密單字是什麼。

You won! The word was ANDROID.
START NEW GAME

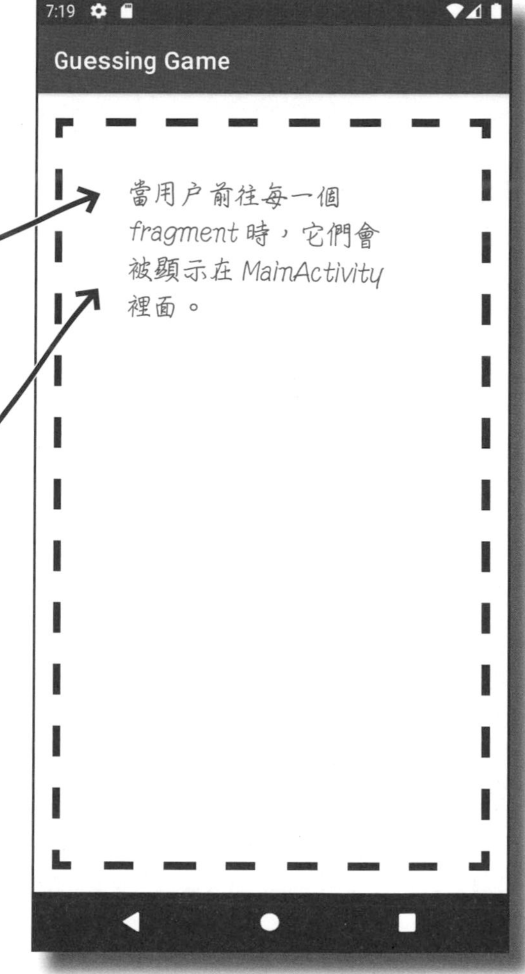

7:19
Guessing Game
當用戶前往每一個 fragment 時，它們會被顯示在 MainActivity 裡面。

我們會在製作 app 時詳細地說明 app 的結構。首先，我們來看一下我們將採取的步驟。

我們接下來要做這些事情

我們會用以下的步驟來撰寫 app：

1 **編寫基本的遊戲。**

我們將建立 GameFragment 與 ResultFragment，編寫遊戲邏輯，並使用 Navigation 組件在兩個 fragment 之間巡覽。

我們會用幾頁的內容來建立基本遊戲。你可以將這個過程視為複習你學過的東西。

2 **將一個 view model 加入 GameFragment。**

我們將建立一個 view model，即 GameViewModel，來保存 GameFragment 的遊戲邏輯與資料。這會簡化 GameFragment 程式，並確保遊戲在組態改變時可以存活。

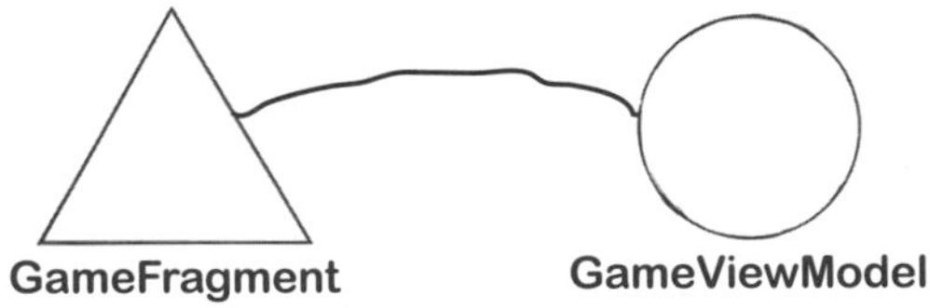

3 **為 ResultFragment 加入 view model。**

我們將加入第二個 view model，即 ResultViewModel，來讓 ResultFragment 使用。這個 view model 將保存用戶剛才玩遊戲的結果。

ResultFragment

ResultViewModel

建立 Guessing Game 專案

我們將使用新專案來建構 Guessing Game app，請按照之前章節的步驟來建立一個專案。選擇 Empty Activity，在 Name 中輸入「Guessing Game」，在 Package name 中輸入「com.hfad.guessinggame」，並接受預設的儲存位置。將 Language 設為 Kotlin，將 Minimum SDK 設為 API 21，讓它可在大多數的 Android 設備上執行。

Guessing Game app 將使用 view binding 來參考它的 view，並使用 Navigation 組件在它的 fragment 之間巡覽。我們來修改專案與 app *build.gradle* 檔來加入這些程式庫。

修改專案的 build.gradle 檔…

基本遊戲
GameFragment
ResultFragment

我們要在專案的 *build.gradle* 檔案中加入一個新變數來指定 Navigation 組件的版本，以及 Safe Args classpath。

打開 *GuessingGame/build.gradle* 檔，在下面展示的區域中加入粗體的幾行：

GuessingGame
build.gradle

```
buildscript {
    ext.nav_version = "2.3.5"
    ...
    dependencies {
        classpath "androidx.navigation:navigation-safe-args-gradle-plugin:$nav_version"
        ...
    }
}
```

將版本號碼存入 nav_version 以維持一致。

加入 Safe Args classpath。

…並且修改 app 的 build.gradle 檔…

在 app 的 *build.gradle* 檔裡面，我們要啟用 view binding，加入 Navigation 組件程式庫，並套用 Safe Args 外掛程式，以便將引數傳給 fragment。

打開 *GuessingGame/app/build.gradle*，並在適當的區域加入下面的幾行（粗體為修改處）：

```
plugins {
    ...
    id 'androidx.navigation.safeargs.kotlin'
}

android {
    ...
    buildFeatures {
        viewBinding true
    }
}

dependencies {
    ...
    implementation "androidx.navigation:navigation-fragment-ktx:$nav_version"
    ...
}
```

套用這個外掛程式。

啟用 view binding，以免不斷呼叫 findViewById()。

GuessingGame
app
build.gradle

加入 Navigation 組件的依賴關係。

進行這些修改之後，按下 Sync Now 選項來將你的修改與專案的其他部分進行同步。

接下來，我們要建立 app 的 fragment。

Guessing Game app

Guessing Game app 需要兩個引數：`GameFragment` 與 `ResultFragment`。`GameFragment` 是 app 的主畫面，`ResultFragment` 則用來顯示結果：

我們來將這兩個 fragment 加入專案。

建立 GameFragment…

我們先將 `GameFragment` 加入專案。

在 *app/src/main/java* 資料夾裡面選擇 *com.hfad.guessinggame* 程式包，然後前往 File → New → Fragment → Fragment (Blank)。將 fragment 命名為「GameFragment」，將它的 layout 命名為「fragment_game」，將語言設為 Kotlin。

先不用管這些 fragment 的程式。將它們加入導覽圖之後，我們會修改它們。

…然後建立 ResultFragment

接下來，再次在 *app/src/main/java* 資料夾裡面選擇 *com.hfad.guessinggame* 程式包，然後前往 File → New → Fragment → Fragment (Blank)。這一次，將 fragment 命名為「ResultFragment」，將它的 layout 命名為「fragment_result」，將語言設為 Kotlin。

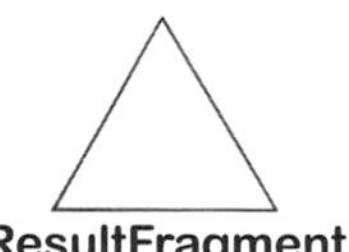

接下來幾頁會修改這兩個 fragment 的程式。在那之前，我們要在專案中加入一個導覽圖，讓 app 知道如何在兩個 fragment 之間巡覽。

如何巡覽

如你所知，導覽圖可讓 Android 知道 app 的 destination 有哪些，以及如何前往那裡。

在 Guessing Game app 裡，我們希望巡覽如此運作：

1. **在 app 啟動之後，顯示 GameFragment。**

2. **在贏得遊戲或輸掉遊戲時，GameFragment 前往 ResultFragment，並將結果傳給它。**

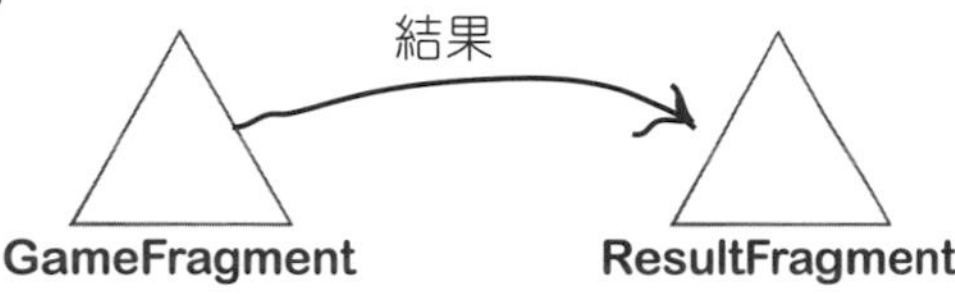

3. **當用戶按下 New Game 按鈕時，前往 GameFragment。**

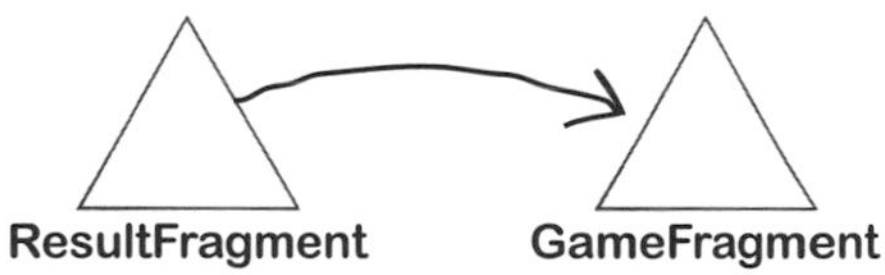

為了實作巡覽，我們要將 `GameFragment` 與 `ResultFragment` 加入新的導覽圖（我們將會建立它），並設定任何一個 fragment 都可以前往另一個。

我們也會讓 `GameFragment` 傳遞一個 `String` 引數給 `ResultFragment`，用它來製作一個訊息，顯示用戶贏了剛才的遊戲，還是輸了。

導覽圖保存 app 的所有 destination 的細節，以及如何前往那裡。

建立導覽圖

為了建立導覽圖，在專案 explorer 中選擇 *GuessingGame/app/src/main/res* 資料夾，然後選擇 File → New → Android Resource File。看到提示視窗時，在 File name 輸入「nav_graph」，在 Resource type 選擇「Navigation」，然後按下 OK 按鈕。這會建立一個名為 *nav_graph.xml* 的導覽圖。

我們要修改導覽圖，以加入 `GameFragment` 與 `ResultFragment`，還有它們各自的導覽 action。接下來要做這件事。

修改導覽圖

基本遊戲
GameFragment
ResultFragment

為了修改導覽圖，打開 *nav_graph.xml* 檔（如果它還沒有打開），切換到 Code 畫面，並按照下面的改法來修改它的程式（粗體為修改處）：

```
<?xml version="1.0" encoding="utf-8"?>
<navigation xmlns:android="http://schemas.android.com/apk/res/android"
    xmlns:app="http://schemas.android.com/apk/res-auto"
    xmlns:tools="http://schemas.android.com/tools"
    android:id="@+id/nav_graph"
    app:startDestination="@id/gameFragment">
    <fragment
        android:id="@+id/gameFragment"
        android:name="com.hfad.guessinggame.GameFragment"
        android:label="fragment_game"
        tools:layout="@layout/fragment_game" >
        <action
            android:id="@+id/action_gameFragment_to_resultFragment"
            app:destination="@id/resultFragment"
            app:popUpTo="@id/gameFragment"
            app:popUpToInclusive="true" />
    </fragment>
    <fragment
        android:id="@+id/resultFragment"
        android:name="com.hfad.guessinggame.ResultFragment"
        android:label="fragment_result"
        tools:layout="@layout/fragment_result" >
        <argument
            android:name="result"
            app:argType="string" />
        <action
            android:id="@+id/action_resultFragment_to_gameFragment"
            app:destination="@id/gameFragment" />
    </fragment>
</navigation>
```

確定檔案有這個名稱空間。

遊戲會以 GameFragment 開始。

這個 action 可讓 GameFragment 前往 ResultFragment。

這個 action 會將 GameFragment 之前的 fragment 都移出返回堆疊（含 GameFragment）。

ResultFragment 接收一個 String 引數。

這個 action 可讓 ResultFragment 前往 GameFragment。

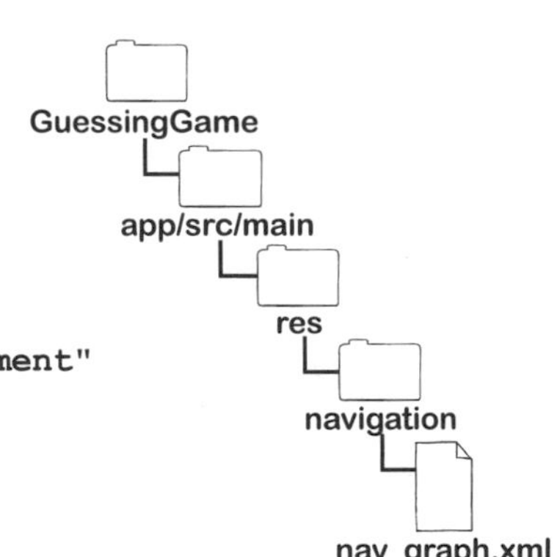

修改導覽圖之後，我們要將它接到 MainActivity，讓 MainActivity 可以在我們前往各個 fragment 時顯示它們。

在 MainActivity 的 layout 裡面顯示當前的 fragment

為了顯示各個 fragment，我們要將一個瀏覽容器加到 MainActivity 的 layout 裡面，並將該 layout 連接到我們建立的導覽圖。與之前的章節一樣，我們使用 FragmentContainerView 來做這件事。

你已經知道怎麼做了，請按照下面的做法來修改 *activity_main.xml* 的程式：

```
<?xml version="1.0" encoding="utf-8"?>
<androidx.fragment.app.FragmentContainerView
    xmlns:android="http://schemas.android.com/apk/res/android"
    xmlns:app="http://schemas.android.com/apk/res-auto"
    android:id="@+id/nav_host_fragment"
    android:layout_width="match_parent"
    android:layout_height="match_parent"
    android:name="androidx.navigation.fragment.NavHostFragment"
    app:navGraph="@navigation/nav_graph"
    app:defaultNavHost="true" />
```

GuessingGame
app/src/main
res
layout
activity_main.xml

修改 layout 之後，打開 *MainActivity.kt*，並確保它的程式與下面的程式相符：

```
package com.hfad.guessinggame

import androidx.appcompat.app.AppCompatActivity
import android.os.Bundle

class MainActivity : AppCompatActivity() {
    override fun onCreate(savedInstanceState: Bundle?) {
        super.onCreate(savedInstanceState)
        setContentView(R.layout.activity_main)
    }
}
```

GuessingGame
app/src/main
java
com.hfad.guessinggame
MainActivity.kt

以上就是 MainActivity 需要修改的地方。接下來，我們要修改兩個 fragment 的程式，先從 GameFragment 看起。

修改 GameFragment 的 layout

基本遊戲
GameFragment
ResultFragment

GameFragment 是 app 的主畫面，它是用戶玩猜字遊戲時的畫面。我們必須在它的 layout 裡面加入幾個 view，包括三個 text view（讓用戶猜的單字、剩下幾條命、猜錯的字母），一個 edit text（讓用戶輸入答案），以及一顆按鈕（用來進行猜測）。

請按照下面的程式來修改你的 *fragment_game.xml*，以加入這幾個 view：

```
<?xml version="1.0" encoding="utf-8"?>
<LinearLayout
    xmlns:android="http://schemas.android.com/apk/res/android"
    xmlns:tools="http://schemas.android.com/tools"
    android:layout_width="match_parent"
    android:layout_height="match_parent"
    android:orientation="vertical"
    android:padding="16dp"
    tools:context=".GameFragment">

    <TextView
        android:id="@+id/word"
        android:layout_width="wrap_content"
        android:layout_height="wrap_content"
        android:layout_gravity="center"
        android:textSize="36sp"
        android:letterSpacing="0.1" />

    <TextView
        android:id="@+id/lives"
        android:layout_width="wrap_content"
        android:layout_height="wrap_content"
        android:textSize="16sp" />

    <TextView
        android:id="@+id/incorrect_guesses"
        android:layout_width="wrap_content"
        android:layout_height="wrap_content"
        android:textSize="16sp" />
```

秘密單字

剩下幾條命

用戶猜錯的字母

GuessingGame
app/src/main
res
layout
fragment_game.xml

_ _ _ _ _ _ _
You have 8 lives left.
Incorrect guesses:
Guess a letter
GUESS!

程式還沒結束，見下一頁。

fragment_game.xml（續）

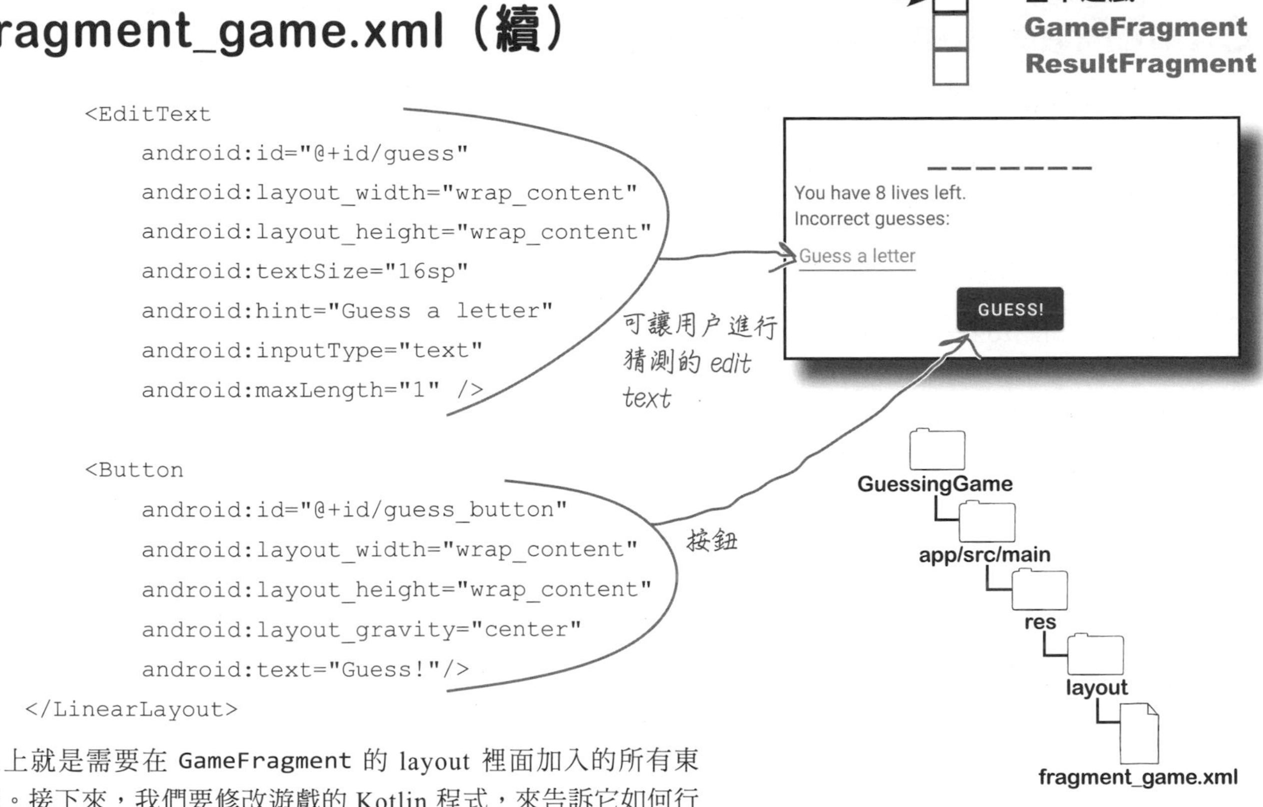


```
    <EditText
        android:id="@+id/guess"
        android:layout_width="wrap_content"
        android:layout_height="wrap_content"
        android:textSize="16sp"
        android:hint="Guess a letter"
        android:inputType="text"
        android:maxLength="1" />

    <Button
        android:id="@+id/guess_button"
        android:layout_width="wrap_content"
        android:layout_height="wrap_content"
        android:layout_gravity="center"
        android:text="Guess!"/>
</LinearLayout>
```

以上就是需要在 GameFragment 的 layout 裡面加入的所有東西。接下來，我們要修改遊戲的 Kotlin 程式，來告訴它如何行動。

GameFragment 需要做什麼

在第一版 app 裡，*GameFragment.kt* 包含玩遊戲需要的所有程式，以及更新畫面和進行導覽的所有程式。它必須：

- **隨機選擇一個單字。**

  我們將提供一個單字串列來讓它選擇。

- **讓用戶猜一個字母。**

- **回應猜測。**

  如果用戶猜對了，GameFragment 必須將那個字母加入猜對的答案裡，並且在單字的正確位置顯示那個字母。如果他猜錯了，GameFragment 必須將他猜的字母加入猜錯的 String 裡面，並減少一條命。

- **在遊戲結束時前往 ResultFragment。**

所有的程式都是純 Kotlin，或是你看過的 Android 程式。接下來幾頁將展示完整的程式。

GameFragment.kt 程式

基本遊戲
GameFragment
ResultFragment

下面是 GameFragment 的程式，請依此修改 *GameFragment.kt*：

GuessingGame / app/src/main / java / com.hfad.guessinggame / GameFragment.kt

```
package com.hfad.guessinggame

import android.os.Bundle
import androidx.fragment.app.Fragment
import android.view.LayoutInflater
import android.view.View
import android.view.ViewGroup
import com.hfad.guessinggame.databinding.FragmentGameBinding
import androidx.navigation.findNavController

class GameFragment : Fragment() {
    private var _binding: FragmentGameBinding? = null
    private val binding get() = _binding!!

    val words = listOf("Android", "Activity", "Fragment")
    val secretWord = words.random().uppercase()
    var secretWordDisplay = ""
    var correctGuesses = ""
    var incorrectGuesses = ""
    var livesLeft = 8

    override fun onCreateView(
        inflater: LayoutInflater, container: ViewGroup?, savedInstanceState: Bundle?
    ): View? {
        _binding = FragmentGameBinding.inflate(inflater, container, false)
        val view = binding.root

        secretWordDisplay = deriveSecretWordDisplay()
        updateScreen()
```

它們是 view binding 使用的屬性。

這些是可能讓用户猜的單字。在現實中，你必須讓遊戲更難。

讓用户猜的單字

顯示出來的單字

猜對與猜錯的答案

剩下幾條命

推導如何顯示秘密文字，並更新畫面。

程式還沒結束，見下一頁。

GameFragment.kt（續）

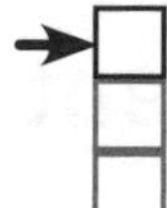


```
        binding.guessButton.setOnClickListener() {
            makeGuess(binding.guess.text.toString().uppercase())
            binding.guess.text = null
            updateScreen()
            if (isWon() || isLost()) {
                val action = GameFragmentDirections
                    .actionGameFragmentToResultFragment(wonLostMessage())
                view.findNavController().navigate(action)
            }
        }
        return view
    }

    override fun onDestroyView() {
        super.onDestroyView()
        _binding = null
    }

    fun updateScreen() {
        binding.word.text = secretWordDisplay
        binding.lives.text = "You have $livesLeft lives left."
        binding.incorrectGuesses.text = "Incorrect guesses: $incorrectGuesses"
    }

    fun deriveSecretWordDisplay() : String {
        var display = ""
        secretWord.forEach {
            display += checkLetter(it.toString())
        }
        return display
    }
```

重設 edit text 並更新畫面。

呼叫 makeGuess 來處理用户猜的單字。

在用户贏或輸時，前往 ResultFragment，並將 wonLostMessage() 的回傳值傳給它。

當 fragment 無法操作它的 layout 時，將 _binding 設為 null。

設定 layout 的 text view。

負責建立顯示在畫面上的秘密單字 String。

用 secretWord 裡面的每一個字母來呼叫 checkLetter，並將它的回傳值加到 display 變數結尾。

GuessingGame
app/src/main
java
com.hfad.guessinggame
GameFragment.kt

程式還沒結束，見下一頁。

GameFragment.kt（續）

```
    fun checkLetter(str: String) = when (correctGuesses.contains(str)) {
                                                    true -> str
                                                    false -> "_"
                                                }

    fun makeGuess(guess: String) {
        if (guess.length == 1) {
            if (secretWord.contains(guess)) {
                correctGuesses += guess
                secretWordDisplay = deriveSecretWordDisplay()
            } else {
                incorrectGuesses += "$guess "
                livesLeft--
            }
        }
    }

    fun isWon() = secretWord.equals(secretWordDisplay, true)

    fun isLost() = livesLeft <= 0

    fun wonLostMessage() : String {
        var message = ""
        if (isWon()) message = "You won!"
        else if (isLost()) message = "You lost!"
        message += " The word was $secretWord."
        return message
    }
}
```

用這一行來檢查秘密單字有沒有用户猜的字母。如果有，回傳字母。如果沒有，回傳 "_"。

每次用户猜一個字母時就呼叫它。

在每次猜對時，修改 *correctGuesses* 與 *secretWordDisplay*。

在每次猜錯時，修改 *incorrectGuesses* 與 *livesLeft*。

當秘密單字符合 *secretWordDisplay* 時，用户贏得遊戲。

當用户沒有命時，他就輸掉遊戲。

wonLostMessage() 回傳一個 *String* 來代表用户是贏是輸，以及秘密單字是什麼。

GuessingGame
app/src/main
java
com.hfad.guessinggame
GameFragment.kt

以上就是 GameFragment 的所有程式。接下來，我們來編寫 ResultFragment 程式。

修改 ResultFragment 的 layout

基本遊戲
GameFragment
ResultFragment

`ResultFragment` 使用一個 text view 來顯示遊戲的輸贏，並且用一顆按鈕來讓他開始另一場遊戲。接下來要將這兩個 view 加入 fragment 的 layout。

你已經熟悉做這件事的程式了，請打開 *fragment_result.xml*，並按照下面的程式來修改它：

```
<?xml version="1.0" encoding="utf-8"?>
<LinearLayout xmlns:android="http://schemas.android.com/apk/res/android"
    xmlns:tools="http://schemas.android.com/tools"
    android:layout_width="match_parent"
    android:layout_height="match_parent"
    android:orientation="vertical"
    tools:context=".ResultFragment">

    <TextView
        android:id="@+id/won_lost"
        android:layout_width="match_parent"
        android:layout_height="wrap_content"
        android:gravity="center"
        android:textSize="28sp" />

    <Button
        android:id="@+id/new_game_button"
        android:layout_width="wrap_content"
        android:layout_height="wrap_content"
        android:layout_gravity="center"
        android:text="Start new game"/>
</LinearLayout>
```

GuessingGame
app/src/main
res
layout
fragment_result.xml

用 text view 顯示遊戲的结果。

You won! The word was ANDROID.
START NEW GAME

用按鈕來讓用户開始新遊戲。

我們也要修改 ResultFragment.kt

將 text view 與按鈕加入 `ResultFragment` 的 layout 之後，我們要在 fragment 的 Kotlin 程式中指定它們的行為。我們要修改 text view 的文字來顯示結果，並且在用戶按下按鈕時回到 `GameFragment`。

下一頁將展示 *ResultFragment.kt* 的程式。

ResultFragment.kt 程式

請按照下面的程式來修改你的 *ResultFragment.kt*：

GuessingGame
app/src/main
java
com.hfad.guessinggame
ResultFragment.kt

```
package com.hfad.guessinggame

import android.os.Bundle
import androidx.fragment.app.Fragment
import android.view.LayoutInflater
import android.view.View
import android.view.ViewGroup
import com.hfad.guessinggame.databinding.FragmentResultBinding
import androidx.navigation.findNavController

class ResultFragment : Fragment() {
    private var _binding: FragmentResultBinding? = null
    private val binding get() = _binding!!

    override fun onCreateView(
        inflater: LayoutInflater, container: ViewGroup?, savedInstanceState: Bundle?
    ): View? {
        _binding = FragmentResultBinding.inflate(inflater, container, false)
        val view = binding.root

        binding.wonLost.text = ResultFragmentArgs.fromBundle(requireArguments()).result

        binding.newGameButton.setOnClickListener {
            view.findNavController()
                .navigate(R.id.action_resultFragment_to_gameFragment)
        }
        return view
    }

    override fun onDestroyView() {
        super.onDestroyView()
        _binding = null
    }
}
```

這個 fragment 也使用 view binding。

將 text view 設成 GameFragment 傳過來的 result 字串。

當用户按下按鈕時，前往 GameFragment。

以上就是這一版的 Guessing Game app 的所有程式。我們來看看程式執行時的情況，並且執行一下這個 app。

當 app 執行時會發生什麼事

基本遊戲
GameFragment
ResultFragment

當 app 執行時會發生這些事情：

1. **app 啟動，並在 MainActivity 裡面顯示 GameFragment。**

GameFragment 將它的 livesLeft 設成 8，將 correctGuesses 與 incorrectGuesses 設成 ""，將 secretWord 設成它隨機選擇的單字，將 secretWordDisplay 設成 deriveSecretWordDisplay() 的值，然後呼叫它的 updateScreen() 方法，以顯示 livesLeft、incorrectGuesses 與 secretWordDisplay 的值。

2. **當用戶猜字母時，GameFragment 會呼叫它的 makeGuess() 方法。**

這個方法會檢查 secretWord 裡面有沒有用戶猜的字母。如果有，makeGuess() 會將字母加到 correctGuesses，並更新 secretWordDisplay。如果沒有，這個方法會將字母加到 incorrectGuesses，並將 livesLeft 減 1，然後再次呼叫 updateScreen()，以顯示新值。

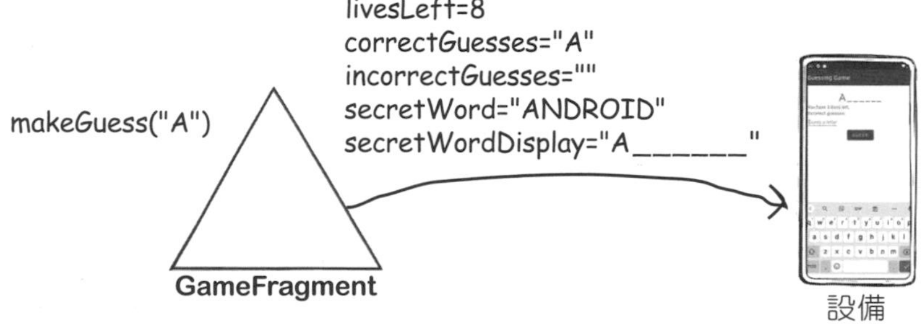

3. **在每一次猜測之後，GameFragment 會檢查 isWon() 或 isLost() 是不是 true。**

這些方法會檢查用戶有沒有猜出單字的所有字母，或是不是沒有命了。如果其中一個方法回傳 *true*，GameFragment 會將結果傳給 ResultFragment，讓它顯示結果

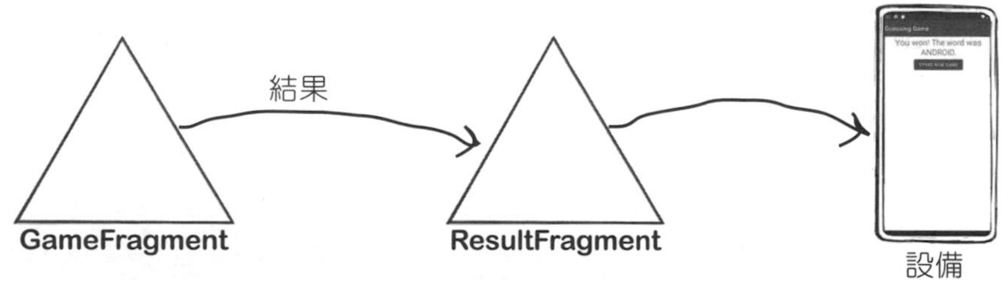

新車試駕

基本遊戲
GameFragment
ResultFragment

當我們執行 app 時，它會顯示 `GameFragment`，在裡面顯示秘密單字有多少字母，以及我們還有多少條命。

我們可以在 edit text 裡面輸入一個字母，並按下按鈕來猜字。如果我們猜對了，它會將那個字母放入秘密單字，但如果我們猜錯了，我們就會少一條命。

如果我們猜到所有字母，或沒有命了，`ResultFragment` 會顯示一條訊息，告訴我們是贏是輸。

這個遊戲看起來可以正常運作，但是旋轉螢幕會怎樣？

遊戲在螢幕旋轉時會遺失狀態

但是這個遊戲有一個問題。如果我們在玩到一半時旋轉螢幕，app 會遺失它的狀態，遊戲會重頭開始。

之所以遺失狀態，是因為旋轉螢幕會改變 app 的組態，導致 Android 銷毀 activity（以及它顯示的 fragment）並立刻重建它，因而重設遊戲的 view 與屬性。

雖然我們可以像之前一樣，使用 fragment 的 `onSaveInstanceState` 方法來儲存所有屬性的狀態，但是這一次，我們要藉著**實作 view model** 來修正這個問題。

view model 保存商業邏輯

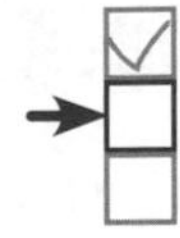

如前所述，view model 是一種獨立的、與 activity 和 fragment 程式平起平坐的類別。它負責螢幕上的所有資料，以及任何商業邏輯。在 Guessing Game app 裡面，這意味著 view model 必須保存遊戲的屬性（例如讓用戶猜的秘密單字，以及剩下幾條命），以及容納控制遊戲如何進行的所有方法。

當你實作 view model 時，與 app 的資料或商業邏輯有關的程式都必須要移出 activity 或 fragment，並移入 view model。控制 UI 的程式（例如顯示文字，或取得用戶輸入）應繼續放在 activity 或 fragment 程式裡面。

這種 Android app 架構遵循一種設計原則，稱為分離關注點，它將 app 拆成不同的類別，讓每一個類別處理不同的關注點。它用 UI 控制程式（activity 或 fragment 程式碼）來處理 UI，讓 view model 負責商業邏輯與資料：

使用 view model 來簡化 activity 與 fragment 程式，並保存所有屬性的狀態，讓它們在組態改變時可以存留下來。

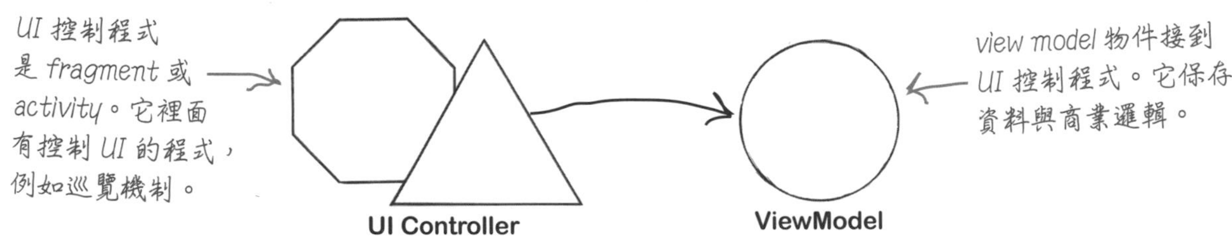

UI 控制程式
是 fragment 或
activity。它裡面
有控制 UI 的程式，
例如巡覽機制。
UI Controller
ViewModel
view model 物件接到
UI 控制程式。它保存
資料與商業邏輯。

使用這一種 app 架構有兩個重要的優點。

- **它可以簡化你的 activity 與 fragment 程式。**

  將 app 的資料與商業邏輯移入 view model，意味著需要維護的 activity 與 fragment 程式碼比較少。

- **你的 app 可以在組態改變時存活。**

  view model 是一種獨立的、與 activity 或 fragment 程式平起平坐的類別。旋轉設備螢幕不會將 view model 銷毀，所以，它裡面的任何屬性的狀態在組態改變時可以存留，你不需要將那些值放入 `Bundle`。

知道使用 view model 有什麼好處之後，我們來看看怎麼在 Guessing Game app 裡面加入它。

將 view model 依賴關係加入 app 的 build.gradle 檔…

基本遊戲
GameFragment
ResultFragment

view model 程式庫是 Android Jetpack 的一部分，所以你必須修改 app 的 *build.gradle* 檔，將它作為依賴項目加入。

打開 *GuessingGame/app/build.gradle*，將下面粗體的這一行加入 dependencies 區域：

GuessingGame
app
build.gradle

```
dependencies {
    ...
    implementation 'androidx.lifecycle:lifecycle-viewmodel-ktx:2.3.1'
    ...
}
```

你將使用這一版的程式庫。

看到提示視窗時，同步你的修改。現在你可以開始建立 view model 了。

…並且建立一個 view model

我們將建立一個名為 `GameViewModel` 的 view model，`GameFragment` 將用它來儲存遊戲邏輯和資料。

在 *app/src/main/java* 資料夾裡面選擇 *com.hfad.guessinggame* 程式包，然後前往 File → New → Kotlin Class/File。將檔案命名為「GameViewModel」，並選擇建立類別的選項。

建立 *GameViewModel.kt* 之後，按照下面的程式來修改它（粗體為修改處）：

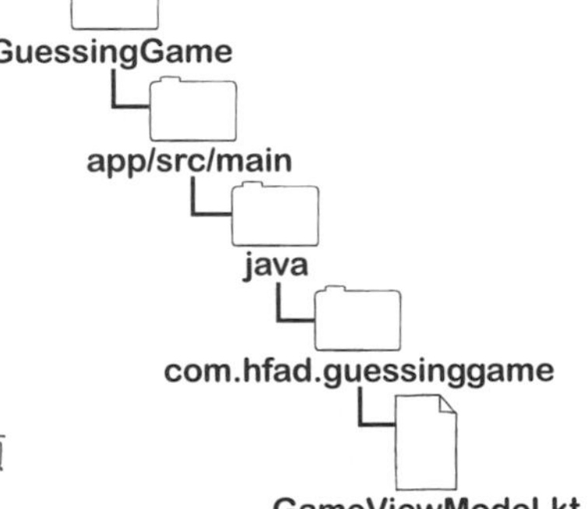


```
package com.hfad.guessinggame

import androidx.lifecycle.ViewModel

class GameViewModel : ViewModel() {

}
```

匯入這個類別。

GameViewModel 必須繼承 ViewModel。

如你所見，`GameViewModel` 類別繼承 `androidx.lifecycle.ViewModel`。`ViewModel` 是將一般的類別轉換成正規的 view model 的抽象類別。

將 `GameViewModel` 加入 Guessing Game 專案，並將它變成 view model 之後，我們來編寫其餘的程式。

GameViewModel.kt 的完整程式

基本遊戲
GameFragment
ResultFragment

如你所知，view model 負責保存 activity 或 fragment 的商業邏輯與資料。對 Guessing Game app 而言，這意味著我們必須將 GameFragment 內，與遊戲怎麼玩有關的屬性與方法移到 GameViewModel。我們會將巡覽或 UI 的相關程式留在 GameFragment 裡面。

下面是 *GameViewModel.kt* 的完整程式，請依此修改你的檔案（粗體為修改處）：

GuessingGame
app/src/main
java
com.hfad.guessinggame
GameViewModel.kt

```
package com.hfad.guessinggame

import androidx.lifecycle.ViewModel

class GameViewModel : ViewModel() {
    val words = listOf("Android", "Activity", "Fragment")
    val secretWord = words.random().uppercase()
    var secretWordDisplay = ""
    var correctGuesses = ""
    var incorrectGuesses = ""
    var livesLeft = 8

    init {
        secretWordDisplay = deriveSecretWordDisplay()
    }

    fun deriveSecretWordDisplay() : String {
        var display = ""
        secretWord.forEach {
            display += checkLetter(it.toString())
        }
        return display
    }
```

這些屬性是玩遊戲需要用到的。

在 init 區塊裡面呼叫這個方法。它會在類別初始化的時候執行。

秘密單字該如何顯示在螢幕上。

程式還沒結束，見下一頁。

GameViewModel.kt（續）

```
fun checkLetter(str: String) = when (correctGuesses.contains(str)) {
    true -> str
    false -> "_"
}

fun makeGuess(guess: String) {
    if (guess.length == 1) {
        if (secretWord.contains(guess)) {
            correctGuesses += guess
            secretWordDisplay = deriveSecretWordDisplay()
        } else {
            incorrectGuesses += "$guess "
            livesLeft--
        }
    }
}

fun isWon() = secretWord.equals(secretWordDisplay, true)

fun isLost() = livesLeft <= 0

fun wonLostMessage() : String {
    var message = ""
    if (isWon()) message = "You won!"
    else if (isLost()) message = "You lost!"
    message += " The word was $secretWord."
    return message
}
}
```

如果它出現在秘密單字裡，回傳 str，否則回傳 "_"。

當用戶做出猜測時會呼叫它。

檢查遊戲是否贏了或輸了。

當遊戲結束時產生一個 String。

GuessingGame
app/src/main
java
com.hfad.guessinggame
GameViewModel.kt

以上就是 GameViewModel 需要的所有程式。接下來，我們要將它接到 GameFragment，並修改它的程式。

建立 GameViewModel 物件

為了將 view model 接到 activity 或 fragment，你必須在程式中加入 ViewModel 屬性，並將它設成 ViewModel 物件，你必須建立該物件。程式是：

```
class GameFragment : Fragment() {
    ...
    lateinit var viewModel: GameViewModel

    override fun onCreateView(
        inflater: LayoutInflater, container: ViewGroup?, savedInstanceState: Bundle?
    ): View? {
        ...
        viewModel = ViewModelProvider(this).get(GameViewModel::class.java)
        ...
    }
}
```

定義 property 屬性，稍後會設定它的初始值。

取得 GameViewModel 物件並將它指派給 viewModel 屬性。

:: 可取得 GameViewModel 類別的參考。我們必須使用這個語法，因為 ViewModelProvider 的 get() 方法需要 GameViewModel **類別**的參考，而不是 GameViewModel **物件**的。

如你所見，上面的程式使用 **view model provider** 來建立 ViewModel 物件。那麼，這個類別有什麼作用？

使用 ViewModelProvider 來建立 view model

顧名思義，ViewModelProvider 是一種特殊類別，它的工作是提供 view model 給 activity 與 fragment。它只會**在沒有現存的 view model 物件的時候建立新的 view model 物件**。

如你所知，當螢幕旋轉時，在螢幕上顯示的所有 fragment 都會被銷毀並重建。發生這種情況時，view model provider 會確保 app 繼續使用同一個 view model 物件。view model 會保存它的狀態，所以 fragment 所使用的任何屬性都不會被重設。

只要 activity 或 fragment 維持存活，view model provider 就會保留 view model。例如，當 fragment 與它的 activity 分開，或被移出 activity 時，view model provider 會放棄 fragment 的 view model。下一次 app 要求 view model provider 提供 view model 物件時，它會建立一個新的。

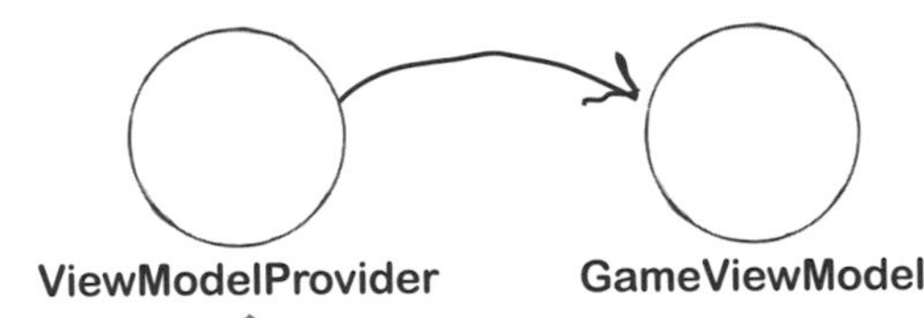

ViewModelProvider 提供一個 GameViewModel 實例給 GameFragment。它只會在沒有現存的 GameViewModel 物件時建立新的 GameViewModel。

知道如何將 view model 接到 fragment 之後，我們來修改 GameFragment 程式。

修改 GameFragment.kt 程式

基本遊戲
GameFragment
ResultFragment

我們要將已被移到 GameViewModel 的屬性與方法從 GameFragment 移除，並且讓 fragment 改用 view model。

下面是改好的 GameFragment，請依此修改你的 *GameFragment.kt* 檔案（粗體為修改處）：

GuessingGame / app/src/main / java / com.hfad.guessinggame / GameFragment.kt

```
package com.hfad.guessinggame

import android.os.Bundle
import androidx.fragment.app.Fragment
import android.view.LayoutInflater
import android.view.View
import android.view.ViewGroup
import com.hfad.guessinggame.databinding.FragmentGameBinding
import androidx.navigation.findNavController
import androidx.lifecycle.ViewModelProvider   ← 匯入這個類別。

class GameFragment : Fragment() {
    private var _binding: FragmentGameBinding? = null
    private val binding get() = _binding!!
    lateinit var viewModel: GameViewModel   ← 加入 viewModel 屬性。

    val words = listOf("Android", "Activity", "Fragment")
    val secretWord = words.random().uppercase()
    var secretWordDisplay = ""
    var correctGuesses = ""
    var incorrectGuesses = ""
    var livesLeft = 8

    override fun onCreateView(
        inflater: LayoutInflater, container: ViewGroup?, savedInstanceState: Bundle?
    ): View? {
        _binding = FragmentGameBinding.inflate(inflater, container, false)
        val view = binding.root
        viewModel = ViewModelProvider(this).get(GameViewModel::class.java)
```

（上方 val words … var livesLeft = 8 六行已被劃掉）我們已經將這些屬性加入 GameViewModel 了，所以將它從 GameFragment 移除。

設定 viewModel 屬性。

程式還沒結束，見下一頁。→

GameFragment.kt（續）

```
        secretWordDisplay = deriveSecretWordDisplay()   ← 刪除這一行。
        updateScreen()

        binding.guessButton.setOnClickListener() {
            viewModel.makeGuess(binding.guess.text.toString().uppercase())
            binding.guess.text = null
            updateScreen()
            if (viewModel.isWon() || viewModel.isLost()) {
                val action = GameFragmentDirections
                    .actionGameFragmentToResultFragment(viewModel.wonLostMessage())
                view.findNavController().navigate(action)
            }
        }
        return view
    }

    override fun onDestroyView() {
        super.onDestroyView()
        _binding = null
    }

    fun updateScreen() {
        binding.word.text = viewModel.secretWordDisplay
        binding.lives.text = "You have ${viewModel.livesLeft} lives left."
        binding.incorrectGuesses.text = "Incorrect guesses: ${viewModel.incorrectGuesses}"
    }

    fun deriveSecretWordDisplay() ...
    fun checkLetter(str: String) ...
    fun makeGuess(guess: String) ...
    fun isWon() ...
    fun isLost() ...
    fun wonLostMessage() ...
}
```

makeGuess()、isWon()、isLost() 與 wonLostMessage() 方法必須透過 viewModel 屬性來呼叫。

使用 viewModel 屬性來讀取 secretWordDisplay、livesLeft 與 incorrectGuesses 屬性。

我們已經將這些方法移到 GameViewModel 了，所以在 GameFragment 裡將它們刪除。

GuessingGame
app/src/main
java
com.hfad.guessinggame
GameFragment.kt

以上就是 GameFragment 需要修改的所有地方。我們來看一下程式執行時會發生什麼事，然後執行它。

當 app 執行時會發生什麼事

當 app 執行時會發生這些事情：

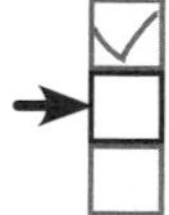

1 **GameFragment 要求 ViewModelProvider 類別提供一個 GameViewModel 的實例。**

view model provider 發現該 fragment 沒有既有的 `GameViewModel` 物件，所以建立一個新的。

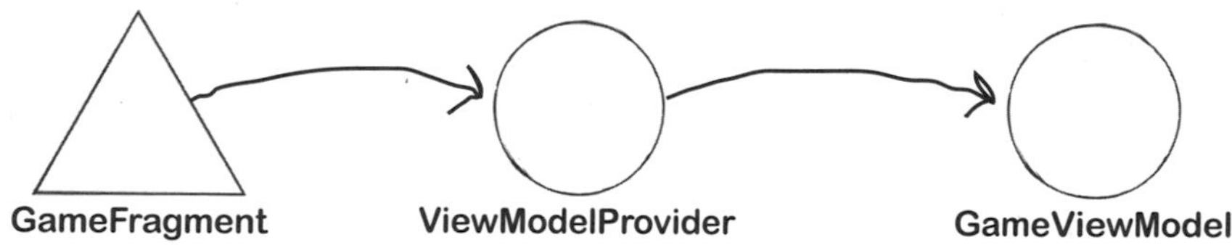

2 **設定 GameViewModel 物件的初始值。**

將 `livesLeft` 設為 8，將 `correctGuesses` 與 `incorrectGuesses` 設為 `""`，將 `secretWord` 設為一個隨機選擇的單字，將 `secretWordDisplay` 設為 `deriveSecretWordDisplay()`。

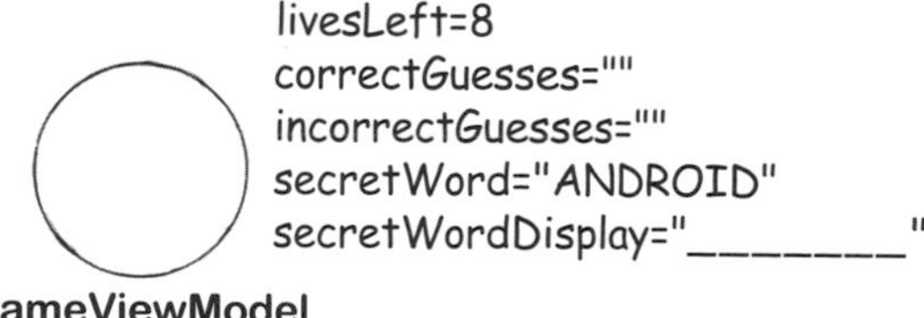

3 **GameFragment 呼叫它的 updateScreen() 方法。**

這個方法讀取 `GameViewModel` 物件的 `secretWordDisplay`、`livesLeft` 與 `incorrectGueses` 屬性，並且在螢幕上顯示它們。

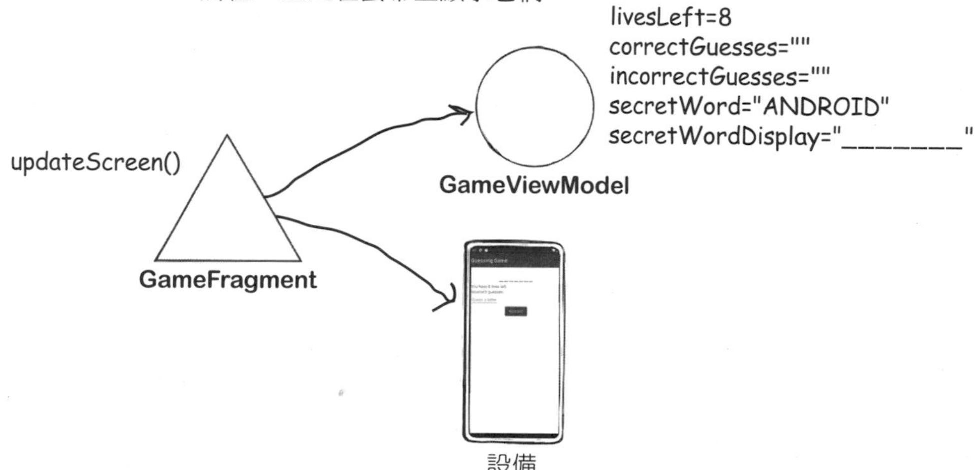

故事還沒結束

4 **當用戶猜測一個字母時，GameFragment 呼叫 GameViewModel 物件的 makeGuess() 方法。**

這個方法會檢查 `secretWord` 有沒有用戶猜的字母。如果有，它將該字母加入 `correctGuesses` 並更新 `secretWordDisplay`。如果沒有，它將它加入 `incorrectGuesses`，並將 `livesLeft` 減 1。

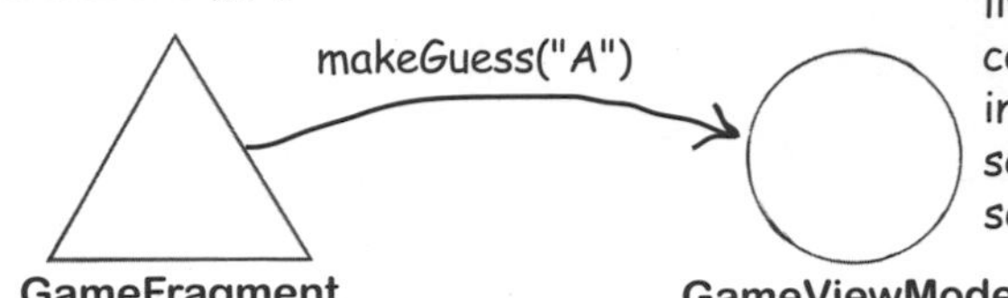

5 **GameFragment 再次呼叫它的 updateScreen() 方法。**

這個方法從 `GameViewModel` 物件取得修改過的屬性值，並更新螢幕。

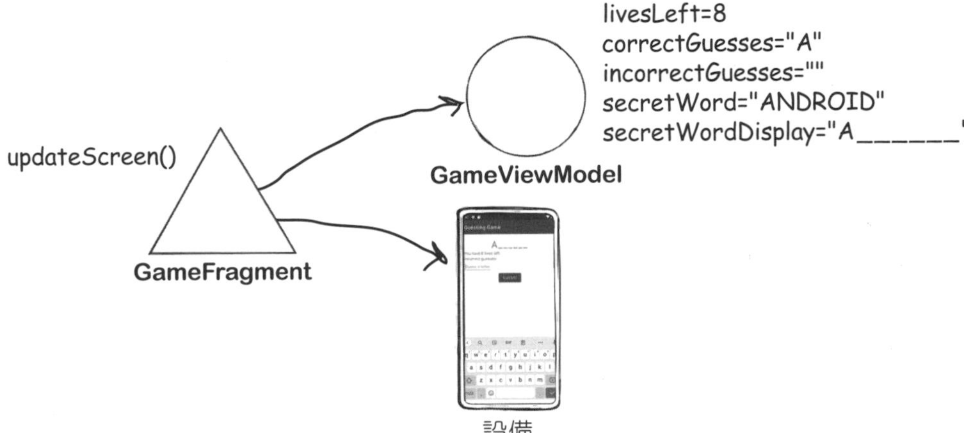

6 **在每次猜測之後，GameFragment 會檢查 view model 的 isWon() 或 isLost() 方法是否回傳 true。**

如果其中一個方法回傳 *true*，`GameFragment` 會將結果傳給 `ResultFragment`，它會顯示結果。

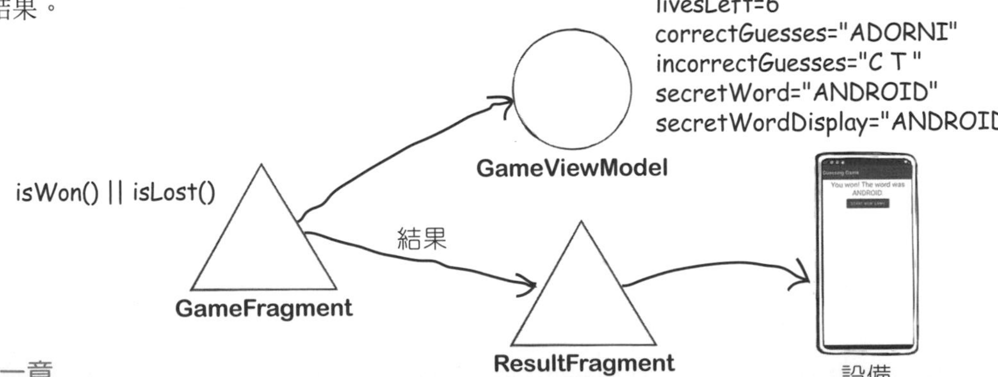

新車試駕

當我們執行 app 時，`GameFragment` 會顯示出來，與之前一樣，當我們開始玩遊戲，並旋轉螢幕時，遊戲可以保留它的狀態。

你已經知道如何將 view model 加入 app，並用它來避免旋轉設備螢幕時出現的問題了。在學習其他東西之前，我們先來仔細研究一下 view model。

view model 探究

view model 是你編寫的獨立類別，負責處理 UI 控制程式的商業邏輯與資料。它繼承 `androidx.lifecycle.ViewModel` 類別，可以選擇覆寫 **`onCleared()`** 方法。Android 會在 view model 被清除之前呼叫這個方法，讓你有機會處理任何資源：

UI 控制程式可能是 activity 或 fragment。

```
import androidx.lifecycle.ViewModel

class MyViewModel : ViewModel() {
    //設定 view model 的初始值的程式

    override fun onCleared() {
        //當 view model 即將被清除時執行的程式
    }
}
```

你要用 `ViewModelProvider` 類別來建立 view model 物件，例如：

```
viewModel = ViewModelProvider(this).get(MyViewModel::class.java)
```

這段程式會在 UI 控制程式的同一個作用域裡面建立一個 view model。當 UI 控制程式的作用域裡沒有既有的 view model 時，它才會建立一個新的 view model。這意味著 view model 可在組態改變的情況下存活，所以你不需要在一個獨立的 `Bundle` 裡面儲存實例變數的狀態。

view model 在它的 UI 控制程式永久消失之前會維持存活，如果它被連接到 activity，那就是在 activity 已經完成工作的時候，也就是當 activity 被銷毀而且不會被重建的時候。如果它被接到 fragment，那就是 fragment 已經被移出它的父 activity，或是與它的父 activity 分開的時候。

即使我的 UI 控制程式被銷毀並重建，我也可以存活。

ViewModel

你可以使用 **`android.util.Log`** 類別來追蹤 view model 何時被建立，或何時被清除。你可以用這個類別來將訊息加入 Android 的 log（或 logcat），並且在 Android Studio 裡面查看它們。例如，下面的程式會在 view model 被清除時 log 一條訊息：

```
override fun onCleared() {
    Log.i("MyViewModel", "ViewModel cleared")
}
```

它會 log "ViewModel cleared" 這條訊息，並將它標為 "MyViewModel"。

Log 類別有幾個方法可以用來 log 不同類型的訊息。例如，Log.i() 方法可讓你 log 資訊，而 Log.e() 可用來 log 錯誤。

這些是你可以使用的各種 Log 方法，以及它們的用途：

Log.v(String tag, String message)	Log 詳細資訊訊息。
Log.d(String tag, String message)	Log debug 訊息。
Log.i(String tag, String message)	Log 資訊訊息。
Log.w(String tag, String message)	Log 警告訊息。
Log.e(String tag, String message)	Log 錯誤訊息。

此外還有 Log.wtf() 方法可用來回報不應該發生的異常狀況。根據 Android 文件的解釋，wtf 的意思是「What a Terrible Failure」。我們知道它的意思其實是「Welcome to Fiskidagurinn」，指的是冰島的 Dalvik 一年一度的大漁節。Android 開發者經常聽到這種話「我的 AVD 花了 8 分鐘才啟動，WTF！」，其實這是為了向那個小鎮致敬，因為 Android 可執行 bytecode 格式使用它的名稱！

每一個訊息都有一個 String 標籤，可用來辨識訊息的來源，以及訊息本身，所以這段程式：

```
Log.i("MyViewModel", "ViewModel cleared")
```

會 log 一個來自 MyViewModel 的資訊訊息。

在 Android Studio 裡面，你可以在螢幕最下面選擇 Logcat 選項來查看 logcat。它可讓你過濾不同類型的訊息，以及搜尋文字：

我是 view model

下面的程式是一個名為 MyViewModel 的 view model。請假裝你是 view model，指出這段程式有哪些問題，以及如何修正它們。

```
package com.hfad.myapp

import androidx.lifecycle.ViewModel
import android.util.Log
import android.widget.TextView

class MyViewModel {
    val num = 2

    init {
        Log.i("MyViewModel", "ViewModel created")
    }

    override fun onCleared() {
        Log.i("MyViewModel", "ViewModel cleared")
    }

    fun calculation(val1: Int, val2: Int): Int {
        Log.i("MyViewModel", "Called Calculation")
        return (val1 + val2) * num
    }

    fun joinTogether(text1: TextView, text2: TextView): String {
        Log.i("MyViewModel", "Called JoinTogether")
        return ("${text1.text} ${text2.text}")
    }
}
```

答案在第 481 頁。

我們已經幫 GameFragment 加入 view model 了

我們已經修改 Guessing Game app，讓 `GameFragment` 使用名為 `GameViewModel` 的 view model，讓它負責 fragment 的所有商業邏輯與資料了。以這種方式使用 view model 可以簡化 *GameFragment.kt* 裡面的程式，並且讓 app 不會在螢幕旋轉時遺失它的狀態。

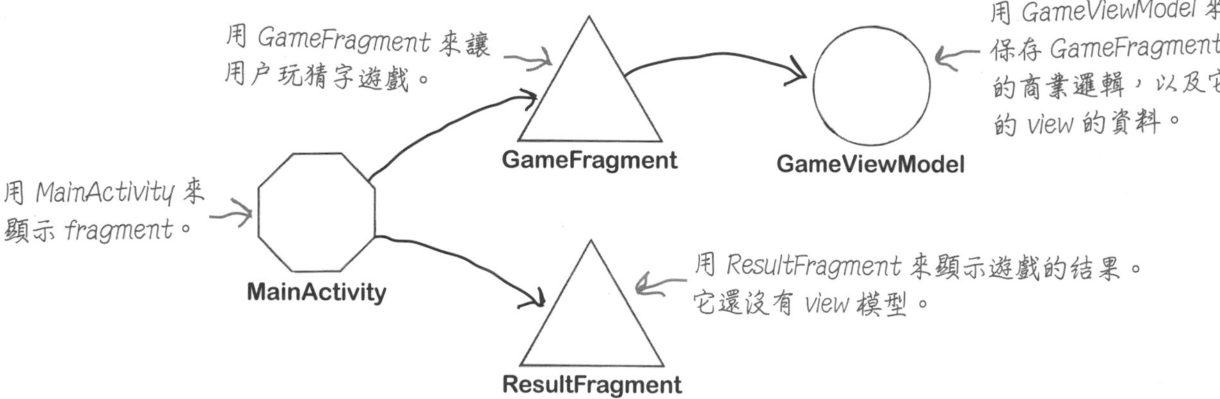

ResultFragment 也需要 view model

你所建立的每一個 view model 都與單一 UI 控制程式有關，無論它是 activity 或 fragment。這意味著，如果我們也想要讓 `ResultFragment` 使用 view model，我們就要為這個 fragment 建立一個新的 view model。

ResultFragment → ResultViewModel

ResultViewModel 將保存它需要的任何商業邏輯，以及它的 view 的資料。

我們來做這件事。在 *app/src/main/java* 資料夾裡面選擇 *com.hfad.guessinggame* 程式包，然後前往 File → New → Kotlin Class/File。將檔案命名為「ResultViewModel」，並選擇建立類別。

GuessingGame / app/src/main / java / com.hfad.guessinggame / ResultViewModel.kt

建立 *ResultViewModel.kt* 之後，按照下面的程式來修改它（粗體為修改處）：

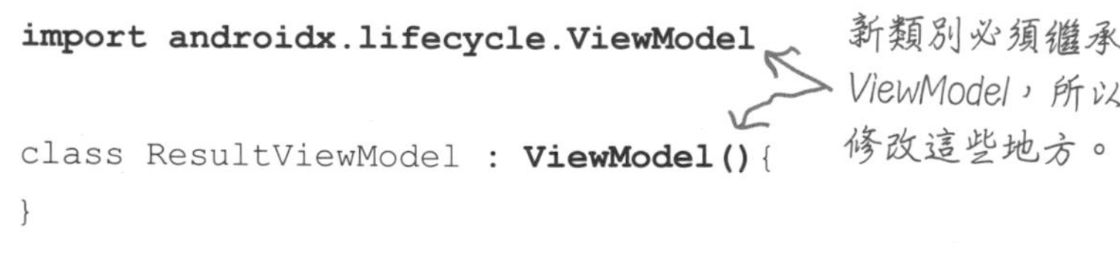

```
package com.hfad.guessinggame

import androidx.lifecycle.ViewModel

class ResultViewModel : ViewModel() {
}
```

用 MainActivity 來顯示 fragment。

新類別必須繼承 ViewModel，所以修改這些地方。

以上就是定義 view model 的基本程式。我們還要加入什麼程式？

ResultViewModel 必須保存結果

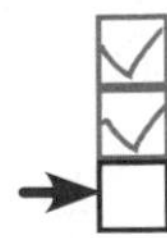

你應該還記得，ResultFragment 會在它的 layout 顯示一個訊息，來顯示遊戲的輸贏。這個訊息是 GameFragment 在遊戲結束時傳給 ResultFragment 的。

在新版的 app 中，ResultViewModel 負責 ResultFragment 的遊戲邏輯與資料，所以我們要在 ResultViewModel 裡面加入一個屬性來儲存結果。我們也會使用一個 String 建構式來確保 app 在建立 ResultViewModel 時設定這個屬性。

以下是 *ResultViewModel.kt* 的完整程式，請依此修改你的檔案（粗體為修改處）：

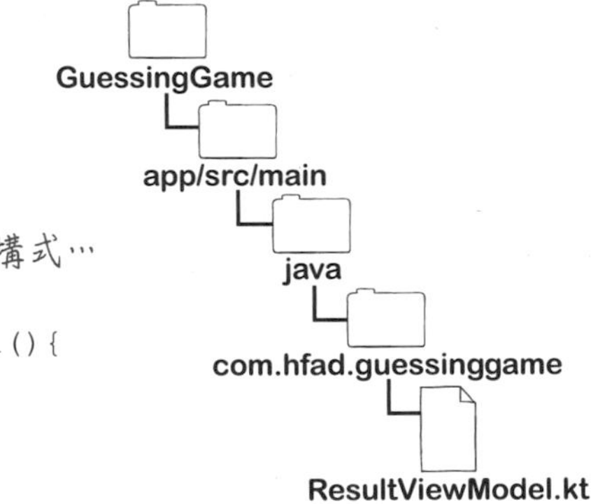


```
package com.hfad.guessinggame

import androidx.lifecycle.ViewModel

class ResultViewModel(finalResult: String) : ViewModel(){
    val result = finalResult
}
```

加入一個 String 建構式⋯

⋯並用它來設定 result 屬性。

接下來，我們要修改 ResultFragment，讓它使用新的 view model。

我們要將 ResultViewModel 接到 ResultFragment

之前，我們在 GameFragment 裡面使用這段程式來加入 GameViewModel 的參考：

```
viewModel = ViewModelProvider(this).get(GameViewModel::class.java)
```

這段程式使用 ViewModelProvider 來取得 GameViewModel 物件的參考。

這段程式要求 view model provider 取得連接這個 fragment 的 GameViewModel 物件，或者，如果它不存在，那就建立一個新的。

但是，我們不能用這種做法在 ResultFragment 加入 ResultViewModel 的參考。因為這種做法**只適用於建構式沒有引數的 view model**。

它適用於 GameViewModel 的原因是我們不需要傳遞任何引數就可以建構它。但是，ResultViewModel 類別的建構式需要 String，所以不能使用上面那段程式。

用 view model factory 來建立 view model

建立 view model 的另一種做法是將一個 **view model factory** 傳給 view model provider，view model factory 是一個獨立的類別，它的唯一目的是建立 view model 並將它初始化。這種做法意味著 view model provider 不需要自己建立 view model，而是使用 view model factory。

雖然 view model factory 可用來製作任何一種 view model，但它們最常用來製作建構式需要引數的 view model，因為 view model provider 無法自己將引數傳給建構式，它需要用 view model factory 來做這件事。

以下是 view model factory 在 Guessing Game app 裡面的用法：

使用 view model factory 來建構「建構式沒有引數的 view model」。

1. 我們將定義一個稱為 ResultViewModelFactory 的類別，並用它的 ResultFragment 來建立一個 factory 物件。

2. ResultFragment 將要求 view model provider 使用 factory 物件。

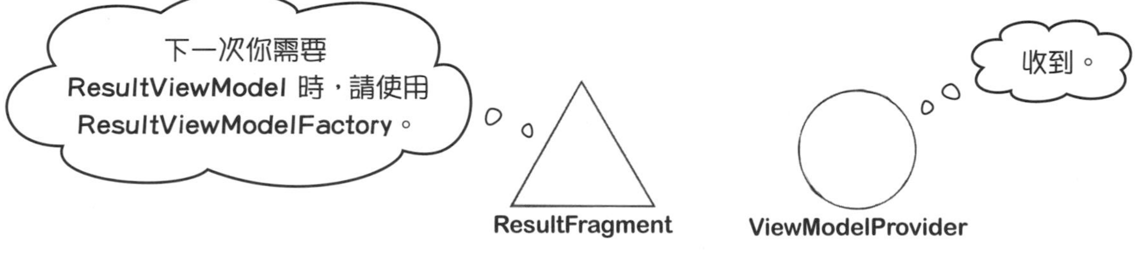

3. 當 view model provider 需要新的 ResultViewModel 物件時，它將使用 ResultViewModelFactory。

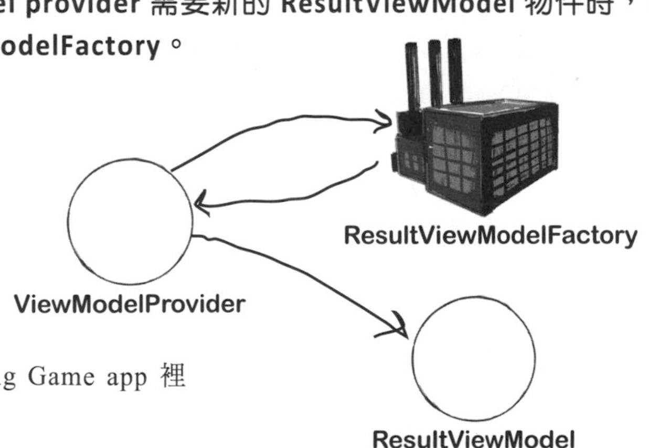

接下來，我們要在 Guessing Game app 裡面加入一個 factory 類別。

建立 ResultViewModelFactory 類別

我們要在 Guessing Game app 裡面加入一個名為 ResultViewModelFactory 的 view model factory 類別。view model provider 會用這個類別來建立一個 ResultViewModel 物件。

為了建立這個類別，在 *app/src/main/java* 資料夾裡面選擇 *com.hfad.guessinggame* 程式包，然後前往 File → New → Kotlin Class/File。將檔案命名為「ResultViewModelFactory」，並選擇建立類別的選項。

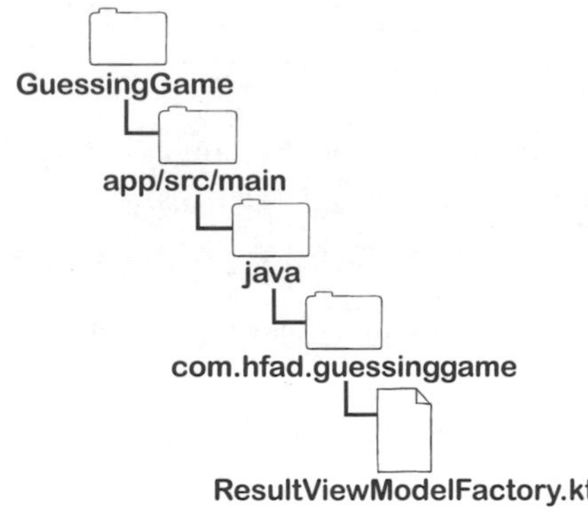

建立 *ResultViewModelFactory.kt* 之後，按照下面的程式來修改它（粗體為修改處）：

```
package com.hfad.guessinggame

import androidx.lifecycle.ViewModel
import androidx.lifecycle.ViewModelProvider
import java.lang.IllegalArgumentException

class ResultViewModelFactory(private val finalResult: String)
                                    : ViewModelProvider.Factory {
    override fun <T : ViewModel> create(modelClass: Class<T>): T {
        if (modelClass.isAssignableFrom(ResultViewModel::class.java))
            return ResultViewModel(finalResult) as T
        throw IllegalArgumentException("Unknown ViewModel")
    }
}
```

加入這些 import。

我們需要用這個建構式裡面的 String 來建立 ResultViewModel 物件。

這個類別必須實作這個介面。

覆寫這個方法，view model provider 會用它來建立 view model 物件。

檢查 view model provider 想要建立的 view model 是不是正確的型態。如果是，回傳一個。

如果 view model 的型態不正確，丟出例外。

如你所見，ResultViewModelFactory 類別實作了名為 ViewModelProvider.Factory 的介面，並覆寫它的 create() 方法。這會將這個類別變成 view model factory，可讓 view model provider 用來建立 ResultViewModel 物件。

上面的程式就是 ResultViewModelFactory 的所有程式。我們來看看如何在 ResultFragment 程式中使用它。

放輕鬆

view model factory 程式幾乎都完全一樣。

不用太在乎細節。你只要知道它可以建立某個型態的 view model，並將一個引數傳給它的建構式即可。

使用 factory 來建立 view model

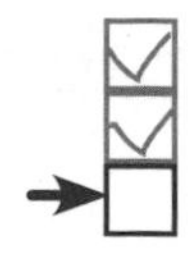

如前所述，在使用 view model factory 來建立 view model 時，你要將 factory 傳給 view model provider。view model provider 會確定 app 何時需要新的 view model 物件，並且在需要時，使用 factory 來建立一個。

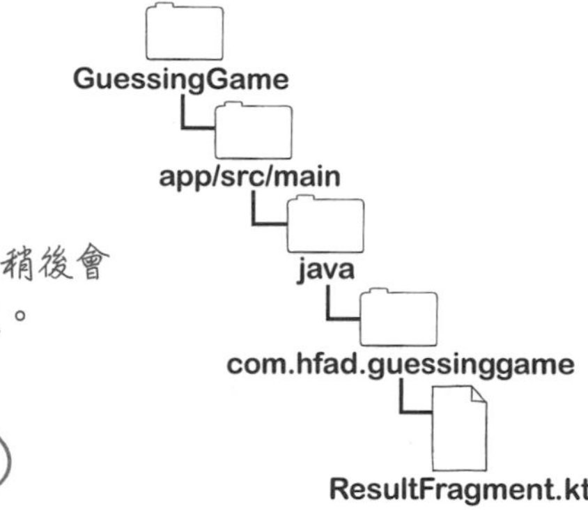

對每一個 view model 而言，讓 view model provider 使用 view model factory 的程式幾乎都是相同的。它長這樣：

```
class ResultFragment : Fragment() {
    ...
    lateinit var viewModel: ResultViewModel
    lateinit var viewModelFactory: ResultViewModelFactory

    override fun onCreateView(
        inflater: LayoutInflater, container: ViewGroup?, savedInstanceState: Bundle?
    ): View? {
        ...
        val result = ResultFragmentArgs.fromBundle(requireArguments()).result
        viewModelFactory = ResultViewModelFactory(result)
        viewModel = ViewModelProvider(this, viewModelFactory)
                                .get(ResultViewModel::class.java)
        ...
    }
}
```

加入這兩個屬性，稍後會設定它們的初始值。

建立 view model factory 物件。

將 view model factory 傳給 view model provider。

如果還沒有 view model 物件，view model provider 使用 view model factory 來建立 view model 物件。

如你所見，上面的程式定義了兩個屬性：`viewModel` 與 `viewModelFactory`。它們是在 fragment 的 `onCreateView()` 方法裡面設定的。

在 `onCreateView()` 裡面，程式使用 `GameFragment` 傳給它的結果 `String` 來建立一個新的 `ResultViewModelFactory` 物件。它將 factory 傳給 view model provider，view model provider 用它來取得 `ResultViewModel` 物件。

知道如何使用 factory 來將 view model 接到 fragment 之後，我們來修改 `ResultFragment` 程式。

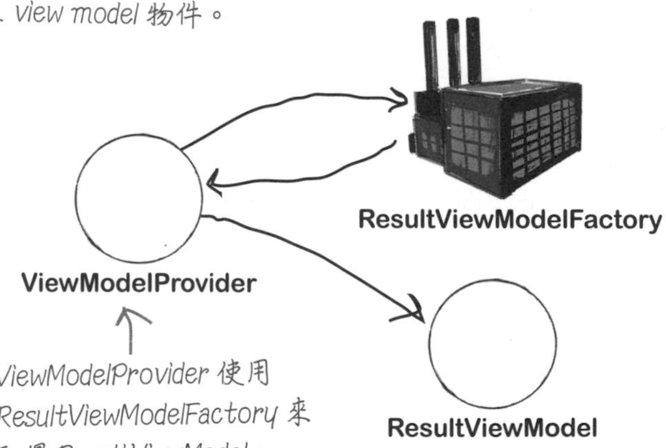

修改 ResultFragment.kt 的程式

以下是 ResultFragment 的完整程式，請依此修改 *ResultFragment.kt* 檔（粗體為修改處）：

GuessingGame
app/src/main
java
com.hfad.guessinggame
ResultFragment.kt

```
package com.hfad.guessinggame

import android.os.Bundle
import androidx.fragment.app.Fragment
import android.view.LayoutInflater
import android.view.View
import android.view.ViewGroup
import com.hfad.guessinggame.databinding.FragmentResultBinding
import androidx.navigation.findNavController
import androidx.lifecycle.ViewModelProvider        ← 匯入這個類別。

class ResultFragment : Fragment() {
    private var _binding: FragmentResultBinding? = null
    private val binding get() = _binding!!
    lateinit var viewModel: ResultViewModel                 ← 加入這些屬性。
    lateinit var viewModelFactory: ResultViewModelFactory

    override fun onCreateView(
        inflater: LayoutInflater, container: ViewGroup?, savedInstanceState: Bundle?
    ): View? {
        _binding = FragmentResultBinding.inflate(inflater, container, false)
        val view = binding.root
                                        ← 取得被傳給 ResultFragment 的 result String。
        val result = ResultFragmentArgs.fromBundle(requireArguments()).result
建立 factory。 → viewModelFactory = ResultViewModelFactory(result)
        viewModel = ViewModelProvider(this, viewModelFactory)   ← 取得 view model。
                            .get(ResultViewModel::class.java)
刪除這一行。 → binding.wonLost.text = ResultFragmentArgs.fromBundle(requireArguments()).result
        binding.wonLost.text = viewModel.result   ← 顯示 view model 的 result。

        binding.newGameButton.setOnClickListener {
            view.findNavController()
                .navigate(R.id.action_resultFragment_to_gameFragment)
        }
        return view
    }
```

程式還沒結束，見下一頁。

ResultFragment.kt（續）

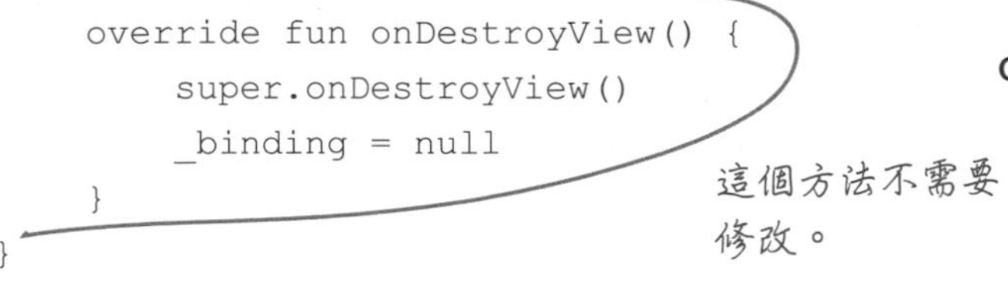

override fun onDestroyView() {
super.onDestroyView()
_binding = null
}
}
這個方法不需要修改。

基本遊戲
GameFragment
ResultFragment

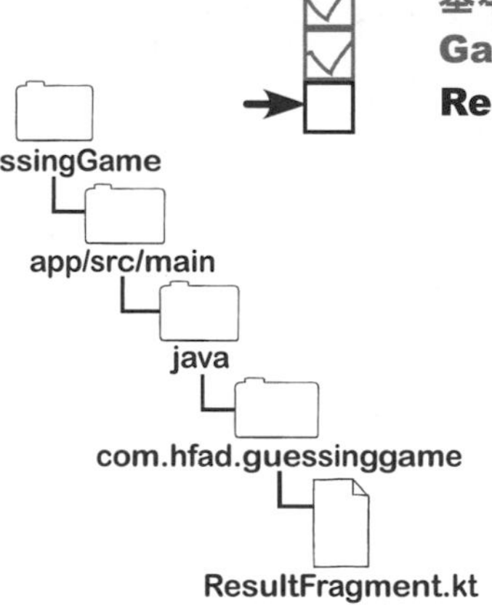

GuessingGame
app/src/main
java
com.hfad.guessinggame
ResultFragment.kt

以上就是 `ResultFragment` 需要修改的地方。在回答接下來的問題之後，我們要看一下 app 執行時會發生什麼事情。

沒有蠢問題

問：ResultFragment 真的需要它自己的 view model 嗎？

答：我們使用它是為了將 `ResultFragment` 需要使用的遊戲邏輯和資料分出去。雖然目前的 app 只有結果 `String`，但這是很好的做法，以防萬一 app 變得更複雜。老實說，對我們而言，這是教你使用 view model factory 的好藉口。

問：為什麼我們在建立 GameViewModel 時不使用 factory？

答：當你要建立「建構式有引數」的 view model 時，才需要使用 factory。因為 `GameViewModel` 使用預設建構式，它沒有引數，所以當時我們不使用 factory。

問：如果我想要，我也可以用 factory 來建立 GameViewModel 嗎？

答：可以。你可以使用 factory 來建立任何 view model，但如果 view model 有「無引數建構式」，你就不需要使用它。

問：為什麼我們要為 ResultViewModel 加入建構式？

答：如此一來，我們才可以在 view model 被建立出來的時候設定結果 `String`，保證當 `ResultFragment` 使用 view model 時，結果 `String` 有值。

問：一定要使用 ViewModelProvider 類別來建立 view model 嗎？如果不使用它呢？

答：你一定要使用 view model provider 來建立 view model 物件。當 UI 控制程式的作用域還沒有 view model 物件時，view model provider 才會建立一個新的 view model 物件，這意味著 view model 可以在組態改變時存活下來。

如果你不使用 view model provider 來實例化 view model，那麼每次 UI 控制程式被銷毀或重建時，它就會被重建。所以每次設備螢幕旋轉時，view model 就會失去它的狀態。

問：你可以對 view model 進行單元測試嗎？

答：可以！ view model 並未引用畫面的任何 view，所以你可以獨立於 activity 和 fragment 對它進行單元測試。你不需要執行 app 即可測試它們。

問：為什麼不幫 MainActivity 建立 view model ？

答：在 Guessing Game app 裡面，`MainActivity` 只用來顯示遊戲的 fragment。因為 `MainActivity` 沒有任何遊戲邏輯或資料，所以不需要為它建立 view model。

問：兩個 fragment 能不能共用同一個 view model ？

答：如果一個 activity 裡面有兩個需要互相溝通的 fragment，你可以在 activity 加入一個 view model 來讓兩個 fragment 使用。詳情請見：

https://developer.android.com/topic/libraries/architecture/viewmodel

當 app 執行時會發生什麼事

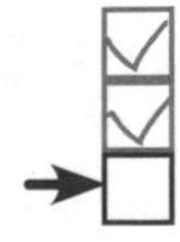

當 app 執行時會發生這些事情：

1. **GameFragment 要求 ViewModelProvider 類別提供一個 GameViewModel 的實例。**

   `GameViewModel` 被設定初始值，並隨機選擇一個單字。

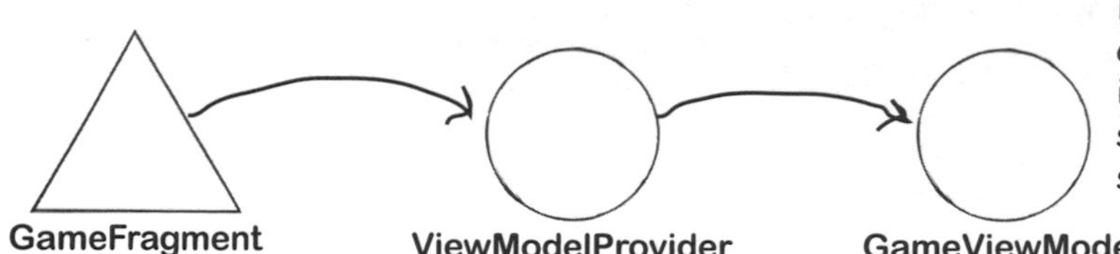

2. **GameFragment 與 GameViewModel 物件互動。**

   `GameViewModel` 物件記錄用戶猜的每一個字母，並記錄剩下幾條命。

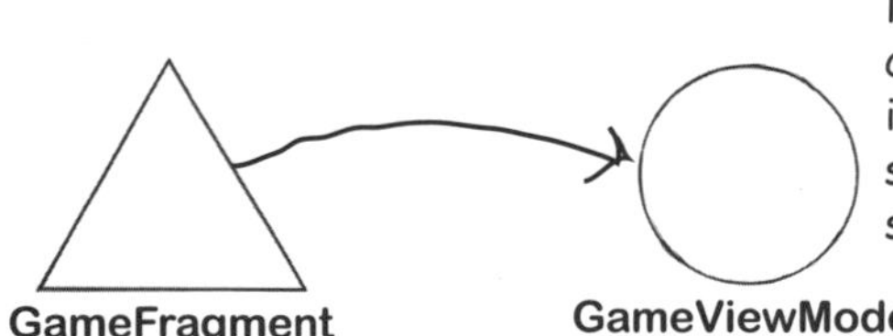

3. **在每次猜測之後，GameFragment 會檢查 view model 的 isWon() 或 isLost() 方法是否回傳 true。**

   如果其中一個是 *true*，`GameFragment` 會前往 `ResultFragment`，將結果傳給它。

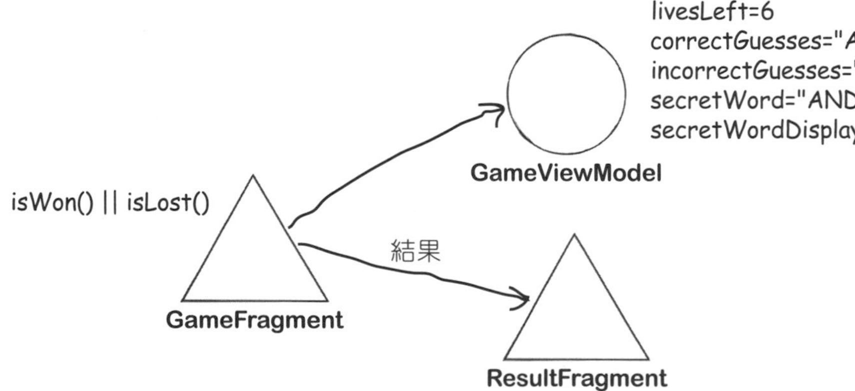

故事還沒結束

4 **ResultFragment 建立 ResultViewModelFactory 物件，並將結果 String 傳給它。**

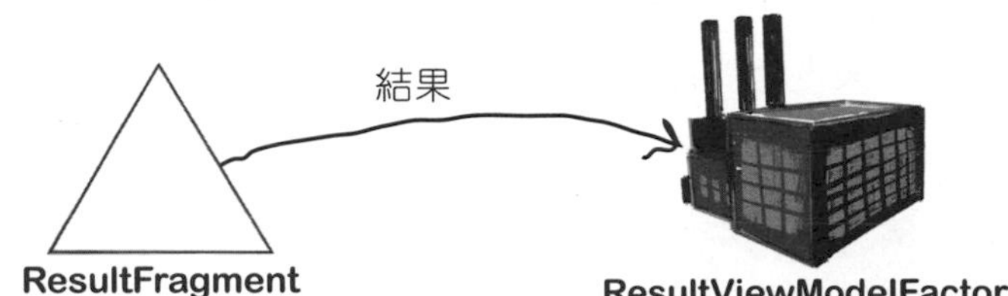

5 **ResultFragment 要求 ViewModelProvider 類別提供一個 ResultViewModel 的實例。**

ViewModelProvider 類別發現還沒有 ResultViewModel 物件，所以使用 ResultViewModelFactory 來建立一個。將 ResultViewModel 物件的 result 屬性設為結果 String。

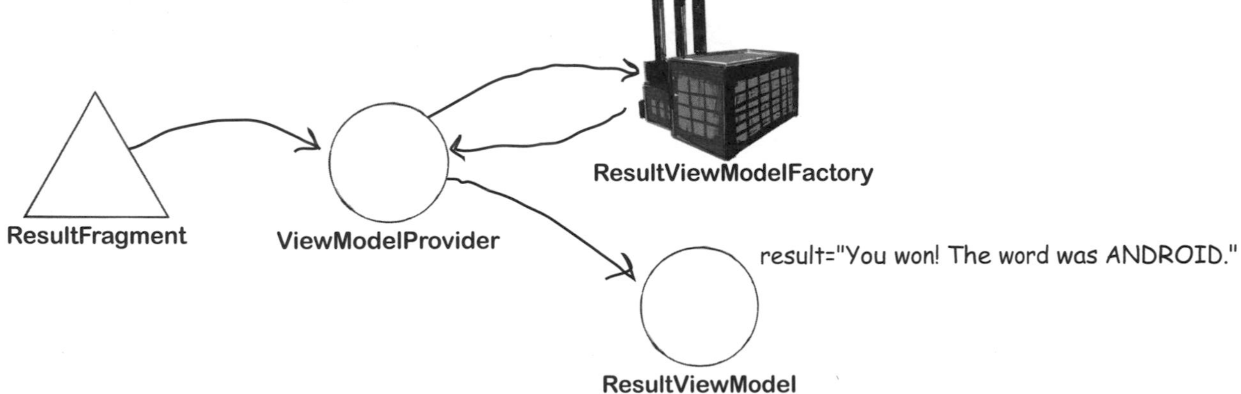

6 **ResultFragment 從 ResultViewModel 物件取得結果 String，並將它顯示在螢幕上。**

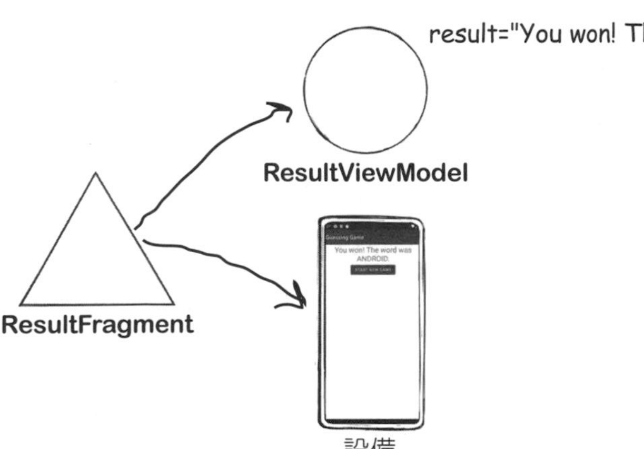

我們來執行一下 app。

新車試駕

- 基本遊戲
- GameFragment
- **ResultFragment**

當我們執行 app 時，`GameFragment` 會顯示出來，與之前一樣。

當我們猜出所有的字母，或沒有半條命時，app 會前往 `ResultFragment`。它會顯示一個訊息來告訴我們是輸是贏，以及秘密單字是什麼。

Guessing Game

_ _ _ _ _ _ _

You have 8 lives left.

Incorrect guesses:

Guess a letter

GUESS!

我們可以使用 GameFragment 來玩遊戲，與之前一樣。

Guessing Game

AND___D

You have 6 lives left.

Incorrect guesses: C T

Guess a letter

GUESS!

Guessing Game

You won! The word was ANDROID.

START NEW GAME

當遊戲結束時，ResultFragment 會在它的 text view 裡面顯示結果 String，該 String 是它從 ResultViewModel 取得的。

遊戲的行為與之前一樣，但是現在它在幕後使用 view model 來保存遊戲邏輯與資料。

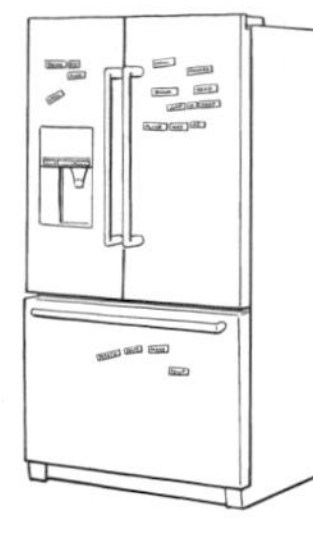

view model 磁貼

下面的程式定義一個名為 **GiftViewModel** 的 view model：

```
import androidx.lifecycle.ViewModel

class GiftViewModel(budgetFrom: Int, budgetTo: Int) : ViewModel(){
    val from = budgetFrom
    val to = budgetTo
}
```

下面這個 view model factory 將被用來建立 **GiftViewModel** 物件，看看你能不能把它組回去。

```
import androidx.lifecycle.ViewModel

import androidx.lifecycle.........................

import java.lang.IllegalArgumentException

class GiftViewModelFactory(private val budgetFrom: ........., private val budgetTo: .........)

                        : ................................................ {

    override fun <T : ViewModel?> create(modelClass: Class<T>): T {

        if (modelClass.isAssignableFrom(GiftViewModel.........................))

            return GiftViewModel(..................., ...................) as T

        throw IllegalArgumentException("Unknown ViewModel")
    }
}
```

你不需要使用所有的磁貼。

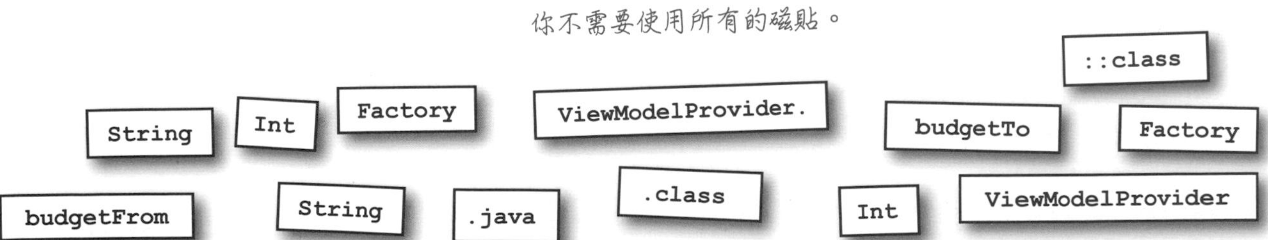

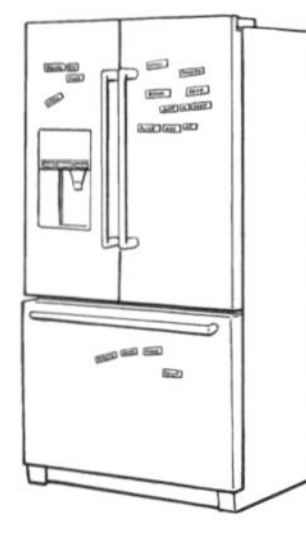

view model 磁貼解答

下面的程式定義一個名為 **GiftViewModel** 的 view model：

```
import androidx.lifecycle.ViewModel

class GiftViewModel(budgetFrom: Int, budgetTo: Int) : ViewModel(){
    val from = budgetFrom
    val to = budgetTo
}
```

下面這個 view model factory 將被用來建立 **GiftViewModel** 物件，看看你能不能把它組回去。

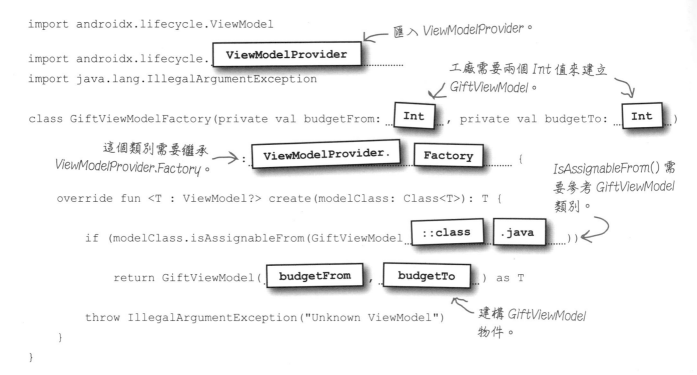

```
import androidx.lifecycle.ViewModel

import androidx.lifecycle.ViewModelProvider
import java.lang.IllegalArgumentException

class GiftViewModelFactory(private val budgetFrom: Int, private val budgetTo: Int)
    : ViewModelProvider.Factory {

    override fun <T : ViewModel?> create(modelClass: Class<T>): T {

        if (modelClass.isAssignableFrom(GiftViewModel::class.java))

            return GiftViewModel(budgetFrom, budgetTo) as T

        throw IllegalArgumentException("Unknown ViewModel")
    }
}
```

匯入 *ViewModelProvider*。

工廠需要兩個 *Int* 值來建立 *GiftViewModel*。

這個類別需要繼承 *ViewModelProvider.Factory*。

IsAssignableFrom() 需要參考 *GiftViewModel* 類別。

建構 *GiftViewModel* 物件。

String　Factory　String　.class

你不需要使用這些磁貼。

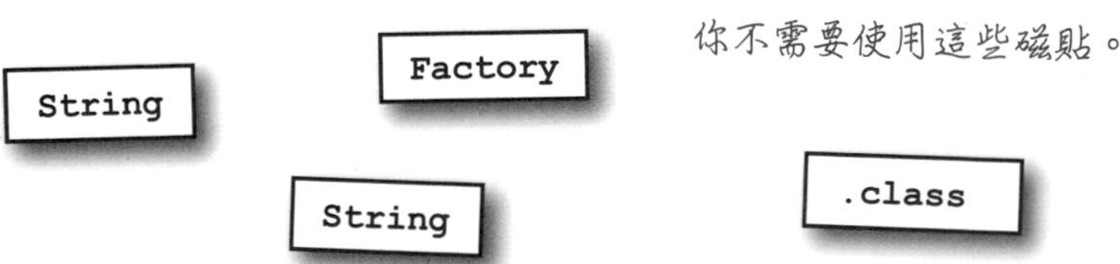

我是 view model 解答

下面的程式是一個名為 MyViewModel 的 view model。請假裝你是 view model，指出這段程式有哪些問題，以及如何修正它們。

```
package com.hfad.myapp

import androidx.lifecycle.ViewModel
import android.util.Log
import android.widget.TextView      ← view model 不應該參考任何 view，所以不需要這個 import。

class MyViewModel : ViewModel() {   ← 這個類別必須繼承 ViewModel。
    val num = 2

    init {
        Log.i("MyViewModel", "ViewModel created")
    }

    override fun onCleared() {
        Log.i("MyViewModel", "ViewModel cleared")
    }

    fun calculation(val1: Int, val2: Int): Int {
        Log.i("MyViewModel", "Called Calculation")
        return (val1 + val2) * num
    }
                                    view model 不應該參考 view，所以修改這個方法來讓它改用 String 值。
    fun joinTogether(text1: TextView String, text2: TextView String): String {
        Log.i("MyViewModel", "Called JoinTogether")
        return ("${text1.text} ${text2.text}")
    }
}
```

（註：「import android.widget.TextView」整行被劃掉；「TextView」被劃掉並改寫為「String」；「.text」被劃掉。）

你的 Android 工具箱

你已經掌握第 11 章，將 view model 加入你的工具箱了。

你可以在 tinyurl.com/hfad3 下載本章的完整程式碼。

本章重點

- view model 可藉著將 activity 或 fragment 的商業邏輯和資料分出去來簡化它們。
- view model 可在組態改變的情況下存活。
- 一個 view model 通常與單一 UI 控制程式有關。
- view model 繼承 `androidx.lifecycle.ViewModel` 類別。
- 你可以藉著呼叫 `ViewModelProvider` 類別的 `get()` 方法來建立 view model。這可以確保你只會在沒有現存的 view model 的情況下建立它。
- view model 能在 UI 控制程式永遠消失之前持續存在。那是在 activity 完成工作，或是 Android 將 fragment 從它的 activity 移除的時候。
- 如果 view model 的建構式需要引數，你就要額外為它寫一個 factory 類別。每次 `ViewModelProvider` 類別需要建立 view model 的實例時，它就會使用這個 factory。
- view model factory 類別必須實作 `ViewModelProvider.Factory` 介面。

投入 Action 的懷抱

你的程式通常需要在屬性值改變時做出反應。

例如，當 view model 屬性的值改變時，**fragment 可能要**藉著更新它的 view 或前往其他地方來**做出回應**。但是 **fragment 如何知道屬性的值何時改變了？**在這一章，我們將介紹 **live data**，這是**在事情發生變化時通知有關各方**的手段。你將認識 ***MutableLiveData***，以及知道如何**讓 fragment 觀察這種型態的屬性**。你將了解 ***LiveData* 型態如何協助維護 app 的一致性**。你很快就會寫出**反應比以往任何時候更靈敏**的 app…

複習 Guessing Game app

我們在上一章製作了 Guessing Game app，它可以讓用戶猜測一個秘密單字的字母。當用戶猜出所有字母或沒有命的時候，遊戲就會結束。

為了避免 fragment 程式變得太臃腫，並且在用戶旋轉設備螢幕時維持 app 的狀態，我們用 view model 來處理 app 的遊戲邏輯與資料。`GameFragment` 使用 `GameViewModel` 來保存它的邏輯與資料，`ResultViewModel` 則保存 `ResultFragment` 需要的遊戲結果：

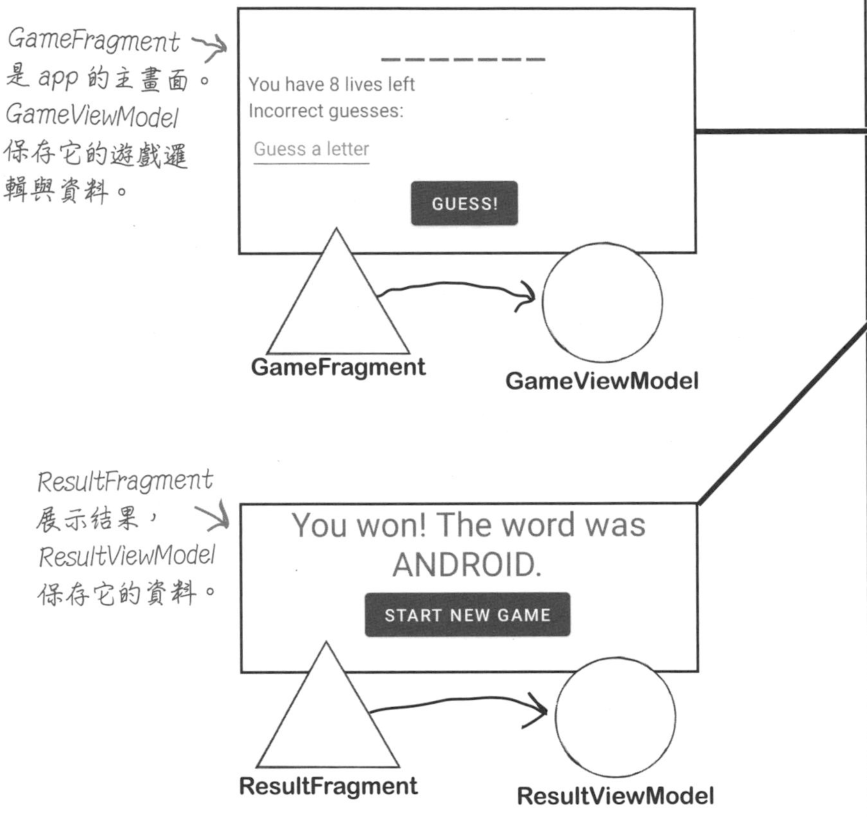

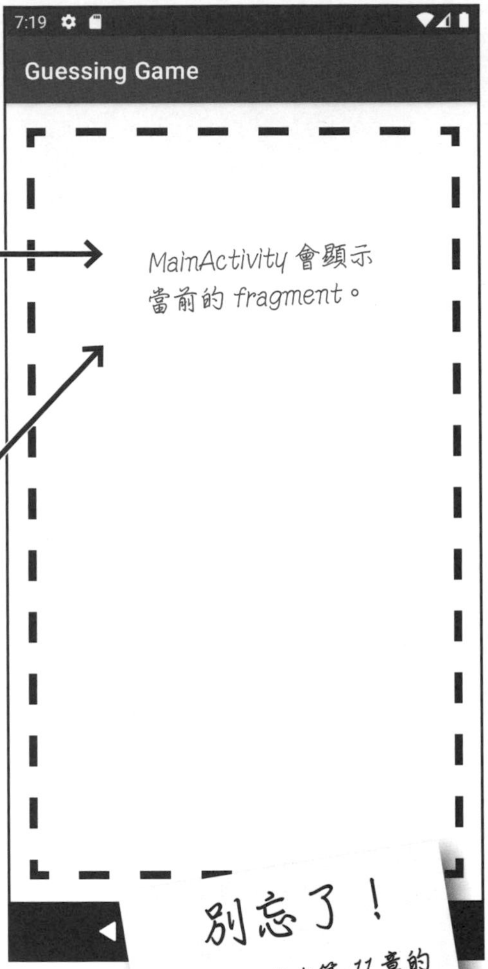

GameFragment 是 app 的主畫面。GameViewModel 保存它的遊戲邏輯與資料。

_ _ _ _ _ _ _
You have 8 lives left
Incorrect guesses:
Guess a letter
GUESS!

GameFragment

GameViewModel

ResultFragment 展示結果，ResultViewModel 保存它的資料。

You won! The word was ANDROID.
START NEW GAME

ResultFragment

ResultViewModel

7:19

Guessing Game

MainActivity 會顯示當前的 fragment。

別忘了！

接下來要修改第 11 章的 Guessing Game app，請打開這個 app 的專案。

當各個 fragment 被顯示時，或是當用戶猜一個字母時，fragment 會從它的 view model 取得最新的值，並將它顯示在螢幕上。

雖然這種做法可行，但它有一些缺點。

fragment 需要決定何時該更新 view

這種做法的缺點是：各個 fragment 都必須決定何時該從 view model 取得最新的屬性值，並更新它的 view。有時這些值並未改變，例如，當用戶猜對時，`GameFragment` 也會更新螢幕上的剩餘命數以及猜錯的字母，即使那些值完全沒有改變。

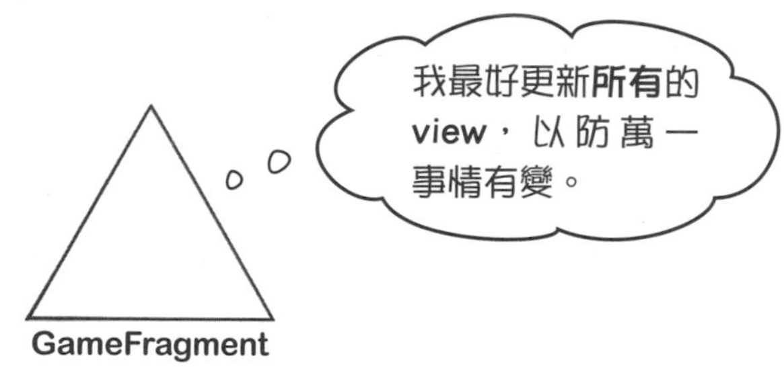
我最好更新所有的 view，以防萬一事情有變。
GameFragment

讓 view model 說值何時改變了

對 `GameViewModel` 而言，另一種做法是在它的屬性改變的時候告訴 `GameFragment`。如果 fragment 可以獲知這些改變，它就不需要自己決定何時該從 view model 抓取最新的屬性值並更新它的 view 了，只要在收到底下的屬性已經改變的通知時更新它的 view 即可。

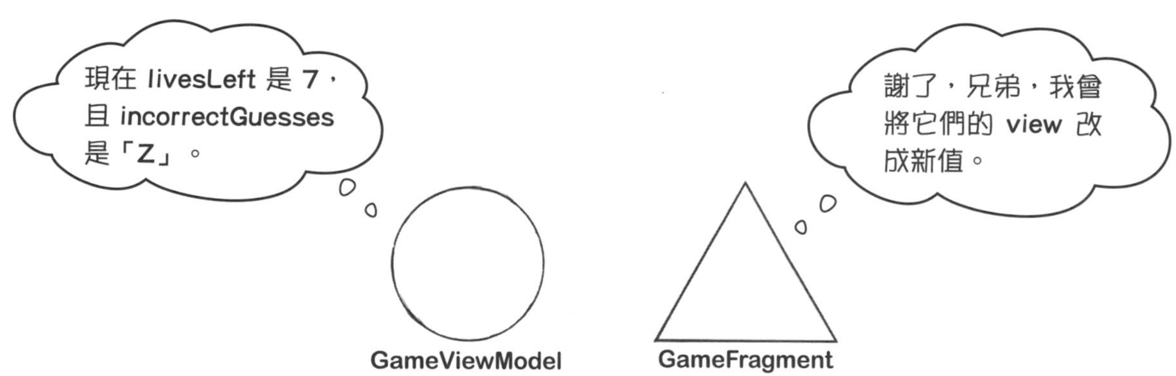
現在 livesLeft 是 7，且 incorrectGuesses 是「Z」。
謝了，兄弟，我會將它們的 view 改成新值。
GameViewModel
GameFragment

我們將使用 Android 的 **live data** 程式庫，在 Guessing Game app 進行這項修改。live data 是 Android Jetpack 的一部分。live data 可讓 view model 在它的屬性值改變時通知有關各方（例如 fragment 與 activity），讓它們可以對這些改變做出反應，例如更新 view，或呼叫其他的方法。

live data 是 Android Jetpack 的一部分。

本章將介紹如何使用 live data。我們先來看一下修改 app 的步驟。

我們接下來要做這些事情

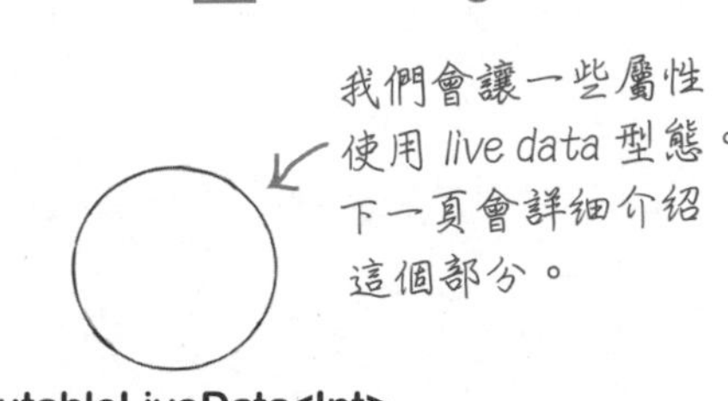

我們會用以下的步驟來撰寫 app：

1. **讓 Guessing Game app 使用 live data。**

   我們會修改 `GameViewModel`，來讓 `livesLeft`、`incorrectGuesses` 與 `secretWordDisplay` 屬性使用 live data。然後，我們會讓 `GameFragment` 在這些屬性的值改變時更新它的 view。

2. **保護 GameViewModel 的屬性與方法。**

   我們只允許 `GameViewModel` 更新它的屬性，限制外界存取那些屬性。我們只讓 `GameFragment` 使用完成工作所需的方法。

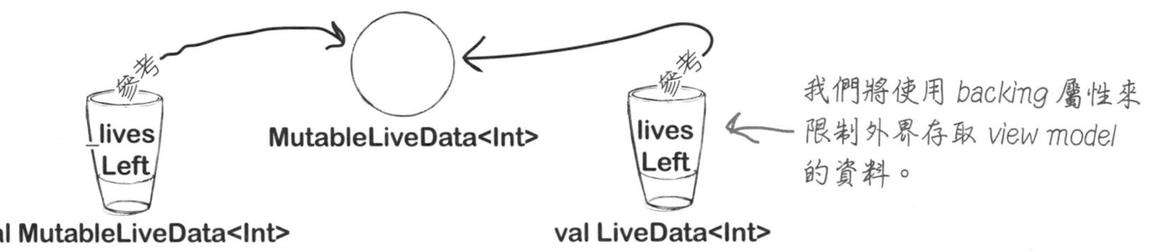

3. **加入 gameOver 屬性。**

   我們會讓 `GameViewModel` 使用新屬性 `gameOver` 來確認遊戲何時結束。`GameFragment` 會在這個屬性的值改變時前往 `ResultFragment`。

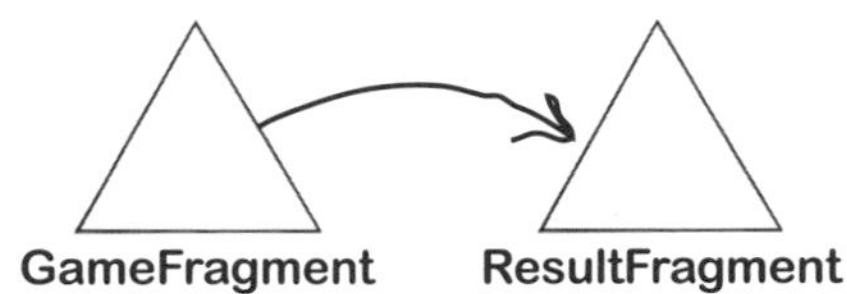

將 live data 依賴關係加入 app 的 build.gradle 檔

因為我們即將使用 live data，所以我們要先將 live data 依賴關係加入 app 的 *build.gradle* 檔。

打開 Guessing Game app 的專案（如果你還沒有打開的話），打開 *GuessingGame/app/build.gradle* 檔案，並在 `dependencies` 區域加入下面粗體那一行：

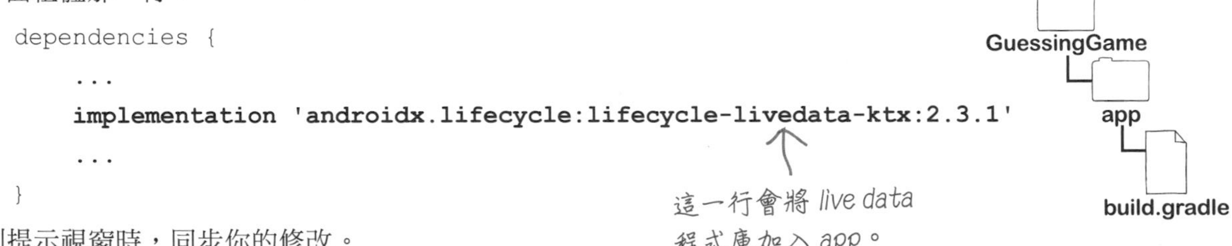

```
dependencies {
    ...
    implementation 'androidx.lifecycle:lifecycle-livedata-ktx:2.3.1'
    ...
}
```


看到提示視窗時，同步你的修改。

GameViewModel 與 GameFragment 需要使用 live data

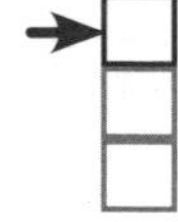

使用 live data
保護屬性
加入 gameOver

我們想要在 Guessing Game app 裡面使用 live data，來讓 GameViewModel 在它的屬性值改變時通知 GameFragment，讓 GameFragment 對這些改變做出反應。

我們將採取兩個步驟來處理這個問題：

1. **指明哪些 GameViewModel 屬性的變動需要讓 GameFragment 知道。**
2. **告訴 GameFragment 如何回應各個改變。**

我們先把重點放在修改 GameViewModel 程式上。

哪些 view model 屬性應該使用 live data？

GameFragment 用 GameViewModel 的三個屬性來更新它的 view：secretWordDisplay、incorrectGuesses 與 livesLeft。我們將讓這三個屬性使用 live data，讓 GameFragment 可以在它們的值改變時收到通知。

若要讓一個屬性使用 live data，你要將它的型態改成 **MutableLiveData<Type>**，其中的 Type 是那個屬性保存的資料的型態。例如，這段程式將 livesLeft 屬性定義成 Int：

```
var livesLeft = 8
```

為了讓這個屬性使用 live data，你要將它的型態改成 MutableLiveData<Int>，如此一來，它變成：

```
var livesLeft = MutableLiveData<Int>(8)
```

這會將 MutableLiveData<Int> 的初始值設為 Int 值 8。

這一行定義了 livesLeft 現在是 MutableLiveData<Int>，而且初始值是 8。

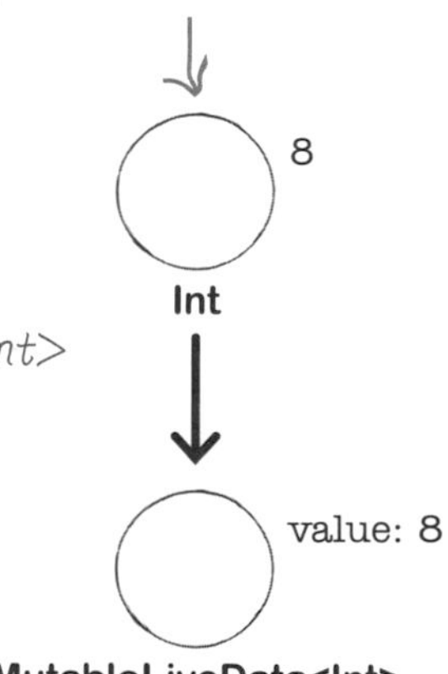

同樣地，我們可以用這段程式來定義 incorrectGuesses 與 secretWordDisplay 屬性。

```
var incorrectGuesses = MutableLiveData<String>("")
var secretWordDisplay = MutableLiveData<String>()
```

在此不設定 secretWordDisplay 的值，因為我們會在 view model 的 init 區塊裡面做這件事。

我們將每一個屬性的型態都設成 MutableLiveData<String>，將 incorrectGuesses 的值設成 ""。secretWordDisplay 的值將在 GameViewModel 的 init 區塊裡面設定。

這就是定義 live data 屬性的方式。接下來，我們要介紹如何更新它的值。

live data 物件使用 value 屬性

使用 live data
保護屬性
加入 gameOver

當你使用 `MutableLiveData` 屬性時，你要使用一種屬性來更改它們的值：**value** 屬性。例如，若要將 `secretWordDisplay` 屬性改成 `deriveSecretWordDisplay()` 方法回傳的值，你不能像以前一樣寫成：

```
secretWordDisplay = deriveSecretWordDisplay()
```

而是要寫成：

```
secretWordDisplay.value = deriveSecretWordDisplay()
```

用這種方式來改變 value 屬性很重要，因為它就是讓有關各方（在此是 GameFragment）收到變動通知的方式。每次 secretWordDisplay 的 value 屬性被改變，GameFragment 就會收到通知，讓它可以更新它的 view 來做出回應。

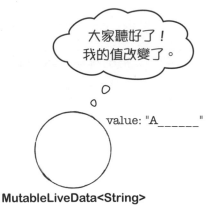

大家聽好了！
我的值改變了。

value: "A______"

MutableLiveData<String>

value 屬性可以是 null

在使用 live data 時還要注意一件事：value 的型態是 *nullable*。也就是說，當你在程式中使用 live data 值時，你必須執行 null 安全檢查，否則你的程式將無法編譯。

例如，**livesLeft** 屬性是用這段程式來定義的：

```
var livesLeft = MutableLiveData<Int>(8)
```

這代表 livesLeft 屬性的值可以設為 Int 或 null。

這個屬性的型態是 MutableLiveData<Int>，所以它的 value 屬性可以接收 Int 或設為 null。

因為 value 屬性可能是 null，所以我們不能用這段程式來將它的值減一：

```
livesLeft.value--
```

而是要這樣寫：

```
livesLeft.value = livesLeft.value?.minus(1)
```

這會將 value 減 1，只要它不是 null。

這段程式會將它的值減 1 ，只要它不是 null。

同樣地，下面的 isLost() 方法無法編譯，因為 liveLeft.value 可能是 null：

```
fun isLost() = livesLeft.value <= 0
```

但是，我們可以用 Kotlin 的貓王（Elvis）運算子來修改它：

```
fun isLost() = livesLeft.value ?: 0 <= 0
```

livesLeft.value ?:0 會在 value 是 null 時回傳 0。在這裡，isLost() 會在 value 是 null 或 <=0 時回傳 true。

使用 live data
保護屬性
加入 gameOver

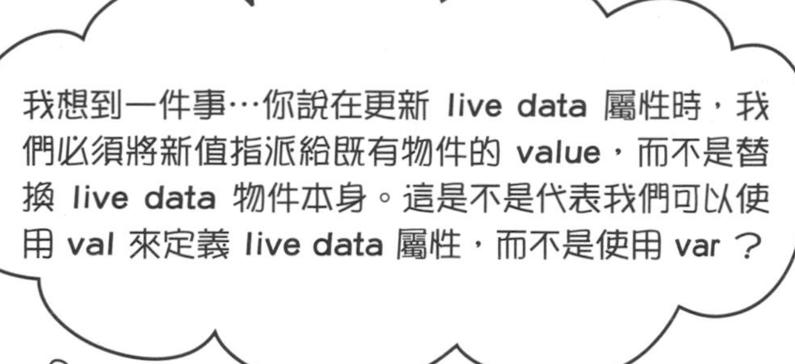

我想到一件事…你說在更新 live data 屬性時，我們必須將新值指派給既有物件的 value，而不是替換 live data 物件本身。這是不是代表我們可以使用 val 來定義 live data 屬性，而不是使用 var？

live data 屬性可以用 val 來定義。

如你所知，在 Kotlin 裡面，你要用 `val` 與 `var` 來指定屬性能不能被設成新物件的參考。

當初，我們使用 `var` 來定義各個屬性，這是為了讓我們可以修改它們。例如，我們使用這段程式來定義 `livesLeft` 屬性：

```
var livesLeft = 8
```

這段程式將 `livesLeft` 的初始值設成 `Int` 物件，而且它的值是 8。每次用戶猜錯時，我們就將 `livesLeft` 減 1，這會將它設成一個新的 `Int` 物件的參考：

```
livesLeft--
```

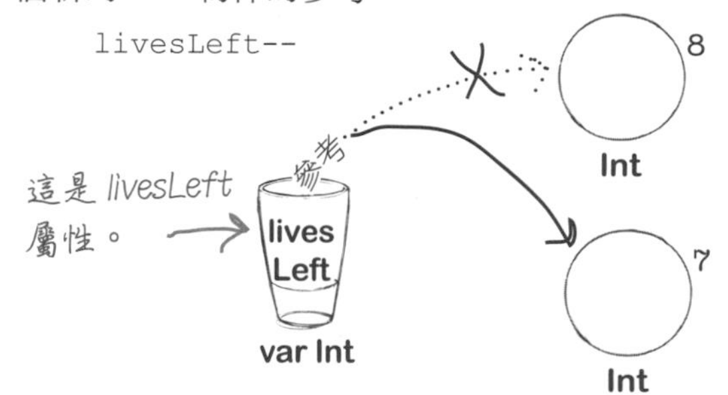

在使用 live data 時，你要修改既有物件的 `value` 屬性，而不是將它換成另一個物件，而且有關各方會收到這項改變的通知。因為物件不會被替換，所以你可以使用 `val` 而不是 `var` 來定義屬性，例如：

```
val livesLeft = MutableLiveData<Int>(8)
```

GameViewModel.kt 的完整程式

→ **使用 live data**
保護屬性
加入 gameOver

現在你已經知道 live data 如何運作了，我們來修改 `GameViewModel`，讓它的 `livesLeft`、`incorrectGuesses` 與 `secretWordDisplay` 屬性都使用 live data。

下面是 *GameViewModel.kt* 的完整程式，請依此修改你的檔案（粗體為修改處）：

GuessingGame
app/src/main
java
com.hfad.guessinggame
GameViewModel.kt

```
package com.hfad.guessinggame

import androidx.lifecycle.ViewModel
import androidx.lifecycle.MutableLiveData   ← 匯入這個類別。

class GameViewModel : ViewModel() {
    val words = listOf("Android", "Activity", "Fragment")
    val secretWord = words.random().uppercase()
    var val secretWordDisplay = "" MutableLiveData<String>()
    var correctGuesses = ""
    var val incorrectGuesses = MutableLiveData<String>("")
    var val livesLeft = MutableLiveData<Int>(8)

    init {
        secretWordDisplay.value = deriveSecretWordDisplay()
    }

    fun deriveSecretWordDisplay() : String {
        var display = ""
        secretWord.forEach {
            display += checkLetter(it.toString())
        }
        return display
    }

    fun checkLetter(str: String) = when (correctGuesses.contains(str)) {
        true -> str
        false -> "_"
    }
```

使用 *val* 來定義 *live data* 屬性，而不是 *var*。

修改這些屬性的型態，讓它們使用 *live data*。

我們需要使用 *secretWordDisplay* 的 *value* 屬性。

程式還沒結束，見下一頁。→

GameViewModel.kt（續）

```
    fun makeGuess(guess: String) {
        if (guess.length == 1) {
            if (secretWord.contains(guess)) {
                correctGuesses += guess
                secretWordDisplay.value = deriveSecretWordDisplay()
            } else {
                incorrectGuesses.value += "$guess "
                livesLeft--
                livesLeft.value = livesLeft.value?.minus(1)
            }
        }
    }

    fun isWon() = secretWord.equals(secretWordDisplay.value, true)

    fun isLost() = livesLeft.value ?: 0 <= 0

    fun wonLostMessage() : String {
        var message = ""
        if (isWon()) message = "You won!"
        else if (isLost()) message = "You lost!"
        message += " The word was $secretWord."
        return message
    }
}
```

我們必須使用 secretWordDisplay 與 incorrectGuesses 的 value 屬性。

以 null 安全的方式來將 livesLeft 的 value 減 1。

我們也要在這裡使用 .value。

如果 value 是 null，Elvis 運算子會回傳 0。這代表如果 livesLeft 值是 null，或小於等於 0，isLost() 會回傳 true。

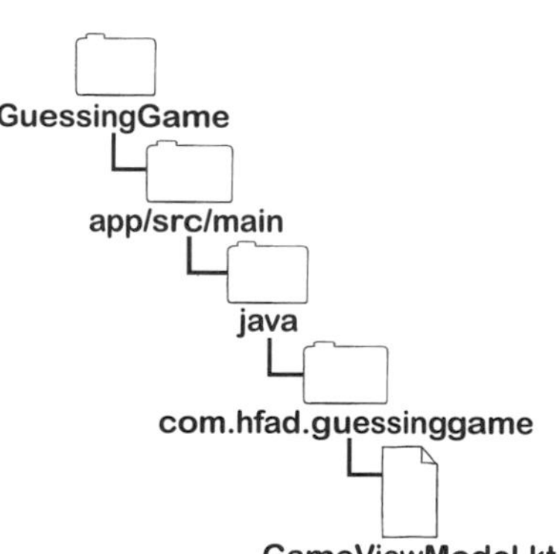

以上就是 GameViewModel 的所有程式。接下來，我們要讓 GameFragment 在 livesLeft、incorrectGuesses 與 secretWordDisplay 屬性改變時做出回應。

fragment 觀察 view model 的屬性，並且對它們的改變做出回應

若要讓 fragment 對 view model 的 `MutableLiveData` 屬性值的改變做出回應，你要呼叫屬性的 **`observe()`** 方法。例如，當你將下面的程式加入 `GameFragment` 時，它會觀察 view model 的 `livesLeft` 屬性，並且在該屬性改變時採取行動：

將這段程式加入 fragment，可讓它在屬性值改變時做出回應。

```
viewModel.livesLeft.observe(viewLifecycleOwner, Observer { newValue ->
    //使用新值的程式碼
})
```

如你所見，上面的程式將 `viewLifecycleOwner` 與 `Observer` 引數傳給 `observe()` 方法。

我會盯著你。

GameFragment

GameViewModel

`viewLifecycleOwner` 指向 fragment 的 view 的生命週期，它是在 fragment 可以操作它的 UI 時綁定的：也就是從 app 在 fragment 的 `onCreateView()` 方法裡面建立 UI，到 app 銷毀 UI 並呼叫 `onDestroyView()` 為止。

`Observer` 是可以接收 live data 的類別，因為它被綁定 `viewLifecycleOwner`，所以 observer 只有在 fragment 可以操作它的 view 時才會執行（並且能夠接收 live data 通知）。如果 live data 屬性的值在 fragment 不能操作它的 UI 時改變，observer 不會收到通知，所以 fragment 不會做出回應。這可以防止 fragment 在無法操作 view 時試著更新 view，因為這種情況可能導致 app 崩潰。

它也可以讓你更容易編寫程式，因為你不需要自己檢查 view 能不能使用。你可以使用 live data 來幫你處理所有事情。

`Observer` 類別接收一個 lambda 參數，它的用途是指定屬性的新值該如何使用。例如，在 Guessing Game app 裡面，我們想要讓 `GameFragment` 在 view model 的 `livesLeft` 屬性改變時，就更新它的 `lives` 文字，我們可以使用下面的程式來做這件事：

```
viewModel.livesLeft.observe(viewLifecycleOwner, Observer { newValue ->
    binding.lives.text = "You have $newValue lives left"
})
```

顯示還有多少條命。

以上就是讓 `GameFragment` 在 view model 屬性值改變時更新它的 view 的所有知識。我們來修改它的程式。

GameFragment.kt 的完整程式

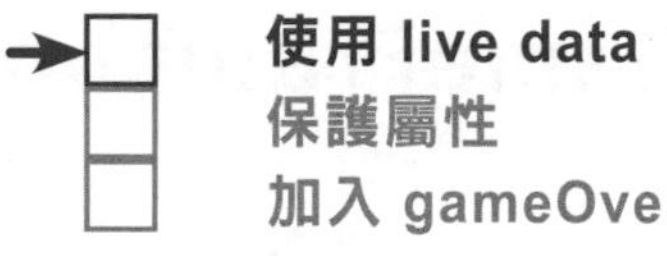

下面是改好的 `GameFragment`，請依此修改你的 *GameFragment.kt* 檔案（粗體為修改處）：

GuessingGame
app/src/main
java
com.hfad.guessinggame
GameFragment.kt

```
package com.hfad.guessinggame

import android.os.Bundle
import androidx.fragment.app.Fragment
import android.view.LayoutInflater
import android.view.View
import android.view.ViewGroup
import com.hfad.guessinggame.databinding.FragmentGameBinding
import androidx.navigation.findNavController
import androidx.lifecycle.ViewModelProvider
import androidx.lifecycle.Observer   <- 匯入這個類別。

class GameFragment : Fragment() {
    private var _binding: FragmentGameBinding? = null
    private val binding get() = _binding!!
    lateinit var viewModel: GameViewModel

    override fun onCreateView(
        inflater: LayoutInflater, container: ViewGroup?, savedInstanceState: Bundle?
    ): View? {
        _binding = FragmentGameBinding.inflate(inflater, container, false)
        val view = binding.root
        viewModel = ViewModelProvider(this).get(GameViewModel::class.java)
        updateScreen()   <- 我們不需要這個方法了，因為我們使用 live data
                            來更新螢幕顯示的值。

        viewModel.incorrectGuesses.observe(viewLifecycleOwner, Observer { newValue ->
            binding.incorrectGuesses.text = "Incorrect guesses: $newValue"
        })
                  只要 view model 裡面的 incorrectGuesses 與 livesLeft
                  屬性改變，就更改 layout 裡面的文字。
        viewModel.livesLeft.observe(viewLifecycleOwner, Observer { newValue ->
            binding.lives.text = "You have $newValue lives left"
        })
```

程式還沒結束，見下一頁。

GameFragment.kt（續）

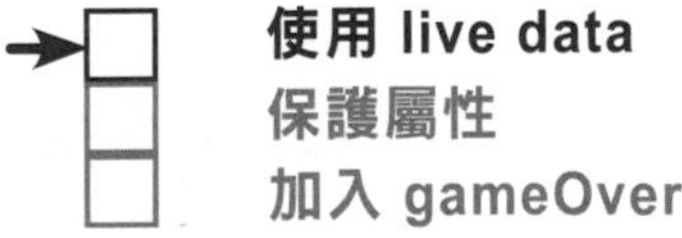


```
        viewModel.secretWordDisplay.observe(viewLifecycleOwner, Observer { newValue ->
            binding.word.text = newValue
        })

        binding.guessButton.setOnClickListener() {
            viewModel.makeGuess(binding.guess.text.toString().uppercase())
            binding.guess.text = null
            updateScreen()
            if (viewModel.isWon() || viewModel.isLost()) {
                val action = GameFragmentDirections
                    .actionGameFragmentToResultFragment(viewModel.wonLostMessage())
                view.findNavController().navigate(action)
            }
        }
        return view
    }

    override fun onDestroyView() {
        super.onDestroyView()
        _binding = null
    }

    fun updateScreen() {
        binding.word.text = viewModel.secretWordDisplay
        binding.lives.text = "You have ${viewModel.livesLeft} lives left"
        binding.incorrectGuesses.text = "Incorrect guesses:${viewModel.incorrectGuesses}"
    }
}
```

當 view model 的 secretWordDisplay 屬性改變時，修改 word view 的文字。

移除這一行，因為我們用 live data 來更新螢幕。（updateScreen() 已刪除）

不需要這個方法了，移除它。（fun updateScreen() 整個方法已刪除）

GuessingGame / app/src/main / java / com.hfad.guessinggame / GameFragment.kt

按照上面的方式來修改 GameFragment 之後，它就可以在觀察到 incorrectGuesses、livesLeft 與 secretWordDisplay 屬性改變時更新 view 了。

在 Guessing Game app 裡面實作 live data 之後，我們來看一下當 app 執行時會發生什麼事。

使用 live data
保護屬性
加入 gameOver

等一下！你是不是忘了什麼事？Guessing Game app 有兩個 view model，不是一個。我們不需要修改 ResultViewModel 與 ResultFragment 嗎？

ResultViewModel 不需要使用 live data，所以我們不需要修改它。

你應該還記得，ResultViewModel 有一個屬性（稱為 result），app 會在建立 view model 時設定它。程式是：

```
class ResultViewModel(finalResult: String) : ViewModel(){
    val result = finalResult
}
```

如你所見，result 是用 val 來定義的，所以為它設定初始值之後，你就不能將它改為其他值了。ResultFragment 不需要在 result 改變時收到通知，因為**一旦 result 被設定，它就永遠不會改變**。我們不需要讓 ResultFragment 回應任何改變，因為改變不會發生。

那麼，我們來看看程式執行時會發生什麼事，然後執行一下 app。

問：**如果 GameFragment 在 GameViewModel 的 live data 屬性改變時處於停用狀態，那會怎樣？app 難道不會崩潰嗎？**

答：不會。live data 會注意生命週期，所以當它的屬性值改變時，它只會通知活躍的觀察方。如果 GameFragment 在 GameViewModel 的屬性改變時處於停用狀態，GameFragment 不會收到通知，所以不用擔心 app 會崩潰。

問：**有 LiveData 型態嗎？**

答：有！LiveData 型態很像 MutableLiveData，但是它的 value 屬性不會改變。幾頁之後會告訴你如何使用 LiveData 型態。

當 app 執行時會發生什麼事

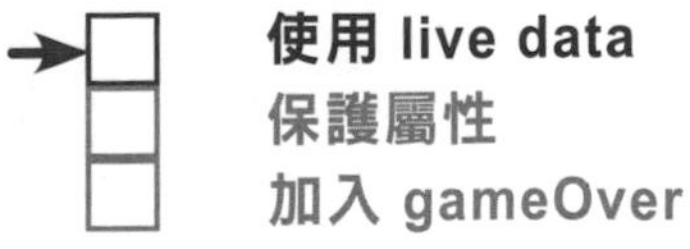

當 app 執行時會發生這些事情：

1. **GameFragment 要求 ViewModelProvider 類別提供一個 GameViewModel 的實例。**

   app 將 `GameViewModel` 物件初始化，並設定它的三個 `MutableLiveData` 屬性的值，包括 `livesLeft`、`incorrectGuesses` 與 `secretWordDisplay`。

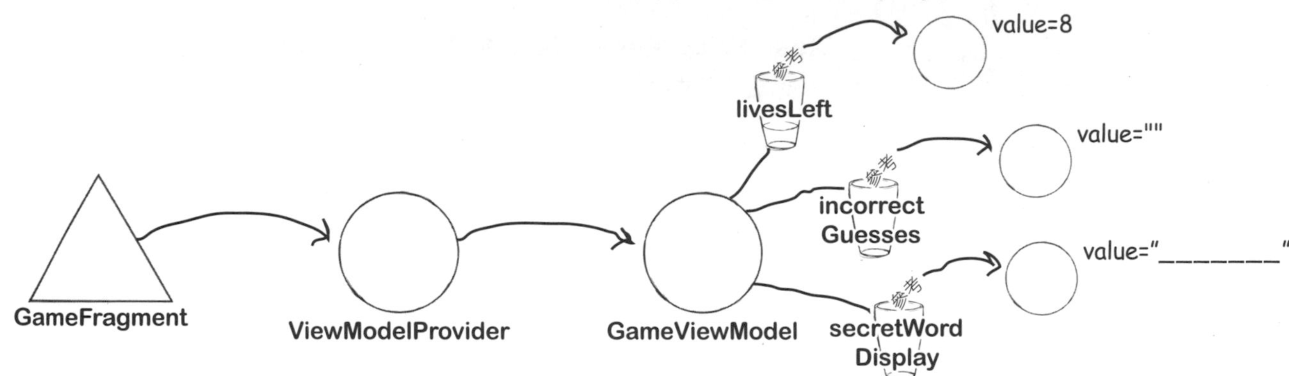

2. **GameFragment 觀察 GameViewModel 裡面的 livesLeft、incorrectGuesses 與 secretWordDisplay 屬性。**

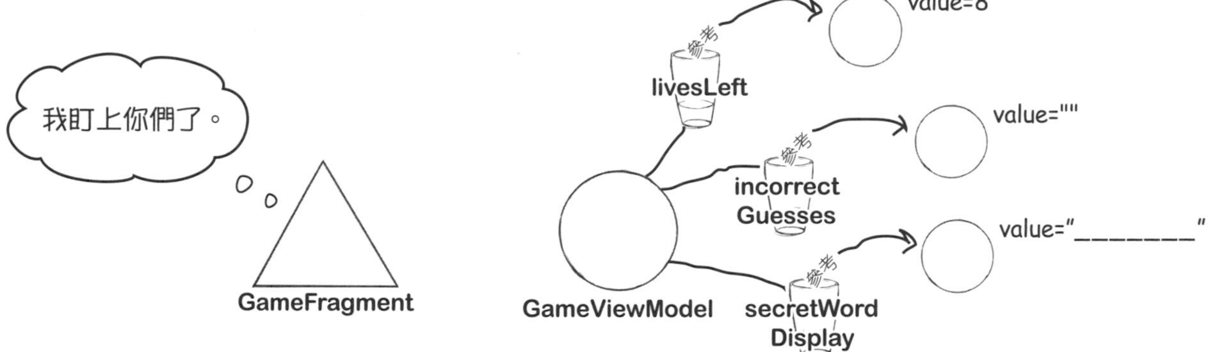

3. **GameFragment 用被它觀察的屬性的值來更新它的 view。**

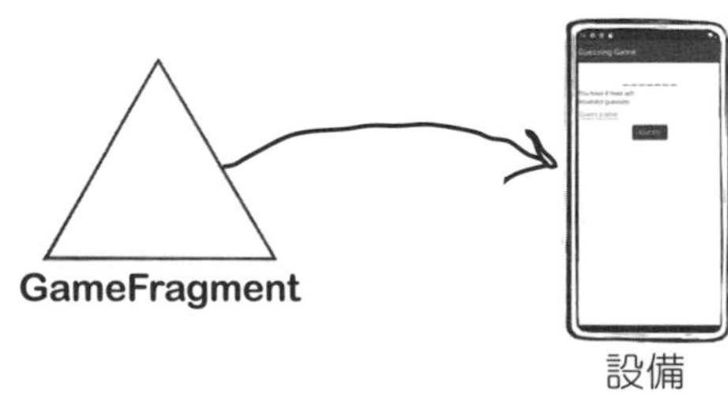

故事還沒結束

使用 live data
保護屬性
加入 gameOver

4 **當用戶猜對時，secretWordDisplay 的值會改變，新值會被傳給 GameFragment。**

GameFragment 的回應是更改它的 word view，並在螢幕上顯示它。

參考
value="A_______"
用户猜出正確的 A。
secretWord Display
GameViewModel
GameFragment
設備

5 **當用戶猜錯時，incorrectGuesses 與 livesLeft 的值會改變，新值會被傳給 GameFragment。**

GameFragment 的回應是更新它的 view。

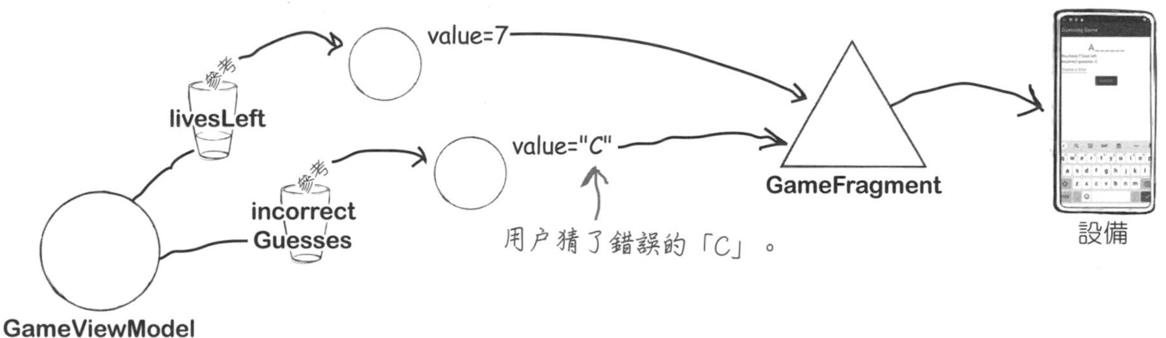

6 **當 isWon() 或 isLost() 回傳 true 時，GameFragment 會前往 ResultFragment，並將結果傳給它。**

ResultFragment 顯示結果。

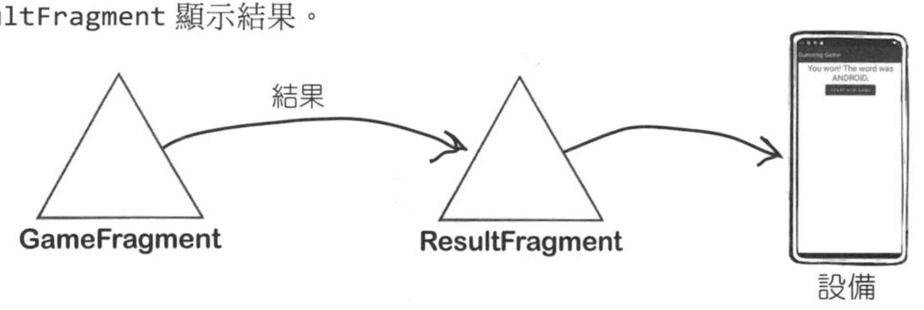

我們來執行一下 app。

新車試駕

- [x] 使用 live data
- [ ] 保護屬性
- [ ] 加入 gameOver

當我們執行 app 時，`GameFragment` 會顯示出來，與之前一樣。

當我們猜對字母時，秘密單字會更新。當我們猜錯時，剩餘的命數會更新，我們猜的字母會被加入 incorrect guesses 裡面。

當我們猜到所有的字母，或沒有命時，app 會前往 `ResultFragment`，它會顯示結果。

GameFragment 會在 app 啟動時顯示。

當我們猜對或猜錯時，fragment 使用 live data 來更新它的 view。

當我們猜到所有的字母時，app 前往 ResultFragment，它會顯示結果。

雖然遊戲的行為與之前一樣，但是在幕後，它是用 live data 來做出回應的。

削尖你的鉛筆

下面的程式是一個名為 MyViewModel 的 view model。看看你能不能修改程式，讓它使用 live data 來讓 fragment 回應 rate 屬性的改變。

```
package com.hfad.myapp

import androidx.lifecycle.ViewModel
import android.util.Log

class MyViewModel : ViewModel() {
    var rate = 2

    init {
        Log.i("MyViewModel", "ViewModel created")
    }

    override fun onCleared() {
        Log.i("MyViewModel", "ViewModel cleared")
    }

    fun updateRate(newRate: Int) {
        rate = newRate
    }

    fun Calculation(val1: Int, val2: Int): Int {
        Log.i("MyViewModel", "Called Calculation")
        return (val1 + val2) * rate
    }

    fun JoinTogether(text1: String, text2: String): String {
        Log.i("MyViewModel", "Called JoinTogether")
        return ("${text1} ${text2}")
    }
}
```

下面的程式是一個名為 MyViewModel 的 view model。看看你能不能修改程式，讓它使用 live data 來讓 fragment 回應 rate 屬性的改變。

```
package com.hfad.myapp

import androidx.lifecycle.ViewModel
import android.util.Log
import androidx.lifecycle.MutableLiveData    <- 我們需要匯入這個類別。

class MyViewModel : ViewModel() {
    val var rate = MutableLiveData<Int>(2)   <- rate 屬性必須使用 val 而不是 var，而且它的型態必須是 MutableLiveData<Int>。

    init {
        Log.i("MyViewModel", "ViewModel created")
    }

    override fun onCleared() {
        Log.i("MyViewModel", "ViewModel cleared")
    }

    fun updateRate(newRate: Int) {
        rate.value = newRate   <- 我們要設定 rate 的 value 屬性。
    }

    fun Calculation(val1: Int, val2: Int): Int {
        Log.i("MyViewModel", "Called Calculation")
        return (val1 + val2) * rate.value ?: 0   <- 我們要使用 rate 的 value 屬性，並使用 Elvis 運算子來防範 value 是 null 的情況。
    }

    fun JoinTogether(text1: String, text2: String): String {
        Log.i("MyViewModel", "Called JoinTogether")
        return ("${text1} ${text2}")
    }
}
```

fragment 可以更改 GameViewModel 的屬性

我們已經改好 GameViewModel 與 GameFragment 來讓它們使用 live data 了。每次 GameViewModel 裡面的 MutableLiveData 屬性的值被修改時，GameFragment 就會更新它的 view 來回應它。

但是程式有一個小問題。GameFragment 可以全權使用 GameViewModel 的屬性與方法，所以想要的話，它可能不當地使用它們。fragment 可以自由地將 livesLeft 屬性改成 100，如此一來，用戶可以猜更多次，並且贏得每一場遊戲。

為了處理這個問題，我們要限制外界直接操作 GameViewModel 屬性的權利，**只讓 view model 裡面的方法可以更新它們**。

你可以將 view model 的屬性定義成 private，並使用屬性的 getter，來限制外界直接存取它們的能力。

保護隱私

為了保護 GameViewModel 的屬性，我們要將每一個屬性定義成 private，只允許 GameViewModel 修改它們的值。然後我們會將 GameFragment 需要觀察的 MutableLiveData 屬性的唯讀版本公開。我們本來用這段程式來定義 livesLeft 屬性：

```
val livesLeft = MutableLiveData<Int>(8)
```

現在使用這段程式：

```
private val _livesLeft = MutableLiveData<Int>(8)
val livesLeft: LiveData<Int>
    get() = _livesLeft
```

MutableLiveData 被標成 private，所以其他類別都無法直接存取它。

這會回傳唯讀版本的 MutableLiveData 屬性。

在這裡，_livesLeft 保存了 MutableLiveData 物件的參考。GameFragment 無法存取這個屬性，因為它已經被標成 private 了。

但是，GameFragment 可以使用 livesLeft 的 getter 來取得這個屬性的值。livesLeft 的型態是 LiveData，它很像 MutableLiveData，但是它不能用來更改底層物件的 value 屬性。GamesFragment 可以讀取值，但不能更改它。

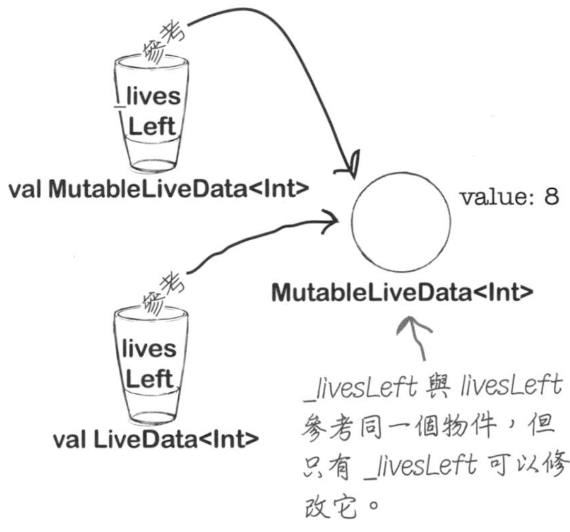

採取這種寫法時，private 屬性有時稱為 **backing 屬性**。它保存一個物件的參考，讓其他類別只能透過另一個屬性來接觸它。

我們來修改 GameViewModel 程式。

GameViewModel.kt 的完整程式

使用 live data
保護屬性
加入 gameOver

我們將修改 GameViewModel 的程式，讓它使用 backing 屬性來限制外界直接接觸它的 live data。我們也會將 GameFragment 不需要使用的屬性與方法都定義成 private。

下面是 *GameViewModel.kt* 的完整程式，請依此修改你的檔案（粗體為修改處）：

GuessingGame
app/src/main
java
com.hfad.guessinggame
GameViewModel.kt

```
package com.hfad.guessinggame

import androidx.lifecycle.ViewModel
import androidx.lifecycle.MutableLiveData
import androidx.lifecycle.LiveData   ← 匯入這個類別。

class GameViewModel : ViewModel() {
    private val words = listOf("Android", "Activity", "Fragment")
    private val secretWord = words.random().uppercase()
    private val _secretWordDisplay = MutableLiveData<String>()
    val secretWordDisplay: LiveData<String>
        get() = _secretWordDisplay
    private var correctGuesses = ""
    private val _incorrectGuesses = MutableLiveData<String>("")
    val incorrectGuesses: LiveData<String>
        get() = _incorrectGuesses
    private val _livesLeft = MutableLiveData<Int>(8)
    val livesLeft: LiveData<Int>
        get() = _livesLeft

    init {
        _secretWordDisplay.value = deriveSecretWordDisplay()
    }
```

將它們標成 private。

使用 secretWordDisplay 來讓外界只能讀取 _secretWordDisplay backing 屬性。

它們必須標成 private。

incorrectGuesses 讓外界只能讀取它的 _incorrectGuesses backing 屬性。

這也標成 private。

livesLeft 回傳唯讀版本的 _livesLeft backing 屬性。

我們更新屬性值，所以使用 _secretWordDisplay 而不是 secretWordDisplay。

程式還沒結束，見下一頁。

GameViewModel.kt（續）

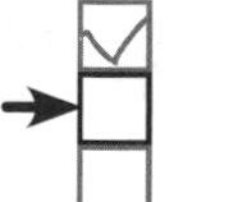

使用 live data
保護屬性
加入 gameOver

只有 GameViewModel 需要呼叫這些方法，所以將它們標成 private。

```
    private fun deriveSecretWordDisplay() : String {
        var display = ""
        secretWord.forEach {
            display += checkLetter(it.toString())
        }
        return display
    }

    private fun checkLetter(str: String) = when (correctGuesses.contains(str)) {
        true -> str
        false -> "_"
    }

    fun makeGuess(guess: String) {
        if (guess.length == 1) {
            if (secretWord.contains(guess)) {
                correctGuesses += guess
                _secretWordDisplay.value = deriveSecretWordDisplay()
            } else {
                _incorrectGuesses.value += "$guess "
                _livesLeft.value = _livesLeft.value?.minus(1)
            }
        }
    }

    fun isWon() = secretWord.equals(secretWordDisplay.value, true)

    fun isLost() = livesLeft.value ?: 0 <= 0

    fun wonLostMessage() : String {
        var message = ""
        if (isWon()) message = "You won!"
        else if (isLost()) message = "You lost!"
        message += " The word was $secretWord."
        return message
    }
}
```

我們要使用這些屬性的可修改版本，所以在它們前面加上 "_"。

也將它加上 "_"。

GuessingGame
app/src/main
java
com.hfad.guessinggame
GameViewModel.kt

我們來看一下程式執行時會發生什麼事。

當 app 執行時會發生什麼事

當 app 執行時會發生這些事情：

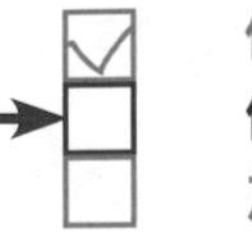

1. **GameFragment 要求 ViewModelProvider 類別提供一個 GameViewModel 的實例。**

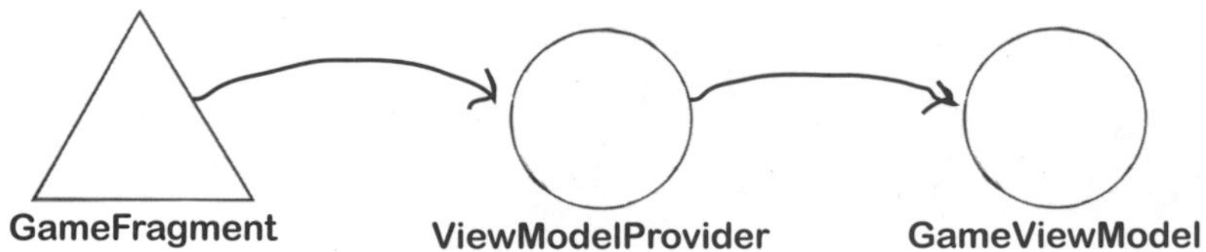

2. **設定 GameViewModel 的屬性的初始值。**

   livesLeft、incorrectGuesses 與 secretWordDisplay 都是 LiveData 屬性，它們與它們的 MutableLiveData backing 屬性參考同一個底層的物件。

為了讓這張圖更簡潔，我們只展示 _livesLeft 與 livesLeft 屬性。

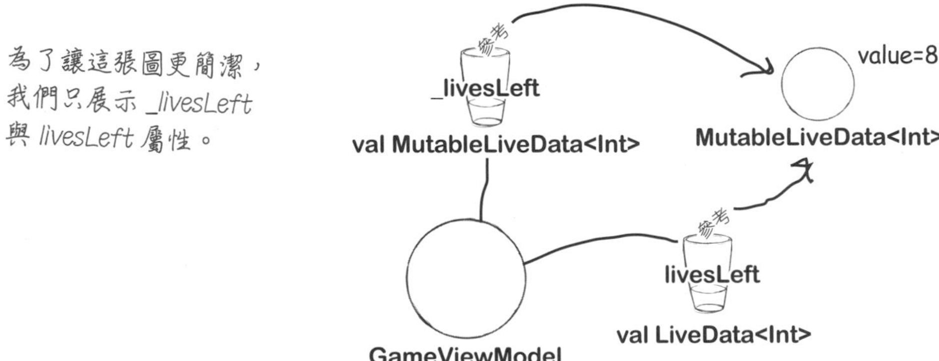

3. **GameFragment 觀察 livesLeft、incorrectGuesses 與 secretWordDisplay 屬性。**

   GameFragment 無法修改這些屬性，但它會在 GameViewModel 修改任何 backing 屬性時做出回應，因為它們參考同一個底層物件。

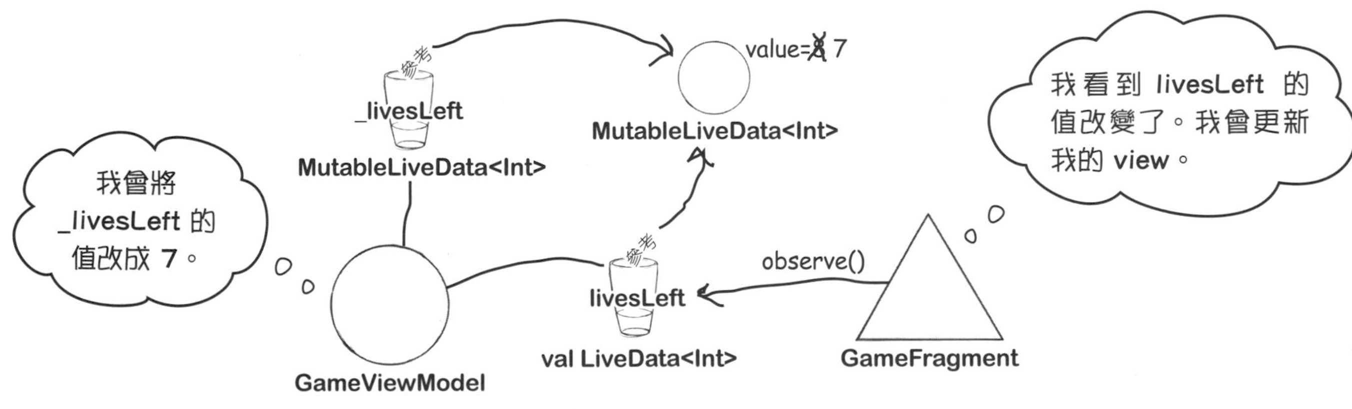

故事還沒結束

4 **GameFragment 繼續回應值的改變，直到 isWon() 或 isLost() 回傳 true 為止。**

GameFragment 前往 ResultFragment，將結果傳給它。ResultFragment 顯示結果。

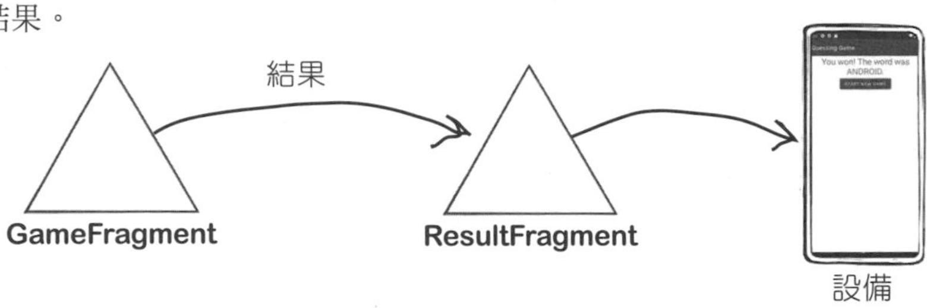

結果
GameFragment
ResultFragment
設備

我們來執行一下 app。

新車試駕

當我們執行 app 時，它的工作方式與之前一樣。但是，這一次我們藉著限制 GameFragment 接觸 GameViewModel 的 MutableLiveData 屬性來保護它們。

- [x] 使用 live data
- [x] **保護屬性**
- [ ] 加入 gameOver

8:54
Guessing Game
You have 8 lives left
Incorrect guesses:
Guess a letter
GUESS!
遊戲顯示 GameFragment。
8:54
Guessing Game
AND___D
You have 6 lives left
Incorrect guesses: C T
Guess a letter
GUESS!
GameFragment 在 GameViewModel 裡面的 live data 屬性值改變時，更新它的 view。
8:54
Guessing Game
You won! The word was ANDROID.
START NEW GAME
當遊戲贏或輸時，app 前往 ResultFragment。

我們快要改好 Guessing Game app 了，只剩下一個地方需要修改…

GameFragment 仍然有遊戲邏輯

使用 live data
保護屬性
加入 gameOver

在目前的 app 版本裡面，`GameFragment` 藉著呼叫 `GameViewModel` 的 `isWon()` 與 `isLost()` 方法來確定遊戲何時結束，如果它們任何一個回傳 *true*，`GameFragment` 會前往 `ResultFragment`，將結果傳給它。

以下是目前的程式：

```
...
    binding.guessButton.setOnClickListener() {
        viewModel.makeGuess(binding.guess.text.toString().uppercase())
        binding.guess.text = null
        if (viewModel.isWon() || viewModel.isLost()) {
            val action = GameFragmentDirections
                .actionGameFragmentToResultFragment(viewModel.wonLostMessage())
            view.findNavController().navigate(action)
        }
    }
...
```

每次用户猜測時，GameFragment 就會檢查遊戲是不是已經贏了或輸了。

如果遊戲已經贏了或輸了，GameFragment 會前往 ResultFragment。

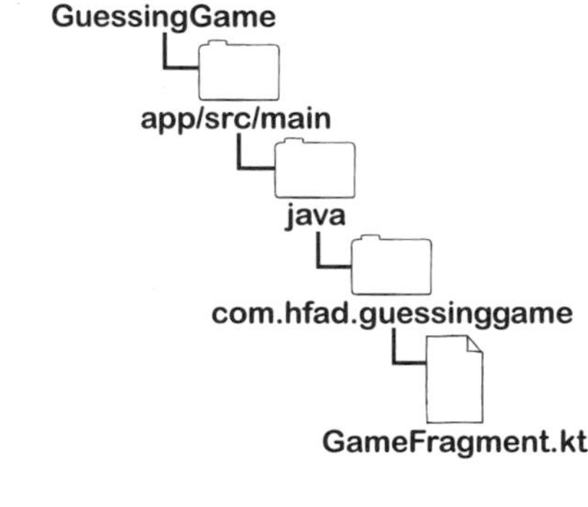

GuessingGame
app/src/main
java
com.hfad.guessinggame
GameFragment.kt

這種做法的問題在於，遊戲何時該結束是由 `GameFragment` 決定的，而不是 `GameViewModel`。因為決定遊戲何時結束是一種遊戲決策，所以它是 `GameViewModel` 應該負責的事情，而不是 `GameFragment`。

讓 GameViewModel 決定遊戲何時結束

為了處理這種情況，我們要在 `GameViewModel` 裡面加入一個名為 `_gameOver` 的 `MutableLiveData<Boolean>` 屬性，並且使用一個名為 `gameOver` 的 `LiveData` 屬性來公開它的值。我們將在用戶贏得或輸掉遊戲時，將這個屬性設為 *true*，此時作為回應，`GameFragment` 會前往 `ResultFragment`。

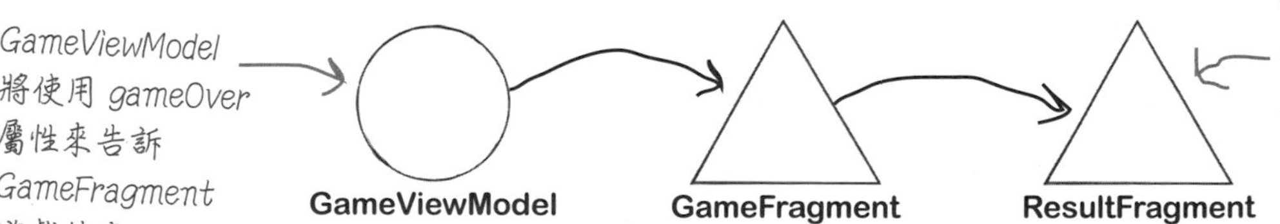

GameViewModel 將使用 gameOver 屬性來告訴 GameFragment 遊戲結束。
GameViewModel
GameFragment
ResultFragment
當遊戲結束時，GameFragment 會前往 ResultFragment。

知道該怎麼修改之後，先做一下接下來的習題，在完成習題之後，我們會展示程式。

池畔風光

你的**目標**是在 GameViewModel 裡面加入 gameOver 屬性（有 _gameOver backing 屬性），來讓 GameFragment 在它的值（Boolean）改變時做出回應。這個屬性的初始值是 *false*。請將池子裡的程式片段放入空格。一個程式片段**只能**使用一次，你不需要使用所有的程式片段。

```
package com.hfad.guessinggame

import androidx.lifecycle.ViewModel
import androidx.lifecycle.MutableLiveData
import androidx.lifecycle.LiveData

class GameViewModel : ViewModel() {
    ...
    ..........................................................
    ..........................................................
    ..........................................................
    ...
}
```

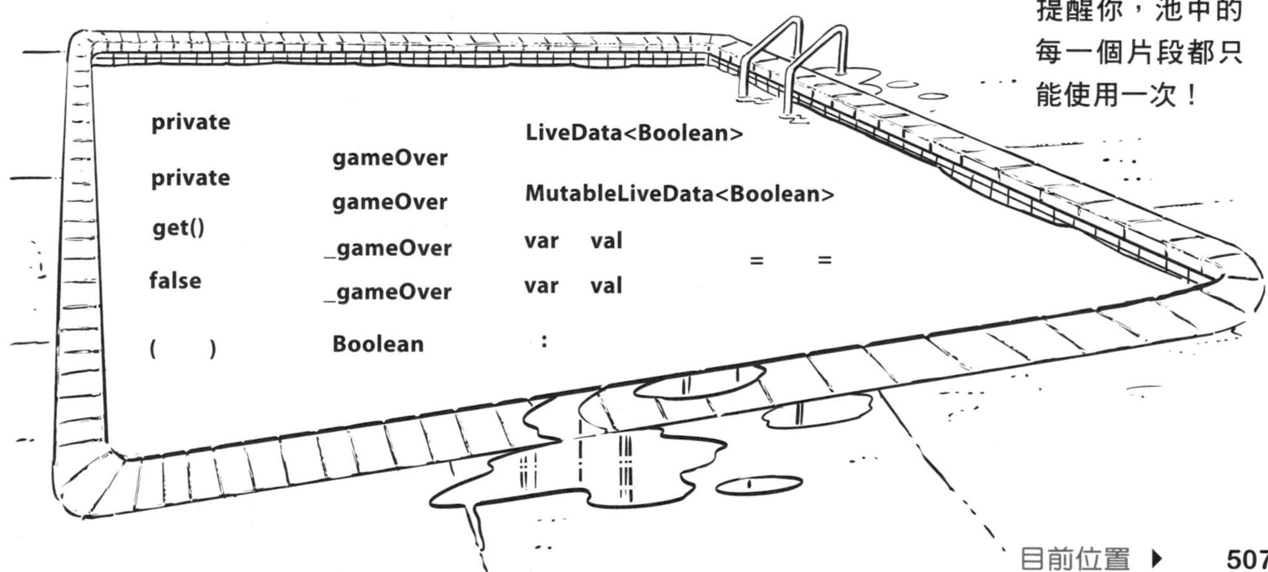

提醒你，池中的每一個片段都只能使用一次！

池畔風光解答

你的**目標**是在 GameViewModel 裡面加入 gameOver 屬性（有 _gameOver backing 屬性），來讓 GameFragment 在它的值（Boolean）改變時做出回應。這個屬性的初始值是 *false*。請將池子裡的程式片段放入空格。一個程式片段**只能**使用一次，你不需要使用所有的程式片段。

```
package com.hfad.guessinggame

import androidx.lifecycle.ViewModel
import androidx.lifecycle.MutableLiveData
import androidx.lifecycle.LiveData

class GameViewModel : ViewModel() {
    ...
    private val _gameOver = MutableLiveData<Boolean>(false)
    val gameOver : LiveData<Boolean>
        get() = _gameOver
    ...
}
```

_gameOver 是一個 private MutableLiveData<Boolean>，它被設為 false。

gameOver 讓 GameFragment 只能讀取 _gameOver 的值。

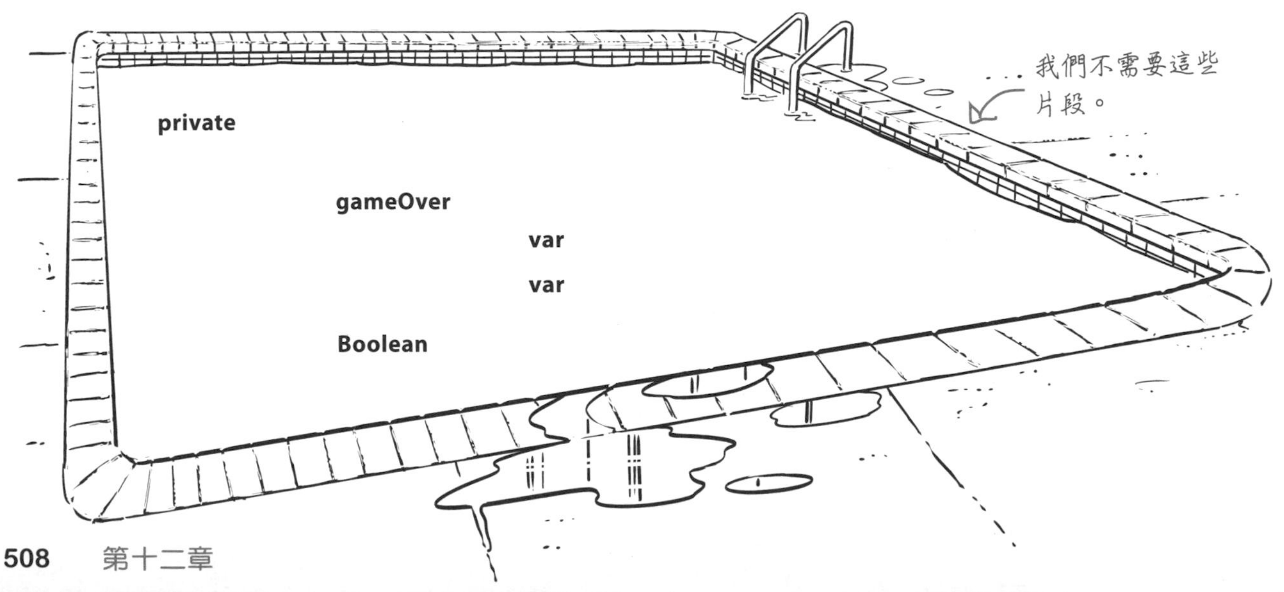

GameViewModel.kt 的完整程式

使用 live data
保護屬性
加入 gameOver

我們要將 gameOver 屬性以及 _gameOver backing 屬性加入 GameViewModel。我們將讓 makeGuess() 方法在用戶猜出秘密單字的所有字母時，或是沒有命時，將它設成 *true*。

以下是 GameViewModel 的完整程式，請依此修改你的 *GameViewModel.kt*（粗體為修改處）：

```
package com.hfad.guessinggame

import androidx.lifecycle.ViewModel
import androidx.lifecycle.MutableLiveData
import androidx.lifecycle.LiveData

class GameViewModel : ViewModel() {
    private val words = listOf("Android", "Activity", "Fragment")
    private val secretWord = words.random().uppercase()
    private val _secretWordDisplay = MutableLiveData<String>()
    val secretWordDisplay: LiveData<String>
        get() = _secretWordDisplay
    private var correctGuesses = ""
    private val _incorrectGuesses = MutableLiveData<String>("")
    val incorrectGuesses: LiveData<String>
        get() = _incorrectGuesses
    private val _livesLeft = MutableLiveData<Int>(8)
    val livesLeft: LiveData<Int>
        get() = _livesLeft
    private val _gameOver = MutableLiveData<Boolean>(false)
    val gameOver: LiveData<Boolean>
        get() = _gameOver

    init {
        _secretWordDisplay.value = deriveSecretWordDisplay()
    }
```

加入 gameOver 屬性與它的 _gameOver backing 屬性。

GuessingGame
app/src/main
java
com.hfad.guessinggame
GameViewModel.kt

程式還沒結束，見下一頁。

GameViewModel.kt（續）

```
private fun deriveSecretWordDisplay() : String {
    var display = ""
    secretWord.forEach {
        display += checkLetter(it.toString())
    }
    return display
}

private fun checkLetter(str: String) = when (correctGuesses.contains(str)) {
    true -> str
    false -> "_"
}

fun makeGuess(guess: String) {
    if (guess.length == 1) {
        if (secretWord.contains(guess)) {
            correctGuesses += guess
            _secretWordDisplay.value = deriveSecretWordDisplay()
        } else {
            _incorrectGuesses.value += "$guess "
            _livesLeft.value = _livesLeft.value?.minus(1)
        }
        if (isWon() || isLost()) _gameOver.value = true
    }
}

private fun isWon() = secretWord.equals(secretWordDisplay.value, true)

private fun isLost() = livesLeft.value ?: 0 <= 0

fun wonLostMessage() : String {
    var message = ""
    if (isWon()) message = "You won!"
    else if (isLost()) message = "You lost!"
    message += " The word was $secretWord."
    return message
}
}
```

在贏得或輸掉遊戲時，將 _gameOver 屬性的值設為 true。

因為 GameFragment 不需要呼叫這些方法了，所以將它們標成 private。

GuessingGame
app/src/main
java
com.hfad.guessinggame
GameViewModel.kt

讓 GameFragment 觀察新屬性

將 gameOver 屬性加入 GameViewModel 之後，我們要讓 GameFragment 在 gameOver 改變時做出回應。我們將讓 GameFragment 觀察這個屬性，當它的值變成 *true* 時，前往 ResultFragment。

下面是 GameFragment 的程式，請依此修改 *GameFragment.kt*（粗體為修改處）：

GuessingGame
app/src/main
java
com.hfad.guessinggame
GameFragment.kt

```
package com.hfad.guessinggame

import android.os.Bundle
import androidx.fragment.app.Fragment
import android.view.LayoutInflater
import android.view.View
import android.view.ViewGroup
import com.hfad.guessinggame.databinding.FragmentGameBinding
import androidx.navigation.findNavController
import androidx.lifecycle.ViewModelProvider
import androidx.lifecycle.Observer

class GameFragment : Fragment() {
    private var _binding: FragmentGameBinding? = null
    private val binding get() = _binding!!
    lateinit var viewModel: GameViewModel

    override fun onCreateView(
        inflater: LayoutInflater, container: ViewGroup?, savedInstanceState: Bundle?
    ): View? {
        _binding = FragmentGameBinding.inflate(inflater, container, false)
        val view = binding.root
        viewModel = ViewModelProvider(this).get(GameViewModel::class.java)

        viewModel.incorrectGuesses.observe(viewLifecycleOwner, Observer { newValue ->
            binding.incorrectGuesses.text = "Incorrect guesses: $newValue"
        })

        viewModel.livesLeft.observe(viewLifecycleOwner, Observer { newValue ->
            binding.lives.text = "You have $newValue lives left"
        })
```

你不需要修改這一頁的任何程式。

程式還沒結束，見下一頁。

GameFragment.kt（續）

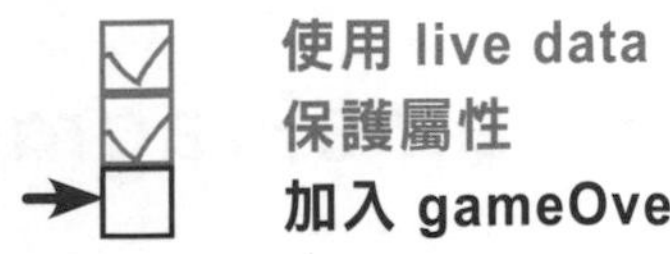


```
        viewModel.secretWordDisplay.observe(viewLifecycleOwner, Observer { newValue ->
            binding.word.text = newValue
        })

        viewModel.gameOver.observe(viewLifecycleOwner, Observer { newValue ->
            if (newValue) {
                val action = GameFragmentDirections
                    .actionGameFragmentToResultFragment(viewModel.wonLostMessage())
                view.findNavController().navigate(action)
            }
        })

        binding.guessButton.setOnClickListener() {
            viewModel.makeGuess(binding.guess.text.toString().uppercase())
            binding.guess.text = null
            if (viewModel.isWon() || viewModel.isLost()) {
                val action = GameFragmentDirections
                    .actionGameFragmentToResultFragment(viewModel.wonLostMessage())
                view.findNavController().navigate(action)
            }
        }
        return view
    }

    override fun onDestroyView() {
        super.onDestroyView()
        _binding = null
    }
}
```

讓 fragment 觀察 view model 的 gameOver 屬性。

如果 gameOver 值被設為 true，前往 ResultFragment。

刪除這幾行。

GuessingGame
app/src/main
java
com.hfad.guessinggame
GameFragment.kt

這樣就完成了！我們來看看當它執行時會發生什麼事。

當 app 執行時會發生什麼事

當 app 執行時會發生這些事情：

1. **GameFragment 要求 ViewModelProvider 類別提供一個 GameViewModel 的實例。**

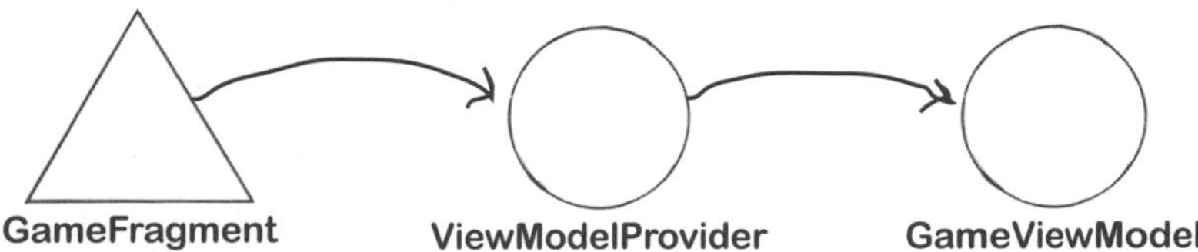

2. **設定 GameViewModel 的屬性的初始值。**

`_gameOver` 與 `gameOver` 屬性參考一個 `MutableLiveData<Boolean>` 物件，它的值被設為 *false*。

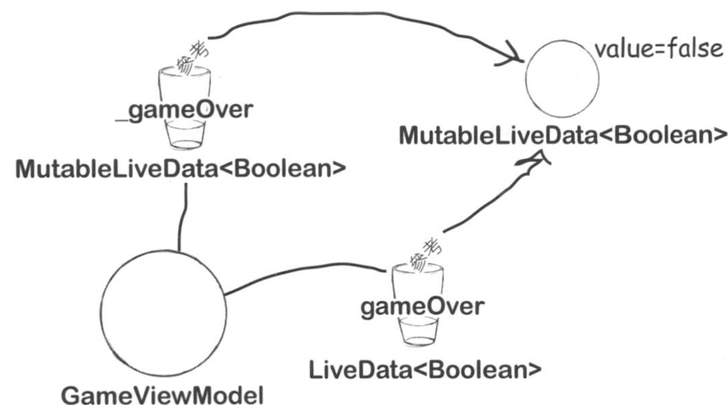

3. **GameFragment 觀察 GameViewModel 的 gameOver 屬性。**

`GameFragment` 無法修改 `gameOver` 屬性參考的 `MutableLiveData` 物件，但是它可以在它的值改變時做出回應。

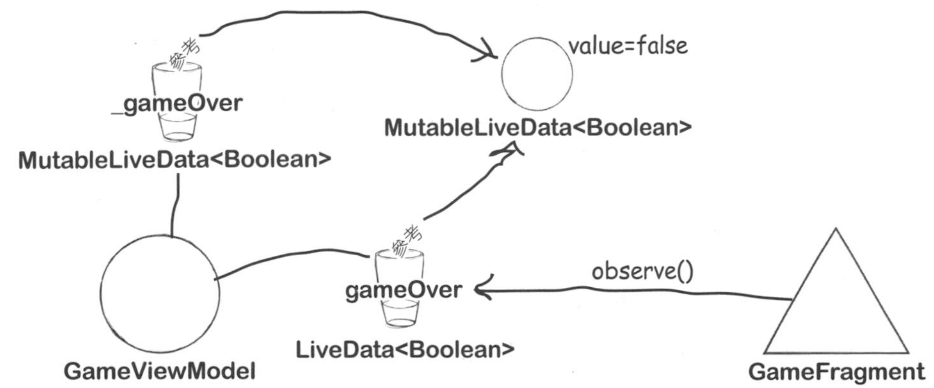

故事還沒結束

使用 live data
保護屬性
加入 gameOver

❹ **每次 GameViewModel 的 makeGuess() 方法被呼叫時，它會檢查 isWon() 或 isLost() 是不是回傳 true。**

如果它們之一回傳 *true*，它會將它的 `_gameOver` 屬性的值設為 *true*。

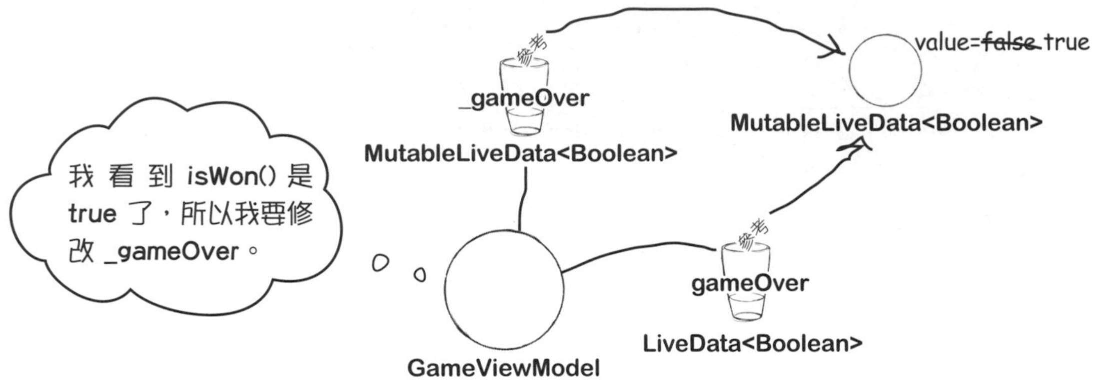

❺ **GameFragment 透過 GameViewModel 的 gameOver 屬性，看到 value 被改成 true。**

新值被傳給 `GameFragment`。

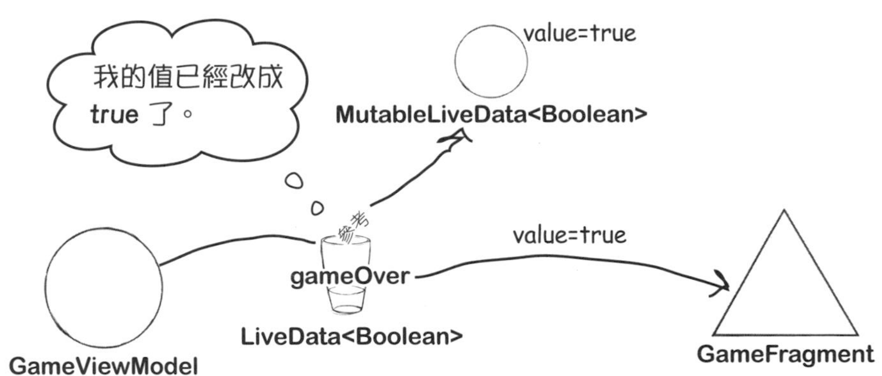

❻ **作為回應，GameFragment 前往 ResultFragment，並將結果傳給它。**

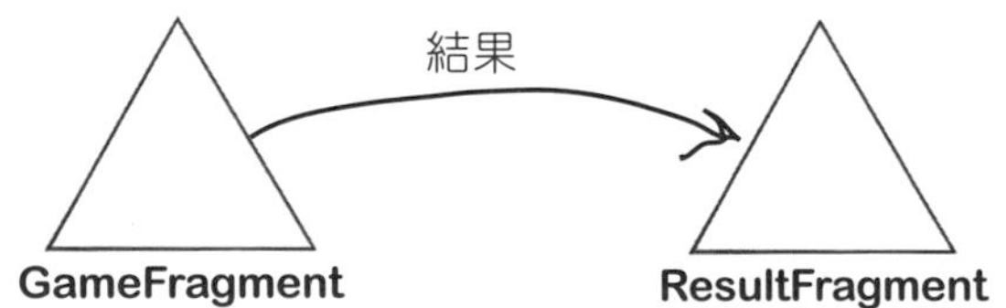

在接下來的習題之後，我們將執行 app。

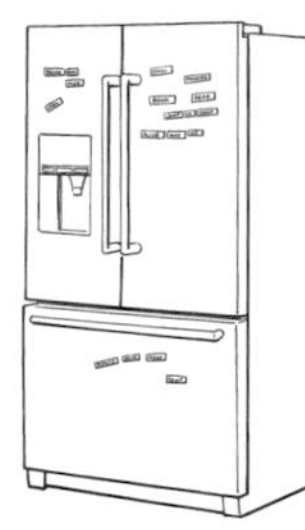

fragment 磁貼

有人在冰箱門上面寫了一個名為 LotteryFragment 的 fragment，但是一場突如其來的廚房暴風雨把一些程式碼吹走了。你能不能把它拼回去？

fragment 必須觀察 LotteryViewModel 的 winningNumbers 屬性，它是這樣定義的：

```
private val _winningNumbers = MutableLiveData<String>()
val winningNumbers: LiveData<String>
    get() = _winningNumbers
```

當 winningNumbers 改變時，LotteryFragment 必須將它的 numbers view 改成新值。

```
class LotteryFragment : Fragment() {
    private var _binding: FragmentLotteryBinding? = null
    private val binding get() = _binding!!
    lateinit var viewModel: LotteryViewModel

    override fun onCreateView(
        inflater: LayoutInflater, container: ViewGroup?, savedInstanceState: Bundle?
    ): View? {
        _binding = FragmentLotteryBinding.inflate(inflater, container, false)
        val view = binding.root
        viewModel = ViewModelProvider(this).get(LotteryViewModel::class.java)


        viewModel.............................(viewLifecycleOwner, ...............{ newValue ->

            binding.numbers.text = "Winning numbers:.................................."
        })
    }

    override fun onDestroyView() {
        super.onDestroyView()
        _binding = null
    }
}
```

你不需要使用所有的磁貼。

observe

watch

value

viewModel.

{

Observer

$newValue

newValue

respond

$

}

winningNumbers.

winningNumbers.

Watcher

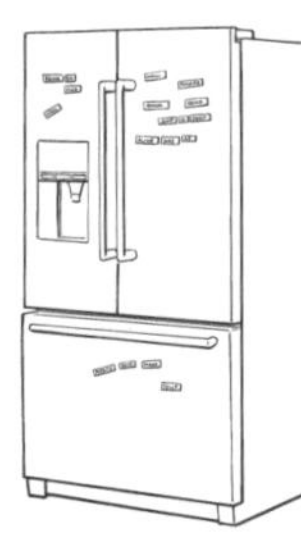

fragment 磁貼解答

有人在冰箱門上面寫了一個名為 LotteryFragment 的 fragment，但是一場突如其來的廚房暴風雨把一些程式碼吹走了。你能不能把它拼回去？

fragment 必須觀察 LotteryViewModel 的 winningNumbers 屬性，它是這樣定義的：

```
private val _winningNumbers = MutableLiveData<String>()
val winningNumbers: LiveData<String>
    get() = _winningNumbers
```

當 winningNumbers 改變時，LotteryFragment 必須將它的 numbers view 改成新值。

```
class LotteryFragment : Fragment() {
    private var _binding: FragmentLotteryBinding? = null
    private val binding get() = _binding!!
    lateinit var viewModel: LotteryViewModel

    override fun onCreateView(
        inflater: LayoutInflater, container: ViewGroup?, savedInstanceState: Bundle?
    ): View? {
        _binding = FragmentLotteryBinding.inflate(inflater, container, false)
        val view = binding.root
        viewModel = ViewModelProvider(this).get(LotteryViewModel::class.java)

        viewModel. winningNumbers. observe (viewLifecycleOwner, Observer { newValue ->

            binding.numbers.text = "Winning numbers: $ newValue "
        })
    }

    override fun onDestroyView() {
        super.onDestroyView()
        _binding = null
    }
}
```

觀察 winningNumbers 屬性。

在 numbers view 裡面顯示屬性的新值。

你不需要使用這些磁貼。

watch　value　$newValue　respond　{

viewModel.　winningNumbers.　Watcher　}

新車試駕

- [x] 使用 live data
- [x] 保護屬性
- [x] 加入 gameOver

當我們執行 app 時，它的工作方式與之前一樣。但是，這一次由 `GameViewModel` 決定遊戲何時結束，而不是 `GameFragment`。fragment 只會觀察 view 的 `gameOver` 屬性，並且在它變成 *true* 時前往 `ResultFragment`。

Guessing Game

_ _ _ _ _ _ _

You have 8 lives left

Incorrect guesses:

Guess a letter

GUESS!

app 顯示 GameFragment，與之前一樣。

Guessing Game

AND_ _ _D

You have 6 lives left

Incorrect guesses: C T

Guess a letter

GUESS!

遊戲在我們猜字母時做出同樣的回應。

Guessing Game

You won! The word was ANDROID.

START NEW GAME

當遊戲結束時，GameFragment 使用 live data 來前往 ResultFragment。

恭喜你！你已經讓 app 使用 live data 來回應改變了。在下一章，我們將使用一種新技術來進一步建構這個 app：data binding。

第十二章

你的 Android 工具箱

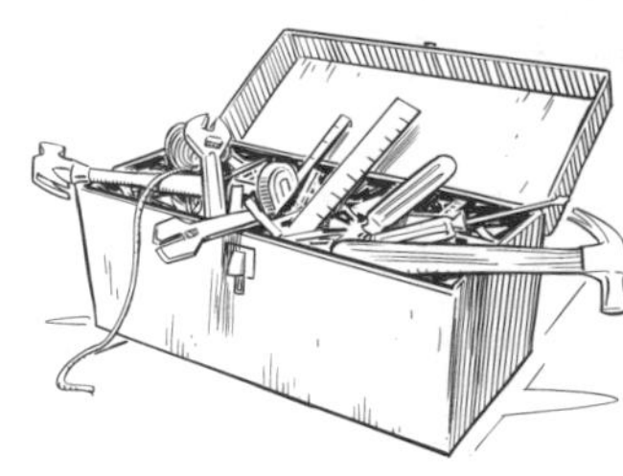

你已經掌握第 12 章，將 live data 加入你的工具箱了。

你可以在 tinyurl.com/hfad3 下載本章的完整程式碼。

本章重點

- live data 可讓 view model 的屬性在它的值改變時通知有關各方（例如 fragment 與 activity）。
- 為了讓屬性使用 live data，你要使用 `val` 來定義屬性，並將它的型態改成 `MutableLiveData<Type>`，其中的 `Type` 是屬性要保存的資料型態。
- `MutableLiveData` 物件的 `value` 屬性是用來保存它的值的。這個屬性是 nullable。
- 若要讓 fragment 或 activity 對 view model 裡面的改變做出回應，你要呼叫屬性的 `observe` 方法，並說明如何使用新值。
- 你可以使用 backing 屬性來限制外界直接接觸 view model 的屬性。
- `LiveData` 型態很像 `MutableLiveData`，但它不能改變。它的用途是公開 `MutableLiveData` 物件的值，並防止它被修改。

建立聰明的 layout

layout 不只能控制 app 的外觀。

你寫過的所有 layout 都是用 activity 或 fragment 程式來指示它們該如何表現的。但是想像一下，如果 **layout 可以自己思考**，並且**自己做出決定**呢？本章將介紹 **data binding**，它是一種**提升 layout 智商**的手段。你將了解**如何讓 view** 直接從 view model **取得值**。你將使用 **listener binding** 來讓按鈕呼叫它們的方法。你甚至會學到如何用**一行簡單的程式來讓 view 對 live data 的改變做出回應**。你的 layout 很快就會比以往更強大。

回顧 Guessing Game app

我們在前兩章建構了一個 Guessing Game app，它可以讓用戶猜測一個秘密單字裡面的字母。當用戶猜出所有字母或沒有命的時候，遊戲就會結束。

這個 app 使用兩個 view model，`GameViewModel` 與 `ResultViewModel`，它們保存了 app 的遊戲邏輯與資料，並且在 app 被旋轉時保留它的狀態。`GameViewModel` 是讓 `GameFragment` 使用的，`ResultViewModel` 是讓 `ResultFragment` 使用的：

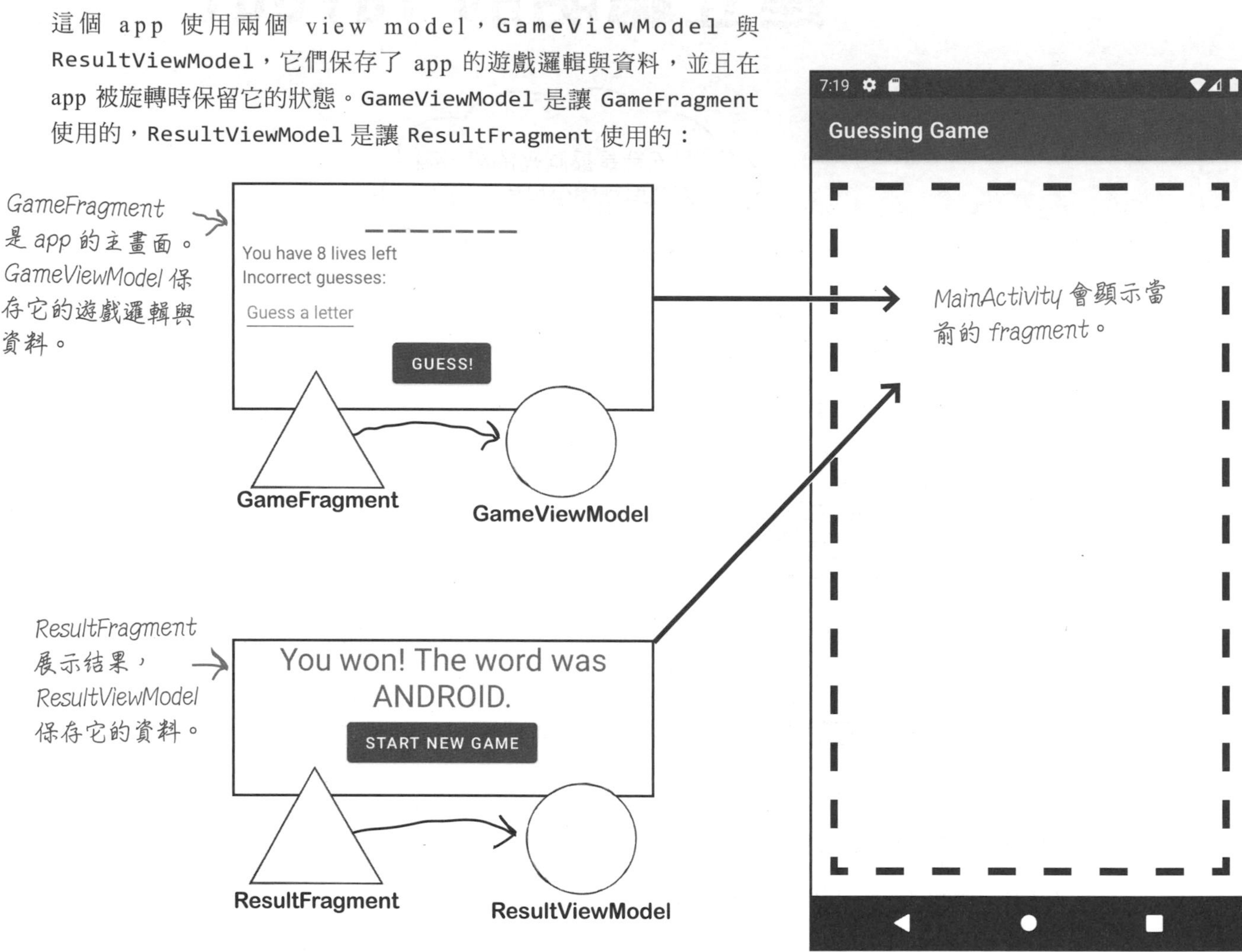
GameFragment 是 app 的主畫面。GameViewModel 保存它的遊戲邏輯與資料。
You have 8 lives left
Incorrect guesses:
Guess a letter
GUESS!
GameFragment
GameViewModel
ResultFragment 展示结果，ResultViewModel 保存它的資料。
You won! The word was ANDROID.
START NEW GAME
ResultFragment
ResultViewModel
7:19
Guessing Game
MainActivity 會顯示當前的 fragment。

用戶看到的第一個畫面是 `GameFragment`，他可以和它互動來玩遊戲。它會顯示一些資訊，例如剩下幾條命，以及用戶猜錯的字母，並讓用戶猜字。

當遊戲結束時，app 會前往 `ResultFragment`。這個畫面會告訴用戶他贏了遊戲或輸掉遊戲，以及秘密單字是什麼。

fragments 會更新它們的 layout 裡面的 view

app 的每一個 fragment 都負責更新它的 layout 裡面的 view。例如，`ResultFragment` 會將它的 `won_lost` text view 裡面的文字設成 `ResultViewModel` 的 `result` 屬性的值：

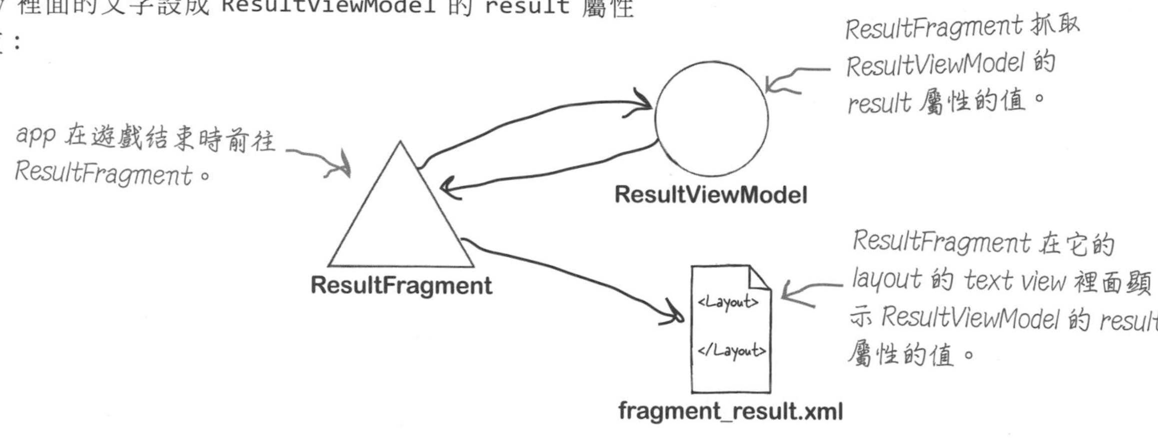
ResultFragment 抓取 ResultViewModel 的 result 屬性的值。
app 在遊戲結束時前往 ResultFragment。
ResultViewModel
ResultFragment
ResultFragment 在它的 layout 的 text view 裡面顯示 ResultViewModel 的 result 屬性的值。
<Layout>
</Layout>
fragment_result.xml

雖然這種做法有效，但它有一個缺點。當你這樣子讓 fragment 負責維持 view 的最新狀態時，你的 Kotlin 程式會更複雜，也更難以閱讀和維護。

有什麼其他的方法？

我們可以讓 view 更新它自己

另一種做法是使用一種稱為 **data binding（資料繫結）**的技術。使用 data binding 時，**view 可以直接從 view model 取得它們的值**，如此一來，fragment 就不需要維持 view 的最新狀態了。例如，原本你在 `ResultFragment` 裡面使用程式來更新 `won_lost` text view 裡面的文字，現在可以改用 data binding 來讓 view 直接從 `ResultViewModel` 的 `result` 屬性取得它的文字。

data binding 是 Android Jetpack 的另一個部分。

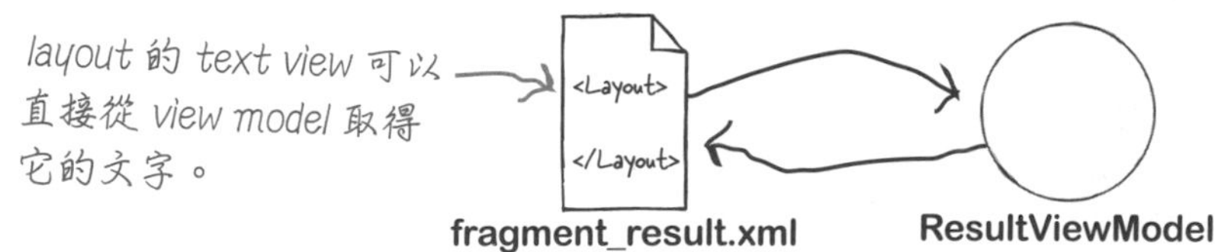
layout 的 text view 可以直接從 view model 取得它的文字。
<Layout>
</Layout>
fragment_result.xml
ResultViewModel

那我就不打擾你們倆了。

ResultFragment

本章將在 Guessing Game app 裡面實作 data binding 來教你如何使用它。 我們來看一下接下來的步驟。

我們接下來要做這些事情

以下是讓 Guessing Game app 使用 data binding 的步驟：

1 **為 ResultFragment 實作 data binding。**

我們將修改 `ResultFragment`，讓它的 layout 使用 data binding 直接顯示 `ResultViewModel` 的 `result` 屬性的值。

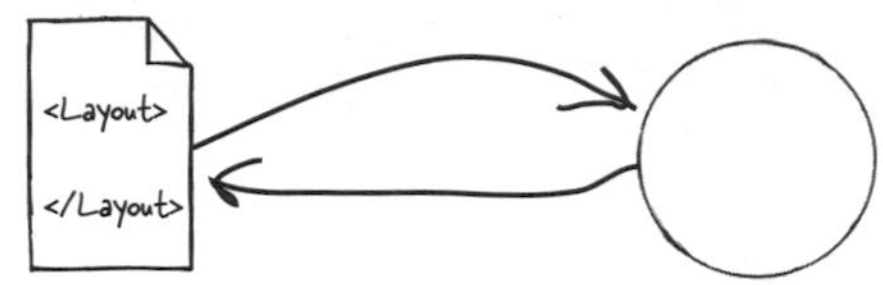

fragment_result.xml **ResultViewModel**

2 **為 GameFragment 實作 data binding。**

然後我們要修改 `GameFragment`，讓它的 layout 使用 data binding 來顯示 `GameViewModel` 的屬性的值。在過程中，我們也會讓 layout 動態回應 live data 更新。

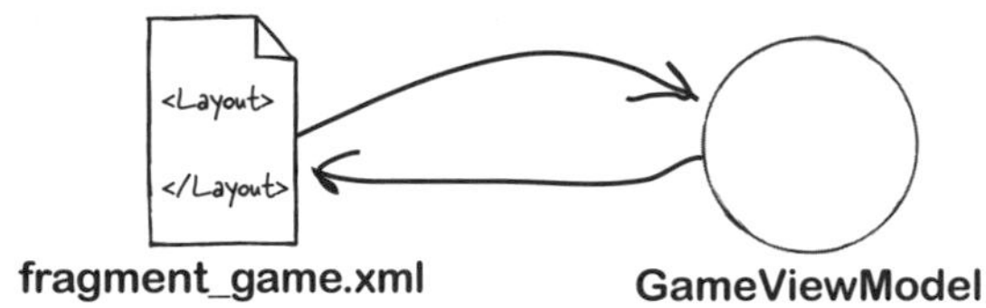

3 **在 GameFragment 加入一顆 Finish Game 按鈕。**

最後，我們要在 `GameFragment` 的 layout 裡面加入一顆新按鈕，當它被按下時，遊戲會立刻結束。

當用戶按下 Finish Game 按鈕時，app 會立刻前往 ResultFragment 並顯示秘密單字。

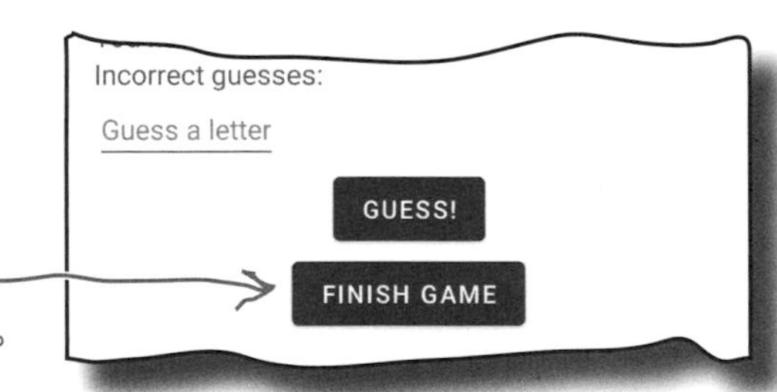

別忘了！

你將在本章修改 Guessing Game app，務必打開這個 app 的專案。

我們開始動手吧！

在 app build.gradle 檔裡面啟用 data binding

ResultFragment
GameFragment
加入按鈕

如同 view binding，你必須在 app 的 *build.gradle* 檔案裡面的 `android` 區域中啟用 data binding，才能在 app 裡面使用它。啟用 data binding 的程式是：

```
android {
    ...
    buildFeatures {
        dataBinding true
    }
}
```

你必須將這幾行加入 app 的 build.gradle 的 android 區域。

MyApp / app / build.gradle

我們已經在 Guessing Game app 裡面啟用 view binding 了，我們也來啟用 data binding。打開 *GuessingGame/app/build.gradle* 檔，並按照下面的程式來修改 `buildFeatures` 區域：

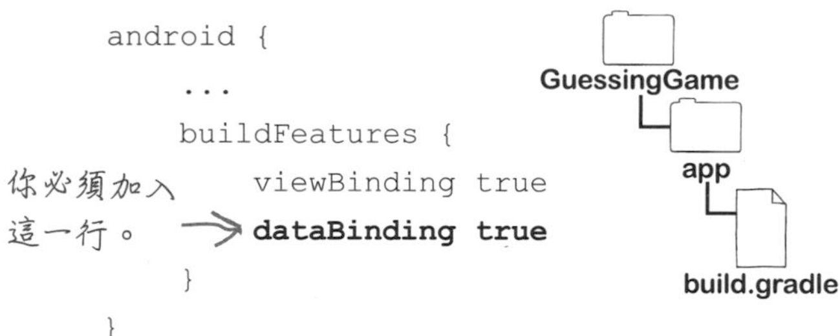
android {
...
buildFeatures {
viewBinding true
dataBinding true
}
}
你必須加入這一行。
GuessingGame
app
build.gradle

然後選擇 Sync Now 選項來將這個修改與專案其餘的部分同步。

啟用 data binding 之後，我們要在 `ResultFragment` 裡面實作它。

沒有蠢問題

問：**在 Guessing Game app 裡面，我們同時啟用了 view binding 與 data binding，一定要啟用 view binding 才能使用 data binding 嗎？**

答：不，只啟用 data binding 卻未啟用 view binding 很常見，本章稍後會進一步討論這個部分。

現在你只要知道，啟用 view binding 是為了讓 app 的既有程式都可以繼續正常運作。

ResultFragment 會修改它的 layout 裡面的文字

你應該還記得，ResultFragment 的 layout 裡面有 ID 為 won_lost 的 text view，它是這樣定義的：

```
<LinearLayout ...>
    <TextView
        android:id="@+id/won_lost"
        android:layout_width="match_parent"
        android:layout_height="wrap_content"
        android:gravity="center"
        android:textSize="28sp" />
    ...
</LinearLayout>
```


當 app 前往 ResultFragment 時，這個 fragment 會從它的 view model 取得 result 屬性的值，並使用這段程式來將它顯示在 text view 裡面：

```
binding.wonLost.text = viewModel.result
```

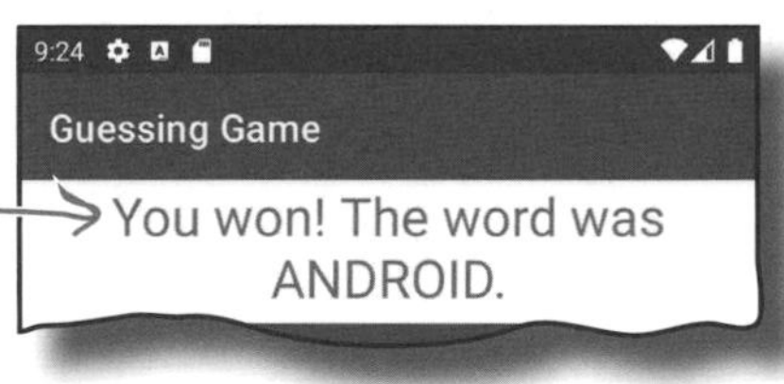

won_lost 的文字目前是由 ResultFragment 的程式設定的。我們要修改這個 fragment 來使用 data binding，讓 view 直接從 view model 的 result 屬性抓取它的文字值。

我們將修改 fragment 與它的 layout，讓它使用 data binding。我們原本讓 ResultFragment 更新 text view，現在要讓 text view 直接從 view model 取得它的值。

如何實作 data binding

為了讓 text view 從 ResultViewModel 取得它的文字，我們要修改 ResultFragment 與它的 layout。我們將採取這些步驟：

1. **將 <layout> 與 <data> 元素加入 layout。**

   data binding 需要使用 <layout> 元素，<data> 元素是用來設定一個 data binding 變數，該變數會將 layout 接到 view model。

2. **將 layout 的 data binding 變數設成 view model 的實例。**

   我們將使用 fragment 來做這件事。

3. **使用 data binding 變數來讀取 view model 的屬性。**

   我們將更新 won_lost text view，讓它直接從 view model 取得它的文字值。

我們先來修改 layout 程式。

ResultFragment
GameFragment
加入按鈕

1. 加入 <layout> 與 <data> 元素

每一個使用 data binding 的 layout 都採取這種寫法：

```
<?xml version="1.0" encoding="utf-8"?>
<layout
    xmlns:android="http://schemas.android.com/apk/res/android"
    xmlns:tools="http://schemas.android.com/tools"
    tools:context=".ResultFragment">

    <data>
        <variable
            name="resultViewModel"
            type="com.hfad.guessinggame.ResultViewModel" />
    </data>

    ...

</layout>
```

將 <layout> 當成 layout 的根元素。

你還不需要修改你的程式，我們將在幾頁之後展示完整的程式。

<data> 區域定義 layout 用於 data binding 的所有變數。

這裡是 layout 的 view 階層的 view 或 view 群組，很像未使用 data binding 的「一般」layout 的 layout 程式。

GuessingGame
app/src/main
res
layout
fragment_result.xml

上面的 layout 定義了一個 **<layout>** 元素作為它的根元素，這會在 layout 中啟用 data binding，所以需要使用 data binding 的 layout 都必須使用它。

在 <layout> 元素裡面有一個 **<data>** 元素，你要在裡面使用 **<variable>** 元素來定義 data binding 變數，例如讓 layout 的 view 取得資料的 view model。上面的程式使用：

```
<data>
    <variable
        name="resultViewModel"
        type="com.hfad.guessinggame.ResultViewModel" />
</data>
```

這一行定義一個名為 resultViewModel 的 ResultViewModel data binding 變數。

result ViewModel

var ResultViewModel

來定義一個名為 `resultViewModel`，型態為 `ResultViewModel` 的 data binding 變數。

<layout> 元素裡面也有 layout 的 view 階層之中的一個 view 或 view 群組。例如，如果你想要用 linear layout 來顯示 view，你要在 <layout> 元素裡面放入 <LinearLayout> 與它的所有 view，幾頁之後會介紹做法。

定義 data binding 變數之後，你必須設定它。我們來看怎麼做。

2. 設定 layout 的 data binding 變數

ResultFragment
GameFragment
加入按鈕

你要使用 Kotlin 程式來設定 layout 的 data binding 變數。

上一頁展示了將 data binding 變數（名為 `resultViewModel`）加入 `ResultFragment` 的 layout 檔 *fragment_result.xml* 的程式：

```
<data>
    <variable
        name="resultViewModel"
        type="com.hfad.guessinggame.ResultViewModel" />
</data>
```

這個變數的型態是 `ResultViewModel`，所以我們必須將它指派給型態相符的物件。

你應該還記得，`ResultFragment` 的 `onCreateView()` 方法裡面有一段取得 `ResultViewModel` 物件的程式：

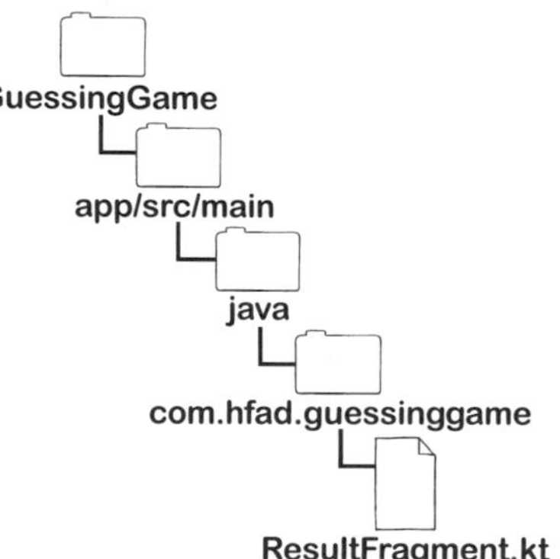


```
...
viewModelFactory = ResultViewModelFactory(result)
viewModel = ViewModelProvider(this, viewModelFactory)
    .get(ResultViewModel::class.java)
...
```

我們可以在 `onCreateView()` 裡面加入這一行，來將 view model 指派給 layout 的 `resultViewModel` data binding 變數：

```
binding.resultViewModel = viewModel
```

← 設定 layout 的 data binding 變數。

它使用 fragment 的 `binding` 屬性來將 layout 的 `resultViewModel` 屬性設成 fragment 的 view model 物件：

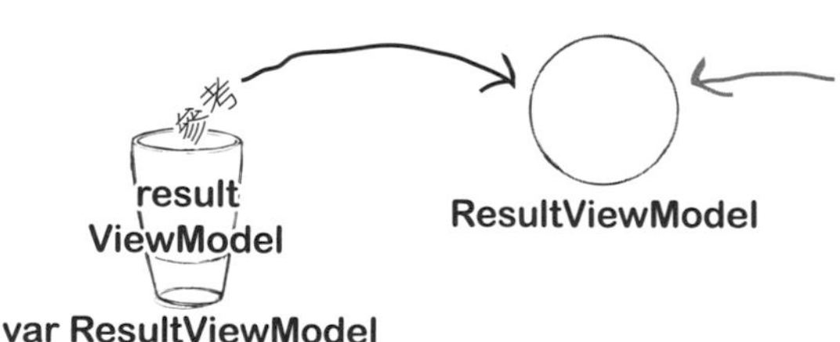

現在 resultViewModel 屬性被設成 fragment 的 ResultViewModel 物件，所以 layout 可以使用 view model 的屬性與方法。

設定 data binding 變數之後，layout 就可以透過它來使用 view model 的屬性與方法了。我們來看一下怎麼做。

3. 使用 layout 的 data binding 變數來引用 view model

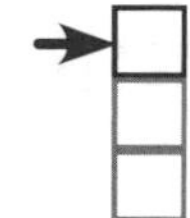

ResultFragment 的 layout 定義一個 won_lost text view，它需要顯示 ResultViewModel 的 result 屬性的值。在 fragment 程式中，它的文字是這樣設定的：

```
binding.wonLost.text = viewModel.result
```

fragment 將 won_lost view 的 text 設成 view model 的 result 屬性的值。

我們已經在 layout 程式中為這個 view model 設定一個 data binding 變數了，我們可以使用 data binding 來設定它的文字。做法如下所示：

```
<TextView
    android:id="@+id/won_lost"
    android:layout_width="match_parent"
    android:layout_height="wrap_content"
    android:gravity="center"
    android:textSize="28sp"
    android:text="@{resultViewModel.result}" />
```

使用 data binding，view 的 text 是在 layout 本身裡面設定的。

GuessingGame
app/src/main
res
layout
fragment_result.xml

上面的程式使用 resultViewModel 變數來取得 view model 的 result 屬性的值。然後它將 text view 的文字設成這個屬性的值。

以上就是為 ResultFragment 實作 data binding 的所有知識。接下來幾頁將展示 *result_fragment.xml* 與 *ResultFragment.kt* 的完整程式。

問：我們加入 layout 的其他元素的第一個字母都是大寫，例如 <LinearLayout> 與 <Button>，為什麼 <layout>、<data> 與 <variable> 都是小寫的？

答：你學過的其他元素的第一個字母都是大寫的原因是它們是 View 的型態的類別名稱。例如，<LinearLayout> 是指 android.view 程式包裡面的 LinearLayout 類別。

<layout>、<data> 與 <variable> 都是小寫的原因是它們是指令，不是 View。例如，當 Android 看到 <variable> 元素時，它會將它視為建立一個變數的指令。

fragment_result.xml 的完整程式

→ **ResultFragment**
GameFragment
加入按鈕

以下是 ResultFragment 的 layout 的完整程式，請依此修改 *fragment_result.xml* 的程式（粗體為修改處）：

```
<?xml version="1.0" encoding="utf-8"?>
<layout
    xmlns:android="http://schemas.android.com/apk/res/android"
    xmlns:tools="http://schemas.android.com/tools"
    tools:context=".ResultFragment">

    <data>
        <variable
            name="resultViewModel"
            type="com.hfad.guessinggame.ResultViewModel" />
    </data>

    <LinearLayout
        xmlns:android="http://schemas.android.com/apk/res/android"
        xmlns:tools="http://schemas.android.com/tools"
        android:layout_width="match_parent"
        android:layout_height="match_parent"
        android:orientation="vertical"
        tools:context=".ResultFragment">

        <TextView
            android:id="@+id/won_lost"
            android:layout_width="match_parent"
            android:layout_height="wrap_content"
            android:gravity="center"
            android:textSize="28sp"
            android:text="@{resultViewModel.result}" />

        <Button
            android:id="@+id/new_game_button"
            android:layout_width="wrap_content"
            android:layout_height="wrap_content"
            android:layout_gravity="center"
            android:text="Start new game"/>
    </LinearLayout>
</layout>
```

加入 <layout> 元素。

將這幾行從 <LinearLayout> 移到 <layout> 元素，它們仍然位於檔案的根元素內…

定義 data binding 變數。

刪除這幾行，並移到 <layout>。（LinearLayout 中的 xmlns:android、xmlns:tools 與 tools:context 三行已被刪除線劃掉）

加入這一行，它使用 data binding 來設定 view 的文字。

<layout> 元素的結束標籤。

GuessingGame
app/src/main
res
layout
fragment_result.xml

ResultFragment.kt 的完整程式

ResultFragment
GameFragment
加入按鈕

你也要修改 fragment 的程式。請依照下面的程式來修改 *ResultFragment.kt*（粗體為修改處）：

GuessingGame
app/src/main
java
com.hfad.guessinggame
ResultFragment.kt

```
package com.hfad.guessinggame

...   ← 不需要修改任何 import，所以省略它們。

class ResultFragment : Fragment() {
    private var _binding: FragmentResultBinding? = null
    private val binding get() = _binding!!
    lateinit var viewModel: ResultViewModel
    lateinit var viewModelFactory: ResultViewModelFactory

    override fun onCreateView(
        inflater: LayoutInflater, container: ViewGroup?, savedInstanceState: Bundle?
    ): View? {
        _binding = FragmentResultBinding.inflate(inflater, container, false)
        val view = binding.root

        val result = ResultFragmentArgs.fromBundle(requireArguments()).result
        viewModelFactory = ResultViewModelFactory(result)
        viewModel = ViewModelProvider(this, viewModelFactory)
            .get(ResultViewModel::class.java)
        binding.resultViewModel = viewModel   ← 設定 layout 的 data binding 變數。
        binding.wonLost.text = viewModel.result   ← 這一行不需要了，因為我們使用 data binding 來設定 view 的文字。

        binding.newGameButton.setOnClickListener {
            view.findNavController()
                .navigate(R.id.action_resultFragment_to_gameFragment)
        }
        return view
    }

    override fun onDestroyView() {
        super.onDestroyView()
        _binding = null
    }
}
```

我們來看一下當程式執行時會發生什麼事。

當 app 執行時會發生什麼事

ResultFragment
GameFragment
加入按鈕

當 app 執行時會發生這些事情：

1. **當用戶完成一場遊戲時，app 會前往 ResultFragment。**

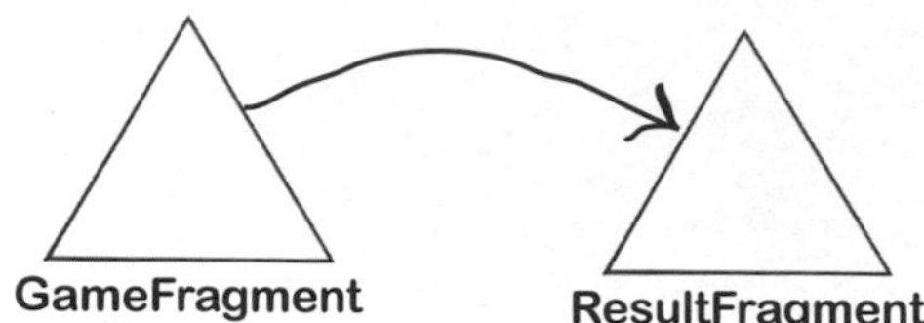

2. **ResultFragment 取得它的 ResultViewModel 物件的參考。**

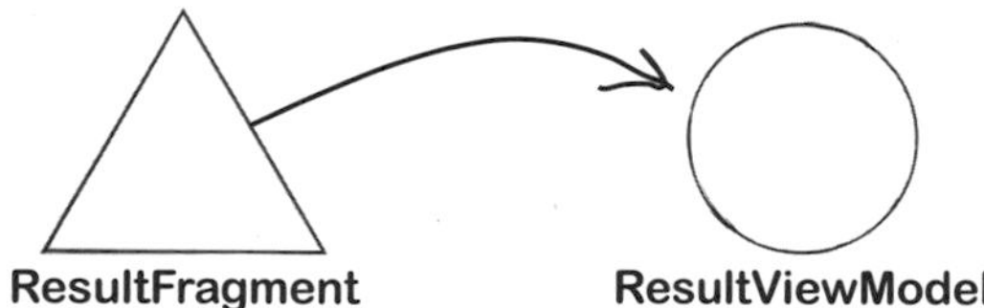

3. **ResultFragment 將 ResultViewModel 物件指派給 layout 的 data binding 變數 resultViewModel。**

   現在 layout 的 view 可以使用變數來引用 view model 的屬性與方法了。

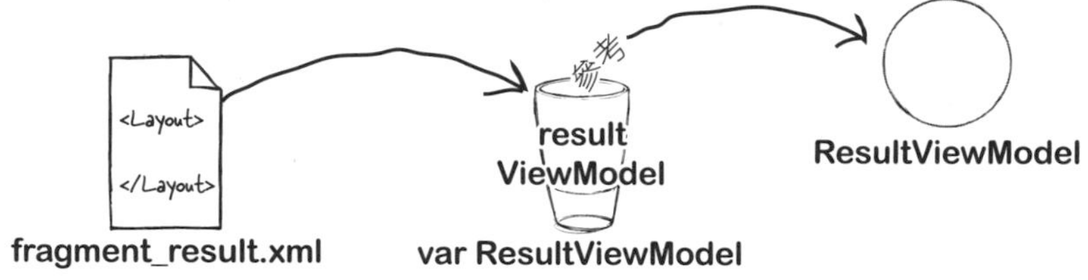

4. **won_lost view 的文字被設成 ResultViewModel 物件的 result 屬性的值。**

   文字被顯示在設備螢幕上。

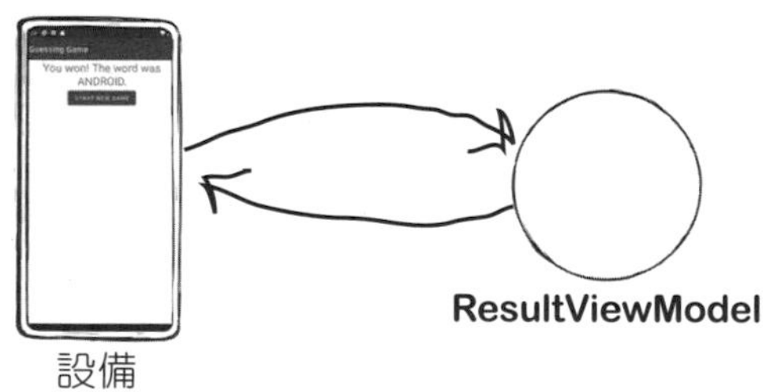

我們來執行一下 app。

新車試駕

當我們執行 app 時，它的工作方式與之前一樣。但是，這一次，`ResultFragment` 的 layout 直接從 `ResultViewModel` 取得遊戲的結果。

ResultFragment
GameFragment
加入按鈕

Guessing Game

You have 8 lives left
Incorrect guesses:
Guess a letter
GUESS!

當 app 執行時，它會顯示 GameFragment。

Guessing Game

AND___D
You have 6 lives left
Incorrect guesses: C T
Guess a letter
GUESS!

當我們猜一個字母時，GameFragment 的 view 與之前一樣更新了。

Guessing Game

You won! The word was ANDROID.
START NEW GAME

當遊戲贏或輸時，app 前往 ResultFragment。app 與之前一樣將结果顯示在 text view 裡面，但是這一次使用 data binding。

我們已經在 `ResultFragment` 裡面寫好 data binding 了，接下來要讓 `GameFragment` 使用 data binding。在那之前，我們先來研究 `<layout>` 元素，以及為什麼它是 data binding 的必要元素。

<layout> 探究

如前所述，使用 data binding 的每一個 layout 都必須用一個 `<layout>` 作為它的根元素，像這樣：

```
<layout ... >
    ...
</layout>
```

當你在 app 的 *build.gradle* 檔案裡啟用 data binding 時，它會幫根元素是 `<layout>` 的每一個 layout 產生一個 binding 類別。**這個 binding 類別與你啟用 view binding 時產生的類別一樣。**

在 Guessing Game app 裡面，layout 檔 *fragment_result.xml* 的根元素是 `<layout>`。這意味著即使你將 view binding 關閉，data binding 仍然會產生 binding 類別 `FragmentResultBinding`：

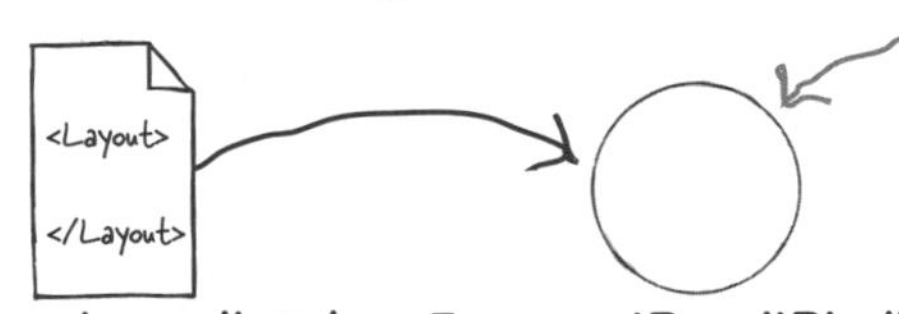

<Layout>
</Layout>
fragment_result.xml
FragmentResultBinding
data binding 會產生這個 binding 類別，即使 view binding 沒有啟用。

你要使用 `<data>` 與 `<variable>` 元素來將一或多個 data binding 變數加入 layout：

```
<layout ... >
    <data>
        <variable
            name="variableName"
            type="com.hfad.myapp.ClassName" />
    </data>

    ...

</layout>
```

每一個 data binding 變數都在它自己的 <variable> 元素裡面。我們在這裡只使用一個，但是你的 layout 可能有多個這種變數。

你要在 Kotlin 程式裡，將每一個變數設成型態相符的物件。設定之後，layout view 就可以使用 data binding 變數來引用它的物件的屬性與方法了。

view binding 與 data binding 會產生同樣的 binding 類別，但是在不同的情況下產生。

view binding 會幫每一個 layout 產生一個 binding 類別，而 data binding 會幫每一個有 <layout> 元素的 layout 產生一個 binding 類別。

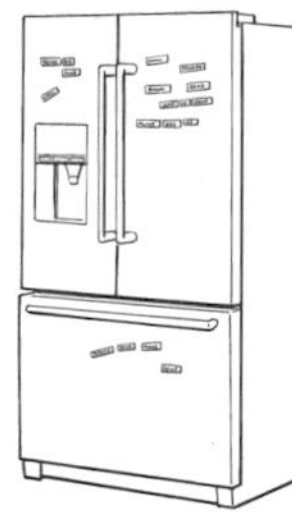

layout 磁貼

有人用冰箱磁貼寫了一段 layout 程式，但有些磁貼因為關門太用力而掉到地上了。你能不能將程式拼回去？

這段 layout 使用 data binding 在它的 `welcome` text view 裡面顯示 `MyViewModel` 物件的 `welcomeText`屬性。view model 位於名為 `com.hfad.myapp.MyViewModel` 的程式包裡面。

```
..........................
    xmlns:android="http://schemas.android.com/apk/res/android"
    xmlns:tools="http://schemas.android.com/tools"
    tools:context=".MyFragment">

    <data>

        ........................

            ..........="myViewModel"

            .......... = ............................ />
    </data>

  ....................
      android:layout_width="match_parent"
      android:layout_height="match_parent"
      android:orientation="vertical">

      <TextView
          android:id="@+id/welcome"
          android:layout_width="wrap_content"
          android:layout_height="wrap_content"

          android:text="......................................" />

  ....................

..........................
```

你不需要使用所有的磁貼。

```
}
{
@
<Layout
myViewModel
type
<variable
welcomeText
name
MyViewModel
.welcomeText
"MyViewModel"
<property
<layout
</Layout>
</layout>
<LinearLayout
</LinearLayout>
"com.hfad.myapp.MyViewModel"
```

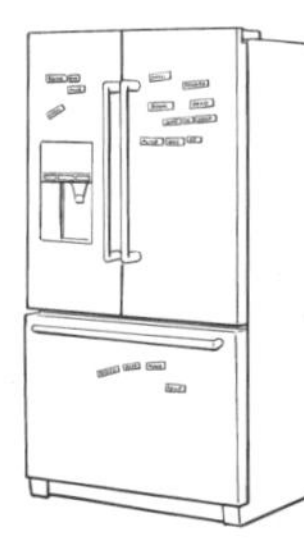

layout 磁貼解答

有人用冰箱磁貼寫了一段 layout 程式，但有些磁貼因為關門太用力而掉到地上了。你能不能將程式拼回去？

這段 layout 使用 data binding 在它的 welcome text view 裡面顯示 MyViewModel 物件的 welcomeText屬性。view model 位於名為 com.hfad.myapp.MyViewModel 的程式包裡面。

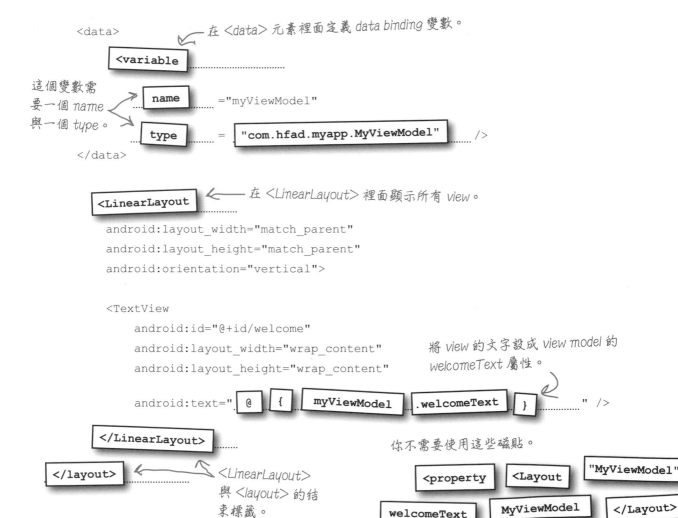

```
<layout
    xmlns:android="http://schemas.android.com/apk/res/android"
    xmlns:tools="http://schemas.android.com/tools"
    tools:context=".MyFragment">

    <data>
        <variable
            name="myViewModel"
            type="com.hfad.myapp.MyViewModel" />
    </data>

    <LinearLayout
        android:layout_width="match_parent"
        android:layout_height="match_parent"
        android:orientation="vertical">

        <TextView
            android:id="@+id/welcome"
            android:layout_width="wrap_content"
            android:layout_height="wrap_content"
            android:text="@{myViewModel.welcomeText}" />
    </LinearLayout>
</layout>
```

<layout> 是 layout 的根元素。

在 <data> 元素裡面定義 data binding 變數。

這個變數需要一個 name 與一個 type。

在 <LinearLayout> 裡面顯示所有 view。

將 view 的文字設成 view model 的 welcomeText 屬性。

<LinearLayout> 與 <layout> 的结束標籤。

你不需要使用這些磁貼。

<property　<Layout　"MyViewModel"　welcomeText　MyViewModel　</Layout>

GameFragment 也可以使用 data binding

我們已經幫 `ResultFragment` 實作 data binding 了，因此，它的 layout 裡面的 text view 可以直接從 `ResultViewModel` 的 result 屬性取得文字。

接下來，我們要對 `GameFragment` 做類似的事情，我們將實作 data binding，讓它的 layout 裡面的 text view 可以直接從 `GameViewModel` 取得它們的值：

這個文字將來自 *GameViewModel* 的 *secretWordDisplay* 屬性。

剩下的命數將來自 *livesLeft* 屬性。

用戶猜錯的字母將來自 *incorrectGuesses* 屬性。

9:24
Guessing Game
AND___D
You have 6 lives left
Incorrect guesses: C T
Guess a letter
GUESS!

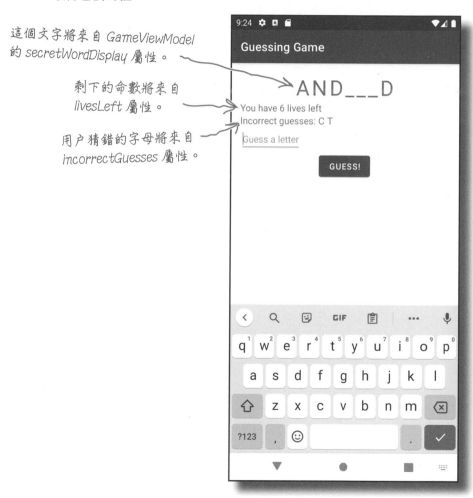

為此，我們要修改 `GameFragment` 和它的 layout 的程式。我們從 layout 程式開始處理。

將 <layout> 與 <data> 元素加入 fragment_game.xml

如同處理 ResultFragment 的做法，我們要先將 <layout> 與 <data> 元素加入 GameFragment 的 layout。這些元素指明這個 layout 使用 data binding，並定義一個 data binding 變數。程式如下所示，請依此修改你的 *fragment_game.xml*（粗體為修改處）：

```
<?xml version="1.0" encoding="utf-8"?>
<layout
    xmlns:android="http://schemas.android.com/apk/res/android"
    xmlns:tools="http://schemas.android.com/tools"
    tools:context=".GameFragment">

    <data>
        <variable
            name="gameViewModel"
            type="com.hfad.guessinggame.GameViewModel" />
    </data>

    <LinearLayout
        xmlns:android="http://schemas.android.com/apk/res/android"
        xmlns:tools="http://schemas.android.com/tools"
        android:layout_width="match_parent"
        android:layout_height="match_parent"
        android:orientation="vertical"
        android:padding="16dp"
        tools:context=".GameFragment">

        ...

    </LinearLayout>
</layout>
```

<layout> 是 layout 的根元素。

將這幾行從 <LinearLayout> 搬來這裡。

加入 data binding 變數。

刪除這幾行，並將它們移到 <layout> 元素。

<layout> 元素的結束標籤。

GuessingGame / app/src/main / res / layout / fragment_game.xml

如你所見，這段程式定義了一個名為 gameViewModel，型態為 GameViewModel 的 data binding 變數。接下來要在 fragment 的 Kotlin 程式裡面設定這個變數，在這之前，我們來修改 layout 的 view，讓它們從 view model 取得它們的值。

使用 data binding 變數來設定 layout 的文字

你已經學過，view 可以使用 layout 的 data binding 變數直接從 view model 取得資料。例如，*fragment_game.xml* 的 word text view 可以使用這段程式來顯示 GameViewModel 的 secretWordDisplay 屬性的值：

```
<TextView
    android:id="@+id/word"
    android:layout_width="wrap_content"
    android:layout_height="wrap_content"
    android:layout_gravity="center"
    android:textSize="36sp"
    android:letterSpacing="0.1"
    android:text="@{gameViewModel.secretWordDisplay}" />
```

view 的 text 屬性被設為 view model 的 secretWordDisplay 屬性的值。

GuessingGame
app/src/main
res
layout
fragment_game.xml

有兩個 view 需要顯示額外的文字

但是 lives 與 incorrect_guesses text view 不但要顯示屬性值，**也要加入額外的文字**。例如，GameFragment 程式目前使用這段文字來設定 incorrectGuesses view 的文字：

當 GameFragment 設定 incorrect_guesses 文字時，它會加入額外的文字。

```
binding.incorrectGuesses.text = "Incorrect guesses: $newValue"
```

所以我們不能使用下面的程式來直接引用 view model 的 incorrectGuesses 屬性，否則額外的文字不會被顯示出來：

```
<TextView
    android:id="@+id/incorrect_guesses"
    android:layout_width="wrap_content"
    android:layout_height="wrap_content"
    android:textSize="16sp"
    android:text="@{gameViewModel.incorrectGuesses}" />
```

這段程式將 view 的 text 設為 incorrectGuesses 屬性的值，並未加入任何額外的文字。

You have 6 lives left
C T
Guess a letter

這個問題的解決辦法是將 String 格式化，並將屬性值傳給 String 資源。我們來看看該怎麼做。

ResultFragment

GameFragment

加入按鈕

複習 String 資源

如前所述，你可以將 String 資源加入 app 的 String 資源檔，以避免將文字寫死。例如，下面的程式定義一個名為 my_string 的 String 資源檔，用來它顯示「This is a String resource」：

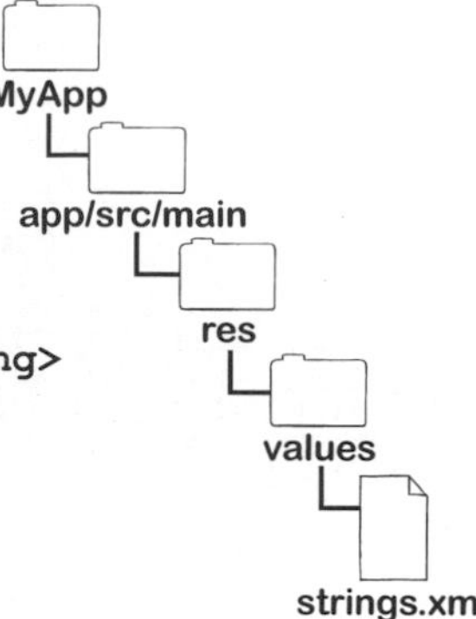


```
<resources>
    ...
    <string name="my_string">This is a String resource</string>
</resources>
```

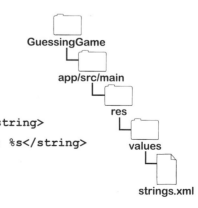

String 資源可以接收引數

你也可以定義能接收一個或多個引數的 String 資源，它很適合在你想要顯示比較複雜的文字時使用。例如，下面的程式使用 %s 占位符號來指定它收到的 String 引數應該放在哪裡：

```
<string name="hello">Hello, %s.</string>
```

使用它來顯示個人化的訊息給用户，例如「Hello, Ingo」。

這一段程式使用 %d 來指定數字引數的位置：

```
<string name="messages">You have %d messages.</string>
```

例如：「You have 10 messages.」。

使用 %s 來定義 String 引數，使用 %d 來定義數字。

你可以幫多個引數編號來將它們傳給 String 資源。例如，下面的資源用第一個引數來接收 String，用第二個來接收數字：

```
<string name="welcome">Hello, %1$s. You have %2$d messages.</string>
```

「Hello, Ingo. You have 10 messages.」。

將兩個新 String 資源加入 strings.xml

在 Guessing Game app 裡，我們將定義兩個新的 String 資源：一個用來顯示剩下幾條命，另一個用來顯示猜錯的字母。打開 *app/src/main/res/values* 資料夾裡面的 *strings.xml* 檔，加入下面的兩個資源：

GuessingGame
app/src/main
res
values
strings.xml

```
<resources>
    ...
    <string name="lives_left">You have %d lives left</string>
    <string name="incorrect_guesses">Incorrect guesses: %s</string>
</resources>
```

務必加入這兩個 String 資源。

定義兩個 String 資源之後，我們要在 GameFragment 的 layout 裡面使用它們。

layout 可以將參數傳給 String 資源

為了使用剛才建立的兩個 String 資源，你必須分別傳遞一個參數給它們。

你要在 layout 程式裡面，將參數傳給 String 資源，就像這樣：

```
android:text="@{@string/string_name(arg1, arg2)}"
```

這會將 arg1 與 arg2 參數傳給 String 資源 string_name。

其中的 string_name 是 String 資源的名稱，arg1 與 arg2 是兩個參數值。arg1 傳給 String 的第一個引數，arg2 傳給第二個。

在 Guessing Game app 裡面，String 資源 lives_left 是這樣定義的：

```
<string name="lives_left">You have %d lives left</string>
```

所以我們可以用下面的程式來顯示 GameViewModel 的 livesLeft 屬性：

```
<TextView
    android:id="@+id/lives"
    android:layout_width="wrap_content"
    android:layout_height="wrap_content"
    android:textSize="16sp"
    android:text="@{@string/lives_left(gameViewModel.livesLeft)}" />
```

用格式化的 String 來顯示剩下的命數。

9:29
Guessing Game
AND___
You have 6 lives left

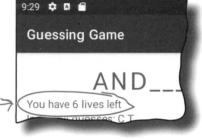

String 資源 incorrect_guesses 是這樣定義的：

```
<string name="incorrect_guesses">Incorrect guesses: %s</string>
```

所以我們可以這樣子顯示 incorrectGuesses 屬性的值：

```
<TextView
    android:id="@+id/incorrect_guesses"
    android:layout_width="wrap_content"
    android:layout_height="wrap_content"
    android:textSize="16sp"
    android:text="@{@string/incorrect_guesses(gameViewModel.incorrectGuesses)}" />
```

用格式化的字串來顯示用户猜錯的單字。

You have 6 lives left
Incorrect guesses: C T
Guess a letter
GUESS!

以上就是修改 GameFragment 來讓它使用 data binding 的所有知識。我們來看一下完整的程式長怎樣。

fragment_game.xml 的完整程式

☑ ResultFragment
→ ☐ **GameFragment**
☐ 加入按鈕

以下是 GameFragment 的 layout 的完整程式，請依此修改 *fragment_game.xml*（粗體為修改處）：

```
<?xml version="1.0" encoding="utf-8"?>
<layout
    xmlns:android="http://schemas.android.com/apk/res/android"
    xmlns:tools="http://schemas.android.com/tools"
    tools:context=".GameFragment">

    <data>
        <variable
            name="gameViewModel"
            type="com.hfad.guessinggame.GameViewModel" />
    </data>

    <LinearLayout
        xmlns:android="http://schemas.android.com/apk/res/android"
        xmlns:tools="http://schemas.android.com/tools"
        android:layout_width="match_parent"
        android:layout_height="match_parent"
        android:orientation="vertical"
        android:padding="16dp"
        tools:context=".GameFragment">

        <TextView
            android:id="@+id/word"
            android:layout_width="wrap_content"
            android:layout_height="wrap_content"
            android:layout_gravity="center"
            android:textSize="36sp"
            android:letterSpacing="0.1"
            android:text="@{gameViewModel.secretWordDisplay}" />
```

我們想要使用 data binding，所以 layout 必須使用 <layout> 根元素。

定義 data binding 變數。

刪除這幾行，並將它們移到 <layout> 元素。（xmlns:android、xmlns:tools、tools:context 等行已被刪除線劃掉）

GuessingGame / app/src/main / res / layout / fragment_game.xml

顯示 view model 的 secretWordDisplay 屬性的值。

程式還沒結束，見下一頁。→

fragment_game.xml（續）

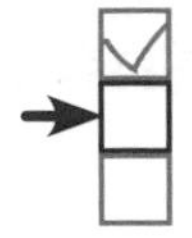


```
        <TextView
            android:id="@+id/lives"
            android:layout_width="wrap_content"
            android:layout_height="wrap_content"
            android:textSize="16sp"
            android:text="@{@string/lives_left(gameViewModel.livesLeft)}" />

        <TextView
            android:id="@+id/incorrect_guesses"
            android:layout_width="wrap_content"
            android:layout_height="wrap_content"
            android:textSize="16sp"
            android:text="@{@string/incorrect_guesses(gameViewModel.incorrectGuesses)}" />

        <EditText
            android:id="@+id/guess"
            android:layout_width="wrap_content"
            android:layout_height="wrap_content"
            android:textSize="16sp"
            android:hint="Guess a letter"
            android:inputType="text"
            android:maxLength="1" />

        <Button
            android:id="@+id/guess_button"
            android:layout_width="wrap_content"
            android:layout_height="wrap_content"
            android:layout_gravity="center"
            android:text="Guess!"/>
    </LinearLayout>
</layout>
```

顯示剩下的命數，以及猜錯的字母。

<layout> 元素的結束標籤。

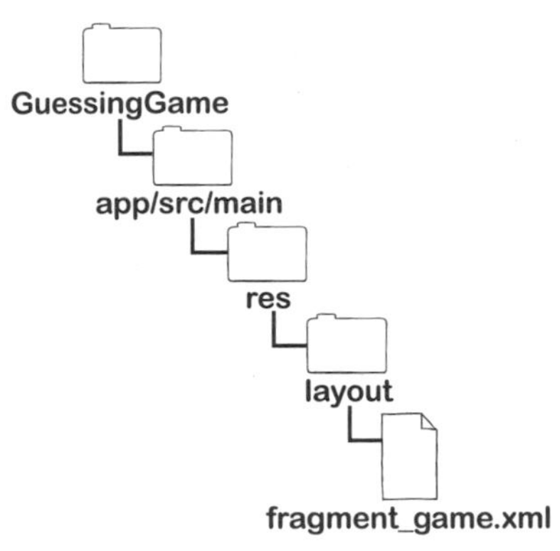

以上就是 layout 檔需要修改的所有程式。但是，在執行 app 之前，我們要先修改它在 *GameFragment.kt* 裡面對映的 fragment 程式。

我們要設定 gameViewModel 變數

ResultFragment
GameFragment
加入按鈕

GameFragment 第一個需要修改的地方，是將 data binding 變數 gameViewModel 設成 fragment 的 view model 的實例。

GameFragment 的 onCreateView() 方法有下面這行程式，它使用 view model provider 來取得 GameViewModel 物件：

```
viewModel = ViewModelProvider(this).get(GameViewModel::class.java)
```

因此，我們可以加入這行程式，來將這個 view model 指派給 gameViewModel data binding 變數：

```
binding.gameViewModel = viewModel
```

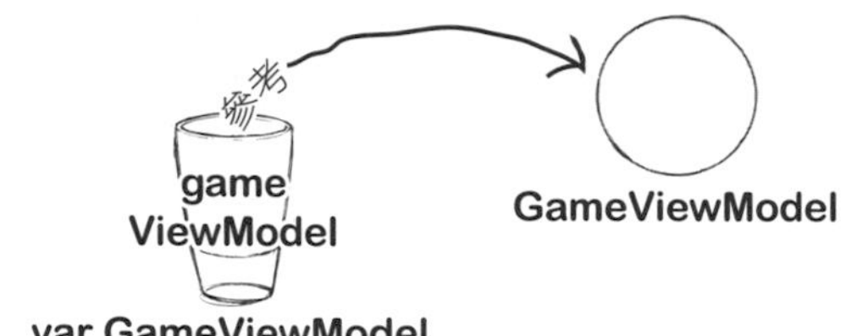

用這種方式來將 gameViewModel 變數綁定 view model 之後，layout 的 view 就可以用它來取得它們的值了。

我們也要讓 data binding 使用 live data

除了設定 gameViewModel 變數之外，我們也要讓 layout 的 data binding 使用 live data。

GameViewModel 與 ResultViewModel 不同的地方在於前者使用 live data，以便在屬性值改變時，讓 GameFragment 程式做出回應。例如，在 *GameFragment.kt* 裡面的這段程式會觀察 incorrectGuesses 屬性，並且在它改變時更新 incorrect_guesses view：

```
viewModel.incorrectGuesses.observe(viewLifecycleOwner, Observer { newValue ->
    binding.incorrectGuesses.text = "Incorrect guesses: $newValue"
})
```

因為我們現在使用 data binding，所以我們可以在 fragment 裡面加入下面的程式，來讓每一個 view 回應 live data 的改變：

```
binding.lifecycleOwner = viewLifecycleOwner
```

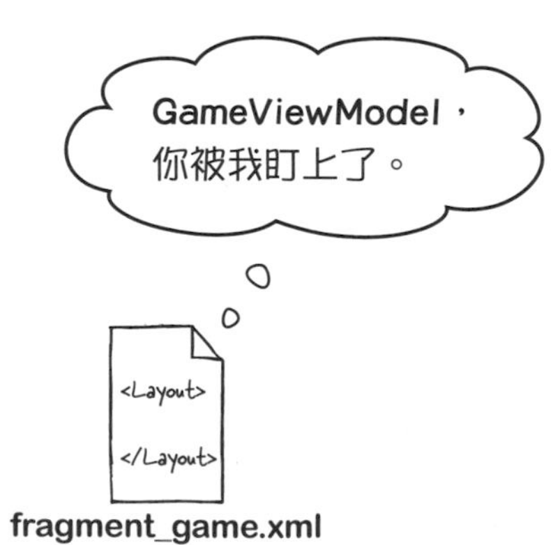

如此一來，layout 就不需要在 view model 裡面的 live data 屬性值改變時，依靠 fragment 程式更新它的 view 了。layout 可以回應任何改變，不需要 fragment 的干預。

以上就是修改 GameFragment 程式必須知道的事情。我們來看看它長怎樣。

GameFragment.kt 的完整程式

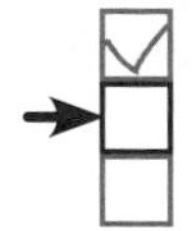

下面是 GameFragment 的完整程式，請依此修改 *GameFragment.kt*（粗體為修改處）：


```
package com.hfad.guessinggame

import android.os.Bundle
import androidx.fragment.app.Fragment
import android.view.LayoutInflater
import android.view.View
import android.view.ViewGroup
import com.hfad.guessinggame.databinding.FragmentGameBinding
import androidx.navigation.findNavController
import androidx.lifecycle.ViewModelProvider
import androidx.lifecycle.Observer

class GameFragment : Fragment() {
    private var _binding: FragmentGameBinding? = null
    private val binding get() = _binding!!
    lateinit var viewModel: GameViewModel

    override fun onCreateView(
        inflater: LayoutInflater, container: ViewGroup?, savedInstanceState: Bundle?
    ): View? {
        _binding = FragmentGameBinding.inflate(inflater, container, false)
        val view = binding.root
        viewModel = ViewModelProvider(this).get(GameViewModel::class.java)

        binding.gameViewModel = viewModel            <- 設定 data binding 變數。
        binding.lifecycleOwner = viewLifecycleOwner  <- 讓 layout 回應 live data 的改變。

        viewModel.incorrectGuesses.observe(viewLifecycleOwner, Observer { newValue ->
            binding.incorrectGuesses.text = "Incorrect guesses: $newValue"
        })
```

刪除這幾行。（上面三行以刪除線標示）

程式還沒結束，見下一頁。

GameFragment.kt（續）

刪除這幾行。

```
viewModel.livesLeft.observe(viewLifecycleOwner, Observer { newValue ->
    binding.lives.text = "You have $newValue lives left"
})

viewModel.secretWordDisplay.observe(viewLifecycleOwner, Observer { newValue ->
    binding.word.text = newValue
})

        viewModel.gameOver.observe(viewLifecycleOwner, Observer { newValue ->
            if (newValue) {
                val action = GameFragmentDirections
                    .actionGameFragmentToResultFragment(viewModel.wonLostMessage())
                view.findNavController().navigate(action)
            }
        })

        binding.guessButton.setOnClickListener() {
            viewModel.makeGuess(binding.guess.text.toString().uppercase())
            binding.guess.text = null
        }
        return view
    }

    override fun onDestroyView() {
        super.onDestroyView()
        _binding = null
    }
}
```

GuessingGame
app/src/main
java
com.hfad.guessinggame
GameFragment.kt

以上就是 GameFragment 需要修改的所有地方。我們來看看程式執行時會發生什麼事，並且執行一下這個 app。

當 app 執行時會發生什麼事

當 app 執行時會發生這些事情：

1. **GameFragment 取得它的 GameViewModel 物件的參考。**

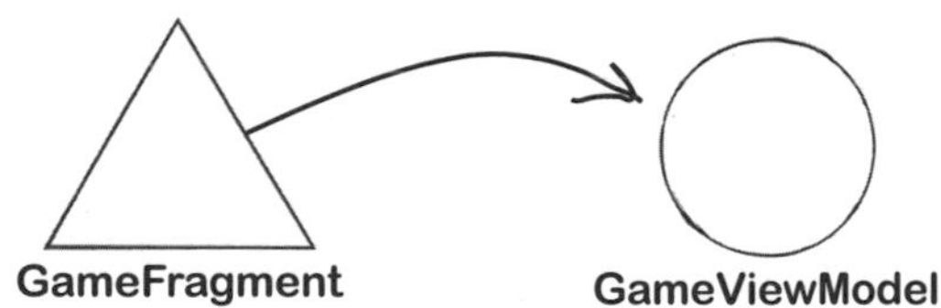

2. **GameFragment 將 GameViewModel 物件指派給 layout 的 data binding 變數 gameViewModel。**

   layout 的 view 可以透過這個變數來使用 view model 的屬性與方法。

3. **GameFragment 設定 layout 的 lifecycle owner。**

   現在 layout 可以觀察 view model 的 live data 屬性，並且對任何改變做出回應了。

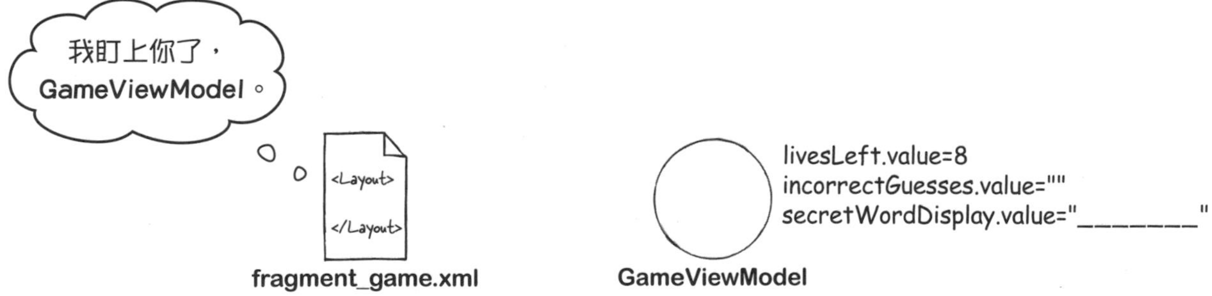

故事還沒結束

4 **當用戶猜對時，更新 GameViewModel 物件的 secretWordDisplay 屬性。**

layout 看到這個改變，讓它的 word view 顯示新文字。

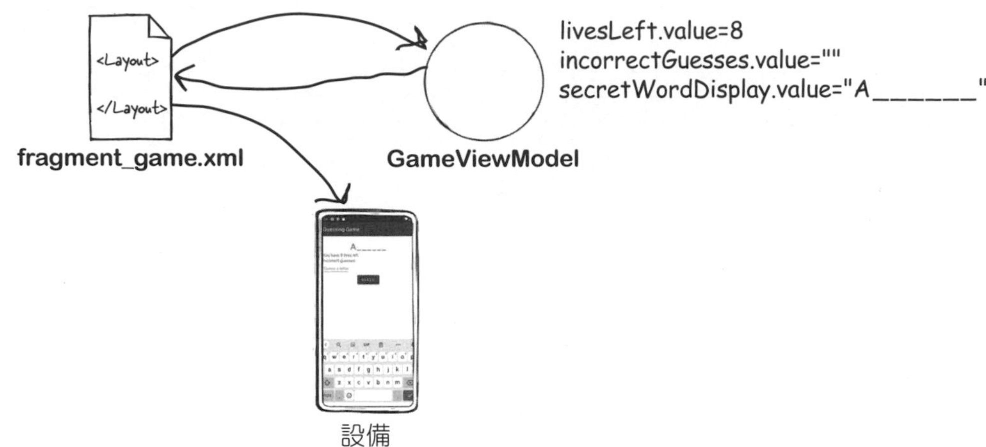

5 **當用戶猜錯時，GameViewModel 物件的 livesLeft 與 incorrectGuesses 屬性會改變。**

layout 看到這些改變，用對應的 view 顯示新文字。

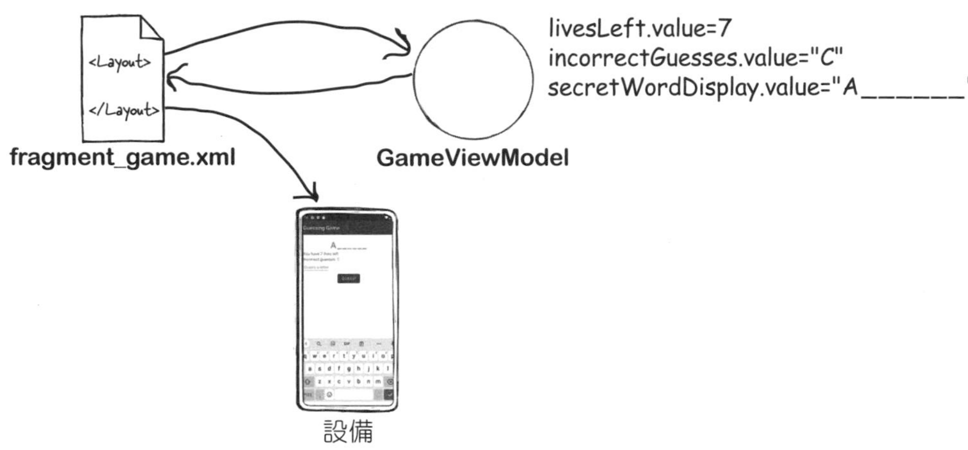

6 **當遊戲結束時，GameFragment 前往 ResultFragment。**

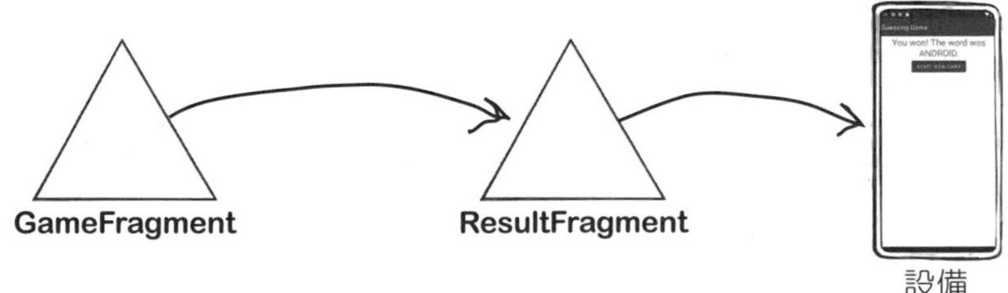

新車試駕

☑ ResultFragment
☑ GameFragment
☐ 加入按鈕

當我們執行 app 時，它的工作方式與之前一樣。但是，這一次，`GameFragment` 使用 data binding 來直接從 `GameViewModel` 取得屬性值。

沒有蠢問題

問：**我可以使用 data binding 來讓 view 修改 view model 裡面的屬性嗎？**

答：可以！view 可以使用 @=（而非 @）來修改可變屬性。下一章會展示一個範例。

問：**你將 word view 的文字設成 "@{gameViewModel.secretWordDisplay}"。但 secretWordDisplay 的型態是 LiveData，是不是要用 secretWordDisplay.value 才對？**

答：不，layout 會自動使用 `value` 屬性，你不需要告訴它。

問：**我試著將 lives view 的文字設成 "@{gameViewModel.livesLeft}"，但 app 崩潰了。為什麼？**

答：`livesLeft.value` 屬性是 `Int?`，view 的 `text` 屬性必須是個 `String`。使用 `"@{gameViewModel.livesLeft.toString()}"` 來將屬性轉換成 `String` 應該可以防止 app 崩潰。

下面的 layout 需要在 text view 裡面使用 String 資源（稱為 msg ）來顯示這段文字：「Hello, user. The numbers are numbersText. You guessed numberGuessed right.」。

user、numbersText 與 numberGuessed 都是 LotteryViewModel 的屬性，user 是 String，numbersText 是 String，numberGuessed 是 Int。

你能不能寫出 String 資源的程式？

layout 是：

```
<layout
    xmlns:android="http://schemas.android.com/apk/res/android"
    xmlns:tools="http://schemas.android.com/tools"
    tools:context=".LotteryFragment">

    <data>
        <variable
            name="vm"
            type="com.hfad.lottery.LotteryViewModel" />
    </data>

    <LinearLayout
        android:layout_width="match_parent"
        android:layout_height="match_parent"
        android:orientation="vertical">

        <TextView
            android:id="@+id/message"
            android:layout_width="wrap_content"
            android:layout_height="wrap_content"
            android:textSize="16sp"
            android:text="@{@string/msg(vm.user, vm.numbersText, vm.numberGuessed)}" />
    </LinearLayout>
</layout>
```

String 資源是：

```
<string name="msg">..........................................</string>
```

答案在第 565 頁。

你可以使用 data binding 來呼叫方法

- [x] ResultFragment
- [x] GameFragment
- [ ] 加入按鈕

我們已經用 data binding 來讓 view 直接從 view model 取得它們的值，而不需要依賴 fragment 程式了。

data binding 的另一個用途是讓按鈕呼叫 view model 的方法，而不需要編寫任何額外的 *fragment* 程式。為了說明怎麼做，我們要在 `GameFragment` 的 layout 加入一顆新的Finish Game 按鈕，按下它就會結束遊戲。

下面是新版的畫面：

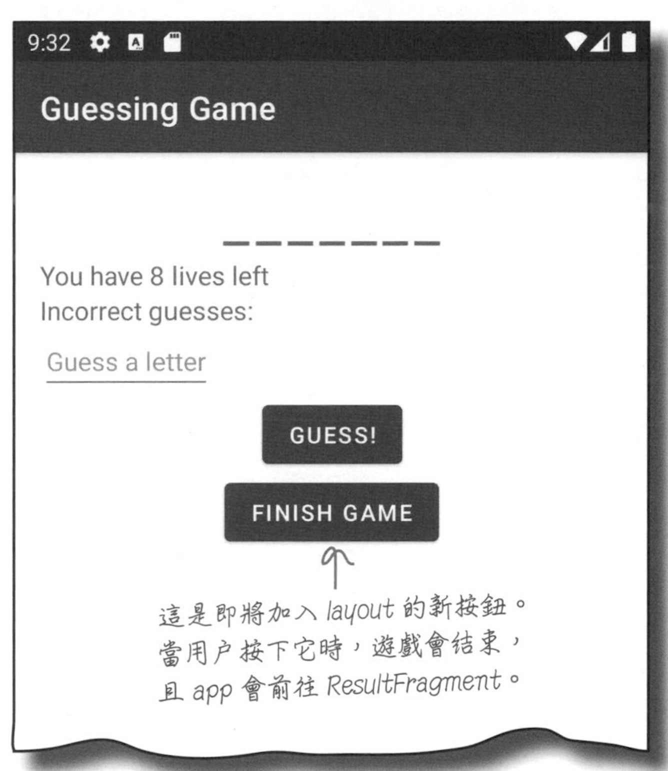

為了用新按鈕結束遊戲，我們要做這些事情：

1. **將新的 finishGame() 方法加入 GameViewModel。**

   這個方法會將 view model 的 `_gameOver` 屬性設為 *true*。當這件事發生時，在 `GameFragment` 裡面的既有程式會做出回應，前往 `ResultFragment`。

2. **在 layout 加入新按鈕，並讓它呼叫 finishGame()。**

   這顆按鈕將使用 data binding 來呼叫方法。

我們先來修改 `GameViewModel` 程式。

將 finishGame() 加入 GameViewModel.kt

我們要在 GameViewModel 程式中加入一個新的 finishGame() 方法，來將 _gameOver 的值設為 *true*。

你已經知道怎麼做了，下面是 *GameViewModel.kt* 的新程式，請依此修改你的程式來加入新方法（粗體為修改處）：

```
package com.hfad.guessinggame

...

class GameViewModel : ViewModel() {
    private val words = listOf("Android", "Activity", "Fragment")
    private val secretWord = words.random().uppercase()
    private val _secretWordDisplay = MutableLiveData<String>()
    val secretWordDisplay: LiveData<String>
        get() = _secretWordDisplay
    private var correctGuesses = ""
    private val _incorrectGuesses = MutableLiveData<String>("")
    val incorrectGuesses: LiveData<String>
        get() = _incorrectGuesses
    private val _livesLeft = MutableLiveData<Int>(8)
    val livesLeft: LiveData<Int>
        get() = _livesLeft
    private val _gameOver = MutableLiveData<Boolean>(false)
    val gameOver: LiveData<Boolean>
        get() = _gameOver

    init {
        _secretWordDisplay.value = deriveSecretWordDisplay()
    }

    private fun deriveSecretWordDisplay() : String {
        var display = ""
        secretWord.forEach {
            display += checkLetter(it.toString())
        }
        return display
    }
```

你不需要修改這一頁的任何程式。

GuessingGame
app/src/main
java
com.hfad.guessinggame
GameViewModel.kt

程式還沒結束，見下一頁。

GameViewModel.kt（續）

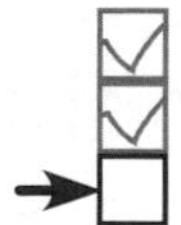

ResultFragment
GameFragment
加入按鈕

```
    private fun checkLetter(str: String) = when (correctGuesses.contains(str)) {
        true -> str
        false -> "_"
    }

    fun makeGuess(guess: String) {
        if (guess.length == 1) {
            if (secretWord.contains(guess)) {
                correctGuesses += guess
                _secretWordDisplay.value = deriveSecretWordDisplay()
            } else {
                _incorrectGuesses.value += "$guess "
                _livesLeft.value = _livesLeft.value?.minus(1)
            }
            if (isWon() || isLost()) _gameOver.value = true
        }
    }

    private fun isWon() = secretWord.equals(secretWordDisplay.value, true)

    private fun isLost() = livesLeft.value ?: 0 <= 0

    fun wonLostMessage() : String {
        var message = ""
        if (isWon()) message = "You won!"
        else if (isLost()) message = "You lost!"
        message += " The word was $secretWord."
        return message
    }

    fun finishGame() {
        _gameOver.value = true
    }
}
```

加入這個方法。

GuessingGame
app/src/main
java
com.hfad.guessinggame
GameViewModel.kt

以上就是需要增加的所有 GameViewModel 程式。接下來，我們要在 GameFragment 的 layout 裡面加入一顆新的 Finish Game 按鈕，並讓它呼叫 finishGame() 方法。

使用 data binding 來讓按鈕被按下時呼叫一個方法

ResultFragment
GameFragment
加入按鈕

如前所述，你可以使用 data binding 來讓按鈕呼叫 view model 的一個方法，而不需要編寫任何額外的 fragment 程式。為此，你要在按鈕中加入一個 **android:onClick** 屬性，並將它的值設成一個呼叫方法的運算式。

在 Guessing Game app 裡面，我們想要在 GameFragment 的 layout 裡面加入一顆新按鈕，在它被按下時，呼叫 GameViewModel 的 finishGame() 方法。這顆按鈕的程式是這樣：

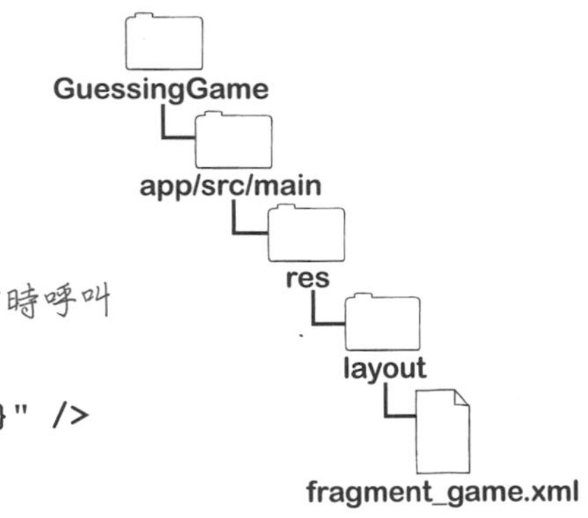


```
<Button
    android:id="@+id/finish_game_button"
    android:layout_width="wrap_content"
    android:layout_height="wrap_content"
    android:layout_gravity="center"
    android:text="Finish Game"
    android:onClick="@{() -> gameViewModel.finishGame()}" />
```

在新按鈕被按下時呼叫 finishGame()。

這一行：

```
android:onClick="@{() -> gameViewModel.finishGame()}"
```

就像在 fragment 裡面加入這些程式：

```
binding.finishGameButton.setOnClickListener() {
    viewModel.finishGame()
}
```

但是這一次你不需要 fragment 程式。在幕後，data binding 使用這一行：

```
android:onClick="@{() -> gameViewModel.finishGame()}"
```

來為按鈕建立一個 onClickListener。當用戶按下按鈕時，這段程式會執行，並呼叫 view model 的 finishGame() 方法。

使用這種 binding 運算式來呼叫方法時：

```
"@{() -> gameViewModel.finishGame()}"
```

這種 binding 運算式有時稱為 **listener binding**。

以上就是將按鈕加入 GameFragment 的 layout，並讓它回應按下動作的所有知識。我們來看一下完整的程式長怎樣。

認真寫程式

binding 運算式可以用來做很多其他事情。這裡有更詳細的資訊：

https://developer.android.com/topic/libraries/data-binding/expressions

fragment_game.xml 的完整程式

ResultFragment
GameFragment
加入按鈕

以下是 GameFragment 的 layout 的完整程式，請依此修改 *fragment_game.xml* 來加入新按鈕（粗體為修改處）：

```
<?xml version="1.0" encoding="utf-8"?>
<layout
    xmlns:android="http://schemas.android.com/apk/res/android"
    xmlns:tools="http://schemas.android.com/tools"
    tools:context=".GameFragment">

    <data>
        <variable
            name="gameViewModel"
            type="com.hfad.guessinggame.GameViewModel" />
    </data>

    <LinearLayout
        android:layout_width="match_parent"
        android:layout_height="match_parent"
        android:orientation="vertical"
        android:padding="16dp">

        <TextView
            android:id="@+id/word"
            android:layout_width="wrap_content"
            android:layout_height="wrap_content"
            android:layout_gravity="center"
            android:textSize="36sp"
            android:letterSpacing="0.1"
            android:text="@{gameViewModel.secretWordDisplay}" />

        <TextView
            android:id="@+id/lives"
            android:layout_width="wrap_content"
            android:layout_height="wrap_content"
            android:textSize="16sp"
            android:text="@{@string/lives_left(gameViewModel.livesLeft)}" />
```

你不需要修改這一頁的任何程式。

GuessingGame
app/src/main
res
layout
fragment_game.xml

程式還沒結束，見下一頁。

fragment_game.xml（續）

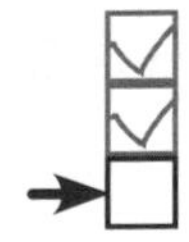


```
<TextView
    android:id="@+id/incorrect_guesses"
    android:layout_width="wrap_content"
    android:layout_height="wrap_content"
    android:textSize="16sp"
    android:text="@{@string/incorrect_guesses(gameViewModel.incorrectGuesses)}" />

<EditText
    android:id="@+id/guess"
    android:layout_width="wrap_content"
    android:layout_height="wrap_content"
    android:textSize="16sp"
    android:hint="Guess a letter"
    android:inputType="text"
    android:maxLength="1" />

<Button
    android:id="@+id/guess_button"
    android:layout_width="wrap_content"
    android:layout_height="wrap_content"
    android:layout_gravity="center"
    android:text="Guess!"/>

<Button
    android:id="@+id/finish_game_button"
    android:layout_width="wrap_content"
    android:layout_height="wrap_content"
    android:layout_gravity="center"
    android:text="Finish Game"
    android:onClick="@{() -> gameViewModel.finishGame()}" />
</LinearLayout>
</layout>
```

加入新按鈕。

GuessingGame
app/src/main
res
layout
fragment_game.xml

我們來看一下程式執行時會發生什麼事。

當 app 執行時會發生什麼事

當 app 執行時會發生這些事情：

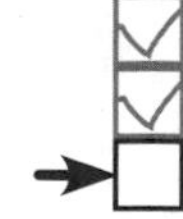

ResultFragment
GameFragment
加入按鈕

1. **GameFragment 將 GameViewModel 物件指派給 layout 的 data binding 變數 gameViewModel。**

   現在 layout 的 view 可以使用變數來引用 view model 的屬性與方法了。

2. **用戶按下 Finish Game 按鈕。**

   按鈕呼叫 `GameViewModel` 物件的 `finishGame()` 方法，該方法會將它的 `_gameOver` 屬性設為 *true*。

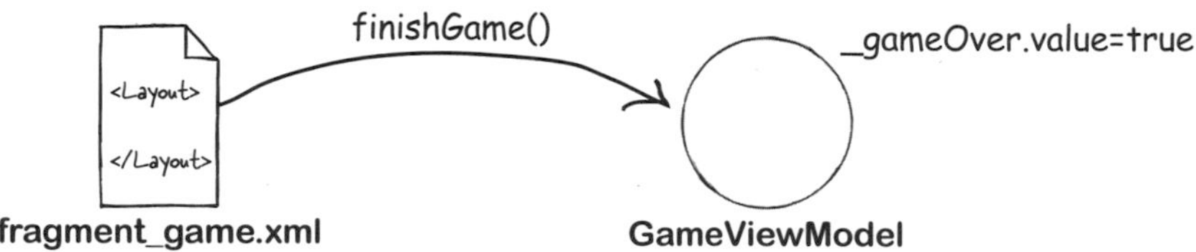

3. **GameFragment 看到 _gameOver 有一個新值。**

   作為回應，它前往 `ResultFragment`。

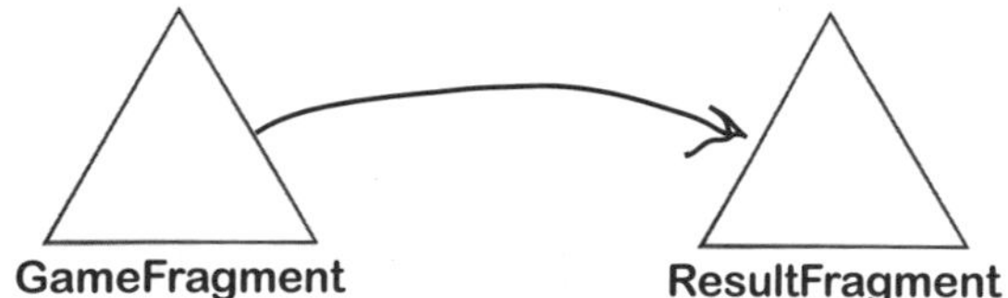

我們來執行一下 app。

新車試駕

ResultFragment

GameFragment

加入按鈕

當我們執行 app 時，`GameFragment` 的 layout 有一顆新的 Finish Game 按鈕。當我們按下按鈕時，app 會前往 `ResultFragment`，它會顯示秘密單字。

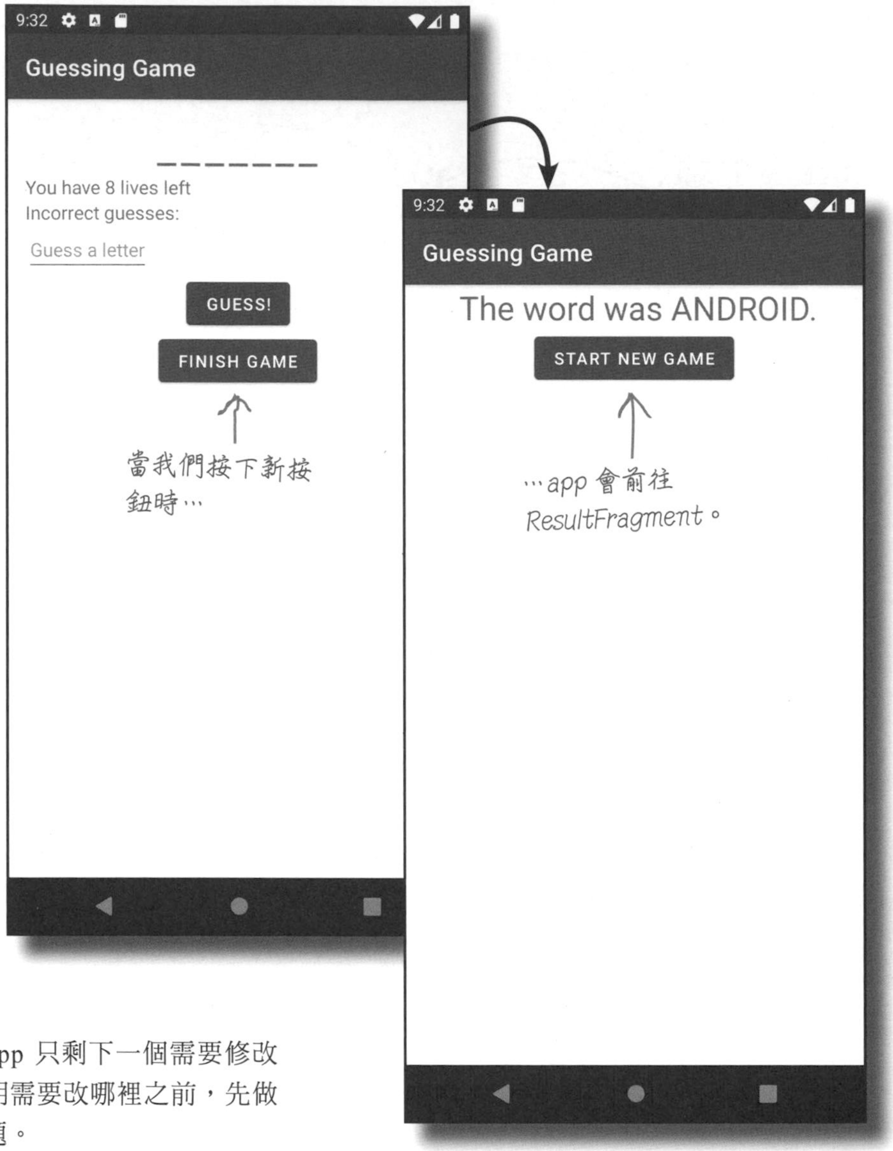

9:32

Guessing Game

You have 8 lives left

Incorrect guesses:

Guess a letter

GUESS!

FINISH GAME

當我們按下新按鈕時…

9:32

Guessing Game

The word was ANDROID.

START NEW GAME

…app 會前往 ResultFragment。

Guessing Game app 只剩下一個需要修改的地方了。在說明需要改哪裡之前，先做一下接下來的習題。

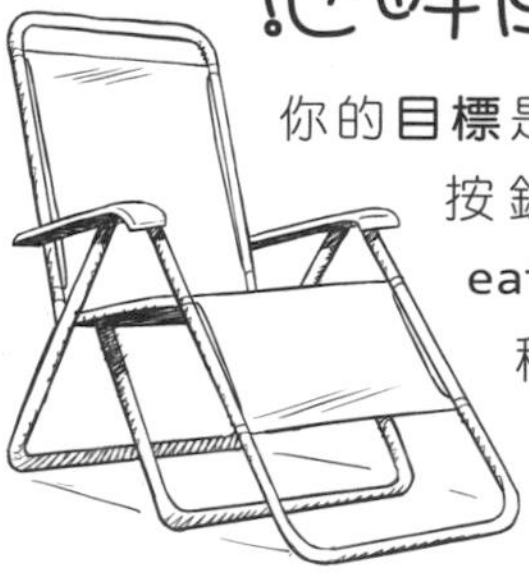

池畔風光

你的**目標**是修改下面的 layout 程式，讓它的按鈕被按下時呼叫 **MyViewModel** 的 **eatIceCream()** 方法。請將池子裡的程式片段放入空格。一個程式片段**只能**使用一次，你不需要使用所有的程式片段。

```
<layout ...>
    <data>
        <variable
            name="myViewModel"
            type="com.hfad.myapp.MyViewModel" />
    </data>

    <LinearLayout ...>

       <Button
            android:id="@+id/button"
            android:layout_width="wrap_content"
            android:layout_height="wrap_content"
            android:text="Eat Ice Cream"
            ........................................................................................................................ />

    </LinearLayout>
</layout>
```

提醒你，池中的每一個片段都只能使用一次！

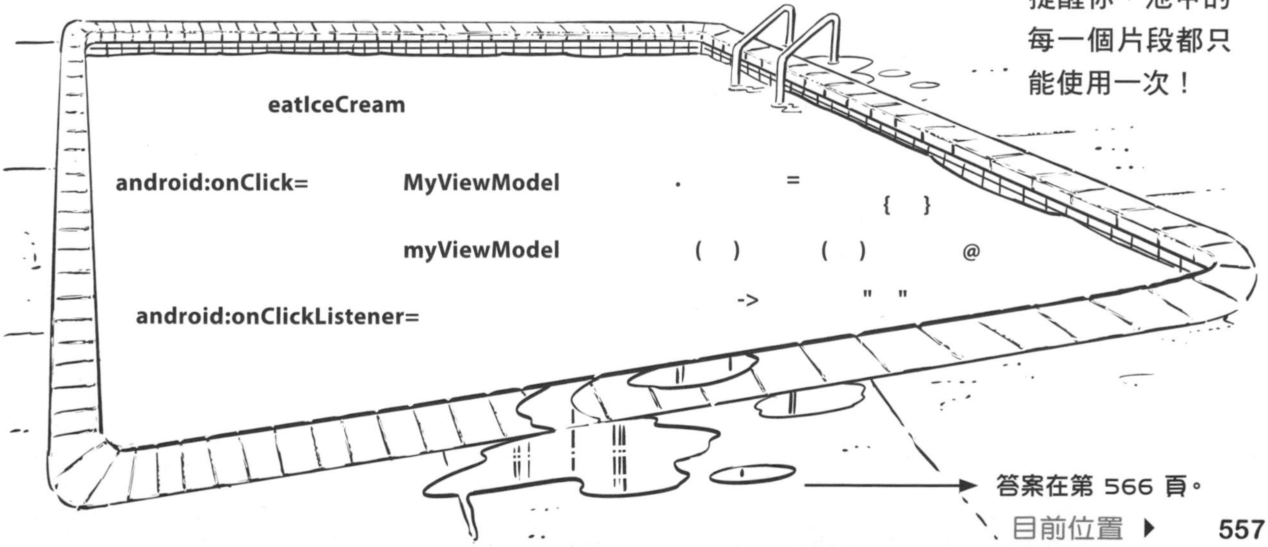

eatIceCream

android:onClick= **MyViewModel** . = { }

myViewModel ( ) ( ) @

-> " "

android:onClickListener=

答案在第 566 頁。

圍爐夜話

今日話題：**View Binding 與 Data Binding 的區別**

Data Binding:

View Binding，我們要好好溝通一下。

View Binding:

怎麼了嗎？

Data Binding:

你一定有發現，大家一直搞不清楚我們兩個人。我的意思是，我們的名字裡面都有 Binding，但是這不代表我們是同一個人。

View Binding:

你必須承認，我們的名字聽起來很像，而且，我們也有很多共同點。

Data Binding:

你認為如此？

View Binding:

是啊！我們都會產生 binding 類別。同樣的 binding 類別。別假裝沒有這件事。

Data Binding:

也許如此，但那是在完全不同的情況下啊！

View Binding:

其實，我比你方便且有幫助多了。我可以幫每一個 layout 產生一個 binding 類別，而且在大多數情況下，它們都符合需求。開發人員很感激我做的事情。我甚至收到一封有趣的郵件說道：「噢，View Binding，我是你的鐵粉！感謝你移除了 `findViewById`。我原本以為這個痛苦永遠不會結束呢！」

Data Binding:

你不能把移除 `findViewById` 的功勞全部攬在自己身上。那是 binding 類別的功勞，不是你。而且 binding 類別也是我產生的。

View Binding:

那又怎樣？

Data Binding:

而且，為每一個 layout 產生一個 binding 類別很浪費空間。

View Binding:

嚴格說來，我會忽略 `viewBindingIgnore` 屬性被設為 *true* 的任何 layout。你的做法比我的複雜多了。

Data Binding:

複雜？我只是比你更有識別力。我只會幫有 <layout> 元素的 layout 產生 binding 類別，讓開發者自己決定哪裡需要我。

View Binding:

沒錯，你很複雜！誰真的想要在他們的 layout 程式裡加入更多 XML ？這需要多打好多字！

Data Binding: 這的確需要一些額外的程式碼，但我可以做一些你只能在夢中做到的事情。例如，我可以讓 view 直接取得 view model 裡面的值。

View Binding: 這我也可以做到，使用 fragment 程式就可以了。

Data Binding: 這就是問題所在，你必須透過 fragment 來告訴 view 應該做什麼，但是當我介入時不需要這樣做。我可以讓 view 直接取得值，所以可以讓 fragment 程式更簡單。我甚至可以讓它們使用 live data 屬性，讓它們自己維持在最新狀態。

View Binding: 呵呵！那更新屬性值呢？我打賭你需要用 fragment 程式來做。

Data Binding: 不用，我有雙向的 data binding，可讓 view 更新值，並且回應改變。好好做一下功課，你的人生會因此不同。

View Binding: 呵呵！你接下來會說，你要讓 view 呼叫方法。

Data Binding: 當然，哪裡不好？

View Binding: 它會讓 layout 程式太複雜。不敢相信你竟然這麼不負責任。

Data Binding: 我不認為簡單地呼叫方法是不負責任的事情，它可以避免開發者編寫更多 fragment 程式碼。但我承認，處理複雜事情的程式應該放在 fragment 裡面，而不是 layout 裡面。

View Binding: 所以，你也承認自己的局限性。

Data Binding: 你只是在嫉妒而已。

View Binding: 最好是，你就繼續這樣想吧…

我們可以關掉 view binding 了

我們已經改好 Guessing Game app 了，但是我們還可以調整一個地方，讓 Android 只產生用來做 data binding 的 binding 類別。

如你所知，data binding 與 view binding 會產生相同的 binding 類別，不過是在不同的情況下：view binding 會幫每一個 layout 產生一個 binding 類別，而 data binding 會幫根元素是 `<layout>` 的每一個 layout 產生該類別。

在 Guessing Game app 裡，我們只讓 *fragment_game.xml* 與 *fragment_result.xml* 使用 binding 類別。因為這些檔案都有 `<layout>` 元素，所以我們可以放心地關掉 view binding 選項，它們的 binding 類別仍然可以透過 data binding 產生：

data binding 不會協助產生 binding 類別的 layout 檔只有 activity_main.xml，因為它沒有 <layout> 元素。我們不需要使用這個 binding 類別，所以可以放心地關掉 view binding。

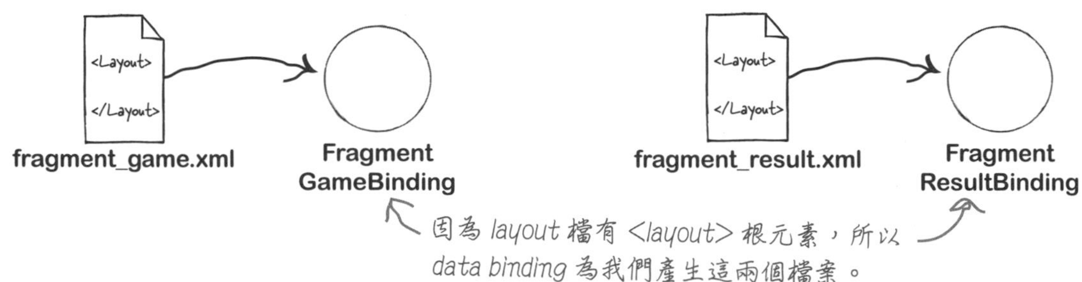

在 app 的 build.gradle 檔裡面關掉 view binding

為了關掉 view binding，打開 *GuessingGame/app/build.gradle*，將 `buildFeatures` 區域裡面的 view binding 移除：

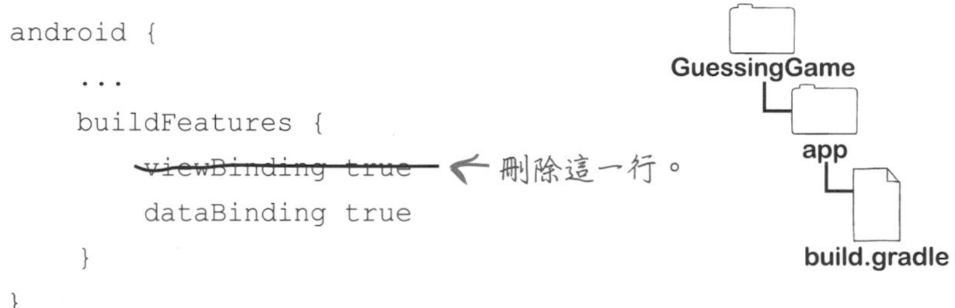

```
android {
    ...
    buildFeatures {
        viewBinding true   ← 刪除這一行。
        dataBinding true
    }
}
```


然後選擇 Sync Now 選項來將這個修改與專案其餘的部分同步。

我們來執行 app，以確定它仍然可以正常動作。

新車試駕

ResultFragment
GameFragment
加入按鈕

當我們執行 app 時，遊戲的運作與之前一樣。關閉 view binding 沒有造成任何差異，因為 data binding 已經產生 app 需要的所有 binding 類別了。

9:32
Guessing Game
_ _ _ _ _ _ _
You have 8 lives left
Incorrect guesses:
Guess a letter
GUESS!
FINISH GAME

現在遊戲完全使用 data binding，而且它的運作與之前一樣。

9:32
Guessing Game
The word was ANDROID.
START NEW GAME

恭喜你！你已經了解如何使用 data binding，並且連同 view model 與 live data 一起使用它了。這種做法可以用來簡化你的 fragment 程式，以及建構反應靈敏的 app。

binding 填字遊戲

在本頁底下的每一個提示都是一個讓 `TextView` 的 `android:text` 使用的 binding 運算式。你可以使用每一條線索的輸出來解答這個填字遊戲嗎？

提示：每一個 binding 運算式都使用一個 `String` 資源與一個 view model。下一頁有它們的程式碼，以及一個包含 `TextView` 的 layout。

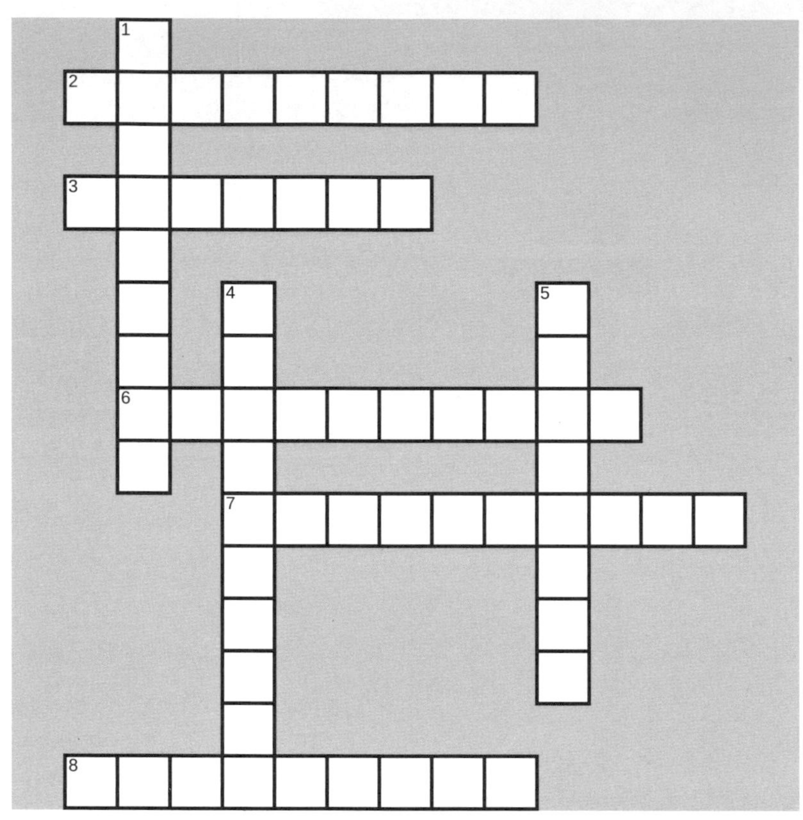

橫列

2 "@{@string/string2(vm.d[1])}"

3 "@{@string/string3(vm.d[2], vm.g[0])}"

6 "@{@string/string1(vm.a)}"

7 "@{@string/string3(vm.f[1], vm.h[0])}"

8 "@{@string/string1(vm.d[vm.i[1]])}"

直行

1 "@{@string/string3(vm.e[2], vm.g[0])}"

4 "@{@string/string4(vm.h[2], vm.a)}"

5 "@{@string/string4(vm.h[1], vm.g[2])}"

Layout:

```
<?xml version="1.0" encoding="utf-8"?>
<layout...>

    <data>
        <variable
            name="vm"
            type="com.hfad.crossword.CrosswordViewModel" />
    </data>

    <LinearLayout...>
        <TextView
            android:layout_width="match_parent"
            android:layout_height="wrap_content"
            android:text=.............................................................../>
    </LinearLayout>
</layout>
```

View model:

```
...
class CrosswordViewModel : ViewModel() {
    val a = "STRAW"
    val b = "RASP"
    val c = "CRAN"
    val d = listOf("BLUE", "BLACK", "RED")
    val e = listOf("GOOSE", "MOOSE", "ELDER")
    val f = listOf("LINGON", "WATTLE", "WEAVER")
    val g = listOf("FISH", "FLY", "BIRD", "HORSE")
    val h = listOf("SONG", "SEED", "HOUSE")
    val i = listOf(2,0,1,2,0)
}
```

String 資源檔：

```
<resources>
    <string name="app_name">Crossword</string>
    <string name="string1">%sBERRY</string>
    <string name="string2">%sBIRD</string>
    <string name="string3">%1$s%2$s</string>
    <string name="string4">%2$s%1$s</string>
</resources>
```

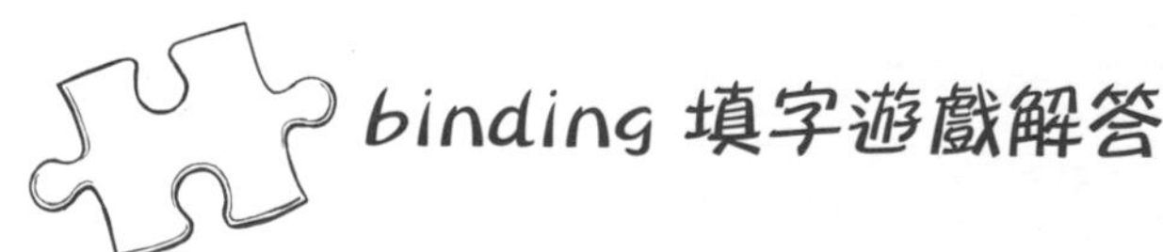

binding 填字遊戲解答

1 ELDERFISH
2 BLACKBIRD
3 REDFISH
4 STRAWHOUS
5 BIRDSEED
6 STRAWBERRY
7 WATTLESONG
8 BLUEBERRY

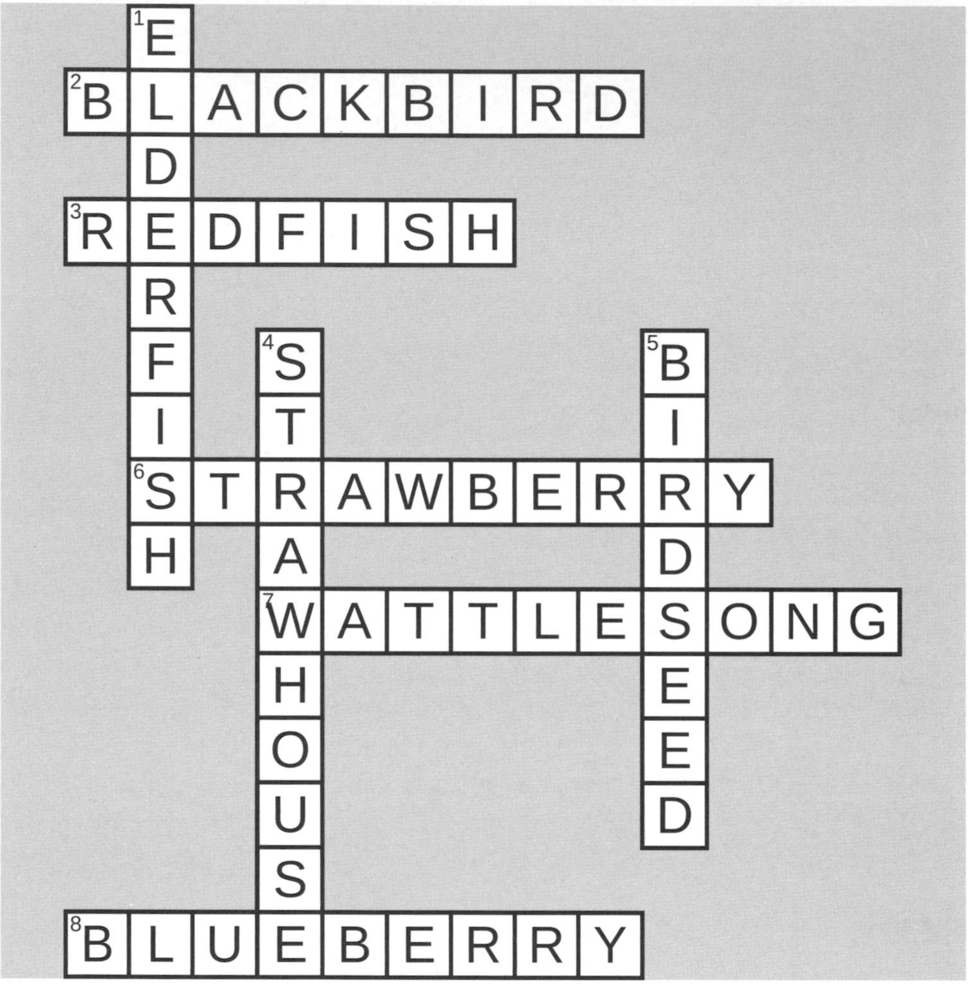

下面的 layout 需要在 text view 裡面使用 String 資源（稱為 msg）來顯示這段文字：「Hello, user. The numbers are numbersText. You guessed numberGuessed right.」。

user、numbersText 與 numberGuessed 都是 LotteryViewModel 的屬性，user 是 String，numbersText 是 String，numberGuessed 是 Int。

你能不能寫出 String 資源的程式？

layout 是：

```
<layout
    xmlns:android="http://schemas.android.com/apk/res/android"
    xmlns:tools="http://schemas.android.com/tools"
    tools:context=".LotteryFragment">

    <data>
        <variable
            name="vm"
            type="com.hfad.lottery.LotteryViewModel" />
    </data>

    <LinearLayout
        android:layout_width="match_parent"
        android:layout_height="match_parent"
        android:orientation="vertical">

        <TextView
            android:id="@+id/message"
            android:layout_width="wrap_content"
            android:layout_height="wrap_content"
            android:textSize="16sp"
            android:text="@{@string/msg(vm.user, vm.numbersText, vm.numberGuessed)}" />
    </LinearLayout>
</layout>
```

String 資源需要接收這三個引數。

String 資源是：

```
<string name="msg">Hello, %1$s. The numbers are %2$s. You guessed %3$d right.</string>
```

池畔風光解答

你的**目標**是修改下面的 layout 程式，讓它的按鈕被按下時呼叫 `MyViewModel` 的 `eatIceCream()` 方法。請將池子裡的程式片段放入空格。一個程式片段**只能**使用一次，你不需要使用所有的程式片段。

```
<layout ...>
    <data>
        <variable
            name="myViewModel"
            type="com.hfad.myapp.MyViewModel" />
    </data>

    <LinearLayout ...>

       <Button
            android:id="@+id/button"
            android:layout_width="wrap_content"
            android:layout_height="wrap_content"
            android:text="Eat Ice Cream"
            android:onClick= "@{() -> myViewModel.eatIceCream()}" />

    </LinearLayout>
</layout>
```

當按鈕被按下時，這個運算式使用 data binding 來呼叫 view model 的 eatIceCream() 方法。

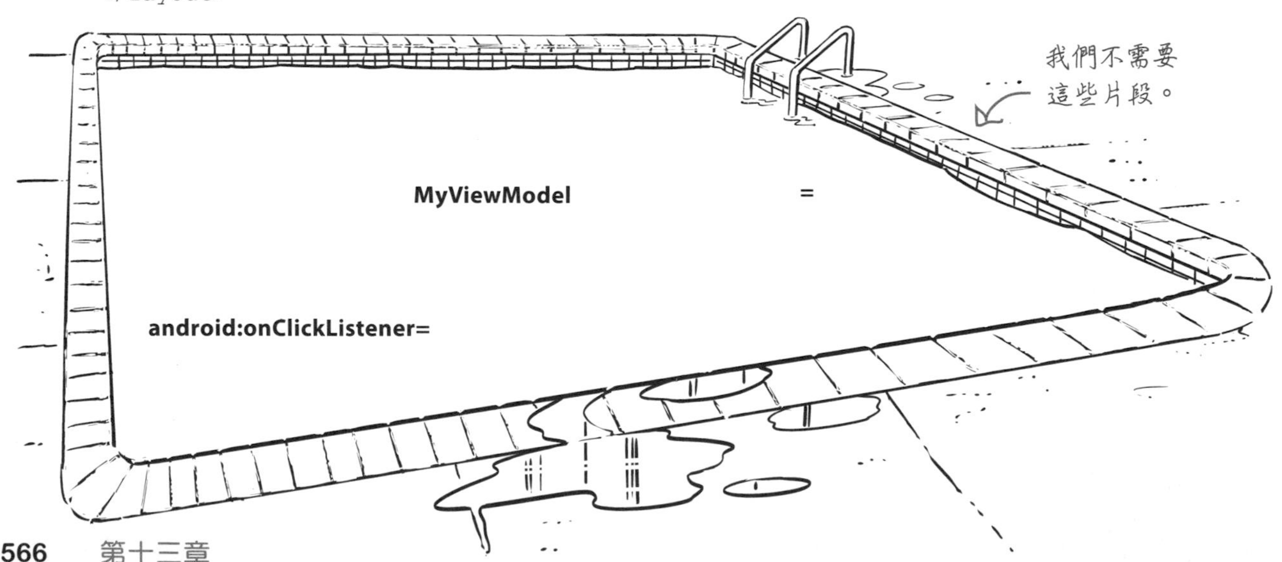

你的 Android 工具箱

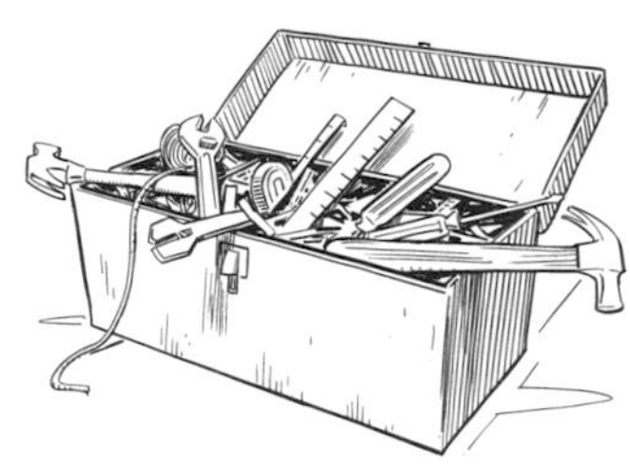

你已經掌握第 13 章，將 data binding 加入你的工具箱了。

你可以在 tinyurl.com/hfad3 下載本章的完整程式碼。

本章重點

- data binding 可讓 layout 直接使用屬性與方法。
- 在 app 的 *build.gradle* 檔裡面啟用 data binding。
- 在每一個需要使用 data binding 的 layout 裡面加入 `<layout>` 作為根元素。
- data binding 會幫每一個有 `<layout>` 元素的 layout 產生一個 binding 類別。這個類別與使用 view binding 時產生的類別一樣。
- 使用 `<data>` 與 `<variable>` 元素來定義變數。
- `String` 資源可以接收引數。
- data binding 可讓 view 在 live data 屬性的值改變時做出回應。

有景觀（View）的房間（Room）

大部分的 app 都需要保存的資料。

但如果你沒有採取行動來將資料存在別處，它就會在 ap 關閉時**永遠遺失**。在 Android 小鎮裡面，你通常會將資料**存放在資料庫裡面**，來保護它的安全，所以在這一章，我們將介紹 **Room 持久保存程式庫**。你將學會如何藉著注解類別與介面，來**建構資料庫**、**建立資料表**，以及**定義資料存取方法**。你將了解如何**使用協同程序（coroutine）**在背景執行資料庫程式。在過程中，你也會知道如何藉由 *Transformations.map()*，**在 live data 改變時立刻轉換它**。

大多數的 app 都需要儲存資料

到目前為止，你寫過的幾乎所有 app 都使用少量的靜態資料來運行。例如，第 11 章至第 13 章的 Guessing Game app 在它的 view model 裡面使用一個 `String` 陣列來讓遊戲隨機選出一個單字給用戶猜。

但是，在現實中，大多數的 app 不但需要靜態資料，也要儲存可能改變的資料，以免那些資料在用戶關閉 app 時消失。例如，音樂 app 可能需要儲存播放清單，遊戲可能需要記錄玩家的進度，讓他們可以從上次離開的地方繼續玩。

app 可以使用資料庫來保存資料

在多數情況下，保存用戶資料的最佳手段是使用資料庫，所以在這一章，你將藉著建立一個 Tasks app 來學習如何使用它。這個 app 可讓用戶將工作加入資料庫，並顯示他已經輸入的所有工作。

我們的 app 長這樣：

在開始建立 app 之前，我們先來看一下它的結構。

app 的結構

這個 app 有一個 activity（稱為 `MainActivity`），用來顯示一個名為 `TasksFragment` 的 fragment。

`TasksFragment` 是 app 的主畫面。它的 layout 檔（*fragment_tasks.xml*）有一個 edit text 與一顆按鈕，可讓用戶輸入工作名稱，並將它插入資料庫。它也有一個 text view，用來顯示已經被輸入資料庫的所有工作。

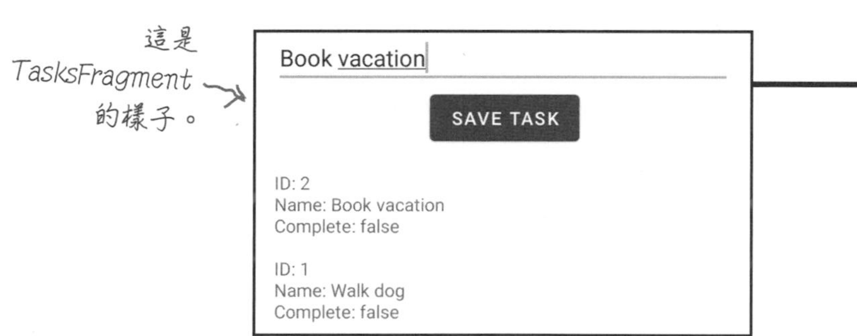
這是 TasksFragment 的樣子。
Book vacation
SAVE TASK
ID: 2
Name: Book vacation
Complete: false
ID: 1
Name: Walk dog
Complete: false

7:59

Tasks

TasksFragment 會被顯示在 MainActivity 裡面。

我們也會加入一個 view model（稱為 `TasksViewModel`），它是 `TasksFragment` 的商業邏輯，裡面有 fragment 用來和資料庫互動的屬性與方法。我們也會啟用 data binding，讓 `TasksFragment` 的 layout 可以直接操作 view model。

以下是這些組件的互動方式：

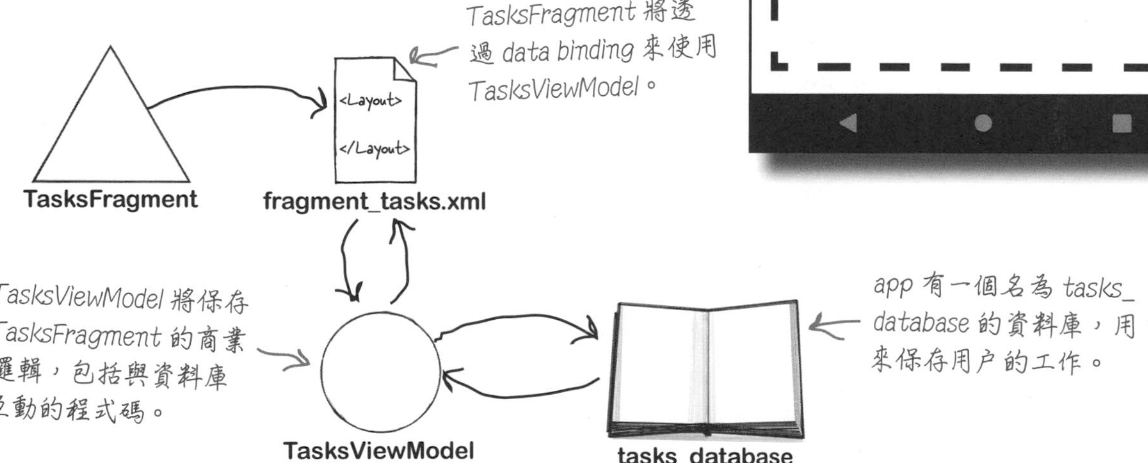
TasksFragment 將透過 data binding 來使用 TasksViewModel。
<Layout>
</Layout>
TasksFragment
fragment_tasks.xml
TasksViewModel 將保存 TasksFragment 的商業邏輯，包括與資料庫互動的程式碼。
app 有一個名為 tasks_database 的資料庫，用來保存用戶的工作。
TasksViewModel
tasks_database

我們將使用名為 ***Room*** 的 Android 程式庫來建立資料庫。那 Room 是什麼？

Room 是以 SQLite 為基礎的資料庫程式庫

Room 是 Android Jetpack 的另一個部分。

在幕後，大多數的 Android 資料庫都使用 SQLite。SQLite 輕量、穩定、快速，針對單一用戶優化，這些特性讓它很適合在 Android app 中使用。但是，寫程式來建立、管理，以及和 SQLite 資料庫互動有點麻煩。

為了讓工作更簡單，Android Jetpack 以 SQLite 為基礎，提供一個名為 ***Room*** 的持久保存程式庫。使用 Room 可以獲得 SQLite 的所有好處，但程式更簡單。例如，它提供了方便的注解，可讓你用比較不重複、比較不容易出錯的方式來撰寫資料庫程式。

MVVM 是一種用來建構 app 的架構設計模式。它是 Model-View-ViewModel 的縮寫。

Room app 通常是用 MVVM 來建構的。

使用 Room 的 app（包括 Tasks app）通常是以一種稱為 ***MVVM*** 的架構設計模式來建構的，***MVVM*** 是 Model-View-ViewModel 的縮寫。這個結構長這樣：

View

負責處理 UI 的所有程式，所以包括 app 的 activity、fragment 與 layout 程式碼。

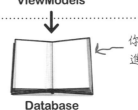

Activities and Fragments

在 Tasks app 裡面，View 層是 MainActivity、TasksFragment 與它們的 layout。

ViewModel

View model 物件負責商業邏輯與各個 view 的資料。

ViewModels

例如 TasksViewModel。

Model

這是支撐 app 的資料。在這個 app 裡，它是資料庫，但是在其他 app 裡，它可能是遠端資料資源。

Database

你將在本章接下來的內容中，進一步了解資料庫層。

這個結構類似之前的 Guessing Game app 所使用的結構，但是它有一個額外的資料庫 Model 層。這意味著，我們會將 activity 與 fragment 的 UI 程式與 view model 裡面的商業邏輯分開，並且將 view model 與支援資料庫的任何程式碼分開。

你將在建構 Tasks app 的過程中進一步了解如何使用 MVVM 結構。

我們接下來要做這些事情

我們會按照以下的步驟來建構 Tasks app：

1 設置基本 app。

我們將建立 app，修改它的 *build.gradle* 檔，讓它使用必要的程式庫，並撰寫基本的 activity、fragment 與 layout 程式。

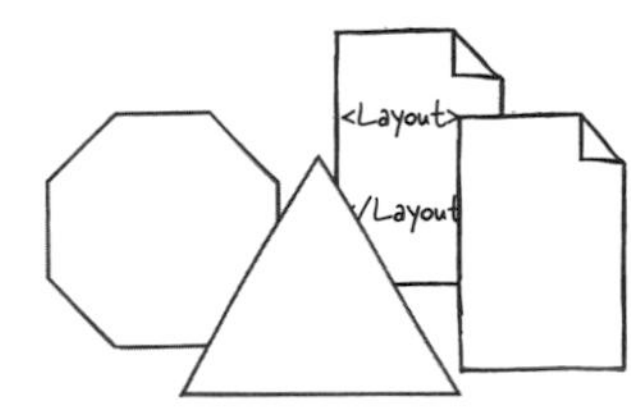

2 撰寫資料庫程式。

這一步會建立一個資料庫，並在它裡面建立一個資料表，以及和資料表裡面的資料互動的資料存取方法。

我們將定義一個稱為 *tasks_database* 的資料庫。

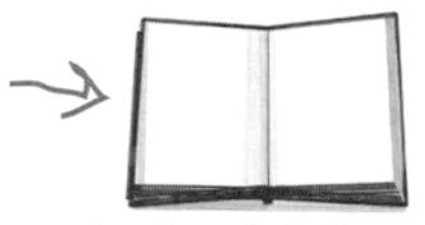

tasks_database

taskId	**task_name**	**task_done**

task_table

這個資料庫有一個名為 *task_table* 的資料表。

3 插入工作紀錄。

為了使用 app 來插入紀錄，我們將建立一個 view model，並更改 app 的 fragment。

我們會將一些 view 加入 layout，這些 view 將用來插入工作紀錄。

10:57

Tasks

Book vacation

SAVE TASK

4 顯示工作紀錄。

最後，我們要修改 view model 與 fragment 程式，讓 app 顯示資料庫保存的所有工作紀錄。

在最後一步，我們將顯示一系列的工作，以查看曾經輸入的紀錄。

建立工作專案

我們將使用新專案來建構 Tasks app，請按照之前章節的步驟來建立一個專案。選擇 Empty Activity，在 Name 中輸入「Tasks」，在 Package name 中輸入「com.hfad.tasks」，並接受預設的儲存位置。將 Language 設為 Kotlin，將 Minimum SDK 設為 API 21，讓它可在大多數的 Android 設備上執行。

接下來，我們將修改專案的 *build.gradle* 檔，在裡面加入 app 需要的所有功能與依賴項目。

將一個變數加入專案的 build.gradle 檔…

設置
資料庫
插入
取得工作

本章將使用兩個 Room 程式庫，為了保持一致，我們要在專案的 *build.gradle* 檔案裡加入一個指定版本的新變數。為此，打開 *Tasks/build.gradle* 檔，在 `buildscript` 區域加入下面幾行（粗體的部分）：

```
buildscript {
    ext.lifecycle_version = "2.3.1"
    ext.room_version = "2.4.1"
    ...
}
```

我們將使用它們來指定 Room 與 lifecycle 程式庫的版本，讓版本保持一致。

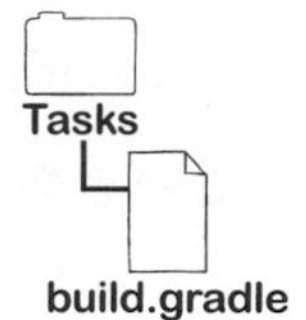

…並修改 app 的 build.gradle 檔

在 app 的 *build.gradle* 檔裡面，我們要啟用 data binding，並加入 view model、live data 與 Room 程式庫的依賴關係。

打開 *Tasks/app/build.gradle* 並在適當的區域加入下面的幾行（粗體的部分）：

```
plugins {
    ...
    id 'kotlin-kapt'
}

android {
    ...
    buildFeatures {
        dataBinding true
    }
}
...

dependencies {
    ...
    implementation "androidx.lifecycle:lifecycle-viewmodel-ktx:$lifecycle_version"
    implementation "androidx.lifecycle:lifecycle-livedata-ktx:$lifecycle_version"
    implementation "androidx.room:room-runtime:$room_version"
    implementation "androidx.room:room-ktx:$room_version"
    kapt "androidx.room:room-compiler:$room_version"
    ...
}
```

這是 Room 需要的 Kotlin 注解處理工具。

我們將使用 data binding，所以啟用它。

Tasks
app
build.gradle

這是 view model 與 live data 程式庫。

我們將使用 Room 程式庫。

我們也需要 Room compiler。

然後按下 Sync Now 選項來將你的修改與專案的其他部分進行同步。

建立 TasksFragment

這個 app 有一個名為 `TasksFragment` 的 fragment，我們將使用它來顯示資料庫裡面的工作，並用它來插入新工作。

為了建立 `TasksFragment`，在 *app/src/main/java* 資料夾裡面選擇 *com.hfad.tasks* 程式包，然後前往 File → New → Fragment → Fragment (Blank)。將 fragment 命名為「TasksFragment」，將它的 layout 命名為「fragment_tasks」，將語言設為 Kotlin。

Book vacation
SAVE TASK
ID: 2
Name: Book vacation
Complete: false
ID: 1
Name: Walk dog
Complete: false

這是 TasksFragment。

修改 TasksFragment.kt

將 `TasksFragment` 加入專案之後，讓你的 *TasksFragment.kt* 與下面的程式一樣：

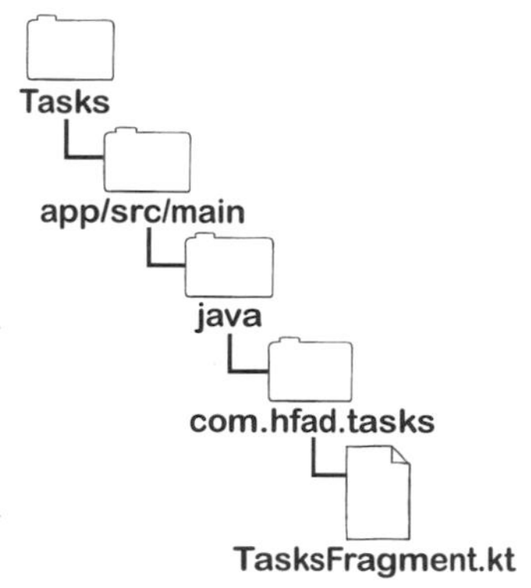


```
package com.hfad.tasks

import android.os.Bundle
import androidx.fragment.app.Fragment
import android.view.LayoutInflater
import android.view.View
import android.view.ViewGroup
import com.hfad.tasks.databinding.FragmentTasksBinding

class TasksFragment : Fragment() {
    private var _binding: FragmentTasksBinding? = null
    private val binding get() = _binding!!

    override fun onCreateView(
        inflater: LayoutInflater, container: ViewGroup?, savedInstanceState: Bundle?
    ): View? {
        _binding = FragmentTasksBinding.inflate(inflater, container, false)
        val view = binding.root
        return view
    }

    override fun onDestroyView() {
        super.onDestroyView()
        _binding = null
    }
}
```

放輕鬆

別擔心你的編譯器不認識 FragmentTasksBinding 類別。

那是因為你還沒有將 `<layout>` 元素加入 fragment 的 layout，編譯器需要用它來產生 binding 類別。

修改 fragment_tasks.xml

設置
資料庫
插入
取得工作

我們也要修改 TasksFragment 的 layout 來讓它使用 data binding，並加入一些 view，來讓我們輸入新工作與顯示既有的工作。

打開 *fragment_tasks.xml*，讓它與下面的程式一樣：

```
<?xml version="1.0" encoding="utf-8"?>
<layout
    xmlns:android="http://schemas.android.com/apk/res/android"
    xmlns:tools="http://schemas.android.com/tools"
    tools:context=".TasksFragment">

    <data>
    </data>

    <LinearLayout
        android:layout_width="match_parent"
        android:layout_height="match_parent"
        android:orientation="vertical">

        <EditText
            android:id="@+id/task_name"
            android:layout_width="match_parent"
            android:layout_height="wrap_content"
            android:inputType="text"
            android:hint="Enter a task name" />

        <Button
            android:id="@+id/save_button"
            android:layout_width="wrap_content"
            android:layout_height="wrap_content"
            android:layout_gravity="center"
            android:text="Save Task" />

        <TextView
            android:id="@+id/tasks"
            android:layout_width="match_parent"
            android:layout_height="wrap_content" />
    </LinearLayout>
</layout>
```

layout 的根元素必須是 <layout> 才能使用 data binding。

稍後我們會在這裡加入 binding 變數。

Tasks
app/src/main
res
layout
fragment_tasks.xml

edit text 將用來輸入工作名稱。

按鈕將用來儲存工作。

Book vacation
SAVE TASK
ID: 2
Name: Book vacation
Complete: false
ID: 1
Name: Walk dog
Complete: false

我們將使用 text view 來顯示資料庫裡面的工作紀錄。

在 MainActivity 的 layout 裡面顯示 TasksFragment…

為了使用 TasksFragment，我們必須將它加入 MainActivity 的 layout 的 FragmentContainerView 裡面。

按照下面的程式來修改 *activity_main.xml* 檔：

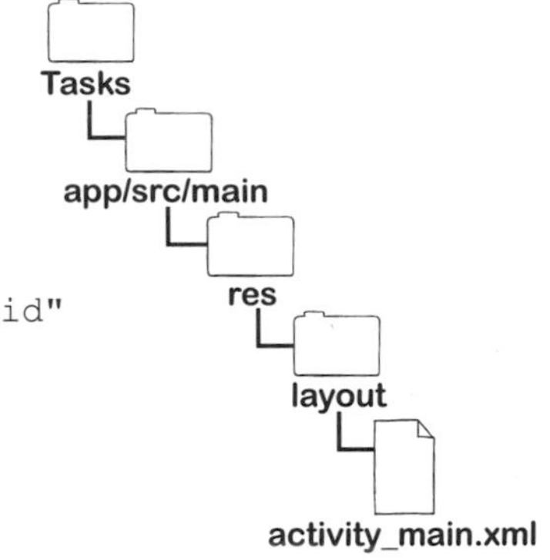


```
<?xml version="1.0" encoding="utf-8"?>
<androidx.fragment.app.FragmentContainerView
    xmlns:android="http://schemas.android.com/apk/res/android"
    xmlns:tools="http://schemas.android.com/tools"
    android:id="@+id/fragment_container_view"
    android:layout_width="match_parent"
    android:layout_height="match_parent"
    android:padding="16dp"
    android:name="com.hfad.tasks.TasksFragment"
    tools:context=".MainActivity" />
```

…並檢查 MainActivity.kt 程式

修改 layout 之後，打開 *MainActivity.kt*，並按照下面的程式來修改它：

```
package com.hfad.tasks

import androidx.appcompat.app.AppCompatActivity
import android.os.Bundle

class MainActivity : AppCompatActivity() {
    override fun onCreate(savedInstanceState: Bundle?) {
        super.onCreate(savedInstanceState)
        setContentView(R.layout.activity_main)
    }
}
```

Tasks
app/src/main
java
com.hfad.tasks
MainActivity.kt

修改 fragment 與 activity 程式之後，我們來處理 Room 資料庫。

如何建立 Room 資料庫

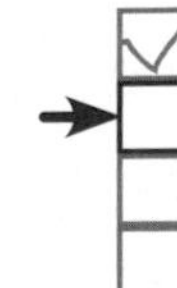

Room 使用有注解（annotated）的類別與介面來建立與設置 app 的 SQLite 資料庫。它需要三大組件：

1. 一個資料庫類別

這個類別定義了資料庫，包括它的名稱與版本號碼。你將用它來取得資料庫的實例。

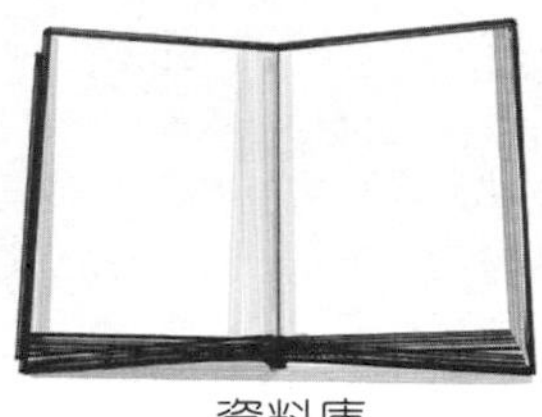
資料庫

2. 資料表的 *data* 類別

在資料庫裡面的所有資料都被儲存在資料表裡面。你要使用 data 類別來定義每一個資料表，並在裡面用注解來指定資料表的名稱與欄位。

Kotlin data 類別可讓你建立保存資料的物件。

taskId	task_name	task_done
1	Walk dog	false
2	Book vacation	false
3	Arrange picnic	false

資料表

3. 資料存取介面

你要使用介面與各個資料表互動，介面定義了你的 app 需要的資料存取方法。例如，如果你需要插入紀錄，你可以在介面中加入 `insert()` 方法，如果你要取得所有紀錄，你可以加入 `getAll()` 方法。

資料存取介面

Room 使用這三大元素來產生你的 app 建立 SQLite 資料庫、資料表，以及任何資料存取方法所需的所有程式碼。

接下來幾頁將為 Tasks app 定義一個資料庫，來告訴你如何編寫這三大組件的程式。我們先來定義它的資料表。

我們將在資料表中儲存工作資料

設置
資料庫
插入
取得工作

如前所述，資料庫的所有資料都被儲存在一個或多個資料表裡面。每一個資料表都是以資料列（row）與欄位（column）構成的，每一個資料列都是一筆紀錄，每一個欄位都保存一份資料，例如一個數字，或一段文字。

你要為你想保存的每一種資料分別建立資料表。例如，行事曆 app 可能會用一個資料表來記錄行程，氣象 app 可能會用一張表來儲存它的位置。

在 Tasks app 裡面，我們想要儲存工作紀錄，所以我們要建立一個名為「task_table」的資料表。這個資料表長這樣：

taskId	task_name	task_done
1	Walk dog	false
2	Book vacation	false
3	Arrange picnic	false

這是紀錄，用戶將使用 app 來輸入它們。

這個資料表有三個欄位：taskId、task_name 與 task_done。

你要幫 data 類別加上注解來定義資料表

你要幫資料庫裡面的每一個資料表定義一個 data 類別，在這個 data 類別裡面為資料表的每一個欄位定義一個屬性，並在 Tasks app 的資料庫裡面使用它來建立一個資料表。

為了說明，我們將定義一個名為 `Task` 的 data 類別，並在 Tasks app 的資料庫裡面使用它來建立一個資料表。

(Data) Task
taskId: Long
taskName: String
taskDone: Boolean

在 Task data 類別裡面，資料表的每一個欄位都有一個屬性。

建立 Task data 類別

我們先來建立 data 類別。在 *app/src/main/java* 資料夾裡面選擇 *com.hfad.tasks* 程式包，然後前往 File → New → Kotlin Class/File。將檔案命名為「Task」，並選擇 Class 選項。

建立檔案之後，將它的程式改成下面這樣：

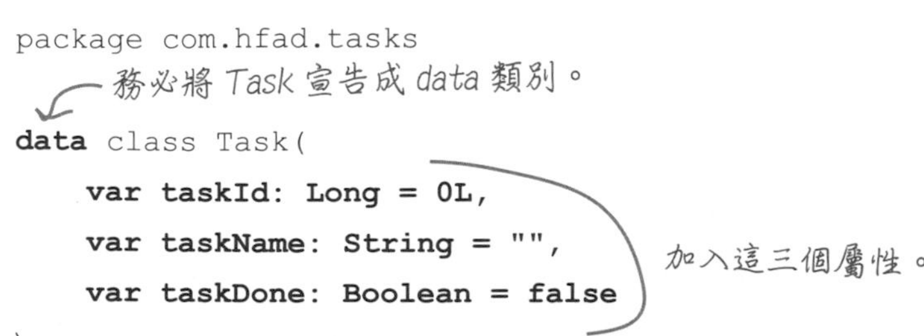

```
package com.hfad.tasks

data class Task(
    var taskId: Long = 0L,
    var taskName: String = "",
    var taskDone: Boolean = false
)
```

務必將 Task 宣告成 data 類別。
加入這三個屬性。

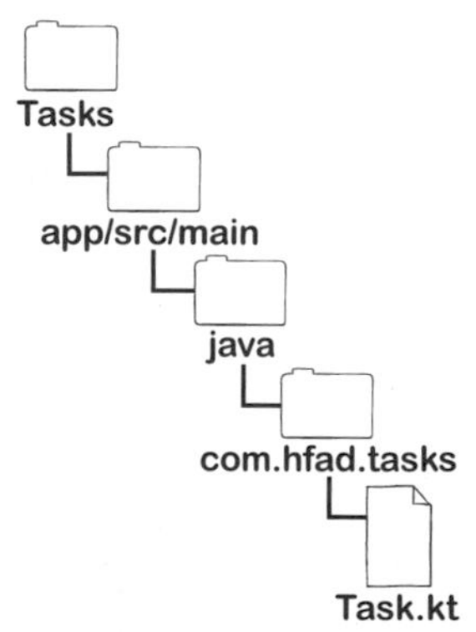

Tasks
app/src/main
java
com.hfad.tasks
Task.kt

用 @Entity 來設定資料表的名稱

建立 Task data 類別之後，我們要加入注解，來告訴 Room 如何設置資料表。我們先來設定資料表名稱。

為資料表命名的做法是為 data 類別加入 **@Entity** 注解來指定資料表名稱。我們想要幫 Tasks app 的資料表命名為「task_table」，做這件事的程式是：

```
...
@Entity(tableName = "task_table")
data class Task(
...
```

這一行告訴 Room：這個類別定義 task_table 實體（entity）。

用 @PrimaryKey 來指定主鍵

接下來，我們要指定資料表的主鍵（primary key）。它的用途是獨一地辨別單一紀錄，不能有任何重複的值。

在 Tasks app 裡面，我們將使用 taskId 屬性作為 task_table 的主鍵，並且讓資料表自動為它們產生獨一無二的值，做法是使用 **@PrimaryKey** 注解：

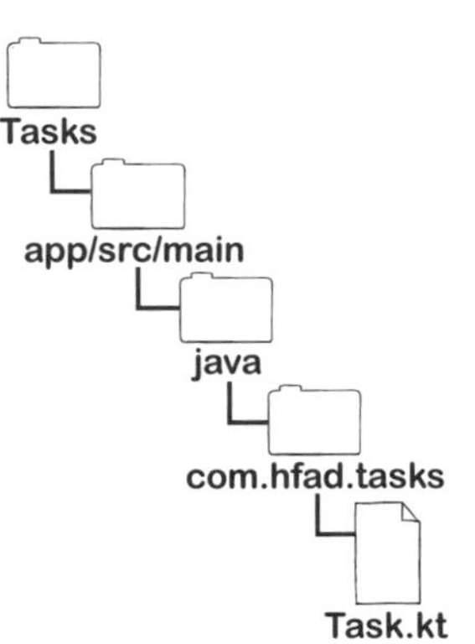


```
...
    @PrimaryKey(autoGenerate = true)
    var taskId: Long = 0L,
...
```

taskId 是主鍵，Room 會自動產生它的值。

使用 @ColumnInfo 來指定欄位名稱

最後一件事是為 taskName 與 taskDone 屬性指定欄位名稱，做法是使用 @ColumnInfo 注解，像這樣：

```
...
    @ColumnInfo(name = "task_name")
    var taskName: String = "",

    @ColumnInfo(name = "task_done")
    var taskDone: Boolean = false
}
```

這些注解會覆寫欄位名稱，讓這兩個屬性使用。

注意，只有在你想要讓欄位名稱與屬性名稱不同時，才需要使用 @ColumnInfo 注解。如果你省略注解，Room 會讓欄位的名稱與屬性一樣。

以上就是完成 Task 類別需要知道的所有事情。下一頁將展示完整的程式。

Task.kt 的完整程式

以下是 Task data 類別的完整程式，請依此修改你的 *Task.kt*（粗體為修改處）：

```
package com.hfad.tasks

import androidx.room.ColumnInfo
import androidx.room.Entity
import androidx.room.PrimaryKey

@Entity(tableName = "task_table")
data class Task(

    @PrimaryKey(autoGenerate = true)
    var taskId: Long = 0L,

    @ColumnInfo(name = "task_name")
    var taskName: String = "",

    @ColumnInfo(name = "task_done")
    var taskDone: Boolean = false
)
```

匯入這些類別。

命名資料表。

指定主鍵。

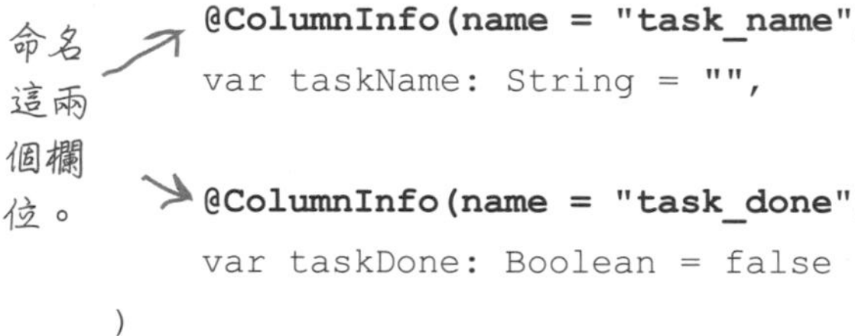

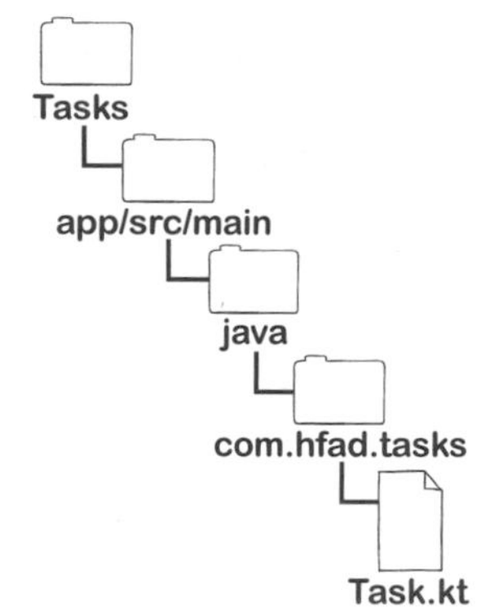

Room 使用這個檔案來建立一個名為 task_table 的資料表，它有一個自動產生的主鍵，稱為 taskId，以及兩個其他欄位，名為 task_name 與 task_done。這是這個資料表的長相：

taskId	task_name	task_done

task_table

在幾頁之後，當我們編寫資料庫類別時，你將了解 Room 如何將這個資料表加入資料庫。首先，我們要定義一些資料庫存取方法，來讓 app 可以插入、讀取、修改與刪除資料表的資料。

問：如果我省略 @ColumnInfo 注解，Room 仍然會幫那個 data 類別屬性建立欄位嗎？

答：會。它會建立一個名稱與屬性相同的欄位。@ColumnInfo 注解的用途是讓你重新命名欄位。

問：我可以阻止 Room 為一個 data 類別屬性建立欄位嗎？

答：可以。如果你不想保存 data 類別的某個屬性的資料，你可以用 @Ignore 來注解它。當你這樣做時，Room 不會在表中為這個屬性建立欄位。

使用介面來指定資料操作

我們要藉著建立有注解的介面來指定 app 將如何存取資料表的資料。這個介面定義一個 DAO（*Data Access Object*），它裡面有 app 插入、讀取、修改與刪除資料所需的所有方法。

為了說明它如何運作，我們將建立一個名為 `TaskDao` 的新介面，Tasks app 將使用它來與 `task_table` 的資料互動。

設置
資料庫
插入
取得工作

想要與你的資料喝杯茶嗎？

DAO 介面負責所有資料存取需求。你只要說你想要什麼，DAO 就會幫你處理它。

TaskDao

建立 TaskDao 介面

我們先來建立介面。在 *app/src/main/java* 資料夾裡面選擇 *com.hfad.tasks* 程式包，然後前往 File → New → Kotlin Class/File。將檔案命名為「TaskDao」，並選擇 Interface 選項。

建立檔案之後，將它的程式改成這樣：

```
package com.hfad.tasks

interface TaskDao {

}
```

確定 TaskDao 被定義成介面。

使用 @Dao 來標記資料存取介面

接下來，我們要告訴 Room：`TaskDao` 介面定義了資料存取方法。做法是用 **@Dao** 注解來標記介面：

```
...
@Dao
interface TaskDao {
}
```

這一行告訴 Room 這個介面是用來存取資料的。

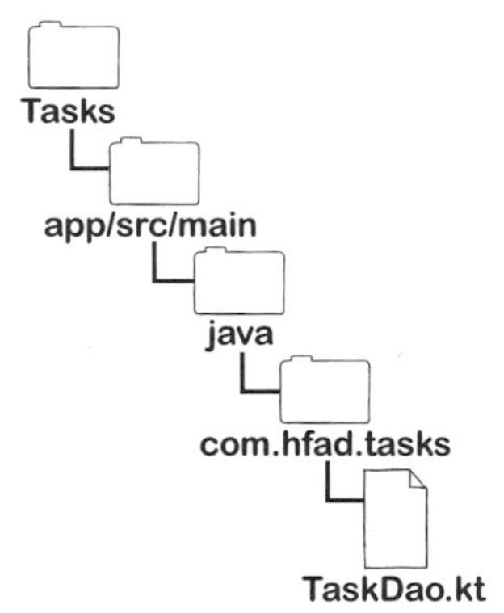

用 `@Dao` 來標記介面之後，我們要加入注解的方法（annotated method），讓 app 用來與資料互動。例如，如果你想要讓 app 插入紀錄，你必須在介面中加入一個做這件事的方法，如果你想要讓 app 取得紀錄，你也要加入該方法。

好消息是，Room 提供四個注解來讓你輕鬆地加入這些方法：`@Insert`、`@Update`、`@Delete` 與 `@Query`。我們來看看如何用它們來將資料存取方法加入 `TaskDao`。

使用 @Insert 來插入紀錄

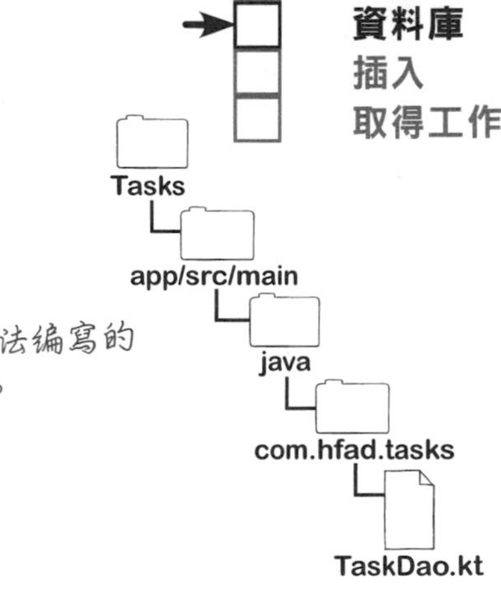

我們要定義的第一個資料存取方法是 `insert()` 方法，app 將使用它來將工作插入 `task_table`。這個方法有一個參數（`Task`），它是我們想要插入的工作。我們用 **`@Insert`** 來注解這個方法，以告訴 Room：這個方法是用來插入紀錄的。

以下是 `insert()` 方法的完整程式：

```
@Insert
fun insert(task: Task)
```

沒錯！這就是你在 TaskDao 裡面為這個方法編寫的所有程式。Room 會幫你處理其他的事情。

當 Room 看到 `@Insert` 注解時，它會自動產生將紀錄插入資料表的所有程式來讓 app 使用，你不必自己編寫它們。例如，對上面的 `insert()` 方法而言，它會產生將 `Task` 物件的資料插入 `task_table` 所需的所有程式，就像這樣：

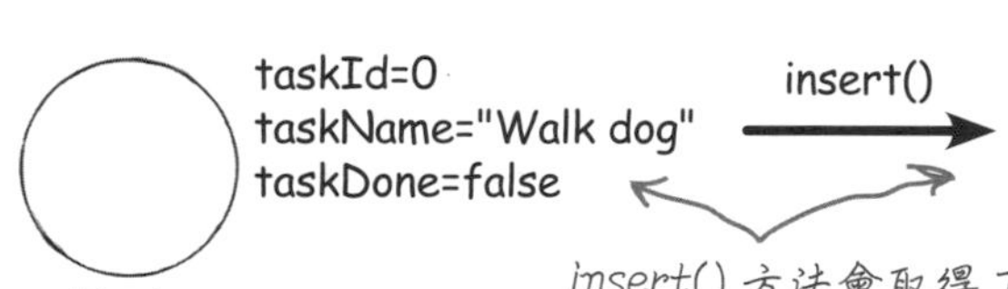

taskId	task_name	task_done
1	Walk dog	false

insert() 方法會取得 Task 的屬性的值，並將它們插入資料表。資料表會將 taskId 換成自動產生的 ID。

用 `@Insert` 來標記的任何方法都可以用引數來接收一個或多個實體（entity）物件，也就是型態被標記 `@Entity` 的物件。`@Insert` 方法也可以接收一群實體（entity）物件。例如，下面的方法會插入 `List<Task>` 引數裡面的所有工作：

```
@Insert
fun insertAll(tasks: List<Task>)
```

你可以使用這個方法來將許多工作紀錄加入資料庫。它會插入 List<Task> 裡面的每一個 Task。

使用 @Update 來修改紀錄

Room 也可以產生修改一或多筆既有紀錄所需的程式碼，做法是在 DAO 介面裡面加入一個方法，並用 **`@Update`** 來標記它。例如，下面的 `update()` 可以產生修改既有工作紀錄所需的程式碼：

```
@Update
fun update(task: Task)
```

這會修改 taskId 相符的工作紀錄。

當你呼叫這個方法時，它會修改 `taskId` 相符的紀錄，讓它的資料符合 `Task` 物件的屬性值。

使用 @Delete 來刪除紀錄

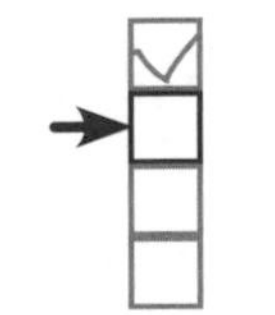

我們也可以用 **@Delete** 注解來標記需要刪除特定紀錄的任何方法。例如，若要刪除一筆工作紀錄，你可以這樣定義方法：

```
@Delete
fun delete(task: Task)
```

這會刪除 *taskId* 相符的工作紀錄。

Room 為這個方法產生的程式會刪除 `taskId` 相符的紀錄：

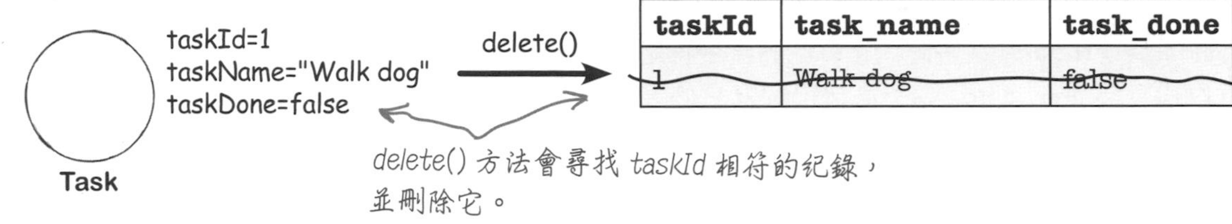

使用 @Query 進行任何其他操作

其他的所有資料存取方法都要用 `@Query` 來標記。你可以利用這個注解來定義當方法被呼叫時應執行的 SQL 陳述式（使用 `SELECT`、`INSERT`、`UPDATE` 或 `DELETE`）。

本書介紹如何使用 *SQL*，如果你想要了解它，我們推薦 *Lynn Beighley* 著作的 *Head First SQL*。

例如，在 Tasks app 裡，我們可以使用下面的程式來定義一個名為 `get()` 的方法，讓它回傳 `taskId` 相符的紀錄的 live data `Task`：

```
@Query("SELECT * FROM task_table WHERE taskId = :taskId")
fun get(taskId: Long): LiveData<Task>
```

回傳某個 *taskId* 的工作紀錄。

我們也可以定義 `getAll()` 方法來回傳包含所有紀錄的 live data `List`：

```
@Query("SELECT * FROM task_table ORDER BY taskId DESC")
fun getAll(): LiveData<List<Task>>
```

回傳所有的工作紀錄，並降序排列它們。

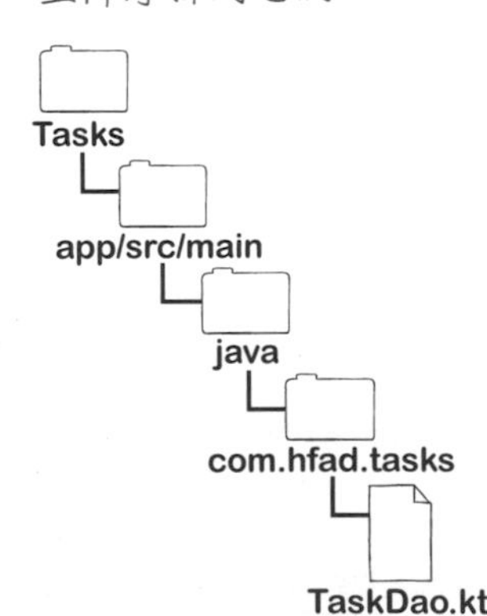

這些方法都回傳 live data 物件，app 可以用它們在資料改變時收到通知。本章稍後會使用這個功能來讓 `TasksFragment` 顯示的工作紀錄清單顯示最新狀態。

現在你已經知道完成 `TaskDao` 程式所需的所有事情了。下一頁將展示完整的程式。

TaskDao.kt 的完整程式

以下是 TaskDao 介面的所有程式，請依此修改 *TaskDao.kt*（粗體為修改處）：

```
package com.hfad.tasks

import androidx.lifecycle.LiveData
import androidx.room.Dao
import androidx.room.Delete
import androidx.room.Insert
import androidx.room.Query
import androidx.room.Update

@Dao
interface TaskDao {
    @Insert
    fun insert(task: Task)

    @Update
    fun update(task: Task)

    @Delete
    fun delete(task: Task)

    @Query("SELECT * FROM task_table WHERE taskId = :taskId")
    fun get(taskId: Long): LiveData<Task>

    @Query("SELECT * FROM task_table ORDER BY taskId DESC")
    fun getAll(): LiveData<List<Task>>
}
```

匯入這些類別。

用 @Dao 來注解介面。

加入這些資料存取方法。

Tasks
app/src/main
java
com.hfad.tasks
TaskDao.kt

你想要插入、修改、刪除與取得資料庫紀錄吧？我來幫你處理。
TaskDao

我們已經寫好 Task data 類別（定義資料表），以及 TaskDao 介面（定義資料存取方法）了。接下來，我們要來了解如何定義實際的資料庫。

建立 TaskDatabase 抽象類別

設置
資料庫
插入
取得工作

為了定義 app 的資料庫，你必須建立一個抽象類別，用這個抽象類別來指定資料庫名稱與版本號碼，以及定義資料表與資料存取方法的類別或介面。

在 Tasks app 裡，我們使用一個名為 `TaskDatabase` 的抽象類別來定義資料庫。在 *app/src/main/java* 資料夾裡面選擇 *com.hfad.tasks* 程式包，然後前往 File → New → Kotlin Class/File。將檔案命名為「TaskDatabase」，並選擇 Class 選項。

`TaskDatabase` 類別必須繼承 `RoomDatabase`，請按照下面的程式來修改 *TaskDatabase.kt*：

匯入這個類別。
讓類別繼承 RoomDatabase。
Tasks
app/src/main
java
com.hfad.tasks
TaskDatabase.kt
匯入 Database 類別。
將 Task data 類別定義的資料表加入資料庫。

```
package com.hfad.tasks

import androidx.room.RoomDatabase

abstract class TaskDatabase : RoomDatabase() {
}
```

用 @Database 來注解類別

接下來，我們要用 **`@Database`** 來標記類別，讓 Room 知道它定義一個資料庫。以下是做這件事的程式：

```
package com.hfad.tasks

import androidx.room.Database
import androidx.room.RoomDatabase

@Database(entities = [Task::class], version = 1, exportSchema = false)
abstract class TaskDatabase : RoomDatabase() {
}
```

如你所見，**`@Database`** 注解有三個屬性：**`entities`**、**`version`** 與 **`exportSchema`**。

`entities` 是定義資料表的類別（被標為 `@Entity` 的類別），它定義的資料表是你想要讓 Room 加入資料庫的。對 Tasks app 而言，它是 `Task` data 類別。

`version` 是指定資料庫版本的 `Int`。在這個例子裡，它是 1，因為這是資料庫的第一版。

最後，`exportSchema` 告訴 Room 要不要將資料庫綱要（schema）匯出到一個資料夾，讓你可以記錄它的版本歷史。我們將它設為 *false*。

照過來！

當你修改資料庫實體（entity）檔案時，你必須修改版本號碼。

如果你修改綱要（schema），卻沒有修改版本號碼，app 會在你試著執行它時崩潰。

為任何 DAO 介面加入屬性

設置
資料庫
插入
取得工作

接下來，我們要指定用來存取資料的介面（用 @Dao 來標記），做法是為各個介面加入一個屬性。

例如，在 Tasks app 裡面，我們定義了一個名為 TaskDao 的 DAO 介面，所以我們要在 TaskDatabase 程式中加入一個新的 taskDao 屬性如下：

```
...
@Database(entities = [Task::class], version = 1, exportSchema = false)
abstract class TaskDatabase : RoomDatabase() {
    abstract val taskDao: TaskDao
}
```

告訴 Room 你想要使用 TaskDao 指定的資料存取方法。

建立與回傳資料庫實例

我們需要完成的最後一個元素是用來建立資料庫並回傳它的實例的 getInstance() 方法。程式是：

```
...
abstract class TaskDatabase : RoomDatabase() {
    ...
    companion object {
        @Volatile
        private var INSTANCE: TaskDatabase? = null

        fun getInstance(context: Context): TaskDatabase {
            synchronized(this) {
                var instance = INSTANCE
                if (instance == null) {
                    instance = Room.databaseBuilder(
                        context.applicationContext,
                        TaskDatabase::class.java,
                        "tasks_database"
                    ).build()
                    INSTANCE = instance
                }
                return instance
            }
        }
    }
}
```

將 getInstance() 放入 companion 物件，如此一來，我們不需要先建立 TaskDatabase 就可以呼叫它。稍後會告訴你原因。

用這個方法來取得資料庫的實例。你建立的每一個資料庫的這個方法幾乎都一樣。

如果資料庫還不存在，getInstance() 會建構它。

回傳 TaskDatabase 的實例。

Tasks
app/src/main
java
com.hfad.tasks
TaskDatabase.kt

以上就是完成 TaskDatabase 類別需要知道的所有事情。下一頁將展示完整的程式。

TaskDatabase.kt 的完整程式

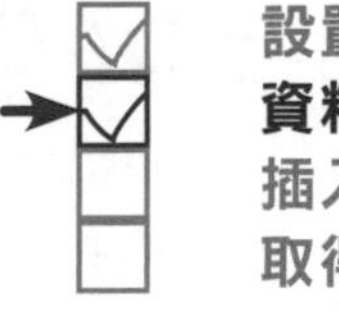

下面是 TaskDatabase 抽象類別的完整程式，請依此修改你的 *TaskDatabase.kt*（粗體為修改處）：

```
package com.hfad.tasks

import android.content.Context
import androidx.room.Database
import androidx.room.Room
import androidx.room.RoomDatabase

@Database(entities = [Task::class], version = 1, exportSchema = false)
abstract class TaskDatabase : RoomDatabase() {
    abstract val taskDao: TaskDao

    companion object {
        @Volatile
        private var INSTANCE: TaskDatabase? = null

        fun getInstance(context: Context): TaskDatabase {
            synchronized(this) {
                var instance = INSTANCE
                if (instance == null) {
                    instance = Room.databaseBuilder(
                        context.applicationContext,
                        TaskDatabase::class.java,
                        "tasks_database"
                    ).build()
                    INSTANCE = instance
                }
                return instance
            }
        }
    }
}
```

匯入這些類別。

加入這個注解。

為 TaskDao 定義一個屬性。

定義 companion 物件，以便使用 TaskDatabase.getInstance() 來呼叫 getInstance() 方法。

它會回傳 TaskDatabase 的實例。它會在資料庫不存在時建立一個。

Tasks
app/src/main
java
com.hfad.tasks
TaskDatabase.kt

我們已經寫好 Tasks app 的所有資料庫程式了。在建構 app 的其他部分之前，試著做一下接下來的習題。

削尖你的鉛筆

有一個名為 recipe_table 的資料表需要有下面的欄位：

recipeId	name	ingredients	method

recipeId 是主鍵，它必須是自動產生的。

看看你能不能注解下面的 Recipe data 類別與 RecipeDao 介面，讓 Room 建立這個資料表和插入、修改和刪除資料的方法。

```
.........................................................
data class Recipe(
    .....................................................
    var recipeId: Long = 0L,

    .....................................................
    var recipeName: String = "",

    .....................................................
    var recipeIngredients: String = "",

    .....................................................
    var recipeMethod: String = ""
)
```

MyApp / app/src/main / java / com.hfad.myapp / Recipe.kt

```
.........................................................
interface RecipeDao {
    .....................................................
    fun insert(recipe: Recipe)

    .....................................................
    fun update(recipe: Recipe)

    .....................................................
    fun delete(recipe: Recipe)
}
```

MyApp / app/src/main / java / com.hfad.myapp / RecipeDao.kt

削尖你的鉛筆解答

有一個名為 recipe_table 的資料表需要有下面的欄位：

recipeId	name	ingredients	method

看看你能不能注解下面的 Recipe data 類別與 RecipeDao 介面，讓 Room 建立這個資料表和插入、修改和刪除資料的方法。

命名資料表。

```
@Entity(tableName = "recipe_table")
data class Recipe(
    @PrimaryKey(autoGenerate = true)
    var recipeId: Long = 0L,

    @ColumnInfo(name = "name")
    var recipeName: String = "",

    @ColumnInfo(name = "ingredients")
    var recipeIngredients: String = "",

    @ColumnInfo(name = "method")
    var recipeMethod: String = ""
)
```

將 recipeId 定義成主鍵，並自動產生它的值。

這些屬性的欄位名稱。

MyApp
app/src/main
java
com.hfad.myapp
Recipe.kt

```
@Dao
interface RecipeDao {
    @Insert
    fun insert(recipe: Recipe)

    @Update
    fun update(recipe: Recipe)

    @Delete
    fun delete(recipe: Recipe)
}
```

將 RecipeDao 標為 DAO。

注解這些方法，讓它們可以用來插入、修改與刪除紀錄。

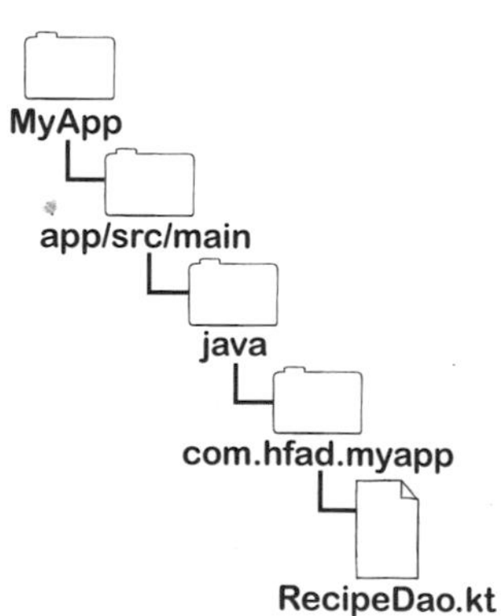

複習 MVVM

本章說過，我們將使用 MVVM（Model-View-ViewModel）架構模式來建構 Tasks app。我們再來回顧一下這種架構的樣子：

View

負責處理 UI 的所有程式，所以包括 app 的 activity、fragment 與 layout 程式碼。

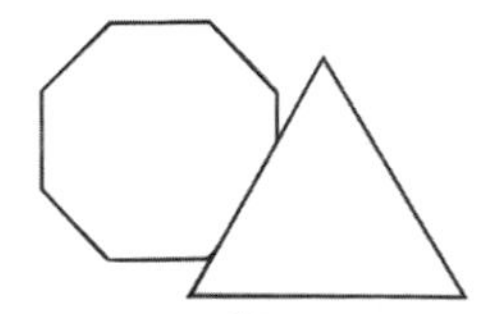

ViewModel

View model 物件負責商業邏輯與各個 view 的資料。

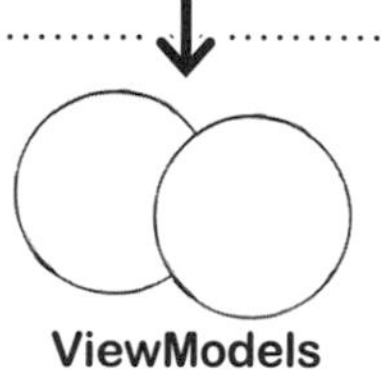

Model

這是 app 的資料庫程式，包括它的實體（entity）與 DAO。

我們已經完成 Model 程式了…

我們已經寫好所有的資料庫程式，可讓 app 用來建立它的實體、DAO 與資料庫定義檔（Task、TaskDao 與 TaskDatabase）了。寫好資料庫程式意味著我們已經完成 app 架構中的 Model 部分了。

…那麼，接下來要來處理 ViewModel

我們要處理的下一個部分是 ViewModel。為此，我們將建立一個 view model（稱為 TasksViewModel），用來保存 TasksFragment 的商業邏輯。這個 view model 有一些方法將使用 TaskDao 來將紀錄插入資料庫。

我們也想要顯示資料庫儲存的工作，但現在，我們先把重點放在插入紀錄上。

我們來建立 TasksViewModel。

建立 TasksViewModel

為了建立 TasksViewModel，在 *app/src/main/java* 資料夾裡面選擇 *com.hfad.tasks* 程式包，然後前往 File → New → Kotlin Class/File。將檔案命名為「TasksViewModel」，並選擇 Class 選項。

我們接下來要修改 view model 程式，讓 TasksFragment 可以用它來插入新工作紀錄，為此，程式需要三個東西：

1. **TaskDao 物件的參考**

   TasksViewModel 將使用這個物件來與資料庫互動，所以我們會在 view model 的建構式裡面將它傳給 view model。

2. **保存新工作名稱的 String 屬性**

   當用戶輸入新工作名稱時，TasksFragment 會更改這個屬性的值。

3. **TasksFragment 將會呼叫的 addTask() 方法**

   這個方法會建立一個新的 Task 物件，設定它的名稱，並藉著呼叫 TaskDao 的 insert() 方法來將它插入資料庫。

這三個東西的基本 view model 程式長這樣，請依此修改你的 *TasksViewModel.kt*：

```
package com.hfad.tasks

import androidx.lifecycle.ViewModel

class TasksViewModel(val dao: TaskDao) : ViewModel() {
    var newTaskName = ""

    fun addTask() {
        val task = Task()
        task.taskName = newTaskName
        dao.insert(task)
    }
}
```

匯入這個類別。

讓 TasksViewModel 繼承 ViewModel。

將 TaskDao 物件傳給 TasksViewModel。

用來儲存工作名稱。

這個方法會建立一個 Task 物件，並使用 TaskDao 的 insert() 方法來將它加入資料庫。

Tasks
app/src/main
java
com.hfad.tasks
TasksViewModel.kt

但是，我們還要修改一個地方，才能讓 TasksFragment 呼叫 addTask() 方法。

資料庫的操作可能慢…得…跟…牛…一…樣…

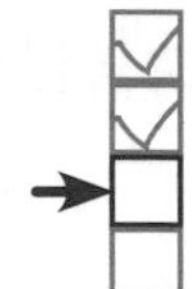

在 Android 小鎮裡面，有一些工作可能很耗時，例如將紀錄插入資料庫。因此，Room 程式庫堅持，**任何資料存取操作都必須在背景執行緒上面執行**，以免阻塞 Android 的主執行緒，以及耽誤 UI。

在技術上，你可以覆寫這個行為，但是在背景執行緒上面執行工作比較好，以免它們耽誤 app 的其他部分。

因為我們使用 Kotlin 來開發 Android app，所以我們將使用**協同程序**（***coroutine***），來確保 `TaskDao` 的資料存取方法都在背景執行。

我們將使用協同程序在背景執行資料存取程式

協同程序就像一種輕量級的執行緒，可讓你用非同步的方式執行多段程式。使用協同程序意味著你可以啟動背景工作（例如將紀錄插入資料庫），而不會迫使其他的工作等待它完成。它可以提供更流暢的體驗，所以 app 的速度不會像感恩節的 YouTube 那樣卡頓。

協同程序是一段可暫停的程式碼，可在背景執行。

將資料存取程式改成協同程序很簡單，只要修改這兩個地方即可：

1. **將 DAO 的資料存取方法都標為 suspend。**

   這可以將每一個方法轉換成在背景運行的協同程序，而且可以暫停，例如：

這會將 insert() 方法轉換成協同程序。

```
@Insert
suspend fun insert(task: Task)
```

2. **在背景啟動 DAO 的協同程序。**

   例如，你可以這樣子在 `TasksViewModel` 呼叫 `TaskDao` 的 `insert()` 方法：

這會在 view model 的作用域啟動協同程序。

```
viewModelScope.launch {
    ...
    dao.insert(task)
}
```

放輕鬆

如果你對自己的協同程序技能沒有信心，不用擔心。

你只要知道這些資訊就可以在背景執行資料存取方法了。

除了回傳 *live data* 的方法之外，你必須這樣子修改所有的資料存取方法。Room 已經讓回傳 live data 物件的方法使用背景執行緒了，這意味著，你不需要對你的程式進行任何額外的修改。

我們來修改 `TaskDao` 與 `TasksViewModel` 的程式，讓它們使用協同程序。

1. 將 TaskDao 的方法標為 suspend

設置
資料庫
插入
取得工作

我們的第一項工作是將 TaskDao 未使用 live data 的資料存取方法都標為 **suspend**。這意味著，我們必須為它的 **get()** 與 **getAll()** 之外的所有方法進行這種修改。

以下是 *TaskDao.kt* 的所有程式，請依此修改你的檔案（粗體為修改處）：

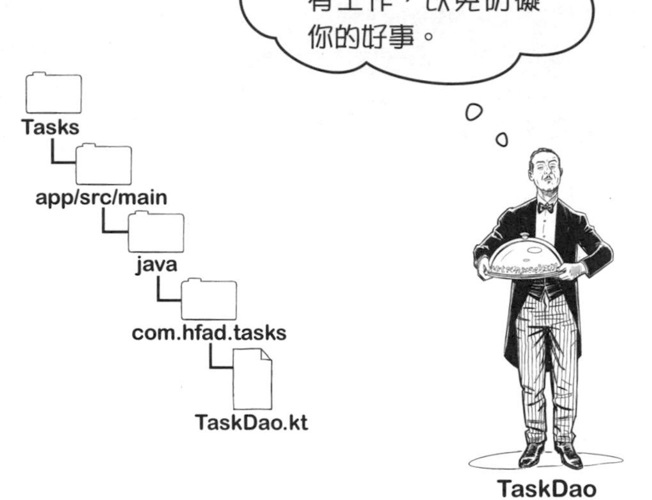
我會在背景執行所有工作，以免防礙你的好事。
Tasks
app/src/main
java
com.hfad.tasks
TaskDao.kt
TaskDao

```
package com.hfad.tasks

import androidx.lifecycle.LiveData
import androidx.room.Dao
import androidx.room.Delete
import androidx.room.Insert
import androidx.room.Query
import androidx.room.Update

@Dao
interface TaskDao {
    @Insert
    suspend fun insert(task: Task)

    @Update
    suspend fun update(task: Task)

    @Delete
    suspend fun delete(task: Task)

    @Query("SELECT * FROM task_table WHERE taskId = :key")
    fun get(key: Long): LiveData<Task>

    @Query("SELECT * FROM task_table ORDER BY taskId DESC")
    fun getAll(): LiveData<List<Task>>
}
```

將 insert()、update() 與 delete() 方法標為 suspend。

get() 與 getAll() 方法使用 live data，它會在背景運行。也就是說，這些方法不需要修改。

將方法標為 suspend 可將它們轉換成可暫停的協同程序。

以上就是將 TaskDao 的方法轉換成可在背景運行的協同程序的所有程式。

2. 在背景啟動 insert() 方法

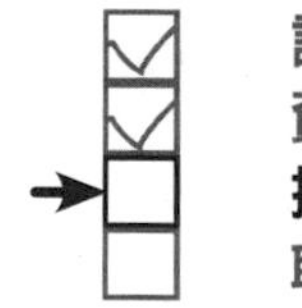

接下來，我們要修改 TasksViewModel 的 addTask() 方法，讓它將 TaskDao 的 insert() 方法當成協同程序來啟動。下面是做這件事的程式，請依此修改 *TasksViewModel.kt*（粗體為修改處）：

```
package com.hfad.tasks

import androidx.lifecycle.ViewModel
import androidx.lifecycle.viewModelScope
import kotlinx.coroutines.launch

class TasksViewModel(val dao: TaskDao) : ViewModel() {
    var newTaskName = ""

    fun addTask() {
        viewModelScope.launch {
            val task = Task()
            task.taskName = newTaskName
            dao.insert(task)
        }
    }
}
```

在 view model 的同一個作用域啟動協同程序。

Tasks / app/src/main / java / com.hfad.tasks / TasksViewModel.kt

這樣修改之後，每次 addTask() 方法被呼叫時，它就會在背景使用 TaskDao 的 insert() 方法（協同程序）來插入紀錄。

我們已經寫好 Task app 的 view model 需要的所有程式了。接下來，我們要將 TasksViewModel 物件加入 TasksFragment，讓它可以使用 view model 的屬性與方法，以及讓用戶插入工作紀錄。

腦力激盪

看一下 TasksViewModel 的程式，為了將它的實例加入 TasksFragment，我們接下來要做什麼事情？

設置
資料庫
插入
取得工作

TasksViewModel 需要 view model factory

第 11 章說過，若要將 view model 加入 fragment 程式中，你必須要求 view model provider 提供 view model。view model provider 會回傳 fragment 當前的 view model 物件，如果有 view model 的話，或如果沒有，它會建立一個新的。

如果 view model 有無引數建構式，view model provider 不需要額外的協助就可以建立一個它的實例。但如果建構式有引數，它必須依靠 view model factory。

在 Tasks app 裡，我們必須用 view model provider 來取得 `TasksViewModel` 物件。因為 `TasksViewModel` 的建構式需要 `TaskDao` 引數，所以我們必須先定義一個 `TasksViewModelFactory` 類別。

TasksViewModelFactory

ViewModelProvider

TasksViewModel

view model provider 需要 view model factory 來協助它建立沒有「無引數建構式」的 view model。

建立 TasksViewModelFactory

為了建立這個 factory，在 *app/src/main/java* 資料夾裡面選擇 *com.hfad.tasks* 程式包，然後前往 File → New → Kotlin Class/File。將檔案命名為「TasksViewModelFactory」，並選擇 Class 選項。

`TasksViewModelFactory` 的程式幾乎與你在第 11 章寫過的 view model factory 程式一樣，請依此修改你的 *TasksViewModelFactory.kt*：

Tasks
app/src/main
java
com.hfad.tasks
TasksViewModelFactory.kt

```
package com.hfad.tasks

import androidx.lifecycle.ViewModel
import androidx.lifecycle.ViewModelProvider

class TasksViewModelFactory(private val dao: TaskDao)
                                    : ViewModelProvider.Factory {
```

TasksViewModelFactory 接收 TaskDao 物件。

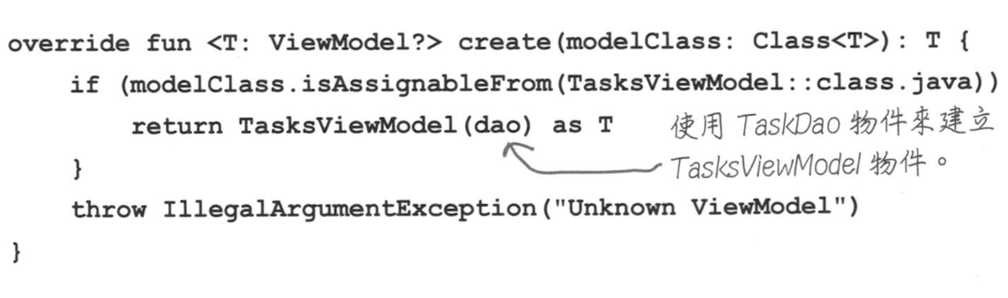

```
    override fun <T: ViewModel?> create(modelClass: Class<T>): T {
        if (modelClass.isAssignableFrom(TasksViewModel::class.java)) {
            return TasksViewModel(dao) as T
        }
        throw IllegalArgumentException("Unknown ViewModel")
    }
}
```

使用 TaskDao 物件來建立 TasksViewModel 物件。

寫好 view model factory 之後，我們要用它來將 `TasksViewModel` 物件加入 `TasksFragment`。

TasksViewModelFactory 需要 TaskDao

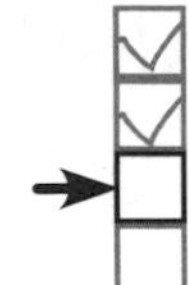

為了將 `TasksViewModel` 加入 `TasksFragment`，我們必須建立 `TasksViewModelFactory` 物件，並將它傳給 view model provider。provider 會使用 factory 來建立 view model。

但是有一個問題：`TasksViewModelFactory` 的建構式需要 `TaskDao` 引數，所以在建立 `TasksViewModelFactory` 物件之前，我們必須取得一個 `TaskDao` 物件。但是，`TaskDao` 是介面，不是具體類別，那麼我們該怎麼取得 `TaskDao` 物件？

TaskDatabase 有一個 TaskDao 屬性

我們在編寫 `TaskDatabase` 的程式時加入兩個重要的東西：一個名為 `taskDao` 的 `TaskDao` 屬性，以及一個回傳資料庫實例的 `getInstance()` 方法。我們來回顧一下那段程式：

```
abstract class TaskDatabase : RoomDatabase() {
    abstract val taskDao: TaskDao

    companion object {
        ...
        fun getInstance(context: Context): TaskDatabase {
            ...
        }
    }
}
```

這是 *taskDao* 屬性。

它會回傳資料庫的實例。

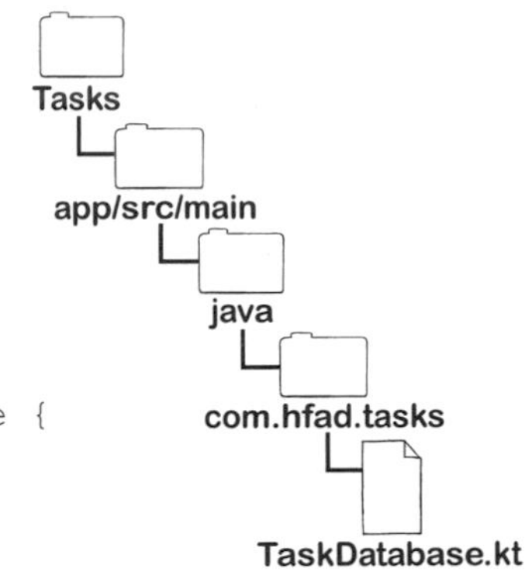

為了在 `TasksFragment` 程式中取得 `TaskDao` 物件的參考，我們可以呼叫 `TaskDatabase` 的 `getInstance()` 方法，並讀取它的 `taskDao` 屬性：

```
val application = requireNotNull(this.activity).application
val dao = TaskDatabase.getInstance(application).taskDao
```

requireNotNull() 是 *Kotlin* 函式，它會在引數是 *null* 時丟出 *IllegalArgumentException*。我們謹慎地在這裡使用它來確保 *application* 不是 *null*。

下一頁會將這段程式加入 *TasksFragment*。

上面的程式取得當前 application 的參考，在資料庫不存在時建立它，並回傳它的實例，然後將它的 `TaskDao` 物件指派給名為 `dao` 的區域變數。

知道如何取得 `TaskDao` 物件的參考之後，我們要修改 `TasksFragment` 程式來建立 `TasksViewModelFactory` 物件，並用它來取得 `TasksViewModel`。

修改 TasksFragment.kt 程式

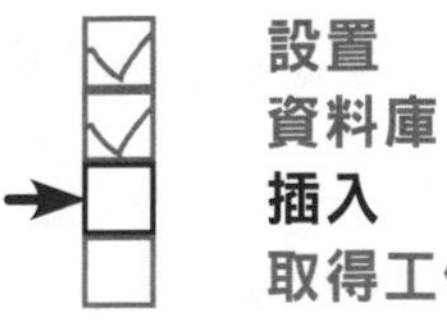

下面是改好的 TasksViewModel 程式，現在它已經有取得 TaskDao 物件與建立 TasksViewModelFactory 的程式了。我們將 factory 傳給 view model provider，以取得 TasksViewModel 的實例。

請依此修改 *TasksFragment.kt*（粗體為修改處）：

Tasks / app/src/main / java / com.hfad.tasks / TasksFragment.kt

```
package com.hfad.tasks

import android.os.Bundle
import androidx.fragment.app.Fragment
import android.view.LayoutInflater
import android.view.View
import android.view.ViewGroup
import com.hfad.tasks.databinding.FragmentTasksBinding
import androidx.lifecycle.ViewModelProvider   ← 匯入這個類別。

class TasksFragment : Fragment() {
    private var _binding: FragmentTasksBinding? = null
    private val binding get() = _binding!!

    override fun onCreateView(
        inflater: LayoutInflater, container: ViewGroup?, savedInstanceState: Bundle?
    ): View? {
        _binding = FragmentTasksBinding.inflate(inflater, container, false)
        val view = binding.root

        val application = requireNotNull(this.activity).application
        val dao = TaskDatabase.getInstance(application).taskDao
        val viewModelFactory = TasksViewModelFactory(dao)
        val viewModel = ViewModelProvider(
                this, viewModelFactory).get(TasksViewModel::class.java)

        return view
    }

    override fun onDestroyView() {
        super.onDestroyView()
        _binding = null
    }
}
```

建立資料庫（如果它還不存在）並取得 taskDao 屬性的參考。

取得 view model。

TasksFragment 可以使用 data binding

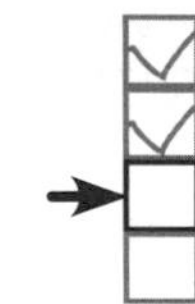

將 `TasksViewModel` 物件加入 `TasksFragment` 之後，我們就可以讓 fragment 使用它的屬性與方法來將紀錄插入資料庫了。我們將使用 data binding 來做這件事，這可讓 layout 直接使用 view model 的屬性與方法。

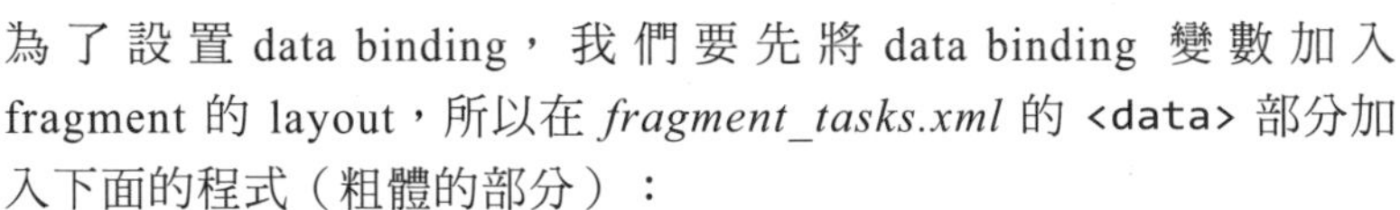

為了設置 data binding，我們要先將 data binding 變數加入 fragment 的 layout，所以在 *fragment_tasks.xml* 的 `<data>` 部分加入下面的程式（粗體的部分）：

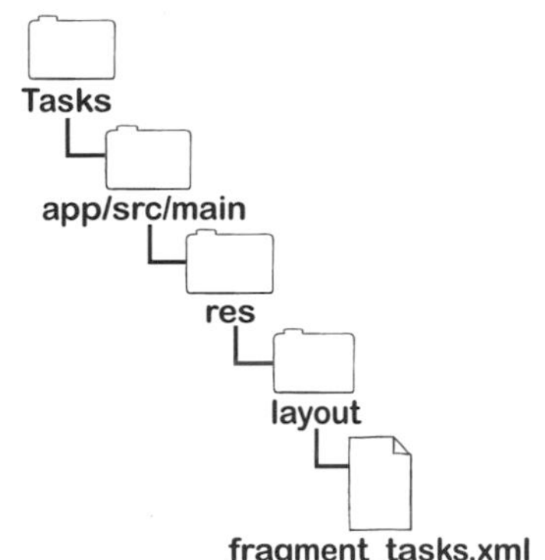


```
<layout
    ...>
    <data>
        <variable
            name="viewModel"
            type="com.hfad.tasks.TasksViewModel" />
    </data>
    ...
</layout>
```

定義名為 viewModel，型態為 TasksViewModel 的 data binding 變數。

然後在 `TasksFragment` 的 `onCreateView()` 方法裡面加入下面的粗體程式，將 fragment 的 `viewModel` 屬性指派給 data binding 變數：

```
...
    override fun onCreateView(
        inflater: LayoutInflater, container: ViewGroup?, savedInstanceState: Bundle?
    ): View? {
        ...
        val viewModel = ViewModelProvider(
                this, viewModelFactory).get(TasksViewModel::class.java)
        binding.viewModel = viewModel

        return view
    }
...
```

設定 data binding，讓 layout 可以用它來使用 view model 的屬性與方法。

Tasks
app/src/main
java
com.hfad.tasks
TasksFragment.kt

我們將在幾頁之後展示這兩個檔案的完整程式。我們先來修改 *fragment_tasks.xml*，讓它使用 `viewModel` 變數來將紀錄插入資料庫。

我們將使用 data binding 來插入紀錄

設置
資料庫
插入
取得工作

為了將新工作紀錄插入資料庫，我們必須做兩件事：將 `TasksViewModel` 的 `newTaskName` 屬性設成新工作的名稱，以及呼叫它的 `addTask()` 方法。我們可以使用 data binding 在 `TasksFragment` 的 layout 裡面做這兩件事。

設定 TasksViewModel 的 newTaskName 屬性

為了設定 view model 的 `newTaskName` 屬性，我們要在 fragment 的 layout 裡面，將它與 `task_name` edit text 結合：

```
<EditText
    android:id="@+id/task_name"
    android:layout_width="match_parent"
    android:layout_height="wrap_content"
    android:inputType="text"
    android:hint="Enter a task name"
    android:text="@={viewModel.newTaskName}" />
```

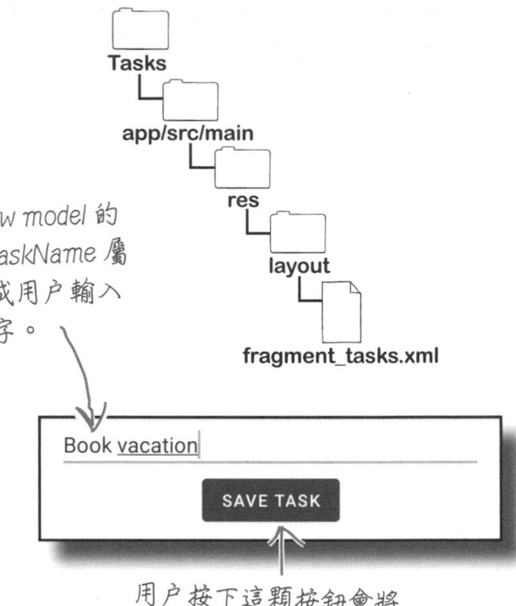
將 view model 的 newTaskName 屬性設成用戶輸入的文字。
Tasks
app/src/main
res
layout
fragment_tasks.xml
Book vacation
SAVE TASK
用戶按下這顆按鈕會將新工作插入。

注意，我們使用 `@=` 來結合屬性與 edit text，而不是使用 `@`。`@=` 意味著 edit text 可以修改與它結合的屬性，在此是 `newTaskName`。

呼叫 TasksViewModel 的 addTask() 方法

為了插入工作，我們將使用 data binding 來讓 layout 的 Save Task 按鈕在被按下時呼叫 view model 的 `addTask()` 方法。你已經熟悉做這件事的程式了：

```
<Button
    android:id="@+id/save_button"
    android:layout_width="wrap_content"
    android:layout_height="wrap_content"
    android:layout_gravity="center"
    android:text="Save Task"
    android:onClick="@{() -> viewModel.addTask()}" />
```

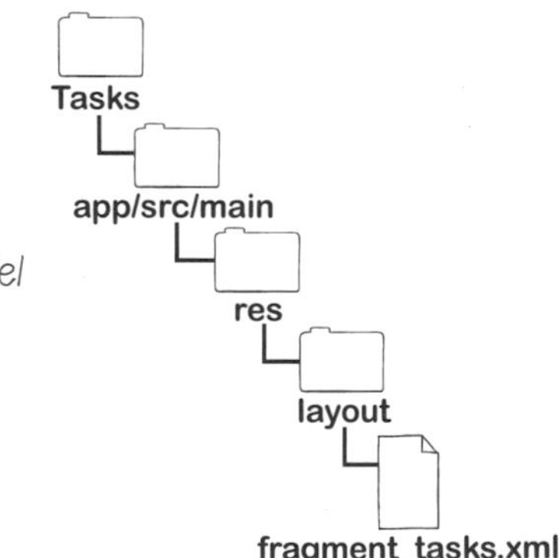
讓按鈕在被按下時呼叫 view model 的 addTask()。
Tasks
app/src/main
res
layout
fragment_tasks.xml

以上就是為了將紀錄插入資料庫，在 *fragment_tasks.xml* 裡需要修改的地方。我們來看一下完整的程式長怎樣。

fragment_tasks.xml 的完整程式

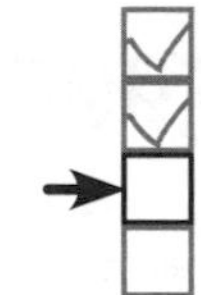

以下是 TasksFragment 的 layout 的完整程式，請依此修改你的 *fragment_tasks.xml*（粗體為修改處）：

```
<?xml version="1.0" encoding="utf-8"?>
<layout
    xmlns:android="http://schemas.android.com/apk/res/android"
    xmlns:tools="http://schemas.android.com/tools"
    tools:context=".TasksFragment">

    <data>
        <variable
            name="viewModel"
            type="com.hfad.tasks.TasksViewModel" />
    </data>

    <LinearLayout
        android:layout_width="match_parent"
        android:layout_height="match_parent"
        android:orientation="vertical">

        <EditText
            android:id="@+id/task_name"
            android:layout_width="match_parent"
            android:layout_height="wrap_content"
            android:inputType="text"
            android:hint="Enter a task name"
            android:text="@={viewModel.newTaskName}" />

        <Button
            android:id="@+id/save_button"
            android:layout_width="wrap_content"
            android:layout_height="wrap_content"
            android:layout_gravity="center"
            android:text="Save Task"
            android:onClick="@{() -> viewModel.addTask()}" />

        <TextView
            android:id="@+id/tasks"
            android:layout_width="match_parent"
            android:layout_height="wrap_content" />
    </LinearLayout>
</layout>
```

加入 data binding 變數。

將 view model 的 newTaskName 屬性設成 EditText 裡面的工作名稱。

當用戶按下按鈕來儲存工作時，呼叫 view model 的 addTask() 方法。

Tasks
app/src/main
res
layout
fragment_tasks.xml

TasksFragment.kt 的完整程式

在執行 app 之前，我們也要確保 `TasksFragment` 有設定 layout 的 data binding 變數所需的所有程式。下面是完整程式，請按照粗體的部分修改 *TasksFragment.kt*（如果你還沒有修改的話）：

Tasks
app/src/main
java
com.hfad.tasks
TasksFragment.kt

```
package com.hfad.tasks

import android.os.Bundle
import androidx.fragment.app.Fragment
import android.view.LayoutInflater
import android.view.View
import android.view.ViewGroup
import androidx.lifecycle.ViewModelProvider
import com.hfad.tasks.databinding.FragmentTasksBinding

class TasksFragment : Fragment() {
    private var _binding: FragmentTasksBinding? = null
    private val binding get() = _binding!!

    override fun onCreateView(
        inflater: LayoutInflater, container: ViewGroup?, savedInstanceState: Bundle?
    ): View? {
        _binding = FragmentTasksBinding.inflate(inflater, container, false)
        val view = binding.root

        val application = requireNotNull(this.activity).application
        val dao = TaskDatabase.getInstance(application).taskDao
        val viewModelFactory = TasksViewModelFactory(dao)
        val viewModel = ViewModelProvider(
                this, viewModelFactory).get(TasksViewModel::class.java)
        binding.viewModel = viewModel

        return view
    }

    override fun onDestroyView() {
        super.onDestroyView()
        _binding = null
    }
}
```

匯入這個類別。（指向 `import androidx.lifecycle.ViewModelProvider`）

加入這幾行。（指向 `val application` 至 `binding.viewModel = viewModel`）

我們來看一下程式執行時會發生什麼事。

程式執行時會發生什麼事

當 app 執行時會發生這些事情：

1. **TasksFragment 呼叫 TaskDatabase.getInstance()，如果資料庫還不存在，它會建立一個資料庫。**

   它將資料庫命名為 `tasks_database`，並使用 `Task` data 類別來建立一個名為 `task_table` 的資料表，然後回傳資料庫實例。

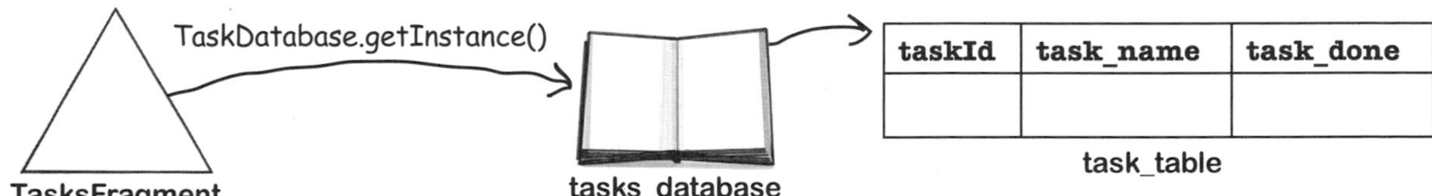

2. **TasksFragment 取得資料庫實例的 TaskDao 物件，並用它來建立 TasksViewModelFactory。**

   view model provider 使用新建的 `TasksViewModelFactory` 物件來建立 `TasksViewModel`。

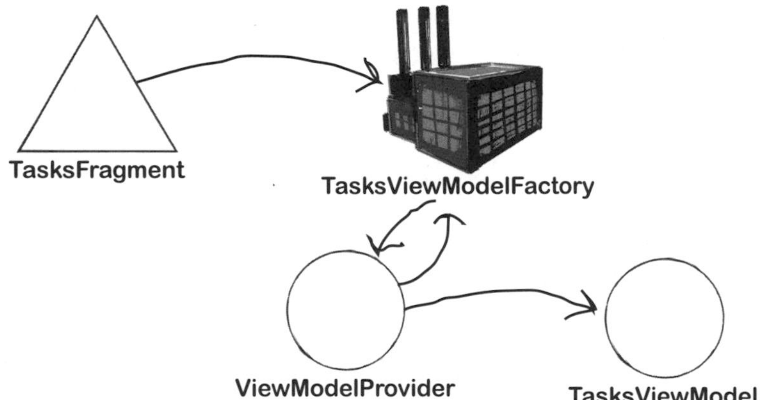

3. **TasksFragment 將 layout 的 viewModel data binding 變數設為 TasksViewModel 物件。**

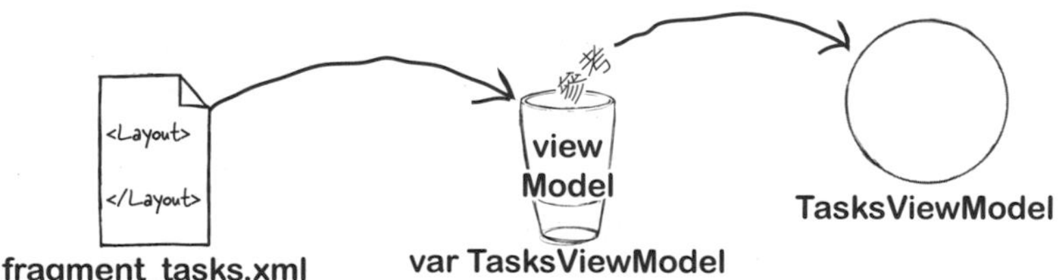

故事還沒結束

4 **用戶在 layout 的 edit text view 輸入工作名稱。**

layout 使用 data binding 來將 view model 的 `newTaskName` 屬性設成這個值。

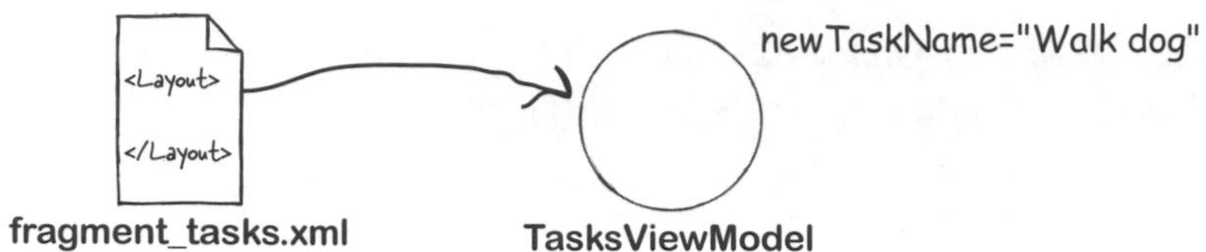

5 **用戶按下 Save Task 按鈕。**

這會使用 data binding 來呼叫 `TaskViewModel` 物件的 `addTask()` 方法。

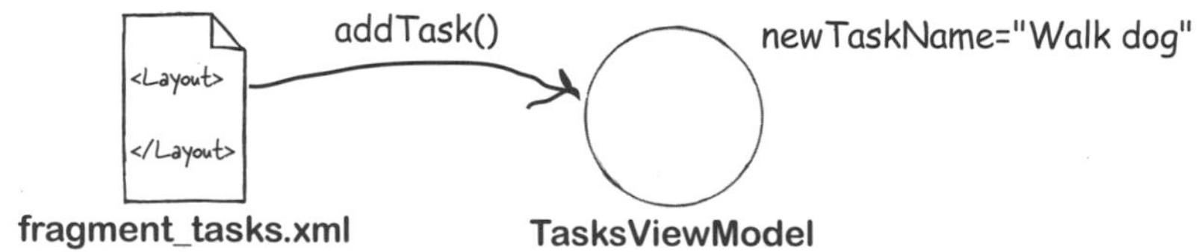

6 **addTask() 方法建立一個新的 Task 物件，並將它的 taskName 屬性設為 newTaskName 的值。**

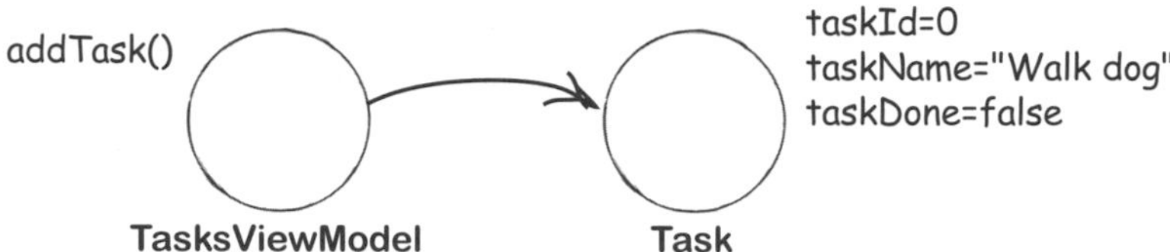

7 **addTask() 方法呼叫 TaskDao 的 insert() 方法。**

它將 `Task` 物件的資料紀錄插入資料庫的資料表。資料表會自動產生 `taskId` 主鍵的值。

taskId	task_name	task_done
1	Walk dog	false

我們來執行一下 app。

新車試駕

當我們執行 app 時，`TasksFragment` 會被顯示在 `MainActivity` 裡面。當我們試著輸入兩個新工作，並按下 Save Task 按鈕時，似乎什麼事情都沒有發生。

按下按鈕時，新工作紀錄已經被加入資料庫了，但是我們還無法看見它們。我們必須進一步修改程式，才能在 app 中觀看這些紀錄。

沒有蠢問題

問：當我試著輸入工作時，app 崩潰了，為什麼？

答：這種情況可能是因為你更新了資料庫綱要（資料庫裡面的實體），卻沒有更新資料庫版本號碼。Room 會追蹤資料庫的每一個版本的綱要。如果它看到任何差異，它就會在 app 的 logcat 裡面加入一條錯誤訊息，而且 app 會崩潰。

問：原來如此，我要怎麼修復這個問題？

答：最簡單的修復手段就是在定義資料庫的檔案裡面修改資料庫版本號碼（在這個例子中，它是 *TaskDatabase.kt*）。

問：app 的 logcat 要去哪裡看？

答：你可以在 Android Studio 裡面看到一個查看它的選項，那裡會記錄所有錯誤訊息，所以當你遇到任何錯誤時，都可以到那裡查看。

問：有沒有工具可以用來檢查資料庫，看看它裡面有哪些紀錄與資料表？

答：Android Studio 有一個好用的 Database Inspector，這裡有它的詳細資訊：

https://developer.android.com/studio/inspect/database

問：Room 還有什麼資料庫功能可以讓我使用？

答：你可以定義資料表之間的關係、建立 view、在你想要升級資料庫時遷移資料…等。這些功能的詳情可參考：

https://developer.android.com/training/data-storage/room

問：在 layout 程式中，你使用 "@=" 來將 edit text text 接到 view model 的屬性，而不是使用 "@"，為什麼？

答：因為我們想要讓 edit text 修改屬性的值，而不是只想讀取它的值。使用 @= 而不是 @ 可以做到這一點。

有一群精心裝扮的組件參加派對遊戲「我是誰？」 它們告訴你一條線索，你要根據它們的說法，猜出它們是誰。假設它們介紹自己的話都是真的。在右邊的空格裡寫下與會者。此外，幫每一位與會者寫下該組件是 app 架構的 Model、View 還是 ViewModel 層的一部分。

今晚的與會者：

Activity Fragment Layout ViewModel Database Entity DAO

	名字	Model、View、還是 ViewModel?
我負責 app 的畫面。	________	________
我可以在 app 關閉之後保存資料。	________	________
我有生命週期，但我不能獨立存在。	________	________
我被用來保存商業邏輯。	________	________
Room 使用我來建立資料表。	________	________
我有生命週期，而且我是一種 context。	________	________
我可以幫你和資料庫內的資料互動。	________	________

答案在第 619 頁。

TasksFragment 需要顯示紀錄

你已經知道如何讓 app 將紀錄插入 Room 資料庫了，接下來要修改 app，讓 `TasksFragment` 顯示已被插入的所有紀錄。

以下是新版的 `TasksFragment` 的樣子：

為此，我們將使用 `TaskDao` 的 `getAll()` 方法來取得資料庫內的所有工作紀錄，然後將它們格式化，變成一個 `String`，然後顯示在 `TasksFragment` 的 text view 裡面。

我們開始動手吧！

使用 getAll() 來取得資料庫內的所有工作

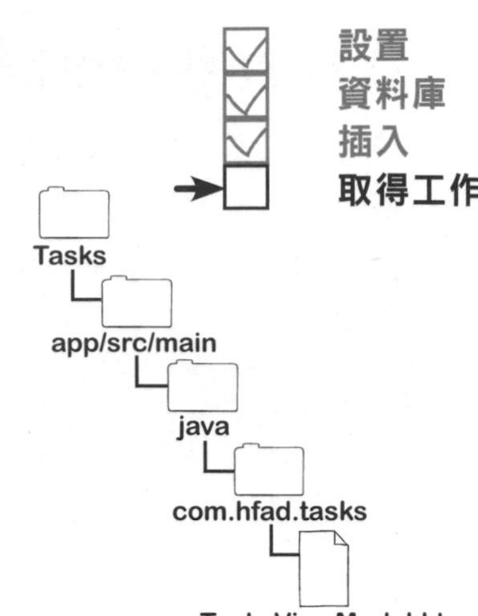

我們先在 `TasksViewModel` 裡面加入一個名為 `tasks` 的屬性，用它來保存資料庫裡面的所有工作。我們將這個屬性設為 `TaskDao` 的 `getAll()` 方法來加入工作：

```
class TasksViewModel(val dao: TaskDao) : ViewModel() {
    ...
    val tasks = dao.getAll()
    ...
}
```

它會呼叫 *TaskDao* 的 *getAll()* 方法，並將該方法的回傳值指派給 *tasks* 屬性。

你應該還記得，我們使用下面的程式在 *TaskDao.kt* 裡面定義了 `getAll()` 方法：

```
@Dao
interface TaskDao {
...
    @Query("SELECT * FROM task_table ORDER BY taskId DESC")
    fun getAll(): LiveData<List<Task>>
}
```

getAll() 方法可從資料庫取得所有紀錄。它會回傳一個 *LiveData<List<Task>>*。

如你所見，這個方法會回傳一個 `LiveData<List<Task>>` 物件，它是 `Task` 物件組成的 live data 串列。也就是說，`TasksViewModel` 的 `tasks` 屬性的型態是 `LiveData<List<Task>>`：

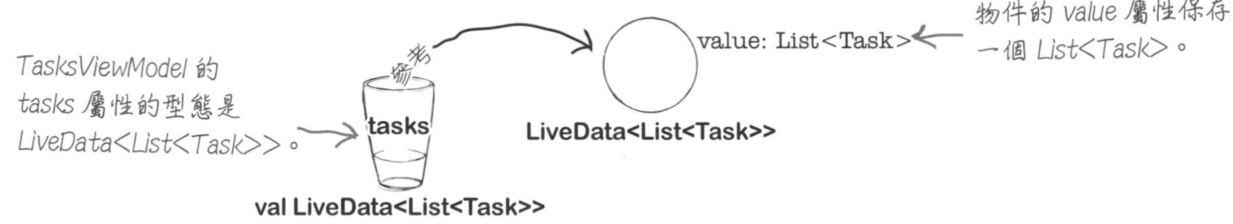

因為 `tasks` 屬性使用 live data，所以它一定有用戶最近的變動。例如，如果有新工作被加入 `task_table`，`tasks` 屬性的值會被自動更新成新紀錄。

在 Tasks app 裡面可以這樣使用 live data 是很棒的事情，因為我們可以用它在 `TasksFragment` 裡面顯示一個始終保持最新狀態的工作清單。但是，在做這件事情之前，我們還要學一個東西。

LiveData<List<Task>> 是比較複雜的型態

當我們介紹 data binding 時，我們告訴你如何將 view 與 String 或數字結合，包括 live data 值，能夠做這件事是因為 String 與數字都是簡單的物件，很容易就可以在 text view 裡面顯示出來。

但是，這一次的情況不一樣。tasks 屬性的型態是 LiveData<List<Task>>，它比 LiveData<String> 還要複雜許多。因此，我們不能讓 layout 的 text view 直接綁定 tasks 屬性，因為 text view 不知道如何顯示它。

該怎麼解決？

使用 Transformations.map() 來轉換 live data 物件

在使用 data binding 來顯示用戶的工作之前，我們要先將 LiveData<List<Task>> 轉換成比較簡單、text view 知道如何顯示的東西。為此，我們將建立一個名為 tasksString 的新屬性，用它來保存 LiveData<String> 版本的 tasks 屬性。

Transformations.map() 會觀察 LiveData 物件，並將它轉換成另一種型態的 LiveData 物件。

我們將使用 Transformations.map() 方法來建立 LiveData<String>。這個方法接收一個 LiveData 引數，以及一個說明如何轉換 live data 物件的 lambda，並回傳一個新的 LiveData 物件。

例如，我們可以使用這段程式來將 tasks 屬性轉換成 LiveData<String>：

```
val tasksString = Transformations.map(tasks) {
    tasks -> formatTasks(tasks)
}
```

程式中的 formatTasks() 是一個方法（我們要自己編寫它），它可以將 tasks 屬性的工作串列轉換成一個 String。然後，Transformations.map() 方法會將這個 String 包在 LiveData 物件裡面，以回傳 LiveData<String>。

Transformations.map() 方法會觀察它收到的 LiveData 物件，每次發現改變時，就執行 lambda。這意味著，在上面的程式中，**tasksString 會自動納入用戶輸入的任何新工作紀錄**。

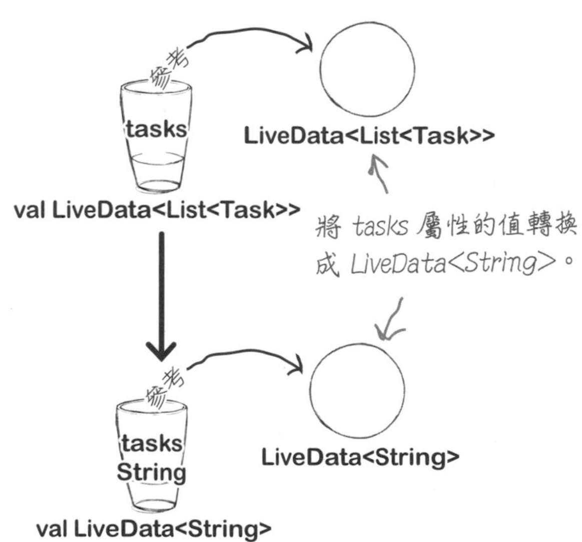

接下來幾頁會將 tasksString 屬性加入 TasksViewModel，然後使用 data binding 在 TasksFragment 的 layout 裡面顯示它的值。採取這種做法意味著 text view 將顯示用戶的所有工作，並且永遠維持最新狀態。

我們來修改 TasksViewModel 程式

我們先來修改 TasksViewModel，在裡面加入新的 tasks 與 tasksString 屬性。我們也會加入兩個方法，formatTasks() 與 formatTask()，以便將 LiveData<List<Task>> 轉換成 LiveData<String>。

以下是 TasksViewModel 的完整程式，請依此修改你的 *TasksViewModel.kt*（粗體為修改處）：

```
package com.hfad.tasks

import androidx.lifecycle.Transformations
import androidx.lifecycle.ViewModel
import androidx.lifecycle.viewModelScope
import kotlinx.coroutines.launch

class TasksViewModel(val dao: TaskDao) : ViewModel() {
    var newTaskName = ""

    private val tasks = dao.getAll()
    val tasksString = Transformations.map(tasks) {
        tasks -> formatTasks(tasks)
    }

    fun addTask() {
        viewModelScope.launch {
            val task = Task()
            task.taskName = newTaskName
            dao.insert(task)
        }
    }

    fun formatTasks(tasks: List<Task>): String {
        return tasks.fold("") {
                str, item -> str + '\n' + formatTask(item)
        }
    }

    fun formatTask(task: Task): String {
        var str = "ID: ${task.taskId}"
        str += '\n' + "Name: ${task.taskName}"
        str += '\n' + "Complete: ${task.taskDone}" + '\n'
        return str
    }
}
```

匯入這個類別。

從資料庫取得紀錄。

將 tasks 轉換成 LiveData<String>，並將它指派給 tasksString。因為這是 live data 物件，所以當資料改變時，它會自動更新。

這個方法使用純 Kotlin 來將一串工作格式化成一個 String。與 Android 沒有什麼關係。

將各個工作格式化為 String。

Tasks
app/src/main
java
com.hfad.tasks
TasksViewModel.kt

將 tasksString 接到 layout 的 text view

接下來，我們使用 data binding 來結合 `TasksFragment` 的 layout 裡面的 `tasks` text view 與 `TasksViewModel` 裡面的 `tasksString` 屬性。程式如下，請依此修改 *fragment_tasks.xml*（粗體為修改處）：

```
<?xml version="1.0" encoding="utf-8"?>
<layout
    xmlns:android="http://schemas.android.com/apk/res/android"
    xmlns:tools="http://schemas.android.com/tools"
    tools:context=".TasksFragment">

    <data>
        <variable
            name="viewModel"
            type="com.hfad.tasks.TasksViewModel" />
    </data>

    <LinearLayout
        android:layout_width="match_parent"
        android:layout_height="match_parent"
        android:orientation="vertical">

        <EditText
            android:id="@+id/task_name"
            android:layout_width="match_parent"
            android:layout_height="wrap_content"
            android:inputType="text"
            android:hint="Enter a task name"
            android:text="@={viewModel.newTaskName}" />

        <Button
            android:id="@+id/save_button"
            android:layout_width="wrap_content"
            android:layout_height="wrap_content"
            android:layout_gravity="center"
            android:text="Save Task"
            android:onClick="@{() -> viewModel.addTask()}" />
```

你不需要修改本頁的任何程式。

Tasks
app/src/main
res
layout
fragment_tasks.xml

程式還沒結束，見下一頁。

fragment_tasks.xml 程式（續）

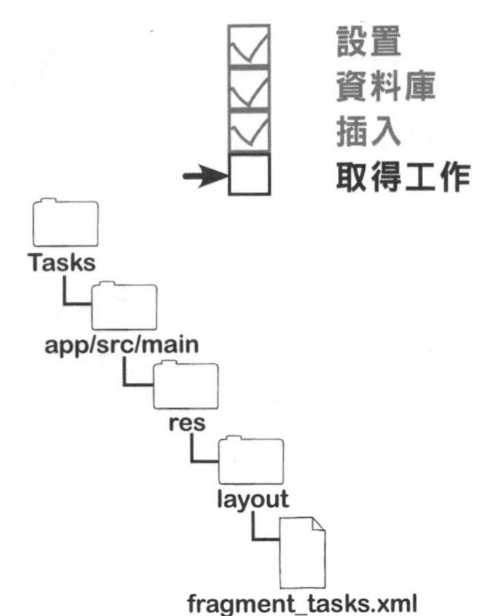


```
        <TextView
            android:id="@+id/tasks"
            android:layout_width="match_parent"
            android:layout_height="wrap_content"
            android:text="@{viewModel.tasksString}" />
    </LinearLayout>
</layout>
```

加入這段程式。

只要修改 *fragment_tasks.xml* 的這個地方，就可以讓它顯示用戶工作 `String` 了。但是，在執行 app 之前，我們還要調整一個地方。

我們必須讓 layout 回應 live data 的改變

`tasksString` 屬性是一個 `LiveData<String>`，這意味著它會自動納入資料庫中的紀錄的任何更改。例如，當用戶插入新紀錄時，它的資料會被加入 `tasksString` 的值。

因為我們在 `tasks` text view 裡面使用 data binding 來顯示 `tasksString` 的值，所以我們要確保當 `tasksString` 屬性的值改變時，layout 會收到通知，如此一來，當任何新紀錄被插入時，text view 才可以立刻顯示它們。

你已經知道如何讓 layout 回應 live data 的改變了，也就是在 fragment 程式裡面設定 live data 的 lifecycle owner：

```
binding.lifecycleOwner = viewLifecycleOwner
```

因此，我們要在 `TasksFragment` 程式裡面加入這一行。下一頁將展示完整的程式，然後我們會看一下當 app 執行時會發生什麼事。

問：**`Transformations.map()` 方法還有什麼其他功能？**

答：`Transformations.map()` 會在每次收到新資料時重新執行，所以它也可以用來做計算之類的事情。

假如你有一個 live data `rate` 屬性，以及一段用它來做計算的程式，你可以在 `Transformations.map()` 裡面執行計算，如此一來，每次 `rate` 屬性改變時，它就會自動重新計算。

問：**一定要將串列顯示成格式化的 `String` 嗎？**

答：不一定，我們這樣做是因為用這種做法來顯示一堆紀錄相對簡單。下一章會告訴你更好的做法。

TasksFragment.kt 的完整程式

這是 `TasksFragment` 的完整程式，請依此修改 *TasksFragment.kt*（粗體為修改處）：

Tasks
app/src/main
java
com.hfad.tasks
TasksFragment.kt

```
package com.hfad.tasks

import android.os.Bundle
import androidx.fragment.app.Fragment
import android.view.LayoutInflater
import android.view.View
import android.view.ViewGroup
import androidx.lifecycle.ViewModelProvider
import com.hfad.tasks.databinding.FragmentTasksBinding

class TasksFragment : Fragment() {
    private var _binding: FragmentTasksBinding? = null
    private val binding get() = _binding!!

    override fun onCreateView(
        inflater: LayoutInflater, container: ViewGroup?, savedInstanceState: Bundle?
    ): View? {
        _binding = FragmentTasksBinding.inflate(inflater, container, false)
        val view = binding.root

        val application = requireNotNull(this.activity).application
        val dao = TaskDatabase.getInstance(application).taskDao
        val viewModelFactory = TasksViewModelFactory(dao)
        val viewModel = ViewModelProvider(
                this, viewModelFactory).get(TasksViewModel::class.java)
        binding.viewModel = viewModel
        binding.lifecycleOwner = viewLifecycleOwner

        return view
    }

    override fun onDestroyView() {
        super.onDestroyView()
        _binding = null
    }
}
```

設定 layout 的 lifecycleOwner，讓它可以回應 live data 的改變。

程式執行時會發生什麼事

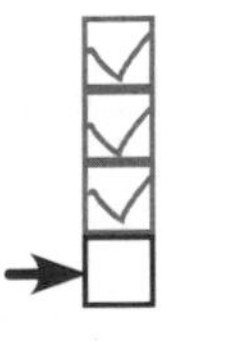

當 app 執行時會發生這些事情：

1. **TasksFragment 建立一個 TasksViewModelFactory 物件，view model provider 用它來建立一個 TasksViewModel。**

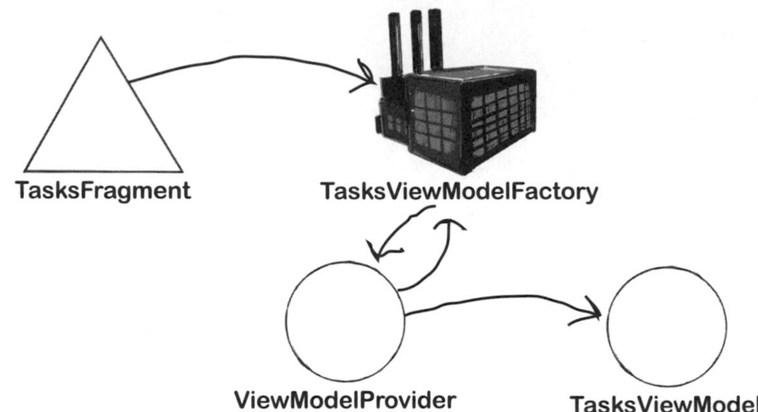

2. **TasksViewModel 的 tasks 屬性被設為 TaskDao 的 getAll() 方法，該方法回傳一個 LiveData<List<Task>>。**

它裡面有資料庫的所有工作紀錄組成的 live data 串列。

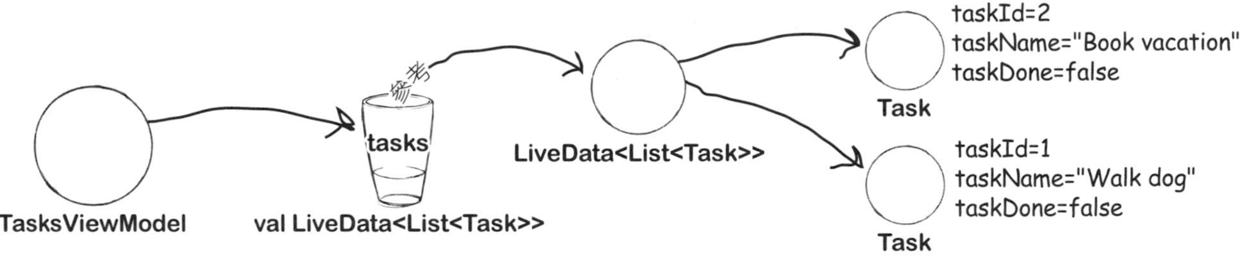

3. **TasksViewModel 的 tasksString 屬性使用 Transformations.map() 方法來將 tasks 屬性的值轉換成 LiveData<String>。**

它將 `tasks` 屬性的紀錄格式化成一個 `String` 並回傳它。

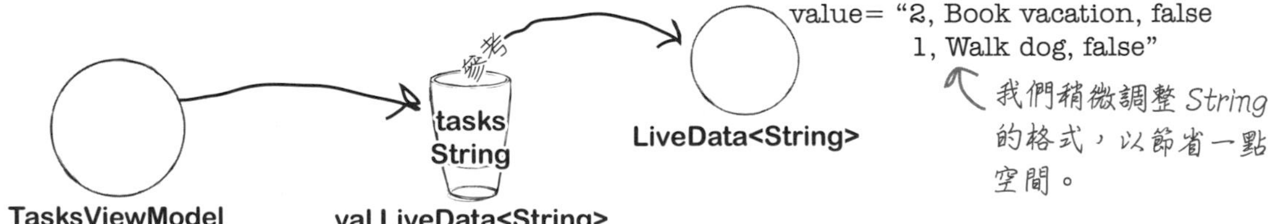

故事還沒結束

4 **layout 的 text view 使用 data binding 來顯示 tasksString 的值。**

5 **用戶將一筆新的工作紀錄輸入資料庫。**

`TasksViewModel` 的 `tasks` 屬性會自動更新（使用 live data），以納入新紀錄。

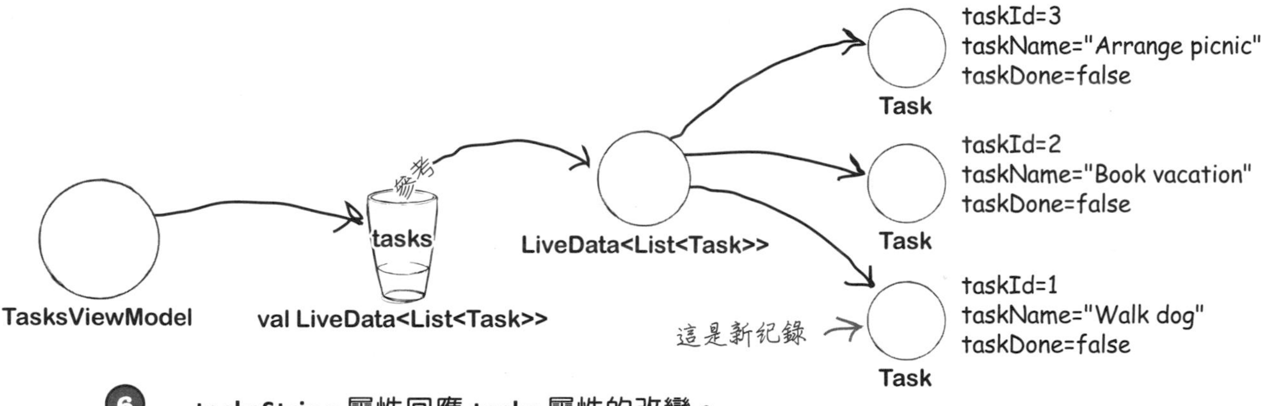

6 **tasksString 屬性回應 tasks 屬性的改變。**

因為它使用 live data，所以它會在 `String` 裡面自動納入新紀錄。

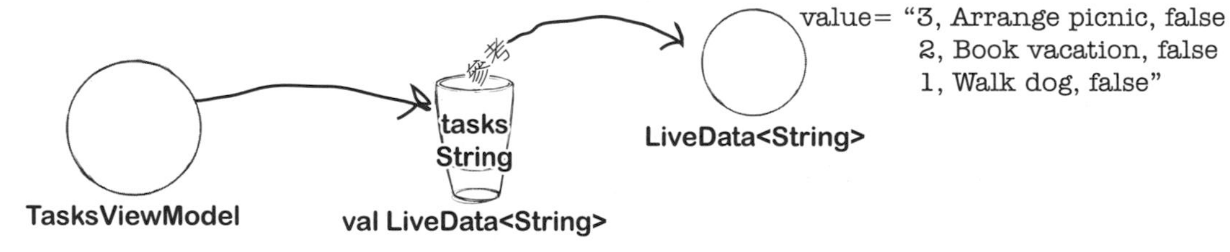

7 **layout 回應 tasksString 屬性的改變。**

用戶剛才輸入的紀錄被顯示在 text view 裡面。

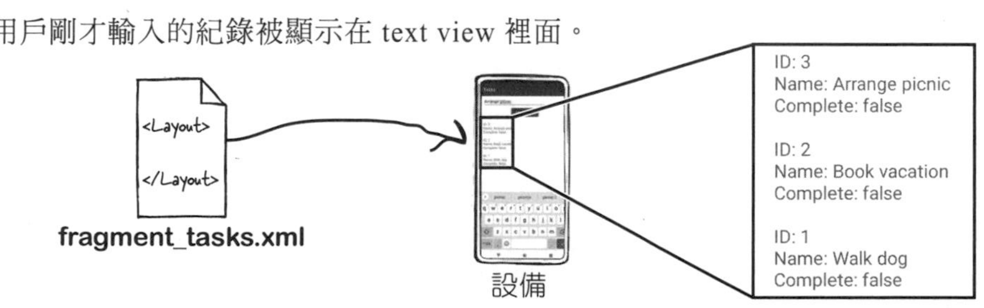

新車試駕

設置
資料庫
插入
取得工作

當我們執行 app 時，`TasksFragment` 與之前一樣被顯示出來，但這一次，它會顯示我們輸入過的工作。

當我們輸入新工作並按下 Save Task 按鈕時，它會立刻加入工作清單。

Tasks
Book vacation
SAVE TASK
ID: 2
Name: Book vacation
Complete: false
ID: 1
Name: Walk dog
Complete: false

這是我們之前輸入的工作。

Tasks
Arrange picnic
SAVE TASK
ID: 2
Name: Book vacation
Complete: false
ID: 1
Name: Walk dog
Complete: false

輸入工作名稱，並按下這顆按鈕會將一筆新紀錄加入資料庫。

Tasks
Arrange picnic
SAVE TASK
ID: 3
Name: Arrange picnic
Complete: false
ID: 2
Name: Book vacation
Complete: false
ID: 1
Name: Walk dog
Complete: false

live data 施展魔法，將新紀錄自動加入清單。

恭喜你！你已經知道如何使用 MVVM 模式來建立一個與 Room 資料庫互動的 app 了。用戶的紀錄會被存入資料庫，如此一來，當 app 被關閉時，它們會被保存起來。app 也會在新紀錄被插入時立刻顯示它們。

下面有一段 view model 程式，它缺少 **refresh()** 方法的程式。當你將下面的備選程式（左邊）放入 **refresh()** 方法裡面，並呼叫該方法一次時，**result** 屬性的最終值是什麼？將每一段備選程式連到它產生的結果。你不會使用每一個值，而且有的值會使用多次。

```
class MyViewModel() : ViewModel() {
    private val rate = MutableLiveData<Int>(1)
    private val a = MutableLiveData<Int>(0)
    private val b = MutableLiveData<Int>(0)
    val result = Transformations.map(rate) {
        rate -> rate * ((a.value ?: 0) + (b.value ?: 0))
    }

    fun refresh() {
        [                                        ]
    }
}
```

將備選程式放在這裡。

備選程式：

```
a.value = 2
```

```
rate.value = 2
b.value = 2
```

```
a.value = 2
rate.value = 2
```

```
a.value = 2
rate.value = 2
b.value = 2
```

```
a.value = 2
b.value = 2
rate.value = 2
```

可能的 result 值：

0

2

4

6

8

連連看解答

下面有一段 view model 程式，它缺少 **refresh()** 方法的程式。當你將下面的備選程式（左邊）放入 **refresh()** 方法裡面，並呼叫該方法一次時，**result** 屬性的最終值是什麼？將每一段備選程式連到它產生的結果。你不會使用每一個值，而且有的值會使用多次。

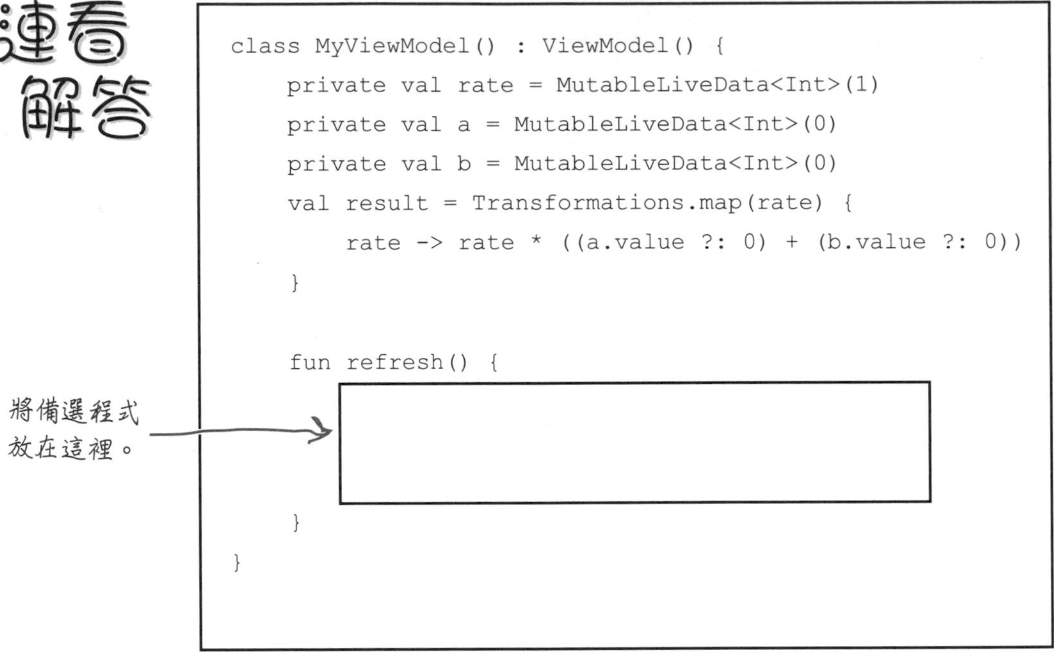

```
class MyViewModel() : ViewModel() {
    private val rate = MutableLiveData<Int>(1)
    private val a = MutableLiveData<Int>(0)
    private val b = MutableLiveData<Int>(0)
    val result = Transformations.map(rate) {
        rate -> rate * ((a.value ?: 0) + (b.value ?: 0))
    }

    fun refresh() {
        
    }
}
```

將備選程式放在這裡。

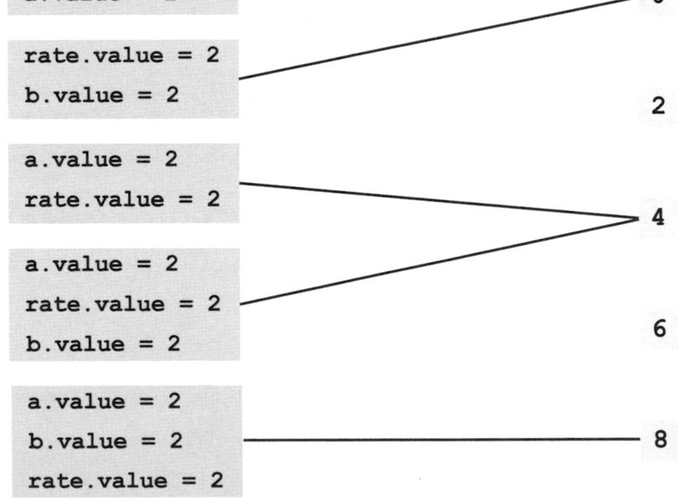

result 值只會在 rate 的 value 改變時改變。如果 a 或 b 在 rate 改變之後改變，result 屬性不會獲得它們的新值。

有一群精心裝扮的組件參加派對遊戲「我是誰？」 它們告訴你一條線索，你要根據它們的說法，猜出它們是誰。假設它們介紹自己的話都是真的。在右邊的空格裡寫下與會者。此外，幫每一位與會者寫下該組件是 app 架構的 Model、View 還是 ViewModel 層的一部分。

今晚的與會者：

Activity　Fragment　Layout　ViewModel　Database　Entity　DAO

	名字	Model、View、還是 ViewModel?
我負責 app 的畫面。	Layout	View
我可以在 app 關閉之後保存資料。	Database	Model
我有生命週期，但我不能獨立存在。	Fragment	View
我被用來保存商業邏輯。	ViewModel	ViewModel
Room 使用我來建立資料表。	Entity	Model
我有生命週期，而且我是一種 context。	Activity	View
我可以幫你和資料庫內的資料互動。	DAO	Model

你的 Android 工具箱

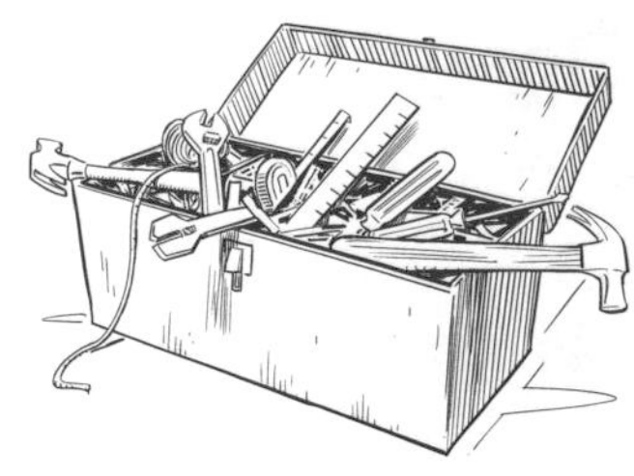

你已經掌握第 14 章，將 Room 持久保存程式庫加入你的工具箱了。

你可以在 tinyurl.com/hfad3 下載本章的完整程式碼。

本章重點

- Room 是以 SQLite 為基礎的持久保存程式庫。
- Room app 通常是用 MVVM 架構設計模式來結構的。MVVM 是 Model-View-ViewModel 的縮寫。
- 幫 data 類別加上注解來定義任何資料庫的資料表。使用 `@Entity` 來要求 Room 使用該類別來建立資料表。使用 `@PrimaryKey` 來定義主鍵欄位。使用 `@ColumnInfo` 來指定欄位名稱。
- 在有注解的介面裡面定義資料存取方法。使用 `@Dao` 來告訴 Room 使用它的方法來存取資料。使用 `@Insert`、`@Update`、`@Delete` 與 `@Query` 來定義你的資料存取操作。
- 使用 `@Database` 來標記一個抽象類別，並在裡面定義資料庫。
- 當你修改資料庫綱要時，你要增加資料庫版本號碼。
- 資料存取程式必須在背景運行。你可以將任何一個不回傳 live data 的資料存取方法轉換成協同程序來做這件事。
- 你可以使用 `Transformations.map()` 方法來轉換 live data 物件。這個方法會觀察 live data 物件，當物件的值改變時，它會執行 lambda 並回傳另一個 live data 物件。

Reduce、Reuse、Recycle

資料清單是多數 app 的關鍵元素。

本章將告訴你如何使用 **recycler view** 來建立它。recycler view 可以讓你用**超級靈活**的方式來建立**可捲動的清單**。你將了解如何為你的清單建立**靈活的 layout**，在裡面加入 text view、核取方塊…等。你將知道**如何建立 adapter**，以任何方式**將資料擠入** recycler view。你將探索如何使用 **card view** 來以 **3D 材質**顯示資料。最後，我們將告訴你 **layout manager** 如何**只靠一兩行程式**就可以將你的清單徹底改頭換面。讓我們開始回收利用（recycling）…

Taks app 目前的外觀

在上一章，我們建立了一個 Tasks app，它可以讓用戶將工作紀錄輸入 Room 資料庫。app 會用格式化的 `String` 來顯示一個紀錄清單，它長這樣：

我們用格式化的 `String` 來顯示工作紀錄是因為它可以用相對快速且基本的方式來顯示被加入資料庫的紀錄。

但是，這個清單看起來有點陽春，該怎麼改善它？

我們可以將清單轉換成 recycler view

與其用格式化的 String 來顯示工作清單，我們可以將它改成這樣：

如你所見，我們用一個 text view 與一個核取方塊來顯示每一筆工作紀錄的資料，而不是使用一般的文字。我們也將這些卡片項目放在可捲動的網格裡面。

這種清單是用 **recycler view** 建立的，那麼，它是什麼？

為什麼要使用 recycler view？

recycler view 是 Android
Jetpack 的另一個部分。

用 recycler view 來顯示資料清單比使用簡單的格式化 `String` 更高級且更靈活。它可以帶來以下的好處：

- **豐富的清單項目 UI。**

  因為每一個項目都被顯示在一個 layout 裡，所以你可以使用 text view、image view 與核取方塊等 view 來顯示它的資料。

- **靈活地排列項目。**

  recycler view 有 layout manager，它可以讓你將 view 排成垂直或水平清單、網格，或交錯網格（裡面的每一個項目都有不同的高度）。

- **它可以用來巡覽。**

  你可以讓項目可被按下，並且在被按下時前往其他的 fragment。

- **它可以有效率地顯示龐大的資料。**

  recycler view 可以使用少量的 view 來顯示無法放入螢幕的大量 view。當每一個項目被捲出螢幕外時，它會重複使用（或回收，*recycle*）view 來顯示被捲入螢幕的項目。

recycler view 從 adapter 取得它的資料

你所建立的每一個 recycler view 都使用一個 adapter 來顯示它的資料。adapter 會使用資料源（例如資料庫）提供的資料，並將資料源與清單項目的 layout 內的 view 連接。然後 recycler view 會在設備螢幕上用可捲動的清單來顯示項目。

資料源、adapter 與 recycler view 是這樣合作的：

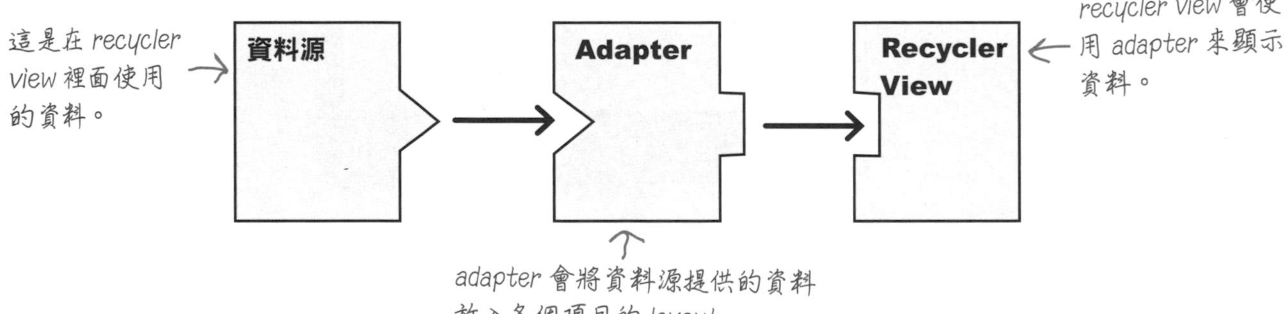
這是在 recycler view 裡面使用的資料。
資料源
Adapter
Recycler View
recycler view 會使用 adapter 來顯示資料。
adapter 會將資料源提供的資料放入各個項目的 layout。

我們接下來要在 Tasks app 裡面加入 recycler view。我們來看一下接下來的步驟。

我們接下來要做這些事情

我們要用接下來的步驟，來將 recycler view 加入 Tasks app：

1 建立一個 recycler view，用來顯示工作名稱清單。

我們先建立一個基本的 recycler view，在裡面只顯示工作的名稱。讓第一版保持簡單可讓你更容易了解 recycler view 的每一個部分如何建構，以及它們如何互相搭配。

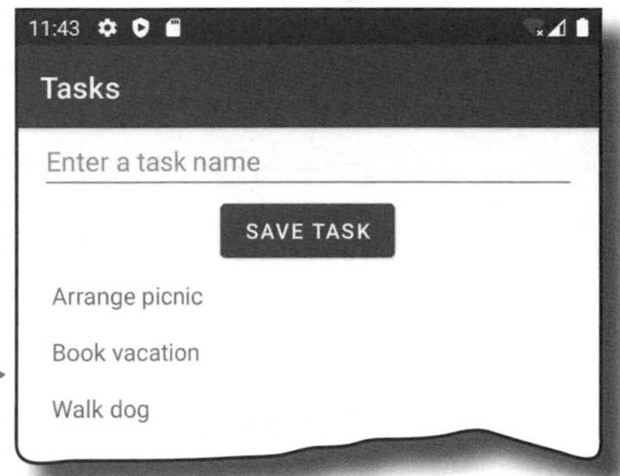

recycler view 的第一版會將工作顯示成 String 清單。

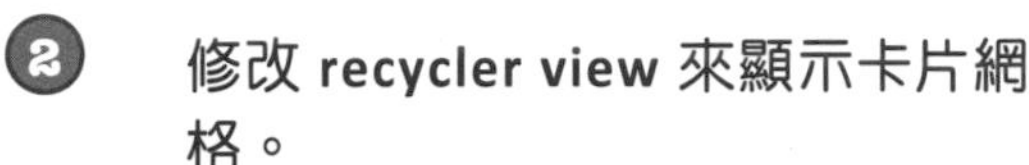

2 修改 recycler view 來顯示卡片網格。

完成基本的 recycler view 之後，我們要修改它，用 card view 網格來顯示每一個工作的名稱，以及工作是否完成。

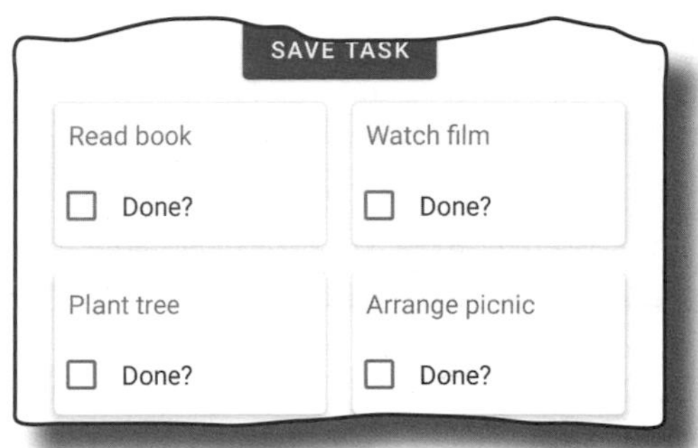

recycler view 的第二版將使用比較複雜的 layout。

在 app build.gradle 檔裡面加入 recycler view 依賴項目

在開始建立 recycler view 之前，我們要將 recycler view 程式庫依賴關係加入 app 的 *build.gradle* 檔。打開 Tasks app，然後打開 *Tasks/app/build.gradle* 檔，在 `dependencies` 區域加入下面這一行（粗體的部分）：

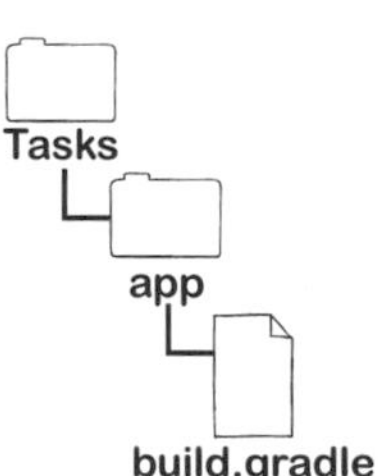


```
dependencies {
    ...
    implementation 'androidx.recyclerview:recyclerview:1.2.1'
    ...
}
```

加入 recycler view 程式庫。

看到提示視窗時，務必將這個更改與 app 的其他部分同步。

加入這個依賴項目之後，我們要開始建立 recycler view 了。

別忘了！

接下來要修改第 14 章的 Tasks app，請打開這個 app 的專案。

告訴 recycler view 如何顯示各個項目…

工作清單
卡片網格

我們的第一項工作是告訴 recycler view 如何顯示每一筆工作紀錄。

在 app 的第一版裡面，我們想要在 recycler view 裡面顯示每一個工作的名稱，像這樣：

Arrange picnic
Book vacation
Walk dog

將每一個紀錄的名稱顯示成一段文字。

該怎麼做？

…藉著定義 layout 檔

你要用 layout 檔來定義 recycler view 裡面的每一個項目如何顯示。當 recycler view 需要顯示每一個項目時，它會使用這個 layout 檔。例如，如果 layout 檔是由一個 text view 組成的，在 recycler view 的清單裡面，每一個項目將以一個 text view 來顯示。

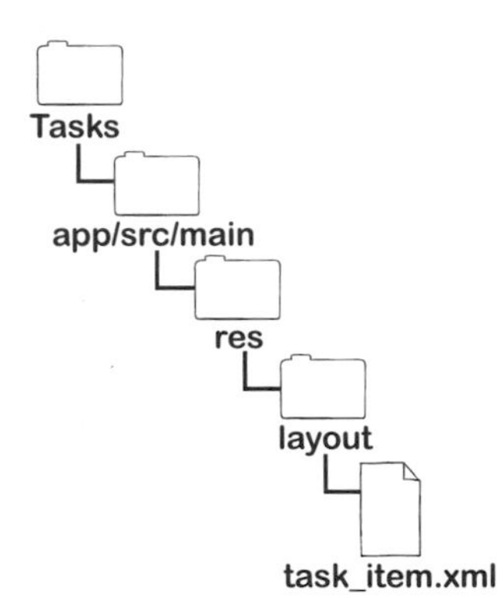

為了建立 layout 檔，在專案 explorer 中選擇 *Tasks/app/src/main/res/layout* 資料夾，然後選擇 File → New → Layout Resource File。看到提示視窗時，輸入檔名「task_item」並按下 OK 按鈕。

第一版 app 會將 recycler view 的每一個工作名稱顯示在一個 text view 裡面，所以我們要在剛才建立的 layout 檔裡面加入一個 text view。請將 *task_item.xml* 改成下面的程式：

```
<?xml version="1.0" encoding="utf-8"?>
<TextView
    xmlns:android="http://schemas.android.com/apk/res/android"
    android:layout_width="match_parent"
    android:layout_height="wrap_content"
    android:textSize="16sp"
    android:padding="8dp" />
```

每一個項目都用一個 text view 來顯示

Arrange picnic
Book vacation
Walk dog

以上就是告訴 recycler view 如何顯示每一個項目的程式。接下來，我們要建立 recycler view 的 adapter。

用 adapter 來將資料加入 recycler view

如前所述，當你在 app 中使用 recycler view 時，你必須為它建立一個 adapter。

recycler view 的 adapter 有兩大任務：建立 recycler view 所顯示的每一個 view，以及在裡面顯示資料。對 Tasks app 而言，我們必須定義一個 adapter，讓它用 *task_item.xml* 來建立一群 text view（顯示出來的每一筆工作紀錄使用一個 text view），並將工作名稱放入每一個 text view。

adapter 是資料源與 recycler view 之間的橋梁。

我們將在接下來幾頁中建立 adapter，建立步驟如下：

1. **指定 adapter 將處理哪一種資料。**
   我們希望 adapter 處理 `Task` 資料，所以我們將指定它使用 `List<Task>`。
2. **定義 adapter 的 view holder。**
   它負責控制如何填寫項目的 layout 裡面的每一個 view。
3. **將每個項目的 layout 充氣。**
   當 recycler view 需要顯示每一個項目時，我們會幫那個項目填充一個 *task_item.xml* 的實例。
4. **在 layout 裡面顯示每一個項目的資料。**
   我們的做法是將每一個 `Task` 的 `taskName` 屬性值加入 layout 的 text view。

首先，我們要為 adapter 建立一個檔案。

建立 adapter 檔

我們要為 recycler view 建立一個名為 `TaskItemAdapter` 的 adapter。在 *app/src/main/java* 資料夾裡面選擇 *com.hfad.tasks* 程式包，然後前往 File → New → Kotlin Class/File。將檔案命名為「TaskItemAdapter」，並選擇 Class 選項。

建立檔案後，修改它的程式，讓它繼承 `RecyclerView.Adapter` 類別如下：

```
package com.hfad.tasks

import androidx.recyclerview.widget.RecyclerView

class TaskItemAdapter : RecyclerView.Adapter() {
}
```

匯入這個類別。

繼承 RecyclerView.Adapter。

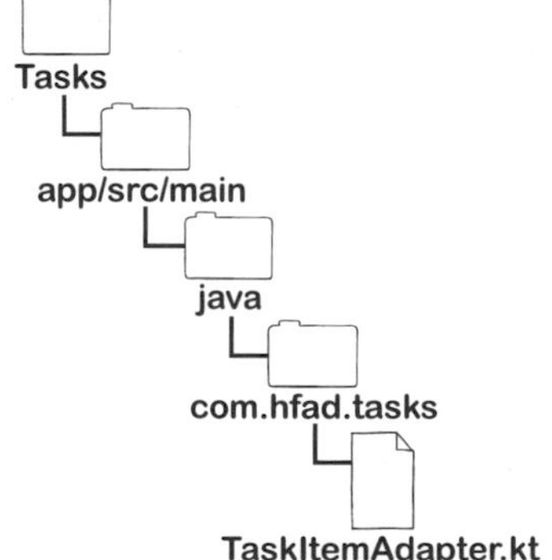

這段程式將這個類別變成 adapter 來讓 recycler view 使用。

告訴 adapter 它應該使用什麼資料

→ 工作清單
卡片網格

在定義 recycler view adapter 時，我們必須告訴它要將哪一種資料加入 recycler view。我們的做法是將一個指定資料型態的屬性加入 adapter。

對 Tasks app 而言，我們希望 recycler view 顯示一個工作紀錄清單，所以我們要將一個名為 `data` 的 `List<Task>` 屬性加入 adapter。我們也會加入一個自製的 setter，讓它在這個屬性改變時呼叫 `notifyDataSetChanged()`，告訴 recycler view 資料改變了，讓它可以重新繪製自己。

以下是改好的 `TaskItemAdapter` 程式，請依此修改 *TaskItemAdapter.kt*（粗體為修改處）：

```
...
class TaskItemAdapter : RecyclerView.Adapter() {
    var data = listOf<Task>()
        set(value) {
            field = value
            notifyDataSetChanged()
        }
}
```

加入 data 屬性與它的 setter。

這會告訴 recycler view 資料改變了。

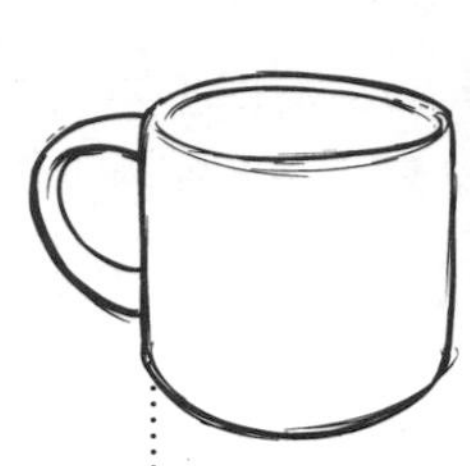

放輕鬆

如果 `TaskItemAdapter` 程式有錯誤訊息，別緊張。

現在程式還沒有完成，在完成之後，錯誤訊息就會消失。

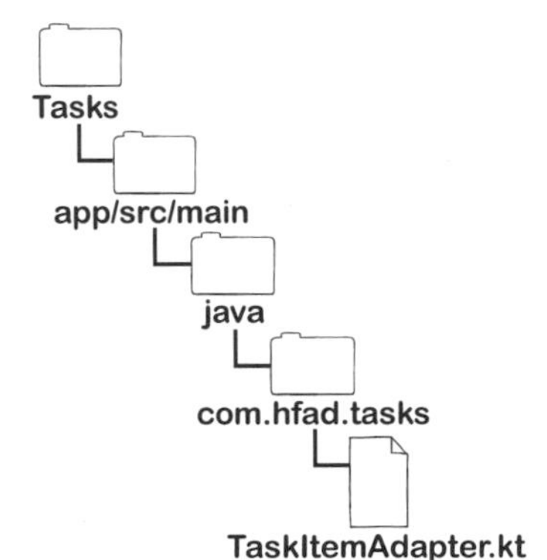

覆寫 getItemCount() 方法

接下來，我們要覆寫 adapter 的 **`getItemCount()`** 方法。這個方法可讓 adapter 知道資料項目有幾個，讓 recycler view 知道需要顯示多少個。

在 `TaskItemAdapter` 程式裡，我們使用一個名為 `data` 的 `List<Task>` 屬性來儲存 recycler view 的資料項目，所以我們可以使用 `data.size` 來指出項目有多少個。

下面是 `getItemCount()` 方法（粗體的部分），你可以將它加入 *TaskItemAdapter.kt*：

```
...
class TaskItemAdapter : RecyclerView.Adapter() {
    ...

    override fun getItemCount() = data.size
}
```

這就是 getItemCount() 方法的所有程式。

我們已經指定 adapter 將使用的資料型態了，接下來要將它填入 layout 的 text view，做法是定義 adapter 的 **view holder**。

定義 adapter 的 view holder

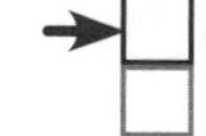

工作清單
卡片網格

view holder 保存了特定的 view 如何在項目的 layout 中顯示，以及它在 recycler view 裡面的位置等資訊。你可以將它想成項目的 layout 的根 view 的容器。項目的 layout 就是指定 recycler view 該如何顯示每一個項目的 layout。

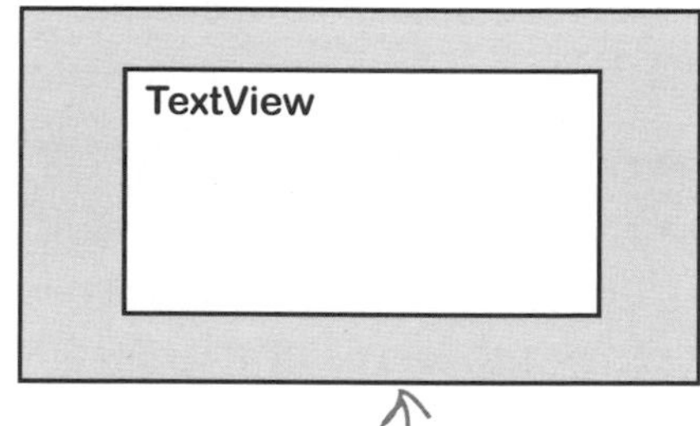

每一個 view holder 都保存每一個項目的 layout 的根 view。這裡的根 view 是個 text view。

在 Tasks app 裡，我們希望 recycler view 使用 layout 檔 *task_item.xml* 來顯示工作紀錄。這個 layout 的根 view 是 `TextView`，所以我們要定義一個與 text view 搭配的 view holder。

定義 view holder 的做法是在 adapter 檔案裡面加入一個繼承 `RecyclerView.ViewHolder` 的內部類別。它有一個指定 layout 的根 view 的型態（在這個例子是 `TextView`）的建構式。你也必須修改 adapter 的類別定義，以指定 adapter 的類別名稱。

下面是改好的 `TaskItemAdapter`，請依此修改 *TaskItemAdapter.kt*（粗體為修改處）：

```
package com.hfad.tasks

import android.widget.TextView
import androidx.recyclerview.widget.RecyclerView

class TaskItemAdapter : RecyclerView.Adapter<TaskItemAdapter.TaskItemViewHolder>() {
    var data = listOf<Task>()
        set(value) {
            field = value
            notifyDataSetChanged()
        }

    override fun getItemCount() = data.size

    class TaskItemViewHolder(val rootView: TextView)
                             : RecyclerView.ViewHolder(rootView) {
    }
}
```

匯入這個類別。

使用泛型來指明 *TaskItemAdapter* 與它的 *TaskItemViewHolder* 內部類別合作。

加入 *TaskItemViewHolder* 內部類別。在接下來幾頁，我們會在它裡面加入更多程式。

Tasks
app/src/main
java
com.hfad.tasks
TaskItemAdapter.kt

定義 view holder 之後，我們要指定它使用哪一個 layout，做法是覆寫 adapter 的 `onCreateViewHolder()` 方法。

覆寫 onCreateViewHolder() 方法

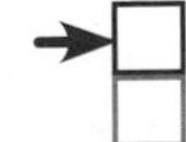

每次 recycler view 需要新的 view holder 時，它就會呼叫 adapter 的 **onCreateViewHolder()** 方法。當 app 初次建構 recycler view 來建立一組將要顯示的 view holder 時，recycler view 就會反覆呼叫這個方法。

onCreateViewHolder() 方法需要做兩件事：將 layout（*task_item.xml*）充氣來讓每一個項目使用，以及回傳一個 view holder。以下是做這些事情的 TaskItemAdapter 程式，請依此修改 *TaskItemAdapter.kt*（粗體為修改處）：

編寫 adapter 程式乍看之下很難，因為它需要做幾件不同的事情。

請放慢腳步，堅持下去，我們知道你一定沒問題。

```
...
import android.view.LayoutInflater
import android.view.ViewGroup

class TaskItemAdapter : RecyclerView.Adapter<TaskItemAdapter.TaskItemViewHolder>() {
    ...
    override fun onCreateViewHolder(parent: ViewGroup, viewType: Int)
                        : TaskItemViewHolder = TaskItemViewHolder.inflateFrom(parent)

    class TaskItemViewHolder(val rootView: TextView)
                        : RecyclerView.ViewHolder(rootView) {
        companion object {
            fun inflateFrom(parent: ViewGroup): TaskItemViewHolder {
                val layoutInflater = LayoutInflater.from(parent.context)
                val view = layoutInflater
                        .inflate(R.layout.task_item, parent, false) as TextView
                return TaskItemViewHolder(view)
            }
        }
    }
}
```

匯入這些類別。

覆寫這個方法。

parent 是指 recycler view。

可讓不同的項目使用不同的 layout。

onCreateViewHolder() 會呼叫 view holder 的 inflateFrom() 方法。

在 companion 物件裡面加入 inflateFrom() 方法。這意味著，你不需要先建立 TaskItemViewHolder 物件就可以呼叫這個方法。

這個方法會將項目的 layout 充氣，並用它來建立 TaskItemViewHolder。

Tasks
app/src/main
java
com.hfad.tasks
TaskItemAdapter.kt

如你所見，我們在 TaskItemViewHolder 裡面加入程式來將 *task_item.xml* 充氣成新的 inflateFrom() 方法，adapter 的 onCreateViewHolder() 方法這樣呼叫它：

```
TaskItemViewHolder.inflateFrom(parent)
```

這種做法將 view holder 的 layout 的職責交給 view holder，而不是在 adapter 程式的主體充氣 layout。

將資料加入 layout 的 view

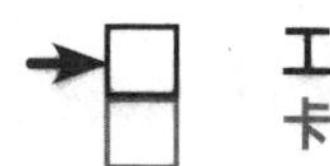

工作清單
卡片網格

最後一個需要加入 adapter 的元素是在 view holder 的 layout 中顯示工作紀錄的程式碼，我們將覆寫 adapter 的 **`onBindViewHolder()`** 方法，當 recycler view 需要顯示資料時就會呼叫它。它有兩個參數：與資料結合的 view holder，以及資料在資料組裡面的位置。

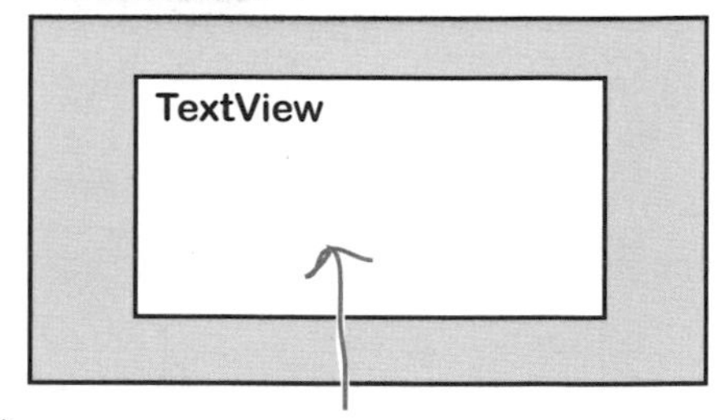

當 adapter 的 onBindViewHolder() 方法被呼叫時，它會將一個工作名稱加入 view holder 的 text view。

在 Tasks app 裡面，我們想要取得在 adapter 的 `data` 屬性（`List<Task>`）裡面的某個位置的 `Task` 物件，並將它的 `taskName` 顯示在 view holder 的 layout 裡面。以下是做這些事情的 `TaskItemAdapter` 程式，請依此修改 *TaskItemAdapter.kt*（粗體為修改處）：

```
...
class TaskItemAdapter : RecyclerView.Adapter<TaskItemAdapter.TaskItemViewHolder>() {
    var data = listOf<Task>()
    ...
    override fun onBindViewHolder(holder: TaskItemViewHolder, position: Int) {
        val item = data[position]
        holder.bind(item)
    }

    class TaskItemViewHolder(val rootView: TextView)
                                  : RecyclerView.ViewHolder(rootView) {
        ...
        fun bind(item: Task) {
            rootView.text = item.taskName
        }
    }
}
```

覆寫這個方法。

被這個方法加入資料的 view holder。

項目在 data 中的位置。

取得需要顯示的項目。

呼叫 view holder 的 bind() 方法。

將這個方法加入 view holder。

將工作名稱加入 layout 的根 view（text view）。

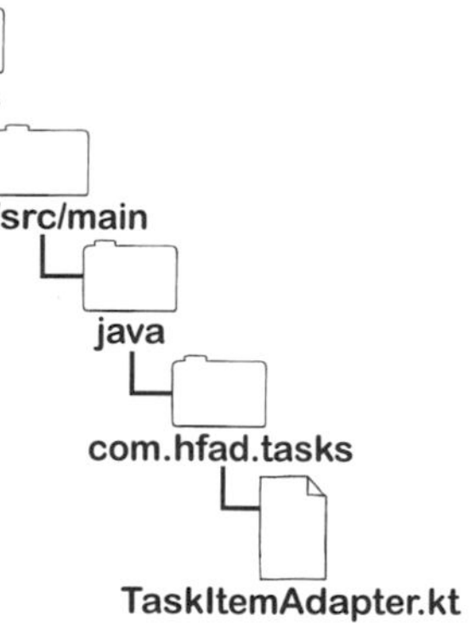

如你所見，我們在 `TaskItemViewHolder` 裡面加入一個新方法 `bind()`，並在它裡面設定 layout 的 text view 的文字。adapter 的 `onBindViewHolder()` 方法每次執行時都會呼叫這個方法。採取這種做法的原因是它讓 view holder 負責填寫它的 layout，而不是讓 adapter 填寫。

以上就是 `TaskItemAdapter` 與它的內部類別 `TaskItemViewHolder` 的所有程式。我們來看一下完整的程式。

TaskItemAdapter.kt 的完整程式

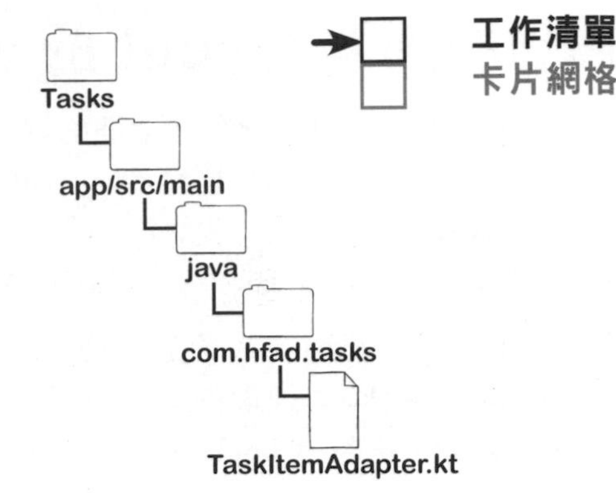

下面是 `TaskItemAdapter.kt` 的完整程式，請將它們都加入你的 *TaskItemAdapter.kt*：

```
package com.hfad.tasks

import android.view.LayoutInflater
import android.view.ViewGroup
import android.widget.TextView
import androidx.recyclerview.widget.RecyclerView

class TaskItemAdapter : RecyclerView.Adapter<TaskItemAdapter.TaskItemViewHolder>() {
    var data = listOf<Task>()
        set(value) {
            field = value
            notifyDataSetChanged()
        }

    override fun getItemCount() = data.size

    override fun onCreateViewHolder(parent: ViewGroup, viewType: Int)
                    : TaskItemViewHolder = TaskItemViewHolder.inflateFrom(parent)

    override fun onBindViewHolder(holder: TaskItemViewHolder, position: Int) {
        val item = data[position]
        holder.bind(item)
    }

    class TaskItemViewHolder(val rootView: TextView)
                            : RecyclerView.ViewHolder(rootView) {
        companion object {
            fun inflateFrom(parent: ViewGroup): TaskItemViewHolder {
                val layoutInflater = LayoutInflater.from(parent.context)
                val view = layoutInflater
                        .inflate(R.layout.task_item, parent, false) as TextView
                return TaskItemViewHolder(view)
            }
        }

        fun bind(item: Task) {
            rootView.text = item.taskName
        }
    }
}
```

這是 recycler view 的資料。

項目數量。

當 app 需要建立 view holder 時會呼叫它。

app 需要在 view holder 裡面顯示資料時會呼叫它。

定義 view holder。

建立每一個 view holder 並充氣它的 layout。

將資料加入 view holder 的 layout。

adapter 程式完成了

工作清單
卡片網格

我們已經完成 TaskItemAdapter 的所有程式了。它會做這四件事：

1. **宣告它使用 Task 資料**

   我們的做法是定義一個名為 data 的 List<Task> 屬性。

2. **使用名為 TaskItemViewHolder 的 view holder**

   我們將 TaskItemViewHolder 加入 TaskItemAdapter，作為它的內部類別。

3. **充氣每個項目的 layout**

   它會在它的 onCreateViewHolder() 方法被呼叫時做這件事。

4. **在 layout 中顯示每一個項目的資料**

   它使用 onBindViewHolder() 方法來做這件事。

如前所述，adapter 是資料源與 recycler view 之間的橋梁。資料源、adapter 與 recycler view 是這樣合作的：

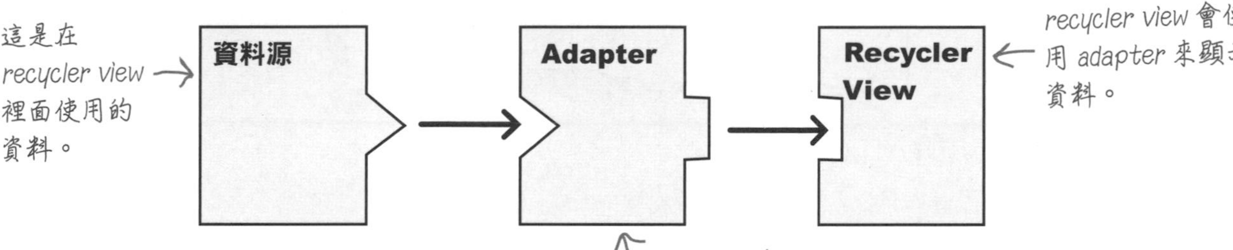
這是在 recycler view 裡面使用的資料。
資料源
Adapter
Recycler View
recycler view 會使用 adapter 來顯示資料。
adapter 會將資料源提供的資料放入各個項目的 layout。

寫好 adapter 程式之後，接下來要完成這個模型的 recycler view 部分。

沒有蠢問題

問：為什麼它稱為 recycler view？

答：因為 recycler view 會重複使用（或回收）它的 view。所以它用非常有效率的方式來顯示資料清單。

問：我們也在 adapter 裡面加入 view holder 內部類別，能不能幫我複習一下為什麼要這樣做？

答：view holder 是每一個項目的 layout 的根 view 的容器。你所建立的每一個 recycler view adapter 都需要使用一個 view holder。

問：它一定要寫成內部類別嗎？

答：不一定，因為每一個 view holder 通常都連結一個 adapter，所以它通常被定義成內部類別，但不一定要這樣做。

問：為什麼你在 view holder 裡面加入 inflateFrom() 與 bind() 方法？難道你不能將它們的程式放在 adapter 的 onCreateViewHolder() 與 onBindViewHolder() 方法裡面嗎？

答：將這些方法放入 view holder 是因為我們想要將管理 view holder 的程式都寫在同一個地方。如果把這段程式放在 adapter 的主體內，我們就無法明確地分離關注點。

稍後你會看到，當你想要在 recycler view 裡面為每一個項目顯示不只一個 text view 時，這種做法特別方便。

我們需要顯示 recycler view

下一個工作是在 TasksFragment（Tasks app 的主畫面）裡面顯示 recycler view，並讓它使用剛才建立的 adapter。

我們來回顧一下 recycler view 應該長怎樣：

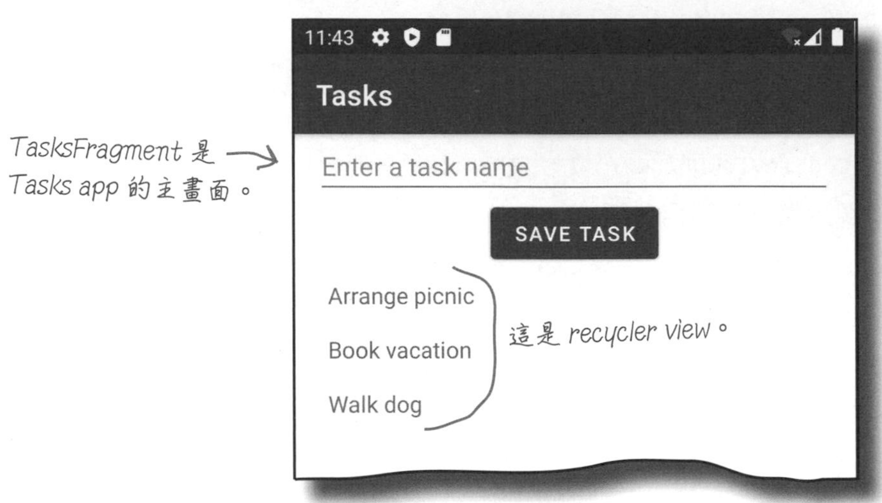

如何將 recycler view 加入 layout

為了顯示 recycler view，你要在 fragment 的 layout 檔裡面加入一個 `<androidx.recyclerview.widget.RecyclerView>` 元素。程式是：

```
<androidx.recyclerview.widget.RecyclerView
    android:id="@+id/tasks_list"
    android:layout_width="match_parent"
    android:layout_height="match_parent"
    app:layoutManager="androidx.recyclerview.widget.LinearLayoutManager" />
```

將 recycler view 加入 layout。

以垂直清單來顯示項目。

這一行：

```
app:layoutManager="androidx.recyclerview.widget.LinearLayoutManager"
```

指定 recycler view 使用 layout manager，用它來決定 recycler view 如何排列它的項目。我們使用 linear layout manager，這意味著，recycler view 將以完整長度的橫列排成垂直的清單來顯示它的項目。

稍後會詳細介紹 layout manager。

以上就是在 TasksFragment 的 layout 裡面加入 recycler view 的所有程式，我們來看一下完整的程式。

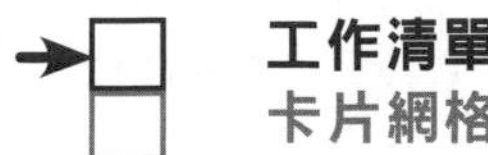

fragment_tasks.xml 的完整程式

下面是 *fragment_tasks.xml* 的完整程式（TasksFragment 的 layout）。如你所見，我們將 text view 換成 recycler view，請依此修改你的 *fragment_tasks.xml*（粗體為修改處）：

```
<?xml version="1.0" encoding="utf-8"?>
<layout
    xmlns:android="http://schemas.android.com/apk/res/android"
    xmlns:app="http://schemas.android.com/apk/res-auto"   ← 加入 app 名稱空間。
    xmlns:tools="http://schemas.android.com/tools"
    tools:context=".TasksFragment">

    <data>
        <variable
            name="viewModel"
            type="com.hfad.tasks.TasksViewModel" />
    </data>

    <LinearLayout
        android:layout_width="match_parent"
        android:layout_height="match_parent"
        android:orientation="vertical">

        <EditText
            android:id="@+id/task_name"
            android:layout_width="match_parent"
            android:layout_height="wrap_content"
            android:inputType="text"
            android:hint="Enter a task name"
            android:text="@={viewModel.newTaskName}" />

        <Button
            android:id="@+id/save_button"
            android:layout_width="wrap_content"
            android:layout_height="wrap_content"
            android:layout_gravity="center"
            android:text="Save Task"
            android:onClick="@{() -> viewModel.addTask()}" />
```

Tasks
app/src/main
res
layout
fragment_tasks.xml

程式還沒結束，見下一頁。

fragment_tasks.xml（續）

工作清單
卡片網格

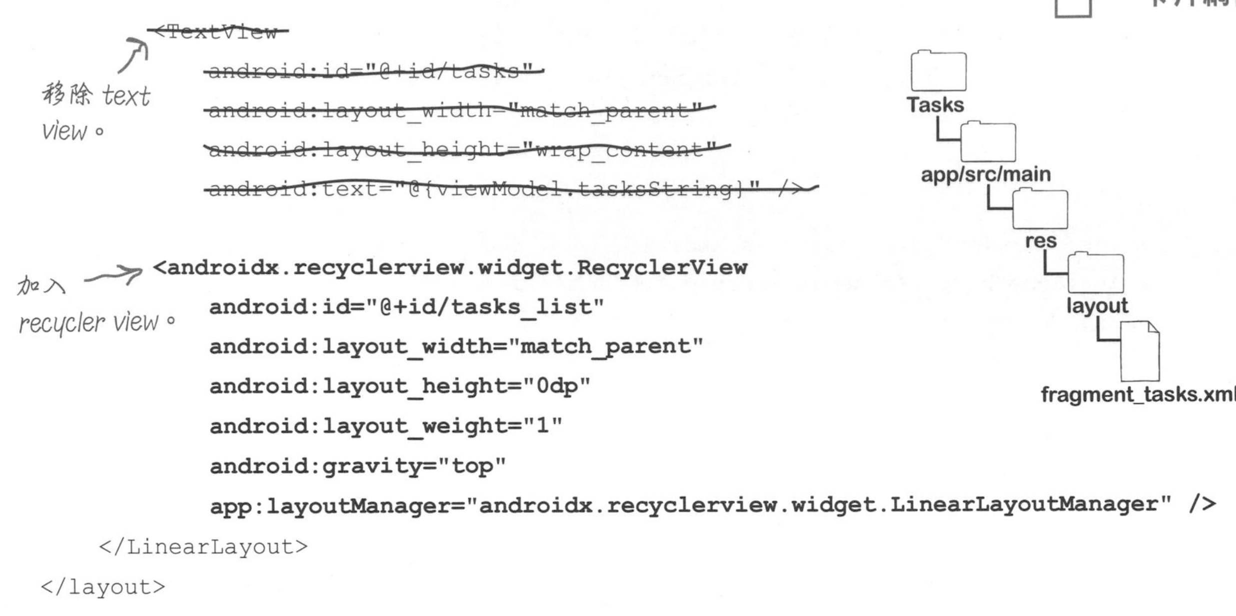


```
<TextView
    android:id="@+id/tasks"
    android:layout_width="match_parent"
    android:layout_height="wrap_content"
    android:text="@{viewModel.tasksString}" />

<androidx.recyclerview.widget.RecyclerView
    android:id="@+id/tasks_list"
    android:layout_width="match_parent"
    android:layout_height="0dp"
    android:layout_weight="1"
    android:gravity="top"
    app:layoutManager="androidx.recyclerview.widget.LinearLayoutManager" />
  </LinearLayout>
</layout>
```

以上就是將 recycler view 加入 `TasksFragment` 的 layout 的所有程式。接下來，我們要讓 recycler view 使用我們建立的 adapter。

讓 recycler view 使用 adapter

為了讓 recycler view 使用 adapter，你要建立一個 adapter 實例，並將它連接到 recycler view。你要在 fragment 的 Kotlin 程式中做這件事。

在這個例子中，我們想要讓 recycler view 使用 `TaskItemAdapter`，做法是在 `TasksFragment` 的 `onCreateView()` 方法裡面加入下面的程式（粗體為修改處）：

```
...
override fun onCreateView(...): View? {
    ...
    val adapter = TaskItemAdapter()
    binding.tasksList.adapter = adapter
    ...
}
```

將 adapter 加入 tasksList recycler view。

Tasks
app/src/main
java
com.hfad.tasks
TasksFragment.kt

下一頁會將這段程式加入 `TasksFragment`。

修改 TasksFragment.kt 程式

以下是 TasksFragment 的程式，請依此修改你的 *TasksFragment.kt*（粗體為修改處）：

```
package com.hfad.tasks

...

class TasksFragment : Fragment() {
    private var _binding: FragmentTasksBinding? = null
    private val binding get() = _binding!!

    override fun onCreateView(
        inflater: LayoutInflater, container: ViewGroup?, savedInstanceState: Bundle?
    ): View? {
        _binding = FragmentTasksBinding.inflate(inflater, container, false)
        val view = binding.root

        val application = requireNotNull(this.activity).application
        val dao = TaskDatabase.getInstance(application).taskDao

        val viewModelFactory = TasksViewModelFactory(dao)
        val viewModel = ViewModelProvider(
                this, viewModelFactory).get(TasksViewModel::class.java)
        binding.viewModel = viewModel
        binding.lifecycleOwner = viewLifecycleOwner

        val adapter = TaskItemAdapter()
        binding.tasksList.adapter = adapter

        return view
    }

    override fun onDestroyView() {
        super.onDestroyView()
        _binding = null
    }
}
```

因為我們不需要加入任何新的 import，所以省略 import 陳述式。

建立 TaskItemAdapter。

將 adapter 接到 recycler view。

Tasks
app/src/main
java
com.hfad.tasks
TasksFragment.kt

接下來要做什麼？

我們已經將 recycler view 加入 TasksFragment 的 layout 了

工作清單
卡片網格

我們的程式已經可以在 `TasksFragment` 的 layout 裡面顯示 recycler view，並告訴它使用 `TaskItemAdapter` 作為它的 adapter 了。但還有一件事還沒做：我們要將 adapter 接到資料源。

如前所述，adapter 會使用資料源（例如資料庫）提供的資料，並將資料源與清單項目的 layout 內的 view 連接。然後 recycler view 會在設備螢幕上顯示項目。

資料源、adapter 與 recycler view 是這樣合作的：

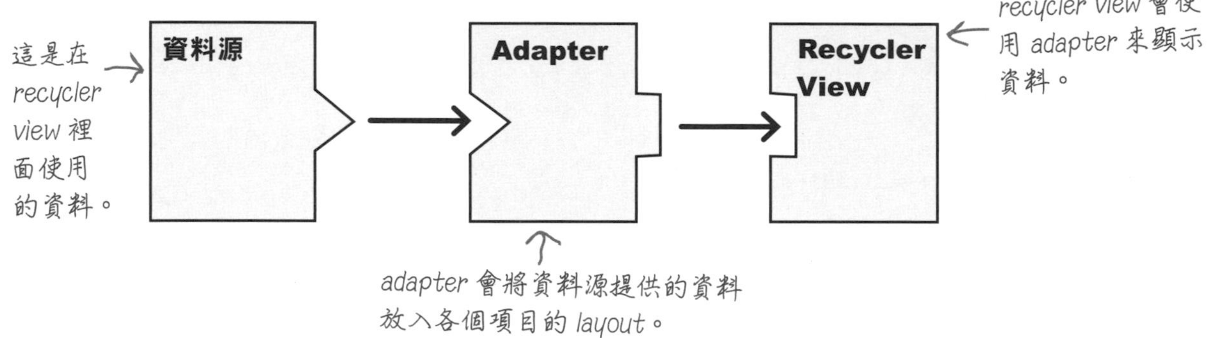
這是在 recycler view 裡面使用的資料。
資料源
Adapter
Recycler View
recycler view 會使用 adapter 來顯示資料。
adapter 會將資料源提供的資料放入各個項目的 layout。

為了在 Tasks app 的 recycler view 裡面顯示資料，我們必須告訴 `TaskItemAdapter` 該使用什麼工作資料。

我們要讓 TasksFragment 將工作資料加入 TaskItemAdapter

為了告訴 `TaskItemAdapter` 該使用什麼工作資料，我們要讓 `TasksFragment` 用 `List<Task>` 來更新它的 `data` 屬性。`TasksFragment` 會從 `TasksViewModel` 的 `tasks` 屬性取得這個串列：

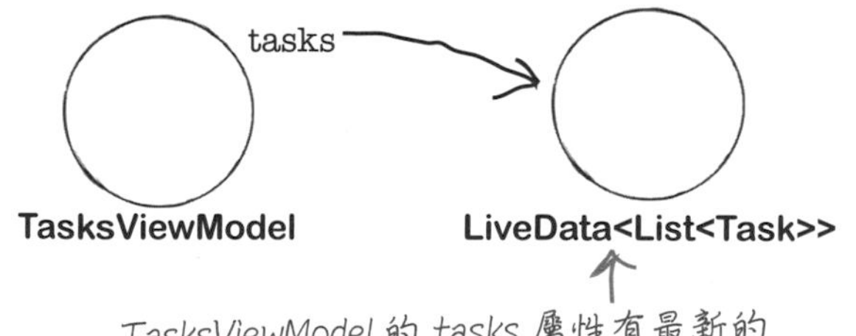
tasks
TasksViewModel
LiveData<List<Task>>
TasksViewModel 的 tasks 屬性有最新的工作串列，它們來自資料庫。

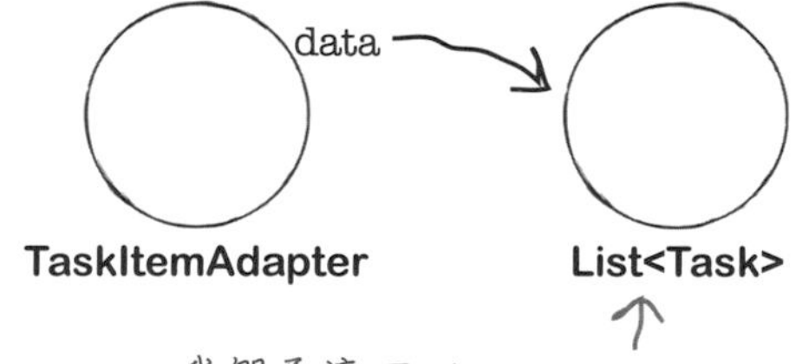
data
TaskItemAdapter
List<Task>
我們要讓 TasksFragment 將工作串列傳給 TaskItemAdapter。

所以，我們要先讓 `TasksFragment` 讀取 `TasksViewModel` 的 `tasks` 屬性。

工作清單
卡片網格

修改 TasksViewModel.kt 程式

你應該記得，`TasksViewModel` 的 `tasks` 屬性目前被標為 private。為了讓 `TasksFragment` 取得這個屬性的值，我們要移除 private。

我們也要把上一章用來將工作資料轉換成 `String` 的所有程式移除，因為現在我們使用 recycler view 來顯示 `List<Task>`，所以不需要那段程式了。

下面是改好的 `TasksViewModel` 程式，請依此修改 *TasksViewModel.kt*：

```
package com.hfad.tasks

import androidx.lifecycle.Transformations    ← 這一行用不到了，刪除它。
import androidx.lifecycle.ViewModel
import androidx.lifecycle.viewModelScope
import kotlinx.coroutines.launch

class TasksViewModel(val dao: TaskDao) : ViewModel() {
    var newTaskName = ""
    private val tasks = dao.getAll()        ← 移除 private。
    val tasksString = Transformations.map(tasks) {    ← 用不到 tasksString 屬性了，刪除它。
        tasks -> formatTasks(tasks)
    }

    fun addTask() {
        viewModelScope.launch {
            val task = Task()
            task.taskName = newTaskName
            dao.insert(task)
        }
    }

    fun formatTasks(tasks: List<Task>): String {...}
                                             ← 刪除這兩個方法。
    fun formatTask(task: Task): String {...}
}
```

Tasks
app/src/main
java
com.hfad.tasks
TasksViewModel.kt

`TasksFragment` 可以讀取 `tasks` 屬性了，我們來讓它將屬性的 `List<Task>` 傳給 `TaskItemAdapter`。

TasksFragment 需要更新 TaskItemAdapter 的 data 屬性

如你所知，`TasksViewModel` 的 `tasks` 屬性保存了工作的 live data 串列，它用這段程式從資料庫取得這個串列：

```
val tasks = dao.getAll()
```

它使用 TaskDao 的 getAll() 方法來從資料庫取得 LiveData<List<Task>>。

因為這個屬性使用 live data，所以我們可以讓 `TasksFragment` 觀察它，如此一來，每次它的值改變時，fragment 都可以知道。接下來，`TasksFragment` 就可以將最新版本的串列指派給 adapter 的 `data` 屬性，確保在 recycler view 裡面顯示的資料一定是最新的。

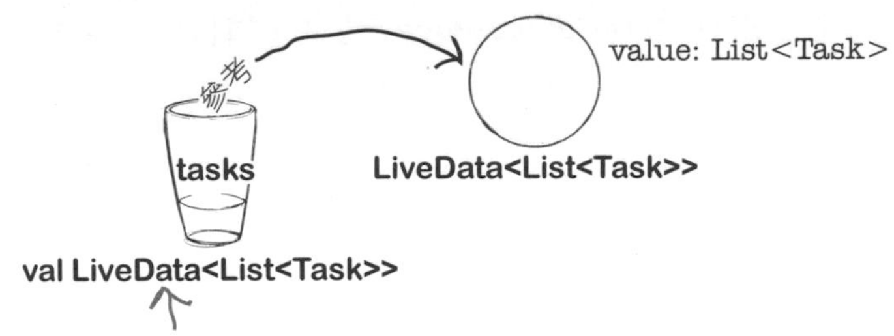

你已經熟悉觀察 live data 屬性的程式了，下面是需要加入 `TasksFragment` 的程式（粗體的部分）：

```
class TasksFragment : Fragment() {
    ...
    override fun onCreateView(
        inflater: LayoutInflater, container: ViewGroup?, savedInstanceState: Bundle?
    ): View? {
        ...

        val adapter = TaskItemAdapter()
        binding.tasksList.adapter = adapter

        viewModel.tasks.observe(viewLifecycleOwner, Observer {
            it?.let {
                adapter.data = it
            }
        })
        ...
    }
    ...
}
```

觀察 view model 的 tasks 屬性。

當工作串列改變時，將它指派給 adapter 的 data 屬性。

Tasks
app/src/main
java
com.hfad.tasks
TasksFragment.kt

我們來依此修改 *TasksFragment.kt*。

TasksFragment.kt 的完整程式

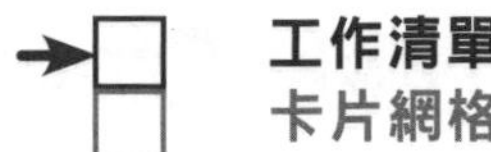

下面是改好的 `TasksFragment`，請依此修改 *TasksFragment.kt*（粗體為修改處）：

```
package com.hfad.tasks

import android.os.Bundle
import androidx.fragment.app.Fragment
import android.view.LayoutInflater
import android.view.View
import android.view.ViewGroup
import androidx.lifecycle.Observer
import androidx.lifecycle.ViewModelProvider
import com.hfad.tasks.databinding.FragmentTasksBinding

class TasksFragment : Fragment() {
    private var _binding: FragmentTasksBinding? = null
    private val binding get() = _binding!!

    override fun onCreateView(
        inflater: LayoutInflater, container: ViewGroup?, savedInstanceState: Bundle?
    ): View? {
        _binding = FragmentTasksBinding.inflate(inflater, container, false)
        val view = binding.root

        val application = requireNotNull(this.activity).application
        val dao = TaskDatabase.getInstance(application).taskDao

        val viewModelFactory = TasksViewModelFactory(dao)
        val viewModel = ViewModelProvider(
                this, viewModelFactory).get(TasksViewModel::class.java)
        binding.viewModel = viewModel
        binding.lifecycleOwner = viewLifecycleOwner

        val adapter = TaskItemAdapter()
        binding.tasksList.adapter = adapter
```

匯入這個類別。

Tasks
app/src/main
java
com.hfad.tasks
TasksFragment.kt

程式還沒結束，見下一頁。

TasksFragment.kt（續）

將資料傳給 adapter。

```
        viewModel.tasks.observe(viewLifecycleOwner, Observer {
            it?.let {
                adapter.data = it
            }
        })

        return view
    }

    override fun onDestroyView() {
        super.onDestroyView()
        _binding = null
    }
}
```

Tasks
app/src/main
java
com.hfad.tasks
TasksFragment.kt

我們已經完成所有的 recycler view 程式了

雖然花了一些時間，但是我們已經寫好所有的程式，可以在 recycler view 裡面顯示一個工作名稱清單了。我們做了這些事情：

1. **建立名為 TaskItemAdapter 的 adapter**

   adapter 是 recycler view 與它的資料源之間的橋梁。在 Tasks app 裡，資料源是儲存工作紀錄的 Room 資料庫。

2. **將 TaskItemAdapter 連接到 recycler view**

   我們在 `TasksFragment` 的 layout 裡面加入 recycler view，並要求它在 Kotlin 程式中使用 `TaskItemAdapter`。

3. **將最新的 List<Task> 傳給 TaskItemAdapter**

   每次 `TasksViewModel` 的工作 live data 串列改變時，我們就讓 `TasksFragment` 設定 `TaskItemAdapter` 的 `data` 屬性。

在執行 app 並觀察 recycler view 長怎樣之前，我們先來看一下程式執行時會發生什麼事。

程式執行時會發生什麼事

當 app 執行時會發生這些事情：

1. **當 app 啟動時，MainActivity 顯示 TasksFragment。**

   `TasksFragment` 使用 `TasksViewModel` 作為它的 view model。

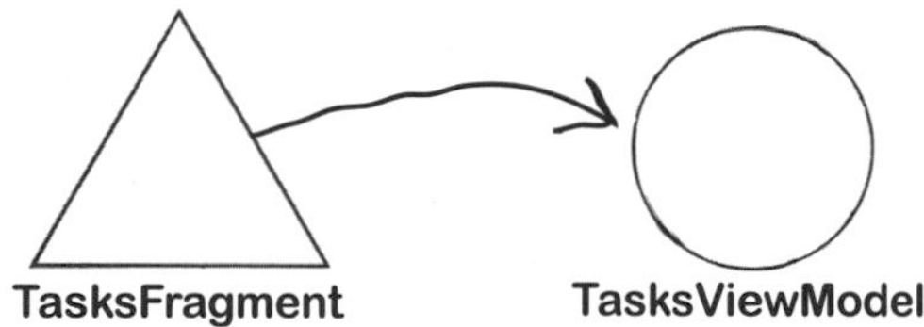

2. **TasksFragment 建立一個 TaskItemAdapter 物件，並將它指派給 recycler view 作為它的 adapter。**

3. **TasksFragment 觀察 TasksViewModel 的 tasks 屬性。**

   這個屬性是一個 `LiveData<List<Task>>`，它保存來自資料庫的最新紀錄串列。

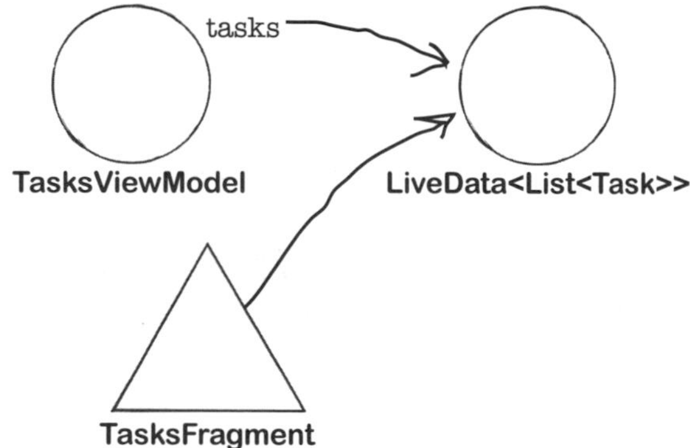

4. **TasksFragment 將 TaskItemAdapter 的 data 屬性設成 List<Task>。**

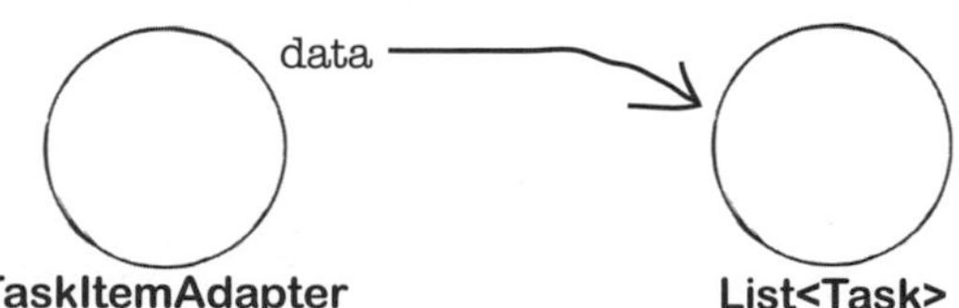

故事還沒結束

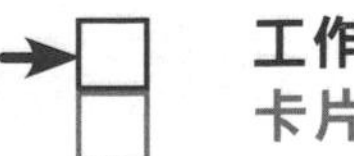

5 **幫 recycler view 需要顯示的每一個項目呼叫 TaskItemAdapter 的 onCreateViewHolder() 方法。**

這會幫每一個項目建立一個 `TaskItemViewHolder`。為每一個 view holder 充氣一個 layout（用 *task_item.xml* 來定義）。

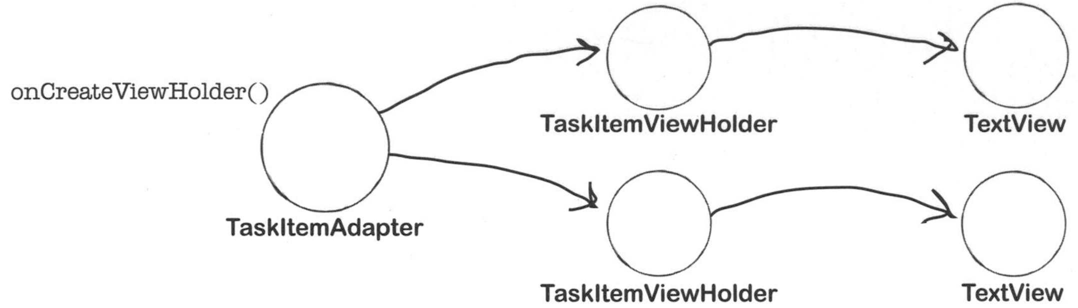

6 **幫每一個 TaskItemViewHolder 呼叫 TaskItemAdapter 的 onBindViewHolder()。**

這會將資料連接到每一個 view holder 的 layout 裡面的 text view。

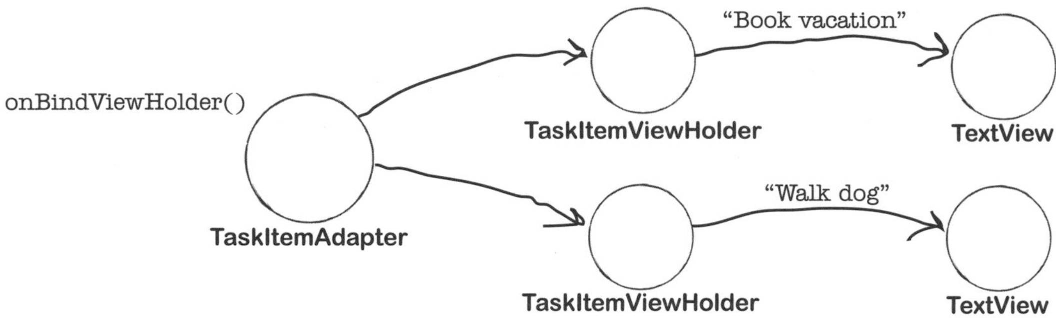

7 **每次 TasksViewModel 的 tasks 屬性改變時，TasksFragment 都會將一個修改過的 List<Task> 傳給 TaskItemAdapter。**

第 5 步與第 6 步會反覆執行，讓 recycler view 維持最新狀態。

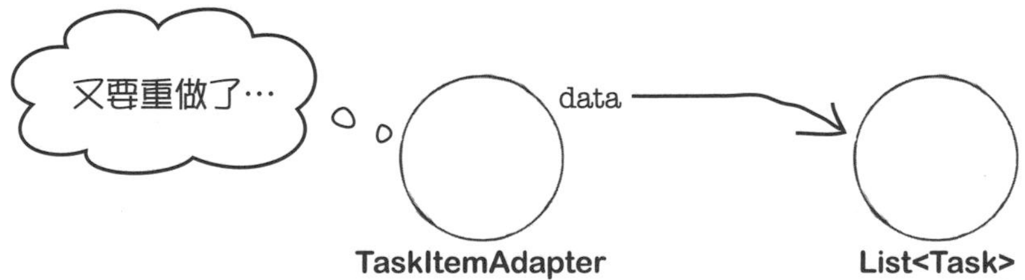

我們來執行一下 app。

新車試駕

工作清單
卡片網格

當我們執行 app 時，TasksFragment 會在 recycler view 裡面顯示每一個工作的名稱。

當我們輸入新工作時，它會被加入 recycler view 的清單裡面。app 按照我們規劃的方式運作。

11:43
Tasks
Enter a task name
SAVE TASK
Arrange picnic
Book vacation
Walk dog

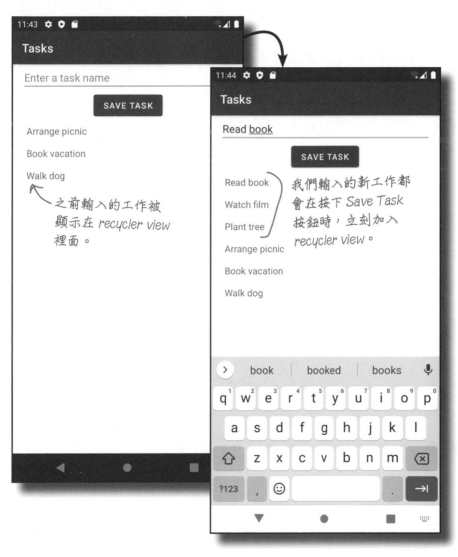

之前輸入的工作被顯示在 *recycler view* 裡面。

11:44
Tasks
Read book
SAVE TASK
Read book
Watch film
Plant tree
Arrange picnic
Book vacation
Walk dog

我們輸入的新工作都會在按下 *Save Task* 按鈕時，立刻加入 *recycler view*。

你已經知道如何建立基本的 recycler view 了，先做一下接下來的習題，接下來，我們要調整它，以另一種方式顯示工作紀錄。

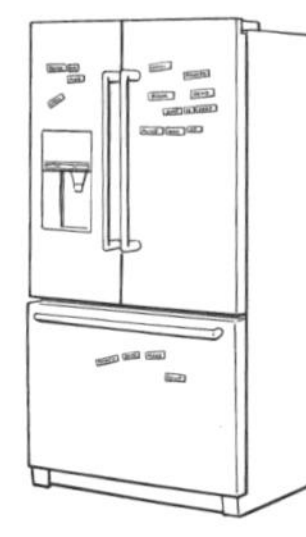

adapter 磁貼

Bits and Pizzas app 有這麼一個 **Pizza** data 類別：

```
package com.hfad.bitsandpizzas

data class Pizza(
    var pizzaId: Long = 0L,
    var pizzaName: String = "",
    var pizzaDescription: String = "",
    var pizzaImageId: Int = 0
)
```

app 需要在下面的 layout（名為 *pizza_item.xml*）裡面加入一個 recycler view，用它來顯示每一個 **Pizza** 項目的 **pizzaName**：

```
<?xml version="1.0" encoding="utf-8"?>
<TextView
    xmlns:android="http://schemas.android.com/apk/res/android"
    android:layout_width="match_parent"
    android:layout_height="wrap_content" />
```

看看你能不能完成 recycler view 的 adapter 程式（在下面）。

```
package com.hfad.bitsandpizzas

import android.view.LayoutInflater
import android.view.ViewGroup
import android.widget.TextView
import androidx.recyclerview.widget.RecyclerView

class PizzaAdapter : RecyclerView.Adapter<..........................................>() {

    var pizzas = listOf<.............>()
        set(value) {
            field = value
            notifyDataSetChanged()
        }

    override fun getItemCount() = ...........................
```

習題還沒結束，見下一頁。

```
    override fun ......................(parent: ViewGroup, viewType: Int)
                    : PizzaViewHolder = PizzaViewHolder.inflateFrom(parent)

    override fun onBindViewHolder( ......................... , position: Int) {
        val item = .......... [position]
        holder.bind(item)
    }

    class PizzaViewHolder(val rootView: TextView)
                            : ..........................(rootView) {
        companion object {
            fun inflateFrom(parent: ViewGroup): PizzaViewHolder {
                val layoutInflater = LayoutInflater.from(parent.context)
                val view = layoutInflater
                            .inflate(R.layout.pizza_item, parent, false) ..............
                return PizzaViewHolder(view)
            }
        }

        fun bind(item: ..........) {
            rootView.text = ....................
        }
    }
}
```

你不需要使用所有的磁貼。

item size : . . . . TextView onInflateLayout Pizza Pizza holder pizzas onInflateViewHolder ViewHolder PizzaViewHolder PizzaAdapter as onCreateViewHolder data PizzaName PizzaViewHolder pizzas pizzas Layout RecyclerView data

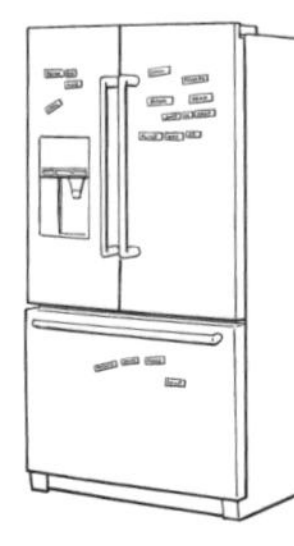

adapter 磁貼解答

Bits and Pizzas app 有這麼一個 Pizza data 類別：

```
package com.hfad.bitsandpizzas

data class Pizza(
    var pizzaId: Long = 0L,
    var pizzaName: String = "",
    var pizzaDescription: String = "",
    var pizzaImageId: Int = 0
)
```

app 需要在下面的 layout（名為 *pizza_item.xml*）裡面加入一個 recycler view，用它來顯示每一個 Pizza 項目的 pizzaName：

```
<?xml version="1.0" encoding="utf-8"?>
<TextView
    xmlns:android="http://schemas.android.com/apk/res/android"
    android:layout_width="match_parent"
    android:layout_height="wrap_content" />
```

看看你能不能完成 recycler view 的 adapter 程式（在下面）。

```
package com.hfad.bitsandpizzas

import android.view.LayoutInflater
import android.view.ViewGroup
import android.widget.TextView
import androidx.recyclerview.widget.RecyclerView

class PizzaAdapter : RecyclerView.Adapter<PizzaAdapter.PizzaViewHolder>() {

    var pizzas = listOf<Pizza>()
        set(value) {
            field = value
            notifyDataSetChanged()
        }

    override fun getItemCount() = pizzas.size
```

adapter 需要使用 PizzaViewHolder 內部類別作為它的 view holder。

adapter 使用 Pizzas 串列。

使用它來指定項目數量。

解答還沒結束，見下一頁。

覆寫這個方法。

```
override fun onCreateViewHolder (parent: ViewGroup, viewType: Int)
                        : PizzaViewHolder = PizzaViewHolder.inflateFrom(parent)

override fun onBindViewHolder( holder : PizzaViewHolder , position: Int) {
    val item = pizzas [position]
    holder.bind(item)
}
```

將 view holder 的型態傳給 onBindViewHolder。

取得指定位置的 Pizza。

繼承這個類別。

```
class PizzaViewHolder(val rootView: TextView)
                        : RecyclerView . ViewHolder (rootView) {
    companion object {
        fun inflateFrom(parent: ViewGroup): PizzaViewHolder {
            val layoutInflater = LayoutInflater.from(parent.context)
            val view = layoutInflater
                        .inflate(R.layout.pizza_item, parent, false) as TextView
            return PizzaViewHolder(view)
        }
    }

    fun bind(item: Pizza ) {
        rootView.text = item . pizzaName
    }
}
}
```

將 layout 轉換成 TextView，以反映它的根 view 的型態。

bind() 需要接受 Pizza 項目。

在 layout 的 text view 裡面顯示 pizzaName 值。

你不需要使用這些磁貼。

onInflateLayout

pizzas

onInflateViewHolder

Layout

data

data

recycler view 非常有彈性

☑ 工作清單
→☐ **卡片網格**

到目前為止，你已經學會如何建立一個基本的 recycler view 來顯示一個工作名稱清單了。我們的做法是建立一個 layout 來讓清單的每一個項目使用，定義一個 adapter 來對它填入資料，以及在 `TaskFragment` 的 layout 裡面加入一個 recycler view。

奇怪！到底他們為什麼要把 recycler view 搞得**這麼複雜**？為什麼我非得建立**額外的 layout** 與 **adapter** 不可？直接寫 fragment 程式不是**更容易很多**嗎？

雖然 recycler view 看起來很複雜，但它們非常有彈性。

在這個 app 裡，我們已經建立一個 recycler view 來顯示一個簡單的工作名稱清單了，但這只是為了幫你踏出第一步。你也可以使用 recycler view 來做其他的事情，例如：

- 將 image view 加入項目的 layout 來顯示圖像清單。
- 使用不同的 layout manager 來將項目顯示成網格，而不是垂直清單。
- 讓它回應按下的動作，以便進行巡覽。

為了讓你知道 recycler view 有多麼靈活，我們要修改剛才寫好的 recycler view，讓它為每一個工作顯示更多資訊。

我們來看看新版的 recycler view 長怎樣。

recycler view 2.0

我們要修改 recycler view，讓它在 text view 裡面顯示每一個工作的名稱，並且用核取方塊來顯示各個工作是否完成。我們會將每一個工作顯示在一張看似浮在背景之上的卡片上，並將那些卡片排成網格。

下面是新版的 recycler view 的樣子：

我們要在卡片網格中顯示工作項目。每一張卡片裡面都有一個顯示工作名稱的 text view，以及一個展示工作是否完成的核取方塊。

Read book
Done?
Watch film
Done?
Plant tree
Done?
Arrange picnic
Done?
Book vacation
Done?
Walk dog
Done?

我們將修改 *task_item.xml*（recycler view 的項目使用的 layout）來建立這一版的 recycler view，讓它使用 **card view**。card view 是一種 frame layout，它有圓角與陰影，讓它看起來高於背景。

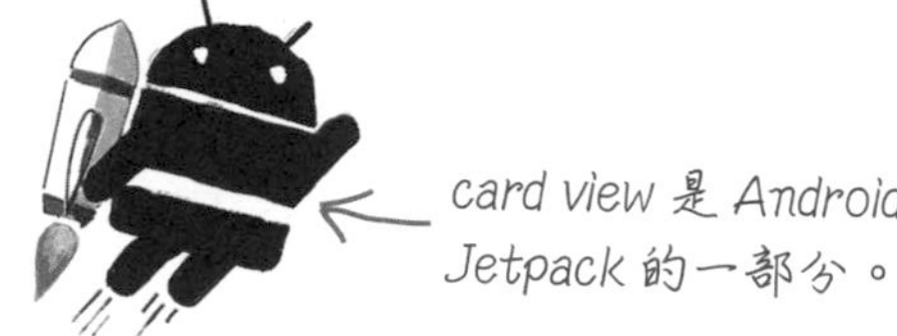

card view 是 Android Jetpack 的一部分。

將 card view 依賴項目加入 app 的 build.gradle 檔

為了使用 card view，我們要將它的程式庫依賴關係加入 app 的 *build.gradle* 檔。打開 *Tasks/app/build.gradle*，將下面粗體的這一行加入 `dependencies` 區域：

```
...
dependencies {
    ...
    implementation 'androidx.cardview:cardview:1.0.0'
    ...
}
```

這一行會將 card view 程式庫加入 app。

Tasks
app
build.gradle

務必將這個更改與 app 的其他部分同步。

如何建立 card view

工作清單
卡片網格

我們在 *task_item.xml* 裡面使用一個 card view，在 card view 裡面有一個 text view 與一個核取方塊。

為了建立 card view，你要在 layout 程式中加入一個 `<androidx.cardview.widget.CardView>` 元素。這是典型的 card view 程式：

```
<androidx.cardview.widget.CardView
    xmlns:android="http://schemas.android.com/apk/res/android"
    xmlns:app="http://schemas.android.com/apk/res-auto"
    android:layout_width="match_parent"
    android:layout_height="wrap_content"
    android:layout_margin="8dp"
    app:cardElevation="4dp"
    app:cardCornerRadius="4dp" >

    ...

</androidx.cardview.widget.CardView>
```

定義 CardView。

設定 card elevation 會在卡片下面加上陰影。

讓 CardView 有圓角。

將你想要顯示的任何 view 加入 CardView。

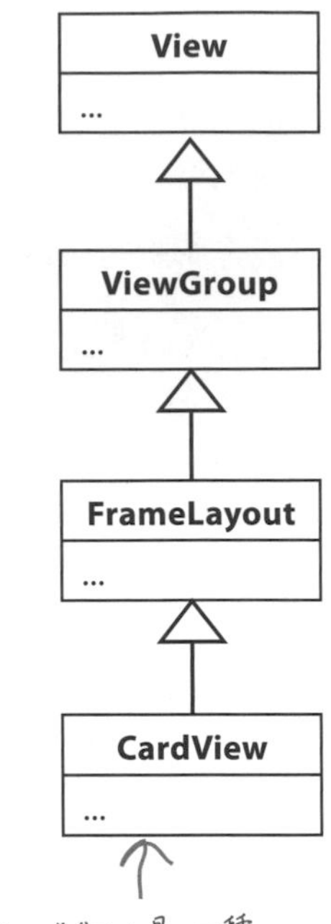

CardView 是一種 FrameLayout。它有 FrameLayout 的所有屬性力，以及一些額外的屬性。

如你所見，上面的程式有一個額外的名稱空間：

```
xmlns:app="http://schemas.android.com/apk/res-auto"
```

它可以讓你加入屬性來為卡片設定圓角，以及加上陰影，讓它看起來比背景還要高。你可以使用 `app:cardCornerRadius` 屬性來加入圓角，以及使用 `app:cardElevation` 屬性來設定它的升高程度並加上陰影：

此外還有 *app:cardBackgroundColor* 屬性可以改變卡片的背景色。

這張空的 card view 有圓角與升高效果。

定義 card view 之後，你就可以在裡面加入任何 view 了。在 Tasks app 裡面，我們想要在 card view 裡面加入一個 text view 與一個核取方塊，來顯示每一個工作的名稱，以及它是否完成。我們來看一下它的程式長怎樣。

task_item.xml 的完整程式

下面是改好的 *task_item.xml* 程式，請依此修改你的檔案（粗體為修改處）：

```
<?xml version="1.0" encoding="utf-8"?>
<androidx.cardview.widget.CardView
    xmlns:android="http://schemas.android.com/apk/res/android"
    xmlns:app="http://schemas.android.com/apk/res-auto"
    android:layout_width="match_parent"
    android:layout_height="wrap_content"
    android:layout_margin="8dp"
    app:cardElevation="4dp"
    app:cardCornerRadius="4dp" >

    <LinearLayout
        android:layout_width="match_parent"
        android:layout_height="wrap_content"
        android:orientation="vertical" >

        <TextView
            xmlns:android="http://schemas.android.com/apk/res/android"
            android:id="@+id/task_name"
            android:layout_width="match_parent"
            android:layout_height="wrap_content"
            android:textSize="16sp"
            android:padding="8dp" />

        <CheckBox
            android:id="@+id/task_done"
            android:layout_width="match_parent"
            android:layout_height="wrap_content"
            android:textSize="16sp"
            android:padding="8dp"
            android:clickable="false"
            android:text="Done?" />
    </LinearLayout>
</androidx.cardview.widget.CardView>
```

加入 card view。

我們將在 card view 內的 linear layout 裡面顯示 text view 與 checkbox。

將這一行移到 card view 元素。（xmlns:android 那一行已被刪除線劃掉）

幫 text view 加入 ID，以便在 app 的 Kotlin 程式裡面引用它。

加入核取方塊。

Tasks / app/src/main / res / layout / task_item.xml

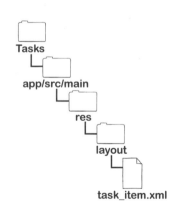

接下來，我們要修改 adapter 的 view holder，讓它與新 layout 合作，並填寫卡片的 view。

adapter 的 view holder 需要與新 layout 程式合作

我們在定義 `TaskItemAdapter`（recycler view 的 adapter）時，加入 `TaskItemViewHolder` 內部類別。在 recycler view 裡面，我們用它來將每一個項目的 layout（text view）充氣，並將工作的名稱填入。

我們來回顧原始的內部類別程式：

```
class TaskItemViewHolder(val rootView: TextView)
                        : RecyclerView.ViewHolder(rootView) {
    companion object {
        fun inflateFrom(parent: ViewGroup): TaskItemViewHolder {
            val layoutInflater = LayoutInflater.from(parent.context)
            val view = layoutInflater
                    .inflate(R.layout.task_item, parent, false) as TextView
            return TaskItemViewHolder(view)
        }
    }

    fun bind(item: Task) {
        rootView.text = item.taskName
    }
}
```

將項目的 layout 充氣，並用它來建立 view holder。

將資料加入項目的 view。

Tasks
app/src/main
java
com.hfad.tasks
TaskItemAdapter.kt

改好 *task_item.xml* 之後，我們要修改 `TaskItemViewHolder`，讓它與新 layout 合作，我們要修改三個地方：

1. **修改 view holder 的建構式，讓它使用 CardView，而不是 TextView。**

2. **修改 inflateFrom() 方法，讓它將每一個項目的 layout 充氣成 CardView。**

3. **修改 bind() 方法，讓它將項目的 taskName 與 taskDone 屬性值填入 layout 的 text view 與核取方塊。**

你已經熟悉做這些修改的程式了，所以下一頁將展示改好的 `TaskItemAdapter`，以及它的 `TaskItemViewHolder` 內部類別。

TaskItemAdapter.kt 的完整程式

下面是改好的 `TaskItemAdapter` 程式，它使用新 layout 程式，請依此修改 *TaskItemAdapter.kt*（粗體為修改處）：

Tasks
app/src/main
java
com.hfad.tasks
TaskItemAdapter.kt

```
package com.hfad.tasks

import android.view.LayoutInflater
import android.view.ViewGroup
import android.widget.CheckBox
import android.widget.TextView
import androidx.cardview.widget.CardView
import androidx.recyclerview.widget.RecyclerView

class TaskItemAdapter : RecyclerView.Adapter<TaskItemAdapter.TaskItemViewHolder>() {
    var data = listOf<Task>()
        set(value) {
            field = value
            notifyDataSetChanged()
        }

    override fun getItemCount() = data.size

    override fun onCreateViewHolder(parent: ViewGroup, viewType: Int)
                        : TaskItemViewHolder = TaskItemViewHolder.inflateFrom(parent)

    override fun onBindViewHolder(holder: TaskItemViewHolder, position: Int) {
        val item = data[position]
        holder.bind(item)
    }
```

匯入這些類別。

程式還沒結束，見下一頁。

TaskItemAdapter.kt（續）

```
class TaskItemViewHolder(val rootView: TextView CardView)
                                : RecyclerView.ViewHolder(rootView) {

    val taskName = rootView.findViewById<TextView>(R.id.task_name)
    val taskDone = rootView.findViewById<CheckBox>(R.id.task_done)

    companion object {
        fun inflateFrom(parent: ViewGroup): TaskItemViewHolder {
            val layoutInflater = LayoutInflater.from(parent.context)
            val view = layoutInflater
                    .inflate(R.layout.task_item, parent, false) as TextView CardView
            return TaskItemViewHolder(view)
        }
    }

    fun bind(item: Task) {
        rootView taskName.text = item.taskName
        taskDone.isChecked = item.taskDone
    }
}
```

將 TextView 改成 CardView。

取得 layout 的 text view 與核取方塊的參考。

在此也將 TextView 改成 CardView。

在 text view 裡面顯示工作的名稱。

使用核取方塊來展示工作是否完成。

Tasks
app/src/main
java
com.hfad.tasks
TaskItemAdapter.kt

沒有蠢問題

問：我可以在 recycler view 裡面顯示圖像嗎？

答：可以！你可以將 image view 加入項目的 layout，然後在 view holder 的 `bind()` 方法裡面填寫它。

問：recycler view 只能使用資料庫的資料嗎？

答：不，它們也可以使用其他來源的資料，只要 adapter 可以讀取那些資料即可。

問：我看到 view holder 程式使用 `findViewById()`，我們不是再也不使用它了嗎？

答：我們用這個方法來取得項目的 layout 裡面的各個 view 的參考，因為使用它來將資料加入各個 view 相對簡單，所以我們使用它。

下一章會告訴你如何使用 data binding 來取代這些呼叫。

問：recycler view 可以使用多個 layout 嗎？

答：可以！例如，你可以讓清單的第一個項目使用與其他項目不同的 layout。

做法是建立你想要使用的 layout，然後為每一個 layout 定義一個 view holder，接下來，你可以覆寫 adapter 的 `getItemViewType()` 方法，以指定 recycler view 的每個位置該使用哪個 view holder。最後，你要修改 `onCreateViewHolder()` 以檢查它的 view type 參數，並建立正確的相應 view holder。

到目前為止 recycler view 長怎樣

工作清單
卡片網格

修改 *task_item.xml* 與 *TaskItemAdapter.kt* 程式之後，執行 app 時，你會看到一個 recycler view 以 card view 的垂直清單來顯示工作：

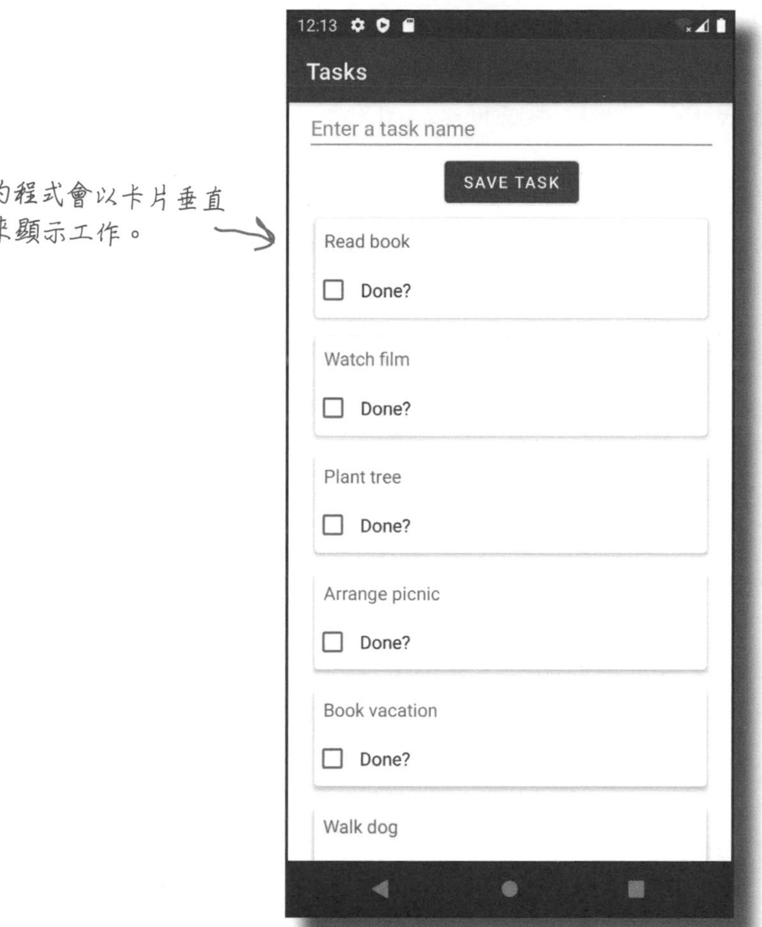

目前的程式會以卡片垂直清單來顯示工作。

recycler view 用這種方式來排列卡片的原因是，我們在 *fragment_tasks.xml* 裡面指定它必須使用 linear layout manager：

```
<androidx.recyclerview.widget.RecyclerView
    ...
    app:layoutManager="androidx.recyclerview.widget.LinearLayoutManager" />
```

目前的 app 使用 linear layout manager 來將項目顯示成垂直清單。

在預設情況下，layout manager 會以全長橫列來將項目排成垂直清單。但是，你可以加入額外的選項（或使用不同的 layout manager）來改變項目的顯示方式。

我們來看一下可用的選項有哪些。

layout manager 藝廊

工作清單
卡片網格

下面是在 recycler view 裡面排列項目的其他方式，以及如何建立它們。

將項目排成橫列

linear layout manager 在預設情況下會將項目顯示成直行。但是，你也可以將 orientation（方向）改成 horizontal（水平）來將項目顯示成橫列：

設成水平方向的 linear layout manager。

Read book
Done?
Watch film
Done?
Plant tree
Done?

```
<androidx.recyclerview.widget.RecyclerView ...
    app:layoutManager="androidx.recyclerview.widget.LinearLayoutManager"
    android:orientation="horizontal" />
```

使用 GridLayoutManager 來將項目顯示成網格

你可以使用 `GridLayoutManager` 來將項目排成網格，並使用 `app:spanCount` 來指定網格的行數：

```
<androidx.recyclerview.widget.RecyclerView ...
    app:layoutManager="androidx.recyclerview.widget.GridLayoutManager"
    app:spanCount="2" />
```

使用 grid layout manager 並將 span count 設為 2。用 span count 來告訴 layout manager 應該有多少行。

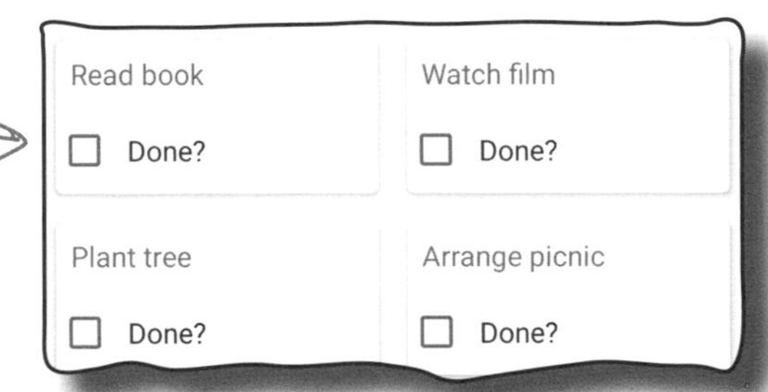

將項目排成交錯網格

如果你的項目有不一樣的大小，你可以使用 `StaggeredGridLayoutManager`：

```
<androidx.recyclerview.widget.RecyclerView ...
    app:layoutManager="androidx.recyclerview.widget.StaggeredGridLayoutManager"
    app:spanCount="2" />
```

staggered grid layout manager 很適合大小不一的項目。

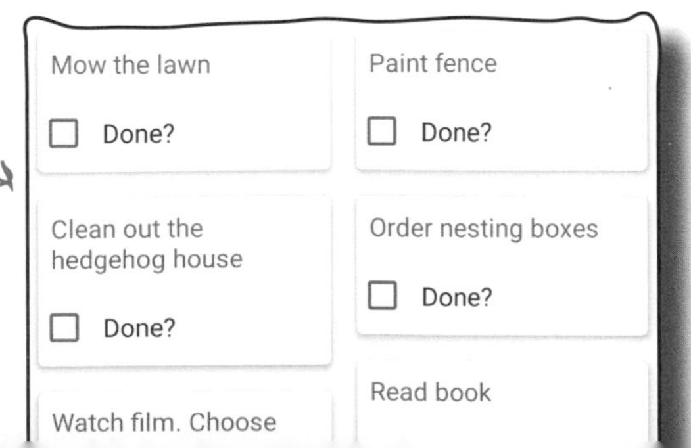

接下來，我們要在 Tasks app 的 recycler view 裡面使用這些樣式，看看 app 執行時會怎樣。

修改 fragment_tasks.xml，來將項目排成網格

我們將修改 recycler view，讓它將項目排成兩行的網格。下面是改好的 layout 程式，請依此修改 *fragment_tasks.xml*（粗體為修改處）：

```
<?xml version="1.0" encoding="utf-8"?>
<layout
    xmlns:android="http://schemas.android.com/apk/res/android"
    xmlns:app="http://schemas.android.com/apk/res-auto"
    xmlns:tools="http://schemas.android.com/tools"
    tools:context=".TasksFragment">

    <data>
        <variable
            name="viewModel"
            type="com.hfad.tasks.TasksViewModel" />
    </data>

    <LinearLayout
        android:layout_width="match_parent"
        android:layout_height="match_parent"
        android:orientation="vertical">

        <EditText
            ... />

        <Button
            ... />

        <androidx.recyclerview.widget.RecyclerView
            android:id="@+id/tasks_list"
            android:layout_width="match_parent"
            android:layout_height="0dp"
            android:layout_weight="1"
            android:gravity="top"
            app:layoutManager="androidx.recyclerview.widget.LinearGridLayoutManager"
            app:spanCount="2" />
    </LinearLayout>
</layout>
```

Tasks / app/src/main / res / layout / fragment_tasks.xml

將 linear layout manager 換成 grid layout manager。（LinearGridLayoutManager 中 Linear 被劃掉，改為 Grid）

網格有兩行。

程式執行時會發生什麼事

當 app 執行時會發生這些事情：

1. **TasksFragment 建立一個 TaskItemAdapter 物件，並將它指派給 recycler view 作為它的 adapter。**

2. **TasksFragment 將 TaskItemAdapter 的 data 屬性設成 List<Task>。**

   TasksFragment 藉著觀察 TasksViewModel 的 tasks 屬性來取得這個 List<Task>。

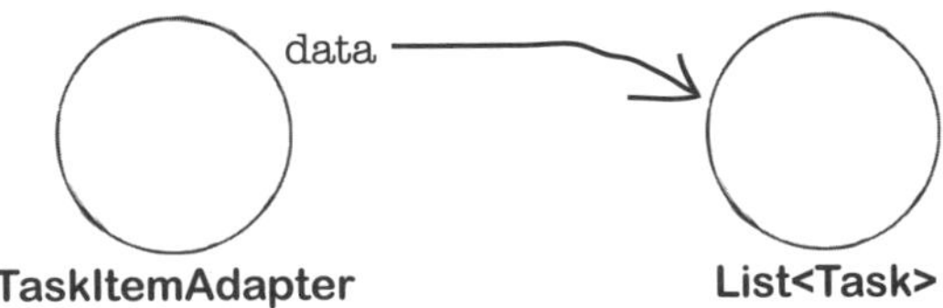

3. **為 recycler view 需要顯示的每一個項目呼叫 TaskItemAdapter 的 onCreateViewHolder() 方法。**

   這會幫每一個項目建立一個 TaskItemViewHolder。為每一個 view holder 充氣一個 layout（用 *task_item.xml* 來定義）。

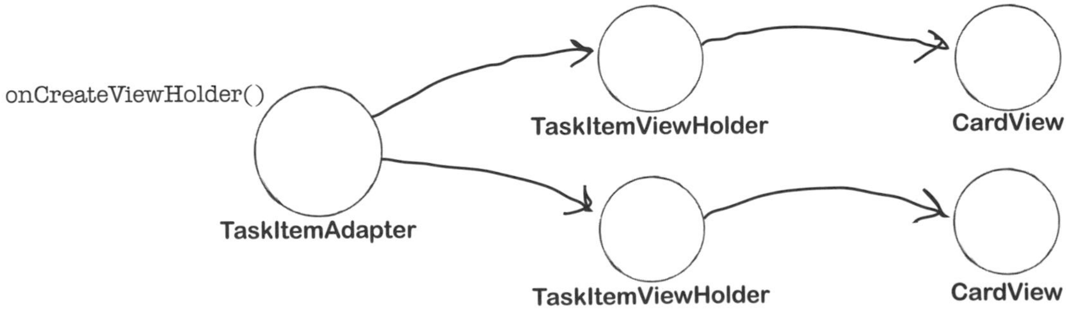

故事還沒結束

4 **為每一個 TaskItemViewHolder 呼叫 TaskItemAdapter 的 onBindViewHolder()。**

將資料接到每一個 view holder 的 layout 裡面的 view。

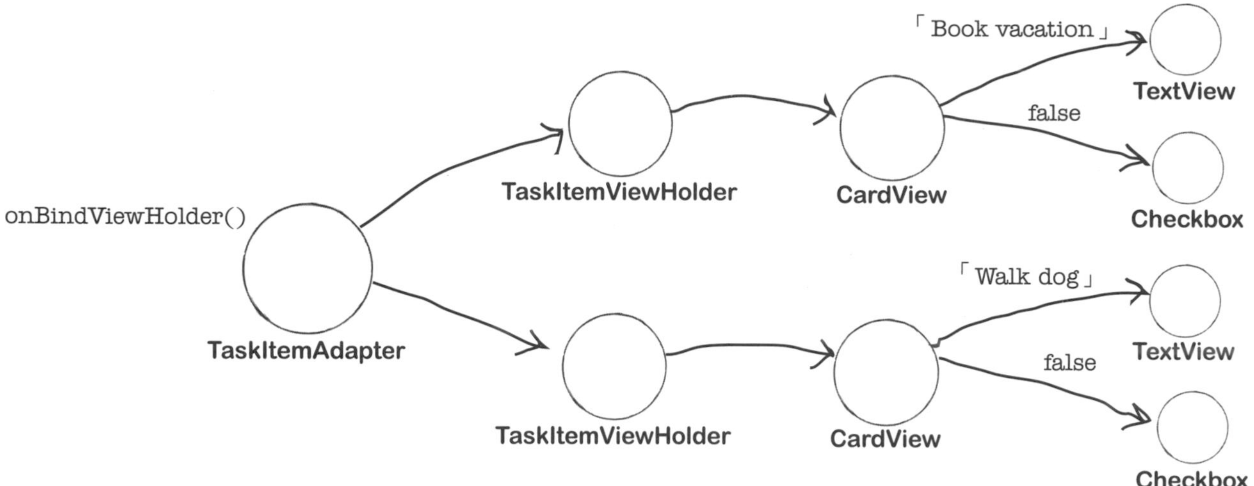

5 **recycler view 使用它的 layout manager 來排列項目。**

因為 recycler view 使用 `GridLayoutManager` 並將 `spanCount` 設為 2，所以它將項目排成兩行的網格。

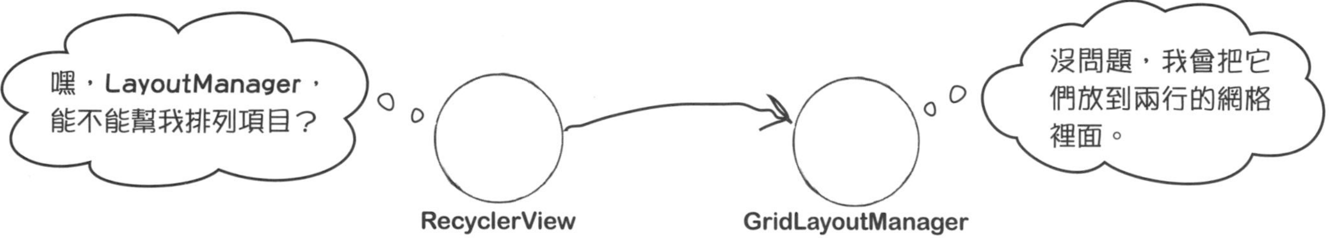

6 **每次 TasksViewModel 的 tasks 屬性改變時，TasksFragment 都會將一個修改過的 List<Task> 傳給 TaskItemAdapter。**

第 3 步到第 5 步會反覆執行，讓 recycler view 保持最新狀態。

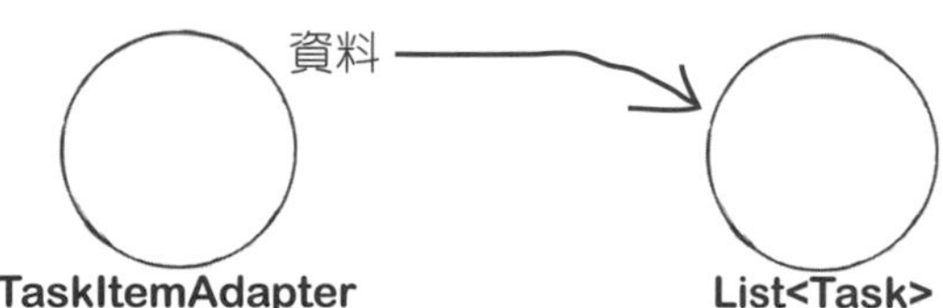

我們來執行一下 app。

新車試駕

當我們執行 app 時，`TasksFragment` 的 recycler view 會顯示卡片網格，每張卡片都會顯示工作名稱，以及工作是否完成。

當我們輸入新工作並按下 Save Task 按鈕時，app 立刻將它們加入 recycler view。

工作被顯示在卡片網格裡面。

我們輸入的新工作都會被加入 recycler view。

恭喜你！你已經知道如何使用 layout manager 來控制 recycler view 的外觀，以及如何在可捲動的卡片網格裡面顯示資料了。

下一章將基於這些知識進一步改善 recycler view。

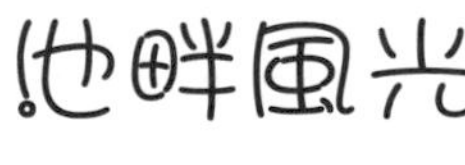

你的**目標**是修改下面的 layout 程式，在裡面加入一個 recycler view 來將它的項目顯示成三行的交錯網格。請將池子裡的程式片段放入空格。一個程式片段**只能**使用一次，你不需要使用所有的程式片段。

```
<?xml version="1.0" encoding="utf-8"?>
<LinearLayout
    xmlns:android="http://schemas.android.com/apk/res/android"
    xmlns:app="http://schemas.android.com/apk/res-auto"
    android:layout_width="match_parent"
    android:layout_height="match_parent"
    android:orientation="vertical">

    <..........................................................................
        android:id="@+id/recycler"
        android:layout_width="match_parent"
        android:layout_height="match_parent"
        ..........................................................................................................................
        ......................................... />
</LinearLayout>
```

提醒你，池中的每一個片段都只能使用一次！

3 **"3"** **layout** **=** **=**
androidx.recyclerview.widget **" "** **StaggeredGridLayout**
androidx.recyclerview.widget **. .** **StaggeredGridLayoutManager**
spanCount **columnCount** **android:**
layoutManager **app:** **RecyclerView** **android:**
androidx.widget **app:**
androidx.widget

答案在第 668 頁。

習題

Bits and Pizzas app 有這麼一個 **Pizza** data 類別：

```
package com.hfad.bitsandpizzas

data class Pizza(
    var pizzaId: Long = 0L,
    var pizzaName: String = "",
    var pizzaDescription: String = "",
    var pizzaImageId: Int = 0
)
```

app 需要在下面的 layout（名為 *pizza_item.xml*）裡面加入一個 recycler view，用它來顯示每一個 **Pizza** 項目的 **pizzaName** 與 **PizzaDescription** 屬性：

```
<?xml version="1.0" encoding="utf-8"?>
<LinearLayout
    xmlns:android="http://schemas.android.com/apk/res/android"
    android:layout_width="match_parent"
    android:layout_height="wrap_content"
    android:orientation="vertical"
    android:padding="8dp" >

    <TextView
        android:id="@+id/pizza_name"
        android:layout_width="match_parent"
        android:layout_height="wrap_content" />

    <TextView
        android:id="@+id/pizza_description"
        android:layout_width="match_parent"
        android:layout_height="wrap_content" />
</LinearLayout>
```

看看你能不能修改下一頁的 adapter 程式，讓它顯示上面的 layout 內正確的屬性。

```
...
class PizzaAdapter : RecyclerView.Adapter<PizzaAdapter.PizzaViewHolder>() {
    var pizzas = listOf<Pizza>()
        set(value) {
            field = value
            notifyDataSetChanged()
        }

    override fun getItemCount() = pizzas.size

    override fun onCreateViewHolder(parent: ViewGroup, viewType: Int)
                         : PizzaViewHolder = PizzaViewHolder.inflateFrom(parent)

    override fun onBindViewHolder(holder: PizzaViewHolder, position: Int) {
        val item = pizzas[position]
        holder.bind(item)
    }

    class PizzaViewHolder(val rootView: TextView)
                                        : RecyclerView.ViewHolder(rootView) {

        companion object {
            fun inflateFrom(parent: ViewGroup): PizzaViewHolder {
                val layoutInflater = LayoutInflater.from(parent.context)
                val view = layoutInflater.inflate(R.layout.pizza_item, parent, false)
                           as TextView
                return PizzaViewHolder(view)
            }
        }

        fun bind(item: Pizza) {
            rootView.text = item.pizzaName
        }
    }
}
```

這是你在前面的習題改過的 *adapter* 程式。
你可以讓它與新版的 *pizza_item.xml* 合作嗎？

習題解答

Bits and Pizzas app 有這麼一個 **Pizza** data 類別：

```
package com.hfad.bitsandpizzas

data class Pizza(
    var pizzaId: Long = 0L,
    var pizzaName: String = "",
    var pizzaDescription: String = "",
    var pizzaImageId: Int = 0
)
```

app 需要在下面的 layout（名為 *pizza_item.xml*）裡面加入一個 recycler view，用它來顯示每一個 **Pizza** 項目的 **pizzaName** 與 **PizzaDescription** 屬性：

```
<?xml version="1.0" encoding="utf-8"?>
<LinearLayout
    xmlns:android="http://schemas.android.com/apk/res/android"
    android:layout_width="match_parent"
    android:layout_height="wrap_content"
    android:orientation="vertical"
    android:padding="8dp" >

    <TextView
        android:id="@+id/pizza_name"
        android:layout_width="match_parent"
        android:layout_height="wrap_content" />

    <TextView
        android:id="@+id/pizza_description"
        android:layout_width="match_parent"
        android:layout_height="wrap_content" />
</LinearLayout>
```

看看你能不能修改下一頁的 adapter 程式，讓它顯示上面的 layout 內正確的屬性。

```
...
class PizzaAdapter : RecyclerView.Adapter<PizzaAdapter.PizzaViewHolder>() {
    var pizzas = listOf<Pizza>()
        set(value) {
            field = value
            notifyDataSetChanged()
        }

    override fun getItemCount() = pizzas.size

    override fun onCreateViewHolder(parent: ViewGroup, viewType: Int)
                        : PizzaViewHolder = PizzaViewHolder.inflateFrom(parent)

    override fun onBindViewHolder(holder: PizzaViewHolder, position: Int) {
        val item = pizzas[position]
        holder.bind(item)
    }

    class PizzaViewHolder(val rootView: TextView LinearLayout)
                                    : RecyclerView.ViewHolder(rootView) {
        val pizzaName = rootView.findViewById<TextView>(R.id.pizza_name)
        val pizzaDescription = rootView.findViewById<TextView>(R.id.pizza_description)

        companion object {
            fun inflateFrom(parent: ViewGroup): PizzaViewHolder {
                val layoutInflater = LayoutInflater.from(parent.context)
                val view = layoutInflater.inflate(R.layout.pizza_item, parent, false)
                            as TextView LinearLayout
                return PizzaViewHolder(view)
            }
        }

        fun bind(item: Pizza) {
            rootView pizzaName.text = item.pizzaName
            pizzaDescription.text = item.pizzaDescription
        }
    }
}
```

（程式碼中被劃掉的文字：PizzaViewHolder 參數型別中的 TextView 被劃掉，改為 LinearLayout；inflateFrom() 中「as TextView」的 TextView 被劃掉，改為 LinearLayout；bind() 中的 rootView 被劃掉，改為 pizzaName。）

如果你的程式與我們的稍微不同，別緊張，我們的程式只是正確答案之一。

layout 的根 view 是 LinearLayout。

取得 layout 的 view 的參考。

將 view 轉換成 LinearLayout，以符合 layout 的根 view。

將資料加入 layout 的 view。

池畔風光解答

你的**目標**是修改下面的 layout 程式，在裡面加入一個 recycler view 來將它的項目顯示成三行的交錯網格。請將池子裡的程式片段放入空格。一個程式片段**只能**使用一次，你不需要使用所有的程式片段。

```
<?xml version="1.0" encoding="utf-8"?>
<LinearLayout
    xmlns:android="http://schemas.android.com/apk/res/android"
    xmlns:app="http://schemas.android.com/apk/res-auto"
    android:layout_width="match_parent"
    android:layout_height="match_parent"
    android:orientation="vertical">

    <androidx.recyclerview.widget.RecyclerView
        android:id="@+id/recycler"
        android:layout_width="match_parent"
        android:layout_height="match_parent"
        app:layoutManager="androidx.recyclerview.widget.StaggeredGridLayoutManager"
        app:spanCount="3" />
</LinearLayout>
```

使用這個元素來加入 recycler view。

使用這種 layout manager 在交錯網格中顯示項目。

讓交錯網格有三行。

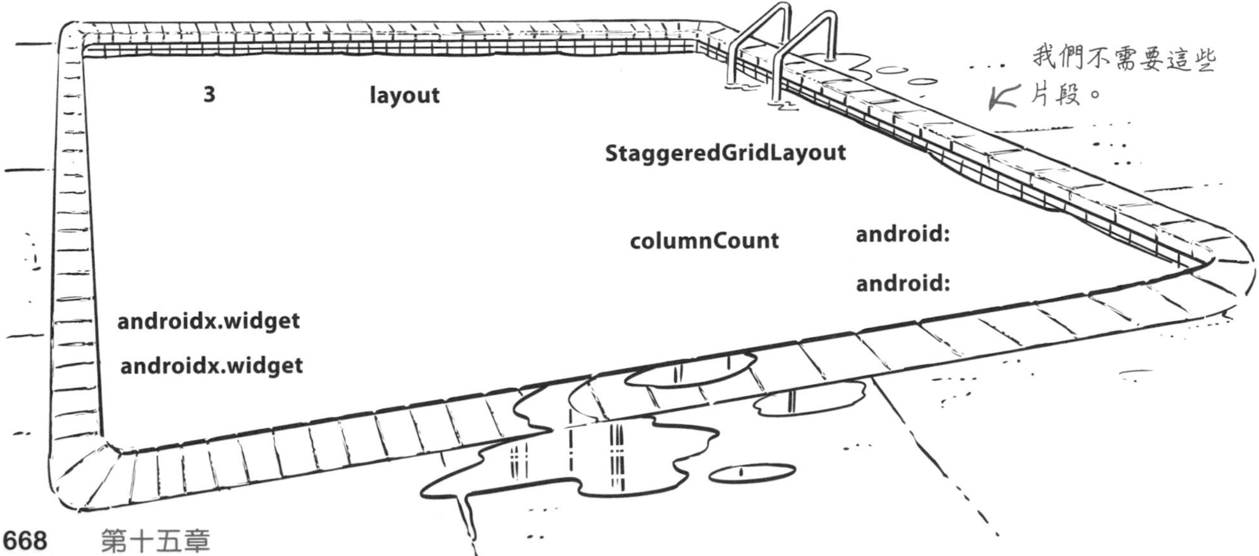

你的 Android 工具箱

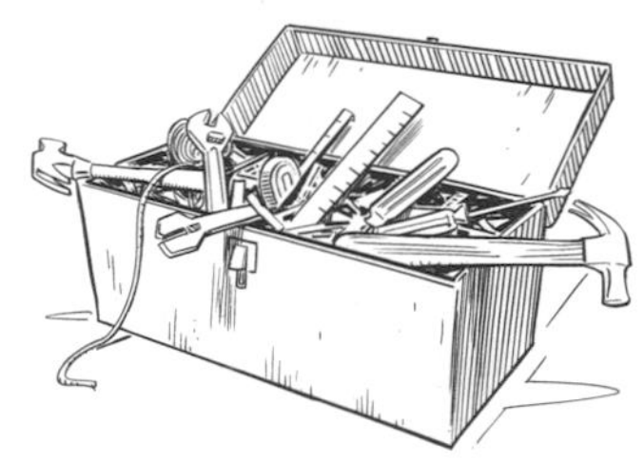

你已經掌握第 15 章，將 recycler view 加入你的工具箱了。

你可以在 tinyurl.com/hfad3 下載本章的完整程式碼。

本章重點

- recycler view 可以靈活地顯示可捲動的資料清單。
- 在 app 的 *build.gradle* 檔裡面加入 recycler view 程式庫依賴關係。
- 你要為 recycler view 的項目定義 layout，並且定義一個 adapter 來將資料放入各個項目的 view，讓 recycler view 可以顯示這些項目。
- 每一個 adapter 都必須繼承 `RecyclerView.Adapter`。
- adapter 使用 view holder，view holder 繼承 `RecyclerView.ViewHolder`，它裡面有關於每一個項目的 layout 該如何顯示的資訊，通常被定義成 adapter 的內部類別。
- adapter 的 `onCreateViewHolder()` 方法會將每一個項目的 layout 充氣，並建立 view holder。
- adapter 的 `onBindViewHolder()` 方法會將資料接到每一個項目的 layout 裡面的 view。
- 用 `<androidx.recyclerview.widget.RecyclerView>` 元素來將 recycler view 加入 layout。
- card view 是有圓角與升高效果的 frame layout。
- 在 app 的 *build.gradle* 裡面加入 card view 程式庫依賴關係。
- 使用 layout manager 來控制項目的顯示方式。
- `LinearLayoutManager` 可將項目排成直行或橫列。
- `GridLayoutManager` 會將項目排成網格。
- `StaggeredGridLayoutManager` 很像 `GridLayoutManager`，不同之處在於它的各個項目都有不一樣的大小。

16 DiffUtil 與 Data Binding

快意人生

你的 app 必須盡量跑得流暢且有效率。

但如果你不夠謹慎，大型或複雜的資料組可能會讓 recycler view 出問題。本章將介紹 ***DiffUtil***，它是**讓你的 recycler view 更聰明**的工具類別。你將了解如何使用它來**有效率地更新** recycler view。你將明白 ***ListAdapters*** 如何**讓你輕鬆地使用 *DiffUtil***。在過程中，你將學會**如何在 recycler view 程式中實作 data binding** 來永遠擺脫 ***findViewById()***。

recycler view 可以正確地顯示工作資料…

在上一章，我們在 Tasks app 裡面加入一個 recycler view，它可以按照我們的想法顯示資料，將每個工作顯示在個別的卡片上，讓每張卡片都顯示工作名稱，以及它是否完成。然後將卡片排成兩行的網格：

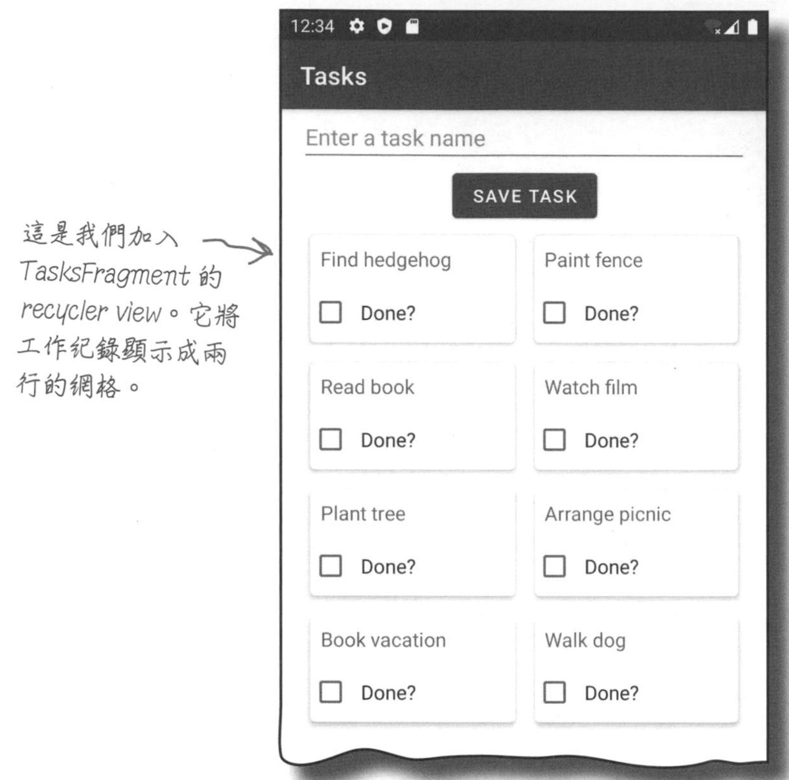

…但是當資料更新時，recycler view 會跳動

每次我們加入新工作時，recycler view 就會重繪，以加入新紀錄，並維持最新狀態。但是，當 recycler view 做這件事時會跳動，而且不太流暢。

每次 recycler view 需要更新時，**整個清單都要重新繪製**，但 app 並未顯示流暢的轉場效果來提示哪裡改變了，而且當清單很長時，用戶的所在位置可能會跑掉。它處理大型資料組很沒有效率，可能會導致性能問題。

在解決這個問題之前，我們先來回顧一下 Tasks app 的結構。

回顧 Tasks app

你一定還記得，Tasks app 可讓用戶輸入工作紀錄，它們會被存入 Room 資料庫。Tasks app 用一個 recycler view 來顯示已被輸入的紀錄。

app 的主畫面是用名為 `TasksFragment` 的 fragment 來定義的，它使用名為 `TasksViewModel` 的 view model。它的 layout（*fragment_tasks.xml*）有一個顯示工作網格的 recycler view。recycler view 使用名為 `TaskItemAdapter` 的 adapter，它的項目是用 *task_item.xml* layout 檔來排列的。

下圖是這些組件的互動：

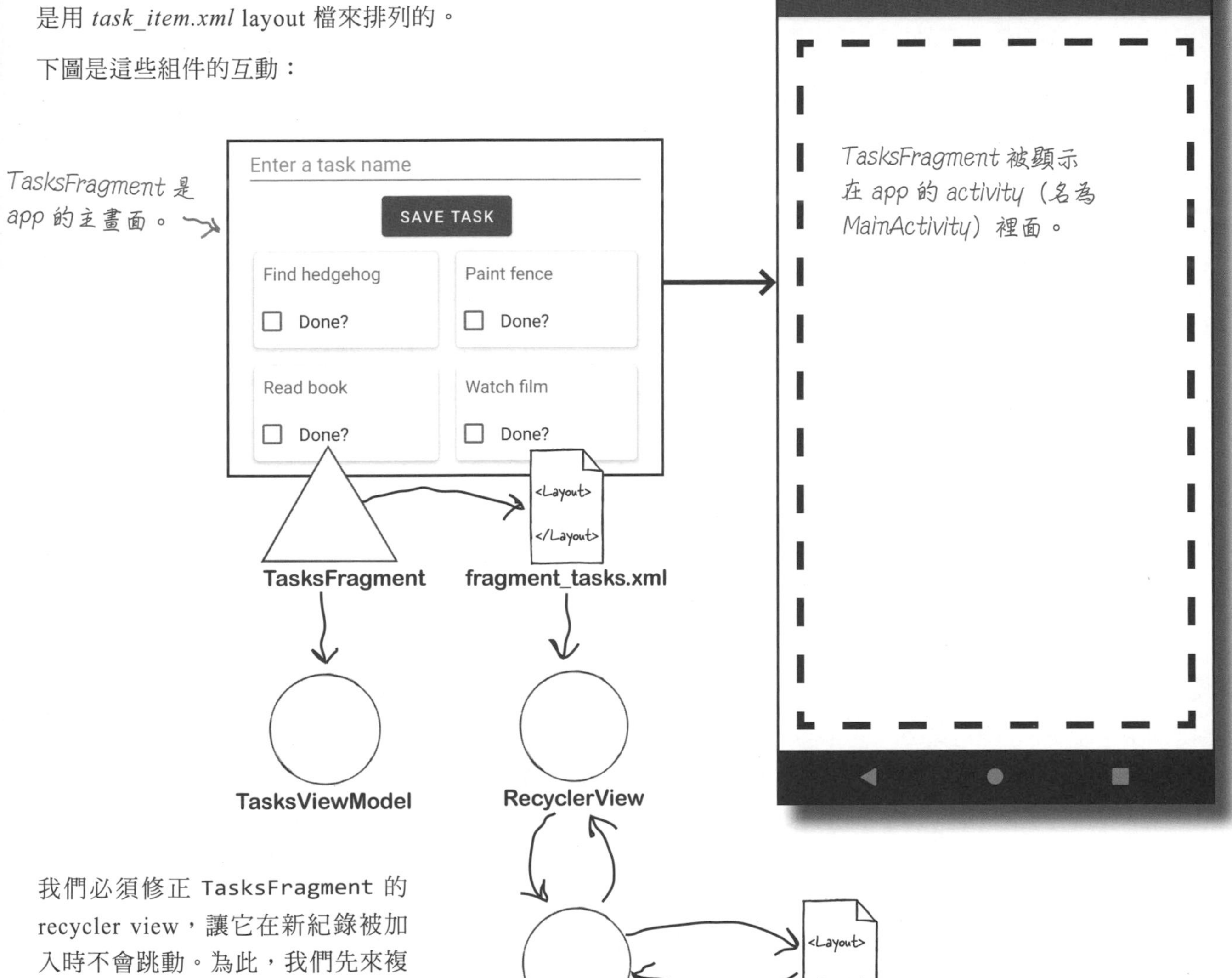

我們必須修正 `TasksFragment` 的 recycler view，讓它在新紀錄被加入時不會跳動。為此，我們先來複習一下 recycler view 的資料是怎麼設定的。

recycler view 如何取得它的資料

當 recycler view 的資料需要更新時，下面的事情就會發生：

1. **有紀錄被加入資料庫時，TasksFragment 會收到通知。**

   這是因為它觀察 TasksViewModel 的 tasks 屬性，該屬性是一個 LiveData<List<Task>>，它的資料是從資料庫取得的 。

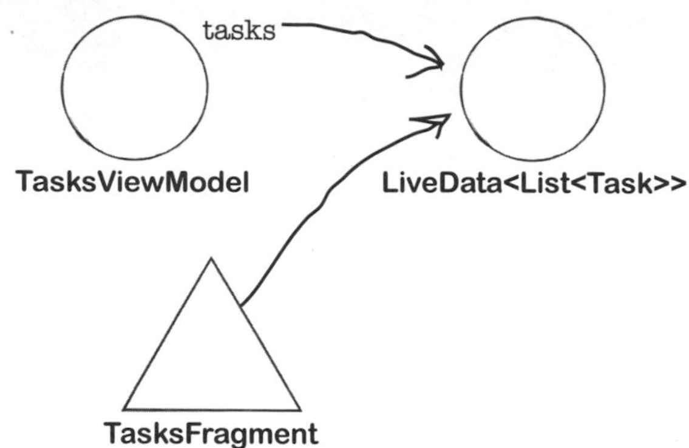

2. **TasksFragment 設定 TaskItemAdapter 的 data 屬性，用該屬性保存 recycler view 的資料。**

   它將它設為新的 List<Task>（從 tasks 屬性取得），裡面有最新的紀錄變動。

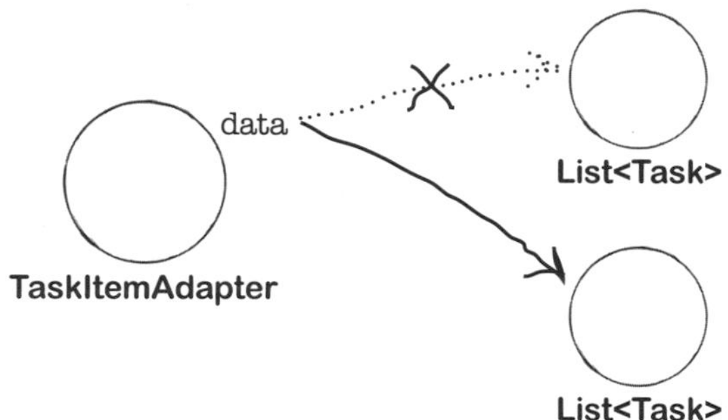

3. **TaskItemAdapter 告訴 recycler view：資料改變了。**

   作為回應，recycler view 重繪與重新連結清單裡的每一個項目。

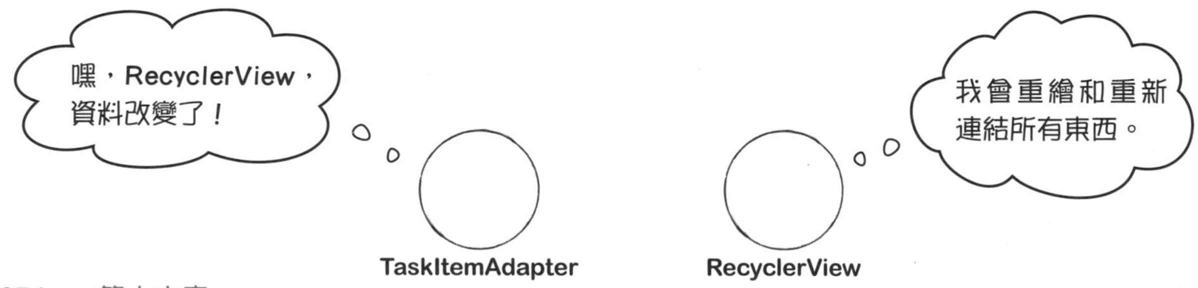

data 屬性的 setter 呼叫 notifyDataSetChanged()

recycler view 之所以能夠重繪和重新連結它的整個清單是因為有 setter，我們曾經將它加入 `TaskItemAdapter` 的 `data` 屬性。回顧一下那段程式：

```
class TaskItemAdapter : RecyclerView.Adapter<TaskItemAdapter.TaskItemViewHolder>() {
    var data = listOf<Task>()
        set(value) {
            field = value
            notifyDataSetChanged()
        }
    ...
}
```

這是 data 屬性的 setter。

這個方法告訴 recycler view 何時資料改變了。

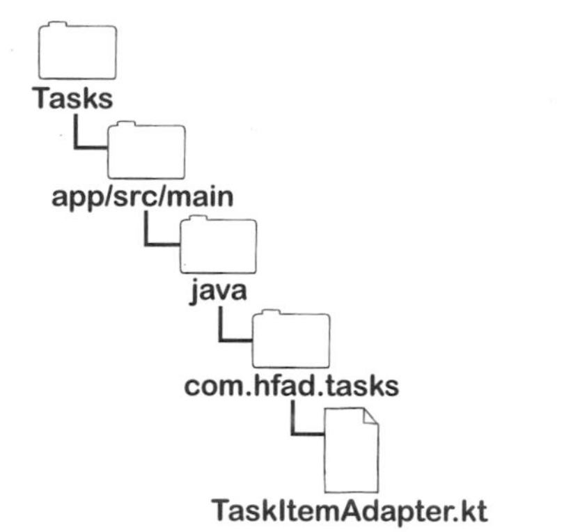

每次 `data` 屬性需要更新時，setter 就會被呼叫。如你所見，它將 `data` 屬性設為新值，然後呼叫 `notifyDataSetChanged()`。這個方法告訴任何觀察方（包括 recycler view）：資料已經改變了，所以 recycler view 會重繪，以加入最新的改變。

notifyDataSetChanged() 會重繪整個清單

但是，使用 `notifyDataSetChanged()` 是有問題的。每次它被呼叫時，它就會告訴 recycler view，`data` 屬性已經過期了，但不會具體說明怎樣過期。因為 recycler view 不知道有哪些東西改變了，所以它的回應就是**重新連結與重新繪製清單中的每一個項目**。

當整個 recycler view 用這種方式重新連結與重新繪製它的項目時，它無法記住用戶在清單裡面的位置。如果清單有不少紀錄，這種做法可能會導致清單的跳動。

用這種做法來處理大型的資料組也很低效。如果 recycler view 有很多項目，重新連結與重新繪製每一個項目是大量沒必要的工作，可能導致性能問題。

每次 notifyDataSetChanged() 被呼叫時，recycler view 就要重新連結與重新繪製它的整個清單。這種做法非常低效，*尤其是*對大型的資料組而言。

你認為我們如何避免 recycler view 在用戶每次輸入新紀錄時重新繪製整個清單？

告訴 recycler view 哪些項目需要改變

比呼叫 notifyDataSetChanged() 更有效率的方案之一，就是告訴 recycler：清單裡的哪些項目已經改變了，讓它只更新那些項目。例如，如果有新的工作紀錄被加入資料庫了，對 recycler view 而言，只加入那個項目比重新連結與繪製整個清單更有效率。

人工處理這些差異很麻煩而且需要大量程式。好消息是，recycler view 程式庫有一種稱為 DiffUtil 的工具類別，可以幫你完成所有困難的工作。

DiffUtil 可處理清單之間的差異

DiffUtil 類別是專門用來找出兩個清單之間的差異的工具。

每次 adapter 收到它的 recycler view 將要使用的新版清單時，DiffUtil 就會比較它與舊版本的差異，它會找出被加入、移除或更新的項目，然後讓 recycler view 知道，有哪些東西需要以最有效率的方式修改：

準確地說，它使用 Eugene W. Myers 聰明的 Diff 演算法來找出有哪些地方改變了。

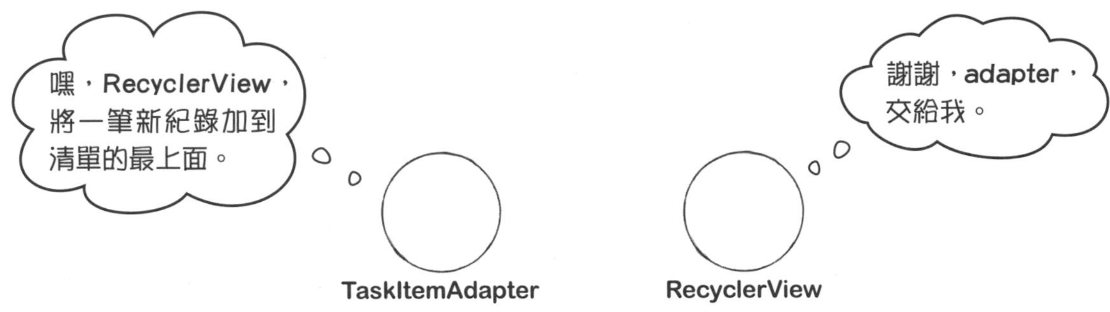

因為使用 DiffUtil 可避免讓 recycler view 重新繪製與連結整個清單，所以用它來更新 recycler view 的資料有效率許多。這也意味著用戶在清單裡面的位置不會跑掉，recycler view 甚至可以提供更流暢的轉場動畫，讓用戶知道發生了哪些變化。

我們接下來要做這些事情

在這一章，我們將改善 Tasks app 的 recycler view，讓它使用 `DiffUtil`，並使用 data binding 來填寫它的 view。這些修改將讓 recycler view 更有效率，也可以改善用戶的體驗。

下面是我們將採取的步驟：

1. **讓 recycler view 使用 DiffUtil。**

   我們將建立一個名為 `TaskDiffItemCallback` 的新類別，讓它使用 `DiffUtil` 來比較清單項目。然後，我們會修改 `TaskItemAdapter` 程式，讓它使用這個新類別。這些修改將讓 recycler view 更有效率，並且讓用戶有更流暢的使用體驗。

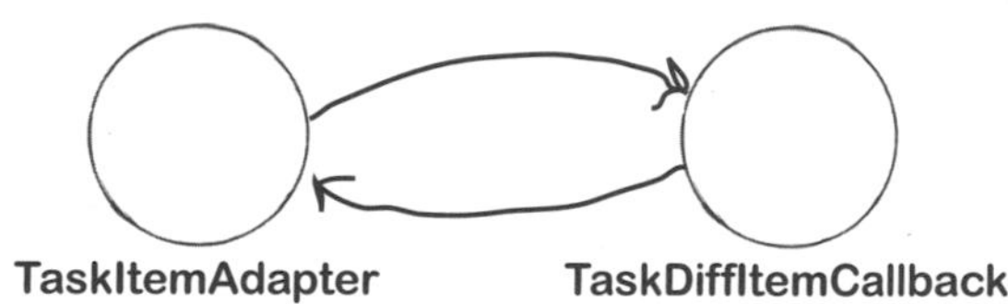

2. **在 recycler view 的 layout 裡面實作 data binding。**

   我們將移除 `TaskItemAdapter` 呼叫 `findViewById()` 的程式，並且使用 data binding 來填寫每一個項目的 view。

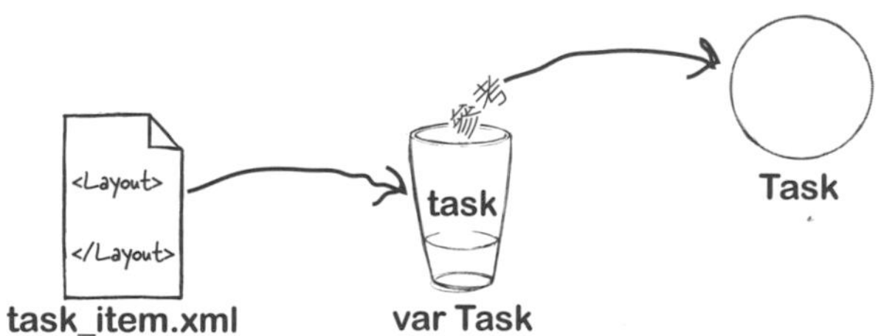

我們先來讓 recycler view 使用 `DiffUtil`。

別忘了！

我們將在本章修改 Tasks app，所以請打開這個 app 的專案。

我們要實作 DiffUtil.ItemCallback

DiffUtil
Data binding

為了讓 Tasks app 的 recycler view 使用 `DiffUtil`，我們要建立一個新類別（名為 `TaskDiffItemCallback`），並讓它實作 **`DiffUtil.ItemCallback`** 抽象類別。這個類別將用來計算串列中的兩個非 null 項目之間的差異，並協助讓 recycler view 更有效率。

在實作 `DiffUtil.ItemCallback` 時，你要先指定它將處理的物件型態，這是用泛型來做的：

讓這個類別處理 Task 物件。

```
class TaskDiffItemCallback : DiffUtil.ItemCallback<Task>() {...}
```

你也要覆寫兩個方法：`areItemsTheSame()` 與 `areContentsTheSame()`。

`areItemsTheSame()` 的用途是檢查它收到的兩個物件是否參考同一個項目。我們這樣實作它：

當 oldItem 與 newItem **參考同一個項目**時，這個方法回傳 true。

```
override fun areItemsTheSame(oldItem: Task, newItem: Task)
    = (oldItem.taskId == newItem.taskId)
```

當這兩個物件的 `taskId` 相同時，代表它們參考同一個項目，這個方法會回傳 *true*。

`areContentsTheSame()` 的用途是檢查兩個物件有沒有相同的內容，當 `areItemsTheSame()` 是 *true* 時，我們才會呼叫它。因為 `Task` 是 data 類別，所以我們可以這樣實作這個方法：

這個方法要在 oldItem 與 newItem 的**內容相同**時回傳 true。因為 Task 是 data 類別，oldItem == newItem 會在它們的屬性值相符時成立。

```
override fun areContentsTheSame(oldItem: Task, newItem: Task) = (oldItem == newItem)
```

建立 TaskDiffItemCallback.kt

為了建立新類別，在 *app/src/main/java* 資料夾裡面選擇 *com.hfad.tasks* 程式包，然後前往 File → New → Kotlin Class/File。將檔案命名為「TaskDiffItemCallback」，並選擇 Class 選項。

Tasks
app/src/main
java
com.hfad.tasks
TaskDiffItemCallback.kt

建立檔案之後，將它的程式改成下面這樣：

```
package com.hfad.tasks

import androidx.recyclerview.widget.DiffUtil

class TaskDiffItemCallback : DiffUtil.ItemCallback<Task>() {
    override fun areItemsTheSame(oldItem: Task, newItem: Task)
        = (oldItem.taskId == newItem.taskId)

    override fun areContentsTheSame(oldItem: Task, newItem: Task) = (oldItem == newItem)
}
```

ListAdapter 接收 DiffUtil.ItemCallback 引數

定義 TaskDiffItemCallback 之後，我們要在 adapter 程式中使用它。為此，我們將修改 TaskItemAdapter，讓它繼承 **ListAdapter** 類別，而不是 RecyclerView.Adapter。

ListAdapter 是一種 RecyclerView.Adapter，它是為了處理串列而設計的。它提供了它的 backing list，所以你不需要自己定義它，而且它在它的建構式裡面接收 DiffUtil.ItemCallback。

ListAdapter 是一種 RecyclerView.Adapter，它提供自己的 backing list。它很適合與 DiffUtil 一起使用。

我們將宣告 TaskItemAdapter 是一種 ListAdapter，且提供它自己的 List<Task>，而且我們將傳給它一個 TaskDiffItemCallback 的實例。以下是做這件事的程式：

```
...
import androidx.recyclerview.widget.ListAdapter

class TaskItemAdapter
        : ListAdapter<Task, TaskItemAdapter.TaskItemViewHolder>(TaskDiffItemCallback()) {
    ...
}
```

使用 androidx.recyclerview 程式庫的 ListAdapter 類別。

將 TaskItemAdapter 轉換成 List Adapter，以便與 Tasks 和 TaskItemViewHolders 合作。

將 TaskDiffItemCallback 物件傳給 adapter。

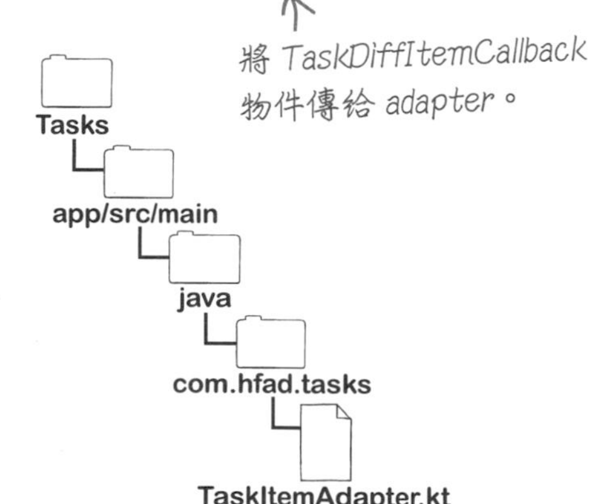

我們可以簡化 TaskItemAdapter 其餘的程式

將 TaskItemAdapter 改為繼承 ListAdapter 之後，我們可以移除它的 List<Task>data 屬性，以及它的 setter。不需要這個屬性的原因是 ListAdapter 有它自己的 backing list，所以我們不需要自行定義。

我們也可以刪除 TaskItemAdapter 的 getItemCount() 方法。當 adapter 繼承 RecyclerView.Adapter 時，我們需要那個方法，但 ListAdapter 有它自己的實作，所以現在不需要它。

最後，我們要修改 adapter 的 onBindViewHolder() 方法，它原本用：

```
val item = data[position]
```

來從 data 屬性的某個位置取得項目，現在使用：

```
val item = getItem(position)
```

它會從 adapter 的 backing list 取得指定位置的項目。

下一頁將展示完整的程式。

改好的 TaskItemAdapter.kt 程式

DiffUtil
Data binding

下面是改好的 TaskItemAdapter 程式，請依此修改 *TaskItemAdapter.kt*：

Tasks
app/src/main
java
com.hfad.tasks
TaskItemAdapter.kt

```
package com.hfad.tasks

import android.view.LayoutInflater
import android.view.ViewGroup
import android.widget.CheckBox
import androidx.recyclerview.widget.ListAdapter
import android.widget.TextView
import androidx.cardview.widget.CardView
import androidx.recyclerview.widget.RecyclerView

class TaskItemAdapter : RecyclerView.Adapter<TaskItemAdapter.TaskItemViewHolder>() {
        : ListAdapter<Task, TaskItemAdapter.TaskItemViewHolder>(TaskDiffItemCallback()) {
    var data = listOf<Task>()
        set(value) {
            field = value
            notifyDataSetChanged()
        }

    override fun getItemCount() = data.size

    override fun onCreateViewHolder(parent: ViewGroup, viewType: Int)
                        : TaskItemViewHolder = TaskItemViewHolder.inflateFrom(parent)

    override fun onBindViewHolder(holder: TaskItemViewHolder, position: Int) {
        val item = data[position] getItem(position)
        holder.bind(item)
    }

    class TaskItemViewHolder(val rootView: CardView) : RecyclerView.ViewHolder(rootView) {
        ...
    }
}
```

匯入這個類別。Android 有幾個不同的 ListAdapter 類別，務必匯入正確的那一個。

修改類別定義式，讓 TaskItemAdapter 繼承 ListAdapter，而不是 RecyclerView.Adapter。

移除 data 屬性，因為不需要它了。

不需要這個方法了。

從 adapter 的 backing list 取得項目。

我們不需要修改 view holder，所以省略它的細節。

填寫 ListAdapter 的 list…

最後，我們要將一個 Task 紀錄串列傳給 TaskItemAdapter 的 backing list。

之前的做法是讓 TasksFragment 觀察 TasksViewModel 的 tasks 屬性。每次 tasks 屬性改變時，fragment 就將 TaskItemAdapter 的 data 屬性改成 tasks 屬性的新值。

回顧一下以前的程式：

```
viewModel.tasks.observe(viewLifecycleOwner, Observer {
    it?.let {
        adapter.data = it
    }
})
```

將 adapter 的 data 屬性設成新的 tasks 串列。

現在 adapter 使用 backing list 而不是 data 屬性，所以我們要採取稍微不同的做法。

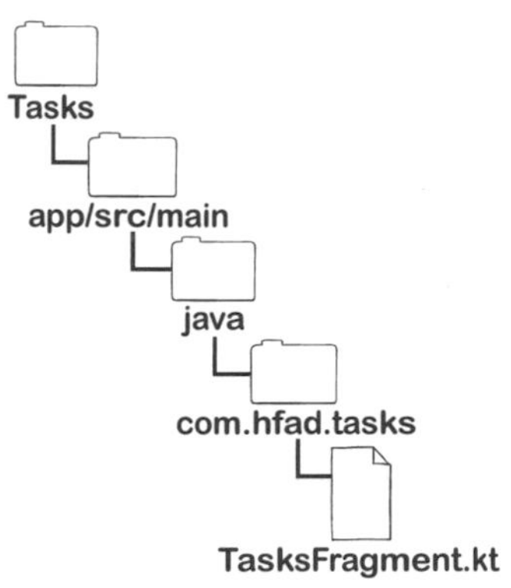

…使用 submitList()

我們將使用 submitList() 方法來將工作串列傳給 TaskItemAdapter 的 backing list。這個方法的用途是將 ListAdapter 的 backing list 換成新的 List 物件，所以它很適合在這種情況下使用。

下面是需要加入 TasksFragment 的新程式（粗體的部分），我們將在下一頁加入它：

```
viewModel.tasks.observe(viewLifecycleOwner, Observer {
    it?.let {
        adapter.data = it
        adapter.submitList(it)
    }
})
```

我們將使用 submitList() 方法來將新資料傳給 adapter 的 backing list。

當 adapter 收到新 list 時，它會使用 TaskDiffItemCallback 類別來比較新 list 與舊的版本。然後它會根據差異來更新 recycler view，而不是替換整個清單。這種做法比較有效率，而且可以帶來更流暢的用戶體驗。

我們來看一下改好的 TasksFragment 程式長怎樣。

修改 TasksFragment.kt 程式

下面是改好的 TasksFragment 程式，請依此修改 *TasksFragment.kt*（粗體為修改處）：

```
...
class TasksFragment : Fragment() {
    private var _binding: FragmentTasksBinding? = null
    private val binding get() = _binding!!

    override fun onCreateView(
            inflater: LayoutInflater, container: ViewGroup?, savedInstanceState: Bundle?
    ): View? {
        _binding = FragmentTasksBinding.inflate(inflater, container, false)
        val view = binding.root

        val application = requireNotNull(this.activity).application
        val dao = TaskDatabase.getInstance(application).taskDao
        val viewModelFactory = TasksViewModelFactory(dao)
        val viewModel = ViewModelProvider(
                this, viewModelFactory).get(TasksViewModel::class.java)
        binding.viewModel = viewModel
        binding.lifecycleOwner = viewLifecycleOwner
        val adapter = TaskItemAdapter()
        binding.tasksList.adapter = adapter

        viewModel.tasks.observe(viewLifecycleOwner, Observer {
            it?.let {
                adapter.~~data = it~~ submitList(it)
            }
        })
        return view
    }

    override fun onDestroyView() {
        super.onDestroyView()
        _binding = null
    }
}
```

修改這一行。

Tasks
app/src/main
java
com.hfad.tasks
TasksFragment.kt

我們來看一下當程式執行時會發生什麼事。

程式執行時會發生什麼事

當 app 執行時會發生這些事情：

1. **當 app 啟動時，MainActivity 顯示 TasksFragment。**

   `TasksFragment` 使用 `TasksViewModel` 作為它的 view model。

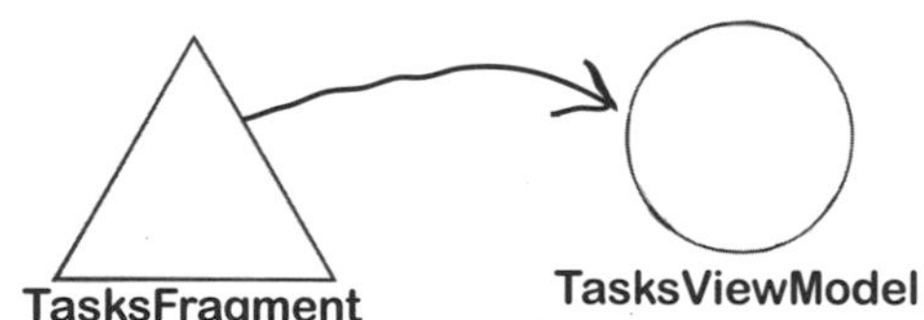

2. **TasksFragment 建立一個 TaskItemAdapter 物件，並將它指派給 recycler view 作為它的 adapter。**

3. **TasksFragment 觀察 TasksViewModel 的 tasks 屬性。**

   這個屬性是一個 `LiveData<List<Task>>`，它保存來自資料庫的最新紀錄串列。

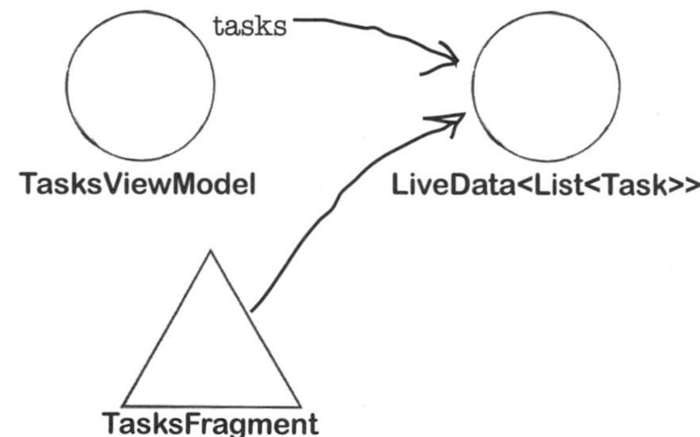

故事還沒結束

DiffUtil
Data binding

4 **每次 tasks 屬性取得新值時，TasksFragment 就會將它的 List<Task> 傳給 TaskItemAdapter。**

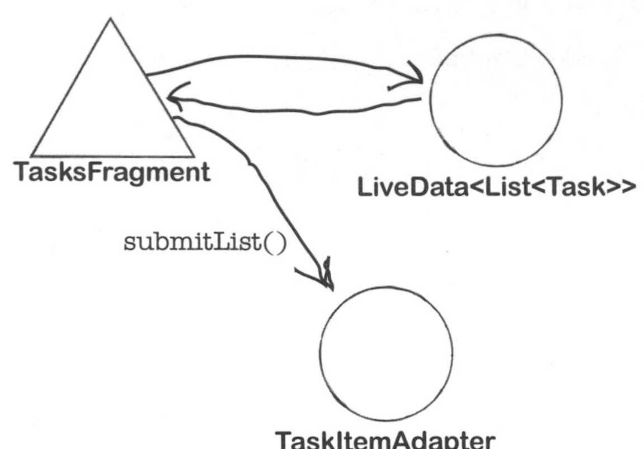
TasksFragment
LiveData<List<Task>>
submitList()
TaskItemAdapter

5 **TaskItemAdapter 使用 TaskDiffItemCallback 來比較新舊資料。**

它使用 `TaskDiffItemCallback` 的 `areItemsTheSame()` 與 `areContentsTheSame()` 方法來找出哪些地方改變了。

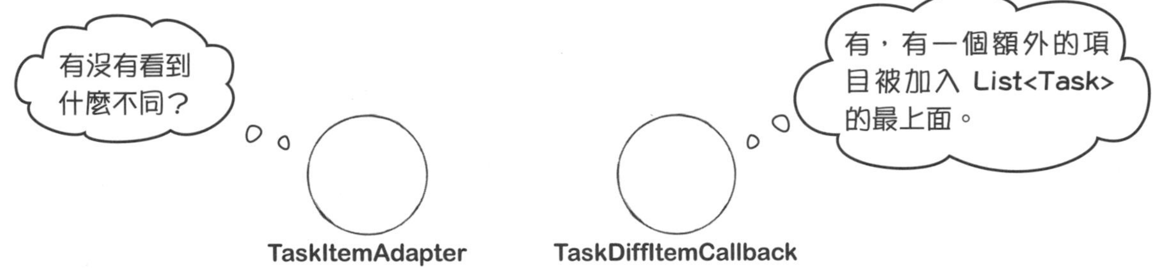
有沒有看到什麼不同？
有，有一個額外的項目被加入 List<Task> 的最上面。
TaskItemAdapter
TaskDiffItemCallback

6 **TaskItemAdapter 告訴 recycler view 哪裡不同。**

recycler view 重新連結與繪製必要的項目。

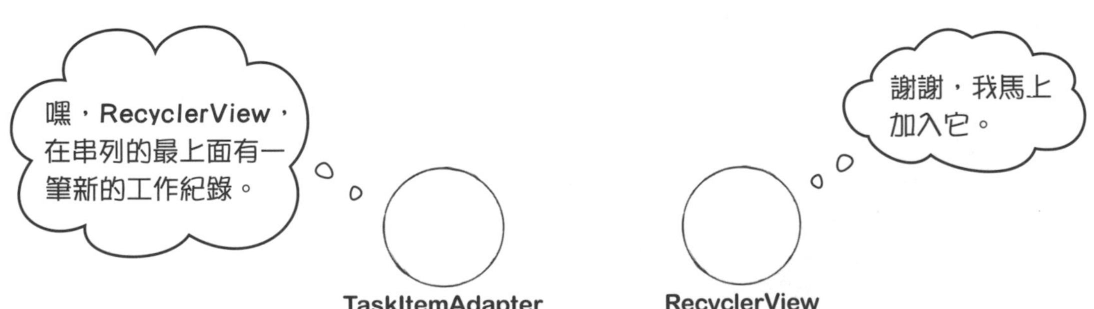
嘿，RecyclerView，在串列的最上面有一筆新的工作紀錄。
謝謝，我馬上加入它。
TaskItemAdapter
RecyclerView

新車試駕

DiffUtil
Data binding

當我們執行 app 時，與之前一樣，`TasksFragment` 在 recycler view 裡面顯示一個卡片網格。

當我們輸入工作名稱，並按下按鈕時，recycler view 會加入一個新的工作卡，而且既有的卡片會配合它移動。

當我們輸入新工作名稱並按下 Save Task 按鈕時…

…recycler view 會加入新紀錄，並顯示動態轉場。

它們是既有的卡片。

recycler view 有這種行為是因為我們使用 `DiffUtil` 來將變動送給它，而不是替換整個串列。

我是 ListAdapter

recycler view 的 ListAdapter 類別有一個 Drinks backing list。它使用右邊的 Drink 類別。你的工作是扮演 ListAdapter，指出當 ListAdapter 收到新串列時，下面的 ItemCallback 類別能不能正確地看到任何改變。為什麼可以？為什麼不行？

提示：drinkId 屬性是各個 Drink 獨有的代碼。

```
class Drink(
    var drinkId: Long = 0L,
    var drinkName: String = ""
)
```

A

```
class DrinkDiffItemCallback : DiffUtil.ItemCallback<Drink>() {
    override fun areItemsTheSame(oldItem: Drink, newItem: Drink)
        = (oldItem.drinkId == newItem.drinkId)

    override fun areContentsTheSame(oldItem: Drink, newItem: Drink)
        = (oldItem == newItem)
}
```

B

```
class DrinkDiffItemCallback : DiffUtil.ItemCallback<Drink>() {
    override fun areItemsTheSame(oldItem: Drink, newItem: Drink)
        = (oldItem == newItem)

    override fun areContentsTheSame(oldItem: Drink, newItem: Drink)
        = ((oldItem.drinkId == newItem.drinkId) &&
           (oldItem.drinkName == newItem.drinkName))
}
```

C

```
class DrinkDiffItemCallback : DiffUtil.ItemCallback<Drink>() {
    override fun areItemsTheSame(oldItem: Drink, newItem: Drink)
        = (oldItem.drinkId == newItem.drinkId)

    override fun areContentsTheSame(oldItem: Drink, newItem: Drink)
        = (oldItem.drinkName == newItem.drinkName)
}
```

答案在第 702 頁。

recycler view 可以使用 data binding

我們也可以讓 Tasks app 的 recycler view 使用 data binding 來改善它。

你應該記得，`TaskItemAdapter` 的內部類別 `TaskItemViewHolder` 使用 `findViewById()` 來取得 recycler view 裡面的各個項目的 view 的參考。然後，view holder 的 `bind()` 方法使用這些參考來將資料加入各個 view。

我們來回顧一下這段程式：

```
class TaskItemViewHolder(val rootView: CardView)
                        : RecyclerView.ViewHolder(rootView) {
    val taskName = rootView.findViewById<TextView>(R.id.task_name)
    val taskDone = rootView.findViewById<CheckBox>(R.id.task_done)
    ...

    fun bind(item: Task) {
        taskName.text = item.taskName
        taskDone.isChecked = item.taskDone
    }
}
```

取得項目的 layout 裡面的 view 的參考。

將資料填入 view。

Tasks
app/src/main
java
com.hfad.tasks
TaskItemAdapter.kt

如果我們修改 recycler view 來使用 data binding，我們就可以移除 `findViewById()` 呼叫式，並且讓各個 view 抓取它自己的資料。

如何實作 data binding

我們將讓 recycler view 使用 data binding，類似之前為 fragment 實作 data binding 的做法。我們將執行這些步驟：

1. **將 data binding 變數加入 task_item.xml。**

   我們會加入 `<layout>` 作為 layout 的根元素，並建立一個名為 `task`，型態為 `Task` 的 data binding 變數。它將產生一個名為 `TaskItemBinding` 的 binding 類別。

2. **設定 TaskItemAdapter 裡面的 data binding 變數。**

   我們將使用 `TaskItemBinding` 來充氣每一個項目的 layout，並將它的 data binding 變數設成該項目的 `Task` 物件。

3. **使用 data binding 變數來設定 view 資料。**

   最後，我們要修改 *task_item.xml*，讓各個 view 從 layout 的 `Task` 物件取得它的資料。

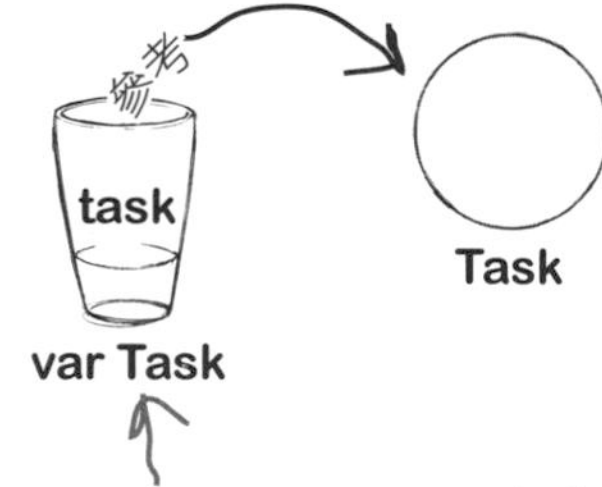

我們要讓 recycler view 使用 data binding，做法是在它的項目使用的 layout 裡面加入一個 Task data binding 變數（名為 task），讓每一個 view 都能夠從 layout 的 Task 物件取得資料。

我們先來定義 data binding 變數。

將 data binding 變數加入 task_item.xml

DiffUtil

Data binding

我們要先將 `<layout>` 作為根元素加入 *task_item.xml*，並指定一個 data binding 變數。但是，我們會將它的型態設為 `Task`，而不是使用它來將 view 連接到 view model。

程式如下，請依此修改 *update task_item.xml*（粗體為修改處）：

```
<?xml version="1.0" encoding="utf-8"?>
<layout
    xmlns:android="http://schemas.android.com/apk/res/android"
    xmlns:app="http://schemas.android.com/apk/res-auto">

    <data>
        <variable
            name="task"
            type="com.hfad.tasks.Task" />
    </data>

    <androidx.cardview.widget.CardView
        xmlns:android="http://schemas.android.com/apk/res/android"
        xmlns:app="http://schemas.android.com/apk/res-auto">
        android:layout_width="match_parent"
        android:layout_height="wrap_content"
        android:layout_margin="8dp"
        app:cardElevation="4dp"
        app:cardCornerRadius="4dp" >

        ...

    </androidx.cardview.widget.CardView>
</layout>
```

加入 <layout> 元素。

定義名為 task 的 data binding 變數。

<Layout>

</Layout>

task

task_item.xml

var Task

將這幾行移到 <layout>。

<layout> 元素的結束標籤。

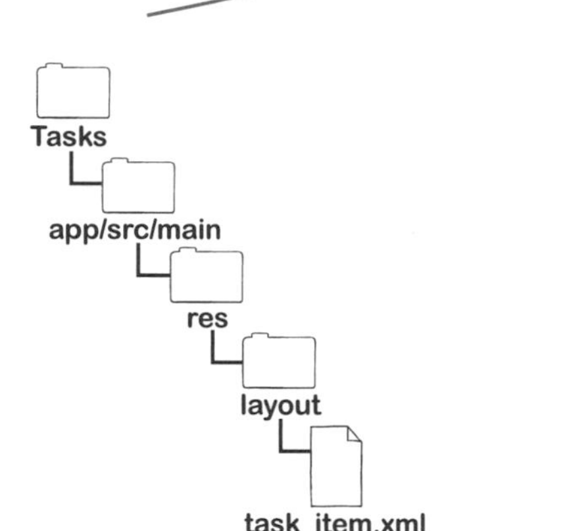

使用 `<layout>` 作為 *task_item.xml* 的根元素就是告訴 Android 你想要讓它使用 data binding，所以它會產生一個名為 `TaskItemBinding` 的新 binding 類別。我們將使用這個類別來充氣上面的 layout，並將它的 `task` data binding 變數設為 `Task` 物件。

在 adapter 的 view holder 程式中充氣 layout

當初建立 recycler view 時，我們在 `TaskItemAdapter` 的內部類別 `TaskItemViewHolder` 裡面充氣 layout 檔 *task_item.xml*。現在我們要修改這段程式，讓它使用 binding 類別 `TaskItemBinding`。在開始之前，我們來回顧目前的程式。

```
class TaskItemAdapter...{
    ...
    class TaskItemViewHolder(val rootView: CardView)
                                    : RecyclerView.ViewHolder(rootView) {
        val taskName = rootView.findViewById<TextView>(R.id.task_name)
        val taskDone = rootView.findViewById<CheckBox>(R.id.task_done)

        companion object {
            fun inflateFrom(parent: ViewGroup): TaskItemViewHolder {
                val layoutInflater = LayoutInflater.from(parent.context)
                val view = layoutInflater
                        .inflate(R.layout.task_item, parent, false) as CardView
                return TaskItemViewHolder(view)
            }
        }

        fun bind(item: Task) {
            taskName.text = item.taskName
            taskDone.isChecked = item.taskDone
        }
    }
}
```

它會充氣 layout 並回傳 TaskItemViewHolder 物件。

將資料加入各個 view

Tasks
app/src/main
java
com.hfad.tasks
TaskItemAdapter.kt

腦力激盪

看看上面的 `TaskItemViewHolder` 程式，你認為我們要怎樣修改程式，才能將 *task_item.xml* 連結 `Task` 物件？

使用 binding 類別來充氣 layout

我們修改 TaskItemViewHolder 的第一個地方是使用 TaskItemBinding 類別來將 *task_item.xml* 充氣。我們要在 view holder 的 inflateFrom() 方法裡面做這件事：

```
fun inflateFrom(parent: ViewGroup): TaskItemViewHolder {
    val layoutInflater = LayoutInflater.from(parent.context)
    val view = layoutInflater.inflate(R.layout.task_item, parent, false) as CardView
    val binding = TaskItemBinding.inflate(layoutInflater, parent, false)
    return TaskItemViewHolder(view binding)
}
```

使用 binding 變數來建立 TaskItemViewHolder。

使用 TaskItemBinding 來將 layout 充氣。

注意，我們現在將 binding 變數（它是 TaskItemBinding 物件）傳給 TaskItemViewHolder 的建構式。這意味著，我們也要將 TaskItemViewHolder 類別的定義改成這樣：

```
class TaskItemViewHolder(val rootView: CardView) : RecyclerView.ViewHolder(rootView) {
class TaskItemViewHolder(val binding: TaskItemBinding)
                       : RecyclerView.ViewHolder(binding.root) {
    ...
}
```

TaskItemViewHolder 必須接收 TaskItemBinding 物件。

現在它是 layout 的根 view。

Tasks
app/src/main
java
com.hfad.tasks
TaskItemAdapter.kt

將 layout 的 data binding 變數指派給 Task

使用 TaskItemBinding 類別來充氣 *task_item.xml* 之後，我們可以用它來設定 task data binding 變數。所以，我們要修改 TaskItemViewHolder 的 bind() 方法，讓它將 task 設成 recycler view 當前的 Task 項目：

```
fun bind(item: Task) {
    taskName.text = item.taskName
    taskDone.isChecked = item.taskDone
    binding.task = item
}
```

view holder 不需要將資料加入 layout 的 view 了。

將 data binding 變數設為 Task。

我們將設定 task_name 與 task_done view 的兩行程式移除，因為使用 data binding 就不需要它們了。這意味著我們也可以將 view holder 的 taskName 與 taskDone 屬性移除。

下一頁將展示 TaskItemAdapter 的完整程式（包括 TaskItemViewHolder 內部類別）。

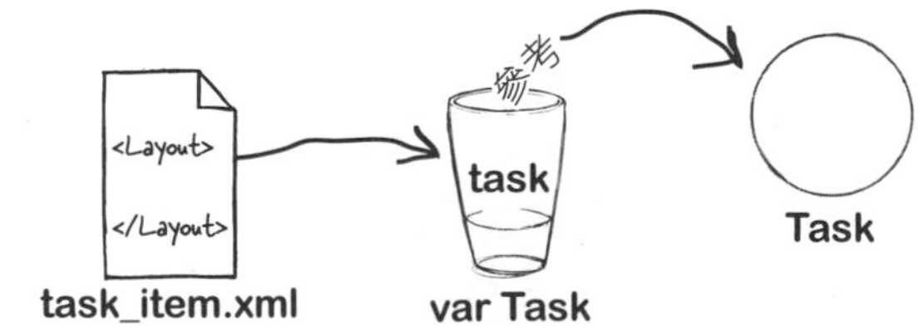

TaskItemAdapter.kt 的完整程式

下面是改好的 `TaskItemAdapter` 程式，請依此修改 *TaskItemAdapter.kt*（粗體為修改處）：

```
package com.hfad.tasks

import android.view.LayoutInflater
import android.view.ViewGroup
import android.widget.CheckBox                          ← 刪除這一行。
import androidx.recyclerview.widget.ListAdapter
import android.widget.TextView                          ← 也刪除這幾行。
import androidx.cardview.widget.CardView
import androidx.recyclerview.widget.RecyclerView
import com.hfad.tasks.databinding.TaskItemBinding       ← 加入這個 import。

class TaskItemAdapter
    : ListAdapter<Task, TaskItemAdapter.TaskItemViewHolder>(TaskDiffItemCallback()) {

  override fun onCreateViewHolder(parent: ViewGroup, viewType: Int)
                      : TaskItemViewHolder = TaskItemViewHolder.inflateFrom(parent)

  override fun onBindViewHolder(holder: TaskItemViewHolder, position: Int) {
      val item = getItem(position)
      holder.bind(item)
  }

  class TaskItemViewHolder(val rootView binding: CardView TaskItemBinding)
                          : RecyclerView.ViewHolder(rootView binding.root) {
      val taskName = rootView.findViewById<TextView>(R.id.task_name)
      val taskDone = rootView.findViewById<CheckBox>(R.id.task_done)
```

（刪除線：`import android.widget.CheckBox`、`import android.widget.TextView`、`import androidx.cardview.widget.CardView`、`rootView`、`CardView`、`val taskName ...`、`val taskDone ...` 皆為刪除；粗體：`import com.hfad.tasks.databinding.TaskItemBinding`、`binding`、`TaskItemBinding`、`binding.root` 為新增。）

更改它。

現在要將 TaskItemBinding 傳給 TaskItemViewHolder，而不是 CardView。

修改它。

刪除這幾行。

程式還沒結束，見下一頁。

TaskItemAdapter.kt（續）

DiffUtil
Data binding

```
        companion object {
            fun inflateFrom(parent: ViewGroup): TaskItemViewHolder {
                val layoutInflater = LayoutInflater.from(parent.context)
                val view = layoutInflater
                        .inflate(R.layout.task_item, parent, false) as CardView
                val binding = TaskItemBinding.inflate(layoutInflater, parent, false)
                return TaskItemViewHolder(view binding)
            }
        }

        fun bind(item: Task) {
            taskName.text = item.taskName
            taskDone.isChecked = item.taskDone
            binding.task = item
        }
    }
}
```

使用 TaskItemBinding 來將 layout 充氣。

將 binding 變數傳給 TaskItemViewHolder 的建構式。

刪除這幾行。

設定 layout 的 data binding 變數。

Tasks
app/src/main
java
com.hfad.tasks
TaskItemAdapter.kt

使用 data binding 來設定 layout 的 view

將 *task_item.xml* 的 task data binding 變數設成 view holder 的 Task 項目之後，我們可以使用 data binding 來填寫 layout 的 view。

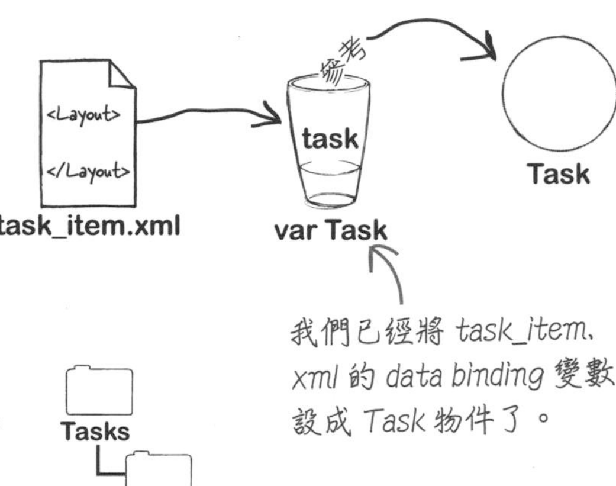

你已經熟悉做這件事的程式了。例如，若要將 task_name view 的 text 設成工作名稱，你可以這樣寫：

```
<TextView
    android:id="@+id/task_name"
    ...
    android:text="@{task.taskName}" />
```

將 view 的 text 設成工作名稱。

你可以這樣設定 task_done 核取方塊：

```
<CheckBox
    android:id="@+id/task_done"
    ...
    android:checked="@{task.taskDone}" />
```

如果工作完成了，核取方塊會被核取。

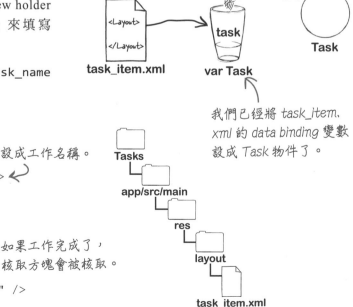

Tasks
app/src/main
res
layout
task_item.xml

下一頁將展示完整的程式。

task_item.xml 的完整程式

下面是改好的 *task_item.xml* 程式，請依此修改你的檔案（粗體為修改處）：

```
<?xml version="1.0" encoding="utf-8"?>
<layout
    xmlns:android="http://schemas.android.com/apk/res/android"
    xmlns:app="http://schemas.android.com/apk/res-auto">

    <data>
        <variable
            name="task"
            type="com.hfad.tasks.Task" />
    </data>

    <androidx.cardview.widget.CardView
        android:layout_width="match_parent"
        android:layout_height="wrap_content"
        android:layout_margin="8dp"
        app:cardElevation="4dp"
        app:cardCornerRadius="4dp" >

        <LinearLayout
            android:layout_width="match_parent"
            android:layout_height="wrap_content"
            android:orientation="vertical" >

            <TextView
                android:id="@+id/task_name"
                android:layout_width="match_parent"
                android:layout_height="wrap_content"
                android:textSize="16sp"
                android:padding="8dp"
                android:text="@{task.taskName}" />
```

Tasks
app/src/main
res
layout
task_item.xml

顯示工作名稱。

程式還沒結束，見下一頁。

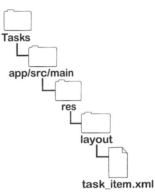

task_item.xml 程式（續）

```
            <CheckBox
                android:id="@+id/task_done"
                android:layout_width="match_parent"
                android:layout_height="wrap_content"
                android:textSize="16sp"
                android:padding="8dp"
                android:clickable="false"
                android:text="Done?"
                android:checked="@{task.taskDone}" />
        </LinearLayout>
    </androidx.cardview.widget.CardView>
</layout>
```

顯示工作是否完成。

Tasks
app/src/main
res
layout
task_item.xml

我們來看一下當程式執行時會發生什麼事，再來執行它。

問：為什麼上一章使用 RecyclerView.Adapter？難道不能改用 ListAdapter 嗎？

答：上一章使用 RecyclerView.Adapter 是為了讓你感受 recycler view 如何互相搭配運作。使用 ListAdapter 是額外的改良，很適合與 DiffUtil 一起使用，這就是我們在本章使用它的原因。

問：我可以使用 DiffUtil 卻不實作 ListAdapter 嗎？

答：可以，但是這種做法比較複雜。使用 ListAdapter 比較簡單。

問：為什麼要將 findViewById() 呼叫式換掉？

答：我們在第 10 章討論過，findViewById() 有一些缺點。

首先，它的效率有時非常低，每次這個方法被呼叫時，Android 就必須在 layout 的階層裡面尋找 ID 相符的 view，如果找不到，app 會崩潰。

findViewById() 也不是型態安全的。如果你為你想尋找的 view 指定錯誤的型態，app 可能會在你試著使用它時崩潰。

問：對耶！我想起這些缺點了。data binding 沒有這些問題嗎？

答：沒有，使用 data binding 比較安全，你比較不會遇到這種執行期錯誤。

問：在 *task_item.xml* 裡面，你定義了型態為 Task 的 data binding 變數，為什麼？

答：因為我們想要顯示各個項目的 Task 物件的值，建立這種型態的變數可讓我們使用 data binding 來設定這些值。

程式執行時會發生什麼事

當 app 執行時會發生這些事情：

1. **task_item.xml 定義一個名為 task 的 Task data binding 變數。**

   task_item.xml 的根元素是 `<layout>`，data binding 會幫這種 layout 產生一個名為 `TaskItemBinding` 的 binding 類別。

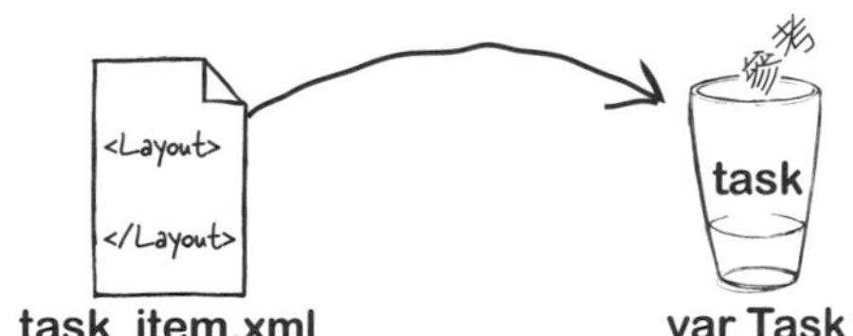

2. **TasksFragment 建立一個 TaskItemAdapter 物件，並將它指派給 recycler view 作為它的 adapter。**

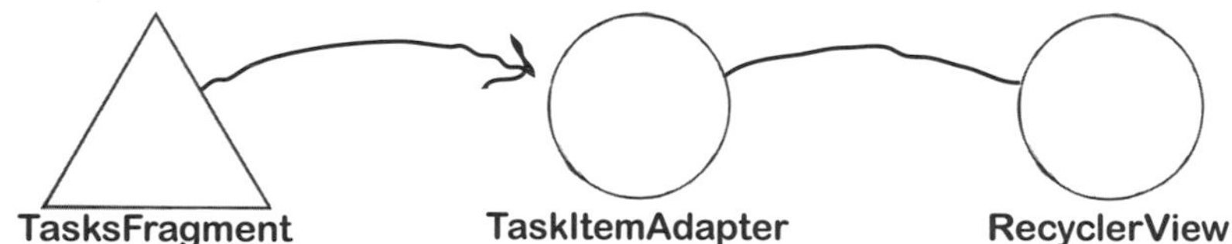

3. **TasksFragment 將 List<Task> 傳給 TaskItemAdapter。**

   `List<Task>` 裡面有來自資料庫的最新紀錄串列。

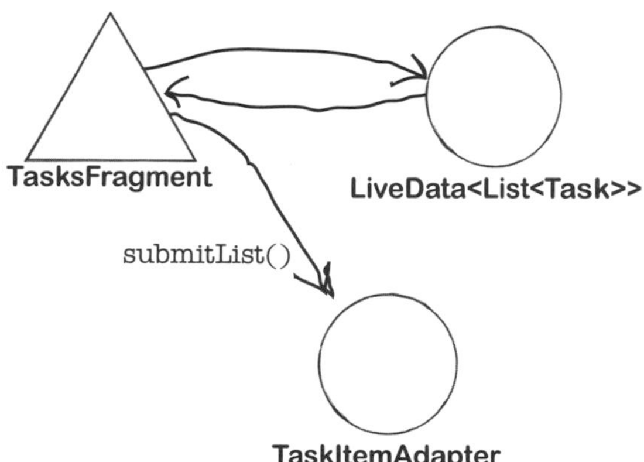

故事還沒結束

4 **app 為 recycler view 需要顯示的每一個項目呼叫 TaskItemAdapter 的 onCreateViewHolder() 方法。**

`onCreateViewHolder()` 呼叫 `TaskItemViewHolder.inflateFrom()`，它建立一個 `TaskItemBinding` 物件。它會充氣物件的 layout，並用它來建立一個 `TaskItemViewHolder`。

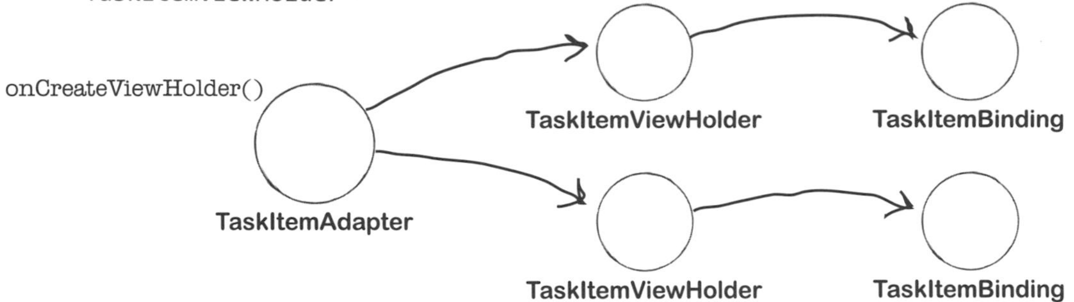

5 **app 為每一個 TaskItemViewHolder 呼叫 TaskItemAdapter 的 onBindViewHolder() 方法。**

該方法呼叫 `TaskItemViewHolder` 的 `bind()` 方法，`bind()` 方法使用 `TaskItemBinding` 物件來將 layout 的 `task` 變數設成項目的 `Task`。

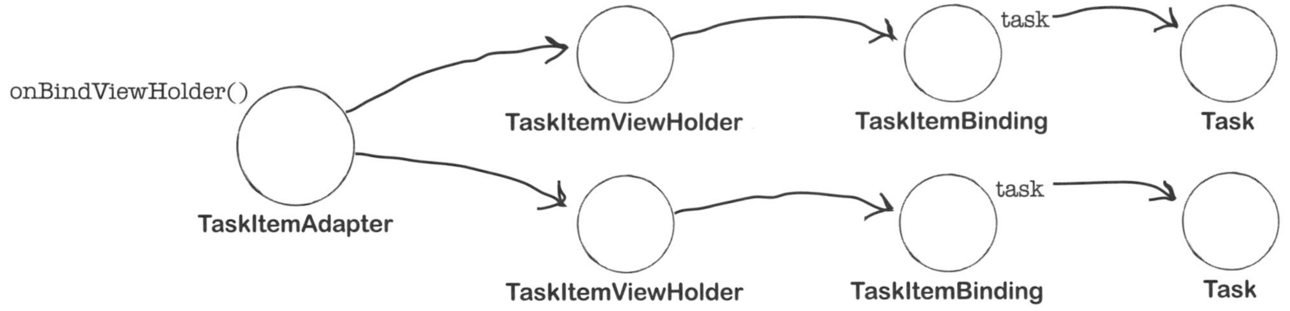

6 **在 task_item.xml 裡面的 data binding 程式使用 task 屬性來設定每一個項目的 view。**

`task_name` view 的 `text` 屬性被設為 `task.taskName`，且 `task_done` view 的 `checked` 屬性被設為 `task.taskDone`。

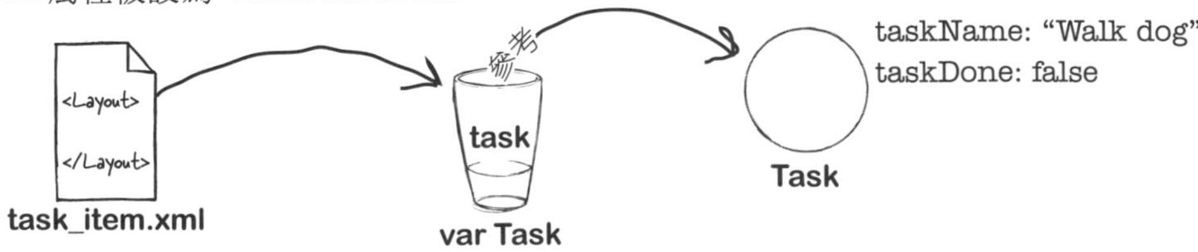

新車試駕

DiffUtil
Data binding

當我們執行 app 時，`TasksFragment` 會在 recycler view 裡面顯示卡片網格。它的行為與之前一樣，但是這一次，我們使用 data binding。

當我們輸入新工作名稱並按下 Save Task 按鈕時⋯

⋯recycler view 會加入新紀錄，並且像之前一樣顯示動態轉場。

工作被顯示在 recycler view 裡面。

恭喜你！你已經知道如何使用 recycler view 來實作 data binding，也知道如何使用 `DiffUtil` 了。

下一章將基於這些知識，讓 recycler view 巡覽至個別的紀錄。

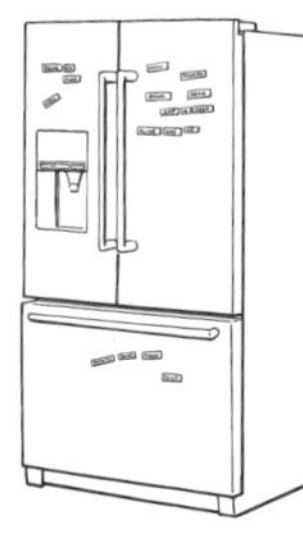

adapter 磁貼

Bits and Pizzas app 有一個 recycler view 使用名為 *pizza_item.xml* 的 layout 來顯示它的項目。這個 layout 定義一個 data binding 變數（名為 **pizza**）如下：

```
<layout...>
    <data>
        <variable
            name="pizza"
            type="com.hfad.bitsandpizzas.Pizza" />
    </data>
    ...
</layout>
```

recycler view 使用下面這個名為 **PizzaAdapter** 的 adapter，看看你能不能完成這個 adapter 的程式，讓它可以設定 layout 的 **pizza** data binding 變數。

```
package com.hfad.bitsandpizzas

import android.view.LayoutInflater
import android.view.ViewGroup
import androidx.recyclerview.widget.ListAdapter
import androidx.recyclerview.widget.RecyclerView

import com.hfad.bitsandpizzas.databinding. ........................

class PizzaAdapter
    : ListAdapter<Pizza, PizzaAdapter.PizzaViewHolder>(PizzaDiffItemCallback) {

    override fun onCreateViewHolder(parent: ViewGroup, viewType: Int)
                      : PizzaViewHolder = PizzaViewHolder.inflateFrom(parent)

    override fun onBindViewHolder(holder: PizzaViewHolder, position: Int) {
        val item = getItem(position)
        holder.bind(item)
    }
```

習題還沒結束，見下一頁。

```
class PizzaViewHolder(val binding: ................................)
                                  : RecyclerView.ViewHolder(binding.root) {

        companion object {
            fun inflateFrom(parent: ViewGroup): PizzaViewHolder {
                val layoutInflater = LayoutInflater.from(parent.context)

                val binding = ................................

                                .inflate(................................, parent, false)

                return PizzaViewHolder(binding)
            }
        }

        fun bind(item: Pizza) {

            ................................ = ................................
        }
    }
}
```

你不需要使用所有的磁貼。

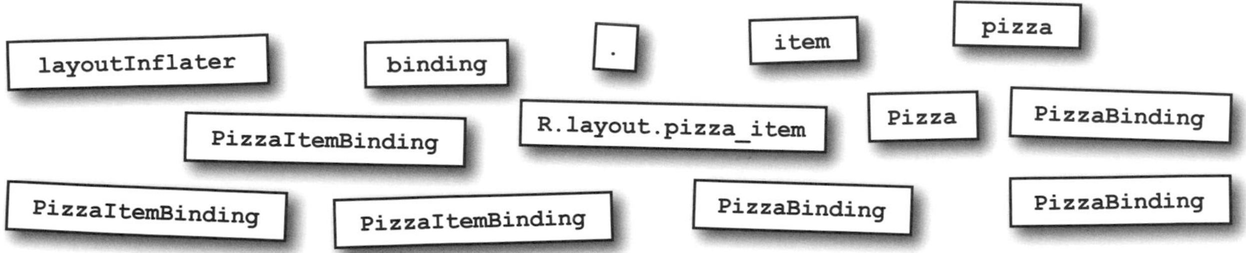

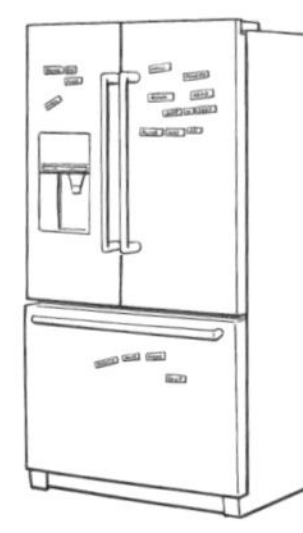

adapter 磁貼解答

Bits and Pizzas app 有一個 recycler view 使用名為 *pizza_item.xml* 的 layout 來顯示它的項目。這個 layout 定義一個 data binding 變數（名為 **pizza**）如下：

```
<layout...>
    <data>
        <variable
            name="pizza"
            type="com.hfad.bitsandpizzas.Pizza" />
    </data>
    ...
</layout>
```

recycler view 使用下面這個名為 **PizzaAdapter** 的 adapter，看看你能不能完成這個 adapter 的程式，讓它可以設定 layout 的 **pizza** data binding 變數。

```
package com.hfad.bitsandpizzas

import android.view.LayoutInflater
import android.view.ViewGroup
import androidx.recyclerview.widget.ListAdapter
import androidx.recyclerview.widget.RecyclerView

import com.hfad.bitsandpizzas.databinding.PizzaItemBinding

class PizzaAdapter
    : ListAdapter<Pizza, PizzaAdapter.PizzaViewHolder>(PizzaDiffItemCallback) {

    override fun onCreateViewHolder(parent: ViewGroup, viewType: Int)
                    : PizzaViewHolder = PizzaViewHolder.inflateFrom(parent)

    override fun onBindViewHolder(holder: PizzaViewHolder, position: Int) {
        val item = getItem(position)
        holder.bind(item)
    }
```

匯入 layout 的 binding 類別。

解答還沒結束，見下一頁。

PizzaViewHolder 需要接收 PizzaItemBinding 物件。

```
class PizzaViewHolder(val binding: PizzaItemBinding)
                                : RecyclerView.ViewHolder(binding.root) {

    companion object {
        fun inflateFrom(parent: ViewGroup): PizzaViewHolder {
            val layoutInflater = LayoutInflater.from(parent.context)
            val binding = PizzaItemBinding
                .inflate(layoutInflater, parent, false)
            return PizzaViewHolder(binding)
        }
    }

    fun bind(item: Pizza) {
        binding.pizza = item
    }
}
```

使用 PizzaItemBinding 來充氣 layout。

設定 layout 的 data binding 變數。

我是 ListAdapter 解答

recycler view 的 ListAdapter 類別有一個 Drinks backing list。它使用右邊的 Drink 類別。你的工作是扮演 ListAdapter，指出當 ListAdapter 收到新串列時，下面的 ItemCallback 類別能不能正確地看到任何改變。為什麼可以？為什麼不行？

提示：drinkId 屬性是各個 Drink 獨有的代碼。

```
class Drink(
    var drinkId: Long = 0L,
    var drinkName: String = ""
)
```

A

```
class DrinkDiffItemCallback : DiffUtil.ItemCallback<Drink>() {
    override fun areItemsTheSame(oldItem: Drink, newItem: Drink)
        = (oldItem.drinkId == newItem.drinkId)

    override fun areContentsTheSame(oldItem: Drink, newItem: Drink)
        = (oldItem == newItem)
}
```

✗ 因為 Drink 不是 data 類別，它只會在 oldItem 與 newItem 是同一個物件時回傳 true。

B

```
class DrinkDiffItemCallback : DiffUtil.ItemCallback<Drink>() {
    override fun areItemsTheSame(oldItem: Drink, newItem: Drink)
        = (oldItem == newItem)

    override fun areContentsTheSame(oldItem: Drink, newItem: Drink)
        = ((oldItem.drinkId == newItem.drinkId) &&
           (oldItem.drinkName == newItem.drinkName))
}
```

✗ 在這裡要檢查兩個項目的 ID 是否相符，但是它檢查它們是不是同一個物件。

C

```
class DrinkDiffItemCallback : DiffUtil.ItemCallback<Drink>() {
    override fun areItemsTheSame(oldItem: Drink, newItem: Drink)
        = (oldItem.drinkId == newItem.drinkId)

    override fun areContentsTheSame(oldItem: Drink, newItem: Drink)
        = (oldItem.drinkName == newItem.drinkName)
}
```

✓ 它正確地檢查兩個項目是不是有相同的 ID 與內容。

你的 Android 工具箱

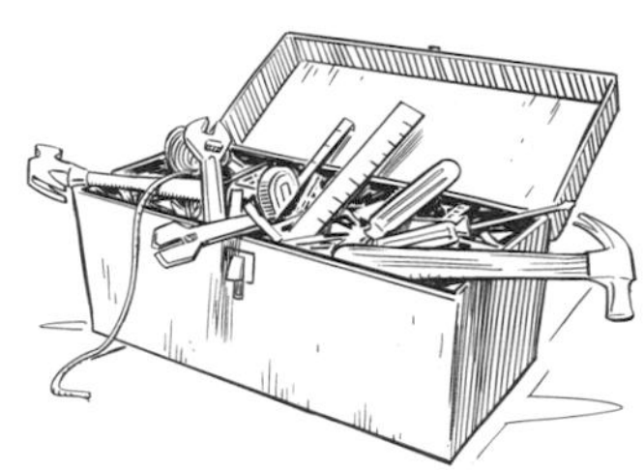

你已經掌握第 16 章，將 DiffUtil 與 recycler view data binding 加入你的工具箱了。

你可以在 tinyurl.com/hfad3 下載本章的完整程式碼。

本章重點

- 每次 `notifyDataSetChanged()` 被呼叫時，recycler view 就會重新連結與繪製每一個項目。
- `DiffUtil` 會確認哪些項目改變了，並且用最有效率的方式來更新 recycler view。
- `ListAdapter` 是一種處理串列的 `RecyclerView.Adapter`。它提供自己的 backing list，並在建構式接收 `DiffUtil.ItemCallback`。
- `DiffUtil.ItemCallback` 會計算串列內的兩個非 null 項目的差異。
- 覆寫 `DiffUtil.ItemCallback` 的 `areItemsTheSame()` 方法來指明兩個物件是否參考同一個項目。
- 覆寫 `DiffUtil.ItemCallback` 的 `areContentsTheSame()` 方法來指明兩個物件是否有相同的內容。
- 使用 `submitList()`方法來將新版的串列傳給 `ListAdapter`。
- recycler view 可以使用 data binding。
- 在 recycler view 的項目使用的 layout 裡面定義 data binding 變數。
- 在 recycler view 的 adapter 程式裡面設定 data binding 變數。

抽一張卡

有一些 app 需要讓用戶從清單中選擇一個項目。

在這一章，你將了解**如何讓 recycler view 的項目可以被按下，讓它成為 app 設計的核心**。你將探索如何**實作 recycler view 導覽**，讓 app 在用戶按下一筆紀錄時帶他前往新畫面。你將知道**如何展示用戶**所選擇的紀錄的**額外資訊**，以及如何在資料庫裡面更新它。在本章結尾，你將擁有所有的工具，**它們可以幫你將絕佳的靈感轉換成夢想中的 app**…

recycler view 可以用來導覽

在前兩章，你已經知道如何建立 recycler view，並用它來顯示一個可捲動的資料清單，以及使用 DiffUtil 來讓它更有效率了。但是故事還沒結束。

recycler view 是許多 Android app 的主要組件，因為它不但可以顯示資料清單，也可以用來導覽 app。你可以讓 app 在用戶按下 recycler view 裡面的一個項目時前往新 fragment，在那裡顯示該筆紀錄的詳細資訊。

為了說明怎麼做，我們將修改 Tasks app，讓用戶可以在 recycler view 按下工作並前往新的 fragment，那個 fragment 將顯示用戶選擇的紀錄，並讓用戶修改或刪除它：

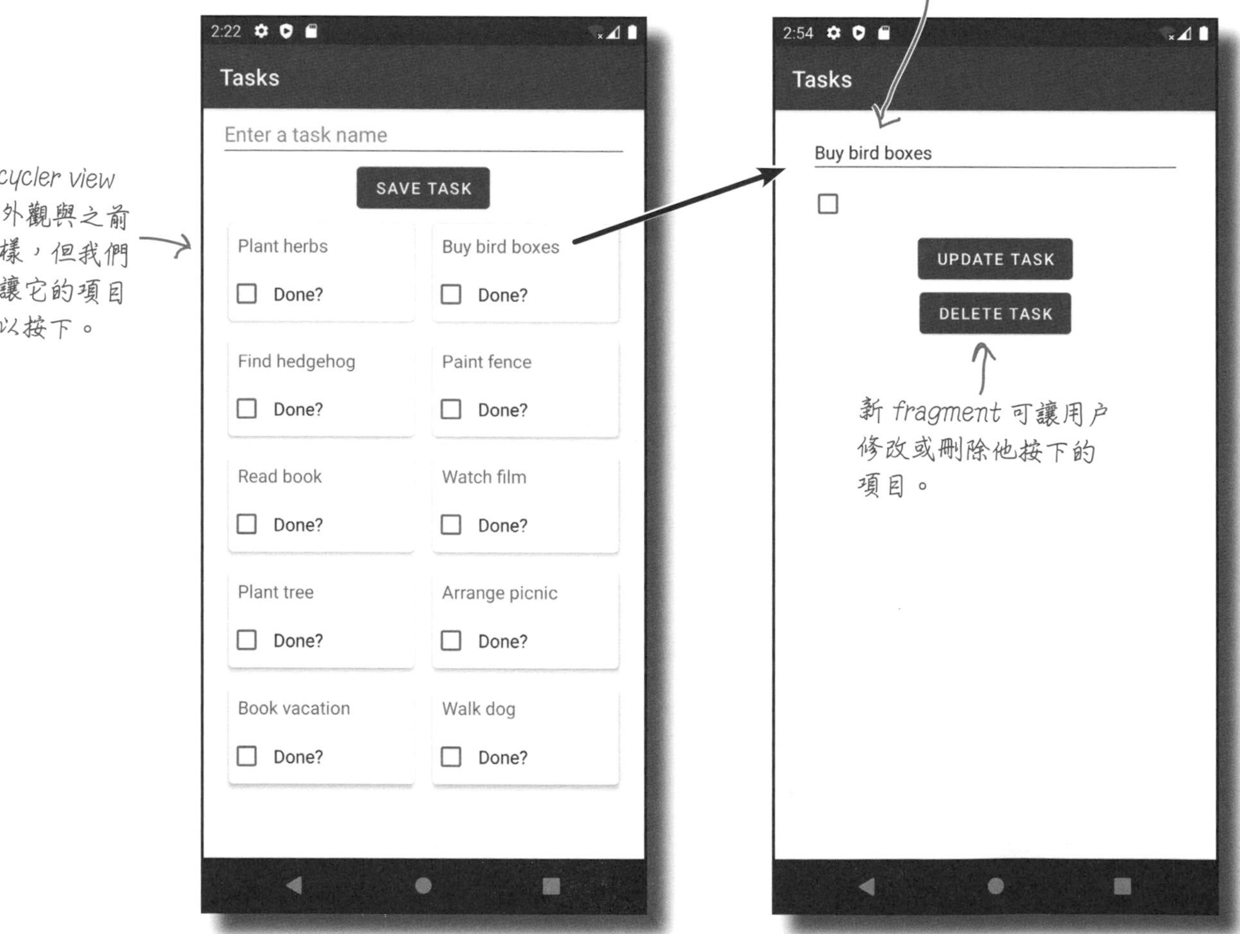

Tasks app 目前的結構

在說明如何修改 Tasks app 之前，我們來回顧一下它目前的結構。

這個 app 有一個 activity（`MainActivity`），它顯示一個名為 `TasksFragment` 的 fragment。這個 fragment 是 app 的主畫面，它的 layout 裡面有一個顯示工作網格的 recycler view。這個 recycler view 使用名為 `TaskItemAdapter` 的 adapter，它的項目是用 layout 檔案來排列的。

`TasksFragment` 使用一個名為 `TasksViewModel` 的 view model。這個 view model 負責 fragment 的商業邏輯，並且使用一個名為 `TaskDao` 的介面從 Room 資料庫取得資料。

下面是這些組件的互動方式：

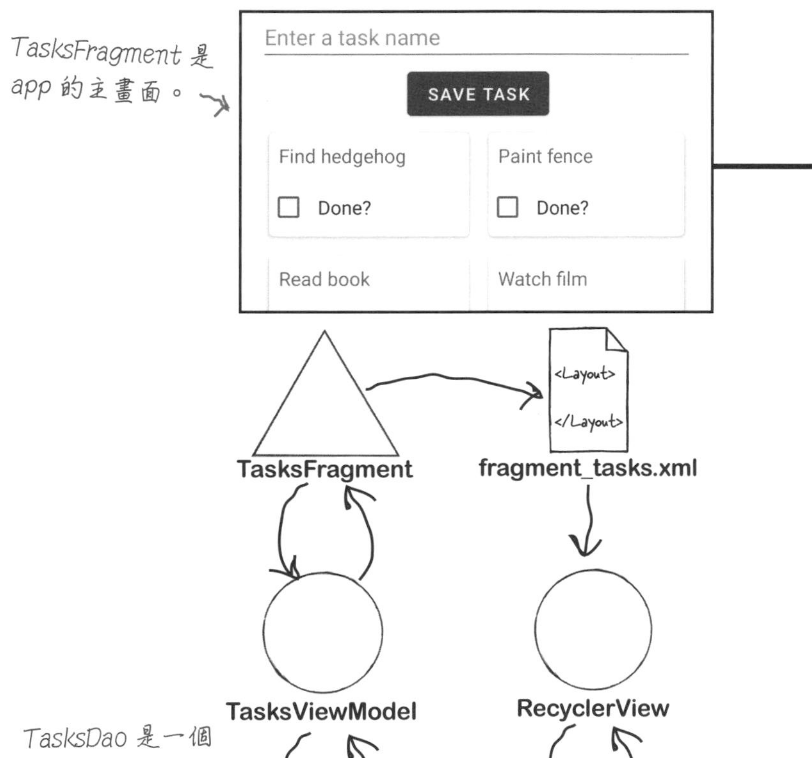
TasksFragment 是 app 的主畫面。
Enter a task name
SAVE TASK
Find hedgehog
Done?
Paint fence
Done?
Read book
Watch film
<Layout>
</Layout>
TasksFragment
fragment_tasks.xml
TasksViewModel
RecyclerView
TasksDao 是一個介面，它定義了 app 與 Room 資料庫裡面的工作紀錄互動時，需要使用的所有方法。
TaskDao
TaskItemAdapter
<Layout>
</Layout>
task_item.xml
task_item.xml 使用 data binding 在 recycler view 裡面顯示工作紀錄。

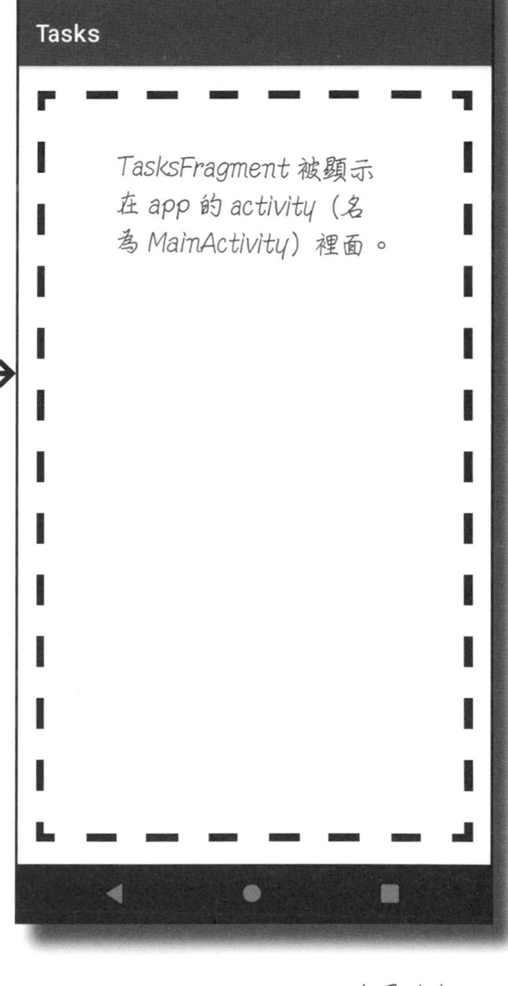
7:59
Tasks
TasksFragment 被顯示在 app 的 activity（名為 MainActivity）裡面。

我們將讓 recycler view 前往新的 fragment

我們將修改 Tasks app，讓它在用戶按下 recycler view 裡面的工作時，顯示一個名為 `EditTaskFragment` 的 fragment。下面是新 fragment 的外觀：

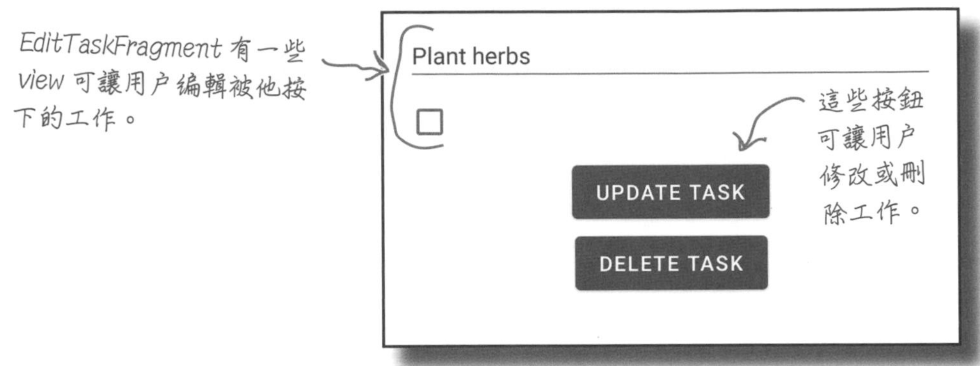

如你所見，`EditTaskFragment` 有一個 edit text 與一個核取方塊，讓用戶可以編輯工作。edit text 會顯示工作的名稱，核取方塊會顯示工作是否完成。

這個 fragment 也有一個 Update Task 按鈕，當它被按下時會更新資料庫裡面的紀錄，以及一個刪除紀錄的 Delete Task 按鈕。當按鈕被按下時，app 會回到 `TasksFragment`，在它的 recycler view 裡面顯示改過的工作清單：

我們接下來要做這些事情

我們將按照下面的步驟來建構新版的 app：

1. **讓 recycler view 裡面的項目回應按下的動作。**

   我們將修改 app，讓它在我們按下 recycler view 裡面的工作時，在 toast 裡面顯示它的 ID。

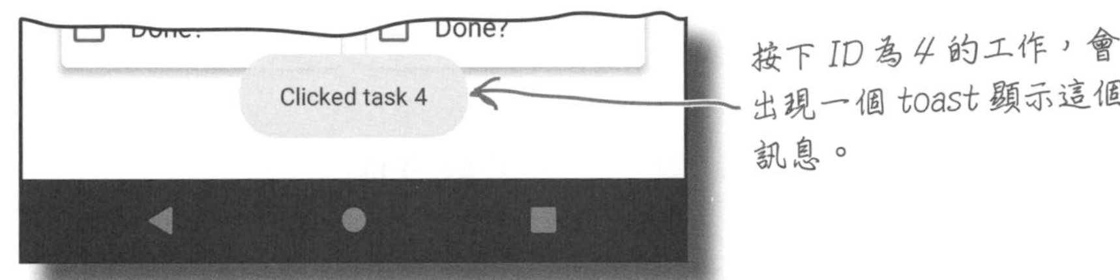

Done?
Done?
Clicked task 4
按下 ID 為 4 的工作，會出現一個 toast 顯示這個訊息。

2. **當項目被按下時前往 EditTaskFragment。**

   我們將建立 `EditTaskFragment`，並使用 Navigation 組件，在用戶按下工作紀錄時前往那裡。我們將在這個新 fragment 裡面顯示工作的 ID。

我們將在 EditTaskFragment 裡面顯示工作的 ID，以便確定新 fragment 已經取得工作的 ID 了。

2:22

Tasks

9

3. **在 EditTaskFragment 裡面顯示工作紀錄，並讓用戶修改或刪除紀錄。**

   我們將為 `EditTaskFragment` 建立一個 view model，它將使用 `TaskDao` 介面來與資料庫互動。

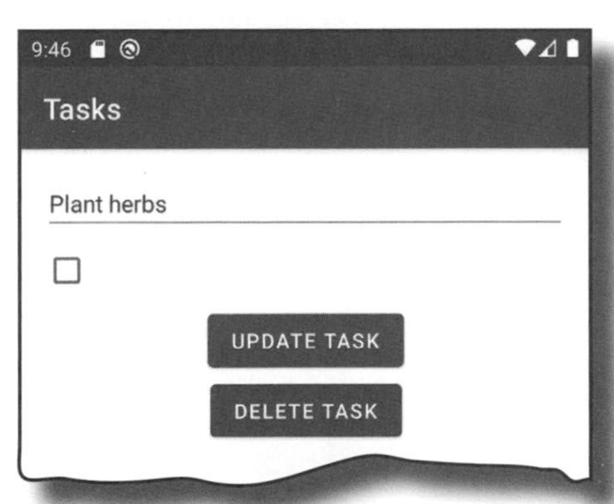

別忘了！
我們將在本章修改 Tasks app，所以請打開這個 app 的專案。

首先，我們要讓 recycler view 回應按下的動作。

讓各個項目可被按下

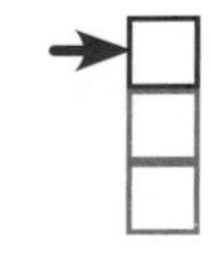

回應按下的動作
巡覽
顯示紀錄

首先，我們要修改 Tasks app，讓它在用戶按下 recycler view 裡面的一個項目時顯示 toast。

我們可以在每一個項目的根 view 加入一個 `OnClickListener` 來讓項目回應按下的動作。所以，在每一個項目的資料被加入它的 layout 之後，我們會立刻呼叫項目的 `setOnClickListener()` 方法。

當我被按下時，
必須顯示一個
toast。
根 View

最適合加入各個 `OnClickListener` 的地方是在 `TaskItemViewHolder` 的 `bind()` 方法裡面，因為它是 layout 的 data binding 變數被設成 `Task` 項目的地方。你應該記得，`TaskItemAdapter` 的 `onBindViewHolder()`方法會呼叫 `bind()` 方法，每次 recycler view 需要顯示項目的資料時，這件事就會觸發。

下面是將 `OnClickListener` 加入各個項目的 layout 的根 view 的程式，我們會在幾頁之後，將它加入 *TaskItemAdapter.kt*：

```
class TaskItemAdapter : ListAdapter<...>(TaskDiffItemCallback()) {
    ...
    override fun onBindViewHolder(holder: TaskItemViewHolder, position: Int) {
        val item = getItem(position)
        holder.bind(item)
    }

    class TaskItemViewHolder(val binding: TaskItemBinding)
                            : RecyclerView.ViewHolder(binding.root) {
        ...
        fun bind(item: Task) {
            binding.task = item
            binding.root.setOnClickListener {
                //當項目被按下時執行的程式
            }
        }
    }
}
```

每次 recycler view 需要顯示一個項目的資料時，就會呼叫 onBindViewHolder()。

onBindViewHolder() 呼叫 TaskItemViewHolder 的 bind() 方法，將一個項目傳給它。

設定項目的 layout 的 data binding 變數。

讓項目回應按下的動作。

Tasks
app/src/main
java
com.hfad.tasks
TaskItemAdapter.kt

知道如何將 `OnClickListener` 加入各個項目之後，我們要讓項目被按下時顯示一個 toast。

我們要在哪裡建立 toast？

→ 回應按下的動作
巡覽
顯示紀錄

為了在每次用戶按下項目時顯示 toast，我們可以在 view holder 的 `setOnClickListener()` 方法裡面加入下面的程式（粗體的部分）：

```
class TaskItemViewHolder(val binding: TaskItemBinding)
                        : RecyclerView.ViewHolder(binding.root) {
    ...
    fun bind(item: Task) {
        binding.task = item
        binding.root.setOnClickListener {
            Toast.makeText(binding.root.context, "Clicked task ${item.taskId}",
                                    Toast.LENGTH_SHORT).show()
        }
    }
}
```

設定 toast 的文字…

…並顯示 toast。

Tasks
app/src/main
java
com.hfad.tasks
TaskItemAdapter.kt

但是，這種做法意味著我們要將描述 app 行為的程式放入 view holder 程式中，view holder 負責將資料連結至各個項目的 layout，所以不適合放入這種程式。

將 toast 程式加入 view holder 也會降低 view holder 程式的彈性。這意味著每次用戶按下一個項目時，它只能顯示 toast，而且不能在其他地方重複使用。

我們還能怎麼做？

我們將讓 TasksFragment 以 lambda 傳遞 toast 程式

另一種做法是在 `TasksFragment` 裡面定義每一個項目需要執行的程式，然後用 lambda 來將它傳給 `TaskItemViewHolder`（透過 `TaskItemAdapter`）。如此一來，我們讓 *fragment* 負責在項目被按下時該做什麼事，而不是讓 view holder 負責。

在看實際的程式之前，我們先來了解它將如何運作。

程式如何運作

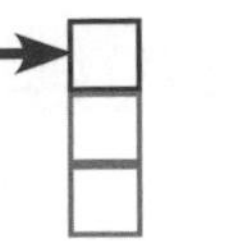

下面是我們要寫程式來做的事情：

1. **TasksFragment 會將一個 lambda 傳給 TaskItemAdapter 的建構式。**

   lambda 裡面有顯示 toast 的程式。

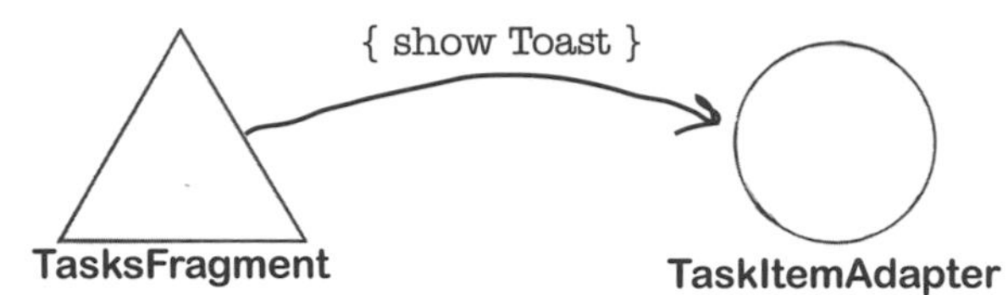

2. **當 TaskItemAdapter 的 onBindViewHolder() 方法被呼叫時，它會呼叫 TaskItemViewHolder 的 bind() 方法，並將 lambda 傳給它。**

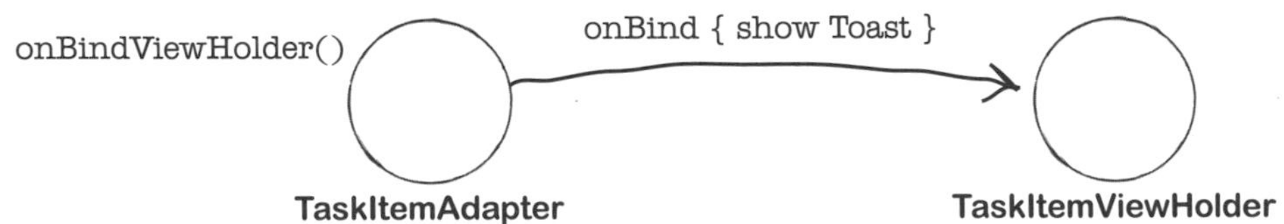

3. **TaskItemViewHolder 將 lambda 加入各個項目的 OnClickListener。**

   當用戶按下各個項目（`CardView`）時，它會執行 lambda，並顯示 toast。

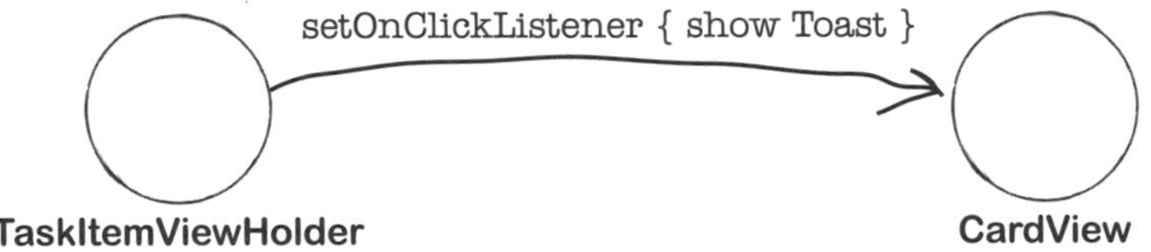

這就是程式的運作方式。

我們必須修改 `TasksFragment`、`TaskItemAdapter` 與 `TaskItemViewHolder` 程式來完成這些事情。首先，我們要修改 `TaskItemAdapter` 與 `TaskItemViewHolder` 程式，讓 adapter 能夠接收 lambda，並將它傳給 view holder。

下一頁將展示這些程式。

TaskItemAdapter.kt 的完整程式

下面是 `TaskItemAdapter` 與 `TaskItemViewHolder` 的程式，請依此修改 *TaskItemAdapter.kt*（粗體為修改處）：

Tasks
app/src/main
java
com.hfad.tasks
TaskItemAdapter.kt

```
package com.hfad.tasks

import android.view.LayoutInflater
import android.view.ViewGroup
import androidx.recyclerview.widget.ListAdapter
import androidx.recyclerview.widget.RecyclerView
import com.hfad.tasks.databinding.TaskItemBinding

class TaskItemAdapter(val clickListener: (taskId: Long) -> Unit)
        : ListAdapter<Task, TaskItemAdapter.TaskItemViewHolder>(TaskDiffItemCallback()) {

    override fun onCreateViewHolder(parent: ViewGroup, viewType: Int)
                            : TaskItemViewHolder = TaskItemViewHolder.inflateFrom(parent)

    override fun onBindViewHolder(holder: TaskItemViewHolder, position: Int) {
        val item = getItem(position)
        holder.bind(item, clickListener)
    }

    class TaskItemViewHolder(val binding: TaskItemBinding)
                            : RecyclerView.ViewHolder(binding.root) {

        companion object {
            fun inflateFrom(parent: ViewGroup): TaskItemViewHolder {
                val layoutInflater = LayoutInflater.from(parent.context)
                val binding = TaskItemBinding.inflate(layoutInflater, parent, false)
                return TaskItemViewHolder(binding)
            }
        }

        fun bind(item: Task, clickListener: (taskId: Long) -> Unit) {
            binding.task = item
            binding.root.setOnClickListener { clickListener(item.taskId) }
        }
    }
}
```

讓 TaskItemAdapter 接收 lambda。

將 lambda 傳給 TaskItemViewHolder 的 bind() 方法。

讓 bind() 方法接收 lambda。

讓項目可被按下。

在項目被按下時執行 lambda。

我們要將 lambda 傳給 TaskItemAdapter

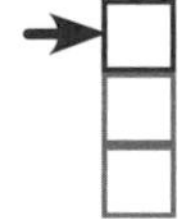

回應按下的動作
巡覽
顯示紀錄

現在 `TaskItemAdapter` 的建構式有一個 `lambda` 參數了，我們要在 `TasksFragment` 程式裡面建立 `TaskItemAdapter` 的地方傳遞 lambda 給它。

你應該記得，`TasksFragment` 會在它的 `onCreateView()` 方法裡面建立一個 `TaskItemAdapter` 物件，然後將它指派給 recycler view：

```
override fun onCreateView(
        inflater: LayoutInflater, container: ViewGroup?, savedInstanceState: Bundle?
): View? {
    ...
    val adapter = TaskItemAdapter()
    binding.tasksList.adapter = adapter
    ...
}
```

建立 adapter…

…並將它指派給 recycler view。

Tasks
app/src/main
java
com.hfad.tasks
TasksFragment.kt

因為我們想要在 recycler view 的項目被按下時顯示一個 toast，所以我們修改這段程式，讓它將下面的 lambda 傳給 `TaskItemAdapter` 的建構式：

```
override fun onCreateView(
        inflater: LayoutInflater, container: ViewGroup?, savedInstanceState: Bundle?
): View? {
    ...
    val adapter = TaskItemAdapter { taskId ->
        Toast.makeText(context, "Clicked task $taskId", Toast.LENGTH_SHORT).show()
    }
    binding.tasksList.adapter = adapter
    ...
}
```

將 lambda 傳給 TaskItemAdapter，讓它被按下時顯示 toast。

adapter 會將 lambda 傳給 `TaskItemViewHolder` 的 `bind()` 方法，`bind()` 在它指派給各個項目的根 view 的 `OnClickListener` 裡面使用 lambda。當用戶在 recycler view 裡面按下一個項目時，lambda 就會執行。

知道如何在按下 recycler view 的項目時顯示 toast 之後，我們來看一下 `TasksFragment` 的完整程式。

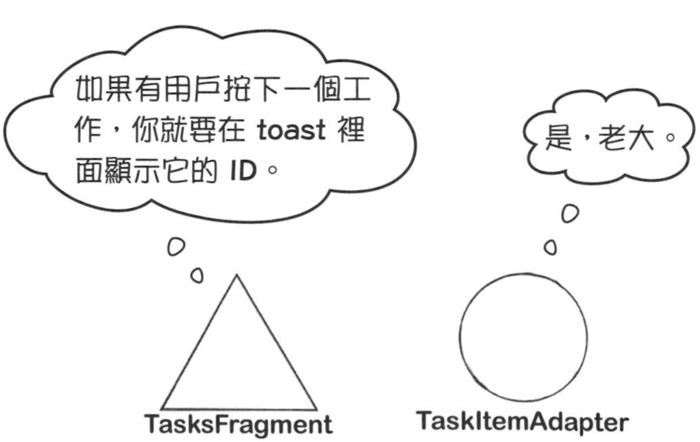

如果有用戶按下一個工作，你就要在 toast 裡面顯示它的 ID。
是，老大。
TasksFragment
TaskItemAdapter

TasksFragment.kt 的完整程式

下面是改好的 TasksFragment 程式，請依此修改你的 *TasksFragment.kt*（粗體為修改處）：

Tasks
app/src/main
java
com.hfad.tasks
TasksFragment.kt

```
package com.hfad.tasks

import android.os.Bundle
import androidx.fragment.app.Fragment
import android.view.LayoutInflater
import android.view.View
import android.view.ViewGroup
import android.widget.Toast    ← 匯入這個類別。
import androidx.lifecycle.Observer
import androidx.lifecycle.ViewModelProvider
import com.hfad.tasks.databinding.FragmentTasksBinding

class TasksFragment : Fragment() {
    private var _binding: FragmentTasksBinding? = null
    private val binding get() = _binding!!

    override fun onCreateView(
            inflater: LayoutInflater, container: ViewGroup?, savedInstanceState: Bundle?
    ): View? {
        _binding = FragmentTasksBinding.inflate(inflater, container, false)
        val view = binding.root

        val application = requireNotNull(this.activity).application
        val dao = TaskDatabase.getInstance(application).taskDao

        val viewModelFactory = TasksViewModelFactory(dao)
        val viewModel = ViewModelProvider(
                this, viewModelFactory).get(TasksViewModel::class.java)
        binding.viewModel = viewModel
        binding.lifecycleOwner = viewLifecycleOwner
```

程式還沒結束，見下一頁。

TasksFragment.kt 程式（續）

回應按下的動作
巡覽
顯示紀錄

```
        val adapter = TaskItemAdapter() { taskId ->
            Toast.makeText(context, "Clicked task $taskId", Toast.LENGTH_SHORT).show()
        }
        binding.tasksList.adapter = adapter

        viewModel.tasks.observe(viewLifecycleOwner, Observer {
            it?.let {
                adapter.submitList(it)
            }
        })

        return view
    }

    override fun onDestroyView() {
        super.onDestroyView()
        _binding = null
    }
}
```

將 lambda 傳給 TaskItemAdapter 的建構式。

Tasks
app/src/main
java
com.hfad.tasks
TasksFragment.kt

我們來看一下程式執行時會發生什麼事。

問：**在 TaskItemAdapter 裡，你將 clickListener 引數的型態定義成 (taskId: Long) -> Unit，能不能幫我複習一下它是什麼意思？**

答：它的意思是，這個引數可以接收一段稱為 lambda 的程式碼。lambda 接收一個名為 taskId 的 Long 引數，並回傳 Unit。

問：**原來如此，它真的只是將程式碼傳給方法的一種手段嗎？**

答：對，這意味著，你可以讓 TasksFragment 指定應該執行的程式碼，以免將程式寫死在 TaskItemAdapter 裡面。

問：**把它寫在 TaskItemAdapter 裡面真的很不好嗎？**

答：這會讓 adapter 程式僵化，並讓 app 的組件沒有明確地分離關注點。

問：**我看過有人採取其他的手段來讓 recycler view 回應按下的動作，那些手段是錯的嗎？**

答：讓 recycler view 回應按下的手段有很多種，我們選擇這種做法是因為它相當靈活，而且比一些其他手段更容易學。

建議你在探索其他做法之前，先掌握本章採用的做法。

程式執行時會發生什麼事

當 app 執行時會發生這些事情：

→ 回應按下的動作
巡覽
顯示紀錄

1 **TasksFragment 建立一個 TaskItemAdapter 物件，並將它指派給 recycler view 作為它的 adapter。**

fragment 將一個 lambda（名為 `clickListener`）傳給 adapter，要求它在執行時顯示一個 toast。

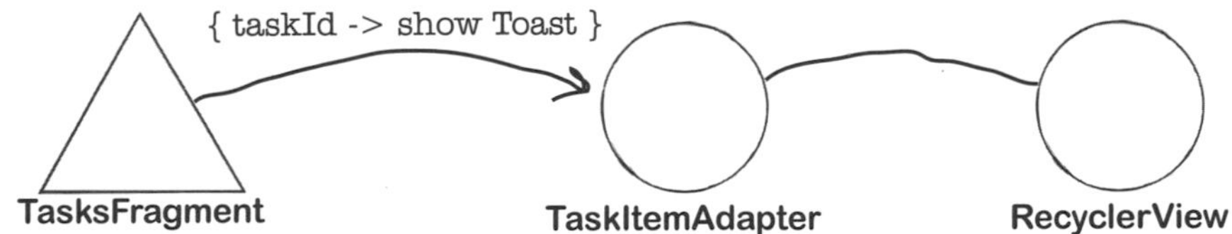

2 **TasksFragment 將 List<Task> 傳給 TaskItemAdapter。**

`List<Task>` 裡面有來自資料庫的最新紀錄串列。

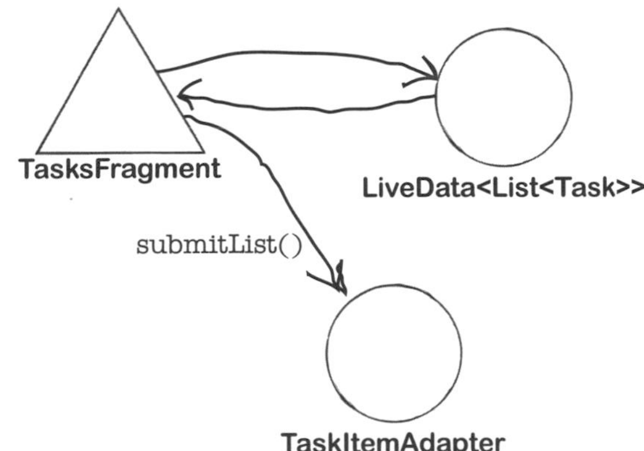

3 **為 recycler view 需要顯示的每一個項目呼叫 TaskItemAdapter 的 onCreateViewHolder() 方法。**

這會建立一組 `TaskItemViewHolder`。

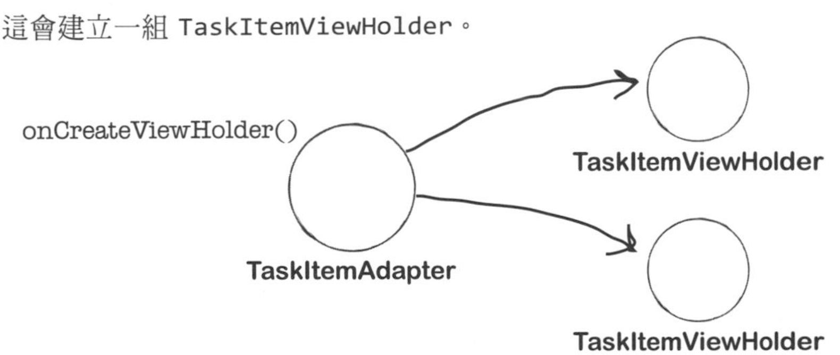

故事還沒結束

4 **app 為每一個 TaskItemViewHolder 呼叫 TaskItemAdapter 的 onBindViewHolder() 方法。**

它會呼叫 `TaskItemViewHolder` 的 `bind()` 方法，將被按下的項目與 `clickListener` lambda 傳給它。

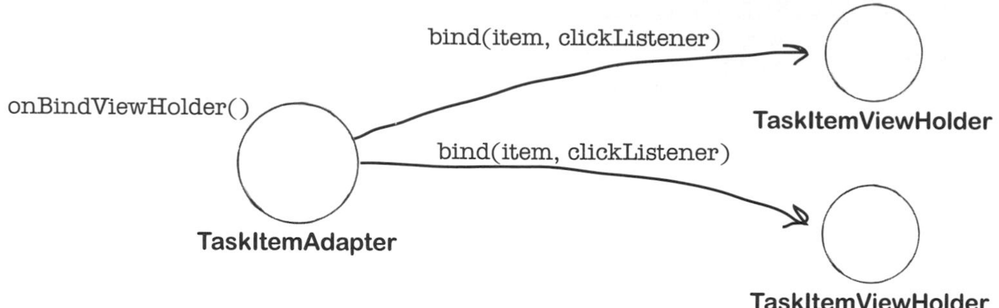

5 **TaskItemViewHolder 的 bind() 方法在每一個 view holder 的 layout 的根 view 加入一個 OnClickListener。**

在這個例子裡，根 view 是 `CardView`。

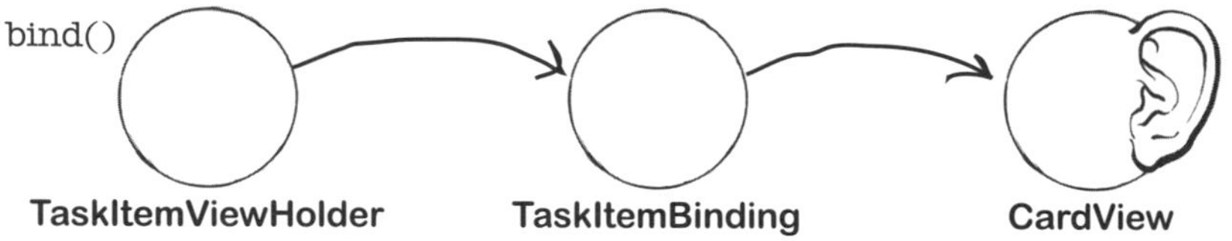

6 **當用戶按下 recycler view 裡面的一個項目時，OnClickListener 察覺按下的動作。**

它執行 `clickListener` lambda，該 lambda 顯示一個 toast。

我被按下了！是時候執行那個 lambda 了…
{ ... }
CardView

我們來執行一下 app。

回應按下的動作
巡覽
顯示紀錄

新車試駕

當我們執行 app 時，與之前一樣，`TasksFragment` 在 recycler view 裡面顯示一個卡片網格。當我們按下其中一個工作時，app 在 toast 裡面顯示它的 ID。

1:14

Tasks

Enter a task name

SAVE TASK

Plant herbs
Done?

Buy bird boxes
Done?

Find hedgehog
Done?

Paint fence
Done?

Read book
Done?

Watch film
Done?

Plant tree
Done?

Arrange picnic
Done?

Book vacation
Done?

Walk dog
Done?

Clicked task 4

當我們按下一個工作（"Plant tree"）時，app 顯示一個 toast。

toast 的文字是工作的 ID。在這裡，它是 4，代表該紀錄在資料庫裡面的 ID。

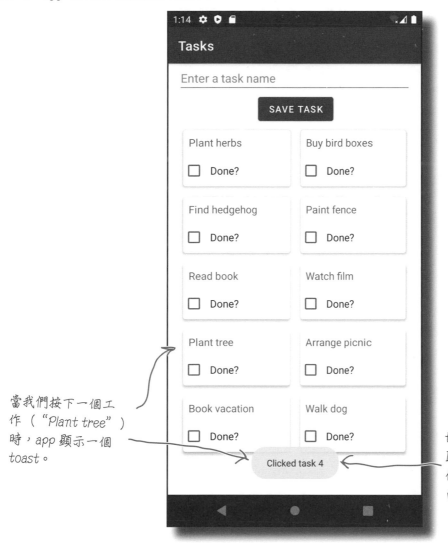

知道如何讓 recycler view 的項目回應按下事件之後，我們將運用這些知識，讓 app 在項目被按下時前往新的 fragment。

在此之前，先做做接下來的習題。

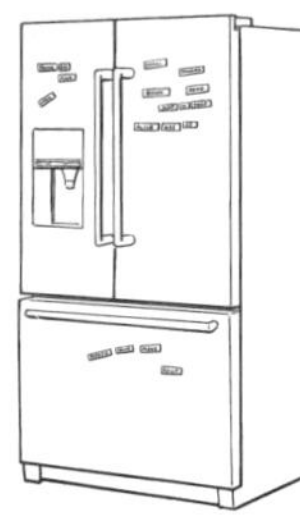

adapter 磁貼

Bits and Pizzas app 有一個 recycler view 使用名為 *pizza_item.xml* 的 layout 來顯示 **Pizza** 物件。**Pizza** data 類別長這樣：

```
package com.hfad.bitsandpizzas

data class Pizza(
    var pizzaId: Long = 0L,
    var pizzaName: String = "",
    var pizzaDescription: String = "",
    var pizzaImageId: Int = 0
)
```

recycler view 使用下面這個名為 **PizzaAdapter** 的 adapter，看看你能不能完成這段 adapter 程式，讓它在一個項目被按下時，執行以建構式接收的 lambda。

提示：lambda 接收一個 **pizzaId** 引數，並回傳 **Unit**。

```
package com.hfad.bitsandpizzas

import android.view.LayoutInflater
import android.view.ViewGroup
import androidx.recyclerview.widget.ListAdapter
import androidx.recyclerview.widget.RecyclerView
import com.hfad.bitsandpizzas.databinding.PizzaItemBinding

class PizzaAdapter(val clickListener: ....................................)

    : ListAdapter<Pizza, PizzaAdapter.PizzaViewHolder>(PizzaDiffItemCallback) {

    override fun onCreateViewHolder(parent: ViewGroup, viewType: Int)
                        : PizzaViewHolder = PizzaViewHolder.inflateFrom(parent)

    override fun onBindViewHolder(holder: PizzaViewHolder, position: Int) {
        val item = getItem(position)

        holder.bind(item, ....................)
    }
```

習題還沒結束，見下一頁。→

```
    class PizzaViewHolder(val binding: PizzaItemBinding)
                                         : RecyclerView.ViewHolder(binding.root) {

        companion object {
            fun inflateFrom(parent: ViewGroup): PizzaViewHolder {
                val layoutInflater = LayoutInflater.from(parent.context)

                val binding = PizzaItemBinding.inflate(layoutInflater, parent, false)
                return PizzaViewHolder(binding)
            }
        }

        fun bind(item: Pizza,

                 ..............................................................) {

            binding.pizza = item

            binding.root. ..................................................

                ............................................................

            ....................

        }
    }
}
```

你不需要使用所有的磁貼。

pizzaId | Long | -> | -> | (|) | (| { | : |) |) | : | (| } | . | : |) | (

clickListener | clickListener | pizzaId | pizzaId | Unit | item | item

setOnClickListener | clickListener | Long | clickListener | Unit | pizzaId

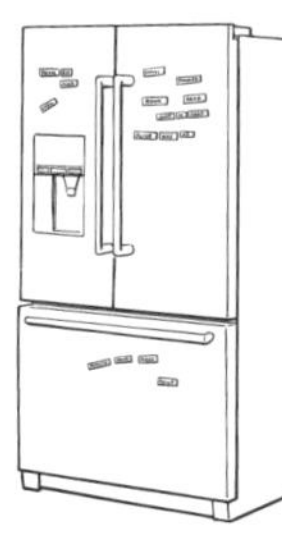

adapter 磁貼解答

Bits and Pizzas app 有一個 recycler view 使用名為 *pizza_item.xml* 的 layout 來顯示 **Pizza** 物件。**Pizza** data 類別長這樣：

```
package com.hfad.bitsandpizzas

data class Pizza(
    var pizzaId: Long = 0L,
    var pizzaName: String = "",
    var pizzaDescription: String = "",
    var pizzaImageId: Int = 0
)
```

recycler view 使用下面這個名為 **PizzaAdapter** 的 adapter，看看你能不能完成這段 adapter 程式，讓它在一個項目被按下時，執行以建構式接收的 lambda。

提示：lambda 接收一個 **pizzaId** 引數，並回傳 **Unit**。

```
package com.hfad.bitsandpizzas

import android.view.LayoutInflater
import android.view.ViewGroup
import androidx.recyclerview.widget.ListAdapter
import androidx.recyclerview.widget.RecyclerView
import com.hfad.bitsandpizzas.databinding.PizzaItemBinding

class PizzaAdapter(val clickListener: ( pizzaId : Long ) -> Unit )
    : ListAdapter<Pizza, PizzaAdapter.PizzaViewHolder>(PizzaDiffItemCallback) {

    override fun onCreateViewHolder(parent: ViewGroup, viewType: Int)
                        : PizzaViewHolder = PizzaViewHolder.inflateFrom(parent)

    override fun onBindViewHolder(holder: PizzaViewHolder, position: Int) {
        val item = getItem(position)
        holder.bind(item, clickListener )
    }
```

指明 *PizzaAdapter* 在建構式接收 *lambda* 引數。這個 *lambda* 接收一個 *Long*，回傳 *Unit*。

將 *lambda* 傳給 *PizzaViewHolder* 的 *bind()* 方法。

解答還沒結束，見下一頁。

```
class PizzaViewHolder(val binding: PizzaItemBinding)
                                    : RecyclerView.ViewHolder(binding.root) {

    companion object {
        fun inflateFrom(parent: ViewGroup): PizzaViewHolder {
            val layoutInflater = LayoutInflater.from(parent.context)

            val binding = PizzaItemBinding.inflate(layoutInflater, parent, false)
            return PizzaViewHolder(binding)
        }
    }

    fun bind(item: Pizza,
            clickListener : ( pizzaId : Long ) -> Unit ) {
        binding.pizza = item
        binding.root. setOnClickListener {
            clickListener ( item . pizzaId )
        }
    }
}
}
```

bind() 方法接收 lambda 引數。

讓項目可被按下。

在項目被按下時執行 lambda。

你不需要使用這些磁貼。

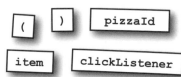

( ) pizzaId item clickListener

我們想要使用 recycler view 來前往新的 fragment

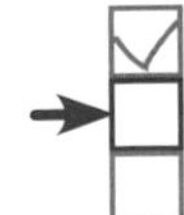

到目前為止，你已經知道如何讓 recycler view 裡面的項目回應按下事件了。例如，當用戶按下 Tasks app 的 recycler view 裡面的一個工作時，它會顯示一個 toast。

接下來，我們要修改這個行為，讓 app 在用戶按下項目時前往一個新 fragment（我們即將建立它）並顯示工作的 ID。下面是新版的 app 的樣子：

當用户按下 recycler view 裡面的一個工作時，app 會前往新 fragment（我們將建立它），並在 text view 裡面顯示工作的 ID。

我們將使用 Navigation 組件來巡覽至新 fragment，以及使用 Safe Args 外掛來將工作的 ID 傳給 fragment。所以我們必須修改專案與 app 的 *build.gradle* 來加入這些組件。

修改專案的 build.gradle 檔…

回應按下的動作
巡覽
顯示紀錄

我們先修改專案的 *build.gradle* 檔，在裡面指定想使用的 Navigation 組件版本，並為 Safe Args 加入 classpath。

打開 *Tasks/build.gradl* 檔，在相關的區域加入下面這幾行（粗體的部分）：

```
buildscript {
    ext.nav_version = "2.3.5"
    ...
    dependencies {
        ...
        classpath "androidx.navigation:navigation-safe-args-gradle-plugin:$nav_version"
    }
}
```

用一個變數來儲存 Navigation 組件的版本，以確保我們使用同一個 Navigation 組件與 Safe Args 外掛版本。

加入 Safe Args 的 classpath。

Tasks
build.gradle

…然後修改 app 的 build.gradle 檔

我們也要將 Safe Args 外掛以及 Navigation 組件的依賴關係加入 app 的 *build.gradle* 檔。

打開 *Tasks/app/build.gradle* 檔，在相關的區域加入下面幾行（粗體的部分）：

```
plugins {
    ...
    id 'androidx.navigation.safeargs.kotlin'
}
...
dependencies {
    ...
    implementation "androidx.navigation:navigation-fragment-ktx:$nav_version"
    ...
}
```

加入 Safe Args 外掛。

加入 Navigation 組件。

Tasks
app
build.gradle

進行這些修改之後，按下 Sync Now 選項來將你的修改與專案的其他部分同步。

啟用 Navigation 組件與 Safe Args 外掛之後，我們要建立一個新的 fragment，來讓 app 可以巡覽。

建立 EditTaskFragment…

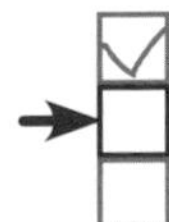

我們將建立一個新的 fragment，稱為 `EditTaskFragment`，在用戶按下 recycler view 的項目時前往那裡。

為此，在 *app/src/main/java* 資料夾裡面選擇 *com.hfad.tasks* 程式包，然後前往 File → New → Fragment → Fragment (Blank)。將 fragment 命名為「EditTaskFragment」，將它的 layout 命名為「fragment_edit_task」，將語言設為 Kotlin。

我們將在幾頁之後修改 `EditTaskFragment` 與它的 layout。在那之前，我們要先建立一個導覽圖，來告訴 app 如何在 app 的 fragment 之間巡覽。

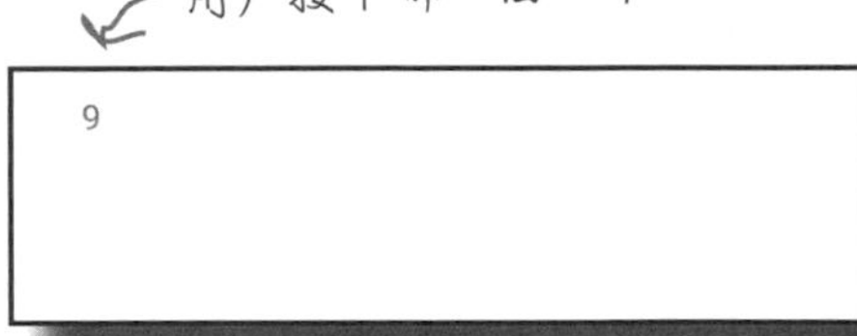

這是 EditTaskFragment。在第一個範例中，它只會顯示用戶按下哪一個工作。
9

…並且建立導覽圖

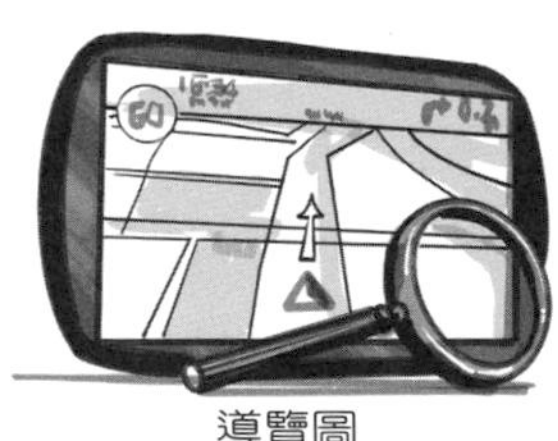
導覽圖

我們用之前建立 app 時用過的方法來加入導覽圖。

在專案 explorer 中選擇 *Tasks/app/src/main/res* 資料夾，然後選擇 File → New → Android Resource File。看到提示視窗時，在 File name 輸入「nav_graph」，在 Resource type 選擇「Navigation」，然後按下 OK 按鈕。這會建立一個名為 *nav_graph.xml* 的導覽圖。

導覽圖必須描述用戶將如何在 `TasksFragment` 與 `EditTaskFragment` 之間巡覽。以下是巡覽的運作方式：

1. **app 顯示 TasksFragment。**

   這是用戶看到的第一個 fragment，所以它必定是導覽圖的起點。

2. **當用戶在 TasksFragment 的 recycler view 裡面按下一個項目時，app 前往 EditTaskFragment。**

   `TasksFragment` 會將一個 `Long` 參數傳給 `EditTaskFragment`，那個參數有被按下的項目的工作 ID。

3. **當用戶在 EditTaskFragment 裡面按下按鈕（我們稍後會將它們加入 fragment）時，app 回去 TasksFragment。**

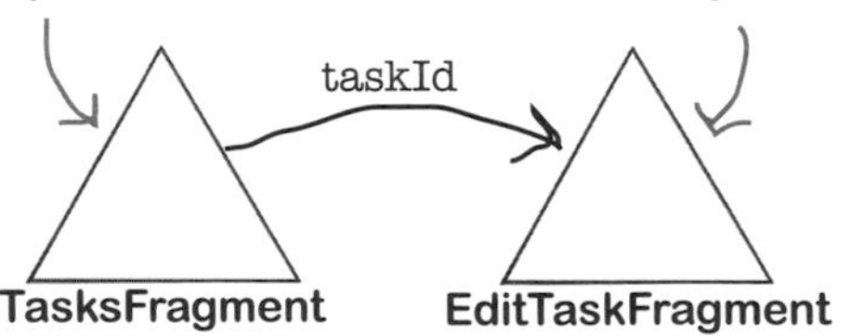

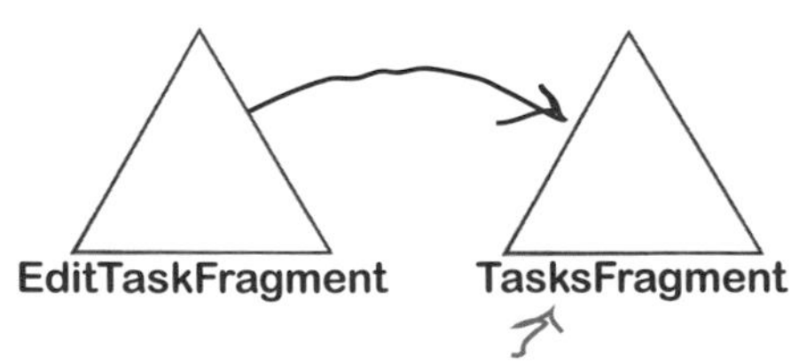

下一頁將展示完整的程式。

修改導覽圖

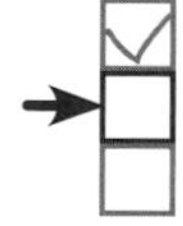

下面是導覽圖的完整程式，請依此修改 *nav_graph.xml*（粗體為修改處）：

```
<?xml version="1.0" encoding="utf-8"?>
<navigation xmlns:android="http://schemas.android.com/apk/res/android"
    xmlns:app="http://schemas.android.com/apk/res-auto"
    xmlns:tools="http://schemas.android.com/tools"  ← 確保你的檔案有這一行。
    android:id="@+id/nav_graph"
    app:startDestination="@id/tasksFragment">  ← app 將從 TasksFragment 開始。
    <fragment
        android:id="@+id/tasksFragment"
        android:name="com.hfad.tasks.TasksFragment"
        android:label="fragment_tasks"
        tools:layout="@layout/fragment_tasks" >
        <action
            android:id="@+id/action_tasksFragment_to_editTaskFragment"
            app:destination="@id/editTaskFragment" />
    </fragment>
    <fragment
        android:id="@+id/editTaskFragment"
        android:name="com.hfad.tasks.EditTaskFragment"
        android:label="fragment_edit_task"
        tools:layout="@layout/fragment_edit_task" >
        <argument
            android:name="taskId"
            app:argType="long" />  ← EditTaskFragment 接收一個 Long 引數。
        <action
            android:id="@+id/action_editTaskFragment_to_tasksFragment"
            app:destination="@id/tasksFragment"
            app:popUpTo="@id/tasksFragment"
            app:popUpToInclusive="true" />
    </fragment>
</navigation>
```

（註記：這個 action 讓 TasksFragment 前往 EditTaskFragment。這個 action 讓 EditTaskFragment 前往 TasksFragment。app:popUpTo / app:popUpToInclusive：將 fragment 移出返回堆疊，直到 TasksFragment 為止。）

Tasks
app/src/main
res
navigation
nav_graph.xml

接下來，我們要將導覽圖與 MainActivity 結合，讓它在我們前往各個 fragment 時，顯示它們。

將 NavHostFragment 加入 MainActivity 的 layout

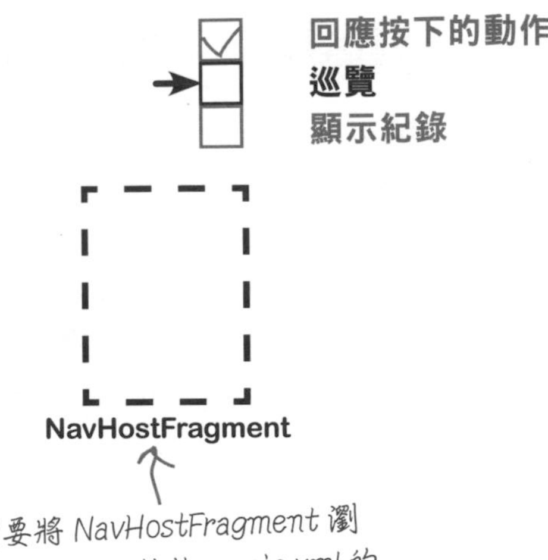
回應按下的動作
巡覽
顯示紀錄
NavHostFragment
我們要將 NavHostFragment 瀏覽容器加入 activity_main.xml 的 FragmentContainerView，並讓它使用剛才建立的導覽圖。

為了將剛才建立的導覽圖與 `MainActivity` 結合，我們要在它的 layout 裡面加入瀏覽容器，並要求它使用 *nav_graph.xml* 作為導覽圖，讓 `MainActivity` 在用戶巡覽時顯示正確的 fragment。

我們將用前幾章的做法來將瀏覽容器加入 layout，也就是將 `NavHostFragment` 加入 *activity_main.xml* 的 `FragmentContainerView`。請按照下面的改法來修改 *activity_main.xml*（粗體為修改處）：

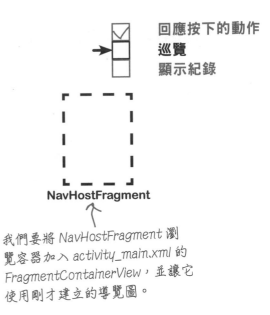

```
<?xml version="1.0" encoding="utf-8"?>
<androidx.fragment.app.FragmentContainerView
    xmlns:android="http://schemas.android.com/apk/res/android"
    xmlns:app="http://schemas.android.com/apk/res-auto"   ← 加入這個名稱空間。
    xmlns:tools="http://schemas.android.com/tools"
    android:id="@+id/fragment_container_view"   (刪除)
    android:id="@+id/nav_host_fragment"   修改 ID。
    android:layout_width="match_parent"
    android:layout_height="match_parent"
    android:padding="16dp"
    android:name="com.hfad.tasks.TasksFragment"   (刪除)
    android:name="androidx.navigation.fragment.NavHostFragment"
    app:navGraph="@navigation/nav_graph"
    app:defaultNavHost="true"   加入這些屬性。
    tools:context=".MainActivity" />
```

修改 name 屬性，讓它引用 NavHostFragment。

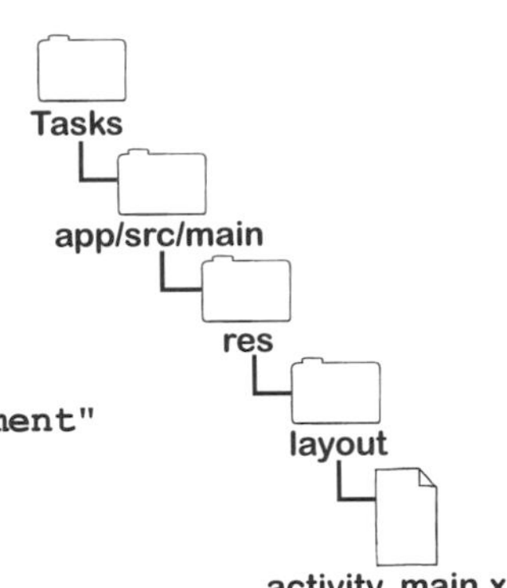
Tasks
app/src/main
res
layout
activity_main.xml

這就是 `MainActivity` 的 layout 需要修改的所有地方。接下來，我們要讓 `TasksFragment` 在用戶按下它的 recycler view 裡面的項目時前往 `EditTaskFragment`。

讓 TasksFragment 前往 EditTaskFragment

每次用戶按下 TasksFragment 的 recycler view 裡面的一個項目時，我們就要讓 app 前往 EditTaskFragment，並將被按下的 Task 的 ID 傳給它。

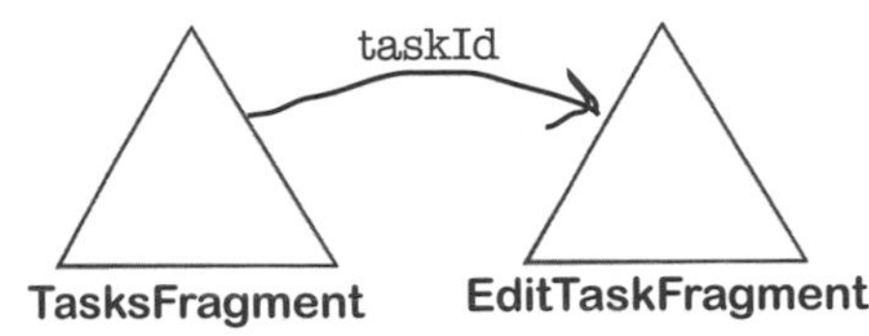

我們可以修改 TasksFragment 傳給它的 TaskItemAdapter 的 lambda，在裡面加入所有必要的導覽程式：

```
override fun onCreateView(
        inflater: LayoutInflater, container: ViewGroup?, savedInstanceState: Bundle?
): View? {
    ...
    val adapter = TaskItemAdapter { taskId ->
        val action = TasksFragmentDirections
                        .actionTasksFragmentToEditTaskFragment(taskId)
        this.findNavController().navigate(action)
    }
    binding.tasksList.adapter = adapter
    ...
}
```

當這個 lambda 執行時，它會將工作 ID 傳給 EditTaskFragment，並前往那個 fragment。

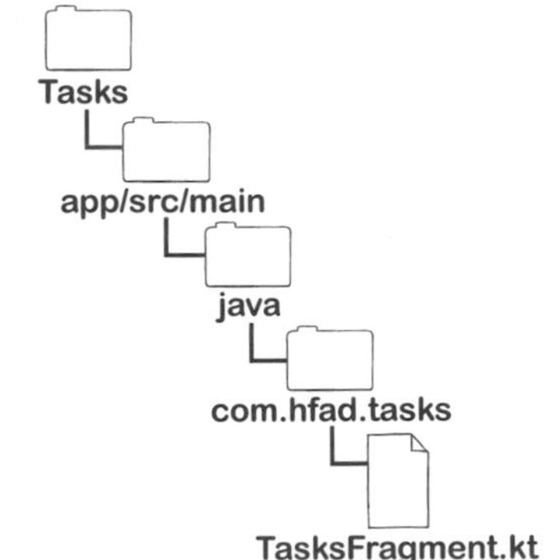

如你所見，它使用 TasksFragmentDirections 類別（由 Safe Args 外掛產生）來將項目的工作 ID 傳給 EditTaskFragment，並前往該 fragment。

但是，這種做法就是將商業邏輯（決定 TasksFragment 何時該前往 EditTaskFragment）放入 fragment 程式，而不是將它加入 TasksViewModel。第 13 章說過，這種決策應該由 view model 程式做出，而不是由 fragment 做出。

為了處理這種情況，我們採取第 13 章的 Guessing Game app 的類似做法，在 TasksViewModel 加入一個新的 live data 屬性，用它來保存用戶按下的工作的 ID。當這個屬性的值改變時，TasksFragment 會前往 EditTaskFragment，並將 ID 傳給它。

你要前往下一個 fragment，並將工作 ID 9 傳給它。
TasksViewModel

在 TasksViewModel 加入一個新屬性

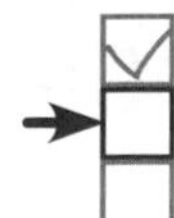

回應按下的動作
巡覽
顯示紀錄

我們會先在 TasksViewModel 裡面加入一個新的 live data 屬性，用它來指定 TasksFragment 需要傳給 EditTaskFragment 的工作 ID。我們將這個屬性命名為 navigateToTask，使用下面的程式來定義它（下一頁會將它加入 *TasksViewModel.kt*）：

```
class TasksViewModel(val dao: TaskDao) : ViewModel() {
    ...
    private val _navigateToTask = MutableLiveData<Long?>()
    val navigateToTask: LiveData<Long?>
        get() = _navigateToTask
    ...
}
```

加入一個名為 _navigateToTask 的 private backing 屬性。

navigateToTask 可讓其他類別讀取它的 backing 屬性的值。

如你所見，navigateToTask 屬性使用可變的 backing 屬性，並將它定義成 private，這意味著，只有 TasksViewModel 可以設定它，避免這個屬性被其他類別胡亂修改。

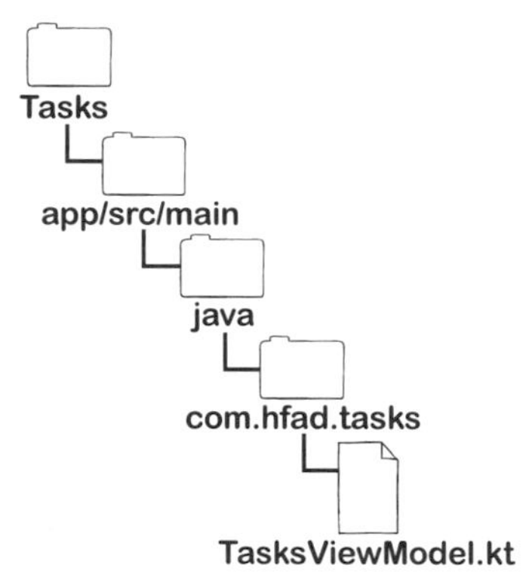

加入修改新屬性的方法

每次用戶在 recycler view 裡面按下一個工作時，我們都要讓 TasksFragment 前往 EditTaskFragment，並將工作的 ID 傳給它。

為了做這件事，我們要在 TasksViewModel 裡面加入兩個方法，onTaskClicked() 與 onTaskNavigated()，用來設定 navigateToTask backing 屬性的值。onTaskClicked() 會將屬性設為工作的 ID，onTaskNavigated() 會將它設為 null。

下面是這兩個方法的程式：

```
fun onTaskClicked(taskId: Long) {
    _navigateToTask.value = taskId
}

fun onTaskNavigated() {
    _navigateToTask.value = null
}
```

將 _navigateToTask 設成 TasksFragment 需要傳給 EditTaskFragment 的工作 ID。

上面就是 TasksViewModel 需要修改的所有地方。下一頁將展示完整的程式。

TasksViewModel.kt 的完整程式

下面是改好的 TasksViewModel 程式，請依此修改你的 *TasksViewModel.kt*（粗體為修改處）：

Tasks
app/src/main
java
com.hfad.tasks
TasksViewModel.kt

```
package com.hfad.tasks

import androidx.lifecycle.LiveData
import androidx.lifecycle.MutableLiveData
import androidx.lifecycle.ViewModel
import androidx.lifecycle.viewModelScope
import kotlinx.coroutines.launch

class TasksViewModel(val dao: TaskDao) : ViewModel() {
    var newTaskName = ""
    val tasks = dao.getAll()
    private val _navigateToTask = MutableLiveData<Long?>()
    val navigateToTask: LiveData<Long?>
        get() = _navigateToTask

    fun addTask() {
        viewModelScope.launch {
            val task = Task()
            task.taskName = newTaskName
            dao.insert(task)
        }
    }

    fun onTaskClicked(taskId: Long) {
        _navigateToTask.value = taskId
    }

    fun onTaskNavigated() {
        _navigateToTask.value = null
    }
}
```

匯入這些類別。

加入 navigateToTask 屬性，以及它的 backing 屬性 _navigateToTask。

加入這兩個方法。

改好 TasksViewModel 之後，我們來看看 TasksFragment 需要修改哪些地方。

讓 TasksFragment 前往 EditTaskFragment

我們要修改 TasksFragment，讓它在用戶按下一個工作時前往 EditTaskFragment，並將工作的 ID 傳給它。

所以，我們將在用戶按下工作時呼叫 TasksViewModel 的 onTaskClicked() 方法，並且在它的 navigateToTask 屬性被改為新的工作 ID 時前往 EditTaskFragment。

在用戶按下工作時呼叫 onTaskClicked()

為了呼叫 onTaskClicked() 方法，我們將下面的 lambda（粗體的部分）傳給 TaskItemAdapter 的建構式：

```
val adapter = TaskItemAdapter { taskId ->
    viewModel.onTaskClicked(taskId)
}
binding.tasksList.adapter = adapter
```

（這會在用戶按下工作時執行。）

每當用戶按下一個工作時，lambda 就會執行，它會呼叫 TasksViewModel 的 onTaskClicked() 方法，將 navigateToTask 屬性設為工作的 ID。

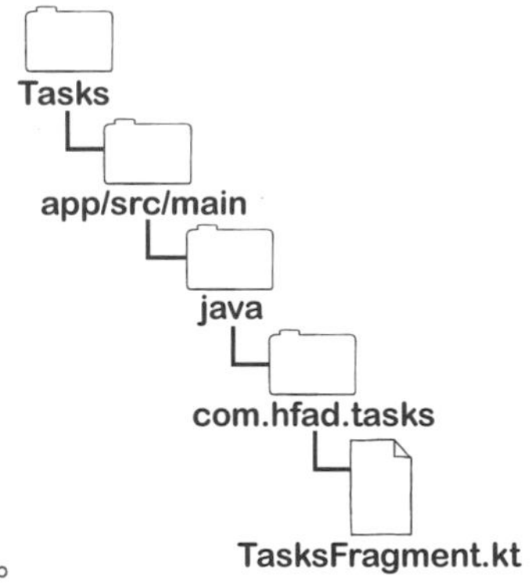

當 navigateToTask 更新時，前往 EditTaskFragment

為了讓 TasksFragment 前往 EditTaskFragment，我們要讓它觀察 TaskViewModel 的 navigateToTask 屬性。當這個屬性被設成 Long 工作 ID 時，fragment 會前往 EditTaskFragment，並將這個 ID 傳給它，然後呼叫 view model 的 onTaskNavigated() 方法，來將 navigateToTask 屬性設回 null。

以下是做這件事的程式：

```
viewModel.navigateToTask.observe(viewLifecycleOwner, Observer { taskId ->
    taskId?.let {
        val action = TasksFragmentDirections
                        .actionTasksFragmentToEditTaskFragment(taskId)
        this.findNavController().navigate(action)
        viewModel.onTaskNavigated()
    }
})
```

（觀察 navigateToTask 屬性。）
（這個 let 區塊只會在 taskId 不是 null 時執行。）
（前往 EditTaskFragment，並將 taskId 傳給它。）
（呼叫 onTaskNavigated() 來將 navigateToTask 屬性設為 null。）

我們來修改 TasksFragment 程式。

TasksFragment.kt 的完整程式

回應按下的動作
巡覽
顯示紀錄

下面是改好的 TasksFragment，請依此修改你的程式（粗體為修改處）：

Tasks / app/src/main / java / com.hfad.tasks / TasksFragment.kt

```
package com.hfad.tasks

import android.os.Bundle
import androidx.fragment.app.Fragment
import android.view.LayoutInflater
import android.view.View
import android.view.ViewGroup
import android.widget.Toast
import androidx.lifecycle.Observer
import androidx.lifecycle.ViewModelProvider
import androidx.navigation.fragment.findNavController
import com.hfad.tasks.databinding.FragmentTasksBinding

class TasksFragment : Fragment() {
    private var _binding: FragmentTasksBinding? = null
    private val binding get() = _binding!!

    override fun onCreateView(
            inflater: LayoutInflater, container: ViewGroup?, savedInstanceState: Bundle?
    ): View? {
        _binding = FragmentTasksBinding.inflate(inflater, container, false)
        val view = binding.root

        val application = requireNotNull(this.activity).application
        val dao = TaskDatabase.getInstance(application).taskDao

        val viewModelFactory = TasksViewModelFactory(dao)
        val viewModel = ViewModelProvider(
                this, viewModelFactory).get(TasksViewModel::class.java)
        binding.viewModel = viewModel
        binding.lifecycleOwner = viewLifecycleOwner
```

（import android.widget.Toast 一行被刪除線劃掉）我們不需要這個 import 了，移除它。

（import androidx.navigation.fragment.findNavController 為粗體）匯入這個類別。

程式還沒結束，見下一頁。

TasksFragment.kt 程式（續）

```
        val adapter = TaskItemAdapter { taskId ->
            Toast.makeText(context, "Clicked task $taskId", Toast.LENGTH_SHORT).show()
            viewModel.onTaskClicked(taskId)
        }
        binding.tasksList.adapter = adapter

        viewModel.tasks.observe(viewLifecycleOwner, Observer {
            it?.let {
                adapter.submitList(it)
            }
        })

        viewModel.navigateToTask.observe(viewLifecycleOwner, Observer { taskId ->
            taskId?.let {
                val action = TasksFragmentDirections
                                 .actionTasksFragmentToEditTaskFragment(taskId)
                this.findNavController().navigate(action)
                viewModel.onTaskNavigated()
            }
        })

        return view
    }

    override fun onDestroyView() {
        super.onDestroyView()
        _binding = null
    }
}
```

呼叫這個方法，而不是顯示 toast。

觀察 navigateToTask 屬性。

當 navigateToTask 被設成一個非 null 的新 taskId 時執行這段程式。

Tasks
app/src/main
java
com.hfad.tasks
TasksFragment.kt

我們已經改好 TasksViewModel 與 TasksFragment 程式了，現在當用戶在 recycler view 裡面按下一個工作時，TasksFragment 會前往 EditTaskFragment，並將工作的 ID 傳給它。

接下來，我們要在 EditTaskFragment 的 layout 裡面顯示工作 ID。我們來做這件事。

讓 EditTaskFragment 顯示工作 ID

我們要修改 fragment 的 layout 與 Kotlin 程式，來讓 `EditTaskFragment` 顯示工作 ID。我們要在 layout 裡面加入 text view，然後使用 Kotlin 程式來取得工作的 ID，並將它加入 text view。

我們先將 text view 加入 fragment 的 layout，請按照下面的程式來修改 *fragment_edit_task.xml*：

Tasks
app/src/main
res
layout
fragment_edit_task.xml

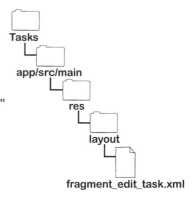

```
<?xml version="1.0" encoding="utf-8"?>
<LinearLayout
    xmlns:android="http://schemas.android.com/apk/res/android"
    xmlns:tools="http://schemas.android.com/tools"
    android:layout_width="match_parent"
    android:layout_height="match_parent"
    android:orientation="vertical"
    android:padding="16dp"
    tools:context=".EditTaskFragment">

    <TextView
        android:id="@+id/task_id"
        android:layout_width="match_parent"
        android:layout_height="wrap_content"
        android:textSize="16sp" />
</LinearLayout>
```

這個 layout 有 text view，它會被用來顯示工作 ID。

我們也要修改 EditTaskFragment.kt

將 text view 加入 `EditTaskFragment` 的 layout 之後，我們要將它的文字設為工作 ID，所以我們要在 fragment 的 `onCreateView()` 方法裡面加入這段程式：

```
val textView = view.findViewById<TextView>(R.id.task_id)
val taskId = EditTaskFragmentArgs.fromBundle(requireArguments()).taskId
textView.text = taskId.toString()
```

取得 text view 的參考。

取得 taskId 的值。

設定 text view 的文字。

如你所見，我們使用 `EditTaskFragmentArgs` 類別（它是 Safe Args 外掛產生的），來取得被傳給 `EditTaskFragment` 的 `taskId` 引數的值，然後使用那個值來設定 text view 的文字。

第 7 章說過，你要使用 fromBundle() 方法來取得被傳給 fragment 的任何引數。

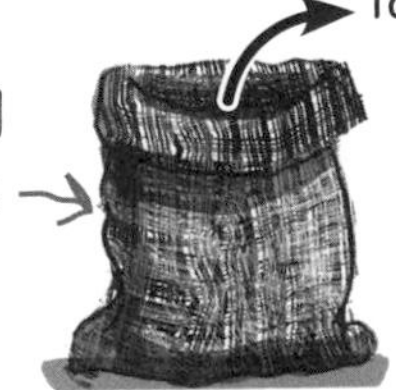

我們來看一下 `EditTaskFragment` 的完整程式。

EditTaskFragment.kt 的完整程式

回應按下的動作
巡覽
顯示紀錄

下面是 EditTaskFragment 的完整程式，請依此修改 *EditTaskFragment.kt*：

Tasks
app/src/main
java
com.hfad.tasks
EditTaskFragment.kt

```
package com.hfad.tasks

import android.os.Bundle
import androidx.fragment.app.Fragment
import android.view.LayoutInflater
import android.view.View
import android.view.ViewGroup
import android.widget.TextView

class EditTaskFragment : Fragment() {
    override fun onCreateView(inflater: LayoutInflater, container: ViewGroup?,
                              savedInstanceState: Bundle?): View? {
        val view = inflater.inflate(R.layout.fragment_edit_task, container, false)
        val textView = view.findViewById<TextView>(R.id.task_id)
        val taskId = EditTaskFragmentArgs.fromBundle(requireArguments()).taskId
        textView.text = taskId.toString()
        return view
    }
}
```

在 layout 的 text view 裡面顯示工作 ID。

我們來看一下程式執行時會發生什麼事。

問：在 EditTaskFragment 程式裡面，我看到你用 findViewById() 方法來取得 layout 的 text view 的參考，為什麼不使用 view binding 或 data binding？

答：我們在這裡使用 findViewById() 的原因是，它可以快速地測試工作 ID 有沒有被成功地傳給 EditTaskFragment。

在確定這一版程式可以正確運作之後，我們會改成使用 data binding。

問：當我試著修改 Kotlin 程式時，Android Studio 說它無法找到 TasksFragmentDirections 或 EditTaskFragmentArgs 類別。你知道原因嗎？

答：這些類別是 Safe Args 外掛產生的，所以務必修改你的 *build.gradle* 來加入它。然後檢查你的導覽圖，確保 EditTaskFragment 接收一個引數。

程式執行時會發生什麼事

回應按下的動作
巡覽
顯示紀錄

當 app 執行時會發生這些事情：

1. **TasksFragment 建立一個 TaskItemAdapter 物件，並將它指派給 recycler view 作為它的 adapter。**

   fragment 將 `clickListener` lambda 傳給 adapter，要求它在執行時呼叫 `TasksViewModel` 的 `onTaskClicked()` 方法。

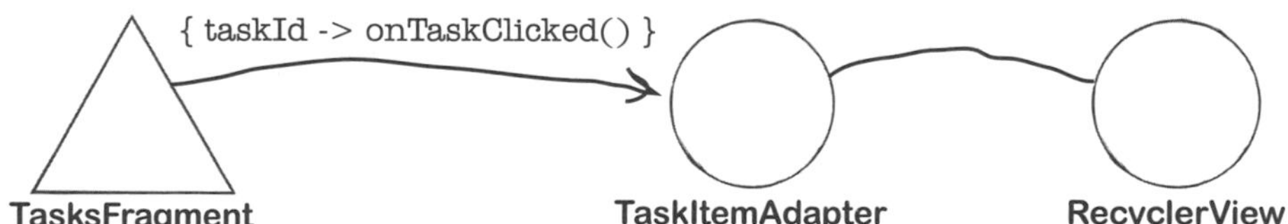

2. **TasksFragment 將 List<Task> 傳給 TaskItemAdapter。**

   `List<Task>` 裡面有來自資料庫的最新紀錄串列。

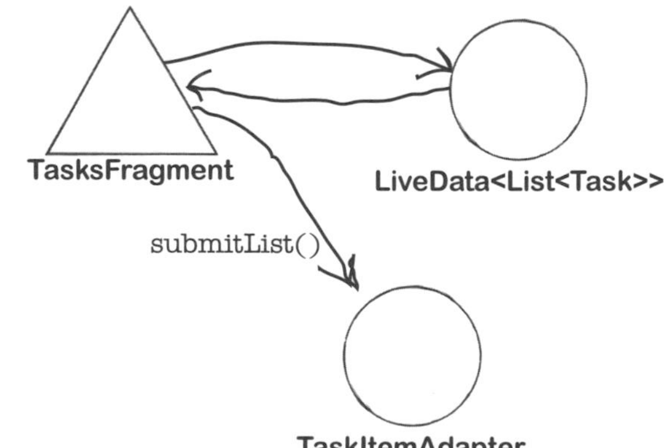

3. **TaskItemAdapter 建立一組 TaskItemViewHolder，並將 OnClickListener 設為各個 view holder 的根 view。**

   在這個例子裡，根 view 是 `CardView`。

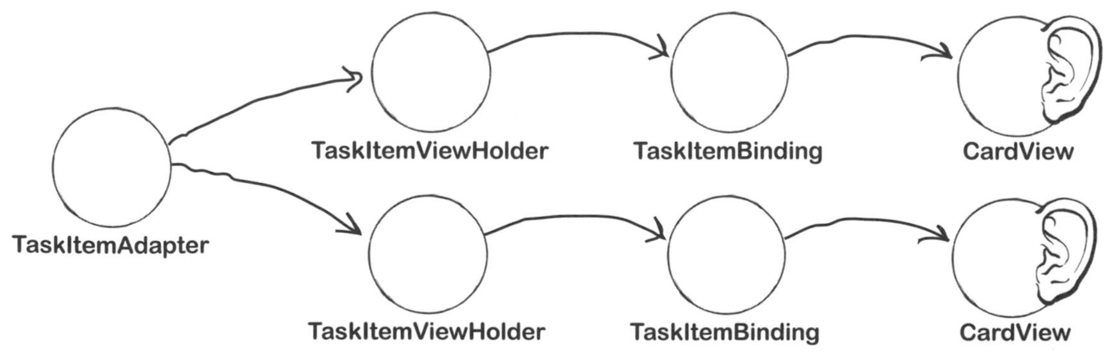

故事還沒結束

4 **當用戶在 recycler view 裡面按下一個工作時，OnClickListener 察覺按下的動作，並執行 lambda。**

它呼叫 `TasksViewModel` 的 `onTaskClicked()` 方法，該方法將它的 `_navigateToTask` 屬性設為被按下的工作的 ID。

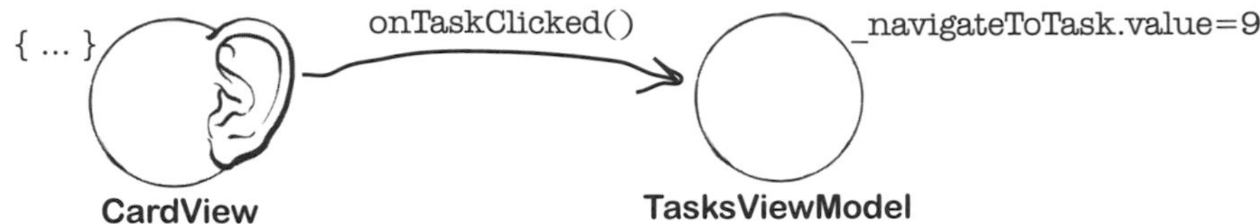

5 **TasksFragment 被告知 TasksViewModel 的 navigateToTask 屬性（使用 _navigateToTask 作為它的 backing 屬性）已經改變了。**

它前往 `EditTaskFragment`，將 `navigateToTask` 屬性的值傳給它。

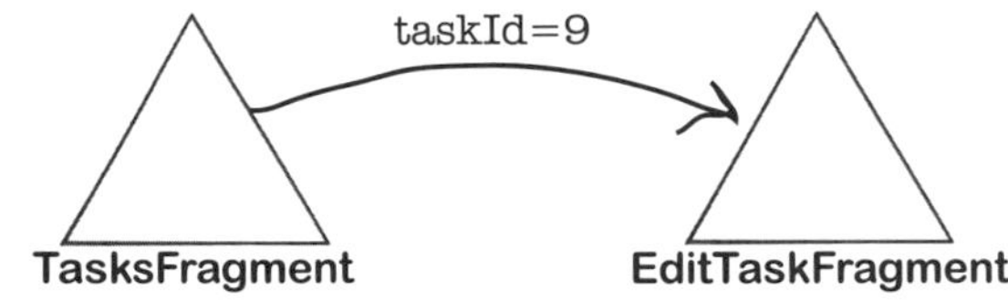

6 **EditTaskFragment 取得被傳給它的 taskId 的值，並在它的 layout 裡顯示它。**

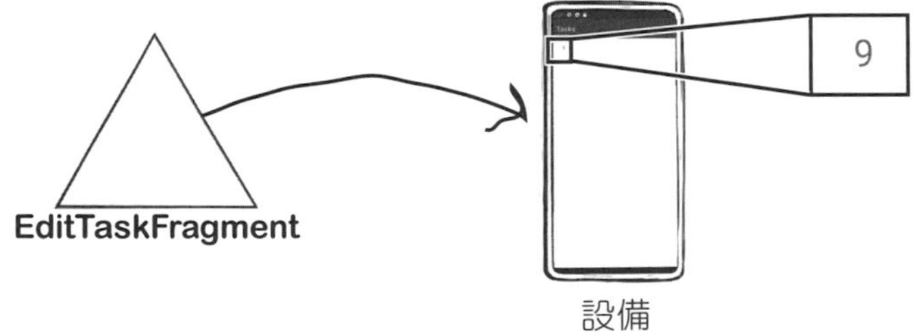

我們來執行一下 app。

新車試駕

回應按下的動作
巡覽
顯示紀錄

當我們執行 app 時，與之前一樣，`TasksFragment` 在 recycler view 裡面顯示一個卡片網格。

當我們按下一個工作時，app 前往 `EditTaskFragment`，它會顯示工作的 ID。

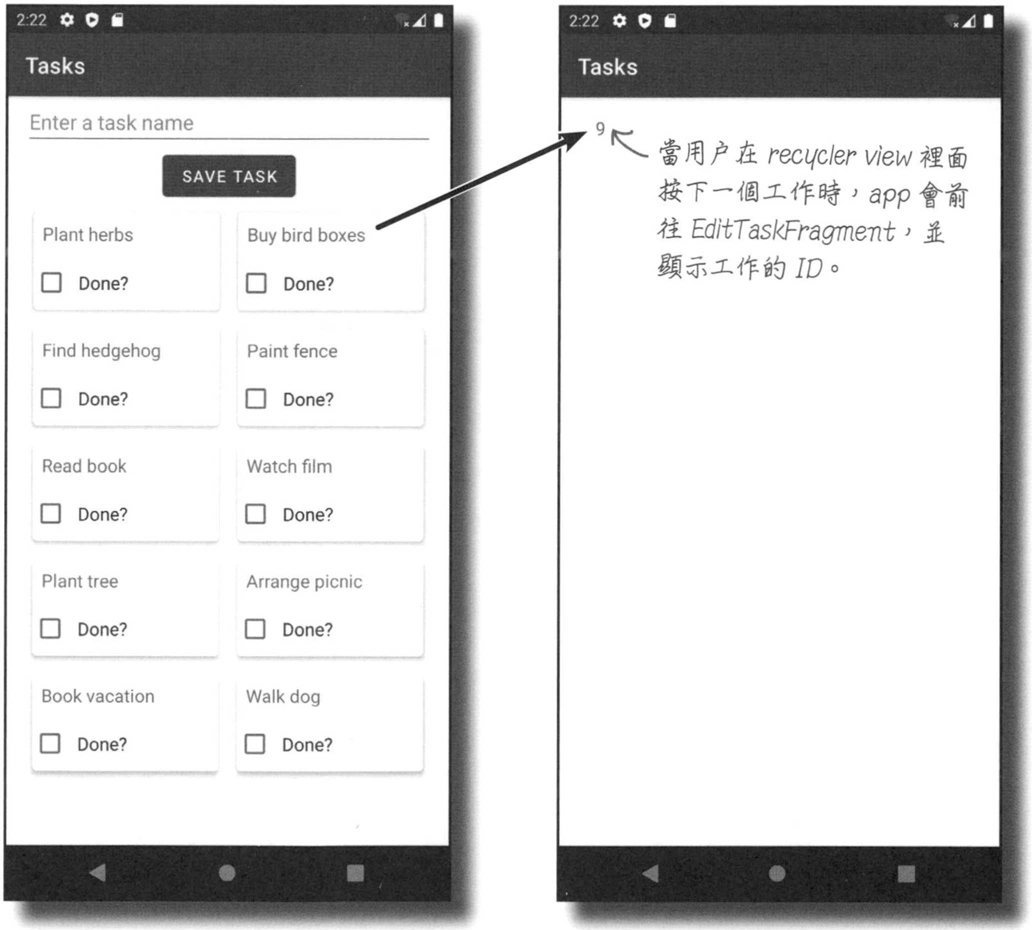

當用戶在 recycler view 裡面按下一個工作時，app 會前往 EditTaskFragment，並顯示工作的 ID。

現在你已經知道如何使用 recycler view 來前往新 fragment，並告訴它哪些項目被按下了。

接下來，我們要修改 Tasks app，讓 `EditTaskFragment` 在用戶按下工作時顯示它的完成細節，並讓用戶修改或刪除資料庫裡面的紀錄。

我們想要使用 EditTaskFragment 來修改工作紀錄

回應按下的動作
巡覽
顯示紀錄

我們已經讓 Tasks app 在用戶按下 recycler view 裡面的工作時前往 `EditTaskFragment`，並在裡面顯示工作的 ID 了。

但是，我們其實想讓 `EditTaskFragment` 顯示完整的工作紀錄，並且讓用戶在資料庫內修改或刪除它。

為此，我們準備將 `EditTaskFragment` 改成這樣：

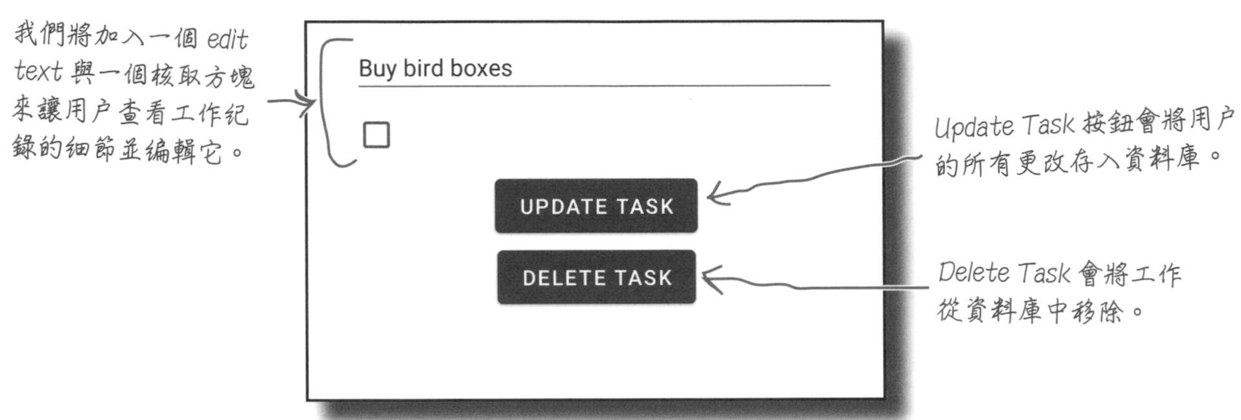
我們將加入一個 edit text 與一個核取方塊來讓用戶查看工作紀錄的細節並編輯它。
Buy bird boxes
UPDATE TASK
DELETE TASK
Update Task 按鈕會將用戶的所有更改存入資料庫。
Delete Task 會將工作從資料庫中移除。

新版的 fragment 將會這樣運作：

1. **當用戶在 recycler view 裡面按下一個工作時，EditTaskFragment 會顯示它的細節。**

   它會從資料庫取得工作紀錄，並將工作名稱以及它是否完成顯示出來。

2. **當用戶修改工作的細節，並按下 Update Task 按鈕時，將修改儲存起來。**

   它會更新資料庫內的紀錄，並回到 `TasksFragment`。

3. **在用戶按下 Delete Task 按鈕時刪除工作。**

   它會刪除資料庫內的工作紀錄，並前往 `TasksFragment`。

為了執行這些動作，fragment 必須與 app 的 Room 資料庫互動，這意味著它會使用我們在第 14 章定義的 `TaskDao` 介面。在修改 app 之前，我們先來複習一下 `TaskDao` 的功用。

使用 TaskDao 來與資料庫紀錄互動

第 14 章說過，你要使用 DAO 介面來與 Room 資料庫裡面的紀錄互動。例如，Tasks app 有一個名為 TaskDao 的 DAO，可用來與工作紀錄互動。

我們來回顧一下 TaskDao 程式：

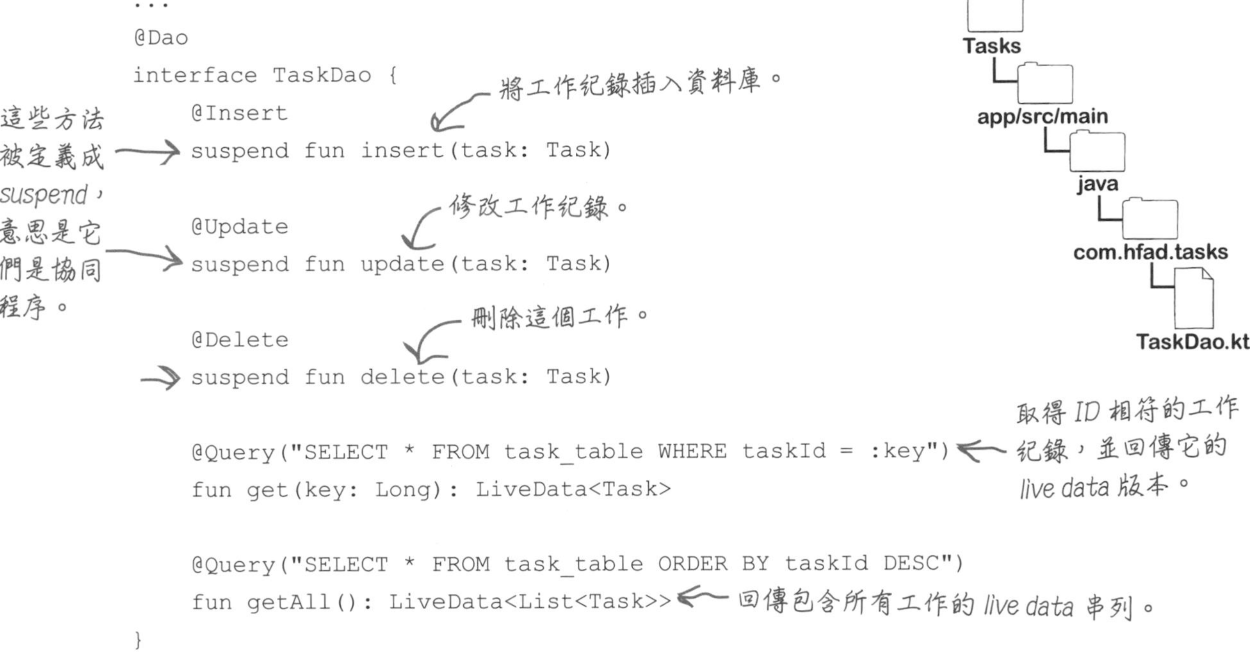

```
...
@Dao
interface TaskDao {
    @Insert
    suspend fun insert(task: Task)

    @Update
    suspend fun update(task: Task)

    @Delete
    suspend fun delete(task: Task)

    @Query("SELECT * FROM task_table WHERE taskId = :key")
    fun get(key: Long): LiveData<Task>

    @Query("SELECT * FROM task_table ORDER BY taskId DESC")
    fun getAll(): LiveData<List<Task>>
}
```

這些方法被定義成 suspend，意思是它們是協同程序。
將工作紀錄插入資料庫。
修改工作紀錄。
刪除這個工作。
取得 ID 相符的工作紀錄，並回傳它的 live data 版本。
回傳包含所有工作的 live data 串列。
Tasks
app/src/main
java
com.hfad.tasks
TaskDao.kt

如你所見，這個介面有一些方法可讓你從資料庫取得一筆或多筆紀錄，也有一些可暫停的協同程序可讓你在背景執行緒裡面插入、修改與刪除紀錄。

我們將建立一個 view model 來使用 TaskDao 的方法

我們要使用 TaskDao 的方法來讓 EditTaskFragment 從資料庫取出工作紀錄、修改它的細節，或刪除它。我們不打算將這些程式加入 EditTaskFragment，而是建立一個新的 view model（稱為 EditTaskViewModel），讓它負責 fragment 的商業邏輯與資料。EditTaskViewModel 將使用 TaskDao 的方法，並將結果傳給 EditTaskFragment。

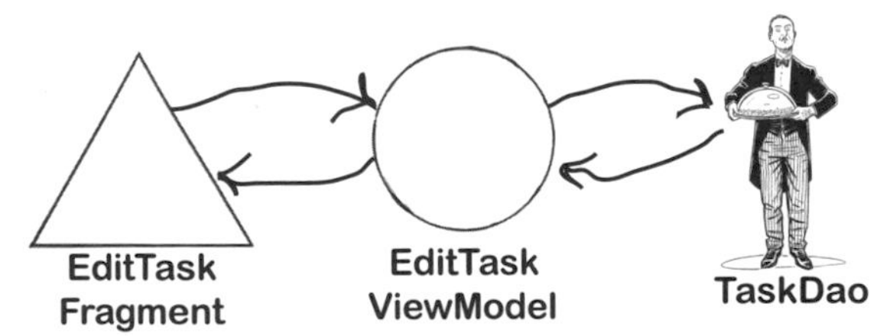

EditTask Fragment
EditTask ViewModel
TaskDao

我們來建立 EditTaskViewModel。

建立 EditTaskViewModel

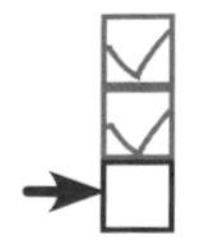

回應按下的動作
巡覽
顯示紀錄

為了建立 EditTaskViewModel，在 *app/src/main/java* 資料夾裡面選擇 *com.hfad.tasks* 程式包，然後前往 File → New → Kotlin Class/File。將檔案命名為「EditTaskViewModel」，並選擇 Class 選項。

view model 需要取得工作紀錄…

EditTaskViewModel 的第一個工作是從 app 的資料庫取得工作紀錄，以便在 EditTaskFragment 的 layout 裡面顯示它。為此，我們要在 view model 的建構式裡面傳兩個東西給它：一個工作 ID，告訴它該取得哪個工作，以及一個 TaskDao 物件，讓它用來與資料庫互動。

EditTaskViewModel 將使用 TaskDao 來與資料庫互動。

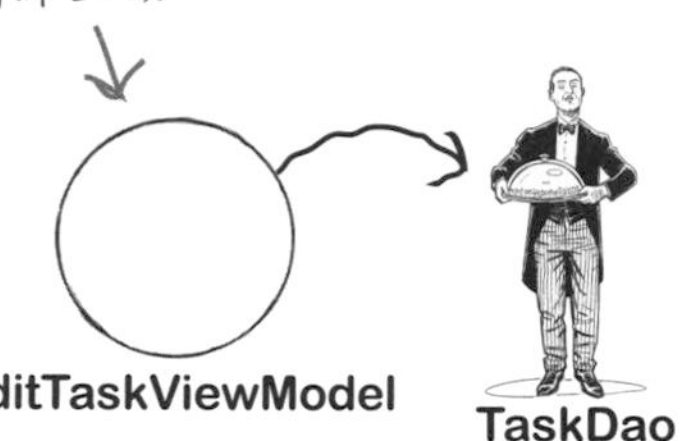

我們也會在 view model 裡面加入一個 LiveData<Task> 屬性（名為 task），我們將使用 TaskDao 的 get() 方法來設定它。它會將屬性設成用戶想要查看的工作紀錄。

程式如下所示，我們將在幾頁之後展示完整的 EditTaskViewModel 程式：

EditTaskViewModel 將接受一個工作 ID 與 TaskDao 物件。

```
class EditTaskViewModel(taskId: Long, val dao: TaskDao) : ViewModel() {
    val task = dao.get(taskId)
}
```

將 task 屬性設為 LiveData<Task>。

…並加入修改與刪除工作的方法

我們也要在 EditTaskViewModel 裡面加入 updateTask() 與 deleteTask() 方法，EditTaskFragment 將使用它們來修改與刪除工作紀錄。這些方法將呼叫 TaskDao 的 update() 與 delete() 協同程序如下：

```
fun updateTask() {
    viewModelScope.launch {
        dao.update(task.value!!)
    }
}

fun deleteTask() {
    viewModelScope.launch {
        dao.delete(task.value!!)
    }
}
```

TaskDao 的 update() 與 delete() 方法是協同程序，所以必須在 launch 區塊裡面呼叫它們。

如果 Task 是 null，這會丟出 null pointer 異常。

Tasks
app/src/main
java
com.hfad.tasks
EditTaskViewModel.kt

在將這段程式加入 EditTaskViewModel 之前，我們來看一下 view model 程式還要做哪些事情。

EditTaskViewModel 將告訴 EditTaskFragment 何時巡覽

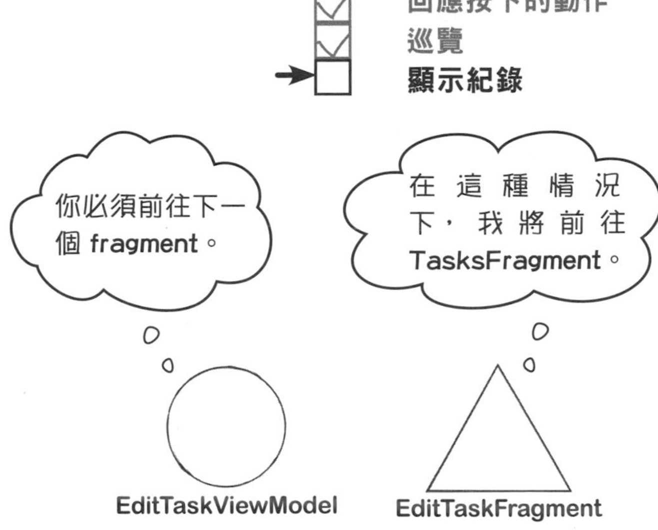
回應按下的動作
巡覽
顯示紀錄
你必須前往下一個 fragment。
在這種情況下，我將前往 TasksFragment。
EditTaskViewModel
EditTaskFragment

EditTaskViewModel 的最後一項工作是告訴 EditTaskFragment 何時該返回 TasksFragment。為此，我們要在 view model 裡面加入一個新的 LiveData<Boolean> 屬性（名為 navigateToList），以及一個 backing 屬性，稱為 _navigateToList。EditTaskFragment 會觀察 navigateToList，以便在它的值變成 *true* 時前往 TasksFragment。

我們會在 view model 的 updateTask() 與 deleteTask() 方法裡面將 _navigateToList 設為 *true*。這意味著，一旦工作紀錄被修改或刪除，app 就會前往 TasksFragment。

下面是改好的這些方法：

```
fun updateTask() {
    viewModelScope.launch {
        dao.update(task.value!!)
        _navigateToList.value = true
    }
}

fun deleteTask() {
    viewModelScope.launch {
        dao.delete(task.value!!)
        _navigateToList.value = true
    }
}
```

當這個屬性被設為 true 時，EditTaskFragment 必須前往 TasksFragment。

Tasks
app/src/main
java
com.hfad.tasks
EditTaskViewModel.kt

我們也要在 EditTaskViewModel 裡面加入一個名為 onNavigatedToList() 的新方法，用它將 _navigateToList 設回 *false*。

這個方法的程式是：

```
fun onNavigatedToList() {
    _navigateToList.value = false
}
```

EditTaskFragment 會在完成巡覽時呼叫這個方法。

下一頁是 EditTaskViewModel 的完整程式。

EditTaskViewModel.kt 的完整程式

下面是 EditTaskViewModel 的完整程式，請依此修改 *EditTaskViewModel.kt*（粗體為修改處）：

```
package com.hfad.tasks

import androidx.lifecycle.LiveData
import androidx.lifecycle.MutableLiveData
import androidx.lifecycle.ViewModel
import androidx.lifecycle.viewModelScope
import kotlinx.coroutines.launch

class EditTaskViewModel(taskId: Long, val dao: TaskDao) : ViewModel() {
    val task = dao.get(taskId)
    private val _navigateToList = MutableLiveData<Boolean>(false)
    val navigateToList: LiveData<Boolean>
        get() = _navigateToList

    fun updateTask() {
        viewModelScope.launch {
            dao.update(task.value!!)
            _navigateToList.value = true
        }
    }

    fun deleteTask() {
        viewModelScope.launch {
            dao.delete(task.value!!)
            _navigateToList.value = true
        }
    }

    fun onNavigatedToList() {
        _navigateToList.value = false
    }
}
```

匯入這些類別。

view model 接收這些引數。

加入這些屬性。

加入方法來修改與刪除工作。

加入一個方法來將 _navigateToList 設回 false。

Tasks / app/src/main / java / com.hfad.tasks / EditTaskViewModel.kt

以上就是 EditTaskViewModel 的完整程式。接下來要做什麼？

回應按下的動作
巡覽
顯示紀錄

EditTaskViewModel 需要一個 view model factory

下一個工作是定義一個名為 EditTaskViewModelFactory 的 view model factory，我們將用它的 EditTaskFragment 來建立一個 EditTaskViewModel 的實例。第 11 章說過，沒有無引數建構式的 view model 都要使用 view model factory，例如 EditTaskViewModel。

EditTask ViewModelFactory

ViewModelProvider

view model provider 將使用 factory 來建立 EditTaskViewModel 物件。

EditTaskViewModel

建立 EditTaskViewModelFactory

為了建立這個 factory，在 *app/src/main/java* 資料夾裡面選擇 *com.hfad.tasks* 程式包，然後前往 File → New → Kotlin Class/File。將檔案命名為「EditTaskViewModelFactory」，並選擇 Class 選項。

建立檔案之後，按照下面的程式來修改 *EditTaskViewModelFactory.kt*：

Tasks
app/src/main
java
com.hfad.tasks
EditTask ViewModelFactory.kt

```
package com.hfad.tasks

import androidx.lifecycle.ViewModel
import androidx.lifecycle.ViewModelProvider

class EditTaskViewModelFactory(private val taskId: Long,
                               private val dao: TaskDao)
        : ViewModelProvider.Factory {

    override fun <T : ViewModel?> create(modelClass: Class<T>): T {
        if (modelClass.isAssignableFrom(EditTaskViewModel::class.java)) {
            return EditTaskViewModel(taskId, dao) as T
        }
        throw IllegalArgumentException("Unknown ViewModel")
    }
}
```

匯入這些類別。

factory 需要用這些引數來建立 EditTaskViewModel。

建立 EditTaskViewModel 物件。

這段程式幾乎與其他 app 的 view model factory 類別完全相同。

寫好 EditTaskViewModel 與它的 factory 的程式之後，我們要修改 EditTaskFragment 與它的 layout 的程式。我們從 layout 開始處理。

fragment_edit_task.xml 需要顯示工作

我們將修改 *fragment_edit_task.xml*，在裡面加入一個 edit text 與一個核取方塊，準備用來顯示 Task 資料。我們將使用 data binding 來將這些 view 連結至 EditTaskViewModel 的 task 裡面的 taskName 與 taskDone 屬性。

我們也會在 layout 中加入兩顆按鈕，它們將呼叫 EditTaskViewModel 的 deleteTask() 與 updateTask() 方法，讓用戶修改或刪除工作紀錄。

下面是改好的 layout 程式，請依此修改 *fragment_edit_task.xml*（粗體為修改處）：

```
<?xml version="1.0" encoding="utf-8"?>
<layout
    xmlns:android="http://schemas.android.com/apk/res/android"
    xmlns:tools="http://schemas.android.com/tools"
    tools:context=".EditTaskFragment">

    <data>
        <variable
            name="viewModel"
            type="com.hfad.tasks.EditTaskViewModel" />
    </data>

    <LinearLayout
        xmlns:android="http://schemas.android.com/apk/res/android"
        xmlns:tools="http://schemas.android.com/tools"
        android:layout_width="match_parent"
        android:layout_height="match_parent"
        android:orientation="vertical"
        android:padding="16dp"
        tools:context=".EditTaskFragment" >

        <TextView EditText
            android:id="@+id/task_id"
            android:id="@+id/task_name"
            android:layout_width="match_parent"
            android:layout_height="wrap_content"
            android:textSize="16sp"
            android:inputType="text"
            android:text="@={viewModel.task.taskName}" />
```

將 <layout> 元素作為根元素加入 layout。

定義一個名為 viewModel 的 data binding 變數。

將這幾行移至 <layout> 元素。（LinearLayout 中的 xmlns:android、xmlns:tools 與 tools:context 已刪除）

將 TextView 改為 EditText，並將它設成不同的 ID。（android:id="@+id/task_id" 已刪除）

將 text 設為工作的名稱。

在 edit text 裡面顯示工作名稱。

Tasks / app/src/main / res / layout / fragment_edit_task.xml

Buy bird boxes
UPDATE TASK
DELETE TASK

程式還沒結束，見下一頁。

fragment_edit_task.xml（續）

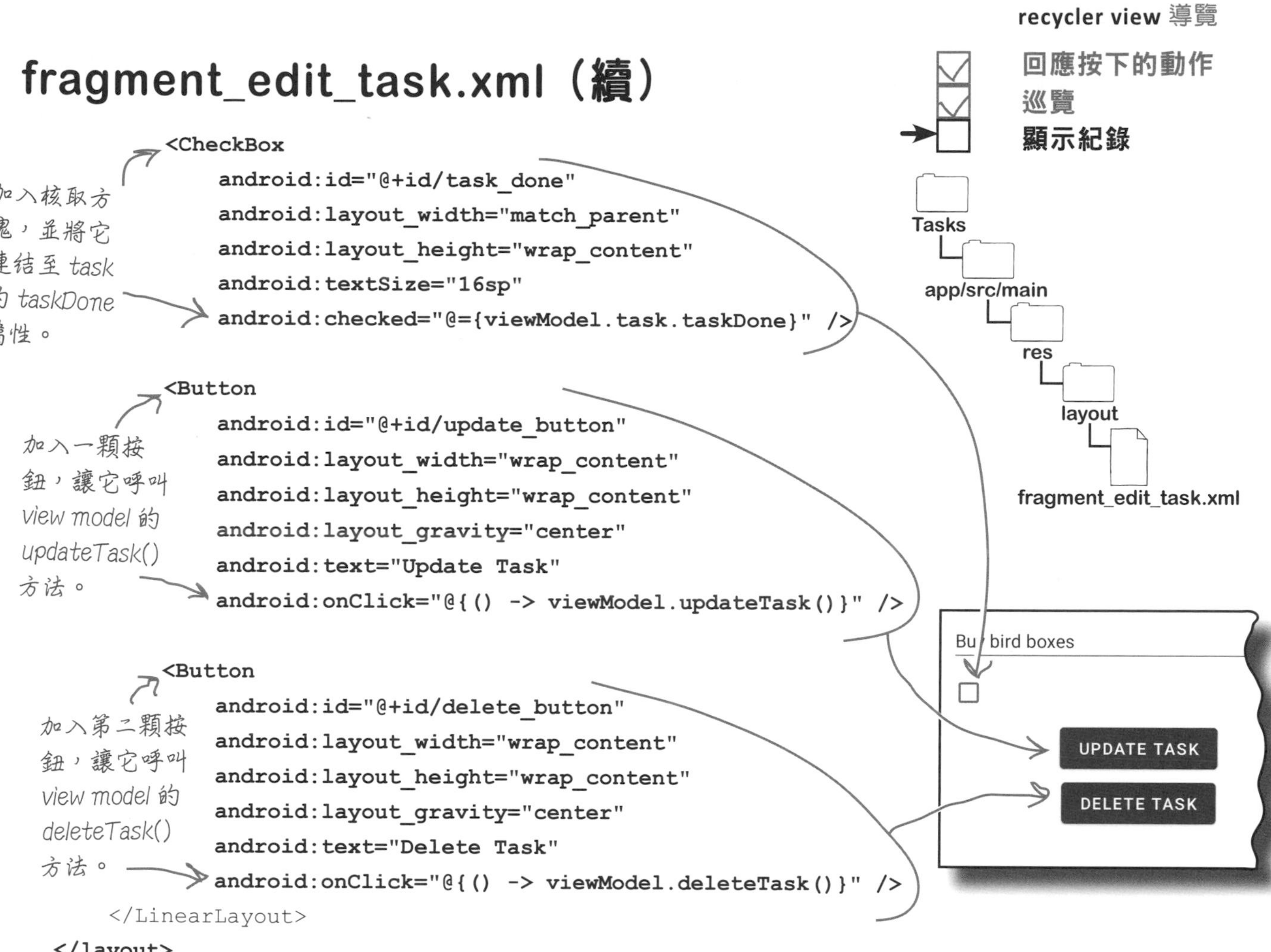

```
    <CheckBox
        android:id="@+id/task_done"
        android:layout_width="match_parent"
        android:layout_height="wrap_content"
        android:textSize="16sp"
        android:checked="@={viewModel.task.taskDone}" />

    <Button
        android:id="@+id/update_button"
        android:layout_width="wrap_content"
        android:layout_height="wrap_content"
        android:layout_gravity="center"
        android:text="Update Task"
        android:onClick="@{() -> viewModel.updateTask()}" />

    <Button
        android:id="@+id/delete_button"
        android:layout_width="wrap_content"
        android:layout_height="wrap_content"
        android:layout_gravity="center"
        android:text="Delete Task"
        android:onClick="@{() -> viewModel.deleteTask()}" />
  </LinearLayout>
</layout>
```

回應按下的動作
巡覽
顯示紀錄
加入核取方塊，並將它連結至 task 的 taskDone 屬性。
加入一顆按鈕，讓它呼叫 view model 的 updateTask() 方法。
加入第二顆按鈕，讓它呼叫 view model 的 deleteTask() 方法。
Tasks
app/src/main
res
layout
fragment_edit_task.xml
UPDATE TASK
DELETE TASK

我們也要修改 EditTaskFragment.kt

最後一個需要修改的地方是 `EditTaskFragment` 的 Kotlin 程式。這段程式做三件事：

1. **設定 layout 的 viewModel data binding 變數。**

   我們要將它設為 `EditTaskViewModel` 的實例，fragment 會建立該實例。

2. **設定 layout 的 lifecycle owner。**

   如此一來，layout 才可以和 live data 屬性互動。

3. **觀察 view model 的 navigateToList 屬性。**

   當它變成 *true* 時，fragment 會前往 `TasksFragment`，並呼叫 `EditTaskViewModel` 的 `onNavigatedToList()` 方法。

因為你已經熟悉做這些事情的所有程式了，下一頁將展示改好的 `EditTaskFragment`。

EditTaskFragment.kt 的完整程式

回應按下的動作
巡覽
顯示紀錄

下面是 EditTaskFragment 的完整程式，請依此修改 *EditTaskFragment.kt*（粗體為修改處）：

Tasks
app/src/main
java
com.hfad.tasks
EditTaskFragment.kt

```
package com.hfad.tasks

import android.os.Bundle
import androidx.fragment.app.Fragment
import android.view.LayoutInflater
import android.view.View
import android.view.ViewGroup
import android.widget.TextView        ← 刪除這一行。
import androidx.lifecycle.Observer
import androidx.lifecycle.ViewModelProvider
import androidx.navigation.findNavController
import com.hfad.tasks.databinding.FragmentEditTaskBinding        匯入這些類別。

class EditTaskFragment : Fragment() {
    private var _binding: FragmentEditTaskBinding? = null
    private val binding get() = _binding!!        現在 fragment 使用 data binding，所以加入這些屬性。

    override fun onCreateView(inflater: LayoutInflater, container: ViewGroup?,
                              savedInstanceState: Bundle?): View? {
移除這一行。 → val view = inflater.inflate(R.layout.fragment_edit_task, container, false)
加入這幾行。    _binding = FragmentEditTaskBinding.inflate(inflater, container, false)
        val view = binding.root

        val taskId = EditTaskFragmentArgs.fromBundle(requireArguments()).taskId
刪除這幾行。    val textView = view.findViewById<TextView>(R.id.task_id)
        textView.text = taskId.toString()

        val application = requireNotNull(this.activity).application
        val dao = TaskDatabase.getInstance(application).taskDao
```

加入這幾行。建立 EditTaskViewModelFactory 時需要它們。

程式還沒結束，見下一頁。→

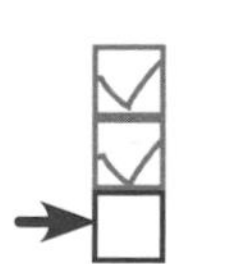

EditTaskFragment（續）

```
        val viewModelFactory = EditTaskViewModelFactory(taskId, dao)
        val viewModel = ViewModelProvider(this, viewModelFactory)
                                .get(EditTaskViewModel::class.java)
        binding.viewModel = viewModel
        binding.lifecycleOwner = viewLifecycleOwner

        viewModel.navigateToList.observe(viewLifecycleOwner, Observer { navigate ->
            if (navigate) {
                view.findNavController()
                    .navigate(R.id.action_editTaskFragment_to_tasksFragment)
                viewModel.onNavigatedToList()
            }
        })
        return view
    }

    override fun onDestroyView() {
        super.onDestroyView()
        _binding = null
    }
}
```

使用 view model factory 來取得 view model 的參考。

設定 layout 的 data binding 變數。

讓 layout 與 live data 屬性互動。

當 navigateToList 屬性被設為 true 時前往 TasksFragment，並呼叫 view model 的 onNavigatedToList() 方法。

加入這個方法。

Tasks / app/src/main / java / com.hfad.tasks / EditTaskFragment.kt

以上就是讓 `EditTaskFragment` 在 layout 裡面顯示 `Task`，並讓用戶修改或刪除工作的所有程式。我們來看一下當程式執行時會做哪些事情。

問：你說在 `EditTaskViewModel` 裡面的 `updateTask()` 與 `deleteTask()` 方法，使用協同程序在背景執行緒修改與刪除工作紀錄，一定要這樣嗎？

答：沒錯，如果你在主執行緒執行可能很花時間的資料庫程式，你會看到編譯錯誤。

問：我可以在 app 加入 Up 按鈕導覽功能嗎？

答：可以！這是個好主意，因為它可以方便用戶從 `EditTaskFragment` 回到 `TasksFragment` 而不需要修改任何紀錄。

我們沒有加入 Up 導覽，但你可以自己加入它，如果你需要複習怎麼做，請參考第 8 章。

程式執行時會發生什麼事

當 app 執行時會發生這些事情：

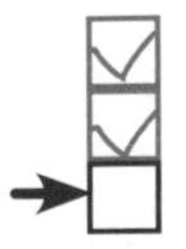

1. 當用戶按下一個工作時，**TasksFragment** 會前往 **EditTaskFragment**，並將工作 ID 傳給它。

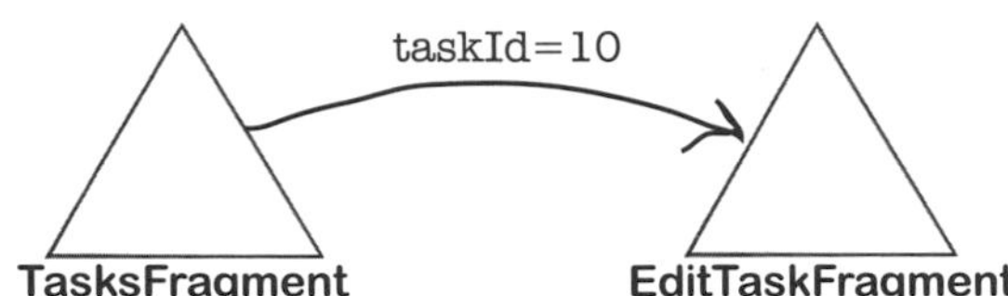

2. **EditTaskFragment** 取得它的 **EditTaskViewModel** 物件的參考。

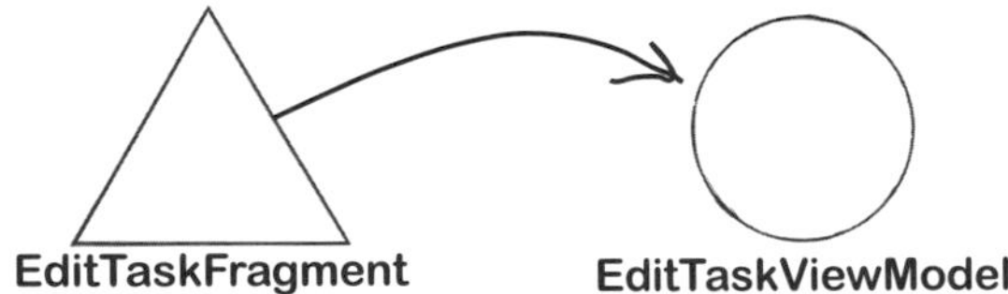

3. **EditTaskViewModel** 呼叫 **TaskDao** 物件的 **get()** 方法，將工作 ID 傳給它。

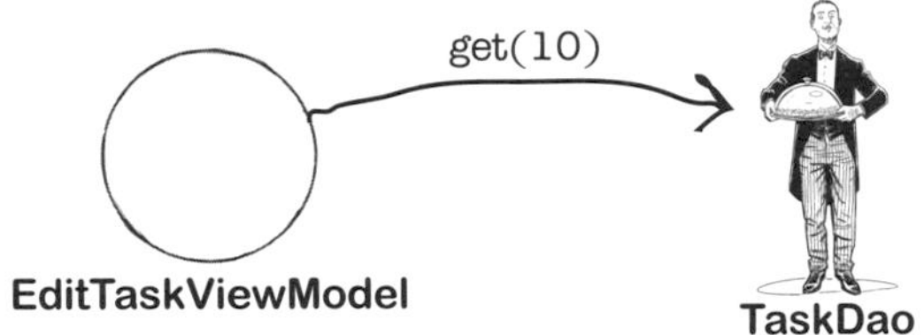

4. **TaskDao** 的 **get()** 方法回傳一個 **LiveData<Task>**，它被指派給 **EditTaskViewModel** 的 **task** 屬性。

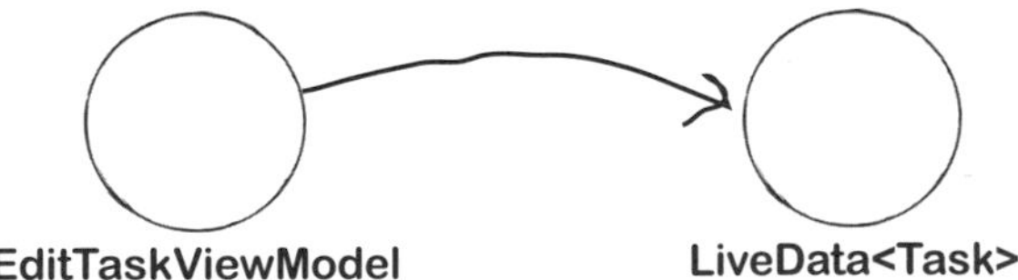

故事還沒結束

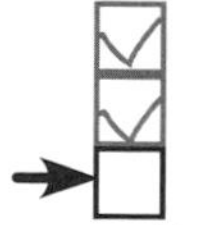

5a **當用戶按下 Update Task 按鈕時，它會呼叫 EditTaskViewModel 的 updateTask() 方法。**

這個方法使用 `TaskDao` 的 `update()` 方法來修改資料庫內的紀錄。

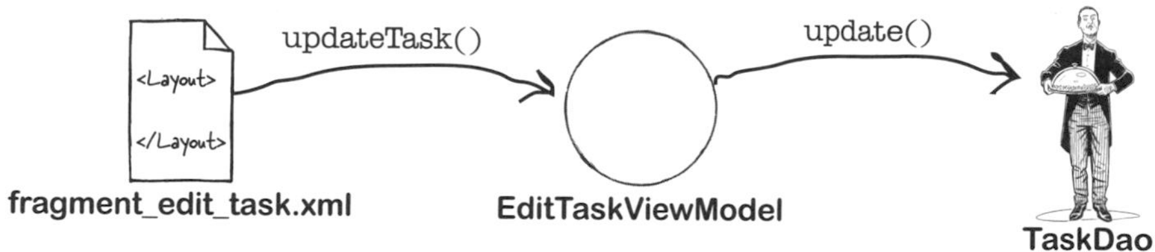

5b **當用戶按下 Delete Task 按鈕時，它呼叫 EditTaskViewModel 的 deleteTask() 方法。**

這個方法使用 `TaskDao` 的 `delete()` 方法來刪除紀錄。

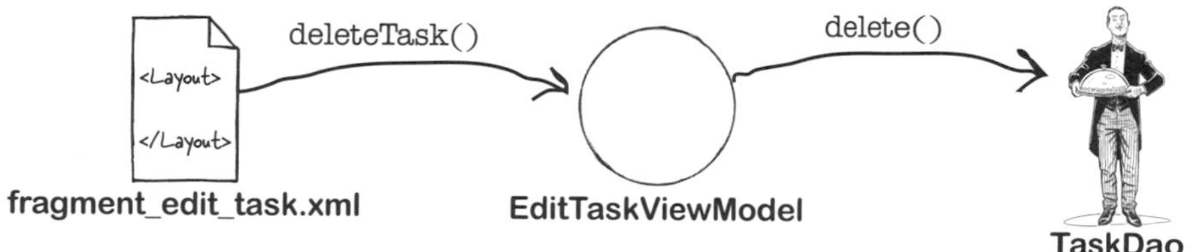

6 **app 前往 TasksFragment。**

用戶對工作紀錄做的所有修改都會反映在 recycler view 裡面。

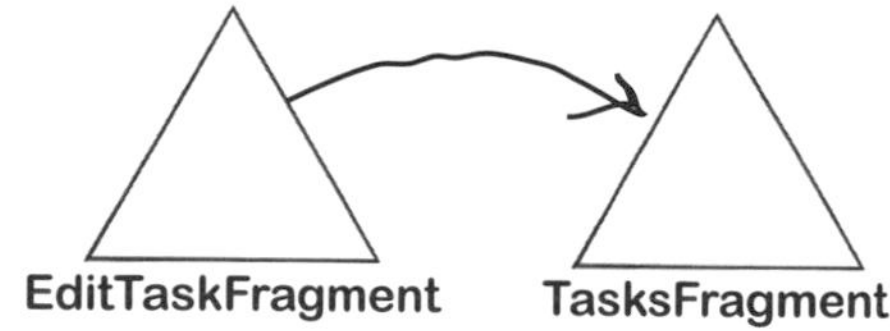

我們來執行一下 app。

新車試駕

回應按下的動作
巡覽
顯示紀錄

當我們執行 app 時，與之前一樣，`TasksFragment` 在 recycler view 裡面顯示一個卡片網格。

當我們按下一個工作時，app 前往 `EditTaskFragment`，它會顯示工作的紀錄。

當我們對工作進行修改並按下 Update Task 按鈕時，那些修改會被存入資料庫，並顯示在 `TasksFragment` 的 recycler view 裡面。

當我們按下一個工作時…

…那個工作會被顯示在 EditTaskFragment 裡面。

編輯工作並按下 Update Task 按鈕。

修改後的工作被顯示在 recycler view 裡面。

以上就是修改工作時發生的事情。那刪除工作呢？

新車試駕（續）

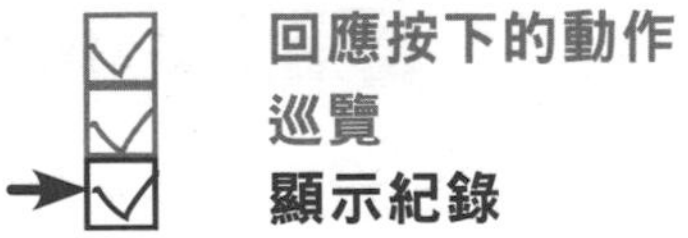

- [x] 回應按下的動作
- [x] 巡覽
- [x] 顯示紀錄

當我們按下一個工作時，一如往常，app 前往 EditTaskFragment，並顯示工作紀錄。

按下 Delete Task 按鈕會刪除資料庫內的紀錄。當 app 前往 TasksFragment 時，那一筆紀錄已經不在 recycler view 裡面了。

按下一個工作。

那個工作被顯示出來。

按下 Delete Task 按鈕之後，那項工作不在 TasksFragment 的 recycler view 裡，其他工作被重新排列。

恭喜你！你已經知道如何讓 app 使用 recycler view 來巡覽紀錄，並修改或刪除它們了。你可以利用這項強大的技術，以靈活的方式來組織 app 裡面的資料。

你的 Android 工具箱

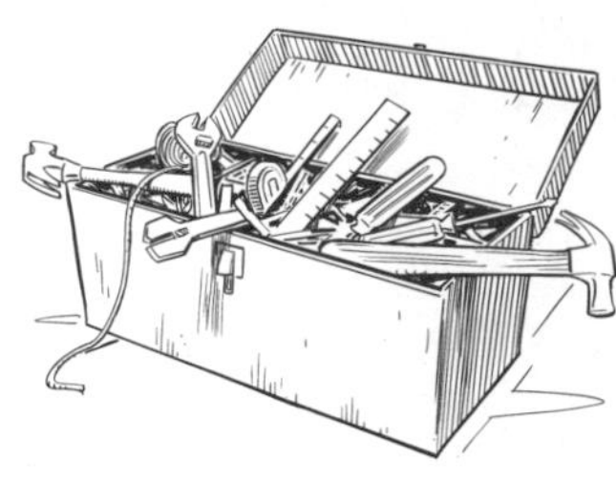

你已經掌握第 17 章，將 recycler view 導覽加入你的工具箱了。

你可以在 tinyurl.com/hfad3 下載本章的完整程式碼。

本章重點

- 你可以讓 recycler view 的項目可以按下，使用這個功能來讓 recycler view 前往另一個 fragment，在那裡顯示被按下的項目的細節。
- 你可以讓 recycler view 回應按下的動作，作法是在它的項目的 layout 的根 view 中加入 `OnClickListener`。
- 你可以將 lambda 傳給 `OnClickListener` 來告訴它如何回應按下的動作。lambda 會在 `OnClickListener` 察覺按下的動作時執行。
- 你可以在 fragment 程式內定義 lambda，並透過 adapter 的建構式來將它傳給 `OnClickListener`。

18 Jetpack Compose

發揮創意

有人說你不需要使用 layout 就可以做出 UI！？

到目前為止，你建立的 UI 都使用 view 與 layout 檔案。

但是 **Jetpack Compose 提供更多選擇**。在這一章，我們要來**一趟 Compose 小鎮之旅**，學習如何使用名為 **composable** 的 Compose 組件來建構 UI，而不是使用 view。你將學會如何使用內建的 composable，包括 **Text**、**Image**、**TextField** 與 **Button**。你將了解如何將它們排成 **Row**（**橫列**）與 **Column**（**直行**），並使用 **theme**（**佈景主題**）來設定它們的樣式。你將編寫與預覽你的 **composable 函式**。你甚至將使用 ***MutableState*** 物件來**管理 composable 的狀態**。翻到下一頁，讓我們開始使用 Compose…

UI 組件不一定要用 view 來做

到目前為止，你已經了解如何使用 layout 檔與 view 來建立漂亮的、可互動的 UI 了。雖然我們把重點放在這種做法上，但你也可以採取別的做法。

建構 UI 的另一種方案是使用 **Jetpack Compose**。Compose 是 Android Jetpack 的一部分，這套工具包含許多程式庫、工具與 API，它是專門為了幫你使用純 Kotlin 程式來建構原生 UI 而設計的。

好消息，你只要運用既有的 Android 知識就可以使用 Jetpack Compose 了。例如，你可以同時使用 Compose 與 view model 和 live data，甚至將 Compose 組件加入既有的 UI。

下一章將進一步討論這個部分。

我們將建構 Compose app

本章將建立一個新的 Temperature Converter app 來介紹 Compose，這個 app 可以將攝氏溫度轉換成華氏。我們的 app 長這樣：

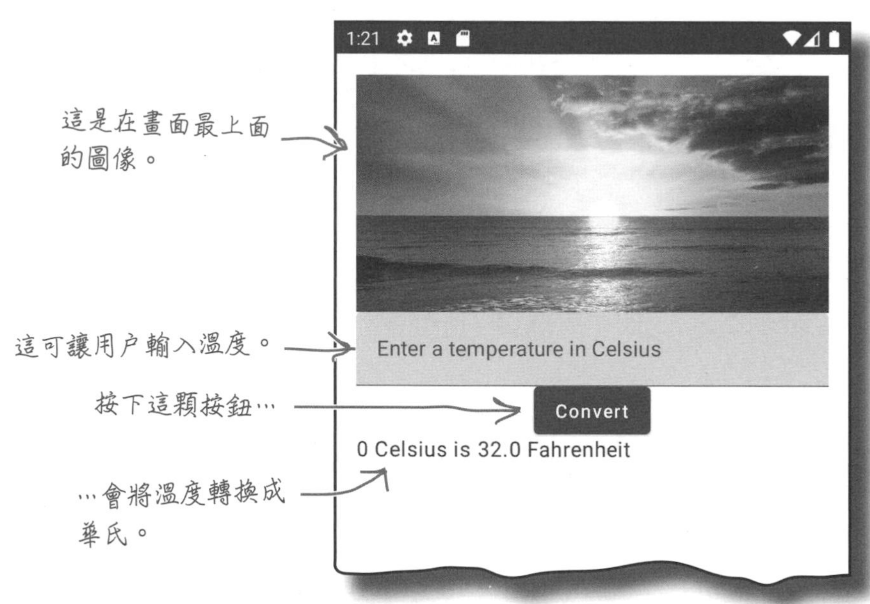

如你所見，這個 app 使用幾個你很熟悉的組件。唯一的差異是它是用 Compose 寫成的。

在開始建構 app 之前，看看你能不能在接下來的習題裡面，寫下每一段程式在做什麼。

削尖你的鉛筆

我們還沒有展示任何 Compose 程式，但是看看你能不能猜出下面的每一行程式在做什麼。為了幫你起步，我們完成了前幾行。

```
class MainActivity : ComponentActivity() {   定義一個繼承 ComponentActivity 的 activity。
    override fun onCreate(savedInstanceState: Bundle?) {   覆寫 onCreate()。
        super.onCreate(savedInstanceState)   呼叫超類別的 onCreate()。
        setContent { ...................................
            Column { ...................................
                Text("This is my kitten") ...................................

                Spacer(Modifier.height(16.dp)) ...................................

                Image( ...................................
                    painter = painterResource(R.drawable.kitten), ...................................
                    contentDescription = "Kitten image", ...................................
                    modifier = Modifier.border(1.dp, Color.Black) ...................................
                ) ...................................

                Spacer(Modifier.height(16.dp)) ...................................

                Button(onClick = { }) { ...................................
                    Text("Click me") ...................................
                } ...................................
            }
        }
    }
}
```

這是 app 程式執行的樣子。

我們還沒有展示任何 Compose 程式，但是看看你能不能猜出下面的每一行程式在做什麼。為了幫你起步，我們完成了前幾行。

```
class MainActivity : ComponentActivity() { 定義一個繼承 ComponentActivity 的 activity。
    override fun onCreate(savedInstanceState: Bundle?) { 覆寫 onCreate()。
        super.onCreate(savedInstanceState) 呼叫超類別的 onCreate()。
        setContent { 設定 activity 的內容。
            Column { 將組件排成一行。
                Text("This is my kitten") 顯示一些文字。

                Spacer(Modifier.height(16.dp)) 加入 16dp 空間。

                Image( 顯示圖像。
                    painter = painterResource(R.drawable.kitten), 要使用的圖像檔。
                    contentDescription = "Kitten image", 圖像敘述。
                    modifier = Modifier.border(1.dp, Color.Black) 添加黑色邊框。
                ) Image 的結束括號。

                Spacer(Modifier.height(16.dp)) 加入 16dp 空間。

                Button(onClick = { }) { 顯示一顆按鈕，按下它沒有任何作用。
                    Text("Click me") 在按鈕上面顯示文字。
                } Button 的結束括號。
            }
        }
    }
}
```

1:43
This is my kitten
Click me

我們接下來要做這些事情

你已經看了一些 Compose 程式和它們的功用了，這一章要做這些事情：

1. **建立一個 app，將兩個文字項目顯示成一行。**

   我們將建立一個新專案，並使用 Compose 來顯示一些寫死的文字，然後將程式轉換成 composable 函式，並學習如何預覽它。

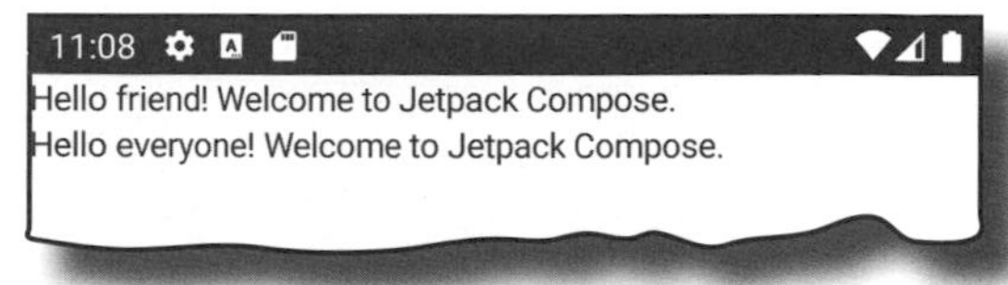

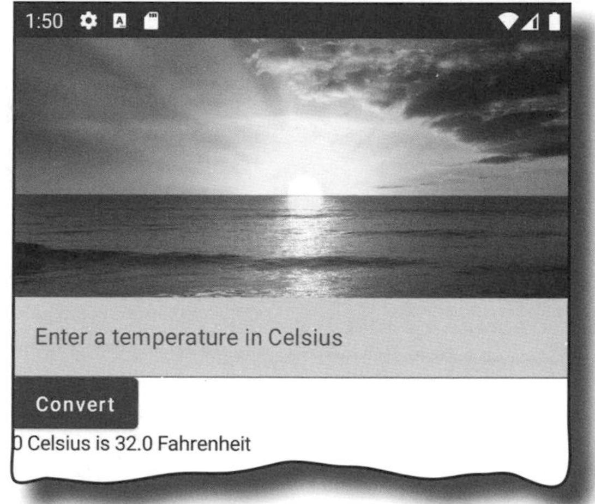

2. **讓 app 將攝氏溫度轉換成華式。**

   在這一步，你將建立一個 UI 來輸入攝氏溫度。當你按下按鈕時，它會將溫度轉換成華氏。

3. **修改 app 的外觀。**

   最後，你要學習如何將組件置中、加入邊距，以及套用佈景主題。

首先，我們要幫 app 建立新專案。

建立新的 Compose 專案

我們將建立一個新的 Android Studio 專案來使用 Compose 建立 UI。現在選擇 **Empty Compose Activity** 來建立這個專案：

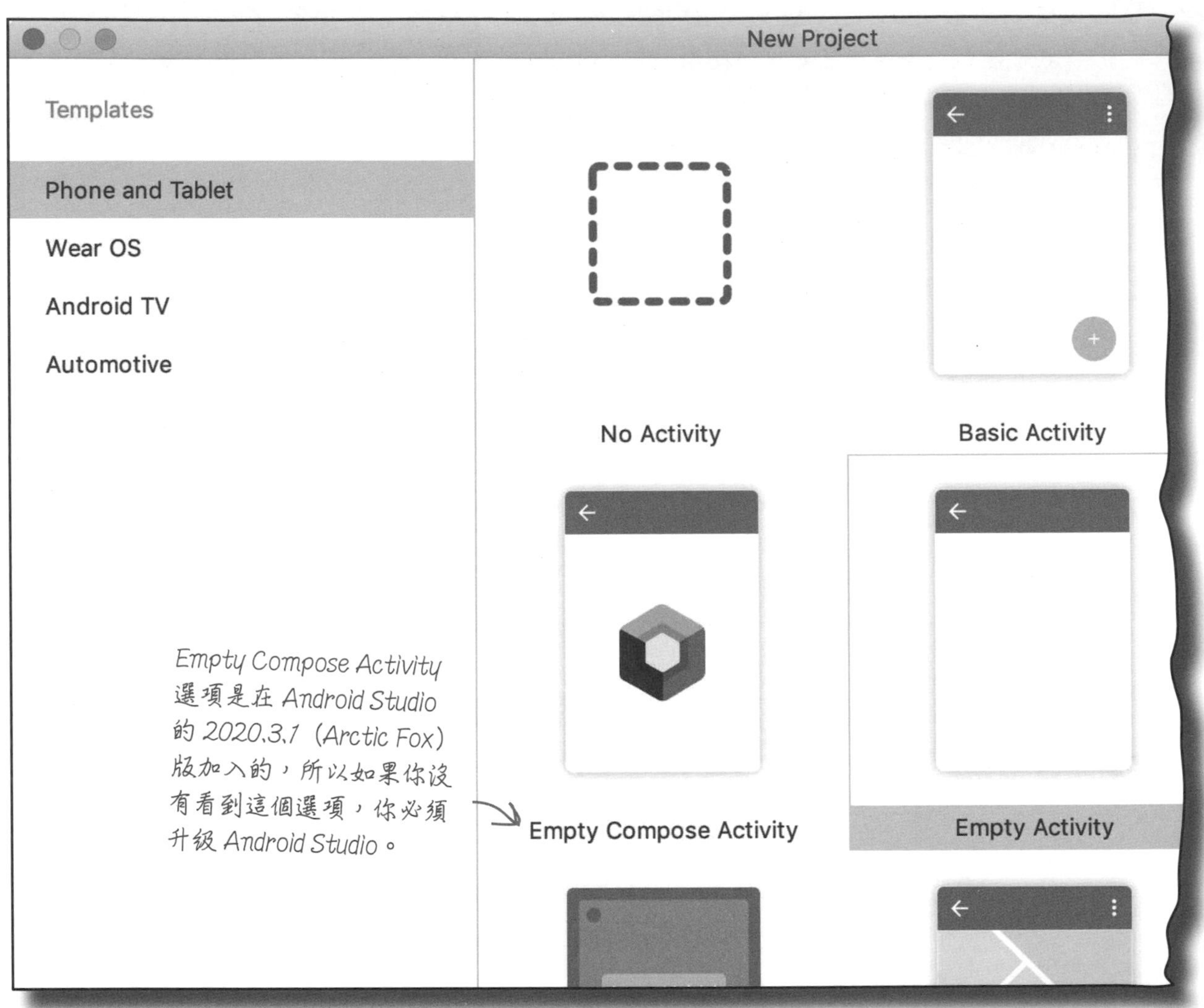

選擇這個選項會在專案中加入一堆 Compose 程式庫與程式碼。如果你想要使用 Compose UI 來從零開始建構 Android app，它是最好的專案類型。

選擇 Empty Compose Activity 選項之後，按下 Next 按鈕來設置專案。

設置專案

你應該很熟悉下一個畫面，它裡面的選項都是你在本書中設置專案時用過的。

在 Name 輸入「Temperature Converter」，在 Package name 輸入「com.hfad.temperatureconverter」，並接受預設的儲存位置。

注意，在這個畫面裡，語言被設為 Kotlin，而且不能改變。Compose app 只能用 Kotlin 來建立，所以你不能選擇不同的語言。

在 Mininum SDK 選擇 API 21，讓 app 可在大多數的 Android 設備上運行。因為 Compose 只與 API 21 以上相容，所以這種專案可以使用的最舊 SDK 是 API 21。

選擇這些選項之後，按下 Finish 按鈕。

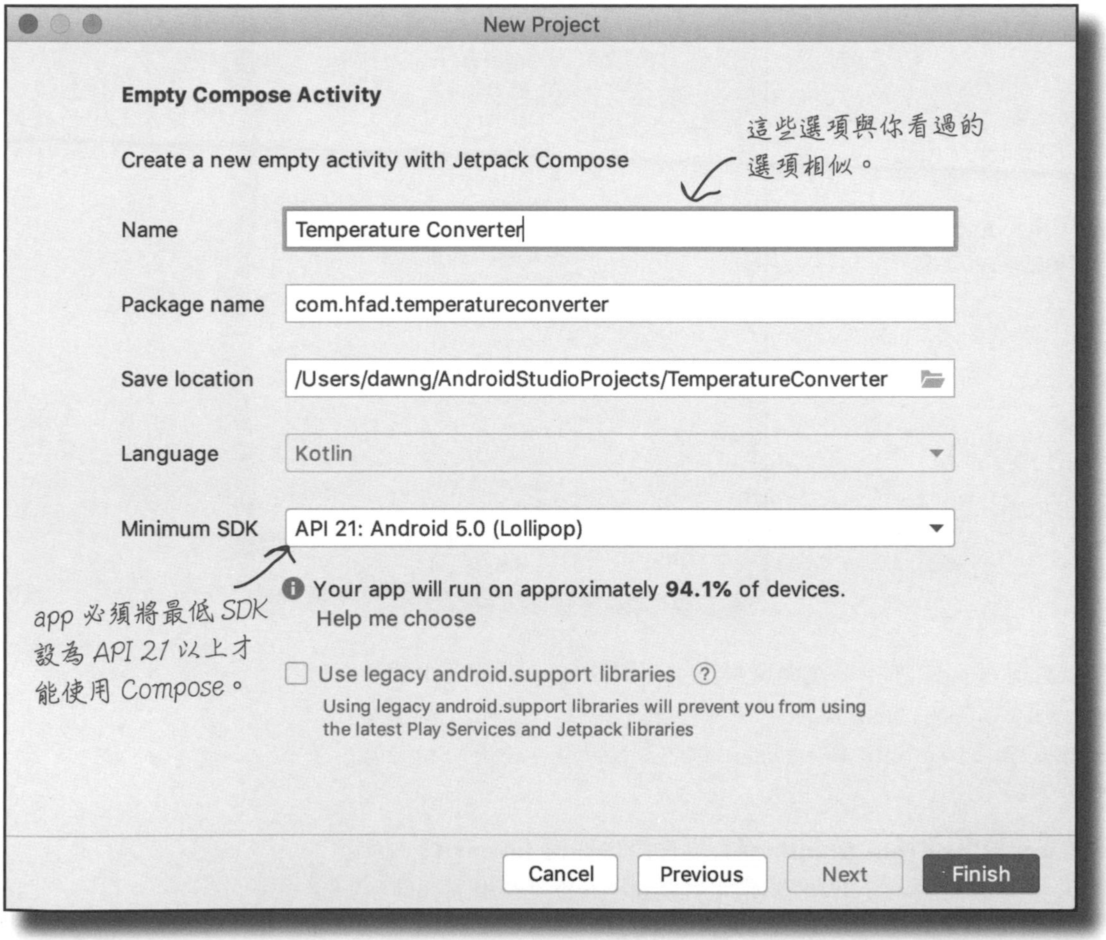

Compose UI 只能使用 Kotlin 來建立。

New Project

Empty Compose Activity

Create a new empty activity with Jetpack Compose

這些選項與你看過的選項相似。

Name: Temperature Converter

Package name: com.hfad.temperatureconverter

Save location: /Users/dawng/AndroidStudioProjects/TemperatureConverter

Language: Kotlin

Minimum SDK: API 21: Android 5.0 (Lollipop)

app 必須將最低 SDK 設為 API 21 以上才能使用 Compose。

Your app will run on approximately **94.1%** of devices.
Help me choose

Use legacy android.support libraries

Using legacy android.support libraries will prevent you from using the latest Play Services and Jetpack libraries

Cancel | Previous | Next | Finish

Compose 專案沒有 layout 檔

當你使用 Empty Compose Activity 選項來建立專案時，Android Studio 會幫你建立一個資料夾結構，並在裡面放入新專案需要的所有檔案。資料夾結構長這樣：

```
Project
TemperatureConverter [Temperature Converter]
  .gradle
  .idea
  app
    libs
    src
      androidTest
      main
        java
          com.hfad.temperatureconverter
            ui.theme
              Color.kt
              Shape.kt
              Theme.kt
              Type.kt
            MainActivity.kt
        res
          drawable
          drawable-v24
          mipmap-anydpi-v26
          mipmap-hdpi
          mipmap-mdpi
          mipmap-xhdpi
          mipmap-xxhdpi
          mipmap-xxxhdpi
          values
            colors.xml
            strings.xml
            themes.xml
          values-night
            themes.xml
```

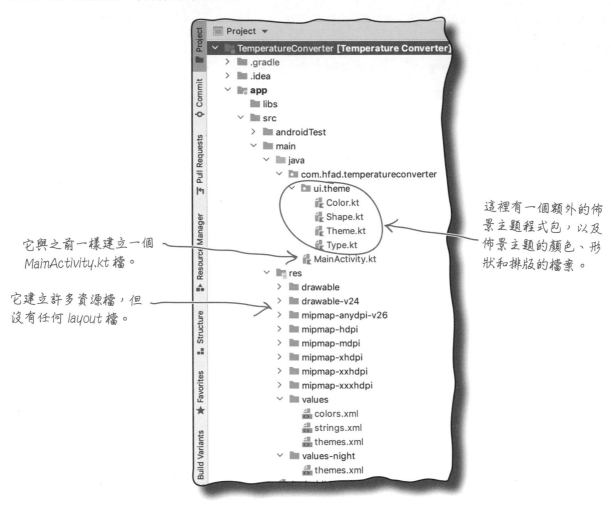

這裡有一個額外的佈景主題程式包，以及佈景主題的顏色、形狀和排版的檔案。

它與之前一樣建立一個 *MainActivity.kt* 檔。

它建立許多資源檔，但沒有任何 *layout* 檔。

你已經很熟悉裡面的許多檔案與資料夾了，因為 Android Studio 也會幫不使用 Compose 的專案產生這些檔案。例如，它有一個名為 *MainActivity.kt* 的 activity 檔，以及一個名為 *strings.xml* 的 `String` 資源檔。

最大的差異在於 **Android Studio 沒有為你產生任何 layout 檔**，因為 Compose 專案使用 activity 程式來定義畫面，而不是使用 layout。

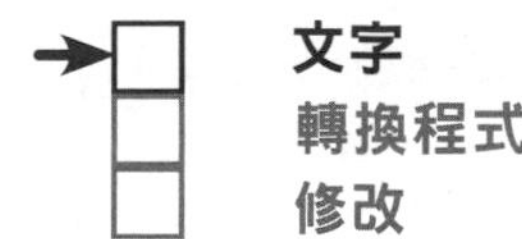

Compose activity 程式長怎樣

當你使用 Compose 時，activity 程式會負責 app 的行為與外觀。因此，它看起來與你曾經使用的 activity 程式有些不同。

我們來看一下基本的 Compose activity 程式長怎樣。打開 *app/src/main/java* 資料夾裡面的 *com.hfad.temperatureconverter* 程式包，再打開 *MainActivity.kt* 檔（如果它還沒有被打開的話）。然後將 Android Studio 產生的程式**換成下面的程式**：

```
package com.hfad.temperatureconverter

import android.os.Bundle
import androidx.activity.ComponentActivity
import androidx.activity.compose.setContent

class MainActivity : ComponentActivity() {
    override fun onCreate(savedInstanceState: Bundle?) {
        super.onCreate(savedInstanceState)
        setContent {

        }
    }
}
```

activity 需要繼承 ComponentActivity。

onCreate() 方法需要呼叫 setContent()。

TemperatureConverter
app/src/main
java
com.hfad.temperatureconverter
MainActivity.kt

Compose activity 繼承 ComponentActivity

如你所見，上面的 activity 沒有繼承 `AppCompatActivity`，它改用 **`ComponentActivity`**。`androidx.activity.ComponentActivity` 是 `Activity` 的子類別，它的用途是定義一個基本的 activity，並使用 Compose 作為它的 UI，而不是使用 layout 檔。

如同你看過的所有其他 activity，這個 activity 覆寫 `onCreate()` 方法。但是它沒有呼叫 `setContentView()` 來充氣 activity 的 layout，而是使用 **`setContent()`**，這是一個擴展函式，其用途是在 activity 的 UI 中加入 Compose 組件（稱為 **composable**），那些組件會在建立 activity 時執行。

接下來，我們要使用 Compose 在 activity 的 UI 裡面加入一些文字，來看看它是怎麼運作的⋯

使用 Text composable 來顯示文字

文字
轉換程式
修改

我們要在 setContent() 呼叫式中加入 **Text** composable 來讓 MainActivity 顯示一些文字。你可以將 Text 當成相當於 text view 的 Compose。你只要指定文字，activity 就會顯示它。

下面是在 MainActivity 加入文字的程式，請依此修改 *MainActivity.kt*（粗體為修改處）：

```
package com.hfad.temperatureconverter

import android.os.Bundle
import androidx.activity.ComponentActivity
import androidx.activity.compose.setContent
import androidx.compose.material.Text

class MainActivity : ComponentActivity() {
    override fun onCreate(savedInstanceState: Bundle?) {
        super.onCreate(savedInstanceState)
        setContent {
            Text("Hello friend! Welcome to Jetpack Compose.")
        }
    }
}
```

匯入這個類別。
在 activity 的 UI 裡面顯示一些文字。
TemperatureConverter
app/src/main
java
com.hfad.temperatureconverter
MainActivity.kt

執行這段程式會在畫面的最上面顯示文字：

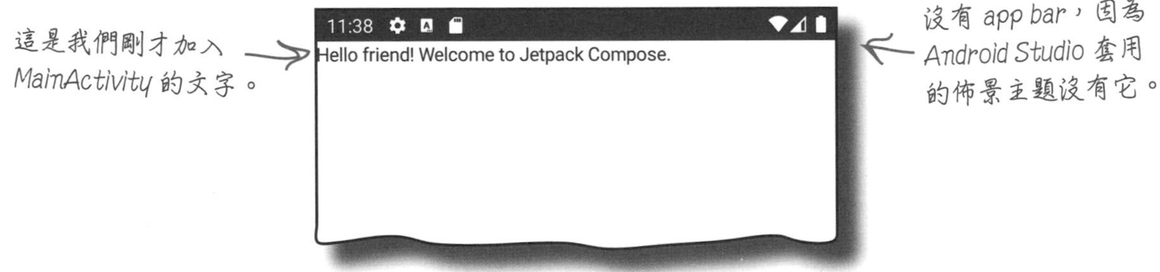
這是我們剛才加入 MainActivity 的文字。
11:38
Hello friend! Welcome to Jetpack Compose.
沒有 app bar，因為 Android Studio 套用的佈景主題沒有它。

知道如何用 Compose 來顯示寫死的文字之後，接下來要讓它更靈活，將 Text 加入 **composable 函式**。

在 composable 函式裡面使用 composable

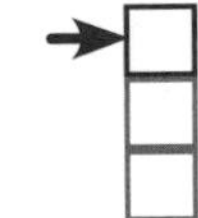

composable 函式就是使用一個或多個 composable 來定義 UI 的函式。

為了說明它是如何運作的，我們將定義一個名為 `Hello` 的 composable 函式，它將接收一個用戶名稱 `String` 引數。當這個函式執行時（或 **composed** 時），它會將 `String` 加入 `Text` composable，`Text` composable 會在 UI 顯示文字。

`Hello` 函式的程式如下：

```
@Composable
fun Hello(name: String) {
    Text("Hello $name! Welcome to Jetpack Compose.")
}
```

這個注解會將它轉換成 composable 函式。

我們會在幾頁之後將這個函式加入 MainActivity.kt。

如你所見，我們用 **`@Composable`** 來注解這個函式。所有 composable 函式都要使用這個注解。如果你省略這個注解，程式將無法編譯。

從 setContent() 呼叫 Hello composable

用 `@Composable` 來標記函式除了指明它使用 composable 之外，也**會將函式本身變成 composable**，讓你可以在你的程式中使用它，例如在任何其他的 composable 裡面。

我們想要在 `MainActivity` 的 UI 裡面顯示 `Hello` 文字，我們可以從 `setContent()` 呼叫 `Hello` 如下：

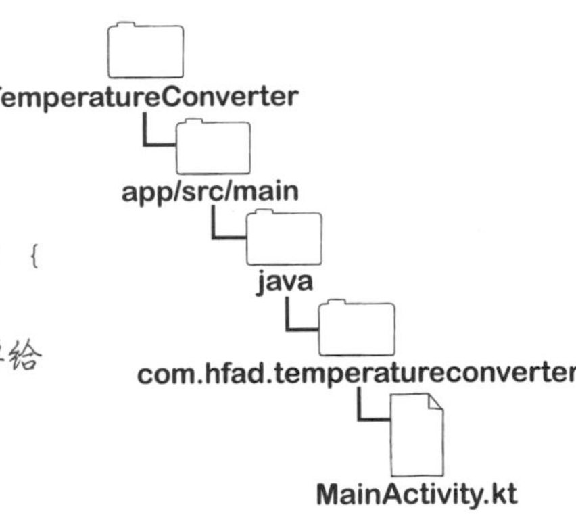


```
class MainActivity : ComponentActivity() {
    override fun onCreate(savedInstanceState: Bundle?) {
        super.onCreate(savedInstanceState)
        setContent {
            Hello("everyone")
        }
    }
}
```

將 String "everyone" 傳給 Hello composable 函式。

這段程式在執行時會如此顯示文字：

10:02
Hello everyone! Welcome to Jetpack Compose.
Hello text 裡面有你傳給它的 String。

大多數的 UI 都有多個 composable

→ 文字
轉換程式
修改

你已經知道如何執行一個 composable 了，但是在大部分的情況下，你會在 UI 裡面使用多個 composable，或多次呼叫同一個 composable。例如，如果你想要讓 app 說 hello 兩次，你可以用不同的引數來執行 Hello composable 函式兩次：

```
Hello("friend")
Hello("everyone")
```

當你的 UI 有多個 composable 時，你必須指明它們的排列方式，如果沒有指明，Compose 會將 composable 疊在一起，就像這樣：

哎呀！
10:40

那麼，該怎麼排列 composable ？

你可以使用 Row 或 Column 來排列 composable

多數情況下，你會將 composable 排成橫列或直行，你可以用 Compose 的 **Row** 與 **Column** composable 來做這件事。例如，若要將 Hello composable 排成一行，你只要將它們加入 Column composable 即可：

```
Column {
    Hello("friend")
    Hello("everyone")
}
```

當程式執行時，composable 會被排成一行：

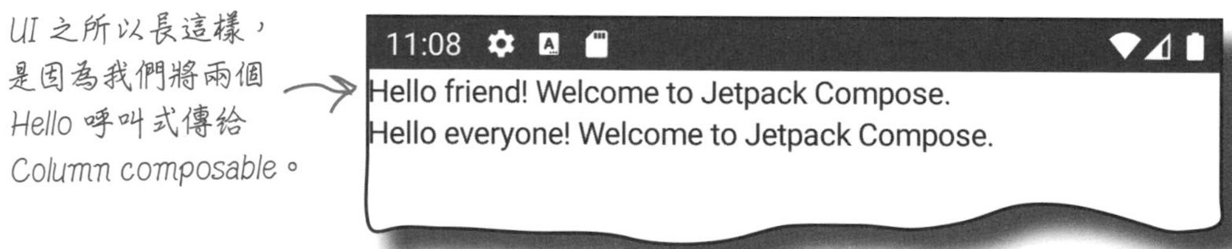
UI 之所以長這樣，是因為我們將兩個 Hello 呼叫式傳給 Column composable。
11:08
Hello friend! Welcome to Jetpack Compose.
Hello everyone! Welcome to Jetpack Compose.

我們來修改 MainActivity，讓它產生這個 UI。

完整的 MainActivity.kt 程式

→ 文字
轉換程式
修改

我們要將 Hello composable 函式加入 *MainActivity.kt*，執行它兩次，並將結果排成一行。

下面是 *MainActivity.kt* 的完整程式，請依此修改你的檔案（粗體為修改處）：

```
package com.hfad.temperatureconverter

import android.os.Bundle
import androidx.activity.ComponentActivity
import androidx.activity.compose.setContent
import androidx.compose.foundation.layout.Column
import androidx.compose.material.Text
import androidx.compose.runtime.Composable

class MainActivity : ComponentActivity() {
    override fun onCreate(savedInstanceState: Bundle?) {
        super.onCreate(savedInstanceState)
        setContent {
            Text("Hello friend! Welcome to Jetpack Compose.")
            Column {
                Hello("friend")
                Hello("everyone")
            }
        }
    }
}

@Composable
fun Hello(name: String) {
    Text("Hello $name! Welcome to Jetpack Compose.")
}
```

匯入這些類別。

刪除這一行。

將兩個歡迎詞顯示成一行。

加入 Hello composable 函式。務必將它寫在 MainActivity 類別定義後面。

TemperatureConverter
app/src/main
java
com.hfad.temperatureconverter
MainActivity.kt

我們來執行一下 app，看看它長怎樣。

新車試駕

文字
轉換程式
修改

當我們執行 app 時，MainActivity 會顯示出來，它裡面有兩個 Hello composable，排成一行。

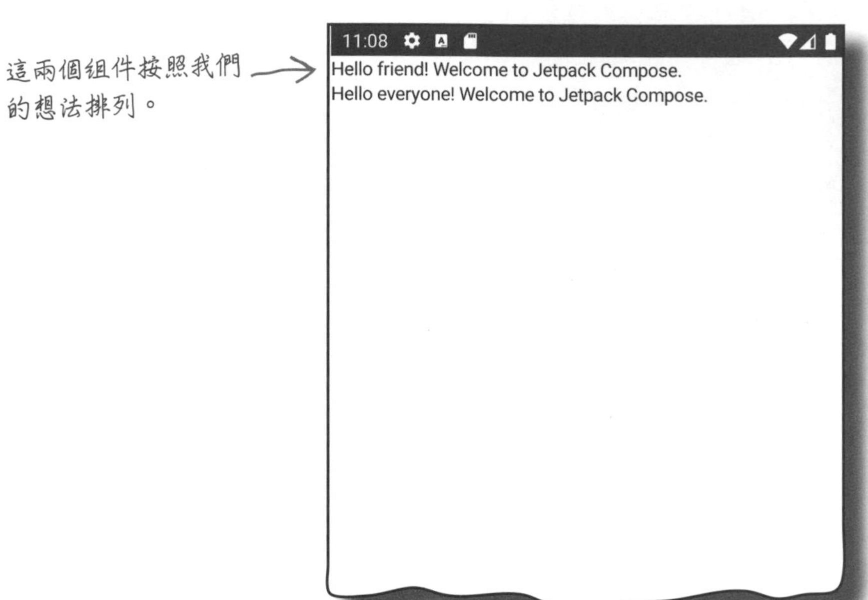

這兩個組件按照我們的想法排列。
11:08
Hello friend! Welcome to Jetpack Compose.
Hello everyone! Welcome to Jetpack Compose.

恭喜你！你已經知道如何使用 Compose 來建立 MainActivity 的 UI，因此不需要將 view 加入 layout 檔了。

沒有蠢問題

問：我非得使用 Compose 不可嗎？難道我不能繼續使用 view 與 layout 嗎？

答：雖然 Jetpack Compose 是比較新的工具，但我們認為它很有前途，它甚至有機會變成 Android app 的預設做法，所以我們強烈建議你學會使用它。

問：你說使用 composable 的 activity 都必須繼承 ComponentActivity 或它的子類別。ComponentActivity 繼承 AppCompatActivity 嗎？

答：沒有，也許你很驚訝，但 AppCompatActivity 是 ComponentActivity 的子類別，而不是反過來。

問：了解，這代表我可以將 composable 加入既有的 activity 程式嗎？

答：可以。你甚至可以在同一個 UI 裡面使用 composable 與 view。下一章會介紹怎麼做。

你可以預覽 composable 函式

composable 函式的另一個特點是你可以在 Android Studio 裡面預覽它們，而不需要將 app 載入設備。只要 composable 函式沒有任何引數，你就可以預覽它，你甚至可以使用這項技術來預覽整個 **composition**（用 composable 做成的 UI）。

composition 是用 composable 做成的 UI。

你必須用 `@Preview` 來注解一個 composable 函式來宣告你想要預覽它。例如，下面的程式宣告名為 `PreviewMainActivity` 的 composable 函式是可預覽的，它裡面有排成一行的兩個 `Hello` composable：

```
@Preview(showBackground = true)
@Composable
fun PreviewMainActivity() {
    Column {
        Hello("friend")
        Hello("everyone")
    }
}
```

加入 @Preview 注解之後，你不需要將函式載入設備即可預覽它。在預設情況下，它的背景是透明的，將 showBackground 設為 true 可覆寫這個設定。

將 MainActivityPreview 加入 MainActivity.kt

我們將 `MainActivityPreview` composable 函式加入 *MainActivity.kt*，來看看預覽如何運作。按照下面的程式來修改你的檔案：

```
...
import androidx.compose.ui.tooling.preview.Preview

...

@Preview(showBackground = true)
@Composable
fun PreviewMainActivity() {
    Column {
        Hello("friend")
        Hello("everyone")
    }
}
```

匯入這個類別。

在檔案的結尾加入這個函式，將它寫在 MainActivity 類別定義程式之外。

TemperatureConverter
app/src/main
java
com.hfad.temperatureconverter
MainActivity.kt

下一頁將告訴你怎麼看預覽畫面。

使用 Design 或 Split 選項來預覽 composable

文字
轉換程式
修改

你可以選擇 activity 檔案的 Split 或 Design 畫面來預覽以 `@Preview` 注解的任何 composable 函式。選擇 Split 會並排顯示程式碼與預覽畫面，選擇 Design 只會顯示預覽畫面。

下面是選擇 Split 時，`MainActivityPreview` 的樣子：

如果你在預覽一個 composable 函式時修改它，你要先更新預覽畫面才能看到它的最新狀況。只要在預覽畫面上方的選單內按下 Build Refresh 按鈕，即可看到更改程式的結果。

知道如何預覽 composable 函式之後，試著做一下接下來的習題。

你可以預覽沒有引數的任何 composable 函式。

池畔風光

你的**工作**是將池中的程式片段放入下面程式中的空格。一個程式片段**只能**使用一次，你不需要使用所有的程式片段。你的**目標**是建立兩個 composable 函式，一個函式稱為 TeamHello，它會接收一個名字串列，並且跟每一個人說 hello，另一個函式稱為 HelloPreview，它會預覽 TeamHello，並將它的文字排成一行。

HelloPreview 的預覽畫面長這樣。

```
..............
fun TeamHello(names: List<String>) {
    for (name in names) {
        ..............("Hello $name!")
    }
}


..............(showBackground = true)
..............
fun HelloPreview() {
    ..............{
        TeamHello(listOf("Virginia", "Zan", "Katie"))
    }
}
```

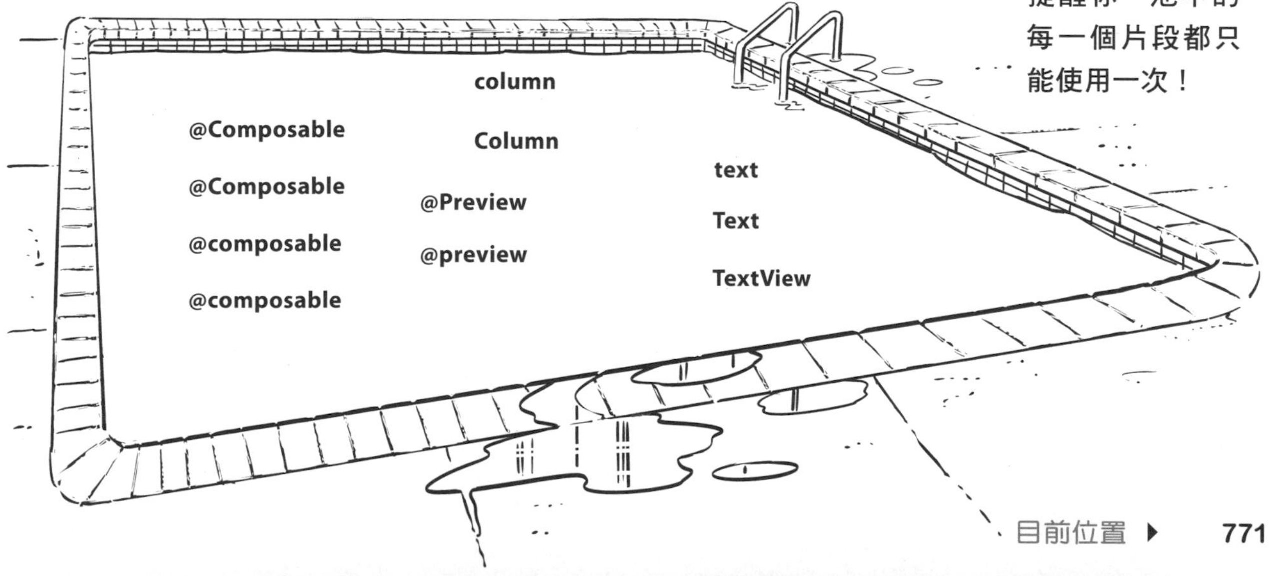

提醒你，池中的每一個片段都只能使用一次！

池畔風光解答

你的**工作**是將池中的程式片段放入下面程式中的空格。一個程式片段**只能**使用一次，你不需要使用所有的程式片段。你的**目標**是建立兩個 composable 函式，一個函式稱為 `TeamHello`，它會接收一個名字串列，並且跟每一個人說 hello，另一個函式稱為 `HelloPreview`，它會預覽 `TeamHello`，並將它的文字排成一行。

HelloPreview 的預覽畫面長這樣。

將 TeamHello 注解為 composable 函式。

```
@Composable
fun TeamHello(names: List<String>) {
    for (name in names) {
        Text("Hello $name!")
    }
}
```

這個函式需要為每一個項目顯示一個 Text。

我們想要預覽這個函式。

HelloPreview 也要用 @Composable 來注解。

```
@Preview(showBackground = true)
@Composable
fun HelloPreview() {
    Column {
        TeamHello(listOf("Virginia", "Zan", "Katie"))
    }
}
```

預覽畫面必須將文字項目排成一行。

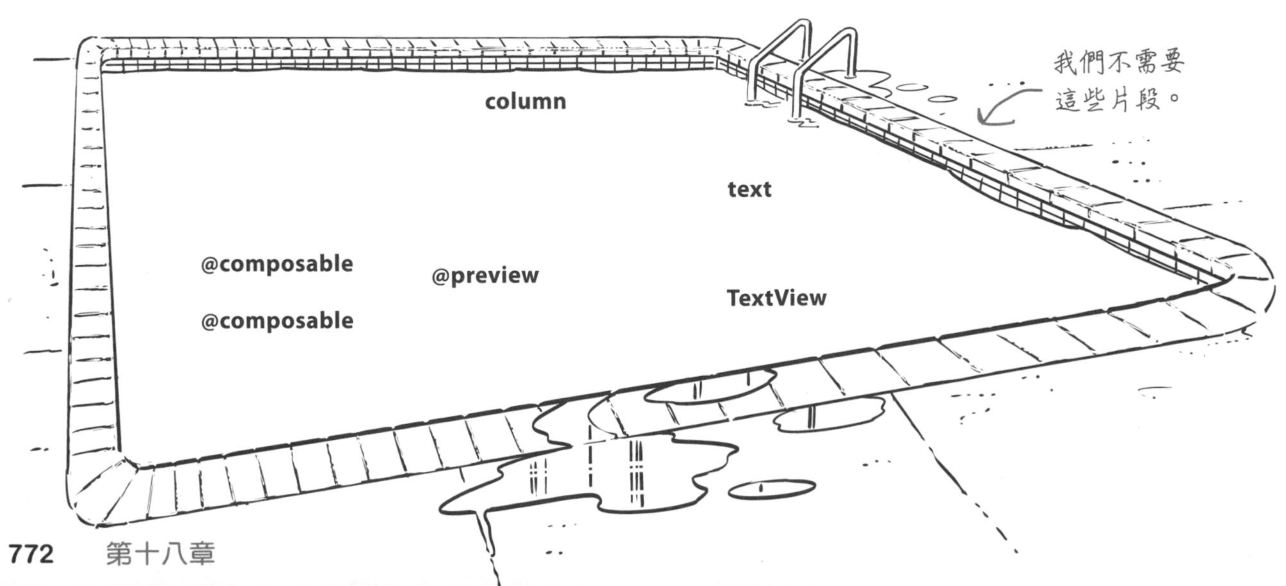

讓 app 轉換溫度

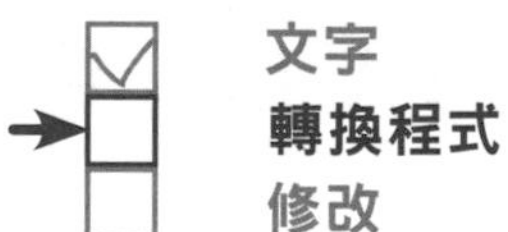

我們已經使用 Compose 來顯示文字，寫了一些 composable 函式，以及學會如何預覽它們了，但故事還沒結束。

在本章接下來的內容裡，我們將修改剛才寫好的 app，讓它將攝氏溫度轉換成華氏，藉此更深入地介紹 Compose。我們的 app 不再說 hello，而是讓用戶輸入攝氏溫度，並在他按下一顆按鈕時轉換它。

下面是 app 的樣子，如你所見，它裡面有一張圖像，以及一個用來輸入資料的文字欄位、一顆按鈕，和一些文字：

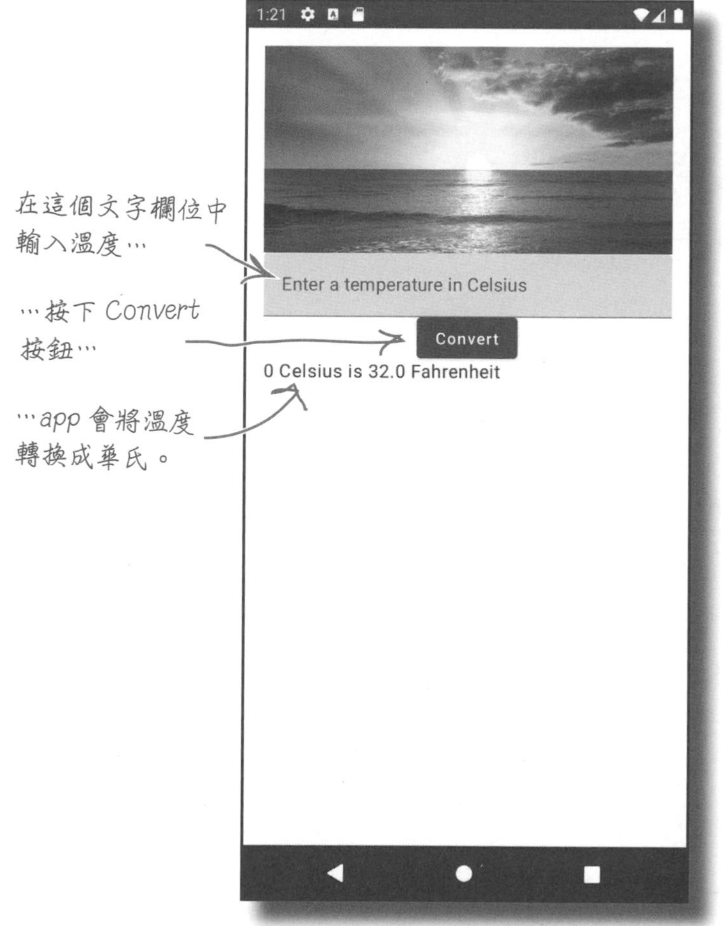

你還在等什麼？我們開始創作吧。

加入 MainActivityContent composable 函式

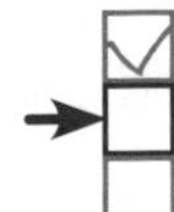

首先，我們要將一個新的 composable 函式加入 *MainActivity.kt*，它叫做 `MainActivityContent`，我們將用它來顯示 activity 的主內容。我們將在這個函式裡面加入 `MainActivity` 的 UI 的所有 composable，並且從 `setContent()` 與 `PreviewMainActivity` 呼叫它。採取這種做法意味著 activity 的 composable 可在執行 app 時，以及在預覽時顯示出來。

我們也會將用不到的 `Hello` composable 函式移除。

下面是改好的 *MainActivity.kt* 程式，請依此修改你的檔案（粗體為修改處）：

```
...
class MainActivity : ComponentActivity() {
    override fun onCreate(savedInstanceState: Bundle?) {
        super.onCreate(savedInstanceState)
        setContent {
            MainActivityContent()      ← 使用 MainActivityContent 作為 MainActivity 的 UI。
            Column {                   ← 刪除這幾行。
                Hello("friend")
                Hello("everyone")
            }
        }
    }
}

@Composable                            ← 移除 Hello composable 函式。
fun Hello(name: String) {...}

@Composable                            ← 加入 MainActivityContent。
fun MainActivityContent() {
}

@Preview(showBackground = true)
@Composable
fun PreviewMainActivity() {
    MainActivityContent()              ← 將 MainActivityContent 加入預覽。
    Column {                           ← 移除這幾行。
        Hello("friend")
        Hello("everyone")
    }
}
```

TemperatureConverter
app/src/main
java
com.hfad.temperatureconverter
MainActivity.kt

顯示標題圖像…

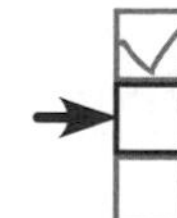

我們將要加入 `MainActivityContent` 的第一個組件是位於畫面最上面的圖像。

首先，確保你的專案有 *app/src/main/res/drawable* 資料夾（如果沒有，你要建立它）。然後從 *tinyurl.com/hfad3* 下載 *sunrise.webp* 檔案，並將它加入 *drawable* 資料夾。

在標題顯示這張圖像。

…使用 Image composable

在 Compose 裡面，你要使用 **`Image`** composable 來顯示圖像。它的基本程式是這樣：

```
Image(
    painter = painterResource(R.drawable.sunrise),    ← 指定你想使用的圖像。
    contentDescription = "sunrise image"    ← 圖像的敘述。
)
```

`Image` composable 需要兩個引數：`painter` 與 `contentDescription`。

`painter` 是你要顯示的圖像，它使用 `painterResource(R.drawable.sunrise)` 來顯示 *sunrise.webp* drawable 資源。

`contentDescription` 引數是讓協助工具（accessibility）顯示的圖像敘述。

你也可以使用其他的可選引數來控制圖像的外觀以及顯示它的方式，例如，下面的程式將圖像的高設為 180dp，讓它占用可用的寬度，並縮放圖像：

```
Image(
    painter = painterResource(R.drawable.sunrise),
    contentDescription = "sunrise image",
    modifier = Modifier    ← Modifier 的用途是為 composable 加入額外的
        .height(180.dp)       選項，例如設定寬與高。
        .fillMaxWidth(),
    contentScale = ContentScale.Crop    ← 這個引數會縮放圖像。
)
```

知道如何使用 Compose 來加入圖像之後，我們要在 `MainActivity` 裡面加入一張圖。

將圖像加入 MainActivity.kt

文字
轉換程式
修改

我們要將一張圖像加入 MainActivity，所以在 *MainActivity.kt* 裡面定義一個新的 composable 函式（名為 Header）來建立圖像。我們將在 MainActivityContent composable 函式執行它，以便將圖像加入 UI 與預覽。

下面是改好的 *MainActivity.kt* 程式，請依此修改你的檔案（粗體為修改處）：

```
...
import androidx.compose.foundation.Image
import androidx.compose.foundation.layout.fillMaxWidth
import androidx.compose.foundation.layout.height
import androidx.compose.ui.Modifier
import androidx.compose.ui.layout.ContentScale
import androidx.compose.ui.res.painterResource
import androidx.compose.ui.unit.dp
```

加入這些 import。

```
...

@Composable
fun Header(image: Int, description: String) {
    Image(
        painter = painterResource(image),
        contentDescription = description,
        modifier = Modifier
            .height(180.dp)
            .fillMaxWidth(),
        contentScale = ContentScale.Crop
    )
}

@Composable
fun MainActivityContent() {
    Header(R.drawable.sunrise, "sunrise image")
}
...
```

加入 Header composable 函式。

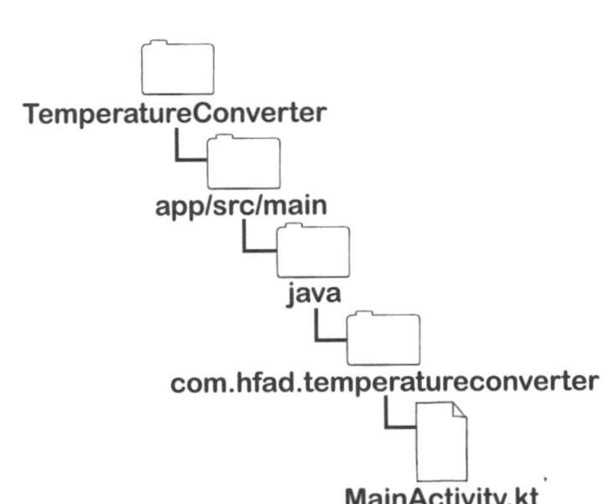

這是當程式執行時，Header composable 的樣子。

在 MainActivityContent 裡面執行 Header。

以上就是在 composable 裡面顯示圖像的所有程式，我們來看下一個組件。

顯示溫度文字

文字
轉換程式
修改

下一個要加入的組件是將攝氏溫度轉換成華氏、並顯示結果的 composable 函式（名為 `TemperatureText`）。我們會在 `MainActivityContent` 裡面呼叫這個函式，將它放入 UI 與預覽畫面。

你已經熟悉做這件事的程式了，請按照下面的程式來修改 *MainActivity.kt*（粗體為修改處）：

```
...
@Composable
fun TemperatureText(celsius: Int) {
    val fahrenheit = (celsius.toDouble()*9/5)+32
    Text("$celsius Celsius is $fahrenheit Fahrenheit")
}

@Composable
fun MainActivityContent() {
    Column {
        Header(R.drawable.sunrise, "sunrise image")
        TemperatureText(0)
    }
}
...
```

加入 TemperatureText composable 函式。

這是將攝氏溫度轉換成華氏的公式。

將 composable 排成一行。

在 MainActivityContent 執行 TemperatureText。

TemperatureConverter / app/src/main / java / com.hfad.temperatureconverter / MainActivity.kt

我們來執行一下 app。

新車試駕

當我們執行（或預覽）app 時，它會將 `Image` 與 `Text` 顯示成一行。`Text` 正確地顯示攝氏 0 度的華氏溫度。

確定 `TemperatureText` 函式可以正確地處理寫死的溫度之後，我們要修改它，讓它在用戶按下按鈕時轉換新溫度。

使用 Button composable 來加入按鈕

我們要使用 `Button` 來將按鈕加入 Compose。`Button` 程式長這樣：

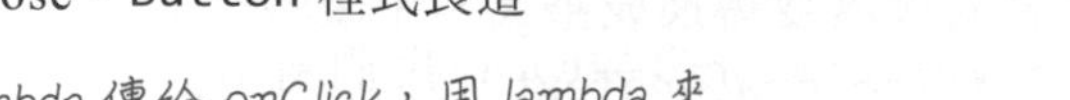

將 lambda 傳給 onClick，用 lambda 來指定按鈕被按下時要做什麼事情。


```
Button(onClick = {
    //當按鈕被按下時執行的程式
}) { Text("Button Text") }
```

這是按鈕上面的文字。

當你使用 Button composable 時，你必須指定兩位事：按鈕被按下時的行為，以及在按鈕上面顯示的東西。

你要使用 `Button` 的 `onClick` 引數來指定被按下的行為，它接收一個 lambda，每次用戶按下按鈕時，該 lambda 就會執行。

你要使用另一個 lambda 並在裡面加入一個 composable 來指定你想要在 `Button` 上面顯示的東西。當程式執行時，它會將 composable 加入 `Button`。例如，上面的程式將一個 `Text` composable 傳給 `Button`，所以它會建立一個上面有文字的按鈕。

我們來寫 ConvertButton composable 函式

我們想要在 Temperature Converter app 裡面加入一個 `Button` composable，並且在它被按下時，將 `TemperatureText` 溫度轉換成華式。為此，我們要寫一個新的 composable 函式（名為 `ConvertButton`）來顯示一顆 `Button`。我們也讓它接收一個 lambda 引數，用該引數來指定 `Button` 被按下時的行為。

下面是 `ConvertButton` composable 函式的樣子，我們會在幾頁之後將它加入 *MainActivity.kt*：

ConvertButton 接收一個 lambda 引數。

```
@Composable
fun ConvertButton(clicked: () -> Unit) {
    Button(onClick = clicked) {
        Text("Convert")
    }
}
```

將 Button 加入 UI。

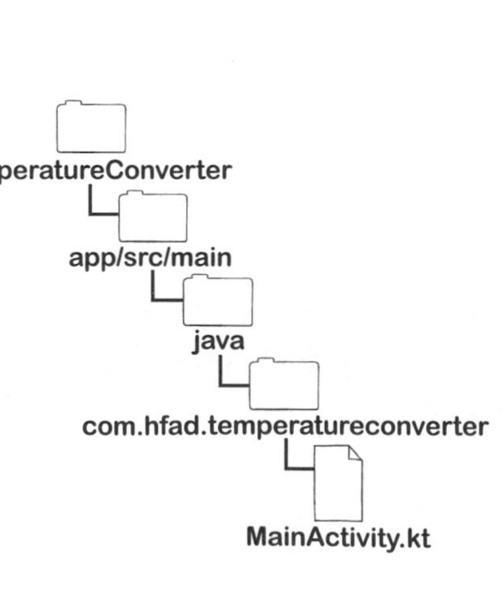

寫好 `ConvertButton` 函式之後，我們要將它加入 `MainActivityContent`，以便將 `Button` composable 加入 UI。

我們要將 lambda 傳給 ConvertButton

為了在 MainActivityContent 執行 ConvertButton，我們必須傳一個 lambda 給它，用 lambda 來指定當它被按下時要做什麼事情。程式如下：

```
@Composable
fun MainActivityContent() {
    ...
    ConvertButton {
        //按鈕被按下時執行的程式
    }
    ...
}
```

當 ConvertButton 被按下時，我們希望它更新 TemperatureText 顯示的文字。如果 TemperatureText 是 *view*，我們可以這樣修改它的文字：

```
binding.textView.text = "This is the new text"
```

雖然這種做法適用於 view，但是它不適用於 *composable*。在使用 composable 時要採取不同的做法。

什麼意思？這不適用於 composable？view 與 composable 都只是一種組件，不是嗎？

composable 與 view 的工作方式不同。

雖然 view 與 composable 可顯示外觀相似的組件（例如文字與按鈕），但它們採取不同的做法。composable 不是一種 View，View 也不是一種 composable，所以，你必須採取不同的做法來與 composable 互動。

為了說明它的工作方式，我們來看一下 UI 在構圖（composition）的過程中發生什麼事。

構圖探究

當 Compose 建構 UI 時，它會幫被呼叫的所有 composable 建立一個階層樹。例如，當下面的程式執行時：

```
@Composable
fun MainActivityContent() {
    Column {
        Header(R.drawable.sunrise, "sunrise image")
        TemperatureText(0)
    }
}
```

Header 顯示一張圖像。

TemperatureText 顯示一段文字。

Compose 會建立這棵 composable 樹：

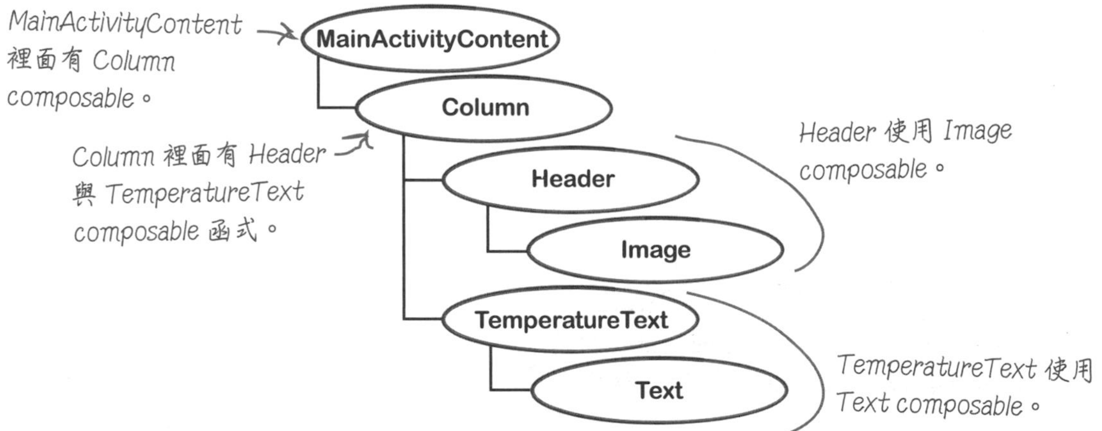
MainActivityContent 裡面有 Column composable。
MainActivityContent
Column
Column 裡面有 Header 與 TemperatureText composable 函式。
Header
Image
Header 使用 Image composable。
TemperatureText
Text
TemperatureText 使用 Text composable。

當 Compose 用 composable 來構圖時，當 composable 的輸入改變時，它才會被重繪（或**重組（recompose）**）。例如，這是定義 `TemperatureText` 的程式：

```
@Composable
fun TemperatureText(celsius: Int) {
    val fahrenheit = (celsius.toDouble()*9/5)+32
    Text("$celsius Celsius is $fahrenheit Fahrenheit")
}
```

因為 `TemperatureText` 接收一個名為 `celsius` 的引數，所以 Compose 只會在 `celsius` 值改變時重繪它。如果你想要用新文字來重繪 `TemperatureText`，你就要改變它的引數值。

我們要改變 TemperatureText 的引數的值

文字
轉換程式
修改

如你所見，composable 會在它使用的值被更改時重組。這意味著，如果你想要在用戶按下 ConvertButton 的按鈕時，讓 TemperatureText顯示不同的文字，那麼你傳給 ConvertButton 的 lambda 就必須改變 TemperatureText 的引數的值。

為此，我們要在 MainActivityContent 裡面加入一個新的 celsius 變數，並將它的值傳給 TemperatureText。當用戶按下 ConvertButton composable 時，我們讓它改變 celsius 的值，進而讓 TemperatureText 重繪。

composable 會在它的任何輸入的值改變時重組。

使用 remember 來將 celsius 存入記憶體

我們在 MainActivityContent 裡面加入下面的程式來定義 celsius 變數：

```
val celsius = remember { mutableStateOf(0) }
```

這會在 composable 的記憶體裡面儲存 celsius 的值。

它會建立一個型態為 **MutableState** 的物件，將它的值設為 0，並將它存入記憶體。celsius 的工作方式有點像 live data 物件，每次它被設成新值時，使用它的任何 composable 都會被通知，並且被重組。

celsius 保存 MutableState<Int> 的參考。

value 被設為 0 (Int) 。

TemperatureText 使用 MutableState<Int> 物件的 value 作為它的文字。當 value 改變時，文字也會改變。

我們使用 **remember** 來將物件存入記憶體。當呼叫 remember 的 composable（在此是 MainActivityContent）被初次構圖時，remember 會儲存一個物件，當 composable 被移出 UI 時，它會遺忘那個物件，這可能在用戶旋轉設備造成 activity（包括它的 UI）被銷毀與重建時發生。

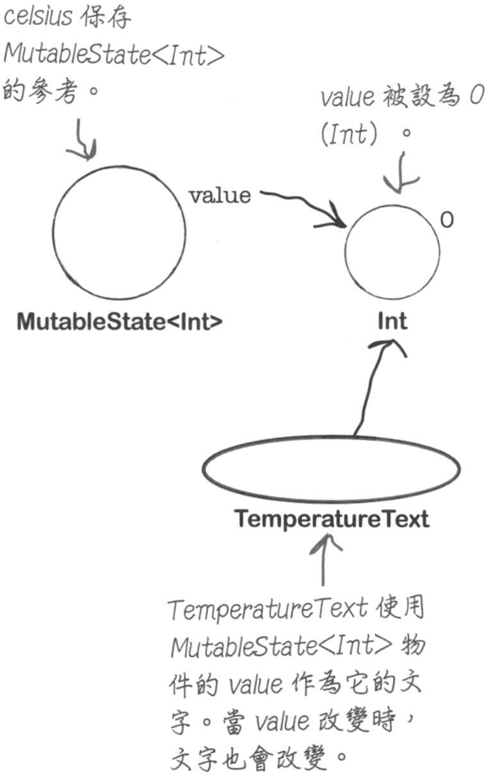

如同 MutableLiveData 物件，你要藉著修改 MutableState 物件的 **value** 屬性來設定它的值。例如，若要在用戶按下 ConvertButton composable 時，將 celsius 的值設為 20，你要使用這段程式：

```
ConvertButton { celsius.value = 20 }
```

為了讓 TemperatureText 回應這個值的改變，它的引數必須設成 celsius.value 如下：

```
TemperatureText(celsius.value)
```

每次 celsius.value 改變時，TemperatureText 就會用新值重組，進而改變被顯示出來的文字。

接下來幾頁將展示完整的程式。

完整的 MainActivity.kt 程式

文字
轉換程式
修改

下面是 *MainActivity.kt* 的完整程式，請依此修改你的檔案（粗體為修改處）：

TemperatureConverter
app/src/main
java
com.hfad.temperatureconverter
MainActivity.kt

```
package com.hfad.temperatureconverter

import android.os.Bundle
import androidx.activity.ComponentActivity
import androidx.activity.compose.setContent
import androidx.compose.foundation.layout.Column
import androidx.compose.material.Text
import androidx.compose.runtime.Composable
import androidx.compose.ui.tooling.preview.Preview
import androidx.compose.foundation.Image
import androidx.compose.foundation.layout.fillMaxWidth
import androidx.compose.foundation.layout.height
import androidx.compose.ui.Modifier
import androidx.compose.ui.layout.ContentScale
import androidx.compose.ui.res.painterResource
import androidx.compose.ui.unit.dp
import androidx.compose.material.Button
import androidx.compose.runtime.mutableStateOf
import androidx.compose.runtime.remember

class MainActivity : ComponentActivity() {
    override fun onCreate(savedInstanceState: Bundle?) {
        super.onCreate(savedInstanceState)
        setContent {
            MainActivityContent()
        }
    }
}

@Composable
fun TemperatureText(celsius: Int) {
    val fahrenheit = (celsius.toDouble()*9/5)+32
    Text("$celsius Celsius is $fahrenheit Fahrenheit")
}
```

匯入這些額外的類別。

程式還沒結束，見下一頁。

MainActivity.kt（續）

文字
轉換程式
修改

```
@Composable
fun ConvertButton(clicked: () -> Unit) {
    Button(onClick = clicked) {
        Text("Convert")
    }
}

@Composable
fun Header(image: Int, description: String) {
    Image(
        painter = painterResource(image),
        contentDescription = description,
        modifier = Modifier
            .height(180.dp)
            .fillMaxWidth(),
        contentScale = ContentScale.Crop
    )
}

@Composable
fun MainActivityContent() {
    val celsius = remember { mutableStateOf(0) }

    Column {
        Header(R.drawable.sunrise, "sunrise image")
        ConvertButton { celsius.value = 20 }
        TemperatureText(0 celsius.value)
    }
}

@Preview(showBackground = true)
@Composable
fun PreviewMainActivity() {
    MainActivityContent()
}
```

加入 ConvertButton composable 函式。

Convert

TemperatureConverter
app/src/main
java
com.hfad.temperatureconverter
MainActivity.kt

加入 celsius 變數。

讓 ConvertButton 在它被按下時更改 celsius。

將 celsius.value 傳給 TemperatureText，讓文字在 celsius 改變時改變。

我們來看看程式執行時會發生什麼事，並且執行一下這個 app。

當 app 執行時會發生什麼事

當 app 執行時會發生這些事情：

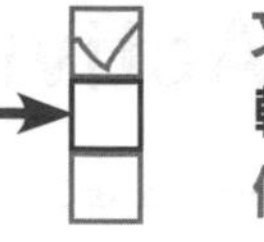

1. **MainActivity 啟動，它的 onCreate() 方法開始執行。**

   它呼叫 `setContent()`，該函式執行 `MainActivityContent` composable 函式。

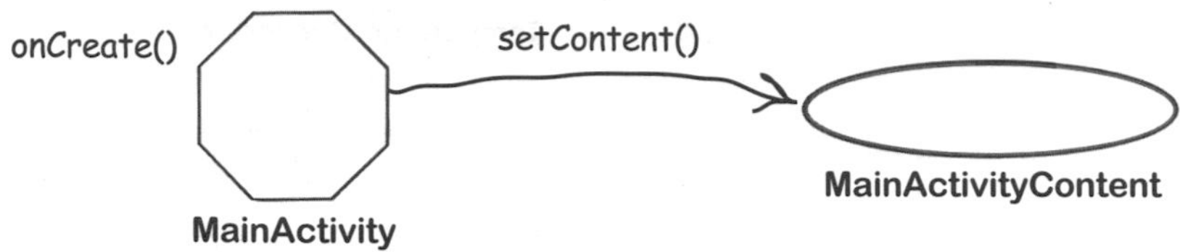

2. **MainActivityContent 建立名為 celsius 的 MutableState<Int> 變數，將它的值設為 0，將它存入記憶體。**

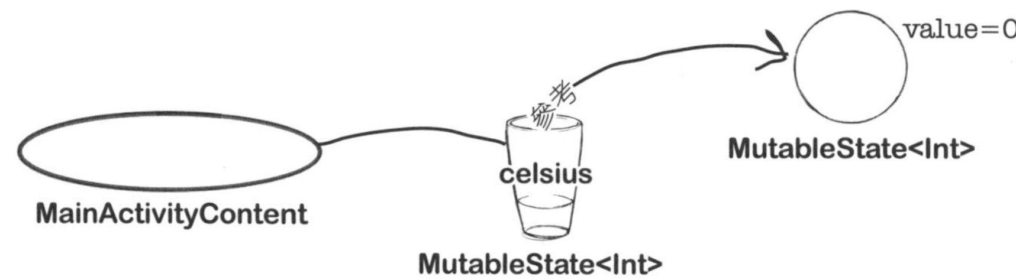

3. **MainActivityContent 執行 Header、ConvertButton 與 TemperatureText composable 函式。**

   它將 `celsius` 的值傳給 `TemperatureText` composable 函式，該函式將它轉換成華氏。

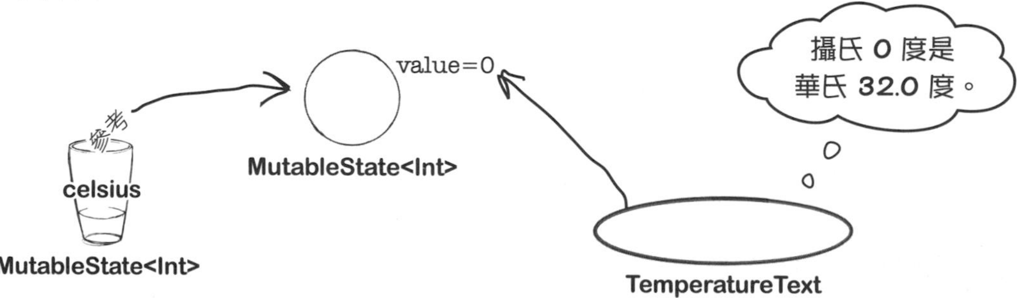

故事還沒結束

文字
轉換程式
修改

4 **Header、ConvertButton 與 TemperatureText composable 函式將圖像、按鈕與一些文字加入 UI。**

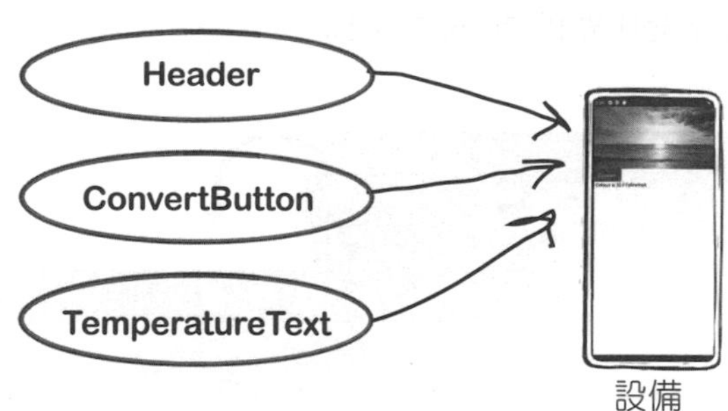

5 **用戶在 UI 內按下 ConvertButton composable。**

將 `celsius` 的值設為 20。

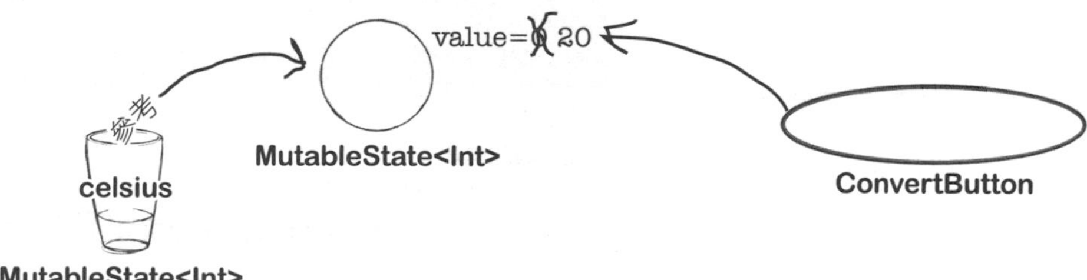

6 **TemperatureText 重組。**

它將 `celsius` 的新值轉換成華氏，並顯示結果。

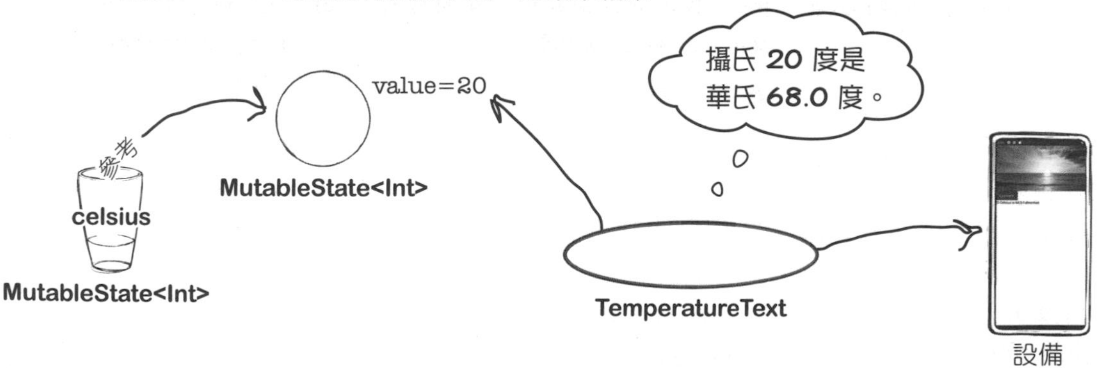

我們來執行一下 app。

新車試駕

當我們執行 app 時，`MainActivity` 會顯示出來，它裡面有一張圖像，一顆按鈕，以及一些文字，顯示攝氏 0 度的華氏溫度。

當我們按下 Convert 按鈕時，文字變成攝氏 20 度的華氏溫度。

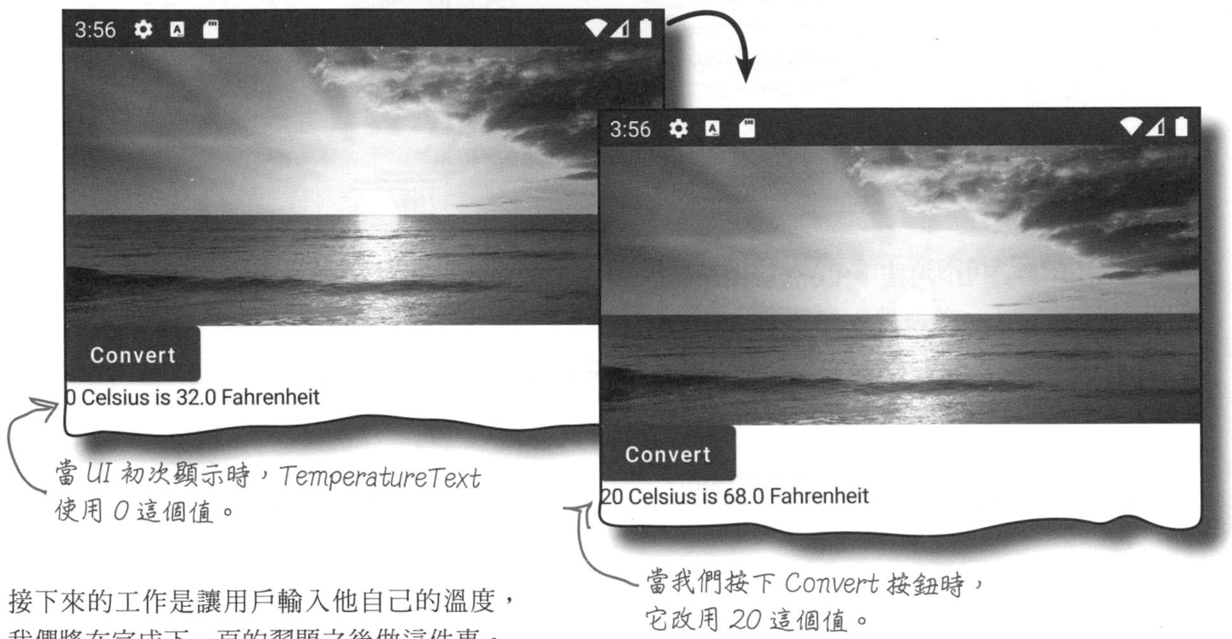

接下來的工作是讓用戶輸入他自己的溫度，我們將在完成下一頁的習題之後做這件事。

問：你說 `remember` 將物件存入記憶體？

答：沒錯，好記性！

`remember` 會在呼叫它的 composable 第一次被構圖時將物件存入記憶體，並且在 composable 被移出 UI 時忘了它，這可能在用戶旋轉設備螢幕時發生，因為 Android 會銷毀並重建 activity，以及任何 composable。

問：我可以在螢幕被旋轉時保存 composable 的狀態嗎？

答：如果值很簡單，你可以使用 `rememberSaveable` 來取代 `remember`。它會自動儲存可被存入 `Bundle` 的任何值。

另一個選項是使用 view model。下一章將告訴你如何同時使用 composable 與 view model。

問：我看到這樣的語法：

`var x by remember { ... }`

它在做什麼？

答：它與 `val x = remember { ... }` 一樣，但你可以在你的程式中將 `x.value` 換成 `x`。當你使用這種做法時，務必匯入 `androidx.compose.runtime.getValue` 與 `androidx.compose.runtime.setValue`，否則程式將無法編譯。

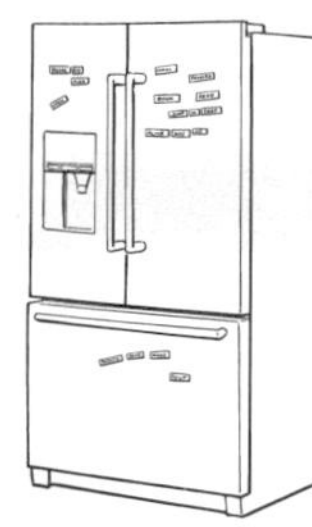

Compose 磁貼

有人使用冰箱磁貼創作了一個新的 composable 函式，名為 ChangeHello。這個函式會顯示文字「Hello friend」，以及一顆按鈕，當它被按下時，文字會變成「Hello everyone」。

不幸的是，有一隻流浪貓跑進廚房，把一些磁貼撥掉了。你能不能把它們貼回去？

12:23

Hello friend

Say hello everyone

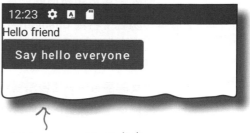

這個 composable 函式在執行時會產生這個 UI。

```
@Composable
fun ChangeHello() {

    val name = ..................{..................("friend") }

    ..................{

        ..................("Hello ${name.value}")

        ..................(

            .................. = { name.value = "everyone" }

        ) {
            ..................("Say hello everyone")
        }
    }
}
```

你不需要使用所有的磁貼。

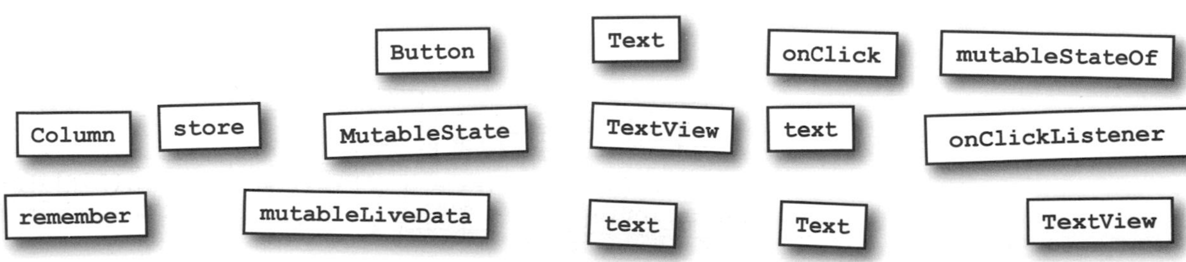

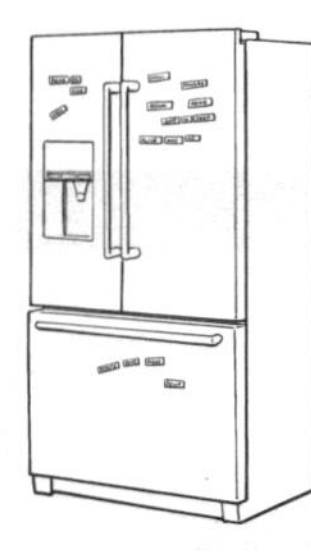

Compose 磁貼解答

有人使用冰箱磁貼創作了一個新的 composable 函式，名為 ChangeHello。這個函式會顯示文字「Hello friend」，以及一顆按鈕，當它被按下時，文字會變成「Hello everyone」。

不幸的是，有一隻流浪貓跑進廚房，把一些磁貼撥掉了。你能不能把它們貼回去？

這個 composable 函式在執行時會產生這個 UI。

```
@Composable
fun ChangeHello() {

    val name = remember { mutableStateOf("friend") }

    Column {          ← 將 composable 排成一行。

        Text("Hello ${name.value}")   ← 將文字加入 UI。

        Button(       ← 加入一顆按鈕。

            onClick = { name.value = "everyone" }   ← 當按鈕被按下時改變 name 的 value。

        ) {
            Text("Say hello everyone")   ← 在按鈕上面顯示這段文字。
        }
    }
}
```

將 name 變數的值存入記憶體。（指向 remember 與 mutableStateOf）

你不需要使用這些磁貼。

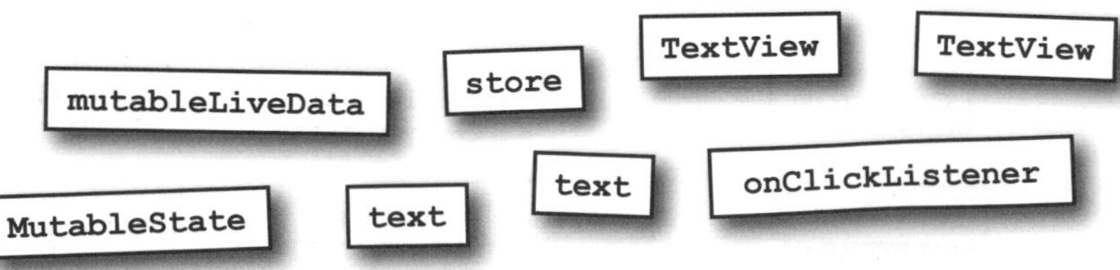

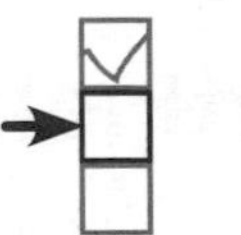

讓用戶輸入溫度

我們已經完成一個 Temperature Converter app 版本了，它可以將寫死的攝氏溫度轉換成華氏。當用戶按下按鈕時，它會將溫度轉換成另一個值。

我們其實想讓用戶轉換他們自己的溫度，所以，接下來要在 UI 裡面加入一個文字欄位，讓用戶在文字欄位中輸入攝氏溫度。當他按下按鈕時，app 會將它轉換成華氏，並顯示結果：

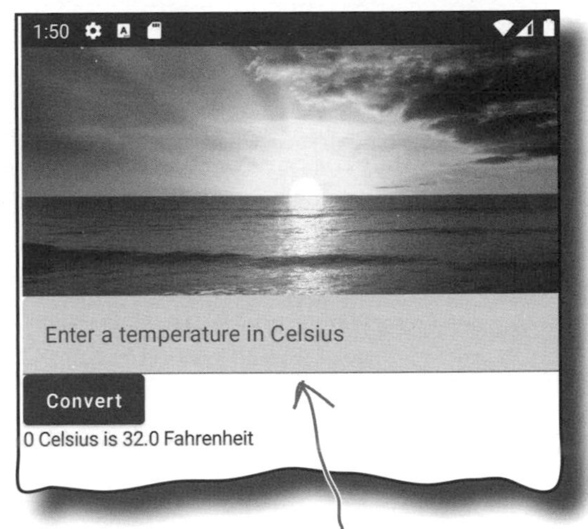

我們想讓用户在 TextField 裡面輸入攝氏溫度。當他按下按鈕時，app 會將它轉換成華氏。

我們將使用 TextField composable

我們將使用 `TextField` composable 在 UI 裡面加入文字欄位。你可以將這種 composable 想成 `EditText` 的 Compose 對應元素。

加入 `TextField` 的程式是：

```
@Composable
fun ExampleTextField() {
    val text = remember { mutableStateOf("") }    // 記住 TextField 的狀態。
                                                  // 加入 TextField。
    TextField(
        value = text.value,                       // 讓 TextField 的 value 使用 text 變數的 value。
        onValueChange = { text.value = it },      // 當用户更改 TextField 時，更改 text.value。
        label = { Text("What is your name?") }    // 讓 TextField 的 label 使用這段文字。
    )
}
```

我們使用 `value` 屬性作為 `TextField` 的值，在這個範例裡，它使用名為 `text` 的 `MutableState` 變數在記憶體中儲存這個值。

當用戶輸入文字時，`onValueChange` 屬性使用 lambda 來修改 `text` 變數的值。

`label` 屬性提供 `TextField` 的標籤，當 `TextField` 是空的時，文字區域會顯示這個標籤，當用戶輸入文字時，標籤會消失。

知道 text field 程式長怎樣之後，我們要在 app 裡面加入一個。

將 TextField 加入 composable 函式

為了將 TextField 加入 UI，我們要建立一個新的 EnterTemperature composable 函式，並在 MainActivityContent 裡面呼叫它。

這是 EnterTemperature 函式的程式：

```
@Composable
fun EnterTemperature(temperature: String, changed: (String) -> Unit) {
    TextField(
        value = temperature,
        label = { Text("Enter a temperature in Celsius") },
        onValueChange = changed,
        modifier = Modifier.fillMaxWidth()
    )
}
```

用引數傳入 TextField 的值，與它的 onValueChange lambda。

讓 TextField 盡可能地寬。

如你所見，這個函式接收兩個引數：一個用來設定 TextField 值的 String，以及一個指定當用戶輸入新值時要做什麼的 lambda。

在 MainActivityContent 裡面呼叫函式

MainActivityContent 必須在執行 EnterTemperature 函式時，將兩個引數傳給它，所以我們要使用一個新的 MutableState 物件，名為 newCelsius，來儲存它的值，並且在用戶輸入文字時修改它。

我們也會修改傳給 ConvertButton 的 lambda，讓它在用戶輸入有效的 Int 時修改 celsius 的值，讓 TemperatureText 在用戶輸入新溫度時重組 。

TemperatureConverter
app/src/main
java
com.hfad.temperatureconverter
MainActivity.kt

程式如下所示，我們會在下一頁修改 *MainActivity.kt*：

```
@Composable
fun MainActivityContent() {
    val celsius = remember { mutableStateOf(0) }
    val newCelsius = remember { mutableStateOf("") }
    ...
        EnterTemperature(newCelsius.value) { newCelsius.value = it }
        ConvertButton {
            newCelsius.value.toIntOrNull()?.let {
                celsius.value = it
            }
        }
    ...
}
```

儲存用戶輸入的溫度。

使用 newCelsius.value 來儲存用戶輸入的溫度，並且在他輸入新值時更新它。

當用戶輸入有效的 Int 時，更新 celsius.value。這會重組 TemperatureText。

完整的 MainActivity.kt 程式

☑ 文字
→ ☐ 轉換程式
☐ 修改

下面是 *MainActivity.kt* 的程式，請依此修改你的檔案（粗體為修改處）：

```
...
import androidx.compose.material.TextField

class MainActivity : ComponentActivity() {
    override fun onCreate(savedInstanceState: Bundle?) {
        super.onCreate(savedInstanceState)
        setContent {
            MainActivityContent()
        }
    }
}

@Composable
fun TemperatureText(celsius: Int) {
    val fahrenheit = (celsius.toDouble()*9/5)+32
    Text("$celsius Celsius is $fahrenheit Fahrenheit")
}

@Composable
fun ConvertButton(clicked: () -> Unit) {
    Button(onClick = clicked) {
        Text("Convert")
    }
}

@Composable
fun EnterTemperature(temperature: String, changed: (String) -> Unit) {
    TextField(
        value = temperature,
        label = { Text("Enter a temperature in Celsius") },
        onValueChange = changed,
        modifier = Modifier.fillMaxWidth()
    )
}
```

匯入這個類別。

TemperatureConverter
app/src/main
java
com.hfad.temperatureconverter
MainActivity.kt

加入 EnterTemperature composable 函式。

Enter a temperature in Celsius

程式還沒結束，見下一頁。

MainActivity.kt（續）

文字
轉換程式
修改

```
@Composable
fun Header(image: Int, description: String) {
    Image(
        painter = painterResource(image),
        contentDescription = description,
        modifier = Modifier
            .height(180.dp)
            .fillMaxWidth(),
        contentScale = ContentScale.Crop
    )
}

@Composable
fun MainActivityContent() {
    val celsius = remember { mutableStateOf(0) }
    val newCelsius = remember { mutableStateOf("") }

    Column {
        Header(R.drawable.sunrise, "sunrise image")
        EnterTemperature(newCelsius.value) { newCelsius.value = it }
        ConvertButton {
            newCelsius.value.toIntOrNull()?.let {
                celsius.value = 20 it
            }
        }
        TemperatureText(celsius.value)
    }
}

@Preview(showBackground = true)
@Composable
fun PreviewMainActivity() {
    MainActivityContent()
}
```

TemperatureConverter
app/src/main
java
com.hfad.temperatureconverter
MainActivity.kt

加入 newCelsius，用來儲存 EnterTemperature 的狀態。

將 EnterTemperature 加入 UI。

也加入這幾行。

如果 newCelsius.value 是 Int，將它指派給 celsius.value。

我們來看一下程式執行時會發生什麼事。

當 app 執行時會發生什麼事

文字
轉換程式
修改

當 app 執行時會發生這些事情：

1 **當 MainActivityContent 執行時，它會建立一個名為 celsius 的 MutableState<Int> 變數，以及一個名為 newCelsius 的 MutableState<String>。**

它將 `celsius` 設為 `0`，將 `newCelsius` 設為 `""`，並將兩者存入記憶體。

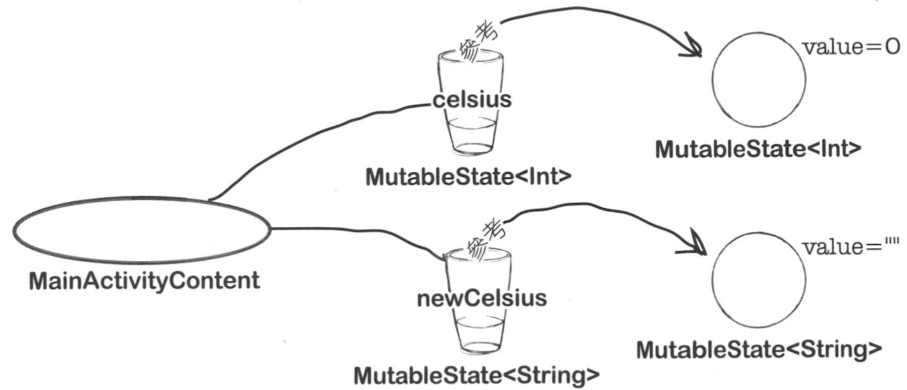

2 **MainActivityContent 執行 EnterTemperature、Header、ConvertButton 與 TemperatureText composable 函式。**

它將 `celsius` 的值傳給 `TemperatureText` composable 函式，該函式將它轉換成華氏。

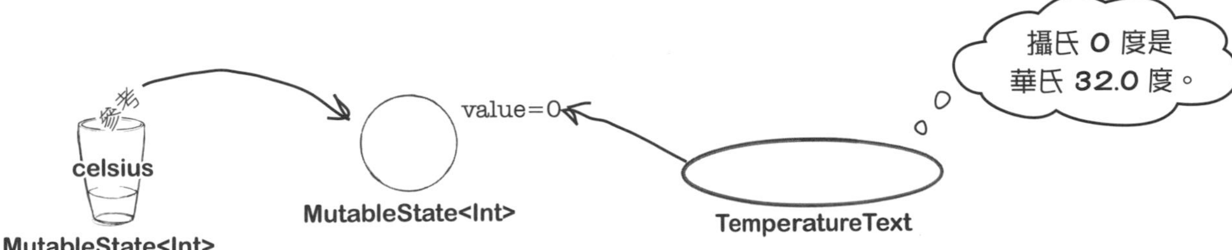

3 **Header、EnterTemperature、ConvertButton 與 TemperatureText composable 函式在 UI 加入一張圖像、一個文字欄位，一顆按鈕，與一些文字。**

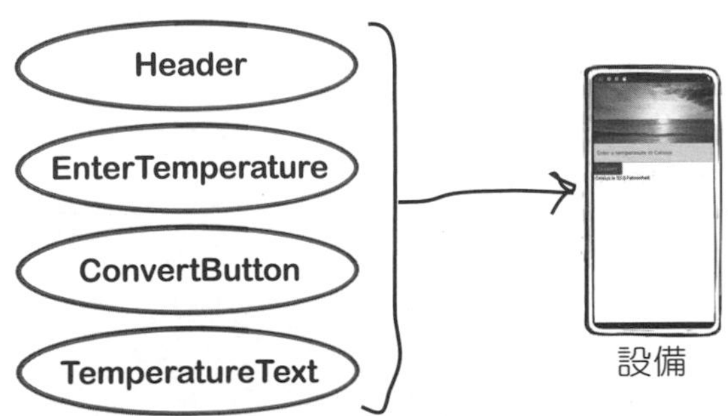

故事還沒結束

文字
轉換程式
修改

4 用戶在 **EnterTemperature** 輸入一個新值（在這個例子是 **"25"**）。

EnterTemperature 將 newCelsius 設為這個值。

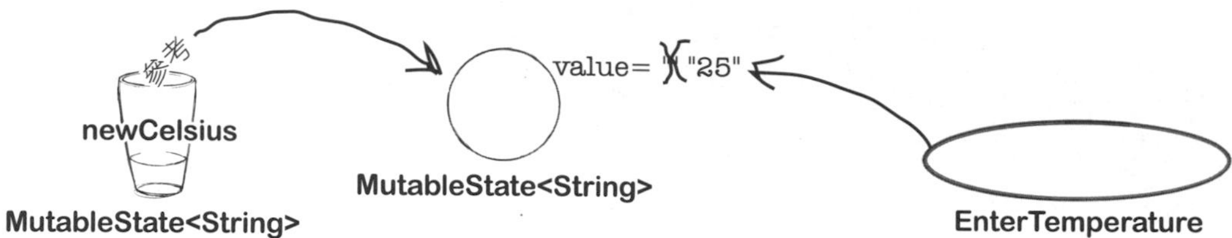

5 用戶按下 **ConvertButton composable**。

它將 newCelsius 的值轉換成 Int，並將它指派給 celsius.value。

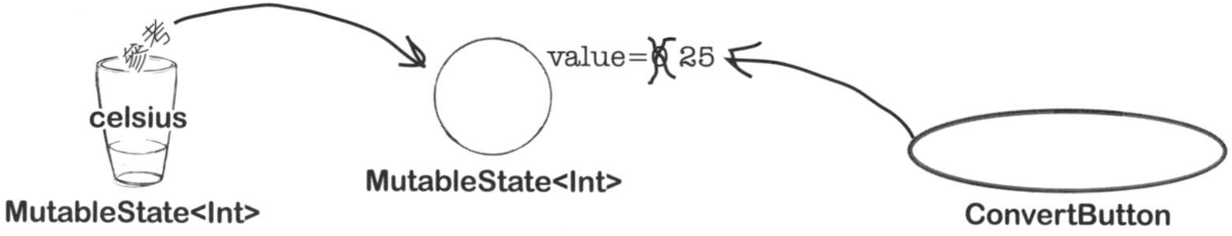

6 **TemperatureText** 重組。

它將 celsius 的新值轉換成華氏，並顯示結果。

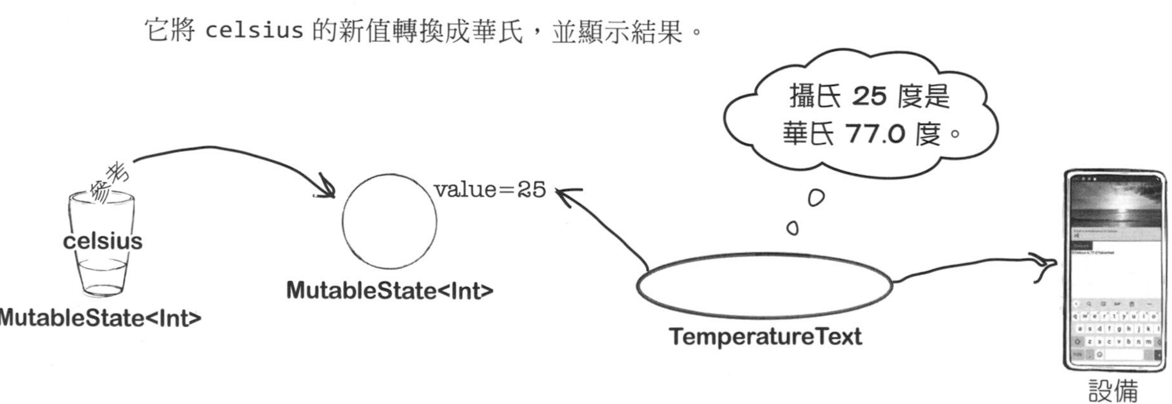

我們來執行 app。

新車試駕

文字
轉換程式
修改

當我們執行 app 時，`MainActivity` 裡面有一個文字欄位。

當我們輸入一個溫度，並按下 Convert 按鈕時，app 會將溫度轉換成華氏，並更新溫度文字。

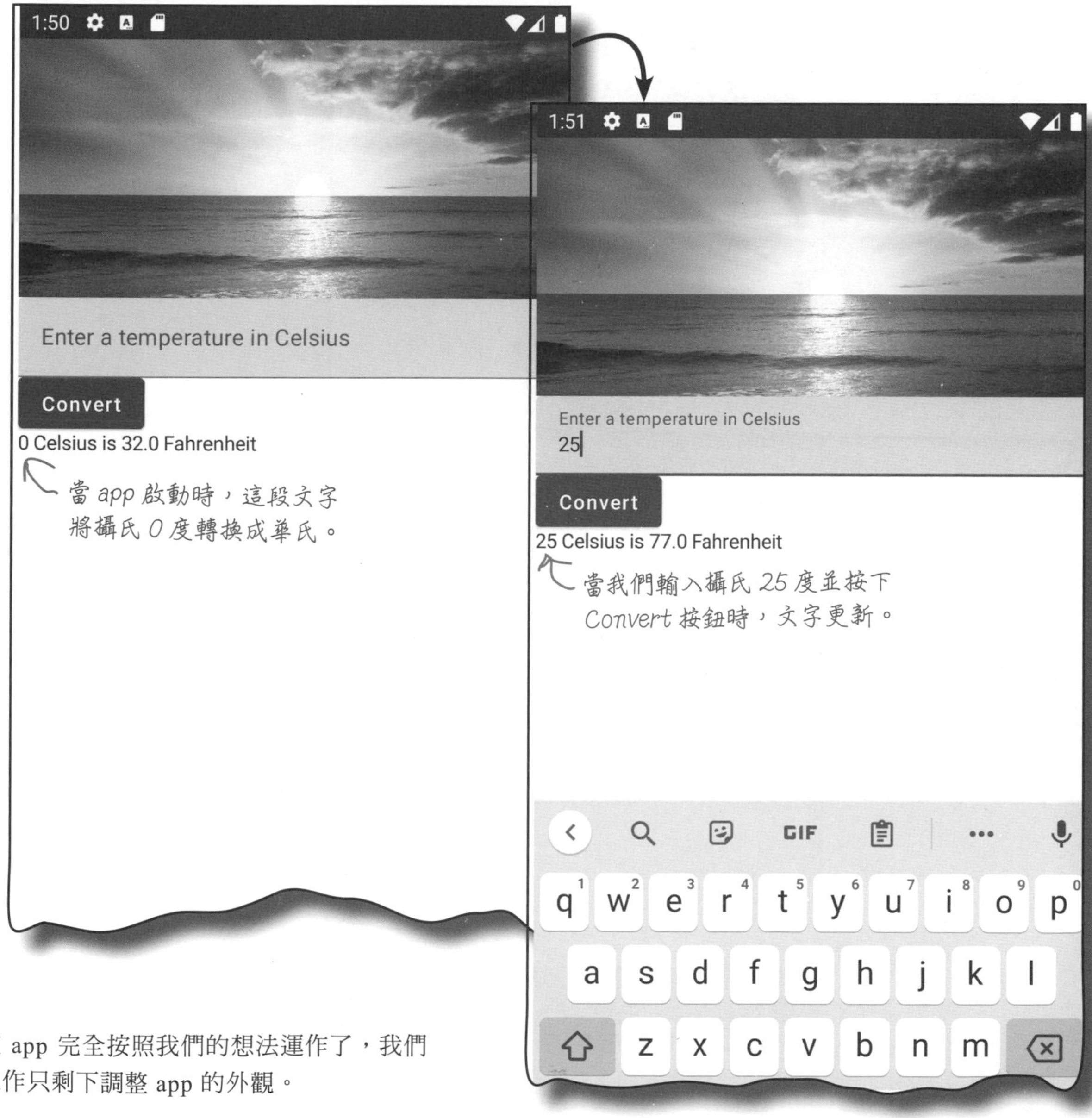

1:50

Enter a temperature in Celsius

Convert

0 Celsius is 32.0 Fahrenheit

當 app 啟動時，這段文字將攝氏 0 度轉換成華氏。

1:51

Enter a temperature in Celsius

25

Convert

25 Celsius is 77.0 Fahrenheit

當我們輸入攝氏 25 度並按下 Convert 按鈕時，文字更新。

現在 app 完全按照我們的想法運作了，我們的工作只剩下調整 app 的外觀。

我們將調整 app 的外觀

我們來修改 app，在螢幕的邊與 UI 組件之間加上一些間隔，並將按鈕水平置中。我們也會將 composable 的樣式設為預設的 Material 佈景主題。

下面是新版的樣子：

我們要在 composable 的邊加上一些間隔。

將 UI 的樣式設為預設的 Material 佈景主題。

1:21

Enter a temperature in Celsius

將按鈕置中。

Convert

0 Celsius is 32.0 Fahrenheit

我們將在接下來幾頁進行這些調整。首先，我們要在 UI 的邊加上間隔。

為 Column composable 加上邊距

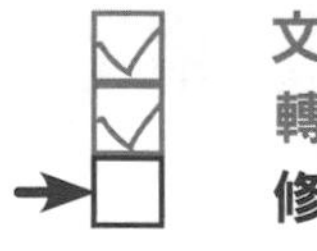

我們想要在螢幕的邊框與 app 組件之間加上間隔，讓它變成這樣：

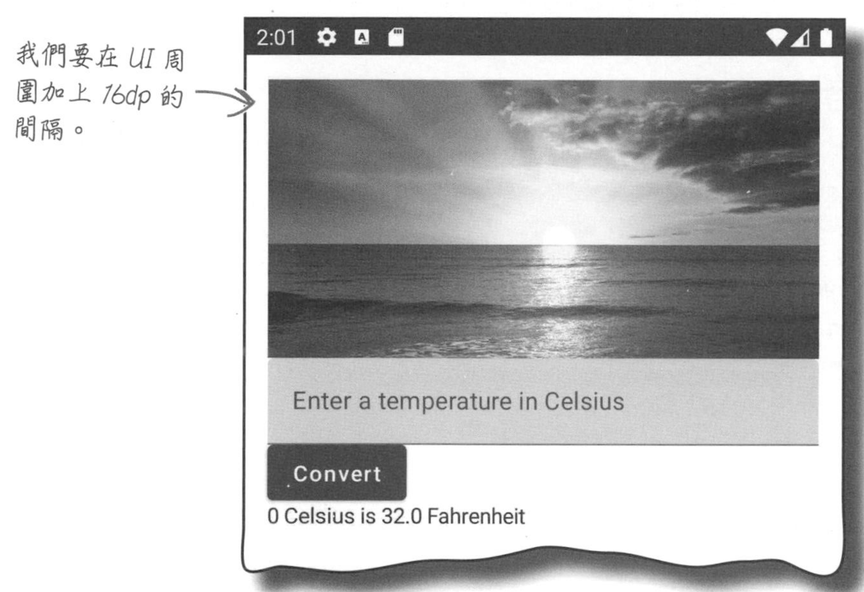

我們的做法是幫 Column composable 加上一些**邊距（padding）**。幫 composable 加上邊距的效果與幫 view 加上邊距一樣，會在組件的周圍加上額外的間隔。

我們要使用 **Modifier** 來幫 composable 加上邊距。Modifier 可裝飾 composable 或幫它加上額外的行為。例如，你可以用這段程式來幫 Column composable 加上 16dp 的邊距：

```
Column(modifier = Modifier.padding(16.dp)) {
    ...
}
```

Modifier 相當靈活。例如，你應該還記得，當我們編寫 Header composable 函式時，我們曾經使用 Modifier 來設定 Image 的高與寬：

```
Image(
    ...
    modifier = Modifier.height(180.dp).fillMaxWidth()
)
```

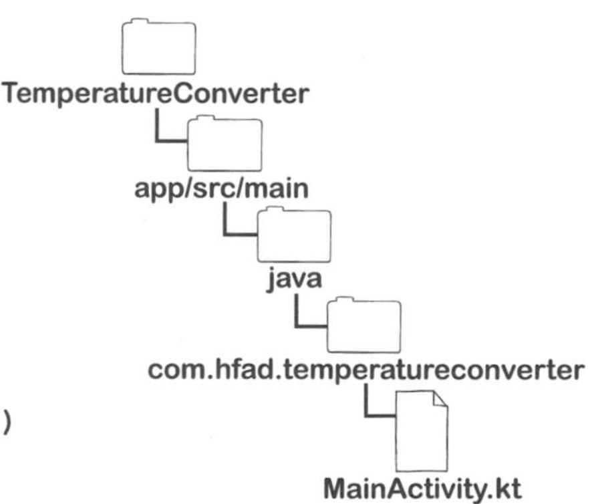

我們將在幾頁之後幫 app 的 Column composable 加上邊距，在那之前，我們先來看一下如何將 Button 置中。

你可以將 Column 或 Row 裡面的 composable 置中

如果你想要將一個或多個 composable 置中，例如 Button 或 Text，你可以使用 Column 與 Row 來實現。你可以採取幾種不同的做法，取決於你想做什麼事。

文字
轉換程式
修改

將 Column 的所有內容置中

如果你想要將 Column 裡面的所有 composable 水平置中對齊，你可以將 Column 設為最寬，然後設定它的 **horizontalAlignment** 引數。

TemperatureConverter
app/src/main
java
com.hfad.temperatureconverter
MainActivity.kt

例如，若要將 Temperature Converter app 裡面的所有 composable 水平置中，你可以在 Column composable 裡面加入下面的程式（粗體的部分）：

```
@Composable
fun MainActivityContent() {
    ...
    Column(modifier = Modifier.padding(16.dp).fillMaxWidth(),
            horizontalAlignment = Alignment.CenterHorizontally) {
        ...
    }
}
```

這段程式會將 Column 裡面的所有東西水平置中。

如此一來，app 的外觀變成：

所有的組件都被水平置中，Image 與 TextField 比較不明顯，因為它們設成填滿最大寬度。

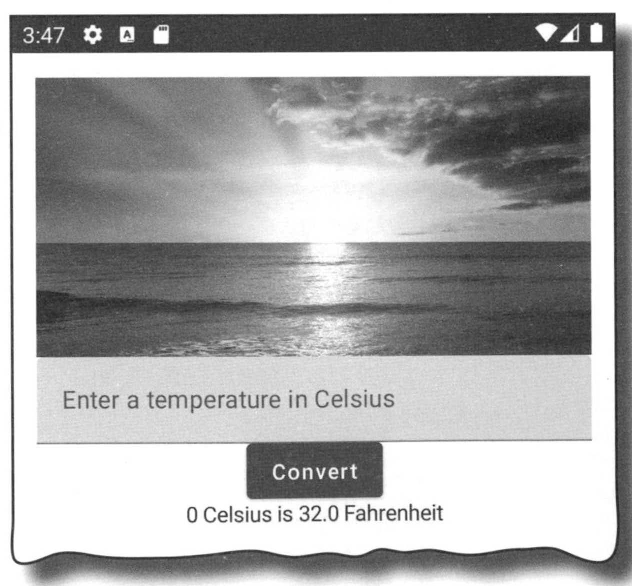

但如果你只想要置中其中一個 composable 呢？

將一個 Row 的內容置中

文字
轉換程式
修改

如果你想要水平置中單一 composable，你可以將它放入一個 Row 來實現。你只要修改 Row，將它的寬度設為最大，然後設定 **horizontalArrangement** 屬性即可。

例如，若要水平置中 ConvertButton composable，我們可以將它放入 Row，然後將它置中：

```
@Composable
fun MainActivityContent() {
    ...
    Column(modifier = Modifier.padding(16.dp).fillMaxWidth()) {
        ...
        Row(modifier = Modifier.fillMaxWidth(),
            horizontalArrangement = Arrangement.Center) {
            ConvertButton { ... }
        }
        ...
    }
}
```

在此只有 ConvertButton 會水平置中。

TemperatureConverter
app/src/main
java
com.hfad.temperatureconverter
MainActivity.kt

這段程式會將按鈕置中：

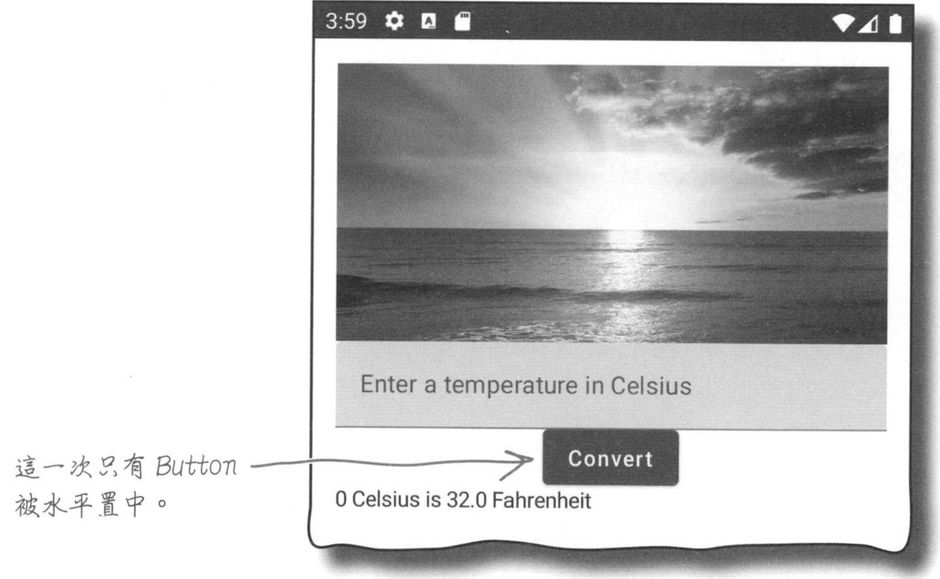

這一次只有 Button 被水平置中。

這就是使用 Column 與 Row 來對齊與排列 composable 的做法。在修改 *MainActivity.kt* 之前，我們還要討論最後一件事：如何對 composable 套用佈景主題。

套用佈景主題：複習

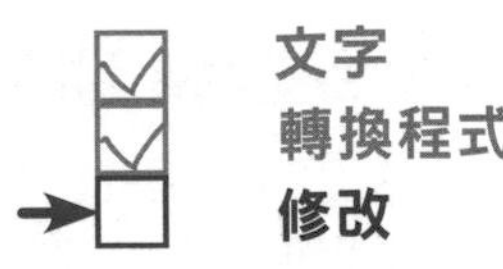

第 8 章說過，佈景主題可讓 app 有相同的外觀與感覺。例如，你可以用它來移除預設的 app bar，或改變 app 的顏色。

如你所知，你可以在 app 的 style 資源檔裡面定義佈景主題，然後在 *AndroidManifest.xml* 裡面引用它來套用它，這種做法可將佈景主題套用到 app，包括任何一個 view。但是，這種做法*無法*將佈景主題套用到任何 *composable*，你必須採取不同的做法來改變它們的樣式。

如何對 composable 套用佈景主題

如果你想要對一個 composition 套用佈景主題，你必須使用 Kotlin 程式。例如，下面的程式使用 `MaterialTheme` 與 `Surface` composable 來對 `MainActivityContent` 套用一個佈景主題：

```
class MainActivity : ComponentActivity() {
    override fun onCreate(savedInstanceState: Bundle?) {
        super.onCreate(savedInstanceState)
        setContent {
            MaterialTheme {
                Surface {
                    MainActivityContent()
                }
            }
        }
    }
}
```

將預設的 Material 佈景主題套用到 MainActivityContent。

TemperatureConverter
app/src/main
java
com.hfad.temperatureconverter
MainActivity.kt

`MaterialTheme` 的功用是對 composable 套用預設的 Material 佈景主題。在這個例子裡，它對 `MainActivityContent` 與這個函式呼叫的 composable（例如 `TemperatureText` 與 `ConvertButton`）套用佈景主題。

上面的程式也有一個 **`Surface`**，它的功能是設定表面（surface）的樣式，例如套用 3D 效果與陰影等東西。

如果你想要覆寫預設的 `MaterialTheme`，你可以在 Kotlin 程式裡面定義一個新的佈景主題。如果你在建立新專案時選擇 Compose activity，Android Studio 會幫你加入額外的佈景主題程式，我們來看一下這段程式，以及它在做什麼。

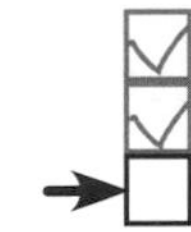

文字
轉換程式
修改

Android Studio 加入額外的佈景主題程式

當我們建立 Temperature Converter 專案時，Android Studio 加入額外的 Kotlin 檔案來定義新佈景主題。這些檔案的名稱是 *Color.kt*、*Shape.kt*、*Theme.kt* 與 *Type.kt*，它們位於 *com.hfad.temperatureconverter.ui.theme* 程式包的 *app/src/main/java* 資料夾內。

java
com.hfad.temperatureconve
ui.theme
Color.kt
Shape.kt
Theme.kt
Type.kt
MainActivity.kt

這些檔案是用來為 app 定義新佈景主題的。

Theme.kt 是主要檔案，因為它為 app 定義新的佈景主題。這個佈景主題的名稱是 `TemperatureConverterTheme`，它的程式長這樣：

```
package com.hfad.temperatureconverter.ui.theme

import androidx.compose.foundation.isSystemInDarkTheme
import androidx.compose.material.MaterialTheme
import androidx.compose.material.darkColors
import androidx.compose.material.lightColors
import androidx.compose.runtime.Composable

private val DarkColorPalette = darkColors(
    primary = Purple200,
    primaryVariant = Purple700,
    secondary = Teal200
)

private val LightColorPalette = lightColors(
    primary = Purple500,
    primaryVariant = Purple700,
    secondary = Teal200

    /* 要覆寫的其他預設顏色
    background = Color.White,
    surface = Color.White,
    onPrimary = Color.White,
    onSecondary = Color.Black,
    onBackground = Color.Black,
    onSurface = Color.Black,
    */
)
```

這段程式定義亮色與暗色調色盤。

顏色本身是在 Color.kt 裡面定義的。

如果你的程式與我們的不同，別緊張。我們只是展示 Android Studio 為我們產生的 Theme.kt，它可能為你產生不同的程式，取決於你的 Android Studio 版本。

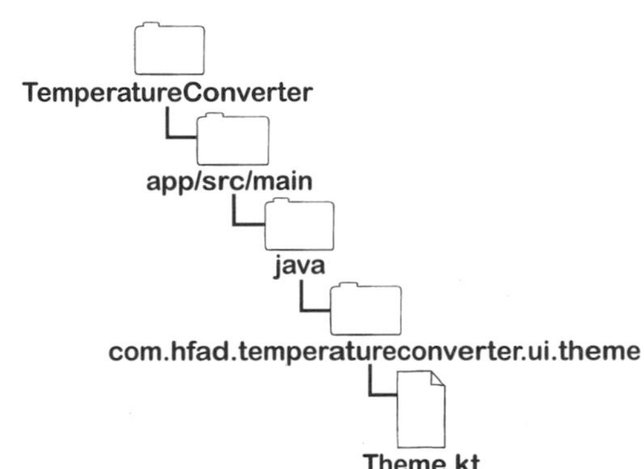

程式還沒結束，見下一頁。

Theme.kt（續）

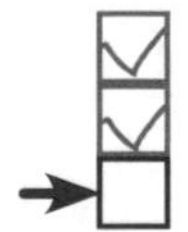


```
@Composable
fun TemperatureConverterTheme(
    darkTheme: Boolean = isSystemInDarkTheme(),
    content: @Composable() () -> Unit
) {
    val colors = if (darkTheme) {
        DarkColorPalette
    } else {
        LightColorPalette
    }

    MaterialTheme(
        colors = colors,
        typography = Typography,
        shapes = Shapes,
        content = content
    )
}
```

這是 app 的佈景主題的 composable 函式。

檢查設備使用亮色還是暗色佈景主題。

設定調色盤。

佈景主題的排版是在 Type.kt 裡面定義的。

Shape.kt 定義佈景主題使用的所有形狀。

TemperatureConverter
app/src/main
java
com.hfad.temperatureconverter.ui.theme
Theme.kt

如你所見，這個佈景主題覆寫了 `MaterialTheme` 顏色、排版與形狀。如果你想要調整裡面的任何東西，你可以修改 *.ui.theme* 程式包裡面的檔案。

如何套用佈景主題

當你定義佈景主題之後，你可以將它套用到 app 的 composable。例如，若要讓 `MainActivityContent` 使用 `TemperatureConverterTheme`，你可以使用下面的程式：

```
...
    setContent {
        TemperatureConverterTheme {
            Surface {
                MainActivityContent()
            }
        }
    }
...
```

將 TemperatureConverterTheme 套用到 MainActivityContent，包括它的表面。

完整的 MainActivity.kt 程式

你已經知道如何按照你的想法來調整 UI 的外觀了。

下面是完整的 *MainActivity.kt* 程式，請依此修改你的檔案（粗體為修改處）：

TemperatureConverter
app/src/main
java
com.hfad.temperatureconverter
MainActivity.kt

```
package com.hfad.temperatureconverter

import android.os.Bundle
import androidx.activity.ComponentActivity
import androidx.activity.compose.setContent
import androidx.compose.runtime.Composable
import androidx.compose.ui.tooling.preview.Preview
import androidx.compose.foundation.Image
import androidx.compose.foundation.layout.*
import androidx.compose.material.*
import androidx.compose.ui.Modifier
import androidx.compose.ui.layout.ContentScale
import androidx.compose.ui.res.painterResource
import androidx.compose.ui.unit.dp
import androidx.compose.runtime.mutableStateOf
import androidx.compose.runtime.remember

class MainActivity : ComponentActivity() {
    override fun onCreate(savedInstanceState: Bundle?) {
        super.onCreate(savedInstanceState)
        setContent {
            MaterialTheme {
                Surface {
                    MainActivityContent()
                }
            }
        }
    }
}
```

加入這些 import。

對 composable 套用預設的 Material 佈景主題，包括任何表面。

程式還沒結束，見下一頁。

MainActivity.kt（續）

```
@Composable
fun TemperatureText(celsius: Int) {
    val fahrenheit = (celsius.toDouble()*9/5)+32
    Text("$celsius Celsius is $fahrenheit Fahrenheit")
}

@Composable
fun ConvertButton(clicked: () -> Unit) {
    Button(onClick = clicked) {
        Text("Convert")
    }
}

@Composable
fun EnterTemperature(temperature: String, changed: (String) -> Unit) {
    TextField(
        value = temperature,
        label = { Text("Enter a temperature in Celsius") },
        onValueChange = changed,
        modifier = Modifier.fillMaxWidth()
    )
}

@Composable
fun Header(image: Int, description: String) {
    Image(
        painter = painterResource(image),
        contentDescription = description,
        modifier = Modifier
            .height(180.dp)
            .fillMaxWidth(),
        contentScale = ContentScale.Crop
    )
}
```

你不需要修改這一頁的任何程式。

TemperatureConverter
app/src/main
java
com.hfad.temperatureconverter
MainActivity.kt

程式還沒結束，見下一頁。

MainActivity.kt（續）

```
@Composable
fun MainActivityContent() {
    val celsius = remember { mutableStateOf(0) }
    val newCelsius = remember { mutableStateOf("") }

    Column(modifier = Modifier.padding(16.dp).fillMaxWidth()) {
        Header(R.drawable.sunrise, "sunrise image")
        EnterTemperature(newCelsius.value) { newCelsius.value = it }
        Row(modifier = Modifier.fillMaxWidth(),
            horizontalArrangement = Arrangement.Center) {
            ConvertButton {
                newCelsius.value.toIntOrNull()?.let {
                    celsius.value = it
                }
            }
        }
        TemperatureText(celsius.value)
    }
}

@Preview(showBackground = true)
@Composable
fun PreviewMainActivity() {
    MaterialTheme {
        Surface {
            MainActivityContent()
        }
    }
}
```

在 UI 與畫面的邊之間加入 16dp 邊緣。

加入 Row 來將 Button 水平置中。

加入 Row 的结束大括號。

套用預設的 Material 佈景主題。

TemperatureConverter
app/src/main
java
com.hfad.temperatureconverter
MainActivity.kt

我們來執行一下 app。

新車試駕

文字
轉換程式
修改

當我們執行 app 時，它會顯示 `MainActivity`，這個 UI 與我們的想法一致，在 UI 與螢幕的邊之間有邊距，按鈕被水平置中，而且它使用預設的 Material 佈景主題。

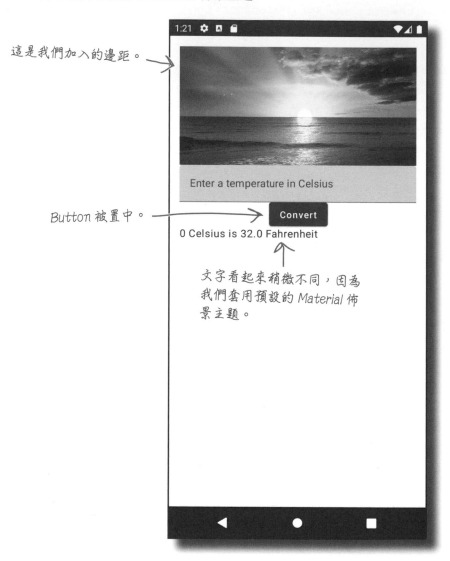

恭喜你！你已經知道如何使用 Jetpack Compose 而非 view 來建構 UI 了。

在下一章，你將根據這些知識，學習如何將 composable 整合到使用 `View` 的既有 UI 裡面。

我是 Compose

下面的 composable 函式有一個 TextField，一個 Button，與一個 Text。當用戶在 TextField 裡面輸入名稱並按下 Button 時，我們要在 Text 裡面顯示新名稱。你的工作是扮演 Compose，指出這個函式能不能按照計畫運作。如果不能，如何修改它？

```
@Composable
fun ChangeHello() {
    val name = mutableStateOf("friend")
    val newName = mutableStateOf("")

    TextField(
        value = newName.value,
        label = { Text("Enter your name") },
        onValueChange = { name.value = it }
    )

    Button(
        onClick = { name = newName }
    ) {
        Text("Update Hello")
    }

    Text("Hello ${name.value}")
}
```

我是 Compose 解答

下面的 composable 函式有一個 TextField，一個 Button，與 一個 Text。當用戶在 TextField 裡面輸入名稱並按下 Button 時，我們要在 Text 裡面顯示新名稱。你的工作是扮演 Compose，指出這個函式能不能按照計畫運作。如果不能，如何修改它？

我們必須修改程式才能讓這個函式按照計畫運作。我們要加入下面的程式。

```
@Composable
fun ChangeHello() {
    val name = remember { mutableStateOf("friend") }
    val newName = remember { mutableStateOf("") }

    Column {
        TextField(
            value = newName.value,
            label = { Text("Enter your name") },
            onValueChange = { newName.value = it }
        )

        Button(
            onClick = { name.value = newName.value }
        ) {
            Text("Update Hello")
        }

        Text("Hello ${name.value}")
    }
}
```

name 與 newName 必須存入記憶體。

如果沒有它，composables 會疊在一起。（Column）

TextField 必須使用 newName 的 value。

在用户按下按鈕時修改 name.value。

Column 的结束大括號。

你的 Android 工具箱

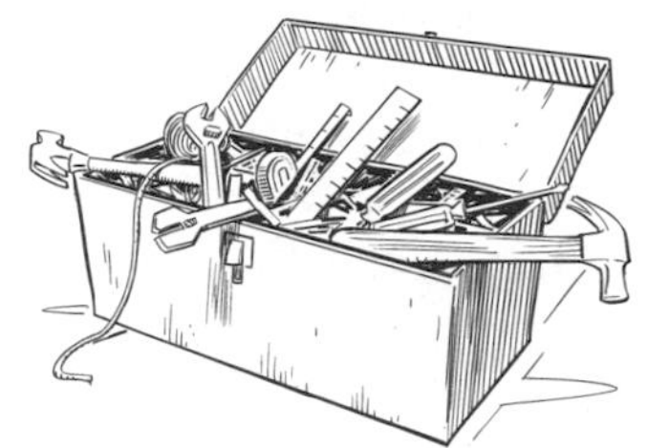

你已經掌握第 18 章，將 Jetpack Compose 加入你的工具箱了。

你可以在 tinyurl.com/hfad3 下載本章的完整程式碼。

本章重點

- Jetpack Compose 可讓你使用純 Kotlin 程式來建構原生的 UI。
- UI 是用 composable 建構的，而不是使用 view 與 layout 檔。
- Compose 的 activity 繼承 `ComponentActivity`。
- 在 `setContent()` 執行的 composable 都會被顯示在 activity 的 UI 上。
- composable 函式就是使用一或多個 composable 的函式。你必須用 `@Composable` 來注解它。
- 你可以使用 `@Preview` 注解來預覽無引數的 composable 函式。
- 使用 `Text` 來顯示文字。
- 使用 `Row` 與 `Column` 來將 composable 排成橫列與直行。
- 使用 `Image` 來顯示圖像。
- 使用 `Button` 來顯示按鈕。
- composable 只會在它使用的值改變時重組。
- 使用 `remember` 來將物件存入記憶體。
- 使用 `mutableStateOf()` 來建立值可以改變的 `MutableState` 物件。
- 使用 `TextField` 來顯示文字欄位。
- 使用 `Modifier` 來裝飾 composable 或加入行為。
- 使用 `Column` 與 `Row` 來將 composable 置中。
- 使用 `MaterialTheme` 來讓 composable 使用預設的 `Material` 佈景主題。
- 若要覆寫預設的佈景主題，你可以用 Kotlin 來建立新的佈景主題，並讓 UI 使用它。
- 使用 `Surface` 來設定表面樣式與套用 3D 效果。

19 將 Compose 與 view 整合起來

琴瑟合鳴

讓不一樣的東西互相合作可以獲得最好的結果。

到目前為止，你已經知道如何使用 view 或 composable 來建構 UI 了。但是如果你想要同時使用**兩者**呢？在這一章，你會學到如何**將 composable 加入以 View 做成的 UI**，同時獲得**兩者的好處**。你將探索讓 **composable 與 view model 互相合作**的技術。你甚至會知道如何讓它們**回應 *LiveData* 的更新**。在本章結束時，你將充分了解如何**同時使用 composable 與 view**，甚至**遷移至純 Compose UI**。

你可以將 composable 加入以 View 構成的 UI

在上一章，你已經藉著建構全新的 Temperature Converter app 來了解如何實作 Compose UI 了。當時我們在 activity 的 Kotlin 程式裡面呼叫 composable 來建立 UI，而不是將 view 加入 layout 檔。

但是，有時你可能想要在同一個 UI 裡面使用 view 與 composable，也許是為了使用只能用 view 或 composable 做出來的組件，或你想要將 app 的一部分遷移到 Compose。

好消息是，你可以將 composable 加入以 layout 檔定義的 UI。我們將使用之前製作的 Guessing Game app 來告訴你該怎麼做，並將它遷移到 Compose。

複習 Guessing Game app

你一定記得，Guessing Game app 可讓用戶猜測一個秘密單字裡面的字母有哪些。當他猜出所有字母時，他就贏得遊戲，當他失去所有的生命時，他就輸掉遊戲。

這是遊戲目前的樣子：

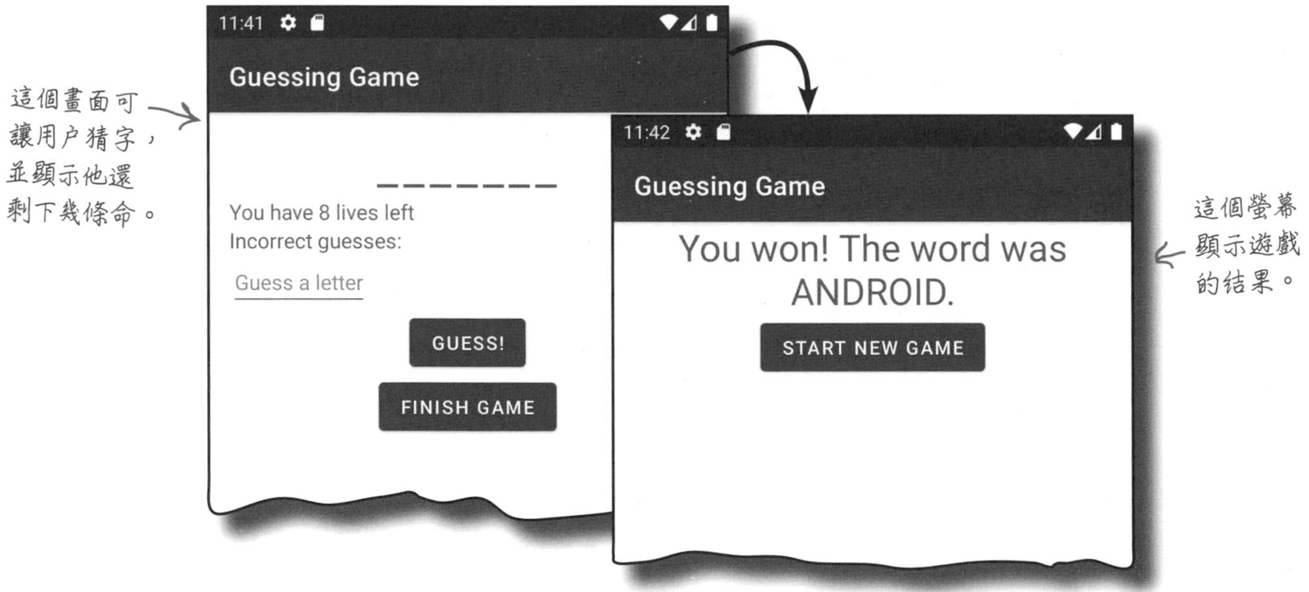

在將 app 的 view 換成 composable 之前，我們先來簡單地回顧一下 app 的結構。

Guessing Game app 的結構

Guessing Game app 的 UI 使用兩個 fragment：GameFragment 與 ResultFragment。

GameFragment 是 app 的主畫面，用戶會與它互動來玩遊戲。它會顯示一些資訊，例如剩下幾條命，以及用戶猜錯的字母，並讓用戶猜字。它也有一顆按鈕，當它被按下時，可讓用戶不必進行其餘的猜測即可立刻結束遊戲。

ResultFragment 是在遊戲結束時顯示的。它會顯示用戶贏得遊戲還是輸掉遊戲，以及秘密單字。

這個 app 也有兩個 view model，GameViewModel 與 ResultViewModel，它們的用途是保存遊戲的邏輯與資料，並且在 app 被旋轉時保存它的狀態。GameFragment 使用 GameViewModel，而 ResultFragment 使用 ResultViewModel：

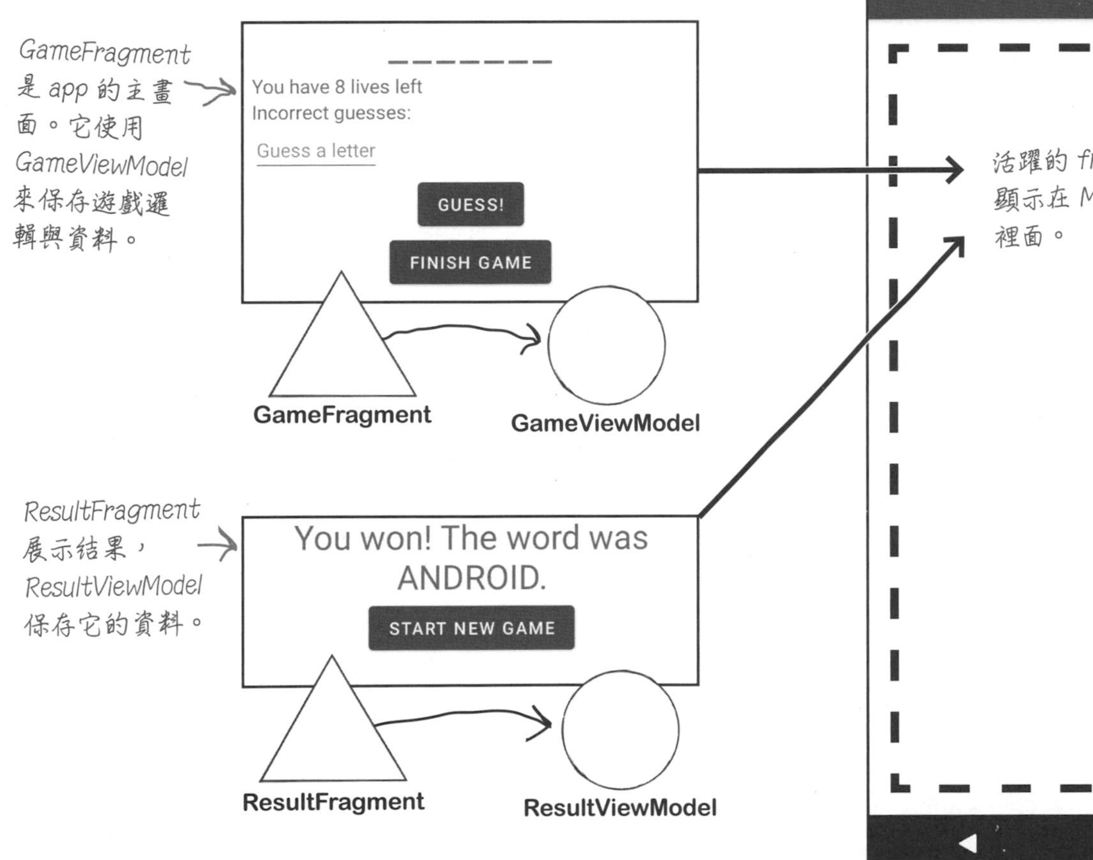
GameFragment 是 app 的主畫面。它使用 GameViewModel 來保存遊戲邏輯與資料。
You have 8 lives left
Incorrect guesses:
Guess a letter
GUESS!
FINISH GAME
GameFragment
GameViewModel
ResultFragment 展示結果，ResultViewModel 保存它的資料。
You won! The word was ANDROID.
START NEW GAME
ResultFragment
ResultViewModel
7:19
Guessing Game
活躍的 fragment 會被顯示在 MainActivity 裡面。

我們來看一下修改這個 app 的步驟有哪些。

接下來要做這些事情

我們要用兩個步驟來將 Guessing Game app 的 view 換成 composable：

1 **將 ResultFragment 的 view 換成 composable。**

我們會將 Compose 程式庫加入 app 的 *build.gradle* 檔，然後將 composable 加入 `ResultFragment` 的 layout，以重造當前的 view。確認 composable 的動作符合我們的要求之後，我們會將 view 移出 UI。

這就是 Compose 版的 ResultFragment UI 的樣子。

2 **將 GameFragment 的 view 換成 composable。**

然後，我們會進行與 `GameFragment` 類似的程序，將 composable 加入它的 layout，來重造當前的 view，並且在確定它們的動作符合要求時，將 view 移出 UI。

這就是 GameFragment 的 Compose 版本的樣子。

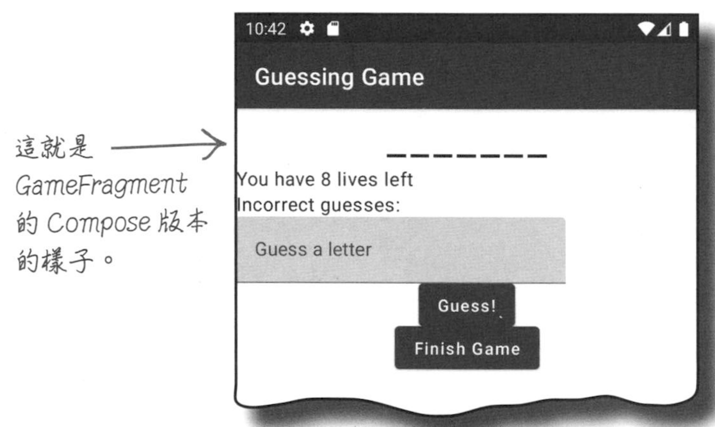

別忘了！

接下來要修改你在第 11 章到第 13 章建立的 Guessing Game app，請打開這個 app 的專案。

我們先將 Compose 程式庫加入 app 的 *build.gradle* 檔。

修改專案的 build.gradle 檔…

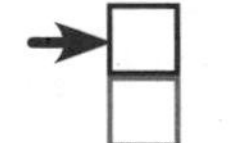

首先，我們要指定 Compose 的版本。打開 *GuessingGame/build.gradle*，在 `buildscript` 區域加入下面幾行（粗體的部分）：

```
buildscript {
    ext.compose_version = "1.0.1"
}

dependencies {
...
    classpath "org.jetbrains.kotlin:kotlin-gradle-plugin:1.5.21"
}
```

我們將使用這一版的 Compose 程式庫。

使用這一版的 Kotlin Gradle 外掛程式。

GuessingGame / build.gradle

…並修改 app 的 build.gradle 檔

我們要在 app 的 *build.gradle* 檔裡面加入一堆 Compose 選項與程式庫，並將最低 SDK 設為 21。打開 *GuessingGame/app/build.gradle*，並在適當的區域加入下面的幾行（粗體為修改處）：

```
android {
    defaultConfig {
        minSdk 21
        ...
    }
    buildFeatures {
        ...
        compose true
    }
    composeOptions {
        kotlinCompilerExtensionVersion compose_version
    }
}

dependencies {
    ...
    implementation("androidx.compose.ui:ui:$compose_version")
    implementation("androidx.compose.ui:ui-tooling:$compose_version")
    implementation("androidx.compose.foundation:foundation:$compose_version")
    implementation("androidx.compose.material:material:$compose_version")
    implementation("androidx.compose.material:material-icons-core:$compose_version")
    implementation("androidx.compose.material:material-icons-extended:$compose_version")
    implementation("androidx.compose.runtime:runtime-livedata:$compose_version")
    ...
}
```

一定要在你的檔案裡面加入這一行。

啟用 Compose。

加入這個段落。

你必須加入這些 Compose 依賴項目。(對，真心不騙！)

GuessingGame / app / build.gradle

做了這些修改之後，按下 Sync Now 選項。

我們要將 ResultFragment 的 view 換成 composable

→ **ResultFragment**
GameFragment

在 *build.gradle* 檔案裡面加入 Compose 之後，我們可以開始將 app 的 view 換成 composable 了。我們先處理 `ResultFragment`，因為它是最簡單的 fragment。

你應該記得，`ResultFragment` layout 有一個顯示遊戲結果的 `TextView`，以及一顆讓用戶啟動新遊戲的 `Button`。它長這樣：

注意，預設的 Material 佈景主題讓 composable 與 view 使用稍微不同的樣式。你可以覆寫佈景主題或改變組件屬性來修正它們。

將 view 換成 composable 時，我們可以用 `Text` composable 來取代 `TextView`，用 `Button` 來取代 `Button` view。這就是新 UI 的樣子：

我們將慢慢建立新 UI，所以在一開始，`ResultFragment` 同時擁有 view 與 composable。我們先來了解如何將 composable 加入 layout 檔。

ComposeView 可讓你將 composable 加入 layout

如果你想要將 composable 加入以 View 寫成的 UI，你可以將 **ComposeView** 元素加入 layout 檔來實現。它是一種可以顯示 composable 的 view：

```
<androidx.compose.ui.platform.ComposeView
    android:id="@+id/compose_view"
    android:layout_width="match_parent"
    android:layout_height="wrap_content"/>
```

這是將 ComposeView 加入 layout 檔的所有程式。想讓 composable 出現在 UI 的哪裡，就可以把它放在哪裡。

ComposeView 是為 composable 預留位置的一種 View。它可以讓你在以 View 寫成的 UI 裡面使用 Compose。

你可以將 ComposeView 當成一種 view，它就像一個預留位置，可容納你想加入 Kotlin 程式裡的 UI 的任何 composable。當 app 執行時，它會顯示 layout 的 view，並將 composable 填入 ComposeView。

我們要將 ComposeView 加入 fragment_result.xml

我們想要在 ResultFragment 的 UI 裡面加入 Text 與 Button composable，所以要將 ComposeView 加入它的 layout 檔。

下面是改好的 *fragment_result.xml*，請依此修改你的程式（粗體為修改處）：

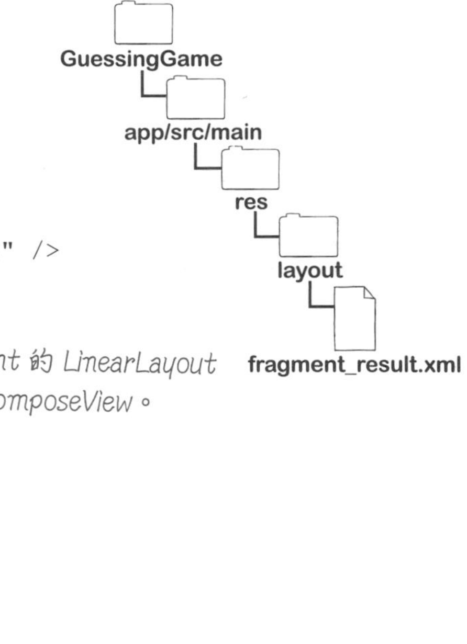


```
<?xml version="1.0" encoding="utf-8"?>
<layout...>

    <data>
        <variable
            name="resultViewModel"
            type="com.hfad.guessinggame.ResultViewModel" />
    </data>

    <LinearLayout...>
        ...
        <androidx.compose.ui.platform.ComposeView
            android:id="@+id/compose_view"
            android:layout_width="match_parent"
            android:layout_height="wrap_content"/>
    </LinearLayout>
</layout>
```

在 ResultFragment 的 LinearLayout 結尾加入這個 ComposeView。

加入 ComposeView 之後，我們要在裡面加入一些 composable。

使用 Kotlin 來加入 composable

將 ComposeView 放入 layout 之後，你可以在 fragment 的 onCreateView() 方法內使用下面的程式來加入 composable：

```
override fun onCreateView(
    inflater: LayoutInflater, container: ViewGroup?, savedInstanceState: Bundle?
): View? {
    _binding = FragmentResultBinding.inflate(inflater, container, false).apply {
        composeView.setContent {
            //加入 composables
        }
    }
    ...
}
```

將任何 composable 加入 UI。

告訴 ComposeView 要加入哪些 composable。

這段程式呼叫 layout 的 ComposeView 的 setContent()，讓它知道它需要加入哪些 composable。然後將它加入已充氣的 fragment layout。例如，你可以用這段程式來將 Text composable 加入 ResultFragment 的 layout：

```
override fun onCreateView(
    inflater: LayoutInflater, container: ViewGroup?, savedInstanceState: Bundle?
): View? {
    _binding = FragmentResultBinding.inflate(inflater, container, false).apply {
        composeView.setContent {
            Text("This is a composable")
        }
    }
    ...
}
```

將 Text composable 加入 ResultFragment 的 layout。

GuessingGame
app/src/main
java
com.hfad.guessinggame
ResultFragment.kt

執行這段程式會在 layout 的 ComposeView 裡面顯示 Text composable 如下：

這些是 layout 的原始 view。

這是在 ResultFragment 的 UI 裡面的 Text composable。

The word was ANDROID.
START NEW GAME
This is a composable

加入 composable 函式來顯示 fragment 的內容

ResultFragment
GameFragment

知道如何將 composable 加入 ComposeView 之後，我們要用一個已加入 *fragment_result.xml* 的 composable 來重製既有的 view。

我們先在 *ResultFragment.kt* 裡面加入一個名為 ResultFragmentContent 的新 composable，用來顯示 fragment 的 UI。我們會在 setContent() 裡面呼叫它，如此一來，在顯示 ResultFragment 時，我們加入的任何 composable 都會執行。

下面是新程式，我們將在幾頁之後將它加入 *ResultFragment.kt*：

```
...
import androidx.compose.material.MaterialTheme
import androidx.compose.material.Surface
import androidx.compose.runtime.Composable

class ResultFragment : Fragment() {
    ...
    override fun onCreateView(
        inflater: LayoutInflater, container: ViewGroup?, savedInstanceState: Bundle?
    ): View? {
        _binding = FragmentResultBinding.inflate(inflater, container, false).apply {
            composeView.setContent {
                MaterialTheme {
                    Surface {
                        ResultFragmentContent()
                    }
                }
            }
        }
        ...
    }
    ...
}

@Composable
fun ResultFragmentContent() {
}
```

匯入這些類別。

將 composable 加入 UI。

將 ResultFragmentContent 加入 layout 的 ComposeView，並套用預設的 Material 佈景主題。

其餘的程式不需要修改。

這是 ResultFragmentContent composable 函式。

GuessingGame
app/src/main
java
com.hfad.guessinggame
ResultFragment.kt

重造 Start New Game 按鈕

將 ResultFragmentContent composable 函式加入 *ResultFragment.kt* 之後，我們就可以用它來將 composable 加入 UI 了。我們先來加入一顆按鈕。

ResultFragment 目前有一顆顯示「Start new game」的按鈕 View，當它被按下時會使用 OnClickListener 前往 GameFragment：

ResultFragment 有這顆按鈕。

START NEW GAME

```
binding.newGameButton.setOnClickListener {
    view.findNavController()
        .navigate(R.id.action_resultFragment_to_gameFragment)
}
```

當按鈕被按下時會執行這段程式。

我們可以用 Compose 來重造這個按鈕，做法是建立一個名為 NewGameButton 的 composable 函式，並在 ResultFragmentContent 裡面執行它。我們為 NewGameButton 加入一個 lambda 引數，讓 ResultFragmentContent 可以告訴它當它被按下時該做什麼事情。

下面是新程式，我們將在幾頁之後將它加入 *ResultFragment.kt*：

```
@Composable
fun NewGameButton(clicked: () -> Unit) {
    Button(onClick = clicked) {
        Text("Start New Game")
    }
}

@Composable
fun ResultFragmentContent(view: View) {
    Column(modifier = Modifier.fillMaxWidth(),
        horizontalAlignment = Alignment.CenterHorizontally) {
        NewGameButton {
            view.findNavController()
                .navigate(R.id.action_resultFragment_to_gameFragment)
        }
    }
}
```

這是 NewGameButton composable 函式。

NewGameButton 需要一個 View 來讓它前往 GameFragment，所以我們幫 ResultFragmentContent 加入一個 View 引數。

使用 Column 來將按鈕水平置中。

將 NewGameButton 加入 UI，並且讓它被按下時巡覽。

GuessingGame
app/src/main
java
com.hfad.guessinggame
ResultFragment.kt

我們處理好按鈕了，該怎麼處理 layout 的文字呢？

重造 ResultFragment 的 TextView

ResultFragment
GameFragment

你應該記得，`ResultFragment` 在它的 layout 裡面使用 `TextView` 來顯示遊戲的結果。`TextView` 的定義是：

```
<TextView
    android:id="@+id/won_lost"
    android:layout_width="match_parent"
    android:layout_height="wrap_content"
    android:gravity="center"
    android:textSize="28sp"
    android:text="@{resultViewModel.result}" />
```

9:24

Guessing Game

You won! The word was ANDROID.

TextView 的文字來自 ResultViewModel 的 result 屬性。

為了換掉 `TextView`，我們要定義一個新的 `ResultText` composable 函式，在 `Text` composable 裡面顯示文字。我們將為 `ResultText` 加入一個 `String` 引數，讓 `ResultFragmentContent` 用來傳遞文字給它。

下面是新程式，下一頁會將它加入 *ResultFragment.kt*：

```
@Composable
fun ResultText(result: String) {
    Text(text = result,
        fontSize = 28.sp,
        textAlign = TextAlign.Center)
}

@Composable
fun ResultFragmentContent(view: View, viewModel: ResultViewModel) {
    Column(modifier = Modifier.fillMaxWidth(),
        horizontalAlignment = Alignment.CenterHorizontally) {
        ResultText(viewModel.result)
        NewGameButton {
            view.findNavController()
                .navigate(R.id.action_resultFragment_to_gameFragment)
        }
    }
}
```

這是 ResultText composable 函式。

ResultText 從 view model 取得文字，所以我們幫 ResultFragmentContent 加入 ResultViewModel 引數。

將 ResultText 加入 UI，並讓它使用 view model 的 result 屬性作為文字。

GuessingGame
app/src/main
java
com.hfad.guessinggame
ResultFragment.kt

以上就是使用 composable 來重造 `ResultFragment` 的所有 view 程式。我們來看一下完整的程式長怎樣。

修改 ResultFragment.kt 的程式

下面是改好的 *ResultFragment.kt*，請依此修改你的檔案（粗體為修改處）：

GuessingGame / app/src/main / java / com.hfad.guessinggame / ResultFragment.kt

```
...
import androidx.compose.material.MaterialTheme
import androidx.compose.material.Surface
import androidx.compose.runtime.Composable
import androidx.compose.foundation.layout.Column
import androidx.compose.foundation.layout.fillMaxWidth
import androidx.compose.material.Button
import androidx.compose.material.Text
import androidx.compose.ui.Alignment
import androidx.compose.ui.Modifier
import androidx.compose.ui.text.style.TextAlign
import androidx.compose.ui.unit.sp

class ResultFragment : Fragment() {
    private var _binding: FragmentResultBinding? = null
    private val binding get() = _binding!!
    lateinit var viewModel: ResultViewModel
    lateinit var viewModelFactory: ResultViewModelFactory

    override fun onCreateView(
        inflater: LayoutInflater, container: ViewGroup?, savedInstanceState: Bundle?
    ): View? {
        _binding = FragmentResultBinding.inflate(inflater, container, false).apply {
            composeView.setContent {
                MaterialTheme {
                    Surface {
                        view?.let { ResultFragmentContent(it, viewModel) }
                    }
                }
            }
        }
        val view = binding.root
```

匯入這些類別。

將 composable 放入 UI。

加入這幾行。

view 呼叫 fragment 的 getView() 方法，它回傳根 view。

程式還沒結束，見下一頁。

ResultFragment.kt（續）

```
        val result = ResultFragmentArgs.fromBundle(requireArguments()).result
        viewModelFactory = ResultViewModelFactory(result)
        viewModel = ViewModelProvider(this, viewModelFactory)
            .get(ResultViewModel::class.java)
        binding.resultViewModel = viewModel

        binding.newGameButton.setOnClickListener { ... }
        return view
    }

    override fun onDestroyView() { ... }
}

@Composable
fun ResultText(result: String) {
    Text(text = result,
        fontSize = 28.sp,
        textAlign = TextAlign.Center)
}

@Composable
fun NewGameButton(clicked: () -> Unit) {
    Button(onClick = clicked) {
        Text("Start New Game")
    }
}

@Composable
fun ResultFragmentContent(view: View, viewModel: ResultViewModel) {
    Column(modifier = Modifier.fillMaxWidth(),
            horizontalAlignment = Alignment.CenterHorizontally) {
        ResultText(viewModel.result)
        NewGameButton {
            view.findNavController()
                .navigate(R.id.action_resultFragment_to_gameFragment)
        }
    }
}
```

因為這些程式不需要修改，所以省略它們。

加入 ResultText composable 函式來顯示結果。

加入 NewGameButton 來顯示按鈕。

加入這個 composable 函式，用來顯示 fragment 的主內容。

將 ResultText 與 NewGameButton 加入 ResultFragmentContent，並排成一行。

GuessingGame
app/src/main
java
com.hfad.guessinggame
ResultFragment.kt

The word was ANDROID.
Start New Game

我們來執行一下 app。

新車試駕

ResultFragment
GameFragment

當我們執行 app 時，它會顯示 `GameFragment`，當我們按下它的 Finish Game 按鈕時，它會前往 `ResultFragment`。

`ResultFragment` 會顯示原始的 view，以及我們剛才加入的 composable。`Text` composable 會顯示正確的文字，`Button` 會在它被按下時前往 `GameFragment`。

最上面的兩個組件是 layout 原始的 view。

app 在我們按下 ResultFragment 的 Start New Game Button composable 時前往 GameFragment。

按下 GameFragment 的 Finish Game 按鈕。

ResultFragment 的 UI 有額外的 composable，它們的行為與它的 view 一樣。

`ResultFragment` 的 composable 按照我們的想法運作，所以我們的下一個工作是移除 view。

沒有蠢問題

問：所以 `ResultFragment` 的 view 與 composable 使用同一個 view model，對嗎？

答：沒錯。view model 有一個儲存遊戲結果的屬性，`TextView` 與 `Text` composable 都引用它。

問：composable 通常使用 view model 嗎？

答：對，它們通常如此。如同 View UI，view model 提供一種方便的方式來讓你管理任何 composable 的狀態，避免它們在用戶旋轉螢幕時重設。

問：你用引數來將 view model 傳給 `ResultFragmentContent`，這個函式難道不能直接取得 view model 的參考嗎？

答：composable 函式可以使用 `viewModel()` 函式來取得 view model 的參考，但是在我們寫這本書時，它所屬的 Compose 程式庫還不穩定。附錄有它的（與其他功能的）詳細資訊。

我們要移除 ResultFragment 的 view…

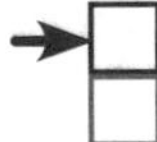

你可以用幾種方式來移除 fragment 或 activity 的 view：

1. **將你不需要的 view 都移出 layout 檔**

   當 UI 同時有 view 與 composable 時可以採取這種做法。

2. **移除整個 layout 檔**

   如果 UI 只有 composable，你可以刪除 layout 檔，並在 activity 或 fragment 的 Kotlin 程式中，移除參考它的任何程式。

在 Guessing Game app 裡面，我們用 composable 重造 `ResultFragment` 的所有 view，所以我們不需要它的任何原始 view 了。這意味著我們可以刪除它的 layout 檔 *fragment_result.xml*，只在 UI 裡面使用 composable。

…並修改 ResultFragment.kt

在刪除 layout 檔之前，我們要先將 *ResultFragment.kt* 裡面參考它的 view 部分移除，並停用 view binding。

view binding 可讓 activity 與 fragment 程式輕鬆地使用 layout 檔案的 view。因為我們想要移除 ResultFragment 的 layout 檔，所以不需要使用 view binding 了。

我們也要修改 fragment 的 `onCreateView()` 方法，讓它將 composable 加入 fragment 的 UI，而不是充氣一個 layout 檔。

第 18 章說過，你可以在 *activity* 的 `onCreate()` 方法裡面呼叫 `setContent()` 來輕鬆地做到這件事，就像這樣：

```
class MainActivity : ComponentActivity() {
    override fun onCreate(savedInstanceState: Bundle?) {
        super.onCreate(savedInstanceState)
        setContent {
            //執行 composable 的程式
        }
    }
}
```

這是 Compose **activity** 程式。我們要改用 Compose **fragment** 程式。

但是，當你處理 fragment 時，你必須採取稍微不同的做法。為了說明這種做法與原因，我們來回顧 fragment 的 `onCreateView()` 方法。

onCreateView() 會回傳 UI 的根 view

ResultFragment
GameFragment

如你所知，app 會在 activity 需要顯示 fragment 的 UI 時呼叫 fragment 的 onCreateView() 方法。

當你用 layout 檔來定義 UI 時，在 onCreateView() 裡面的程式會將 layout 充氣為 view 階層，並回傳根 view。根 view 會被加入 activity 的 layout，它會顯示 fragment 的 UI。

但如果沒有 layout 檔呢？

為 Compose UI 回傳 ComposeView

如果 fragment 的 UI 是 composable 組成的，而且沒有 layout 檔，**onCreateView() 方法仍然必須回傳 View?，否則程式將無法編譯**。

為此，你要讓方法回傳一個包含 UI 的所有 composable 的 ComposeView。做這件事的程式為：

```
override fun onCreateView(
    inflater: LayoutInflater, container: ViewGroup?, savedInstanceState: Bundle?
): View? {
    //不使用 Compose 的程式

    return ComposeView(requireContext()).apply {
        setContent {
            //定義 UI 的 Compose 程式
        }
    }
}
```

回傳 ComposeView。

將 composable 加入 ComposeView。

GuessingGame
app/src/main
java
com.hfad.guessinggame
ResultFragment.kt

當 activity 需要顯示 fragment 的 UI 時，與之前一樣，它會呼叫 fragment 的 onCreateView() 方法。這個方法會回傳一個 ComposeView，它裡面有 fragment 的 composable，然後 activity 會顯示它們。

知道這些事情之後，我們就可以完成 *ResultFragment.kt* 的程式了。接下來幾頁將展示完整的程式。

ResultFragment.kt 的完整程式

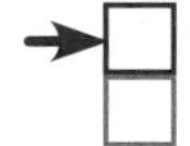

下面是 *ResultFragment.kt* 的完整程式，請依此修改你的檔案（粗體為修改處）：

```
package com.hfad.guessinggame

import android.os.Bundle
import androidx.fragment.app.Fragment
import android.view.LayoutInflater
import android.view.View
import android.view.ViewGroup
import com.hfad.guessinggame.databinding.FragmentResultBinding      ← 移除這一行。
import androidx.navigation.findNavController
import androidx.lifecycle.ViewModelProvider
import androidx.compose.material.MaterialTheme
import androidx.compose.material.Surface
import androidx.compose.runtime.Composable
import androidx.compose.foundation.layout.Column
import androidx.compose.foundation.layout.fillMaxWidth
import androidx.compose.material.Button
import androidx.compose.material.Text
import androidx.compose.ui.Alignment
import androidx.compose.ui.Modifier
import androidx.compose.ui.text.style.TextAlign
import androidx.compose.ui.unit.sp
import androidx.compose.ui.platform.ComposeView   ← 匯入這個類別。

class ResultFragment : Fragment() {
    private var _binding: FragmentResultBinding? = null
    private val binding get() = _binding!!
    lateinit var viewModel: ResultViewModel
    lateinit var viewModelFactory: ResultViewModelFactory

    override fun onCreateView(
        inflater: LayoutInflater, container: ViewGroup?, savedInstanceState: Bundle?
    ): View? {
        val result = ResultFragmentArgs.fromBundle(requireArguments()).result
        viewModelFactory = ResultViewModelFactory(result)
        viewModel = ViewModelProvider(this@ResultFragment, viewModelFactory)
            .get(ResultViewModel::class.java)
```

GuessingGame / app/src/main / java / com.hfad.guessinggame / ResultFragment.kt

刪除這幾行。我們不需要使用 view 了，所以不需要使用 view binding。

先建立 view model 再回傳 ComposeView。

程式還沒結束，見下一頁。

ResultFragment.kt（續）

```
        _binding = FragmentResultBinding.inflate(inflater, container, false).apply {
        return ComposeView(requireContext()).apply {
            composeView.setContent {
                MaterialTheme {
                    Surface {
                        view?.let { ResultFragmentContent(it, viewModel) }
                    }
                }
            }
        }
        val view = binding.root

        val result = ResultFragmentArgs.fromBundle(requireArguments()).result
        viewModelFactory = ResultViewModelFactory(result)
        viewModel = ViewModelProvider(this, viewModelFactory)
            .get(ResultViewModel::class.java)
        binding.resultViewModel = viewModel

        binding.newGameButton.setOnClickListener {
            view.findNavController()
                .navigate(R.id.action_resultFragment_to_gameFragment)
        }
        return view
    }

    override fun onDestroyView() {
        super.onDestroyView()
        _binding = null
    }
}

@Composable
fun ResultText(result: String) {
    Text(text = result,
        fontSize = 28.sp,
        textAlign = TextAlign.Center)
}
```

移除這一行。（第一行 `_binding = ...` 已刪除）

回傳 ComposeView。

移除這個 composeView 參考，因為它引用 layout 檔裡面的 ComposeView。

我們不需要使用 view binding 了，所以刪除這一行。（`val view = binding.root` 已刪除）

刪除這幾行，因為我們已經在前面取得 view model 了。

我們不使用按鈕 View 了，所以也刪除這幾行。

千萬不要刪除這個括號。

刪除這個方法，因為我們不使用 view binding 了。

GuessingGame / app/src/main / java / com.hfad.guessinggame / ResultFragment.kt

程式還沒結束，見下一頁。

ResultFragment.kt（續）

ResultFragment
GameFragment

GuessingGame
app/src/main
java
com.hfad.guessinggame
ResultFragment.kt

```
@Composable
fun NewGameButton(clicked: () -> Unit) {
    Button(onClick = clicked) {
        Text("Start New Game")
    }
}

@Composable
fun ResultFragmentContent(view: View, viewModel: ResultViewModel) {
    Column(modifier = Modifier.fillMaxWidth(),
            horizontalAlignment = Alignment.CenterHorizontally) {
        ResultText(viewModel.result)
        NewGameButton {
            view.findNavController()
                .navigate(R.id.action_resultFragment_to_gameFragment)
        }
    }
}
```

你不需要修改這一頁的任何 *ResultFragment.kt* 程式。

我們可以刪除 fragment_result.xml

`ResultFragment` 再也不使用這個 layout 檔了，所以我們要將導覽圖中引用 *fragment_result.xml* 的任何地方移除，並刪除 layout 檔。

首先，打開 *app/src/main/res/navigation* 資料夾裡面的 *nav_graph.xml*，將 `ResultFragment` 區域內引用 `"@layout/fragment_result"` 的程式移除：

```
...
<fragment
    android:id="@+id/resultFragment"
    ...
    tools:layout="@layout/fragment_result" >
...
```

將導覽圖的這個引用移除。

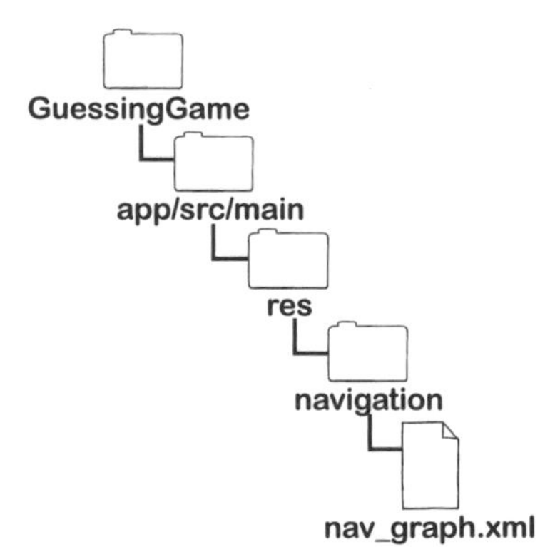

然後在 explorer 裡面的 *fragment_result.xml* 上面按右鍵，選擇 Refactor，然後選擇 Safe Delete 選項。按下 OK 按鈕，並選擇進行重構的選項之後，該檔案就會被刪除。

我們來看一下當程式執行時會發生什麼事。

當 app 執行時會發生什麼事

當 app 執行時會發生這些事情：

1. **MainActivity 在它的 layout 裡面啟動並顯示 GameFragment。**

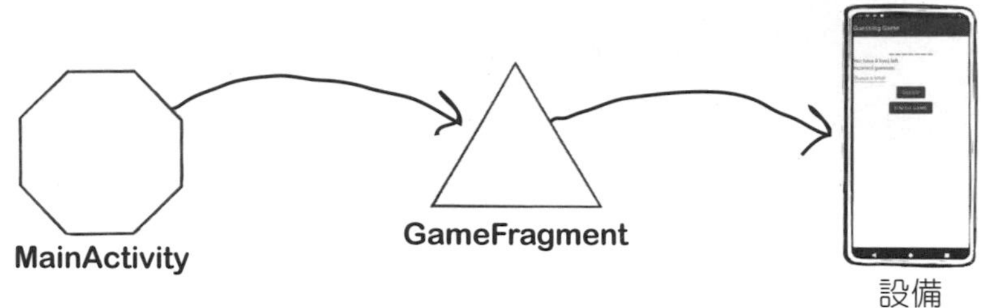

2. **當用戶按下 Finish Game 按鈕，或贏得或輸掉遊戲時，app 會前往 ResultFragment，並呼叫它的 onCreateView() 方法。**

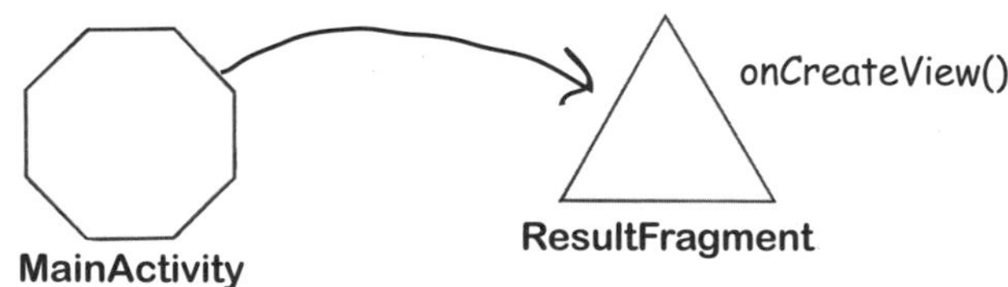

3. **onCreateView() 方法建立 ComposeView。**

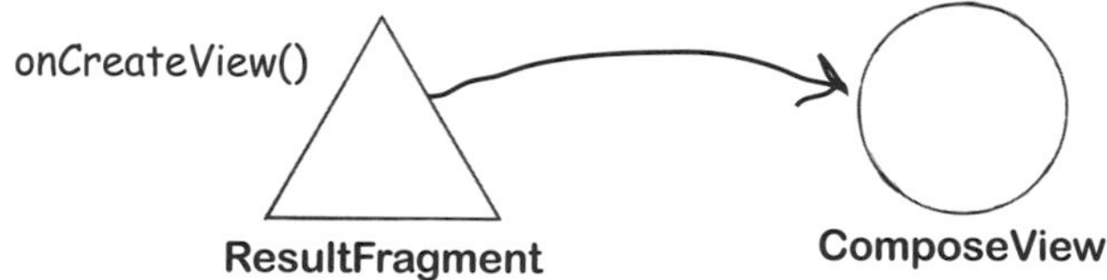

4. **onCreateView() 方法將 ComposeView 的內容設為 ResultFragmentContent。**

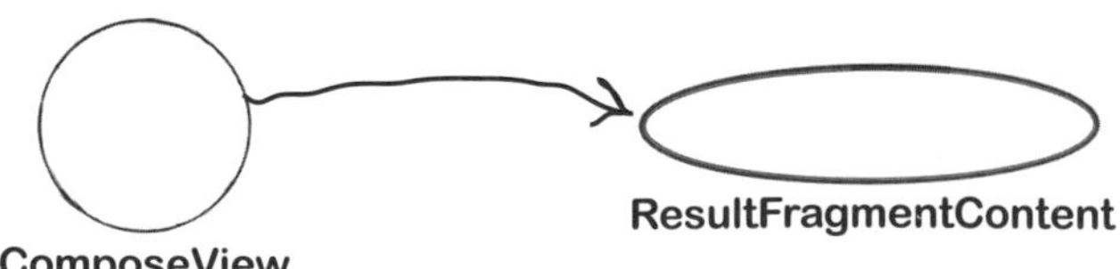

故事還沒結束

5 **當 ResultFragmentContent 執行時，它會呼叫 ResultText 與 NewGameButton composable。**

composable 被加入 ComposeView。

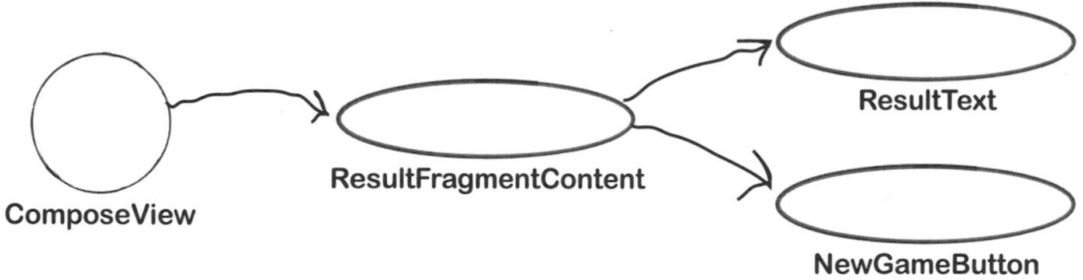

6 **onCreateView() 方法將 ComposeView 回傳給 MainActivity。**

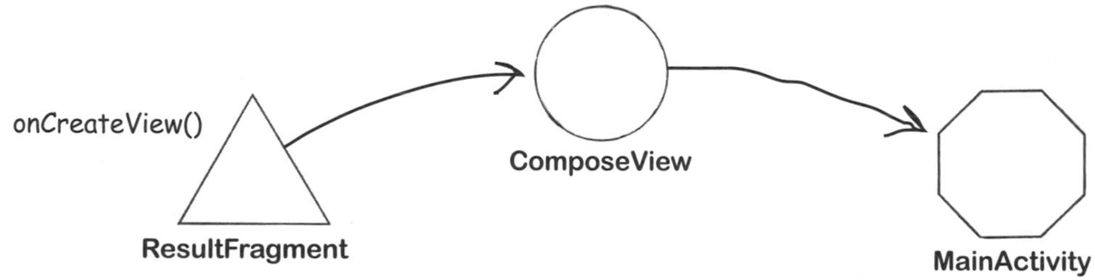

7 **MainActivity 在它的 layout 裡顯示 ComposeView。**

ComposeView 的 composable 被顯示在設備上。

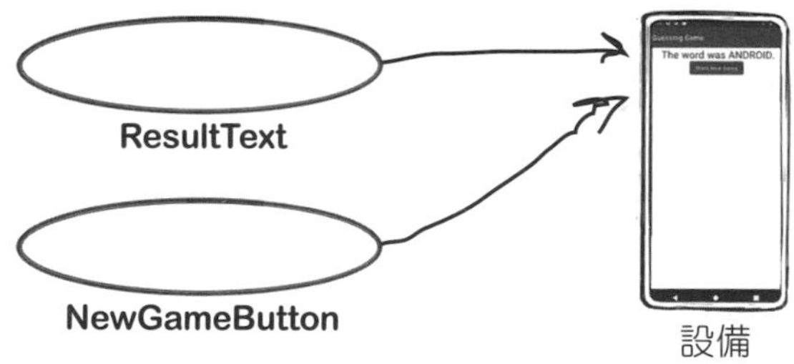

我們來執行一下 app。

新車試駕

當我們執行 app 並按下 `GameFragment` 的 Finish Game 按鈕時，它與之前一樣前往 `ResultFragment`。但是，這一次 UI 完全是以 composable 組成的。

以上就是讓 `ResultFragment` 使用 Compose UI 的所有內容。在處理 `GameFragment` 之前，先完成下一頁的習題。

問：你說 `ComposeView` 是可以加入 composable 的一種 `View`，那有沒有可以加入 `View` 的 composable？

答：好問題！有，你可以使用 `AndroidView`，它是回傳一個 `View` 的 composable。如果你有 Compose UI，而且你想要在裡面加入只能用 `View` 來製作，無法用 composable 來製作的組件，你可以使用它。

池畔風光

你的**工作**是將池中的程式片段放入下面程式中的空格。一個程式片段**只能**使用一次，你不需要使用所有的程式片段。你的**目標**是寫出一個 fragment 的程式，它的名稱是 `MusicFragment`，沒有 layout 檔，使用一個名為 `MusicFragmentContent` 的 composable 函式作為它的 UI。這個 UI 使用一個名為 `MusicTheme` 的佈景主題，包括任何表面。

```
class MusicFragment : Fragment() {
    override fun onCreateView(
        inflater: LayoutInflater, container: ViewGroup?, savedInstanceState: Bundle?
    ): View? {
        return ......................................
              ......................................
                 ...................................
                     ...............................
                        MusicFragmentContent()
                     }
                 }
              }
          }
    }
}
```

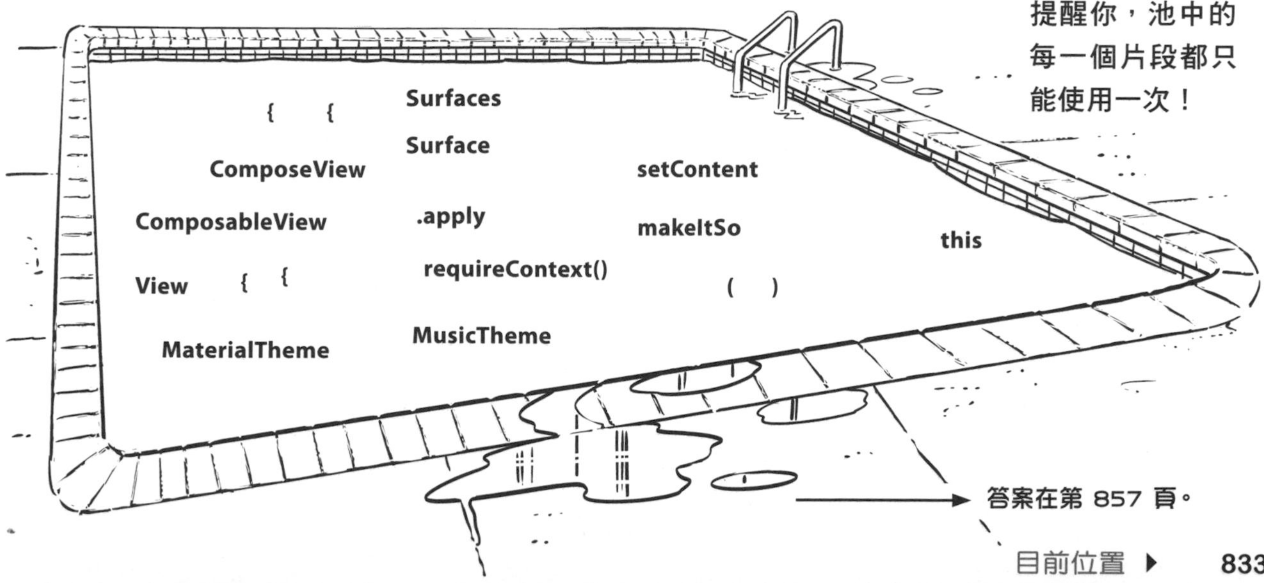

提醒你，池中的每一個片段都只能使用一次！

答案在第 857 頁。

接下來，我們也要讓 GameFragment 使用 composable

我們已經讓 `ResultFragment` 使用 composable 來取代 view 了，我們也可以為 `GameFragment` 做類似的事情。

你應該還記得，`GameFragment` 的 layout 有 `TextView` 與 `Button` 和 `EditText`，可讓用戶玩猜字遊戲。我們來回顧一下它的樣子：

在接下來幾頁，我們要將這些 view 換成 composable。下面是完成之後的新 UI：

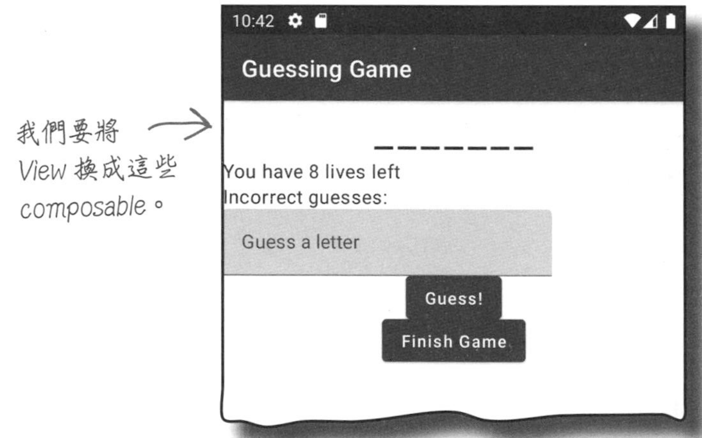

與之前一樣，我們會先將新的 composable 加入 `GameFragment` 的 UI，也就是說，我們要在它的 layout 裡面加入一個 `ComposeView`。下一頁將展示它的程式。

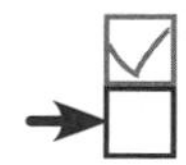

ResultFragment
GameFragment

我們要將 ComposeView 加入 fragment_game.xml

下面是將 ComposeView 加入 GameFragment 的 layout 的程式，請依此修改你的 *fragment_game.xml* 檔案（粗體為修改處）：

```
<?xml version="1.0" encoding="utf-8"?>
<layout
    xmlns:android="http://schemas.android.com/apk/res/android"
    xmlns:tools="http://schemas.android.com/tools"
    tools:context=".GameFragment">

    <data>
        <variable
            name="gameViewModel"
            type="com.hfad.guessinggame.GameViewModel" />
    </data>

    <LinearLayout
        android:layout_width="match_parent"
        android:layout_height="match_parent"
        android:orientation="vertical"
        android:padding="16dp">

        ...

        <androidx.compose.ui.platform.ComposeView
            android:id="@+id/compose_view"
            android:layout_width="match_parent"
            android:layout_height="wrap_content"/>
    </LinearLayout>
</layout>
```

將這個 ComposeView 加入 layout 檔內的 LinearLayout 結尾。我們將使用它來將 composable 加入 GameFragment 的 UI。

GuessingGame
app/src/main
res
layout
fragment_game.xml

改好 layout 檔之後，我們要開始加入 composable 了。

加入 composable 函式來顯示 GameFragment 的內容

與剛才處理 *ResultFragment.kt* 的做法一樣，我們要在 *GameFragment.kt* 裡面加入一個新的 composable 函式，用來顯示 fragment 的 UI。我們將函式命名為 `GameFragmentContent`，並且從 `setContent()` 呼叫它，讓 app 在顯示 `GameFragment` 時執行我們加入的任何 composable。

下面是新程式，我們會在幾頁之後將它加入 *GameFragment.kt*：

```
...
import androidx.compose.material.MaterialTheme
import androidx.compose.material.Surface
import androidx.compose.runtime.Composable

class GameFragment : Fragment() {
    ...
    override fun onCreateView(
        inflater: LayoutInflater, container: ViewGroup?, savedInstanceState: Bundle?
    ): View? {
        _binding = FragmentGameBinding.inflate(inflater, container, false).apply {
            composeView.setContent {
                MaterialTheme {
                    Surface {
                        GameFragmentContent()
                    }
                }
            }
        }
        ...
    }
    ...
}

@Composable
fun GameFragmentContent() {
}
```

匯入這些類別。

將 composable 加入 UI。

將 GameFragmentContent 加入 layout 的 ComposeView，並套用預設的 Material 佈景主題。

這是 GameFragmentContent composable 函式。

GuessingGame
app/src/main
java
com.hfad.guessinggame
GameFragment.kt

重造 Finish Game 按鈕

ResultFragment
GameFragment

如同處理 `ResultFragment` 的方式，我們要將 composable 加入 `GameFragmentContent` composable 函式，以便在 `GameFragment` 的 UI 裡面顯示它們。我們先重造 Finish Game 按鈕。

Finish Game 按鈕在 fragment 的 layout 裡面是用下面的程式來定義的：

FINISH GAME

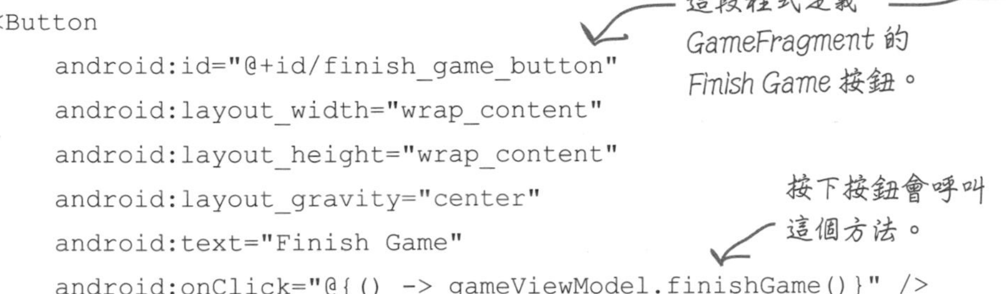

```
<Button
    android:id="@+id/finish_game_button"
    android:layout_width="wrap_content"
    android:layout_height="wrap_content"
    android:layout_gravity="center"
    android:text="Finish Game"
    android:onClick="@{() -> gameViewModel.finishGame()}" />
```

這段程式定義 GameFragment 的 Finish Game 按鈕。

按下按鈕會呼叫這個方法。

如你所見，當按鈕被按下時，它會呼叫 `GameViewModel` 的 `finishGame()` 方法。

我們可以用 Compose 來重造這個按鈕，做法是建立一個名為 `FinishGameButton` 的 composable 函式，並在 `GameFragmentContent` 裡面執行它。下面是新程式，我們會在幾頁之後將它加入 *GameFragment.kt*：

```
@Composable
fun FinishGameButton(clicked: () -> Unit) {
    Button(onClick = clicked) {
        Text("Finish Game")
    }
}

@Composable
fun GameFragmentContent(viewModel: GameViewModel) {
    Column(modifier = Modifier.fillMaxWidth(),
           horizontalAlignment = Alignment.CenterHorizontally) {
        FinishGameButton {
            viewModel.finishGame()
        }
    }
}
```

這是 FinishGameButton composable 函式。

FinishGameButton 必須使用 GameViewModel 物件，所以我們在 GameFragmentContent 加入它的引數。

使用 Column 來將按鈕置中。

這會將 FinishGameButton 加入 UI，並在它被按下時呼叫 view model 的 finishGame()。

GuessingGame
app/src/main
java
com.hfad.guessinggame
GameFragment.kt

使用 TextField 來重造 EditText

我們要重造的下一個 view 是讓用戶輸入字母的 `EditText`。我們將建立一個使用 `TextField` 的 composable 函式，名為 `EnterGuess`，它接收兩個引數：一個是讓用戶猜的 `String`，一個是指定當值改變時該怎麼辦的 lambda。

這是目前的 *EditText*。 Guess a letter

我們將在 `GameFragmentContent` 裡面執行 `EnterGuess` 函式，來將它加入 fragment 的 UI。我們也會在 `GameFragmentContent` 裡面加入一個名為 `guess` 的 `MutableState` 物件，用來管理 `TextField` 的狀態。

我們將使用這個 *TextField* 來重造它。 Guess a letter

下面是新程式，我們會在幾頁之後將它加入 *GameFragment.kt*：

EnterGuess 函式接收一個 String 作為它的值，以及一個 lambda，用來指定當用户更新它時該怎麼辦。

```
@Composable
fun EnterGuess(guess: String, changed: (String) -> Unit) {
    TextField(
        value = guess,
        label = { Text("Guess a letter") },
        onValueChange = changed
    )
}

@Composable
fun GameFragmentContent(viewModel: GameViewModel) {
    val guess = remember { mutableStateOf("") }

    Column(modifier = Modifier.fillMaxWidth()) {
        EnterGuess(guess.value) { guess.value = it }

        Column(modifier = Modifier.fillMaxWidth(),
            horizontalAlignment = Alignment.CenterHorizontally) {
            FinishGameButton {
                viewModel.finishGame()
            }
        }
    }
}
```

EnterGuess composable 函式會用它來作為 TextField 的值。

將 EnterGuess 加入 UI。

我們使用額外的 Column 來容納 EnterGuess，所以它不會置中。

GuessingGame / app/src/main / java / com.hfad.guessinggame / GameFragment.kt

重造 Guess 按鈕

我們已經在 UI 中加入一個讓用戶輸入字母的 `TextField` 了，接下來要加入一個 `Button` composable 來將字母傳給 view model 的 `makeGuess()` 方法。

這是目前的 Guess 按鈕。我們要用 Button composable 來重造它。

我們將使用一個名為 `GuessButton` 的 composable 函式來加入 `Button`，並在 `GameFragmentContent` 裡面執行它。下面是新程式，我們會在幾頁之後將它加入 *GameFragment.kt*：

```
@Composable
fun GuessButton(clicked: () -> Unit) {
    Button(onClick = clicked) {
        Text("Guess!")
    }
}

@Composable
fun GameFragmentContent(viewModel: GameViewModel) {
    val guess = remember { mutableStateOf("") }

    Column(modifier = Modifier.fillMaxWidth()) {
        EnterGuess(guess.value) { guess.value = it }

        Column(modifier = Modifier.fillMaxWidth(),
            horizontalAlignment = Alignment.CenterHorizontally) {
            GuessButton {
                viewModel.makeGuess(guess.value.uppercase())
                guess.value = ""
            }
            FinishGameButton {
                viewModel.finishGame()
            }
        }
    }
}
```

GuessButton composable 函式有一個 lambda 引數，用來指定 Button 的行為。

我們將 GuessButton 放入第二個 Column composable，所以它會水平置中。

當 Button 被按下時，它會呼叫 makeGuess() 方法，並將 guess 變數的 value 設為 ""，以清除 EnterGuess TextField 裡面的文字。

GuessingGame
app/src/main
java
com.hfad.guessinggame
GameFragment.kt

我們已經用 composable 來重造 `GameFragment` 的三個 view 了。在處理其餘的 view 之前，我們來更新 *GameFragment.kt*，並執行一下 app。

修改 GameFragment.kt 程式

下面是目前的 *GameFragment.kt* 程式，請依此修改你的檔案（粗體為修改處）：

```
...
import androidx.compose.runtime.Composable
import androidx.compose.foundation.layout.Column
import androidx.compose.foundation.layout.fillMaxWidth
import androidx.compose.material.*
import androidx.compose.runtime.mutableStateOf
import androidx.compose.runtime.remember
import androidx.compose.ui.Alignment
import androidx.compose.ui.Modifier

class GameFragment : Fragment() {
    ...
    override fun onCreateView(
        inflater: LayoutInflater, container: ViewGroup?, savedInstanceState: Bundle?
    ): View? {
        _binding = FragmentGameBinding.inflate(inflater, container, false).apply {
            composeView.setContent {
                MaterialTheme {
                    Surface {
                        GameFragmentContent(viewModel)
                    }
                }
            }
        }
        ...
        return view
    }
    ...
}

@Composable
fun FinishGameButton(clicked: () -> Unit) {
    Button(onClick = clicked) {
        Text("Finish Game")
    }
}
```

匯入這些類別。

加入這幾行。

將 view model 傳給 GameFragmentContent。

將 composable 加入 UI。

加入 FinishGameButton composable 函式。

Finish Game

GuessingGame
app/src/main
java
com.hfad.guessinggame
GameFragment.kt

程式還沒結束，見下一頁。

GameFragment.kt（續）

ResultFragment
GameFragment

```
@Composable
fun EnterGuess(guess: String, changed: (String) -> Unit) {
    TextField(
        value = guess,
        label = { Text("Guess a letter") },
        onValueChange = changed
    )
}

@Composable
fun GuessButton(clicked: () -> Unit) {
    Button(onClick = clicked) {
        Text("Guess!")
    }
}

@Composable
fun GameFragmentContent(viewModel: GameViewModel) {
    val guess = remember { mutableStateOf("") }

    Column(modifier = Modifier.fillMaxWidth()) {
        EnterGuess(guess.value) { guess.value = it }

        Column(modifier = Modifier.fillMaxWidth(),
            horizontalAlignment = Alignment.CenterHorizontally) {
            GuessButton {
                viewModel.makeGuess(guess.value.uppercase())
                guess.value = ""
            }
            FinishGameButton {
                viewModel.finishGame()
            }
        }
    }
}
```

加入 EnterGuess composable 函式。

Guess a letter

Guess!

加入 GuessButton composable 函式。

加入 GameFragmentContent，我們將用它來顯示 fragment 的內容。

定義 Guess 變數。

將 EnterGuess 加入 Column。

使用另一個 Column 來將 GuessButton 與 FinishGameButton 置中。

執行 GuessButton 與 FinishGameButton。

GuessingGame
app/src/main
java
com.hfad.guessinggame
GameFragment.kt

我們來執行一下 app。

新車試駕

當我們執行 app 時，它會顯示 `GameFragment`，它裡面有原始的 view，以及三個額外的 composable，可讓我們猜字與完成遊戲。

當我們使用 `EnterGuess` 與 `GuessButton` 來猜秘密單字裡面有哪些字母時，app 可以察覺每次猜測。當我們猜對時，那個字母會被加入秘密單字裡，如果我們猜錯，剩下的生命數會更新，而且那個字母會被加入猜錯的字母裡。

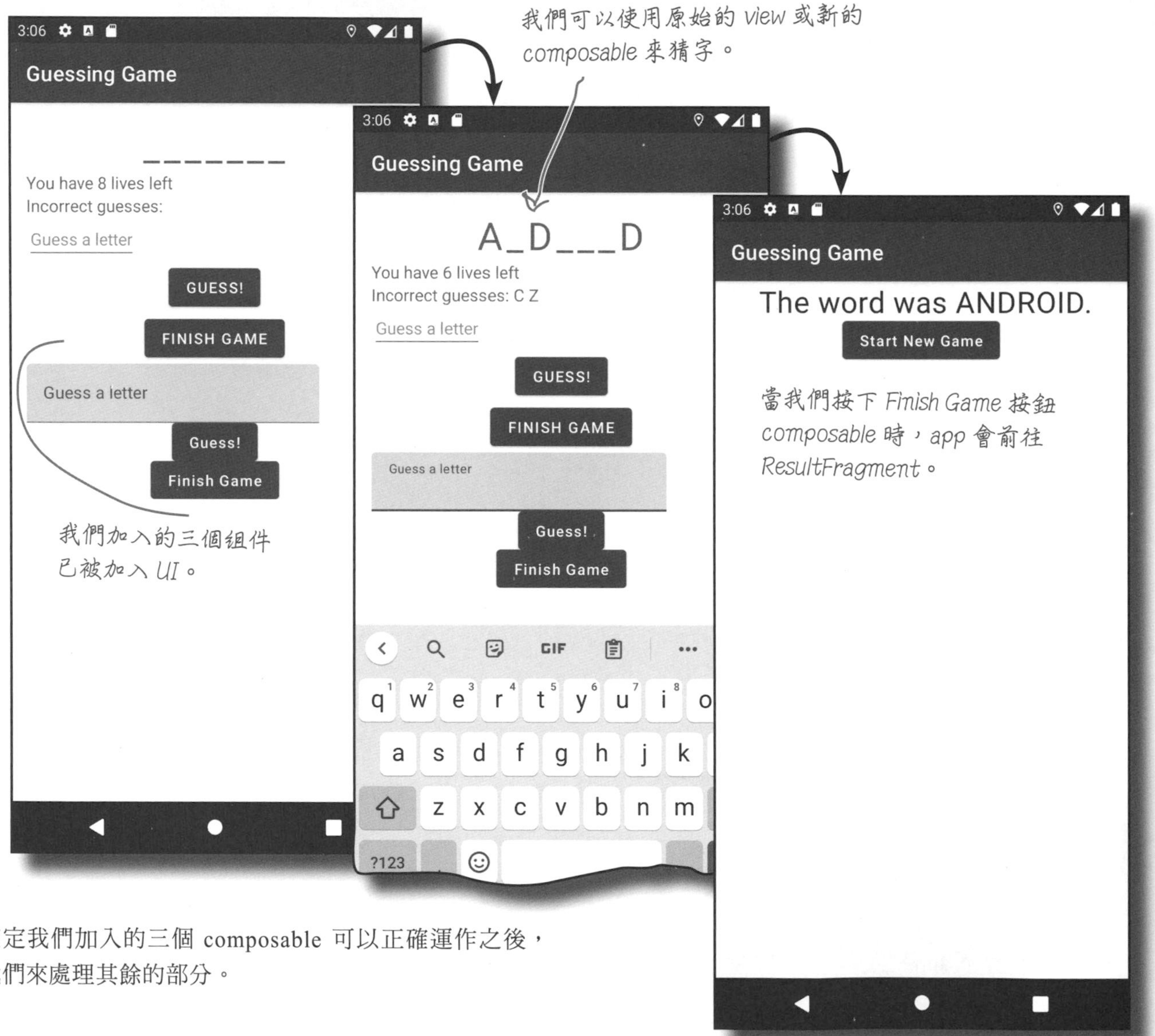

我們可以使用原始的 view 或新的 composable 來猜字。

我們加入的三個組件已被加入 UI。

當我們按下 Finish Game 按鈕 composable 時，app 會前往 ResultFragment。

確定我們加入的三個 composable 可以正確運作之後，我們來處理其餘的部分。

我們將在 Text composable 裡面顯示猜錯的字母

我們要製作的下一個 view 是使用 live data 來顯示用戶猜錯的字母的 TextView。每次用戶猜錯一個字母時，它就會被加入 view model 的 incorrectGuesses 屬性，TextView 會做出回應，更新它顯示的文字。

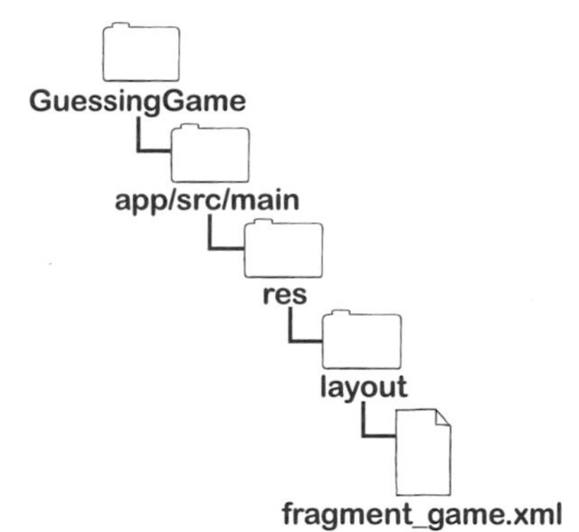

我們來回顧一下 TextView 的程式：

```
<TextView
    android:id="@+id/incorrect_guesses"
    android:layout_width="wrap_content"
    android:layout_height="wrap_content"
    android:textSize="16sp"
    android:text="@{@string/incorrect_guesses(gameViewModel.incorrectGuesses)}" />
```

text view 的文字是將 GameViewModel 的 incorrectGuesses 屬性加上 incorrect_guesses String 資源產生的。因為 incorrectGuesses 使用 live data，所以文字會維持最新狀態。

我們可以將 TextView 換成 Text composable，並讓它顯示相同的文字，但是該如何確保文字會在 incorrectGuesses 屬性值改變時更新？

使用 observeAsState() 來回應 LiveData

第 18 章說過，composable 會在它使用的任何 State 或 MutableState 物件獲得新值時重組。但是使用 LiveData 物件時不會如此，例如 view model 的 incorrectGuesses 屬性。如果你讓 composable 使用 LivaData 物件的值，當它的值改變時，composable 不會重繪，它只會繼續使用物件的初始值，所以不會持續更新。

如果你想要讓 composable 回應 LiveData 的改變，你可以使用 **observeAsState()** 來實現。這個函式會回傳 LiveData 物件的 State 版本，讓使用它的 composable 都會在它的值改變時重組。

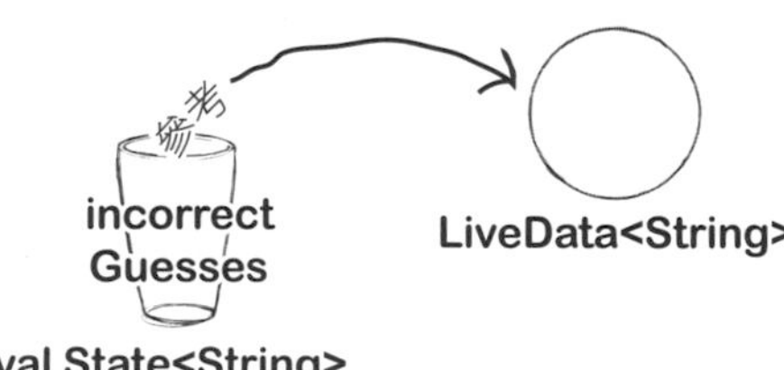

這是使用 observeAsState() 函式的程式：

```
val incorrectGuesses = viewModel.incorrectGuesses.observeAsState()
```

observeAsState() 可讓 composable 回應 LiveData 的改變，彷彿它們是 State 物件一般。

它定義了一個觀察 view model 的 incorrectGuesses LiveData 屬性的變數（其型態為 State）。這意味著，當它的值改變時，composable 可以做出回應。

我們將實際運用它，用 Compose 來重造 GameFragment 的 incorrect guesses TextView。

建立 IncorrectGuessesText composable 函式

為了重造 incorrect guesses TextView，我們將定義一個新的 composable 函式，名為 IncorrectGuessesText。這個函式將接收一個 GameViewModel 引數，觀察它的 incorrectGuesses 屬性，並使用 Text composable 在 UI 中顯示它的值。每次這個屬性的值更新時，Text 就會重組，並顯示最新的文字。

這是 IncorrectGuessesText 函式的樣子：

```
@Composable
fun IncorrectGuessesText(viewModel: GameViewModel) {
    val incorrectGuesses = viewModel.incorrectGuesses.observeAsState()
    incorrectGuesses.value?.let {
        Text(stringResource(R.string.incorrect_guesses, it))
    }
}
```

這個函式接收一個 GameViewModel 引數。

stringResource() 是讓你在 composable 裡面使用 String 的函式。

如你所見，上面程式中的 Text composable 使用 stringResource() 函式來設定它的文字。這個函式可讓你在 composable 裡面使用 String 資源，並將引數傳給它們。

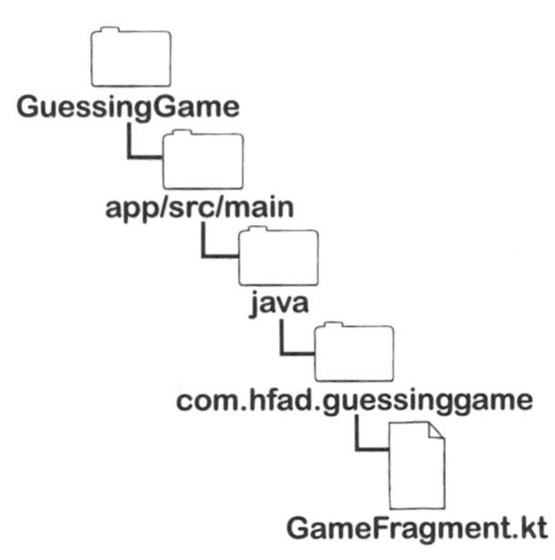

在 GameFragmentContent 執行 IncorrectGuessesText

如同我們建立的其他 composable 函式，我們要在 GameFragmentContent composable 函式裡面執行 IncorrectGuessesText，來將它加入 GameFragment 的 UI。我們的新程式是：

```
@Composable
fun GameFragmentContent(viewModel: GameViewModel) {
    ...
    Column(modifier = Modifier.fillMaxWidth()) {
        IncorrectGuessesText(viewModel)
        ...
    }
}
```

將 view model 傳給新函式。

我們將在幾頁之後修改 *GameFragment.kt*。先看一下你能不能在接下來的習題中，拼出其餘兩個 composable 的程式。

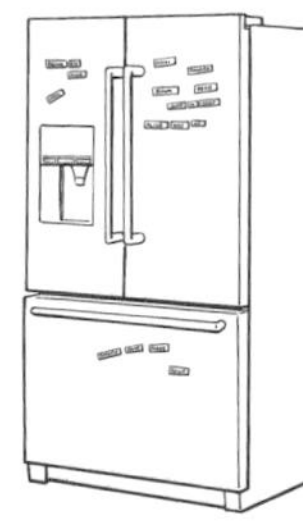

Compose 磁貼

有人為了重造 GameFragment 其餘的兩個 view，使用冰箱磁貼寫出兩個新的 composable 函式（名為 SecretWordDisplay 與 LivesLeftText）。不幸的是，有人召喚一隻北海巨妖，害一些磁貼被撥到地上了。你能不能將程式拼回去？

SecretWordDisplay 函式必須顯示 GameViewModel 的 secretWordDisplay LiveData<String> 屬性。LivesLeftText 函式必須顯示 lives_left String 資源，並將 GameViewModel 的 livesLeft LiveData<Int> 屬性傳給它。這兩個函式都必須回應 live data 的改變。

```
@Composable
fun SecretWordDisplay(viewModel: GameViewModel) {

    val display = viewModel.secretWordDisplay.........................

    display.............................. {

        Text(....................................)
    }
}

@Composable
fun LivesLeftText(viewModel: GameViewModel) {

    val livesLeft = viewModel.livesLeft.........................

    livesLeft.............................. {

        Text(......................................................)

    }
}
```

你不需要使用所有的磁貼。

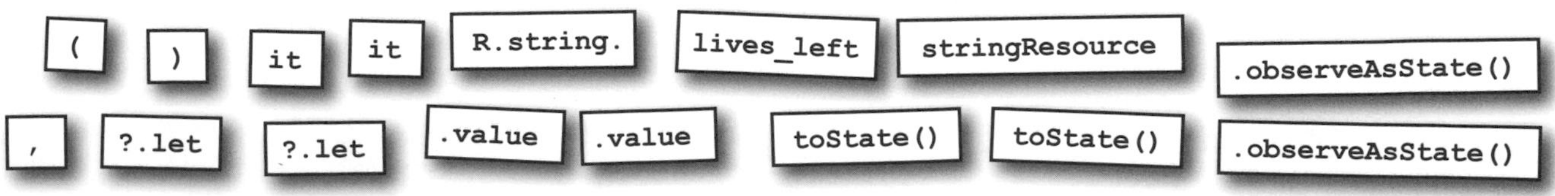

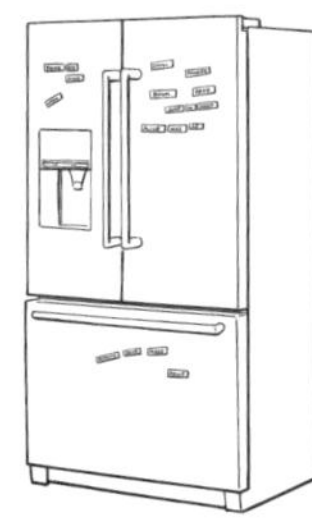

Compose 磁貼解答

有人為了重造 GameFragment 其餘的兩個 view，使用冰箱磁貼寫出兩個新的 composable 函式（名為 SecretWordDisplay 與 LivesLeftText）。不幸的是，有人召喚一隻北海巨妖，害一些磁貼被撥到地上了。你能不能將程式拼回去？

SecretWordDisplay 函式必須顯示 GameViewModel 的 secretWordDisplay LiveData<String> 屬性。LivesLeftText 函式必須顯示 lives_left String 資源，並將 GameViewModel 的 livesLeft LiveData<Int> 屬性傳給它。這兩個函式都必須回應 live data 的改變。

```
@Composable
fun SecretWordDisplay(viewModel: GameViewModel) {

    val display = viewModel.secretWordDisplay.observeAsState()

    display.value?.let {

        Text(it)
    }
}
```

觀察 view model 的 secretWordDisplay LiveData 屬性，彷彿它是個 State 物件。

只要 display 變數的值不是 null，就顯示它。

```
@Composable
fun LivesLeftText(viewModel: GameViewModel) {

    val livesLeft = viewModel.livesLeft.observeAsState()

    livesLeft.value?.let {

        Text(stringResource(R.string.lives_left, it))

    }
}
```

觀察 livesLeft LiveData 屬性，彷彿它是個 State 物件。

使用 lives_left String 資源來顯示文字，將 livesLeft 變數的值傳給它（只要它不是 null）。

你不需要使用這些磁貼。

toState() toState()

修改 GameFragment.kt 程式

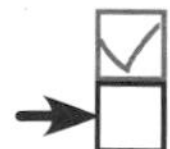

現在你已經知道如何使用 composable 來重造 GameFragment 的所有 view 了，接下來我們要將它們加入 *GameFragment.kt*。請按照下面的程式來修改你的檔案（粗體為修改處）：

```
...
import androidx.compose.runtime.livedata.observeAsState
import androidx.compose.ui.res.stringResource
import androidx.compose.ui.unit.em
import androidx.compose.ui.unit.sp
import androidx.compose.foundation.layout.Row
import androidx.compose.foundation.layout.Arrangement

class GameFragment : Fragment() {
    ...
}

@Composable
fun FinishGameButton(clicked: () -> Unit) { ... }

@Composable
fun EnterGuess(guess: String, changed: (String) -> Unit) { ... }

@Composable
fun GuessButton(clicked: () -> Unit) { ... }

@Composable
fun IncorrectGuessesText(viewModel: GameViewModel) {
    val incorrectGuesses = viewModel.incorrectGuesses.observeAsState()
    incorrectGuesses.value?.let {
        Text(stringResource(R.string.incorrect_guesses, it))
    }
}

@Composable
fun LivesLeftText(viewModel: GameViewModel) {
    val livesLeft = viewModel.livesLeft.observeAsState()
    livesLeft.value?.let {
        Text(stringResource(R.string.lives_left, it))
    }
}
```

匯入這些類別。

加入這些 composable 函式。

GuessingGame
app/src/main
java
com.hfad.guessinggame
GameFragment.kt

程式還沒結束，見下一頁。

GameFragment.kt（續）

```
@Composable
fun SecretWordDisplay(viewModel: GameViewModel) {
    val display = viewModel.secretWordDisplay.observeAsState()
    display.value?.let {
        Text(text = it,
             letterSpacing = 0.1.em,
             fontSize = 36.sp)
    }
}

@Composable
fun GameFragmentContent(viewModel: GameViewModel) {
    val guess = remember { mutableStateOf("") }

    Column(modifier = Modifier.fillMaxWidth()) {
        Row(modifier = Modifier.fillMaxWidth(),
            horizontalArrangement = Arrangement.Center) {
            SecretWordDisplay(viewModel)
        }
        LivesLeftText(viewModel)
        IncorrectGuessesText(viewModel)
        EnterGuess(guess.value) { guess.value = it }

        Column(modifier = Modifier.fillMaxWidth(),
            horizontalAlignment = Alignment.CenterHorizontally) {
            GuessButton {
                viewModel.makeGuess(guess.value.uppercase())
                guess.value = ""
            }
            FinishGameButton {
                viewModel.finishGame()
            }
        }
    }
}
```

加入這個函式。

在 Row 裡面置中 SecretWordDisplay。

將 LivesLeftText 與 IncorrectGuessesText 加入 UI。

GuessingGame
app/src/main
java
com.hfad.guessinggame
GameFragment.kt

我們來執行一下 app。

新車試駕

ResultFragment
GameFragment

當我們執行 app 時，`GameFragment` 裡面有所有原始的 view 以及它們的 Compose 對應版本。

當我們猜測秘密單字的字母時，在 `SecretWordDisplay`、`LivesLeftText`、`IncorrectGuessesText` composable 裡面的文字會被自動更新。

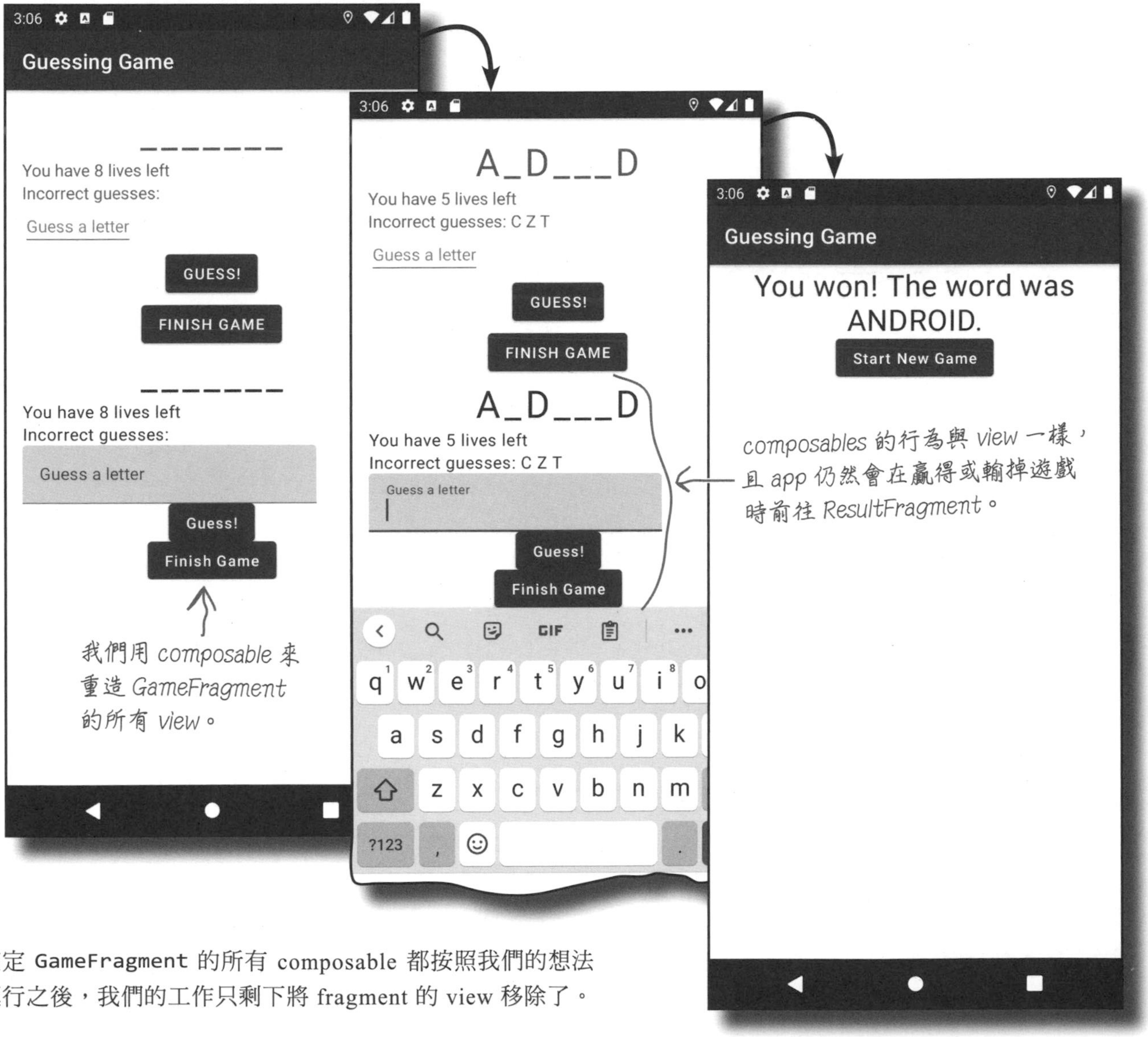

我們用 composable 來重造 GameFragment 的所有 view。

composables 的行為與 view 一樣，且 app 仍然會在贏得或輸掉遊戲時前往 ResultFragment。

確定 `GameFragment` 的所有 composable 都按照我們的想法運行之後，我們的工作只剩下將 fragment 的 view 移除了。

將 GameFragment.kt 的 view 移除

ResultFragment
GameFragment

如同之前處理 ResultFragment 的方式，我們將藉著刪除 GameFragment 的 layout 檔來移除它的 view。但是在做這件事之前，我們要在 *GameFragment.kt* 裡面將引用 view 的任何程式移除。我們也要停止使用 data binding，因為用不到了。

下面是這個檔案的完整程式，請依此修改你的 *GameFragment.kt*（粗體為修改處）：

```
package com.hfad.guessinggame

import android.os.Bundle
import androidx.fragment.app.Fragment
import android.view.LayoutInflater
import android.view.View
import android.view.ViewGroup
import com.hfad.guessinggame.databinding.FragmentGameBinding
import androidx.navigation.findNavController
import androidx.lifecycle.ViewModelProvider
import androidx.lifecycle.Observer
import androidx.compose.runtime.Composable
import androidx.compose.foundation.layout.Column
import androidx.compose.foundation.layout.fillMaxWidth
import androidx.compose.material.*
import androidx.compose.runtime.mutableStateOf
import androidx.compose.runtime.remember
import androidx.compose.ui.Alignment
import androidx.compose.ui.Modifier
import androidx.compose.runtime.livedata.observeAsState
import androidx.compose.ui.res.stringResource
import androidx.compose.ui.unit.em
import androidx.compose.ui.unit.sp
import androidx.compose.foundation.layout.Row
import androidx.compose.foundation.layout.Arrangement
import androidx.compose.ui.platform.ComposeView
```

移除這一行。（import com.hfad.guessinggame.databinding.FragmentGameBinding 已被劃掉）

匯入這個類別。

GuessingGame
app/src/main
java
com.hfad.guessinggame
GameFragment.kt

程式還沒結束，見下一頁。

GameFragment.kt（續）

ResultFragment
GameFragment

```
class GameFragment : Fragment() {
    private var _binding: FragmentGameBinding? = null
    private val binding get() = _binding!!
    lateinit var viewModel: GameViewModel

    override fun onCreateView(
        inflater: LayoutInflater, container: ViewGroup?, savedInstanceState: Bundle?
    ): View? {
        viewModel = ViewModelProvider(this).get(GameViewModel::class.java)

        viewModel.gameOver.observe(viewLifecycleOwner, Observer { newValue ->
            if (newValue) {
                val action = GameFragmentDirections
                    .actionGameFragmentToResultFragment(viewModel.wonLostMessage())
                view?.findNavController()?.navigate(action)
            }
        })

        _binding = FragmentGameBinding.inflate(inflater, container, false).apply {
        return ComposeView(requireContext()).apply {
            composeView.setContent {
                MaterialTheme {
                    Surface {
                        GameFragmentContent(viewModel)
                    }
                }
            }
        }

        val view = binding.root
        viewModel = ViewModelProvider(this).get(GameViewModel::class.java)

        binding.gameViewModel = viewModel
        binding.lifecycleOwner = viewLifecycleOwner
```

（手寫註解）
- 移除這幾行。（指 private var _binding 與 private val binding 兩行）
- 遷移取得 view model 的程式。
- 遷移當遊戲結束時前往 ResultFragment 的程式。
- 加入額外的？是因為 "view" 是指 fragment 的 getView() 方法，它會回傳它的根 view。
- 刪除這一行。（指 _binding = ... 一行）
- 移除 composeView 參考。
- 刪除這幾行。（指 val view = binding.root 以下各行）

GuessingGame
app/src/main
java
com.hfad.guessinggame
GameFragment.kt

程式還沒結束，見下一頁。

GameFragment.kt（續）

```
        viewModel.gameOver.observe(viewLifecycleOwner, Observer { newValue ->
            if (newValue) {
                val action = GameFragmentDirections
                    .actionGameFragmentToResultFragment(viewModel.wonLostMessage())
                view.findNavController().navigate(action)
            }
        })

        binding.guessButton.setOnClickListener() {
            viewModel.makeGuess(binding.guess.text.toString().uppercase())
            binding.guess.text = null
        }
        return view
    }
```

我們不引用任何 view 了，所以刪除這幾行。

不要刪除它。

不需要這個方法了，刪除它。

```
    override fun onDestroyView() {
        super.onDestroyView()
        _binding = null
    }
}

@Composable
fun FinishGameButton(clicked: () -> Unit) {
    Button(onClick = clicked) {
        Text("Finish Game")
    }
}

@Composable
fun EnterGuess(guess: String, changed: (String) -> Unit) {
    TextField(
        value = guess,
        label = { Text("Guess a letter") },
        onValueChange = changed
    )
}
```

GuessingGame
app/src/main
java
com.hfad.guessinggame
GameFragment.kt

程式還沒結束，見下一頁。

GameFragment.kt（續）

```
@Composable
fun GuessButton(clicked: () -> Unit) {
    Button(onClick = clicked) {
        Text("Guess!")
    }
}

@Composable
fun IncorrectGuessesText(viewModel: GameViewModel) {
    val incorrectGuesses = viewModel.incorrectGuesses.observeAsState()
    incorrectGuesses.value?.let {
        Text(stringResource(R.string.incorrect_guesses, it))
    }
}

@Composable
fun LivesLeftText(viewModel: GameViewModel) {
    val livesLeft = viewModel.livesLeft.observeAsState()
    livesLeft.value?.let {
        Text(stringResource(R.string.lives_left, it))
    }
}

@Composable
fun SecretWordDisplay(viewModel: GameViewModel) {
    val display = viewModel.secretWordDisplay.observeAsState()
    display.value?.let {
        Text(text = it,
             letterSpacing = 0.1.em,
             fontSize = 36.sp)
    }
}
```

你不需要修改本頁的任何程式。

GuessingGame
app/src/main
java
com.hfad.guessinggame
GameFragment.kt

程式還沒結束，見下一頁。

GameFragment.kt（續）

ResultFragment
GameFragment

GuessingGame
app/src/main
java
com.hfad.guessinggame
GameFragment.kt

```
@Composable
fun GameFragmentContent(viewModel: GameViewModel) {
    val guess = remember { mutableStateOf("") }

    Column(modifier = Modifier.fillMaxWidth()) {
        Row(modifier = Modifier.fillMaxWidth(),
            horizontalArrangement = Arrangement.Center) {
            SecretWordDisplay(viewModel)
        }
        LivesLeftText(viewModel)
        IncorrectGuessesText(viewModel)
        EnterGuess(guess.value) { guess.value = it }

        Column(modifier = Modifier.fillMaxWidth(),
            horizontalAlignment = Alignment.CenterHorizontally) {
            GuessButton {
                viewModel.makeGuess(guess.value.uppercase())
                guess.value = ""
            }
            FinishGameButton {
                viewModel.finishGame()
            }
        }
    }
}
```

你也不需要修改本頁的任何程式。

只要按照上面的方式來修改 *GameFragment.kt*，它就不會充氣它的 layout，或引用它的任何 view 了。

因為這個 fragment 不需要 layout 檔了，所以我們只要在導覽圖裡面將引用 layout 檔的地方刪除，就可以刪除這個檔案了。下一頁要來做這件事。

刪除 fragment_game.xml

導覽圖有引用 layout 檔 *fragment_game.xml* 的程式，我們必須先刪除它，才能移除 layout 檔。

打開 *app/src/main/res/navigation* 資料夾裡面的 *nav_graph.xml*，將 `GameFragment` 區域內引用 `"@layout/fragment_game"` 的程式移除：

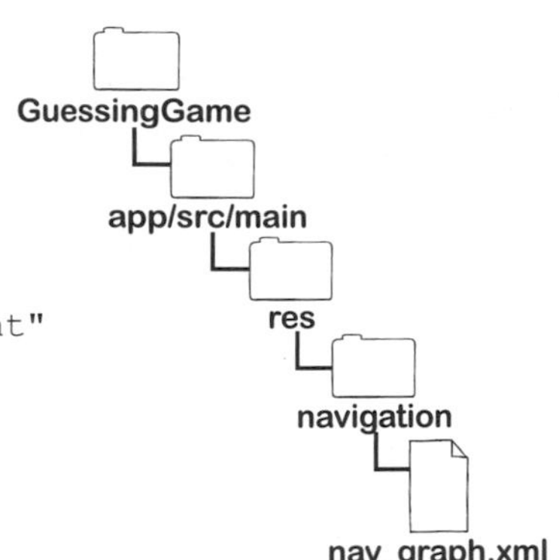


```
<fragment
    android:id="@+id/gameFragment"
    android:name="com.hfad.guessinggame.GameFragment"
    android:label="fragment_game"
    tools:layout="@layout/fragment_game" >
    <action ... />
</fragment>
```

移除這個參考。

然後在 explorer 裡面的 *fragment_game.xml* 上面按右鍵，選擇 Refactor，然後選擇 Safe Delete 選項。按下 OK 按鈕，並選擇進行重構的選項之後，該檔案就會被刪除。

我們也可以關閉 data binding

對於 Guessing Game app，最後一個需要修改的地方是停用 data binding。你應該記得，我們原本啟用 data binding，讓 *fragment_game.xml* 與 *fragment_result.xml* 裡面的程式可以和各個 fragment 的 view model 互動。既然我們已經刪除 layout 檔了，data binding 也就不需要了。

為了關掉 data binding，打開 *GuessingGame/app/build.gradle*，將 `buildFeatures` 區域裡面的 data binding 移除：

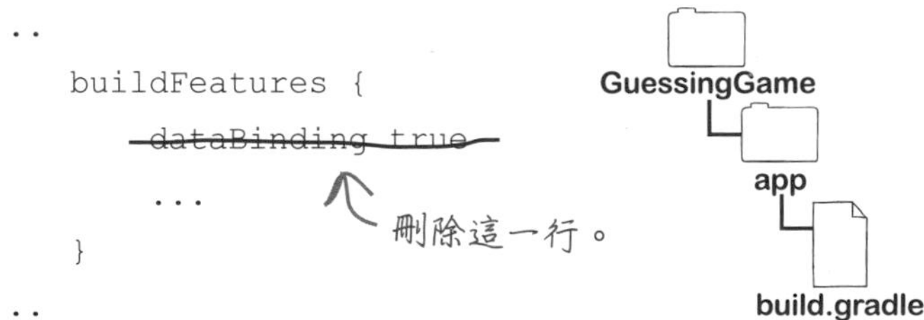

```
...
    buildFeatures {
        dataBinding true
        ...
    }
...
```

刪除這一行。

完成之後，按下 Sync Now 選項來將你做的修改與專案的其他部分進行同步。

我們來最後一次執行 app。

新車試駕

ResultFragment
GameFragment

當我們執行 app 時，它會顯示 `GameFragment`，這一次，UI 是完全由 composable 組成的。它們的運作方式與我們預期的一致。

GameFragment 的 UI 是完全用 composable 做成的。

composable 可以回應我們的任何猜測。

當我們贏得遊戲或輸掉遊戲時，app 與之前一樣前往 ResultFragment。

恭喜你！你已經知道如何將 composable 加入以 `View` 來建構的既有 UI，甚至將 UI 換成完全使用 Compose 的 UI 了。

我們認為 Compose 有光明的前景，你可以在附錄找到更多關於它的資訊。與此同時，何不試著在你已經完成的其他 app 裡面加入 composable 呢？

池畔風光解答

你的**工作**是將池中的程式片段放入下面程式中的空格。一個程式片段**只能**使用一次，你不需要使用所有的程式片段。你的**目標**是寫出一個 fragment 的程式，它的名稱是 `MusicFragment`，沒有 layout 檔，使用一個名為 `MusicFragmentContent` 的 composable 函式作為它的 UI。這個 UI 使用一個名為 `MusicTheme` 的佈景主題，包括任何表面。

```
class MusicFragment : Fragment() {
    override fun onCreateView(
        inflater: LayoutInflater, container: ViewGroup?, savedInstanceState: Bundle?
    ): View? {
        return ComposeView ( requireContext() ).apply {
          setContent {
            MusicTheme {
                Surface {
                    MusicFragmentContent()
                }
            }
          }
        }
    }
}
```

回傳 ComposeView。

使用 setContent 來將 composable 加入 UI。

讓 UI 使用 MusicTheme，包括表面。

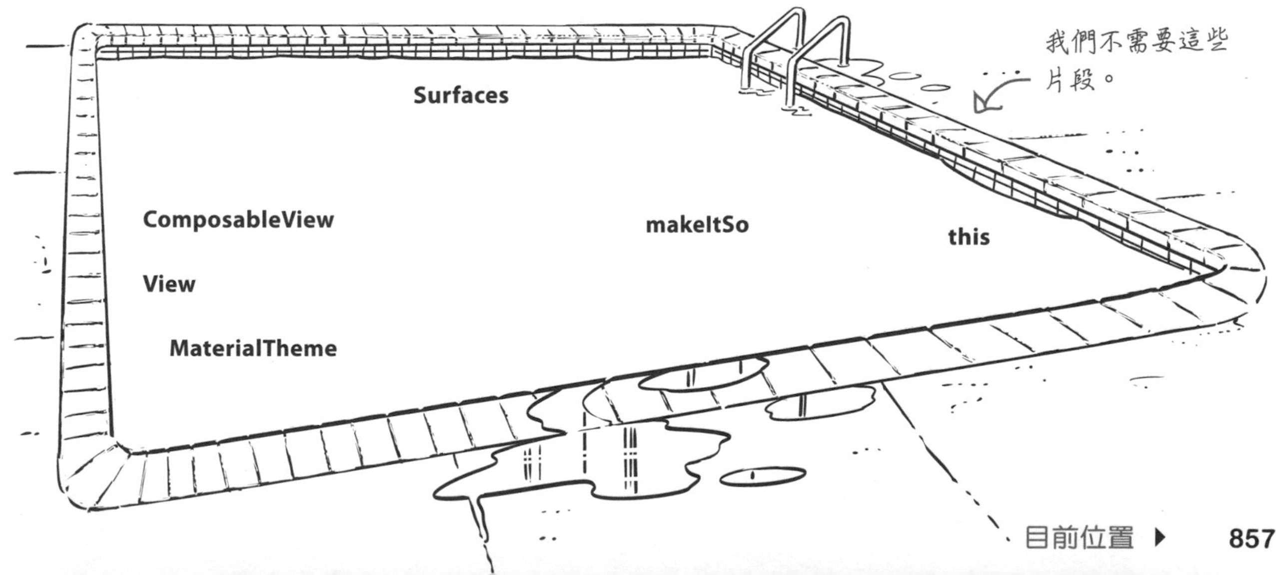

你的 Android 工具箱

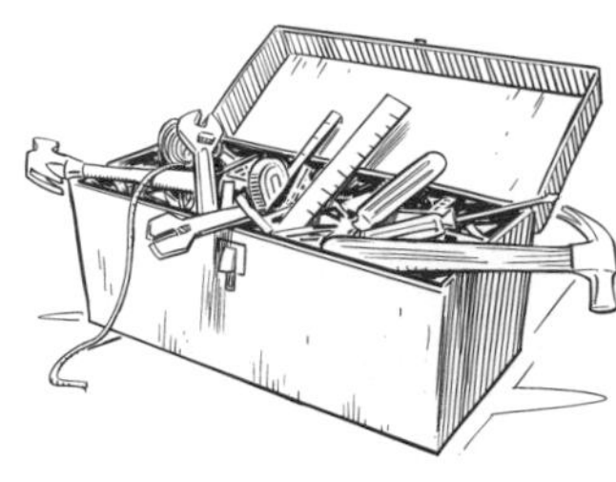

你已經掌握第 19 章，將整合 Jetpack Compose 加入你的工具箱了。

你可以在 tinyurl.com/hfad3 下載本章的完整程式碼。

本章重點

- app 可以混合使用 `View` 與 Compose UI。
- Compose 可在既有的 app 中使用，只要 app 的最低 SDK 是 21，且語言是 Kotlin。
- 若要在以 `View` 構成的既有 UI 裡面使用 Compose，你必須先在 *build.gradle* 檔案內加入 Compose 選項與程式庫。
- `ComposeView` 是可加入 composable 的 `View`。你可以將它當成一個預留位置，可讓你將任何 composable 加入 layout 檔。
- composable 可以和 view model 的屬性與方法互動。
- 使用 `observeAsState()` 來讓 composable 回應 `LiveData` 的改變。
- 將 activity 或 fragment 的 view 換成 composable 之後，你可以移除它的 layout 檔。

告別小鎮

很開心你來 Android 小鎮

看你離開真是令人難過，但沒有什麼比學以致用更重要的了。接下來還有一些寶貴的內容和方便的索引，看完之後，你就可以將所有新想法付諸實踐了。祝你一路順風！

附錄：遺珠

十大要事（我們沒有談到的）

雖然我們已經介紹豐富的內容了，但還有一些想說的。

我們認為你還需要知道一些事情，我們不想要省略它們，但也不想讓這本書只有大力士才拿得起來，在你闔上這本書之前，請先**把接下來的花絮看一遍**。

1. 與其他 app 分享資料

如果你想要和其他 app 分享簡單的資料，你可以使用 **Intent** 來實現。你可以將 Intent 想成「打算（intent）做某件事」。它是一種訊息型態，可讓你在執行期將資料傳給其他物件，例如 activity。

用 Android 的 Intent Resolver 來分享資料

若要將文字傳給其他的 activity，你可以使用這段程式：

```
val sendIntent: Intent = Intent().apply {
    action = Intent.ACTION_SEND
    putExtra(Intent.EXTRA_TEXT, "This is some text.")
    type = "text/plain"
}
startActivity(sendIntent)
```

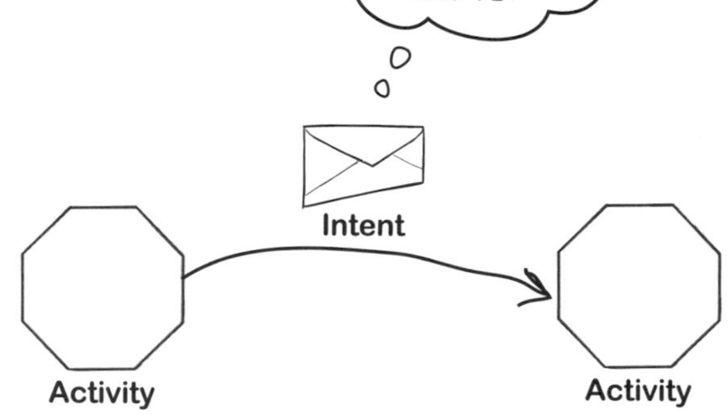

這段程式先建立一個名為 sendIntent 的 Intent，它使用 type 屬性來指定要傳送的資料的型態（在此是一般文字），並使用 putExtra() 來附加資料（在此是一些文字）。

我們用 action 屬性來讓 Android 知道哪一種 activity 可以接收 intent，它是這樣設定的：

```
action = Intent.ACTION_SEND
```

意思是可傳送訊息的 activity 才能接收 intent。

intent 是用這一行程式來傳送的：

```
startActivity(sendIntent)
```

在幕後，Android 會在設備的所有 app 裡面尋找可以接收你指定的 action 與 type 的 activity。如果你找到許多這種 activity，它會顯示一個 **Intent Resolver** 畫面，讓用戶選擇想要與哪個 app 分享資料。

這是 Intent Resolver 畫面。它顯示可傳送一般文字資料的 app 清單。

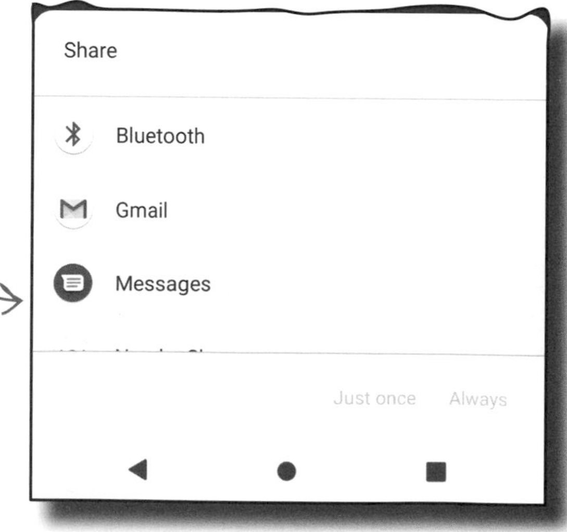

然後，Android 會啟動 activity，將資料傳給它。

用 Android Sharesheet 來分享資料

在多數情況下，你會使用 Android Sharesheet 來分享資料。它可讓你指定你想要與誰分享資料，以及如何分享，使用這種程式：

```
val sendIntent: Intent = Intent().apply {
    action = Intent.ACTION_SEND
    putExtra(Intent.EXTRA_TEXT, "This is some text.")
    type = "text/plain"
}
val shareIntent = Intent.createChooser(sendIntent, null)
startActivity(shareIntent)
```

createChooser() 方法的用途是顯示 Android Sharesheet。

如你所見，這段程式呼叫 `Intent` 的 `createChooser()` 方法。當它執行時，它會顯示這個 Android Sharesheet ：

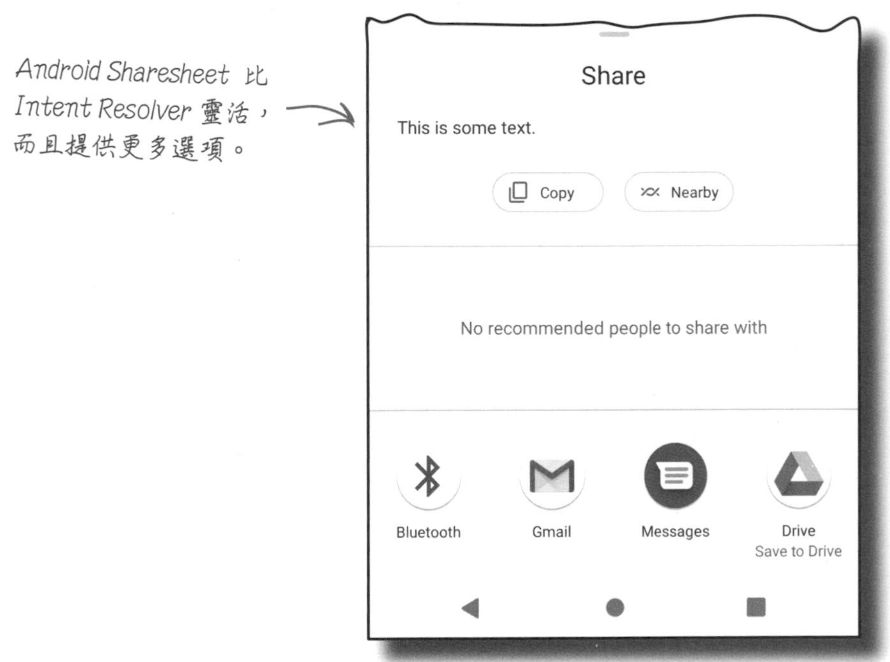

你可以在這裡進一步了解如何與其他 app 分享資料，以及如何讓你的 app 接收資料：

https://developer.android.com/training/sharing

2.WorkManager

很多時候，你希望讓 app 在背景處理資料，也許是因為它需要操作儲存設備，例如下載大型的檔案。

第 14 章說過，你可以使用 Kotlin 協同程序來處理需要立刻執行的工作。但是，如果你想要推遲工作，或是有一個長時間執行的工作必須繼續執行，甚至在設備重新啟動之後繼續執行的話，該怎麼處理？

使用 WorkManager 來安排可推遲的工作

如果你想要安排工作在背景執行，你可以使用 Android 的 **WorkManager** API。它是 Android Jetpack 的一部分，是為長時間執行的工作而設計的，即使用戶退出 app 或重新啟動設備，這些工作也保證可以執行。

你甚至可以使用 WorkManager 在某些條件滿足時執行工作，例如在有 WiFi 可用時，或是將複雜的工作串連起來。

有 WiFi 了，而且電池是
滿的，我要去下載你要的
杯子蛋糕食譜了。

你可以在這裡進一步了解 WorkManager，以及如何使用它：

https://developer.android.com/topic/libraries/architecture/workmanager

3.dialog 與 notification

第 9 章曾經介紹如何使用 toast 與 snackbar 來顯示簡單的快顯訊息。它們很適合在 app 裡面顯示較不重要，因此不需要讓使用者做任何動作的訊息。

但是，有時你需要顯示一條訊息來提示用戶做出決定，或是在 app 的 UI 之外顯示訊息。在這些情況下，你可以使用 **dialog** 與 **notification**。

使用 dialog 來提示用戶做出決定

dialog 是出現在畫面中央的小視窗。當 app 需要用戶做出決定才能繼續執行下去時經常使用它：

dialog 的用途是顯示訊息來提示用戶做出決定。
Top Secret!
Do you accept this mission? Your app will self-destruct in 5 seconds.
NO
YES

你可以在這裡進一步了解如何建立與使用 dialog：

https://developer.android.com/guide/topics/ui/dialogs

notification 出現在 app 的 UI 之外

如果你想要提醒用戶做某件事，或是在他們收到訊息時通知他們，你可以使用 notification。notification 可出現在設備狀態條上面與通知抽屜（notification drawer）裡面，也可出現在設備的鎖定畫面上：

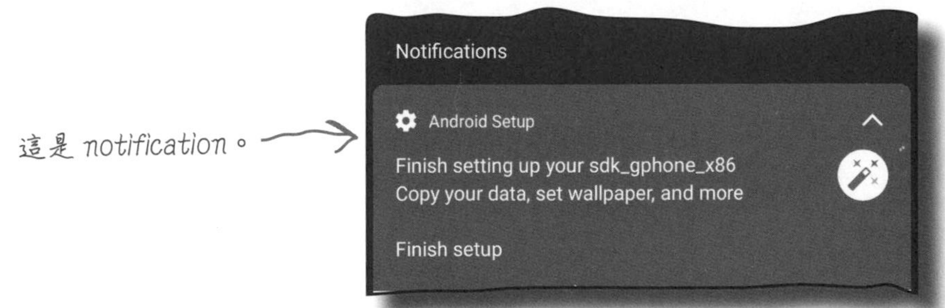
這是 notification。
Notifications
Android Setup
Finish setting up your sdk_gphone_x86
Copy your data, set wallpaper, and more
Finish setup

你可以在這裡進一步了解如何建立與使用 notification：

https://developer.android.com/guide/topics/ui/notifiers/notifications

4. 自動測試

如果你的 app 打算讓幾萬名甚至上百萬名用戶使用，萬一它不穩定，或是不斷崩潰，你很快就會失去用戶。但是，你可以使用自動測試來預防許多這類問題。

JUnit 與 Espresso 是非常受歡迎的測試框架。當你建立新的 Android 專案時，Android Studio 通常會在 app 的 *build.gradle* 檔裡面加入這兩個依賴項目。

自動測試通常分成兩類：**單元測試**與**設備測試**。

單元測試

單元測試是在開發機器上運行的，它們會檢查程式的各個部分（或單元）。它們位於專案的 *app/src/test* 資料夾，長這樣：

```
package com.hfad.myapp

import org.junit.Test
import org.junit.Assert.*

class ExampleUnitTest {
    @Test
    fun additionIsCorrect() {
        assertEquals(6, 3 + 3)
    }
}
```

設備測試

設備測試（instrumented test 或 on-device test）是在模擬器或實體設備上運行的測試，其目的是檢查已經完全組合的 app。它們位於專案的 *app/src/androidTest* 資料夾。

下一頁會展示一個設備測試的範例。

設備測試範例

這是檢查 composable 是否顯示正確文字的設備測試範例程式：

```
package com.hfad.myapp

import androidx.compose.material.MaterialTheme
import androidx.compose.material.Surface
import androidx.compose.ui.test.junit4.createComposeRule
import androidx.compose.ui.test.onNodeWithText
import androidx.test.ext.junit.runners.AndroidJUnit4
import org.junit.Rule
import org.junit.Test
import org.junit.runner.RunWith

@RunWith(AndroidJUnit4::class)
class HelloTest {
    @get:Rule
    val composeTestRule = createComposeRule()

    @Test
    fun shouldShowHello() {
        composeTestRule.setContent {
            MaterialTheme {
                Surface {
                    Hello("Fred")
                }
            }
        }
        composeTestRule.onNodeWithText("Hello Fred!").assertExists()
    }
}
```

你可以在這裡進一步了解如何自動測試 Android app：

https://developer.android.com/training/testing

5.支援不同的螢幕尺寸

Android 設備有各式各樣的形狀與尺寸，你應該希望你的 app 在它們上面都很好看。你有幾種不同的技術可以使用，包括 constraint layout（你曾經在第 4 章學過）、提供備選 layout，以及使用 sliding pane layout。

提供備選 layout

Android app 可以為同一個 layout 檔準備多個版本，來應付各種不同的螢幕規格。你可以建立多個 layout 資料夾，為每一個資料夾取一個適當的名稱，並將各個 layout 檔放入每一個資料夾裡面。

如果你要幫寬度 600dp 以上的設備（例如 7 吋平板）準備一個 layout，並且幫比較小的設備準備另一個，你可以在 *app/src/main/res* 資料夾裡面加入一個額外的資料夾 *layout-sw600dp*。然後將比較寬的設備的 layout 放入 *layout-sw600dp* 資料夾，把較小的設備的 layout 放入 *layout* 資料夾。

當 app 在手機上執行時，它會使用在 *layout* 資料夾裡面的 layout，當它在比較寬的設備上運行時，它會改用在 *layout-sw600dp* 裡面的。

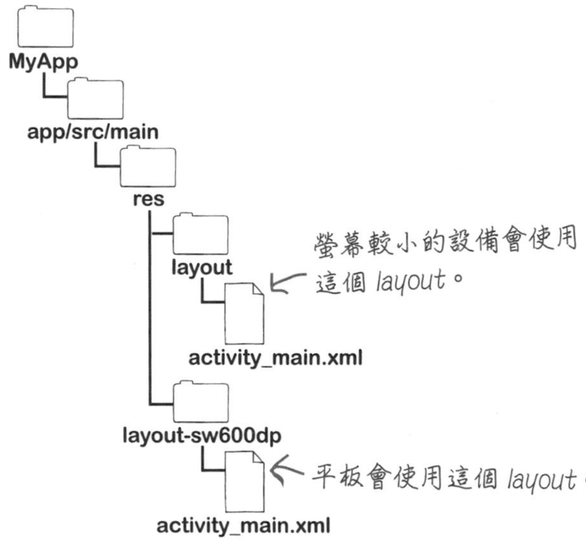

你可以在這裡找到更多關於寬度限定詞的資訊：

https://developer.android.com/training/multiscreen/screensizes#alternative-layouts

使用 SlidingPaneLayout

有些 layout 有可巡覽的紀錄清單，當項目被按下時會顯示它的細節。在小型的設備上，你可能想要在不同的畫面裡面顯示細節，但是在大型的設備上，你可能比較想要並排顯示清單與細節。

為了處理這種情況，你可以使用 `SlidingPaneLayout` 來為清單與細節定義不同的窗格。程式是：

```
<?xml version="1.0" encoding="utf-8"?>
<androidx.slidingpanelayout.widget.SlidingPaneLayout
    xmlns:android="http://schemas.android.com/apk/res/android"
    xmlns:app="http://schemas.android.com/apk/res-auto"
    xmlns:tools="http://schemas.android.com/tools"
    android:layout_width="match_parent"
    android:layout_height="match_parent"
    tools:context=".MainActivity">

    <androidx.recyclerview.widget.RecyclerView
        android:id="@+id/recycler_view"
        android:layout_width="280dp"
        android:layout_height="match_parent"
        android:layout_gravity="start" />

    <androidx.fragment.app.FragmentContainerView
        android:id="@+id/nav_host_fragment"
        android:name="androidx.navigation.fragment.NavHostFragment"
        android:layout_width="300dp"
        android:layout_height="match_parent"
        android:layout_weight="1"
        app:defaultNavHost="true"
        app:navGraph="@navigation/nav_graph" />
</androidx.slidingpanelayout.widget.SlidingPaneLayout>
```

這是清單的窗格(recycler view)。

這是細節的窗格(FragmentContainerView)。

layout 使用各個窗格的 `layout-width` 屬性來確定它們能不能在設備上面並排顯示。如果設備夠寬，layout 會將它們並排顯示，如果不夠，layout 會在不同的畫面顯示它們。

這裡更詳細的資訊：

https://developer.android.com/reference/androidx/slidingpanelayout/widget/SlidingPaneLayout

6. 更多 Compose 功能

我們曾經在第 18 章與第 19 章介紹如何使用 Compose 來建構 UI。我們認為它有光明的未來，但它還很新，所以在寫這本書時，它的一些程式庫還不夠穩定。

我們希望在離開之前讓你一瞥未來，所以接下來要介紹我們最期待的程式庫與功能。

Compose ViewModel 程式庫

在第 19 章，我們曾經將既有的 view model 傳給一個 composable 來讓它使用 view model 的屬性與方法。當你使用 Compose view model 程式庫時，你就不需要這樣做了，composable 可以自行取得 view model。

請在 app 的 *build.gradle* 檔案內加入下面的依賴項目：

```
implementation "androidx.lifecycle:lifecycle-viewmodel-compose:1.0.0-alpha07"
```

然後在 composable 裡面加入下面的程式：

```
val viewModel: ResultViewModel = viewModel(
    factory = ResultViewModelFactory(result)
)
```

當你需要用 view model factory 來產生 view model 時才需要寫這一行。

Compose constraint layout 程式庫

我們曾經在第 18 章教你如何將 composable 排成一列與一行。如果你需要更靈活的排法，你可以使用 Compose constraint layout 程式庫。你猜對了，這個程式庫可讓你使用 constraint 來排列 composable。

你可以在這個網址進一步了解這個程式庫，以及如何使用它：

https://developer.android.com/jetpack/compose/layouts/constraintlayout

Compose Navigation 組件

如你所知，在以 View 組成的 UI 裡面，你可以使用 Navigation 組件在不同的畫面之間巡覽。此時，你要為各個畫面定義不同的 fragment，並且讓 Navigation 組件決定該顯示哪個 fragment。

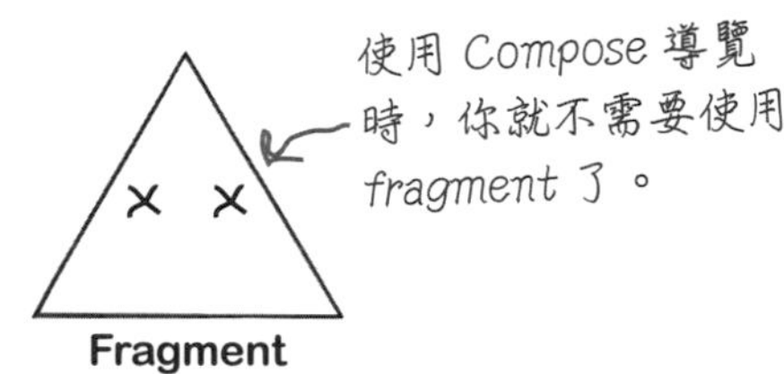
使用 Compose 導覽時，你就不需要使用 fragment 了。
Fragment

但是使用 Compose Navigation 組件的話，你就不需要使用 fragment 了，你只要為各個畫面定義一個 *composable*，Navigation 組件就可以決定該顯示哪一個。

若要使用 Compose Navigation 組件，請在 *build.gradle* 檔案裡面加入下面的依賴項目：

```
implementation("androidx.navigation:navigation-compose:2.4.0-alpha08")
```

然後這樣編寫你的 activity：

```
package com.hfad.myapp

import android.os.Bundle
import androidx.activity.ComponentActivity
import androidx.activity.compose.setContent
import androidx.compose.material.Text
import androidx.compose.material.Button
import androidx.compose.material.MaterialTheme
import androidx.compose.material.Surface
import androidx.compose.runtime.Composable
import androidx.navigation.NavController
import androidx.navigation.compose.NavHost
import androidx.navigation.compose.composable
import androidx.navigation.compose.rememberNavController

class MainActivity : ComponentActivity() {
    override fun onCreate(savedInstanceState: Bundle?) {
        super.onCreate(savedInstanceState)
        setContent {
            MaterialTheme {
                Surface {
                    MainActivityContent()
                }
            }
        }
    }
}
```

程式還沒結束，見下一頁。

Compose Navigation 程式（續）

```
@Composable
fun ScreenOne(navController: NavController) {
    Button(onClick = { navController.navigate("two") }) {
        Text("Navigate to screen two")
    }
}
```

ScreenOne 顯示一顆前往 ScreenTwo 的 Button。

ScreenTwo 顯示一個 Text。

```
@Composable
fun ScreenTwo() {
    Text("This is screen two")
}

@Composable
fun MainActivityContent() {
    val navController = rememberNavController()
    NavHost(navController = navController, startDestination = "one") {
        composable("one") { ScreenOne(navController) }
        composable("two") { ScreenTwo() }
    }
}
```

這是 app 執行時的樣子：

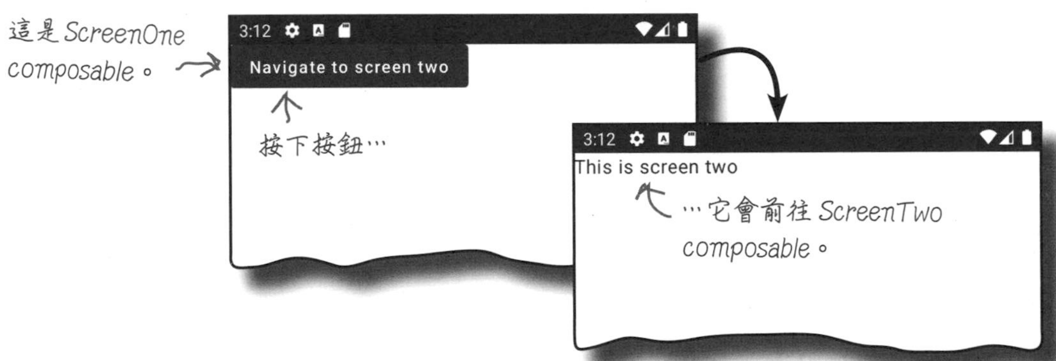
這是 ScreenOne composable。
3:12
Navigate to screen two
按下按鈕…
3:12
This is screen two
…它會前往 ScreenTwo composable。

這裡有 Compose 的最新資訊：

https://developer.android.com/jetpack/compose

7.Retrofit

在第 14 章，你曾經學過如何在設備上使用 Room 資料庫來保存資料。但是如果你要在遠端保存資料呢？

在這種情況下，你可以使用 Retrofit。它是供 Android、Java 與 Kotlin 使用的第三方 REST 用戶端，可讓你發出網路請求，與 REST API 互動，以及下載 JSON 或 XML 資料。

你可以在這裡進一步了解 Retrofit：

https://square.github.io/retrofit/

你也可以在這裡了解如何將 Retrofit 放入 app 的架構：

https://developer.android.com/jetpack/guide

8.Android Game Development Kit

如果你想要為 Android app 開發遊戲，我們建議你研究一下 Android Game Development Kit（AGDK）。它是一系列的程式庫與工具，可讓你開發、優化與交付 Android 遊戲。

Android Game Development Kit 裡面有一些遊戲程式庫，可讓你在進行 C/C++ 遊戲開發時使用。例如，它有一個繼承 `AppCompatActivity`、使用 C API 的 `GameActivity`。它也可以讓你用 C 來使用軟體鍵盤，以及處理遊戲控制器的輸入。

行銷部門溫馨提醒：務必促銷你寫的《深入淺出 C》。

關於 Android Game Development Kit 的更多資訊可參考：

https://developer.android.com/games/agdk

9.CameraX

如果你想要在 app 裡面使用設備的鏡頭，你可以使用 CameraX 這個 Jetpack 程式庫。它提供了一致的 API，可在大多數的 Android 設備上使用，並解決了設備相容性問題。你可以用它來預覽、拍攝與分析照片。它甚至有一個 Extensions 外掛，可讓你使用設備的原生相機 app 所使用的功能。

關於 CameraX 的詳情，見：

https://developer.android.com/training/camerax

10. 發表你的 app

你應該是為了讓其他用戶使用你的 app 而開發它的，你可能會用 Google Play 之類的 app 市集來發表你的 app。

這個程序有兩個階段：準備發表 app，以及釋出它。

準備發表 app

在發表 app 之前，你必須設置、組建與測試它的釋出版本。這些工作包括決定 app 的圖示，移除任何 logging 程式碼、修改 *AndroidManifest.xml*，只允許可執行你的 app 的設備可以下載它。

在釋出 app 之前，你至少要在一台平板與一台手機上測試它，以確保它的外觀符合預期，而且效能是可接受的。

你可以在這裡瞭解如何準備發表 app：

http://developer.android.com/tools/publishing/preparing.html

釋出 app

這個階段包括發表 app、銷售，以及宣傳。

在你發表 app 之前，我們建議你看一下這裡：

https://developer.android.com/distribute/best-practices/launch

它裡面有一些檢查清單與小提示，可協助你發表與管理 app。

如果你要了解如何讓 app 佳評如潮，建議你看一下這裡的文件：

https://developer.android.com/distribute/best-practices/engage

還有這裡：

https://developer.android.com/distribute/best-practices/grow

索引

A

abstract class, for database（抽象類別，資料庫）586
actionMessageFragmentToEncryptFragment() 方法, Directions 271
actions
  app bar 317
  connecting fragments with（連接 fragment）242, 270
  snackbar 395
activities 2, 3, 28
  in Compose 762, 763–768, 774–777
  default（預設）41
  layout 充氣 107
  MainActivity.kt 17–18, 64
  view binding 409–417, 418, 426, 431
  view model 439
Activity 類別 2, 183
activity 生命週期 169–218, 421
  activity 磁貼習題 191–192
  inherited methods（繼承的方法）183
  properties and methods（屬性與方法）170
    Chronometer 173–175
    exercise（習題）200–203
    onCreate() 與 onDestroy() 181–185
    onStart(), onStop(), onRestart() 194
    summary table（總結表格）214
  states in（狀態）181–190, 193–212
  Stopwatch app 170–172
ActivityMainBinding 類別 410, 416, 420
activity_main.xml 檔 13, 14, 28, 41
adapter, recycler view 624, 627–633
  attaching to recycler view（連接到 recycler view）636–637
  creating file（建立檔案）627
  data type property（資料型態屬性）628
  exercises（習題）646–649, 698–701, 720–723
  view holder 629–632
addTask() 方法
  TaskDao 595
  TasksFragment 592
  TasksViewModel 600
AGDK (Android Game Development Kit) 873
aligning views（對齊 view）146–148, 155
Android apps. 亦見特定的 app 專案
  activity 狀態 180–182
  building（建構）7–10
  development environment（開發環境）5–6
  editors（編輯器）15–19
  folder and file structure（資料夾與檔案結構）13–14
  interactive（互動性）37–80
  minimum SDK（最低 SDK）10–11
  package name for（程式包名稱）87
  publishing（發表）874
  refining (editing)（改良、編輯）28–35
  running（執行）19–27
Android 設備 2
  adapting apps for different sizes of.（為不同的尺寸調整 app）見 fragments
  API 等級. 見 Android SDK (API 等級)
  rotation of（旋轉）178–180, 184–185
  running app on（執行 app）19
Android Game Development Kit. 見 AGDK
Android Jetpack 125
  AppCompatActivity. 見 AppCompatActivity 類別
  CardView. 見 CardView
  Compose. 見 Compose
  constraint layout. 見 constraint layout
  data binding. 見 data binding
  fragments. 見 fragments
  live data. 見 live data
  Navigation. 見 Navigation 組件
  recycler views. 見 recycler views

B

C

D

E

F

G

H

I

J

K

L

M

N

O

P

Q

R

S

T

U

V

深入淺出 Android 開發 第三版

作　　者：Dawn Griffiths, David Griffiths
譯　　者：賴屹民
企劃編輯：蔡彤孟
文字編輯：江雅鈴
設計裝幀：陶相騰
發 行 人：廖文良

發 行 所：碁峰資訊股份有限公司
地　　址：台北市南港區三重路 66 號 7 樓之 6
電　　話：(02)2788-2408
傳　　真：(02)8192-4433
網　　站：www.gotop.com.tw
書　　號：A691
版　　次：2022 年 11 月三版
建議售價：NT$1200

國家圖書館出版品預行編目資料

深入淺出 Android 開發 / Dawn Griffiths, David Griffiths 原著；賴屹民譯. -- 三版. -- 臺北市：碁峰資訊, 2022.11
面；　公分
譯自：Head First Android Development, 3rd Edition
ISBN 978-626-324-292-0(平裝)
1.CST：系統程式　2.CST：電腦程式設計
312.52　　111013344

讀者服務

- 感謝您購買碁峰圖書，如果您對本書的內容或表達上有不清楚的地方或其他建議，請至碁峰網站：「聯絡我們」\「圖書問題」留下您所購買之書籍及問題。(請註明購買書籍之書號及書名，以及問題頁數，以便能儘快為您處理)
  http://www.gotop.com.tw

- 售後服務僅限書籍本身內容，若是軟、硬體問題，請您直接與軟、硬體廠商聯絡。

- 若於購買書籍後發現有破損、缺頁、裝訂錯誤之問題，請直接將書寄回更換，並註明您的姓名、連絡電話及地址，將有專人與您連絡補寄商品。